计算机科学丛书

原书第8版

离散数学及其应用

[美] 肯尼思·H. 罗森（Kenneth H. Rosen）著
徐六通 杨娟 吴斌 译
陈琼 改编

Discrete Mathematics and Its Applications

Eighth Edition, Chinese Abridgement

机械工业出版社
CHINA MACHINE PRESS

图书在版编目（CIP）数据

离散数学及其应用（原书第 8 版·本科教学版）/（美）肯尼思·H. 罗森（Kenneth H. Rosen）著；徐六通，杨娟，吴斌译．—北京：机械工业出版社，2020.1（2023.10 重印）
（计算机科学丛书）
书名原文：Discrete Mathematics and Its Applications, Eighth Edition, Chinese Abridgement

ISBN 978-7-111-64217-6

I. 离… II. ①肯… ②徐… ③杨… ④吴… III. 离散数学 – 高等学校 – 教材 IV. O158

中国版本图书馆 CIP 数据核字（2019）第 255172 号

北京市版权局著作权合同登记 图字：01-2019-1799 号。

Kenneth H. Rosen: Discrete Mathematics and Its Applications, Eighth Edition, Chinese Abridgement (ISBN: 9781259676512).

本书是经典的离散数学教材，被全球数百所大学广为采用。本科教学版缩减了篇幅，保留的主要内容包括：逻辑和证明，集合、函数、序列、求和与矩阵，计数，关系，图，树，布尔代数。全书取材广泛，除包括定义、定理的严格陈述外，还配备大量的例题、图表、应用实例和练习。第 8 版做了与时俱进的更新，成为更加实用的教学工具。本书可作为高等院校数学、计算机科学和计算机工程等专业的教材，也可作为科技领域从业人员的参考书。

出版发行：机械工业出版社（北京市西城区百万庄大街 22 号 邮政编码：100037）

责任编辑：曲 熠	责任校对：殷 虹
印 刷：河北宝昌佳彩印刷有限公司	版 次：2023 年 10 月第 1 版第 9 次印刷
开 本：185mm×260mm 1/16	印 张：26.75
书 号：ISBN 978-7-111-64217-6	定 价：79.00 元

客服电话：（010）88361066 68326294

改编者序

Kenneth H. Rosen 所著的《离散数学及其应用》包括计算机专业学生必须掌握的数学基础知识，并且给出了许多应用离散数学解决现实问题的应用实例，一些知识点给出了相关的历史背景知识，配有大量计算、研究和实践题目及推荐参考读物。全书内容全面，由浅入深，通俗易懂，被全球很多大学使用，是一本非常优秀的教材。

本书现在是第 8 版。作者在每一版中都对内容的组织和安排做了精心的修正，加入了许多离散数学知识的应用实例。国内的许多高校都采用这本书作为教材，不过，本书篇幅较长，部分学生感觉使用有困难。为了将这本优秀教材介绍给更多国内的学生，我们在保留原作写作风格的前提下，再次对教材内容进行删减以适合国内学生使用和阅读。

同以前的删减一样，我们保留了逻辑和证明、基本结构、计数和高级计数技术、关系、图、树和布尔代数等内容。原书中的第 3、4、5、7、13 章在其他课程中已有讲授或单独作为一门课程讲授，因此我们在本科教学版中删除了这些内容。

第 8 版原书的练习题已达 4200 多道，其中包括每节后帮助学生掌握基本概念的练习题，每章后的复习题、补充练习题、计算机编程题目、计算和探索题目，以及需要查阅课外资料扩展学习的写作题目。题目按难易程度分级，分为简单的、难度适中的和难度较大且富有挑战性的各种问题。在保留的章节中，我们删去了每节后练习中的偶数题，保留奇数题。每章的章末资料(包括关键术语和结论、复习题、补充练习、计算机课题、计算和探索、写作课题)改为在线提供，在压缩篇幅的同时最大限度地保留原书的特色和风格。关于一些知识点的历史背景知识也是极好的内容，但为了减少篇幅，未做保留。

本科教学版力求保持原书的特点，并符合本科离散数学教学大纲的要求，可用于离散数学教学和课外学习。为了更好地学习离散数学，建议读者阅读完整版。

感谢原书作者 Kenneth H. Rosen 教授和 McGraw-Hill 出版社的授权，感谢机械工业出版社的努力，使更多国内的学生可以使用这本优秀教材。感谢同行和读者提出的宝贵建议。由于本科教学版删去了部分内容，难免会给读者的阅读造成一定影响，欢迎广大师生和读者提出宝贵意见。

改编者

2019 年 10 月

于华南理工大学

译者序

从在路边小摊贩处扫码完成支付到为黑洞拍摄第一张照片，再到各类世纪工程的竣工，这一切进步与奇迹的背后都离不开计算机科学与技术的飞速发展。

如果你也想为将来的奇迹做出自己的贡献，就必须先了解计算是什么、计算机的工作原理是什么、计算机是如何解题的等问题。你需要学习的第一门基础课就是离散数学。什么是离散数学？离散数学是致力于研究离散对象的数学分支。说得更通俗一点，就是利用计算机进行问题求解时，一切问题背后的原理性东西均属于离散数学的范畴，或者说离散数学就是计算机科学的数学语言。

离散数学一直被 IEEE-CS 和 ACM 认定为计算机专业最核心的课程，也是我国计算机科学与技术专业的核心基础课程。当你学习这门课程的时候，会发现离散数学为许多计算机专业课程提供了理论基础，尤其是为课程中大量的算法提供了基础。

本书英文版自出版以来在北美发行超过 450 000 册，目前已经被翻译成西班牙文、法文、葡萄牙文、希腊文、中文、越南文和韩文等，在世界各地发行数十万册。

第 8 版对许多内容进行了完善、更新、补充和润色，所有这一切都是为了使本书成为现代离散数学课程的更加有效的教学工具。本书清晰地介绍并展示了离散数学中的概念和技术，行文流畅，通俗易懂。书中包含大量有趣而实用的例子，吸引读者广泛好奇心的推荐读物，以及帮助读者掌握离散数学的概念和技巧的丰富练习题，为计算机科学学生将来的学习提供了一切必需的数学基础。此外，本书还提供了一个非常有价值的网站资源——在线学习中心(OLC)，帮助学生评估自身学习状况，学习撰写证明并避免常见错误，从各个方面提高学生学习和实际解决问题的能力，引领学生探索离散数学的新应用。

在本次翻译工作中，徐六通翻译全书(完整版)前言、第 1 章至第 4 章、附录及推荐读物，吴斌翻译第 5 章至第 8 章，杨娟翻译第 9 章至第 13 章。由于译者水平所限，尽管已经修正了之前版本中的一些错误，但是难免还会有不妥的地方，敬请读者不吝赐教。

译者

2019 年 8 月于北京

本书是根据我多年来讲授离散数学的经验和兴趣写成的。对学生而言，我的目的是为他们提供内容准确且可读性强的教材，清晰地介绍并展示离散数学中的概念和技术。对于那些爱怀疑的学生，我的目标是展示离散数学的相关性和实用性。对于计算机科学专业的学生，我希望为他们将来的学习提供一切必需的数学基础。而对于数学专业的学生，我希望帮助他们理解重要的数学概念，并且意识到为什么这些概念对应用来说很重要。最重要的是，希望本书既能达到这些目标，又不含太多的水分。

对教师而言，我的目的是利用数学中行之有效的教学技术来设计一个灵活而全面的教学工具：只要有本书在手，教师就能迅速地从中筛选内容，以最适合特定学生的方式有效地开展离散数学的教学工作。希望我已经实现了这些目标。

在过去的30年中，本书取得了极大的成功，被世界各地超过100万名学生使用，并被翻译成多种语言，对此我感到非常欣慰。此次第8版所做的许多改进，正是得益于大量读者的反馈和建议。在这些读者中，既有来自北美600多所学校的师生，又有来自全球各地众多高校的读者，他们都曾将本书成功用作教材。由于所收到的这些反馈，以及在不断更新中所投入的大量精力，我才能够在每次升级时显著提高本书的吸引力和有效性。

本教材是为一学期或两学期的离散数学入门课程而设计的，适用于数学、计算机科学、工程等各类专业的学生。大学代数是唯一要求的先修课程，不过，要想真正学好离散数学，还是需要有一定的数学素养。本书的设计目标是满足各种类型离散数学入门课程的需求，内容高度灵活且非常全面。我希望本书不仅是一本成功的教科书，而且成为学生在日后的学习和职业生涯中可以参考的有价值的资源。

离散数学课程的目标

离散数学课程有多个目标。学生应该学会一系列特定的数学知识并知道怎样应用它们，更重要的是，这门课应教会学生怎样运用数学逻辑思维。为了达到这些目标，本教材特别强调数学推理以及问题求解的不同方法。本书中，五个重要主题将交织在一起：数学推理，组合分析，离散结构，算法思维，以及应用与建模。一门成功的离散数学课程应该小心谨慎地融合并平衡所有五个主题。

- **数学推理**。学生必须理解数学推理以便阅读、领会并构造数学论证。本书开篇即讨论数理逻辑，这为后续讨论证明方法打下了基础。本书描述了构造证明的方法与技巧两个方面。本书特别强调数学归纳法，不仅给出了这种证明技术的许多不同类型的实例，还详细地解释了数学归纳法为什么是一种有效的证明技术。
- **组合分析**。一个重要的解题技巧就是计数或枚举对象。本书中关于枚举的讨论从计数的基本技术着手。重点是运用组合分析方法来解决计数问题并分析算法，而不是简单地应用公式。
- **离散结构**。离散数学课程应该教会学生如何处理离散结构，即表示离散对象以及对象之间关系的抽象数学结构。这些离散结构包括集合、置换、关系、图、树和有限状态机等。
- **算法思维**。有些类型的问题可以通过算法的规范说明来求解。当一个算法被清楚地描述后，就可以编写计算机程序来实现之。该活动涉及的数学部分包括该算法的规范说明、正确性的验证，以及执行算法所需要的计算机内存和时间分析等，这些在本书中均有阐述。算法将采用自然语言[1]和一种易于理解的伪代码形式来描述。

- **应用与建模**。离散数学在几乎每个可以想到的研究领域中都有应用。许多应用涉及本书提到的计算机科学和数据网络，还有一些应用涉及更为广泛的领域，如化学、生物学、语言学、地理学、商业和互联网等。这些是离散数学的自然而又重要的应用，而非人为编造的。用离散数学来建模是一项十分重要的问题求解技巧，学生可通过一些练习来自己构造模型，从而掌握这一技巧。

本书特色

易理解性。实践证明，本书对于初学者来说是易读易懂的。书中绝大部分内容不需要比大学代数更多的数学预备知识，需要额外帮助的学生可以在配套网站找到相应工具，以将数学素养提升到本书要求的水准。书中少数几处需要用到微积分知识的地方都已注明。大多数学生应该很容易理解用于表示算法的伪代码，无论是否正式学过程序设计语言。本书不要求正规计算机科学方面的预备知识。

每章都是从易于理解和易于领会的水平开始。一旦详细介绍了基本数学概念，就会给出稍难一些的内容以及在其他研究领域中的应用。

灵活性。为了便于灵活使用，本书做了精心的设计。各章对之前章节的依赖程度都被降到最低。每章分成长度大致相等的若干节，每节又根据内容划分成若干小节以方便教学。教师可以利用章节划分灵活地安排讲课进度。

写作风格。本书的写作风格是直接而又实用的。书中使用准确的数学语言，但没有采用过多的形式化与抽象，在数学命题中的记号和词语表达间做了精心的平衡。

数学严谨性和准确性。书中所有定义和定理的陈述都十分谨慎，这样学生可以欣赏语言的准确性和数学所需的严谨性。证明则是先由动机引入，然后再慢慢展开，并且所有步骤都经过了详细论证。

例题。全书共有超过 400 道例题，用来阐述概念、建立不同主题之间的关联以及介绍应用。在大部分例题中，首先提出问题，然后再以适量的细节给出解法。

应用。本书中的应用展示了离散数学在解决现实世界中的问题时的实用性。这些应用涉及广泛的领域，包括计算机科学、数据网络、心理学、化学、工程学、语言学、生物学、商业和互联网。

算法。离散数学的结论常常要用算法来表述，故书中多数章节都介绍了一些关键算法。这些算法采用文字叙述，同时也采用一种易于理解的结构化伪代码来描述。对于本书中的所有算法，都简要分析了其计算复杂度。

关键术语和结论。每章最后列出关键术语和结论。关键术语只列出学生必须学会的那些，而非该章中定义的每个术语。

练习。书中包含 2000 多道练习题，涵盖大量不同类型的问题。不仅提供了足够多的简单练习来培养基本技能，还提供了大量中等难度的练习和许多具有挑战性的练习。练习的叙述清晰而无歧义，并按难易程度进行了分级。练习中还包含一些特殊的讨论来展开正文中没有涉及的新概念，使得学生能够通过自己的努力来发现新的想法。

那些比平均难度稍难的练习用一个星号(*)标记，而那些更具挑战性的练习则用两个星号(**)来标记。需要用微积分知识求解的练习会明确指出。有些练习的结果要在正文中用到，我们用☞符号来标识这类题目。本书最后给出了所有奇数编号练习的答案或解题纲要。答案中大部分证明的步骤都十分清晰。

复习题。每章后面都有一组复习题。设计这些问题是为了帮助学生重点学习该章最重要的

---

[1] 原书采用英语，而中译版则采用汉语。——译者注

概念和技术。要回答这些复习题，学生必须写出较长的答案，而不是仅做一些计算或给出简答。

补充练习。每章后面都有一组丰富多样的补充练习。这些练习通常比每节后面的练习难度更大。补充练习旨在强化该章中的概念，并把不同主题更有效地综合起来。

计算机课题。每章后面还有一组计算机课题。全书共有大约150道计算机课题，用于将学生在计算和离散数学中所学到的内容联系起来。对于那些从数学角度或程序设计角度来看难度超过平均水平的计算机课题，我们用一个星号(*)标记，而那些非常具有挑战性的题目则用两个星号(**)标记。

计算和探索。每章后面都有一组计算和探索性的问题，共有大约120道。完成这些练习需要借助现有的软件工具，诸如学生或教师自己编写的程序，或像Maple或Mathematica这样的数学计算软件包。这些练习大多为学生提供了通过计算来发现一些新事实或想法的机会。(其中一些练习在配套的在线练习册《探索离散数学》(Exploring Discrete Mathematics)中也有讨论。)

写作课题。每章后面都有一组写作课题，要完成这类题目，学生需要参考数学方面的文献。有些题目本质上是关于历史知识的，需要学生查找原始资料；其他题目则将带领学生通往新内容和新思想。这些练习旨在向学生展示正文中没有深入探讨的想法，通过把数学概念和写作过程结合起来，帮助学生面对未来可能的研究领域。(在网络版或印刷版的《学生解题指南》(Student's Solutions Guide)中可以找到为这些题目准备的参考文献。)

教辅资源㊀

《学生解题指南》。这本可以单独购买的学生手册包含所有奇数编号练习的完整解答。这些解答解释了为什么要用某种特定的方法以及为什么这种方法管用。对于有些问题，还给出了一两种其他可能的解法，以说明一个问题可以用多种不同方法来求解。指南的内容还包括：为每章后面的写作课题推荐的参考文献；关于如何撰写证明的指南；在离散数学学习中学生常犯的各类错误；为每章提供的考试样例及解答，以帮助学生准备考试。

《教师资料手册》。本手册在网站上提供，教师也可以申请印刷版，手册中包含书中所有偶数编号练习的完整解答。手册的内容还包括：关于如何讲授本书每章内容的建议，包括每节中应强调的重点以及如何组织内容；为每章提供的考试样例，以及一个包含1500多道考试题目的可选试题库，对于所有考试样例及试题库中的题目都给出了解答；针对不同的侧重点以及不同学生能力水平的课程教学大纲样本。

致谢

感谢所有将本书用作教材的教师和学生，他们来自不同的学校，并向我提供了很多有价值的反馈和有益的建议。正是有了他们的反馈，才使本书变得更为出色。特别感谢Jerrold Grossman和Dan Jordan，作为第8版的技术评审，他们以“鹰眼”般敏锐的目光确保了本书的准确性。在本书出版过程中的各个阶段，他们两位多次审阅了本书的每个角落，帮助消除了之前勘误表中的错误，并防止出现新的错误。

感谢Dan Jordan为《学生解题指南》和《教师资源手册》做出的贡献。他在更新这些教辅资源方面完成了令人钦佩的工作。感谢Jerrold Grossman，他是本书前7版教辅资源的作者，并为Dan提供了非常有价值的帮助。还要感谢许许多多曾经为本书创建并维护在线资源的人。特别感谢Dan Jordan和Rochus Boerner，他们所做的大量工作解决了配套网站的诸多问题(后面会介绍这个网站)。

感谢第8版以及所有之前版本的审稿人。他们给予我许多有益的批评和鼓励，希望这一版

㊀ 关于本书教辅资源，只有使用本书作为教材的教师才可以申请，需要的教师可向麦格劳·希尔教育出版公司北京代表处申请，电话010-57997618/7600，传真010-59575582，电子邮件instructorchina@mheducation.com。——编辑注

不会辜负他们的期望。自从本书第 1 版出版以来，已经有超过 200 位审稿人，其中有许多来自美国以外的国家。近期审稿人列表如下。

近期审稿人

Barbara Anthony
Southwestern University

Philip Barry
University of Minnesota, Minneapolis

Benkam Bobga
University of North Georgia

Miklos Bona
University of Florida

Steve Brick
University of South Alabama

Kirby Brown
Queens College

John Carter
University of Toronto

Narendra Chaudhari
Nanyang Technological University

Tim Chappell
Penn Valley Community College

Allan Cochran
University of Arkansas

Daniel Cunningham
Buffalo State College

H.K. Dai
Oklahoma State University

George Davis
Georgia State University

Andrzej Derdzinski
The Ohio State University

Ronald Dotzel
University of Missouri-St. Louis

T.J. Duda
Columbus State Community College

Bruce Elenbogen
University of Michigan, Dearborn

Norma Elias
Purdue University, Calumet-Hammond

Herbert Enderton
University of California, Los Angeles

Anthony Evans
Wright State University

Kim Factor
Marquette University

Margaret Fleck
University of Illinois, Champaign

Melissa Gaddini
Robert Morris University

Peter Gillespie
Fayetteville State University

Johannes Hattingh
Georgia State University

James Helmreich
Marist College

Ken Holladay
University of New Orleans

Jerry Ianni
LaGuardia Community College

Milagros Izquierdo
Linköping University

Ravi Janardan
University of Minnesota, Minneapolis

Norliza Katuk
University of Utara Malaysia

Monika Kiss
Saint Leo University

William Klostermeyer
University of North Florida

Przemo Kranz
University of Mississippi

Jaromy Kuhl
University of West Florida

Loredana Lanzani
University of Arkansas, Fayetteville

Frederic Latour
Central Connecticut State University

Steven Leonhardi
Winona State University

Chunlei Liu
Valdosta State University

Xu Liutong
Beijing University of Posts and Telecommunications

Vladimir Logvinenko
De Anza Community College

Tamsen McGinley
Santa Clara University

Ramon A. Mata-Toledo
James Madison University

Tamara Melnik
Computer Systems Institute

Osvaldo Mendez
University of Texas at El Paso

Darrell Minor
Columbus State Community College

Kathleen O'Connor
Quinsigamond Community College

Keith Olson
Utah Valley University

Dimitris Papamichail
The College of New Jersey

Yongyuth Permpoontanalarp
King Mongkut's University of Technology, Thonburi

Galin Piatniskaia
University of Missouri, St. Louis

Shawon Rahman
University of Hawaii at Hilo

Eric Rawdon
University of St. Thomas

Stefan Robila
Montclair State University

Chris Rodger
Auburn University

Sukhit Singh
Texas State University, San Marcos

David Snyder
Texas State University, San Marcos

Wasin So
San Jose State University

Bogdan Suceava
California State University, Fullerton

Christopher Swanson
Ashland University

Bon Sy
Queens College

Fereja Tahir
Illinois Central College

K.A. Venkatesh
Presidency University

Matthew Walsh
Indiana-Purdue University, Fort Wayne

Sheri Wang
University of Phoenix

Gideon Weinstein
Western Governors University

David Wilczynski
University of Southern California

James Wooland
Florida State University

感谢阅读过本书的学生，他们提供了很多建议并报告了一些勘误。在蒙茅斯大学时，曾经上过我的离散数学课程的学生，包括本科生和研究生，从方方面面帮助我改进了书中内容。

还要感谢麦格劳-希尔高等教育（本书的出版商）的工作人员，以及 Aptara 的生产人员。我还想感谢兰登书屋原来的编辑 Wayne Yuhasz，以及本书之前的许多编辑，他们的见解和技巧是本书成功的有力保障。

我想对产品经理 Nora Devlin 表示深深的谢意，她所完成的工作已远远超出了既定的职责。她不仅能力出众，而且责任心强，努力解决了新版本开发过程中出现的各种问题。

还要感谢 Peggy Selle，作为内容产品经理，她管理着本书的生产过程。她全程跟踪本书的流程，并帮助解决生产过程中出现的许多问题。感谢 Aptara 的高级产品经理 Sarita Yadav 和她的同事，他们的努力工作确保了本书的生产质量。

我还要对麦格劳-希尔高等教育的科学、工程和数学(SEM)部门的同仁表示感谢，他们对新版本以及相关的媒体内容给予了大力支持，包括：

- Mike Ryan，高等教育副总裁，负责作品统筹和学习内容管理
- Kathleen McMahon，数学与物理科学部门常务主管
- Caroline Celano，数学部门主管
- Alison Frederick，市场经理
- Robin Reed，首席产品开发师
- Sandy Ludovissey，采购人
- Egzon Shaqiri，设计师
- Tammy Juran，评估内容项目经理
- Cynthia Northrup，数字内容部门主管
- Ruth Czarnecki-Lichstein，业务产品经理
- Megan Platt，编辑协调人
- Lora Neyens 和 Jolynn Kilburg，项目经理
- Lorraine Buczek，内容授权专家

Kenneth H. Rosen

在线资源

为给本书提供有价值的网站资源，我们花费了巨大的心血。建议教师花些时间浏览网站，以确定哪些资源可以帮助学生学习并探索离散数学知识。在线学习中心(OLC)的资源可供学生和教师使用，Connect [⊖] 站点则专为交互式教学而设计，教师可以选择使用。

在线学习中心

在线学习中心可通过 www.mhhe.com/rosen 访问，其中包含信息中心、学生区和教师区。每一部分的主要特点如下。

信息中心

信息中心含有本书的基本信息，包括展开的目录(包括小节标题)、前言、教辅资源说明以及一个样章。还有一个链接，用来提交关于本书的错误报告或其他反馈信息。

学生区

学生区提供丰富的资源，包括下列与本书紧密相关的资源(书中通过特定图标标识)：

- **附加例题**。你可以在该网站找到大量附加的例题，涵盖本书所有章节。这些例题主要集中在学生经常需要寻找额外资料的领域。虽然大部分例题只是扩充了基本概念，但在这里也能找到一些非常具有挑战性的例题。第 8 版中又添加了许多新的附加例题。 Extra Examples
- **交互式演示小程序**。借助这些小程序，你能以交互方式探索重要算法是如何工作的，并且通过链接到例题和练习直接与本书内容相关联。网站还提供了附加说明，指导你如何应用这些小程序。 Demo
- **自我评估**。这些交互式指南帮助你评估自己对 14 个关键概念的理解程度。评估系统提供了一个问题库，其中每个问题包括一段简短教程和一道多选题。如果你选择了错误答案，系统会提供建议，帮助你理解错在哪里。利用自我评估系统，你应该能诊断出学习中的问题并找到合适的帮助。 Assessment
- **网络资源指南**。该指南提供了数百个带有注释的外部网站链接，涉及历史及传记信息、谜题及问题、讨论、小程序示例、程序代码以及其他资源。 Links

除此之外，学生区的资源还包括：

- **探索离散数学**。这份资料能帮助学生利用计算机代数系统来完成离散数学中很广泛的一类计算。每章提供的内容包括：计算机代数系统中相关函数的描述及用法，离散数学中用于执行计算的程序，以及例题和练习。这些资料包括 Maple 和 Mathematica 两个版本。
- **离散数学应用**。这份资料共 24 章，每章都有独立的一组练习题，给出了各式各样有趣而又重要的应用，涉及离散数学中的三个领域——离散结构、组合学和图论。这些应用可以补充本书内容，同时也是自学的理想资料。
- **证明撰写指南**。该指南为撰写证明提供一些帮助，撰写证明是许多学生都觉得很难掌握的一种技巧。可以在课程刚开始时以及在需要写证明之后随时翻阅本指南，你会发觉自己撰写证明的能力提高了。(在《学生解题指南》中也有提供。)
- **学习离散数学时的常见错误**。该指南包括一个详细列表，列举了学生在学习离散数学时常有的一些误解以及容易犯的各类错误。建议你时常看看该列表，以避免掉进常见的陷

⊖ 使用 Connect 的学生需要另行购买访问权限，中文版不提供此权限。——编辑注

阱。(在《学生解题指南》中也有提供。)

- **对写作课题的建议**。该指南为本书中的写作课题提供了非常有益的提示和建议，包括：有助于开展研究的各类参考文献，涵盖相关书籍和论文；各种相关资料，包括印刷版和在线版；做图书馆研究的技巧；提升写作质量的建议。(在《学生解题指南》中也有提供。)

教师区

网站的这一部分提供了对学生区所有资源的访问，以及为教师准备的资源：

- **教学大纲样本**。给出了详细的课程大纲，为有不同侧重点以及不同学生背景和能力水平的课程提供了建议。
- **教学建议**。包含给教师的详细教学建议，包括全书章节概况、每小节详细注解以及关于练习的说明。
- **可打印试题**。以 TeX 格式和 Word 格式提供每章的可打印试题，教师还可以自行定制。
- **讲义幻灯片以及图表**。为教师提供了一组涵盖全部章节的完整 PowerPoint 幻灯片。此外，本书中所有的图和表格也以 PowerPoint 幻灯片形式提供。

什么是离散数学？离散数学是致力于研究离散对象的数学分支。(这里离散意味着由不同的或不相连的元素组成。)可利用离散数学来求解的问题包括：

- 在计算机系统中，可用多少种方式选择一个合法的口令？
- 赢得彩票的概率是多少？
- 网络上的两台计算机之间是否存在通路？
- 怎样鉴别垃圾邮件？
- 怎样加密一则消息，使得只有预期收件人能够阅读？
- 在交通系统中，两座城市之间的最短路径是什么？
- 怎样按递增顺序排列一列整数？
- 完成排序需要用到多少步骤？
- 如何证明一种排序算法能正确地排序列表？
- 怎样设计两个整数相加的电路？
- 存在多少合法的因特网地址？

你将学习解决诸如以上问题时需要用到的离散结构和技术。

更一般地，每当需要对对象进行计数时，需要研究两个有限(或可数)集合之间的关系时，需要分析涉及有限步骤的过程时，就会用到离散数学。离散数学的重要性不断增长的一个关键原因是信息在计算机器中是以离散方式存储和处理的。

为什么要学习离散数学？学习离散数学有许多重要理由。首先，通过这门课程你可以培养自己的数学素养，即理解和构造数学论证的能力。没有这些技巧，你在学习数学科学时不可能走得太远。

其次，离散数学是学习数学科学中所有高级课程的必由之路。离散数学为许多计算机科学课程提供数学基础，包括数据结构、算法、数据库理论、自动机理论、形式语言、编译理论、计算机安全以及操作系统。学生会发现，若没有在离散数学课程中打下适当的数学基础，在学习后续课程时将会感到非常困难。有一个学生给我发送电子邮件，说在她选修的每门计算机科学课程中都用到了本书的知识。

以离散数学中研究的内容为基础的数学课程包括逻辑、集合论、数论、线性代数、抽象代数、组合学、图论及概率论(离散部分)。

此外，离散数学还包含在运筹学(包括离散优化)、化学、工程学以及生物学等领域的问题求解中所必需的数学基础。在本书中，我们将学习上述领域中的一些应用。

许多学生都觉得他们的离散数学入门课程比以前选修过的课程更具挑战性。理由就是，本课程的主要目标之一是教授数学推理和问题求解，而非一些零散技巧的集合。本书练习的设计就反映了这个目标。虽然书中的大量练习与例题所阐述的内容多有类似，但还是有相当比例的练习需要创造性思维。这是有意而为之的。本书中讨论的内容提供了求解这些练习所需的工具，但你的任务是调动自己的创造性成功地使用这些工具。本课程的主要目标之一是学习如何解决那些可能与你以前遇到过的不大一样的问题。不过，学会求解一些特殊类型的练习，还不足以保证你能掌握在后续课程及职业生涯中所需的问题求解技能。虽然本书论述了众多不同的主题，但离散数学是一个极为多样化又涉猎广泛的研究领域。本书的目标之一是培养学生举一反三的能力，以便学生在将来的职业生涯中也能快速学会所需要的其他知识。

最后，离散数学是一门非常好的学习如何阅读和书写数学证明的课程。除了第1章和第5

章给出的明确论述证明的资料外，本教材还包含大量定理的证明，以及要求学生完成证明的练习。这样不仅能加深学生对主题的理解，还能使学生为今后学习数学和计算机科学理论方面的高级课程做好充分准备。

练习。关于如何更好地学习离散数学(以及数学和计算机科学中的其他科目)，我想给出一些建议。积极做练习的收获最多，建议你尽可能地多做练习。在完成老师布置的练习后，我鼓励你做更多的练习，如本书每节后面的练习和每章后面的补充练习。(注意练习前面的分级标记。)

练习标记的含义

无标记	常规练习
*	稍难的练习
**	富有挑战性的练习
☞	练习中包含正文中要用到的结论
(需要微积分知识)	练习求解时需要用到极限或微积分中的概念

做练习的最好方法是在查阅答案之前首先尝试自己解题。注意，书中提供的所有奇数编号练习的答案只是答案而已，而非完整的解答，特别是，这些答案中省略了获得解所需的推导过程。单独提供的《学生解题指南》则提供了本书中所有奇数编号练习的完整解答。当你在求解过程中遇到困境时，才建议查阅《学生解题指南》。越是尝试自己解题而非被动查阅或照抄解答，你学到的就越多。出版商有意不提供偶数编号练习的答案和解答，如果你在解这些练习时遇到困难，可以请教你的老师。

网络资源。本书的所有用户均可通过在线学习中心访问在线资源。在那里，你会找到：许多为澄清关键概念而设计的附加例题；衡量你对核心主题理解程度的自我评估；探索关键算法和其他概念的交互式演示小程序；精选的与离散数学相关的网络资源指南；帮助你掌握核心概念的附加解释和实践；关于撰写证明以及避免离散数学中常见错误的新增说明；关于重要应用的深度讨论；利用 Maple 和 Mathematica 软件探索离散数学中计算问题的指南。在书中的一些地方，当有其他在线资源可用时，会在页边用特定图标标识。关于这些以及其他在线资源的详细信息，参见前文中的说明。

本书的价值。对于读者给予本书的高额投资，我希望能提供超值的回报。多年来我们投入了大量的精力来开发和优化本书、相关教辅资料及配套网站。我相信绝大多数读者会觉得本书及相关资料能帮助自己掌握离散数学，就像以前的许多学生一样。即使你现在的课程没有覆盖某些章节，但当你学习其他课程时，会发现再来阅读本书相关章节也是十分有益的，之前的许多学生都有过这样的经历。绝大多数读者，特别是那些将继续从事计算机科学、数学或工程学相关工作的人，在今后的学习中一定会把本书当作一本有用的工具书。我将本书设计为今后学习和探索的起点，同时也是一部综合性的参考书。祝福每一位即将开启征程的读者，祝你好运。

Kenneth H. Rosen

Kenneth H. Rosen 1972 年获得密歇根大学安娜堡分校数学学士学位；1976 年获得麻省理工学院数学博士学位，在哈罗德·斯塔克(Harold Stark)的指导下撰写了数论方面的博士论文。1982 年加入贝尔实验室之前，他曾就职于科罗拉多大学博尔德分校以及哥伦布市的俄亥俄州立大学，并曾在欧洛诺市的缅因大学任数学副教授。作为位于新泽西州蒙茅斯县的 AT&T 贝尔实验室(以及 AT&T 实验室)的杰出技术人员，他非常享受这段长期的职业生涯。在贝尔实验室工作期间，他也在蒙茅斯大学从事教学工作，教授离散数学、编码理论和数据安全方面的课程。在离开 AT&T 实验室之后，他成为蒙茅斯大学计算机科学专业的访问研究教授，教授算法设计、计算机安全和密码学以及离散数学方面的课程。

Rosen 博士在关于数论及数学建模的专业期刊上发表了大量论文。他是《初等数论及其应用》(Elementary Number Theory and Its Applications)的作者，该书由培生出版并被广为采用，目前第 6 版已被翻译成中文。他也是《离散数学及其应用》(Discrete Mathematics and Its Applications)的作者，该书由麦格劳-希尔出版，目前是第 8 版。《离散数学及其应用》自出版以来在北美发行超过 450 000 册，在世界其余各地发行数十万册。这本书已经被翻译成多种语言，包括西班牙文、法文、葡萄牙文、希腊文、中文、越南文和韩文。他还是《UNIX 完全手册》(UNIX：The Complete Reference)、《UNIX 系统 V 版本 4：简介》(UNIX System V Release 4：An Introduction)、《最佳 UNIX 小技巧》(Best UNIX Tips Ever)的合著者，这些书均由奥斯本/麦格劳-希尔出版。这些书发行超过 150 000 册，并被翻译成中文、德文、西班牙文和意大利文。Rosen 博士还是 CRC 出版的《离散及组合数学手册》(Handbook of Discrete and Combinatorial Mathematics)第 1 版和第 2 版(分别于 1999 年和 2018 年出版)的编辑。他是 CRC 离散数学丛书的顾问编辑，这套丛书已出版 70 多册，涵盖离散数学的不同方面，其中大多数内容在本书中也有介绍。他还是 CRC 数学教科书系列的顾问编辑，帮助 30 多位作者写出了更完美的教科书。Rosen 博士现任《离散数学》期刊副主编，负责审阅提交的论文，涉及若干领域，包括图论、枚举、数论和密码学。

Rosen 博士一直致力于将数学软件集成到教育和专业环境中，他对此兴趣浓厚，并参与了和 Waterloo Maple 公司的 Maple 软件的一些合作项目。Rosen 博士投入了极大的精力来保障为本书开发的在线作业系统成为优秀的教学工具。Rosen 博士还和几家出版公司合作开发了作业交付平台。

在贝尔实验室和 AT&T 实验室期间，Rosen 博士所从事的项目涉猎广泛，包括运筹学研究、计算机和数据通信设备的产品线规划、技术评估与创新，以及其他许多方面的工作。他帮助规划 AT&T 在多媒体领域的产品和服务，包括视频会议、语音识别、语音合成和图像联网。他为 AT&T 使用的新技术做评估，并在图像联网领域从事标准化工作。他还发明了许多新服务，并拥有超过 70 项专利。他的一个最有趣的项目涉及帮助评估 AT&T 为提高吸引力而采用的技术，这也是 EPCOT 中心的一部分。在离开 AT&T 之后，Rosen 博士还为 Google 和 AT&T 做技术咨询工作。

符号表

主题	符号	意义
	$\neg p$	p 的否定
	$p \wedge q$	p 和 q 的合取
	$p \vee q$	p 和 q 的析取
	$p \oplus q$	p 和 q 的异或
	$p \to q$	p 蕴含 q
	$p \leftrightarrow q$	p 和 q 的双条件
	$p \equiv q$	p 和 q 的等价
逻辑	$\mathbf{T}$	永真式
	$\mathbf{F}$	矛盾式
	$P(x_1, \cdots, x_n)$	命题函数
	$\forall x P(x)$	$P(x)$的全称量化
	$\exists x P(x)$	$P(x)$的存在量化
	$\exists ! x P(x)$	$P(x)$的唯一存在量化
	$\therefore$	所以
	$p\{S\}q$	S 的部分正确性
	$x \in S$	x 是 S 的成员
	$x \notin S$	x 不是 S 的成员
	$\{a_1, \cdots, a_n\}$	一个集合的元素列表
	$\{x \mid P(x)\}$	集合构造器记法
	$\mathbf{N}$	自然数集合
	$\mathbf{Z}$	整数集合
	$\mathbf{Z}^+$	正整数集合
	$\mathbf{Q}$	有理数集合
	$\mathbf{R}$	实数集合
	$[a, b]$，(a, b)	闭区间，开区间
	$S = T$	集合等式
	$\varnothing$	空集
	$S \subseteq T$	S 是 T 的子集
	$S \subset T$	S 是 T 的真子集
集合	$\lvert S \rvert$	S 的基数
	$\mathcal{P}(S)$	S 的幂集合
	$(a_1, a_2, \cdots, a_n)$	n 元组
	(a, b)	序偶
	$A \times B$	A 和 B 的笛卡儿乘积
	$A \cup B$	A 和 B 的并集
	$A \cap B$	A 和 B 的交集
	$A - B$	A 和 B 的差集
	$\overline{A}$	A 的补集
	$\bigcup_{i=1}^{n} A_i$	A_i 的并集，$i=1, 2, \cdots, n$
	$\bigcap_{i=1}^{n} A_i$	A_i 的交集，$i=1, 2, \cdots, n$
	$A \oplus B$	A 和 B 的对称差
	$\aleph_0$	可数集的基数
	$\mathfrak{c}$	$\mathbf{R}$ 的基数

（续）

主题	符号	意义
函数	$f(a)$	函数 f 在 a 点的值
	$f: A \to B$	f 是从 A 到 B 的函数
	$f_1 + f_2$	函数 f_1 和 f_2 的和
	$f_1 f_2$	函数 f_1 和 f_2 的积
	$f(S)$	集合 S 在 f 之下的像
	$\iota_A(s)$	A 上的恒等函数
	$f^{-1}(x)$	f 的逆
	$f \circ g$	f 和 g 的组合
	$\lfloor x \rfloor$	下取整函数
	$\lceil x \rceil$	上取整函数
	a_n	$\{a_i\}$ 中下标为 n 的项
	$\sum_{i=1}^{n} a_i$	a_1，a_2，…，a_n 之和
	$\sum_{\alpha \in S} a_\alpha$	a_α 之和，$\alpha \in S$
	$\prod_{i=1}^{n} a_n$	a_1，a_2，…，a_n 之积
	$f(x)$ 是 $O(g(x))$	$f(x)$ 是大 O $g(x)$
	$n!$	n 的阶乘
	$f(x)$ 是 $\Omega(g(x))$	$f(x)$ 是大 Ω $g(x)$
	$f(x)$ 是 $\Theta(g(x))$	$f(x)$ 是大 Θ $g(x)$
	$\sim$	渐近于
	$\min(x, y)$	x 和 y 的最小值
	$\max(x, y)$	x 和 y 的最大值
	$\approx$	约等于
整数	$a \mid b$	a 整除 b
	$a \nmid b$	a 不整除 b
	a **div** b	a 除以 b 所得的商
	a **mod** b	a 除以 b 所得的余数
	$a \equiv b \pmod m$	a 模 m 同余于 b
	$a \not\equiv b \pmod m$	a 模 m 不同余于 b
	$\mathbf{Z}_m$	模 m 整数集
	$(a_k a_{k-1} \cdots a_1 a_0)_b$	以 b 为基数的表示
	$\gcd(a, b)$	a 和 b 的最大公因子
	$\operatorname{lcm}(a, b)$	a 和 b 的最小公倍数
矩阵	$[a_{ij}]$	矩阵，其中元素为 a_{ij}
	$\mathbf{A}+\mathbf{B}$	矩阵 $\mathbf{A}$ 和 $\mathbf{B}$ 的和
	$\mathbf{AB}$	矩阵 $\mathbf{A}$ 和 $\mathbf{B}$ 的积
	$\mathbf{I}_n$	n 阶单位矩阵
	$\mathbf{A}^{\mathrm{T}}$	$\mathbf{A}$ 的转置
	$\mathbf{A} \vee \mathbf{B}$	矩阵 $\mathbf{A}$ 和 $\mathbf{B}$ 的并
	$\mathbf{A} \wedge \mathbf{B}$	矩阵 $\mathbf{A}$ 和 $\mathbf{B}$ 的交
	$\mathbf{A} \odot \mathbf{B}$	矩阵 $\mathbf{A}$ 和 $\mathbf{B}$ 的布尔积
	$\mathbf{A}^{[n]}$	$\mathbf{A}$ 的 n 次布尔幂
计数与概率	$P(n, r)$	n 元素集合的 r 排列数
	$C(n, r)$	n 元素集合的 r 组合数
	$\binom{n}{r}$	n 选 r 的二项式系数
	$C(n; n_1, n_2, \cdots, n_m)$	多项式系数

（续）

主题	符号	意义
计数与概率	$p(E)$	E 的概率
	$p(E \mid F)$	给定 F，E 的条件概率
	$E(X)$	随机变量 X 的期望值
	$V(X)$	随机变量 X 的方差
	C_n	卡塔兰数
	$N(P_{i_1} \cdots P_{i_n})$	具有性质 P_{i_j} 的元素个数，$j=1$，…，n
	$N(P'_{i_1} \cdots P'_{i_n})$	不具有性质 P_{i_j} 的元素个数，$j=1$，…，n
	D_n	n 个元素的错排数
关系	$S \circ R$	关系 R 和 S 的复合
	R^n	关系 R 的 n 次幂
	R^{-1}	逆关系
	s_C	条件 C 的选择操作
	$Pi_1, i_2, \cdots, i_m$	投影
	$J_p(R, S)$	联合
	Δ	对角线关系
	R^*	R 的连通性关系
	$a \sim b$	a 等价于 b
	$[a]_R$	a 的 R 等价类
	$[a]_m$	模 m 的同余类
	(S, R)	由集合 S 和偏序 R 构成的偏序集
	$a \prec b$	a、b 有 $\prec$ 关系
	$a \succ b$	a、b 有 $\succ$ 关系
	$a \preccurlyeq b$	a、b 有 $\preccurlyeq$ 关系
	$a \succcurlyeq b$	a、b 有 $\succcurlyeq$ 关系
图和树	(u, v)	有向边
	$G=(V, E)$	以 V 为点集、E 为边集的图
	$\{u, v\}$	无向边
	$\deg(v)$	顶点 v 的度数
	$\deg^-(v)$	顶点 v 的入度
	$\deg^+(v)$	顶点 v 的出度
	K_n	n 个顶点的完全图
	C_n	大小为 n 的圈图
	W_n	大小为 n 的轮图
	Q_n	n 立方体图
	$K_{n,m}$	大小为 n、m 的完全二分图
	$G-e$	G 删除边 e 后的子图
	$G+e$	G 增加边 e 所得的图
	$G_1 \cup G_2$	G_1 和 G_2 的并
	$a, x_1, \cdots, x_{n-1}, b$	从 a 到 b 的通路
	$a, x_1, \cdots, x_{n-1}, a$	回路
	$\kappa(G)$	G 的顶点连通度
	$\lambda(G)$	G 的边连通度
	r	平面图的面数
	$\deg(R)$	面 R 的度数
	$\chi(G)$	G 的着色数
	m	根树中内点的最大子树数
	n	根树中的顶点数
	i	根树中的内点数
	l	根树中的叶子数
	h	根树的高度

（续）

主题	符号	意义
	$\overline{x}$	布尔变量 x 的补
	$x+y$	x 和 y 的布尔和
	$x\cdot y$（或 xy）	x 和 y 的布尔积
	B	$\{0，1\}$
	F^d	F 的对偶
	$x\mid y$	x NAND y
布尔代数	$x\downarrow y$	x NOR y
	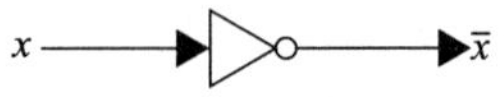	非门
	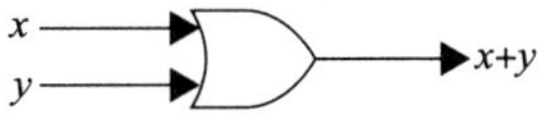	或门
		与门
	λ	空串
	xy	x 和 y 的连接
	$l(x)$	串 x 的长度
	w^R	w 的反串
	$(V，T，S，P)$	短语结构文法
	S	开始符号
	$w\rightarrow w_1$	产生式
语言和有限状态机	$w_1\Rightarrow w_2$	w_2 可由 w_1 直接派生
	$w_1\overset{*}{\Rightarrow}w_2$	w_2 可由 w_1 派生
	$\langle A\rangle ::= \langle B\rangle\ c\mid d$	巴克斯-诺尔范式
	$(S，I，O，f，g，s_0)$	带输出的有限状态机
	s_0	开始状态
	AB	集合 A 和 B 的连接
	A^*	A 的 Kleene 闭包
	$(S，I，f，s_0，F)$	不带输出的有限状态自动机
	$(S，I，f，s_0)$	图灵机

目　录

Discrete Mathematics and Its Applications，8E

⊖ 标注“在线”的章节，请访问华章网站(www.hzbook.com)下载。——编辑注

基础：逻辑和证明

逻辑规则可以指定数学语句的含义。例如，这些规则有助于我们理解下列语句及其推理："存在一个整数，它不是两个整数的平方之和"，以及"对每个正整数 n，小于等于 n 的正整数之和是 $n(n+1)/2$"。逻辑是所有数学推理的基础，也是所有自动推理的基础。对计算机的设计、系统的规范说明、人工智能、计算机程序设计、程序设计语言以及计算机科学的其他许多研究领域，逻辑都有实际的应用。

为了理解数学，我们必须理解正确的数学论证(即证明)是由什么组成的。一旦证明一个数学语句是真的，我们就称之为定理。关于同一主题的定理集合就组成了我们对这个主题的认知。为了学习一个数学主题，我们需要主动构造关于此主题的数学论证，而不仅仅是阅读论述。此外，了解一个定理的证明通常就有可能通过细微改变使结论能够适应新的情境。

每个人都知道证明在数学中的重要性，但许多人对于证明在计算机科学中的重要程度感到惊讶。事实上，证明常常用于验证计算机程序对所有可能的输入值产生正确的输出值，用于揭示算法总是产生正确结果，用于建立一个系统的安全性，以及用于创造人工智能系统。并且，已经有自动推理系统被创造出来，即让计算机自己来构造证明。

本章将解释一个正确的数学论证是如何组成的，并介绍构造这样的论证的工具。我们将开发一系列不同的证明方法以证明许多不同类型的结论。在介绍了多种不同证明方法后，我们将介绍一些构造证明的策略。我们还将介绍猜想的概念，并通过研究猜想来解释数学发展的过程。

1.1 命题逻辑

1.1.1 引言

逻辑规则给出数学语句的准确含义。这些规则可以用来区分数学论证的有效或无效。由于本书的一个主要目的是教会读者如何理解和构造正确的数学论证，所以我们从介绍逻辑开始离散数学的学习。

逻辑不仅对理解数学推理十分重要，而且在计算机科学中有许多应用。这些逻辑规则用于计算机电路设计、计算机程序构造、程序正确性验证以及许多其他方面。而且，已经开发了一些软件系统用于自动构造某些(但不是全部)类型的证明。在随后的几章中将逐一讨论这些应用。

1.1.2 命题

我们首先介绍逻辑的基本构件——命题。**命题**是一个陈述语句(即陈述事实的语句)，它或真或假，但不能既真又假。

例1 下面的陈述句均为命题。 Extra Examples

1. 华盛顿特区是美利坚合众国的首都。
2. 多伦多是加拿大的首都。
3. $1+1=2$。
4. $2+2=3$。

命题1和3为真，而命题2和4为假。 ◀

例2给出了不是命题的若干语句。

例2 考虑下述语句。

1. 几点了？

2. 仔细读这个。

3. $x+1=2$。

4. $x+y=z$。

语句1和2不是命题，因为它们不是陈述句。语句3和4不是命题，因为它们既不为真，也不为假。注意，如果我们给语句3和4中的变量赋值，那么语句3和4可以变成命题。1.4节还将讨论把这一类语句改成命题的其他方法。◀

我们用字母来表示**命题变量**（或称为**语句变量**），即表示命题的变量，就像用字母表示数值变量那样。习惯上用字母 p，q，r，s，…表示命题变量。如果一个命题是真命题，则它的**真值**为真，用T表示；如果它是假命题，则其真值为假，用F表示。不能用简单的命题来表示的命题称为**原子命题**。

涉及命题的逻辑领域称为**命题演算**或**命题逻辑**。它最初是2300多年前由古希腊哲学家亚里士多德系统地创建的。

Links〉现在我们转而关注从已有命题产生新命题的方法。这些方法由英国数学家布尔在他的名为《The Laws of Thought》（思维定律）的书中讨论过。许多数学陈述都是由一个或多个命题组合而来。由已知命题用**逻辑运算符**组合而来的新命题也被称为**复合命题**。

定义1　令 p 为一命题，则 p 的否定记作 $\neg p$（也可记作 $\overline{p}$），指"不是 p 所指的情形"。命题 $\neg p$ 读作"非 p"。p 的否定（$\neg p$）的真值和 p 的真值相反。

评注　否定运算符的记号并没有统一标准。尽管 $\neg p$ 和 $\overline{p}$ 是数学中最常用的表示 p 的否定的记号，但你仍有可能会见到其他的记法，如 $\sim p$、$-p$、p'、Np 和 $!p$。

Extra Examples〉**例3**　找出命题"Michael的PC运行Linux"的否定，并用中文表示。

解　否定为"并非Michael的PC运行Linux"，也可以更简单地表达为"Michael的PC并不运行Linux"。◀

例4　找出命题"Vandana的智能手机至少有32GB内存"的否定并用中文表示。

解　否定为"并非Vandana的智能手机至少有32GB内存"，也可以表达为"Vandana的智能手机并没有至少32GB内存"，或者可以更简单地表达为"Vandana的智能手机有不到32GB内存"。◀

表1是命题 p 及其否定的**真值表**。此表针对命题 p 的两种可能真值各有一行。每一行显示对应于 p 的真值时 $\neg p$ 的真值。

表1　命题之否定的真值表

p	$\neg p$
T	F
F	T

命题的否定也可以看作**否定运算符**作用在命题上的结果。否定运算符从一个已知命题构造出一个新命题。现在我们将引入从两个或多个已知命题构造新命题的逻辑运算符。这些逻辑运算符也称为**联结词**。

定义2　令 p 和 q 为命题。p、q 的合取即命题"p 并且 q"，记作 $p \wedge q$。当 p 和 q 都是真时，$p \wedge q$ 命题为真，否则为假。

表2展示了 $p \wedge q$ 的真值表。此表每一行对应 p 和 q 真值的4种可能组合之一。4行分别对应真值对TT、TF、FT和FF，其中第一个真值是 p 的真值，第二个真值是 q 的真值。

注意在逻辑中，有时候会用"但是"一词替代"并且"一词来表示合取。比如，语句"阳光灿烂，但是在下雨"是"阳光灿烂并且在下雨"的另一种说法。（在自然语言中，"并且"和"但是"在意思上有微妙的不同，这里我们不关心这个细微差别。）

例5　找出命题 p 和 q 的合取，其中 p 为命题"Rebecca的PC至少有16GB空闲磁盘空间"，q 为命题"Rebecca的PC处理器的速度大于1GHz"。

解　这两个命题的合取 $p \wedge q$ 是命题"Rebecca的PC至少有16GB空闲磁盘空间，并且

Rebecca 的 PC 处理器的速度大于 1GHz”。这个合取可以更简单地表示成“Rebecca 的 PC 至少有 16GB 空闲磁盘空间，并且其处理器的速度大于 1GHz”。这一命题要想为真，两个给定的条件都必须为真。当其中一个或两个条件为假时，它就是假命题。◀

定义 3 令 p 和 q 为命题。p 和 q 的析取即命题“p 或 q”，记作 $p \vee q$。当 p 和 q 均为假时，合取命题 $p \vee q$ 为假，否则为真。

表 3 展示了 $p \vee q$ 的真值表。

表 2　两个命题合取的真值表

p	q	$p \wedge q$
T	T	T
T	F	F
F	T	F
F	F	F

表 3　两个命题析取的真值表

p	q	$p \vee q$
T	T	T
T	F	T
F	T	T
F	F	F

在析取中使用的联结词或（or）对应于在自然语言中使用或字的两种情况之一，即**兼或**（inclusive or）。析取式为真，只要两个命题之一为真或两者均为真即可。也就是说，当 p 和 q 均为真或者 p 和 q 恰好有一个为真时，$p \vee q$ 为真。

例 6 令 p 和 q 分别表示命题“选修过微积分课的学生可以选修本课程”和“选修过计算机科学导论课的学生可以选修本课程”，在命题逻辑中用这两个命题翻译语句“选修过微积分课或计算机科学导论课的学生可以选修本课程”。

解　我们假定这个语句的意思是同时选修过微积分课和计算机科学导论课的学生以及只选修过其中一门课的学生都可以选修本课程。故，这个语句可以表达成 p 和 q 的兼或或析取，即 $p \vee q$。◀

例 7 如果 p 和 q 就是例 5 中的两个命题，它们的析取是什么？　Extra Examples

解　p 和 q 的析取 $p \vee q$ 是命题“Rebecca 的 PC 至少有 16GB 空闲磁盘空间，或者 Rebecca 的 PC 处理器的速度大于 1GHz”。

当 Rebecca 的 PC 至少有 16GB 空闲磁盘空间时，当 Rebecca 的 PC 处理器的速度大于1GHz 时，当两个条件都为真时，该命题均为真。当两个条件同时为假时，即当 Rebecca 的 PC 少于 16GB 空闲磁盘空间，并且其处理器的速度小于等于 1GHz 时，此命题为假。◀

或联结词除了用于表示析取，也可以用来表示异或。与两个命题 p 和 q 的析取不同，当恰好 p 和 q 之一为真时，这两个命题的异或为真；而当 p 和 q 两者均为真（或均为假）时，它就为假。

定义 4 令 p 和 q 为命题。p 和 q 的异或（记作 $p \oplus q$）是这样一个命题：当 p 和 q 中恰好只有一个为真时命题为真，否则为假。

两个命题异或的真值表如表 4 所示。

例 8 令 p 和 q 分别表示命题“学生就餐时可以配一份沙拉”和“学生就餐时可以配一份汤”。p 和 q 的异或 $p \oplus q$ 表示什么？

解　p 和 q 的异或是当恰好 p 和 q 之一为真时才为真的命题，即 $p \oplus q$ 是语句“学生就餐时可以配一份沙拉或一份汤，但不能兼得”。注意，这样的语句通常表达成“学生就餐时可以配一份沙拉或一份汤”，而不需要明确写上同时拿两份是不允许的。◀

例 9 令 p 和 q 分别表示命题“我要用全部积蓄去欧洲旅行”和“我要用全部积蓄买一辆电动车”，在命题逻辑中用这两个命题翻译语句“我要用全部积蓄去欧洲旅行或买一辆电动车”。

解　为了翻译这个语句，我们首先注意到这里的或肯定是异或，因为可以使用全部积蓄去欧洲旅行或者使用全部积蓄买一辆电动车，但不能同时去欧洲旅行和买一辆电动车(这是显然的，因为每个选项都会花掉全部积蓄)，所以这个语句可以表达成 $p \oplus q$。◀

1.1.3　条件语句

下面讨论其他几个重要的命题组合方式。

定义5　令 p 和 q 为命题。条件语句 $p \rightarrow q$ 是命题“如果 p，则 q”。当 p 为真而 q 为假时，条件语句 $p \rightarrow q$ 为假，否则为真。在条件语句 $p \rightarrow q$ 中，p 称为假设(前件、前提)，q 称为结论(后件)。

Assessment 语句 $p \rightarrow q$ 称为条件语句，因为 $p \rightarrow q$ 可以断定在条件 p 成立的时候 q 为真。条件语句也称为**蕴含**。

条件语句 $p \rightarrow q$ 的真值表如表5所示。注意，当 p 和 q 都为真，以及当 p 为假(与 q 的真值无关)时，语句 $p \rightarrow q$ 为真。

表4　两个命题异或的真值表

p	q	$p \oplus q$
T	T	F
T	F	T
F	T	T
F	F	F

表5　条件语句 $p \rightarrow q$ 的真值表

p	q	$p \rightarrow q$
T	T	T
T	F	F
F	T	T
F	F	T

由于条件语句在数学推理中具有很重要的作用，所以表达 $p \rightarrow q$ 的术语也很多。即使不是全部，你也会碰到下面几个常用的条件语句的表述方式：

“如果 p，则 q”　　“p 蕴含 q”
“如果 p，q”　　“p 仅当 q”
“p 是 q 的充分条件”　　“q 的充分条件是 p”
“q 如果 p”　　“q 每当 p”
“q 当 p”　　“q 是 p 的必要条件”
“p 的必要条件是 q”　　“q 由 p 得出”
“q 除非 $\neg p$”　　“q 假定 p”

为了便于理解条件语句的真值表，可以将条件语句想象为义务或合同。例如，许多政治家在竞选时都许诺：“如果我当选了，那么我将会减税。”如果这个政治家当选了，选民将期望他能减税。再者，如果这个政治家没有当选，那么选民就无法期望他能减税，尽管这个人也许有足够的影响力可令当权者减税。只有在该政治家当选但却没有减税的情况下，选民才能说政治家违背了竞选诺言。这种情形对应于在 $p \rightarrow q$ 中 p 为真但 q 为假的情况。

类似地，考虑教授可能做出的如下陈述：“如果你在期末考试中得了满分，那么你的成绩将被评定为A。”如果你设法在期末考试中得满分，那么你可以期望得到A。如果你没得到满分，那么你是否能得到A将取决于其他因素。然而，如果你得到满分，但教授没有给你A，你会有受骗的感觉。

评注　因为蕴含式 p 蕴含 q 的众多表达方式中有些容易引起混淆，这里提供一些消除混淆的建议。记住“p 仅当 q”表达了与“如果 p，则 q”同样的意思，注意“p 仅当 q”说的是当 q 不为真时 p 不能为真。也就是说，如果 p 为真但 q 为假，则这个语句为假。当 p 为假时，q 可以为真也可以为假，因为语句并没有谈及 q 的真值。

例如，假设教授告诉你：“你在这门课能获得A，仅当期末考试至少得90分。”那么，如果这门课得了A，你就知道自己期末考试至少得了90分。如果没有得A，你的期末考试可能至少得了90分也可能没到90分。要小心不要用“q 仅当 p”来表达 $p \rightarrow q$，因为这是错误的。这里“仅”字起了关键作用。要明白这一点，请注意当 p 和 q 取不同的真值时，“q 仅当 p”和 $p \rightarrow q$ 的真值是不同的。为了理解为什么“q是p的必要条件”等价于“如果p，则q”，观察一下，“q是p的必要条件”意思是p不能为真除非q为真，或者如果q为假，则p为假。这就相当于在说：如果p为真，则q为真。为了理解为什么“p是q的充分条件”等价于“如果p，则q”，注意“p是q的充分条件”的意思是如果p为真，就必须q也为真。这就相当于在说：如果p为真，则q也为真。

为了记住“q除非$\neg p$”表达了和$p \to q$条件语句一样的意思，注意“q除非$\neg p$”的意思是如果$\neg p$是假的，则q必是真的。也就是说，当p为真，而q为假时，语句“q除非$\neg p$”是假的，否则是真的。因此，“q除非$\neg p$”与$p \to q$总是具有相同的真值。

例 10 说明了条件语句与中文语句之间的转换。

例 10 令p为语句“Maria 学习离散数学”，q为语句“Maria 会找到好工作”。用中文表达语句$p \to q$。

Extra Examples

解 从条件语句的定义我们得知，当p为语句“Maria 学习离散数学”，q为语句“Maria 会找到好工作”时，$p \to q$代表语句“如果 Maria 学习离散数学，那么她会找到好工作”。

还有许多其他表述方法来表达这个条件语句。其中最自然的表述有“当 Maria 学习了离散数学，她就会找到一份好工作”“Maria 想要得到一份好工作，她只要学习离散数学就足够了。”“Maria 会找到一份好工作，除非她没有学习离散数学”。◀

注意我们定义条件语句的方法比其中文表达更加通用。比如，例 10 中的条件语句以及语句“如果今日天晴，那么我们就去海滩”都是日常语言中的语句，其中假设和结论之间都有一定的联系。而且，第一个语句是真的，除非 Maria 学习离散数学但没有找到好工作；而第二个语句是真的，除非今日的确天晴但我们没有去海滩。另一方面，语句“如果 Juan 有智能手机，那么 $2+3=5$”总是成立的，因为它的结论是真的(这时假设部分的真值无关紧要)。条件语句“如果 Juan 有智能手机，那么 $2+3=6$”是真的，如果 Juan 没有智能手机，即使 $2+3=6$ 为假。在自然语言中，我们不会使用最后这两个条件语句(除非偶尔有意讽刺一下)，因为其中的假设和结论之间没有什么联系。在数学推理中我们考虑的条件语句比语言中使用的要广泛一些。条件语句作为一个数学概念不依赖于假设和结论之间的因果关系。我们关于条件语句的定义规定了它的真值，而这一定义不是以语言的用法为基础的。命题语言是一种人工语言，这里为了便于使用和记忆，才将其类比于语言的用法。

许多程序设计语言中使用的 if-then 结构与逻辑中使用的不同。大部分程序设计语言中都有 **if** p **then** S 这样的语句，其中p是命题而S是一个程序段(待执行的一条或多条语句)。当程序的运行遇到这样一条语句时，如果p为真，就执行S；但如果p为假，则S不执行。如例 11 所示。

例 11 如果执行语句

$$\textbf{if } 2+2=4 \textbf{ then } x := x+1$$

之前变量$x=0$，执行语句之后x的值是什么？(符号$:=$代表赋值，语句$x := x+1$表示将$x+1$的值赋给x。)

解 因为$2+2=4$为真，所以赋值语句$x := x+1$会被执行。因此，在执行此语句之后，x的值是$0+1=1$。◀

逆命题、逆否命题与反命题 由条件语句$p \to q$可以构成一些新的条件语句。特别是三个常见的相关条件语句还拥有特殊的名称。命题$q \to p$称为$p \to q$的**逆命题**，而$p \to q$的**逆否命题**是命题$\neg q \to \neg p$。命题$\neg p \to \neg q$称为$p \to q$的**反命题**。我们发现，三个由$p \to q$衍生的条件语句中，只有逆否命题总是和$p \to q$具有相同的真值。

我们首先证明条件命题$p \to q$的逆否命题$\neg q \to \neg p$总是和$p \to q$具有相同的真值。为此，请注意只有当$\neg p$为假且$\neg q$为真，也就是p为真且q为假时，该逆否命题为假。现在我们来证明，对p和q的所有可能的真值，逆命题$q \to p$和反命题$\neg p \to \neg q$与$p \to q$都不具有相同的真值。注意，当p为真且q为假时，原命题为假，而逆命题和反命题都是真的。

当两个复合命题总是具有相同真值时，无论其命题变量的真值是什么，我们称它们是**等价**

的。因此一个条件语句与它的逆否命题是等价的。条件语句的逆与反也是等价的，读者可以验证这一点，但它们都不与原条件语句等价(我们将在 1.3 节研究等价命题)。请注意一个最常见的逻辑错误是假设条件语句的逆或反等价于这个条件语句。

我们在例 12 中解释条件语句的使用。

Extra Examples

例 12 找出语句"每当下雨时，主队就能获胜"的逆否命题、逆命题和反命题。

解 因为"q 每当 p"是表达语句 $p\to q$ 的一种方式，原始语句可以改写为"如果下雨，那么主队就能获胜"。因此，这个条件语句的逆否命题是"如果主队没有获胜，那么没有下雨"。逆命题是"如果主队获胜，那么下雨了"。反命题是"如果没有下雨，那么主队没有获胜"。其中只有逆否命题等价于原始语句。◀

双条件语句 现在我们介绍另外一种命题复合方式来表达两个命题具有相同真值。

定义 6 令 p 和 q 为命题。双条件语句 $p\leftrightarrow q$ 是命题"p 当且仅当 q"。当 p 和 q 有同样的真值时，双条件语句为真，否则为假。双条件语句也称为双向蕴含。

$p\leftrightarrow q$ 的真值表如表 6 所示。注意，当条件语句 $p\to q$和 $q\to p$ 均为真时，语句 $p\leftrightarrow q$ 为真，否则为假。这就是为什么我们用"当且仅当"来表示这一逻辑联结词，并且符号的写法就是把符号←和→结合起来。表达 $p\leftrightarrow q$ 的一些其他常用方式还有"p 是 q 的充分必要条件""如果 p 那么 q，反之亦然""p 当且仅当 q""p 恰好当 q"。

表 6　双条件语句 $p\leftrightarrow q$ 的真值表

p	q	$p\leftrightarrow q$
T	T	T
T	F	F
F	T	F
F	F	T

双条件语句的最后一种表示方式可以用缩写符号"iff"代替"当且仅当"(if and only if)。注意，$p\leftrightarrow q$与$(p\to q)\wedge(q\to p)$有完全相同的真值。

Extra Examples

例 13 令 p 为语句"你可以搭乘该航班"，令 q 为语句"你买机票了"。则 $p\leftrightarrow q$ 为语句"你可以搭乘该航班当且仅当你买机票了"。此语句为真，如果 p 和 q 均为真或均为假，也就是说，如果你买机票了就能搭乘该航班，或者如果你没买机票就不能搭乘该航班。此命题为假，当 p 和 q 有相反真值时，也就是说，当你没买机票但却能搭乘该航班时(比如你获得一次免费旅行)或当你买了机票却不能搭乘该航班时(比如航空公司拒绝你登机)。◀

双条件的隐式使用 你应该意识到在自然语言中双条件并不总是显式地使用。特别是在自然语言中很少使用双条件中的"当且仅当"结构。通常用"如果，那么"或"仅当"结构来表示双向蕴含。"当且仅当"的另一部分则是隐含的。也就是逆命题是蕴含的而没有明说出来。例如，考虑一下自然语言语句"如果你吃完饭了，则可以吃餐后甜点"。其真正含义是"你可以吃餐后甜点当且仅当你吃完饭"。后面这个语句在逻辑上等价于两个语句"如果你吃完饭，那么你可以吃甜点"和"仅当你吃完了饭，你才能吃甜点"。由于自然语言的这种不精确性，我们需要对自然语言中的条件语句是否隐含它的逆做出假设。因为数学和逻辑注重精确，所以我们总是区分条件语句 $p\to q$ 和双条件语句 $p\leftrightarrow q$。

1.1.4　复合命题的真值表

Demo

我们已经介绍了五个重要的逻辑联结词——合取、析取、异或、蕴含、双条件。此外，我们还介绍了否定。可以用这些联结词来构造含有一些命题变量的结构复杂的复合命题。我们可以用真值表来决定这些复合命题的真值，如例 14 所示。采用单独的列来找出在这个复合命题构造过程中出现的每个复合表达式的真值。对应于命题变量真值的每种组合，复合命题的真值位于表中最后一列。

例 14 构造复合命题$(p\vee\neg q)\to(p\wedge q)$的真值表。

解　因为真值表涉及两个命题变量 p 和 q，所以此表有四行，每行对应一对真值 TT、TF、FT 和 FF。前两列分别表示 p 和 q 的真值。第 3 列为 $\neg q$ 的真值，用于计算第 4 列中 $p \vee \neg q$ 的真值。第 5 列给出 $p \wedge q$ 的真值。$(p \vee \neg q) \rightarrow (p \wedge q)$ 的真值在最后一列。最终的真值表如表 7 所示。

表 7　复合命题 $(p \vee \neg q) \rightarrow (p \wedge q)$ 的真值表

p	q	$\neg q$	$p \vee \neg q$	$p \wedge q$	$(p \vee \neg q) \rightarrow (p \wedge q)$
T	T	F	T	T	T
T	F	T	T	F	F
F	T	F	F	F	T
F	F	T	T	F	F

◀

1.1.5　逻辑运算符的优先级

我们可以用所定义的否定运算符和逻辑运算符来构造复合命题。我们通常使用括号来规定复合命题中的逻辑运算符的作用顺序。例如，$(p \vee q) \wedge (\neg r)$ 是 $p \vee q$ 和 $\neg r$ 的合取。然而，为了减少括号的数量，我们规定否定运算符先于所有其他逻辑运算符。这意味着 $\neg p \wedge q$ 是 $\neg p$ 和 q 的合取，即 $(\neg p) \wedge q$，而不是 p 和 q 的合取的否定，即 $\neg(p \wedge q)$。

另一个常用的优先级规则是合取运算符优先于析取运算符，这样 $p \vee q \wedge r$ 意思是 $p \vee (q \wedge r)$，而非 $(p \vee q) \wedge r$，而 $p \wedge q \vee r$ 意思是 $(p \wedge q) \vee r$ 而非 $p \wedge (q \vee r)$。因为这个规则不太好记，所以我们将继续使用括号以使析取运算符和合取运算符的作用顺序看起来很清晰。

最后，一个已被接受的规则是条件运算符和双条件运算符的优先级低于合取运算符和析取运算符的优先级。因此，$p \rightarrow q \vee r$ 意思是 $p \rightarrow (q \vee r)$ 而非 $(p \rightarrow q) \vee r$，$p \vee q \rightarrow r$ 意思是 $(p \vee q) \rightarrow r$ 而非 $p \vee (q \rightarrow r)$。尽管条件运算符的优先级高于双条件运算符的优先级，但当条件运算符和双条件运算符的作用顺序有歧义时，我们也将使用括号。表 8 展示了逻辑运算符 $\neg$、$\wedge$、$\vee$、$\rightarrow$ 和 $\leftrightarrow$ 的优先级。

表 8　逻辑运算符的优先级

运算符	优先级
$\neg$	1
$\wedge$	2
$\vee$	3
$\rightarrow$	4
$\leftrightarrow$	5

真值	比特
T	1
F	0

1.1.6　逻辑运算和比特运算

计算机用比特⊖表示信息。**比特**是一个具有两个可能值的符号，即 0 和 1。比特一词的含义来自二进制数字(binary digit)，因为 0 和 1 是数的二进制表示中用到的数字。1946 年，著名的统计学家约翰·图基(John Tukey)引入了这一术语。一比特可以用于表示真值，因为只有两个真值，即真与假。习惯上，我们用 1 表示真，用 0 表示假。也就是说，1 表示 T(真)，0 表示 F(假)。如果一个变量的值或为真或为假，则此变量就称为**布尔变量**。于是一个布尔变量可以用一比特表示。

计算机的**比特运算**(或位运算)对应于逻辑联结词。只要在运算符 $\wedge$、$\vee$ 和 $\oplus$ 的真值表中用 1 代替 T，用 0 代替 F，就能得到表 9 各列所对应的位运算表。我们还会用符号 OR、AND 和 XOR 分别表示运算符 $\vee$、$\wedge$ 和 $\oplus$，许多程序设计语言正是这样表示的。

⊖ bit 一词是指二进制位或比特，本书中多数情况下翻译为“比特”，只有在少数情况下才翻译为“位”，如 bit operation 译作位运算。——译者注

表9　位运算符 OR、AND 和 XOR 的真值表

x	y	$x \vee y$	$x \wedge y$	$x \oplus y$
0	0	0	0	0
0	1	1	0	1
1	0	1	0	1
1	1	1	1	0

信息一般用比特串(即由 0 和 1 构成的序列)表示。这时，对比特串的运算就可用来处理信息。

定义 7　**比特串**是 0 比特或多比特的序列。比特串的长度就是它所含比特的数目。

例 15　101010011 是一个长度为 9 的比特串。◀

可以把位运算扩展到比特串上。我们将两个长度相同的比特串的**按位 OR**、**按位 AND** 和**按位 XOR** 分别定义为这样的比特串，其中每个比特均由两个比特串的相应比特分别经由 OR、AND 和 XOR 运算而得。我们分别用符号∨、∧和⊕表示按位 OR、按位 AND 和按位 XOR 运算。我们用例 16 来解释比特串的按位运算。

例 16　求比特串 01 1011 0110 和 11 0001 1101 的按位 OR、按位 AND 和按位 XOR(为了方便阅读，比特串将按四位分组)。

解　这两个比特串的按位 OR、按位 AND 和按位 XOR 分别由对应比特的 OR、AND 和 XOR 得到，其结果是

01 1011 0110
11 0001 1101
11 1011 1111　按位 OR
01 0001 0100　按位 AND
10 1010 1011　按位 XOR ◀

奇数编号练习[⊖]

1. 下列哪些语句是命题？这些是命题的语句的真值是什么？
　a)波士顿是马萨诸塞州首府
　b)迈阿密是佛罗里达州首府
　c)2+3=5
　d)5+7=10
　e)$x+2=11$
　f)回答这个问题

3. 下列各命题的否定是什么？
　a)Linda 比 Sanjay 年轻
　b)Mei 比 Isabella 挣得多
　c)Moshe 比 Monica 高
　d)Abby 比 Ricardo 富有

5. 下列各命题的否定是什么？
　a)Mei 有一台 MP3 播放器
　b)新泽西没有污染
　c)2+1=3
　d)缅因州的夏天又热又晒

7. 下列各命题的否定是什么？
　a)Steve 的笔记本电脑有大于 100GB 的空闲磁盘空间
　b)Zach 阻止来自 Jennifer 的邮件和短信

⊖ 为缩减篇幅，本书只包括完整版中奇数编号的练习，并保留了原始编号，以便与参考答案、演示程序、教学 PPT 等网络资源相对应。若需获取更多练习，请参考《离散数学及其应用(原书第 8 版)》(中文版，ISBN 978-7-111-63687-8)或《离散数学及其应用(英文版·原书第 8 版)》(ISBN 978-7-111-64530-6)。练习的答案请访问出版社网站下载。——编辑注

c) $7 \cdot 11 \cdot 13 = 999$

d) Diane 周日骑自行车骑了 100 英里

9. 假设在最近的财年期间，Acme 计算机公司的年收入是 1380 亿美元且其净利润是 80 亿美元，Nadir 软件公司的年收入是 870 亿美元且净利润是 50 亿美元，Quixote 媒体的年收入是 1110 亿美元且净利润是 130 亿美元。试判断有关最近财年的每个命题的真值。

a) Quixote 媒体的年收入最多。

b) Nadir 软件公司的净利润最少并且 Acme 计算机公司的年收入最多。

c) Acme 计算机公司的净利润最多或者 Quixote 媒体的净利润最多。

d) 如果 Quixote 媒体的净利润最少，则 Acme 计算机公司的年收入最多。

e) Nadir 软件公司的净利润最少当且仅当 Acme 计算机公司的年收入最多。

11. 令 p 和 q 分别表示命题"在新泽西海岸游泳是允许的"和"在海岸附近发现过鲨鱼"。试用汉语表达下列每个复合命题。

a) $\neg q$　　**b)** $p \wedge q$　　**c)** $\neg p \vee q$

d) $p \rightarrow \neg q$　　**e)** $\neg q \rightarrow p$　　**f)** $\neg p \rightarrow \neg q$

g) $p \leftrightarrow \neg q$　　**h)** $\neg p \wedge (p \vee \neg q)$

13. 令 p、q 为如下命题：

p：气温在零度以下。

q：正在下雪。

用 p、q 和逻辑联结词(包括否定)写出下列各命题：

a) 气温在零度以下且正下着雪。

b) 气温在零度以下，但没有下雪。

c) 气温不在零度以下，并且没有下雪。

d) 要么正下着雪，要么在零度以下(也许两者兼有)。

e) 如果气温在零度以下，则也下着雪。

f) 要么气温在零度以下，要么下着雪；但如果气温在零度以下，就没有下雪。

g) 气温在零度以下是下雪的充分必要条件。

15. 令 p、q 为如下命题：

p：你开车车速超过每小时 65 英里(1 英里=1.6 公里)。

q：你接到一张超速罚单。

用 p、q 和逻辑联结词(包括否定)写出下列命题：

a) 你开车车速没有超过每小时 65 英里。

b) 你开车车速超过每小时 65 英里，但没接到超速罚单。

c) 如果你开车车速超过每小时 65 英里，你将接到一张超速罚单。

d) 如果你开车车速不超过每小时 65 英里，你就不会接到超速罚单。

e) 开车车速超过每小时 65 英里足以接到超速罚单。

f) 你接到一张超速罚单，但你开车车速没超过每小时 65 英里。

g) 只要你接到一张超速罚单，你开车车速就超过每小时 65 英里。

17. 令 p、q、r 为如下命题：

p：在这个地区发现过灰熊。

q：在乡间小路上徒步旅行是安全的。

r：乡间小路两旁的草莓成熟了。

用 p、q、r 和逻辑联结词(包括否定)写出下列命题：

a) 乡间小路两旁的草莓成熟了，但在这个地区没有发现过灰熊。

b) 在这个地区没有发现过灰熊，且在乡间小路上徒步旅行是安全的，但乡间小路两旁的草莓成熟了。

c) 如果乡间小路两旁的草莓成熟了，徒步旅行是安全的当且仅当在这个地区没有发现过灰熊。

d) 在乡间小路上徒步旅行是不安全的，但在这个地区没有发现过灰熊且小路两旁的草莓成熟了。

e)为了使在乡间小路上旅行是安全的，其必要但非充分条件是乡间小路两旁的草莓没有成熟且在这个地区没有发现过灰熊。

f)只要在这个地区发现过灰熊且乡间小路两旁的草莓成熟了，在乡间小路上徒步旅行就是不安全的。

19. 判断下列各条件语句是真是假：

a)如果 1+1=2，则 2+2=5。 b)如果 1+1=3，则 2+2=4。

c)如果 1+1=3，则 2+2=5。 d)如果猴子会飞，则 1+1=3。

21. 对下列各语句，判断其中想表达的是兼或还是异或，说明理由。

a)晚餐配有咖啡或者茶。

b)口令必须至少包含 3 个数字或至少 8 个字符长。

c)这门课程的先修课程是数论课程或者密码学课程。

d)你可以用美元或者欧元支付。

23. 对下列各语句，说一说如果其中的联结词是兼或(即析取)与异或时的含义。你认为语句想表示的是哪个或？

a)要选修离散数学课，你必须已经选修过微积分或一门计算机科学的课程。

b)当你从 Acme 汽车公司购买一部新车时，你就能得到 2000 美元现金折扣或 2%的汽车贷款。

c)两人套餐包括 A 栏中的两道菜或 B 栏中的三道菜。

d)如果下雪超过两英尺或寒风指数低于-100℉，学校就停课。

25. 把下列语句写成“如果 p，则 q”的形式。[提示：参考条件语句的常用表达方式。]

a)每当刮东北风，天会下雪。

b)苹果树会开花，如果天暖持续一周。

c)活塞队赢得冠军就意味着他们打败了湖人队。

d)必须走 8 英里才能到达朗斯峰的顶峰。

e)想要得到终身教授职位，只要能世界闻名就够了。

f)如果你驾车超过 400 英里，就需要买汽油了。

g)你的保修单是有效的，仅当你购买的 CD 机不超过 90 天。

h)Jan 会去游泳，除非水太凉了。

i)我们将会拥有美好的未来，假定人们相信科学。

27. 把下列命题写成“p 当且仅当 q”的形式。

a)如果外边很热你就买冰激凌蛋卷，并且如果你买冰激凌蛋卷，则外边很热。

b)你赢得竞赛的充分必要条件是你有唯一的获胜券。

c)你得到提拔仅当你有关系网，并且你有关系网仅当你得到了提拔。

d)如果你看电视，心智会衰退；反之亦然。

e)火车恰恰在我乘坐的那些日子晚点。

29. 叙述下列各条件语句的逆命题、逆否命题和反命题。

a)如果今天下雪，我明天就去滑雪。

b)只要有测验，我就来上课。

c)一个正整数是素数，仅当它没有 1 和自身以外的因子。

31. 下列各复合命题的真值表有多少行？

a)$p \to \neg p$ b)$(p \vee \neg r) \wedge (q \vee \neg s)$

c)$q \vee p \vee \neg s \vee \neg r \vee \neg t \vee u$ d)$(p \wedge r \wedge t) \leftrightarrow (q \wedge t)$

33. 构造下列各复合命题的真值表。

a)$p \wedge \neg p$ b)$p \vee \neg p$

c)$(p \vee \neg q) \to q$ d)$(p \vee q) \to (p \wedge q)$

e)$(p \to q) \leftrightarrow (\neg q \to \neg p)$ f)$(p \to q) \to (q \to p)$

35. 构造下列各复合命题的真值表。

a)$(p \vee q) \to (p \oplus q)$ b)$(p \oplus q) \to (p \wedge q)$

c) $(p \vee q) \oplus (p \wedge q)$

d) $(p \leftrightarrow q) \oplus (\neg p \leftrightarrow q)$

e) $(p \leftrightarrow q) \oplus (\neg p \leftrightarrow \neg r)$

f) $(p \oplus q) \rightarrow (p \oplus \neg q)$

37. 构造下列各复合命题的真值表。

a) $p \rightarrow \neg q$

b) $\neg p \leftrightarrow q$

c) $(p \rightarrow q) \vee (\neg p \rightarrow q)$

d) $(p \rightarrow q) \wedge (\neg p \rightarrow q)$

e) $(p \leftrightarrow q) \vee (\neg p \leftrightarrow q)$

f) $(\neg p \leftrightarrow \neg q) \leftrightarrow (p \leftrightarrow q)$

39. 构造下列各复合命题的真值表。

a) $p \rightarrow (\neg q \vee r)$

b) $\neg p \rightarrow (q \rightarrow r)$

c) $(p \rightarrow q) \vee (\neg p \rightarrow r)$

d) $(p \rightarrow q) \wedge (\neg p \rightarrow r)$

e) $(p \leftrightarrow q) \vee (\neg q \leftrightarrow r)$

f) $(\neg p \leftrightarrow \neg q) \leftrightarrow (q \leftrightarrow r)$

41. 构造 $(p \leftrightarrow q) \leftrightarrow (r \leftrightarrow s)$ 的真值表。

☞ **43.** 不借助于真值表，试解释为什么在 p、q 和 r 至少有一个为真并且至少有一个为假时 $(p \vee q \vee r) \wedge (\neg p \vee \neg q \vee \neg r)$ 为真，而当三个变量具有相同真值时为假。

45. 用练习 44 构造一个复合命题，该命题为真当且仅当 p_1，p_2，…，p_n 中恰好只有一个为真。[提示：模仿练习 44 构造复合命题使得其为真当且仅当 p_1，p_2，…，p_n 中至少有一个为真。]

47. 求下列各对比特串的按位 OR、按位 AND 及按位 XOR。

a) 101 1110，010 0001

b) 1111 0000，1010 1010

c) 00 0111 0001，10 0100 1000

d) 11 1111 1111，00 0000 0000

模糊逻辑可以用于人工智能。在模糊逻辑中，命题的真值是一个 0 和 1 之间的数(含 0 和 1)。真值为 0 的命题为假，真值为 1 的命题为真。命题的真值介于 0 和 1 之间表明真值的不同程度。例如，语句“Fred 是幸福的”可以被赋予真值 0.8，因为 Fred 大部分时间是幸福的；而“John 是幸福的”可以被赋予真值 0.4，因为他只在不到一半的时间里感到幸福。用这样的真值求解练习 49～51。

49. 模糊逻辑中命题否定的真值是 1 减去该命题的真值。语句“Fred 是不幸福的”和“John 是不幸福的”的真值是什么？

51. 模糊逻辑中两个命题析取的真值是两个命题真值的最大值。语句“Fred 是幸福的或 John 是幸福的”与“Fred 是不幸福的或 John 是不幸福的”的真值是什么？

* **53.** 有一个含 100 条语句的列表，其中第 n 条语句写的是“列表中恰有 n 条语句为假”。

a) 你能从这些语句中得出什么结论？

b) 如果第 n 条语句写的是“列表至少有 n 条语句为假”，回答问题 a。

c) 假设这个列表包含 99 条语句，回答问题 b。

1.2 命题逻辑的应用

1.2.1 引言

逻辑在数学、计算机科学和其他许多学科有着许多重要的应用。数学、自然科学以及自然语言中的语句通常不太准确，甚至有歧义。为了使表达更精确，可以将它们翻译成逻辑语言。例如，逻辑可用于软件和硬件的规范说明(specification)，因为在开发前这些规范说明必须要准确。另外，命题逻辑及其规则可用于设计计算机电路、构造计算机程序、验证程序的正确性以及构造专家系统。逻辑可用于分析和求解许多熟悉的谜题。基于逻辑规则的软件系统也已经开发出来，它能够自动构造某种类型的(当然不是全部的)证明。在后续章节中，我们将讨论命题逻辑的部分应用。

1.2.2 语句翻译

有许多理由需要把自然语言语句翻译成由命题变量和逻辑联结词组成的表达式。特别是，汉语(以及其他各种人类语言)常有二义性。把语句翻译成复合命题(以及本章稍后要介绍的其他类型的逻辑表达式)可以消除歧义。注意，这样翻译时也许需要根据语句的含义做一些合理的假设。此外，一旦完成了从语句到逻辑表达式的翻译，我们就可以分析这些逻辑表达式以确定它们的真值，对它们进行操作，并用(1.6 节中讨论的)推理规则对它们进行推理。

为了解释把语句翻译成逻辑表达式的过程，考虑下面两个例子。

Extra Examples

例1 怎样把下面的语句翻译成逻辑表达式？

"你可以在校园访问因特网，仅当你主修计算机科学或者你不是新生。"

解 将这一语句翻译为逻辑表达式有许多方法。尽管可以用一个命题变量如 p 来表示这一语句，但这种表示在分析其含义或用它做推理时没有多大帮助。我们的办法是用命题变量表示语句中的每个成分，并找出它们之间合适的逻辑联结词。具体地说，令 a、c 和 f 分别表示"你可以在校园访问因特网""你主修计算机科学"和"你是个新生"。注意"仅当"是一种表达条件语句的方式，上述语句可以译为

$$a \rightarrow (c \vee \neg f)$$ ◀

例2 怎样把下面的语句翻译成逻辑表达式？

"如果你身高不足4英尺(约1.22米)，那么你不能乘坐过山车，除非你已年满16周岁。"

解 令 q、r 和 s 分别表示"你能乘坐过山车""你身高不足4英尺"和"你已年满16周岁"，则上述语句可以翻译为

$$(r \wedge \neg s) \rightarrow \neg q$$

当然，还有其他方式可以把上述语句表示为逻辑表达式，但上面使用的这一表达式已满足我们的需要。◀

1.2.3 系统规范说明

在描述硬件系统和软件系统时，将自然语言语句翻译成逻辑表达式是很重要的一部分。系统和软件工程师根据自然语言描述的需求，生成精确而无二义性的规范说明，这些规范说明用来作为系统开发的基础。例3说明了如何在这一过程中使用复合命题。

Extra Examples

例3 使用逻辑联结词表示规范说明"当文件系统已满时，就不能发送自动应答"。

解 翻译这个规范说明的方法之一是令 p 表示"能够发送自动应答"，令 q 表示"文件系统满了"，则 $\neg p$ 表示"并非能够发送自动应答这种情况"，也就是"不能发送自动应答"。因此，我们的规范说明可以用条件语句 $q \rightarrow \neg p$ 来表示。◀

系统规范说明应该是**一致的**，也就是说，系统规范说明不应该包含可能导致矛盾的相互冲突的需求。当规范说明不一致时，就无法开发出一个满足所有规范说明的系统。

例4 确定下列系统规范说明是否一致。

"诊断消息存储在缓冲区中或者被重传。"

"诊断消息没有存储在缓冲区中。"

"如果诊断消息存储在缓冲区中，那么它被重传。"

解 要判断这些规范说明是否一致，我们首先用逻辑表达式表示它们。令 p 为"诊断消息存储在缓冲区中"，令 q 表示"诊断消息被重传"。则上面几个规范说明可以写为 $p \vee q$、$\neg p$ 和 $p \rightarrow q$。使所有三个规范说明为真的一个真值赋值必须包含 p 为假，从而使 $\neg p$ 为真。因为我们要使 $p \vee q$ 为真，但 p 又必须为假，所以 q 必须为真。由于当 p 为假且 q 为真时，$p \rightarrow q$ 为真，所以我们得出结论：这些规范说明是一致的，因为当 p 为假且 q 为真时它们都是真的。使用真值表检验 p 和 q 的四种可能的真值赋值，可以得出同样的结论。◀

例5 如果在例4中加上一个系统规范说明"诊断消息没有被重传"，它们还能保持一致吗？

解 由例4的推理可知，只有当 p 为假且 q 为真时那三个规范说明才为真。然而，本例中的新规范说明是 $\neg q$，当 q 为真时它为假。因此，这四个规范说明是不一致的。◀

1.2.4 布尔搜索

Links

逻辑联结词广泛用于海量信息如网页索引的搜索中。由于搜索采用命题逻辑的技术，所以

被称为**布尔搜索**。

在布尔搜索中，联结词 AND 用于匹配同时包含两个搜索项的记录，联结词 OR 用于匹配两个搜索项之一或两项均匹配的记录，而联结词 NOT(有时写作 AND NOT)用于排除某个特定的搜索项。当布尔搜索用来定位可能感兴趣的信息时，经常需要细心安排逻辑联结词的使用。下面的例 6 解释布尔搜索是怎样执行的。

例 6 **网页搜索** 大部分 Web 搜索引擎支持布尔搜索技术，通常有助于寻找有关特定主题的网页。例如，用布尔搜索查找关于新墨西哥州(New Mexico)的大学网页，我们可以寻找与 NEW AND MEXICO AND UNIVERSITIES 匹配的网页。搜索的结果将包括含有 NEW(新)、MEXICO(墨西哥)和 UNIVERSITIES(大学)三个词的那些网页。这里包含了所有我们感兴趣的网页，还包括其他网页，如墨西哥的新的大学网页。(注意在 Google 以及其他许多搜索引擎中，并不需要“AND”一词，因为搜索引擎默认包含所有搜索项。)多数搜索引擎还支持使用引号以搜索特定的短语。因此，使用“New Mexico”AND UNIVERSITIES 匹配网页搜索会更有效。 Extra Examples

接下来，要找出与新墨西哥州或亚利桑那州(Arizona)的大学有关的网页，我们可以搜索与(NEW AND MEXICO OR ARIZONA)AND UNIVERSITIES 匹配的网页。(注意，这里联结词 AND 优先于联结词 OR。同样，在 Google 中用于搜索的项应该是 NEW MEXICO OR ARIZONA。)这一搜索的结果将包括含 UNIVERSITIES 一词，并且或者含有 NEW 与 MEXICO 两个词，或者含有 ARIZONA 一词的所有网页。同样，除了这两类我们感兴趣的网页外还会列出其他网页。最后，要想找出有关墨西哥(不是新墨西哥州)的大学网页，可以先找与 MEXICO AND UNIVERSITIES 匹配的网页，但由于这一搜索的结果将会包括有关新墨西哥州的大学网页以及墨西哥的大学网页，所以更好的办法是搜索与(MEXICO AND UNIVERSITIES) NOT NEW 匹配的网页。这一搜索的结果将包括含 MEXICO 和 UNIVERSITIES 两个词但不含 NEW 一词的所有网页。(在 Google 以及其他搜索引擎中，NOT 一词会用符号“-”来代替。因此，在 Google 中，最后一个搜索项可以写成 MEXICO UNIVERSITIES -NEW。) ◀

1.2.5 逻辑谜题

可以用逻辑推理解决的谜题称为**逻辑谜题**。求解逻辑谜题是实践逻辑规则的一种非常好的方法。同样，用于执行逻辑推理的计算机程序通常也使用著名的逻辑谜题来演示它们的能力。许多人对求解逻辑谜题颇感兴趣，有许多书和杂志以及 Web 网页上也登载有逻辑谜题以供娱乐。 Links

在此，我们将讨论三个逻辑谜题，难度逐级增加。在练习中可以找到更多的谜题。1.3 节我们还会讨论 n 皇后谜题和数独游戏。

例 7 作为把公主从海盗那里营救回来的报酬，国王给你机会来赢得隐藏在三个箱子中的宝藏，但只有一个箱子中有宝藏，另外两个箱子是空的。要想赢，你必须选对箱子。第一和第二个箱子上都写有“这个箱子是空的”，第三个箱子上写着“宝藏在第二个箱子中”。从来不撒谎的皇后告诉你只有一个提示是真的，而其他两句都是假的。你会选择哪个箱子来赢得宝藏？

解 设 p_i 为命题“宝藏在第 i 个箱子中”，$i=1, 2, 3$。把皇后的提示翻译成命题逻辑，则三个箱子上的提示分别为$\neg p_1$，$\neg p_2$，p_2。所以，皇后所言可以翻译为

$$(\neg p_1 \land \neg(\neg p_1) \land \neg p_2) \lor (\neg(\neg p_1) \land \neg p_2 \land \neg p_2) \lor (\neg(\neg p_1) \land \neg(\neg p_2) \land p_2))$$

利用命题逻辑的规则，可知上式等价于$(p_1 \land \neg p_2) \lor (p_1 \land p_2)$。由分配律，$(p_1 \land \neg p_2) \lor (p_1 \land p_2)$等价于 $p_1 \land (\neg p_2 \lor p_2)$。因为$(\neg p_2 \lor p_2)$必然为真，这就等价于 $p_1 \land \mathbf{T}$，而这又等价于 p_1。因此，宝藏就在第一个箱子里(即 p_1 为真)，而 p_2 和 p_3 为假；第二个箱子上的提示是唯一为真的。(这里我们用到了将在 1.3 节讨论的命题等价的概念。) ◀

接下来，我们介绍一个由雷蒙德·斯马亚(Raymond Smullyan)提出的谜题，斯马亚是一名逻辑谜题大师，已经写作了十多本含有极富挑战性的逻辑推理谜题的书籍。

Extra Examples

例8 斯马亚在文献[Sm78]中提出了许多与如下情形有关的谜题：一个岛上居住着两类人——骑士和无赖。骑士总是说真话，而无赖永远在撒谎。你碰到两个人 A 和 B。如果 A 说"B 是骑士"，而 B 说"我们两个是两类人"，请问 A 和 B 到底是什么样的人？

解 令 p 和 q 分别表示语句"A 是骑士"和"B 是骑士"，则 $\neg p$ 和 $\neg q$ 就分别表示"A 是无赖"和"B 是无赖"。

我们首先考虑 A 是骑士这样一种可能，这就是说，p 是真的。如果 A 是骑士，那他说的"B 是骑士"就是真话，因此 q 为真，从而 A 和 B 就是一类人。然而，如果 B 是骑士，那么 B 说的"我们两个是两类人"，即 $(p\wedge\neg q)\vee(\neg p\wedge q)$ 就应该为真，然而并非如此，因为前面的结论是 A 和 B 都是骑士。因此，我们可以得出 A 不是骑士，即 p 为假。

如果 A 是无赖，则由无赖永远在撒谎可知，A 所说的"B 是骑士"即"q 是真的"就是一个谎言。这意味着 q 为假，B 也是无赖。而且，如果 B 是无赖，那么 B 说的"我们两个是两类人"也是谎言，这与 A 和 B 都是无赖是一致的。所以，我们得出结论 A 和 B 都是无赖。 ◀

在本节末的练习23～27中，我们会进一步讨论斯马亚关于骑士和无赖的谜题。而在练习28～35中，我们介绍的谜题将涉及三类人：这里所说的骑士、无赖，还有一类可能说谎的间谍。

接下来，我们介绍一个与两个孩子有关的**泥巴孩子谜题**(muddy children puzzle)。

例9 父亲让两个孩子(一个男孩和一个女孩)在后院玩耍，并让他们不要把身上搞脏。然而，在玩耍的过程中，两个孩子额头上都沾了泥。当孩子们回来后，父亲说："你们当中至少有一个人额头上有泥。"然后要求孩子们用"是"和"否"回答问题："你知道你额头上是否有泥吗?"父亲问了两遍同样的问题。假设每个孩子都可以看到对方的额头上是否有泥，但不能看见自己的额头，孩子们在每次被问到这个问题时将会怎样回答呢？假设两个孩子都很诚实并且都同时回答每一次提问。

解 令 s 和 d 分别表示语句"儿子的额头上有泥"和"女儿的额头上有泥"。当父亲说："你们当中至少有一个人额头上有泥"时，表示的是 $s\vee d$ 为真。当父亲第一次问那个问题时两个孩子都将回答"否"，因为他们都看到对方的额头上有泥。也就是说，儿子知道 d 为真，但不知道 s 是否为真。而女儿知道 s 为真，但不知道 d 是否为真。

在儿子对第一次询问回答"否"后，女儿可以判断出 d 必为真。这是因为问第一次问题时，儿子知道 $s\vee d$ 为真，但不能判断 s 是否为真。利用这个信息，女儿能够得出结论 d 必定为真，因为如果 d 为假，则儿子就有理由推出，由于 $s\vee d$ 为真，那么 s 必定为真，因此他对第一个问题的回答应为"是"。儿子也可以类似推断出 s 必为真。因此，第二次两个孩子都将回答"是"。 ◀

1.2.6 逻辑电路

命题逻辑可应用于计算机硬件的设计。这是1938年克劳德·香农(Claude Shannon)首次发现并写在他的MIT硕士论文中的。第12章将深入学习这个课题(参见该章的香农传记)。这里我们对这个应用做简单介绍。

逻辑电路(或**数字电路**)接受输入信号 p_1，p_2，…，p_n，每个信号1比特[或0(关)或1(开)]，产生输出信号 s_1，s_2，…，s_n，每个1比特。一般来说，数字电路可以有多个输出，但是在本小节中我们将局限于讨论只有一个输出信号的逻辑电路。

复杂的数字电路可以从三种简单的基本电路(如图1所示的**门电路**(gate))构造而来。**逆变器**或**非门**(NOT gate)接受一个输入比特 p，产生 $\neg p$ 作为输出。**或门**(OR gate)接受两个输入信号 p 和 q，每个一比特，产生信号 $p\vee q$ 作为输出。最后，**与门**(AND gate)接受两个输入信号 p 和 q，每个一比特，产生信号 $p\wedge q$ 作为输出。我们可以用这三种基本门来构造更复杂的电路，如图2所示。

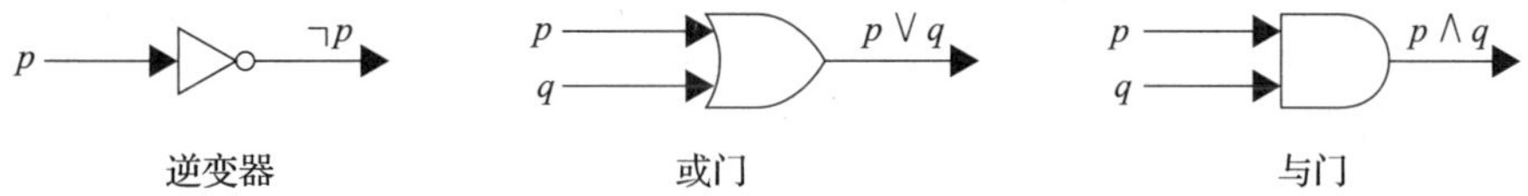

图 1　基本逻辑门

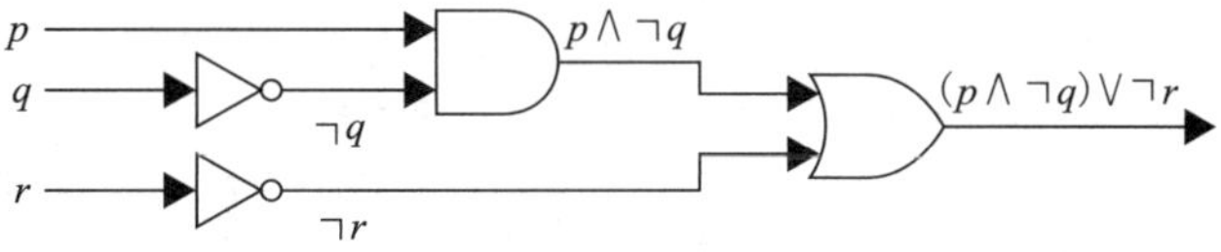

图 2　一个组合电路

给定一个由基本电路构造而得的电路以及该电路的输入，我们可以通过追踪电路来确定输出，如例 10 所示。

例 10 确定图 2 所示组合电路的输出。

解 在图 2 中我们给出了电路中每个逻辑门的输出。可以看到与门接受的输入为 p 和 $\neg q$（即以 q 为输入的逆变器的输出），因而产生输出 $p \wedge \neg q$。接下来，注意到或门接受的输入为 $p \wedge \neg q$ 和 $\neg r$（即以 r 为输入的逆变器的输出），因而产生最终输出 $(p \wedge \neg q) \vee \neg r$。◀

假设我们对于一个数字电路的输出能用否定、析取、合取来构造一个公式。这样，我们就能系统地构造数字电路来产生期望的输出，如例 11 所示。

例 11 给定输入 p、q 和 r，构造一个输出为 $(p \vee \neg r) \wedge (\neg p \vee (q \vee \neg r))$ 的数字电路。

解 为了构造所期望的电路，我们分别为 $p \vee \neg r$ 和 $\neg p \vee (q \vee \neg r)$ 构造不同的电路，再用与门把它们组合起来。为构造 $p \vee \neg r$ 的电路，我们先用一个逆变器从输入 r 产生 $\neg r$。然后用一个或门来组合 p 和 $\neg r$。为了构造 $\neg p \vee (q \vee \neg r)$ 的电路，我们首先用一个逆变器获得 $\neg r$。然后用一个或门接受输入 q 和 $\neg r$ 以获得 $(q \vee \neg r)$。最后，我们用另一个逆变器和一个或门接受输入 p 和 $(q \vee \neg r)$ 来得到 $\neg p \vee (q \vee \neg r)$。

为了完成构造，我们用最后一个与门来接受输入 $p \vee \neg r$ 和 $\neg p \vee (q \vee \neg r)$。最后的电路如图 3 所示。

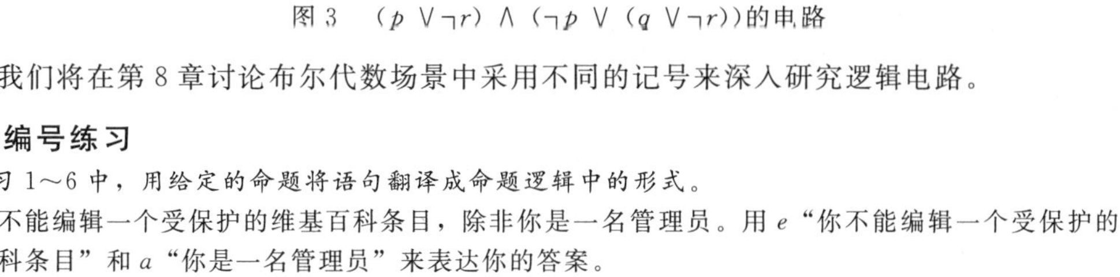

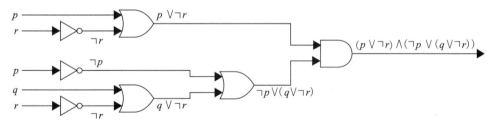

图 3　$(p \vee \neg r) \wedge (\neg p \vee (q \vee \neg r))$ 的电路

我们将在第 8 章讨论布尔代数场景中采用不同的记号来深入研究逻辑电路。

奇数编号练习

在练习 1～6 中，用给定的命题将语句翻译成命题逻辑中的形式。

1. 你不能编辑一个受保护的维基百科条目，除非你是一名管理员。用 e“你不能编辑一个受保护的维基百科条目”和 a“你是一名管理员”来表达你的答案。

3. 你能够毕业仅当你已经完成了专业的要求并且你不欠大学学费并且你没有逾期不归还图书馆的书。用 g“你能够毕业”、m“你不欠大学学费”、r“你已经完成了专业的要求”和 b“你没有逾期不归还图书馆的书”来表达你的答案。

5. 你有资格当美国总统仅当你已年满 35 岁、出生在美国或者你出生时你的双亲是美国公民并且你在这个国家至少生活了 14 年。用 e“你有资格当美国总统”、a“你已年满 35 岁”、b“你出生在美国”、p“在你出生的时候，你的双亲均是美国公民”和 r“你在美国至少生活了 14 年”来表达你的答案。

7. 使用命题 p“对消息进行病毒扫描”和 q“消息来自一个未知的系统”以及逻辑联结词(包括否定)来表达下列系统规范说明。

a)“每当消息来自一个未知的系统时，对消息进行了病毒扫描。”

b)“消息来自一个未知的系统，但没有对消息进行病毒扫描。”

c)“每当消息来自一个未知的系统时，就有必要对消息进行病毒扫描。”

d)“当消息不是来自一个未知的系统时，没有对消息进行病毒扫描。”

9. 下列系统规范说明一致吗?“系统处于多用户状态当且仅当系统运行正常。如果系统运行正常，则它的核心程序起作用。核心程序不起作用，或者系统处于中断模式。如果系统不处于多用户状态，它就处于中断模式。系统不处在中断模式。”

11. 下列系统规范说明一致吗?“路由器能向边缘系统发送分组仅当它支持新的地址空间。路由器要能支持新的地址空间，就必须安装最新版本的软件。如果安装了最新版本的软件，路由器就能向边缘系统发送分组。路由器不支持新的地址空间。”

13. 你会用什么样的布尔搜索来寻找关于新泽西州(New Jersey)海滩的网页? 如果你想找关于(位于英吉利海峡的)泽西岛(the isle of Jersey)海滩的网页呢?

15. 你会用什么样的 Google 搜索来寻找位于纽约州(New York)或新泽西州(New Jersey)的埃塞俄比亚(Ethiopian)餐厅?

17. 假设在例 7 中，三个箱子上的提示分别为“宝藏在第三个箱子中”“宝藏在第一个箱子中”和“这个箱子是空的”。对于下面的每一句话，试判断从不撒谎的皇后是否可以这么说? 如果可以，请问宝藏在哪个箱子中?

a)“所有提示都是假的。”

b)“恰好有一个提示是真的。”

c)“恰好有两个提示是真的。”

d)“三个提示全部为真。”

***19.** 一个边远村庄的每个人要么总说真话，要么总说谎。村民对于旅游者的提问总是只用“是”或“否”来回答。假定你在这一地区旅游，走到了一个岔路口。一条岔路通向你想去的遗址，另一条岔路通向丛林深处。一村民恰好站在岔路口，问他一个什么问题就能确定走哪条路?

21. 当三位教授在一家餐厅落座时，女主人问他们:“每位都要喝咖啡吗?”第一位教授说:“我不知道。”第二位教授接着说:“我不知道。”最后，第三位教授说:“不，不是每个人都想喝咖啡。”女主人回来并将咖啡递给想喝咖啡的教授。她是如何找出谁想喝咖啡的?

练习 23～27 是关于斯马亚创建的骑士和无赖岛岛民的，这个岛上居住着只说真话的骑士和只说假话的无赖。你遇见两个人 A 和 B。可能的话，请根据 A、B 所说的话判断两人到底是什么人。如果不能确定这两个是什么人，那么你能推断出什么可能的结论吗?

23. A 说“我们中至少有一个是无赖”，B 什么都没说。

25. A 说“我是无赖或者 B 是骑士”，B 什么都没说。

27. A 说“我们都是无赖”，B 什么都没说。

练习 28～35 是关于一个居住着三种人的岛民的：只讲真话的骑士、只讲假话的无赖和可能讲真话也可能讲假话的间谍(斯马亚在[Sm78]中称之为正常人)。你遇见三个人 A、B 和 C。你知道其中一人是骑士、一人是无赖，还有一人是间谍。三人都知道其他两人是哪种类型的人。对于下列每种情况，可能的话请确定是否有唯一解并确定谁是骑士、无赖和间谍。当没有唯一解时，请列出所有可能的解或者说明无解。

29. A 说“我是骑士”，B 说“我是无赖”，而 C 说“B 是骑士”。

31. A 说“我是骑士”，B 说“A 说的是真话”，而 C 说“我是间谍”。

33. A 说“我是骑士”，B 说“我是骑士”，而 C 说“我是骑士”。

35. A 说“我不是间谍”，B 说“我不是间谍”，而 C 说“我不是间谍”。

练习 36～42 的谜题可以通过先把语句翻译成逻辑表达式，然后再用真值表对这些表达式进行推理来求解。

37. Steve 想用两个事实来判断三位工作伙伴的相对薪水。首先，他知道如果 Fred 的薪水不是三人中最高的，那么 Janice 的薪水最高。其次，他知道如果 Janice 的薪水不是最低的，那么 Maggie 的薪水最高。从以上 Steve 所知道的事实，是否有可能确定 Fred、Maggie 和 Janice 的相对薪水? 如果能，谁的最高谁的最低？解释你的推理过程。

39. 一位侦探访谈了罪案的四位证人。从证人的话中侦探得出的结论是：如果男管家说的是真话，那么厨师说的也是真话；厨师和园丁说的不可能都是真话；园丁和杂役不可能都在说谎；如果杂役说真话，那么厨师就在说谎。侦探能分别判定这四位证人是在说真话还是撒谎？解释你的推理过程。

41. 假设在通往两个房间的门上均写着提示。第一扇门上的提示为“在这个房间里有一位美女，而在另一个房间里则是一只老虎”；在第二扇门上写着“在两个房间中有一个是美女，并且有一个是老虎”。假定你知道其中一个提示是真的，另一个是假的。那么哪扇门后面是美女呢？

43. 弗里多尼亚[⊖]有50名参议员。每名参议员或者诚实的或者不诚实的。假设你知道，至少有一个弗里多尼亚参议员是诚实的，并且任何两个弗里多尼亚参议员中至少有一个是不诚实的。基于这些事实，你是否能确定有多少弗里多尼亚参议员是诚实的？有多少是不诚实的？如果能，答案是什么？

45. 找出每个组合电路的输出。

a) 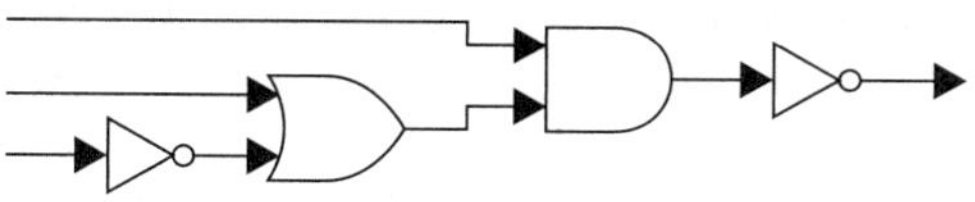

b) 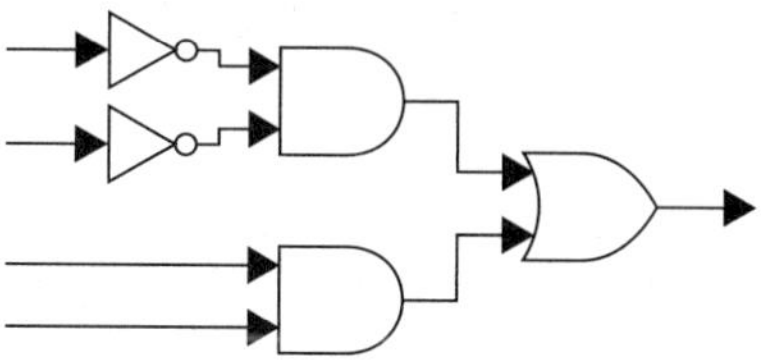

47. 试用逆变器、或门、与门构造一个组合电路，从输入比特 p、q 和 r 产生输出 $((\neg p \vee \neg r) \wedge \neg q) \vee (\neg p \wedge (q \vee r))$。

1.3 命题等价式

1.3.1 引言

数学证明中使用的一个重要步骤就是用真值相同的一条语句替换另一条语句。因此，从给定复合命题生成具有相同真值命题的方法广泛使用于数学证明的构造。注意我们用术语“复合命题”来指由命题变量通过逻辑运算形成的一个表达式，比如 $p \wedge q$。

我们就从根据可能的真值对复合命题进行分类开始讨论。

定义 1 一个真值永远是真的复合命题（无论其中出现的命题变量的真值是什么），称为永真式（tautology），也称为重言式。一个真值永远为假的复合命题称为矛盾式（contradiction）。既不是永真式又不是矛盾式的复合命题称为可能式（contingency）。

在数学推理中永真式和矛盾式往往很重要。下面的例1解释了这两类复合命题。

例1 我们可以只用一个命题变量来构造永真式和矛盾式。构造 $p \vee \neg p$ 和 $p \wedge \neg p$ 的真值表如表1所示。因为 $p \vee \neg p$ 总是真的，所以它是永真式。因为 $p \wedge \neg p$ 总是假的，所以它是矛盾式。◀

表1　永真式和矛盾式的例子

p	$\neg p$	$p \vee \neg p$	$p \wedge \neg p$
T	F	T	F
F	T	T	F

1.3.2 逻辑等价式

在所有可能的情况下都具有相同真值的两个复合命题称为**逻辑等价**的。我们也可以如下定义这一概念。 Demo

定义 2 如果 $p \leftrightarrow q$ 是永真式，则复合命题 p 和 q 称为是逻辑等价的。用记号 $p \equiv q$ 表示 p 和 q 是逻辑等价的。

⊖ Freedonia，一个假想的国家。——译者注

评注　符号≡不是逻辑联结词，$p \equiv q$ 不是一个复合命题，而是代表“$p \leftrightarrow q$ 是永真式”这一语句。有时候用符号⇔来代替≡表示逻辑等价。

Extra Examples

判定两个复合命题是否等价的方法之一是使用真值表。特别地，复合命题 p 和 q 是等价的当且仅当对应它们真值的两列完全一致。例 2 说明用这个方法建立了一个非常重要且很有用的逻辑等价式，即 $\neg(p \vee q)$ 和 $\neg p \wedge \neg q$ 等价。这个逻辑等价式是两个**德·摩根律之一**，如表 2 所示。这是以 19 世纪中叶英国数学家奥古斯塔·德·摩根（Augustus De Morgan）的名字命名的。

表 2　德·摩根律

$\neg(p \wedge q) \equiv \neg p \vee \neg q$
$\neg(p \vee q) \equiv \neg p \wedge \neg q$

例 2　证明 $\neg(p \vee q)$ 和 $\neg p \wedge \neg q$ 是逻辑等价的。

解　表 3 给出了这些复合命题的真值表。由于对 p 和 q 所有可能的真值组合，复合命题 $\neg(p \vee q)$ 和 $\neg p \wedge \neg q$ 的真值都一样，所以 $\neg(p \vee q) \leftrightarrow (\neg p \wedge \neg q)$ 是永真式，而这两个复合命题是逻辑等价的。◀

表 3　$\neg(p \vee q)$ 和 $\neg p \wedge \neg q$ 的真值表

p	q	$p \vee q$	$\neg(p \vee q)$	$\neg p$	$\neg q$	$\neg p \wedge \neg q$
T	T	T	F	F	F	F
T	F	T	F	F	T	F
F	T	T	F	T	F	F
F	F	F	T	T	T	T

下面的例子建立了一个极其重要的等价式，该等价式允许我们用否定和析取来代替条件语句。

例 3　证明命题 $p \rightarrow q$ 和 $\neg p \vee q$ 逻辑等价。

解　我们在表 4 中构造了这两个复合命题的真值表。由于 $\neg p \vee q$ 和 $p \rightarrow q$ 的真值一致，所以它们是逻辑等价的。◀

表 4　$\neg p \vee q$ 和 $p \rightarrow q$ 的真值表

p	q	$\neg p$	$\neg p \vee q$	$p \rightarrow q$
T	T	F	T	T
T	F	F	F	F
F	T	T	T	T
F	F	T	T	T

现在，我们将为涉及三个不同命题变量 p、q、r 的两个复合命题建立逻辑等价式。要用真值表来建立这样的逻辑等价式，真值表需要有八行，每一行对应三个变量的一种可能真值组合。我们通过分别列出 p、q、r 的真值来标记这些组合。这八种真值组合是 TTT、TTF、TFT、TFF、FTT、FTF、FFT 以及 FFF。我们用这个顺序来展示真值表的行。注意当我们用真值表来证明复合命题等价时，每增加一个命题变量，真值表的行数就要翻倍，这样对于涉及 4 个命题变量的复合命题就需要 16 行来建立其逻辑等价，以此类推。如果一个复合命题由 n 个命题变量组成，则需要 2^n 行。由于 2^n 的快速增长，我们需要用更有效的方法来建立逻辑等价式，比如使用已知的等价式。稍后将讨论这项技术。

例 4　证明命题 $p \vee (q \wedge r)$ 和 $(p \vee q) \wedge (p \vee r)$ 是逻辑等价的。这是析取对合取的分配律。

解　我们在表 5 中构造了这两个复合命题的真值表。因为 $p \vee (q \wedge r)$ 和 $(p \vee q) \wedge (p \vee r)$ 的真值一样，所以这两个复合命题是逻辑等价的。◀

表 5 $p\vee(q\wedge r)$ 和 $(p\vee q)\wedge(p\vee r)$ 是逻辑等价的证明

p	q	r	$q\wedge r$	$p\vee(q\wedge r)$	$p\vee q$	$p\vee r$	$(p\vee q)\wedge(p\vee r)$
T	T	T	T	T	T	T	T
T	T	F	F	T	T	T	T
T	F	T	F	T	T	T	T
T	F	F	F	T	T	T	T
F	T	T	T	T	T	T	T
F	T	F	F	F	T	F	F
F	F	T	F	F	F	T	F
F	F	F	F	F	F	F	F

表 6 给出了若干重要的等价式。在这些等价关系中，**T** 表示永远为真的复合命题，**F** 表示永远为假的复合命题。对于涉及条件语句和双条件语句的复合命题，我们分别在表 7 和表 8 中给出了一些有用的等价式。本节练习要求读者证明表 6～表 8 的等价式。

表 6 逻辑等价式

等价式	名称
$p\wedge\mathbf{T}\equiv p$ $p\vee\mathbf{F}\equiv p$	恒等律
$p\vee\mathbf{T}\equiv\mathbf{T}$ $p\wedge\mathbf{F}\equiv\mathbf{F}$	支配律
$p\vee p\equiv p$ $p\wedge p\equiv p$	幂等律
$\neg(\neg p)\equiv p$	双重否定律
$p\vee q\equiv q\vee p$ $p\wedge q\equiv q\wedge p$	交换律
$(p\vee q)\vee r\equiv p\vee(q\vee r)$ $(p\wedge q)\wedge r\equiv p\wedge(q\wedge r)$	结合律
$p\vee(q\wedge r)\equiv(p\vee q)\wedge(p\vee r)$ $p\wedge(q\vee r)\equiv(p\wedge q)\vee(p\wedge r)$	分配律
$\neg(p\wedge q)\equiv\neg p\vee\neg q$ $\neg(p\vee q)\equiv\neg p\wedge\neg q$	德·摩根律
$p\vee(p\wedge q)\equiv p$ $p\wedge(p\vee q)\equiv p$	吸收律
$p\vee\neg p\equiv\mathbf{T}$ $p\wedge\neg p\equiv\mathbf{F}$	否定律

表 7 条件命题的逻辑等价式

$p\to q\equiv\neg p\vee q$
$p\to q\equiv\neg q\to\neg p$
$p\vee q\equiv\neg p\to q$
$p\wedge q\equiv\neg(p\to\neg q)$
$\neg(p\to q)\equiv p\wedge\neg q$
$(p\to q)\wedge(p\to r)\equiv p\to(q\wedge r)$
$(p\to r)\wedge(q\to r)\equiv(p\vee q)\to r$
$(p\to q)\vee(p\to r)\equiv p\to(q\vee r)$
$(p\to r)\vee(q\to r)\equiv(p\wedge q)\to r$

表 8 双条件命题的逻辑等价式

$p\leftrightarrow q\equiv(p\to q)\wedge(q\to p)$
$p\leftrightarrow q\equiv\neg p\leftrightarrow\neg q$
$p\leftrightarrow q\equiv(p\wedge q)\vee(\neg p\wedge\neg q)$
$\neg(p\leftrightarrow q)\equiv p\leftrightarrow\neg q$

析取的结合律表明表达式 $p\vee q\vee r$ 在下面的意义下是良定义的：无论是先做 p 和 q 的析取再做 $p\vee q$ 和 r 析取，还是先做 q 和 r 的析取再做 p 和 $q\vee r$ 的析取，其结果都是一样的。同样，$p\wedge q\wedge r$ 也是良定义的。扩展这一推理过程可以得到：只要 p_1，p_2，…，p_n 为命题，$p_1\vee p_2\vee\cdots\vee p_n$ 和 $p_1\wedge p_2\wedge\cdots\wedge p_n$ 均有定义。

另外，注意到德·摩根律可以扩展为

$$\neg(p_1\vee p_2\vee\cdots\vee p_n)\equiv(\neg p_1\wedge\neg p_2\wedge\cdots\wedge\neg p_n)$$

和

$$\neg(p_1\wedge p_2\wedge\cdots\wedge p_n)\equiv(\neg p_1\vee\neg p_2\vee\cdots\vee\neg p_n)$$

我们有时用符号 $\bigvee_{j=1}^{n}p_j$ 来表示 $p_1\vee p_2\vee\cdots\vee p_n$，用 $\bigwedge_{j=1}^{n}p_j$ 来表示 $p_1\wedge p_2\wedge\cdots\wedge p_n$。采用这

种记法扩展的德·摩根律就可以简洁地写成$\neg(\bigvee_{j=1}^{n} p_j)\equiv\bigwedge_{j=1}^{n}\neg p_j$和$\neg(\bigwedge_{j=1}^{n} p_j)\equiv\bigvee_{j=1}^{n}\neg p_j$。

为了证明两个有n个变量的复合命题等价需要使用具有2^n行的真值表。(注意，每增加一个命题变量行数就会翻倍。这类计数问题的求解请参见第3章。)由于随着n的增加，行数增加异常迅速，所以，随着变量数的增加，利用真值表来建立等价式就变得不切实际。其他方法会更快捷一些，比如利用我们已知的逻辑等价式，这将在本节稍后进行讨论。

1.3.3　德·摩根律的运用

两个德·摩根律的逻辑等价式特别重要。它们告诉我们怎么取合取的否定和析取的否定。特别地，等价式$\neg(p\vee q)\equiv\neg p\wedge\neg q$告诉我们一个析取式的否定是由各分命题否定的合取式组成的。同理，等价式$\neg(p\wedge q)\equiv\neg p\vee\neg q$告诉我们一个合取式的否定是由各分命题否定的析取式组成的。例5说明了德·摩根律的应用。

Assessment

例5　用德·摩根律分别表达“Miguel有一部手机且有一台便携式计算机”和“Heather或Steve将去听音乐会”的否定。

解　令p为“Miguel有一部手机”，q为“Miguel有一个便携式计算机”，那么“Miguel有一部手机且有一台便携式计算机”可以表达为$p\wedge q$。用德·摩根第一定律，$\neg(p\wedge q)$等价于$\neg p\vee\neg q$。因此，我们可以将原命题的否定表达为“Miguel没有一部手机或Miguel没有一台便携式计算机”。

令r为“Heather将去听音乐会”，s为“Steve将去听音乐会”，那么“Heather或Steve将去听音乐会”可以表达为$r\vee s$。用德·摩根第二定律，$\neg(r\vee s)\equiv\neg r\wedge\neg s$。结果，我们可以将原命题的否定表达为“Heather和Steve都将不去听音乐会”。◀

1.3.4　构造新的逻辑等价式

表6中的逻辑等价式以及已经建立起来的其他(如表7和表8所示的那些)等价式，可以用于构造更多的等价式。能这样做的原因是复合命题中的一个命题可以用与它逻辑等价的复合命题替换而不改变原复合命题的真值。这种方法可由例6～例8得到说明，其中，我们还使用了如下事实：如果p和q是逻辑等价的，q和r是逻辑等价的，那么p和r也是逻辑等价的(见练习60)。

Extra Examples

例6　证明$\neg(p\rightarrow q)$和$p\wedge\neg q$是逻辑等价的。

解　我们可以用真值表来证明这两个复合命题是等价的(与例4中的方法相似)。事实上，这样做并不难。然而，我们想要解释如何用我们已知的逻辑恒等式来建立新的逻辑恒等式，这在建立涉及大量变量的复合命题等价式时具有很重要的实用性。因此，我们以$\neg(p\rightarrow q)$为开始，通过展开一系列逻辑等价式的方法，每次用表6中的一个等价式，最后以$p\wedge\neg q$结束，从而建立这个等价式。我们有下列等价式。

$$
\begin{aligned}
\neg(p\rightarrow q)&\equiv\neg(\neg p\vee q) && \text{由条件-析取等价式(例 3)}\\
&\equiv\neg(\neg p)\wedge\neg q && \text{由德·摩根第二定律}\\
&\equiv p\wedge\neg q && \text{由双重否定律}
\end{aligned}
$$
◀

例7　通过展开一系列逻辑等价式来证明$\neg(p\vee(\neg p\wedge q))$和$\neg p\wedge\neg q$是逻辑等价的。

解　我们每次使用表6中的一个等价关系，从$\neg(p\vee(\neg p\wedge q))$开始，一直到$\neg p\wedge\neg q$结束。(注意：我们当然可以用真值表很容易地建立这个等价式。)我们有下列等价式。

$$
\begin{aligned}
\neg(p\vee(\neg p\wedge q))&\equiv\neg p\wedge\neg(\neg p\wedge q) && \text{由德·摩根第二定律}\\
&\equiv\neg p\wedge[\neg(\neg p)\vee\neg q] && \text{由德·摩根第一定律}\\
&\equiv\neg p\wedge(p\vee\neg q) && \text{由双重否定律}\\
&\equiv(\neg p\wedge p)\vee(\neg p\wedge\neg q) && \text{由第二分配律}
\end{aligned}
$$

$\equiv \mathbf{F} \vee (\neg p \wedge \neg q)$ 因为 $\neg p \wedge p \equiv \mathbf{F}$

$\equiv (\neg p \wedge \neg q) \vee \mathbf{F}$ 由析取的交换律

$\equiv \neg p \wedge \neg q$ 由 **F** 的恒等律

于是 $\neg(p \vee (\neg p \wedge q))$ 和 $\neg p \wedge \neg q$ 是逻辑等价的。◀

例 8 证明 $(p \wedge q) \to (p \vee q)$ 为永真式。

解 为证明这个命题是永真式，我们将用逻辑等价式来证明它逻辑上等价于 **T**。（注意：这也可以用真值表来完成。）

$(p \wedge q) \to (p \vee q) \equiv \neg(p \wedge q) \vee (p \vee q)$ 由例 3

$\equiv (\neg p \vee \neg q) \vee (p \vee q)$ 由德·摩根第一定律

$\equiv (\neg p \vee p) \vee (\neg q \vee q)$ 由析取的结合律和交换律

$\equiv \mathbf{T} \vee \mathbf{T}$ 由例 1 和析取的交换律

$\equiv \mathbf{T}$ 由支配律 ◀

1.3.5 可满足性

一个复合命题称为是**可满足的**，如果存在一个对其变量的真值赋值使其为真（即当它是一个永真式或可满足式时）。当不存在这样的赋值时，即当复合命题对所有变量的真值赋值都是假的，则复合命题是**不可满足的**。注意一个复合命题是不可满足的当且仅当它的否定对所有变量的真值赋值都是真的，也就是说，当且仅当它的否定是永真式。

当我们找到一个特定的使得复合命题为真的真值赋值时，就证明了它是可满足的。这样的一个赋值称为这个特定的可满足性问题的一个**解**。可是，要证明一个复合命题是不可满足的，我们需要证明每一组变量的真值赋值都使其为假。尽管我们总是可以用真值表来确定一个复合命题是否是可满足的，但通常有更有效的方法，如例 9 所示。

例 9 试确定下列复合命题是否可满足：$(p \vee \neg q) \wedge (q \vee \neg r) \wedge (r \vee \neg p)$，$(p \vee q \vee r) \wedge (\neg p \vee \neg q \vee \neg r)$，以及 $(p \vee \neg q) \wedge (q \vee \neg r) \wedge (r \vee \neg p) \wedge (p \vee q \vee r) \wedge (\neg p \vee \neg q \vee \neg r)$。

解 我们不采用真值表解题，而对真值做一些推理。注意当三个变量 p、q 和 r 具有相同真值时，$(p \vee \neg q) \wedge (q \vee \neg r) \wedge (r \vee \neg p)$ 为真（参见 1.1 节的练习 42）。因此，至少存在一组 p、q 和 r 的真值赋值使它为真，故它是可满足的。同样，注意当三个变量 p、q 和 r 中至少有一个为真并且至少有一个为假时，$(p \vee q \vee r) \wedge (\neg p \vee \neg q \vee \neg r)$ 为真（参见 1.1 节的练习 43）。因此，至少存在一组 p、q 和 r 的真值赋值使它为真，故 $(p \vee q \vee r) \wedge (\neg p \vee \neg q \vee \neg r)$ 是可满足的。

最后，注意要使 $(p \vee \neg q) \wedge (q \vee \neg r) \wedge (r \vee \neg p) \wedge (p \vee q \vee r) \wedge (\neg p \vee \neg q \vee \neg r)$ 为真，$(p \vee \neg q) \wedge (q \vee \neg r) \wedge (r \vee \neg p)$ 和 $(p \vee q \vee r) \wedge (\neg p \vee \neg q \vee \neg r)$ 必须同时为真。要使得第一个为真，三个变量必须具有相同的真值；而要使得第二个为真，三个变量中至少有一个必须为真并且至少有一个必须为假。可是，这两个条件是相互矛盾的。从这些观察中我们可以得出不存在 p、q 和 r 的真值赋值使得 $(p \vee \neg q) \wedge (q \vee \neg r) \wedge (r \vee \neg p) \wedge (p \vee q \vee r) \wedge (\neg p \vee \neg q \vee \neg r)$ 为真。因此，它是不可满足的。◀

1.3.6 可满足性的应用

在机器人学、软件测试、人工智能规划、计算机辅助设计、机器视觉、集成电路设计、计算机网络以及遗传学等不同领域中，许多问题都可以用命题的可满足性来建立模型。大多数这些应用相当复杂且超出本书的范围。本节选取两个谜题，通过命题可满足性对其进行建模。

例 10 ***n* 皇后问题** n 皇后问题要求在一个 $n \times n$ 的棋盘上放置 n 个皇后，目的是使皇后之间不能相互吃掉。这意味着没有两个皇后被放置在同一行、同一列或同一对角线上。我们在图 1 中给出了八皇后问题的一个解。（八皇后问题可以追溯到 1848 年，由 Max Bezzel 提出，由

Franz Nauck 在 1850 年彻底解决。我们在 7.4 节将再次讨论 n 皇后问题。)

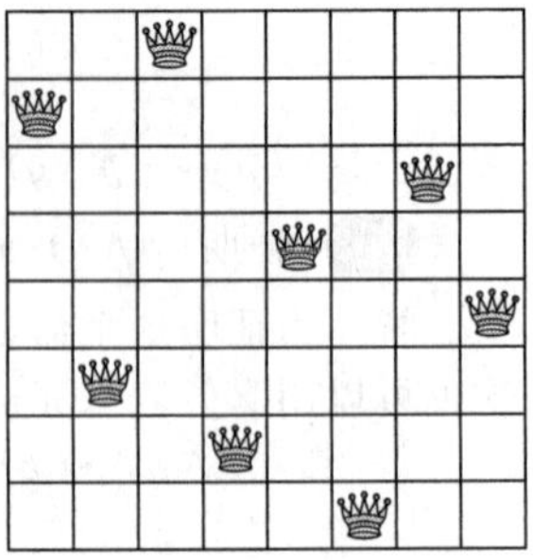

图　1

为了利用可满足性对 n 皇后问题建模，我们引入 n^2 个变量 $p(i, j)$，$i=1, 2, \cdots, n$，$j=1, 2, \cdots, n$。对于皇后在棋盘上的放置方法，当在第 i 行第 j 列的方块上有皇后时，$p(i, j)$为真，否则为假。注意，如果 $i+j=i'+j'$或者 $i-i'=j-j'$，则表示(i, j)方块和(i', j')方块在同一条对角线上。在图 1 的棋盘上，$p(6, 2)$和 $p(2, 1)$为真，而 $p(3, 4)$和 $p(5, 4)$为假。

为了使 n 个皇后中的任意两个不在同一行，每行必须有一个皇后。为了表明每一行有一个皇后，可以通过每一行至少包含一个皇后以及每一行最多包含一个皇后来检验。我们首先注意到，$\bigvee_{j=1}^{n} p(i,j)$ 断言第 i 行至少包含一个皇后，而

$$Q_1 = \bigwedge_{i=1}^{n} \bigvee_{j=1}^{n} p(i,j)$$

断言每一行至少包含一个皇后。

对于每一行最多包含一个皇后，则当整数 j 和 k 满足 $1 \leqslant j < k \leqslant n$ 时必须有 $p(i, j)$和 $p(i, k)$不能同时为真。观察到$\neg p(i, j) \vee \neg p(i, k)$断言至少$\neg p(i, j)$和$\neg p(i, k)$之一为真，这意味着 $p(i, j)$和 $p(i, k)$中有一个为假。所以，要检测每一行最多有一个皇后，我们断言

$$Q_2 = \bigwedge_{i=1}^{n} \bigwedge_{j=1}^{n-1} \bigwedge_{k=j+1}^{n} (\neg p(i,j)) \vee (\neg p(i,k))$$

为了检验没有一列有多个皇后，我们断言

$$Q_3 = \bigwedge_{j=1}^{n} \bigwedge_{i=1}^{n-1} \bigwedge_{k=i+1}^{n} (\neg p(i,j)) \vee (\neg p(k,j))$$

(这个断言加上前面每行包含一个皇后的断言，蕴含每一列包含一个皇后。)

为了检验没有对角线上包含两个皇后，我们断言

$$Q_4 = \bigwedge_{i=2}^{n} \bigwedge_{j=1}^{n-1} \bigwedge_{k=1}^{min(i-1,n-j)} (\neg p(i,j)) \vee (\neg p(i-k,k+j))$$

和

$$Q_5 = \bigwedge_{i=1}^{n} \bigwedge_{j=1}^{n-1} \bigwedge_{k=1}^{min(n-i,n-j)} (\neg p(i,j)) \vee (\neg p(i+k,j+k))$$

(i, j)对在 Q_4 和 Q_5 中最内层的合取，从(i, j)位置开始的对角线一直向右。这些最内层合取的上限就是对角线在棋盘上的最后一个单元。

综合上述讨论，我们可以找到 n 皇后问题的解，即使得式

$$Q = Q_1 \wedge Q_2 \wedge Q_3 \wedge Q_4 \wedge Q_5$$

为真的变量 $p(i, j)$的真值赋值，其中，$i=1, 2, \cdots, n$，$j=1, 2, \cdots, n$。

利用这个方法并结合其他方法，对于 $n \leqslant 27$，可以计算出 n 个皇后在棋盘上不同的摆法，以使皇后之间不能相互吃掉。当 $n=8$ 时，有 92 种摆法，而当 $n=16$ 时，这个数目高达14 772 512。(细节请参见 2.4 节关于 OEIS 的讨论。) ◀

Links

例 11　**数独**　数独谜题可表示为一个 9×9 格(也称为大九宫格)，它由 9 个称为**九宫格(block)**的 3×3 子格组成，如图 2 所示。每一个谜题，81 个单元中的一部分被赋予 1，2，…，9 中的数字之一，称为**已知单元**，其他单元空着。谜题的解题是

	2	9				4		
			5			1		
	4							
				4	2			
6							7	
5								
7			3					5
	1			9				
							6	

图 2　一个 9×9 数独谜题

通过给每个空白单元格赋予一个数字来实现，使得每一行、每一列、每个小九宫格都包含九个不同的数字。注意，除了用9×9格，数独谜题也可以基于$n^2\times n^2$格，它由n^2个$n\times n$的子格构成，其中n是任意正整数。

数独的流行源于20世纪80年代，当时刚传入日本。传遍世界各地大概用了20年时间，但是截至2005年，数独谜题已经风靡全球。名称数独是日文suuji wa dokushin ni kagiru的缩写，意思是“数字必须唯一”。现代的数独游戏是由一个美国谜题设计者在20世纪70年代末期设计的。数独的基本概念可以追溯到更久远的时候；19世纪90年代法国报纸上刊印的谜题和现代数独虽然不完全相同但也是非常类似的。

娱乐性的数独游戏还有两个重要的特性。第一，它们的解唯一。第二，可以通过推理来求解，即不需要寻求所有可能的单元格数字赋值。一个数独谜题的解题过程就是根据已知的值不断地确定空白单元中该填的数字。如以图2为例，数字4必须在第二行的某个单元中恰好出现一次。我们如何能确定它应该出现在七个空白单元的哪一个呢？首先，我们观察到4不能出现在这一行的前三个单元之一或后三个单元之一，因为它已经出现在这些单元所在的九宫格的另一个单元中了。我们可以看到4不能出现在这一行的第5个单元，因为它已经出现在第4行的第5个单元了。这意味着4必须出现在第2行的第6个单元中。

已经有许多基于逻辑和数学的策略用于求解数独谜题(比如，参见[Da10])。这里我们讨论一种借助于计算机来求解数独谜题的方法，它是基于对谜题建模为一个命题可满足性问题。用这个模型，特定的数独谜题就可以用解决可满足性问题的软件来求解了。目前，采用这种方式能在10毫秒内解决数独谜题。应该注意还有许多借助计算机采用其他技术来求解数独谜题的其他方法。

为了对数独谜题编码，令$p(i, j, n)$表示一个命题，当数n位于第i行和第j列的单元时它为真。因为i、j和n的取值范围都是1～9，所以总共有$9\times 9\times 9=729$个这样的命题。例如，对于如图2所示的谜题，已知数6位于第5行和第1列。故我们得出$p(5, 1, 6)$为真，而$p(5, j, 6)$均为假，其中$j=2, 3, \cdots, 9$。

给定一个数独谜题，我们首先对每一个已知数进行编码。然后，我们构造一些复合命题来断言每一行包含了每一个数、每一列包含了每一个数、每一个3×3九宫格包含了每一个数，并且每个单元不包含多于一个数。接下来，读者可以自己验证，数独谜题可以通过寻找一个真值赋值来求解，该真值赋值为729个$p(i, j, n)$(其中i、j和n的取值范围都是1～9)命题赋值，并且使得所有这些复合命题的合取式为真。下面先列出这些断言，我们再来解释如何构造每一行包含了1～9的每一个整数这样的断言。我们将另外两个每一列包含了每一个数和每一个3×3九宫格包含每一个数的断言构造留到练习中。

- 对于已知数的每个单元，当第i行和第j列的单元中是已知数n时，我们断言$p(i, j, n)$。
- 我们断言每一行包含了每一个数：

$$\bigwedge_{i=1}^{9}\bigwedge_{n=1}^{9}\bigvee_{j=1}^{9} p(i,j,n)$$

- 我们断言每一列包含了每一个数：

$$\bigwedge_{j=1}^{9}\bigwedge_{n=1}^{9}\bigvee_{i=1}^{9} p(i,j,n)$$

- 我们断言每一个九宫格包含了每一个数：

$$\bigwedge_{r=0}^{2}\bigwedge_{s=0}^{2}\bigwedge_{n=1}^{9}\bigvee_{i=1}^{3}\bigvee_{j=1}^{3} p(3r+i,3s+j,n)$$

- 要断言没有一个单元包含多于一个数，我们对所有可能的$p(i, j, n)\rightarrow\neg p(i, j, n')$取合取，其中$n$、$n'$、$i$和$j$的取值范围是1～9并且$n\neq n'$。

现在，我们来解释如何构造每一行包含了每一个数这样的断言。首先，要断言第 i 行包含数 n，我们构成 $\bigvee_{j=1}^{9} p(i,j,n)$。要断言第 i 行包含所有 n 个数，我们将 n 的所有九个可能值的析取式做合取，得到 $\bigwedge_{n=1}^{9}\bigvee_{j=1}^{9} p(i,j,n)$。最后，要断言每一行包含了每一个数，我们将所有九行的 $\bigwedge_{n=1}^{9}\bigvee_{j=1}^{9} p(i,j,n)$ 做合取。这就是 $\bigwedge_{i=1}^{9}\bigwedge_{n=1}^{9}\bigvee_{j=1}^{9} p(i,j,n)$。（练习 71 和 72 要求给出下述断言的解释：每一列包含了每一个数和每一个 3×3 九宫格包含了每一个数。）

给定一个数独谜题，要求解这个谜题，我们可以寻找一个可满足性问题的解，该问题要求一组 729 个变量 $p(i, j, n)$ 的真值，使得所有列出的断言的合取式为真。

1.3.7　可满足性问题求解

真值表可以用于判定复合命题是否为可满足的，或者等价地，其否定是否为永真式（参见练习 64）。这个问题对于只含少量变量的复合命题而言可以通过手动来完成，但当变量数目增多时，就变得不切实际了。例如，对于一个含 20 个变量的复合命题，它的真值表就有 $2^{20}=1\,048\,576$ 行。因此，如果采用这种方式，你就需要一台计算机帮助你判定含 20 个变量的复合命题是否为可满足式。

Links 当许多应用建模涉及成千上万个变量的复合命题的可满足性时，问题就来了。注意，当变量数为 1000 时，要检查 2^{1000} 种（这是一个超过 300 位的十进制数）可能的真值组合中的每一种，一台计算机在几万亿年之内都不可能完成。迄今尚没有其他已知的计算过程能使计算机在合理的时间之内判定变量数这么大的复合命题是否为可满足式。可是，在实际应用中对某些特定类型的复合命题的可满足性问题的求解方法还是有一些进展，比如数独谜题的求解。已经开发出许多计算机程序可以用来求解有实际应用的可满足性问题。

奇数编号练习

1. 用真值表验证下列等价式。

a) $p \wedge \mathbf{T} \equiv p$　**b)** $p \vee \mathbf{F} \equiv p$　**c)** $p \wedge \mathbf{F} \equiv \mathbf{F}$

d) $p \vee \mathbf{T} \equiv \mathbf{T}$　**e)** $p \vee p \equiv p$　**f)** $p \wedge p \equiv p$

3. 用真值表验证交换律。

a) $p \vee q \equiv q \vee p$　**b)** $p \wedge q \equiv q \wedge p$

5. 用真值表验证分配律。

$p \wedge (q \vee r) \equiv (p \wedge q) \vee (p \wedge r)$

7. 用德·摩根律求下列命题的否定。

a) Jan 是富裕的，并且是快乐的。　**b)** Carlos 明天骑自行车或者跑步。

c) Mei 步行或乘公共汽车去上课。　**d)** Ibrahim 既聪明又用功。

9. 对于下面的每一个复合命题，用条件－析取等价式（例 3）找出不含条件的等价复合命题。

a) $p \to \neg q$　**b)** $(p \to q) \to r$

c) $(\neg q \to p) \to (p \to \neg q)$

☞ **11.** 用真值表证明下列各条件语句为永真式。

a) $(p \wedge q) \to p$　**b)** $p \to (p \vee q)$

c) $\neg p \to (p \to q)$　**d)** $(p \wedge q) \to (p \to q)$

e) $\neg(p \to q) \to p$　**f)** $\neg(p \to q) \to \neg q$

13. 利用条件语句为假仅当假设为真而结论为假这一事实，证明练习 11 中的各条件语句为永真式（请勿用真值表）。

15. 通过应用一系列逻辑恒等式（如例 8）证明练习 11 中的各条件语句为永真式（请勿用真值表）。

17. 用真值表验证吸收律。

a) $p \vee (p \wedge q) \equiv p$　**b)** $p \wedge (p \vee q) \equiv p$

☞ **19.** 判断$(\neg q \wedge (p \rightarrow q)) \rightarrow \neg p$是否为永真式。

练习 20～32 都是要求证明两个复合命题是逻辑等价的。要证明这样的等价式，你需要证明针对表达式中命题变量的相同真值组合，两边均为真或者两边均为假(就看哪个更简单些)。

21. 证明$\neg(p \leftrightarrow q)$和$p \leftrightarrow \neg q$逻辑等价。

23. 证明$\neg p \leftrightarrow q$和$p \leftrightarrow \neg q$逻辑等价。

25. 证明$\neg(p \leftrightarrow q)$和$\neg p \leftrightarrow q$逻辑等价。

27. 证明$(p \rightarrow r) \wedge (q \rightarrow r)$和$(p \vee q) \rightarrow r$逻辑等价。

29. 证明$(p \rightarrow r) \vee (q \rightarrow r)$和$(p \wedge q) \rightarrow r$逻辑等价。

31. 证明$p \leftrightarrow q$和$(p \rightarrow q) \wedge (q \rightarrow p)$逻辑等价。

33. 证明$(p \rightarrow q) \wedge (q \rightarrow r) \rightarrow (p \rightarrow r)$是永真式。

35. 证明$(p \rightarrow q) \rightarrow r$和$p \rightarrow (q \rightarrow r)$不是逻辑等价的。

37. 证明$(p \rightarrow q) \rightarrow (r \rightarrow s)$和$(p \rightarrow r) \rightarrow (q \rightarrow s)$不是逻辑等价的。

一个只含逻辑运算符$\vee$、$\wedge$和$\neg$的复合命题的**对偶式**是通过将该命题中的每个$\vee$用$\wedge$代替、每个$\wedge$用$\vee$代替、每个 **T** 用 **F** 代替、每个 **F** 用 **T** 代替而得到的命题。命题s的对偶式用s^*表示。

39. 求下列命题的对偶式。

a) $p \wedge \neg q \wedge \neg r$　　**b)** $(p \wedge q \wedge r) \vee s$　　**c)** $(p \vee \mathbf{F}) \wedge (q \vee \mathbf{T})$

41. 当s是一个复合命题时，证明$(s^*)^* = s$。

** **43.** 为什么只含运算符$\wedge$、$\vee$和$\neg$的两个等价的复合命题的对偶式也是等价的？

45. 试找出一个含命题变量p、q和r的复合命题，在p、q和r中恰有两个为真时该命题为真，否则为假。[提示：构造合取式的析取。将使命题为真的每一种真值组合构成一个合取式。每个合取式都应包含三个命题变量或它们的否定。]

一组逻辑运算符称为是**功能完备的**，如果每个复合命题都逻辑等价于一个只含这些逻辑运算符的复合命题。

47. 证明$\neg$、$\wedge$和$\vee$构成一个逻辑运算符的功能完备集。[提示：利用练习 46 中给出的事实，即每个复合命题都逻辑等价于一个析取范式。]

* **49.** 证明$\neg$和$\vee$构成一个逻辑运算符的功能完备集。

下面几道练习用到逻辑运算符 NAND(与非)和 NOR(或非)。命题p NAND q在p或q或两者均为假时为真，而当p和q均为真时为假。命题p NOR q只在p和q均为假时为真，否则为假。命题p NAND q和p NOR q分别表示为$p \mid q$和$p \downarrow q$。(运算符$\mid$和$\downarrow$分别以 H. M. Sheffer 和 C. S. Peirce 的名字命名为 **Sheffer 竖线**(Sheffer stroke)和 **Peirce 箭头**。)

51. 证明$p \mid q$逻辑等价于$\neg(p \wedge q)$。

53. 证明$p \downarrow q$逻辑等价于$\neg(p \vee q)$。

* **55.** 只用运算符$\downarrow$构造一个等价于$p \rightarrow q$的命题。

57. 证明$p \mid q$和$q \mid p$等价。

* **59.** 只涉及命题变量p和q的复合命题有多少不同的真值表？

61. 下面的语句取自一个电话系统的规范说明："如果目录数据库是打开的，那么监控程序被置于关闭状态，如果系统不在其初始状态。"这句话有两个条件语句，使规范说明很难懂。找一个等价的易懂的规范说明，使其只涉及析取和否定，而不涉及条件语句。

63. 通过对p、q、r、s赋一组真值，析取式$p \vee \neg q \vee s$、$\neg p \vee \neg r \vee s$、$\neg p \vee \neg r \vee \neg s$、$\neg p \vee q \vee \neg s$、$q \vee r \vee \neg s$、$q \vee \neg r \vee \neg s$、$\neg p \vee \neg q \vee \neg s$、$p \vee r \vee s$、$p \vee r \vee \neg s$中有多少个可以同时为真？

65. 试判定下列复合命题是否是可满足的。

a) $(p \vee \neg q) \wedge (\neg p \vee q) \wedge (\neg p \vee \neg q)$

b) $(p \rightarrow q) \wedge (p \rightarrow \neg q) \wedge (\neg p \rightarrow q) \wedge (\neg p \rightarrow \neg q)$

c) $(p \leftrightarrow q) \wedge (\neg p \leftrightarrow q)$

67. 当 n 为下列值时，试找出为求解 n 皇后问题的例 10 中的复合命题 Q，并用它找出 n 个皇后在 n×n 的棋盘中所有可能的摆法，以使没有皇后能相互攻击。

a) 2　　**b)** 3　　**c)** 4

69. 试证明如何通过求解一个可满足性问题来获得一个给定的 4×4 数独谜题的解。

71. 试解释书中给出的复合命题的构造步骤，该命题断言 9×9 数独谜题的每一列包含了每一个数。

1.4 谓词和量词

1.4.1 引言

在1.1～1.3节中所学习的命题逻辑不能表达数学语言和自然语言中所有语句的确切意思。例如，假设我们知道“每台连接到大学网络的计算机运行正常”。命题逻辑中没有规则可以让我们得出语句“MATH3正在正常运行”的真实性，其中MATH3是连接大学网络的一台计算机。同样，我们不能用命题逻辑的规则根据语句“CS2被一个入侵者攻击”得出语句“有一台连接大学网络的计算机正遭受一名入侵者的攻击”的真实性，其中CS2是一台连接大学网络的计算机。

本节我们将介绍一种表达能力更强的逻辑，即**谓词逻辑**。我们将看到谓词逻辑如何用来表达数学和计算机科学中各种语句的意义，并允许我们推理和探索对象之间的关系。为了理解谓词逻辑，我们首先需要介绍谓词的概念。之后，我们将介绍量词的概念，它可以让我们对这样的语句进行推理：某一性质对于某一类型的所有对象均成立，存在一个对象使得某一特性成立。

1.4.2 谓词

在数学断言、计算机程序以及系统规格说明中经常可以看到含有变量的语句，比如

$$“x > 3”,“x = y + 3”,“x + y = z”$$

和

“计算机 x 被一名入侵者攻击”

以及

“计算机 x 在正常运行”

当变量值未指定时，这些语句既不为真也不为假。本节我们将讨论从这种语句中生成命题的方式。

语句“x大于3”有两个部分。第一部分即变量x是语句的主语。第二部分(**谓词**“大于3”)表明语句的主语具有的一个性质。我们可以用$P(x)$表示语句“x大于3”，其中P表示谓词“大于3”，而x是变量。语句$P(x)$也可以说成是命题函数P在x的值。一旦给变量x赋一个值，语句$P(x)$就成为命题并具有真值。考虑下面的例1和例2。

例1 令$P(x)$表示语句“$x>3$”。$P(4)$和$P(2)$的真值是什么?

解 我们在语句“$x>3$”中令$x=4$即可得到语句$P(4)$。因此，$P(4)$，即语句“$4>3$”，为真；但是，$P(2)$，即语句“$2>3$”，则为假。 ◀

例2 令$A(x)$表示语句“计算机x正被一名入侵者攻击”。假设在校园网的计算机中，当前只有CS2和MATH1被一名入侵者攻击。那么A(CS1)、A(CS2)和A(MATH1)的真值是什么?

解 在语句“计算机x正被一名入侵者攻击”中，令x=CS1我们得到语句A(CS1)。因为CS1不在当前受到攻击的名单中，所以得出A(CS1)为假。同样，因为CS2和MATH1在当前受攻击的名单中，所以我们知道A(CS2)和A(MATH1)为真。 ◀

有些语句还可以含有不止一个变量。例如，考虑语句“$x=y+3$”。我们可以用$Q(x, y)$表示这个语句，其中x、y为变量，Q为谓词。当变量x和y被赋值时，语句$Q(x, y)$就有真值了。

Extra Examples

例3 令$Q(x, y)$表示语句“$x=y+3$”。命题$Q(1, 2)$和$Q(3, 0)$的真值是什么?

解 要得到$Q(1, 2)$，在语句$Q(x, y)$中令$x=1$，$y=2$。因此，$Q(1, 2)$为语句“$1=2+3$”，它为假。而语句$Q(3, 0)$表示命题“$3=0+3$”，它为真。 ◀

例4 令$A(c, n)$表示语句“计算机c被连接到网络n”，其中c是代表计算机的一个变量，n是代表网络的一个变量。假设计算机MATH1连接到CAMPUS2，但没有连接到CAMPUS1。那么A(MATH1, CAMPUS1)和A(MATH1, CAMPUS2)的真值是什么?

解 因为 MATH1 没有连接到 CAMPUS1 网络，所以我们知道 A(MATH1，CAMPUS1)为假。然而，因为 MATH1 连接到了 CAMPUS2 网络，所以我们知道 A(MATH1，CAMPUS2)为真。◀

同样，我们可以令 $R(x, y, z)$表示语句“$x+y=z$”。当变量 x、y、z 被赋值时，此语句就有真值了。

例 5 命题 $R(1, 2, 3)$和 $R(0, 0, 1)$的真值是什么？

解 在语句 $R(x, y, z)$中令 $x=1$，$y=2$，$z=3$，即得到命题 $R(1, 2, 3)$。可以看出 $R(1, 2, 3)$就是语句“$1+2=3$”，它为真。另外，注意到 $R(0, 0, 1)$，即语句“$0+0=1$”，为假。◀

一般地，涉及 n 个变量 $x_1, x_2, \cdots, x_n$ 的语句可以表示成

$$P(x_1, x_2, \cdots, x_n)$$

形式为 $P(x_1, x_2, \cdots, x_n)$的语句是**命题函数** P 在 n 元组$(x_1, x_2, \cdots, x_n)$的值，P 也称为 ***n* 位谓词**或 ***n* 元谓词**。

命题函数也出现在计算机程序中，如例 6 所示。

例 6 考虑语句

$$\textbf{if } x>0 \textbf{ then } x := x+1$$

如果程序中有这样一条语句，当程序运行到此，变量 x 的值即被代入 $P(x)$，也就是代入到“$x>0$”中。如果对这个 x 值 $P(x)$为真，就执行赋值语句 $x := x+1$，即 x 的值增加 1。如果对这个 x 值 $P(x)$为假，则不执行赋值语句，所以 x 的值不改变。◀

前置条件和后置条件 谓词还可以用来验证计算机程序，也就是证明当给定合法输入时计算机程序总是能产生所期望的输出。（注意除非建立了程序的正确性，否则无论测试了多少次都不能证明程序对所有输入都产生所期望的输出，除非能测试到每个输入值。）描述合法输入的语句叫作**前置条件**，而程序运行的输出应该满足的条件称为**后置条件**。如例 7 所示，用谓词来表达前置条件和后置条件。

例 7 考虑下面的交换两个变量 x 和 y 的值的程序。

```
temp := x
x := y
y := temp
```

试找出能作为前置条件和后置条件的、可以用来验证此程序正确性的谓词。然后解释如何用它们验证针对所有合法输入程序都能达到预期目的。

解 对于前置条件，我们需要表达在运行程序之前 x 和 y 具有特定的值。因此，对于这个前置条件可以用谓词 $P(x, y)$表示，其中 $P(x, y)$是指语句“$x=a$，$y=b$”，这里 a 和 b 是在运行程序之前 x 和 y 的值。因为我们想证明对于所有输入变量，程序交换了 x 和 y 的值，所以对后置条件可以用 $Q(x, y)$表示，其中 $Q(x, y)$表示语句“$x=b$，$y=a$”。

为证明程序总是按照预期运行，假设前置条件 $P(x, y)$成立。也就是说，假设命题“$x=a$，$y=b$”为真。这意味着 $x=a$，$y=b$。程序的第一步，temp $:= x$，将 x 的值赋给 temp，所以这一步之后我们知道有 $x=a$，temp$=a$，$y=b$。在程序的第二步，$x := y$ 之后，我们有 $x=b$，temp$=a$，$y=b$。最后，在第三步之后，我们知道 $x=b$，temp$=a$，并且 $y=a$。结果是该程序运行后，后置条件 $Q(x, y)$成立，也就是说，语句“$x=b$，$y=a$”为真。◀

1.4.3 量词

当命题函数中的变量均被赋值时，所得到语句就变成具有某个真值的命题。可是，还有另外一种称为**量化**的重要方式也可以从命题函数生成一个命题。量化表示在何种程度上谓词对于

Assessment

一定范围的个体成立。在自然语言中，所有、某些、许多、没有，以及少量这些词都可以用在量化上。这里我们集中讨论两类量化：全称量化，它告诉我们一个谓词在所考虑范围内对每一个体都为真；存在量化，它告诉我们一个谓词对所考虑范围内的一个或多个个体为真。处理谓词和量词的逻辑领域称为**谓词演算**。

Assessment

全称量词 许多数学命题断言某一性质对于变量在某一特定域内的所有值均为真，这一特定域称为变量的**论域**(domain of discourse)(或**全体域**(universe of discourse))，时常简称为**域**(domain)。这类语句可以用全称量化表示。对特定论域而言 $P(x)$的全称量化是这样一个命题：它断言 $P(x)$对 x 在其论域中的所有值均为真。注意，论域规定了变量 x 所有可能取的值。当我们改变论域时，$P(x)$的全称量化的意义也随之改变。在使用全称量词时必须指定论域，否则语句的**全称量化**就是无定义的。

定义 1 $P(x)$的全称量化是语句"$P(x)$对 x 在其论域的所有值为真。"符号 $\forall xP(x)$表示 $P(x)$的全称量化，其中 $\forall$ 称为全称量词。命题 $\forall xP(x)$读作"对所有 x，$P(x)$"或"对每个 x，$P(x)$"。一个使 $P(x)$为假的个体称为 $\forall xP(x)$的反例。

全称量词的意义总结如表 1 第一行所示。我们用例 8～13 来说明全称量词的使用。

表 1 量词

命 题	什么时候为真	什么时候为假
$\forall xP(x)$	对每一个 x，$P(x)$都为真	有一个 x，使 $P(x)$为假
$\exists xP(x)$	有一个 x，使 $P(x)$为真	对每一个 x，$P(x)$都为假

Extra Examples

例 8 令 $P(x)$为语句"$x+1>x$"。试问量化 $\forall xP(x)$的真值是什么，其中论域是全体实数集合？

解 由于 $P(x)$对所有实数 x 均为真，所以量化命题 $\forall xP(x)$的值为真。◀

评注 通常，我们会做一个隐式的假设，即量词的论域均为非空的。注意如果论域为空，那么 $\forall xP(x)$对任何命题函数 $P(x)$都为真，因为论域中没有单个 x 使 $P(x)$为假。

除了"对所有"和"对每个"外，全称量词还可以用其他方式表达，包括"全部的""对每一个""任意给定的""对任意的""对任一的"等。

评注 最好避免使用"对任一 x"，因为它常常引起歧义，即不确定是指"每个"还是"某些"的。在某些情况下，"任一"是没有歧义的，就像它用于否定句时那样，如"没有任一理由可以逃避学习。"

一个语句 $\forall xP(x)$为假当且仅当 $P(x)$不总为真，其中 $P(x)$是一个命题函数，x 在论域中。要证明当 x 在论域中时 $P(x)$不总为真，方法之一就是寻找一个 $\forall xP(x)$的反例。注意我们仅仅需要一个反例就可以确定 $\forall xP(x)$为假。例 9 解释了如何使用反例。

例 9 令 $Q(x)$表示语句"$x<2$"。如果论域是所有实数集合，量化命题 $\forall xQ(x)$的真值是什么？

解 $Q(x)$并非对每个实数都为真，因为，比如 $Q(3)$就是假的。也就是说，$x=3$ 是语句 $\forall xQ(x)$的一个反例。因此 $\forall xQ(x)$为假。◀

例 10 假设 $P(x)$是"$x^2>0$"。要证明语句 $\forall xP(x)$为假(其中论域是所有整数)，我们只需要给出一个反例。我们可以看到 $x=0$ 是一个反例，因为当 $x=0$ 时 $x^2=0$，所以当 $x=0$ 时 x^2 不大于 0。◀

在数学研究中寻找全称量化命题的反例是一个重要的过程，我们在本书后续章节中还会看到。

例 11 如果 $N(x)$是指"计算机 x 被连接到网络"，而论域为校园内所有的计算机，那么

$\forall xN(x)$是什么意思呢？

解 语句$\forall xN(x)$的意思是对于校园里的每一台计算机 x，它都被连接到了网络。这句话可以用自然语言表达为“校园里的每一台计算机都连接到网络”。◀

正如我们已经指出的那样，当使用量词时指定论域是必需的。量化命题的真值通常取决于该论域中的那些个体，如例 12 所示。

例 12 如果论域是所有实数，$\forall x(x^2\geqslant x)$的真值是什么？如果论域是所有整数，真值又是什么？

解 论域是所有实数时，全称量化命题$\forall x(x^2\geqslant x)$为假。例如，$(1/2)^2\ngeqslant 1/2$。注意 $x^2\geqslant x$ 当且仅当 $x^2-x=x(x-1)\geqslant 0$。因此，$x^2\geqslant x$ 当且仅当 $x\leqslant 0$ 或 $x\geqslant 1$。由此得出，如果论域是所有实数，$\forall x(x^2\geqslant x)$为假(因为对于所有 x，当 $0<x<1$ 时，不等式不成立)。然而，如果论域为整数，$\forall x(x^2\geqslant x)$为真，因为没有整数 x 使得 $0<x<1$。◀

存在量词 许多数学定理断言：有一个个体使得某种性质成立。这类语句可以用存在量化表示。我们可以用存在量化构成这样一个命题：该命题为真当且仅当论域中至少有一个 x 的值使得 $P(x)$为真。

> **定义 2** $P(x)$的存在量化是命题“论域中存在一个个体 x 满足 $P(x)$”。我们用符号$\exists xP(x)$表示 $P(x)$的存在量化，其中$\exists$称为存在量词。

当使用语句$\exists xP(x)$时，必须指定一个论域。而且，当论域变化时，$\exists xP(x)$的意义也随之改变。如果没有指定论域，那么语句$\exists xP(x)$没有意义。

除了短语“存在”外，我们也可以用其他方式来表达存在量化，如使用词语“对某些”“至少有一个”或“有”。存在量化$\exists xP(x)$可读作“有一个 x 满足 $P(x)$”“至少有一个 x 满足 $P(x)$”或“对某个 x，$P(x)$”。

存在量词的意义总结如表 1 第二行所示。我们用例 13、14 和 16 说明存在量词的运用。

例 13 令 $P(x)$表示语句“$x>3$”。论域为实数集合时，量化命题$\exists xP(x)$的真值是什么？ Extra Examples

解 因为“$x>3$”有时候是真的，如 $x=4$ 时，所以 $P(x)$的存在量化即$\exists xP(x)$为真。◀

观察到语句$\exists xP(x)$为假当且仅当论域中没有个体使得 $P(x)$为真。也就是说，$\exists xP(x)$为假当且仅当 $P(x)$对于论域中的每一个个体都为假。我们用例 14 解释该观察。

例 14 令 $Q(x)$表示语句“$x=x+1$”。论域是实数集时，量化命题$\exists xQ(x)$的真值是什么？

解 因为对每个实数 x，$Q(x)$都为假，所以 $Q(x)$的存在量化$\exists xQ(x)$为假。◀

评注 通常，我们会做一个隐式的假设，即量词的论域均为非空的。如果论域为空，那么无论 $Q(x)$是什么命题函数，当论域为空时论域中没有一个个体能使 $Q(x)$为真，所以$\exists xQ(x)$为假。

唯一性量词 我们已经介绍了全称量词和存在量词。它们是数学和计算机科学中最重要的量词。然而，对于我们能定义的不同量词的数量是没有限制的，如“恰好有 2 个”“有不超过 3 个”“至少有 100 个”等。所有其他量词中最常见的是**唯一性量词**，用符号$\exists!$或$\exists_1$表示。$\exists!xP(x)$(或$\exists_1 xP(x)$)这种表示法是指“存在唯一的 x 使得 $P(x)$为真”。(其他表示唯一性量词的词语有“恰好存在一个”“有且只有一个”。)比如，$\exists!x(x-1=0)$，其中论域是实数集合，表示存在唯一的实数 x 使得 $x-1=0$。这是一个真语句，因为 $x=1$ 是使得 $x-1=0$ 的唯一实数。观察到我们能够用前边学过的量词以及命题逻辑来表达唯一性(见 1.5 节练习 52)，所以唯一性量词是可以避免使用的。通常，最好只使用存在量词和全称量词，这样就可以使用这些量词的推理规则。

1.4.4 有限域上的量词

当一个量词的域是有限的时候，即所有元素可以一一列出时，量化语句就可以用命题逻辑来表达。特别是，当论域中的元素为 x_1，x_2，…，x_n，其中 n 是一个正整数，则全称量化 $\forall xP(x)$ 与合取式

$$P(x_1) \wedge P(x_2) \wedge \cdots \wedge P(x_n)$$

相同，因为这一合取式为真当且仅当 $P(x_1)$，$P(x_2)$，…，$P(x_n)$ 全部为真。

例 15 试问 $\forall xP(x)$ 的真值是什么？这里 $P(x)$ 是语句"$x^2<10$"，且论域是不超过 4 的正整数。

解 语句 $\forall xP(x)$ 与合取式

$$P(1) \wedge P(2) \wedge P(3) \wedge P(4)$$

相同，因为论域由 1、2、3 和 4 组成。由于 $P(4)$ 就是语句"$4^2<10$"为假，所以可以得出 $\forall xP(x)$ 为假。◀

类似地，当论域中的元素为 x_1，x_2，…，x_n，其中 n 是一个正整数，则存在量化 $\exists xP(x)$ 与析取式

$$P(x_1) \vee P(x_2) \vee \cdots \vee P(x_n)$$

相同，因为该析取式为真当且仅当 $P(x_1)$，$P(x_2)$，…，$P(x_n)$ 中至少一个为真。

例 16 如果 $P(x)$ 是语句"$x^2>10$"，论域为不超过 4 的正整数，$\exists xP(x)$ 的真值是什么？

解 由于论域为 $\{1, 2, 3, 4\}$，命题 $\exists xP(x)$ 等价于析取式

$$P(1) \vee P(2) \vee P(3) \vee P(4)$$

由于 $P(4)$ 即"$4^2>10$"为真，故 $\exists xP(x)$ 为真。◀

量化和循环的关系 在确定量化命题的真值时，借助循环与搜索来思考是有益的。假定变量 x 的论域中有 n 个对象。要确定 $\forall xP(x)$ 是否为真，我们可以对 x 的 n 个值循环查看 $P(x)$ 是否总是真。如果遇到 x 的一个值使 $P(x)$ 为假，就证明 $\forall xP(x)$ 为假，否则 $\forall xP(x)$ 为真。要确定 $\exists xP(x)$ 是否为真，我们循环查看 x 的 n 个值，搜索使 $P(x)$ 为真的 x 值。如果找到一个，那么 $\exists xP(x)$ 为真；如果总也找不到这样的 x，则判定 $\exists xP(x)$ 为假。(注意，当论域有无穷多个值时，这一搜索过程不适用。不过以这种方式思考量化命题的真值仍然是有益的。)

1.4.5 受限域的量词

在要限定一个量词的论域时经常会采用简写的表示法。在这个表示法里，变量必须满足的条件直接放在量词的后面。例 17 给出了解释。我们还会在 2.1 节描述涉及集合成员关系的表示法的其他形式。

例 17 语句 $\forall x<0(x^2>0)$，$\forall y\neq 0(y^3\neq 0)$，以及 $\exists z>0(z^2=2)$ 分别指的是什么意思，其中各语句的论域都为实数集？

解 语句 $\forall x<0(x^2>0)$ 表示对于每一个满足 $x<0$ 的实数 x 有 $x^2>0$。也就是说，它表示"一个负实数的平方为正数"。这个语句与 $\forall x(x<0\to x^2>0)$ 等价。

语句 $\forall y\neq 0(y^3\neq 0)$ 表示对于每一个满足 $y\neq 0$ 的实数 y 有 $y^3\neq 0$。也就是说，它表示"每一个非零实数的立方不为零"。注意这个语句等价于 $\forall y(y\neq 0\to y^3\neq 0)$。

最后，语句 $\exists z>0(z^2=2)$ 表示存在一个满足 $z>0$ 的实数 z 有 $z^2=2$。也就是说，它表示"有一个 2 的正平方根"。这个语句等价于 $\exists z(z>0 \wedge z^2=2)$。◀

注意，受限的全称量化和一个条件语句的全称量化等价。比如，$\forall x<0(x^2>0)$ 是表达 $\forall x(x<0\to x^2>0)$ 的另一种方式。另一方面，受限的存在量化和一个合取式的存在量化等价。比如 $\exists z>0(z^2=2)$ 是表达 $\exists z(z>0 \wedge z^2=2)$ 的另一种方式。

1.4.6 量词的优先级

量词$\forall$和$\exists$比命题演算中的所有逻辑运算符都具有更高的优先级。比如，$\forall xP(x) \vee Q(x)$是$\forall xP(x)$和$Q(x)$的析取。换句话说，它表示$(\forall xP(x)) \vee Q(x)$，而不是$\forall x(P(x) \vee Q(x))$。

1.4.7 变量绑定

当量词作用于变量x时，我们说此变量的这次出现为**约束的**。一个变量的出现被称为是**自由的**，如果没有被量词约束或设置为等于某一特定值。命题函数中的所有变量出现必须是约束的或者被设置为等于某个特定值的，才能把它转变为一个命题。这可以通过采用一组全称量词、存在量词和赋值来实现。

逻辑表达式中一个量词作用到的部分称为这个量词的作用域。因此，一个变量是自由的，如果变量在公式中所有限定该变量的量词的作用域之外。

例 18 在语句$\exists x(x+y=1)$中，变量x受存在量词$\exists x$约束，但是变量y是自由的，因为它没有受一个量词约束且该变量没有被赋值。这解释了在语句$\exists x(x+y=1)$中，x是受约束的，而y是自由的。

在语句$\exists x(P(x) \wedge Q(x)) \vee \forall xR(x)$中，所有变量都是受约束的。第一个量词$\exists x$的作用域是表达式$P(x) \wedge Q(x)$，因为$\exists x$只作用于语句的$P(x) \wedge Q(x)$部分，而非其余部分。类似地，第二个量词$\forall x$的作用域是表达式$R(x)$。也就是说，存在量词绑定$P(x) \wedge Q(x)$中的变量$x$，全称量词$\forall x$绑定$R(x)$中的变量$x$。由此可见，由于两个量词的作用域不重叠，所以我们可以用两个不同的变量x和y将语句写为$\exists x(P(x) \wedge Q(x)) \vee \forall yR(y)$。读者应该了解在正常的使用中，经常用来同一个字母表示受不同量词约束的变量，只要其作用域不重叠的。◀

1.4.8 涉及量词的逻辑等价式

在1.3节我们介绍了复合命题逻辑等价式的概念。我们可将这个概念扩展到涉及谓词和量词的表达式中。

定义 3 涉及谓词和量词的语句是逻辑等价的当且仅当无论用什么谓词代入这些语句，也无论为这些命题函数里的变量指定什么论域，它们都有相同的真值。我们用$S \equiv T$表示涉及谓词和量词的两个语句S和T是逻辑等价的。

例19说明了如何证明两个涉及谓词和量词的语句是逻辑等价的。

例 19 证明$\forall x(P(x) \wedge Q(x))$和$\forall xP(x) \wedge \forall xQ(x)$是逻辑等价的(这里始终采用同一个论域)。这个逻辑等价式表明全称量词对于一个合取式是可分配的。此外，存在量词对于一个析取式也是可分配的。然而，全称量词对析取式是不可分配的，存在量词对合取式也是不可分配的。(见练习52和53)

解 为证明这两个语句是逻辑等价的，我们必须证明，不论P和Q是什么谓词，也不论采用哪个论域，它们总是具有相同的真值。假设有特定的谓词P和Q，以及一个共同的论域。我们可以通过两件事来证明$\forall x(P(x) \wedge Q(x))$和$\forall xP(x) \wedge \forall xQ(x)$是逻辑等价的。首先，我们证明如果$\forall x(P(x) \wedge Q(x))$为真，那么$\forall xP(x) \wedge \forall xQ(x)$为真。其次，我们证明如果$\forall xP(x) \wedge \forall xQ(x)$为真，那么$\forall x(P(x) \wedge Q(x))$为真。

因此，假设$\forall x(P(x) \wedge Q(x))$为真。这意味着如果$a$在论域中，那么$P(a) \wedge Q(a)$为真。所以，$P(a)$为真，且$Q(a)$为真。因为对论域中每个个体$P(a)$为真，且$Q(a)$为真都成立，所以我们可以得出结论，$\forall xP(x)$和$\forall xQ(x)$都为真。这意味着$\forall xP(x) \wedge \forall xQ(x)$为真。

接下来，假设$\forall xP(x) \wedge \forall xQ(x)$为真。那么$\forall xP(x)$为真，且$\forall xQ(x)$为真。因此，如果$a$在论域中，那么$P(a)$为真，且$Q(a)$为真[因为$P(x)$和$Q(x)$对论域中所有个体都为真，所以这里用同一个$a$的值不会有矛盾]。可以得出，对于所有的$a$，$P(a) \wedge Q(a)$为真。因而可以得出$\forall x(P(x) \wedge Q(x))$为真。这样我们可以推出结论

$$\forall x(P(x) \land Q(x)) \equiv \forall xP(x) \land \forall xQ(x)$$ ◀

1.4.9 量化表达式的否定

我们常会考虑到一个量化表达式的否定。例如，考虑下面语句的否定

"班上每个学生都学过一门微积分课"

这个语句是全称量化命题，即

$$\forall xP(x)$$

Assessment 其中 $P(x)$ 为语句"x 学过一门微积分课"，论域是你们班的所有学生。这一语句的否定是"并非班上每个学生都学过一门微积分课"。这等价于"班上有个学生没有学过微积分课"。而这也就是原命题函数否定的存在量化，即

$$\exists x \neg P(x)$$

这个例子说明了下面的等价关系：

$$\neg \forall xP(x) \equiv \exists x \neg P(x)$$

为了证明不论命题函数 $P(x)$ 是什么和论域是什么，$\neg \forall xP(x)$ 和 $\exists x \neg P(x)$ 都是逻辑等价的。首先，注意 $\neg \forall xP(x)$ 为真当且仅当 $\forall xP(x)$ 为假。其次，注意 $\forall xP(x)$ 为假当且仅当论域中有一个个体 x 使 $P(x)$ 为假。它成立当且仅当论域中有一个个体 x 使 $\neg P(x)$ 为真。最后，注意论域中有一个个体 x 使 $\neg P(x)$ 为真当且仅当 $\exists x \neg P(x)$ 为真。将这些步骤综合起来，可以得出结论 $\neg \forall xP(x)$ 为真当且仅当 $\exists x \neg P(x)$ 为真。于是得出结论 $\neg \forall xP(x)$ 和 $\exists x \neg P(x)$ 是逻辑等价的。

假定我们要想否定一个存在量化命题。例如，考虑命题"班上有一个学生学过一门微积分课"就是存在量化命题

$$\exists xQ(x)$$

其中 $Q(x)$ 为语句"x 学过一门微积分课"。这句话的否定是命题"并非班上有个学生学过微积分课"。这等价于"班上每个学生都没学过微积分课"，这也就是原命题函数的否定的全称量化，或用量词语言表示为

$$\forall x \neg Q(x)$$

这个例子说明了等价式

$$\neg \exists xQ(x) \equiv \forall x \neg Q(x)$$

为了证明无论 $Q(x)$ 和论域是什么，$\neg \exists xQ(x)$ 和 $\forall x \neg Q(x)$ 是逻辑等价的。首先注意 $\neg \exists x Q(x)$ 为真当且仅当 $\exists xQ(x)$ 为假。而这个为真当且仅当论域中没有 x 使 $Q(x)$ 为真。其次，注意论域中没有 x 使 $Q(x)$ 为真当且仅当 $Q(x)$ 对论域中的每个 x 都为假。最后，注意 $Q(x)$ 对论域中每个 x 都为假当且仅当 $\neg Q(x)$ 对论域中所有 x 都为真，而它成立当且仅当 $\forall x \neg Q(x)$ 为真。将这些步骤综合起来，我们看到 $\neg \exists xQ(x)$ 为真当且仅当 $\forall x \neg Q(x)$ 为真。我们得出结论：$\neg \exists xQ(x)$ 和 $\forall x \neg Q(x)$ 是逻辑等价的。

量词否定的规则称为**量词的德·摩根律**。这些规则总结见表 2。

表 2　量词的德·摩根律

否定	等价语句	何时为真	何时为假
$\neg \exists xP(x)$	$\forall x \neg P(x)$	对每个 x，$P(x)$ 为假	有 x，使 $P(x)$ 为真
$\neg \forall xP(x)$	$\exists x \neg P(x)$	有 x 使 $P(x)$ 为假	对每个 x，$P(x)$ 为真

评注　当谓词 $P(x)$ 的论域包含 n 个个体时，其中 n 是大于 1 的正整数，则用于量化命题否定的规则和 1.3 节讨论的德·摩根律完全相同。这就是为什么这些规则称为量词的德·摩根律。当论域有 n 个元素 x_1，x_2，…，x_n 时，$\neg \forall xP(x)$ 与 $\neg(P(x_1) \land P(x_2) \land \cdots \land P(x_n))$ 相同，

而由德·摩根律，后者等价于$\neg P(x_1)\vee\neg P(x_2)\vee\cdots\vee\neg P(x_n)$，该式又等同于$\exists x\neg P(x)$。类似地，$\neg\exists xP(x)$与$\neg(P(x_1)\vee P(x_2)\vee\cdots\vee P(x_n))$相同，由德·摩根律，后者等价于$\neg P(x_1)\wedge\neg P(x_2)\wedge\cdots\wedge\neg P(x_n)$，该式又等同于$\forall x\neg P(x)$。

我们在例 20 和例 21 中来解释量化命题的否定。

例 20 语句“有一个诚实的政治家”和“所有美国人都吃芝士汉堡”的否定是什么？

解 令$H(x)$表示“x是诚实的”。则语句“有一个诚实的政治家”可以用$\exists xH(x)$来表示，其中论域是所有政治家。这个语句的否定是$\neg\exists xH(x)$，它等价于$\forall x\neg H(x)$。这个否定可以表达为“每个政治家都是不诚实的。”（注意，在自然语言中，语句“所有政治家是不诚实的”是有点含糊的。按通常用法，这个语句通常意味着“并不是所有的政治家都是诚实的”。因此，我们不用这个语句表达它的否定。）

令$C(x)$为“x吃芝士汉堡”。则语句“所有美国人都吃芝士汉堡”可以用$\forall xC(x)$来表示，其中论域是所有美国人。这个语句的否定是$\neg\forall xC(x)$，它等价于$\exists x\neg C(x)$。这个否定可以有几种不同的表达方式，包括“一些美国人不吃芝士汉堡”和“有一个美国人不吃芝士汉堡”。◀

例 21 语句$\forall x(x^2>x)$和$\exists x(x^2=2)$的否定是什么？

解 $\forall x(x^2>x)$的否定是语句$\neg\forall x(x^2>x)$，它等价于$\exists x\neg(x^2>x)$。这个表达式可以重写为$\exists x(x^2\leqslant x)$。而$\exists x(x^2=2)$的否定是语句$\neg\exists x(x2=2)$，它等价于$\forall x\neg(x^2=2)$。这个表达式可以重写为$\forall x(x^2\neq 2)$。当然这些语句的真值还取决于论域。◀

在例 22 中我们要用到量词的德·摩根律。

例 22 证明$\neg\forall x(P(x)\rightarrow Q(x))$和$\exists x(P(x)\wedge\neg Q(x))$是逻辑等价的。

解 由全称量的词德·摩根律，我们知道$\neg\forall x(P(x)\rightarrow Q(x))$和$\exists x(\neg(P(x)\rightarrow Q(x)))$是逻辑等价的。由 1.3 节表 7 中第 5 个逻辑等价式，我们知道对每个x，$\neg(P(x)\rightarrow Q(x))$和$P(x)\wedge\neg Q(x)$是逻辑等价的。因为在一个逻辑等价式中可以用一个逻辑等价的表达式替换另外一个，所以可以得出$\neg\forall x(P(x)\rightarrow Q(x))$和$\exists x(P(x)\wedge\neg Q(x))$是逻辑等价的。◀

1.4.10 语句到逻辑表达式的翻译

将汉语(或其他自然语言)语句翻译成逻辑表达式，这在数学、逻辑编程、人工智能、软件工程以及许多其他学科中是一项重要的任务。我们在 1.1 节中就开始学习这个主题，那里我们用命题将语句表示为逻辑表达式。那时，我们特意回避需要用谓词和量词来翻译语句。当需用到量词时，语句到逻辑表达式的翻译会变得更复杂。再者，翻译一个特定的语句可以有许多种方式。(因此，没有“菜谱”式的方法可供你按部就班地学习。)我们会给出一些例子说明如何将汉语语句翻译成逻辑表达式。翻译的目标是生成简单而有用的逻辑表达式。本节我们只局限于讨论这样的语句，可只用单个量词将其翻译成逻辑表达式。下一节会讨论一些更复杂的需要多个量词的语句。

例 23 使用谓词和量词表达语句“班上的每个学生都学过微积分”。

解 首先重写该语句以使我们能很清楚地确定所要使用的合适的量词。重写后可得“对班上的每一个学生，该学生学过微积分。”接着，引入变量x，语句就变成“对班上的每一个学生x，x学过微积分。”然后，引入谓词$C(x)$，表示语句“x学过微积分”。因此，如果x的论域是班上的学生，我们可以将语句翻译为$\forall xC(x)$。

然而，还有其他正确的翻译方法，并可使用不同的论域和其他谓词。具体选择什么方法取决于后续要进行的推理。例如，我们可能对更广泛的人群而非仅仅是班上的学生感兴趣。如果将论域改成所有人，则我们需要将语句表达成“对每个人x，如果x是班上的学生，那么x学过微积分。”

如果$S(x)$表示语句x在这个班上，则我们的语句可表达为$\forall x(S(x)\rightarrow C(x))$。[小心：语句不能表达为$\forall x(S(x)\wedge C(x))$，因为这句话说的是所有人都是这个班上的学生并且学过微积分。]

最后，如果我们对学生除微积分之外的其他主修课程感兴趣，我们可以倾向于使用双变量谓词[⊖] $Q(x, y)$表示语句“学生 x 学过课程 y”。这样在上述两种方法中我们就要把 $C(x)$替换成 $Q(x,$ 微积分$)$，得到 $\forall xQ(x,$ 微积分$)$或 $\forall x(S(x)\rightarrow Q(x,$ 微积分$))$。◀

在例 23 中我们展示了用谓词和量词表达同一语句的不同方法。不过，我们总是应该采用最有利于后续推理的最简单的方法。

例 24 用谓词和量词表达语句“这个班上的某个学生去过墨西哥”和“这个班上的每个学生或去过加拿大，或去过墨西哥。”

解 语句“这个班上的某个学生去过墨西哥”的意思是“在这个班上有个学生，他去过墨西哥”。引入变量 x，因此语句变成“在这个班上有个学生 x，x 去过墨西哥。”引入谓词 $M(x)$表示语句“x 去过墨西哥”。如果 x 的论域是这个班上的学生，我们就可以将第一个语句翻译为 $\exists xM(x)$。

然而，如果我们对这个班上学生以外的人感兴趣，这个语句看起来就会有些不同。语句可表达为“有这样一个人 x 具有这样的特性：x 是这个班的学生，并且 x 去过墨西哥。”

在这种情况下，x 的论域是所有人，我们引入谓词 $S(x)$表示语句“x 是这个班上的一个学生”。答案就变成了 $\exists x(S(x)\wedge M(x))$，因为它表示有某个人 x 他是这个班上的学生并且去过墨西哥。[小心：语句不能表示为 $\exists x(S(x)\rightarrow M(x))$，它表示当有一个人不在这个班里时也是真的，因为在这种情况下，对这样的 x，$S(x)\rightarrow M(x)$就变成 $\mathbf{F}\rightarrow\mathbf{T}$ 或者 $\mathbf{F}\rightarrow\mathbf{F}$，两个都是真的。]

类似地，第二个语句可以表示成“对于在这个班上的每一个 x，x 具有这样的特性：x 去过墨西哥或 x 去过加拿大”。(注意：我们假设这里的或是兼或而非不可兼的。)我们令 $C(x)$表示语句“x 去过加拿大”。由前面的推理，如果 x 的论域是这个班的学生，则第二个语句可以表达为 $\forall x(C(x)\vee M(x))$。然而，如果 x 的论域是所有人，我们的语句就可以表示成：

“对于每一个人 x，如果 x 在这个班，则 x 去过加拿大或 x 去过墨西哥”。此时，语句表示成 $\forall x(S(x)\rightarrow(C(x)\vee M(x)))$。

除了分别使用谓词 $M(x)$和 $C(x)$来表示 x 去过墨西哥和 x 去过加拿大外，我们还可以使用两个变量谓词 $V(x, y)$表示“x 去过 y 国家”。这样，$V(x,$ 墨西哥$)$和 $V(x,$ 加拿大$)$具有与 $M(x)$和 $C(x)$相同的意思并可以用来替代它们。如果我们要处理的语句涉及人们去过不同的国家，我们可以倾向于使用这种双变量的方法。否则为了起见简单，我们可以坚持用一个变量谓词 $M(x)$和 $C(x)$。◀

1.4.11 系统规范说明中量词的使用

在 1.2 节我们用命题来表示系统规范说明。然而，许多系统规范说明涉及谓词和量词。这在例 25 中予以说明。

Extra Examples

例 25 用谓词和量词表达系统规范说明“每封大于 1MB 的邮件会被压缩”和“如果一个用户处于活动状态，那么至少有一条网络链路是有效的”。

解 令 $S(m, y)$表示“邮件 m 大于 yMB”，其中变量 m 的论域是所有邮件，变量 y 是一个正实数；令 $C(m)$表示“邮件 m 会被压缩”。那么规范说明“每封大于 1MB 的邮件会被压缩”可以表达为 $\forall m(S(m, 1)\rightarrow C(m))$。

令 $A(u)$表示“用户 u 处于活动状态”，其中变量 u 的论域是所有用户；令 $S(n, x)$表示“网络链路 n 处于 x 状态”，其中 n 的论域是所有网络链路，x 的论域是网络链路所有可能的状态。那么规范说明“如果用户处于活动状态，那么至少有一个网络链路有效”可以表达为

$$\exists uA(u)\rightarrow\exists nS(n, \text{有效})$$ ◀

⊖ 原文为量词，有误。应该是谓词。——译者注

1.4.12 选自路易斯·卡罗尔的例子

路易斯·卡罗尔(Lewis Carroll)(实际上是 C. L. Dodgson 的笔名)是《爱丽丝漫游仙境》(Alice in Wonderland)的作者，也是几本论述符号逻辑书籍的作者。他的书中含有大量涉及量词推理的例子。例 26 和 27 选自他的《符号逻辑》(Symbolic Logic)一书；选自该书的其他例子放在本节末的练习中了。这些例子说明怎样用量词来表示各种类型的语句。

例 26 考虑下面这些语句。前面两句称为前提(premise)，第三句称为结论(conclusion)。合在一起作为一个整体称为一个论证(argument)。

"所有狮子都是凶猛的。"
"有些狮子不喝咖啡。"
"有些凶猛的动物不喝咖啡。"

(1.6 节我们将讨论判定结论是否为前提的有效推论问题。就本例而言，结论是有效的。)令 $P(x)$、$Q(x)$和 $R(x)$分别为语句"x 是狮子"、"x 是凶猛的"和"x 喝咖啡"。假定论域是所有动物的集合，用量词及 $P(x)$、$Q(x)$和 $R(x)$表示上述论证中的语句。

解 我们可以将这些语句表示为：

$$\forall x(P(x)\rightarrow Q(x))$$
$$\exists x(P(x)\wedge\neg R(x))$$
$$\exists x(Q(x)\wedge\neg R(x))$$

注意，第二句不能写成 $\exists x(P(x)\rightarrow\neg R(x))$。原因是当 x 不是狮子时 $P(x)\rightarrow\neg R(x)$总是真的，这样只要有一只动物不是狮子，$\exists x(P(x)\rightarrow\neg R(x))$就为真，即使所有狮子都喝咖啡也是如此。类似地，第三句也不能写成

$$\exists x(Q(x)\rightarrow\neg R(x))$$ ◀

例 27 考虑下面的语句，前 3 个语句为前提，第 4 个语句为有效结论。

"所有蜂鸟都是五彩斑斓的。"
"没有大型鸟类以蜜为生。"
"不以蜜为生的鸟都是色彩单调的。"
"蜂鸟都是小鸟。"

令 $P(x)$、$Q(x)$、$R(x)$和 $S(x)$分别为语句"x 是蜂鸟""x 是大的""x 以蜜为生"和"x 是五彩斑斓的"。假定论域是所有鸟的集合，用量词及 $P(x)$、$Q(x)$、$R(x)$和 $S(x)$表示上述论证中的语句。

解 可以把论证中的语句表示为

$$\forall x(P(x)\rightarrow S(x))$$
$$\neg\exists x(Q(x)\wedge R(x))$$
$$\forall x(\neg R(x)\rightarrow\neg S(x))$$
$$\forall x(P(x)\rightarrow\neg Q(x))$$

(注意，我们假定"小"等同于"不大"，"色彩单调"等同于"不五彩斑斓"。为证明第四条语句是前三条语句的有效结论，我们需要用到将在 1.6 节中讨论的推理规则。) ◀

1.4.13 逻辑程序设计

有一类重要的程序设计语言使用谓词逻辑的规则进行推理。Prolog(Programming in Logic 的缩写)就是其一，该语言由人工智能领域的计算机科学家在 20 世纪 70 年代开发。Prolog 程序包括一组声明，其中包括两类语句：**Prolog 事实**和 **Prolog 规则**。Prolog 事实通过指定那些满足谓词的元素来定义谓词。Prolog 规则使用已由 Prolog 事实定义好的那些谓词来定义新的谓词。例 28 解释这些概念。

例 28 考虑一个 Prolog 程序，它给出的事实是每门课程的教师和学生注册的课程。程序

使用这些事实来回答给特定学生上课的教授这一查询。这样的程序可使用谓词 instructor(p，c)和 enrolled(s，c)分别表示教授 p 是讲授课程 c 的老师及学生 s 注册了课程 c。例如，此程序中的 Prolog 事实可能包含：

```
instructor(chan, math273)
instructor(patel, ee222)
instructor(grossman, cs301)
enrolled(kevin, math273)
enrolled(juana, ee222)
enrolled(juana, cs301)
enrolled(kiko, math273)
enrolled(kiko, cs301)
```

(这里用小写字母表示输入项，Prolog 把以大写字母开始的名字当作变量。)

一个新的谓词 teaches(p，s)表示教授 p 教学生 s，可以用 Prolog 规则来定义：

```
teaches(P, S) :- instructor(P, C), enrolled(S, C)
```

上述语句意味着如果存在一门课程 c，使得教授 p 是课程 c 的老师，而学生 s 注册了课程 c，则 teaches(p，s)为真。(注意，在 Prolog 中逗号用于表示谓词的合取。类似地，分号用于表示谓词的析取。)

Prolog 使用给定的事实和规则回答查询。例如，使用上述的事实和规则，查询

```
? enrolled(kevin, math273)
```

生成应答

```
yes
```

因为事实 enrolled(kevin，math273)是由输入提供的。查询

```
? enrolled(X, math273)
```

生成应答

```
kevin
kiko
```

要生成上面的应答，Prolog 就要判断 X 的所有可能值以使 enrolled(X，math273)包含在 Prolog 事实中。类似地，要查找到给 Juana 所选课程上课的所有教授，我们用查询

```
? teaches(X, juana)
```

这个查询返回

```
patel
grossman
```

◀

奇数编号练习

1. 令 $P(x)$表示语句“$x \leq 4$”。下列各项的真值是什么？

a) $P(0)$　　**b)** $P(4)$　　**c)** $P(6)$

3. 令 $Q(x, y)$表示语句“x 是 y 的首府。”下列各项的真值是什么？

a) Q(丹佛，科罗拉多)　　**b)** Q(底特律，密歇根)

c) Q(马萨诸塞，波士顿)　　**d)** Q(纽约，纽约)

5. 令 $P(x)$为语句“x 在每个工作日都花 5 个多小时上课”，其中 x 的论域是全体学生。用汉语表达下列各量化式。

a) $\exists x P(x)$　　**b)** $\forall x P(x)$

c) $\exists x \neg P(x)$　　d) $\forall x \neg P(x)$

7. 将下列语句翻译成汉语，其中 $C(x)$是“x 是一个喜剧演员”，$F(x)$是“x 很有趣”，论域是所有人。

a) $\forall x(C(x) \to F(x))$　　b) $\forall x(C(x) \wedge F(x))$

c) $\exists x(C(x) \to F(x))$　　d) $\exists x(C(x) \wedge F(x))$

9. 令 $P(x)$为语句“x 会说俄语”，$Q(x)$为语句“x 了解计算机语言 C++”。用 $P(x)$、$Q(x)$、量词和逻辑联结词表示下列各句子。量词的论域为你校全体学生的集合。

a)你校有个学生既会说俄语又了解 C++

b)你校有个学生会说俄语但不了解 C++

c)你校所有学生或会说俄语或了解 C++

d)你校没有学生会说俄语或了解 C++

11. 令 $P(x)$为语句“$x=x^2$”。如果论域是整数集合，下列各项的真值是什么？

a) $P(0)$　　b) $P(1)$　　c) $P(2)$

d) $P(-1)$　　e) $\exists x P(x)$　　f) $\forall x P(x)$

13. 如果论域为整数集合，判断下列各语句的真值。

a) $\forall n(n+1>n)$　　b) $\exists n(2n=3n)$

c) $\exists n(n=-n)$　　d) $\forall n(3n \leqslant 4n)$

15. 如果所有变量的论域为整数集合，判断各语句的真值。

a) $\forall n(n^2 \geqslant 0)$　　b) $\exists n(n^2=2)$

c) $\forall n(n^2 \geqslant n)$　　d) $\exists n(n^2<0)$

17. 假设命题函数 $P(x)$的论域为整数 0、1、2、3 和 4。使用析取、合取和否定写出下列命题。

a) $\exists x P(x)$　　b) $\forall x P(x)$　　c) $\exists x \neg P(x)$

d) $\forall x \neg P(x)$　　e) $\neg \exists x P(x)$　　f) $\neg \forall x P(x)$

19. 假设命题函数 $P(x)$的论域为整数 1、2、3、4 和 5。不使用量词，而使用析取、合取和否定(而不使用量词)来表达下列语句。

a) $\exists x P(x)$　　b) $\forall x P(x)$

c) $\neg \exists x P(x)$　　d) $\neg \forall x P(x)$

e) $\forall x((x \neq 3) \to P(x)) \vee \exists x \neg P(x)$

21. 找出使下列语句分别为真和假的相应的论域。

a)每一个人都在学离散数学　　b)每一个人的年龄都超过 21 岁

c)每两个人都有相同的妈妈　　d)没有两个不同的人有相同的祖母

23. 使用谓词、量词和逻辑联结词，以两种方式将下列语句翻译成逻辑表达式。首先，令论域为班上的学生；其次，令论域为所有人。

a)班上有人会说印地语　　b)班上的每个人都很友好

c)班上有个学生不是出生在加利福尼亚　　d)班上有个学生曾演过电影

e)班上没有学生上过逻辑编程课程

25. 使用谓词、量词和逻辑联结词，将下列语句翻译成逻辑表达式。

a)没有人是完美的　　b)不是每个人都是完美的

c)你的所有朋友都是完美的　　d)你至少有一个朋友是完美的

e)每个人都是你的朋友并且是完美的

f)不是每个人都是你的朋友或有人并不是完美的

27. 通过改变论域并使用带有一个或两个变量的谓词，以三种不同的方式将下列语句翻译成逻辑表达式。

a)学校里的某个学生曾在越南居住过　　b)学校里有个学生不会说印地语

c)学校里的某个学生会用 Java、Prolog 和 C++　　d)班上的每个学生都喜欢泰国食物

e)班上的某个学生不玩曲棍球

29. 使用逻辑运算符、谓词和量词来表达下列语句。

a)某些命题是永真式　　b)一个矛盾式的否定是一个永真式

c)两个可能式的析取可以是一个永真式　　d)两个永真式的合取是一个永真式

31. 假定 $Q(x, y, z)$的论域由 x、y 和 z 的三元组组成，其中 $x=0$、1 或 2，$y=0$ 或 1，$z=0$ 或 1。用析

取式和合取式写出下列命题。

a) $\forall yQ(0, y, 0)$

b) $\exists xQ(x, 1, 1)$

c) $\exists z\neg Q(0, 0, z)$

d) $\exists x\neg Q(x, 0, 1)$

33. 用量词表达下列语句。然后取该语句的否定并使否定词不在量词的左边。再用简单语句表达这个否定式(不要简单地表达为“不是……”)。

a)一些年长的狗会学习新的技巧

b)没有兔子会微积分

c)每只鸟都会飞

d)没有狗会说话

e)这个班上没有人会法语和俄语

35. 不用否定符号表达下面每个量化语句的否定式。

a) $\forall x(x>1)$

b) $\forall x(x\leqslant 2)$

c) $\exists x(x\geqslant 4)$

d) $\exists x(x<0)$

e) $\forall x((x<-1)\vee(x>2))$

f) $\exists x((x<4)\vee(x>7))$

37. 找出下列全称量化命题的反例(如果可能的话)，其中所有变量的论域是整数集合。

a) $\forall x(x^2\geqslant x)$

b) $\forall x(x>0\vee x<0)$

c) $\forall x(x=1)$

39. 用谓词和量词表达下列语句。

a)航空公司的一位乘客可以被确认为贵宾资格，如果该乘客在一年中飞行里程超过25 000英里，或在一年内乘坐航班次数超过25次。

b)一名男选手可获准参加本次马拉松比赛，如果他以往最好成绩在3小时内；而一名女选手可获准参加马拉松比赛，如果她以往最好成绩在3.5小时内。

c)一名学生要想取得硕士学位，必须至少修满60个学分，或至少修满45个学分并通过硕士论文答辩，并且所有必修课程的成绩不低于B。

d)有某个学生在一个学期内修了21个学分课程并且成绩都为A。

练习40～44主要处理系统规范说明和涉及量词的逻辑表达式之间的翻译。

41. 将下列规范说明翻译成语句，其中$F(p)$是“打印机p不能提供服务”，$B(p)$是“打印机p很忙”，$L(j)$是“打印作业j丢失了”，$Q(j)$是“打印作业j在队列中”。

a) $\exists p(F(p)\wedge B(p))\rightarrow\exists jL(j)$

b) $\forall pB(p)\rightarrow\exists jQ(j)$

c) $\exists j(Q(j)\wedge L(j))\rightarrow\exists pF(p)$

d) $(\forall pB(p)\wedge\forall jQ(j))\rightarrow\exists jL(j)$

43. 使用谓词、量词和逻辑联结词表达下列系统规范说明。

a)如果磁盘有10MB以上的空闲空间，那么在非空的消息集合中至少可以保存一条邮件消息。

b)每当有主动报警时，队列中的所有消息都会被传送出去。

c)诊断监控器跟踪所有系统的状态，除了主控制台外。

d)没有被主叫方列入特殊列表上的参与电话会议的每一方都会被计账。

45. 判断$\forall x(P(x)\rightarrow Q(x))$和$\forall xP(x)\rightarrow\forall xQ(x)$是否是逻辑等价的，并证明。

47. 证明$\exists x(P(x)\vee Q(x))$和$\exists xP(x)\vee\exists xQ(x)$是逻辑等价的。

练习48～51给出了**空量化**(null quantification)的规则，当受量词约束的变量没有出现在语句的某一部分时可以使用该规则。

49. 证明下列逻辑等价式，其中x在A中不作为自由变量出现。假设论域非空。

a) $(\forall xP(x))\wedge A\equiv\forall x(P(x)\wedge A)$

b) $(\exists xP(x))\wedge A\equiv\exists x(P(x)\wedge A)$

51. 证明下列逻辑等价式，其中x在A中不作为自由变量出现。假设论域非空。

a) $\forall x(P(x)\rightarrow A)\equiv\exists xP(x)\rightarrow A$

b) $\exists x(P(x)\rightarrow A)\equiv\forall xP(x)\rightarrow A$

53. 证明$\exists xP(x)\wedge\exists xQ(x)$和$\exists x(P(x)\wedge Q(x))$不是逻辑等价的。

55. 下列语句的真值是什么？

a) $\exists !xP(x)\rightarrow\exists xP(x)$

b) $\forall xP(x)\rightarrow\exists !xP(x)$

c) $\exists !x\neg P(x)\rightarrow\neg\forall xP(x)$

57. 给定例28的Prolog事实，对下列查询Prolog返回的是什么？

a) `?instructor(chan, math273)`

b) `?instructor(patel, cs301)`

c) `?enrolled(X, cs301)`

d) `?enrolled(kiko, Y)`

e) `?teaches(grossman, Y)`

59. 假定 Prolog 事实用于定义谓词 mother(M, Y)和 father(F, X)，分别表示 M 是 Y 的母亲，F 是 X 的父亲。试给出一个 Prolog 规则来定义谓词 sibling(X, Y)，它表示 X 和 Y 是兄弟(也就是，有相同的父亲和母亲)。

练习 61～64 是根据刘易斯·罗卡尔(Lewis Carroll)的《符号逻辑》(Symbolic Logic)一书中的问题编写的。

61. 令 $P(x)$、$Q(x)$和 $R(x)$分别表示语句“x 是教授”“x 无知”和“x 爱虚荣”。用量词、逻辑联结词和 $P(x)$、$Q(x)$、$R(x)$表达下列语句，其中论域是所有人的集合。

a)没有教授是无知的

b)所有无知者均爱虚荣

c)没有教授是爱虚荣的

d)能从 a 和 b 推出 c 吗？

63. 令 $P(x)$、$Q(x)$、$R(x)$和 $S(x)$分别为语句“x 是婴儿”“x 的行为符合逻辑”“x 能管理鳄鱼”和“x 会被人轻视”。假定 x 的论域是所有人的集合。用量词，逻辑联结词，$P(x)$、$Q(x)$、$R(x)$和$S(x)$表达下列语句。

a)婴儿的行为不符合逻辑

b)能管理鳄鱼的人不会被人轻视

c)行为不符合逻辑的人会被人轻视

d)婴儿不能管理鳄鱼

* **e)**能从 a、b 和 c 推出 d 吗？如果不能，有没有一个正确的结论？

1.5 嵌套量词

1.5.1 引言

在 1.4 节我们定义了存在量词和全称量词，并展示了如何用它们来表示数学语句。我们也解释了如何用它们将汉语语句翻译成逻辑表达式。可是在 1.4 节我们回避了**嵌套量词**，即一个量词出现在另一个量词的作用域内，如

$$\forall x \exists y(x+y=0)$$

注意量词范围内的一切都可以认为是一个命题函数。比如，

$$\forall x \exists y(x+y=0)$$

与 $\forall xQ(x)$是一样的，其中 $Q(x)$表示 $\exists yP(x, y)$，而 $P(x, y)$表示 $x+y=0$。

嵌套量词经常会出现在数学和计算机科学中。尽管嵌套量词有时比较难理解，但在 1.4 节介绍过的规则却有助于我们使用它们。在本节中我们会获得处理嵌套量词的经验。我们会看到如何使用嵌套量词来表达这样的数学语句“两个正整数的和一定是正数”。我们还会展示如何利用嵌套量词将“每个人恰好有一个最要好的朋友”这样的句子翻译成逻辑语句。再者，我们还会获得处理嵌套量词的否定语句的经验。

1.5.2 理解涉及嵌套量词的语句

为了理解涉及嵌套量词的语句，我们需要阐明其中出现的量词和谓词的含义。具体如例 1 和例 2 所示。

例 1 假定变量 x 和 y 的论域是所有实数的集合，语句

Extra Examples

$$\forall x \forall y(x+y=y+x)$$

表示对所有实数 x 和 y，$x+y=y+x$。这是实数加法的交换律。同样，语句

$$\forall x \exists y(x+y=0)$$

表示对所有实数 x，有一个实数 y，使得 $x+y=0$。也就是每个实数都有一个加法的逆。同样，语句

$$\forall x \forall y \forall z(x+(y+z)=(x+y)+z)$$

是实数加法的结合律。 ◀

例 2 将下列语句翻译成汉语语句

$$\forall x \forall y((x>0) \land (y<0) \rightarrow (xy<0))$$

其中变量 x 和 y 的论域都是全体实数。

解 这个语句表示对任意实数 x 和 y，如果 $x>0$ 且 $y<0$，那么 $xy<0$。也就是说，这个

语句表示对实数 x 和 y，如果 x 是正的且 y 是负的，那么 xy 就是负的。这可以更简洁地叙述为“一个正实数与一个负实数的积一定是负实数”。◀

将量化当作循环 在处理多个变量的量化式时，有时候借助嵌套循环来思考是有益的。(当然，如果某个变量的论域有无穷多个元素，那么无法真正对所有值做循环。不过这种考虑方式对理解嵌套量词总是有益的。)例如，要判定 $\forall x \forall y P(x, y)$ 是否为真，我们先对 x 的所有值做循环，而对 x 的每个值再对 y 的所有值循环。如果我们发现对 x 和 y 的所有值 $P(x, y)$ 都为真，那么我们就判定了 $\forall x \forall y P(x, y)$ 为真。只要我们碰上一个 x 值，对这个值又碰上一个 y 值使 $P(x, y)$ 为假，那么就证明了 $\forall x \forall y P(x, y)$ 为假。

同样，要判定 $\forall x \exists y P(x, y)$ 是否为真，就需要我们对 x 的所有值循环。对 x 的每个值，对 y 的值循环直到找到一个 y 使 $P(x, y)$ 为真。如果对 x 的所有值，我们都能碰上这样的一个 y 值，那么 $\forall x \exists y P(x, y)$ 为真。如果对某个 x 我们碰不上这样的 y，那么 $\forall x \exists y P(x, y)$ 就为假。

要判定 $\exists x \forall y P(x, y)$ 是否为真，需要对 x 的值循环直到找到某个 x，就这个 x 对 y 的所有值循环时 $P(x, y)$ 总是为真。如果能找到这样的 x，$\exists x \forall y P(x, y)$ 就为真。如果总也碰不上这样的 x，那么我们知道 $\exists x \forall y P(x, y)$ 为假。

最后要判定 $\exists x \exists y P(x, y)$ 是否为真。我们对 x 的值循环，循环时对 x 的每个值都对 y 的值循环，直到找到 x 的一个值和 y 的一个值使 $P(x, y)$ 为真。只有当我们永远碰不上这样的 x 和 y 能使 $P(x, y)$ 为真时，语句 $\exists x \exists y P(x, y)$ 才为假。

1.5.3 量词的顺序

许多数学语句会涉及对多变量命题函数的多重量化。要注意的是，量词的顺序是很重要的，除非所有量词均为全称量词或均为存在量词。

这些评注可以通过例3～5来解释。

Extra Examples

例3 令 $P(x, y)$ 为语句“$x+y=y+x$”，量化式 $\forall x \forall y P(x, y)$ 和 $\forall y \forall x P(x, y)$ 的真值是什么？这里所有变量的论域是全体实数。

解 量化式

$$\forall x \forall y P(x, y)$$

表示的命题是“对所有实数 x，对所有实数 y，$x+y=y+x$ 成立。”因为 $P(x, y)$ 对所有实数 x 和 y 都为真(这是实数的加法交换律)，故 $\forall x \forall y P(x, y)$ 为真。注意语句 $\forall y \forall x P(x, y)$ 表示“对所有实数 y，对所有实数 x，$x+y=y+x$”这句的意思和“对所有实数 x，对所有实数 y，$x+y=y+x$”意义相同。也就是说，$\forall x \forall y P(x, y)$ 和 $\forall y \forall x P(x, y)$ 意义相同，都为真。这说明了这样一个原理，即在没有其他量词的语句中，在不改变量化式意义的前提下嵌套全称量词的顺序是可以改变的。◀

例4 令 $Q(x, y)$ 表示“$x+y=0$”，量化式 $\exists y \forall x Q(x, y)$ 和 $\forall x \exists y Q(x, y)$ 的真值是什么？这里所有变量的论域是全体实数。

解 量化式

$$\exists y \forall x Q(x, y)$$

表示的命题是

“存在一个实数 y 使得对每一个实数 x，$Q(x, y)$ 都成立。”

不管 y 取什么值，只存在一个 x 值能使 $x+y=0$ 成立。因为不存在这样的实数 y 能使 $x+y=0$ 对所有实数 x 成立，故语句 $\exists y \forall x Q(x, y)$ 为假。

量化式

$$\forall x \exists y Q(x, y)$$

表示的命题是“对每个实数 x 都存在一个实数 y 使得 $Q(x, y)$ 成立。”给定一个实数 x，存在

一个实数 y 能使 $x+y=0$，这个实数就是 $y=-x$。因此，语句 $\forall x\exists yQ(x, y)$ 为真。◀

例 4 说明量词出现的顺序会产生不同的影响。语句 $\exists y\forall xP(x, y)$ 和 $\forall x\exists yP(x, y)$ 不是逻辑等价的。语句 $\exists y\forall xP(x, y)$ 为真当且仅当存在一个 y，使得 $P(x, y)$ 对每个 x 都成立。因此，要使这一语句为真，必须有一个特定的 y 值，使得无论 x 为什么值，$P(x, y)$ 都成立。另一方面，$\forall x\exists yP(x, y)$ 为真当且仅当对 x 的每一个值都存在一个 y 值使 $P(x, y)$ 成立。所以，要使这个语句为真，不管你选什么 x，总有一个 y 值(也许依赖于你选择的 x)使 $P(x, y)$ 成立。换言之，在第二种情况下，y 随着 x 而变，而在第一种情况下，y 是与 x 无关的常数。

从这些观察可以得出，如果 $\exists y\forall xP(x, y)$ 为真，则 $\forall x\exists yP(x, y)$ 必定也为真。可是，如果 $\forall x\exists yP(x, y)$ 为真，$\exists y\forall xP(x, y)$ 不一定为真(参见本章补充练习 30 和 31)。

表 1 总结了涉及两个变量的不同量化式的含义。

表 1 两个变量的量化式

语　　句	何时为真	何时为假
$\forall x\forall yP(x, y)$ $\forall y\forall xP(x, y)$	对每一对 x、y，$P(x, y)$ 均为真	存在一对 x、y，使得 $P(x, y)$ 为假
$\forall x\exists yP(x, y)$	对每个 x，都存在一个 y 使得 $P(x, y)$ 为真	存在一个 x，使得 $P(x, y)$ 对每个 y 总为假
$\exists x\forall yP(x, y)$	存在一个 x，使得 $P(x, y)$ 对所有 y 均为真	对每个 x，存在一个 y 使得 $P(x, y)$ 为假
$\exists x\exists yP(x, y)$ $\exists y\exists xP(x, y)$	存在一对 x、y，使 $P(x, y)$ 为真	对每一对 x、y，$P(x, y)$ 均为假

超过两个变量的量化式也很常见，如例 5 所示。

例 5 令 $Q(x, y, z)$ 为语句“$x+y=z$”，语句 $\forall x\forall y\exists zQ(x, y, z)$ 和 $\exists z\forall x\forall yQ(x, y, z)$ 的真值是什么，其中所有变量的论域都是全体实数？

解 假定给 x 和 y 赋了值，那么就有一个实数 z，使得 $x+y=z$。于是量化式

$$\forall x\forall y\exists zQ(x, y, z)$$

它相当于语句“对所有实数 x 和所有实数 y，存在一个实数 z，使得 $x+y=z$”为真。这里量词出现的顺序是很重要的，因为量化式

$$\exists z\forall x\forall yQ(x, y, z)$$

也就是语句“存在一个实数 z 使得对所有实数 x 和所有实数 y，$x+y=z$”为假，因为没有 z 的值能使 $x+y=z$ 对 x 和 y 的所有值都成立。◀

1.5.4 数学语句到嵌套量词语句的翻译

用汉语表达的数学语句可以被翻译成逻辑表达式，如例 6～8 所示。

例 6 将语句“两个正整数的和总是正数”翻译成逻辑表达式。

Extra Examples

解 要将这个语句翻译成逻辑表达式，我们首先重写该句，这样隐含的量词和论域就会显现出来：“对每两个整数，如果它们都是正的，那么它们的和是正数。”然后，引入变量 x 和 y 就得到“对所有正整数 x 和 y，$x+y$ 是正数”。因此，我们可以将这个语句表达为

$$\forall x\forall y((x>0)\land(y>0)\rightarrow(x+y>0))$$

其中这两个变量的论域是全体整数。注意，我们也可以将正整数作为论域来翻译该语句。这样语句“两个正整数的和总是正数”就变为“对于每两个正整数，它们的和是正的”。我们可以将它表达为

$$\forall x \forall y(x+y>0)$$

其中两个变量的论域为全体正整数。◀

例7 将语句“除了0以外的每个实数都有一个乘法逆元”（一个实数 x 的**乘法逆元**是使 $xy=1$ 的实数 y）翻译成逻辑表达式。

解 我们首先重写这个语句为“对每个实数 x(除了0以外)，x 有一个乘法逆元”，然后可以再将之重写为“对每个实数 x，如果 $x\neq 0$，那么存在一个实数 y 使得 $xy=1$”。这可以重写为

$$\forall x((x\neq 0)\rightarrow \exists y(xy=1))$$ ◀

有一个你可能很熟悉的例子就是极限的概念，它在微积分中非常重要。

例8 (需要微积分知识)用量词来表示实变量 x 的实函数 $f(x)$ 在其定义域中点 a 处的极限的定义。

解 回顾下面语句的定义

$$\lim_{x\to a} f(x)=L$$

是：对每个实数 $\varepsilon>0$，存在一个实数 $\delta>0$，使得对任意的 x，只要 $0<|x-a|<\delta$，就有 $|f(x)-L|<\varepsilon$。极限的这一定义用量词可以表示为

$$\forall \varepsilon \exists \delta \forall x(0<|x-a|<\delta \rightarrow |f(x)-L|<\varepsilon)$$

其中 ε 和 δ 的论域是正实数集合，x 的论域是实数集合。

这一定义还可表示为

$$\forall \varepsilon>0 \exists \delta>0 \forall x(0<|x-a|<\delta \rightarrow |f(x)-L|<\varepsilon)$$

其中 ε 和 δ 的论域为实数集合，而不是正实数集合。[这里，用到了受限量词。回忆一下 $\forall x>0P(x)$ 的意义是对所有 $x>0$ 的数，$P(x)$ 为真。] ◀

1.5.5 嵌套量词到自然语言的翻译

用嵌套量词表达汉语语句的表达式可能会相当复杂。在翻译这样的表达式时，第一步是写出表达式中量词和谓词的含义，第二步是用简单的句子来表达这个含义。例9和例10说明了这个过程。

例9 把语句

$$\forall x(C(x) \vee \exists y(C(y) \wedge F(x,y)))$$

翻译成汉语，其中 $C(x)$ 是“x 有一台计算机”，$F(x, y)$ 是“x 和 y 是朋友”，而 x 和 y 的共同论域是学校全体学生的集合。

解 该语句说的是，对学校中的每个学生 x，或者 x 有一台计算机，或者另有一个学生 y，他有一台计算机，且 x 和 y 是朋友。换言之，学校的每个学生或者有一台计算机或有一个有一台计算机的朋友。◀

例10 把语句

$$\exists x \forall y \forall z((F(x,y) \wedge F(x,z) \wedge (y\neq z))\rightarrow \neg F(y,z))$$

翻译成汉语，其中 $F(a, b)$ 的含义是 a 和 b 是朋友，而 x、y 和 z 的论域是学校所有学生的集合。

解 我们先来看看表达式 $(F(x, y)\wedge F(x, z)\wedge(y\neq z))\rightarrow\neg F(y, z)$。这个表达式说的是如果学生 x 和 y 是朋友，并且学生 x 和 z 是朋友，并且如果 y 和 z 不是同一个学生，则 y 和 z 就不是朋友。这样原先带有三个量词的语句说的就是，存在一个学生 x，使得对所有的学生 y 以及不同于 y 的所有学生 z，如果 x 和 y 是朋友，x 和 z 也是朋友，那么 y 和 z 就不是朋友。换句话说，有个学生，他的朋友之间都不是朋友。◀

1.5.6 汉语语句到逻辑表达式的翻译

在 1.4 节我们展示了如何用量词将句子翻译成逻辑表达式。然而，当时回避了在翻译成逻辑表达式时需要用到嵌套量词的语句。我们现在讨论这类句子的翻译。

例 11 将语句“如果某人是女性且为人家长，那么这个人是某人的母亲”翻译成逻辑表达式，其中涉及谓词、量词(论域是所有人)以及逻辑联结词。

解 语句“如果一个人是女性且还是家长，则这个人是某个人的母亲”可以表达为“对每个人 x，如果 x 是女性且 x 是家长，那么存在一个人 y 使得 x 是 y 的母亲”。我们引入谓词 $F(x)$来表示“x 是女性”，$P(x)$表示“x 是家长”，$M(x, y)$表示“x 是 y 的母亲”。原始语句可以表示为

$$\forall x((F(x) \land P(x)) \to \exists y M(x,y))$$

利用 1.4 节练习 49 的(b)部分的空量词规则，我们可以把 $\exists y$ 往左移使它恰好出现在 $\forall x$ 之后，因为 y 不在 $F(x) \land P(x)$中出现。我们可以得到逻辑等价的表达式

$$\forall x \exists y((F(x) \land P(x)) \to M(x,y))$$ ◀

例 12 将语句“每个人恰好有一个最好的朋友”翻译成逻辑表达式，其中会涉及谓词、量词(论域是所有人)以及逻辑联结词。

解 语句“每个人恰好有一个最好的朋友”可以表达为“对每个人 x，x 恰好有一个最好的朋友”。引入全称量词，可以看到这个语句和“$\forall x$(x 恰有一个最好的朋友)”一样，其中论域是所有人。

x 恰好有一个最好的朋友意味着有一个人 y，他是 x 最好的朋友。而且，对每个人 z，如果 z 不是 y，那么 z 不是 x 最好的朋友。当我们引入谓词 $B(x, y)$为语句“y 是 x 最好的朋友”，则语句“x 恰好有一个最好的朋友”可以表示为

$$\exists y(B(x,y) \land \forall z((z \neq y) \to \neg B(x,z)))$$

因此，原始语句可以表示为

$$\forall x \exists y(B(x,y) \land \forall z((z \neq y) \to \neg B(x,z)))$$

[注意，我们可以把这个语句写为 $\forall x \exists !\, y B(x, y)$，这里 $\exists !$ 是 1.4 节定义的唯一性量词。]

◀

例 13 用量词表示语句“有一位妇女已搭乘过世界上每一条航线上的一个航班”。

解 令 $P(w, f)$为“w 搭乘过航班 f”，$Q(f, a)$为“f 是航线 a 上的一个航班”。于是可将上述语句表示为

$$\exists w \forall a \exists f(P(w,f) \land Q(f,a))$$

其中，w、f 和 a 的论域分别为世界上所有妇女、所有空中航班和所有航线。

这个语句也可以表示为

$$\exists w \forall a \exists f R(w,f,a)$$

其中 $R(w, f, a)$为“w 已搭乘过航线 a 上的航班 f”。虽然这样表示更紧凑，但它使变量之间的关系有点含糊不清，因此，第一个解要好些。 ◀

1.5.7 嵌套量词的否定

带嵌套量词语句的否定可以通过连续地应用单个量词语句的否定规则得到。如例 14～16 所示。 Assessment

例 14 表达语句 $\forall x \exists y(xy=1)$的否定，使得量词前面没有否定词。 Extra Examples

解 通过连续地应用量词的德·摩根律(见 1.4 节表 2)，我们可以将 $\neg \forall x \exists y(xy=1)$中的否定词移入所有量词里面。我们发现，$\neg \forall x \exists y(xy=1)$等价于 $\exists x \neg \exists y(xy=1)$，而后者又等价于 $\exists x \forall y \neg(xy=1)$。由于 $\neg(xy=1)$可以简化为 $xy \neq 1$，所以我们可以得出结论语句的否

定可以表达为 $\exists x \forall y(xy \neq 1)$。◀

例 15 使用量词表达语句“没有一个妇女已搭乘过世界上每一条航线上的一个航班”。

解 这个语句是例 13 的语句“有一位妇女已搭乘过世界上每一条航线上的一个航班”的否定。由例 13 可知，我们的语句可以表达为 $\neg \exists w \forall a \exists f(P(w, f) \wedge Q(f, a))$，其中 $P(w, f)$是“w 搭乘过航班 f”，而 $Q(f, a)$为“f 是航线 a 上的航班”。通过连续地应用量词的德·摩根律(见 1.4 节表 2)把否定移入连续的量词内，并在最后一步合取式的否定应用德·摩根律，我们发现给定的语句等价于下列语句序列中的每一个语句：

$$\begin{aligned}\forall w \neg \forall a \exists f(P(w,f) \wedge Q(f,a)) &\equiv \forall w \exists a \neg \exists f(P(w,f) \wedge Q(f,a)) \\ &\equiv \forall w \exists a \forall f \neg (P(w,f) \wedge Q(f,a)) \\ &\equiv \forall w \exists a \forall f(\neg P(w,f) \vee \neg Q(f,a))\end{aligned}$$

最后这个语句表示“对于每位妇女，存在一条航线，使得对所有的航班，这位妇女要么没有搭乘过该航班，要么该航班不在这条航线上”。◀

例 16 (需要微积分知识)使用量词和谓词表达 $\lim_{x \to a} f(x)$不存在这一事实，其中 $f(x)$是实变量 x 的实值函数，而 a 属于 f 的定义域。

解 $\lim_{x \to a} f(x)$不存在意味着对全体实数 L，$\lim_{x \to a} f(x) \neq L$。根据例 8，$\lim_{x \to a} f(x) \neq L$ 可以表达为

$$\neg \forall \varepsilon > 0 \exists \delta > 0 \forall x(0 < |x-a| < \delta \to |f(x)-L| < \varepsilon)$$

连续地应用量化表达式的否定规则，我们构造出一系列等价语句：

$$\begin{aligned}&\neg \forall \varepsilon > 0 \exists \delta > 0 \forall x(0 < |x-a| < \delta \to |f(x)-L| < \varepsilon) \\ &\equiv \exists \varepsilon > 0 \neg \exists \delta > 0 \forall x(0 < |x-a| < \delta \to |f(x)-L| < \varepsilon) \\ &\equiv \exists \varepsilon > 0 \forall \delta > 0 \neg \forall x(0 < |x-a| < \delta \to |f(x)-L| < \varepsilon) \\ &\equiv \exists \varepsilon > 0 \forall \delta > 0 \exists x \neg (0 < |x-a| < \delta \to |f(x)-L| < \varepsilon) \\ &\equiv \exists \varepsilon > 0 \forall \delta > 0 \exists x(0 < |x-a| < \delta \wedge |f(x)-L| \geqslant \varepsilon)\end{aligned}$$

在最后一步使用了等价式 $\neg(p \to q) \equiv p \wedge \neg q$，这是依据 1.3 节表 7 的第 5 个等价式。

由于“$\lim_{x \to a} f(x)$不存在”意味着对全体实数 L，$\lim_{x \to a} f(x) \neq L$，这个语句可以表达为

$\forall L \exists \varepsilon > 0 \forall \delta > 0 \exists x(0 < |x-a| < \delta \wedge |f(x)-L| \geqslant \varepsilon)$

最后这个语句表示，对每个实数 L，存在实数 $\varepsilon > 0$ 使得对每个实数 $\delta > 0$，都存在实数 x 使得 $0 < |x-a| < \delta$ 但是 $|f(x)-L| \geqslant \varepsilon$。◀

奇数编号练习

1. 将下列语句翻译成汉语句子，其中每个变量的论域是全体实数。

a) $\forall x \exists y(x < y)$　　**b)** $\forall x \forall y(((x \geqslant 0) \wedge (y \geqslant 0)) \to (xy \geqslant 0))$

c) $\forall x \forall y \exists z(xy = z)$

3. 令 $Q(x, y)$是语句“x 已经发送电子邮件消息给 y”，其中 x 和 y 的论域都是班上的所有学生，将下列量化式表达成汉语句子。

a) $\exists x \exists y Q(x, y)$　　**b)** $\exists x \forall y Q(x, y)$

c) $\forall x \exists y Q(x, y)$　　**d)** $\exists y \forall x Q(x, y)$

e) $\forall y \exists x Q(x, y)$　　**f)** $\forall x \forall y Q(x, y)$

5. 令 $W(x, y)$表示“学生 x 访问过网站 y”，其中 x 的论域是你校全体学生集合，y 的论域是所有网站的集合。用简单的句子表达下列语句。

a) W(Sarah Smith，www.att.com)　　**b)** $\exists x W$(x，www.imdb.org)

c) $\exists y W$(José Orez，y)　　**d)** $\exists y(W$(Ashok Puri，$y) \wedge W$(Cindy Yoon，y))

e) $\exists y \forall z(y \neq$ (David Belcher) $\wedge (W$(David Belcher，$z) \to W(y, z)))$

f) $\exists x \exists y \forall z((x \neq y) \wedge (W(x, z) \leftrightarrow W(y, z)))$

7. 令 $T(x, y)$ 表示学生 x 喜欢菜肴 y，其中 x 的论域是学校的所有学生，y 的论域是所有菜肴。用简单的汉语句子表达下列语句。

a) $\neg T(\text{Abdallah Hussein, Japanese})$

b) $\exists x T(x, \text{Korean}) \wedge \forall x T(x, \text{Mexican})$

c) $\exists y(T(\text{Monique Arsenault}, y) \vee T(\text{Jay Johnson}, y))$

d) $\forall x \forall z \exists y((x \neq z) \rightarrow \neg(T(x, y) \wedge T(z, y)))$

e) $\exists x \exists z \forall y(T(x, y) \leftrightarrow T(z, y))$

f) $\forall x \forall z \exists y(T(x, y) \leftrightarrow T(z, y))$

9. 令 $L(x, y)$ 为语句"x 爱 y"，其中 x 和 y 的论域都是全世界所有人的集合。用量词表达下列语句。

a) 每个人都爱 Jerry

b) 每个人都爱某个人

c) 有个每个人都爱的人

d) 没有人爱每个人

e) 有个 Lydia 不爱的人

f) 有个每人都不爱的人

g) 恰有一个每人都爱的人

h) 恰有两个 Lynn 爱的人

i) 每个人都爱自己

j) 有人除自己以外谁都不爱

11. 令 $S(x)$ 为谓词"x 是学生"，$F(x)$ 为谓词"x 是教员"，而 $A(x, y)$ 是谓词"x 向 y 请教过问题"，其中论域是你校所有人员的集合。用量词表达下列语句。

a) Lois 向 Michaels 教授请教过问题。

b) 每个学生都向 Gross 教授请教过问题。

c) 每位教员都向 Miller 教授请教过问题或被 Miller 教授请教过问题。

d) 某个学生从未向任何教员请教过问题。

e) 有位教员从未被学生请教过问题。

f) 有个学生向所有教员请教过问题。

g) 有位教员向所有其他教员请教过问题。

h) 有学生从未被教员请教过问题。

13. 令 $M(x, y)$ 为"x 给 y 发过电子邮件"，$T(x, y)$ 为"x 给 y 打过电话"，其中论域为你们班上所有学生。用量词表达下列语句。(假定所有发出的电子邮件都能被收到，尽管有时候并非如此。)

a) Chou 从未给 Koko 发过电子邮件。

b) Arlene 从未给 Sarah 发过电子邮件或打过电话。

c) José 从未收到过 Deborah 的电子邮件。

d) 班上每个学生都给 Ken 发过电子邮件。

e) 班上没有人给 Nina 打过电话。

f) 班上每个人或给 Avi 打过电话或给他发过电子邮件。

g) 班上有某个学生给班上其他每个人都发过电子邮件。

h) 班上有某个人给班上其他人或打过电话，或发过电子邮件。

i) 班上有两个学生互发过电子邮件。

j) 班上有一个学生给自己发过电子邮件。

k) 班上有一个学生既没收到过班上其他人的电子邮件，也没接到过班上其他同学的电话。

l) 班上每一个学生都从班上其他同学那里收到过电子邮件或接到过电话。

m) 班上至少有两个学生，一个学生给另一个发过电子邮件，第二个学生则给第一个学生打过电话。

n) 班上有两个同学，他们两个合起来给班上其余同学或发过电子邮件或打过电话。

15. 用量词和带有多个变量的谓词表达下列语句。

a) 每个计算机科学专业的学生都需要学一门离散数学课程。

b) 班上有一个学生拥有一台个人计算机。

c) 班上每个学生至少选修了一门计算机科学课程。

d) 班上有一个学生至少选修了一门计算机科学课程。

e) 班上每个学生都去过校园里的每座建筑。

f) 班上有一个学生至少去过校园里的一座楼的每个房间。

g) 班上每个学生至少都去过校园里每座楼的一个房间。

17. 使用谓词、量词和逻辑联结词(如果有必要)表达下列系统规范说明。

a)每个用户恰能访问一个邮箱。

b)在所有错误状况下有某个进程能继续运行，仅当内核运行正确。

c)校园网的所有用户都能访问具有.edu后缀的URL的所有站点。

* d)恰有两个系统在监控每个远程服务器。

19. 使用数学运算符和逻辑运算符、谓词及量词表达下列语句，其中论域是全体整数。

a)两个负整数的和是负数。

b)两个正整数的差不一定是正数。

c)两个整数的平方和大于等于它们的和的平方。

d)两个整数的积的绝对值等于它们的绝对值的积。

21. 使用谓词、量词、逻辑联结词和数学运算符表达语句“每个正整数是四个整数的平方和”。

23. 使用谓词、量词、逻辑联结词和数学运算符表达下列数学语句：

a)两个负实数的积是正数。　　b)一个实数与它自身的差是零。

c)每个正实数恰有两个平方根。　　d)负实数没有实数平方根。

25. 将下列嵌套量化式翻译成表达一个数学事实的汉语语句。论域均为全体实数。

a) $\exists x\forall y(xy=y)$

b) $\forall x\forall y(((x<0)\wedge(y<0))\rightarrow(xy>0))$

c) $\exists x\exists y((x^2>y)\wedge(x<y))$

d) $\forall x\forall y\exists z(x+y=z)$

27. 假定所有变量的论域都是整数集合，确定下列语句的真值。

a) $\forall n\exists m(n^2<m)$　　b) $\exists n\forall m(n<m^2)$

c) $\forall n\exists m(n+m=0)$　　d) $\exists n\forall m(nm=m)$

e) $\exists n\exists m(n^2+m^2=5)$　　f) $\exists n\exists m(n^2+m^2=6)$

g) $\exists n\exists m(n+m=4\wedge n-m=1)$　　h) $\exists n\exists m(n+m=4\wedge n-m=2)$

i) $\forall n\forall m\exists p(p=(m+n)/2)$

29. 假定命题函数$P(x, y)$的论域由x和y的序偶组成，其中x是1、2或3，y是1、2或3。用析取式和合取式写出下列命题。

a) $\forall x\forall y P(x, y)$　　b) $\exists x\exists y P(x, y)$

c) $\exists x\forall y P(x, y)$　　d) $\forall y\exists x P(x, y)$

31. 表达下列语句的否定，并且使所有的否定词紧跟在谓词之前。

a) $\forall x\exists y\forall z T(x, y, z)$　　b) $\forall x\exists y P(x, y)\vee\forall x\exists y Q(x, y)$

c) $\forall x\exists y(P(x, y)\wedge\exists z R(x, y, z))$　　d) $\forall x\exists y(P(x, y)\rightarrow Q(x, y))$

33. 重写下列语句，使否定只出现在谓词中(即没有否定词在量词或在含逻辑联结词的表达式之外)。

a) $\neg\forall x\forall y P(x, y)$　　b) $\neg\forall y\exists x P(x, y)$

c) $\neg\forall y\forall x(P(x, y)\vee Q(x, y))$　　d) $\neg(\exists x\exists y\neg P(x, y)\wedge\forall x\forall y Q(x, y))$

e) $\neg\forall x(\exists y\forall z P(x, y, z)\wedge\exists z\forall y P(x, y, z))$

35. 给出变量x、y、z和w的一个公共论域，使语句$\forall x\forall y\forall z\exists w((w\neq x)\wedge(w\neq y)\wedge(w\neq z))$为真，再找出另外一个论域使其为假。

37. 用量词表达下列语句。然后取该语句的否定并使否定词不在量词的左边。再用简单语句表达该否定(不要简单地表达为“不是……”)。

a)班上每个学生都恰好选修过本校两门数学课。

b)有人去过世界上除利比亚以外的每个国家。

c)没有人攀登过喜马拉雅山的每座山峰。

d)每位电影演员或者跟与Kevin Bacon拍过一部电影，或者跟与Kevin Bacon拍过一部电影的人拍过一部电影。

39. 找出下列全称量化语句的反例(如果可能的话)，其中所有变量的论域是全体整数。

a) $\forall x\forall y(x^2=y^2\rightarrow x=y)$　　b) $\forall x\exists y(y^2=x)$

c) $\forall x\forall y(xy\geqslant x)$

41. 用量词表达实数乘法的结合律。

43. 用量词和逻辑联结词表示这样的事实：每个实系数线性多项式(即 1 次多项式)，其中 x 的系数为非零，有恰好一个实根。

45. 确定语句 $\forall x \exists y(xy=1)$的真值，如果变量的论域为

a)非零实数。 **b)**非零整数。 **c)**正实数。

47. 证明两个语句$\neg \exists x \forall y P(x, y)$和$\forall x \exists y \neg P(x, y)$是逻辑等价的，这里两个 $P(x, y)$第一个变元的量词具有相同的论域，两个 $P(x, y)$第二个变元的量词也具有相同的论域。

* **49.** **a)**证明$\forall x P(x) \wedge \exists x Q(x)$和$\forall x \exists y(P(x) \wedge Q(y))$是逻辑等价的，这里所有量词都有相同的非空论域。

b)证明$\forall x P(x) \vee \exists x Q(x)$和$\forall x \exists y(P(x) \vee Q(y))$是逻辑等价的，这里所有量词都有相同的非空论域。

一个语句称为是**前束范式**(prenex normal form，PNF)当且仅当其表达形式为

$$Q_1 x_1 Q_2 x_2 \cdots Q_k x_k P(x_1, x_2, \cdots, x_k)$$

其中每个 $Q_i(i=1, 2, \cdots, k)$或是全称量词或是存在量词，并且 $P(x_1, x_2, \cdots, x_k)$是不含量词的谓词。例如$\exists x \forall y(P(x, y) \wedge Q(y))$是前束范式，而$\exists x P(x) \vee \forall x Q(x)$不是(因为并不是所有量词都先出现)。每个由命题变量、谓词、**T** 和 **F**，并用逻辑联结词和量词构成的语句都等价于一个前束范式。练习 51 要求对这一事实给出证明。

** **51.** 证明如何把任意语句变换为与之等价的前束范式。(注意：本练习的一个正式的解需要用到结构归纳法。)

1.6 推理规则

1.6.1 引言

本章后一部分我们将学习证明。数学中的证明是建立数学命题真实性的有效论证。所谓的**论证**(argument)，是指一连串的命题并以结论为最后的命题。所谓**有效性**(valid)，是指结论或论证的最后一个命题必须根据论证过程前面的命题或**前提**(premise)的真实性推出。也就是说，一个论证是有效的当且仅当不可能出现所有前提为真而结论为假的情况。为从已知命题中推出新的命题，我们应用推理规则，这是构造有效论证的模板。推理规则是建立命题真实性的基本工具。

在学习数学证明之前，我们先看看只涉及复合命题的论证。我们定义涉及复合命题的论证的有效性是什么意思。然后我们引入一系列命题逻辑的推理规则。这些规则是在产生有效论证时最重要的组成部分。在解释推理规则如何用于产生有效论证后，我们还将描述一些常见的错误推理，也称为**谬误**(fallacy)，它直接导致无效论证。

在学习命题逻辑的推理规则后，我们会引入量化命题的推理规则。我们将描述这些推理规则如何用于产生有效论证。这些用于涉及存在量词和全称量词的语句的推理规则在计算机科学和数学中扮演着非常重要的角色，尽管在使用时常常不会刻意提及。

最后，我们将展示命题的推理规则和量化命题的推理规则如何结合使用。这些推理规则在复杂的论证中通常结合在一起使用。

1.6.2 命题逻辑的有效论证

考虑下面涉及命题的论证(按定义是指一连串的命题)：

“如果你有一个当前密码，那么你可以登录到网络。”

“你有一个当前密码。”

所以，

“你可以登录到网络。”

我们想确定这是否是一个有效论证。也就是说，想要确定当前提“如果你有一个当前的密码，那么你可以登录到网络”和“你有一个当前密码”都为真时，结论“你可以登录到网络”是否为真。

在讨论这个特定论证的有效性之前，我们来看看它的形式。用 p 代表“你有一个当前密码”，用 q 代表“你可以登录到网络”。那么，这个论证形式化表示如下：

$$\begin{array}{l} p \to q \\ \underline{p\qquad} \\ \therefore q \end{array}$$

其中∴是表示“所以”的符号。

我们知道，当 p 和 q 是命题变量时，语句 $((p\to q)\wedge p)\to q$ 是一个永真式(见 1.3 节练习 12c)。特别地，当 $p\to q$ 和 p 都为真时，我们知道 q 肯定为真。我们说语句的这种论证形式是**有效的**，因为无论什么时候，只要它的所有前提(论证中的所有语句，不包含最后的一句结论)为真，那么结论也必须为真。现在假设“如果你有一个当前密码，那么你可以登录到网络”和“你有一个当前密码”都为真。当用 p 表示“你有一个当前密码”，用 q 表示“你可以登录到网络”，那么接下来必然的结论是“你可以登录到网络”为真。这个论证是有效的，因为它的形式是有效的。注意，无论用什么命题替换 p 和 q，只要 $p\to q$ 和 p 都为真，那么 q 也肯定为真。

当用命题替换这个论证形式中的 p 和 q，但是 p 和 $p\to q$ 不都为真时又会如何呢？比如，假设 p 代表“你可以访问网络”，q 代表“你能够改变你的成绩”，并且 p 为真，但是 $p\to q$ 为假。在论证形式中替换 p 和 q 的值所得到的论证为：

“如果你可以访问网络，那么你能够改变你的成绩。”
“你可以访问网络。”
∴“你能够改变你的成绩。”

该论证是有效论证，但是因为其中一个前提即第一个前提为假，所以不能得出结论为真(很可能，这个结论为假)。

在讨论中，为了分析一个论证，我们用命题变量代替命题。这将一个论证改变为一个**论证形式**。我们发现，一个论证的有效性来自于论证形式的有效性。用这些关键概念的定义来总结用于讨论论证有效性的术语。

定义 1　命题逻辑中的一个论证是一连串的命题。除了论证中最后一个命题外都叫作前提，最后那个命题叫作结论。一个论证是有效的，如果它的所有前提为真蕴含着结论为真。

命题逻辑中的论证形式是一连串涉及命题变量的复合命题。无论用什么特定命题来替换其中的命题变量，如果前提均真时结论为真，则称该论证形式是有效的。

评注　从有效论证形式的定义可知，当 $(p_1\wedge p_2\wedge\cdots\wedge p_n)\to q$ 是永真式时，带有前提 $p_1, p_2, \cdots, p_n$ 以及结论 q 的论证形式是有效的。

证明命题逻辑中论证有效性的关键就是要证明它的论证形式的有效性。因此，我们就需要有证明论证形式有效性的技术。现在我们将建立完成这一任务的方法。

1.6.3　命题逻辑的推理规则

我们总是可以用一个真值表来证明一个论证形式是有效的。通过证明只要前提为真则结论也就肯定为真来做到这一点。然而，这会是一个冗长乏味的方法。例如，当论证形式涉及 10 个不同的命题变量时，用真值表证明这个论证形式的有效性就需要 $2^{10}=1024$ 行。幸运的是，我们不是必须采用真值表。反之，我们可以先建立一些相对简单的论证形式(称为**推理规则**)的有效性。这些推理规则可以作为基本构件来构造更多复杂的有效论证形式。现在我们将介绍命题逻辑中最重要的推理规则。

永真式 $(p\wedge(p\to q))\to q$ 是称为**假言推理**(modus ponens)或**分离规则**(law of detachment)的推理规则的基础。(拉丁文 modus ponens 的意思是*确认模式*(mode that affirms)。)这个永真式导出了下面的有效论证形式，即在我们开始关于论证的讨论中已经看到的(同前，这里符号∴表示“所以”)：

$$\begin{array}{l} p \\ \underline{p \to q} \\ \therefore q \end{array}$$

采用这种记法，将前提写成一列，随之是一条横线，接下来的一行以所以符号开头并以结论结尾。特别地，假言推理告诉我们，如果一个条件语句以及它的前提都为真，那么结论肯定为真。例 1 解释了假言推理的应用。

例 1 假设条件语句“如果今天下雪，那么我们就去滑雪”以及它的前提“今天正在下雪”为真。那么，根据假言推理，条件语句的结论“我们就去滑雪”为真。◀

就像前面提到的，当一个或更多前提为假时，一个有效论证可能会导致一个错误的结论。在例 2 中将再次说明。

例 2 确定如下给定的论证是否有效，并且确定由论证的有效性是否可以推出它的结论一定为真。

$$\text{“如果 } \sqrt{2} > \frac{3}{2}\text{，那么 } (\sqrt{2})^2 > \left(\frac{3}{2}\right)^2\text{。}$$

$$\text{我们知道 } \sqrt{2} > \frac{3}{2}\text{，因此 } (\sqrt{2})^2 = 2 > \left(\frac{3}{2}\right)^2 = \frac{9}{4}\text{。”}$$

解 令 p 为命题“$\sqrt{2} > \frac{3}{2}$”，令 q 为 $2 > \left(\frac{3}{2}\right)^2$。论证的前提为 $p \to q$ 和 p，而 q 是结论。这个论证是有效的，因为这可以通过假言推理这个有效论证形式来构造。然而，其中的前提 $\sqrt{2} > \frac{3}{2}$ 为假。因此，我们不能得出结论为真。此外，注意这个论证的结论为假，因为 $2 < \frac{9}{4}$。◀

命题逻辑有许多很有用的推理规则。可能应用最广泛的推理规则如表 1 所示。1.3 节练习 13～16、25、33 以及 34 要求证明这些推理规则是有效的论证形式。我们现在给出一些用到这些推理规则的论证的例子。在每一个论证中，首先用命题变量表达论证中的命题。然后我们证明所得论证形式是表 1 中的一个推理规则。

表 1 推理规则

推理规则	永真式	名称
p $\underline{p \to q}$ $\therefore q$	$(p \land (p \to q)) \to q$	假言推理
$\neg q$ $\underline{p \to q}$ $\therefore \neg p$	$(\neg q \land (p \to q)) \to \neg p$	取拒式
$p \to q$ $\underline{q \to r}$ $\therefore p \to r$	$((p \to q) \land (q \to r)) \to (p \to r)$	假言三段论
$p \lor q$ $\underline{\neg p}$ $\therefore q$	$((p \lor q) \land \neg p) \to q$	析取三段论
$\underline{p}$ $\therefore p \lor q$	$p \to (p \lor q)$	附加律
$\underline{p \land q}$ $\therefore p$	$(p \land q) \to p$	化简律
p $\underline{q}$ $\therefore p \land q$	$((p) \land (q)) \to (p \land q)$	合取律
$p \lor q$ $\underline{\neg p \lor r}$ $\therefore q \lor r$	$((p \lor q) \land (\neg p \lor r)) \to (q \lor r)$	消解律

例3 说出下列论证的基础是哪个推理规则："现在气温在冰点以下。因此，要么现在气温在冰点以下，要么正在下雨。"

解 设 p 是命题"现在气温在冰点以下"，而 q 是命题"现在正在下雨"。那么这个论证形如

$$\frac{p}{\therefore p \vee q}$$

这是使用附加律的论证。◀

例4 说出下列论证的基础是哪个推理规则："现在气温在冰点以下并且现在正在下雨。因此，现在气温在冰点以下。"

解 设 p 是命题"现在气温在冰点以下"，而 q 是命题"现在正在下雨"。这个论证形如

$$\frac{p \wedge q}{\therefore p}$$

这个论证使用了化简律。◀

例5 说出在下列论证里使用了哪个推理规则：

如果今天下雨，则我们今天就不吃烧烤了。如果我们今天不吃烧烤，则我们明天再吃烧烤。因此，如果今天下雨，则我们明天吃烧烤。

解 设 p 是命题"今天下雨"，设 q 是命题"我们今天不吃烧烤"，而设 r 是命题"我们明天吃烧烤"。则这个论证形如

$$\begin{array}{l} p \rightarrow q \\ \underline{q \rightarrow r} \\ \therefore p \rightarrow r \end{array}$$

因此，这个论证是假言三段论。◀

1.6.4 使用推理规则建立论证

当有多个前提时，常常需要用到多个推理规则来证明一个论证是有效的。例6和例7给出了解释，其中论证的每个步骤都显示在不同的行，并明确地写出每一步的理由。这些例子也可以用来证明如何使用推理规则来分析自然语言表述的论证。

Extra Examples

例6 证明前提"今天下午不是晴天并且今天比昨天冷"，"只有今天下午是晴天，我们才去游泳"，"如果我们不去游泳，则我们将乘独木舟游览"，以及"如果我们乘独木舟游览，则我们将在黄昏前回家"，推导出结论"我们将在黄昏前回家"。

解 设 p 是命题"今天下午是晴天"，q 是命题"今天比昨天冷"，r 是命题"我们将去游泳"，s 是命题"我们将乘独木舟游览"，而 t 是命题"我们将在黄昏前回家"。那么这些前提表示为 $\neg p \wedge q$，$r \rightarrow p$，$\neg r \rightarrow s$，$s \rightarrow t$。结论则是 t。针对假设 $\neg p \wedge q$、$r \rightarrow p$、$\neg r \rightarrow s$，以及 $s \rightarrow t$ 和结论 t，我们需要给出一个有效论证。

如下构造一个论证来证明我们的前提能导致期望的结论。

步骤	理由
1. $\neg p \wedge q$	前提引入
2. $\neg p$	化简律，用(1)
3. $r \rightarrow p$	前提引入
4. $\neg r$	取拒式，用(2)和(3)
5. $\neg r \rightarrow s$	前提引入
6. s	假言推理，用(4)和(5)
7. $s \rightarrow t$	前提引入
8. t	假言推理，用(6)和(7)

注意我们也可以用真值表来证明只要四个前提的每一个都为真，那么结论也为真。然而，因为这里有 5 个命题变量 p、q、r、s 和 t，这样的真值表就会有 32 行。◀

例 7 证明前提"如果你发电子邮件给我，则我会写完程序"，"如果你不发电子邮件给我，则我会早点睡觉"，以及"如果我早点睡觉，则我醒来时会感觉精力充沛"，导致结论"如果我不写完程序，则我醒来时会感觉精力充沛"。

解 设 p 是命题"你发电子邮件给我"，q 是命题"我会写完程序"，r 是命题"我早点睡觉"，而 s 是命题"我醒来时会感觉精力充沛"。则这些前提是 $p\to q$，$\neg p\to r$，$r\to s$。期望的结论是 $\neg q\to s$。针对假设 $p\to q$、$\neg p\to r$，以及 $r\to s$ 和结论 $\neg q\to s$ 我们需要给出一个有效论证。

这样的论证形式证明这些前提导出期望的结论。

步骤	**理由**
1. $p\to q$	前提引入
2. $\neg q\to\neg p$	(1)的逆否命题
3. $\neg p\to r$	前提引入
4. $\neg q\to r$	假言三段论，用(2)和(3)
5. $r\to s$	前提引入
6. $\neg q\to s$	假言三段论，用(4)和(5) ◀

1.6.5 消解律

已经开发出的计算机程序能够将定理的推理和证明任务自动化。许多这类程序利用称为**消解律**(resolution)的推理规则。这个推理规则基于永真式： Links

$$((p\vee q)\wedge(\neg p\vee r))\to(q\vee r)$$

(此永真式的验证见 1.3 节练习 34。)消解规则最后的析取式 $q\vee r$ 称为**消解式**(resolvent)。当在此永真式中令 $q=r$ 时，可得 $(p\vee q)\wedge(\neg p\vee q)\to q$。而且，当令 $r=\mathbf{F}$ 时，可得 $(p\vee q)\wedge(\neg p)\to q$ (因为 $q\vee\mathbf{F}\equiv q$)，这是永真式，析取三段论规则就基于此式。

例 8 使用消解律证明，假设"Jasmine 在滑雪或现在没有下雪"和"现在下雪了或 Bart 在打曲棍球"蕴含结论"Jasmine 在滑雪或 Bart 在打曲棍球。" Extra Examples

解 令 p 为命题"现在下雪了"，q 为命题"Jasmine 在滑雪"，r 为命题"Bart 在打曲棍球"。我们可以将假设分别表示为 $\neg p\vee q$ 和 $p\vee r$。使用消解律，命题 $q\vee r$ 即"Jasmine 在滑雪或者 Bart 在打曲棍球"成立。◀

消解律在基于逻辑规则的编程语言中扮演着重要的角色，如在 Prolog 中(其中用到了量化命题的消解规则)。而且，可以用消解律来构建自动定理证明系统。要使用消解律作为仅有的推理规则来构造命题逻辑中的证明，假设和结论必须表示为**子句**(clause)，这里子句是指变量或其否定的一个析取式。我们可以将命题逻辑中非子句的语句用一个或多个等价的子句语句来替换。例如，假定有一个形如 $p\vee(q\wedge r)$ 的语句。因为 $p\vee(q\wedge r)\equiv(p\vee q)\wedge(p\vee r)$，所以我们可以用两个子句 $p\vee q$ 和 $p\vee r$ 来代替 $p\vee(q\wedge r)$。我们可以用语句 $\neg p$ 和 $\neg q$ 来代替形如 $\neg(p\vee q)$ 的语句，因为德·摩根律表明 $\neg(p\vee q)\equiv\neg p\wedge\neg q$。我们也可以用等价的析取式 $\neg p\vee q$ 来代替条件语句 $p\to q$。

例 9 证明假设 $(p\wedge q)\vee r$ 和 $r\to s$ 蕴含结论 $p\vee s$。

解 可以将假设 $(p\wedge q)\vee r$ 重写为两个子句 $p\vee r$ 和 $q\vee r$。还可以将 $r\to s$ 替换为等价的子句 $\neg r\vee s$。使用子句 $p\vee r$ 和 $\neg r\vee s$，通过消解律便可得出结论 $p\vee s$。◀

1.6.6 谬误

几种常见的谬误都来源于不正确的论证。这些谬误看上去像是推理规则，但是它们是基于可满足式而不是永真式。这里讨论这些谬误，是为了说明在正确与不正确的推理之间的区别。

Links 命题$((p\to q)\wedge q)\to p$不是永真式，因为当p为假而q为真时，它为假。不过，有许多不正确论证把它当作永真式。换句话说，它们把前提$p\to q$和q及结论p当作有效论证形式，其实不然。这类不正确的推理称为**肯定结论的谬误**(fallacy of affirming the conclusion)。

例10 下列论证是否有效？

如果你做本书的每一道练习，则你就学习离散数学。你学过离散数学。

因此，你做过本书的每一道练习。

解 设p是命题“你做过本书的每一道练习”。设q是命题“你学过离散数学”。这个论证形式是：如果$p\to q$并且q，则p。这就是使用肯定结论谬误的不正确推理的一个例子。事实上，你可能通过其他某种方式而不是通过做本书的每一道练习来学习离散数学。(你可能通过阅读、听讲座、做本书的一些但不是全部练习等方式来学习离散数学。) ◀

命题$((p\to q)\wedge\neg p)\to\neg q$不是永真式，因为当$p$为假而$q$为真时，它为假。许多不正确的论证都错误地把它当作推理规则。这类不正确的推理称为**否定假设的谬误**(fallacy of denying the hypothesis)。

例11 设p和q与例10一样。如果条件语句$p\to q$为真，并且$\neg p$为真，则得出$\neg p$为真是否正确？换句话说，假定如果你做本书里每一道练习，则你就学习了离散数学；那么如果你没有做过本书里每一道练习，那么是否可以认为你没有学习离散数学？

解 即使你没有做过本书里每一道练习，你也可能学过离散数学。这个不正确的论证具有这样的形式：$p\to q$和$\neg p$蕴含$\neg q$，这是一个否定假设的谬误的例子。 ◀

1.6.7 量化命题的推理规则

我们已经讨论了命题的推理规则。现在将要描述针对含有量词的命题的一些重要的推理规则。这些推理规则广泛地应用在数学论证中，但通常不会显式地提及。

全称实例(universal instantiation)是从给定前提$\forall xP(x)$得出$P(c)$为真的推理规则，其中c是论域里的一个特定的成员。当我们从命题“所有女人都是聪明的”得出“Lisa是聪明的”结论时，这就使用了全称实例规则，其中Lisa是所有女人构成的论域中的一员。

全称引入(universal generalization)是从对论域里所有元素c都有$P(c)$为真的前提推出$\forall xP(x)$为真的推理规则。我们可以通过从论域中任意取一个元素c并证明$P(c)$为真来证明$\forall xP(x)$为真时，这就使用了全称引入规则。所选择的元素c必须是论域里一个任意的元素，而不是特定的元素。也就是说，当我们从$\forall xp(x)$断言对于论域中元素c的存在性时，我们不能对c进行控制，并且除了c来自于论域以外不能对c做出任何其他假设。在许多数学证明里都隐含地使用全称引入，而很少明确地指出来。然而，当应用全称引入时错误地添加关于任意元素c莫名假设是错误推理中屡见不鲜的。

存在实例(existential instantiation)是允许从“如果我们知道$\exists xP(x)$为真，得出在论域中存在一个元素c使得$P(c)$为真”的推理规则。这里不能选择一个任意值的c，而必须是使得$P(c)$为真的那个c。通常我们不知道c是什么，而仅仅知道它存在。因为它存在，所以可以给它一个名称(c)从而继续论证。

存在引入(existential generalization)是用来从“已知有一特定的c使$P(c)$为真时得出$\exists xP(x)$为真”的推理规则。即如果我们知道论域里一个元素c使得$P(c)$为真，则我们就知道$\exists xP(x)$为真。

这些推理规则总结在表2中。例12和例13将要说明如何使用量化命题的推理规则。

表 2　量化命题的推理规则

推理规则	名称
$\dfrac{\forall x P(x)}{\therefore P(c)}$	全称实例
$\dfrac{P(c)，任意\ c}{\therefore \forall x P(x)}$	全称引入
$\dfrac{\exists x P(x)}{\therefore P(c)，对某个元素\ c}$	存在实例
$\dfrac{P(c)，对某个元素\ c}{\therefore \exists x P(x)}$	存在引入

例 12　证明前提“在这个离散数学班上的每个人都学过一门计算机课程”和“Marla 是这个班上的一名学生”蕴含结论“Marla 学过一门计算机课程”。

Extra Examples

解　设 $D(x)$表示“x 在这个离散数学班上的”，并且设 $C(x)$表示“x 学过一门计算机课程”。则前提是$\forall x(D(x)\rightarrow C(x))$和 $D(\text{Marla})$。结论是 $C(\text{Marla})$。

下列步骤可以用来从前提建立结论。

步骤	理由
1. $\forall x(D(x)\rightarrow C(x))$	前提引入
2. $D(\text{Marla})\rightarrow C(\text{marla})$	全称实例，用(1)
3. $D(\text{Marla})$	前提引入
4. $C(\text{Marla})$	假言推理，用(2)和(3)

◀

例 13　证明前提“这个班上有个学生没有读过这本书”和“这个班上的每个人都通过了第一次考试”蕴含结论“通过第一次考试的某个人没有读过这本书”。

解　令 $C(x)$表示“x 在这个班上”，$B(x)$表示“x 读过这本书”，$P(x)$表示“x 通过了第一次考试”。前提是$\exists x(C(x)\wedge\neg B(x))$和$\forall x(C(x)\rightarrow P(x))$。结论是$\exists x(P(x)\wedge\neg B(x))$。下列步骤可以用来从前提建立结论。

步骤	理由
1. $\exists x(C(x)\wedge\neg B(x))$	前提引入
2. $C(a)\wedge\neg B(a)$	存在实例，用(1)
3. $C(a)$	化简律，用(2)
4. $\forall x(C(x)\rightarrow P(x))$	前提引入
5. $C(a)\rightarrow P(a)$	全称实例，用(4)
6. $P(a)$	假言推理，用(3)和(5)
7. $\neg B(a)$	化简律，用(2)
8. $P(a)\wedge\neg B(a)$	合取律，用(6)和(7)
9. $\exists x(P(x)\wedge\neg B(x))$	存在引入，用(8)

◀

1.6.8　命题和量化命题推理规则的组合使用

我们已经建立了命题的推理规则和量化命题的推理规则。注意我们在例 12 和例 13 的论证中既用了全称实例(量化命题推理规则)也用了假言推理(命题推理规则)。我们常常需要组合使用这些推理规则。由于全称实例和假言推理在一起使用是如此广泛，所以这种规则的组合有时称为**全称假言推理**(universal modus ponens)。这个规则告诉我们：如果$\forall x(P(x)\rightarrow Q(x))$为真，并且如果 $P(a)$对在全称量词论域中的一个特定元素 a 为真，那么 $Q(a)$也肯定为真。为了看清这点，请注意由全称实例可得 $P(a)\rightarrow Q(a)$为真。然后，由假言推理可得 $Q(a)$也肯定为真。可以将全称假言推理描述如下：

$$\begin{array}{rl} & \forall x(P(x)\rightarrow Q(x)) \\ & \underline{P(a)\text{，其中 } a \text{ 是论域中一个特定的元素}} \\ \therefore & Q(a) \end{array}$$

全称假言推理常常用于数学论证中。这将在例 14 中说明。

例 14 假定“对所有正整数 n，如果 n 大于 4，那么 n^2 小于 2^n”为真。用全称假言推理证明 $100^2<2^{100}$。

解 令 $P(n)$表示“$n>4$”，$Q(n)$表示“$n^2<2^n$”。语句“对所有正整数 n，如果 n 大于 4，那么 n^2 小于 2^n”可以表示为 $\forall n(P(n)\rightarrow Q(n))$，其中论域为所有正整数。假设 $\forall n(P(n)\rightarrow Q(n))$为真。注意，因为 $100>4$，所以 $P(100)$为真。接着由全称假言推理可知 $Q(100)$为真，即 $100^2<2^{100}$。◀

另一个重要的命题逻辑推理规则和量化命题推理规则的组合是**全称取拒式**(universal modus tollens)。全称取拒式将全称实例和取拒式组合在一起，可以用如下方式表达：

$$\begin{array}{rl} & \forall x(P(x)\rightarrow Q(x)) \\ & \underline{\neg Q(a)\text{，其中 } a \text{ 是论域中一个特定的元素}} \\ \therefore & \neg P(a) \end{array}$$

全称取拒式的证明留作练习 25。练习 26～29 将设计更多的命题逻辑推理规则和量化命题推理规则的组合规则。

奇数编号练习

1. 找出下列论证的论证形式，并判定是否有效。如果前提为真，能断定结论为真吗？

如果苏格拉底是人，那么苏格拉底是会死的。
<u>苏格拉底是人</u>
∴苏格拉底是会死的

3. 在下列每个论证里使用了什么推理规则？
- **a)** Alice 主修数学。因此，Alice 主修数学或计算机科学。
- **b)** Jerry 主修数学和计算机科学。因此，Jerry 主修数学。
- **c)** 如果今天下雨，则游泳池将关闭。今天下雨。因此，游泳池关闭。
- **d)** 如果今天下雪，则大学将关闭。今天大学没有关闭。因此，今天没有下雪。
- **e)** 如果我去游泳，则我会在太阳下停留过久。如果我在太阳下停留过久，则我会有晒斑。因此，如果我去游泳，则我会有晒斑。

5. 使用推理规则证明前提“Randy 很用功”、“如果 Randy 很用功，则他是一个笨孩子”以及“如果 Randy 是一个笨孩子，则他不会得到工作”蕴含着结论“Randy 不会得到工作”。

7. 在下面的著名论证里使用了什么推理规则？“所有的人都是要死的。苏格拉底是人。因此，苏格拉底是要死的。”

9. 对下列的每组前提，可以得出什么样的相关结论？试解释从前提获得每个结论时所使用的推理规则。
- **a)**“如果我某天休假，则那天下雨或下雪。”“我在周二休假或在周四休假。”“周二出太阳。”“周四未下雪。”
- **b)**“如果我吃了辣的食物，则我会做奇怪的梦。”“如果我睡觉时打雷，则我会做奇怪的梦。”“我没有做奇怪的梦。”
- **c)**“我或者聪明或者幸运。”“我不幸运。”“如果我幸运，则我将赢得大奖。”
- **d)**“每个主修计算机科学的人都有一台个人计算机。”“Ralph 没有个人计算机。”“Ann 有一台个人计算机。”
- **e)**“对公司有利的就对美国有利。”“对美国有利的就对你有利。”“对公司有利的就是你购买许多东西。”
- **f)**“所有的啮齿类动物都啃咬它们的食物。”“老鼠是啮齿类动物。”“野兔不啃咬它们的食物。”“蝙蝠不是啮齿类动物。”

11. 证明如果由前提 p_1，p_2，…，p_n，q 及结论 r 构成的论证形式是有效的，则由前提 p_1，p_2，…，p_n 及结论 $q \to r$ 构成的论证形式也是有效的。

13. 对下列每个论证，解释对每个步骤使用了哪条推理规则。

a)"班上的学生 Doug 知道如何写 Java 程序。知道如何写 Java 程序的每个人都可以得到高薪的工作。因此，班上的某些人可以得到高薪的工作。"

b)"班上的某个人喜欢观赏鲸鱼。每个喜欢观赏鲸鱼的人都关心海洋污染。因此，班上有人关心海洋污染。"

c)"班上的 93 个学生每人拥有一台个人计算机。拥有个人计算机的每个人都会使用字处理软件。因此，班上的学生 Zeke 会使用字处理软件。"

d)"新泽西州的每个人都生活在距离海洋 50 英里之内。新泽西州的某些人从来没有见过海洋。因此，生活在距离海洋 50 英里之内的某些人从来没有见过海洋。"

15. 判断下列论证是否正确并解释原因。

a)班上的所有学生都懂逻辑。Xavier 是这个班上的学生。因此，Xavier 也懂逻辑。

b)每个计算机专业的学生都要学离散数学。Natasha 在学离散数学，因此，Natasha 是计算机专业的。

c)所有鹦鹉都喜欢吃水果。我养的鸟不是鹦鹉，因此，我养的鸟不喜欢吃水果。

d)每天吃麦片的人都很健康。Linda 不健康，因此，Linda 没有每天吃麦片。

17. 如下论证错在哪里？令 $H(x)$为"x 很开心"。给定前提 $\exists x H(x)$，我们得出 $H(\text{Lola})$。因此，LoLa 很开心。

19. 判定下列每个论证是否有效。如果论证是正确的，使用了什么推理规则？如果它不正确，出现了什么逻辑错误？

a)如果 n 是满足 $n>1$ 的实数，则 $n^2>1$。假定 $n^2>1$。于是 $n>1$。

b)如果 n 是满足 $n>3$ 的实数，则 $n^2>9$。假定 $n^2\leqslant 9$。于是 $n\leqslant 3$。

c)如果 n 是满足 $n>2$ 的实数，则 $n^2>4$。假定 $n\leqslant 2$。于是 $n^2\leqslant 4$。

21. 哪些推理规则用来建立 1.4 节例 26 里所描述的卡洛尔(Lewis Carroll)论证的结论？

23. 指出如下试图证明"如果 $\exists x P(x) \land \exists x Q(x)$为真，那么 $\exists x(P(x) \land Q(x))$为真"的论证中有哪些错误。

1. $\exists x P(x) \lor \exists x Q(x)$	前提引入
2. $\exists x P(x)$	化简律，用(1)
3. $P(c)$	存在实例，用(2)
4. $\exists x Q(x)$	化简律，用(1)
5. $Q(c)$	存在实例，用(4)
6. $P(c) \land Q(c)$	合取律，用(3)和(5)
7. $\exists x(P(x) \land Q(x))$	存在引入

25. 通过证明前提 $\forall x(P(x) \to Q(x))$和$\neg Q(a)$，推出$\neg P(a)$(其中 a 是对论域中某个特定元素)来检验全称取拒式。

27. 用推理规则证明：如果 $\forall x(P(x) \to (Q(x) \land S(x)))$和 $\forall x(P(x) \land R(x))$为真，则 $\forall x(R(x) \land S(x))$为真。

29. 用推理规则证明：如果 $\forall x(P(x) \lor Q(x))$和 $\forall x(\neg Q(x) \lor S(x))$，$\forall x(R(x) \to \neg S(x))$和 $\exists x \neg P(x)$为真，则 $\exists x \neg R(x)$为真。

31. 使用消解律证明前提"天没下雨或 Yvette 带雨伞了"，"Yvette 没有带雨伞或她没有被淋湿"和"天下雨了或 Yvette 没有被淋湿"蕴含"Yvette 没有被淋湿"。

33. 用消解律证明复合命题$(p \lor q) \land (\neg p \lor q) \land (p \lor \neg q) \land (\neg p \lor \neg q)$不是可满足的。

* **35.** 判定下列论证(选自 Kalish and Montague[KaMo64])是否有效：

如果超人能够并愿意防止邪恶，则他将这样做。如果超人不能够防止邪恶，则他就是无能的；如果超人不愿意防止邪恶，则他就是恶意的。超人没有防止邪恶。如果超人存在，则他是无能的或者恶意的。因此，超人不存在。

1.7 证明导论

1.7.1 引言

本节我们介绍证明的概念并描述构造证明的方法。一个证明是建立数学语句真实性的有效论证。证明可以使用定理的假设(如果有的话)，假定为真的公理以及之前已经被证明的定理。使用这些以及推理规则，证明的最后一步是建立被证命题的真实性。

在我们的讨论中，将从定理的形式化证明转向**非形式化证明**。1.6节介绍的涉及命题和量化命题为真的论证是形式化证明，其中提供了所有步骤，并给出论证中每一步所用到的规则。然而，许多有用定理的形式化证明会非常长且难以理解。实际上，为方便人们阅读，定理证明几乎都是**非形式化证明**(informal proof)，其中每个步骤会用到多于一条的推理规则，有些步骤会被省略，不会显式地列出所用到的假设公理和推理规则。非形式化证明常常能向人们解释定理为什么为真，而计算机则更乐意用自动推理系统产生形式化证明。

本章讨论的证明方法很重要，不仅因为它们用于证明数学定理，而且它们在计算机科学中也有许多应用。这些应用包括验证计算机程序是正确的、建立安全的操作系统、在人工智能领域做推理、证明系统规范说明是一致的等。因此，对于数学和计算机科学而言，理解证明中的技术非常必要。

1.7.2 一些专用术语

Links 一个**定理**(theorem)形式上就是一个能够被证明是真的语句。在数学描述中，定理一词通常是用来专指那些被认为至少有些重要的语句。不太重要的定理有时称为**命题**(定理也可以称为**事实**(fact)或**结论**(result))。一个定理可以是带一个或多个前提及一个结论的条件语句的全称量化式。当然，它也可以是其他类型的逻辑语句，就如本章稍后会看到的一些例子。我们用一个**证明**(proof)来展示一个定理是真的。证明就是建立定理真实性的一个有效论证。证明中用到的语句可以包括**公理**(axiom)(或**假设**(postulate))，这些是我们假定为真的语句(例如实数公理，以及平面几何的公理)、定理的前提(如果有的话)和以前已经被证明的定理。公理可以采用无须定义的原始术语来陈述，而在定理和证明中所用的所有其他术语都必须是有定义的。推理规则和其术语的定义一起用于从其他的断言推出结论，并绑定在证明中的每个步骤。实际上，一个证明的最后一步通常恰好是定理的结论。然而，为清晰起见，我们通常会重述定理的结论作为一个证明的最后步骤。

一个重要性略低但有助于证明其他结论的定理称为**引理**(lemma)。当用一系列引理来进行复杂的证明时通常比较容易理解，其中每一个引理都被独立证明。**推论**(corollary)是从一个已经被证明的定理可以直接建立起来的一个定理。**猜想**(conjecture)是一个被提出认为是真的命题，通常是基于部分证据、启发式论证或者专家的直觉。当猜想的一个证明被发现时，猜想就变成了定理。许多时候猜想被证明是假的，因此它们不是定理。

1.7.3 理解定理是如何陈述的

Extra Examples 在介绍证明定理的方法之前，我们需要理解数学定理是如何陈述的。许多定理断言一个性质相对于论域(比如整数或实数)中的所有元素都成立。虽然这些定理的准确陈述需要包含全称量词，但是数学里的标准约定是省略全称量词。比如，语句“如果 $x>y$，其中 x 和 y 是正实数，那么 $x^2>y^2$”其实意味着“对所有正实数 x 和 y，如果 $x>y$，那么 $x^2>y^2$”。

此外，当证明这种类型的定理时，证明的第一步通常涉及选择论域里的一个一般性元素。随后的步骤是证明这个元素具有所考虑的性质。最后，全称引入蕴含着定理对论域里所有元素都成立。

1.7.4 证明定理的方法

Assessment 证明数学定理有可能很艰难。要构造证明，我们需要所有可用的手段，包括不同证明方法的强大的工具库。这些方法提供了证明的总体思路和策略。理解这些方法是学习如何阅读并构造数学证明的关键所在。一旦我们选定了一种证明方法，我们使用公理、术语的定义、先前证明的结论和推理规则来完成证明。注意在本书中我们总是假定关于实数的公理。当我们证明关于几何学的结论时也会假定常用的公理。当你自己构造证明时，一定要小心不要使用除了公理、定义、已证结论之外的任何东西作为事实！

为了证明形如$\forall x(P(x)\to Q(x))$的定理，我们的目标是证明$P(c)\to Q(c)$为真，其中c是论域中的任意元素，然后应用全称引入规则。在这个证明中，需要证明条件语句为真。正因为如此，我们可以专注于证明条件语句为真的方法。回忆一下$p\to q$为真，除非p为真且q为假。注意当要证明语句$p\to q$时，我们只需要证明如果p为真则q为真。下面的讨论将给出最常见的证明条件语句的技术。之后将讨论证明其他类型语句的方法。在本小节以及1.8节，我们将开发一个大的证明技术工具库，可用于证明多种不同类型的定理。

当你阅读证明时，你常常会发现这样的词语“显然地”或者“清楚地”。这些词意味着作者预期读者有能力补上的一些步骤已经省略。遗憾的是，这个假设往往无法保证读者根本不确定怎么补上这些省略的步骤。我们将努力避免使用这些词语，并试图避免省略太多的步骤。然而，如果我们保留证明中的所有步骤，我们的证明将会变得极其冗长。

1.7.5 直接证明法

条件语句$p\to q$的**直接证明法**的构造：第一步假设p为真；第二步用推理规则构造，而第三步表明q必须也为真。直接证明法是通过证明如果p为真，那么q也肯定为真，这样p为真且q为假的情况永远不会发生从而证明条件语句$p\to q$为真。在直接证明中，我们假定p为真，并且用公理、定义和前面证明过的定理，加上推理规则来证明q必须也为真。你会发现许多结论的直接证明法是直截了当的。从假设导向结论这种直接的方法基本上取决于当前阶段可能有的前提。然而，直接证明法有时候需要特殊的洞察力并且可能是相当棘手的。这里给出的第一个直接证明相当简单。稍后你会看到一些需要洞察力的证明。

我们会提供几个不同的直接证明法的例子。在给出第一个例子前，我们还需要定义一些术语。

定义1 整数n是偶数，如果存在一个整数k使得$n=2k$；整数n是奇数，如果存在一个整数k使得$n=2k+1$。（注意，每个整数或为偶数或为奇数，没有整数同时是偶数和奇数。）两个整数当同为偶数或同为奇数时具有相同的奇偶性；当一个是偶数而另一个是奇数时具有相反的奇偶性。

例1 给出定理“如果n是奇数，则n^2是奇数”的直接证明。

Extra Examples

解 注意这个定理表述$\forall n(P(n)\to Q(n))$，这里$P(n)$是“n是奇数”，$Q(n)$是“n^2是奇数”。正如前面所说，我们会遵循数学证明中通常的惯例，证明$P(n)$意味着$Q(n)$，而不显式使用全称实例规则。要对这个定理进行直接证明，我们假设这个条件语句的前提为真，即假设n是奇数。由奇整数的定义，可得$n=2k+1$，其中k是某个整数。我们要证明n^2也是奇数。在等式$n=2k+1$两边取平方得到表达n^2的等式。这样，我们得出$n^2=(2k+1)^2=4k^2+4k+1=2(2k^2+2k)+1$。由奇数定义，可以得到结论$n^2$是奇数(它是一个整数的2倍再加1)。因此，我们证明了如果n是奇数，则n^2是奇数。◀

例2 给出一个直接证明：如果m和n都是**完全平方数**，那么nm也是一个完全平方数。（一个整数a是一个完全平方数，如果存在一个整数b使得$a=b^2$。）

解 为了构造这个定理的一个直接证明，我们假定这个条件语句的前提为真，即假定m和n都是完全平方数。由完全平方数的定义可知，存在整数s和t使得$m=s^2$，$n=t^2$。证明的目的是证明当m和n是完全平方数时mn也必须是完全平方数。通过用s^2替换m以及用t^2替

换 n，我们就能看到如何朝着目标进行证明了。这就得到 $mn=s^2t^2$。故再由乘法交换律和结合律，可得 $mn=s^2t^2=(ss)(tt)=(st)(st)=(st)^2$。由完全平方数的定义可得，$mn$ 也是一个完全平方数，因为它是 st 的平方，这里 st 为一整数。这就证明了如果 m 和 n 都是完全平方数，那么 nm 也是一个完全平方数。◀

1.7.6 反证法

直接证明法从定理的假设导向结论。它们从前提开始，继续一连串的推演，最终以结论作为结束。然而，我们会发现尝试直接证明法有时候会走进死胡同。我们需要其他方法来证明形如 $\forall x(P(x)\rightarrow Q(x))$ 的定理。不采用直接证明法，即不从前提开始以结论结束来证明这类定理的方法叫作**间接证明法。**

一类非常有用的间接证明法称为**反证法**(proof by contraposition)。反证法利用了这样一个事实：条件语句 $p\rightarrow q$ 等价于它的逆否命题 $\neg q\rightarrow\neg p$。这意味着条件语句 $p\rightarrow q$ 的证明可以通过证明它的逆否命题 $\neg q\rightarrow\neg p$ 为真来完成。用反证法证明 $p\rightarrow q$ 时，我们将 $\neg q$ 作为前提，再用公理、定义和前面证明过的定理，以及推理规则，证明 $\neg p$ 必须成立。我们用两个例子来解释反证法。这些例子表明当不容易找到直接证明时用反证法会很有效。

Extra Examples

例3 证明如果 n 是一个整数且 $3n+2$ 是奇数，则 n 是奇数。

解 我们首先尝试直接证明。为构建直接证明，首先假设 $3n+2$ 是奇整数。由奇数的定义，我们知道存在某个整数 k 使得 $3n+2=2k+1$。我们能由此证明 n 是奇数吗？我们可以看到 $3n+1=2k$，但似乎没有任何直接的方式可以得出 n 是奇数的结论。由于直接证明的尝试失败，我们接下来尝试反证法。

反证法的第一步是假设条件语句“如果 $3n+2$ 是奇数，则 n 是奇数”的结论是假的，也就是说，假设 n 是偶数。于是由偶数定义可知，存在某个整数 k 有 $n=2k$。把 n 用 $2k$ 代入，得到 $3n+2=3(2k)+2=6k+2=2(3k+1)$。这就告诉我们 $3n+2$ 是偶数(因为它是 2 的倍数)，因此不是奇数。这是定理前提的否定。因为条件语句结论的否定蕴含着前提为假，所以原来的条件语句为真。这样反证法就成功了，我们证明了定理“如果 $3n+2$ 是奇数，则 n 是奇数”。◀

例4 证明如果 $n=ab$，其中 a 和 b 是正整数，那么 $a\leqslant\sqrt{n}$ 或者 $b\leqslant\sqrt{n}$。

解 因为没有简单明了的方法能从等式 $n=ab$(其中 a 和 b 是正整数)直接证明 $a\leqslant\sqrt{n}$ 或者 $b\leqslant\sqrt{n}$，所以尝试反证法。

反证法的第一步是假定条件语句“如果 $n=ab$，其中 a 和 b 是正整数，那么 $a\leqslant\sqrt{n}$ 或者 $b\leqslant\sqrt{n}$”的结论为假。也就是说，假定 $(a\leqslant\sqrt{n})\vee(b\leqslant\sqrt{n})$ 为假。由析取的含义和德·摩根律可知，这蕴含着 $(a\leqslant\sqrt{n})$ 和 $(b\leqslant\sqrt{n})$ 都为假。这又蕴含着 $a>\sqrt{n}$ 并且 $b>\sqrt{n}$。我们将两个不等式相乘(用到的事实是如果 $0<s<t$ 且 $0<u<v$，那么 $su<tv$)得到 $ab>\sqrt{n}\cdot\sqrt{n}=n$。这表明 $ab\neq n$，与命题 $n=ab$ 矛盾。

因为条件语句结论的否定蕴含前提为假，所以原来的条件语句为真。这里反证法是可行的，我们证明了如果 $n=ab$，其中 a 和 b 是正整数，那么 $a\leqslant\sqrt{n}$ 或者 $b\leqslant\sqrt{n}$。◀

空证明和平凡证明 当我们知道 p 为假时，能够很快证明条件语句 $p\rightarrow q$ 为真，因为当 p 为假时 $p\rightarrow q$ 一定为真。因此，如果能证明 p 为假，那么我们就有一个 $p\rightarrow q$ 的证明方法，称为**空证明**(vacuous proof)。空证明通常用于证明定理的一些特例，如一个条件语句对所有正整数均为真(即形如 $\forall nP(n)$ 的定理，其中 $P(n)$ 是命题函数)。

例5 证明命题 $P(0)$ 为真，其中 $P(n)$ 是“如果 $n>1$，则 $n^2>n$”，论域是所有整数的集合。

解 注意命题 $P(0)$ 就是“如果 $0>1$，则 $0^2>0$”。我们可以用空证明来证 $P(0)$。事实上，前提 $0>1$ 为假。所以 $P(0)$ 自动地为真。◀

评注 条件语句的结论 $0^2>0$ 为假与该条件语句的真值无关，因为前提为假的条件语句是确保为真的。

例 6 证明如果 n 是满足 $10\leqslant n\leqslant 15$ 的完全平方数，则 n 亦是一个完全立方数。

解 注意到在 $10\leqslant n\leqslant 15$ 范围中的 n 没有完全平方数，因为 $3^2=9$ 而 $4^2=16$。故语句 n 是满足 $10\leqslant n\leqslant 15$ 的完全平方数对所有 n 都是假的。因此，要证明的语句对所有 n 为真。

如果知道结论 q 为真，我们也能够很快就证明条件语句 $p\to q$。通过证明 q 为真，可以推出 $p\to q$ 一定为真。用 q 为真的事实来证明 $p\to q$ 的方法叫作**平凡证明**(trivial proof)。平凡证明方法常常是很重要的，尤其是要证明定理的一些特例时(见 1.8 节分情形证明的讨论)以及在数学归纳法的证明中。

例 7 设 $P(n)$ 是"如果 a 和 b 是满足 $a\geqslant b$ 的正整数，则 $a^n\geqslant b^n$"，其中论域是所有非负整数的集合。证明命题 $P(0)$ 为真。

解 命题 $P(0)$ 是"如果 $a\geqslant b$，则 $a^0\geqslant b^0$"。因为 $a^0=b^0=1$，所以条件语句"如果 $a\geqslant b$，则 $a^0\geqslant b^0$"的结论为真。从而条件语句 $P(0)$ 为真。这是平凡证明法的一个例子。注意前提"$a\geqslant b$"在这个证明里用不到。◀

证明的小策略 我们已经阐述了证明形如 $\forall x(P(x)\to Q(x))$ 的定理的两种重要方法：直接证明法和反证法。我们还给出了示例说明如何使用每种方法。然而，当面临证明形如 $\forall x(P(x)\to Q(x))$ 的定理时，你会选择哪一种方法试图去证明它呢？这里我们提供一些经验法则，在 1.8 节将用更大篇幅详细讨论证明策略。

当想要证明形如 $\forall x(P(x)\to Q(x))$ 的命题时，首先评估直接证明法是否可行。可以通过展开前提中的定义开始。通过利用这些前提，结合公理和可用的定理进行推理。如果直接证明法得不到什么结果，比如不像例 3 和例 4 那样有一个清晰的方法可以利用假设来得到结论，则可以尝试反证法来证明之。(很难从诸如 x 是无理数或 $x\neq 0$ 这样的假设来进行推理，这个线索也告诉你间接证明可能是最好的办法。)

回顾一下，在反证法中要假定条件语句的结论为假，并使用直接证明法来证明这蕴含着前提必为假。通常你会发现反证法很容易从结论的否定出发来构造。例 8 和例 9 展示了这种策略。在每个例子中，注意到当没有明显的直接证明方法时，反证法是相当简单明了的。

在给出例子前，我们需要一个定义。

定义 2 实数 r 是有理数，如果存在整数 p 和 $q(q\neq 0)$ 使得 $r=p/q$。不是有理数的实数称为无理数。

例 8 证明两个有理数之和是有理数。(注意如果这里要包含隐含量词，我们要证明的定理就是："对于每个实数 r 和每个实数 s，如果 r 和 s 是有理数，则 $r+s$ 是有理数。) Extra Examples

解 首先尝试直接证明法。假设 r 和 s 是有理数。由有理数的定义可知，存在整数 p 和 q $(q\neq 0)$ 使得 $r=p/q$，存在整数 t 和 $u(u\neq 0)$ 使得 $s=t/u$。我们能用这个信息证明 $r+s$ 是有理数吗？即我们能否找到整数 v 和 w 使得 $r+s=v/w$ 且 $w\neq 0$?

有了寻找整数 v 和 w 的目标，我们把 $r=p/q$ 和 $s=t/u$ 相加，用 qu 作为公分母，得到

$$r+s=\frac{p}{q}+\frac{t}{u}=\frac{pu+qt}{qu}$$

因为 $q\neq 0$ 且 $u\neq 0$，所以 $qu\neq 0$。因此，我们已经把 $r+s$ 表示为两个整数 $v=pu+qt$ 和 $w=qu$ 的比值，其中 $w\neq 0$。这意味着 $r+s$ 是有理数。我们证明了两个有理数之和是有理数，寻求直接证明的尝试成功了。◀

例 9 证明如果 n 是整数且 n^2 是奇数，则 n 是奇数。

解 首先尝试直接证明法。假设 n 是整数且 n^2 是奇数。由奇数的定义，存在整数 k 使得 $n^2=2k+1$。我们能用这个信息证明 n 是奇数吗？似乎没有显而易见的方法来证明 n 是奇数，

因为求解 n 会得出等式 $n=\pm\sqrt{2k+1}$，而这毫无用处。

因为直接证明法的尝试没有见效，所以我们接下来尝试反证法。我们将语句“n 不是奇数”作为前提。因为每个整数不是奇数便是偶数，这意味着 n 为偶数。这蕴含存在整数 k 使得 $n=2k$。为了证明这个定理，我们需证明这个前提蕴含着结论“n^2 不是奇数”，即 n^2 是偶数。我们能用 $n=2k$ 实现这个目标吗？在这个等式两边取平方，可得 $n^2=4k^2=2(2k^2)$，这蕴含着 n^2 也是偶数，因为 $n^2=2t$，其中 $t=2k^2$。这样就证明了如果 n 是整数且 n^2 是奇数，则 n 是奇数。寻找反证法的尝试成功了。◀

1.7.7 归谬证明法

假设我们要证明命题 p 是真的。再假定我们能找到一个矛盾式 q 使得 $\neg p\to q$ 为真。因为 q 是假的，而 $\neg p\to q$ 是真的，所以我们能够得出结论 $\neg p$ 为假，这意味着 p 为真。怎样才能找到一个矛盾式 q 以这样的方式帮助我们证明 p 是真的呢？

因为无论 r 是什么，命题 $r\wedge\neg r$ 就是矛盾式，所以如果我们能够证明对某个命题 r，$\neg p\to(r\wedge\neg r)$ 为真，就能证明 p 是真的。这种类型的证明称为**归谬证明法**(proof by contradiction)。由于归谬证明法不是直接证明结论，所以它是另一种间接证明法。下面给出 3 个归谬证明的例子。第一个例子是鸽巢原理(将在 3.2 节深入介绍的一种组合学技术)的应用。

Extra Examples

例 10 证明任意 22 天中至少有 4 天属于每星期的同一天。

解 令 p 为命题“任意 22 天中至少有 4 天属于每星期的同一天”。假设 $\neg p$ 为真。这意味着 22 天中至多有 3 天属于每星期的同一天。因为一个星期有 7 天，这蕴含至多可以选择 21 天，对于每星期的同一天，最多可以选三天属于这一天。这个与我们题中有 22 天的前提相矛盾。也就是说，如果 r 是命题“22 天”，则我们已经证明了 $\neg p\to(r\wedge\neg r)$。所以，我们知道 p 是真的。我们证明了 22 天中至少有 4 天属于每星期的同一天。◀

例 11 通过归谬证明法来证明 $\sqrt{2}$ 是无理数。

解 设 p 是命题“$\sqrt{2}$ 是无理数”。要采用归谬证明法，我们假定 $\neg p$ 为真。注意 $\neg p$ 表示命题“并非 $\sqrt{2}$ 是无理数”，这就是说 $\sqrt{2}$ 是有理数。我们将证明假设 $\neg p$ 为真会导致矛盾。

如果 $\sqrt{2}$ 是有理数，则存在整数 a 和 b 满足 $\sqrt{2}=a/b$，其中 $b\neq 0$ 并且 a 和 b 没有公因子(这样分数 a/b 是既约分数。)(这里用到了事实：每个有理数都能写成既约分数)。因为 $\sqrt{2}=a/b$，当这个等式的两端取平方时，可得出

$$2=\frac{a^2}{b^2}$$

因此，

$$2b^2=a^2$$

根据偶数的定义可得 a^2 是偶数。接下来我们用到一个基于练习 18 的事实：如果 a^2 是偶数，则 a 也一定是偶数。另外，因为 a 是偶数，由偶数的定义，存在某个整数 c 有 $a=2c$。这样，

$$2b^2=4c^2$$

等式两边除以 2 得：

$$b^2=2c^2$$

由偶数定义，这意味着 b^2 是偶数。再次应用事实：如果一个整数的平方是偶数，那么这个数自身也一定是偶数，我们得出结论 b 也必然是偶数。

现在，我们证明了假设 $\neg p$ 导致等式 $\sqrt{2}=a/b$，其中 a 和 b 没有公因子，但 a 和 b 都是偶数，即 2 整除 a 和 b。注意命题 $\sqrt{2}=a/b$，其中 a 和 b 没有公因子，这意味着，特别是，2 也不能整除 a 和 b。因为我们的假设 $\neg p$ 导致 2 整除 a 和 b 与 2 不能整除 a 和 b 的矛盾，所以 $\neg p$ 一定是假的。即命题 p 是“$\sqrt{2}$ 是无理数”是真的。我们证明了 $\sqrt{2}$ 是无理数。◀

归谬证明法可以用于证明条件语句。在证明中，我们首先假设结论的否定为真。然后采用定理的前提和结论的否定来得到一个矛盾式。(这样证明是有效的原因是基于 $p\rightarrow q$ 与 $(p\wedge\neg q)\rightarrow \mathbf{F}$ 是逻辑等价的。想要了解这些语句是等价的，很容易注意到每个语句只在一种情况下为假，即当 p 为真且 q 为假时。)

注意，我们可以把一个条件语句的反证改写成归谬证明。在 $p\rightarrow q$ 的反证里，假定$\neg q$ 为真。然后证明$\neg p$ 也必然为真。为了把 $p\rightarrow q$ 的反证改写成归谬证明，假定 p 和$\neg q$ 都为真。然后利用$\neg q\rightarrow\neg p$ 的证明步骤来证明$\neg p$ 也必然为真。这样导出矛盾式 $p\wedge\neg p$，从而完成归谬证明。例 11 解释条件语句的反证如何改写成归谬证明的。

例 12 用归谬法证明定理“如果 $3n+2$ 是奇数，则 n 是奇数”。

解 假定 p 表示“$3n+2$ 是奇数”，q 表示“n 是奇数”。为构造归谬证明，假设 p 和$\neg q$ 都为真。也就是假设 $3n+2$ 是奇数而 n 不是奇数。因为 n 不是奇数，所以 n 是偶数。因为 n 偶数，所以存在整数 k 使得 $n=2k$。这蕴含着 $3n+2=3(2k)+2=6k+2=2(3k+1)$。由于 $3n+2$ 是 $2t$，这里 $t=3k+1$，所以 $3n+2$ 是偶数。注意语句“$3n+2$ 是偶数”等价于语句$\neg p$，因为一个整数是偶数当且仅当它不是奇数。由于 p 和$\neg p$ 都为真，所以得出一个矛盾式。这完成了一个归谬证明，证明了如果 $3n+2$ 是奇数，则 n 是奇数。 ◀

注意我们也可以用归谬法证明 $p\rightarrow q$ 是真的，通过假设 p 和$\neg q$ 都为真来证明 q 也一定为真。这蕴含着 q 和$\neg q$ 都为真，导致矛盾。这一点告诉我们，可以将一个直接证明转变为一个归谬证明。

等价证明法 为了证明一个双条件命题的定理，即形如 $p\leftrightarrow q$ 的语句，我们证明 $p\rightarrow q$ 和 $q\rightarrow p$ 都是真的。这个方法的有效性是建立在重言式的基础上：

$$(p\leftrightarrow q)\leftrightarrow(p\rightarrow q)\wedge(q\rightarrow p)$$

例 13 证明定理“如果 n 是整数，则 n 是奇数当且仅当 n^2 是奇数”。 Extra Examples

解 这个定理具有这样的形式“p 当且仅当 q”，其中 p 是“n 是奇数”而 q 是“n^2 是奇数”。(通常可以不显式地表达全称量化。)为了证明这个定理，需要证明 $p\rightarrow q$ 和 $q\rightarrow p$ 都为真。

我们已经(在例 1 中)证明了 $p\rightarrow q$ 为真且(在例 9 中)$q\rightarrow p$ 为真。

因为已经证明了 $p\rightarrow q$ 和 $q\rightarrow p$ 都为真，所以也就证明了这个定理为真。 ◀

有时候一个定理会阐述多个命题都是等价的。这样的定理阐述命题 p_1，p_2，p_3，…，p_n 都是等价的。这可以写成[㊀]

$$p_1\leftrightarrow p_2\leftrightarrow p_3\leftrightarrow\cdots\leftrightarrow p_n$$

这就是说，所有 n 个命题都具有相同的真值，因此对所有的 i 和 j，其中 $1\leqslant i\leqslant n$，$1\leqslant j\leqslant n$，p_i 和 p_j 是等价的。证明这些命题互相等价的一种方式是使用永真式

$$p_1\leftrightarrow p_2\leftrightarrow p_3\leftrightarrow\cdots\leftrightarrow p_n\leftrightarrow(p_1\rightarrow p_2)\wedge(p_2\rightarrow p_3)\wedge\cdots\wedge(p_n\rightarrow p_1)$$

这说明，如果可以证明 n 个条件语句 $p_1\rightarrow p_2$，$p_2\rightarrow p_3$，…，$p_n\rightarrow p_1$ 都为真，则命题 p_1，p_2，p_3，…，p_n 都是等价的。

这个方法比证明对所有的 $i\neq j$，$1\leqslant i\leqslant n$，$1\leqslant j\leqslant n$，都有 $p_i\rightarrow p_j$(注意这里有 n^2-2 个这样的条件语句)更加有效。

当要证一组命题等价时，我们可以建立一个条件语句链，条件语句的选择只要能够保证从任一个语句出发都能通过这个链到达另一个语句。例如，通过证明 $p_1\rightarrow p_3$、$p_3\rightarrow p_2$、$p_2\rightarrow p_1$，就能够证明 p_1、p_2、p_3 是等价的。

例 14 证明下列三个关于整数 n 的语句是等价的：

㊀ 原书这里使用的符号是错的，应该使用 $p_1\equiv p_2\equiv p_3\equiv\cdots\equiv p_n$。注意：$\equiv$是命题之间的关系符，表明这 n 个命题具有相同的真值；而$\leftrightarrow$是连接词，经由连接词连接的结果是一个复合命题。——译者注

p_1：n 是偶数

p_2：$n-1$ 是奇数

p_3：n^2 是偶数

解　可以通过证明条件语句 $p_1 \to p_2$，$p_2 \to p_3$ 和 $p_3 \to p_1$ 都为真来证明这些语句是等价的。

用直接证明来证明 $p_1 \to p_2$ 为真。假定 n 为偶数。则存在整数 k，有 $n=2k$。因此，$n-1=2k-1=2(k-1)+1$。这意味着 $n-1$ 是奇数，因为它形如 $2m+1$，其中 $m=k-1$。

还是用直接证明来证明 $p_2 \to p_3$。现在假定 $n-1$ 是奇数。则存在整数 k，有 $n-1=2k+1$。因此，$n=2k+2$，而 $n^2=(2k+2)^2=4k^2+8k+4=2(2k^2+4k+2)$。这意味着 n^2 是整数 $2k^2+4k+2$ 的 2 倍，所以 n^2 是偶数。

要证明 $p_3 \to p_1$，可以用反证法。即证明如果 n 不是偶数，则 n^2 也不是偶数。这等同于证明如果 n 是奇数，那么 n^2 是奇数，这在例 1 中已被证明。证毕。◀

反例证明法　1.4 节曾提到要证明形如 $\forall x P(x)$ 的语句为假，只要能找到一个反例，即存在一个例子 x 使 $P(x)$ 为假即可。当我们遇到一个形如 $\forall x P(x)$ 的语句时，而我们又相信它是假的，或者所有的证明尝试都失败了，就可以寻找一个反例。我们用例 15 来说明了反例证明法的应用。

Extra Examples

例 15　证明语句“每个正整数都是两个整数的平方和”为假。

解　为了证明此语句为假，我们寻找一个反例，即寻找一个特殊的整数，它不是两个数的平方和。很快就能发现反例，因为 3 不能写成两个数的平方和。为表明确实如此，注意不超过 3 的完全平方数只有 $0^2=0$ 和 $1^2=1$。再者，0、1 的任意两项相加之和都得不出 3。因此，我们证明了“每个正整数都是两个整数的平方和”为假。◀

1.7.8　证明中的错误

在构造数学证明时容易犯许多常见错误。这里简述其中的一些错误。这当中最常见的错误是算术和基本代数方面的。甚至职业数学家也会犯这种错误，尤其是在处理复杂的公式时。每当进行这样的计算时都应当尽可能仔细地检查(你还应当复习一下基本代数中的一些难点)。

Links

数学证明的每一步都应当是正确的，并且结论必须从之前的步骤中逻辑地导出。许多错误是源于引入了不是前面步骤得出的逻辑推导。下面的例 16～18 说明了这一点。

例 16　下面这个著名的 1=2 的所谓“证明”错在哪里？

“证明”　步骤如下，其中 a 和 b 是两个相等的正整数。

步骤	理由
1. $a=b$	给定的前提
2. $a^2=ab$	(1)两边乘以 a
3. $a^2-b^2=ab-b^2$	(2)两边减去 b^2
4. $(a-b)(a+b)=b(a-b)$	(3)两边分解因式
5. $a+b=b$	(4)两边除以 $a-b$
6. $2b=b$	(5)把 a 替换成 b，因为 $a=b$ 并化简
7. $2=1$	(6)两边除以 b

解　除了步骤 5 两边除以 $(a-b)$ 之外，每个步骤都有效。错误在于 $a-b$ 等于零。一个等式两边用同一个数相除只有在除数不是零时才是有效的。◀

例 17　下面这个“证明”错在哪里？

“定理”　如果 n^2 是正数，则 n 是正数。

“证明”　假定 n^2 是正数。因为条件命题“如果 n 是正数，则 n^2 是正数”为真，所以可以得出 n 是正数。

解　令 $P(n)$ 为“n 是正数”，$Q(n)$ 为“n^2 是正数”。则前提是 $Q(n)$。命题“如果 n 是正数，

则 n^2 是正数”也就是语句 $\forall n(P(n)\to Q(n))$。从前提 $Q(n)$ 和语句 $\forall n(P(n)\to Q(n))$ 不能得出结论 $P(n)$，因为没有有效的推理规则可用。相反，这是一个肯定结论的谬误示例。一个反例是当 $n=-1$ 时，$n^2=1$ 为正数，但 n 却是负数。◀

例 18 下面的“证明”错在哪里？

“定理” 如果 n 不是正数，则 n^2 不是正数。（这是例 17 中“定理”的逆否命题。）

“证明” 假定 n 不是正数。因为条件语句“如果 n 是正数，则 n^2 是正数”为真，所以可得 n^2 不是正数。

解 令 $P(n)$ 和 $Q(n)$ 如例 17 所示。则前提是 $\neg P(n)$，语句“如果 n 是正数，则 n^2 是正数”是语句 $\forall n(P(n)\to Q(n))$。从前提 $\neg P(n)$ 和 $\forall n(P(n)\to Q(n))$ 不能得出 $\neg Q(n)$，因为没有有效的推理规则可用。相反，这是一个否定假设的谬误示例。如例 16 那样，$n=-1$ 为反例。◀

最后，简要讨论一种比较难应付的错误。许多不正确的论证都基于一种称为**窃取论题**的谬误。当证明的一个或多个步骤基于待证明命题的真实性时，就会发生这样的谬误。换句话说，当命题使用自身或等价于自身的命题来进行证明时会产生这种谬误。所以这种谬误也称为**循环推理**。

例 19 下面的论证是否正确？这里假定要证明当 n^2 是偶整数时 n 是一个偶整数。

假定 n^2 是偶数，则存在某个整数 k 使 $n^2=2k$。令 $n=2l$，其中 l 是某个整数。这证明了 n 是偶数。

解 这个论证不正确。证明中出现了语句“令 $n=2l$，其中 l 是某个整数”。证明中没有给出论证说明 n 可以写为 $2l$，其中 l 为某个整数。这是一个循环论证，因为这个命题等价于待证的命题(即 n 是偶数)。当然，结果本身是正确的，只是证明方法不对。◀

在证明中犯错是学习过程的一部分。当你犯了某个错误并被别人发现时，应该仔细分析哪里出了错误并确保不再犯同样的错误。即使是职业数学家在证明时也会犯错误。有些重要结论的错误证明常常会愚弄人们，许多年以后才发现其中的细微错误。这种情况并不少见。

1.7.9 良好的开端

我们已经开发了一个基本的证明方法库。在下一节将介绍其他重要的证明方法。第 3 章将介绍组合证明的概念。

本节介绍了形如 $\forall x(P(x)\to Q(x))$ 定理的几种证明方法，包括直接证明法和反证法。有许多定理通过直接利用前提和定理中名词的定义很容易构造其证明。不过，要是不借助于灵活地利用反证法或归谬证明，或其他的证明技术，证明一个定理通常还是很困难的。在 1.8 节中，我们会讲述证明策略。我们会描述当直观的方法行不通时可用于寻找证明的各种方法。构造证明是一种只能通过体验来学习的艺术，这体验包括写证明、让他人评论你的证明，以及阅读和分析其他证明。

奇数编号练习

1. 用直接证法证明两个奇数之和是偶数。

3. 用直接证法证明偶数的平方是偶数。

5. 证明如果 $m+n$ 和 $n+p$ 都是偶数，其中 m、n 和 p 都是整数，那么 $m+p$ 也是偶数。你用的是什么证明方法？

7. 用直接证法证明每个奇数都是两个平方数的差。[提示：找出 $k+1$ 和 k 的平方数的差值，这里 k 是一个正整数。]

9. 使用归谬法证明一个无理数与一个有理数之和是无理数。

11. 证明或反驳两个无理数之积是无理数。

13. 证明如果 x 是无理数，则 $1/x$ 是无理数。

15. 证明如果 x 是无理数且 $x>0$，则 $\sqrt{x}$ 也是无理数。

17. 使用反证法证明如果 $x+y\geqslant 2$，这里 x 和 y 是实数，那么 $x\geqslant 1$ 或者 $y\geqslant 1$。

19. 证明如果 n 是整数而且 n^3+5 是奇数，则 n 是偶数。使用

a)反证法证明　　b)归谬法证明

21. 证明命题 $P(0)$，其中 $P(n)$ 是命题"如果 n 是个大于 1 的正整数，则 $n^2>n$"。你使用什么类型的证明方法？

23. 设 $P(n)$ 是命题"如果 a 和 b 是正实数，则 $(a+b)^n\geqslant a^n+b^n$"。证明 $P(1)$ 为真。你使用什么类型的证明方法？

25. 证明在任意 64 天中至少有 10 天在每星期的同一天里。

27. 用归谬法证明没有有理数 r 使得 $r^3+r+1=0$。[提示：假设 $r=a/b$ 是一个根，这里 a 和 b 是整数且 a/b 是既约分数。通过乘以 b^3 得到一个整数的等式。再看看 a 和 b 是否分别是奇数或偶数。]

29. 证明如果 n 是正整数，则 n 是奇数当且仅当 $5n+6$ 是奇数。

31. 证明或反驳如果 m 和 n 是使得 $mn=1$ 的整数，则 $m=1$ 且 $n=1$，或者 $m=-1$ 且 $n=-1$。

33. 证明下面三条语句是等价的：(i)$3x+2$ 是偶数；(ii)$x+5$ 是奇数；(iii)x^2 是偶数。

35. 证明下面三条语句是等价的：(i)x 是无理数；(ii)$3x+2$ 是无理数；(iii)$x/2$ 是无理数。

37. 下列求解方程 $\sqrt{x+3}=3-x$ 的步骤是否正确？(1) $\sqrt{x+3}=3-x$，已知；(2)$x+3=x^2-6x+9$，(1)式两边取平方；(3)$0=x^2-7x+6$，(2)式两边都减去 $x+3$；(4)$0=(x-1)(x-6)$，对(3)式左边进行因式分解；(5)$x=1$ 或 $x=6$，因为 $ab=0$ 蕴含 $a=0$ 或 $b=0$，所以从(4)可得到解。

39. 证明：可以通过证明条件语句 $p_1\to p_4$、$p_3\to p_1$、$p_4\to p_2$、$p_2\to p_5$ 和 $p_5\to p_3$ 来证明命题 p_1、p_2、p_3、p_4 和 p_5 是等价的。

41. 证明在实数 a_1，a_2，…，a_n 中至少有一个数大于或等于这些数的平均值。你使用什么类型的证明方法？

43. 证明如果 n 是整数，则下面 4 个语句是等价的：(i)n 是偶数；(ii)$n+1$ 是奇数；(iii)$3n+1$ 是奇数；(iv)$3n$ 是偶数。

1.8　证明的方法和策略

1.8.1　引言

Assessment

1.7 节介绍了各种不同的证明方法，并说明每一种方法如何使用。本节将继续这方面的讨论。我们将介绍几种其他常用的证明方法，包括分别考虑不同情形进行定理证明的方法。我们还将讨论具有预期性质的事物的存在性证明方法。

1.7 节只简要讨论了构造证明的策略。这些策略包括选择证明方法，然后基于该方法一步一步地成功构造论证。在开发了多功能的证明方法库之后，本节将研究关于证明的艺术和科学方面的一些问题。我们将提供如何寻找一个定理的证明的一些忠告。我们还将描述一些窍门，包括如何通过反向思维和通过改编现有证明来发现证明。

数学家工作时，会拟定猜测并试图证明或反驳之。这里通过证明用多米诺或其他形状的骨牌来拼接棋盘的有关结论来简要描述这个过程。查看这类拼接游戏，我们将能够迅速形成猜测并证明定理，而无须先开发一套理论。

本节最后将讨论开放问题所起的作用。特别地，我们会讨论一些有趣的问题，或者悬而未决数百年后被解决了的，或者仍然是开放问题。

1.8.2　穷举证明法和分情形证明法

有时候采用单一的论证不能在定理的所有可能情况下都成立，故不能证明该定理。现在介绍一种通过分别考虑不同的情况来证明定理的方法。该方法是基于现在要介绍的一个推理规则。为了证明条件语句

$$(p_1\vee p_2\vee\cdots\vee p_n)\to q$$

可以用永真式

$$[(p_1\vee p_2\vee\cdots\vee p_n)\to q]\leftrightarrow[(p_1\to q)\wedge(p_2\to q)\wedge\cdots\wedge(p_n\to q)]$$

作为推理规则。这个推理规则说明可以通过分别证明每个条件语句 $p_i\to q(i=1,2,\cdots,n)$来

证明由命题 p_1，p_2，…，p_n 的析取式组成前提的原条件语句。这种论证称为**分情形证明法**(proof by cases)。有时为了证明条件语句 $p\to q$ 为真，方便的做法是用析取式 $p_1\vee p_2\vee\cdots\vee p_n$ 代替 p 作为条件语句的前提，其中 p 与 $p_1\vee p_2\vee\cdots\vee p_n$ 是等价的。

穷举证明法 有些定理可以通过检验相对少量的例子来证明。这样的证明叫作**穷举证明法**(exhaustive proof，proof by exhaustion)，因为这些证明是要穷尽所有可能性的。一个穷举证明是分情形证明的特例，这里每一种情形涉及检验一个例子。下面给出穷举证明法的一些例证。

Extra Examples

例1 证明如果 n 是一个满足 $n\leqslant 4$ 的正整数时，则有 $(n+1)^3\geqslant 3^n$。

解 采用穷举证明法。我们只需检验当 $n=1$，2，3，4 时，$(n+1)^3\geqslant 3^n$ 成立。对于 $n=1$，有 $(n+1)^3=2^3=8$ 而 $3^n=3^1=3$；对于 $n=2$，有 $(n+1)^3=3^3=27$ 而 $3^n=3^2=9$；对于 $n=3$，有 $(n+1)^3=4^3=64$ 而 $3^n=3^3=27$；对于 $n=4$，有 $(n+1)^3=5^3=125$ 而 $3^n=3^4=81$。在这四种情况的每一种情形下，都有 $(n+1)^3\geqslant 3^n$。我们用穷举证明法证明了如果 n 是一个满足 $n\leqslant 4$ 的正整数，则 $(n+1)^3\geqslant 3^n$。◀

例2 证明不超过 100 的连续正整数同时是幂次数的只有 8 和 9(一个整数是**幂次数**(perfect power)如果它等于 n^a，其中 n 是正整数，a 是大于 1 的整数)。

解 采用穷举证明法。特别地，可以通过下面的方法来证明此事实：查看不超过 100 的正整数 n，首先检查 n 是否是幂次数，如果是，在检查 $n+1$ 是否也是幂次数。一个更快捷的方法是仅仅查看不超过 100 的所有幂次数并检查紧挨着的下一个整数是否也是幂次数。不超过 100 的正整数的平方有 1、4、9、16、25、36、49、64、81 和 100。不超过 100 的正整数的立方有 1、8、27 和 64。不超过 100 的正整数的 4 次幂有 1、16 和 81。不超过 100 的正整数的 5 次幂有 1 和 32。不超过 100 的正整数的 6 次幂有 1 和 64。除了 1 以外，没有高于 6 次的正整数的幂次数不超过 100 的。观察不超过 100 的一系列幂次数，发现只有 $n=8$ 是仅有的 $n+1$ 也是幂次数的幂次数。即 $2^3=8$，$3^2=9$，是不超过 100 的唯一两个连续的幂次数。◀

当只需要检查一个语句的相对少量的情形时，人们可以穷举证明法。当要求计算机检查一个语句的数量非常巨大的情形时它不会抱怨，但仍然有局限性。注意当不可能列出所有要检查的情形时，即使是计算机也不能检查所有情形。

分情形证明法 分情形证明一定要覆盖定理中出现的所有可能情况。我们用两个例子来解释分情形证明法。在每一个例子中，你应该检查一下所有可能的情形都已被覆盖了。

Extra Examples

例3 证明如果 n 为整数，则有 $n^2\geqslant n$。

解 我们通过分别考虑当 $n=0$，当 $n\geqslant 1$ 和当 $n\leqslant -1$ 三种情形来证明对每个整数有 $n^2\geqslant n$。我们将证明分为三种情形是因为通过分别考虑零、正整数和负整数可以更直截了当地证明这个结论。

情形(i)：当 $n=0$ 时，因为 $0^2=0$，从而 $0^2\geqslant 0$。这表明在这种情况下，$n^2\geqslant n$ 是真的。

情形(ii)：当 $n\geqslant 1$ 时，把不等式 $n\geqslant 1$ 两边同时乘以正整数 n，得到 $n\cdot n\geqslant n\cdot 1$。这蕴含着当 $n\geqslant 1$ 时有 $n^2\geqslant n$。

情形(iii)：当 $n\leqslant -1$ 时。可是，$n^2\geqslant 0$。因而有 $n^2\geqslant n$。

因为在三种情形下均有不等式 $n^2\geqslant n$，于是可得出结论，如果 n 为整数，则有 $n^2\geqslant n$。◀

例4 用分情形证明法证明 $|xy|=|x||y|$，其中 x 和 y 是实数。(回顾一下 $|a|$ 是 a 的绝对值。当 $a\geqslant 0$ 时等于 a，而当 $a\leqslant 0$ 时等于 $-a$。)

解 在定理的证明中，我们用事实当 $a\geqslant 0$ 时 $|a|=a$ 并且当 $a\leqslant 0$ 时 $|a|=-a$ 来消除绝对值符号。由于 $|x|$ 和 $|y|$ 出现在公式中，就需要四种情形：(i)x 和 y 都为非负的；(ii)x 为非负的且 y 是负的；(iii)x 是负的且 y 为非负的；(iv)x 是负的且 y 是负的。我们用 p_1、p_2、p_3 和 p_4 来标记四个命题分别陈述四种情形对应的假设，用 q 代表原命题。(注意：我们通

过每一种情形中选择恰当正负号就可以去掉绝对值符号。）

情形(i)：可以看出 $p_1 \to q$，因为当 $x \geqslant 0$ 且 $y \geqslant 0$ 时 $xy \geqslant 0$，因此 $|xy| = xy = |x||y|$。

情形(ii)：要得出 $p_2 \to q$，注意如果 $x \geqslant 0$ 且 $y < 0$，则 $xy \leqslant 0$，因此 $|xy| = -xy = x(-y) = |x||y|$。（因为 $y < 0$，我们有 $|y| = -y$。）

情形(iii)：要得出 $p_3 \to q$，可遵循前一种情形的推理过程，只需将 x 和 y 的角色互换。

情形(iv)：要得出 $p_4 \to q$，注意当 $x < 0$ 且 $y < 0$ 时，$xy > 0$。因此 $|xy| = xy = (-x)(-y) = |x||y|$。

因为 $|xy| = |x||y|$ 对所有四种情形均成立，而这些情况包含了一切可能。我们能够得出结论当 x 和 y 是实数时，$|xy| = |x||y|$。◀

充分利用分情形证明法　前面解释分情形证明法的例子提供了一些何时应用这种证明法的启发。特别地，当一个证明不可能同时顾及所有情形时，应该考虑采用分情形证明法。什么时候应该采用这样的证明呢？一般地，当没有明显的思路开始一个证明，而每一种情形的额外信息又能推进证明时，可以寻求分情形证明法。例5说明了如何有效地利用分情形证明法。

例5　构造一个关于整数平方的十进制数字末位的猜想，并证明你的结论。

解　最小的完全平方数分别是1、4、9、16、25、36、49、64、81、100、121、144、169、196、225等。注意完全平方数的十进制数字的末位是0、1、4、5、6和9，而2、3、7、8从来不出现在完全平方数的十进制数字的末位。我们猜测这样的结论：一个完全平方数的十进制数字的末位是0、1、4、5、6或9。如何证明这个结论呢？

首先注意到把整数 n 表示为 $10a+b$，这里 a 和 b 是正整数，b 是0、1、2、3、4、5、6、7、8或9。这里 a 是 n 减去 n 的末位十进制数字再除以10所得到的整数。其次注意到 $(10a+b)^2 = 100a^2 + 20ab + b^2 = 10(10a^2 + 2ab) + b^2$，因而，$n^2$ 的末位十进制数字与 b^2 的末位十进制数字相同。进一步，b^2 的十进制数字的末位与 $(10-b)^2 = 100 - 20b + b^2$ 相同。因此，把证明缩减为以下6种情形。

情形(i)：n 的末位数字是1或9。这样 n^2 的末位十进制数字是 $1^2 = 1$ 或 $9^2 = 81$ 的末位数，为1。

情形(ii)：n 的末位数字是2或8。这样 n^2 的末位十进制数字是 $2^2 = 4$ 或 $8^2 = 64$ 的末位数，为4。

情形(iii)：n 的末位数字是3或7。这样 n^2 的末位十进制数字是 $3^2 = 9$ 或 $7^2 = 49$ 的末位数，为9。

情形(iv)：n 的末位数字是4或6。这样 n^2 的末位十进制数字是 $4^2 = 16$ 或 $6^2 = 36$ 的末位数，为6。

情形(v)：n 的末位数字是5。这样 n^2 的末位十进制数字是 $5^2 = 25$ 的末位数，为5。

情形(vi)：n 的末位数字是0。这样 n^2 的末位十进制数字是 $0^2 = 0$ 的末位数，为0。

因为考虑了所有的6种情况，所以能够得出结论，当 n 是整数时，n^2 的末位十进制数字是0、1、4、5、6或9。◀

在分情形证明中，有时我们能消除几乎全部而只留下少量情形。如例6所示。

例6　证明 $x^2 + 3y^2 = 8$ 没有整数解。

解　由于当 $|x| \geqslant 3$ 时 $x^2 > 8$ 且当 $|y| \geqslant 2$ 时 $3y^2 > 8$，因此能够很快将证明简化为只需检验几种简单的情形。这样只剩下当 x 等于 -2、-1、0、1、2，而 y 等于 -1、0、1 的情形。我们可以用穷举法完成证明。为了解决剩下的情形，注意到 x^2 的可能取值是0、1、4，$3y^2$ 的可能取值是0和3，而 x^2 与 $3y^2$ 可能取值的最大和是7。因此，当 x 和 y 是整数时 $x^2 + 3y^2 = 8$ 是不可能成立的。◀

不失一般性　在例4的证明中，我们省略了情形(iii) $x < 0$ 和 $y \geqslant 0$，因为在互换 x 和 y 角色后它与情形(ii) $x \geqslant 0$ 和 $y < 0$ 是相同的。为了缩短证明篇幅，可以**不失一般性**(without loss of *generality*)地假设 $x\geqslant 0$，$y<0$，而把情形(ii)和(iii)的证明合在一起。这个语句隐含着我们可以采用与 $x\geqslant 0$ 和 $y<0$ 情形一样的论证来完成 $x<0$ 和 $y\geqslant 0$ 情形的证明，其中有一些显而易见的改变。

一般地，当证明中用到“不失一般性”（缩写为 WLOG）一词时，我们断言通过证明定理的一种情形，不需要用额外的论证来证明其他特定的情形。也就是说，其他的一系列情形论证可以通过对论证做一些简单的改变，或者通过补充一些简单的初始步骤来完成。当引入了不失一般性的概念后，分情形证明法就变得更加有效了。可是，不正确地应用这个原理会导致不幸的错误发生。有时候所做的假设会导致失去一般性。这类假设通常是由于忽略了一个情形可能与其他情形有着巨大的差异。这样会导致一个不完整的或许不可补救的证明。事实上，许多著名定理的不正确证明也是依赖于应用“不失一般性”的想法试图论证那些不能快速从简单情形来证明的情形。

现在我们来说明在证明中不失一般性和其他证明技术的有效结合。

例 7 证明如果 x 和 y 是整数并且 xy 和 $x+y$ 均为偶数，则 x 和 y 也是偶数。

解 我们会用到反证法、不失一般性的概念和分情形证明法。首先假定 x 和 y 不都是偶数。即假设 x 是奇数或 y 是奇数或均为奇数。不失一般性，我们假定 x 是奇数，因此存在整数 m 使得 $x=2m+1$。

为了完成证明，我们需要证 xy 是奇数或者 $x+y$ 是奇数。考虑两种情形：(i) y 是偶数；(ii) y 是奇数。在(i)中存在整数 n 使得 $y=2n$，因此 $x+y=(2m+1)+2n=2(m+n)+1$ 是奇数。在(ii)中存在整数 n 使得 $y=2n+1$，因此 $xy=(2m+1)(2n+1)=4mn+2m+2n+1=2(2mn+m+n)+1$ 是奇数。从而完成了反证法证明。（注意我们在证明中使用不失一般性是合理的，因为当 y 是奇数时的证明可以通过上面的证明中简单地交换 x 和 y 的角色而获得。）◀

穷举证明法和分情形证明法中的常见错误 推理中的一种常见错误是从个例中得出不正确结论。不管考虑了多少不同的个例，都不能从个例来证明定理，除非每一种可能情况都覆盖了。证明定理这样的问题类似于要证明计算机程序总能产生所期望的输出。除非所有的输入值都测试了，否则无论测试了多少输入值，也不能得出结论程序总能产生正确的输出。

例 8 每个正整数都是 18 个整数的四次幂之和是否为真？

解 要判断一个正整数 n 是否可写为 18 个整数的四次幂的和，我们先从最小的正整数开始考察。因为整数的四次幂分别是 0，1，16，81，…，如果能从这些数中选择 18 个项后相加得 n，则 n 就是 18 个四次幂之和。可以证明，从 1 到 78 的所有正整数都可以写成 18 个整数的四次幂的和（细节留给读者证明）。然而，如果认为这就检查够了，那就会得出错误的结论。每个正整数是 18 个四次幂之和并不为真，因为 79 并不是 18 个四次幂的和（读者请自行验证）。◀

另一个常见错误是做出了莫须有的假设导致在分情形证明中没有考虑到所有情形。如例 9 所示。

例 9 下面的“证明”错在哪里？

“定理” *如果 x 是实数，则 x^2 是正实数。*

“证明” 令 p_1 为“x 是正数”，p_2 为“x 是负数”，q 为“x^2 是正数”。要证明 $p_1\to q$ 为真，注意当 x 是正数时，x^2 为正数，因为这是两个正数 x 和 x 的积。要证明 $p_2\to q$，注意当 x 是负数时，x^2 是正数，因为这是两个负数 x 和 x 的积。证毕。

解 上面的“证明”存在的问题是忘了考虑 $x=0$ 的情形。当 $x=0$ 时，$x^2=0$ 不是正数，因此假设的定理为假。如果 p 是“x 是实数”，那我们可以将假设 p 分三种情形 p_1、p_2 和 p_3 来证明结论，其中 p_1 是“x 是正数”，p_2 是“x 是负数”，p_3 是“$x=0$”，因为有等价式 $p\leftrightarrow p_1\vee p_2\vee p_3$。◀

1.8.3 存在性证明

许多定理是断言特定类型对象的存在性。这种类型的定理是形如 $\exists xP(x)$ 的命题，其中 P

是谓词。$\exists xP(x)$这类命题的证明称为**存在性证明**(existence proof)。有多种方式来证明这类定理。有时可以通过找出一个使得 $P(a)$为真的元素 a(称为一个物证)来给出$\exists xP(x)$的存在性证明。这样的存在性证明称为是**构造性的**(constructive)。也可以给出一种**非构造性的**(nonconstructive)存在性证明，即不是找出使 $P(a)$为真的元素 a，而是以某种其他方式来证明$\exists xP(x)$为真。给出非构造性证明的一种常用方法是使用归谬证明，证明该存在量化式的否定式蕴含一个矛盾。例 10 可以解释构造性的存在性证明的概念，而例 11 可以解释非构造性的存在性证明的概念。

Extra Examples

例 10　一个构造性的存在性证明　证明存在一个正整数，可以用两种不同的方式将其表示为正整数的立方和。

解　经过大量的计算(如使用计算机搜索)可找到

$$1729 = 10^3 + 9^3 = 12^3 + 1^3$$

因为我们已经把一个整数写成两种不同的立方和，因而得证。

关于这个例子有一个有趣的故事。英国数学家 G. H. 哈代，在一次前往医院看望生病的印度天才拉马努金时，提到他乘坐的出租车的编号 1729 是个枯燥的数字。拉马努金回答："不，这是一个非常有趣的数，它是可以用两种方式表示为立方和的最小数。" ◀

例 11　一个非构造性的存在性证明　证明存在无理数 x 和 y 使得 x^y 是有理数。

解　由 1.7 节例 11 可知$\sqrt{2}$是无理数。考虑数$\sqrt{2}^{\sqrt{2}}$。如果它是有理数，那就存在两个无理数 x 和 y 且 x^y 是有理数，即 $x=\sqrt{2}$，$y=\sqrt{2}$。另一方面如果$\sqrt{2}^{\sqrt{2}}$是无理数，那么可以令 $x=\sqrt{2}^{\sqrt{2}}$ 且 $y=\sqrt{2}$，因此 $x^y=(\sqrt{2}^{\sqrt{2}})^{\sqrt{2}}=\sqrt{2}^{(\sqrt{2}\cdot\sqrt{2})}=\sqrt{2}^2=2$。

这个证明是非构造性存在性证明的一个例子，因为我们并没有找出无理数 x 和 y 使得 x^y 是有理数。相反，我们证明了或者 $x=\sqrt{2}$，$y=\sqrt{2}$，或者 $x=\sqrt{2}^{\sqrt{2}}$，$y=\sqrt{2}$ 具有所需性质，但并不知道这两对中哪一对是解。 ◀

非构造性存在性证明通常相当微妙，如例 12 所示。

Links

例 12　蚕食游戏(Chomp)是两个人玩的游戏。在这个游戏中，曲奇饼放在矩形格中。左上角的曲奇饼有毒，如图 1a 所示。两个玩家轮流行动：每个动作中一个玩家都要吃一块剩余的曲奇饼，以及它右下角的所有曲奇饼(例如，如图 1b 所示)。没有别的选择而只能吃有毒曲奇饼的玩家为输。请问：两个玩家之一是否有获胜的策略。即其中一个玩家是否能够一直做动作而保证其获胜？

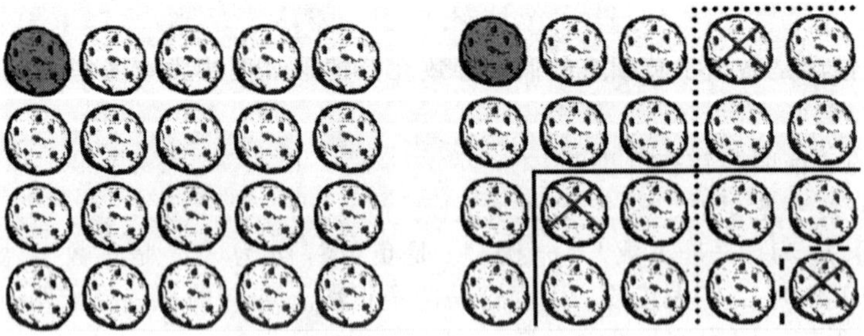

a)蚕食游戏(左上角的曲奇饼有毒)　　b)三种可能动作

图　1

解　我们会给出第一个玩家获胜策略的非构造性存在证明。即我们将证明第一个玩家总有获胜的策略，而没有明确描述玩家的具体动作步骤。

首先，游戏结束时不会是一个平局，因为每一步动作至少要吃掉一块曲奇饼，因此不超过 $m\times n$ 步动作游戏就会结束，这里 $m\times n$ 是网格的初始值。现假设在游戏开始，第一个玩家吃掉了右下角的曲奇饼。这有两种可能，这是第一个玩家获胜策略的第一步，或者这是第二个玩家可以做一个动作成为第二个玩家获胜策略的第一步。在第二种情况下，第一个玩家可以不是只吃右下角的曲奇饼，而是采用第二个玩家获胜策略的第一步相同的步骤(然后继续那个获胜策略)。这将保证第一个玩家获胜。

注意我们证明了获胜策略的存在性，但是没有刻画实际的获胜策略。因此，这个证明是一个非构造性存在性证明。事实上，没有人能够通过刻画第一个玩家应该遵循的动作步骤来描述适用于所有长方形网格的蚕食游戏的获胜策略。然而，在某种特殊的情况，比如当网格是正方形时，以及当网格只有两行曲奇饼时，获胜策略是可以描述的。◀

1.8.4 唯一性证明

某些定理断言具有特定性质的元素唯一存在。换句话说，这些定理断言恰好只有一个元素具有这个性质。要证明这类语句，需要证明存在一个具有此性质的元素，以及没有其他元素具有此性质。**唯一性证明**(uniqueness proof)的两个部分如下：

存在性：证明存在某个元素 x 具有期望的性质。

唯一性：证明如果 x 和 y 都具有期望的性质，则 $x=y$。

评注 证明存在唯一元素 x 使得 $P(x)$ 为真等同于证明语句 $\exists x(P(x) \land \forall y(y \neq x \to \neg P(y)))$。

我们用例 13 说明唯一性证明的要素。

例 13 证明：如果 a 和 b 是实数并且 $a \neq 0$，那么存在唯一的实数 r 使得 $ar+b=0$。 Extra Examples

解 首先，注意实数 $r=-b/a$ 是 $ar+b=0$ 的一个解，因为 $a(-b/a)+b=-b+b=0$。因此，对于 $ar+b=0$ 而言，实数 r 是存在的。这是证明的存在性部分。

其次，假设实数 s 使得 $as+b=0$ 成立。则有 $ar+b=as+b$，这里 $r=-b/a$。从两边减去 b，得到 $ar=as$。最后式子两边同除以 a，这里 a 是非零的，得到 $r=s$。这意味着如果 $r \neq s$，则 $as+b \neq 0$。这就证明了唯一性部分。◀

1.8.5 证明策略

寻找证明是一项富于挑战性的工作。当你面对待证命题时，应该先把术语替换成其定义，再仔细分析前提结论的含义。然后，可以选一种已有的证明方法去尝试证明结论。我们在 1.7 节已经给出了一些证明形如 $\forall x(P(x) \to Q(x))$ 的定理的证明策略，包括直接证明法、反证法和归谬证明法。如果语句是条件语句，就应该首先尝试直接证明法；如果不行，就尝试间接证明法；如果这些方法都不行，就尝试归谬证明法。可是，我们没有提供更进一步的用于构建这样的证明的指南。现在我们给出一些策略来构建新的证明。

正向和反向推理 无论选择什么证明方法，都需要为证明找一个起点。条件语句的直接证明就从前提开始。利用这些前提以及公理和已知定理，用导向结论的一系列步骤来构造证明。这类推理称为*正向推理*(forward reasoning)，是用来证明相对简单结论的一类最常见推理方式。同样，要开始间接证明，就从结论的否定开始，用一系列步骤来得出前提的否定。

遗憾的是，正向推理常常难以用来证明更复杂的结论，因为得出想要的结论所需要的推理可能并不明显。在这种情况下使用*反向推理*(backward reasoning)可能会有所帮助。要反向推理证明命题 q，我们就寻找一个命题 p 并可证明其具有性质 $p \to q$。(注意，寻找一个命题 r 并能证明其具有 $q \to r$ 不会有所帮助，因为从 $q \to r$ 和 r 得出 q 为真是一种窃取论题[⊖]的错误推理。)反向推理的解释如例 14 和例 15 所示。

例 14 给定两个正实数 x 和 y，其**算术均值**是 $(x+y)/2$ 而其**几何均值**是 $\sqrt{xy}$。当比较不 Extra Examples

⊖ 原文如此，实为肯定结论的谬误。——译者注同正实数对的算术和几何均值时，可以发现算术均值总是大于几何均值。(例如，当 $x=4$ 和 $y=6$ 时，有 $5=(4+6)/2>\sqrt{4\cdot 6}=\sqrt{24}$ 。)能否证明这个不等式恒为真？

解　当 x 和 y 是不同正实数时，要证明 $(x+y)/2>\sqrt{xy}$ ，我们可以采用反向推理。我们构造一系列等价的不等式。这些等价的不等式是：

$$(x+y)/2>\sqrt{xy}$$
$$(x+y)^2/4>xy$$
$$(x+y)^2>4xy$$
$$x^2+2xy+y^2>4xy$$
$$x^2-2xy+y^2>0$$
$$(x-y)^2>0$$

由于当 $x\neq y$ 时，有 $(x-y)^2>0$，所以最后一个不等式为真。由于所有这些不等式都等价，所以可得出当 $x\neq y$ 时，$(x+y)/2>\sqrt{xy}$ 。一旦做了这样的反向推理，就可以通过颠倒这些步骤来构造证明，这样将构造出正向推理的证明。(注意反向推理中的步骤不会成为最终证明的一部分，这些步骤只是作为指南来构造完整的证明。)

证明　假设 x 和 y 是两个不同的实数。那么 $(x-y)^2>0$，因为非零实数的平方是正的。由于 $(x-y)^2=x^2-2xy+y^2$，所以这蕴含着 $x^2-2xy+y^2>0$。两边同时加上 $4xy$，得 $x^2+2xy+y^2>4xy$。因为 $x^2+2xy+y^2=(x+y)^2$，因此 $(x+y)^2>4xy$。两边同时除以4，可得 $(x+y)^2/4>xy$。最后，两边同时开平方(保持不等式性质，因为两边都是正的)得 $(x+y)/2>\sqrt{xy}$ 。从而得出结论如果 x 和 y 是两个不同的实数，那么它们的算术均值 $(x+y)/2$ 大于它们的几何均值 $\sqrt{xy}$ 。◀

例15　假定两人玩游戏，轮流从最初有15块石头的堆中每次取1、2或3块石头。取最后一块石头的人赢得游戏。证明无论第二个玩家如何取，第一个玩家都能赢得游戏。

解　为了证明第一个玩家(甲)总能赢得游戏，我们可以用反向推理。在最后一步，如果留给甲的石头堆中剩下1、2或3块石头，则甲就能获胜。如果第二个玩家(乙)不得不从有4块石头的堆中取石头，就迫使乙留下1、2或3块石头。因此，甲要获胜的一种方法是在倒数第二步给乙留下4块石头。当轮到甲的时候面临5、6或7块石头时(当乙不得不从8块石头的堆中取石头时就会出现这种情况)，甲就能留下4块石头。因此，为迫使乙留下5、6或7块石头，甲应该在其倒数第三步给乙留下8块石头。这意味着当轮到甲取时还有9、10或11块石头。同样，当甲走第一步时应该留下12块石头。我们可以把这个论证倒过来就能证明无论乙如何取，甲总是有石头取从而甲赢得游戏。这些步骤依次给乙留下12、8和4块石头。◀

改编现有证明　在寻找可用于证明语句的方法时，一个很好的思路是利用类似结论现有的证明。一个现有的证明通常可以改编用于证明其他结论。即使不是这样，现有证明中的一些想法也会有所帮助。因为现有证明能为新证明提供线索，就应该多阅读和理解在学习中遇到的证明。这一过程如例16所示。

Extra Examples

例16　在1.7节例11中证明了 $\sqrt{2}$ 是无理数。现在推测 $\sqrt{3}$ 是无理数。我们能够改编1.7节例11的证明来证明 $\sqrt{3}$ 是无理数吗？

解　为改编在1.7节例11的证明，开始先模仿这个证明的步骤，只是要用 $\sqrt{3}$ 代替 $\sqrt{2}$ 。首先，假设 $\sqrt{3}=c/d$，这里分数 c/d 是既约的。等式的两边取平方得到 $3=c^2/d^2$，因此 $3d^2=c^2$。类似于1.7节例11中由等式 $2b^2=a^2$ 证明2是 a 和 b 的公因子的方法，我们可以用这个等式证明3一定是 c 和 d 的公因子吗？(回忆一下如果 t/s 是整数，则整数 s 是整数 t 的因子。一个整数 n 是偶数当且仅当2是 n 的因子。)事实证明是可以的，只是需要借助关于数论的内容。我们勾画出剩下的证明，但省略这些步骤的理由。因为3是

c^2 的因子，它也必然是 c 的因子。再者，因为 3 是 c 的因子，9 就是 c^2 的因子，这意味着 9 是 $3d^2$ 的因子。这蕴含着 3 是 d^2 的因子，这意味着 3 是 d 的因子。这样 3 就是 c 和 d 的因子，与 c/d 是既约分数相矛盾。在为这些步骤添加理由后，我们就完成了通过改编 $\sqrt{2}$ 是无理数的证明来证明 $\sqrt{3}$ 是无理数。注意这个证明可以推广到 $\sqrt{n}$ 是无理数，这里 n 是一个非完全平方的正整数。◀

当你面临要证明一个新定理时，特别是当新定理类似于你原先证明过的定理时，一个窍门就是寻找你可以改编的现有的证明。

1.8.6　寻找反例

1.7 节介绍了应用反例证明法来证明一些语句是假的。当面对一个猜想时，你首先可以试图去证明这个猜想，如果你的尝试没有成功，你可以试图寻找一个反例。如果你不能找到反例，你可以再试图证明这个语句。无论如何，寻找反例都是一个相当重要的方法，并时常能提供对问题的领悟。下面例 17 说明了反例的作用。

例 17　在 1.7 节例 15 中通过寻找反例证明了语句“每个正整数都是两个整数的平方和”为假。也就是说，存在正整数不能写成两个整数的平方和。尽管不能把每一个正整数写成两个整数的平方和，但也许我们能把每一个正整数写成三个整数的平方和。即语句“每个正整数都是三个整数的平方和”是真还是假呢？

Extra Examples

解　因为我们知道并不是每个正整数都是两个整数的平方和，可能最初怀疑每一个正整数能写为三个整数平方和。因此，首先寻找反例。即如果能够找到一个特殊的整数不是三个整数的平方和就能证明语句“每个正整数都是三个整数的平方和”为假。为寻找反例，试着将连续的正整数写成三个整数的立方和。可以发现 $1=0^2+0^2+1^2$，$2=0^2+1^2+1^2$，$3=1^2+1^2+1^2$，$4=0^2+0^2+2^2$，$5=0^2+1^2+2^2$，$6=1^2+1^2+2^2$，但无法找到将 7 写为三个整数的平方和的方法。要证明没有三个数的平方加起来等于 7，注意可以用的平方数是那些不超过 7 的平方数，即 0、1 或 4。因为 0、1 或 4 的任意三项相加得不出 7，所以 7 是一个反例。我们得到结论语句“每个正整数都是三个整数的平方和”为假。

我们已经证明了并不是每个正整数都是三个整数的平方和。下一个问题要问是不是每个正整数都是四个整数的平方和。有些实验证据表明答案是对的。例如，$7=1^2+1^2+1^2+2^2$，$25=4^2+2^2+2^2+1^2$ 和 $87=9^2+2^2+1^2+1^2$。于是得出猜想“每个正整数都是四个整数的平方和”是真的。对于证明参见[Ro10]。◀

1.8.7　证明策略实践

我们在学习数学时仿佛数学事实是刻在石头上的。数学教科书（包括这本书的绝大部分）正式地提出定理及其证明。这样的展示并不能揭示数学发现过程。这一过程以探索概念和例子开始，提出问题，形成猜想，并企图通过证明或者通过反例来解决这些猜想。这些就是数学家的日常活动。不管你信不信，教科书中所讲授的材料起初都是以这个方式发展出来的。

人们基于各种可能证据来拟定猜想。对特殊情形的考察可能够导致一个猜想，就像识别一些可能的模式。对已知定理的假设和结论稍做改变也能导致可信的猜想。有些时候，猜想的建立是基于直觉或者甚至认为结果成立的信念。无论猜想是怎样产生的，一旦它被形式化描述，目标就是证明或者驳斥它。当数学家相信猜想可能是真的时，他们会尝试寻找证明。如果他们找不到证明，他们就会寻找反例。当他们不能找到反例时，他们又会转回来再次试图证明猜想。尽管许多猜想很快被解决，但有些猜想则抵御了数百年攻关，还导致数学新分支的发展。本节稍后将会提到几个著名的猜想。

Extra Examples

1.8.8　拼接

Links

通过对棋盘拼接游戏的简要研究能够解释证明策略的各个方面。研究棋盘的拼接游戏是一种能快速发现多种结论并用各种证明方法来构造其证明的很有效方法。在这个领域几乎创造了无穷多的猜想及其研究。我们需要定义一些术语。一个**棋盘**是一个由水平和垂直线分割成同样大小方格组成的矩形。象棋游戏是在 8 行和 8 列的木板上进行，这块板称为**标准棋盘**(standard checkerboard)，如图 2 所示。在这一节我们用术语**拼板**(board)指任意大小的矩形棋盘，以及删除一个或多个方格剩下的棋盘组成。一个**骨牌**(domino)是一块一乘二的方格组成的矩形，如图 3 所示。当一个拼板的所有方格由不重叠的骨牌覆盖并且没有骨牌悬空时，我们就说一个拼板由骨牌所**拼接**(tiled)。现在来研究一些有关用骨牌拼接拼板的结论。

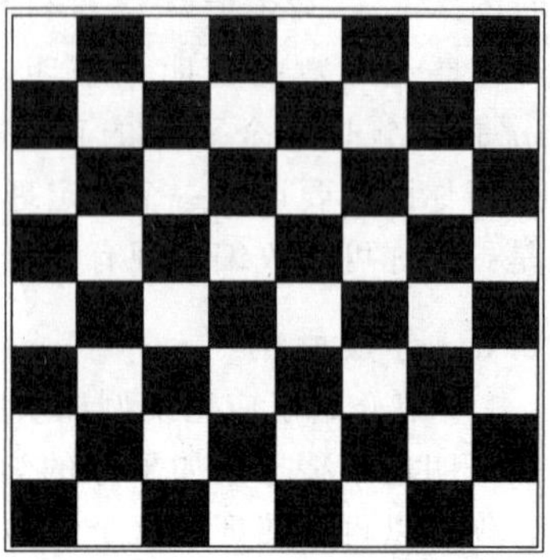

图 2　标准棋盘

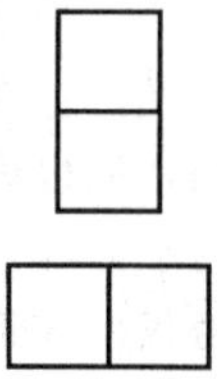

图 3　两种骨牌

例 18　我们能用骨牌拼接标准棋盘吗？

解　我们可以找到许多用骨牌拼接标准棋盘的方法。例如，可以水平放 32 块骨牌拼接它，如图 4 所示。该拼接的存在即完成了一个构造性的存在证明。还有大量其他的方法可以完成这个拼接。可以在拼板上垂直放 32 块骨牌，或者水平放一些和垂直放一些来拼接它。但对于一个构造性存在证明只需要找到一个这样的拼接就可以了。◀

Extra Examples

例 19　我们能拼接从标准棋盘中去掉四个角的方格之一得到的拼板吗？

解　为了回答这个问题，注意一个标准棋盘有 64 个方格，因此去掉一个方格就会产生由 63 个方格构成的拼板。现在假设能够拼接一个从标准棋盘中去掉一个角的方格的拼板。因为每一个骨牌盖住两个方格，并且没有两个骨牌重叠没有骨牌悬空，所以拼板上一定有偶数个方格。因此，可以用归谬证明法证明标准棋盘去掉一个方格后不能用骨牌拼接，因为这样一个拼板有奇数个方格。◀

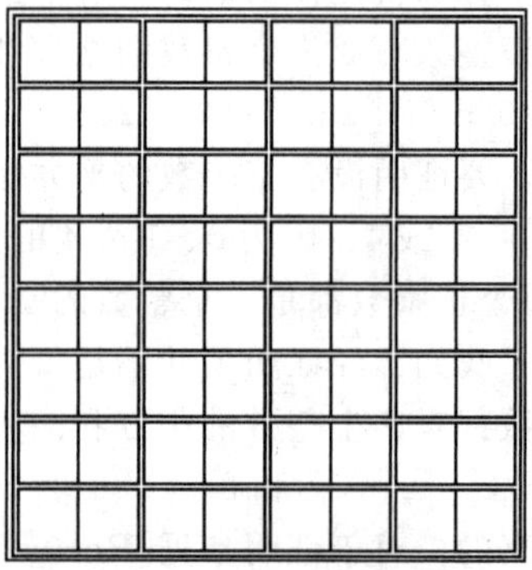

图 4　拼接标准棋盘

现在考虑一个比较棘手的情况。

例 20　我们能拼接标准棋盘中去掉左上角和右下角方格得到的拼板吗，如图 5 所示？

解　去掉标准棋盘中两个方格得到的拼板包含 64－2＝62 个方格。因为 62 是偶数，不能像例 19 那样很快排除标准棋盘去掉左上角和右下角方格后拼接的存在性，例 19 中排除了标准棋盘去掉一个方格后用骨牌拼接的存在性。读者应该尝试的第一个方法可能是通过依次放置骨牌来试图构造这个拼板的拼接。然而，无论怎么试验，我们都不能找到这样的一个拼接。因为我们的努力没有得到一个拼接，所以导向一个猜测：拼接不存在。

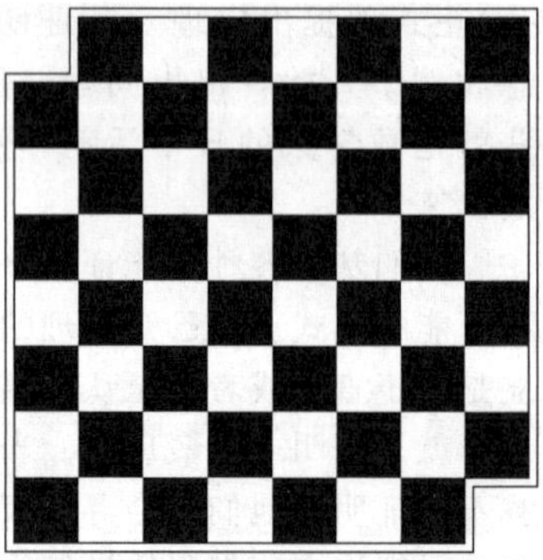

图 5　标准棋盘去掉左上角和右下角方块

我们通过证明无论怎样在拼板上依次放置骨牌都会走进死胡同从而可以试图证明不存在拼接。为构造这样的证明，不得不考虑在选择依次放置骨牌时可能出现的所有可能情况。例如，要覆盖紧挨着去掉的左上角方格的第一行第二列的方格就有两种选择。我们可以用水平方式拼接或者垂直方式拼接来覆盖它。这两种选择的每一种都会导致下一步的不同选择，如此继续。很快就会发现对于人来说这不是一个有效的解决方案，尽管可以用计算机通过穷举法来完成这样的证明(练习 47 要求你提供这样的证明来解释一个 4×4 棋盘去掉对角后不能拼接)。

我们需要另一种方法。或许有一个比较容易的方法可以证明标准棋盘去掉两个对角后不存在拼接。正如许多证明一样，一个关键的观察能启发我们。我们交替用白和黑给这个棋盘的方格涂色，如图 2 所示。观察在这样的拼板拼接中一个骨牌覆盖一个白方格和一个黑方格。其次，注意这样的拼板白色方格和黑色方格数量不等。我们可以用这些观察通过归谬证明法来证明一个标准棋盘去掉两个对角后不能用骨牌拼接。现在给出这样的证明。

证明　假设能用骨牌拼接标准棋盘去掉两个对角后的拼板。注意标准棋盘去掉两个对角后包含 64－2＝62 个方格。拼接需要用到 62/2＝31 个骨牌。注意在这个拼接中，每个骨牌盖住一个白的和一个黑的方格。因此，这个拼接盖住 31 个白的和 31 个黑的方格。然而，当去掉两个对角方格时，剩下的方格或者是 32 块白的 30 块黑的，或者是 30 块白的 32 块黑的。这与能用骨牌覆盖标准棋盘去掉两个对角后的拼板的假设相矛盾，从而完成证明。◀

我们还可以用骨牌之外其他类型的板块来拼接。我们研究用同样的方格沿边粘连起来构成的相同形状的板块而非骨牌来做拼接游戏。这样的板块称为**多联骨牌**(polyomino)，这个术语是由数学家所罗门·戈洛姆在 1953 年创造的，他为此写了一本消遣性的书[Go94]。我们将两个具有同样数量方格的多联骨牌当作一样的，如果通过旋转和翻转其中一个而能得到另一个。例如，有两种类型的三联骨牌(见图 6)，它是由三个方格沿边粘连起来的多联骨牌。一种三联骨牌是**直三联骨牌**(straight triomino)，它由三个水平连接的方格构成；另一种是**直角三联骨牌**(right triomino)，酷似字母 L 的形状，及其翻转和旋转(必要时)。这里将研究用直三联骨牌拼接棋盘。

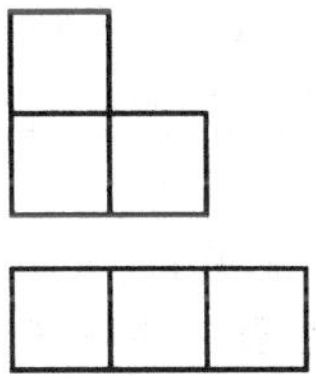

图 6　一个直角三联骨牌和一个直三联骨牌

例 21　你能用直三联骨牌拼接标准棋盘吗？

解　标准棋盘含有 64 个方格，每一个三联骨牌覆盖 3 个方格。因此，如果三联骨牌拼接了一个拼板，拼板的方格数量一定是 3 的倍数。因为 64 不是 3 的倍数，所以三联骨牌不能用于覆盖 8×8 棋盘。◀

下面的例 22，考虑了用直三联骨牌拼接一个标准棋盘去掉一个角的问题。

例 22　我们能用直三联骨牌拼接标准棋盘中去掉四个角的任一个角的拼板吗？一个 8×8 棋盘去掉一个角后包含 64－1＝63 个方格。用直三联骨牌对四种可能的任一做拼接都要用63/3＝21 个直三联骨牌。然而当我们试验时，找不到一个用直三联骨牌对这样的拼板拼接。穷举证明法也没有带来什么希望。我们能改编例 20 的证明来证明这样的拼接不存在吗？

解　例 20 证明了用骨牌拼接去掉对角的标准棋盘是不可能的，为了尝试改编例 20 的归谬证明，我们给棋盘的方格涂色。因为是用直三联骨牌而不是骨牌，我们用三种而不是两种颜色为方格着色，如图 7 所示。注意在这个着色中有 21 个灰色方格、21 个黑色方格、22 个白色方格。接着，做一个重要的观察，当一个直三联骨牌覆盖棋盘的 3 个方格时，它覆盖一个灰色的、一个黑色的和一个白色的方格。然后注意 3 种颜色的每一个都出现在一个角的方格中。于是，不失一般性，

图 7　用三种颜色对标准棋盘方格着色

我们可以假设轮换颜色，使得去掉的方格是灰色的。因此假设剩余的拼板包含20个灰色方格、21个黑色方格、22个白色方格。

如果能用直三联骨牌拼接这块拼板，那么将用63/3=21个直三联骨牌。这些直三联骨牌覆盖21个灰色方格、21个黑色方格、21个白色方格。这与该拼板包含20个灰色方格、21个黑色方格、22个白色方格相矛盾。因此不能用直三联骨牌拼接这个拼板。◀

1.8.9 开放问题的作用

数学中的许多进展是人们在试图解决著名的悬而未决的问题时而做出的。在过去的20年中，有许多悬而未决的问题最后被最终解决，比如数论中300多年前的一个猜想被证明。这个猜想断言称为**费马大定理**的命题为真。

定理1 费马大定理：只要 n 是满足 $n>2$ 的整数，方程

$$x^n+y^n=z^n$$

就没有满足 $xyz\neq 0$ 的整数解 x、y 和 z。

Links **评注** 方程 $x^2+y^2=z^2$ 有无穷多个整数解 x、y 和 z，这些解称为毕达哥拉斯三元组[⊖]，对应于具有整数边长的直角三角形的边长。参见练习34。

这个问题有一段很有意思的典故。在17世纪，费马在一本丢番图的著作的空白处匆匆写道，他有了“巧妙的证明”：当 n 是大于2的整数时 $x^n+y^n=z^n$ 没有非零的整数解。但他从来没有发表过一个证明(费马几乎没有发表过任何东西)，在他死后留下的文章中也找不到任何证明。数学家花了300年寻找这个证明却没有成功，尽管许多人相信能找到一个相对简单的证明。(已经有一些特殊情形下的证明，比如欧拉的当 $n=3$ 时的证明和费马本人的当 $n=4$ 时的证明。)历年来，有些有声望的数学家认为他们证明了这个定理。在19世纪，这些失败的尝试之一导致了被称为代数数论的数论分支的发展。直到20世纪90年代，当安德鲁·怀尔斯(Adrew Wiles)采用源自深奥的数论领域中所谓的椭圆曲线理论的最新思想来证明费马大定理时，才找到了几百页长的高等数学的正确证明。公共电视台Nova系列的节目介绍说，怀尔斯利用这个强有力的理论来寻找费马大定理的证明花费了将近10年时间！另外，他的证明还基于许多数学家的重大贡献。(感兴趣的读者可以查阅[Ro10]来了解关于费马大定理的更多信息和关于这个问题及其解决的其他参考资料。)

下面我们给出一个开放问题，这个问题描述起来很简单，但却很难求解。

Links **例23** **3x+1猜想** 令 T 是把偶整数 x 转换成 $x/2$、把奇整数 x 转换成 $3x+1$ 的变换。一个著名的猜想，有时称为 $3x+1$ 猜想：对于所有正整数 x，当反复地应用变换 T 时，最终会得到整数1。例如，从 $x=13$ 开始，发现 $T(13)=3\cdot 13+1=40$，$T(40)=40/2=20$，$T(20)=20/2=10$，$T(10)=10/2=5$，$T(5)=3\cdot 5+1=16$，$T(16)=8$，$T(8)=4$，$T(4)=2$，$T(2)=1$。对于直到 $5.6\cdot 10^{13}$ 的所有整数都验证了 $3x+1$ 猜想。

$3x+1$ 猜想具有有趣的历史，从20世纪50年代以来就吸引了数学家的注意力。这个猜想被多次提出，具有许多其他名称，包括：Collatz问题、Hasse算法、Ulam问题、Syracuse问题以及Kakutani问题等。许多数学家抛开原有工作花时间来解决这个猜想。这还引起一则笑话说这个问题是旨在减缓美国数学研究的阴谋的一部分。参见Jeffrey Lagaris的文章[La10]来了解对这个问题有趣的讨论以及试图解决这个问题的数学家所发现的结果。◀

在离散数学中有数量惊人的开放问题。在阅读本书时，你会遇到很多其他方面的开放问题，对这类问题的研究对离散数学许多领域的发展起着重要作用。

1.8.10 其他证明方法

本章介绍了证明中使用的基本方法。同时描述了如何利用这些方法来证明各种结论。后续

⊖ 也叫作勾股数组。——译者注

章节中将会用到这些证明方法。特别是，在第 2 章中将用这些证明方法证明有关集合、函数、算法和数论的结论，在第 5、6、7 章中用于证明图论中的结论。在我们要证明的这些定理中有一个著名的停机定理，它阐述了存在一个不能用任何过程来解决的问题。可是，除了我们讨论过的方法外还有许多重要的证明方法。第 3 章介绍组合证明的概念，可采用计数论证的方式证明相关结论。读者应当注意相关书籍专门描述本节中讨论的内容，包括乔治·波利亚(George Polya)的许多优秀著作([Po61]、[Po71]、[Po90])。

最后，请注意我们没有给出一个能够用于证明数学中定理的过程。这样一个过程不存在的理由涉及数理逻辑中的一个深奥的定理。

奇数编号练习

1. 证明当 n 是 $1\leqslant n\leqslant 4$ 的正整数时，有 $n^2+1\geqslant 2^n$。

3. 采用分情形证明法证明 100 不是一个整数的立方。[提示：考虑两种情况：(i)$1\leqslant x\leqslant 4$，(ii)$x\geqslant 5$。]

5. 证明如果 x 和 y 都是实数，则 $\max(x, y)+\min(x, y)=x+y$。[提示：使用分情形证明法，两种情形分别对应于 $x\geqslant y$ 和 $x<y$。]

7. 用不失一般性的概念证明当 x 和 y 是实数时有 $\min(x, y)=(x+y-|x-y|)/2$ 和 $\max(x, y)=(x+y+|x-y|)/2$。

9. 证明**三角不等式**：如果 x 和 y 都是实数，则 $|x|+|y|\geqslant|x+y|$(其中 $|x|$ 表示 x 的绝对值，当 $x\geqslant 0$ 时它等于 x，当 $x<0$ 时它等于 $-x$)。

11. 证明存在 100 个连续的不是完全平方的正整数。你的证明是构造性的还是非构造性的？

13. 证明存在一对连续的整数，其中一个整数是完全平方数，另一个是完全立方数。

15. 证明或驳斥存在有理数 x 和无理数 y，使得 x^y 是无理数。

17. 证明下列每一个命题均可用于表达这样的事实：存在唯一的元素 x 使得 $P(x)$ 为真。[注意，这等同于命题 $\exists!xP(x)$。]

a) $\exists x\forall y(P(y)\leftrightarrow x=y)$

b) $\exists xP(x)\land\forall x\forall y(P(x)\land P(y)\rightarrow x=y)$

c) $\exists x(P(x)\land\forall y(P(y)\rightarrow x=y))$

19. 假定 a 和 b 是奇数且 $a\neq b$。证明存在唯一的整数 c 满足 $|a-c|=|b-c|$。

21. 证明如果 n 是奇数，则存在唯一的整数 k 使得 n 是 $k-2$ 和 $k+3$ 之和。

23. 证明给定实数 x，存在唯一的数 n 和 ε 使得 $x=n-\varepsilon$，这里 n 是整数且 $0\leqslant\varepsilon<1$。

25. 两个实数 x 和 y 的**调和均值**(harmonic mean)是 $2xy/(x+y)$。通过计算不同正实数对的调和均值和几何均值，构造一个关于这两种均值相对大小的猜想并证明之。

***27.** 在黑板上写下数字 1，2，…，$2n$，其中 n 是奇数。从中任意挑出两个数 j 和 k，在黑板上写下 $|j-k|$ 并擦掉 j 和 k。继续这个过程，直到黑板上只剩下一个整数为止。证明：这个整数必为奇数。

29. 构造一个关于一个整数的 4 次幂的十进制末位数字的猜想。用分情形证明法证明你的猜想。

31. 证明不存在正整数 n 使得 $n^2+n^3=100$。

33. 证明方程 $x^4+y^4=625$ 没有 x 和 y 的整数解。

35. 改编 1.7 节例 4 的证明来证明如果 $n=abc$，其中 a、b、c 是正整数，则 $a\leqslant\sqrt[3]{n}$ 、$b\leqslant\sqrt[3]{n}$ 或者 $c\leqslant\sqrt[3]{n}$ 。

37. 证明任两个有理数之间都有一个无理数。

***39.** 设 $S=x_1y_1+x_2y_2+\cdots+x_ny_n$，其中 x_1，x_2，…，x_n 和 y_1，y_2，…，y_n 是两个不同的正实数序列的排列，各自有 n 个元素。

a) 证明：在这两个序列的所有排列中，当两个序列都排序(每个序列中的元素都以非降序排列)时，S 取最大值。

b) 证明：在这两个序列的所有排列中，当一个序列排成非降序，另一个序列排成非升序时，S 取最小值。

41. 对下列这些整数验证 $3x+1$ 猜想：

a) 6　　**b)** 7　　**c)** 17　　**d)** 21

43. 证明或驳斥：你能用骨牌拼接去掉两个相邻角(也就是说，不是对角)的标准棋盘。

45. 证明：你能用骨牌拼接带有偶数个方格的长方形棋盘。

47. 通过穷举法证明：用骨牌拼接去掉两个对角的 4×4 棋盘是不可能的。[提示：首先证明你能假设可以去掉左上角和右下角的方格。对原始棋盘的方格用 1 到 16 进行编号，从第一行开始，在这一行向右编号，然后在第 2 行最左边的方格开始向右编号等。去掉第 1 和 16 号方格。开始证明时，注意 2 号方格或者被一个水平放置的骨牌覆盖，此时覆盖了 2 和 3 两个方格，或者垂直放置而覆盖 2 和 6 号方格。分别考虑每一种情形以及由此产生的所有子情形。]

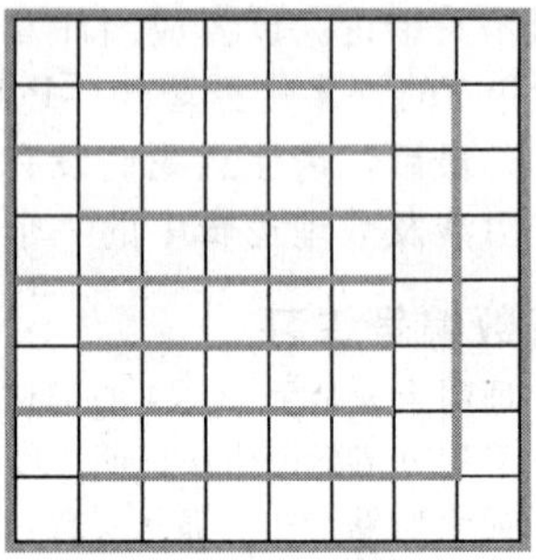

49. 证明：从一个 8×8(如同正文中的着色)的棋盘去掉两块白的和两块黑的方格后，就不可能用骨牌来拼接棋盘留下的方格。

* **51.** **a**)画 5 种不同的四联骨牌，这里四联骨牌是指由 4 个方格组成的多联骨牌。

b)对于 5 种不同的四联骨牌的每一种，证明或驳斥可以用这些四联骨牌拼接一个标准棋盘。

基本结构：集合、函数、序列、求和与矩阵

离散数学的许多内容主要研究用以表示离散对象的离散结构。许多重要的离散结构是用集合来构建的，这里集合就是对象的汇集。由集合构建的离散结构包括：组合——无序对象汇集，广泛用于计数；关系——序偶的集合，用于表示对象之间的关系；图——结点和连接结点的边的集合；有限状态机——为计算机器建模。这是我们将在后续章节要研究的一些主题。

函数的概念在离散数学中是非常重要的。函数给第一个集合中的每一个元素指派第二个集合中的恰好一个元素，这里两个集合不一定要不同。函数在整个离散数学中起着重要的作用。可以用以表示算法的计算复杂度，研究的集合的大小，计算对象的数量，以及无数的其他应用方式。像序列和字符串这样非常有用的结构就是特殊类型的函数。这一章我们将介绍序列的概念，即表示元素的有序排列。另外还将介绍一些重要类型的序列并讨论如何用序列前面的项来定义后续的项。我们还会论述从几个初始项来确定一个序列的问题。

在离散数学研究中，我们还常常将一个数列的连续项加起来。因为将数列中的项以及其他数的索引集的项加起来，已经是一个相当普遍的现象，以至于开发了一个特殊的符号来表示把这些项加起来。在这一章中，我们引入用于表示求和的符号。我们还会给出贯穿于离散数学研究的某些类型的求和公式。例如，对数列进行排序使其项按递增顺序排列的算法，在分析算法所需的步骤时就会遇到这样的求和问题。

通过引入一个集合的大小或基数的概念就可以研究无限集合的相对大小问题。当一个集合是有限的或者与正整数的集合具有一样的大小，我们说这个集合是可数的。在这一章中，我们会确立一些令人惊奇的结论：有理数的集合是可数的，而实数集则不是。本章还将展示我们所讨论的概念如何用于证明存在一些函数是不能用任何编程语言写的计算机程序来计算的。

矩阵在离散数学中可用于表示很多种离散结构。我们会复习用来表示关系和图时所需的矩阵和矩阵运算的一些基本内容。矩阵运算可用于求解许多涉及这些结构的问题。

2.1 集合

2.1.1 引言

这一节我们将研究最基本的离散结构——集合，所有其他离散结构都建立于集合之上。集合可用于把对象聚集在一起。通常，一个集合中的对象都有相似的性质，但也不绝对。例如，目前就读于你们学校的所有学生构成一个集合。同样，目前选修任何学校的一门离散数学课的学生可以组成一个集合。此外，在你们学校就读且正选修一门离散数学课的所有学生组成一个集合，这个集合可以从上述两个集合中取共同的元素得到。集合语言是以有组织的方式来研究这些集合的工具。下面给出集合的一种定义。这是一种直观的定义，不属于集合形式化理论的一部分。

定义 1 集合是不同对象的一个无序的聚集，对象也称为集合的元素(element)或成员(member)。集合包含(contain)它的元素。我们用 $a \in A$ 来表示 a 是集合 A 中的一个元素。记号 $a \notin A$ 表示 a 不是集合 A 中的一个元素。

通常我们用大写字母来表示集合。用小写字母表示集合中的元素。

描述集合有多种方式。一种方式是在可能的情况下一一列出集合中的元素。我们采用在花

括号之间列出所有元素的方法。例如，$\{a, b, c, d\}$表示含4个元素a、b、c和d的集合。这种描述集合的方式也称为是**花名册方法**(roster method)。

例1 英语字母表中所有元音字母的集合V可以表示为$V=\{a, e, i, o, u\}$。◀

例2 小于10的正奇数集合O可以表示为$O=\{1, 3, 5, 7, 9\}$。◀

例3 尽管集合常用来聚集具有共同性质的元素，但也不妨碍集合拥有表面上看起来毫不相干的元素。例如{a，2，Fred，New Jersey}是包含4个元素a、2、Fred和New Jersey的集合。◀

有时候用花名册方法表示集合却并不列出它的所有元素。先列出集合中的某些元素，当元素的一般规律显而易见时就用省略号(…)代替。

Extra Examples

例4 小于100的正整数集合可以记为$\{1, 2, 3, \cdots, 99\}$。◀

描述集合的另一种方式是使用**集合构造器**(set builder)符号。我们通过描述作为集合的成员必须具有的性质来刻画集合中的那些元素。一般的形式是采用记号$\{x \mid x$具有性质$P\}$，并读作满足P的所有x的集合。例如，小于10的所有奇数的集合O可以写成

$$O=\{x \mid x\text{是小于10的正奇数}\}$$

或者，指定全集为正整数集合，如

$$O=\{x \in \mathbf{Z}^{+} \mid x\text{为奇数}, x<10\}$$

当不可能列出集合中所有元素时我们常用这类记法来描述集合。例如，所有正有理数集合$\mathbf{Q}^{+}$，可以写成

$$\mathbf{Q}^{+}=\{x \in \mathbf{R} \mid x=p/q, p\text{和}q\text{为正整数}\}$$

这些集合通常用黑体表示，它们在离散数学中发挥着重要的作用：

$\mathbf{N}=\{0,1,2,3,\cdots\}$，**所有自然数的集合**

$\mathbf{Z}=\{\cdots,-2,-1,0,1,2,\cdots\}$，**所有整数的集合**

$\mathbf{Z}^{+}=\{1,2,3,\cdots\}$，**所有正整数的集合**

$\mathbf{Q}=\{p/q \mid p \in \mathbf{Z}, q \in \mathbf{Z}, \text{且} q \neq 0\}$，**所有有理数的集合**

$\mathbf{R}$，**所有实数的集合**

$\mathbf{R}^{+}$，**所有正实数的集合**

$\mathbf{C}$，**所有复数的集合**

(注意有些人认为0不是自然数，所以当你阅读其他书籍的时候要仔细检查术语自然数是怎样用的。)

回顾一下表示实数区间的记号。当a和b是实数且$a<b$时，我们可以写

$$[a,b]=\{x \mid a \leqslant x \leqslant b\}$$
$$[a,b)=\{x \mid a \leqslant x < b\}$$
$$(a,b]=\{x \mid a < x \leqslant b\}$$
$$(a,b)=\{x \mid a < x < b\}$$

注意$[a, b]$称为是从a到b的**闭区间**，而(a, b)称为是从a到b的**开区间**。$[a, b]$、$[a, b)$、$(a, b]$和(a, b)的每个区间都包含a和b之间的所有实数。其中，前两个包含a，第一个和第三个包含b。

评注 有些书采用记号$[a, b[$、$]a, b]$和$]a, b[$分别表示$[a, b)$、$(a, b]$和(a, b)。

集合可以把其他的集合当作自己的成员，如例5所示。

例5 集合$\{\mathbf{N}, \mathbf{Z}, \mathbf{Q}, \mathbf{R}\}$包含了四个元素，每一个元素都是一个集合。这个集合的四个元素是：$\mathbf{N}$，自然数集；$\mathbf{Z}$，整数集；$\mathbf{Q}$，有理数集；以及$\mathbf{R}$，实数集。◀

评注 计算机科学中的数据类型或类型的概念是建立在集合这一概念上的。特别地，数据类型或类型是一个集合连同作用于该集合对象上的一组操作的整体的名称。例如，布尔(boolean)是集

合{0，1}的一个名称，连同对其上一个或多个元素实施运算，如 AND、OR 和 NOT。

由于许多数学语句断言以两种不同方式描述的对象聚集实际上是同一个集合，所以我们需要理解两个集合相等的含义。

定义 2　两个集合相等当且仅当它们拥有同样的元素。所以，如果 A 和 B 是集合，则 A 和 B 是相等的当且仅当 $\forall x(x\in A\leftrightarrow x\in B)$。如果 A 和 B 是相等的集合，就记为 $A=B$。

例 6　集合{1，3，5}和{3，5，1}是相等的，因为它们拥有同样的元素。注意集合中元素的排列顺序无关紧要。还要注意同一个元素被列出来不止一次也没关系，所以{1，3，3，3，5，5，5，5}和{1，3，5}是同一个集合，因为它们拥有同样的元素。◀

空集　有一个特殊的不含任何元素的集合。这个集合称为**空集**(empty set 或 null set)，用 $\varnothing$ 表示。空集也可以用{}表示(这里我们用一对花括号来表示空集)。经常具有一定性质的元素组成的集合其实就是空集。例如，大于自身的平方的所有正整数的集合是空集。

只有一个元素的集合叫作**单元素集**(singleton set)。一个常见的错误是混淆空集 $\varnothing$ 与单元素集合{$\varnothing$}。集合{$\varnothing$}的唯一元素是空集本身！考虑计算机文件系统中的文件夹做一个类比有助于记住这个区别。空集可以比做一个空的文件夹，而仅包含一个空集的集合可以比做一个文件夹里只有一个文件夹，即空文件夹。

朴素集合论　注意集合定义(定义 1)中用到的术语对象，而没有指定一个对象是什么。基于对象的直觉概念基础上，将集合描述为对象的聚集最先是由德国数学家乔治·康托尔于 1895 年提出的。由集合的直觉定义以及无论什么性质都存在一个恰好由具有该性质的对象组成的集合这种直觉概念的使用所产生的理论导致**悖论**(paradox)或逻辑不一致性。这已由英国哲学家伯特兰·罗素(Bertrand Russell)在 1902 年所证实(有关悖论的描述参见练习 50)。这些逻辑不一致性可以通过由公理出发构造集合论来避免。然而，我们在本书中将使用康托尔集合论的原始版本，即所谓的**朴素集合论**(naïve set theory)，因为本书中所考虑的所有集合都可以用康托尔原始理论来处理并保持一致性。如果有学生愿意继续学习公理集合论，他们会发现了解朴素集合论也会很有帮助。他们还会发现公理集合论的发展远比本书中的内容要抽象。建议有兴趣的读者参考[Su72]以了解更多关于公理集合论的内容。

Links

2.1.2　文氏图

集合可以用文氏图形象地表示。文氏图是以英国数学家约翰·文(John Venn)的名字命名的，他在 1881 年介绍了这种图的使用。在文氏图中**全集**(universal set)U，包含所考虑的全部对象，用矩形框来表示。(注意全集随着我们所关注的对象会有所不同。)在矩形框内部，圆形或其他几何图形用于表示集合。有时候用点来表示集合中特定的元素。文氏图常用于表示集合之间的关系。下面例 7 展示了怎样使用文氏图。

Assessment

例 7　画一个文氏图表示英语字母表中元音字母集合 V。

解　画一个矩形表示全集 U，这是 26 个英文字母的集合。在矩形中画一个圆表示集合 V。在圆中用点表示集合 V 的元素(见图 1)。◀

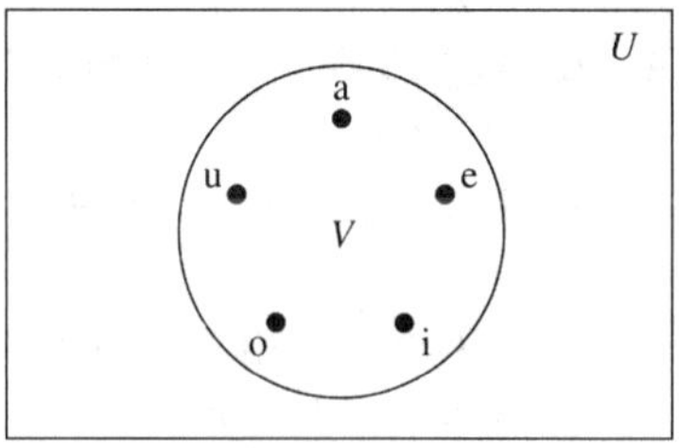

图 1　元音字母集合的文氏图

2.1.3　子集

通常会遇到这样的情况，一个集合的元素也是另一个集合的元素。现在引入术语和记号来表达这种集合之间的关系。

定义 3　集合 A 是集合 B 的子集并且 B 是 A 的超集当且仅当 A 的每个元素也是 B 的元素。我们用记号 $A\subseteq B$ 表示集合 A 是集合 B 的子集。另外，如果我们要强调 B 是 A 的超集，可以用等价的记号 $B\supseteq A$(故 $A\subseteq B$ 和 $B\supseteq A$ 是等价的语句)。

我们看到，$A\subseteq B$ 当且仅当量化式

$$\forall x(x\in A\rightarrow x\in B)$$

为真。注意要证明 A 不是 B 的子集，我们只需要找到一个元素 $x\in A$ 但 $x\notin B$。这样的 x 就是 $x\in A$ 蕴含 $x\in B$ 的一个反例。

我们可以用下面的规则判断一个集合是否是另一个集合的子集：

证明 A 是 B 的子集：为了证明 $A\subseteq B$，需要证明如果 x 属于 A 则 x 也属于 B。

证明 A 不是 B 的子集：为了证明 $A\not\subseteq B$，需要找一个 $x\in A$ 使得 $x\notin B$。

例8 所有小于10的正奇数的集合是所有小于10的正整数的集合的子集，有理数集是实数集的一个子集，你们学校主修计算机科学的学生的集合是你们学校全体学生集合的子集，在中国的所有人的集合是在中国的所有人的集合的子集(即它是自身的子集)。注意属于每对集合中第一个集合的元素也属于该对集合中第二个集合就可以很快得出这些事实。◀

例9 其平方小于100的整数集合不是非负整数集合的子集，因为-1在前一个集合中[由于$(-1)^2<100$]但不在后一个集合中。在你校选修离散数学的人的集合不是你校计算机专业学生集合的子集，如果至少有一个学生不是计算机专业的但却选修了离散数学。◀

定理1表明每个非空集合 S 都至少有两个子集，分别为空集和集合 S 本身，即$\varnothing\subseteq S$ 和$S\subseteq S$。

定理1 对于任意集合 S，有：(i)$\varnothing\subseteq S$，(ii)$S\subseteq S$。

我们将证明(i)，(ii)的证明留作练习。

证明 令 S 为一个集合。为了证明$\varnothing\subseteq S$，必须证明$\forall x(x\in\varnothing\rightarrow x\in S)$为真。因为空集没有元素，所以 $x\in\varnothing$ 总是假。因此 $x\in\varnothing\rightarrow x\in S$ 总是真，因为其前提为假，并且前提为假的条件语句为真。即$\forall x(x\in\varnothing\rightarrow x\in S)$为真。这完成了(i)的证明。注意这是空证明的一个示例。◀

当我们要强调集合 A 是集合 B 的子集但是 $A\neq B$ 时，就写成 $A\subset B$ 并说 A 是 B 的**真子集**。如果 $A\subset B$ 是真的，则必有 $A\subseteq B$ 且必有 B 的某个元素 x 不是 A 的元素。即 A 是 B 的真子集当且仅当

$$\forall x(x\in A\rightarrow x\in B)\wedge\exists x(x\in B\wedge x\notin A)$$

为真。文氏图可以用来解释集合 A 是集合 B 的子集。我们把全集 U 画成长方形。在这长方形中画一圆表示 B。由于 A 是 B 的子集，我们在代表 B 的圆内画圆表示 A。这个关系如图2所示。

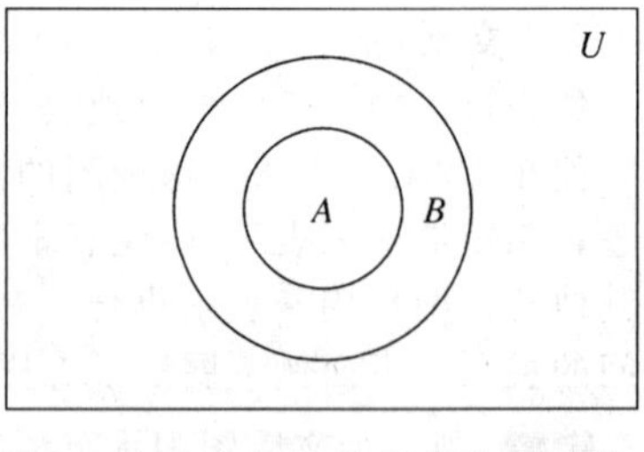

图2　表示 A 是 B 的子集的文氏图

回忆一下定义2，如果两个集合拥有相同的元素，则这两个集合相等。证明两个集合具有相同元素的一个有效方法是证明每个集合是另一个的子集。换言之，可以证明如果 A 和 B 为集合并且 $A\subseteq B$ 和 $B\subseteq A$，则有 $A=B$。也就是说，$A=B$ 当且仅当$\forall x(x\in A\rightarrow x\in B)$和$\forall x(x\in B\rightarrow x\in A)$；或者等价于当且仅当$\forall x(x\in A\leftrightarrow x\in B)$，这就是 A 和 B 相等的含义。因为这个证明两个集合相等的方法很有效，这里就再强调一下。

证明两个集合相等：为了证明两个集合 A 和 B 相等，需要证明 $A\subseteq B$ 和 $B\subseteq A$。

集合可以以其他集合作为其成员。例如，下面列出的集合：

$$A=\{\varnothing, \{a\}, \{b\}, \{a, b\}\}$$
$$B=\{x\mid x\text{ 是集合}\{a, b\}\text{的子集}\}$$

注意这两个集合是相等的，即 $A=B$。同时注意$\{a\}\in A$，但是 $a\notin A$。

2.1.4　集合的大小

集合广泛应用于计数问题，为此我们需要讨论集合的大小问题。

定义 4 令 S 为集合。如果 S 中恰有 n 个不同的元素，这里 n 是非负整数，我们就说 S 是有限集，而 n 是 S 的基数。S 的基数记为 $|S|$。

评注 术语基数(cardinality)来自于将术语基数(cardinal number)作为一个有限集的大小的常用语。

例 10 令 A 为小于 10 的正奇数集合。则 $|A|=5$。◀

例 11 令 S 为英语字母表中字母的集合。那么 $|S|=26$。◀

例 12 由于空集没有元素，所以 $|\varnothing|=0$。◀

我们对于元素个数不是有限的集合也有兴趣。

定义 5 一个集合称为是无限的，如果它不是有限的。

例 13 正整数集合是无限的。◀

Extra Examples

我们将在 2.5 节将基数的概念扩展到无限集，这是一个富有挑战性且又充满惊奇的主题。

2.1.5 幂集

许多问题涉及要检查一个集合的元素的所有可能组合看它们是否满足某种性质。为了考虑集合 S 中元素所有可能的组合，我们构造一个以 S 的所有子集作为其元素的新集合。

定义 6 给定集合 S，S 的幂集(power set)是集合 S 所有子集的集合。S 的幂集记为 $\mathcal{P}(S)$。

例 14 集合 $\{0, 1, 2\}$ 的幂集是什么？

Extra Examples

解 幂集 $\mathcal{P}(\{0, 1, 2\})$ 是 $\{0, 1, 2\}$ 所有子集的集合。因此，

$$\mathcal{P}(\{0, 1, 2\})=\{\varnothing, \{0\}, \{1\}, \{2\}, \{0, 1\}, \{0, 2\}, \{1, 2\}, \{0, 1, 2\}\}$$

注意空集和集合自身都是这个子集的集合的成员。◀

例 15 空集的幂集是什么？集合 $\{\varnothing\}$ 的幂集是什么？

解 空集只有一个子集，即它自身。因此，

$$\mathcal{P}(\varnothing)=\{\varnothing\}$$

集合 $\{\varnothing\}$ 有两个子集，即 $\varnothing$ 和集合 $\{\varnothing\}$ 自身。于是，

$$\mathcal{P}(\{\varnothing\})=\{\varnothing,\{\varnothing\}\}$$ ◀

如果一个集合有 n 个元素，那么它的幂集就有 2^n 个元素。我们将在本书后续章节中以不同的方式来证明这一事实。

2.1.6 笛卡儿积

有时候元素聚集中，次序是很重要的。由于集合是无序的，所以就需要用一种不同的结构来表示有序的聚集。这就是有序 n 元组。

定义 7 有序 n 元组(ordered n-tuple)$(a_1, a_2, \cdots, a_n)$ 是以 a_1 为第 1 个元素，a_2 为第 2 个元素，…，a_n 为第 n 个元素的有序聚集。

两个有序 n 元组是相等的当且仅当每一对对应的元素都相等。换言之，$(a_1, a_2, \cdots, a_n)=(b_1, b_2, \cdots, b_n)$ 当且仅当对于 $i=1, 2, \cdots, n$，有 $a_i=b_i$。特别地，有序二元组称为**序偶**(ordered pair)。序偶 (a, b) 和 (c, d) 相等当且仅当 $a=c$ 和 $b=d$。注意 (a, b) 和 (b, a) 不相等，除非 $a=b$。

在随后几章中我们将要学习的许多离散结构都是基于(以笛卡儿的名字命名的)集合的笛卡儿积的概念。我们先定义两个集合的笛卡儿积。

定义 8　令 A 和 B 为集合。A 和 B 的笛卡儿积(Cartesian product)用 $A\times B$ 表示，是所有序偶 (a, b) 的集合，其中 $a\in A$ 且 $b\in B$。于是，

$$A\times B=\{(a,b)\mid a\in A \land b\in B\}$$

Extra Examples

例 16　令 A 为一所大学所有学生的集合，B 表示该大学开设的所有课程的集合。A 和 B 的笛卡儿积 $A\times B$ 是什么，如何应用？

解　笛卡儿积 $A\times B$ 由所有形如 (a, b) 的序偶组成，其中 a 是该校的学生而 b 是该校开设的一门课程。集合 $A\times B$ 的一种用法是可以用来表示该校学生选课的所有可能情况。另外，观察到 $A\times B$ 的每个子集表示一种可能的选课情况，$\mathcal{P}(A\times B)$ 表示所有可能的选课情况。◀

例 17　$A=\{1, 2\}$ 和 $B=\{a, b, c\}$ 的笛卡儿积是什么？

解　笛卡儿积 $A\times B$ 是

$$A\times B=\{(1,a),(1,b),(1,c),(2,a),(2,b),(2,c)\}$$ ◀

注意笛卡儿积 $A\times B$ 和 $B\times A$ 是不相等的，除非 $A=\varnothing$ 或 $B=\varnothing$(这样 $A\times B=\varnothing$)或 $A=B$(参见练习 33 和 40)。下面用例 18 来解释。

例 18　证明笛卡儿积 $B\times A$ 不等于笛卡儿积 $A\times B$，其中 A 和 B 为如例 17 中的集合。

解　笛卡儿积 $B\times A$ 是

$$B\times A=\{(a,1),(a,2),(b,1),(b,2),(c,1),(c,2)\}$$

这不等于例 17 中得到的 $A\times B$。◀

对于两个以上的集合也可以定义笛卡儿积。

定义 9　集合 A_1，A_2，…，A_n 的笛卡儿积用 $A_1\times A_2\times\cdots\times A_n$ 表示，是有序 n 元组 $(a_1, a_2, \cdots, a_n)$ 的集合，其中 a_i 属于 A_i，$i=1, 2, \cdots, n$。换言之，

$$A_1\times A_2\times\cdots\times A_n=\{(a_1,a_2,\cdots,a_n)\mid a_i\in A_i, i=1,2,\cdots,n\}$$

例 19　笛卡儿积 $A\times B\times C$ 是什么，其中 $A=\{0, 1\}$，$B=\{1, 2\}$，$C=\{0, 1, 2\}$？

解　笛卡儿积 $A\times B\times C$ 由所有有序三元组 (a, b, c) 组成，其中 $a\in A$，$b\in B$，$c\in \mathbf{C}$。因此，

$$A\times B\times C=\{(0, 1, 0), (0, 1, 1), (0, 1, 2), (0, 2, 0), (0, 2, 1), (0, 2, 2), (1, 1, 0), (1, 1, 1), (1, 1, 2), (1, 2, 0), (1, 2, 1), (1, 2, 2)\}$$ ◀

评注　当 A、B、C 是集合时，$(A\times B)\times C$ 与 $A\times B\times C$ 是不同的(参见练习 41)。

我们用记号 A^2 来表示 $A\times A$，即集合 A 和自身的笛卡儿积。类似地，$A^3=A\times A\times A$，$A^4=A\times A\times A\times A$，等等。更一般地，

$$A^n=\{(a_1,a_2,\cdots,a_n)\mid a_i\in A, i=1,2,\cdots,n\}$$

例 20　假设 $A=\{1, 2\}$。则 $A^2=\{(1, 1), (1, 2), (2, 1), (2, 2)\}$ 并且 $A^3=\{(1, 1, 1), (1, 1, 2), (1, 2, 1), (1, 2, 2), (2, 1, 1), (2, 1, 2), (2, 2, 1), (2, 2, 2)\}$。◀

笛卡儿积 $A\times B$ 的一个子集 R 被称为从集合 A 到集合 B 的**关系**(relation)。R 的元素是序偶，其中第一个元素属于 A 而第二个元素属于 B。例如，$R=\{(a, 0), (a, 1), (a, 3), (b, 1), (b, 2), (c, 0), (c, 3)\}$ 是从集合 $\{a, b, c\}$ 到集合 $\{0, 1, 2, 3\}$ 的关系，它也是一个从集合 $\{a, b, c, d, e\}$ 到集合 $\{0, 1, 3, 4\}$ 的关系。(这解释了一个关系不一定要包含 A 的每个元素 x 的序偶 (x, y)。)从集合 A 到其自身的一个关系称为是 A 上的一个关系。

例 21　集合 $\{0, 1, 2, 3\}$ 上的小于等于关系(如果 $a\leqslant b$ 则包含 (a, b))中的序偶是什么？

解　序偶 (a, b) 属于 R 当且仅当 a 和 b 属于 $\{0, 1, 2, 3\}$ 且 $a\leqslant b$。所以，R 中的序偶是 $(0, 0)$，$(0, 1)$，$(0, 2)$，$(0, 3)$，$(1, 1)$，$(1, 2)$，$(1, 3)$，$(2, 2)$，$(2, 3)$，$(3, 3)$。◀

2.1.7 使用带量词的集合符号

有时我们通过使用特定的符号来显式地限定一个量化命题的论域。例如，$\forall x \in S(P(x))$ 表示 $P(x)$ 在集合 S 所有元素上的全称量化。换句话说，$\forall x \in S(P(x))$ 是 $\forall x(x \in S \rightarrow P(x))$ 的简写。类似地，$\exists x \in S(P(x))$ 表示 $P(x)$ 在集合 S 所有元素上的存在量化。即 $\exists x \in S(P(x))$ 是 $\exists X(x \in S \wedge P(x))$ 的简写。

例 22 语句 $\forall x \in \mathbf{R}(x^2 \geqslant 0)$ 和 $\exists x \in \mathbf{Z}(x^2 = 1)$ 的含义是什么？

解 语句 $\forall x \in \mathbf{R}(x^2 \geqslant 0)$ 声称对任意实数 x，$x^2 \geqslant 0$。这个语句可以表达为“任意实数的平方是非负的”。这是一个真语句。

语句 $\exists x \in \mathbf{Z}(x^2 = 1)$ 声称存在一个整数 x 使得 $x^2 = 1$。这个语句可以表达为“有某个整数，其平方是 1”。这个语句也是一个真语句，因为 $x=1$ 就是这样一个整数（-1 也是）。◀

2.1.8 真值集和量词

现在我们把集合理论和谓词逻辑的一些概念结合起来。给定谓词 P 和论域 D，定义 P 的**真值集**（truth set）为 D 中使 $P(x)$ 为真的元素 x 组成的集合。$P(x)$ 的真值集记为 $\{x \in D \mid P(x)\}$。

例 23 谓词 $P(x)$、$Q(x)$、$R(x)$ 的真值集都是什么？这里论域是整数集合，$P(x)$ 是“$|x| = 1$”，$Q(x)$ 是“$x^2 = 2$”，$R(x)$ 是“$|x| = x$”。

解 P 的真值集 $\{x \in \mathbf{Z} \mid |x| = 1\}$ 是满足 $|x| = 1$ 的整数集合。因为当 $x=1$ 或 $x=-1$ 时有 $|x| = 1$，而没有其他整数 x 能满足，因此 P 的真值集是 $\{-1, 1\}$。

Q 的真值集 $\{x \in \mathbf{Z} \mid x^2 = 2\}$ 是满足 $x^2 = 2$ 的整数集合。因为没有整数 x 满足 $x^2 = 2$，所以这是个空集。

R 的真值集 $\{x \in \mathbf{Z} \mid |x| = x\}$ 是满足 $|x| = x$ 的整数集合。因为 $|x| = x$ 当且仅当 $x \geqslant 0$，所以 R 的真值集是 $\mathbf{N}$，非负整数集合。◀

注意 $\forall x P(x)$ 在论域 U 上为真当且仅当 P 的真值集是集合 U。同样，$\exists x P(x)$ 在论域 U 上为真当且仅当 P 的真值集非空。

奇数编号练习㊀

1. 列出下述集合的成员。

a) $\{x \mid x$ 是使得 $x^2 - 1$ 的实数$\}$　　b) $\{x \mid x$ 是小于 12 的正整数$\}$

c) $\{x \mid x$ 是一个整数的平方且 $x < 100\}$　　d) $\{x \mid x$ 是整数且 $x^2 = 2\}$

3. 区间 $(0, 5)$、$(0, 5]$、$[0, 5)$、$[0, 5]$、$(1, 4]$、$[2, 3]$ 和 $(2, 3)$ 中，哪个包含

a) 0？　b) 1？　c) 2？

d) 3？　e) 4？　f) 5？

5. 对下面每一对集合，判断第一个是否是第二个的子集，第二个是否是第一个的子集，或者哪个也不是另一个的子集。

a) 从纽约至新德里的航空公司航班的集合，从纽约至新德里的不经停航空公司航班的集合。

b) 说英语的人的集合，说中文的人的集合。

c) 飞鼠的集合，会飞行的生物的集合。

7. 判断下面每对集合是否相等。

a) $\{1, 3, 3, 3, 5, 5, 5, 5, 5\}$，$\{5, 3, 1\}$　　b) $\{\{1\}\}$，$\{1, \{1\}\}$

c) $\varnothing$，$\{\varnothing\}$

㊀ 为缩减篇幅，本书只包括完整版中奇数编号的练习，并保留了原始编号，以便与参考答案、演示程序、教学 PPT 等网络资源相对应。若需获取更多练习，请参考《离散数学及其应用（原书第 8 版）》（中文版，ISBN 978-7-111-63687-8）或《离散数学及其应用（英文版·原书第 8 版）》（ISBN 978-7-111-64530-6）。练习的答案请访问出版社网站下载。——编辑注

9. 对下面的每个集合，判断2是否为该集合的元素。

a) $\{x\in\mathbf{R} \mid x$ 是大于1的整数$\}$　b) $\{x\in\mathbf{R} \mid x$ 是一个整数的平方$\}$

c) $\{2, \{2\}\}$　d) $\{\{2\}, \{\{2\}\}\}$

e) $\{\{2\}, \{2, \{2\}\}\}$　f) $\{\{\{2\}\}\}$

11. 判断下列语句是真还是假。

a) $0\in\varnothing$　b) $\varnothing\in\{0\}$　c) $\{0\}\subset\varnothing$

d) $\varnothing\subset\{0\}$　e) $\{0\}\in\{0\}$　f) $\{0\}\subset\{0\}$

g) $\{\varnothing\}\subseteq\{\varnothing\}$

13. 判断下列语句是真还是假。

a) $x\in\{x\}$　b) $\{x\}\subseteq\{x\}$　c) $\{x\}\in\{x\}$

d) $\{x\}\in\{\{x\}\}$　e) $\varnothing\subseteq\{x\}$　f) $\varnothing\in\{x\}$

15. 用文氏图说明在一年所有的月份集合中月份名称中不包含字母 R 的所有月份的集合。

17. 用文氏图说明集合关系 $A\subset B$ 和 $B\subset C$。

19. 假定 A、B 和 C 为集合，且 $A\subseteq B$，$B\subseteq C$。证明 $A\subseteq C$。

21. 下列各集合的基数是什么？

a) $\{a\}$　b) $\{\{a\}\}$

c) $\{a, \{a\}\}$　d) $\{a, \{a\}, \{a, \{a\}\}\}$

23. 找出下列各集合的幂集。

a) $\{a\}$　b) $\{a, b\}$　c) $\{\varnothing, \{\varnothing\}\}$

25. 假设 a 和 b 是不同的元素，下列集合各有多少个元素？

a) $\mathcal{P}(\{a, b, \{a, b\}\})$　b) $\mathcal{P}(\{\varnothing, a, \{a\}, \{\{a\}\}\})$　c) $\mathcal{P}(\mathcal{P}(\varnothing))$

27. 证明 $\mathcal{P}(A)\subseteq\mathcal{P}(B)$ 当且仅当 $A\subseteq B$。

29. 令 $A=\{a, b, c, d\}$，$B=\{y, z\}$。求

a) $A\times B$　b) $B\times A$

31. 笛卡儿积 $A\times B\times C$ 是什么，其中 A 是所有航线的集合，B 和 C 都是所有美国城市的集合？给出一个例子说明这个笛卡儿积如何使用。

33. 令 A 为集合。证明 $\varnothing\times A=A\times\varnothing=\varnothing$。

35. 求 A^2 如果

a) $A=\{0, 1, 3\}$　b) $A=\{1, 2, a, b\}$

37. 如果 A 有 m 个元素，B 有 n 个元素，则 $A\times B$ 有多少个不同的元素？

39. 如果 A 有 m 个元素且 n 是一个正整数，则 A^n 有多少个不同的元素？

41. 试解释为什么 $A\times B\times C$ 和 $(A\times B)\times C$ 不同。

43. 证明或反驳：如果 A 和 B 是集合，则 $\mathcal{P}(A\times B)=\mathcal{P}(A)\times\mathcal{P}(B)$。

45. 将下列量化表达式翻译成汉语句子并确定其真值。

a) $\forall x\in\mathbf{R}(x^2\neq-1)$　b) $\exists x\in\mathbf{Z}(x^2=2)$

c) $\forall x\in\mathbf{Z}(x^2>0)$　d) $\exists x\in\mathbf{R}(x^2=x)$

47. 给出以下各个谓词的真值集合，这里域是整数集合。

a) $P(x)$：$x^2<3$　b) $Q(x)$：$x^2>x$　c) $R(x)$：$2x+1=0$

*49. 序偶所定义的性质是两个序偶相等当且仅当其第一个元素相等且第二个元素相等。令人惊奇的是，我们可以用集合论的基本概念来构造序偶，从而取代用序偶作为最基本的概念。证明如果将序偶 (a, b) 定义为 $\{\{a\}, \{a, b\}\}$，那么 $(a, b)=(c, d)$ 当且仅当 $a=c$ 且 $b=d$。[提示：首先证明 $\{\{a\}, \{a, b\}\}=\{\{c\}, \{c, d\}\}$ 当且仅当 $a=c$ 且 $b=d$。]

*51. 给出一个能列出一个有限集合所有子集的步骤。

2.2 集合运算

2.2.1 引言

Links 两个或多个集合可以以许多不同的方式结合在一起。例如，从学校主修数学的学生集合和

主修计算机科学的学生集合入手，可以构成主修数学或计算机科学的学生集合、既主修数学又主修计算机科学的学生集合、所有不主修数学的学生集合等。

定义 1　令 A 和 B 为集合。集合 A 和 B 的并集，用 $A\cup B$ 表示，是一个集合，它包含 A 或 B 中或同时在 A 和 B 中的元素。

一个元素 x 属于 A 和 B 的并集当且仅当 x 属于 A 或 x 属于 B。这说明

$$A \cup B = \{x \mid x \in A \vee x \in B\}$$

图 1 所示的文氏图表示两个集合 A 和 B 的并集。表示 A 的圆圈内或表示 B 的圆圈内的阴影区域表示 $A\cup B$。

我们将给出集合并集的例子。

例 1　集合 $\{1, 3, 5\}$ 和集合 $\{1, 2, 3\}$ 的并集是集合 $\{1, 2, 3, 5\}$，即 $\{1, 3, 5\}\cup\{1, 2, 3\}=\{1, 2, 3, 5\}$ ◀

例 2　学校主修计算机科学的学生集合与主修数学的学生集合的并集就是或主修数学或主修计算机科学或同时主修这两个专业的学生的集合。 ◀

定义 2　令 A 和 B 为集合。集合 A 和 B 的交集，用 $A\cap B$ 表示，是一个集合，它包含同时在 A 和 B 中的那些元素。

一个元素 x 属于集合 A 和 B 的交集当且仅当 x 属于 A 而且 x 属于 B。这说明

$$A \cap B = \{x \mid x \in A \wedge x \in B\}$$

图 2 所示的文氏图表示集合 A 和 B 的交集。同时在代表 A 和 B 的两个圆之内的阴影区域表示 A 和 B 的交集。

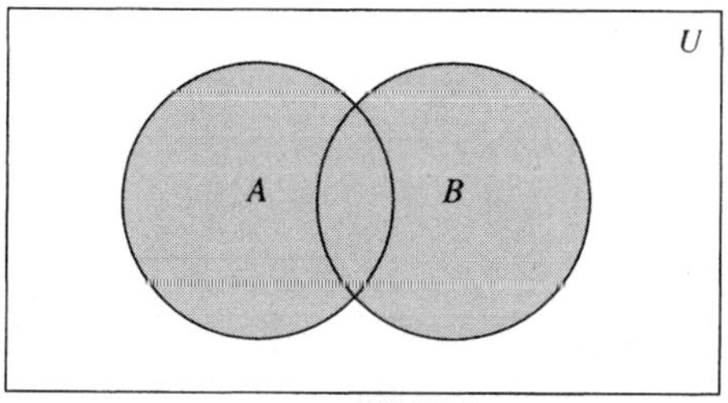

$A\cup B$ 为阴影区

图 1　A 和 B 并集的文氏图

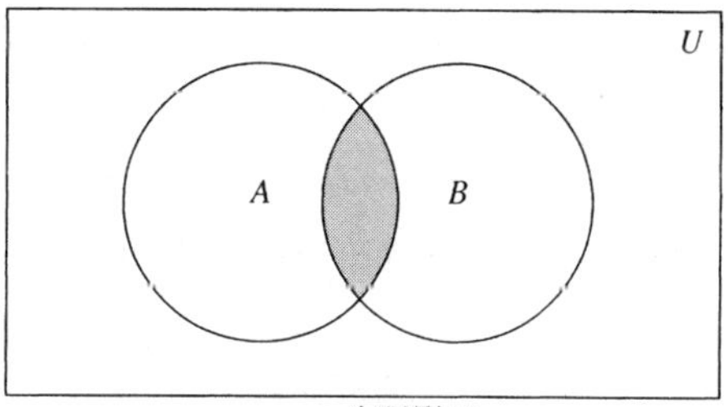

$A\cap B$ 为阴影区

图 2　A 和 B 交集的文氏图

我们给出交集的几个例子。

例 3　集合 $\{1, 3, 5\}$ 和 $\{1, 2, 3\}$ 的交集是 $\{1, 3\}$，即 $\{1, 3, 5\}\cap\{1, 2, 3\}=\{1, 3\}$。 ◀

例 4　学校所有主修计算机科学的学生集合与所有主修数学的学生集合的交集是所有既主修计算机科学又主修数学的学生的集合。 ◀

定义 3　两个集合称为是不相交的，如果它们的交集为空集。

例 5　令 $A=\{1, 3, 5, 7, 9\}$，而 $B=\{2, 4, 6, 8, 10\}$。因为 $A\cap B=\varnothing$，所以 A 和 B 不相交。 ◀

我们经常对寻找集合的并集的基数很感兴趣。注意 $|A|+|B|$ 把只属于 A 或只属于 B 的元素数了恰好一次，而对既属于 A 又属于 B 的元素数了恰好两次。因此，如果从 $|A|+|B|$ 中减去同时属于 A 和 B 的元素的个数，则 $A\cap B$ 中的元素也就只数了一次。于是

$$|A \cup B| = |A| + |B| - |A \cap B|$$

把这一结果推广到任意多个集合的并集就是所谓的包含排斥原理或简称**容斥原理**(principle of

inclusion-exclusion)。容斥原理是枚举中的一项重要技术。我们将在第3章和第4章详细讨论这一原理和其他的计数技术。

还有其他一些重要的组合集合的方式。

定义4　令A和B为集合。A和B的差集，用$A-B$表示，是一个集合，它包含属于A而不属于B的元素。A和B的差集也称为B相对于A的补集。

评注　集合A和B的差集有时候也记为$A \setminus B$。

一个元素x属于A和B的差集当且仅当$x \in A$且$x \notin B$，这说明

$$A-B=\{x \mid x \in A \wedge x \notin B\}$$

图3所示的文氏图表示集合A和B的差集。在表示集合A的圆圈内部同时在表示集合B的圆圈外部的阴影区域表示$A-B$。

让我们举几个差集的例子。

例6　集合{1，3，5}和{1，2，3}的差集是{5}，即{1，3，5}－{1，2，3}＝{5}。这不同于{1，2，3}和{1，3，5}的差集{2}。◀

例7　学校主修计算机科学的学生集合和主修数学的学生集合的差集是学校主修计算机科学但不主修数学的学生集合。◀

一旦指定了全集U，就可以定义集合的补集。

定义5　令U为全集。集合A的补集，用$\overline{A}$表示，是A相对于U的补集。所以，集合A的补集是$U-A$。

评注　A的补集的定义取决于特定的全集U。这个定义对A的任何超集U都适用。如果我们想要确定全集U，可以写成“相对于全集U的A的补集。”

一个元素x属于$\overline{A}$当且仅当$x \notin A$。这说明

$$\overline{A}=\{x \in U \mid x \notin A\}$$

图4中代表集合A的圆圈外面的阴影区域表示$\overline{A}$。

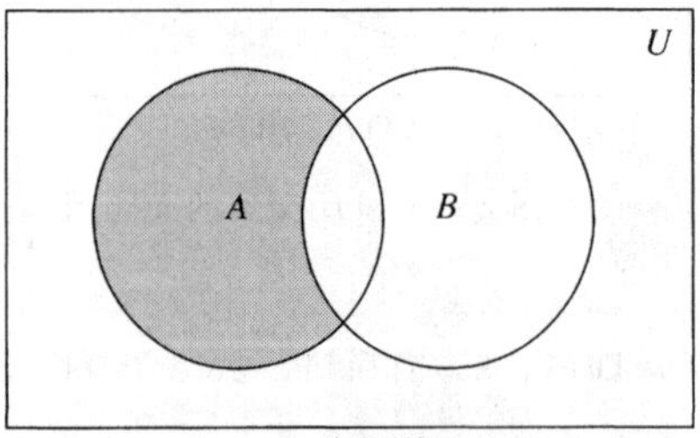

$A-B$为阴影区

图3　A和B的差集的文氏图(阴影部分是$A-B$)

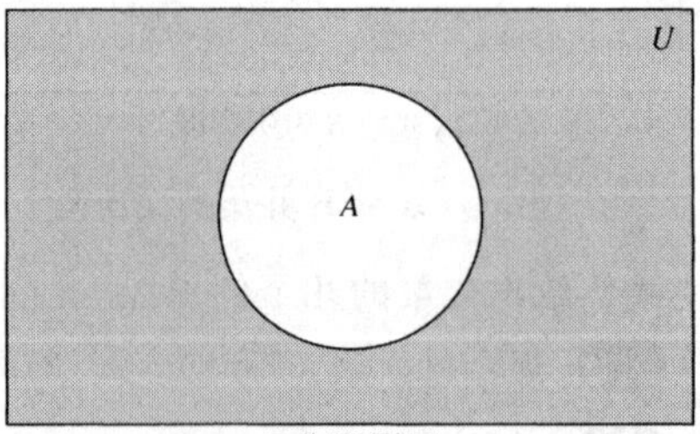

$\overline{A}$为阴影区

图4　集合A的补集的文氏图(阴影部分是$\overline{A}$)

我们举几个补集的例子。

例8　令$A=\{a, e, i, o, u\}$(其中全集为英语字母表中字母的集合)。那么$\overline{A}=\{b, c, d, f, g, h, j, k, l, m, n, p, q, r, s, t, v, w, x, y, z\}$ ◀

例9　令A为大于10的正整数的集合(全集为所有正整数集合)。那么$\overline{A}=\{1, 2, 3, 4, 5, 6, 7, 8, 9, 10\}$ ◀

下面的证明留给读者(练习21)：可以将A和B的差集表示成A和B的补集的交集。即

$$A-B=A \cap \overline{B}$$

2.2.2 集合恒等式

表 1 列出了涉及集合并、交、补的最重要的恒等式。我们将用三种不同的方法证明其中的几个恒等式。介绍这些方法是想说明对一个问题的求解往往有不同的途径。表中未证明的恒等式留给读者练习。读者应该注意这些集合恒等式和 1.3 节讨论的逻辑等价式的相似之处(比较 1.6 节中表 6 和这里的表 1)。事实上，这里给出的集合恒等式可以直接由对应的逻辑等价式证明。不仅如此，这两者都是布尔代数(在第 8 章讨论)中的恒等式的特例。

表 1　集合恒等式

恒等式	名称
$A\cap U=A$ $A\cup\varnothing=A$	恒等律
$A\cup U=U$ $A\cap\varnothing=\varnothing$	支配律
$A\cup A=A$ $A\cap A=A$	幂等律
$\overline{(\overline{A})}=A$	补律
$A\cup B=B\cup A$ $A\cap B=B\cap A$	交换律
$A\cup(B\cup C)=(A\cup B)\cup C$ $A\cap(B\cap C)=(A\cap B)\cap C$	结合律
$A\cup(B\cap C)=(A\cup B)\cap(A\cup C)$ $A\cap(B\cup C)=(A\cap B)\cup(A\cap C)$	分配律
$\overline{A\cap B}=\overline{A}\cup\overline{B}$ $\overline{A\cup B}=\overline{A}\cap\overline{B}$	德·摩根律
$A\cup(A\cap B)=A$ $A\cap(A\cup B)=A$	吸收律
$A\cup\overline{A}=U$ $A\cap\overline{A}=\varnothing$	互补律

在开始讨论证明集合恒等式的不同方法之前，我们简要讨论一下文氏图的作用。尽管这样的图示能够帮助我们理解由两个或三个原子集合(用于构造这些集合的更复杂组合的集合)构造而成的集合，但涉及四个或更多原子集合时，它们提供不了多少启示。四个或更多集合的文氏图相当复杂，因为需要用各种椭圆而不是圆圈来表示集合。并且有必要保证对于集合的每种可能的组合都能用非空的区域来表示。尽管文氏图能提供某些恒等式的非正式的证明，但这样的证明仍须用我们将要讨论的三种方法之一来给出形式化的证明。

证明集合相等的一种方法是证明每一个是另一个的子集。回想一下为了证明一个集合是另一个集合的子集，可以通过证明一个元素如果属于第一个集合，必定属于第二个集合。通常我们用直接证明法来证明。我们将通过证明第一德·摩根律来说明这一方法。

例 10　证明$\overline{A\cap B}=\overline{A}\cup\overline{B}$。

Extra Examples

解　我们通过证明互为子集来证明两个集合$\overline{A\cap B}$和$\overline{A}\cup\overline{B}$相等。

首先，证明$\overline{A\cap B}\subseteq\overline{A}\cup\overline{B}$。这个只需要证明如果 x 在$\overline{A\cap B}$中，则也必然在 $\overline{A}\cup\overline{B}$ 中。现在假定 $x\in\overline{A\cap B}$。根据补的定义，$x\notin A\cap B$。再由交集的定义可知，命题$\neg((x\in A)\wedge(x\in B))$为真。

再应用命题逻辑的德·摩根律，可得$\neg(x\in A)$或$\neg(x\in B)$。根据命题否定的定义，有 $x\notin A$或 $x\notin B$。再由补集的定义，这蕴含着 $x\in\overline{A}$ 或 $x\in\overline{B}$。因此，由并集的定义，可得 $x\in\overline{A}\cup\overline{B}$。从而得证$\overline{A\cap B}\subseteq\overline{A}\cup\overline{B}$。

接下来，证明 $\overline{A}\cup\overline{B}\subseteq\overline{A\cap B}$。这个只需要证明如果 x 在 $\overline{A}\cup\overline{B}$ 中，则也必然在$\overline{A\cap B}$中。现假设 $x\in\overline{A}\cup\overline{B}$。由并集的定义，我们知道 $x\in\overline{A}$ 或 $x\in\overline{B}$。用补的定义，可得 $x\notin A$ 或 $x\notin B$。所以，命题$\neg(x\in A)\vee\neg(x\in B)$为真。

再应用命题逻辑的德·摩根律，可得$\neg((x\in A)\wedge(x\in B))$为真。由交集的定义，可得$\neg(x\in A\cap B)$成立。再由补的定义，可以得出 $x\in\overline{A\cap B}$。这就证明了 $\overline{A}\cup\overline{B}\subseteq\overline{A\cap B}$。

由于已经证明了每一个集合是另一个的子集，所以这两个集合相等，恒等式得证。◀

我们可以用集合构造器来更简洁地表达例 10 中的推理过程，如例 11 所示。

例 11　用集合构造器和逻辑等价式来证明第一德·摩根律$\overline{A\cap B}=\overline{A}\cup\overline{B}$。

解　通过下列步骤证明这一恒等式。

$$\overline{A\cap B}=\{x\mid x\notin A\cap B\}\qquad\text{补集的定义}$$

$$
\begin{aligned}
&=\{x \mid \neg(x\in(A\cap B))\} && \text{不属于符号的含义}\\
&=\{x \mid \neg(x\in A \wedge x\in B)\} && \text{交集的定义}\\
&=\{x \mid \neg(x\in A)\vee\neg(x\in B)\} && \text{逻辑等价式的第一德·摩根律}\\
&=\{x \mid x\notin A \vee x\notin B\} && \text{不属于符号的含义}\\
&=\{x \mid x\in\overline{A}\vee x\in\overline{B}\} && \text{补集的定义}\\
&=\{x \mid x\in\overline{A}\cup\overline{B}\} && \text{并集的定义}\\
&=\overline{A}\cup\overline{B} && \text{集合构造器记号的含义}
\end{aligned}
$$

注意除了用到补集、并集、集合成员、集合构造器记号的定义外，这个证明还用到了逻辑等价式的第二德·摩根律。◀

当通过证明恒等式的一边是另一边的子集的方式来证明涉及两个以上集合的恒等式时，需要跟踪一些不同的情形，如证明集合分配律的例12所示。

例12 证明表1中的第二分配律：对任意集合 A、B 和 C，证明 $A\cap(B\cup C)=(A\cap B)\cup(A\cap C)$。

解 我们将通过说明等式的每一边是另一边的子集来证明这个恒等式。

假定 $x\in A\cap(B\cup C)$。那么 $x\in A$ 且 $x\in B\cup C$。由并集的定义可得，$x\in A$，且 $x\in B$ 或 $x\in C$(或两者)。换句话，是我们知道复合命题$(x\in A)\wedge((x\in B)\vee(x\in C))$为真。再由合取对析取的分配律，有$((x\in A)\wedge(x\in B))\vee((x\in A)\wedge(x\in C))$。因此可得，或者 $x\in A$ 且 $x\in B$，或者 $x\in A$ 且 $x\in C$。由交集的定义，可知 $x\in A\cap B$ 或 $x\in A\cap C$。使用并集的定义，可得出 $x\in(A\cap B)\cup(A\cap C)$。从而得出结论 $A\cap(B\cup C)\subseteq(A\cap B)\cup(A\cap C)$。

现在假定 $x\in(A\cap B)\cup(A\cap C)$。则由并集的定义，$x\in A\cap B$ 或 $x\in A\cap C$。由交集的定义可得，$x\in A$ 且 $x\in B$，或者 $x\in A$ 且 $x\in C$。由此可知，$x\in A$，并且 $x\in B$ 或 $x\in C$。因此，由并集的定义可知，$x\in A$ 且 $x\in B\cup C$。再由交集的定义，可得 $x\in A\cap(B\cup C)$。从而得出结论 $(A\cap B)\cup(A\cap C)\subseteq A\cap(B\cup C)$。这就完成了该恒等式的证明。◀

集合恒等式还可以通过**成员表**来证明。我们考虑一个元素可能属于的原子集合(即用来生成两边的集合的原始集合)的每一种组合，并验证在相同集合组合中的元素同属于恒等式两边的集合。用1表示元素属于一个集合，用0表示元素不属于一个集合(读者应注意到成员表和真值表的相似之处)。

例13 用成员表证明 $A\cap(B\cup C)=(A\cap B)\cup(A\cap C)$。

解 表2给出了这些集合组合的成员表。这个表格有8行。由于对应于 $A\cap(B\cup C)$ 和 $(A\cap B)\cup(A\cap C)$的两列相同，所以恒等式有效。◀

已经证明过的集合恒等式可以用来证明其他的集合恒等式。考虑下面的例14。

表2　分配律的成员表

A	B	C	$B\cup C$	$A\cap(B\cup C)$	$A\cap B$	$A\cap C$	$(A\cap B)\cup(A\cap C)$
1	1	1	1	1	1	1	1
1	1	0	1	1	1	0	1
1	0	1	1	1	0	1	1
1	0	0	0	0	0	0	0
0	1	1	1	0	0	0	0
0	1	0	1	0	0	0	0
0	0	1	1	0	0	0	0
0	0	0	0	0	0	0	0

一旦证明了集合的恒等式，我们就可以用它们来证明其他的集合恒等式。特别是，我们可以应用一连串的恒等式，每个步骤一个，从需要证明的恒等式的一边推导出另一边，如例14所示。

例 14 令 A、B、C 为集合。证明

$$\overline{A \cup (B \cap C)} = (\overline{C} \cup \overline{B}) \cap \overline{A}$$

解 我们有

$\overline{A \cup (B \cap C)}$	$= \overline{A} \cap (\overline{B \cap C})$	由第一德·摩根律
	$= \overline{A} \cap (\overline{B} \cup \overline{C})$	由第二德·摩根律
	$= (\overline{B} \cup \overline{C}) \cap \overline{A}$	由交集的交换律
	$= (\overline{C} \cup \overline{B}) \cap \overline{A}$	由并集的交换律 ◀

我们将证明集合恒等式的三种方法总结在表 3 中。

表 3　证明集合恒等式的方法

描述	方法
子集方法	证明恒等式的每一边是另一边的子集
成员表	对于原子集合的每一种可能的组合，证明恰好在这些原子集合中的元素要么同时属于两边，要么都不属于两边
应用已知的恒等式	从一边开始，通过应用一系列已经建立了的恒等式将它转换成另一边的形式

2.2.3　扩展的并集和交集

由于集合的并集和交集满足结合律，所以只要 A、B、C 为集合，则 $A \cup B \cup C$ 和 $A \cap B \cap C$ 均有定义，即这样的记号是无二义性的。也就是说，我们不需要用括号来指明哪个运算在前，因为 $A \cup (B \cup C) = (A \cup B) \cup C$ 及 $A \cap (B \cap C) = (A \cap B) \cap C$。注意 $A \cup B \cup C$ 包含那些至少属于 A、B、C 中一个集合的元素，而 $A \cap B \cap C$ 包含那些属于 A、B、C 全部 3 个集合的元素。3 个集合 A、B、C 的这两种组合如图 5 所示。

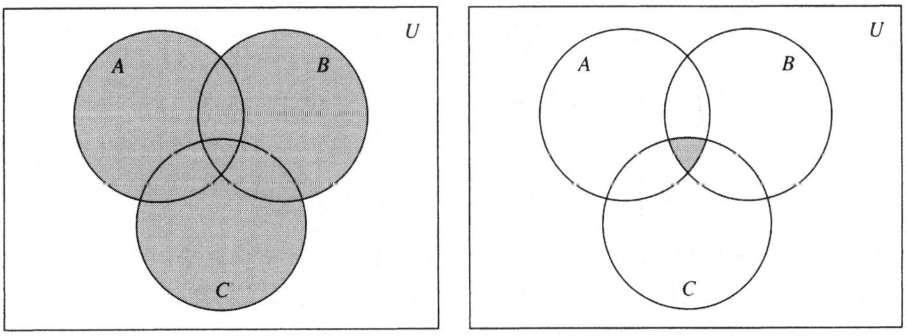

a) 阴影部分是 $A \cup B \cup C$　　b) 阴影部分是 $A \cap B \cap C$

图 5　集合 A、B、C 的并集和交集

例 15 令 $A = \{0, 2, 4, 6, 8\}$，$B = \{0, 1, 2, 3, 4\}$，$C = \{0, 3, 6, 9\}$。$A \cup B \cup C$ 和 $A \cap B \cap C$ 是什么？

解 $A \cup B \cup C$ 包括那些至少属于 A、B、C 之一的元素。所以

$$A \cup B \cup C = \{0,1,2,3,4,6,8,9\}$$

集合 $A \cap B \cap C$ 包括那些属于全部 3 个集合的元素。因此

$$A \cap B \cap C = \{0\}$$ ◀

我们还可以考虑任意多个集合的并集和交集。引入下面的定义。

定义 6　一组集合的并集是包含那些至少是这组集合中一个集合成员的元素的集合。

我们用下列记号

$$A_1 \cup A_2 \cup \cdots \cup A_n = \bigcup_{i=1}^{n} A_i$$

表示集合 A_1，A_2，…，A_n 的并集。

定义 7　一组集合的交集是包含那些属于这组集合中所有成员集合的元素的集合。

我们用下列记号

$$A_1 \cap A_2 \cap \cdots \cap A_n = \bigcap_{i=1}^{n} A_i$$

表示集合 A_1，A_2，…，A_n 的交集。我们用例 16 说明扩展的并集和交集。

例 16　令 $A_i=\{i, i+1, i+2, \cdots\}$，$i=1, 2, \cdots$。那么，

$$\bigcup_{i=1}^{n} A_i = \bigcup_{i=1}^{n} \{i,i+1,i+2,\cdots\} = \{1,2,3,\cdots\}$$

而

$$\bigcap_{i=1}^{n} A_i = \bigcap_{i=1}^{n} \{i,i+1,i+2,\cdots\} = \{n,n+1,n+2,\cdots\} = A_n$$ ◀

我们可以将并集和交集的记号扩展到其他系列的集合。尤其可以使用记号

$$A_1 \cup A_2 \cup \cdots \cup A_n \cup \cdots = \bigcup_{i=1}^{\infty} A_i$$

表示集合 A_1，A_2，…，A_n…的并集。类似地，这些集合的交集可以表示为

$$A_1 \cap A_2 \cap \cdots \cap A_n \cap \cdots = \bigcap_{i=1}^{\infty} A_i$$

更一般地，当 I 是一个集合时，可以用记号 $\bigcap_{i\in I}A_i$ 和 $\bigcup_{i\in I}A_i$ 分别表示对于 $i\in I$ 的集合 A_i 的交集和并集。注意我们有 $\bigcap_{i\in I}A_i=\{x \mid \forall i\in I(x\in A_i)\}$和 $\bigcup_{i\in I}A_i=\{x \mid \exists i\in I(x\in A_i)\}$。

例 17　假设对于 $i=1, 2, 3, \cdots$，集合 $A_i=\{1, 2, 3, \cdots, i\}$。那么，

$$\bigcup_{i=1}^{\infty} A_i = \bigcup_{i=1}^{\infty} \{1,2,3,\cdots,i\} = \{1,2,3,\cdots\} = \mathbf{Z}^+$$

而

$$\bigcap_{i=1}^{\infty} A_i = \bigcap_{i=1}^{\infty} \{1,2,3,\cdots,i\} = \{1\}$$

要想知道这些集合的并集是正整数集，注意每一个正整数至少属于一个集合，因为整数 n 属于 $A_n=\{1, 2, \cdots, n\}$，并且集合中的每一个元素都是正整数。要想知道这些集合的交集是 $\{1\}$，注意到属于所有集合 A_1，A_2，…的元素只有 1。也就是说，$A_1=\{1\}$，而且对于 $i=1$，2，…均有 $1\in A_i$。 ◀

2.2.4　集合的计算机表示

计算机表示集合的方式有多种。一种办法是把集合的元素无序地存储起来。可是如果这样的话，在进行集合的并集、交集或差集等运算时会非常费时，因为这些运算将需要进行大量的元素搜索。我们将要介绍一种利用全集中元素的任何一种顺序来存放集合元素的方法。集合的这种表示法使我们很容易计算集合的各种组合。

假定全集 U 是有限的(而且大小合适，使 U 的元素个数不超过计算机能使用的内存量)。首先为 U 的元素任意规定一个顺序，例如 a_1，a_2，…，a_n。于是可以用长度为 n 的比特串来表示 U 的子集 A：其中比特串中第 i 位是 1，如果 a_i 属于 A；是 0，如果 a_i 不属于 A。例 18 解释了这一技巧。

例 18　令 $U=\{1, 2, 3, 4, 5, 6, 7, 8, 9, 10\}$，而且 U 的元素以升序排序，即 $a_i=i$。

表示 U 中所有奇数的子集、所有偶数的子集和不超过 5 的整数的子集的比特串是什么？

解　表示 U 中所有奇数的子集{1，3，5，7，9}的比特串，其第 1、3、5、7、9 比特为 1，其他比特为 0。即

$$10\ 1010\ 1010$$

（我们已把长度为 10 的比特串分成长度为 4 的片段组合以便阅读。）类似地，U 中所有偶数的子集，即{2，4，6，8，10}，可由比特串

$$01\ 0101\ 0101$$

表示。U 中不超过 5 的所有整数的集合{1，2，3，4，5}，可由比特串

$$11\ 1110\ 0000$$

表示。◀

用比特串表示集合便于计算集合的补集、并集、交集和差集。要从表示集合的比特串计算它的补集的比特串，只需简单地把每个 1 改为 0，每个 0 改为 1，因为 $x\in A$ 当且仅当 $x\notin \overline{A}$。注意当把每比特看成真值时（用 1 表示真，0 表示假），上述运算对应于取每比特的否定。

例 19　我们已经知道集合{1，3，5，7，9}的比特串（全集为{1，2，3，4，5，6，7，8，9，10}）是

$$10\ 1010\ 1010$$

它的补集的比特串是什么？

解　用 0 取代 1，用 1 取代 0，即可得到此集合的补集的比特串

$$01\ 0101\ 0101$$

这对应于集合{2，4，6，8，10}。◀

要想得到两个集合的并集和交集的比特串，我们可以对表示这两个集合的比特串按位做布尔运算。只要两个比特串的第 i 位有一个是 1，则并集的比特串的第 i 位是 1，而当两位都是 0 时为 0。因此，并集的比特串是两个集合比特串的按位或（bitwise OR）。当两个比特串的第 i 位均为 1 时，交集比特串的第 i 位为 1，否则为 0。因此交集的比特串是两个集合比特串的按位与（bitwise AND）。

例 20　集合{1，2，3，4，5}和{1，3，5，7，9}的比特串分别是 11 1110 0000 和 10 1010 1010。用比特串找出它们的并集和交集。

解　这两个集合的并集的比特串是

$$11\ 1110\ 0000 \vee 10\ 1010\ 1010 = 11\ 1110\ 1010$$

它对应集合{1，2，3，4，5，7，9}。这两个集合的交集的比特串是

$$11\ 1110\ 0000 \wedge 10\ 1010\ 1010 = 10\ 1010\ 0000$$

它对应集合{1，3，5}。◀

2.2.5　多重集

有时候元素在无序集合中出现的次数是有意义的。**多重集**（multiset，多重成员集的简称）就是一个元素的无序集，其中元素作为成员可以出现多于一次。我们用与集合相同的记号来表示多重集，但是每个元素在列表中的个数即作为成员出现的次数。（回想一下，在集合中，一个元素或属于集合或不属于集合。在列表中列出多次并不影响这个元素在集合中的成员关系。）因此，由$\{a, a, a, b, b\}$表示的多重集是一个包含三次 a 和两次 b 的多重集。使用这种记号时，必须清楚认识到我们在处理多重集而非普通集合。我们也可以用另一种记号来避免二义性。记号$\{m_1\cdot a_1, m_2\cdot a_2, \cdots, m_r\cdot a_r\}$表示多重集，其中元素 a_1 出现了 m_1 次，元素 a_2 出现了 m_2 次，以此类推。这里，m_i，$i=1, 2, \cdots, r$ 称为元素 a_i，$i=1, 2, \cdots, r$ 的**重复数**（multiplicity）。（对于不在多重集中的元素，其在该集合中的重复数被置为 0。）多重集的基数是其元素的重复数的总和。多重集一词由 Nicolaas Govert de Bruijn 在 20 世纪 70 年代引入，但此

概念可以追溯到12世纪印度数学家 Bhaskaracharya 的著作。

设 P 和 Q 是多重集。多重集 P 和 Q 的**并**是多重集，其中元素的重复数是它在 P 和 Q 中重复数的最大值。P 和 Q 的**交**是多重集，其中元素的重复数是它在 P 和 Q 中重复数的最小值。P 和 Q 的**差**是多重集，其中元素的重复数是它在 P 中的重复数减去在 Q 中的重复数，如果差为负数，重复数就为0。P 和 Q 的**和**是多重集，其中元素的重复数是它在 P 和 Q 中的重复数之和。P 和 Q 的并、交、差分别记作 $P\cup Q$、$P\cap Q$ 和 $P-Q$(不要将这些运算与集合中类似的运算相混淆)。P 和 Q 的和记作 $P+Q$。

例21 假设 P 和 Q 分别是多重集 $\{4\cdot a,\ 1\cdot b,\ 3\cdot c\}$ 和 $\{3\cdot a,\ 4\cdot b,\ 2\cdot d\}$。试求 $P\cup Q$、$P\cap Q$、$P-Q$ 和 $P+Q$。

解 我们有

$$P\cup Q=\{\max(4,3)\cdot a,\max(1,4)\cdot b,\max(3,0)\cdot c,\max(0,2)\cdot d\}$$
$$=\{4\cdot a,4\cdot b,3\cdot c,2\cdot d\}$$
$$P\cap Q=\{\min(4,3)\cdot a,\min(1,4)\cdot b,\min(3,0)\cdot c,\min(0,2)\cdot d\}$$
$$=\{3\cdot a,1\cdot b,0\cdot c,0\cdot d\}=\{3\cdot a,1\cdot b\}$$
◀

奇数编号练习

1. 令 A 为住在离学校一英里以内的所有学生的集合，B 是走路上学的所有学生的集合。描述下列各集合中的学生：

a) $A\cap B$　**b)** $A\cup B$

c) $A-B$　**d)** $B-A$

3. 令 $A=\{1,\ 2,\ 3,\ 4,\ 5\}$，$B=\{0,\ 3,\ 6\}$。求

a) $A\cup B$　**b)** $A\cap B$

c) $A-B$　**d)** $B-A$

在练习5～10中，假定 A 是某个全集 U 的子集。

5. 证明表1中的补集律：$\overline{\overline{A}}=A$。

7. 证明表1中的支配律：

a) $A\cup U=U$　**b)** $A\cap\varnothing=\varnothing$

9. 证明表1中的交换律：

a) $A\cup\overline{A}=U$　**b)** $A\cap\overline{A}=\varnothing$

11. 令 A 和 B 为两个集合。试证明表1中的交换律：

a) $A\cup B=B\cup A$　**b)** $A\cap B=B\cap A$

13. 证明表1中的第二个吸收律：如果 A 和 B 为两个集合，那么 $A\cap(A\cup B)=A$。

15. 通过以下两种方式证明表1中的第一个德・摩根律：如果 A 和 B 为两个集合，那么 $\overline{A\cup B}=\overline{A}\cap\overline{B}$

a) 通过证明两边互为子集。　**b)** 使用成员表。

17. 证明如果 A 和 B 是全集 U 中的集合，则 $A\subseteq B$ 当且仅当 $\overline{A}\cup B=U$。

19. 如果 A、B、C 为集合，试用下面的方法证明 $\overline{A\cap B\cap C}=\overline{A}\cup\overline{B}\cup\overline{C}$。

a) 通过证明两边互为子集　**b)** 使用成员表

21. 证明如果 A 和 B 为集合，则

a) $A-B=A\cap\overline{B}$　**b)** $(A\cap B)\cup(A\cap\overline{B})=A$

23. 证明表1中的第一结合律：如果 A、B、C 为集合，那么 $A\cup(B\cup C)=(A\cup B)\cup C$。

25. 证明表1中的第一分配律：如果 A、B、C 为集合，那么 $A\cup(B\cap C)=(A\cup B)\cap(A\cup C)$。

27. 令 $A=\{0,\ 2,\ 4,\ 6,\ 8,\ 10\}$，$B=\{0,\ 1,\ 2,\ 3,\ 4,\ 5,\ 6\}$，$C=\{4,\ 5,\ 6,\ 7,\ 8,\ 9,\ 10\}$。求

a) $A\cap B\cap C$　**b)** $A\cup B\cup C$

c) $(A\cup B)\cap C$　**d)** $(A\cap B)\cup C$

29. 画出以下集合 A、B、C、D 的每个组合的文氏图：

a) $A\cap(B-C)$　**b)** $(A\cap B)\cup(A\cap C)$

c) $(A\cap\overline{B})\cup(A\cap\overline{C})$

31. 如果集合 A 与 B 具有下列性质，你能就 A 和 B 说些什么？

a) $A\cup B=A$　　b) $A\cap B=A$

c) $A-B=A$　　d) $A\cap B=B\cap A$

e) $A-B=B-A$

33. 令 A 和 B 为全集 U 的子集。证明 $A\subseteq B$ 当且仅当 $\overline{B}\subseteq\overline{A}$。

35. 设 A、B 和 C 是集合。利用表 1 中的恒等式证明 $\overline{A\cup B}\cap\overline{B\cup C}\cap\overline{A\cup C}=\overline{A}\cap\overline{B}\cap\overline{C}$。

37. 证明或反驳：对任意集合 A、B 和 C，有

a) $A\times(B-C)=(A\times B)-(A\times C)$　　b) $\overline{A}\times\overline{(B\cup C)}=\overline{A\times(B\cup C)}$

集合 A 和 B 的**对称差**，用 $A\oplus B$ 表示，是属于 A 或属于 B 但不同时属于 A 与 B 的元素组成的集合。

39. 求某校主修计算机科学的学生集合与主修数学的学生集合的对称差。

41. 证明 $A\oplus B=(A\cup B)-(A\cap B)$。

43. 证明如果 A 是全集 U 的子集，则

a) $A\oplus A=\varnothing$　　b) $A\oplus\varnothing=A$

c) $A\oplus U=\overline{A}$　　d) $A\oplus\overline{A}=U$

45. 如果 $A\oplus B=A$，你能就集合 A 和 B 说些什么？

* **47.** 假定 A、B、C 为集合，使得 $A\oplus C=B\oplus C$。是否必定有 $A=B$？

49. 如果 A、B、C、D 为集合，$(A\oplus B)\oplus(C\oplus D)=(A\oplus D)\oplus(B\oplus C)$ 是否成立？

51. 证明如果 A 是无限集，则只要 B 是一个集合，$A\cup B$ 也是一个无限集。

53. 令 $A_i=\{1, 2, 3, \cdots, i\}$，$i=1, 2, 3, \cdots$。求

a) $\bigcup_{i=1}^{n}A_i$　　b) $\bigcap_{i=1}^{n}A_i$

55. 令 A_i 为所有长度不超过 i 的非空比特串(即长度至少为 1)的集合。求

a) $\bigcup_{i=1}^{n}A_i$　　b) $\bigcap_{i=1}^{n}A_i$

57. 试求 $\bigcup_{i=1}^{\infty}A_i$ 和 $\bigcap_{i=1}^{\infty}A_i$，如果对于任意正整数 i，

a) $A_i=\{-i, -i+1, \cdots, -1, 0, 1, \cdots, i-1, i\}$

b) $A_i=\{-i, i\}$

c) $A_i=[-i, i]$，即满足 $-i\leqslant x\leqslant i$ 的实数 x 的集合

d) $A_i=[i, \infty)$，即满足 $x\geqslant i$ 的实数 x 的集合

59. 使用上题中的同一个全集，求下列比特串各自代表的集合。

a) 11 1100 1111　　b) 01 0111 1000

c) 10 0000 0001

61. 对应于两个集合之差的比特串是什么？

63. 令 $A=\{a, b, c, d, e\}$，$B=\{b, c, d, g, p, t, v\}$，$C=\{c, e, i, o, u, x, y, z\}$，$D=\{d, e, h, i, n, o, t, u, x, y\}$。试阐述怎样用比特串的按位运算求下列集合的组合：

a) $A\cup B$　　b) $A\cap B$

c) $(A\cup D)\cap(B\cup C)$　　d) $A\cup B\cup C\cup D$

65. 求下列集合的后继。

a) $\{1, 2, 3\}$　　b) $\varnothing$

c) $\{\varnothing\}$　　d) $\{\varnothing, \{\varnothing\}\}$

67. 令 A 和 B 分别为多重集 $\{3\cdot a, 2\cdot b, 1\cdot c\}$ 和 $\{2\cdot a, 3\cdot b, 4\cdot d\}$。求

a) $A\cup B$　　b) $A\cap B$　　c) $A-B$

d) $B-A$　　e) $A+B$

69. 假定所有集合是多重集而非普通集合，试重新回答练习 68。

有限集 A 和 B 的**雅卡尔相似度**(Jaccard similarity) $J(A, B)=|A\cap B|/|A\cup B|$，初始值为 $J(\varnothing, \varnothing)=1$。

A 和 B 之间的**雅卡尔距离**(Jaccard distance)$d_J(A, B)=1-J(A, B)$。

71. 针对下列集合对，试求 $J(A, B)$ 和 $d_J(A, B)$。

a) $A=\{1, 3, 5\}$，$B=\{2, 4, 6\}$

b) $A=\{1, 2, 3, 4\}$，$B=\{3, 4, 5, 6\}$

c) $A=\{1, 2, 3, 4, 5, 6\}$，$B=\{1, 2, 3, 4, 5, 6\}$

d) $A=\{1\}$，$B=\{1, 2, 3, 4, 5, 6\}$

Links 人工智能中使用**模糊集合**。全集 U 中每个元素在模糊集合 S 中都有个隶属度，即 0 和 1 之间(包括 0 和 1)的实数。模糊集合 S 的表示法是列出元素及其隶属度(隶属度为 0 的元素不列)。例如，用{0.6 Alice，0.9 Brian，0.4 Fred，0.1 Oscar，0.5 Rita}表示名人集合 F，说明 Alice 在 F 中的隶属度为 0.6，Brian 在 F 中的隶属度为 0.9，Fred 在 F 中的隶属度为 0.4，Oscar 在 F 中的隶属度为 0.1，而 Rita 在 F 中的隶属度为 0.5(因此这些人里 Brian 最出名而 Oscar 最不出名)。再假定 R 是富人集合，$R=$ {0.4 Alice，0.8 Brian，0.2 Fred，0.9 Oscar，0.7 Rita}。

73. 模糊集合 S 的补集是集合 $\overline{S}$，元素在 $\overline{S}$ 中的隶属度等于 1 减去该元素在 S 中的隶属度。求 $\overline{F}$(不出名者的模糊集合)和 $\overline{R}$(不富裕者的模糊集合)。

75. 模糊集合 S 和 T 的交集是模糊集合 $S\cap T$，其中每个元素的隶属度是该元素在 S 和 T 中的隶属度的最小值。求既出名又富裕者的模糊集合 $F\cap R$。

2.3　函数

2.3.1　引言

在许多情况下我们都会为一个集合的每个元素指派另一个集合(可以就是第一个集合)中的一个特定元素。例如，假定对离散数学课的每个学生指派一个从{A，B，C，D，F}中字母作为他的得分。再假定 Adams 的得分是 A，Chou 的得分是 C，Goodfriend 的得分是 B，Rodriguez 的得分是 A，而 Stevens 的得分是 F。这一得分指派如图 1 所示。

这种指派就是函数的一个例子。在数学和计算机科学中函数的概念特别重要。例如在离散数学中函数用于定义像序列和字符串这样的离散结构。函数还可用于表示计算机需要多少时间来求解给定规模的问题。许多计算机程序和子程序被设计用来计算函数值。递归函数是基于自身来定义的函数，在计算机科学中应用广泛。这一节只是回顾一下离散数学中会用到的有关函数的基本概念。

定义 1　令 A 和 B 为非空集合。从 A 到 B 的函数 f 是对元素的一种指派，对 A 的每个元素恰好指派 B 的一个元素。如果 B 中元素 b 是唯一由函数 f 指派给 A 中元素 a 的，则我们就写成 $f(a)=b$。如果 f 是从 A 到 B 的函数，就写成 $f: A\to B$。

评注　函数有时也称为**映射**(mapping)或者**变换**(transformation)。

Assessment 有许多描述函数的方式。有时候明确说明指派关系(如图 1 所示)。通常我们会给出一个公式来定义函数，如 $f(x)=x+1$。有时候也用计算机程序来描述函数。

函数 $f: A\to B$ 也能由从 A 到 B 的关系来定义。回顾 2.1 节 A 到 B 的关系就是集合 $A\times B$ 的子集。对于 A 到 B 的关系，如果对每一个元素 $a\in A$ 都有且仅有一个序偶(a, b)，则它就定义了 A 到 B 的一个函数 f。这个函数通过指派 $f(a)=b$ 来定义，其中(a, b)是关系中唯一以 a 为第一个元素的序偶。

定义 2　如果 f 是从 A 到 B 的函数，我们说 A 是 f 的定义域(domain)，而 B 是 f 的陪域(codomain)。如果 $f(a)=b$，我们说 b 是 a 的像(image)，而 a 是 b 的原像(preimage)。f 的值域(range)或像是 A 中元素的所有像的集合。如果 f 是从 A 到 B 的函数，我们说 f 把 A 映射(map)到 B。

图 2 表示 A 到 B 的函数。

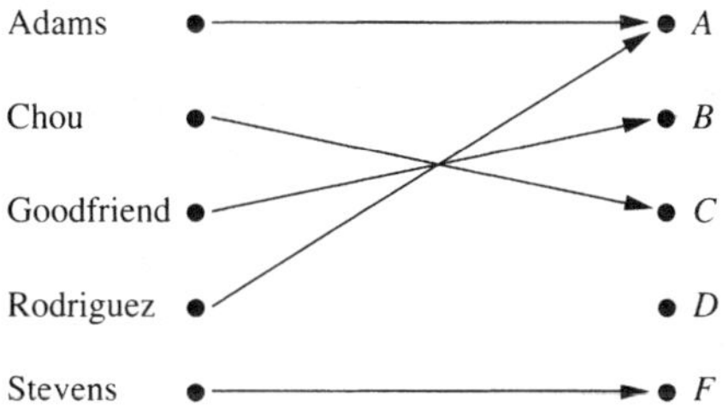

图 1 离散数学课程成绩的指派

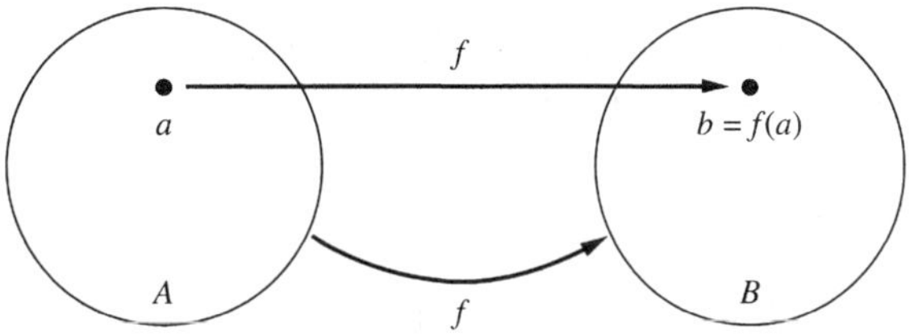

图 2 函数 f 把 A 映射到 B

评注 注意从 A 到 B 的函数的陪域是这类函数所有可能的值的集合(即 B 的所有元素)，而值域则是对所有 $a\in A$ 的 $f(a)$ 值的集合，并且总是陪域的子集。亦即，陪域是函数的可能值的集合，而值域是所有那些能作为定义域中至少一个元素的 f 函数值的陪域中元素的集合。

定义函数的时候，我们需要指定它的定义域、陪域、定义域中元素到陪域的映射。当两个函数有相同的定义域、陪域，定义域中的每个元素映射到陪域中相同的元素时，这两个函数是**相等的**。注意，如果改变函数的定义域或陪域，那么将得到一个不同的函数。如果改变元素的映射关系，也会得到一个不同的函数。

例 1～5 提供了函数的例子。在每个例子中，我们都描述了定义域、陪域、值域和定义域中元素的赋值。

例 1 引用本节开头的例子中给学生打分的函数，描述其定义域、陪域、值域。

解 令 G 为函数，表示在离散数学课上一个学生的得分。例如 $G(\text{Adams})=A$。则 G 的定义域是集合{Adams，Chou，Goodfriend，Rodriguez，Stevens}，陪域是集合{A，B，C，D，F}。G 的值域是{A，B，C，F}，因为除了 D 以外每个分数值被指派给某个学生。◀

例 2 令 R 为包含序偶(Abdul，22)，(Brenda，24)，(Carla，21)，(Desire，22)，(Eddie，24)和(Felicia，22)的一个关系。这里每一对包括学生及其年龄。那么，该关系 R 确定的函数是什么？

解 如果 f 是由这个关系定义的函数，则 $f(\text{Abdul})=22$，$f(\text{Brenda})=24$，$f(\text{Carla})=21$，$f(\text{Desire})=22$，$f(\text{Eddie})=24$，$f(\text{Felicia})=22$。(这里 $f(x)$是 x 的年龄，其中 x 是学生。)定义域为集合{Abdul，Brenda，Carla，Desire，Eddie，Felicia}。还需要指定一个陪域，包含学生所有可能的年龄。因为所有学生的年龄很可能小于 100 岁，我们可以取小于 100 的正整数作为陪域。(注意，我们也可以选择不同的陪域，如所有正整数的集合或者 10～90 的正整数的集合，但是这会改变函数。采用这个陪域使得我们以后可以通过增加更多学生的名字和年龄来扩展函数。)这里定义的函数的值域是这些学生的不同年龄的集合，即集合{21，22，24}。◀

Extra Examples

例 3 令 f 为函数，给长度大于或等于 2 的比特串指派其最后两位。例如，$f(11010)=10$。那么，f 的定义域就是所有长度大于或等于 2 的比特串的集合，而陪域和值域都是集合{00，01，10，11}◀

例 4 令函数 $f:\mathbf{Z}\to\mathbf{Z}$ 给每个整数指派其平方。于是 $f(x)=x^2$，这里 f 的定义域是所有整数的集合，f 的陪域是所有整数的集合，f 的值域是所有那些完全平方数的整数集合，即{0，1，4，9，…}。◀

例 5 函数的定义域和陪域往往用程序语言描述。例如 Java 语句

int **floor**(float real){…}

和 C++函数语句

int **floor**(float x){…}

说的都是 floor 函数的定义域是(由浮点数表示的)实数集合，而它的陪域是整数集合。◀

一个函数称为是**实值函数**如果其陪域是实数集合，称为**整数值函数**如果其陪域是整数集合。具有相同定义域的两个实值函数或两个整数值函数可以相加和相乘。

定义 3 令 f_1 和 f_2 是从 A 到 $\mathbf{R}$ 的函数，那么 f_1+f_2 和 f_1f_2 也是从 A 到 $\mathbf{R}$ 的函数，其定义为对于任意 $x\in A$

$$(f_1+f_2)(x)=f_1(x)+f_2(x)$$
$$(f_1f_2)(x)=f_1(x)f_2(x)$$

注意，f_1+f_2 和 f_1f_2 的定义是利用 f_1 和 f_2 在 x 的值来计算它们在 x 的值。

例 6 令 f_1 和 f_2 是从 $\mathbf{R}$ 到 $\mathbf{R}$ 的函数，使得 $f_1(x)=x^2$ 且 $f_2(x)=x-x^2$。函数 f_1+f_2 和 f_1f_2 是什么？

解 从函数的和与积的定义可知

$$(f_1+f_2)(x)=f_1(x)+f_2(x)=x^2+(x-x^2)=x$$

且

$$(f_1f_2)(x)=x^2(x-x^2)=x^3-x^4$$ ◀

当 f 是一个从 A 到 B 的函数时，可以定义 A 的子集的像。

定义 4 令 f 为从 A 到 B 的函数，S 为 A 的一个子集。S 在函数 f 下的像是由 S 中元素的像组成的 B 的子集。我们用 $f(S)$ 表示 S 的像，于是

$$f(S)=\{t\mid \exists s\in S(t=f(s))\}$$

我们也用简写 $\{f(s)\mid s\in S\}$ 来表示这个集合。

评注 用 $f(S)$ 表示集合 S 在函数 f 下的像可能会有潜在的二义性。这里，$f(S)$ 表示一个集合，而不是函数 f 在集合 S 处的值。

例 7 令 $A=\{a, b, c, d, e\}$ 而 $B=\{1, 2, 3, 4\}$，且 $f(a)=2$，$f(b)=1$，$f(c)=4$，$f(d)=1$ 及 $f(e)=1$。子集 $S=\{b, c, d\}$ 的像是集合 $f(S)=\{1, 4\}$。 ◀

2.3.2 一对一函数和映上函数

有些函数不会把同样的值赋给定义域中两个不同元素。这种函数称为一对一的。

定义 5 函数 f 称为是一对一(one-to-one)或单射(injection)函数，当且仅当对于 f 的定义域中的所有 a 和 b 有 $f(a)=f(b)$ 蕴含 $a=b$。一个函数如果是一对一的，就称为是单射的(injective)。

注意，函数 f 是一对一的当且仅当只要 $a\neq b$ 就有 $f(a)\neq f(b)$。这种表达 f 为一对一函数的方式是通过对定义中的蕴含式取逆否命题而来的。

评注 我们可以用量词来表达 f 是一对一的，如 $\forall a\forall b(f(a)=f(b)\rightarrow a=b)$ 或等价地 $\forall a\forall b(a\neq b\rightarrow f(a)\neq f(b))$，其中论域是函数的定义域。

Assessment

我们通过一对一的函数和不是一对一的函数示例来说明这个概念。

Extra Examples

例 8 判断从 $\{a, b, c, d\}$ 到 $\{1, 2, 3, 4, 5\}$ 的函数 f 是否为一对一的，这里 $f(a)=4$，$f(b)=5$，$f(c)=1$ 而 $f(d)=3$。

解 f 是一对一的，因为 f 在它定义域的四个元素上取不同的值。如图 3 所示。 ◀

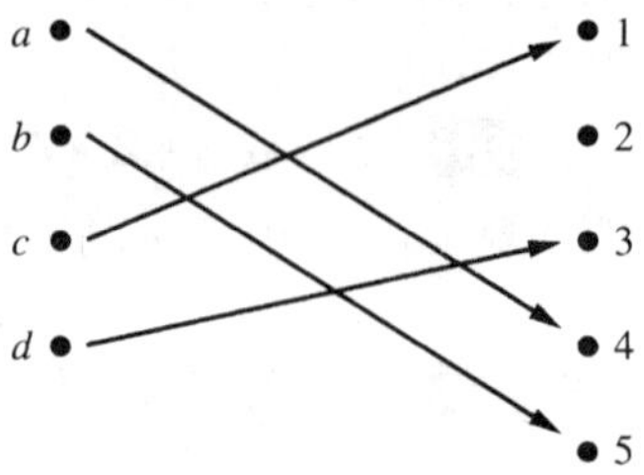

图 3 一个一对一函数

例 9 判断从整数集合到整数集合的函数 $f(x)=x^2$ 是否为一对一的。

解 函数 $f(x)=x^2$ 不是一对一的，因为 $f(1)=f(-1)=1$，但 $1\neq -1$。 ◀

评注 函数 $f(x)=x^2$ 在定义域 $\mathbf{Z}^+$ 上是一对一的（参见例 12 的解释）。这个函数和例 9 的函数不同，因为其定义域不同。

例 10 判断实数集合到它自身的函数 $f(x)=x+1$ 是否为一对一函数。

解 假设实数 x 和 y 使得 $f(x)=f(y)$，于是有 $x+1=y+1$。这意味着 $x=y$。故，$f(x)=x+1$ 是 $\mathbf{R}$ 到 $\mathbf{R}$ 的一对一函数。◀

例 11 假设从一组只能由单个工人完成的工作集合中为一组雇员中的每个工人指派一项工作。这种情况下，为每个工人指派一项工作的函数就是一对一的。要了解这一点，注意如果 x 和 y 是两个不同的工人，则 $f(x)\neq f(y)$，因为两个工人 x 和 y 必须被指派不同的工作。◀

现在我们来给出一些条件保证函数为一对一的。

> **定义 6** 定义域和陪域都是实数集子集的函数 f 称为是递增的，如果对 f 的定义域中的 x 和 y，当 $x<y$ 时有 $f(x)\leqslant f(y)$；称为是严格递增的，如果当 $x<y$ 时有 $f(x)<f(y)$。类似地，f 称为是递减的，如果对 f 的定义域中的 x 和 y，当 $x<y$ 时有 $f(x)\geqslant f(y)$；称为是严格递减的，如果当 $x<y$ 时有 $f(x)>f(y)$（定义中严格一词意味着严格不等式）。

评注 一个函数 f 是递增的，如果 $\forall x\forall y(x<y\rightarrow f(x)\leqslant f(y))$；是严格递增的，如果 $\forall x\forall y(x<y\rightarrow f(x)<f(y))$；是递减的，如果 $\forall x\forall y(x<y\rightarrow f(x)\geqslant f(y))$；是严格递减的，如果 $\forall x\forall y(x<y\rightarrow f(x)>f(y))$。这里论域均为函数 f 的定义域。

例 12 从 $\mathbf{R}^+$ 到 $\mathbf{R}^+$ 的函数 $f(x)=x^2$ 是严格递增的。要了解这点，假设 x 和 y 是正实数且 $x<y$。不等式两边乘上 x，得 $x^2<xy$。同样，两边乘上 y，得 $xy<y^2$。于是，$f(x)=x^2<xy<y^2=f(y)$。可是，从 $\mathbf{R}$ 到非负实数集的函数 $f(x)=x^2$ 不是严格递增的，因为 $-1<0$，但是 $f(-1)=(-1)^2=1$ 不小于 $f(0)=0^2=0$。◀

从上述定义可知（参见练习 26 和 27）严格递增的或者严格递减的函数必定是一对一的。但是，一个函数如果不是严格意义上的递增或递减，就不是一对一的了。

有些函数的值域和陪域相等。即陪域中的每个成员都是定义域中某个元素的像。具有这一性质的函数称为**映上**函数。

> **定义 7** 一个从 A 到 B 的函数 f 称为映上(onto)或满射(surjection)函数，当且仅当对每个 $b\in B$ 有元素 $a\in A$ 使得 $f(a)=b$。一个函数 f 如果是映上的就称为是满射的(surjective)。

评注 函数 f 是映上的如果 $\forall y\exists x(f(x)=y)$，其中 x 的论域是函数的定义域，y 的论域是函数的陪域。

我们现在举几个映上函数和非映上函数的例子。

例 13 令 f 为从 $\{a, b, c, d\}$ 到 $\{1, 2, 3\}$ 的函数，其定义为 $f(a)=3$，$f(b)=2$，$f(c)=1$ 及 $f(d)=3$。f 是映上函数吗？ Extra Examples

解 由于陪域中所有 3 个元素均为定义域中元素的像，所以 f 是映上的。如图 4 所示。注意，如果陪域是 $\{1, 2, 3, 4\}$ 的话，f 就不是映上的了。◀

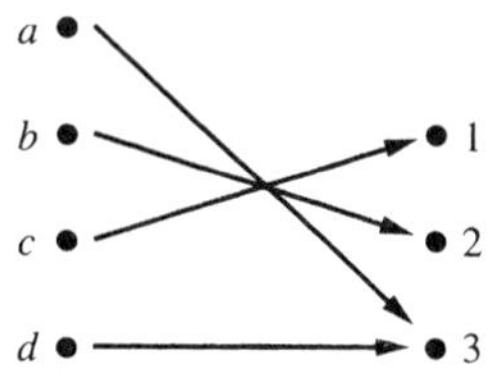

图 4 一个映上函数

例 14 从整数集到整数集的函数 $f(x)=x^2$ 是映上的吗？

解 函数 f 不是映上的，因为没有整数 x 使 $x^2=-1$。◀

例 15 从整数集到整数集的函数 $f(x)=x+1$ 是映上的吗？

解 这个函数是映上的，因为对每个整数 y 都有一个整数 x 使得 $f(x)=y$。要了解这一点，只要注意 $f(x)=y$ 当且仅当 $x+1=y$，而这又当且仅当 $x=y-1$。（注意 $y-1$ 也是一个整数，因而也在 f 的定义域中。）◀

例 16 考虑例 11 中将工作指派给工人的函数。函数 f 是映上的，如果对于每项工作都有

一名工人被指派这项工作。函数 f 不是映上的，当至少有一项工作没有被指派给工人时。◀

定义 8 函数 f 是一一对应(one-to-one correspondence)或双射(bijection)函数，如果它既是一对一的又是映上的。这样的函数称为是双射的(bijective)。

例 17 和例 18 阐述双射函数的概念。

例 17 令 f 为从 $\{a, b, c, d\}$ 到 $\{1, 2, 3, 4\}$ 的函数，其定义为 $f(a)=4$，$f(b)=2$，$f(c)=1$ 及 $f(d)=3$。f 是双射函数吗?

解 函数 f 是一对一的和映上的。它是一对一的，因为定义域中没有两个值被指派相同的函数值；它是映上的，因为陪域中所有 4 个元素均为定义域中元素的像。于是，f 是双射函数。◀

图 5 给出了 4 个函数，其中第一个是一对一的，但不是映上的；第二个是映上的，但不是一对一的；第三个既是一对一的，也是映上的；第四个既不是一对一的，也不是映上的。图 5 中的第五个对应关系不是函数，因为它给一个元素指派了两个不同的元素。

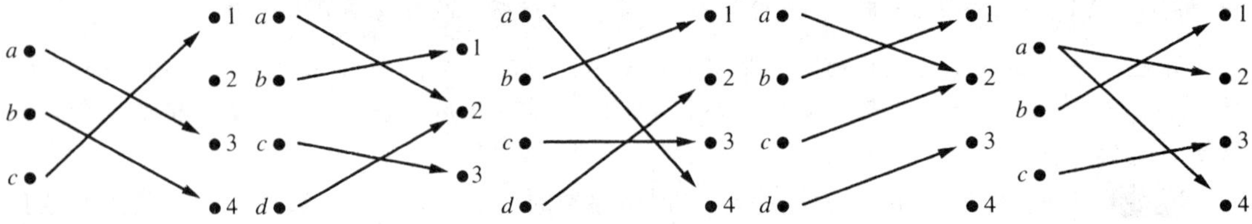

a)一对一，非映上　b)映上，非一对一　c)一对一，映上　d)既非一对一，也非映上　e)不是函数

图 5　不同类型的对应关系的例子

假定 f 是从集合 A 到自身的函数。如果 A 是有限的，那么 f 是一对一的当且仅当它是映上的。(可由练习 74 的结论推出。)当 A 为无限的时，这一结论不一定成立(将在 2.5 节中予以证明)。

例 18 令 A 为集合。A 上的恒等函数是函数 $\iota_A: A \to A$，其中对所有的 $x \in A$

$$\iota_A(x) = x$$

换言之，恒等函数 ι_A 是这样的函数，它给每个元素指派到自身。函数 ι_A 是一对一的和映上的，所以它是双射函数。(注意 ι 是一个希腊字母，读作 iota。)◀

为方便今后的引用，我们这里总结一下为了建立一个函数是否为一对一的和映上的需要证明些什么。参照这个总结回顾例 8～18 是很有启发的。

假设 $f: A \to B$。

要证明 f 是单射的：证明对于任意 $x, y \in A$，如果 $f(x)=f(y)$，则 $x=y$。

要证明 f 不是单射的：找到特定的 $x, y \in A$，使得 $x \neq y$ 且 $f(x)=f(y)$。

要证明 f 是满射的：考虑任意元素 $y \in B$，并找到一个元素 $x \in A$ 使得 $f(x)=y$。

要证明 f 不是满射的：找到一个特定的 $y \in B$，使得对于任意 $x \in A$ 有 $f(x) \neq y$。

2.3.3　反函数和函数合成

现在考虑从集合 A 到集合 B 的一一对应 f。由于 f 是映上函数，所以 B 的每个元素都是 A 中某元素的像。又由于 f 还是一对一的函数，所以 B 的每个元素都是 A 中唯一元素的像。于是，我们可以定义一个从 B 到 A 的新函数，把 f 给出的对应关系颠倒过来。这就导致了定义 9。

定义 9 令 f 为从集合 A 到集合 B 的一一对应。f 的反函数(或逆函数)是这样的函数，它指派给 B 中元素 b 的是 A 中使得 $f(a)=b$ 的唯一元素 a。f 的反函数用 f^{-1} 表示。于是，当 $f(a)=b$ 时 $f^{-1}(b)=a$。

评注　切勿将函数 f^{-1} 与 $1/f$ 混淆，后者表示定义域中每个元素 x 对应函数值为 $1/f(x)$ 的一个函数。注意仅当 $f(x)$ 为非 0 实数时后者才有意义。

图 6 解释了反函数的概念。

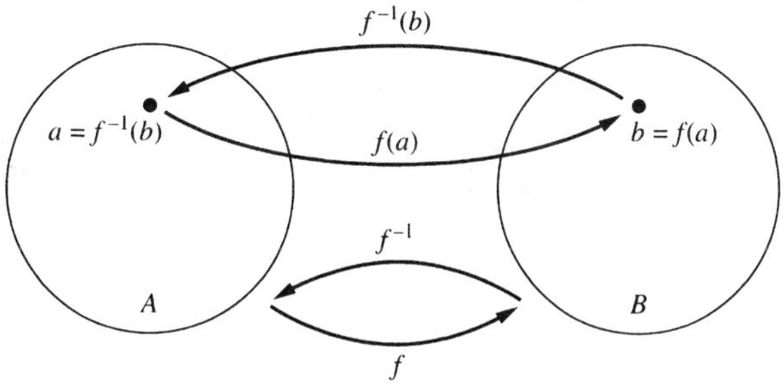

图 6　函数 f^{-1} 是函数 f 的反函数

如果函数 f 不是一一对应的，就无法定义反函数。如果 f 不是一一对应的，那么它或者不是一对一的，或者不是映上的。如果 f 不是一对一的，则陪域中的某元素 b 是定义域中多个元素的像。如果 f 不是映上的，那么对于陪域中某个元素 b，定义域中不存在元素 a 使 $f(a)=b$。因此，如果 f 不是一一对应的，就不能为陪域中每个元素 b 都指派定义域中唯一的元素 a 使 $f(a)=b$（因为对某个 b 或者有多个这样的 a，或者没有这样的 a）。

一一对应关系被称为**可逆的**(invertible)，因为可以定义这个函数的反函数。如果函数不是一一对应关系，就说它是**不可逆的**(not invertible)，因为这样的函数不存在反函数。

例 19　令 f 为从 $\{a, b, c\}$ 到 $\{1, 2, 3\}$ 的函数，$f(a)=2$，$f(b)=3$ 及 $f(c)=1$。f 可逆吗？如果可逆，其反函数是什么？

解　f 是可逆的，因为它是一个一一对应关系。反函数 f^{-1} 颠倒 f 给出的对应关系，所以 $f^{-1}(1)=c$，$f^{-1}(2)=a$ 而 $f^{-1}(3)=b$。◀

例 20　令 $f:\mathbf{Z}\to\mathbf{Z}$，使得 $f(x)=x+1$。f 可逆吗？如果可逆，其反函数是什么？

解　f 可逆，因为由例 10 和例 15 已证明它是一一对应关系。要颠倒对应关系，设 y 是 x 的像，则 $y=x+1$。从而 $x=y-1$。这意味着 $y-1$ 是在 f^{-1} 之下赋予 y 的 $\mathbf{Z}$ 的唯一元素。因此，$f^{-1}(y)=y-1$。◀

例 21　令 f 是从 $\mathbf{R}$ 到 $\mathbf{R}$ 的函数，$f(x)=x^2$。f 可逆吗？

解　由于 $f(-2)=f(2)=4$，所以 f 不是一对一的。要想定义反函数，就得为 4 指派两个元素。因此 f 是不可逆的。（注意我们也可以证明因为它不是映上的，所以 f 不是可逆的。）◀

有时候，可以通过限制函数的定义域或者陪域或者两者，来获得一个可逆的函数，如例 22 所示。

例 22　证明如果我们将例 21 中的函数 $f(x)=x^2$ 限定为从所有非负实数集合到所有非负实数集合的函数，那么 f 就是可逆的。

解　从非负实数集合到非负实数集合的函数 $f(x)=x^2$ 是一对一的。要想了解这点，注意如果 $f(x)=f(y)$，那么 $x^2=y^2$。所以 $x^2-y^2=(x+y)(x-y)=0$。这意味着 $x+y=0$ 或者 $x-y=0$，故 $x=y$ 或者 $x=-y$。因为 x 和 y 都是非负的，那必然有 $x=y$。因此，这个函数是一对一的。再者，当陪域是所有非负实数集合时，$f(x)=x^2$ 是映上的，因为每一个非负实数有一个平方根。即如果 y 是非负实数，则存在一个非负实数 x 使得 $x=\sqrt{y}$，也就是 $x^2=y$。因为从非负实数集合到非负实数集合的函数 $f(x)=x^2$ 是一对一的和映上的，所以它是可逆的。它的反函数由规则 $f^{-1}(y)=\sqrt{y}$ 给出。◀

定义 10　令 g 为从集合 A 到集合 B 的函数，f 是从集合 B 到集合 C 的函数，函数 f 和 g 的合成(composition)记作 $f\circ g$，定义为对任意 $a\in A$，有

$$(f\circ g)(a)=f(g(a))$$

换句话说，函数 $f\circ g$ 指派给 A 的元素 a 的就是 f 指派给 $g(a)$ 的元素。$f\circ g$ 的定义域是 g 的定义域。$f\circ g$ 的值域是 g 的值域在 f 下的像。即为了找到 $(f\circ g)(a)$，我们首先对 a 应用函

数 g 得到 $g(a)$，然后再对结果 $g(a)$ 应用函数 f 得到 $(f\circ g)(a)=f(g(a))$。注意，$f\circ g$ 没有定义除非 g 的值域是 f 的定义域的子集。图 7 阐述了函数的合成。

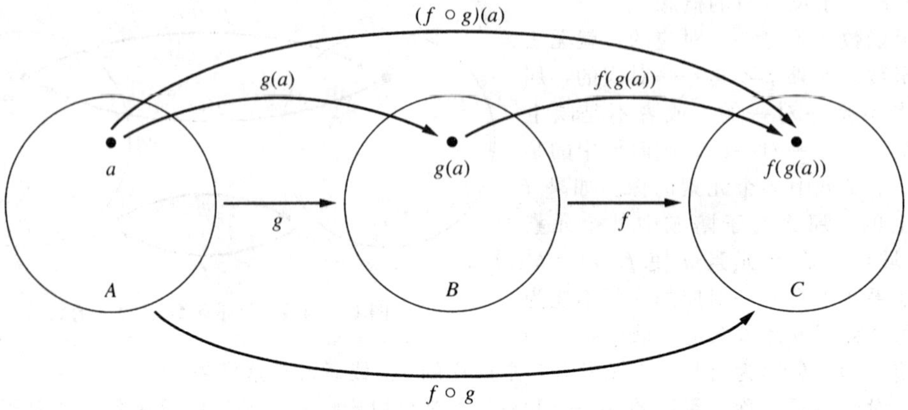

图 7　函数 f 和 g 的合成

例 23 令 g 为从集合 $\{a, b, c\}$ 到它自身的函数，$g(a)=b$，$g(b)=c$，且 $g(c)=a$。令 f 为从集合 $\{a, b, c\}$ 到 $\{1, 2, 3\}$ 的函数，$f(a)=3$，$f(b)=2$，且 $f(c)=1$。f 和 g 的合成是什么？g 和 f 的合成是什么？

解　合成函数 $f\circ g$ 的定义是 $(f\circ g)(a)=f(g(a))=f(b)=2$，$(f\circ g)(b)=f(g(b))=f(c)=1$，且 $(f\circ g)(c)=f(g(c))=f(a)=3$。

注意，$g\circ f$ 是没有定义的，因为 f 的值域不是 g 的定义域的子集。◀

例 24 令 f 和 g 为从整数集到整数集的函数，其定义为 $f(x)=2x+3$ 和 $g(x)=3x+2$。f 和 g 的合成是什么？g 和 f 的合成是什么？

解　合成函数 $f\circ g$ 和 $g\circ f$ 均有定义。即

$$(f\circ g)(x)=f(g(x))=f(3x+2)=2(3x+2)+3=6x+7$$

及

$$(g\circ f)(x)=g(f(x))=g(2x+3)=3(2x+3)+2=6x+11$$ ◀

评注　尽管例 24 中对函数 f 和 g 而言 $f\circ g$ 和 $g\circ f$ 均有定义，$f\circ g$ 和 $g\circ f$ 并不相等。换言之，对函数的合成而言交换律不成立。

例 25 设函数 f 和 g 定义如下 f：$\mathbf{R}\to\mathbf{R}^+\cup\{0\}$，$f(x)=x^2$；$g$：$\mathbf{R}^+\cup\{0\}\to\mathbf{R}$，$g(x)=\sqrt{x}$（这里 $\sqrt{x}$ 是 x 的非负平方根）。$(f\circ g)(x)$ 是什么函数？

解　$(f\circ g)(x)=f(g(x))$ 的定义域是 g 的定义域，即 $\mathbf{R}^+\cup\{0\}$，非负实数集。如果 x 是非负实数，则 $(f\circ g)(x)=f(g(x))=f(\sqrt{x})=(\sqrt{x})^2=x$。$f\circ g$ 的值域是 g 的值域在 f 下的像，即集合 $R^+\cup\{0\}$，非负实数集。总之，$f\circ g$：$\mathbf{R}^+\cup\{0\}\to\mathbf{R}^+\cup\{0\}$，且对所有 x 有 $f(g(x))=x$。◀

在构造函数和它的反函数的合成时，不论以什么次序合成，得到的都是恒等函数。要看清这一点，假定 f 是从集合 A 到集合 B 的一一对应关系。那么存在反函数 f^{-1} 且是从 B 到 A 的一一对应关系。反函数把原函数的对应关系颠倒过来，所以当 $f(a)=b$ 时 $f^{-1}(b)=a$，当 $f^{-1}(b)=a$ 时，$f(a)=b$。因此，

$$(f^{-1}\circ f)(a)=f^{-1}(f(a))=f^{-1}(b)=a$$

及

$$(f\circ f^{-1})(b)=f(f^{-1}(b))=f(a)=b$$

因此 $f^{-1}\circ f=\iota_A$ 和 $f\circ f^{-1}=\iota_B$，其中 ι_A 和 ι_B 分别是集合 A 和 B 上的恒等函数。这就是说，$(f^{-1})^{-1}=f$。

2.3.4 函数的图

可以将一个 $A\times B$ 中的序偶集合和每个从 A 到 B 的函数关联起来。这个序偶集合称为该函数的**图**(graph)，并且经常用图来表示以帮助理解函数的行为。

定义 11 令 f 为从集合 A 到集合 B 的函数，函数 f 的图是序偶集合 $\{(a, b)\mid a\in A$ 且 $f(a)=b\}$。

根据定义，从 A 到 B 的函数 f 的图是 $A\times B$ 中包含下面序偶的子集，其中序偶中第二项等于由 f 指派给第一项的 B 中的元素。还有，注意一个从 A 到 B 的函数的图和由函数 f 确定的从 A 到 B 的关系是一样的，如 2.3.1 节所描述的。

例 26 展示从整数集到整数集的函数 $f(n)=2n+1$ 的图。

解 f 的图是形为 $(n, 2n+1)$ 的序偶的集合，其中 n 为整数。该图如图 8 所示。◀

例 27 展示整数集到整数集的函数 $f(x)=x^2$ 的图。

解 f 的图是形为 $(x, f(x))=(x, x^2)$ 的序偶的集合，其中 x 为整数。该图如图 9 所示。◀

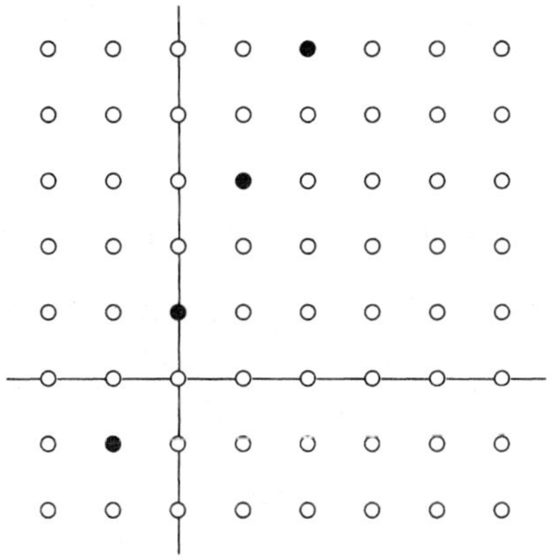

图 8　从 **Z** 到 **Z** 的函数 $f(n)-2n+1$ 的图

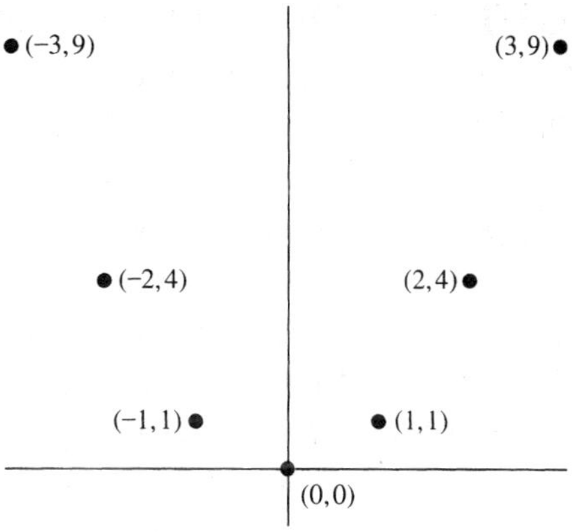

图 9　从 **Z** 到 **Z** 的 $f(x)=x^2$ 的图

2.3.5 一些重要的函数

下面介绍离散数学中两个重要的函数，即下取整函数和上取整函数。令 x 为实数。下取整函数把 x 向下取到小于或等于 x 又最接近 x 的整数，而上取整函数则把 x 向上取到大于或等于 x 又最接近 x 的整数。在对象计数时常会用到这两个函数。在分析求解一定规模的问题的计算机过程所需步骤数时，这两个函数起着重要的作用。

定义 12 下取整函数(floor)指派给实数 x 的是小于或等于 x 的最大整数。下取整函数在 x 的值用 $\lfloor x\rfloor$ 表示。上取整函数(ceiling)指派给实数 x 的是大于或等于 x 的最小整数。上取整函数在 x 的值用 $\lceil x\rceil$ 表示。

评注 下取整函数也常称为最大整数函数，这时经常用 $[x]$ 表示。

例 28 下面是下取整函数和上取整函数的一些值：

$$\left\lfloor\frac{1}{2}\right\rfloor=0,\ \left\lceil\frac{1}{2}\right\rceil=1,\ \left\lfloor-\frac{1}{2}\right\rfloor=-1,\ \left\lceil-\frac{1}{2}\right\rceil=0,\ \lfloor 3.1\rfloor=3,\ \lceil 3.1\rceil=4,\ \lfloor 7\rfloor=7,\ \lceil 7\rceil=7$$ ◀

图 10 显示的是下取整函数和上取整函数的图。图 10a 显示下取整函数 $\lfloor x\rfloor$ 的图。注意这个函数在整个 $[n, n+1)$ 区间内取同样的值 n，然后当 $x=n+1$ 时，取值跳到 $n+1$。图 10b 显示上取整函数 $\lceil x\rceil$ 的图像。这个函数在整个 $(n, n+1]$ 区间内取同样的值 $n+1$，然后当 x 略大于 $n+1$ 时，取值跳到 $n+2$。 Links

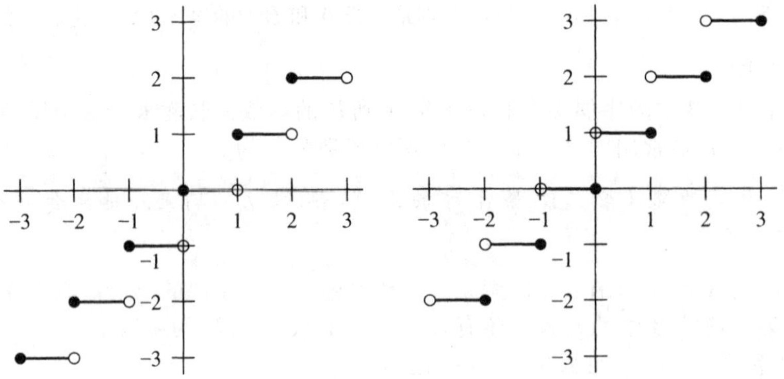

a) $y = [x]$　　b) $y = [x]$

图 10　a)下取整函数图像；b)上取整函数图像

下取整函数和上取整函数有广泛的应用，包括涉及数据存储和数据传输的应用。考虑例 29和例 30，这是研究数据库和数据通信问题时要完成的典型的基本计算。

例 29 存储在计算机磁盘上的或通过数据网络传输的数据通常表示为字节串。每个字节由 8 比特组成。要表示 100 比特的数据需要多少字节？

解　要决定需要的字节数，就要找出最小的整数，它至少要与 100 除以 8 的商一样大，8 是每个字节的比特数。于是，需要的字节数是$\lceil 100/8 \rceil = \lceil 12.5 \rceil = 13$。◀

例 30 在异步传输模式(ATM)(用于骨干网络上的通信协议)下，数据按长度为 53 个字节的信元进行组织。在网络连接上以 500kbit/s 的速率传输数据时 1 分钟能传输多少个 ATM 信元？

解　1 分钟内这个网络连接能传输$500\,000 \times 60 = 30\,000\,000$ 比特。每个 ATM 信元的长度是 53 字节，也就是 $53 \times 8 = 424$ 比特。要计算 1 分钟能传输多少个信元，需计算不超过30 000 000除以 424 的商的最大整数。因此，在 500kbit/s 的网络连接上 1 分钟能传输的 ATM 信元数是$\lfloor 30\,000\,000/424 \rfloor = 70\,754$。◀

表 1　上取整函数和下取整函数的有用性质（*n* 为整数，*x* 为实数）

(1a) $\lfloor x \rfloor = n$ 当且仅当 $n \leqslant x < n+1$
(1b) $\lceil x \rceil = n$ 当且仅当 $n-1 < x \leqslant n$
(1c) $\lfloor x \rfloor = n$ 当且仅当 $x-1 < n \leqslant x$
(1d) $\lceil x \rceil = n$ 当且仅当 $x \leqslant n < x+1$
(2) $x-1 < \lfloor x \rfloor \leqslant x \leqslant \lceil x \rceil < x+1$
(3a) $\lfloor -x \rfloor = -\lceil x \rceil$
(3b) $\lceil -x \rceil = -\lfloor x \rfloor$
(4a) $\lfloor x+n \rfloor = \lfloor x \rfloor + n$
(4b) $\lceil x+n \rceil = \lceil x \rceil + n$

表 1 给出了下取整函数和上取整函数的一些简单而又重要的性质，这里 x 代表一个实数。由于这两个函数在离散数学中出现得十分频繁，所以看一看表中的恒等式是有益的。表中的每条性质都可以用下取整函数和上取整函数的定义来建立。性质(1a)、(1b)、(1c)和(1d)可以直接由定义得出。例如，(1a)说的是$\lfloor x \rfloor = n$ 当且仅当整数 n 小于等于 x 而 $n+1$ 大于 x。这恰恰就是 n 为不超过 x 的最大整数的含义，也就是$\lfloor x \rfloor = n$ 的定义。类似地，可以建立性质(1b)、(1c)和(1d)。我们使用直接证明法来证明性质(4*a*)。

证明　假定$\lfloor x \rfloor = m$，其中 m 为整数。由性质(1*a*)知，$m \leqslant x < m+1$。在这两个不等式的三项数值上加上 n，可得 $m+n \leqslant x+n < m+n+1$。再次利用性质(1*a*)，可知$\lfloor x+n \rfloor = m+n = \lfloor x \rfloor + n$。从而完成证明。其他性质的证明留作练习。◀

除了表 1 列出的性质外，上取整函数和下取整函数还有许多其他有用的性质。也有许多关于这些函数的语句看似正确而实则不然。我们将在例 29 和例 30 中考虑与上取整函数和下取整函数有关的语句。

在考虑下取整函数相关的语句时，一个有用的方法是令 $x = n + \varepsilon$，其中 $n = \lfloor x \rfloor$是一个整数，而 ε 是 x 的分数部分，满足不等式 $0 \leqslant \varepsilon < 1$。类似地，考虑上取整函数相关的语句时，通常写 $x = n - \varepsilon$，其中 $n = \lceil x \rceil$且 $0 \leqslant \varepsilon < 1$。

Extra Examples

例 31 证明如果 x 是一个实数，则 $\lfloor 2x \rfloor = \lfloor x \rfloor + \left\lfloor x+\frac{1}{2} \right\rfloor$。

解 要证明这个语句，令 $x=n+\varepsilon$，其中 n 是正整数且 $0\leqslant\varepsilon<1$。依据 ε 是小于或者大于等于 $\frac{1}{2}$，分别考虑两种情况。（选择这两种情况的原因看证明就明白了。）

首先，考虑 $0\leqslant\varepsilon<\frac{1}{2}$ 的情况。此时，$2x=2n+2\varepsilon$ 且 $\lfloor 2x \rfloor=2n$，因为 $0\leqslant 2\varepsilon<1$。类似地，$x+\frac{1}{2}=n+\left(\frac{1}{2}+\varepsilon\right)$，故 $\left\lfloor x+\frac{1}{2}\right\rfloor=n$，因为 $0<\frac{1}{2}+\varepsilon<1$。因此，$\lfloor 2x \rfloor=2n$ 且 $\lfloor x \rfloor+\left\lfloor x+\frac{1}{2}\right\rfloor=n+n=2n$。

接下来，考虑 $\frac{1}{2}\leqslant\varepsilon<1$ 的情况。此时，$2x=2n+2\varepsilon=(2n+1)+(2\varepsilon-1)$。由于 $0\leqslant 2\varepsilon-1<1$，可得 $\lfloor 2x \rfloor=2n+1$。因为 $\left\lfloor x+\frac{1}{2}\right\rfloor=\left\lfloor n+\left(\frac{1}{2}+\varepsilon\right)\right\rfloor=\left\lfloor n+1+\left(\varepsilon-\frac{1}{2}\right)\right\rfloor$ 且 $0\leqslant\varepsilon-\frac{1}{2}<1$，所以可得 $\left\lfloor x+\frac{1}{2}\right\rfloor=n+1$。因此，$\lfloor 2x \rfloor=2n+1$ 且 $\lfloor x \rfloor+\left\lfloor x+\frac{1}{2}\right\rfloor=n+(n+1)=2n+1$。证毕。◀

例 32 证明或反驳对于所有实数 x 和 y，有 $\lceil x+y \rceil=\lceil x \rceil+\lceil y \rceil$。

解 尽管这个语句看似合理，但它其实是假的。一个反例就是，令 $x=\frac{1}{2}$ 且 $y=\frac{1}{2}$。此时 $\lceil x+y \rceil=\left\lceil\frac{1}{2}+\frac{1}{2}\right\rceil=\lceil 1 \rceil=1$，但 $\lceil x \rceil+\lceil y \rceil=\left\lceil\frac{1}{2}\right\rceil+\left\lceil\frac{1}{2}\right\rceil=1+1=2$。◀

本书中还会用到几类函数。其中包括多项式、对数和指数函数。本书中用记号 $\log x$ 表示以 2 为底的对数，因为 2 是我们将经常使用的对数的底数。我们用 $\log_b x$ 表示以 b 为底的对数，其中 b 是大于 1 的任意实数，用 $\ln x$ 表示自然对数。

我们将在本书中常用的另一个函数是**阶乘函数** $f:\mathbf{N}\to\mathbf{Z}^+$，记为 $f(n)=n!$。$f(n)=n!$ 的值是前 n 个正整数的乘积，因此 $f(n)=1\cdot 2\cdots(n-1)\cdot n$［并且 $f(0)=0!=1$］。

例 33 我们有 $f(1)=1!=1$，$f(2)=2!=1\cdot 2=2$，$f(6)=6!=1\cdot 2\cdot 3\cdot 4\cdot 5\cdot 6=720$，$f(20)=1\cdot 2\cdot 3\cdot 4\cdot 5\cdot 6\cdot 7\cdot 8\cdot 9\cdot 10\cdot 11\cdot 12\cdot 13\cdot 14\cdot 15\cdot 16\cdot 17\cdot 18\cdot 19\cdot 20=2\,432\,902\,008\,176\,640\,000$。◀

例 33 表明阶乘函数随着 n 的增加而迅速递增。阶乘函数的快速递增通过斯特林公式可以看得更加清楚，这是一个由高等数学得出的结果，$n!\sim\sqrt{2\pi n}(n/e)^n$。这里，我们用 $f(n)\sim g(n)$ 这样的表示法，意思是随着 n 的无限递增比值 $f(n)/g(n)$ 趋近于 1（即 $\lim_{n\to\infty} f(n)/g(n)=1$）。符号～读作“渐近于”。斯特林公式是以 18 世纪的苏格兰数学家詹姆斯·斯特林的名字命名的。

2.3.6 部分函数

用于计算一个函数的程序可能不会对这个函数定义域中所有的元素产生正确的函数值。例如，由于在计算函数时可能导致无限循环或溢出，所以一个程序可能不会产生一个正确的值。类似地，在抽象的数学里，我们也常讨论那些只在实数的一个子集上有定义的函数，如 $1/x$、$\sqrt{x}$ 和 $\arcsin(x)$。还有，我们也可以用到这样的概念，如“幼子”函数，这对于没有孩子的夫妇是无定义的；或者“日出时间”，这对于位于北极圈的地方在某些日期是无定义的。要研究这种情形，我们需要用到部分函数的概念。

定义 13 一个从集合 A 到集合 B 的部分函数（partial function）f 是给 A 的一个子集（称为 f 的定义域（domain of definition））中的每个元素 a 指派 B 中唯一的元素 b。集合 A 和 B 分别称为 f 的域和陪域。我们说 f 对于 A 中但不在 f 的定义域中的元素无定义（undefined）。当 f 的定义域等于 A 时，就说 f 是全函数（total function）。

评注　我们沿用 $f: A \to B$ 来表示 f 是一个从 A 到 B 的部分函数。注意这个和函数的记号是一致的。该记号的上下文可以用来判断 f 是部分函数还是全函数。

例 34　函数 $f: \mathbf{Z} \to \mathbf{R}$，其中 $f(n)=\sqrt{n}$ 是一个从 $\mathbf{Z}$ 到 $\mathbf{R}$ 的部分函数，这里定义域是非负整数的集合。注意 f 对于负整数无定义。

奇数编号练习

1. 为什么下列问题中的 f 不是从 $\mathbf{R}$ 到 $\mathbf{R}$ 的函数？

a) $f(x)=1/x$　　b) $f(x)=\sqrt{x}$　　c) $f(x)=\pm\sqrt{(2x+1)}$

3. 判断 f 是否为从所有比特串的集合到整数集合的函数：

a) $f(S)$ 是 S 中某个比特 0 的位置。

b) $f(S)$ 是 S 中比特 1 的个数。

c) $f(S)$ 是最小整数 i 使 S 中的第 i 位为 1，当 S 是不含比特的空串时 $f(S)=0$。

5. 求下列函数的定义域和值域。（注意在每种情况下，为了求函数定义域，只需确定被该函数指派了值的元素集合。）

a) 函数为每个比特串指派串中 1 的个数与 0 的个数之差。

b) 函数为每个比特串指派串中 0 的个数的 2 倍。

c) 函数为每个比特串指派当把串分成字节（8 比特为 1 个字节）时不够一个字节的比特数。

d) 函数为每个正整数指派不超过该整数的最大完全平方数。

7. 求下列函数的定义域和值域。

a) 函数为每对正整数序偶指派这两个整数中的最大数。

b) 函数为每个正整数指派在该整数中未出现的 0，1，2，3，4，5，6，7，8，9 数字的个数。

c) 函数为比特串指派串中块 11 出现的次数。

d) 函数为比特串指派串中第一个 1 的位置值，如果比特串为全 0 就指派 0。

9. 求下列各值：

a) $\lceil 3/4 \rceil$　　b) $\lfloor 7/8 \rfloor$　　c) $\lceil -3/4 \rceil$

d) $\lfloor -7/8 \rfloor$　　e) $\lceil 3 \rceil$　　f) $\lfloor -1 \rfloor$

g) $\lfloor \frac{1}{2}+\lceil 3/2 \rceil \rfloor$　　h) $\lfloor \frac{1}{2} \cdot \lfloor 5/2 \rfloor \rfloor$

11. 练习 10 中哪些函数是映上的？

13. 练习 12 中哪些函数是映上的？

15. 判断在下列情况下函数 $f: \mathbf{Z} \times \mathbf{Z} \to \mathbf{Z}$ 是否是映上的？

a) $f(m, n)=m+n$　　b) $f(m, n)=m^2+n^2$

c) $f(m, n)=m$　　d) $f(m, n)=|n|$

e) $f(m, n)=m-n$

17. 考虑一所学校中老师集合上的函数。在什么条件下函数是一对一的，如果给老师指派他的

a) 办公室

b) 陪伴学生进行野外实习时一组巴士中制定的巴士

c) 薪水

d) 社会安全号

19. 为练习 17 的每个函数指定陪域。在什么情况下这些你指定了陪域的函数是映上的？

21. 给出从整数集合到正整数集合的函数的显式公式，满足：

a) 一对一但非映上　　b) 映上但非一对一

c) 既映上又一对一　　d) 既不映上又不一对一

23. 判断下列各函数是否是从 $\mathbf{R}$ 到 $\mathbf{R}$ 的双射函数。

a) $f(x)=2x+1$　　b) $f(x)=x^2+1$

c) $f(x)=x^3$　　d) $f(x)=(x^2+1)/(x^2+2)$

25. 令 $f: \mathbf{R} \to \mathbf{R}$ 且对所有 $x \in \mathbf{R}$ 有 $f(x)>0$。证明 $f(x)$ 是严格递减的当且仅当函数 $g(x)=1/f(x)$ 是严格递增的。

27. **a)**证明从 **R** 到自身的严格递减函数是一对一的。

b)试给出一个从 **R** 到自身的不是一对一的递减函数实例。

29. 证明从实数集到非负实数集的函数 $f(x)=|x|$ 不是可逆的，但如果将其定义域限制到非负实数集，则函数是可逆的。

31. 令 $f(x)=\lfloor x^2/3\rfloor$。求 $f(S)$，如果

a)$S=\{-2, -1, 0, 1, 2, 3\}$　**b)**$S=\{0, 1, 2, 3, 4, 5\}$

c)$S=\{1, 5, 7, 11\}$　**d)**$S=\{2, 6, 10, 14\}$

33. 假定 g 是从 A 到 B 的函数，f 是从 B 到 C 的函数。

a)证明如果 f 和 g 均为一对一函数，那么 $f\circ g$ 也是一对一函数。

b)证明如果 f 和 g 均为映上函数，那么 $f\circ g$ 也是映上函数。

35. 试找出一个例子，使得 f 和 g 满足 $f\circ g$ 是双射，但是 g 不是映上的且 f 不是一对一的。

***37.** 如果 f 和 $f\circ g$ 都是映上的，能否得出结论 g 也是映上的？说明理由。

39. 试求 $f+g$ 和 fg，其中函数 f 和 g 同练习 38 一样。

41. 证明从 **R** 到 **R** 的函数 $f(x)=ax+b$ 是可逆的，其中 a 和 b 为常数且 $a\neq 0$，并找出 f 的反函数。

43. **a)**给出一个例子说明练习 42b 中的包含可能是真包含。

b)证明如果 f 是一对一的，则练习 42b 中的包含就是相等。

令 f 是一个从集合 A 到集合 B 的函数。S 是 B 的一个子集。定义 S 的**逆像**(inverse image)为 A 的子集，其元素恰好是 S 所有元素的原像。S 的逆像记作 $f^{-1}(S)$，于是 $f^{-1}(S)=\{a\in A \mid f(a)\in S\}$。（小心：记号 f^{-1} 有两种不同的使用方式。不要将这里引入的符号与可逆函数 f 的逆函数在 y 处的值的记号 $f^{-1}(y)$ 混淆。还要注意集合 S 的逆像 $f^{-1}(S)$ 对所有函数 f 都有意义，而不仅仅是可逆函数。）

45. 令 $g(x)=\lfloor x\rfloor$。求

a)$g^{-1}(\{0\})$　**b)**$g^{-1}(\{-1, 0, 1\})$

c)$g^{-1}(\{x \mid 0<x<1\})$

47. 令 f 为从 A 到 B 的函数。S 为 B 的子集。证明 $f^{-1}(\overline{S})=\overline{f^{-1}(S)}$。

49. 证明 $\lfloor x-1/2\rfloor$ 是最接近 x 的整数，除非 x 恰为两个（相邻）整数的中间数，此时它为这两个整数中较小的一个。

51. 证明如果 x 是一个实数，则有 $x-1<\lfloor x\rfloor\leqslant x\leqslant\lceil x\rceil<x+1$。

53. 证明如果 x 为实数，n 为整数，则

a)$x<n$ 当且仅当 $\lfloor x\rfloor<n$。　**b)**$n<x$ 当且仅当 $\lceil x\rceil$。

55. 证明如果 n 为整数，则当 n 为偶数时 $\lfloor n/2\rfloor=n/2$；当 n 为奇数时 $\lfloor n/2\rfloor=(n-1)/2$。

57. 有些计算器上有个 INT 函数，当 x 为非负实数时 $\text{INT}(x)=\lfloor x\rfloor$；当 x 为负实数时 $\text{INT}(x)=\lceil x\rceil$。证明这一函数 INT 满足等式 $\text{INT}(-x)=-\text{INT}(x)$。

59. 令 a 和 b 的实数，且 $a<b$，用下取整函数和上取整函数表示满足 $a<n<b$ 的整数 n 的数目。

61. 需要用多少字节来编码 n 比特的数据，其中 n 等于

a)7　**b)**17　**c)**1001　**d)**28 800

63. 数据在某以太网上以 1500 个 8 比特(octet)为信息块传输。下面的数据量在这个以太网上传输时需要多少个信息块？（注意一字节就是 8 比特的同义词，1 千字节就是 1000 字节，1 兆字节就是1 000 000 字节。）

a)150 千字节的数据。　**b)**384 千字节的数据。

c)1.544 兆字节的数据。　**d)**45.3 兆字节的数据。

65. 画出从 **R** 到 **R** 的函数 $f(x)=\lfloor 2x\rfloor$ 的图。

67. 画出从 **R** 到 **R** 的函数 $f(x)=\lfloor x\rfloor+\lfloor x/2\rfloor$ 的图。

69. 画出下列各函数的图。

a)$f(x)=\lfloor x+1/2\rfloor$　**b)**$f(x)=\lfloor 2x+1\rfloor$

c)$f(x)=\lceil x/3\rceil$　**d)**$f(x)=\lceil 1/x\rceil$

e)$f(x)=\lceil x-2\rceil+\lfloor x+2\rfloor$　**f)**$f(x)=\lfloor 2x\rfloor\lceil x/2\rceil$

g)$f(x)=\lceil\lfloor x-1/2\rfloor+1/2\rceil$

71. 求 $f(x)=x^3+1$ 的反函数。

73. 令 S 为全集 U 的子集。S 的特征函数 f_S 是从 U 到集合 $\{0, 1\}$ 的函数，使得如果 x 属于 S 则 $f_S(x)=1$，如果 x 不属于 S 则 $f_S(x)=0$。令 A、B 为集合。证明对于所有 $x\in U$ 有

a) $f_{A\cap B}(x)=f_A(x)\cdot f_B(x)$

b) $f_{A\cup B}(x)=f_A(x)+f_B(x)-f_A(x)\cdot f_B(x)$

c) $f_{\overline{A}}(x)=1-f_A(x)$

d) $f_{A\oplus B}(x)=f_A(x)+f_B(x)-2f_A(x)f_B(x)$

75. 证明或反驳下列关于上取整函数和下取整函数的语句。

a) 对任意实数 x，有 $\lceil\lfloor x\rfloor\rceil=\lfloor x\rfloor$。

b) 当 x 是实数时，有 $\lfloor 2x\rfloor=2\lfloor x\rfloor$。

c) 当 x 和 y 是实数时，有 $\lceil x\rceil+\lceil y\rceil-\lceil x+y\rceil=0$ 或 1。

d) 对任意实数 x 和 y，有 $\lceil xy\rceil=\lceil x\rceil\lceil y\rceil$。

e) 对任意实数 x，有 $\left\lceil\frac{x}{2}\right\rceil=\left\lfloor\frac{x+1}{2}\right\rfloor$。

77. 证明如果 x 是一个正实数，则

a) $\lfloor\sqrt{\lfloor x\rfloor}\rfloor=\lfloor\sqrt{x}\rfloor$

b) $\lceil\sqrt{\lceil x\rceil}\rceil=\lceil\sqrt{x}\rceil$

79. 对下列各个部分函数求它的域、陪域、定义域及其无定义的值的集合。另外判断它是否为全函数。

a) $f: \mathbf{Z}\to\mathbf{R}$，$f(n)=1/n$。

b) $f: \mathbf{Z}\to\mathbf{Z}$，$f(n)=\lceil n/2\rceil$。

c) $f: \mathbf{Z}\times\mathbf{Z}\to\mathbf{Q}$，$f(m, n)=m/n$。

d) $f: \mathbf{Z}\times\mathbf{Z}\to\mathbf{Z}$，$f(m, n)=mn$。

e) $f: \mathbf{Z}\times\mathbf{Z}\to\mathbf{Z}$，$f(m, n)=m-n$，如果 $m>n$。

☞ **81. a)** 证明如果 S 是基数为 m 的集合，m 为正整数，则在集合 S 与集合 $\{1, 2, \cdots, m\}$ 之间存在一个一一对应函数。

b) 证明如果 S、T 均为基数为 m 的集合，m 为正整数，则在集合 S 与集合 T 之间存在一个一一对应函数。

2.4 序列与求和

2.4.1 引言

序列是元素的有序列表，在离散数学中有许多应用。例如在第 4 章中将会看到的用来表示某些计数问题的解。序列也是计算机科学中一种重要的数据结构。我们在离散数学的学习中经常要处理序列项的求和问题。本节回顾求和记号的使用、求和的基本性质以及某些特定序列的求和公式。

一个序列中的项可以通过一个适用于序列中每一项的公式来描述。本节还将描述用递推关系来指定一个序列的项的另一种方法，即将每一项表示为前续项的一种组合。我们将介绍一种迭代方法，用于寻找通过递推关系定义的序列的项的闭公式。给定前面若干项来确定一个序列也是离散数学中问题求解的一种有用技能。为此我们会给出一些技巧，以及 Web 上的一些有用工具。

2.4.2 序列

序列是一种用来表示有序列表的离散结构。例如 1，2，3，5，8 是一个含有五项的序列，而 1，3，9，27，81，…，3^n，…是一个无穷序列。

定义 1 序列(sequence)是一个从整数集的一个子集(通常是集合$\{0, 1, 2, \cdots\}$或集合$\{1, 2, 3, \cdots\}$)到一个集合 S 的函数。用记号 a_n 表示整数 n 的像。称 a_n 为序列的一个项(term)。

我们用记号$\{a_n\}$来描述序列。(注意 a_n 表示序列$\{a_n\}$的单项。还要注意一个序列记号$\{a_n\}$与集合的记号有冲突。但使用这个记号的上下文总能分清什么时候在讨论集合而什么时候在讨论序列。还要注意尽管一个序列的记号中用了字母 a，也可以用其他字母或表达式，这取决于所考虑的序列，即字母 a 的选择是任意的。)

我们通过按照下标升序来列举序列项来描述序列。

例 1 考虑序列$\{a_n\}$，其中

$$a_n = \frac{1}{n}$$

这个序列的项的列表从 a_1 开始，即

$$a_1, a_2, a_3, a_4, \cdots$$

开头是：

$$1, 1/2, 1/3, 1/4, \cdots$$ ◀

定义 2 几何级数是如下形式的序列

$$a, ar, ar^2, \cdots, ar^n, \cdots$$

其中初始项 a 和公比 r 都是实数。

评注 几何级数是指数函数 $f(x)=ar^x$ 的离散的对应体。

例 2 序列$\{b_n\}$、$\{c_n\}$和$\{d_n\}$都是几何级数，其中 $b_n=(-1)^n$，$c_n=2\cdot 5^n$，$d_n=6\cdot(1/3)^n$。如果我们以 $n=0$ 开始，则其初始项和公比分别等于 1 和 −1，2 和 5 以及 6 和 1/3。项的列表 b_0，b_1，b_2，b_3，b_4，…的开头是：

$$1, -1, 1, -1, 1, \cdots$$

项的列表 c_0，c_1，c_2，c_3，c_4，…的开头是：

$$2, 10, 50, 250, 1250, \cdots$$

项的列表 d_0，d_1，d_2，d_3，d_4，…的开头是：

$$6, 2, 2/3, 2/9, 2/27, \cdots$$ ◀

定义 3 算术级数是如下形式的序列：

$$a, a+d, a+2d, \cdots, a+nd, \cdots$$

其中初始项 a 和公差 d 都是实数。

评注 算术级数是线性函数 $f(x)=dx+a$ 的离散的对应体。

例 3 序列$\{s_n\}$($s_n=-1+4n$)和$\{t_n\}$($t_n=7-3n$)都是算术级数，如果我们以 $n=0$ 开始，则其初始项和公差分别等于 −1 和 4 以及 7 和 −3。项的列表 s_0，s_1，s_2，s_3，…的开头是：

$$-1, 3, 7, 11, \cdots$$

项的列表 t_0，t_1，t_2，t_3，…的开头是：

$$7, 4, 1, -2, \cdots$$ ◀

在计算机科学中经常使用形如 a_1，a_2，…，a_n 的序列。这些有穷序列也称为**串**(string)。这个串也可以记作 $a_1a_2\cdots a_n$。(回忆一下在 1.1 节介绍的比特串，它就是比特的有限序列。)串的长度是这个串的项数。**空串**是没有任何项的串，记作 λ。空串的长度为 0。

例 4 串 $abcd$ 是长度为 4 的串。 ◀

2.4.3 递推关系

在例 1～3 中，我们通过为项提供显式公式来指定序列。还有许多其他方法可以用来指定一个序列。例如，另外一种指定序列的方法是提供一个或多个初始项以及一种从前面的项确定后续项的规则。

定义 4 关于序列$\{a_n\}$的递推关系(recurrence relation)是一个等式，对所有满足 $n\geq n_0$ 的 n，它把 a_n 用序列中前面项即 a_0，a_1，…，a_{n-1} 中的一项或多项来表示，这里 n_0 是一个非负整数。如果一个序列的项满足递推关系，则该序列就称为递推关系的一个解。(递推关系递归地定义了一个序列。)

例 5 令$\{a_n\}$是一个序列，它满足递推关系 $a_n=a_{n-1}+3$，$n=1, 2, 3, \cdots$，并假定 $a_0=2$。a_1、a_2 和 a_3 是多少？

解 从递推关系可以看出 $a_1=a_0+3=2+3=5$。接着有 $a_2=5+3=8$ 和 $a_3=8+3=11$。◀

例 6 令$\{a_n\}$是一个序列，它满足递推关系 $a_n=a_{n-1}-a_{n-2}$，$n=2, 3, 4, \cdots$，并假定 $a_0=3$，$a_1=5$。a_2 和 a_3 是多少？

解 从递推关系可以看出，$a_2=a_1-a_0=5-3=2$ 且 $a_3=a_2-a_1=2-5=-3$。我们可以用类似方法找到 a_4、a_5，以及后续各项。◀

递归定义的序列的**初始条件**指定了在递推关系定义的首项前的那些项。例如，例 5 中的 $a_0=2$ 以及例 6 中的 $a_0=3$ 和 $a_1=5$ 是初始条件。采用数学归纳法，可以证明一个递推关系及其初始条件唯一地确定了一个序列。

Links〉接下来我们用递推关系来定义一个非常有用的序列，这就是以出生于 12 世纪的意大利数学家斐波那契的名字命名的**斐波那契数列**(Fibonacci sequence)。我们会在第 4 章深入研究这个序列，那里我们会看到它对许多应用非常重要，包括兔子繁殖的增长模型。斐波那契数自然地出现在植物和动物的结构中，例如向日葵上的种子排列和鹦鹉螺壳上的纹理排列。

定义 5 斐波那契数列 $f_0, f_1, f_2, \cdots$ 由初始条件 $f_0=0$、$f_1=1$ 和下列递推关系所定义：

$$f_n=f_{n-1}+f_{n-2} \quad n=2,3,4,\cdots$$

例 7 求斐波那契数 f_2、f_3、f_4、f_5 和 f_6。

解 斐波那契数列的递推关系告诉我们，可通过把前面两项相加来得出后续的项。因为初始条件是 $f_0=0$ 和 $f_1=1$，用定义中的递推关系可得

$$\begin{aligned} f_2 &= f_1+f_0 = 1+0 = 1\\ f_3 &= f_2+f_1 = 1+1 = 2\\ f_4 &= f_3+f_2 = 2+1 = 3\\ f_5 &= f_4+f_3 = 3+2 = 5\\ f_6 &= f_5+f_4 = 5+3 = 8 \end{aligned}$$
◀

例 8 假设$\{a_n\}$是整数序列，定义 $a_n=n!$ 为整数 n 的阶乘函数的值，$n=1, 2, 3, \cdots$。因为 $n!=n((n-1)(n-2)\cdots 2\cdot 1)=na_{n-1}$，所以可以看出阶乘的序列满足递推关系 $a_n=na_{n-1}$，初始条件为 $a_1=1$。◀

当我们为序列的项找到一个显式公式——**闭公式**(closed formula)时，我们就说求解了带有初始条件的递推关系。

例 9 试判定序列$\{a_n\}$(其中对每个非负整数 n 有 $a_n=3n$)是否是递推关系 $a_n=2a_{n-1}-a_{n-2}$ $(n=2, 3, 4, \cdots)$的解。当 $a_n=2^n$ 和 $a_n=5$ 时回答同样的问题。

解 假设对每个非负整数 n 有 $a_n=3n$。则对 $n\geqslant 2$，可以看出 $2a_{n-1}-a_{n-2}=2(3(n-1))-3(n-2)=3n=a_n$。所以，$\{a_n\}$(其中 $a_n=3n$)是递推关系的一个解。

假设对每个非负整数 n 有 $a_n=2^n$。注意 $a_0=1$，$a_1=2$，而 $a_2=4$。因为 $2a_1-a_0=2\cdot 2-1=3\neq a_2$，可知$\{a_n\}$(其中 $a_n=2^n$)不是递推关系的解。

假设对每个非负整数 n 有 $a_n=5$。则对 $n\geqslant 2$，可以看出 $2a_{n-1}-a_{n-2}=2\cdot 5-5=5=a_n$。所以，$\{a_n\}$(其中 $a_n=5$)是递推关系的一个解。◀

已有很多方法可以求解递推关系。这里我们用几个例子介绍一种直观的迭代法。在第 4 章我们会深入研究递推关系。那里我们将证明递推关系如何用于求解计数问题，并且将介绍几种功能强大的方法来求解许多不同的递推关系。

例 10 求解例 5 中带有初始条件的递推关系。

解 连续应用例5中的递推关系，从初始条件 $a_1=2$ 出发向上一直到 a_n 能够推断出序列的闭公式。可以看到

$$
\begin{aligned}
a_2 &= 2+3\\
a_3 &= (2+3)+3=2+3\cdot 2\\
a_4 &= (2+2\cdot 3)+3=2+3\cdot 3\\
&\vdots\\
a_n &= a_{n-1}+3=(2+3\cdot(n-2))+3=2+3(n-1)
\end{aligned}
$$

我们也可以通过连续应用例5中的递推关系，从项 a_n 出发向下一直到初始条件 $a_1=2$ 得到同样的公式。步骤如下：

$$
\begin{aligned}
a_n &= a_{n-1}+3\\
&= (a_{n-2}+3)+3=a_{n-2}+3\cdot 2\\
&= (a_{n-3}+3)+3\cdot 2=a_{n-3}+3\cdot 3\\
&\vdots\\
&= a_2+3(n-2)=(a_1+3)+3(n-2)=2+3(n-1)
\end{aligned}
$$

在递推关系的每一步迭代中，我们通过在前项上加上3而得到序列的下一项。经过递推关系的 $n-1$ 次迭代后就可得到第 n 项。故我们在初始项 $a_1=2$ 上加了 $3(n-1)$ 而得到 a_n。这就是闭公式 $a_n=2+3(n-1)$。注意到这个序列是一个算术级数。◀

例10中使用的技术叫作**迭代**(iteration)。我们迭代或重复利用了递推关系。第一种方法称为**正向替换**——我们从初始条件出发找到连续的项直到 a_n 为止。第二种方法称为**反向替换**，因为我们从 a_n 开始迭代时将其表示为序列中前面的项直到可以用 a_1 来表示。注意当我们使用迭代时，需要先猜测序列项的一个公式。要证明我们的猜测是正确的，需要使用数学归纳法。

第4章我们将证明递推关系可用于为各种问题建模。这里我们仅提供这样的一个例子，说明如何用递推关系来计算复合利率。

例11 **复合利率**(compound interest)。假设一个人在银行的储蓄账户上存了10 000美元，年利率是11%，按年计复利。那么在30年后该账户上将有多少钱？ Extra Examples

解 为求解这个问题，令 P_n 表示 n 年后账户上的金额。因为 n 年后账户上的金额等于 $n-1$ 年后账户上的金额加上第 n 年的利息，易得序列 $\{P_n\}$ 满足递推关系

$$P_n=P_{n-1}+0.11P_{n-1}=(1.11)P_{n-1}$$

初始条件是 $P_0=10\,000$。

我们可以使用迭代法找到 P_n 的公式。注意

$$
\begin{aligned}
P_1 &= (1.11)P_0\\
P_2 &= (1.11)P_1=(1.11)^2P_0\\
P_3 &= (1.11)P_2=(1.11)^3P_0\\
&\vdots\\
P_n &= (1.11)P_{n-1}=(1.11)^nP_0
\end{aligned}
$$

当代入初始条件 $P_0=10\,000$ 时，得到公式 $P_n=(1.11)^n10\,000$。

将 $n=30$ 代入公式 $P_n=(1.11)^n10\,000$，即可得30年后账户上有

$$P_{30}=(1.11)^{30}10\,000=228\,922.97\text{ 美元}$$ ◀

2.4.4 特殊的整数序列

离散数学中的一类共性问题是为了构造序列的项而寻找闭公式、递推关系或者某种一般规则。有时候仅知道用于求解问题的序列中的一部分项，目标则是要确定序列。尽管序列的

初始项不能确定整个序列(毕竟从任何初始项的有限集合开始的序列有无限个)，但了解前几项仍有助于做出关于序列本身的合理猜想。一旦形成猜想，就可以尝试验证你找到了正确序列。

当给定初始项并试图推导出一个可能的公式、递推关系或序列项的某种一般规则时，尝试寻找这些项的一种模式。再观察能否确定一项如何从它前面的项产生。有许多问题可以问，但比较有用的问题是：

- 是否有相同值连续出现，即相同的值在一行中出现多次？
- 是否给前项加上某个常量或与序列中项的位置有关的量后就得出后项？
- 是否给前项乘以特定量就得出后项？
- 是否按照某种方式组合前面若干项就可以得出后项？
- 是否在各项之间存在循环？

Extra Examples

例 12 求具有下列前 5 项的序列公式：(a)1，1/2，1/4，1/8，1/16；(b)1，3，5，7，9；(c)1，−1，1，−1，1。

解 (a)可以看出分母都是 2 的幂次。对 $n=0, 1, 2, \cdots$，满足 $a_n=1/2^n$ 的序列是一个可能的解。这个候选序列是一个几何级数，满足 $a=1$ 和 $r=1/2$。

(b)注意每一项可通过对前一项加上 2 而得到。对 $n=0, 1, 2, \cdots$，满足 $a+n=2n+1$ 的序列是一个可能的解。这个候选序列是算术级数，满足 $a=1$ 和 $d=2$。

(c)各项轮流取值 1 和 −1。对 $n=0, 1, 2, \cdots$，满足 $a_n=(-1)^n$ 的序列是一个可能的解。这个候选序列是几何级数，满足 $a=1$ 和 $r=-1$。 ◀

例 13～15 解释如何通过分析序列来发现项是如何构造的。

例 13 如果一个序列的前 10 项是 1，2，2，3，3，3，4，4，4，4，则如何来产生序列的项？

解 在这个序列中，注意整数 1 出现 1 次，整数 2 出现 2 次，整数 3 出现 3 次，整数 4 出现 4 次。一个合理的序列生成规则是整数 n 恰好出现 n 次，所以序列的下 5 项可能都是 5，随后 6 项可能都是 6，等等。这种方式产生的序列是一个可能的解。 ◀

例 14 如果一个序列的前 10 项是 5，11，17，23，29，35，41，47，53，59，则如何来产生序列的项？

解 注意这个序列的前 10 项中第一项之后每项都是通过对前项加上 6 而得到的(从相邻项之差为 6 看出这一点)。因此从 5 开始总共加$(n-1)$次 6 就产生第 n 项，即一个合理的猜测是第 n 项为 $5+6(n-1)=6n-1$。(这是一个算术级数，满足 $a=5$ 和 $d=6$。) ◀

例 15 如果一个序列的前 10 项是 1，3，4，7，11，18，29，47，76，123，则如何来产生序列的项？

解 观察序列从第三项起每项都是前两项之和，即 $4=3+1$，$7=4+3$，$11=7+4$，等等。因此，如果 L_n 是这个序列的第 n 项，我们猜测序列可由递推关系 $L_n=L_{n-1}+L_{n-2}$ 确定，其初始条件为 $L_1=1$ 和 $L_2=3$(与斐波那契数列具有相同的递推关系，但是初始条件不同)。这个序列被称为 **Lucas 序列**，以法国数学家 François Édouard Lucas 的名字命名。Lucas 在 19 世纪研究了这个序列和斐波那契数列。 ◀

另一种求序列项生成规则的有用技术是对比所求的序列项与熟知的整数序列项，比如算术级数的项、几何级数的项、完全平方数、完全立方数等。表 1 给出了一些应当记住的序列的前 10 项。注意，对于这里列出的序列，每个序列中项的增长要比列表中前面序列项的增长快。3.2 节将研究这些项的增长速率。

表 1 一些有用的序列

第 n 项	前 10 项
n^2	1，4，9，16，25，36，49，64，81，100，…
n^3	1，8，27，64，125，216，343，512，729，1000，…
n^4	1，16，81，256，625，1296，2401，4096，6561，10 000，…
2^n	2，4，8，16，32，64，128，256，512，1024，…
3^n	3，9，27，81，243，729，2187，6561，19 683，59 049，…
$n!$	1，2，6，24，120，720，5040，40 320，362 880，3 628 800，…
f_n	1，1，2，3，5，8，13，21，34，55，89，…

例 16 如果序列$\{a_n\}$的前 10 项为 1，7，25，79，241，727，2185，6559，19 681，59 047，试猜想 a_n 的简单公式。

解 要解决这个问题，先查看相邻项的差，但没有看出模式。当计算相邻项的比来查看每项是否为前项的倍数时，发现这个比虽然不是常数却接近于 3。所以有理由怀疑这个序列的各项是由一个与 3^n 有关的公式产生的。比较这些项与序列$\{3^n\}$的对应项，注意到第 n 项要比对应的 3 的幂次小 2。我们看到对于 $1\leqslant n\leqslant 10$ 来说 $a_n=3^n-2$ 成立，因而猜想对所有 n 来说，这个公式成立。◀

贯穿本书可以看到整数序列在离散数学的各类应用中广泛出现。我们已经看到或将会看到的序列包括：素数序列、将 n 个离散对象进行排序的方法数(第 3 章)、解决著名的 n 碟汉诺塔谜题所需要的步数(第 4 章)以及在一个岛上 n 个月后的兔子数(第 4 章)。

整数序列还出现在离散数学以外的相当广泛的领域，包括生物学、工程、化学、物理学，以及谜题中。在“在线整数序列百科”(Online Encyclopedia of Integer Sequences，OEIS)维护的一个有趣的数据库中可以找到超过 250 000 个不同的整数序列(截至 2017 年)。这个数据库起初是由内尔·斯朗在 1964 年创建的，现在由 OEIS 基金会维护。该数据库最新的印刷版是 1995 年出版的([SIPI95])，当前大百科中的序列比 1995 年版书中的 900 卷还多，且每年会提交超过 10 000 个新的序列。你可以利用 OEIS 网站上的程序来寻找可能与你提供的初始项匹配的序列。比如，你输入 1，1，2，3，5，8，OEIS 就会展示一个页面，确认这是斐波那契数列中连续的项，给出产生这个序列的递推关系，列出广泛的注解(含参考文献)来论述斐波那契数列的多种产生方式，并显示以这些项开始的其他一些序列的信息。 Links

2.4.5 求和

接下来我们考虑序列项的累加问题。为此先引入**求和记号**(summation natation)。首先描述用来表达序列$\{a_n\}$中项

$$a_m,a_{m+1},\cdots,a_n$$

之和的记号。我们用记号

$$\sum_{j=m}^{n}a_j \quad 或 \quad \sum_{m\leqslant j\leqslant n}a_j$$

(读作 a_j 从 $j=m$ 到 $j=n$ 的和)来表示

$$a_m+a_{m+1}+\cdots+a_n$$

此处变量 j 称为**求和下标**，而字母 j 作为变量可以是任意的，即可以使用任何其他字母，比如 i 或 k。或者，用记号表示就是

$$\sum_{j=m}^{n}a_j=\sum_{i=m}^{n}a_i=\sum_{k=m}^{n}a_k$$

此处求和下标依次遍历从下限 m 开始到上限 n 为止的所有整数。用 $\sum$ 表示求和。

通常的算术法则也适用于求和式。例如，当 a 和 b 均为实数时，有 $\sum_{j=1}^{n}(ax_j+by_j)=$

$a\sum_{j=1}^{n} x_j + b\sum_{j=1}^{n} y_j$，这里 x_1，x_2，…，x_n 及 y_1，y_2，…，y_n 均为实数(此处我们没有给出该恒等式的正式证明。这样的证明可以用数学归纳法来加以构建。证明同时会用到加法的交换律与结合律以及乘法对加法的分配律)。

下面给出求和记号的多个例子。

Extra Examples

例 17 用求和记号表示序列 $\{a_j\}$ 前 100 项之和，这里 $a_j=1/j$，$j=1, 2, 3, \cdots$。

解 求和下标下限为 1，上限为 100。这个和可以写成

$$\sum_{j=1}^{100} \frac{1}{j}$$ ◀

例 18 $\sum_{j=1}^{5} j^2$ 的值是多少？

解 我们有

$$\sum_{j=1}^{5} j^2 = 1^2 + 2^2 + 3^2 + 4^2 + 5^2 = 1 + 4 + 9 + 16 + 25 = 55$$ ◀

例 19 $\sum_{k=4}^{8} (-1)^k$ 的值是多少？

解 我们有

$$\begin{aligned}\sum_{k=4}^{8} (-1)^k &= (-1)^4 + (-1)^5 + (-1)^6 + (-1)^7 + (-1)^8 \\ &= 1 + (-1) + 1 + (-1) + 1 \\ &= 1\end{aligned}$$ ◀

有时候对求和式中的求和下标做一下平移会很有好处。当两个求和式需要相加而求和下标却不一致时，通常可以这样做。当平移求和下标时，对应求和项做适当修改也是很重要的。如例 20 所解释。

Extra Examples

例 20 假定有求和式

$$\sum_{j=1}^{5} j^2$$

但是希望求和下标的取值是在 0 和 4 之间而不是在 1 和 5 之间。为此，令 $k=j-1$。于是新的求和下标就是从 0(因为当 $j=1$ 时 $k=1-1=0$)到 4(因为当 $j=5$ 时 $k=5-1=4$)了，而项 j^2 变成了 $(k+1)^2$。因此

$$\sum_{j=1}^{5} j^2 = \sum_{j=0}^{4} (k+1)^2$$

容易验证两个和都是 $1+4+9+16+25=55$。 ◀

几何级数项的求和经常出现(这种求和也称为**几何数列**)。定理 1 给出几何级数的项求和公式。

定理 1 如果 a 和 r 都是实数且 $r \neq 0$，则

$$\sum_{j=0}^{n} ar^j = \begin{cases} \dfrac{ar^{n+1}-a}{r-1} & r \neq 1 \\ (n+1)a & r = 1 \end{cases}$$

证明 令

$$S_n = \sum_{j=0}^{n} ar^j$$

要计算 S，先在等式两边同乘上 r，然后对得出的和式做如下变换：

$$rS_n = r\sum_{j=0}^{n} ar^j \qquad \text{用求和公式代替 } S$$

$$\begin{aligned}
&= \sum_{j=0}^{n} ar^{j+1} && \text{分配律} \\
&= \sum_{k=1}^{n+1} ar^{k} && \text{平移求和下标，令 } k = j+1 \\
&= \left(\sum_{k=0}^{n} ar^{k}\right) + (ar^{n+1} - a) && \text{去除 } k = n+1 \text{ 的项，添加 } k = 0 \text{ 的项} \\
&= S_n + (ar^{n+1} - a) && \text{用 } S \text{ 代替求和公式}
\end{aligned}$$

从这些等式可以看出

$$rS_n = S_n + (ar^{n+1} - a)$$

从该等式解出 S_n 可知，如果 $r \neq 1$，则

$$S_n = \frac{ar^{n+1} - a}{r - 1}$$

如果 $r=1$，则 $S_n = \sum_{j=0}^{n} ar^j = \sum_{j=0}^{n} a = (n+1)a$ 。◀

例 21 很多情况下需要双重求和(比如在计算机程序嵌套循环的分析中)。一个双重求和的例子是

$$\sum_{i=1}^{4} \sum_{j=1}^{3} ij$$

要计算双重求和，先展开内层求和，再继续计算外层求和：

$$\sum_{i=1}^{4} \sum_{j=1}^{3} ij = \sum_{i=1}^{4} (i + 2i + 3i) = \sum_{i=1}^{4} 6i = 6 + 12 + 18 + 24 = 60$$ ◀

我们还可以用求和记号将一个函数的所有值相加，或把针对一个下标集的项都加起来，其中求和下标遍历一个集合中的所有值，即可以写

$$\sum_{s \in S} f(s)$$

来表示对 S 中所有元素 s 求值 $f(s)$ 的和。

例 22 $\sum_{s \in \{0,2,4\}} s$ 的值是多少？

解 由于 $\sum_{s \in \{0,2,4\}} s$ 表示对集合 $\{0, 2, 4\}$ 中所有元素 s 的值求和，因此有

$$\sum_{s \in \{0,2,4\}} s = 0 + 2 + 4 = 6$$ ◀

某些求和问题会在离散数学中反复出现。掌握一组这种求和公式会有好处，表 2 给出了一些常见求和公式。

表 2　多个有用的求和公式

和	闭　形　式	和	闭　形　式
$\sum_{k=0}^{n} ar^k \ (r \neq 0)$	$\frac{ar^{n+1} - a}{r - 1}, r \neq 1$	$\sum_{k=1}^{n} k^3$	$\frac{n^2(n+1)^2}{4}$
$\sum_{k=1}^{n} k$	$\frac{n(n+1)}{2}$	$\sum_{k=0}^{\infty} x^k, \ \lvert x \rvert < 1$	$\frac{1}{1-x}$
$\sum_{k=1}^{n} k^2$	$\frac{n(n+1)(2n+1)}{6}$	$\sum_{k=1}^{\infty} kx^{k-1}, \ \lvert x \rvert < 1$	$\frac{1}{(1-x)^2}$

我们在定理 1 中推导了表中的第一个公式。接下来的三个公式给出了前 n 个正整数的求和、它们的平方和以及它们的立方和。可以用许多不同方式来推导这三个公式(例如，参见练习 37 和 38)。还要注意这里每一个公式，一旦得到了，就可以轻而易举地用数学归纳法加以证

明。表中最后两个公式与无穷级数有关，接下来就会讨论。

例 23 解释了表 2 中的公式是如何使用的。

例 23 求 $\sum_{k=50}^{100} k^2$。

解 首先注意由于 $\sum_{k=1}^{100} k^2 = \sum_{k=1}^{49} k^2 + \sum_{k=50}^{100} k^2$，所以有

$$\sum_{k=50}^{100} k^2 = \sum_{k=1}^{100} k^2 - \sum_{k=1}^{49} k^2$$

利用表 2 的公式 $\sum_{k=1}^{n} k^2 = n(n+1)(2n+1)/6$（证明见练习 38），可以看出

$$\sum_{k=50}^{100} k^2 = \frac{100 \cdot 101 \cdot 201}{6} - \frac{49 \cdot 50 \cdot 99}{6} = 338\,350 - 40\,425 = 297\,925$$ ◀

一些无穷级数 尽管本书中大多数求和都是有限求和，但在离散数学的某些部分中无穷级数也是很重要的。通常在微积分课程中研究无穷级数，甚至这些级数的定义也需要用到微积分，但有时它们也会出现在离散数学中，因为离散数学需要处理离散对象无穷集。尤其是将来在离散数学的研究中，我们将会发现例 24 和 25 中无穷级数的闭公式是非常有用的。

Extra Examples

例 24 （需要微积分知识）令 x 是满足 $|x|<1$ 的实数。求 $\sum_{n=0}^{\infty} x^n$。

解 根据定理 1，令 $a=1$ 和 $r=x$，就可以看出 $\sum_{n=0}^{k} x^n = \frac{x^{k+1}-1}{x-1}$。由于 $|x|<1$，所以当 k 趋于无穷时，x^{k+1} 趋于 0。所以

$$\sum_{n=0}^{\infty} x^n = \lim_{k\to\infty} \frac{x^{k+1}-1}{x-1} = \frac{0-1}{x-1} = \frac{1}{1-x}$$ ◀

通过对已有公式进行微分或积分就可以产生新的求和公式。

例 25 （需要微积分知识）对下列方程两边微分：

$$\sum_{k=0}^{\infty} x^k = \frac{1}{1-x}$$

根据例 24 可得

$$\sum_{k=1}^{\infty} kx^{k-1} = \frac{1}{(1-x)^2}$$

（根据有关无穷级数的定理，当 $|x|<1$ 时这个微分有效。） ◀

奇数编号练习

1. 求序列 $\{a_n\}$ 的下列各项，其中 $a_n = 2 \cdot (-3)^n + 5^n$。

a) a_0　**b)** a_1　**c)** a_4　**d)** a_5

3. 序列 $\{a_n\}$ 的项 a_0，a_1，a_2 和 a_3 是什么？其中 a_n 等于

a) 2^n+1　**b)** $(n+1)^{n+1}$　**c)** $\lfloor n/2 \rfloor$　**d)** $\lfloor n/2 \rfloor + \lceil n/2 \rceil$

5. 列出下列各序列的前 10 项。

a) 序列从 2 开始，后面每项都比前项多 3。

b) 序列按升序把每个正整数列出 3 次。

c) 序列按升序把每个正奇数列出 2 次。

d) 序列的第 n 项是 $n! - 2^n$。

e) 序列从 3 开始，后面每项都是前项的 2 倍。

f) 序列的第一项是 2，第二项是 4，后面每项都是前两项之和。

g) 序列的第 n 项是数 n 的二进制展开式的比特数。

h) 序列的第 n 项是下标 n 的英文单词中包含的字母数。

7. 至少找出 3 个不同的序列，其初始项都是 1、2、4，并可用简单的公式或规则产生各项。

9. 找出有下列递推关系和初始条件所定义的序列的前五项。

a) $a_n=6a_{n-1}$，$a_0=2$
b) $a_n=a_{n-1}^2$，$a_1=2$
c) $a_n=a_{n-1}+3a_{n-2}$，$a_0=1$，$a_1=2$
d) $a_n=na_{n-1}+n^2a_{n-2}$，$a_0=1$，$a_1=1$
e) $a_n=a_{n-1}+a_{n-3}$，$a_0=1$，$a_1=2$，$a_2=0$

11. 令 $a_n=2^n+5\cdot 3^n$，$n=0,1,2,\cdots$。

a) 找出 a_0，a_1，a_2，a_3 和 a_4。
b) 证明 $a_2=5a_1-6a_0$，$a_3=5a_2-6a_1$ 和 $a_4=5a_3-6a_2$。
c) 证明对于所有整数 $n\geqslant 2$，有 $a_n=5a_{n-1}-6a_{n-2}$。

13. 序列$\{a_n\}$是递推关系 $a_n=8a_{n-1}-16a_{n-2}$ 的解吗？如果

a) $a_n=0$
b) $a_n=1$
c) $a_n=2^n$
d) $a_n=4^n$
e) $a_n=n4^n$
f) $a_n=2\cdot 4^n+3n4^n$
g) $a_n=(-4)^n$
h) $a_n=n^24^n$

15. 证明序列$\{a_n\}$是递推关系 $a_n=a_{n-1}+2a_{n-2}+2n-9$ 的解，如果

a) $a_n=-n+2$
b) $a_n=5(-1)^n-n+2$
c) $a_n=3(-1)^n+2^n-n+2$
d) $a_n=7\cdot 2^n-n+2$

17. 找出下面每个带有初始条件的递推关系的解。采用例 10 中所用的迭代方法求解。

a) $a_n=3a_{n-1}$，$a_0=2$
b) $a_n=a_{n-1}+2$，$a_0=3$
c) $a_n=a_{n-1}+n$，$a_0=1$
d) $a_n=a_{n-1}+2n+3$，$a_0=4$
e) $a_n=2a_{n-1}-1$，$a_0=1$
f) $a_n=3a_{n-1}+1$，$a_0=1$
g) $a_n=na_{n-1}$，$a_0=5$
h) $a_n=2na_{n-1}$，$a_0=1$

19. 假设一个菌落中的细菌数量每小时按 3 倍增长。

a) 为经过 n 小时后的细菌数量建立一个递推关系。
b) 如果开始时菌落中有 100 个细菌，那么 10 小时后菌落中有多少细菌？

21. 一家工厂以一个递增速率为客户定制运动汽车。第一个月仅生产一辆车，第二个月生产两辆车，等等，第 n 个月生产了 n 辆车。

a) 为该厂家前 n 个月生产的汽车数量建立一个递推关系。
b) 第一年生产了多少辆车？
c) 为该厂家前 n 个月生产的汽车数量找出一个显式公式。

23. 有一笔 5000 美元的贷款，年利率 7%，按月计复利。如果每月还款 100 美元，请找出 k 个月后欠款账户余额 $B(k)$ 的递推关系。[提示：用 $B(k-1)$ 来表示 $B(k)$，月利率是 $(0.07/12)B(k-1)$。]

25. 对于下列每个整数列表，给出简单的公式或规则，以产生从给定列表开始的整数序列项。假定你给出的公式或规则是正确的，写出相应序列的后续三项。

a) 1，0，1，1，0，0，1，1，1，0，0，0，1，…
b) 1，2，2，3，4，4，5，6，6，7，8，8，…
c) 1，0，2，0，4，0，8，0，16，0，…
d) 3，6，12，24，48，96，192，…
e) 15，8，1，−6，−13，−20，−27，…
f) 3，5，8，12，17，23，30，38，47，…
g) 2，16，54，128，250，432，686，…
h) 2，3，7，25，121，721，5041，40 321，…

** **27.** 证明：如果 a_n 表示不是完全平方数的第 n 个正整数，则 $a_n=n+\{\sqrt{n}\}$，其中$\{x\}$表示最接近于实数 x 的整数。

29. 下列各求和式的值是多少？

a) $\sum\limits_{k=1}^{5}(k+1)$
b) $\sum\limits_{j=1}^{4}(-2)^j$
c) $\sum\limits_{i=1}^{10}3$
d) $\sum\limits_{j=0}^{8}(2^{j+1}-2^j)$

31. 下列几何级数的项之和是多少？

a) $\sum\limits_{j=0}^{8}3\cdot 2^j$
b) $\sum\limits_{j=1}^{8}2^j$
c) $\sum\limits_{j=2}^{8}(-3)^j$
d) $\sum\limits_{j=0}^{8}2\cdot(-3)^j$

33. 计算下列各双重求和式。

a) $\sum_{i=1}^{2}\sum_{j=1}^{3}(i+j)$　**b)** $\sum_{i=0}^{2}\sum_{j=0}^{3}(2i+3j)$　**c)** $\sum_{i=1}^{3}\sum_{j=0}^{2}i$　**d)** $\sum_{i=0}^{2}\sum_{j=1}^{3}ij$

35. 证明 $\sum_{j=1}^{n}(a_j-a_{j-1})=a_n-a_0$，其中 a_0，a_1，…，a_n 是实数序列。这种类型的求和式称为**迭进**(telescoping)。

37. 对恒等式 $k^2-(k-1)^2=2k-1$ 两边从 $k=1$ 到 $k=n$ 求和，并且利用练习 35 找出下列求和式的公式。

a) $\sum_{k=1}^{n}(2k-1)$（前 n 个奇自然数之和）　**b)** $\sum_{k=1}^{n}k$

39. 利用表 2 求 $\sum_{k=100}^{200}k$。

41. 利用表 2 求 $\sum_{k=10}^{20}k^2(k-3)$。

* **43.** 当 m 是正整数时，求 $\sum_{k=0}^{m}\lfloor\sqrt{k}\rfloor$ 的公式。

对于乘积也有一个特殊记号。a_m，a_{m+1}，…，a_n 的乘积可表示为 $\prod_{j=m}^{n}a_j$，读作 a_j 从 $j=m$ 到 $j=n$ 的乘积。

45. 下列乘积的值是多少？

a) $\prod_{i=0}^{10}i$　**b)** $\prod_{i=5}^{8}i$　**c)** $\prod_{i=1}^{100}(-1)^iI$　**d)** $\prod_{i=1}^{10}2$

回顾一下阶乘函数在正整数 n 上的值(记作 $n!$)是从 1 到 n 的正整数的乘积。另外规定 $0!=1$。

47. 求 $\sum_{j=0}^{4}j!$。

2.5　集合的基数

2.5.1　引言

2.1 节的定义 4 把有一个有限集合的基数定义成该集合中的元素个数。有限集合的基数告诉我们什么时候两个有限集合大小相同，什么时候一个比另一个大。本节我们将这个概念扩展到无限集合，即如果能有一种方法来衡量无限集的相对大小，我们就能定义什么时候两个无限集合有相同的基数了。

我们最有兴趣的是可数无限集，就是和正整数集合具有相同基数的集合。我们会证明一个令人惊奇的结论，即有理数集合是可数无限的。我们还会给出一个不可数集合的例子，并证明实数集是不可数的。

本节讨论的概念在计算机科学中有非常重要的应用。一个函数是不可计算的，如果没有计算机程序能够计算它的所有值，即使给它无限的时间和内存空间。我们将用本节的概念来解释为什么不可计算函数是存在的。

我们现在要定义什么是两个集合具有相同的大小或基数。2.1 节讨论了有限集的基数，并定义了这样的集合的大小或基数。2.3 节的练习 81 中我们证明了：任何两个元素个数相同的有限集之间存在一个一一对应。我们可用这一观察将基数的概念推广到所有集合，包括有限集和无限集。

定义 1　集合 A 和集合 B 有相同的基数(cardinality)，当且仅当存在从 A 到 B 的一个一一对应。当 A 和 B 有相同的基数时，就写成 $|A|=|B|$。

对于无限集，基数的定义提供了一个衡量两个集合相对大小的方法，而不是衡量一个集合大小的方法。我们还可以定义什么叫作一个集合的基数小于另一个集合的基数。

定义 2　如果存在一个从 A 到 B 的一对一函数，则 A 的基数小于或等于 B 的基数，并写成 $|A|\leqslant|B|$。再者，当 $|A|\leqslant|B|$ 并且 A 和 B 有不同的基数时，我们说 A 的基数小于 B 的基数，并写成 $|A|<|B|$。

评注　在定义 1 和 2 中，我们引入记号 $|A|=|B|$ 和 $|A|<|B|$ 来表示 A 和 B 具有相同的基数和 A 的基数小于 B 的基数。可是，当 A 和 B 是任意的无限集时，这样的定义并没有赋予 $|A|$ 和 $|B|$ 不同的含义。

2.5.2　可数集合

现在把无限集分为两组，一组与自然数集合有相同的基数，另一组具有不同的基数。

定义 3　一个集合或者是有限集或者与自然数集具有相同的基数，这个集合就称为可数的(countable)。一个集合不是可数的，就称为不可数的(uncountable)。如果一个无限集 S 是可数的，我们用符号 $\aleph_0$ 来表示集合 S 的基数(这里 $\aleph$ 是阿里夫，希伯来语字母表的第一个字母)，写作 $|S|=\aleph_0$，并说 S 有基数“阿里夫零”。

下一个例子解释了如何证明一个集合是可数的。

例 1　证明正奇数集合是可数集。

解　要证明正奇数集合是可数的，就要给出这个集合与正整数集合之间的一个一一对应。考虑从 $\mathbf{Z}^+$ 到正奇数集合的函数

$$f(n)=2n-1$$

通过证明 f 既是一对一的又是映上的来证明 f 是一一对应的。要想知道 f 是一对一的，假定 $f(n)=f(m)$。于是 $2n-1=2m-1$，所以 $n=m$。要想知道 f 是映上的，假定 t 是正奇数。于是 t 比一个偶数 $2k$ 少 1，其中 k 是自然数。因此 $t=2k-1=f(k)$。图 1 显示了这个一一对应。◀

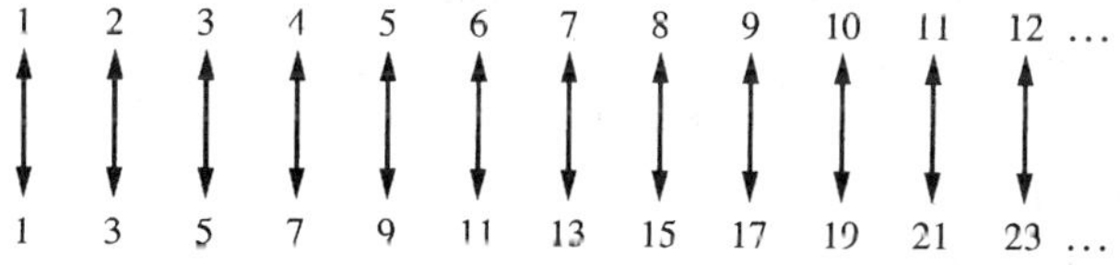

图 1　在 $\mathbf{Z}^+$ 和正奇数集合之间的一一对应

一个无限集是可数的当且仅当可以把集合中的元素排列成序列(下标是正整数)。这是因为从正整数集合到集合 S 的一一对应关系 f 可以用序列 $a_1,a_2,\cdots,a_n,\cdots$ 表示，其中 $a_1=f(1),a_2=f(2),\cdots,a_n=f(n),\cdots$。

希尔伯特大饭店　我们现在来讲一个悖论，它证明了某些对有限集不可能的事情对无限集变得可能了。著名数学家大卫·希尔伯特发明了**大饭店**的概念，它有可数无限多个房间，每个房间都有客人。当一个客人来到一家只有有限个房间的饭店，而且房间已经都有客人时，不赶走一位客人是容纳不下新来的客人的。可是，在大饭店我们总是能够容纳一位新客人的，即使所有房间已都住了客人，证明如例 2 所示。练习 5 和 8 分别要求你证明在大饭店住满的情况下，依然能容纳下有限位新客人和可数位新客人。

例 2　在大饭店客满且不允许赶走住客的情况下，我们如何能容纳一位新来的客人？

解　因为大饭店的房间是可数的，我们可以把它们排列成 1 号房间、2 号房间、3 号房间等。当一位新客人到来时，我们把 1 号房间的客人安排到 2 号房间，把 2 号房间的客人安排到 3 号房间，更一般地，对于所有整数 n，把 n 号房间的客人安排到 $n+1$ 号房间。这样就把 1 号房间腾出来了，把这个房间分配给新来的客人，并且所有原先的客人也都有房间。这种场景的解释如图 2 所示。◀

图2 一位新客人到达希尔伯特大饭店

当一家饭店只有有限多个房间时，所有房间客满的概念等价于不能再容纳新客人的概念。可是，注意当有无限多个房间时这种等价关系就不再成立了，这也可以用来解释希尔伯特大饭店的悖论了。

可数和不可数集合的例子 我们现在证明某些数的集合是可数的。以所有整数的集合开始。注意我们可以通过列举其元素来证明所有整数的集合是可数的。

例3 证明所有整数的集合是可数的。

解 我们可用序列来列出所有整数，从0开头，交替列举正、负整数：0，1，−1，2，−2，…。或者，我们也可以在正整数集与整数集之间找一个一一对应函数。函数 $f(n)$ 当 n 为偶数时取值 $n/2$ 而当 n 为奇数时取值 $-(n-1)/2$ 就是这样的一个函数，证明留给读者完成。因此，所有整数的集合是可数的。◀

奇数集与整数集均为可数集合并不奇怪(如例1和例3所示)。但许多人对于有理数集也是可数集合的结果颇为惊讶，如例4所示。

例4 证明正有理数集合是可数的。

解 正有理数集合是可数的，这似乎令人惊讶，但下面将证明如何把正有理数排列成序列 r_1，r_2，…，r_n，…。首先，注意每个正有理数都是两个正整数之比 p/q。

我们可以这样来排列正有理数：在第1行列出分母 $q=1$ 的有理数，在第2行列出分母 $q=2$ 的有理数，等等，如图3所示。

把有理数排列成序列的关键是：沿着图3所示的路线，先列出满足 $p+q=2$ 的正有理数 p/q，再列出满足 $p+q=3$ 的正有理数，然后列出满足 $p+q=4$ 的正有理数，等等。每当遇到已经列出过的数 p/q 时，就不再次列出了。例如，当遇到 $2/2=1$ 时就不列出了，因为已经列出过 $1/1=1$。这样构造的正有理数序列的初始项是1，1/2，2，3，1/3，1/4，2/3，3/2，4，5，等等。这些数在图3中都加了圆圈，序列中没有圆圈的数是那些被剔除的，因为它们已经在序列中了。由于所有有理数都只列出一次，读者可以验证它，所以我们证明了正有理数集合是可数的。◀

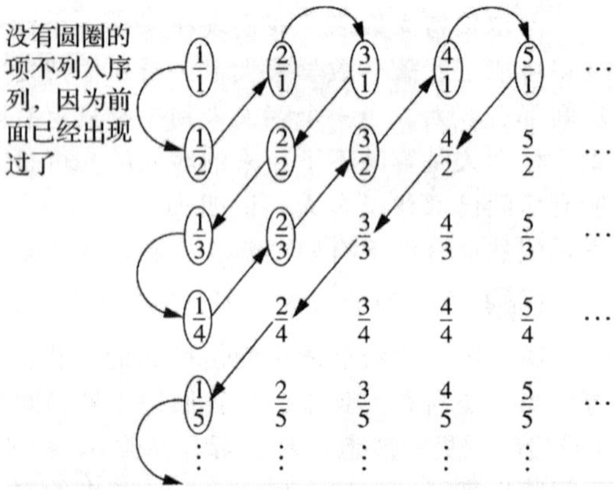

图3 正有理数是可数的

2.5.3 不可数集合

我们已经看到有理数集也是可数集合。那么是否有可能的不可数集合呢？首先考虑的集合是实数集。在例 5 中我们使用一种很重要的由乔治·康托尔于 1879 年引入的证明方法，即所谓的康托尔对角线法，来证明实数集合是不可数的。在数理逻辑和计算理论中大量地使用这个证明方法。

Links

Extra Examples

例 5 证明实数集合是不可数集合。

解 要证明实数集合是不可数的，我们假定实数集合是可数的，然后试图导出一个矛盾。于是，所有落在 0 和 1 之间的实数所构成的子集也是可数的(因为可数集合的任意子集合都是可数的，参见练习 16)。在此假设下，在 0 和 1 之间的实数可以按照某种顺序列出，比如说 r_1，r_2，r_3，…。设这些实数的十进制表示为

$$r_1 = 0.d_{11}d_{12}d_{13}d_{14}\cdots$$
$$r_2 = 0.d_{21}d_{22}d_{23}d_{24}\cdots$$
$$r_3 = 0.d_{31}d_{32}d_{33}d_{34}\cdots$$
$$r_4 = 0.d_{41}d_{42}d_{43}d_{44}\cdots$$
$$\vdots$$

其中 $d_{ij}\in\{0, 1, 2, 3, 4, 5, 6, 7, 8, 9\}$。(例如，如果 $r_1=0.237\,941\,02\cdots$，就有 $d_{11}=2$，$d_{12}=3$，$d_{13}=7$，等等。)于是，构造新的实数具有十进制展开式 $r=0.d_1d_2d_3d_4\cdots$，其中十进制数字由下列规则确定：

$$d_i=\begin{cases}4 & \text{如果 } d_{ii}\neq 4\\ 5 & \text{如果 } d_{ii}=4\end{cases}$$

(例如，假定 $r_1=0.237\,941\,02\cdots$，$r_2=0.445\,901\,38\cdots$，$r_3=0.091\,187\,64\cdots$，$r_4=0.805\,539\,00\cdots$，等等。于是，就有 $r=0.d_1d_2d_3d_4\cdots=0.4544\cdots$，其中因为 $d_{11}\neq4$，所以 $d_1=4$；因为 $d_{22}=4$，所以 $d_2=5$；因为 $d_{33}\neq4$，所以 $d_3=4$；因为 $d_{44}\neq4$，所以 $d_4=4$；等等。)

每个实数都有唯一的十进制展开式(排除结尾全部由数字 9 组成的展开式的可能性)。所以，实数 r 不等于 r_1，r_2，…中的任何一个，因为对每个 i 来说，r 的十进制展开式与 r_i 的十进制展开式在小数点右边第 i 位是不同的。

由于存在不在列表中的 0 和 1 之间的实数 r，所以假设可以列出在 0 和 1 之间的所有实数就必定为假。所以，在 0 和 1 之间的所有实数不能一一列出，因此在 0 和 1 之间的实数集合是不可数的。任何含有不可数子集合的集合都是不可数的(参见练习 15)。因此，实数集合是不可数的。◀

有关基数的结果 我们现在讨论一些有关集合基数的结果。首先，证明两个可数集合的并依然是可数集合。

定理 1 如果 A 和 B 是可数集合，则 $A\cup B$ 也是可数集合。

证明 假定 A 和 B 是可数集合。不失一般性，我们可以假设 A 和 B 是不相交的。(如果它们不是不相交的，就可以用 $B-A$ 来代替 B，因为 $A\cap(B-A)=\varnothing$ 并且 $A\cup(B-A)=A\cup B$。)再者，不失一般性，如果两个集合之一是可数无限的而另一个是有限的，则我们可以假设 B 是那个有限集合。

有三种情形需要考虑：(i)A 和 B 均为有限的；(ii)A 是无限的而 B 是有限的；(iii)A 和 B 均为可数无限的。

情形(i)：注意当 A 和 B 均为有限的时，$A\cup B$ 也是有限的，因此是可数的。

情形(ii)：因为 A 是可数无限的，所以它的元素就可以排列成一个无限序列 a_1，a_2，a_3，…，a_n，…同时因为 B 是有限的，所以其元素可以排列成 b_1，b_2，b_3，…，b_m，m 是某个正整数。我们可以把 $A\cup B$ 的元素排列成 b_1，b_2，b_3，…，b_m，a_1，a_2，a_3，…，a_n，…。这意味着 $A\cup B$ 是可数无限的。

情形(iii)：因为 A 和 B 均为可数无限的，可以分别把它们的元素排列成 a_1，a_2，a_3，…，a_n，…和 b_1，b_2，b_3，…，b_n，…。通过交替这两个序列的项，我们就可以把 $A\cup B$ 的元素排列成无限序列 a_1，b_1，a_2，b_2，a_3，b_3，…，a_n，b_n，…。这意味着 $A\cup B$ 是可数无限的。

至此完成了证明，因为已经证明在所有三种情形下 $A\cup B$ 都是可数的。◀

鉴于其重要性，我们现在给出基数研究中的一个关键定理。

定理 2　Schröder-Bernstein 定理　如果 A 和 B 是集合且 $|A|\leqslant|B|$ 和 $|B|\leqslant|A|$，则 $|A|=|B|$。换言之，如果存在一对一函数 f 从 A 到 B 和 g 从 B 到 A，则存在 A 和 B 之间的一一对应函数。

因为定理 2 看起来相当地简单明了，所以我们可能会期望它有一个简单的证明。可是，事实并非如此。因为当你有一个从 A 到 B 的单射函数时，它不一定是映上的，而另一个从 B 到 A 的单射函数也不一定是映上的，没有显而易见的方法来构造一个从 A 到 B 的双射函数。再者，即使可以不用高等数学来证明它，但已知的证明都相当微妙而曲折，不容易解释清楚。其中一个证明的展开参见练习 41，要求读者来完成细节部分。有兴趣的读者可以在[AiZiHo09]和[Ve06]中找到证明。这个结论称为 Schröder-Bernstein 定理，因为 Ernst Schröder 在 1898 年发表了一个有缺陷的证明，而康托尔的学生 Felix Bernstein 在 1897 年给出了一个证明。可是，在 Richard Dedekind 的 1887 年的笔记中也发现了该定理的一个证明。Dedekind 是一位德国数学家，他在数学基础、抽象代数和数论方面做出了重要贡献。

下面用一个例子来解释定理 2 的应用。

例 6　证明 $|(0,1)|=|(0,1]|$。

解　如何寻找一个(0，1)和(0，1]之间的一一对应来证明 $|(0,1)|=|(0,1]|$ 完全不是显而易见的事。幸运的是，可以采用 Schröder-Bernstein 定理。寻找一个(0，1)到(0，1]的一对一函数是很简单的。因为 $(0,1)\subset(0,1]$，所以 $f(x)=x$ 就是一个(0，1)到(0，1]的一对一函数。录找一个(0，1]到(0，1)的一对一函数也不难。函数 $g(x)=x/2$ 显然是一对一的且将(0，1]映射到 $(0,1/2]\subset(0,1)$。由于找到了从(0，1)到(0，1]和从(0，1]到(0，1)的一对一函数，所以 Schröder-Bernstein 定理告诉我们 $|(0,1)|=|(0,1]|$。◀

不可计算函数　我们现在来描述本节中的概念在计算机科学中的一个重要应用。特别是，我们将证明存在这样的函数，其值不能由任何计算机程序计算出来。

定义 4　一个函数称为是可计算的(computable)，如果存在某种编程语言写的计算机程序能计算该函数的值。如果一个函数不是可计算的，就说是不可计算的(uncomputable)。

要证明存在不可计算函数，我们需要建立两个结果。首先要证明用任何编程语言写的计算机程序的集合是可数的。注意用一种特定语言编写的一个计算机程序可以看作由有限的字母表构造的字符串就可以证明该结论(参见练习 37)。接下来，我们证明从一个特定的可数无限集到自身的函数有不可数无限多个。特别是，练习 38 证明了从正整数到自身的函数集合是不可数的。这是 0～1 实数集的不可数性(参见例 5)的一个推论。结合这两个结果(参见练习 39)可以证明存在不可计算函数。

连续统假设　我们简单讨论一下有关基数的一个著名的开放问题以作为本节的结束。可以证明 $\mathbf{Z}^+$ 的幂集和实数集 $\mathbf{R}$ 具有相同的基数(参见练习 38)。换言之，我们知道 $|\mathcal{P}(\mathbf{Z}^+)|=|\mathrm{R}|=c$，这里 c 表示实数集的基数。

康托尔的一个重要定理(参见练习 40)表明一个集合的基数总是小于其幂集的基数。故有 $|\mathbf{Z}^+|<|\mathcal{P}(\mathbf{Z}^+)|$。我们将这个结论重写为 $\aleph_0<2^{\aleph_0}$，这里用记号 $2^{|S|}$ 表示集合 S 的幂集的基数。还有，注意关系 $|\mathcal{P}(\mathbf{Z}^+)|=|\mathbf{R}|$ 可以表示为 $2^{\aleph_0}=c$。

这就导致了著名的**连续统假设**(contimuun hypothesis)，它阐述了不存在介于 $\aleph_0$ 和 c 之间

的基数 X。换言之，连续统假设说明了不存在集合 A 使得正整数集合的基数 $\aleph_0$ 小于 $|A|$，而 $|A|$ 又小于实数集的基数 c。可以证明最小的无限基数形成一个无限序列 $\aleph_0<\aleph_1<\aleph_2<\cdots$。如果我们假定连续统假设为真，就可以得出结论 $c=\aleph_1$，故有 $2^{\aleph_0}=\aleph_1$。

连续统假设是由康托尔在 1877 年提出的。他努力尝试证明之而未果，因而变得非常沮丧。到了 1900 年，解决连续统假设被认为是数学中最重要的悬而未决的问题。这是被大卫·希尔伯特(David Hilbert)列入他著名的 1900 年数学开放问题的第一个问题。

连续统假设依然是一个开放问题，还是一个活跃的研究领域。可是，已经证明了在现代数学的标准集合论公理(即 Zermelo-Fraenkel 公理)下，该假设既不能被证明也不能被反驳。Zermelo-Fraenkel 公理的制定是为了避免朴素集合论的悖论，如罗素悖论，但是是否应该用其他的一组集合论公理来替代还是有很大争议。

奇数编号练习

1. 确定下列各集合是否是有限的、可数无限的或不可数的。对那些可数无限集合，给出在自然数集合和该集合之间的一一对应。

a) 负整数 **b)** 偶数 **c)** 小于 100 的整数

d) 0 和 1/2 之间的实数 **e)** 小于 1 000 000 000 的正整数 **f)** 7 的整倍数

3. 确定下列各集合是否是可数的或不可数的。对那些可数无限集合，给出在自然数集合和该集合之间的一一对应。

a) 不包含比特 0 的全部比特串

b) 不能写成分母不小于 4 的全部正有理数

c) 十进制表示中不包含 0 的实数

d) 十进制表示中仅包含有限个 1 的实数

5. 证明一群有限的客人到达客满的希尔伯特大饭店时依然可以在不赶走客人的情况下得到房间。

7. 假设希伯尔特大饭店在某一天客满了，饭店准备扩展到同样具有可数无限个房间的第二幢楼。证明现有的客人可以散开填充满饭店两幢楼的每个房间。

* **9.** 假设有可数无限辆巴士，每辆载有可数无限多位客人到达客满的希尔伯特大饭店。证明在不赶走客人的情况下所有达到的客人都可以住进希尔伯特大饭店。

11. 给出两个不可数集合 A 和 B 的例子使得 $A\cap B$ 是

a) 有限的 **b)** 可数无限的 **c)** 不可数的

13. 试解释为什么集合 A 是可数的当且仅当 $|A|\leqslant|\mathbf{Z}^+|$。

☞ **15.** 证明如果 A 和 B 是集合，A 是不可数的，并且 $A\subseteq B$，则 B 是不可数的。

17. 如果 A 是不可数集合而 B 是可数集合，那么 $A-B$ 一定是不可数的吗？

19. 证明如果 A、B、C 和 D 是集合且 $|A|=|B|$ 和 $|C|=|D|$，则 $|A\times C|=|B\times D|$。

21. 证明如果 A、B 和 C 是集合使得 $|A|\leqslant|B|$ 和 $|B|\leqslant|C|$，则 $|A|\leqslant|C|$。

23. 证明如果 A 是一个无限集合，则它包含可数无限子集。

25. 证明如果有可能用(具有有限个字符的)键盘字符的有限串来标记一个无限集 S 的每个元素，且 S 中没有两个元素具有相同的标记，则 S 是可数无限集。

* **27.** 证明可数多个可数集的并集是可数的。

* **29.** 证明所有有限比特串的集合是可数的。

* **31.** 通过证明多项式函数 $f:\mathbf{Z}^+\times\mathbf{Z}^+\to\mathbf{Z}^+$，$f(m,n)=(m+n-2)(m+n-1)/2+m$ 是一对一和映上的来证明 $\mathbf{Z}^+\times\mathbf{Z}^+$ 是可数集。

33. 利用 Schröder-Bernstein 定理证明(0，1)和[0，1]具有相同的基数。

35. 证明不存在从正整数集合到正整数集合的幂集的一一对应。[提示：假设存在这样的一一对应。将正整数集的一个子集表示为一个无限比特串，其中第 i 位为 1 如果 i 属于该子集，否则为 0。假设你能将这些无限比特串排成正整数下标的序列。构造一个新的比特串，其第 i 位等于序列中第 i 个比特串的第 i 位的补。证明这个新比特串不可能出现在该序列中。]

* **37.** 证明用特定编程语言编写的所有计算机程序的集合是可数的。[提示：可以认为用编程语言编写的一

个计算机程序是有限字母表上的一个符号串。]

*39. 一个函数是**可计算的**(computable)如果存在一个计算机程序能够计算函数的值。用练习27和38证明存在不可计算的函数。

*41. 在这个练习中，我们将证明Schröder-Bernstein定理。假设 A 和 B 是集合，且满足 $|A|\leqslant|B|$ 和 $|B|\leqslant|A|$。这意味着存在单射函数 $f: A\to B$ 和 $g: B\to A$。为了证明定理，我们必须证明存在双射函数 $h: A\to B$，这蕴含了 $|A|=|B|$。

为了构建 h，我们构造一个 $a\in A$ 的元素链。这个链包含元素 a，$f(a)$，$g(f(a))$，$f(g(f(a)))$，$g(f(g(f(a))))$，…。也可以包含更多 a 之前的元素，从而反向扩展该链。因此，如果存在 $b\in B$ 使得 $g(b)=a$，则 b 就是该链中紧挨着 a 前面的项。因为 g 可能不是满射，可能不存在这样的 b，所以 a 就是该链的第一个元素。如果这样的 b 存在，由于 g 是单射，它就是 B 中唯一的元素，能通过 g 映射到 a；我们把它记作 $g^{-1}(a)$(注意，这里定义 g^{-1} 是 B 到 A 的部分函数)。我们可以以同样的方式尽可能反向扩展该链，即加上 $f^{-1}(g^{-1}(a))$，$g^{-1}(f^{-1}(g^{-1}(a)))$，…。为了构造证明，需要完成下列五个步骤。

a)证明 A 或 B 的每个元素只属于一个链。

b)证明存在四类链：(第一类)构成循环的链，从每个元素出发沿着链往前，最终还会回到这个元素；(第二类)反向扩展时不会终止；(第三类)反向扩展时终止于集合 A；(第四类)反向扩展时终止于集合 B。

c)现在定义函数 $h: A\to B$。当 a 属于第一、二、三类链时，设 $h(a)=f(a)$。当 a 属于第四类链时，证明我们能定义 $h(a)$，且 $h(a)=g^{-1}(a)$。在下面两个小题中，我们将证明这个函数是从 A 到 B 的双射函数，以此作为定理的证明。

d)证明 h 是一对一的(可以与第一、二、三类链一起考虑，第四类链单独证明)。

e)证明 h 是映上的(可以与第一、二、三类链一起考虑，第四类链单独证明)。

2.6 矩阵

2.6.1 引言

离散数学中用矩阵表示集合中元素之间的关系。在随后的章节中，矩阵将用于各种不同的建模中。例如，矩阵可以用在通信网络和交通运输系统的模型中。许多算法都是用矩阵模型开发的。本节回顾这些算法中会用到的矩阵算术运算。

定义1　矩阵(matrix)是矩形状的数组。m 行 n 列的矩阵称为 $m\times n$ 矩阵。行数和列数相同的矩阵称为方阵(square)。如果两个矩阵有同样数量的行和列且每个位置上的对应项都相等，则这两个矩阵是相等的。

例1　矩阵 $\begin{bmatrix}1 & 1\\ 0 & 2\\ 1 & 3\end{bmatrix}$ 是一个 3×2 矩阵。◀

现在介绍一些矩阵术语。黑斜体大写字母用来表示矩阵。

定义2　令 m 和 n 是正整数，并令

$$\mathbf{A}=\begin{bmatrix}a_{11} & a_{12} & \cdots & a_{1n}\\ a_{21} & a_{22} & \cdots & a_{2n}\\ \vdots & \vdots & & \vdots\\ a_{m1} & a_{m2} & \cdots & a_{mn}\end{bmatrix}$$

$\mathbf{A}$ 的第 i 行是 $1\times n$ 矩阵 $[a_{i1}, a_{i2}, \cdots, a_{in}]$。$\mathbf{A}$ 的第 j 列是 $n\times 1$ 矩阵 $\begin{bmatrix}a_{1j}\\ a_{2j}\\ \vdots\\ a_{nj}\end{bmatrix}$。

$\mathbf{A}$ 的第 (i, j) 元素(element)或项(entry)是元素 a_{ij}，即 $\mathbf{A}$ 的第 i 行第 j 列位置上的数。表示矩阵 $\mathbf{A}$ 的一个方便的简写符号是写成 $\mathbf{A}=[a_{ij}]$，表示 $\mathbf{A}$ 是其第 (i, j) 元素为 a_{ij} 的矩阵。

2.6.2 矩阵算术

现在介绍矩阵算术的基本运算，首先是矩阵加法的定义。

定义 3 令 $\mathbf{A}=[a_{ij}]$和 $\mathbf{B}=[b_{ij}]$为 $m\times n$ 矩阵。$\mathbf{A}$ 和 $\mathbf{B}$ 的和，记作 $\mathbf{A}+\mathbf{B}$，是其第(i, j)元素为 $a_{ij}+b_{ij}$ 的矩阵。换言之，$\mathbf{A}+\mathbf{B}=[a_{ij}+b_{ij}]$。

相同大小的两个矩阵的和是将它们对应位置上的元素相加得到的。不同大小的矩阵不能相加，因为两个矩阵在某些位置上不一定都有值。

例 2 我们有

$$\begin{bmatrix}1 & 0 & -1\\ 2 & 2 & -3\\ 3 & 4 & 0\end{bmatrix}+\begin{bmatrix}3 & 4 & -1\\ 1 & -3 & 0\\ -1 & 1 & 2\end{bmatrix}=\begin{bmatrix}4 & 4 & -2\\ 3 & -1 & -3\\ 2 & 5 & 2\end{bmatrix}$$ ◀

现在讨论矩阵乘积。两个矩阵的乘积只有在第一个矩阵的列数和第二个矩阵的行数相等时才有定义。

定义 4 令 $\mathbf{A}$ 为 $m\times k$ 矩阵，$\mathbf{B}$ 为 $k\times n$ 矩阵。$\mathbf{A}$ 和 $\mathbf{B}$ 的乘积，记作 $\mathbf{AB}$，是一个 $m\times n$ 矩阵，其第(i, j)元素等于 $\mathbf{A}$ 的第 i 行与 $\mathbf{B}$ 的第 j 列对应元素的乘积之和。换言之，如果 $\mathbf{AB}=[c_{ij}]$，则

$$c_{ij}=a_{i1}b_{1j}+a_{i2}b_{2j}+\cdots+a_{ik}b_{kj}$$

在图 1 中，$\mathbf{A}$ 的灰色行和 $\mathbf{B}$ 的灰色列用于计算 $\mathbf{AB}$ 的元素 c_{ij}。当第一个矩阵的列数和第二个矩阵的行数不相等时两个矩阵的乘积无定义。

$$\begin{bmatrix}a_{11} & a_{12} & \cdots & a_{1k}\\ a_{21} & a_{22} & \cdots & a_{2k}\\ \vdots & \vdots & & \vdots\\ a_{i1} & a_{i2} & \cdots & a_{ik}\\ \vdots & \vdots & & \vdots\\ a_{m1} & a_{m2} & \cdots & a_{mk}\end{bmatrix}\begin{bmatrix}b_{11} & b_{12} & \cdots & b_{1j} & \cdots & b_{1n}\\ b_{21} & b_{22} & \cdots & b_{2j} & \cdots & b_{2n}\\ \vdots & & & \vdots & & \vdots\\ b_{k1} & b_{k2} & \cdots & b_{kj} & \cdots & b_{kn}\end{bmatrix}=\begin{bmatrix}c_{11} & c_{12} & \cdots & c_{1n}\\ c_{21} & c_{22} & \cdots & c_{2n}\\ \vdots & & c_{ij} & \vdots\\ c_{m1} & c_{m2} & \cdots & c_{mn}\end{bmatrix}$$

图 1　$\mathbf{A}=[a_{ij}]$和 $\mathbf{B}=[b_{ij}]$之乘积

现在举几个矩阵乘积的例子。

例 3 令

Extra Examples

$$\mathbf{A}=\begin{bmatrix}1 & 0 & 4\\ 2 & 1 & 1\\ 3 & 1 & 0\\ 0 & 2 & 2\end{bmatrix}\qquad \mathbf{B}=\begin{bmatrix}2 & 4\\ 1 & 1\\ 3 & 0\end{bmatrix}$$

求 $\mathbf{AB}$(如果有定义)。

解　因为 $\mathbf{A}$ 是 4×3 矩阵而 $\mathbf{B}$ 是 3×2 矩阵，所以 $\mathbf{A}$ 和 $\mathbf{B}$ 的乘积有定义且是 4×2 矩阵。要计算 $\mathbf{AB}$ 的元素，首先把 $\mathbf{A}$ 的行和 $\mathbf{B}$ 的列的对应元素相乘，然后再把这些乘积加起来。例如，$\mathbf{AB}$ 的(3，1)位置的元素是 $\mathbf{A}$ 的第三行和 $\mathbf{B}$ 的第一列对应元素的乘积之和，即 $3\cdot 2+1\cdot 1+0\cdot 3=7$。计算出 $\mathbf{AB}$ 的所有元素后，得到

$$\mathbf{AB}=\begin{bmatrix}14 & 4\\ 8 & 9\\ 7 & 13\\ 8 & 2\end{bmatrix}$$ ◀

虽然矩阵乘法是可结合的，很容易利用实数加法和乘法的结合律来证明，但是，矩阵乘法不是可交换的。也就是说，如果 $\mathbf{A}$ 和 $\mathbf{B}$ 为矩阵，$\mathbf{AB}$ 和 $\mathbf{BA}$ 不一定相同。事实上可能这两个乘积中只有一个有定义。例如如果 $\mathbf{A}$ 是 2×3 矩阵，$\mathbf{B}$ 是 3×4 矩阵，那么 $\mathbf{AB}$ 有定义且是 2×4 矩阵；$\mathbf{BA}$ 没有定义，因为 3×4 矩阵和 2×3 矩阵无法相乘。

一般来说，假定 $\mathbf{A}$ 是 $m\times n$ 矩阵，$\mathbf{B}$ 是 $r\times s$ 矩阵。则只有当 $n=r$ 时 $\mathbf{AB}$ 才有定义，当 $s=m$ 时 $\mathbf{BA}$ 才有定义。不仅如此，即使 $\mathbf{AB}$ 和 $\mathbf{BA}$ 均有定义，也不一定具有同样大小除非 $m=n=r=s$。因此，如果 $\mathbf{AB}$ 和 $\mathbf{BA}$ 均有定义且有相同大小，则 $\mathbf{A}$ 和 $\mathbf{B}$ 必定是方阵且具有同样大小。再者，即使 $\mathbf{A}$ 和 $\mathbf{B}$ 均为 $n\times n$ 矩阵，$\mathbf{AB}$ 和 $\mathbf{BA}$ 也不一定会相等，如例 4 所示。

例 4 令

$$\mathbf{A}=\begin{bmatrix}1&1\\2&1\end{bmatrix}\quad \mathbf{B}=\begin{bmatrix}2&1\\1&1\end{bmatrix}$$

是否有 $\mathbf{AB}=\mathbf{BA}$?

解　经计算得

$$\mathbf{AB}=\begin{bmatrix}3&2\\5&3\end{bmatrix}\quad \mathbf{BA}=\begin{bmatrix}4&3\\3&2\end{bmatrix}$$

所以，$\mathbf{AB}\neq\mathbf{BA}$。◀

2.6.3　矩阵的转置和幂

现在引入一个元素为 0 和 1 的重要矩阵。

定义 5　n 阶单位矩阵(identity matrix of order n)是 $n\times n$ 矩阵 $\mathbf{I}_n=[\delta_{ij}]$(克罗内克积(kronecker delta))，其中 $\delta_{ij}=1$ 如果 $i=j$，$\delta_{ij}=0$ 如果 $i\neq j$。因此

$$\mathbf{I}_n=\begin{bmatrix}1&0&\cdots&0\\0&1&\cdots&0\\\vdots&\vdots&&\vdots\\0&0&\cdots&1\end{bmatrix}$$

一个矩阵乘以一个大小合适的单位阵不会改变该矩阵。换言之，当 $\mathbf{A}$ 是一个 $m\times n$ 矩阵时，有

$$\mathbf{AI}_n=\mathbf{I}_m\mathbf{A}=\mathbf{A}$$

可以定义方阵的幂次。当 $\mathbf{A}$ 是一个 $n\times n$ 矩阵时，则有

$$\mathbf{A}_0=\mathbf{I}_n,\quad \mathbf{A}^r=\underbrace{\mathbf{AAA}\cdots\mathbf{A}}_{(r\text{个相乘})}$$

有些场合中需要有交换一个方阵的行和列的运算。

定义 6　令 $\mathbf{A}=[a_{ij}]$为 $m\times n$ 矩阵。$\mathbf{A}$ 的转置(transpose)记作 $\mathbf{A}^{\mathrm{T}}$，是通过交换 $\mathbf{A}$ 的行和列所得到的 $n\times m$ 矩阵。换言之，如果 $\mathbf{A}^{\mathrm{T}}=[b_{ij}]$，则 $b_{ij}=a_{ji}$，$i=1, 2, \cdots, n$，$j=1, 2, \cdots, m$。

例 5 矩阵 $\begin{bmatrix}1&2&3\\4&5&6\end{bmatrix}$ 的转置是矩阵 $\begin{bmatrix}1&4\\2&5\\3&6\end{bmatrix}$。◀

有一类很重要的矩阵在交换行和列之后依然保持不变。

定义 7　方阵 $\mathbf{A}$ 称为对称的(symmetric)，如果 $\mathbf{A}=\mathbf{A}^{\mathrm{T}}$。因此 $\mathbf{A}=[a_{ij}]$为对称的，如果对所有 i 和 j($1\leqslant i\leqslant n$, $1\leqslant j\leqslant n$)，有 $a_{ij}=a_{ji}$。

注意一个矩阵是对称的当且仅当它是方阵且相对于主对角线(对所有 i，由第 i 行第 i 列的元素组成)是对称的。这一对称性如图 2 所示。

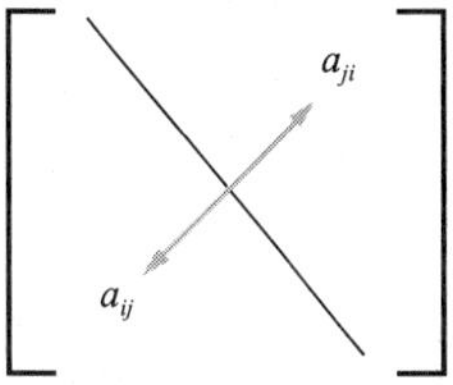

图 2　对称矩阵

例 6 矩阵 $\begin{bmatrix}1 & 1 & 0\\ 1 & 0 & 1\\ 0 & 1 & 0\end{bmatrix}$ 是对称的。◀

2.6.4 0-1 矩阵

所有元素非 0 即 1 的矩阵称为 **0-1 矩阵**。0-1 矩阵经常用来表示各种离散结构，在第 5 章和第 6 章将会看到。使用这些结构的算法是基于 0-1 矩阵的布尔算术运算。该算术运算基于布尔运算 ∧ 和 ∨，作用在成对的比特上，定义如下：

$$b_1 \wedge b_2 = \begin{cases} 1 & \text{如果 } b_1 = b_2 = 1 \\ 0 & \text{否则} \end{cases}$$

$$b_1 \vee b_2 = \begin{cases} 1 & \text{如果 } b_1 = 1 \text{ 或者 } b_2 = 1 \\ 0 & \text{否则} \end{cases}$$

定义 8　令 $\boldsymbol{A}=[a_{ij}]$ 和 $\boldsymbol{B}=[b_{ij}]$ 为 $m\times n$ 阶 0-1 矩阵。$\boldsymbol{A}$ 和 $\boldsymbol{B}$ 的并是 0-1 矩阵，其 (i, j) 元素为 $a_{ij}\vee b_{ij}$。$\boldsymbol{A}$ 和 $\boldsymbol{B}$ 的并记作 $\boldsymbol{A}\vee\boldsymbol{B}$。$\boldsymbol{A}$ 和 $\boldsymbol{B}$ 的交是 0-1 矩阵，其 (i, j) 元素是 $a_{ij}\wedge b_{ij}$。$\boldsymbol{A}$ 和 $\boldsymbol{B}$ 的交记作 $\boldsymbol{A}\wedge\boldsymbol{B}$。

例 7 求 0-1 矩阵的并和交。

$$\boldsymbol{A} = \begin{bmatrix}1 & 0 & 1\\ 0 & 1 & 0\end{bmatrix}, \quad \boldsymbol{B} = \begin{bmatrix}0 & 1 & 0\\ 1 & 1 & 0\end{bmatrix}$$

解　$\boldsymbol{A}$ 和 $\boldsymbol{B}$ 的并是

$$\boldsymbol{A}\vee\boldsymbol{B} = \begin{bmatrix}1\vee 0 & 0\vee 1 & 1\vee 0\\ 0\vee 1 & 1\vee 1 & 0\vee 0\end{bmatrix} = \begin{bmatrix}1 & 1 & 1\\ 1 & 1 & 0\end{bmatrix}$$

$\boldsymbol{A}$ 和 $\boldsymbol{B}$ 的交是

$$\boldsymbol{A}\wedge\boldsymbol{B} = \begin{bmatrix}1\wedge 0 & 0\wedge 1 & 1\wedge 0\\ 0\wedge 1 & 1\wedge 1 & 0\wedge 0\end{bmatrix} = \begin{bmatrix}0 & 0 & 0\\ 0 & 1 & 0\end{bmatrix}$$ ◀

现在定义两个矩阵的布尔积。

定义 9　令 $\boldsymbol{A}=[a_{ij}]$ 为 $m\times k$ 阶 0-1 矩阵，$\boldsymbol{B}=[b_{ij}]$ 为 $k\times n$ 阶 0-1 矩阵。$\boldsymbol{A}$ 和 $\boldsymbol{B}$ 的布尔积(Boolean product)，记作 $\boldsymbol{A}\odot\boldsymbol{B}$，是 $m\times n$ 矩阵 $[c_{ij}]$，其中

$$c_{ij} = (a_{i1}\wedge b_{1j})\vee(a_{i2}\wedge b_{2j})\vee\cdots\vee(a_{ik}\wedge b_{kj})$$

注意 $\boldsymbol{A}$ 和 $\boldsymbol{B}$ 的布尔积的计算方法类似于这两个矩阵的普通乘积，但要用运算 ∨ 代替加法，用运算 ∧ 代替乘法。下面给出一个矩阵布尔乘法的例子。

例 8 求 $\boldsymbol{A}$ 和 $\boldsymbol{B}$ 的布尔积，其中

$$\boldsymbol{A} = \begin{bmatrix}1 & 0\\ 0 & 1\\ 1 & 0\end{bmatrix}, \quad \boldsymbol{B} = \begin{bmatrix}1 & 1 & 0\\ 0 & 1 & 1\end{bmatrix}$$

解　$\boldsymbol{A}$ 和 $\boldsymbol{B}$ 的布尔积 $\boldsymbol{A}\odot\boldsymbol{B}$ 由下式给出：

$$\boldsymbol{A}\odot\boldsymbol{B} = \begin{bmatrix}(1\wedge 1)\vee(0\wedge 0) & (1\wedge 1)\vee(0\wedge 1) & (1\wedge 0)\vee(0\wedge 1)\\ (0\wedge 1)\vee(1\wedge 0) & (0\wedge 1)\vee(1\wedge 1) & (0\wedge 0)\vee(1\wedge 1)\\ (1\wedge 1)\vee(0\wedge 0) & (1\wedge 1)\vee(0\wedge 1) & (1\wedge 0)\vee(0\wedge 1)\end{bmatrix}$$

$$= \begin{bmatrix}1\vee 0 & 1\vee 0 & 0\vee 0\\ 0\vee 0 & 0\vee 1 & 0\vee 1\\ 1\vee 0 & 1\vee 0 & 0\vee 0\end{bmatrix} = \begin{bmatrix}1 & 1 & 0\\ 0 & 1 & 1\\ 1 & 1 & 0\end{bmatrix}$$ ◀

我们还可以定义0-1方阵的布尔幂。这些幂将用于以后研究图论中的路径，它通常用来为诸如计算机网络中通信路径建立模型。

定义10　令 $\boldsymbol{A}$ 为0-1方阵，r 为正整数。$\boldsymbol{A}$ 的 r 次布尔幂是 r 个 $\boldsymbol{A}$ 的布尔积。$\boldsymbol{A}$ 的 r 次布尔幂记作 $\boldsymbol{A}^{[r]}$。因此

$$\boldsymbol{A}^{[r]}=\underbrace{\boldsymbol{A}\odot\boldsymbol{A}\odot\boldsymbol{A}\odot\cdots\odot\boldsymbol{A}}_{(r个\boldsymbol{A})}$$

（这是良定义的，因为矩阵的布尔积是可结合的。）另外我们定义 $\boldsymbol{A}^{[0]}$ 为 $\boldsymbol{I}_n$。

例9　令 $\boldsymbol{A}=\begin{bmatrix}0&0&1\\1&0&0\\1&1&0\end{bmatrix}$。对所有正整数 n 求 $\boldsymbol{A}^{[n]}$。

解　计算可得

$$\boldsymbol{A}^{[2]}=\boldsymbol{A}\odot\boldsymbol{A}=\begin{bmatrix}1&1&0\\0&0&1\\1&0&1\end{bmatrix}$$

还可以计算得出

$$\boldsymbol{A}^{[3]}=\boldsymbol{A}^{[2]}\odot\boldsymbol{A}=\begin{bmatrix}1&0&1\\1&1&0\\1&1&1\end{bmatrix},\quad \boldsymbol{A}^{[4]}=\boldsymbol{A}^{[3]}\odot\boldsymbol{A}=\begin{bmatrix}1&1&1\\1&0&1\\1&1&1\end{bmatrix}$$

进一步的计算表明

$$\boldsymbol{A}^{[5]}=\begin{bmatrix}1&1&1\\1&1&1\\1&1&1\end{bmatrix}$$

读者现在可以看出对所有正整数 n，$n\geqslant 5$，有 $\boldsymbol{A}^{[n]}=\boldsymbol{A}^{[5]}$。◀

奇数编号练习

1. 令 $\boldsymbol{A}=\begin{bmatrix}1&1&1&3\\2&0&4&6\\1&1&3&7\end{bmatrix}$。

a) $\boldsymbol{A}$ 的尺寸是什么？

b) $\boldsymbol{A}$ 的第3列是什么？

c) $\boldsymbol{A}$ 的第2行是什么？

d) $\boldsymbol{A}$ 在(3，2)位置上的元素是什么？

e) $\boldsymbol{A}^{\mathrm{T}}$ 是什么？

3. 求 $\boldsymbol{AB}$，如果

a) $\boldsymbol{A}=\begin{bmatrix}2&1\\3&2\end{bmatrix}$，$\boldsymbol{B}=\begin{bmatrix}0&4\\1&3\end{bmatrix}$

b) $\boldsymbol{A}=\begin{bmatrix}1&-1\\0&1\\2&3\end{bmatrix}$，$\boldsymbol{B}=\begin{bmatrix}3&-2&-1\\1&0&2\end{bmatrix}$

c) $\boldsymbol{A}=\begin{bmatrix}4&-3\\3&-1\\0&-2\\-1&5\end{bmatrix}$，$\boldsymbol{B}=\begin{bmatrix}-1&3&2&-2\\0&-1&4&-3\end{bmatrix}$

5. 求矩阵 $\boldsymbol{A}$ 使得 $\begin{bmatrix}2&3\\1&4\end{bmatrix}\boldsymbol{A}=\begin{bmatrix}3&0\\1&2\end{bmatrix}$。［提示：求解 $\boldsymbol{A}$ 需要解线性方程组。］

7. 令 $\mathbf{A}$ 为 $m\times n$ 矩阵，$\mathbf{0}$ 为元素全为 0 的 $m\times n$ 矩阵。证明 $\mathbf{A}=\mathbf{0}+\mathbf{A}=\mathbf{A}+\mathbf{0}$。

9. 证明矩阵加法是可结合的，即证明如果 $\mathbf{A}$、$\mathbf{B}$ 和 $\mathbf{C}$ 均为 $m\times n$ 矩阵，则 $\mathbf{A}+(\mathbf{B}+\mathbf{C})=(\mathbf{A}+\mathbf{B})+\mathbf{C}$。

11. 如果乘积 $\mathbf{AB}$ 和 $\mathbf{BA}$ 均有定义，关于矩阵 $\mathbf{A}$ 和 $\mathbf{B}$ 的尺寸能知道些什么？

13. 本题要证明矩阵乘法的结合律。假定 $\mathbf{A}$ 是 $m\times p$ 矩阵，$\mathbf{B}$ 是 $p\times k$ 矩阵，$\mathbf{C}$ 是 $k\times n$ 矩阵。证明 $\mathbf{A}(\mathbf{BC})=(\mathbf{AB})\mathbf{C}$。

15. 令 $\mathbf{A}=\begin{bmatrix}1 & 1\\ 0 & 1\end{bmatrix}$。找出计算 $\mathbf{A}^n$ 的公式，其中 n 为正整数。

17. 令 $\mathbf{A}$ 和 $\mathbf{B}$ 为两个 $n\times n$ 矩阵。证明
    a) $(\mathbf{A}+\mathbf{B})^{\mathrm{T}}=\mathbf{A}^{\mathrm{T}}+\mathbf{B}^{\mathrm{T}}$
    b) $(\mathbf{AB})^{\mathrm{T}}=\mathbf{B}^{\mathrm{T}}\mathbf{A}^{\mathrm{T}}$

如果 $\mathbf{A}$ 和 $\mathbf{B}$ 是 $n\times n$ 矩阵且 $\mathbf{AB}=\mathbf{BA}=\mathbf{I}_n$，则 $\mathbf{B}$ 称为是 $\mathbf{A}$ 的逆(这一术语是合适的，因为这样的 $\mathbf{B}$ 是唯一的)而 $\mathbf{A}$ 称为是可逆的。记号 $\mathbf{B}=\mathbf{A}^{-1}$ 表示 $\mathbf{B}$ 是 $\mathbf{A}$ 的逆。

19. 令 $\mathbf{A}$ 为 2×2 矩阵，$\mathbf{A}=\begin{bmatrix}a & b\\ c & d\end{bmatrix}$。

    证明如果 $ad-bc\neq 0$，则 $\mathbf{A}^{-1}=\begin{bmatrix}\dfrac{d}{ad-bc} & \dfrac{-b}{ad-bc}\\[2mm] \dfrac{-c}{ad-bc} & \dfrac{a}{ad-bc}\end{bmatrix}$。

21. 令 $\mathbf{A}$ 为可逆矩阵。证明当 n 是正整数时就有 $(\mathbf{A}^n)^{-1}=(\mathbf{A}^{-1})^n$。

23. 假设 $\mathbf{A}$ 是 $n\times n$ 矩阵，其中 n 是正整数。证明 $\mathbf{A}+\mathbf{A}^{\mathrm{T}}$ 是对称的。

25. 用练习 18 和 24 解方程组

$$\begin{cases}7x_1-8x_2+5x_3=5\\ -4x_1+5x_2-3x_3=-3\\ x_1-x_2+x_3=0\end{cases}$$

27. 令 $\mathbf{A}=\begin{bmatrix}1 & 0 & 1\\ 1 & 1 & 0\\ 0 & 0 & 1\end{bmatrix}$ 和 $\mathbf{B}=\begin{bmatrix}0 & 1 & 1\\ 1 & 0 & 1\\ 1 & 0 & 1\end{bmatrix}$。求
    a) $\mathbf{A}\vee\mathbf{B}$　　b) $\mathbf{A}\wedge\mathbf{B}$　　c) $\mathbf{A}\odot\mathbf{B}$

29. 令 $\mathbf{A}=\begin{bmatrix}1 & 0 & 0\\ 1 & 0 & 1\\ 0 & 1 & 0\end{bmatrix}$，求
    a) $\mathbf{A}^{[2]}$　　b) $\mathbf{A}^{[3]}$　　c) $\mathbf{A}\vee\mathbf{A}^{[2]}\vee\mathbf{A}^{[3]}$

31. 本题证明交和并运算是可交换的。令 $\mathbf{A}$ 和 $\mathbf{B}$ 为 $m\times n$ 阶 0-1 矩阵。证明
    a) $\mathbf{A}\vee\mathbf{B}=\mathbf{B}\vee\mathbf{A}$　　b) $\mathbf{B}\wedge\mathbf{A}=\mathbf{A}\wedge\mathbf{B}$

33. 本题建立交对并运算的分配律。令 $\mathbf{A}$、$\mathbf{B}$ 和 $\mathbf{C}$ 为 $m\times n$ 阶 0-1 矩阵。证明
    a) $\mathbf{A}\vee(\mathbf{B}\wedge\mathbf{C})=(\mathbf{A}\vee\mathbf{B})\wedge(\mathbf{A}\vee\mathbf{C})$
    b) $\mathbf{A}\wedge(\mathbf{B}\vee\mathbf{C})=(\mathbf{A}\wedge\mathbf{B})\vee(\mathbf{A}\wedge\mathbf{C})$

35. 本题证明 0-1 矩阵的布尔积是可结合的。假定 $\mathbf{A}$ 是 $m\times p$ 阶 0-1 矩阵，$\mathbf{B}$ 是 $p\times k$ 阶 0-1 矩阵，$\mathbf{C}$ 是 $k\times n$ 阶 0-1 矩阵。证明 $\mathbf{A}\odot(\mathbf{B}\odot\mathbf{C})=(\mathbf{A}\odot\mathbf{B})\odot\mathbf{C}$。

计 数

组合数学这一研究个体安排的学科，是离散数学的重要部分。早在17世纪就开始了这类课题的研究，当时在赌博游戏的研究中出现了组合问题。枚举——具有确定性质的个体的计数，是组合数学的一个重要部分。我们必须对个体计数以求解许多不同类型的问题。例如，用计数确定算法的复杂性。计数也用于确定是否存在着能够充分满足需求的电话号码或因特网地址。近年来，它在数学生物学，特别是DNA测序研究中发挥着重要作用。此外，计数技术也广泛用于计算事件的概率。

3.1节将要研究的基本计数规则可以求解各种各样的问题。例如，可以用这些规则来计数美国各种可能的电话号码，计算机系统中允许使用的密码，以及比赛结束时赛跑运动员的名次。另一个重要的组合工具是鸽巢原理，将在3.2节研究。这个原理指出，当把物体放在盒子里时，若物体比盒子多，那么有一个盒子至少包含两个物体。例如，我们可以用这个原理证明在15个或者更多的学生中至少有3人出生在相同的星期几。

我们可以用集合中个体可重复或者不可重复的有序或无序安排来描述许多计数问题。这些安排称为排列和组合，在许多计数问题中都会用到它们。例如，在2000个学生参加的考试竞赛中最终将有100个获胜者被邀请赴宴。我们可以枚举将被邀请的100个学生的可能的组合，以及最终10名获奖者的产生方式。

组合数学的另一个问题涉及生成某个特定类型的所有排列。这在计算机模拟中通常是很重要的。我们将设计算法来生成各种类型的排列。

3.1 计数的基础

3.1.1 引言

假设计算机系统的密码由6、7或8个字符组成，每个字符必须是数字或字母表中的字母，每个密码必须至少包含一位数字。问有多少个这样的密码？本节将介绍回答这个问题及各种其他计数问题所需要的技术。

数学和计算机科学中存在着计数问题。例如，我们必须为成功的实验结果和所有可能的实验结果计数，以确定离散事件的概率。我们需要对某个算法用到操作数计数，以便研究它的时间复杂性。

本节将介绍基本的计数方法。这些方法是几乎所有计数技术的基础。

3.1.2 基本的计数原则

Assessment

我们将提出两个基本的计数原则：**乘积法则**和**求和法则**。然后将说明怎样用它们来求解许多不同的计数问题。

当一个过程由独立的任务组成时使用乘积法则。

> **乘积法则** 假定一个过程可以被分解成两个任务。如果完成第一个任务有 n_1 种方式，在第一个任务完成之后有 n_2 种方式完成第二个任务，那么完成这个过程有 n_1n_2 种方式。

Extra Examples

例1～10讨论怎样使用乘积法则。

例1 一个新建公司中只有两个雇员Sanchez和Patel，公司租用了一个大楼的底层，共12

个办公室。有多少种方法为这两个雇员分配办公室？

解　对这两个雇员分配办公室的过程是这样的：为 Sanchez 分配办公室，有 12 种方法，然后为 Patel 分配一个不同的办公室，有 11 种方法。根据乘积法则，为这两个雇员分配办公室共有 $12 \cdot 11 = 132$ 种方法。◀

例2　用一个大写英文字母和一个不超过 100 的正整数给礼堂的座位编号。那么不同编号的座位最多有多少？

解　给一个座位编号的过程由两个任务组成，即从 26 个字母中先选择一个字母分配给这个座位，然后再从 100 个正整数中选择一个整数分配给它。乘积法则表明一个座位可以有 $26 \cdot 100 = 2600$ 种不同的编号方式。因此，不同编号的座位数至多是 2600。◀

例3　某云数据中心有 32 台计算机，每台计算机有 24 个端口。问在这个中心有多少个不同的计算机端口？

解　选择一个端口的过程由两个任务组成。首先挑一台计算机，然后在这台计算机上挑一个端口。因为有 32 种方式选择计算机，而不管选择了哪台计算机，又有 24 种方式选择端口，所以由乘积法则存在 $32 \cdot 24 = 768$ 个端口。◀

经常会用到推广的乘积法则。假定一个过程由执行任务 T_1，T_2，…，T_m 来完成。如果在完成任务之后用 n_i 种方式来完成 $T_i(i=1, 2, \cdots, m)$，那么完成这个过程有 $n_1 \cdot n_2 \cdot \cdots \cdot n_m$ 种方式。可以由两个任务的乘积法则通过数学归纳法证明推广的乘积法则(见本节练习 76)。

例4　有多少个不同的 7 位比特串？

解　每位有两种选择方式，可以是 0 或 1。因此，乘积法则表明总共有 $2^7 = 128$ 个不同的 7 位比特串。◀

例5　如果每个车牌由 3 个大写英文字母后跟 3 个数字的序列构成(任何字母的序列都允许，即使是不良词汇)，那么有多少个不同的有效车牌？

解　对 3 个字母中的每个字母有 26 种选择，对 3 个数字中的每个数字有 10 种选择。因此，由乘积法则总共有 $26 \cdot 26 \cdot 26 \cdot 10 \cdot 10 \cdot 10 = 17\,576\,000$ 个可能的车牌。

$$\underbrace{\_\ \_\ \_}_{\text{每个字母有26种选择}}\qquad\underbrace{\_\ \_\ \_}_{\text{每个数字有10种选择}}$$

◀

例6　**计数函数**　从一个 n 元集到一个 m 元集存在多少个函数？

解　函数对于定义域中 m 个元素中的每个元素都要选择陪域中 n 个元素中的一个元素来对应。因此，由乘积法则存在 $n \cdot n \cdot \cdots \cdot n = n^m$ 个从 m 元集到 n 元集的函数。例如，从一个 3 元集到一个 5 元集存在 5^3 个不同的函数。◀

例7　**计数一对一函数**　从一个 m 元集到一个 n 元集存在多少个一对一函数？

解　首先注意，当 $m>n$ 时没有从 m 元集到 n 元集的一对一函数。现在令 $m \leqslant n$。假设定义域中的元素是 a_1，a_2，…，a_m。有 n 种方式选择函数在 a_1 的值。因为函数是一对一的，所以可以有 $n-1$ 种方式选择函数在 a_2 的值(因为 a_1 用过的值不能再用)。一般地，有 $n-k+1$ 种方式选择函数在 a_k 的值。由乘积法则，从一个 m 元集到一个 n 元集存在着 $n(n-1)(n-2)\cdots(n-m+1)$ 个一对一函数。例如，从一个 3 元集到一个 5 元集存在 $5 \cdot 4 \cdot 3 = 60$ 个一对一函数。◀

例8　**电话编号计划**　“北美洲编号计划”(NANP)规定美国、加拿大以及北美洲许多其他地区的电话号码的格式。在这个编号计划中，一个电话号码由 10 个数字组成，这些数字由一个 3 位的地区代码、一个 3 位的局代码以及一个 4 位的话机代码组成。出于信号的考虑，在一些数字上有某种限制。为了规定允许的格式，令 X 表示可以在 0 到 9 之间任意选取的数字，N 表示可以在 2 到 9 之间选取的数字，而 Y 表示必须取 0 或 1 的数字。下面讨论两个编号计划，分别称为老计划和新计划(老计划是 20 世纪 60 年代使用的，已经被新计划代替了，但目前对

Links

新号码需求的迅速增长使得这个新计划也将显得落伍了。在这个例题中，用于表示数字的字母遵循“北美洲编号计划”）。正如将要证明的，新计划允许使用更多的号码。

在老计划中，地区代码、局代码和话机代码的格式分别为 NYX、NNX 和 XXXX，因而电话号码的形式为 NYX-NNX-XXXX。在新计划中，这些代码的格式分别为 NXX、NXX 和 XXXX，因而电话号码的形式为 NXX-NXX-XXXX。在老计划和新计划下分别可能有多少个不同的北美洲电话号码？

解　由乘积法则，格式为 NYX 的地区代码有 $8\cdot 2\cdot 10=160$ 个，格式为 NXX 的地区代码有 $8\cdot 10\cdot 10=800$ 个。类似地，由乘积法则，存在 $8\cdot 8\cdot 10=640$ 个格式为 NNX 的局代码。乘积法则也表明存在着 $10\cdot 10\cdot 10\cdot 10=10\,000$ 个格式为 XXXX 的话机代码。

因此，再次使用乘积法则，在老计划下存在

$$160\cdot 640\cdot 10\,000=1\,024\,000\,000$$

个不同的北美洲有效的电话号码。在新计划下存在

$$800\cdot 800\cdot 10\,000=6\,400\,000\,000$$

个不同的电话号码。◀

例 9　执行下面的代码以后，k 的值是什么？

```
k := 0
for i_1 := 1 to n_1
   for i_2 := 1 to n_2
          ⋮
      for i_m := 1 to n_m
         k := k+1
```

解　k 的初值是 0。这个嵌套的循环每执行一次，k 就加 1。令 T_i 表示执行第 i 个循环的任务，那么循环执行的次数就是完成任务 T_1，T_2，…，T_m 的方法数。因为对每个整数 i_j，$1\leqslant i_j\leqslant n_j$，第 j 个循环都执行一次，所以执行任务 $T_j(j=1,2,\cdots,m)$ 的方法数就是 n_j。由乘积法则，这个嵌套的循环执行了 $n_1n_2\cdots n_m$ 次。因此 k 最后的值是 $n_1n_2\cdots n_m$。◀

例 10　**计数有穷集的子集**　用乘积法则证明一个有穷集 S 的不同的子集数是 $2^{|S|}$。

解　设 S 是有穷集。按任意的顺序将 S 的元素列成一个表。考虑到在 S 的子集和长度为 $|S|$ 的比特串之间存在着一对一的对应，即如果表的第 i 个元素在这个子集中，则该子集对应的比特串的第 i 位为 1，否则该位为 0。由乘积法则，存在着 $2^{|S|}$ 个长度为 $|S|$ 的比特串。因此 $|P(S)|=2^{|S|}$。◀

乘积法则也常用集合的语言表述如下：如果 A_1，A_2，…，A_m 是有穷集，那么在这些集合的笛卡儿积中的元素数是每个集合的元素数之积。为了把这种表述与乘积法则联系起来，注意到在笛卡儿积 $A_1\times A_2\times\cdots\times A_m$ 中选一个元素的任务是通过在 A_1 中选一个元素，A_2 中选一个元素，…，A_m 中选一个元素来完成的。由乘积法则得到

$$|A_1\times A_2\times\cdots\times A_m|=|A_1|\cdot|A_2|\cdot\cdots\cdot|A_m|$$

例 11　**DNA 和基因组**　生物体的遗传信息是使用脱氧核糖核酸(DNA)编码的，或对于某些病毒，采用核糖核酸(RNA)。DNA 和 RNA 是非常复杂的分子，采用非常多的分子相互作用的方式支持生命中的不同过程。对于我们而言，我们只对 DNA 和 RNA 如何进行遗传信息编码给出简短的描述。

DNA 分子由 2 条脱氧核糖核苷酸链组成，每个核苷酸的子部分称为**碱基**，其中有腺嘌呤(A)、胞嘧啶(C)、鸟嘌呤(G)或胸腺嘧啶(T)。DNA 包括不同碱基的两条链通过氢键结合在一起，而且 A 仅与 T 配对，C 只与 G 配对。与 DNA 不同，RNA 分子由 1 条核糖核苷酸链组成，其中尿嘧啶(U)代替了胸腺嘧啶。因此，在 DNA 中可能碱基对是 A-T 和 C-G，而在 RNA

中碱基对是 A-U 和 C-G。生物的 DNA 包括多段 DNA，它们形成不同的染色体，一个**基因**是一个 DNA 分子的片段，编码一种特定蛋白质。一个生物体的全部基因信息称为**基因组**。

DNA 和 RNA 碱基序列编码的蛋白质长链称为氨基酸。人类必需的氨基酸有 22 种。我们很快能看到至少三个碱基的序列就可以编码出这 22 种不同的氨基酸。首先，因为在 DNA 中有四种可能的碱基 A、C、G 和 T，所以由乘积法则，$4^2=16<22$ 种不同的两碱基序列。但 $4^3=64$ 种不同的三碱基序列，这样可以足够编码 22 种不同的氨基酸。(甚至可以出现不同的三碱基序列对应相同的氨基酸的情况。)

像藻类和细菌这样的简单生物的 DNA 具有 10^5 和 10^7 个链接。每个链接都是这四种可能碱基的一种。更复杂的生物，如昆虫、鸟类和哺乳动物，它们的 DNA 具有 10^8 和 10^{10} 个链接。因此，由乘积法则，在简单生物中具有至少 4^{10^5} 种不同的碱基序列，而复杂生物中具有至少 4^{10^8} 种不同的碱基序列。这些都是不可想象的大数字，这也帮助我们解释了为什么生物有这么多种类。在过去的数十年中，确定不同生物体的基因组的技术一直在发展。第一步就是确定第一个基因在生物体 DNA 中的位置。接着的任务称为**基因测序**，确定每个基因的链接序列。(当然，这些基因上链接的特定序列取决于一个物种特定的个体表达，必须对它的 DNA 进行分析。)例如，人类基因组包含大约 23 000 个基因，每一个基因有 1000 或者更多个链接。基因测序技术运用了许多新开发的算法，也运用了组合学中大量的新思路。许多数学家和计算机科学家在解决涉及基因组的问题时，参与了对分子信息学和计算生物学这一快速发展领域的研究。◀

现在引入求和法则。

求和法则　如果完成第一项任务有 n_1 种方式，完成第二项任务有 n_2 种方式，并且这些任务不能同时执行，那么完成第一或第二项任务有 n_1+n_2 种方式。

例 12 说明怎样使用求和法则。

例 12　假定要选一位数学学院的教师或数学专业的学生作为校委会的代表。如果有 37 位数学学院的教师和 83 位数学专业的学生，那么这个代表有多少种不同的选择？

解　完成第一项任务，选一位数学学院的教师，可以有 37 种方式。完成第二项任务，选一位数学专业的学生，有 83 种方式。根据求和法则，结果有 $37+83=120$ 种可能的方式来挑选这个代表。◀

可以把求和法则推广到多于两项任务的情况。假定任务 T_1，T_2，…，T_m 分别有 n_1，n_2，…，n_m 种完成方式，并且任何两项任务都不能同时执行，那么完成其中一项任务的方式数是 $n_1+n_2+\cdots+n_m$。如例 13 和例 14 所示，这个推广的求和法则在计数问题中常常用到。这个求和法则可以使用数学归纳法从两个集合的求和法则加以证明(见本节练习 75)。

例 13　一个学生可以从三个表中的一个表选择一个计算机课题。这三个表分别包含 23、15 和 19 个可能的课题。那么课题的选择可能有多少种？

解　这个学生有 23 种方式从第一个表中选择课题，有 15 种方式从第二个表中选择课题，有 19 种方式从第三个表中选择课题。因此，共有 $23+15+19=57$ 种选择课题的方式。◀

例 14　在执行下面的代码后，k 的值是什么(n_1，n_2，…，n_m 是正整数)？

```
k := 0
for i1 := 1 to n1
    k := k + 1
for i2 := 1 to n2
    k := k + 1
      ⋮
```

```
for i_m := 1 to n_m
    k := k+1
```

解　k 的初值是 0。这个代码块由 m 个不同的循环构成。循环中的每次执行 k 都要加 1。为了确定这段代码执行后 k 的值，我们需要知道循环执行了多少次。注意，执行第 i 次循环共有 n_i 种方式。由于一次只能执行一个循环，因此由求和法则可以算出 k 的最终值，即执行 m 个循环中的一个共有 $n_1+n_2+\cdots+n_m$ 种方式。◀

求和法则可以用集合的语言表述：如果 A_1，A_2，…，A_m 是不交的集合，那么在其并集中的元素数是每个集合的元素数之和。为了把这种表述与求和法则联系起来，令 T_i 是从 $A_i(i=1, 2, \cdots, m)$ 中选择一个元素的任务。有 $|A_i|$ 种方式执行 T_i。由于任何两个任务不可能同时执行，所以根据求和法则，从其中某个集合中选择一个元素的方式数，即在并集中的元素数，是

$$|A_1 \cup A_2 \cup \cdots \cup A_m| = |A_1| + |A_2| + \cdots + |A_m| \quad A_i \cap A_j = \varnothing，对于所有的 i, j$$

这个等式仅适用于问题中的集合是不相交的情况。当这些集合含有公共元素时，情况要复杂得多。本节的后面将对这种情况进行简要的讨论，更深入的讨论放在第 4 章。

3.1.3 比较复杂的计数问题

许多计数问题不能仅仅使用求和法则或者乘积法则来求解。但是，许多复杂的计数问题可以结合使用这两个法则来求解。我们从编程语言 BASIC 中变量名个数的计数开始。(在练习中，我们将考虑 Java 中变量名的个数。)然后针对一组特别限制，计算有效密码的个数。

Extra Examples

例 15　在计算机语言 BASIC 的某个版本中，变量的名字是含有一个或两个字符的符号串，其中的大写和小写字母是不加区分的(一个字母数字字符或者取自 26 个英文字母，或者取自 10 个数字)。此外，变量名必须以字母开始，并且必须与由两个字符构成的用于程序设计的 5 个保留字相区别。在 BASIC 的这个版本中有多少个不同的变量名?

解　令 V 等于在这个 BASIC 版本中的不同变量名的个数，V_1 是单字符的变量名的个数，V_2 是两个字符的变量名的个数。那么由求和法则，$V=V_1+V_2$。由于单字符变量名必须是字母，所以 $V_1=26$。又根据乘积法则存在 $26 \cdot 36$ 个以字母打头且以字母数字结尾的 2 位字符串。但是其中 5 个不包含在内，因此 $V_2=26 \cdot 36-5=931$。所以，在这个 BASIC 版本中存在 $V=V_1+V_2=26+931=957$ 个不同的变量名。◀

例 16　计算机系统的每个用户有一个由 6～8 个字符构成的密码，其中每个字符是大写字母或者数字，且每个密码必须至少包含一个数字。有多少可能的密码?

解　设 P 是可能的密码总数，且 P_6、P_7、P_8 分别表示 6、7 或 8 位的可能的密码数。由求和法则，$P=P_6+P_7+P_8$。我们现在求 P_6、P_7 和 P_8。直接求 P_6 是困难的。而求由 6 个大写字母和数字构成的字符串的个数是容易的，其中包含那些没有数字的串，然后从中减去没有数字的串数就得到 P_6。由乘积法则，6 个字符的串的个数是 36^6，而没有数字的字符串的个数是 26^6。因此，

$$P_6=36^6-26^6=2\,176\,782\,336-308\,915\,776=1\,867\,866\,560$$

类似地，得到

$$P_7=36^7-26^7=78\,364\,164\,096-8\,031\,810\,176=70\,332\,353\,920$$

和

$$P_8=36^8-26^8=2\,821\,109\,907\,456-208\,827\,064\,576=2\,612\,282\,842\,880$$

因此

$$P=P_6+P_7+P_8=2\,684\,483\,063\,360$$

◀

例 17 **计数因特网网址**　在由计算机的物理网络互连而成的因特网中，每台计算机(或者更精确地说是计算机的每个网络连接)被分配一个因特网地址(IP 地址)。在因特网协议版本 4(IPv4)中，一个地址是一个 32 位的比特串。它以网络号(netid)开始，后面跟随着主机号(hostid)，把一个计算机认定为某个指定网络的成员。

根据网络号和主机号位数的不同，使用 3 种地址形式。用于最大网络的 **A 类地址**，由 0 后跟 7 位的网络号和 24 位的主机号构成。用于中等网络的 **B 类地址**，由 10 后跟 14 位的网络号和 16 位的主机号构成。用于最小网络的 **C 类地址**，由 110 后跟 21 位的网络号和 8 位的主机号构成。由于特定用途，对地址有着某些限制：1111111 在 A 类网络的网络号中是无效的，全 0 和全 1 组成的主机号对任何网络都是无效的。因特网上的一台计算机有一个 A 类、B 类或 C 类地址。(除了 A 类、B 类和 C 类地址外，还有 D 类地址和 E 类地址。D 类地址在多台计算机同时编址时用于组播，它由 1110 后跟 28 位组成。E 类地址保留为将来应用，由 11110 后跟 27 位组成。D 和 E 类地址不会分配给因特网中的计算机作为 IP 地址。)图 1 显示了 IPv4 的编址。(A 类和 B 类网络号的数量限制已经使得 IPv4 编址不够用了。用于代替 IPv4 的 IPv6 使用 128 位地址来解决这个问题。)

位数	0	1	2	3	4	8	16	24	31
A类	0	网络号				主机号			
B类	1	0	网络号				主机号		
C类	1	1	0	网络号				主机号	
D类	1	1	1	0	组播地址				
E类	1	1	1	1	0	地址			

图 1　因特网地址(IPv4)

对因特网上的计算机有多少不同的有效 IPv4 地址？

解　令 x 是因特网上计算机的有效地址数，x_A、x_B 和 x_C 分别表示 A 类、B 类和 C 类的有效地址数。由求和法则，$x=x_A+x_B+x_C$。为了找到 x_A，由于 1111111 是无效的，所以存在 $2^7-1=127$ 个 A 类的网络号。对于每个网络号，存在 $2^{24}-2=16\,777\,214$ 个主机号，这是由于全 0 和全 1 组成的主机号是无效的。因此，

$$x_A=127\cdot 16\,777\,214=2\,130\,706\,178$$

为了找到 x_B 和 x_C，首先注意存在 $2^{14}=16\,384$ 个 B 类网络号和 $2^{21}=2\,097\,152$ 个 C 类网络号。对每个 B 类网络号存在 $2^{16}-2=65\,534$ 个主机号，而对每个 C 类网络号存在 $2^8-2=254$ 个主机号，这也考虑到全 0 和全 1 组成的主机号是无效的。因此，

$$x_B=1\,073\,709\,056，\quad x_C=532\,676\,608$$

我们可以得出 IPv4 有效地址的总数是

$$x=x_A+x_B+x_C=2\,130\,706\,178+1\,073\,709\,056+532\,676\,608=3\,737\,091\,842$$ ◀

3.1.4　减法法则(两个集合的容斥原理)

假设一项任务可以通过两种方法之一来完成，但在这两种方法中，有一些方法是相同的。在这种情况下，我们不能通过求和法则来计算完成任务的方法数。如果我们将两种方法的数量相加，总数会超过正确结果，因为我们将两种方法中相同的部分算了两次。

为了正确计算完成任务的方法数，我们必须减去算了两次的部分。这就产生了一个重要的计数法则。

减法法则　如果一个任务或者可以通过 n_1 种方法执行，或者可以通过 n_2 种另一类方法执行，那么执行这个任务的方法数是 n_1+n_2 减去两类方法中相同的方法。

减法法则也称为**容斥原理**，特别是在计算两个集合并集的元素个数时。令 A_1 和 A_2 是集合，$|A_1|$ 是从 A_1 选择一个元素的方法数，$|A_2|$ 是从 A_2 选择一个元素的方法数。从 A_1 或 A_2 中选择一个元素的方法数是从它们的并集中选择元素的方法数，这等于从 A_1 选择一个元素的

方法数与从 A_2 选择一个元素的方法数的和减去从 A_1 和 A_2 中都选择一个元素的方法数。因为 $|A_1 \cup A_2|$ 表示从 A_1 或者 A_2 中选择一个元素的方法数，$|A_1 \cap A_2|$ 表示从 A_1 和 A_2 中同时选择一个元素的方法数，所以我们有

$$|A_1 \cup A_2| = |A_1| + |A_2| - |A_1 \cap A_2|$$

这就是 2.2 节给出的计数两个集合并集中元素的公式。

例 18 显示了怎样用减法法则来求解计数问题。

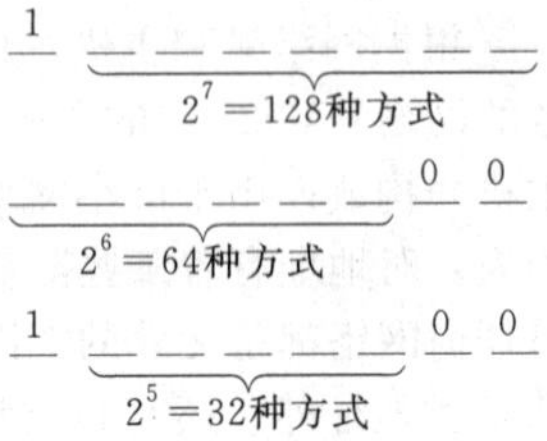

图 2　以 1 开始或者以 00 结束的 8 位比特串

Extra Examples

例 18　以 1 开始或者以 00 结束的 8 位比特串有多少个？

解　在应用容斥原理之前，我们需要解决三个计数问题，如图 2 所示。首先，我们构造以 1 开始的 8 位比特串，共有 $2^7=128$ 种方式，这是由乘积法则得到的。因为第一位只有一种选择方式，而其他 7 位中的每位有两种选择方式。类似地，构造以 00 结束的 8 位比特串，共有 $2^6=64$ 种方式，这也是由乘积法则得到的。因为前 6 位的每位有两种选择方式，而最后两位只有一种选择方式。

接下来同时完成这两个任务，构造以 1 开始以 00 结束的 8 位比特串，共有 $2^5=32$ 种方式。即在完成上述两个任务的方式中，有 32 种是相同的。这里也使用了乘积法则，因为第一位只有一种选择方式，从第二位到第六位每位可以有两种选择方式，最后两位也只有一种选择方式。因而，以 1 开始或者以 00 结束的 8 位比特串的个数，即完成第一或第二个任务的方式数，等于 $128+64-32=160$。◀

我们将给出一个例题来说明容斥原理如何用于解决计数问题。

例 19　某计算机公司收到了 350 份大学毕业生求职一组新网络服务器工作的申请书。假如这些申请人中有 220 人主修的是计算机科学专业，有 147 人主修的是商务专业，有 51 人既主修了计算机科学专业又主修了商务专业。那么，有多少个申请人既没有主修计算机科学专业又没有主修商务专业？

解　为了求出既没有主修计算机科学专业又没有主修商务专业的申请人的个数，可以从总的申请人数中减去主修计算机科学专业的人数，或减去主修商务专业的人数(或减去二者人数之和)。设 A_1 是主修计算机科学专业的学生的集合，A_2 是主修商务专业的学生的集合，那么 $A_1 \cup A_2$ 是主修计算机科学专业或主修商务专业学生的集合，$A_1 \cap A_2$ 是既主修计算机科学专业又主修商务专业学生的集合。根据减法法则，主修计算机科学专业或主修商务专业(或二者都主修)的学生的人数为

$$|A_1 \cup A_2| = |A_1| + |A_2| - |A_1 \cap A_2| = 220+147-51=316$$

因此得到结论：有 $350-316=34$ 个申请人既没有主修计算机科学专业又没有主修商务专业。本例题的文氏图见图 3。◀

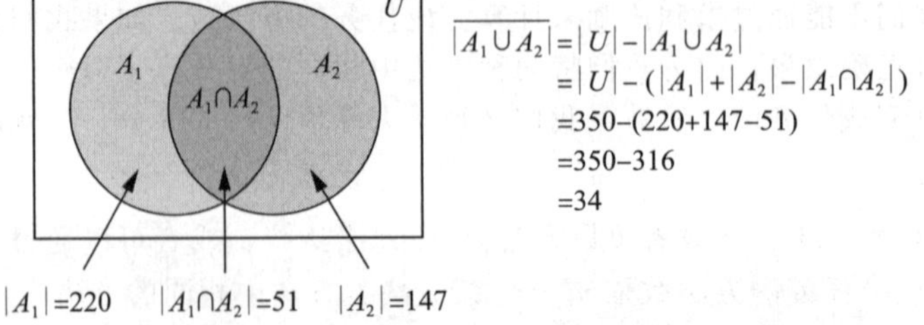

图 3　既没有主修计算机科学专业又没有主修商务专业的申请人

减法法则或者容斥原理可以推广来求完成 n 个不同任务中的一个任务的方式数，换句话

说，就是寻找 n 个集合的并集中的元素数，其中 n 是正整数。我们将在第 4 章研究容斥原理和它的某些应用。

3.1.5　除法法则

我们介绍了计数中的乘积法则、求和法则和减法法则。是否有除法法则呢？实际上，在解决某些计数问题时，也存在这样的法则。

除法法则　如果一个任务能由一个可以用 n 种方式完成的过程实现，而对于每种完成任务的方式 w，在 n 种方式中正好有 d 种与之对应，那么完成这个任务的方法数为 n/d。

我们可用集合的方式再描述一遍除法法则：“如果一个有限集 A 是 n 个有 d 个元素的互斥集合的并集，那么 $n=|A|/d$。”

我们也可用函数的方式定义除法法则：“如果 f 是一个 A 到 B 的函数，A 和 B 都是有限集合，那么对于每一个取值 $y\in B$，正好有 d 个值 $x\in A$ 使得 $f(x)=y$(在这种情况下，f 是 d 对 1 的)，那么 $|B|=|A|/d$。”

评注　在一个任务能以 n 种不同方式实现，但对于每一种实现任务的方法有 d 种等价的方法的情况下，就要用到除法法则。在这种情况下，我们就说完成任务有 n/d 种不等价的方法。

我们将用两个例题说明除法法则在计数中的使用。

例 20　假设在牧场中有一个计数奶牛腿数的系统。假设这个系统统计出该牧场的奶牛共有 572 条腿，则牧场中有多少只奶牛？假设每只奶牛有 4 条腿，而且没有其他动物。

解　设 n 为牧场统计的奶牛腿数。因为每头奶牛有 4 条腿，由除法法则可知牧场有 $n/4$ 头奶牛。所以，572 条腿的牧场有 $572/4=143$ 头奶牛。◀

例 21　4 个人坐在一个圆桌旁边，有多少种坐法？如果每个人左右相邻的人都相同就认为是同一种坐法。

解　我们任意选择一个桌子旁边的椅子，标记为座位 1，依圆桌顺时针依次标记其他椅子。座位 1 有 4 种选择坐人的方法，座位 2 有 3 种选择坐人的方法，座位 3 有 2 种选择坐人的方法，座位 4 有 1 种选择坐人的方法，这样有 $4!=24$ 种方法将 4 个人安排在圆桌旁边。然而，每一个座位 1 可选的 4 种坐法中都会产生相同的安排，因为我们仅将一个人左边或者右边相邻的人不一样才视为两种不同的安排。因为有 4 种选择人坐座位 1 的方法，所以由除法法则将 4 个人安排到一个圆桌旁的不同的方法数是 $24/4=6$ 种。◀

3.1.6　树图

可以使用**树图**求解计数问题。一棵树由根、从根出发的许多分支以及可能从其他分支端点出发的新的分支构成(我们将在第 7 章详细地研究树)。为了在计数中使用树，我们用一个分支表示每个可能的选择，用树叶表示可能的结果。这些树叶是某些分支的端点，从这些端点不再进一步分支。

注意，当用树图求解计数问题时，为到达一片树叶所做的选择个数可能是不同的(作为例子，见例 22)。

例 22　有多少不含连续两个 1 的 4 位比特串？

解　图 4 的树图给出了所有不含连续两个 1 的 4 位比特串。我们看出存在 8 个不含连续两个 1 的 4 位比特串。◀

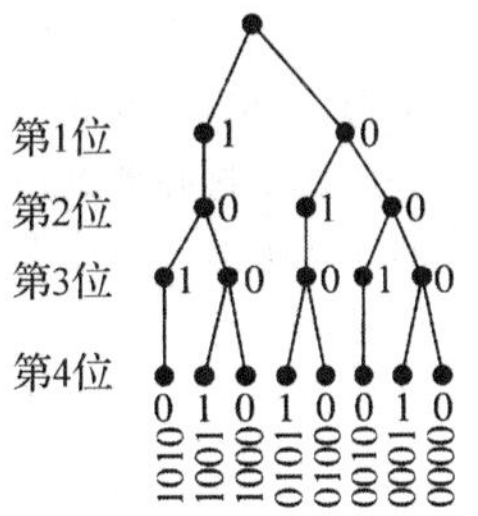

图 4　不含连续两个 1 的 4 位比特串

例 23　在两个队(队 1 和队 2)之间的决赛至多由 5 次比赛构成。先胜 3 次的队赢得决赛。决赛可能出现多少种不同的方式？

解　在图 5 的树图中，以每次比赛的得胜者给出了决赛可能进行的所有方式。我们看到有 20 种不同的决赛方式。◀

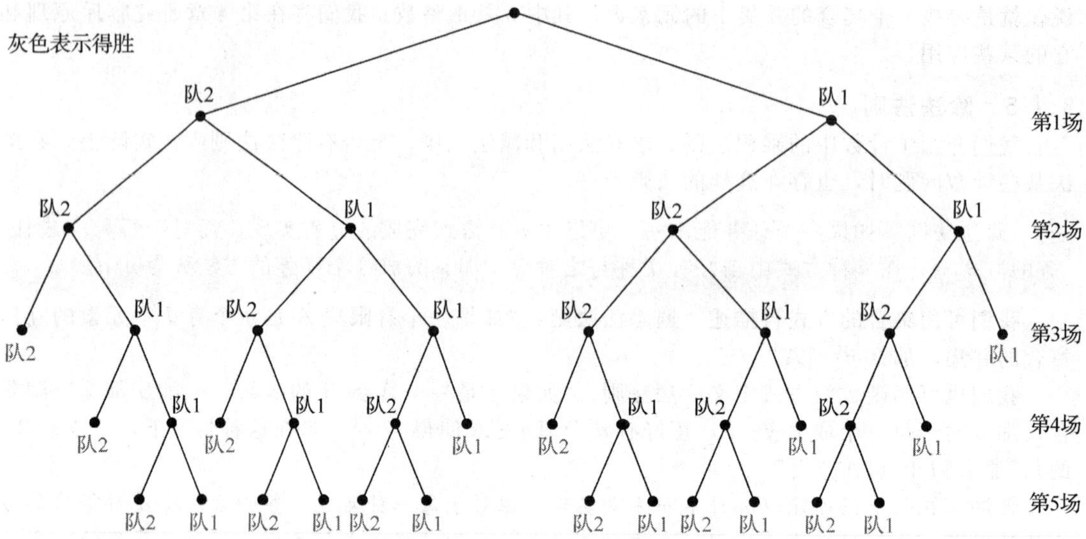

图 5　5 次决赛胜 3 次

例 24 假设“我爱新泽西”T 恤衫有 5 种不同的规格：S、M、L、XL 和 XXL。又知道 XL 规格只有红色、绿色和黑色三种颜色，XXL 规格只有绿色和黑色。除此之外，其他规格有四种颜色：白色、红色、绿色和黑色。如果每种规格和颜色的 T 恤衫至少一件，那么一个纪念品商店必须库存多少件不同的 T 恤衫？

解 图 6 的树图给出了所有规格和颜色的配对。从图 6 中可知这个纪念品商店老板必须库存 17 件不同的 T 恤衫。◀

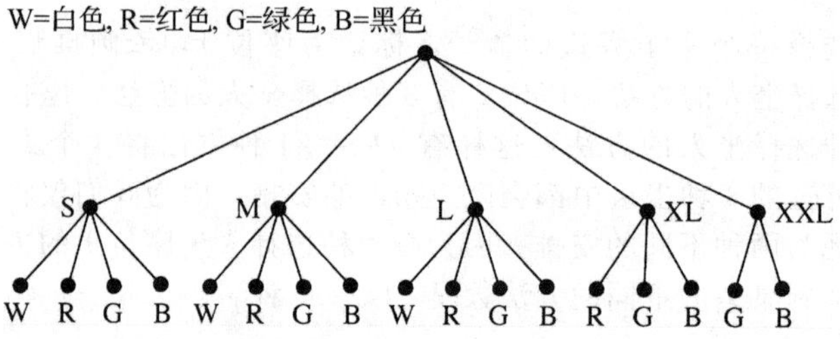

图 6　计数不同的 T 恤衫

奇数编号练习⊖

1. 一个学院有 18 个数学专业和 325 个计算机科学专业的学生。

a) 选两个代表，使得一个是数学专业的而另一个是计算机科学专业的，有多少种方式？

b) 选一个数学专业或计算机科学专业的代表又有多少种方式？

3. 一次多项选择考试包含 10 个问题。每个问题有 4 个可能的答案。

a) 在这次考试中如果每个问题都要回答，一个学生回答这些问题可能有多少种方式？

b) 在这次考试中如果允许某些答案空缺，一个学生回答这些问题可能有多少种方式？

5. 从纽约到丹佛有 6 条不同的航线，而从丹佛到旧金山有 7 条。如果选一个到丹佛的航班，接着选一个

⊖ 为缩减篇幅，本书只包括完整版中奇数编号的练习，并保留了原始编号，以便与参考答案、演示程序、教学 PPT 等网络资源相对应。若需获取更多练习，请参考《离散数学及其应用（原书第 8 版）》（中文版，ISBN 978-7-111-63687-8）或《离散数学及其应用（英文版·原书第 8 版）》（ISBN 978-7-111-64530-6）。练习的答案请访问出版社网站下载，注意，本章在完整版中为第 6 章，故请查阅第 6 章的答案。——编辑注

到旧金山的航班，那么从纽约经丹佛到旧金山的旅行有多少种不同的可能性？

7. 如果用 3 个字母作为姓名的缩写，人们可以有多少种不同的选择？

9. 如果这 3 个字母以 A 开始，人们又可以有多少种不同的选择？

11. 首尾都是 1 的 10 位比特串有多少个？

13. 位数不超过 n 且全由 1 组成的比特串有多少个？这里的 n 是正整数。

15. 位数不超过 4 且由小写字母构成的串有多少个(不计空串)？

17. 由 5 个 ASCII 码构成且至少包含一个@字符的串有多少个？[注意：有 128 个不同的 ASCII 码。]

19. 有多少满足以下条件的 6 元素 RNA 序列？

a) 不包含 U　　**b)** 结束于 GU

c) 开始于 C　　**d)** 只包含 A 或者 U

21. 在 50 到 100 之间有多少个满足以下条件的正整数，这些整数是什么？

a) 能被 7 整除　　**b)** 能被 11 整除

c) 能被 7 和 11 同时整除

23. 在 100 到 999 之间包含多少个满足以下条件的正整数？

a) 被 7 整除　　**b)** 是奇数

c) 有相同的 3 个十进制数字　　**d)** 不被 4 整除

e) 被 3 或 4 整除　　**f)** 不被 3 也不被 4 整除

g) 被 3 整除但不被 4 整除　　**h)** 被 3 和 4 整除

25. 有多少个串含有 3 个十进制数字且满足以下条件？

a) 同一数字不能出现 3 次　　**b)** 以奇数数字开始

c) 恰有 2 个数字是 4

27. 一个委员会由 50 个州的代表构成，每个州可从州长或两个参议员中选一个人参加，有多少种不同的方式？

29. 用 2 个字母后跟 4 个数字或者 2 个数字后跟 4 个字母可构成多少种车牌？

31. 用 2 个或 3 个字母后跟 2 个或 3 个数字可构成多少种车牌？

33. 由 8 个英语字母可构成多少个串？

a) 如果字母可以重复且不包含元音字母

b) 如果字母不能重复且不包含元音字母

c) 如果字母可以重复且以元音字母开始

d) 如果字母不能重复且以元音字母开始

e) 如果字母可以重复且包含至少一个元音字母

f) 如果字母可以重复且包含恰好一个元音字母

g) 如果字母可以重复且以 X 开始并至少包含一个元音字母

h) 如果字母可以重复且以 X 开始和结束并至少包含一个元音字母

35. 从 5 元素集合到含有下述元素数的集合有多少一对一的函数？

a) 4　　**b)** 5　　**c)** 6　　**d)** 7

37. 从集合$\{1, 2, \cdots, n\}$到集合$\{0, 1\}$有多少个满足下列条件的函数？这里的 n 是正整数。

a) 一对一的　　**b)** 对 1 和 n 赋值为 0　　**c)** 对恰好一个小于 n 的正整数赋值为 1

39. 从 m 元素集合到 n 元素集合有多少个部分函数(见 2.3 节的定义 13)？这里的 m 和 n 是正整数。

41. 如果一个字符串反转后所得结果与原来的字符串一样，就称它是一个**回文**。有多少个长为 n 的比特串是回文？

43. 有多少满足以下条件的 4 元素 RNA 序列？

a) 碱基包含 U　　**b)** 不包含序列 CUG

c) 不包含所有 4 种碱基 A、U、C 和 G　　**d)** 只包含 4 种碱基 A、U、C 和 G 中两种碱基

45. 某大学有 434 名大一学生、883 名大二学生和 43 名大三学生注册了算法导论课程。如果一个班只能安排 34 名学生，那么这门课需要安排多少个班才能保障所有注册的学生都能上这门课？

47. 6 个人坐在一个圆桌旁边，一共有多少种坐法？当每一个人有相同邻座而不考虑左右算为同一种会坐法。

49. 在一个婚礼上摄影师安排 6 个人在一排拍照，包含新娘和新郎在内，如果满足下述条件，有多少种安排方式？

a)新娘必须在新郎旁边　　b)新娘不在新郎旁边

c)新娘在新郎左边的某个位置

51. 有多少个10位比特串以3个0开始或以2个0结束?

** **53.** 有多少个8位比特串包含3个连续的0或者4个连续的1?

55. 有多少个不超过100的正整数能被4或6整除?

57. 假定一个计算机系统的口令最少有8个、最多有12个字符,其中口令中的每个字符可以是小写英文字母、大写英文字母、数字或6个特殊字符(*、>、<、!、+、=)中的一个。

a)该计算机系统可以有多少个不同的口令?　　b)有多少个口令含有6个特殊字符中的一个?

c)如果一个黑客核对每个可能的口令需要1纳秒时间,他要核对完所有可能的口令需要多少时间?

59. Java程序设计语言中的变量名是一个长度从1到65 535的字符串,可包含大、小写字母、美元符号、下划线或者数字,第一个字符不能是数字。那么在Java语言中可以命名多少个不同的变量?

61. 假定在将来的某个时间世界上的每部电话将被分配一个号码,这个号码包含一个1到3位数字的形如X、XX或XXX的国家代码,后面跟随着一个10位数字的形如NXX-NXX-XXXX的电话号码(如例8所描述的)。在这个编码计划中,全世界将有多少个不同的有效电话号码?

63. 用于Wi-Fi(无线保真)网络的有线等效保密(WEP)协议的密码是一个或者10、26,或者58位的十六进制数字串,一共能有多少种这样的密码?

65. 使用容斥原理计算小于1 000 000且不能被4或者6整除的正整数的个数。

67. 有多少种不同的方式排列字母a、b、c和d,使得b不紧跟在a的后边?

69. 使用树图确定{3,7,9,11,24}的子集数,使得子集中的元素之和小于28。

71. a)假设运动鞋的流行式样对男女都适用。女鞋的大小号码是6、7、8、9,男鞋的大小号码是8、9、10、11和12。男鞋有白色和黑色,而女鞋是白色、红色和黑色。如果一个商店各种大小和颜色的男、女运动鞋必须至少存一双,用树图确定所需要的鞋的数目。

b)使用计数原理回答a中的问题。

73. 确定有n个选手参加的双败淘汰赛的比赛场次数的最小值和最大值。双败淘汰赛规则是每一场比赛有两名选手参加,胜者晋级,仅失败一场的选手晋级。

75. 使用数学归纳法从两个任务的求和法则证明关于m个任务的求和法则。

77. 具有n条边的凸多边形有多少条对角线?(如果在多边形内或边界的每两个顶点的连线完全在这个集合内,则称为凸多边形)。

3.2 鸽巢原理

3.2.1 引言

Links 有20只鸽子要飞往19个鸽巢栖息。由于有20只鸽子,而只有19个鸽巢,所以这19个鸽巢中至少有1个鸽巢里最少栖息着2只鸽子。为了说明这个结论是真的,注意如果每个鸽巢中最多栖息1只鸽子,那么最多只有19只鸽子有住处,其中每只鸽子一个巢。这个例子阐述了一个一般原理,叫作**鸽巢原理**。该原理断言:如果鸽子数比鸽巢数多,那么一定有一个鸽巢里至少有2只鸽子(见图1)。当然,这个原理除了鸽子和鸽巢外也可以用于其他对象。

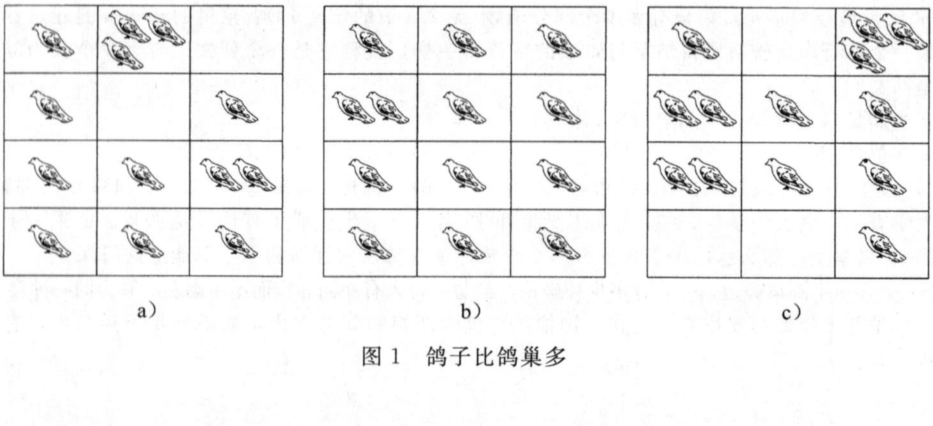

a)　　b)　　c)

图1　鸽子比鸽巢多

定理 1　鸽巢原理　如果 $k+1$ 个或更多的物体放入 k 个盒子，那么至少有一个盒子包含了 2 个或更多的物体。

证明　假定 k 个盒子中没有一个盒子包含的物体多于 1 个，那么物体总数至多是 k，这与至少有 $k+1$ 个物体矛盾。◀

鸽巢原理也叫作**狄利克雷抽屉原理**，以 19 世纪的德国数学家狄利克雷的名字命名，他经常在工作中使用这个原理。(狄利克雷不是第一个使用这个原理的人。至少有两个巴黎人用有相同数量的头发的事例说明这个原理，可追溯到 17 世纪，见练习 35。)这是对我们前几章中证明方法的一个重要补充。我们在这一章介绍它，因为它在组合学中有许多重要应用。

我们将说明鸽巢原理的有用性。我们首先证明关于函数的一个推论。

推论 1　一个从有 $k+1$ 甚至更多个元素的集合到 k 个元素的集合的函数 f 不是一对一函数。

证明　设函数 f 陪域中的每一个元素 y 都有一个盒子，包含了定义域中满足 $f(x)=y$ 的 x。因为定义域有 $k+1$ 或者更多个元素，而陪域只有 k 个元素，所以由鸽巢原理可知这些盒子中有一个包含了定义域中 2 个或者更多的 x 元素。这说明 f 不是一对一函数。◀

例 1～3 说明了怎样使用鸽巢原理。

例 1　在一组 367 个人中一定至少有 2 个人有相同的生日，这是由于只有 366 个可能的生日。◀

例 2　在 27 个英文单词中一定至少有 2 个单词以同一个字母开始，因为英文字母表中只有 26 个字母。◀

例 3　如果考试的分数是从 0 到 100，班上必须有多少个学生才能保证在这次期末考试中至少有 2 个学生得到相同的分数?

解　期末考试有 101 个分数。鸽巢原理证明在 102 个学生中一定至少有 2 个学生具有相同的分数。◀

鸽巢原理在许多证明中都是有用的工具，有些证明结果是令人意外的，正如例 4 所给出的。

例 4　证明：对每个整数 n，存在一个数是 n 的倍数且在它的十进制表示中只出现 0 和 1。 Extra Examples

解　令 n 是正整数。考虑 n 个整数 1，11，111，…，11…1(在这个表中，最后一个整数的十进制表示中具有 $n+1$ 个 1)。注意当一个整数被 n 整除时存在 n 个可能的余数。因为这个表中有 $n+1$ 个整数，由鸽巢原理，必有两个整数在除以 n 时有相同的余数。这两个整数之差的十进制表示中只含有 0 和 1，且它能被 n 整除。◀

3.2.2　广义鸽巢原理

鸽巢原理指出当物体比盒子多时一定至少有 2 个物体在同一个盒子里。但是当物体数超过盒子数的倍数时可以得出更多的结果。例如，在任意 21 个十进制数字中一定有 3 个是相同的。这是由于 21 个物体被分配到 10 个盒子里，那么某个盒子的物体一定多于 2 个。

定理 2　广义鸽巢原理　如果 N 个物体放入 k 个盒子，那么至少有一个盒子包含了至少 $\lceil N/k\rceil$ 个物体。

证明　假定没有盒子包含了比 $\lceil N/k\rceil-1$ 多的物体，那么物体总数至多是

$$k\left(\left\lceil\frac{N}{k}\right\rceil-1\right)<k\left(\left(\frac{N}{k}+1\right)-1\right)=N$$

这里用到不等式 $\lceil N/k\rceil<(N/k)+1$。这与存在总数 N 个物体矛盾。◀

一类普遍的问题是，把一些物体分到 k 个盒子中，使得某个盒子至少含有 r 个物体，求这

些物体的最少个数。当有 N 个物体时，广义鸽巢原理告诉我们，只要$\lceil N/k \rceil \geq r$，一定有 r 个物体在同一个盒子里。满足 $N/k > r-1$ 的最小正整数，即 $N=k(r-1)+1$，是满足不等式$\lceil N/k \rceil \geq r$ 的最小正整数。还可能有更小的 N 值吗？答案是没有，因为如果我们有 $k(r-1)$个物体，我们就可以在 k 个盒子的每个盒子中放 $r-1$ 个物体，因此没有一个盒子至少有 r 个物体。

当思考这种问题时，下面的想法是有用的，就是在不断地放物体时怎样避免一个盒子至少有 r 个物体出现。为避免把第 r 个物体放到任何一个盒子里，每个盒子最终将以具有 $r-1$ 个物体结束。如果不允许将第 r 个物体放到盒子里，就没有办法增加下一个物体。

例 5～8 说明了怎样使用广义鸽巢原理。

例 5 在 100 个人中至少有$\lceil 100/12 \rceil=9$ 个人生在同一个月。◀

Extra Examples

例 6 如果有 5 个可能的成绩 A、B、C、D 和 F，那么在一个离散数学班里最少有多少个学生才能保证至少 6 个学生得到相同的分数？

解 为保证至少 6 个学生得到相同的分数，需要的最少学生数是使得$\lceil N/5 \rceil=6$ 的最小整数 N。这样的最小整数是 $N=5\cdot 5+1=26$。如果只有 25 个学生，可能是 5 个学生得到同样的分数，而没有 6 个学生得到同样的分数。于是，26 是保证至少 6 个学生得到相同分数所需的最少学生数。◀

例 7 **a)**从一副标准的 52 张牌中必须选多少张牌才能保证选出的牌中至少有 3 张是同样的花色？

b)必须选多少张牌才能保证选出的牌中至少有 3 张是红心？

解 a)假设存在 4 个盒子保存 4 种花色的牌，选中的牌放在同种花色的盒子里。使用广义鸽巢原理，如果选了 N 张牌，那么至少有一个盒子含有至少$\lceil N/4 \rceil$张牌。因此如果$\lceil N/4 \rceil \geq 3$，我们知道至少选了 3 张同种花色的牌。使得$\lceil N/4 \rceil \geq 3$ 的最小的整数 N 是 $N=2\cdot 4+1=9$，所以 9 张牌就足够了。注意如果选 8 张牌，可能每种花色 2 张牌，因此必须选 9 张牌才能保证选出的牌中至少 3 张是同样的花色。想到这一点的一个好方法就是，注意到在选了 8 张牌以后没有办法避免出现 3 张同样花色的牌。

b)我们不用广义鸽巢原理回答这个问题，因为我们要保证存在 3 张红心而不仅仅是 3 张同样花色的牌。在最坏情况下，在选一张红心以前可能已经选了所有的黑桃、方块、梅花，总共 39 张牌，下面选的 3 张牌将都是红心。因此为得到 3 张红心，可能需要选 42 张牌。◀

例 8 为保证一个州的 2500 万个电话有不同的 10 位电话号码，所需的地区代码的最小数是多少？（假定电话号码是 NXX-NXX-XXXX 形式，其中前 3 位是地区代码，N 表示从 2 到 9 的十进制数字，X 表示任何十进制数字。）

解 有 800 万个形如 NXX-XXXX 的不同的电话号码（如 3.1 节的例 8 所示）。因此，由广义鸽巢原理，在 2500 万个电话号码中，一定至少有$\lceil 25\,000\,000/8\,000\,000 \rceil$个同样的电话号码。因此至少需要 4 个地区代码来保证所有的 10 位号码是不同的。◀

尽管例 9 没有用到广义鸽巢原理，但也用到了类似的原理。

例 9 假设计算机科学实验室有 15 台工作站和 10 台服务器。可以用一条电缆直接把工作站连接到服务器。同一时刻只有一条到服务器的直接连接是有效的。我们想保证在任何时刻任何一组不超过 10 台工作站可以通过直接连接同时访问不同的服务器。尽管我们可以通过将每台工作站直接连接到每台服务器（使用 150 条连线）来做到这一点，但达到这个目标所需要的最少直接连线的数目是多少？

解 将工作站标记为 W_1，W_2，…，W_{15}，服务器标记为 S_1，S_2，…，S_{10}。假设对于 $k=1$，2，…，10，我们连接 W_k 到 S_k，并且 W_{11}、W_{12}、W_{13}、W_{14}和 W_{15} 中的每个工作站都连接到所有的 10 台服务器。总共 $10+5\cdot 10=60$ 条直接连线。显然，在任何时刻，任何一组不超过 10 台工作站可以通过直接连接同时访问不同的服务器。为看到这一点只要注意下述事实：如果这个组

包含工作站 $W_j(1\leqslant j\leqslant 10)$，那么 W_j 可以访问服务器 S_j。对于组里的每台工作站 $W_k(k\geqslant 11)$，一定存在不在组里的工作站 $W_j(1\leqslant j\leqslant 10)$ 与之对应，因此 W_k 可以访问服务器 S_j（这是由于存在多少台不在组里的工作站 W_j，$1\leqslant j\leqslant 10$，至少存在同样多台的服务器 S_j 可以被其他工作站访问）。

现在假设在工作站和服务器之间直接连线少于 60 条。那么某台服务器将至多连接 $\lfloor 59/10\rfloor=5$ 台工作站。（如果所有的服务器连接到至少 6 台工作站，那么将存在至少 $6\cdot 10=60$ 条直接连线。）这意味着剩下的 9 台服务器对于其他 10 台工作站同时访问不同的服务器就不够用了。因此，至少需要 60 条直接连线，从而得到答案是 60。◀

3.2.3 鸽巢原理的几个简单应用

在鸽巢原理的许多有趣应用中，必须用某种巧妙的方式选择放入盒子中的物体。下面将描述这样的一些应用。

例 10 在 30 天的一个月里，某棒球队一天至少打一场比赛，但至多打 45 场。证明一定有连续的若干天内这个队恰好打了 14 场。

解 令 a_j 是在这个月的第 j 天或第 j 天之前所打的场数。则 a_1，a_2，…，a_{30} 是不同正整数的一个递增序列，其中 $1\leqslant a_j\leqslant 45$。而且 a_1+14，a_2+14，…，$a_{30}+14$ 也是不同正整数的一个递增序列，其中 $15\leqslant a_j+14\leqslant 59$。

60 个正整数 a_1，a_2，…，a_{30}，a_1+14，a_2+14，…，$a_{30}+14$ 全都小于等于 59。因此，由鸽巢原理，有两个正整数相等。因为整数 $a_j(j=1, 2, \cdots, 30)$ 都不相同，并且 $a_j+14(j=1, 2, \cdots, 30)$ 也不相同，所以一定存在下标 i 和 j 满足 $a_i=a_j+14$。这意味着从第 $j+1$ 天到第 i 天恰好打了 14 场比赛。◀

例 11 证明在不超过 $2n$ 的任意 $n+1$ 个正整数中一定存在一个正整数被另一个正整数整除。

解 把 $n+1$ 个整数 a_1，a_2，…，a_{n+1} 中的每一个都写成 2 的幂与一个奇数的乘积。换句话说，令 $a_j=2^{k_j}q_j(j=1, 2, \cdots, n+1)$，其中 k_j 是非负整数，q_j 是奇数。整数 q_1，q_2，…，q_{n+1} 都是小于 $2n$ 的正奇数。因为只存在 n 个小于 $2n$ 的正奇数，所以由鸽巢原理，q_1，q_2，…，q_{n+1} 中必有两个相等。于是，存在整数 i 和 j 使得 $q_i=q_j$。令 q_i 与 q_j 的公共值是 q，那么 $a_i=2^{k_i}q$，$a_j=2^{k_j}q$。因而，若 $k_i<k_j$，则 a_i 整除 a_j；若 $k_i>k_j$，则 a_j 整除 a_i。◀

巧妙地应用鸽巢原理证明了在不同整数的序列中存在着确定长度的递增或递减子序列。在给出这个应用之前先回顾某些定义。假定 a_1，a_2，…，a_N 是实数序列。它的一个**子序列**是形如 a_{i_1}，a_{i_2}，…，a_{i_m} 的序列，其中 $1\leqslant i_1<i_2<\cdots<i_m\leqslant N$。因此一个子序列是从初始序列得到的序列，按照原来的顺序选取初始序列的某些项，也许要排除其他的项。如果这个序列的每一项都大于它前面的项，就称为**严格递增的**，如果每一项都小于它前面的项，就称为**严格递减的**。

定理 3 *每个由 n^2+1 个不同实数构成的序列都包含一个长为 $n+1$ 的严格递增子序列或严格递减子序列。*

在证明定理 3 之前先给出一个例子。

例 12 序列 8，11，9，1，4，6，12，10，5，7 包含 10 项。由于 $10=3^2+1$，存在四个长为 4 的严格递增子序列，即 1，4，6，12；1，4，6，7；1，4，6，10 和 1，4，5，7。还存在一个长为 4 的严格递减子序列，即 11，9，6，5。◀

现在给出定理的证明。

证明 令 a_1，a_2，…，a_{n^2+1} 是 n^2+1 个不同实数的序列。与序列中的每一项 a_k 相关联着一个有序对，即 (i_k, d_k)，其中 i_k 是从 a_k 开始的最长的递增子序列的长度，d_k 是从 a_k 开始的最长的递减子序列的长度。

假定没有长为 $n+1$ 的递增或递减子序列。那么 i_k 和 d_k 都是小于或等于 n 的正整数，$k=$

1，2，…，n^2+1。因此，由乘积法则，关于(i_k, d_k)存在 n^2 个可能的有序对。根据鸽巢原理，n^2+1个有序对中必有两个相等。换句话说，存在项 a_s 和 a_t，$s<t$，使得 $i_s=i_t$ 和 $d_s=d_t$。我们将证明这是不可能的。由于序列的项是不同的，所以不是 $a_s<a_t$ 就是 $a_s>a_t$。如果 $a_s<a_t$，那么由于 $i_s=i_t$，所以把 a_s 加到从 a_t 开始的长度为 i_t 的递增子序列前面就构造出一个从 a_s 开始的长度为 i_t+1 的递增子序列。从而产生矛盾。类似地，如果 $a_s>a_t$，可以证明 d_s 一定大于 d_t，从而也产生矛盾。◀

Links 最后的例子说明了怎样把广义鸽巢原理用于组合学的重要部分，**即拉姆齐理论**(Ramsey theory)，它是以英国数学家拉姆齐的名字命名的。拉姆齐理论通常可用于处理集合元素的子集分配问题。

例 13 假定一组有 6 个人，任意两个人或者是朋友或者是敌人。证明在这组人中或存在 3 个人彼此都是朋友，或存在 3 个人彼此都是敌人。

解 令 A 是 6 个人中的一人，组里其他 5 个人中至少有 3 个是 A 的朋友，或至少有 3 个是 A 的敌人。这可从广义鸽巢原理得出，因为当 5 个物体分成两个集合时，其中的一个集合至少有$\lceil 5/2\rceil=3$ 个元素。若是前一种情况，假定 B、C 和 D 是 A 的朋友。如果这 3 个人中有 2 个也是朋友，那么这 2 个人和 A 构成彼此是朋友的 3 人组。否则，B、C 和 D 构成彼此为敌人的 3 人组。对于后一种情况的证明，当 A 存在 3 个或更多的敌人时可以用类似的方法处理。◀

拉姆齐数 $R(m, n)$(其中 m 和 n 是大于或等于 2 的正整数)表示：假设晚会上每两个人是朋友或者是敌人，那么在一个晚会上使得或者有 m 个人两两都是朋友，或者有 n 个人两两都是敌人所需要的最少人数。例 13 显示 $R(3, 3)\leqslant 6$。在一组 5 个人中，其中每两个人是朋友或者是敌人，可能没有 3 个人两两是朋友，也没有 3 个人两两是敌人，因此我们断言 $R(3, 3)=6$(见练习 28)。

可以证明某些关于拉姆齐数的有用的性质，但是对于大多数拉姆齐数，找到精确的值是困难的。根据对称性可以证明 $R(m, n)=R(n, m)$(见练习 32)。对于每个正整数 $n\geqslant 2$，我们也有$R(2, n)=n$(见练习 31)。只知道 9 个拉姆齐数 $R(m, n)(3\leqslant m\leqslant n)$的精确值，其中包括 $R(4, 4)=18$。对许多其他的拉姆齐数只知道界，包括 $R(5, 5)$在内，已知它满足 $43\leqslant R(5, 5)\leqslant 49$。有兴趣更多地了解有关拉姆齐数知识的读者可以参考[MiRo91]或[GrRoSp90]。

奇数编号练习

1. 假定周末不排课，证明：在任一组 6 门课中一定有 2 门课安排在同一天上课。

3. 抽屉里有一打棕色的短袜和一打黑色的短袜，全都没有配好对。一个人在黑暗中随机取出一些袜子。

a) 必须取多少只袜子才能保证至少有 2 只袜子是同色的？

b) 必须取多少只袜子才能保证至少有 2 只袜子是黑色的？

5. 某学院的学生属于四个年级，这是依据他们的毕业年份来划分的。每一个学生必须选择 21 个专业中的一个专业。需要多少学生才能保证在同一年同一个专业有两名学生将要毕业？

7. 证明：在任意 5 个整数中(不一定是连续的)有 2 个整数被 4 除的余数相等。

9. 设 n 是正整数。证明：在任意一组 n 个连续的正整数中恰好有 1 个被 n 整除。

11. 在一个大学里每个学生来自 50 个州中的一个州，那么必须有多少个学生注册才能保证至少有 100 个学生来自同一个州？

* **13.** 设$(x_i, y_i, z_i)(i=1, 2, 3, 4, 5, 6, 7, 8, 9)$是 xyz 空间中一组具有整数坐标的 9 个不同的点。证明：至少有一对点的连线中点的坐标是整数。

15. **a)** 证明：如果从前 8 个正整数中选 5 个整数，一定存在一对整数其和等于 9。

b) 如果不是选 5 个而是选 4 个整数，a 的结论还为真吗？

17. 从集合{1，2，3，4，5，6}中必须选多少个数才能保证其中至少有一对数之和等于 7？

19. 一个公司在仓库中存储产品。仓库中的存储柜由通道、它们在通道中的位置和货架来指定。整个仓库有 50 个通道，每个通道有 85 个水平位置，每个位置有 5 个货架。公司产品数至少是多少才能使得在同一个存储柜中至少有 2 个产品？

21. 在 25 个学生的离散数学班中，设学生有一年级的、二年级的或者三年级的。

a)证明：这个班至少有 9 个是一年级的，或至少有 9 个是二年级的，或至少有 9 个是三年级的。

b)证明：这个班至少有 3 个是一年级的，或至少有 19 个是二年级的，或至少有 5 个是三年级的。

23. 构造 16 个正整数的序列，使得它没有 5 项的递增或递减子序列。

* **25.** 25 个女孩和 25 个男孩围坐一个圆桌旁边，证明总会有一个人的邻座都是男孩。

* **27.** 用伪码描述一个算法产生一个不同整数序列的最大递增或递减子序列。

29. 证明：在任一组 10 个人中(其中任两个人或者是朋友或者是敌人)，或存在 3 个人彼此都是朋友，或存在 4 个人彼此都是敌人，并且存在 3 个人彼此是敌人，或存在 4 个人彼此是朋友。

31. 证明：如果 n 是正整数，$n\geqslant 2$，那么拉姆齐数 $R(2, n)$ 等于 n。(回忆 3.2 节例 13 后对拉姆齐数的讨论。)

33. 证明：在加利福尼亚州(人口 3900 万)至少有 6 个人姓名的 3 个缩写字母相同并且他们生在一年的同一天(但不一定是同一年)。假设每个人的姓名都有 3 个缩写字母。

35. 在 17 世纪，巴黎人口超过 800 000。那时，认为人的头发不会超过 200 000 根。设这些数据都是正确的，而且每一个人头上至少有一根头发(没有人完全没有头发)。使用鸽巢原理证明，如法国作家皮尔尼科尔所做的，有两个巴黎人有相同数量的头发。使用广义鸽巢原理证明至少有 5 个巴黎人有相同数量的头发。

37. 一个大学有 38 个不同的时间段来安排课程，如果有 677 门不同的课程，那么需要多少个不同的教室？

39. 一个计算机网络由 6 台计算机组成。每台计算机直接连接到零台或者更多台其他计算机。证明：网络中至少有两台计算机直接连接相同数目的其他计算机。(提示：不可能一台计算机不与任何计算机相连或连接到所有其他计算机。)

41. 把 100 台计算机连接到 20 台打印机上，为保证 20 台计算机可以直接访问 20 台不同的打印机，找出至少需要多少条缆线。证明你的答案。

43. 一个摔跤选手是 75 小时之内的冠军。该选手一小时至少赛一场，但总共不超过 125 场。证明：存在着连续的若干个小时使得该选手恰好进行了 24 场比赛。

45. 如果 f 是从 S 到 T 的函数，其中 S 和 T 是有穷集，并且 $m=\lceil |S|/|T|\rceil$，那么证明至少存在 S 的 m 个元素映射到 T 的同一个值。即存在 S 中的元素 s_1，s_2，…，s_m 使得 $f(s_1)=f(s_2)=\cdots=f(s_m)$。

* **47.** 设 x 是无理数。证明：对于某个不超过 n 的正整数 j，在 jx 与到 jx 最近的整数之间的差的绝对值小于 $1/n$。

* **49.** 在这个练习中概述了基于广义鸽巢原理的定理 3 的证明，使用的记号与教科书中的证明一样。

a)假定 $i_k\leqslant n$，$k=1, 2, \cdots, n^2+1$。使用广义鸽巢原理证明：存在 $n+1$ 个项 a_{k_1}、a_{k_2}，…，$a_{k_{n+1}}$ 满足 $i_{k_1}=i_{k_2}=\cdots=i_{k_{n+1}}$，其中 $1\leqslant k_1<k_2<\cdots<k_{n+1}$。

b)证明：$a_{k_j}>a_{k_{j+1}}$，$j=1, 2, \cdots, n$。[提示：假定 $a_{k_j}<a_{k_{j+1}}$，证明这将推出 $i_{k_j}>i_{k_{j+1}}$ 的矛盾。]

c)使用 a 和 b 证明：如果没有长度为 $n+1$ 的递增子序列，那么一定有同样长度的递减子序列。

3.3 排列与组合

3.3.1 引言

许多计数问题都可以通过找到特定大小的集合中不同元素排列的不同方法数来得以解决，其中这些元素的次序是有限制的。许多其他计数问题也可以通过从特定大小的集合元素中选择特定数量元素的方法数来得以解决，其中这些元素的次序是不受限制的。例如，从 5 个学生中选出 3 个学生站成一行照相，有多少种选择方法？从 4 个学生中选出 3 个学生组成一个委员会，有多少种选择方法？本节将介绍一些方法来解决此类问题。

3.3.2 排列

我们先通过解决引言中提出的第一个问题以及一些其他相关问题来开始本节的内容。

例 1 从 5 个学生中选出 3 个学生站成一行照相，有多少种选择方法？让 5 个学生站成一行照相，有多少种排列方法？

Extra Examples

解 首先，注意选择学生时次序是有限制的。从 5 个学生中选择第一个学生站在一行的第一个位置有 5 种方法。一旦这个学生被选定之后，则有 4 种方法选择第二个学生站在一行的第二个位置。当第一和第二个学生都被选定之后，则有 3 种方法选择第三个学生站在一行的第三个位置。根据乘积法则，共有 5・4・3=60 种方法从 5 个学生中选出 3 个学生站成一行来照相。

为了排列所有 5 个学生站成一行来照相，选择第一个学生时有 5 种方法，选择第二个学生时有 4 种方法，第三个学生时有 3 种方法，第四个学生时有 2 种方法，第五个学生时有 1 种方法。因此，共有 5・4・3・2・1=120 种方法让所有 5 个学生站成一行来照相。◀

例 1 阐述了不同个体的有次序排列是如何计数的。这也引出了几个术语。

Links 集合中不同元素的**排列**，是对这些元素的一种有序安排。我们也对集合中某些元素的有序安排感兴趣。对一个集合中 r 个元素的有序安排称为 **r 排列**。

例 2 设 $S=\{1, 2, 3\}$。3，1，2 是 S 的一个排列，3，2 是 S 的一个 2 排列。◀

一个 n 元集的 r 排列数记为 $P(n, r)$。我们可以使用乘积法则求出 $P(n, r)$。

例 3 设 $S=\{1, 2, 3\}$。S 的 2 排列有如下有序安排：a，b；a，c；b，a；b，c；c，a；c，b。因此，具有 3 个元素的这个集合共有 6 个 2 排列。所有具有 3 个元素的集合都有 6 个 2 排列。有 3 种方法选择排列中的第一个元素。有 2 种方法选择排列中的第二个元素，因为第二个元素必须不同于第一个元素。因此，根据乘积法则，有 $P(3, 2)=3\cdot 2=6$。◀

下面利用乘积法则找出求 $P(n, r)$ 的一个公式，其中 n 和 r 都是任意正整数，且 $1\leqslant r\leqslant n$。

定理 1　具有 n 个不同元素的集合的 r 排列数是

$$P(n, r)=n(n-1)(n-2)\cdots(n-r+1)$$

证明　选择这个排列的第一个元素可以有 n 种方法，因为集合中有 n 个元素。选择排列的第二个元素有 $n-1$ 种方法，由于在使用了为第一个位置挑出的元素之后集合里还留下了 $n-1$ 个元素。类似地，选择第三个元素有 $n-2$ 种方法，以此类推，直到选择第 r 个元素恰好有 $n-(r-1)=n-r+1$ 种方法。因此，由乘积法则，存在

$$n(n-1)(n-2)\cdots(n-r+1)$$

个集合的 r 排列。◀

注意，只要 n 是一个非负整数，就有 $P(n, 0)=1$，因为恰好有一种方法来排列 0 个元素。也就是说，恰好有一个排列中没有元素，即空排列。

下面给出定理 1 的一个有用的推论。

推论 1　如果 n 和 r 都是整数，且 $0\leqslant r\leqslant n$，则

$$P(n, r)=\frac{n!}{(n-r)!}$$

证明　当 n 和 r 是整数，且 $1\leqslant r\leqslant n$ 时，由定理 1 有

$$P(n,r) = n(n-1)(n-2)\cdots(n-r+1) = \frac{n!}{(n-r)!}$$

因为只要 n 是非负整数，就有 $\frac{n!}{(n-0)!}=\frac{n!}{n!}=1$，所以我们知道公式 $P(n, r)=\frac{n!}{(n-r)!}$，当 $r=0$ 时也成立。◀

由定理 1 知道，如果 n 是一个正整数，则 $P(n, n)=n!$。用一些例子来说明这个结论。

例 4 在进入竞赛的 100 个不同的人中有多少种方法选出一个一等奖得主、一个二等奖得主和一个三等奖得主？

解　不管哪个人得哪个奖，选取 3 个得奖人的方法数是从 100 个元素的集合中有序选择 3 个元素的方法数，即 100 个元素的集合的 3 排列数。因此，答案是

$$P(100,3) = 100\cdot 99\cdot 98 = 970\ 200$$ ◀

例 5 假定有 8 个赛跑运动员。第一名得到一枚金牌，第二名得到一枚银牌，第三名得到

一枚铜牌。如果比赛可能出现所有可能的结果，有多少种不同的颁奖方式？

解　颁奖方式就是 8 元素的集合的 3 排列数。因此存在 $P(8, 3)=8\cdot 7\cdot 6=336$ 种可能的颁奖方式。◀

例 6　假定一个女推销员要访问 8 个不同的城市。她的访问必须从某个指定的城市开始，但对其他 7 个城市的访问可以按照任何次序进行。当访问这些城市时，这个女推销员可以有多少种可能的次序？

解　由于第一个城市是确定的，而其他 7 个城市可以是任意的顺序，所以城市之间可能的路径数是 7 个元素的排列数。因此，这个女推销员有 $7!=7\cdot 6\cdot 5\cdot 4\cdot 3\cdot 2\cdot 1=5040$ 种方式选择她的旅行。比如说，如果这个女推销员想要在城市中找出具有最短距离的路径，并且她对每一条可能的路径计算总距离，那么她必须考虑 5040 条路径。◀

例 7　字母 ABCDEFGH 有多少种排列包含串 ABC？

解　由于字母 ABC 必须成组出现，我们可以通过找 6 个对象，即组 ABC 和单个字母 D、E、F、G 和 H 的排列数得到答案。由于这 6 个对象可以按任何次序出现，因此，存在 $6!=720$ 种 ABCDEFGH 字母的排列，其中 ABC 成组出现。◀

3.3.3 组合

现在把注意力转到无序选择个体的计数上来。我们先通过解决本章引言中提出的第二个问题来开始本节的内容。

例 8　从 4 个学生中选出 3 个学生组成一个委员会，有多少种选择方法？

解　为了回答这个问题，只需从含有 4 个学生的集合中找到具有 3 个元素的子集的个数。我们知道，一共有 4 个这样的子集，每个子集中都有一个不同的学生，因为选择 4 个学生等价于从 4 个学生中选出一个人离开这个集合。这就意味着有 4 种方法选择 3 个学生组成一个委员会，这与学生的次序是无关的。◀

例 8 阐明了这样一个事实：许多计数问题都可以通过从具有 n 个元素的集合中求得特定大小的子集的个数来得以解决，其中 n 是一个正整数。 Links

集合元素的一个 ***r* 组合**是从这个集合无序选取的 r 个元素。于是，简单地说，一个 r 组合是这个集合的一个 r 个元素的子集。

例 9　设 S 是集合 $\{1, 2, 3, 4\}$，那么 $\{1, 3, 4\}$ 是 S 的一个 3 组合。（注意，$\{4, 1, 3\}$ 与组合 $\{1, 3, 4\}$ 是一样的，因为集合中元素顺序是没有关系的。）◀

具有 n 个不同元素的集合的 r 组合数记为 $C(n, r)$。注意 $C(n, r)$ 也记作 $\binom{n}{r}$，并且称为**二项式系数**。在 3.4 节我们将学习这个记号。

例 10　因为 $\{a, b, c, d\}$ 的 2 组合是 $\{a, b\}$、$\{a, c\}$、$\{a, d\}$、$\{b, c\}$、$\{b, d\}$ 和 $\{c, d\}$，共 6 个子集，所以 $C(4, 2)=6$。◀

可以用关于集合的 r 排列数的公式确定 n 元素的集合的 r 组合数。为此只需注意集合的 r 排列可以按下述方法得到：首先构成集合的 r 组合，接着排列这些组合中的元素。下面的定理给出了 $C(n, r)$ 的值，它的证明就是基于这个观察。

定理 2　设 n 是正整数，r 是满足 $0\leqslant r\leqslant n$ 的整数，n 元素的集合的 r 组合数等于

$$C(n,r)=\frac{n!}{r!(n-r)!}$$

证明　可以如下得到这个集合的 r 排列。先构成集合的 $C(n, r)$ 个 r 组合，然后以 $P(n, r)$ 种方式排序每个 r 组合中的元素，这可以用 $P(r, r)$ 种方式来做。因此，

$$P(n, r)=C(n, r)\cdot P(r, r)$$

这就推出

$$C(n,r)=\frac{P(n,r)}{P(r,r)}=\frac{n!/(n-r)!}{r!/(r-r)!}=\frac{n!}{r!(n-r)!}$$

我们可以用计数的除法法则证明这个定理。因为在组合中不考虑元素的顺序，并且有$P(r, r)$种方式排序n元素的r组合中的这r个元素，所以n个元素的每个$C(n, r)r$组合对应一个$P(r, r)r$排列。因此，由除法法则$C(n, r)=\frac{P(n, r)}{P(r, r)}$，也就是前面的$C(n, r)=\frac{n!}{r!\ (n-r)}$。◀

尽管定理2中的公式很清楚，但对很大的n和r而言，这个公式并没有什么用处。其原因是，在实际计算中，只能对较小的整数求阶乘的准确值，而且当用浮点数来计算时，从定理2的公式中得到的结果可能并不是一个整数值。因此，当计算$C(n, r)$时，首先注意，如果从定理2的$C(n, r)$计算公式的分子和分母中都消去$(n-r)!$后，可以得到

$$C(n,r)=\frac{n!}{r!(n-r)!}=\frac{n(n-1)\cdots(n-r+1)}{r!}$$

因此，为了计算$C(n, r)$，可以从分子和分母中消去分母中所有较大的因子，再把分子中所有没有消去的项相乘，然后再除以分母中较小的因子。[如果是用手而不是用机器计算，有必要再在$n(n-1)\cdots(n-r+1)$和$r!$中消去公因数。]注意许多计算器中都有一个关于计算$C(n, r)$内置函数，这些函数可以对相对较小的n和r求结果，许多计算机程序也可以用来求$C(n, r)$的值。[这些函数可能称为chose(n, k)或binom(n, k)。]

例11说明了当k相对于n较小时，以及当k接近于n时，如何计算$C(n, r)$。该例子也给出了组合数$C(n, r)$的一个关键的恒等式。

例11 从一副52张标准扑克牌中选出5张，共有多少种不同方法？从一副52张标准扑克牌中选出47张，又有多少种不同方法？

解 因为从52张牌中选出5张，这5张牌的次序不受限制，所以不同的选择方法数共有

$$C(52,5)=\frac{52!}{5!47!}$$

为了计算$C(52, 5)$，首先在分子和分母中都消去47!，得

$$C(52,5)=\frac{52\cdot 51\cdot 50\cdot 49\cdot 48}{5\cdot 4\cdot 3\cdot 2\cdot 1}$$

上述表达式还可以化简。首先将分子中的50除以分母中的因子5，则在分子中得到因子10；然后将分子中的48除以分母中的因子4，则在分子中得到因子12；再将分子中的51除以分母中的因子3，则在分子中得到因子17；最后将分子中的52除以分母中的因子2，在分子中得到因子26。于是得到

$$C(52,\ 5)=26\cdot 17\cdot 10\cdot 49\cdot 12=2\,598\,960$$

因此，从一副52张标准扑克牌中选出5张，共有2 598 960种不同方法。注意从一副52张标准扑克牌中选出47张，不同的选择方法数为

$$C(52,47)=\frac{52!}{47!5!}$$

不用再计算这个值了，因为$C(52, 57)=C(52, 5)$。(因为在计算它们的公式中，只有分母中5!和47!的次序是不同的。)因此，从一副52张标准扑克牌中选出47张，共有2 598 960种不同方法。◀

在例11中，我们看到$C(52, 5)=C(52, 47)$。这很容易理解，因为52张牌中取5张牌也就等同于选取余下的47张牌。这个等式是引理2中关于r组合数的有用的恒等式的一个特例。

推论2 设n和r是满足$r\leqslant n$的非负整数，那么$C(n, r)=C(n, n-r)$。

证明 由定理2得到

$$C(n,r)=\frac{n!}{r!(n-r)!}$$

$$C(n,n-r)=\frac{n!}{(n-r)![n-(n-r)]!}=\frac{n!}{(n-r)!r!}$$

因此，$C(n, r)=C(n, n-r)$。◀

我们也可以不用代数运算证明推论 2。而是使用组合证明。我们在定义 1 描述了这种重要的证明类型。

定义 1 恒等式的组合证明是一种证明，在这个证明中使用计数的论述而不使用某些其他的方法(如代数技巧)来证明一个定理或者基于等式两边的对象集合存在一个双射函数来证明。这两种证明分别称为双计数证明和双射证明。

可以使用组合证明来证明许多涉及二项式系数的恒等式。如果可以说明一个恒等式两边通过不同的方法计数了同样的元素，那么对这个恒等式就可以使用组合证明。现在提供一个推论 2 的组合证明。我们同时提供双计数证明和双射证明，两者基于相同的基本原理。

证明 我们将使用双射证明方法证明 $C(n, r)=c(n, n-r)$，对于所有整数 n，r，$0\leqslant r\leqslant n$。设 S 是有 n 个元素的集合。从 S 的子集 A 到 $\overline{A}$ 的一个函数是一个从 r 个元素的子集 S 到 $n-r$ 个元素子集的双射函数(读者可证明)。因为这两个有限集合有双射函数，所以这两个集合必定有相同的元素个数，恒等式 $C(n, r)=c(n, n-r)$ 可得。

另一种方法，我们可以通过双计数证明来解释。由定义，$C(n, r)$ 是 r 元素的 S 子集的个数。但 S 的子集 A 也确定了不在 A 中的元素，即 $\overline{A}$。因为 r 个元素的 S 子集的补集有 $n-r$ 个元素，具有 r 个元素的 S 子集的个数是 $C(n, n-r)$。因此 $C(n, r)=C(n, n-r)$。◀

例 12 有多少种方式从 10 个选手的网球队中选择 5 个选手外出参加在另一个学校的比赛？　Extra Examples

解 答案由 10 元素集合的 5 组合数给出。根据定理 2，这个组合数是

$$C(10,5)=\frac{10!}{5!5!}=252$$ ◀

例 13 一组 30 个人被培训作为宇航员去完成首次登陆火星的任务。有多少种方式选出 6 个人的小组来完成这个任务(假设所有的小组成员有同样的工作)？

解 因为不考虑这些人被选的次序，所以从 30 个人中选 6 个人的小组的方式数是 30 元素集合的 6 组合数。根据定理 2，这个组合数是

$$C(30,6)=\frac{30!}{6!24!}=\frac{30\cdot 29\cdot 28\cdot 27\cdot 26\cdot 25}{6\cdot 5\cdot 4\cdot 3\cdot 2\cdot 1}=593\ 775$$

例 14 有多少个长度为 n 的比特串恰好包含 r 个 1？

解 在长度为 n 的比特串中 r 个 1 的位置构成了集合 $\{1, 2, \cdots, n\}$ 的 r 组合。因此，有 $C(n, r)$ 个长度为 n 的比特串恰好包含 r 个 1。◀

例 15 为开发学校的离散数学课程要选出一个委员会。如果数学系有 9 个教师，计算机科学系有 11 个教师。而这个委员会要由 3 个数学系的教师和 4 个计算机科学系的教师组成，那么有多少种选择方式？

解 由乘积法则，答案是 9 元素集合的 3 组合数与 11 元素集合的 4 组合数之积。根据定理 2，选择这个委员会的方式数是

$$C(9,3)\cdot C(11,4)=\frac{9!}{3!6!}\cdot\frac{11!}{4!7!}=84\cdot 330=27\ 720$$ ◀

奇数编号练习

1. 列出 $\{a, b, c\}$ 的所有排列。

3. $\{a, b, c, d, e, f, g\}$ 有多少个排列以 a 结尾？

5. 求出下面的每个值。

a) $P(6, 3)$　　b) $P(6, 5)$

c) $P(8, 1)$　　d) $P(8, 5)$

e) $P(8, 8)$　　f) $P(10, 9)$

7. 求出 9 元素集合的 5 排列数。

9. 在一场 12 匹马的赛马中，如果所有的比赛结果都是可能的，对于第一名、第二名和第三名有多少种可能性?

11. 多少个 10 位比特串包含

a)恰好 4 个 1?　　b)至多 4 个 1?

c)至少 4 个 1?　　d)0 的个数和 1 的个数相等?

13. 一个组有 n 个男士和 n 个女士。如果把他们男女相间地排成一排，有多少种方式?

15. 有多少种不同的方式从英语字母表中选择 5 个字母?

17. 一个 100 个元素的集合有多少个子集包含的元素多于 2 个?

19. 一个硬币被掷 10 次，每次可能出现头像或者非头像。有多少种可能的结果

a)包含各种不同的情况?　　b)包含恰好 2 个头像?

c)至多有 3 个不是头像?　　d)头像和非头像的数目相等?

21. 字母 ABCDEFG 有多少个排列包含

a)串 BCD?　　b)串 CFGA?

c)串 BA 和 GF?　　d)串 ABC 和 DE?

e)串 ABC 和 CDE?　　f)串 CBA 和 BED?

23. 有多少种方式使得 8 个男士和 5 个女士站成一排并且没有两个女士彼此相邻?[提示：先排男士，然后考虑女士可能的位置。]

25. 有多少种方式使得 4 个男士和 5 个女士站成一排，且

a)所有男士站在一起?

b)所有女士站在一起?

27. 把编号为 1，2，…，100 的 100 张票卖给 100 个不同的人来抽奖。有 4 项不同的奖，包括 1 项大奖(到塔希提岛旅游)。如果满足下面的条件，有多少种不同的抽奖方式?

a)没有限制。

b)拿 47 号票的人赢了大奖。

c)拿 47 号票的人赢了一项奖。

d)拿 47 号票的人没赢奖。

e)拿 19 和 47 号票的人都赢了奖。

f)拿 19、47 和 73 号票的人都赢了奖。

g)拿 19、47、73 和 97 号票的人都赢了奖。

h)拿 19、47、73 和 97 号票的人都没赢奖。

i)拿 19、47、73 或 97 号票的人赢了大奖。

j)拿 19 和 47 号票的人赢了奖，但拿 73 和 97 号票的人没赢奖。

29. 一个俱乐部有 25 个成员。

a)有多少种方式从中选择 4 个人作为董事会成员。

b)有多少种方式从中选出俱乐部的主席、副主席、书记和会计?

***31.** 用不超过 100 的正整数构成 4 排列，其中有多少个排列包含 3 个连续的整数 k、$k+1$、$k+2$?

a)这里的连续指按照整数通常的顺序，并且这些连续整数可能被排列中的其他整数分开。

b)这里的连续不但指整数是连续的，而且它们在排列中的位置也是连续的。

33. 英语字母表中包含 21 个辅音和 5 个元音。由英语字母表的 6 个小写字母可构成多少字符串使得它们包含

a)恰好 1 个元音?　　b)恰好 2 个元音?

c)至少 1 个元音?　　d)至少 2 个元音?

35. 假定某个系包含 10 名男士和 15 名女士。有多少种方式组成一个 6 人委员会且使得它含有相同数量的男士和女士?

37. 有多少个比特串恰好包含 8 个 0 和 10 个 1，如果每个 0 后面紧跟着 1 个 1?
39. 有多少个 10 位比特串包含至少 3 个 1 和至少 3 个 0?
41. 有多少种方式用 3 个字母后跟 3 个数字组成汽车牌照且没有字母和数字出现 2 次?

n 个人的 **r 圆排列**是 n 个人中取 r 个人安排在圆桌旁坐下的方式，如果圆桌转动能使得两个方案成为同一方案，那么这两种方案只算一种。

43. 找到 n 个人的 r 圆排列公式。
45. 如果允许出现并列名次，3 匹马参加马赛有多少种结果?［注意：可以 2 匹或 3 匹马并列。］
*__47.__ 有 6 名运动员参加百米赛跑。如果允许并列名次，有多少种方式授予 3 块奖牌?（跑得最快的运动员得金牌，恰好只被一个运动员超过的运动员得银牌，恰好被 2 个运动员超过的运动员得铜牌。）

3.4　二项式系数和恒等式

正如在 3.3 节谈到的，具有 n 个元素的集合的 r 组合数常常记作 $\binom{n}{r}$。由于这些数出现在二项式的幂 $(a+b)^n$ 的展开式中作为系数，所以这些数叫作**二项式系数**。我们将讨论**二项式定理**，这个定理将二项式的幂表示成与二项式系数有关的项之和。我们将用组合证明来证明这个定理。我们也将说明怎样用组合证明来建立某些恒等式，它们是表示二项式系数之间关系的许多不同恒等式中的一部分。

3.4.1　二项式定理

二项式定理给出了二项式幂的展开式的系数。一个**二项式**只不过是两项的和，例如 $x+y$。（这些项可以是常数与变量的积，但这里先不考虑。） Links

例 1 说明怎样计算典型展开式中的系数，为二项式定理的表述做准备。

例 1　$(x+y)^3$ 的展开式可以使用组合推理而不是用三个项的乘法得到。当 $(x+y)^3=(x+y)(x+y)(x+y)$ 被展开时，把所有由第一个和的一项、第二个和的一项与第三个和的一项产生的乘积加起来。从而出现了形如 x^3、x^2y、xy^2 和 y^3 的项。为得到形如 x^3 的项，在每个和中必须选择一个 x，只有一种方式能做到这一点。因此，乘积中 x^3 项的系数是 1。为得到形如 x^2y 的项，必须从三个和中的两个和中选择 x（而因此在另一个和中选择 y）。于是，这种项的个数是三个对象的 2 组合数，即 $\binom{3}{2}$。类似地，形如 xy^2 项的个数是三个和中选一个来提供 x 的方式数（而另两个和中都要选 y），有 $\binom{3}{1}$ 种方式能够做到这一点。最后，得到 y^3 的唯一方式是三个和的每一个都选择 y，恰好有一种方式能够做到这一点。因此得到

$$\begin{aligned}(x+y)^3 &= (x+y)(x+y)(x+y) = (xx+xy+yx+yy)(x+y)\\ &= xxx+xxy+xyx+xyy+yxx+yxy+yyx+yyy\\ &= x^3+3x^2y+3xy^2+y^3\end{aligned}$$ ◀

现在叙述二项式定理。

定理 1　二项式定理　设 x 和 y 是变量，n 是非负整数，那么

$$(x+y)^n=\sum_{j=0}^{n}\binom{n}{j}x^{n-j}y^j=\binom{n}{0}x^n+\binom{n}{1}x^{n-1}y+\cdots+\binom{n}{n-1}xy^{n-1}+\binom{n}{n}y^n$$

证明　这里给出定理的组合证明。当乘积被展开时其中的项都是下述形式：$x^{n-j}y^j$（$j=0$，1，2，…，n）。为计数形如 $x^{n-j}y^j$ 的项数，必须从 n 个和中选 $n-j$ 个 x（从而乘积中其他的 j 个项都是 y）才能得到这种项。因此，$x^{n-j}y^j$ 的系数是 $\binom{n}{n-j}$，它等于 $\binom{n}{j}$，定理得证。 ◀

例 2～4 说明了二项式定理的应用。

Extra Examples

例 2 $(x+y)^4$ 的展开式是什么？

解 由二项式定理得到

$$\begin{aligned}(x+y)^4 &= \sum_{j=0}^{4}\binom{4}{j}x^{4-j}y^j \\ &= \binom{4}{0}x^4+\binom{4}{1}x^3y+\binom{4}{2}x^2y^2+\binom{4}{3}xy^3+\binom{4}{4}y^4 \\ &= x^4+4x^3y+6x^2y^2+4xy^3+y^4\end{aligned}$$

◀

例 3 在 $(x+y)^{25}$ 的展开式中 $x^{12}y^{13}$ 的系数是什么？

解 由二项式定理得到这个系数是

$$\binom{25}{13}=\frac{25!}{13!12!}=5\ 200\ 300$$

◀

例 4 在 $(2x-3y)^{25}$ 的展开式中 $x^{12}y^{13}$ 的系数是什么？

解 首先注意到这个表达式等于 $(2x+(-3y))^{25}$。由二项式定理，我们有

$$(2x+(-3y))^{25}=\sum_{j=0}^{25}\binom{25}{j}(2x)^{25-j}(-3y)^j$$

◀

因此，当 $j=13$ 时得到展开式中 $x^{12}y^{13}$ 的系数，即

$$\binom{25}{13}2^{12}(-3)^{13}=-\frac{25!}{13!12!}2^{12}3^{13}$$

◀

我们可以用二项式定理证明某些有用的恒等式。正如推论 1、2 和 3 所示。

推论 1 设 n 为非负整数，那么

$$\sum_{k=0}^{n}\binom{n}{k}=2^n$$

证明 用二项式定理，令 $x=1$ 和 $y=1$，我们有

$$2^n=(1+1)^n=\sum_{k=0}^{n}\binom{n}{k}1^k1^{n-k}=\sum_{k=0}^{n}\binom{n}{k}$$

这正是所需要的结果。◀

推论 1 也有一个好的组合证明，我们现在给出这个证明。

证明 一个 n 元素集合有 2^n 个不同的子集。每个子集有 0 个元素，1 个元素，2 个元素，…，n 个元素。具有 0 个元素的子集有 $\binom{n}{0}$ 个，1 个元素的子集有 $\binom{n}{1}$ 个，2 个元素的子集有 $\binom{n}{2}$ 个，…，n 个元素的子集有 $\binom{n}{n}$ 个。于是

$$\sum_{k=0}^{n}\binom{n}{k}$$

计数了 n 元素集合的子集总数。这证明了

$$\sum_{k=0}^{n}\binom{n}{k}=2^n$$

◀

推论 2 设 n 是正整数，那么

$$\sum_{k=0}^{n}(-1)^k\binom{n}{k}=0$$

证明 由二项式定理得出

$$0 = 0^n = ((-1)+1)^n = \sum_{k=0}^{n}\binom{n}{k}(-1)^k 1^{n-k} = \sum_{k=0}^{n}\binom{n}{k}(-1)^k$$

从而证明了推论。◀

评注　推论 2 推出

$$\binom{n}{0}+\binom{n}{2}+\binom{n}{4}+\cdots = \binom{n}{1}+\binom{n}{3}+\binom{n}{5}+\cdots$$

推论 3　设 n 是非负整数，那么

$$\sum_{k=0}^{n} 2^k\binom{n}{k} = 3^n$$

证明　这个公式的左边是二项式定理提供的对 $(1+2)^n$ 的展开式，因此，由二项式定理可以看出

$$(1+2)^n = \sum_{k=0}^{n}\binom{n}{k}1^{n-k}2^k = \sum_{k=0}^{n}\binom{n}{k}2^k$$

因此

$$\sum_{k=0}^{n} 2^k\binom{n}{k} = 3^n$$ ◀

3.4.2　帕斯卡恒等式和三角形

二项式系数满足许多不同的恒等式。现在我们介绍其中最重要的一些恒等式。

定理 2　帕斯卡恒等式　设 n 和 k 是满足 $n \geqslant k$ 的正整数，那么有

$$\binom{n+1}{k} = \binom{n}{k-1}+\binom{n}{k}$$

证明　我们将采用组合证明方法。假定 T 是包含 $n+1$ 个元素的集合。令 a 是 T 的一个元素且 $S=T-\{a\}$。注意，T 的包含 k 个元素的子集有 $\binom{n+1}{k}$ 个。然而 T 的包含 k 个元素的子集或者包含 a 和 S 中的 $k-1$ 个元素，或者不包含 a 但包含 S 中的 k 个元素。由于 S 的 $k-1$ 元子集有 $\binom{n}{k-1}$ 个，所以 T 含 a 在内的 k 元子集有 $\binom{n}{k-1}$ 个。又由于 S 的 k 元子集有 $\binom{n}{k}$ 个，所以 T 的不含 a 的 k 元子集有 $\binom{n}{k}$ 个。从而得到

$$\binom{n+1}{k} = \binom{n}{k-1}+\binom{n}{k}$$ ◀

评注　这里给出了帕斯卡恒等式的一个组合证明。也可以从关于 $\binom{n}{r}$ 的公式通过代数推导来证明这个恒等式(见本节练习 23)。

评注　对所有整数 n，可以用帕斯卡恒等式和初始条件 $\binom{n}{0}=\binom{n}{n}=1$ 递归地定义二项式系数。这些递归定义用于计算二项式系数，因为使用这些递归定义只需要整数加法。

帕斯卡恒等式是二项式系数以三角形表示的几何排列的基础，如图 1 所示。

$$
\begin{array}{c}
\binom{0}{0} \\
\binom{1}{0} \binom{1}{1} \\
\binom{2}{0} \binom{2}{1} \binom{2}{2} \\
\binom{3}{0} \binom{3}{1} \binom{3}{2} \binom{3}{3} \\
\binom{4}{0} \binom{4}{1} \binom{4}{2} \binom{4}{3} \binom{4}{4} \\
\binom{5}{0} \binom{5}{1} \binom{5}{2} \binom{5}{3} \binom{5}{4} \binom{5}{5} \\
\binom{6}{0} \binom{6}{1} \binom{6}{2} \binom{6}{3} \binom{6}{4} \binom{6}{5} \binom{6}{6} \\
\binom{7}{0} \binom{7}{1} \binom{7}{2} \binom{7}{3} \binom{7}{4} \binom{7}{5} \binom{7}{6} \binom{7}{7} \\
\binom{8}{0} \binom{8}{1} \binom{8}{2} \binom{8}{3} \binom{8}{4} \binom{8}{5} \binom{8}{6} \binom{8}{7} \binom{8}{8} \\
\cdots
\end{array}
$$

由帕斯卡恒等式:
$$\binom{6}{4}+\binom{6}{5}=\binom{7}{5}$$

$$
\begin{array}{c}
1 \\
1 \quad 1 \\
1 \quad 2 \quad 1 \\
1 \quad 3 \quad 3 \quad 1 \\
1 \quad 4 \quad 6 \quad 4 \quad 1 \\
1 \quad 5 \quad 10 \quad 10 \quad 5 \quad 1 \\
1 \quad 6 \quad 15 \quad 20 \quad 15 \quad 6 \quad 1 \\
1 \quad 7 \quad 21 \quad 35 \quad 35 \quad 21 \quad 7 \quad 1 \\
1 \quad 8 \quad 28 \quad 56 \quad 70 \quad 56 \quad 28 \quad 8 \quad 1 \\
\cdots
\end{array}
$$

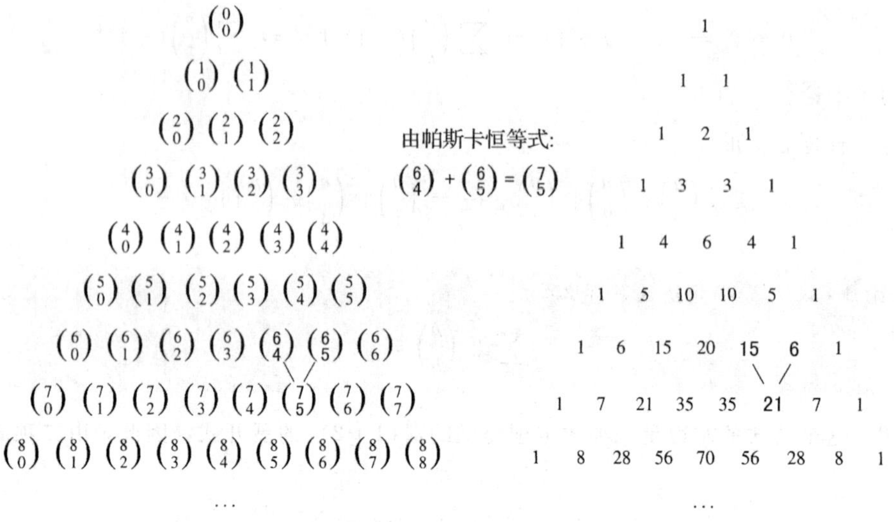

a)   b)

图 1   帕斯卡三角形

这个三角形的第 n 行由二项式系数

$$\binom{n}{k} \quad k=0,1,\cdots,n$$

组成。这个三角形叫作**帕斯卡三角形**。帕斯卡恒等式证明, 当这个三角形中两个相邻的二项式系数相加时, 就产生了下一行在这两个系数之间的二项式系数。

在帕斯卡发现帕斯卡三角形的多个世纪之前, 这个三角形有一段漫长和古老的历史。在东方, 二次项系数和帕斯卡恒等式在公元前 2 世纪就被印度数学家平伽拉发现。此后, 印度数学家将关于帕斯卡三角形的论述写在上个千年前半叶出版的书籍中。波斯数学家卡拉吉和多才多艺的奥马尔·哈耶姆分别在 11 世纪和 12 世纪写过关于帕斯卡三角形的内容。在伊朗, 帕斯卡三角形被称为哈亚姆三角形。这个三角形在 11 世纪由中国数学家贾宪发现, 13 世纪杨辉就写过关于这种三角的描述。在中国, 帕斯卡三角通常被称为杨辉三角。

在西方, 帕斯卡三角形出现在一本 1527 年的商业计算书的首页。作者是德国学者佩特鲁斯·阿皮纳斯。在意大利, 帕斯卡三角被称为塔塔格里亚三角, 以意大利数学家尼科罗·方塔纳·塔塔格里亚的名字命名, 他 1556 年出版的书中列出了三角形的前几排。帕斯卡的著作《三角算术》(1655 年去世后出版)介绍了这个三角形。帕斯卡搜集了几个关于它的结果, 并以此解决一些概率论上的问题。后来法国数学家以帕斯卡命名这个三角形。1730 年, 亚伯拉罕·德莫伊夫尔创造了 "帕斯卡的算术三角形" 这一表述, 后来成为 "帕斯卡三角形"。

3.4.3 其他的二项式系数恒等式

我们从众多二项式系数恒等式中选择两个恒等式, 用它们的组合证明来作为本节的结束。

定理 3   范德蒙德恒等式   设 m,n 和 r 是非负整数, 其中 r 不超过 m 或 n, 那么

$$\binom{m+n}{r}=\sum_{k=0}^{r}\binom{m}{r-k}\binom{n}{k}$$

评注   这个恒等式是由 18 世纪数学家亚历山大-舍费尔·范德蒙德发现的。

证明   假定在第一个集合中有 m 项, 第二个集合中有 n 项。从这两个集合的并集中取 r 个元素的方式数是 $\binom{m+n}{r}$。

从并集中取 r 个元素的另一种方式是先从第一个集合中取 k 个元素，接着从第二个集合中取 $r-k$ 个元素，其中 k 是满足 $0\leqslant k\leqslant r$ 的整数。因为从第二个集合中选取 k 个元素的方法是 $\binom{n}{k}$，从第一个集合中选取 $r-k$ 个元素的方法是 $\binom{m}{r-k}$，所以由乘积法则，这可以用 $\binom{m}{r-k}\binom{n}{k}$ 种方式完成。所以，从这个并集中选取 r 个元素的总方式数等于 $\sum_{k=0}^{r}\binom{m}{r-k}\binom{n}{k}$。◀

我们已经找到从一个 m 个元素集合和一个 n 元素集合并集中取 r 个元素的方法数的两种表达式。这就证明了范德蒙德恒等式。

推论 4 来自范德蒙德恒等式。

推论 4　如果 n 是一个非负整数，那么

$$\binom{2n}{n}=\sum_{k=0}^{n}\binom{n}{k}^{2}$$

证明　在范德蒙德恒等式中令 $m=r=n$，得到

$$\binom{2n}{n}=\sum_{k=0}^{n}\binom{n}{n-k}\binom{n}{k}=\sum_{k=0}^{n}\binom{n}{k}^{2}$$

最后一步的相等使用了恒等式 $\binom{n}{k}=\binom{n}{n-k}$。◀

我们可以通过计数具有不同性质的比特串来证明组合恒等式，如定理 4 的证明所示。

定理 4　设 n 和 r 是非负整数，$r\leqslant n$，那么

$$\binom{n+1}{r+1}=\sum_{j=r}^{n}\binom{j}{r}$$

证明　我们使用组合证明。由 3.3 节例 14，左边 $\binom{n+1}{r+1}$ 计数了长度为 $n+1$ 的比特串包含了 $r+1$ 个 1。

我们证明在具有 $r+1$ 个 1 的比特串中，通过考虑与最后一个 1 可能位置的相关情况，等式右边计数了同样的对象。这最后一个 1 一定出现在位置 $r+1$，$r+2$，…，或者 $n+1$。此外，如果最后一个 1 出现在第 k 位，那么一定有 r 个 1 出现在前 $k-1$ 位。因此，根据 3.3 节例 14，这样的比特串有 $\binom{k-1}{r}$ 个，对所有的 k 求和，其中 $r+1\leqslant k\leqslant n+1$，我们发现有

$$\sum_{k=r+1}^{n+1}\binom{k-1}{r}=\sum_{j=r}^{n}\binom{j}{r}$$

个 n 位比特串恰含有 $r+1$ 个 1。（注意，最后一步是改变变量 $j=k-1$ 的结果。）由于左边和右边计数了同样的对象，因此相等。这就完成了证明。◀

奇数编号练习

1. 求 $(x+y)^4$ 的展开式。

a) 使用组合理由，如例 1 所示。　　**b)** 使用二项式定理。

3. 求 $(x+y)^6$ 的展开式。

5. 在 $(x+y)^{100}$ 的展开式中有多少项？

7. 在 $(2-x)^{19}$ 中 x^9 的系数是什么？

9. 在 $(2x-3y)^{200}$ 中 $x^{101}y^{99}$ 的系数是什么？

11. 使用二次项定理展开 $(3x^4-2y^3)^5$，每一项形式为 cx^ay^b，c 为实数，a 和 b 为非负整数。

13. 使用二次项定理找到 $(2x^3-4y^2)^7$ 展开式中 x^ay^b 的系数。

a) $a=9$，$b=8$　　**b)** $a=8$，$b=0$

c) $a=0$，$b=14$　　d) $a=12$，$b=6$

e) $a=18$，$b=2$

* **15.** 给出一个关于 $(x^2-1/x)^{100}$ 的展开式中 x^k 系数的公式，其中 k 是整数。

17. 帕斯卡三角形中包含二项式系数 $\binom{9}{k}(0\leqslant k\leqslant 9)$ 的行是什么？

19. 证明：对一切正整数 n 和 $k(0\leqslant k\leqslant n)$，$\binom{n}{k}\leqslant 2^n$。

☞ **21.** 证明：如果 n 和 k 是整数，其中 $1\leqslant k\leqslant n$，那么 $\binom{n}{k}\leqslant n^k/2^{k-1}$。

23. 使用关于 $\binom{n}{r}$ 的公式证明帕斯卡恒等式。

☞ **25.** 证明：如果 n 和 k 是整数，$1\leqslant k\leqslant n$，那么 $k\binom{n}{k}=n\binom{n-1}{k-1}$。

a) 使用组合证明。［提示：证明恒等式两边计数了从一个 n 元素集合中选 k 个元素，然后从这个子集中再选 1 个元素的方法。］

b) 使用基于 3.3 节定理 2 给出的 $\binom{n}{r}$ 公式的代数证明。

27. 证明：如果 n 和 k 是正整数，那么

$$\binom{n+1}{k}=(n+1)\binom{n}{k-1}/k$$

使用这个恒等式构造一个二项式系数的归纳定义。

29. 设 n 是正整数，证明

$$\binom{2n}{n+1}+\binom{2n}{n}=\binom{2n+2}{n+1}/2$$

* **31.** 证明

$$\sum_{k=0}^{r}\binom{n+k}{k}=\binom{n+r+1}{r}$$

其中 n 和 r 是正整数。

a) 用组合论证。

b) 用帕斯卡恒等式。

* **33.** 给出关于 $\sum_{k=1}^{n}k\binom{n}{k}=n2^{n-1}$ 的组合证明。［提示：以两种方法计数选择一个委员会，然后选择这个委员会领导的方式数。］

35. 证明：一个非空集合具有奇数个元素的子集数与具有偶数个元素的子集数相等。

37. 在这个练习里，我们将要计数 xy 平面上在原点和 (m, n) 点之间的路径数。这些路径由一系列步构成，其中每一步是向右或者向上移动一个单位（不允许向左或向下移动）。下图给出了两条这种从 $(0, 0)$ 到 $(5, 3)$ 的路径（用粗线标识）。

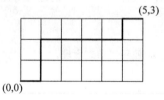

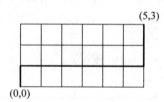

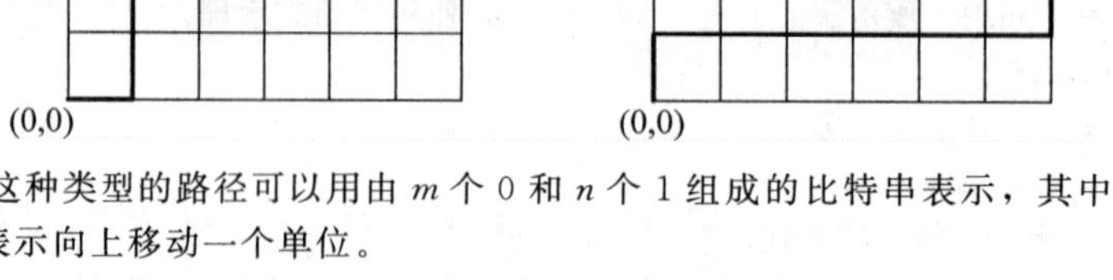

a) 证明上述每条这种类型的路径可以用由 m 个 0 和 n 个 1 组成的比特串表示，其中 0 表示向右移动一个单位，1 表示向上移动一个单位。

b) 从 a 推断存在着 $\binom{m+n}{n}$ 条所求类型的路径。

39. 使用练习 37 证明定理 4。［提示：计数练习 37 所描述的那种 n 步路径数。每条路径必须在一个

$(n-k, k)$点结束，其中$k=0, 1, 2, \cdots, n$。]

41. 使用练习 37 证明练习 31 中的恒等式。[提示：首先注意从$(0, 0)$到$(n+1, r)$的路径数等于$\binom{n+1+r}{r}$。其次，按照开始向上恰好走k个单位分别计数每一类路径，其中$k=0, 1, 2, \cdots, r$，然后对结果求和。]

* **43.** 如果一个序列的前若干项如下列出，对于它的第n项确定一个与二项式系数有关的公式。[提示：对帕斯卡三角形的观察有助于问题的求解。虽然以这一组给定的项作为开始的序列有无数多个，但下面列出的每个序列都是所求的那种序列的开始。]

a) 1，3，6，10，15，21，28，36，45，55，66，…

b) 1，4，10，20，35，56，84，120，165，220，…

c) 1，2，6，20，70，252，924，3432，12 870，48 620，…

d) 1，1，2，3，6，10，20，35，70，126，…

e) 1，1，1，3，1，5，15，35，1，9，…

f) 1，3，15，84，495，3003，18 564，116 280，735 471，4 686 825，…

3.5 排列与组合的推广

3.5.1 引言

在许多计数问题中，元素可以被重复使用。例如，一个字母或一个数字可以在一个车牌中多次使用。当选择一打甜甜圈时，每种可以被重复地选择。这与本章前面讨论的计数问题形成对照，因为之前我们只考虑每项至多可以使用一次的排列和组合。在这一节我们将介绍怎样求解元素可以多次使用的计数问题。 Links

还有，某些计数问题涉及不可区别的元素。例如，为计数单词 SUCCESS 的字母可能被重新排列的方式数，必须考虑相同字母的放置。这又与前面讨论的所有元素都被认为是不同的计数问题大相径庭。在这一节，我们将描述怎样求解某些元素是不可区别的计数问题。

此外，这一节也将解释怎样求解另一类重要的计数问题，即计数把不同的元素放入盒子的方法数的问题。这种问题的一个例子是把扑克牌发给 4 个玩牌人的不同的方式数。

把本章前面描述的方法与这一节引入的方法一起考虑，就构成一个求解广泛的计数问题的有用工具箱。当把第 4 章讨论的新方法再加到这个库时，你将能够求解在广泛的研究领域中产生的大多数计数问题。

3.5.2 有重复的排列

当元素允许重复时，使用乘积法则可以很容易地计数排列数，如例 1 所示。

例 1 用英文大写字母可以构成多少个r位的字符串？

解 因为有 26 个大写字母，且每个字母可以被重复使用，所以由乘积法则可以看出存在26^r个r位的字符串。◀

定理 1 给出了当允许重复时一个n元素集合的r排列数。

定理 1 具有n个物体的集合允许重复的r排列数是n^r。

证明 当允许重复时，在r排列中对r个位置中的每个位置有n种方式选择集合的元素，因为对每个选择，所有n个物体都是有效的。因此，由乘积法则，当允许重复时存在n^r个r排列。◀

3.5.3 有重复的组合

考虑下面允许元素重复的组合的实例。

例 2 从包含苹果、橙子和梨的碗里选 4 个水果。如果选择水果的顺序无关，且只关心水果的类型而不管是该类型的哪一个水果，那么当碗中每类水果至少有 4 个时有多少种选法？

解 为了求解这个问题，我们列出选择水果的所有可能的方式。共有 15 种方式：

4 个苹果	4 个橙子	4 个梨
3 个苹果，1 个橙子	3 个苹果，1 个梨	3 个橙子，1 个苹果
3 个橙子，1 个梨	3 个梨，1 个苹果	3 个梨，1 个橙子
2 个苹果，2 个橙子	2 个苹果，2 个梨	2 个橙子，2 个梨
2 个苹果，1 个橙子，1 个梨	2 个橙子，1 个苹果，1 个梨	2 个梨，1 个苹果，1 个橙子

这个解是从 3 个元素的集合{苹果，橙子，梨}中允许重复的 4 组合数。◀

为求解这种类型的更复杂的计数问题，我们需要计数一个 n 元素集合的 r 组合的一般方法。在例 3 中，我们将给出这一方法。

例 3 从包含 1 美元、2 美元、5 美元、10 美元、20 美元、50 美元及 100 美元的钱袋中选 5 张纸币，有多少种方式？假定不管纸币被选的次序，同种币值的纸币都是不加区别的，并且至少每种纸币有 5 张。

解 因为纸币被选的次序是无关的且 7 种不同类型的纸币都可以选 5 次，所以问题涉及的是计数从 7 个元素的集合中允许重复的 5 组合数。列出所有的可能性将是很乏味的，因为存在许多的解。相反，我们将给出一种方法来计数允许重复的组合数。

假设一个零钱盒子有 7 个隔间，每个隔间保存一种纸币，如图 1 所示。这些隔间被 6 块隔板分开，如图中所画的。每选择 1 张纸币就在相应的隔间里放置 1 个标记。图 2 针对选择 5 张纸币的 3 种不同方式给出了这种对应，其中的竖线表示 6 个隔板，星表示 5 张纸币。

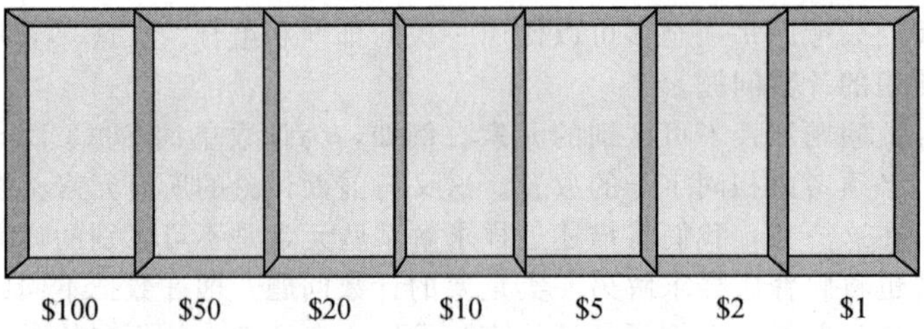

图 1　有 7 种类型纸币的零钱盒

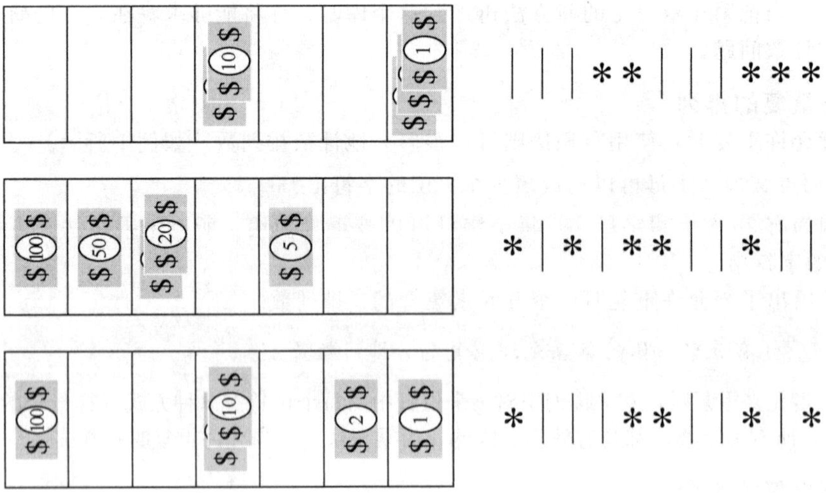

图 2　选择 5 张纸币的方式实例

选择 5 张纸币的方法数对应了在总共 11 个位置的一行中安排 6 条竖线和 5 颗星的方法数。因此，选择 5 张纸币的方法数就是从 11 个可能的位置选 5 颗星位置的方法数。这对应了从含 11 个元素的集合中无序地选择 5 个元素的方法数，可以有 $C(11, 5)$种方式。因此存在

$$C(11,5)=\frac{11!}{5!6!}=462$$

种方式从有 7 类纸币的袋中选择 5 张纸币。◀

定理 2 将这个讨论一般化。

定理 2 n 个元素的集合中允许重复的 r 组合有 $C(n+r-1, r)=C(n+r-1, n-1)$ 个。

证明 当允许重复时，n 元素集合的每个 r 组合可以用 $n-1$ 条竖线和 r 颗星的列表来表示。这 $n-1$ 条竖线用来标记 n 个不同的单元。当集合的第 i 个元素出现在组合中时，第 i 个单元就包含 1 颗星。例如，4 元素集合的一个 6 组合用 3 条竖线和 6 颗星来表示。这里

$$* * \mid * \mid \mid * * *$$

代表了恰包含 2 个第一元素、1 个第二元素、0 个第三元素和 3 个第四元素的组合。

正如我们已经看到的，包含 $n-1$ 条竖线和 r 颗星的每一个不同的表对应了 n 元素集合的允许重复的一个 r 组合。这种表的个数是 $C(n-1+r, r)$，因为每个表对应了从包含 r 颗星和 $n-1$ 条竖线的 $n-1+r$ 个位置中取 r 个位置来放 r 颗星的一种选择。这种表的个数还等于 $C(n-1+r, n-1)$，因为每个表对应于取 $n-1$ 个位置来放 $n-1$ 条竖线的一种选择。◀

例 4～6 说明怎样使用定理 2。

例 4 设一家甜点店有 4 种不同类型的甜点，那么从中选 6 块甜点有多少种不同的方式？假定只关心甜点的类型，而不管是哪一块甜点或者选择的次序。

Extra Examples

解 选择 6 块甜点的方式数是具有 4 元素集合的 6 组合数。由定理 2，这等于 $C(4+6-1, 6)=C(9,6)$。由于

$$C(9,6)=C(9,3)=\frac{9\cdot 8\cdot 7}{1\cdot 2\cdot 3}=84$$

所以，选择 6 块甜点的不同方式数有 84 种。◀

定理 2 也可以用于求给定线性方程的整数解的个数。这可以由例 5 来说明。

例 5 方程

$$x_1+x_2+x_3=11$$

有多少个解？其中 x_1、x_2 和 x_3 是非负整数。

解 为计数解的个数，注意到一个解对应了从 3 元素集合中选 11 个元素的方式，以使得 x_1 选自第一类、x_2 选自第二类、x_3 选自第三类。因此，解的个数等于 3 元素集合允许重复的 11 组合数。由定理 2，存在解的个数为

$$C(3+11-1,11)=C(13,11)=C(13,2)=\frac{13\cdot 12}{1\cdot 2}=78$$

当对变量加上限制时，也可以求出这个方程的解的个数。例如，当变量是满足 $x_1\geqslant 1$、$x_2\geqslant 2$ 且 $x_3\geqslant 3$ 的整数时，也可以求出这个方程的解的个数。满足此限制的方程的解对应于 11 项的选择，使得项 x_1 取自第一类、项 x_2 取自第二类、项 x_3 取自第三类，并且第一类元素至少取 1 个、第二类元素至少取 2 个、第三类元素至少取 3 个。因此，先选 1 个第一类的元素，2 个第二类的元素，3 个第三类的元素；然后再多选 5 个元素。由定理 2，可以用

$$C(3+5-1,5)=C(7,5)=C(7,2)=\frac{7\cdot 6}{1\cdot 2}=21$$

种方式做到。于是，对给定限制的方程存在 21 个解。◀

例 6 显示了怎样计数在确定变量值时产生的允许重复的组合数，当每次通过某一类确定的嵌套循环时，这个变量的值都会增加。

表 1　允许和不允许重复的组合与排列

类　型	是否允许重复	公　式
r 排列	否	$\frac{n!}{(n-r)!}$
r 组合	否	$\frac{n!}{r!\,(n-r)!}$
r 排列	是	n^r
r 组合	是	$\frac{(n+r-1)!}{r!\,(n-1)!}$

例 6　在下面的伪码被执行后，k 的值是什么？

```
k := 0
for i1 := 1 to n
    for i2 := 1 to i1
        ⋮
      for im := 1 to im-1
        k := k+1
```

解　k 的初值是 0，且对于满足

$$1\leqslant i_m\leqslant i_{m-1}\leqslant\cdots\leqslant i_1\leqslant n$$

的整数序列 i_1，i_2，…，i_m，每次通过这个嵌套循环时 k 的值就加 1。这种整数序列的个数是从 $\{1, 2, \cdots, n\}$ 中允许重复地选择 m 个整数的方式数。(为看到这一点，只需注意一旦这个整数序列选定以后，如果我们按非降顺序排列序列中的整数，那么就唯一地确定了一组对 i_m，i_{m-1}，…，i_1 的赋值。相反，每个这样的赋值对应了唯一的无序集合。)所以，由定理 2 得出在这个代码被执行后 $k=C(n+m-1, m)$。◀

从一个 n 元素集合中允许重复和不允许重复地选择 r 个元素，其有序或无序的选择数的公式由表 1 给出。

3.5.4　具有不可区别物体的集合的排列

在计数问题中某些元素可能是没有区别的。在这种情况下，必须小心避免重复计数。考虑例 7。

Extra Examples

例 7　重新排序单词 SUCCESS 中的字母能构成多少个不同的串？

解　因为 SUCCESS 中的某些字母是重复的，所以答案并不是 7 个字母的排列数。这个单词包含 3 个 S、2 个 C、1 个 U 和 1 个 E。为确定重新排序单词中的字母能构成多少个不同的串，首先注意到 3 个 S 可以用 $C(7, 3)$种不同的方式放在 7 个位置中，剩下 4 个空位。然后可以用 $C(4, 2)$种方式放 2 个 C，留下 2 个空位。又可以用 $C(2, 1)$种方式放 U，留下 1 个空位。因此，放 E 只有 $C(1, 1)$种方式。因此，由乘积法则，产生的不同的串数是

$$\begin{aligned}C(7,3)C(4,2)C(2,1)C(1,1) &= \frac{7!}{3!4!}\cdot\frac{4!}{2!2!}\cdot\frac{2!}{1!1!}\cdot\frac{1!}{1!0!}\\ &= \frac{7!}{3!2!1!1!}\\ &= 420\end{aligned}$$

◀

使用和例 7 同样的推理，能够证明定理 3。

定理 3　设类型 1 的相同的物体有 n_1 个，类型 2 的相同的物体有 n_2 个，…，类型 k 的相同的物体有 n_k 个，那么 n 个物体的不同排列数是

$$\frac{n!}{n_1!\,n_2!\cdots n_k!}$$

证明　为了确定排列数，首先注意到可以用 $C(n, n_1)$ 种方式在 n 个位置中放类型 1 的 n_1 个物体，剩下 $n-n_1$ 个空位。然后用 $C(n-n_1, n_2)$ 种方式放类型 2 的物体，剩下 $n-n_1\quad n_2$ 个空位。继续放类型 3 的物体，…，类型 $k-1$ 的物体，直到最后可用 $C(n-n_1-n_2-\cdots-n_{k-1}, n_k)$ 种方式放类型 k 的物体。因此，由乘积法则，不同排列的总数是

$$
\begin{aligned}
&C(n,n_1)C(n-n_1,n_2)\cdots C(n-n_1-\cdots-n_{k-1},n_k)\\
&=\frac{n!}{n_1!(n-n_1)!}\frac{(n-n_1)!}{n_2!(n-n_1-n_2)!}\cdots\frac{(n-n_1-\cdots-n_{k-1})!}{n_k!0!}\\
&=\frac{n!}{n_1!n_2!\cdots n_k!}
\end{aligned}
$$

◀

3.5.5　把物体放入盒子

Links

许多计数问题都可以通过枚举把不同物体放入不同盒子的方式数来解决(这些被放入盒子的物体的次序是无关紧要的)。这些物体既可以是可辨别的，即每个都是不同的，也可以是不可辨别的，即认为每个都是相同的。可辨别的物体有时称为有标号的，而不可辨别的物体则称为没有标号的。类似地，盒子也可以是可辨别的，即每个盒子都不同，也可以是不可辨别的，即每个都相同。可辨别的盒子通常称为有标号的，而不可辨别的盒子则称为没有标号的。当利用把物体放入盒了的模型来解决计数问题时，需要确定物体是不是有标号的，盒子是不是有标号的。尽管从计数问题的内容中可以明确地做出决定，但计数问题有时是不明确的，这使我们很难确定究竟使用哪个模型。这种情况下，最好的办法就是说明你做了什么样的假定，并解释为什么你所选择的模型与你所做的假定是不相违背的。

Extra Examples

我们将会看到，计算把物体放入可辨别的盒子的方式数，不管物体是不是可辨别的，这种计数问题都有闭公式。然而不幸的是，如果要计算把物体放入不可辨别的盒子里的方式数，不管物体是不是可辨别的，这种计数问题都没有闭公式。

评注　闭公式指使用有限数量的运算可以计算出结果的表达式，运算包括数字、变量和函数值，运算和函数属于由上下文确定的普遍可接受的集合。在本书中，包括一般的算术运算、实数幂、指数和对数函数、三角函数和阶乘函数。闭公式中不包括无穷级数。

可辨别的物体与可辨别的盒子　首先考虑把可辨别的物体放入可辨别的盒子时的情况。考虑例 8，在该例子中，物体就是扑克牌，盒了就是选手的手。

例 8　有多少种方式把 52 张标准的扑克牌发给 4 个人使得每个人有 5 张牌？

解　我们将使用乘积法则求解这个问题。开始时，第一个人得到 5 张牌可以有 $C(52, 5)$ 种方式。第二个人得到 5 张牌可以有 $C(47, 5)$ 种方式，因为只剩下 47 张牌。第三个人得到 5 张牌可以有 $C(42, 5)$ 种方式。最后，第四个人得到 5 张牌可以有 $C(37, 5)$ 种方式。因此，发给 4 个人每人 5 张牌的方式总数是

$$
\begin{aligned}
C(52,5)C(47,5)C(42,5)C(37,5)&=\frac{52!}{47!5!}\cdot\frac{47!}{42!5!}\cdot\frac{42!}{37!5!}\cdot\frac{37!}{32!5!}\\
&=\frac{52!}{5!5!5!5!32!}
\end{aligned}
$$

◀

评注　例 8 的解等于 52 个物体的排列数，这些物体分成 5 个不同的类，其中 4 类，每类有 5 个相同的物体，第五类有 32 个物体。可以通过在这种排列和给人发牌之间定义一个一一对应来说明这个等式。为了定义这个对应，首先把牌从 1 到 52 排序。然后将发给第一个人的牌与分配给第一类物体在排列中的位置对应。类似地，发给第二、第三和第四个人的牌分别与第二、第三、第四类物体所分配的位置对应。没有发给任何人的牌与第五类物体所分配的位置对应。读者应该能够验证这是一个一一对应。

例 8 是涉及把不同的物体分配到不同的盒子的一个典型的问题。这些不同的物体是 52 张牌，5 个不同的盒子是 4 个人的手和其余的牌。可以使用下面的定理求解把不同的物体分配到

不同的盒子的计数问题。

定理4　把 n 个不同的物体分配到 k 个不同的盒子使得 n_i 个物体放入盒子 $i(i=1, 2, \cdots, k)$ 的方式数等于

$$\frac{n!}{n_1!n_2!\cdots n_k!}$$

定理4可以使用乘积法则证明。详细证明见本节练习47。它也可以通过在定理3计数的排列和定理4计数的放物体的方法之间建立一一对应来给出证明(见练习50)。

不可辨别的物体与可辨别的盒子　计算将 n 个不可辨别的物体放入 k 个可辨别的盒子的方法数问题，其结果等价于在允许重复计数的情况下，对具有 k 个元素的集合计算 n 组合数的问题。其原因是在允许重复计数的情况下，具有 k 个元素集合的 n 组合数与将 n 个不可辨别的球放入 k 个可辨别的盒子的方法数之间存在一个一一对应的关系。为了建立这种对应关系，每次将一个球放入第 i 个盒子，则对应于集合中的第 i 个元素被纳入了 n 组合。

例9　将10个不可辨别的球放入8个可辨别的桶里，共有多少种方法？

解　将10个不可辨别的球放入8个可辨别的桶里的方法数等于在允许重复计数的情况下，从具有8个元素的集合中取出的10组合的个数。因此有

$$C(8+10-1,10)=C(17,10)=\frac{17!}{10!7!}=19\,448$$ ◀

这意味着有 $C(n+r-1, n-1)$ 种方法将 r 个不可辨别的球放入 n 个可辨别的盒子。

可辨别的物体与不可辨别的盒子　计算将 n 个可辨别的物体放入 k 个不可辨别的盒子的方式数问题，比计算将物体(不管物体是不是可辨别的)放入可辨别的盒子的方法数问题困难。我们将用一个例子来说明这一点。

例10　将4个不同的雇员安排在3间不可辨别的办公室，有多少种方式？其中每间办公室可以安排任意个数的雇员。

解　我们将通过枚举雇员安排在办公室的所有方式来求解该问题。设 A、B、C、D 分别代表4个雇员。首先注意，可以把4个雇员都安排在同一间办公室；也可以将3个雇员安排在同一间办公室，第4个雇员安排在另一间办公室；也可以将2个雇员安排在同一间办公室，另外2个雇员安排在另一间办公室；最后，还可以将2个雇员安排在同一间办公室，而另外2个雇员各安排一间不同的办公室。上述每一种安排方式都可以用把 A、B、C、D 分成不相交的子集的方式来表示。

恰好有一种方式将所有4个雇员都安排在同一间办公室，用 $\{\{A, B, C, D\}\}$ 来表示。恰好有4种方式将3个雇员安排在同一间办公室，而第4个雇员安排在另一间不同的办公室，用 $\{\{A, B, C\}, \{D\}\}$、$\{\{A, B, D\}, \{C\}\}$、$\{\{A, C, D\}, \{B\}\}$ 和 $\{\{B, C, D\}, \{A\}\}$ 来表示。恰好有3种方式将2个雇员安排在同一间办公室，另外2个雇员安排在另一间办公室，用 $\{\{A, B\}, \{C, D\}\}$、$\{\{A, C\}, \{B, D\}\}$ 和 $\{\{A, D\}, \{B, C\}\}$ 来表示。最后，有6种方式将2个雇员安排在同一间办公室，而另外2个雇员各安排一间不同的办公室。分别用 $\{\{A, B\}, \{C\}, \{D\}\}$、$\{\{A, C\}, \{B\}, \{D\}\}$、$\{\{A, D\}, \{B\}, \{C\}\}$、$\{\{B, C\}, \{A\}, \{D\}\}$、$\{\{B, D\}, \{A\}, \{C\}\}$ 和 $\{\{C, D\}, \{A\}, \{B\}\}$ 来表示。

计算所有的可能性，得到共有14种方式将4个不同的雇员安排在3间不可辨别的办公室。思考这个问题的另外一种方法是，将要安排的办公室数是多少。注意将4个不同雇员安排在3间不可辨别的办公室(没有空办公室)共有6种方式，将4个不同雇员安排在两间不可辨别的办公室(有一间空办公室)共有7种方式，将4个不同雇员全安排在同一间办公室共有1种方式。 ◀

关于计算把 n 个可辨别的物体放入 j 个不可辨别的盒子的方式数问题，我们没有一个简单

可用的闭公式。但是，却有一个求和计算公式，下面将给出这个公式。设 $S(n,j)$ 表示将 n 个可辨别的物体放入 j 个不可辨别的盒子的方式数，其中不允许有空的盒子。数 $S(n,j)$ 称为**第二类斯特林数**。例如，例 10 证明了 $S(4,3)=6$、$S(4,2)=7$ 和 $S(4,1)=1$。我们看到将 n 个可辨别的物体放入 k 个不可辨别的盒子(其中非空的盒子数等于 k，$k-1$，…，2，或 1)的方式数等于 $\sum_{i=1}^{k} S(n,j)$。例如，根据例 10 的推理过程，将 4 个不同雇员安排在 3 间不可辨别的办公室共有 $S(4,1)+S(4,2)+S(4,3)=1+7+6=14$ 种方式。利用容斥原理(见 4.6 节)可以证明：

$$S(n,j)=\frac{1}{j!}\sum_{i=0}^{j-1}(-1)^i\binom{j}{i}(j-i)^n$$

因此，将 n 个不可辨别的物体放入 k 个可辨别的盒子的方法数等于

$$\sum_{j=1}^{k}S(n,j)=\sum_{j=1}^{k}\frac{1}{j!}\sum_{i=0}^{j-1}(-1)^i\binom{j}{i}(j-i)^n$$

评注　读者可能关心第一类斯特林数。关于**无符号第一类斯特林数**的组合定义、第一类斯特林数的绝对值可以从补充练习 47 的前导言中找到。关于第一类斯特林数的定义、关于第二类斯特林数的详细信息、学习更多关于第一类斯特林数和两类斯特林数之间关系，可以参考组合数学教材，如[Bó07]、[Br99]、[RoTe05]以及[MiRo91]中的第 3 章。

不可辨别的物体与不可辨别的盒子　有些计数问题可以通过确定将不可辨别的物体放入不可辨别的盒子的方式数而得解决。用一个例子来说明这一原理。

例 11　将同一本书的 6 个副本放到 4 个相同的盒子里，其中每个盒子都能容纳 6 个副本，有多少种不同的方式？

解　我们来枚举所有的放入方式。对每一种放入方式，将按照具有最多副本数的盒子的次序依次列出每个盒子里的副本数，即列出的次序是递减的。那么，放入方式有

6，
5，1
4，2
4，1，1
3，3
3，2，1
3，1，1，1
2，2，2
2，2，1，1

例如，4，1，1 表示：有一个盒子中有 4 份副本、第二个盒子中有 1 份副本、第三个盒子中有 1 份副本(第四个盒子是空的)。因为已经枚举了将 6 个副本放到最多 4 个盒子里的所有方式，我们知道，共有 9 种方式来完成这项任务。◀

将 n 个不可辨别的物体放入 k 个不可辨别的盒子，等价于将 n 写成最多 k 个非递增正整数的和。如果 $a_1+a_2+\cdots+a_j=n$，其中 a_1，a_2，…，a_j 都是正整数，且 $a_1\geqslant a_2\geqslant\cdots\geqslant a_j$，那么就说 a_1，a_2，…，a_j 是将正整数 n 划分成 j 个正整数的一个**划分**。可以看到，如果 $p_k(n)$ 是将正整数 n 划分成最多 k 个正整数的方式数，那么将 n 个不可辨别的物体放入 k 个不可辨别的盒子里的方式数就是 $p_k(n)$。关于这个数，我们没有更简单的公式来表示它。从参考资料[Ro11]可以找到正整数划分的更多信息。

奇数编号练习

1. 从一个 3 元素集合中允许重复地有序选取 5 个元素有多少种不同的方式？
3. 6 个字母的字符串有多少个？

5. 分配 3 种工作给 5 个雇员，如果每个雇员可以得到 1 种以上的工作，那么有多少种不同的分配方式？

7. 从一个 5 元素集合中允许重复地无序选取 3 个元素有多少种不同的方式？

9. 一个百吉饼店有洋葱百吉饼、罂粟子百吉饼、鸡蛋百吉饼、咸味百吉饼、粗制倮麦百吉饼、芝麻百吉饼、葡萄干百吉饼和普通百吉饼，有多少种方式选择

a) 6 个百吉饼？

b) 12 个百吉饼？

c) 24 个百吉饼？

d) 12 个百吉饼，并且每类至少有 1 个？

e) 12 个百吉饼，并且至少有 3 个鸡蛋百吉饼和不超过 2 个咸味百吉饼？

11. 一个小猪储钱罐包含 100 个相同的 1 美分和 80 个相同的 5 美分硬币，从中选 8 个硬币有多少种方式？

13. 一个出版商有 3000 本离散数学书，如果这些书是没有区别的，那么将这些书存储在 3 个库房有多少种方式？

15. 方程 $x_1+x_2+x_3+x_4+x_5=21$ 有多少个解？其中 $x_i(i=1, 2, 3, 4, 5)$ 是非负整数，并且使得

a) $x_1\geqslant 1$

b) $x_i\geqslant 2$，$i=1, 2, 3, 4, 5$

c) $0\leqslant x_1\leqslant 10$

d) $0\leqslant x_1\leqslant 3$，$1\leqslant x_2<4$，$x_3\geqslant 15$

17. 有多少 10 位三进制数字(0、1 或 2)串恰含有 2 个 0、3 个 1 和 5 个 2？

19. 假设一个大家庭有 14 个孩子，包括 2 组三胞胎、3 组双胞胎以及 2 个单胞胎。这些孩子坐在一排椅子上，如果相同的三胞胎或双胞胎的孩子不能互相区分，那么有多少种方式？

21. 一位瑞典导游设计了一种聪明的方法，帮助游客在人群中尽快找到自己的导游。他有 13 双相同样式的鞋，每一双鞋都有不同的颜色。他从这 13 双鞋中选择一支左鞋和一只右鞋，有多少种方式？

a) 不限制和区分哪种颜色穿在哪只脚上。

b) 左鞋和右鞋的颜色不同，区分哪种颜色穿在哪只脚上。

c) 左鞋和右鞋的颜色不同，不区分哪种颜色穿在哪只脚上

d) 没有限制和不区分哪种颜色穿在哪只脚上。

23. 把 6 个相同的球放到 9 个不同的箱子中有多少种方法？

25. 把 12 个不同的物体放到 6 个不同的盒子中并且每个盒子有 2 个物体，有多少种方法？

27. 有多少个小于 1 000 000 的正整数其数字之和等于 19？

29. 一次离散数学的期终考试有 10 道题。如果总分数是 100 且每道题至少 5 分，那么有多少种方式来分配这些题的分数？

31. 如果被传送的比特串必须以 1 开始，必须有另外 3 位 1(使得传送的 1 共有 4 位)，必须包含总共 12 位 0，必须每个 1 后面至少跟随 2 个 0，那么有多少个不同的比特串？

33. 使用 ABRACADABRA 中的所有字母可以构造多少个不同的串？

35. 使用 ORONO 中的某些或全部字母可以构造多少个不同的串？

37. 用 EVERGREEN 中的字母可以构造多少个至少含 7 个字符的串？

39. 一个学生有 3 个芒果、2 个番木瓜和 2 个猕猴桃。如果这个学生每天吃 1 个水果，并且只考虑水果的类型，那么有多少种不同的方式吃完这些水果？

41. 有多少种不同的方式在 xyz 空间上从原点(0, 0, 0)到达点(4, 3, 5)？这个旅行的每一步是在 x 正方向移动一个单位，y 正方向移动一个单位，或者 z 正方向移动一个单位。(x、y、z 负方向的移动是禁止的，即不允许回头。)

43. 把一副标准的 52 张扑克牌发给 5 个人，每个人得到 7 张牌，有多少种方式？

45. 当把一副标准的 52 张牌发给 4 个人时，若使得每个人有一手包含 1 张 A 的牌，这种概率是多少？

47. n 本书放在 k 个不同的书架上有多少种方式？

a) 如果这些书是同一种书。

b) 如果所有的书都不同，并且考虑这些书在书架上的位置。

* **49.** 通过先把物体放入第一个盒子，然后把物体放入第二个盒子，…，的方法，使用乘积法则证明定理 4。

* **51.** 在这个练习中，我们将通过在两个集合之间建立一一对应来证明定理 2。这两个集合分别是集合 $S=\{1, 2, \cdots, n\}$ 的允许重复的 r 组合的集合和集合 $T=\{1, 2, 3, \cdots, n+r-1\}$ 的 r 组合的集合。

a) 把 S 的允许重复的 r 组合中的元素排成一个递增序列 $x_1 \leqslant x_2 \leqslant \cdots \leqslant x_r$。证明：对这个序列的第 k 项加上 $k-1$ 而构成的序列是严格递增的。断言这个序列由 T 的 r 个不同的元素构成。

b) 证明 a 所描述的过程在 S 的允许重复的 r 组合的集合与 T 的 r 组合的集合之间定义了一一对应。[提示：通过把 T 的满足 $1 \leqslant x_1 < x_2 < \cdots < x_r \leqslant n+r-1$ 的 r 组合 $\{x_1, x_2, \cdots, x_r\}$，与从第 k 个元素减去 $k-1$ 得到的 S 的允许重复的 r 组合相联系，证明这个对应是可逆的。]

c) 断言存在着 $C(n+r-1, r)$ 个 n 元素集合的允许重复的 r 组合。

53. 有多少种不同的方式将 6 个可辨别的物体放入 4 个不可辨别的盒子，使得每个盒子里至少有 1 个物体？

55. 有多少种不同的方式将 6 个临时雇员安排到 4 个相同的办公室，使得每个办公室中至少有 1 个临时雇员？

57. 有多少种不同的方式将 6 个不可辨别的物体放入 4 个不可辨别的盒子，使得每个盒子里至少有 1 个物体？

59. 有多少种不同的方式将 9 张相同的 DVD 放入 3 个不可辨别的盒子，使得每个盒子里至少有 2 张 DVD？

61. 有多少种不同的方式将 5 个球放到 3 个盒子里，要求每个盒子里至少有 1 个球，如果

a) 球与盒都是有标号的？　　**b)** 球是有标号的，但盒子是没有标号的？

c) 球是没有标号的，但盒子是有标号的？　　**d)** 球与盒都是没有标号的？

* **63.** 假如一个武器巡视员必须对 5 个不同场所中的每个场所巡视两次，每天巡视一个场所。巡视员可以自由选择巡视场所的次序，但他不能连着两天都巡视 X 场所，因为 X 场所是最可疑的场所。那么，该巡视员有多少种不同的方式来巡视这些场所？

* **65.** 证明**多项式定理**：如果 n 是正整数，则

$$(x_1 + x_2 + \cdots + x_m)^n = \sum_{n_1+n_2+\cdots+n_m=n} C(n; n_1, n_2, \cdots, n_m) x_1^{n_1} x_2^{n_2} \cdots x_n^{n_m}$$

其中

$$C(n; n_1, n_2, \cdots, n_m) = \frac{n!}{n_1! n_2! \cdots n_m!}$$

是**多项式系数**。

67. 求 $(x+y+z)^{10}$ 中的 $x^3 y^2 z^5$ 的系数。

3.6　生成排列和组合

3.6.1　引言

本章前几节已经描述了各种类型的排列和组合的计数方法，但是有时候需要生成排列和组合，而不仅仅是计数。考虑下面三个问题。第一，假设一个销售商必须访问 6 个城市。应该按照什么顺序访问这些城市而使得总的旅行时间最少？一种方法就是确定 $6! = 720$ 种不同顺序的访问时间并且选择具有最小旅行时间的访问顺序。第二，假定 6 个数的集合中某些数的和是 100。找出这些数的一种方法就是生成所有 $2^6 = 64$ 个子集并且检查它们的元素和。第三，假设一个实验室有 95 个雇员，一个项目需要一组 12 人组成的有 25 种特定技能的雇员。(每个雇员可能有一种或多种技能)。找出这组雇员的一种方法就是找出所有的 12 个雇员的小组，然后检查他们是否有所需要的技能。这些例子都说明为了求解问题常常需要生成排列和组合。

3.6.2　生成排列

任何 n 元素集合可以与集合 $\{1, 2, 3, \cdots, n\}$ 建立一一对应。我们可以如下列出任何 n 元 Links
素集合的所有排列：生成 n 个最小正整数的排列，然后用对应的元素替换这些整数。已经建立了许多不同的算法来生成这个集合的 $n!$ 个排列。我们将要描述的算法是以 $\{1, 2, 3, \cdots, n\}$ 的排列集合上的**字典顺序**为基础的。按照这个顺序，如果对于某个 k，$1 \leqslant k \leqslant n$，$a_1 = b_1$，$a_2 = b_2$，$\cdots$，$a_{k-1} = b_{k-1}$ 并且 $a_k < b_k$，那么排列 $a_1 a_2 \cdots a_n$ 在排列 $b_1 b_2 \cdots b_n$ 的前边。换句话说，如果在

n个最小正整数集合的两个排列不等的第一位置，一个排列的数小于第二个排列的数，那么这个排列按照字典顺序排在第二个排列的前边。

例1 集合{1，2，3，4，5}的排列23415在排列23514的前边，因为这些排列在前两位相同，但第一排列在第三位置中的数是4，小于第二排列在第三位置中的数5。类似地，排列41532在排列52143的前边。◀

生成{1，2，…，n}的排列的算法基础是从一个给定排列$a_1a_2\cdots a_n$按照字典顺序构造下一个排列的过程。我们将说明怎样做到这一点。首先假设$a_{n-1}<a_n$，交换a_{n-1}和a_n可得到一个更大的排列。没有其他的排列既大于原来的排列且又小于这个通过交换a_{n-1}与a_n得到的排列。例如，在234156后面的下一个最大的排列是234165。另一方面，如果$a_{n-1}>a_n$，那么由交换这个排列中的最后两项不可能得到一个更大的排列。看看排列中的最后3个整数，如果$a_{n-2}<a_{n-1}$，那么可以重新安排这后3个数而得到下一个最大的排列。a_{n-1}和a_n中比较小的数大于a_{n-2}，先把这个数放在位置$n-2$，然后把剩下的那个数和a_{n-2}按照递增的顺序放到最后的两个位置。例如，在234165后面的下一个最大的排列是234516。

另一方面，如果$a_{n-2}>a_{n-1}$(且$a_{n-1}>a_n$)，那么不可能由安排在这个排列的最后三项而得到更大的排列。基于这个观察，可以描述一个一般的方法，对于给定的排列$a_1a_2\cdots a_n$依据字典顺序生成下一个最大的排列。首先，找到整数a_j和a_j+1，使得$a_j<a_j+1$且

$$a_{j+1}>a_{j+2}>\cdots>a_n$$

即在这个排列中的最后一对相邻的整数，使得这个对的第一个整数小于第二个整数。然后，把a_{j+1}，a_{j+2}，…，a_n中大于a_j的最小的整数放到第j个位置，再按照递增顺序从位置$j+1$到n列出a_j，a_{j+1}，a_{j+2}，…，a_n中其余的整数，这就得到依照字典顺序的下一个最大的排列。容易看出，没有其他的排列大于排列$a_1a_2\cdots a_n$而小于这个新生成的排列(对这一事实的验证留给读者作为练习)。

Extra Examples

例2 在362541后面按照字典顺序下一个最大的排列是什么？

解 使得$a_j<a_{j+1}$的最后一对整数a_j和a_{j+1}是$a_3=2$和$a_4=5$。排列在2右边大于2的最小整数是$a_5=4$，因此将4放在第三个位置。然后整数2、5和1依递增顺序放到最后三个位置，即这个排列的最后三个位置是125。于是，下一个最大排列是364125。◀

为了生成整数1，2，3，…，n的n！个排列，按照字典顺序由最小的排列，即$123\cdots n$开始，连续使用$n!-1$次生成下一个最大排列的过程，就得到n个最小的整数按字典顺序的所有排列。

例3 按字典顺序生成整数1，2，3的排列。

解 从123开始。由交换3和2得到下一个排列132。下一步，因为3>2和1<3，排列在132中的3个整数，把3和2中较小的放到第一个位置，然后按递增顺序把1和3放到位置二和三而得到213。跟着213的是231，它是由交换1和3得到的，因为1<3。下一个最大的排列把3放在第一位置，后面是1和2按递增顺序排列，即312。最后，交换1和2得到最后一个排列321。我们生成了1，2，3字典顺序排列，它们是123、132、213、231、312和321。◀

算法1显示了在给定排列不是最大的排列$n\,n-1\,n-2\cdots2\,1$时，在它的后面按照字典顺序找到下一个最大排列的过程。

算法1　按字典顺序生成下一个最大排列

```
procedure next permutation(a1a2…an：{1，2，…，n}的排列，不等于 n n−1…2 1)
j:=n−1
while aj > aj+1
    j:=j−1
```

```
{j 是使得 a_j<a_{j+1} 的最大下标}
k := n
while a_j > a_k
  k := k-1
{a_k 是在 a_j 右边大于 a_j 的最小整数}
交换 a_j 和 a_k
r := n
s := j+1
while r > s
  交换 a_r 和 a_s
  r := r-1
  s := s+1
{这把在第 j 位后边的排列尾部按递增顺序放置}
{现在 a_1 a_2 … a_n 是下一个排列}
```

3.6.3 生成组合

怎样生成一个有穷集的元素的所有组合呢？由于一个组合仅仅就是一个子集，所以我们可以利用集合$\{a_1, a_2, \cdots, a_n\}$的子集和 n 位比特串之间的对应关系。 Links

如果 a_k 在子集中，对应的比特串在位置 k 有一个 1；如果 a_k 不在子集中，对应的比特串在位置 k 有一个 0。如果可以列出所有的 n 位比特串，那么通过在子集和比特串之间的对应就可以列出所有的子集。

一个 n 位比特串也是一个在 0 到 2^n-1 之间的整数的二进制展开式。按照它们的二进制展开式，作为整数根据递增顺序可以列出这 2^n-1 个比特串。为生成所有的 n 位二进制展开式，从具有 n 个 0 的比特串 000…00 开始。然后，继续找下一个最大的展开式，直到得到 111…11 为止。在每一步找下一个最大的二进制展开式时，先确定从右边起第一个不是 1 的位置。然后把这个位置右边的所有的 1 变成 0 并且将这第一个 0(从右边数)变成 1。

例 4 找出在 1000100111 后面的下一个最大的比特串。

解 这个串从右边数不是 1 的第 1 位是从右边起的第 4 位。把这一位变成 1 并且将它后面所有的位变成 0。这就生成了下一个最大的比特串 1000101000。◀

生成在 $b_{n-1}b_{n-2}\cdots b_1b_0$ 后面的下一个最大的比特串的过程在算法 2 中给出。

算法 2 生成下一个最大的比特串

```
procedure next bit string(b_{n-1} b_{n-2} … b_1 b_0: 不等于 11…11 的比特串)
i := 0
while b_i = 1
  b_i := 0
  i := i+1
b_i := 1
{现在 b_{n-1} b_{n-2} … b_1 b_0 是下一个比特串}
```

下面将给出生成集合$\{1, 2, 3, \cdots, n\}$的 r 组合的算法。一个 r 组合可以表示成一个序列，这个序列按照递增的顺序包含了这个子集中的元素。使用在这些序列上的字典顺序可以列出这些 r 组合。在这个字典顺序下，第一个 r 组合是$\{1, 2, \cdots, r-1, r\}$，最后一个 r 组合是$\{n-r+1, n-r+2, \cdots, n-1, n\}$。在 $a_1a_2\cdots a_r$ 后面的下一个组合可以按下面的方法得到：

首先，找到序列中使得 $a_i \neq n-r+i$ 的最后元素 a_i，然后用 a_i+1 代替 a_i，且对于 $j=i+1, i+2, \cdots, r$ 用 $a_i+j-i+1$ 代替 a_j。请读者证明这就按字典顺序生成了下一个最大的组合。下面的例 5 说明了这个过程。

例 5 找出集合{1，2，3，4，5，6}在{1，2，5，6}后面的下一个最大的 4 组合。

解 在具有 $a_1=1$，$a_2=2$，$a_3=5$，$a_4=6$ 的项中使得 $a_i \neq 6-4+i$ 的最后的项是 $a_2=2$。为得到下一个最大的 4 组合，把 a_2 加 1 得 $a_2=3$。然后，置 $a_3=3+1=4$ 且 $a_4=3+2=5$。从而下一个最大的 4 组合是{1，3，4，5}。◀

算法 3 用伪码给出了这个过程。

```
算法 3  按字典顺序生成下一个 r 组合
procedure next r-combination({a1, a2, …, ar}: {1, 2, …, n}的满足 a1<a2<…<ar 的不等于
{n−r+1, …, n}的真子集)
i := r
while ai = n−r+i
   i := i−1
ai := ai+1
for j := i+1 to r
   aj := ai+j−i
{现在 a1a2…ar 是下一个组合}
```

奇数编号练习

1. 按照字典顺序排列下述{1，2，3，4，5}的排列：

43521，15432，45321，23451，23514，14532，21345，45213，31452，31542。

3. 一个计算机目录中文件名字包括 3 个大写字母，接着 1 个数字，其中字母是 A、B 或 C，数字是 1 或 2。以字典顺序列出这些文件名。字母顺序为正常的字母表顺序。

5. 找出按照字典顺序跟在下面每一个排列后面的下一个最大的排列。

a) 1432　　**b)** 54123　　**c)** 12453

d) 45231　　**e)** 6714235　　**f)** 31528764

7. 使用算法 1 按照字典顺序生成前 4 个正整数的 24 个排列。

9. 使用算法 3 列出集合{1，2，3，4，5}的所有的 3 组合。

11. 证明：算法 3 按字典顺序生成给定 r 组合后面的下一个最大的 r 组合。

13. 列出{1，2，3，4，5}的所有 3 排列。

这一节剩下的练习建立了另一个算法来生成{1，2，3，…，n}的排列。这个算法是基于整数的康托尔展开。每个小于 $n!$ 的非负整数有唯一的康托尔展开式

$$a_1 1! + a_2 2! + \cdots + a_{n-1}(n-1)!$$

其中 a_i 是一个不超过 i 的非负整数，$i=1, 2, \cdots, n-1$。整数 $a_1, a_2, \cdots, a_{n-1}$ 叫作这个整数的**康托尔数字**。

给定{1，2，…，n}的一个排列。令 a_{k-1} 是排列中在 k 后面且小于 k 的整数个数，$k=2, 3, \cdots, n$。例如，在排列 43215 中，a_1 是在 2 后面且小于 2 的整数个数，所以 $a_1=1$。类似地，对这个例子，$a_2=2$、$a_3=3$ 且 $a_4=0$。考虑从{1，2，3，…，n}的排列的集合到小于 $n!$ 的非负整数的集合的函数。这个函数把一个排列映到一个非负整数，而这个整数把以这种方式定义的 $a_1, a_2, \cdots, a_{n-1}$ 作为它的康托尔数字。

* **15.** 证明：这里描述的对应是{1，2，3，…，n}的排列的集合与小于 $n!$ 的非负整数之间的双射。

17. 设计一个以练习 14 描述的对应为基础的算法来生成 n 元素集合所有的排列。

高级计数技术

许多计数问题用第 3 章讨论的方法是不容易求解的。例如：有多少个 n 位比特串不包含两个连续的 0？为求解这个问题，令 a_n 是这种 n 位比特串数，给定一个参数，可以证明序列$\{a_n\}$满足 $a_{n+1}=a_n+a_{n-1}$(其中初始条件为 $a_1=2$，$a_2=3$)。这个等式叫作递推关系，它和初始条件 $a_1=2$、$a_2=3$ 确定了序列$\{a_n\}$。此外，从这个与序列的项有关的等式可以找到 a_n 的显式公式。正如我们将要看到的，可以用一种类似的技术来求解许多不同的计数问题。

我们将讨论两种在算法研究中最重要的递推关系。首先，我们将介绍称为动态规划的重要算法范式。遵循这一个范式的算法将问题分为重叠的子问题。通过递推关系找到子问题的解答方案从而解出原始问题。其次，我们将介绍另一个重要算法范式：分而治之。遵循这一个范式的算法将问题不断分解为固定数量的不重叠的子问题，直到这些子问题被直接解决。这些算法的复杂度可以采用特别的递推关系来分析。在本章中，我们将讨论大量的分而治之算法，并用递推关系来分析它们的复杂度。

我们也将看到，可以用形式幂级数(也叫作生成函数)来求解许多计数问题，其中 x 的幂的系数代表我们感兴趣的序列的项。除了求解计数问题外，生成函数还可用于求解递推关系以及证明组合恒等式。

许多其他类型的计数问题不能使用第 3 章所讨论的技术求解，例如：有多少种方式把 7 项工作分给 3 个雇员而使得每个雇员至少得到一项工作？有多少个素数小于1000？可以通过计数集合并集中的元素数来求解这两个问题。我们将开发一种叫作容斥原理的技术来计数在集合并集中的元素个数，并且将说明怎样用这种技术求解计数问题。

可以用本章学到的技术与第 3 章的基本技术一起求解许多计数问题。

4.1 递推关系的应用

4.1.1 引言

第 2 章介绍了怎样递归定义一个序列。一个序列的递归定义指定了一个或多个初始的项以及一个由前项确定后项的规则。这个从某些前项求后项的规则就叫作**递推关系**。如果一个序列的项满足递推关系，则这个序列就叫作递推关系的解。

本章我们将研究用递推关系解决计数问题。如一群细菌的数目每小时增加一倍。如果开始有 5 个细菌，在 n 小时末将有多少个细菌？为求解这个问题，令 a_n 是 n 小时末的细菌数。因为细菌数每小时增加一倍，只要 n 是正整数，关系 $a_n=2a_{n-1}$ 就成立。对所有的非负整数 n，这个关系和初始条件 $a_0=5$ 一起唯一地确定了 a_n。我们可使用第 2 章中的迭代方法得到 a_n 的公式，即对于所有非负整数 n，$a_n=5\cdot 2^n$。

某些计数问题不能用第 3 章给出的技术求解，但可以通过找到序列的项之间的关系，如在涉及细菌的问题中的关系，即递推关系来求解。我们将研究各种能用递推关系构造模型的计数问题。在第 2 章中，我们提出解决某些递推关系的方法。我们将在 4.2 节研究一些方法，针对满足某类递推关系的序列，求出序列的项的显式公式。

本节最后，我们将介绍动态规划的算法范式，在解释这种范式原理之后，将给出例题说明。

4.1.2　用递推关系构造模型

Assessment 我们可以使用递推关系构造各种问题的模型，例如找复利(见 2.4 节例 11)、计数岛上的兔子、确定汉诺塔难题的移动次数，以及计数具有确定性质的比特串。

例 1 说明了怎样用递推关系建立关于岛上兔子数的模型。

Extra Examples **例 1　兔子和斐波那契数**　考虑下面的问题，它是由里奥那多·比萨诺，也就是斐波那契，于 13 世纪在《算书》(Liber abaci)一书中提出来的。一对刚出生的兔子(一公一母)被放到岛上。每对兔子出生后两个月才开始繁殖后代。如图 1 所示，在出生两个月以后，每对兔子在每个月都将繁殖一对新的兔子。假定兔子不会死去，找出 n 个月后关于岛上兔子对数的递推关系。 Links

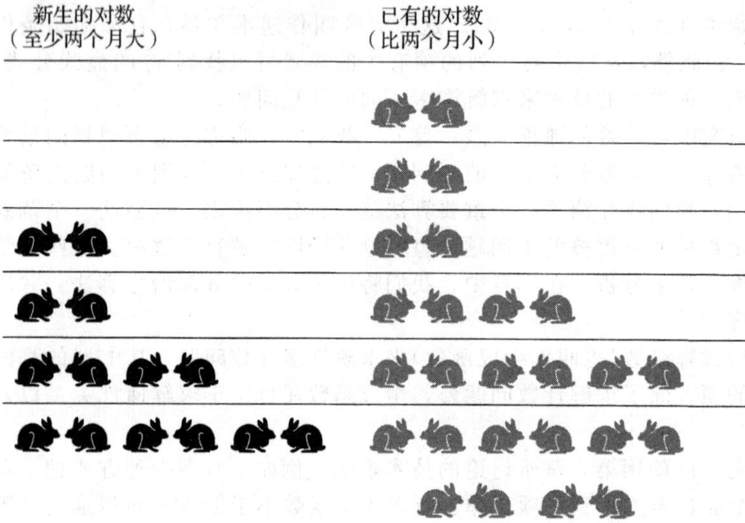

月	新生的对数	已有的对数	总对数
1	0	1	1
2	0	1	1
3	1	1	2
4	1	2	3
5	2	3	5
6	3	5	8

图 1　岛上的兔子

解　用 f_n 表示 n 个月后的兔子对数。我们将证明 $f_n(n=1, 2, 3, \cdots)$是斐波那契序列的项。

可以用递推关系建立兔子数的模型。在第 1 个月末，岛上的兔子对数是 $f_1=1$。由于这对兔子在第 2 个月没有繁殖，所以 $f_2=1$。为找到 n 个月后的兔子对数，要把前一个月岛上的对数 f_{n-1} 加上新生的对数——这个数等于 f_{n-2}，因为每对两个月大的兔子都生出一对新兔子。

因此，序列$\{f_n\}$满足递推关系

$$f_n=f_{n-1}+f_{n-2},\ n\geqslant 3$$

及初始条件 $f_1=1$ 和 $f_2=1$。由于这个递推关系和初始条件唯一地确定了这个序列，所以 n 个月后岛上的兔子对数由第 n 个斐波那契数给出。◀

Demo 例 2 涉及一个著名的难题。

Links **例 2　汉诺塔**　19 世纪后期由法国数学家埃德沃德·卢卡斯发明的一个流行的游戏叫作汉诺塔，它由安装在一个板上的 3 根柱子和若干大小不同的盘子构成。开始时，这些盘子按照大小的次序放在第一根柱子上，大盘子在底下(如图 2 所示)。游戏的规则是：每一次把 1 个盘子从一根柱子移动到另一根柱子，但是不允许这个盘子放在比它小的盘子上面。游戏的目标是把所有的盘子按照大小次序都放到第二根柱子上，并且将最大的盘子放在底部。

令 H_n 表示解 n 个盘子的汉诺塔问题所需要的移动次数。建立一个关于序列$\{H_n\}$的递推关系。

解　开始时 n 个盘子在柱 1。按照游戏规则，我们可以用 H_{n-1} 次移动将上边的 $n-1$ 个盘子移到柱 3(图 3 说明了此刻的柱子和盘子)。在这些移动中保留最大的盘子不动。然后，我们用一次移动将最大的盘子移到第二根柱子上。我们可以再使用 H_{n-1} 次移动将柱 3 上的 $n-1$ 个

盘子移到柱 2，把它们放到最大的盘子上面，这个最大的盘子一直放在柱 2 的底部。这表示解 n 个盘子的汉诺塔问题所需要的移动次数为 $2H_{n-1}+1$ 次。

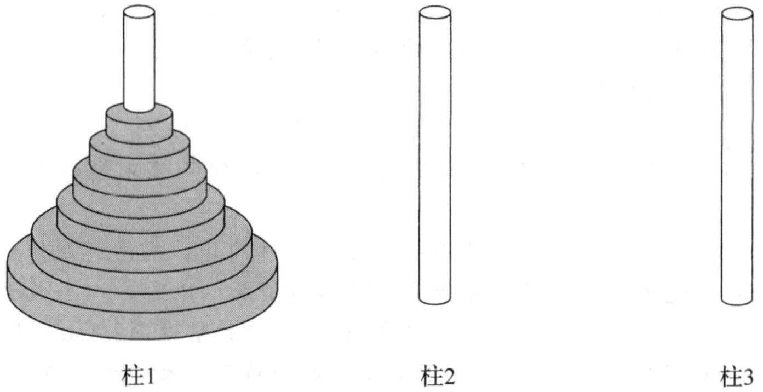

图 2　汉诺塔的初始位置

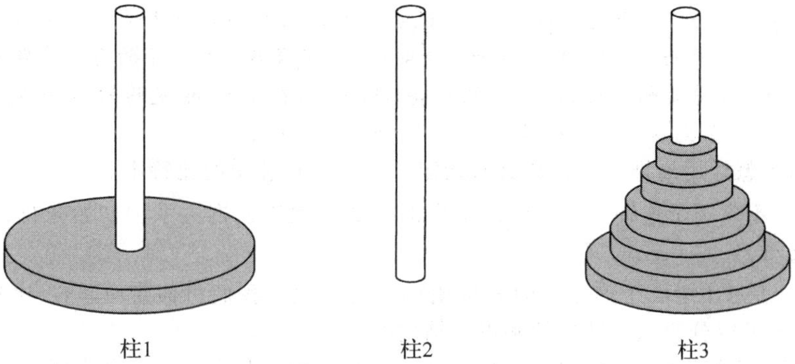

图 3　汉诺塔的一个中间位置

我们现在证明解决 n 个盘子的汉诺塔问题的移动次数不能少于 $2H_{n-1}+1$ 次。注意，在移动最大的盘子之前，必须要将 $n-1$ 个更小的盘子移动到不是柱 1 的柱子上，做这件事需要至少 H_{n-1} 次移动，另一次必要的移动是将最大的盘子移走。最后，将这 $n-1$ 个更小的盘子移动到最大的盘子上需要至少 H_{n-1} 次移动。将这些移动次数相加就是完成这个任务的移动次数的下限。

我们的结论是

$$H_n = 2H_{n-1} + 1$$

初始条件是 $H_1=1$，因为依照规则一个盘子可以用 1 次移动从柱 1 移到柱 2。

我们可以使用迭代方法求解这个递推关系。

$$\begin{aligned}
H_n &= 2H_{n-1} + 1 \\
&= 2(2H_{n-2} + 1) + 1 = 2^2 H_{n-2} + 2 + 1 \\
&= 2^2(2H_{n-3} + 1) + 2 + 1 = 2^3 H_{n-3} + 2^2 + 2 + 1 \\
&\vdots \\
&= 2^{n-1} H_1 + 2^{n-2} + 2^{n-3} + \cdots + 2 + 1 \\
&= 2^{n-1} + 2^{n-2} + \cdots + 2 + 1 \\
&= 2^n - 1
\end{aligned}$$

为了用序列前面的项表示 H_n，我们重复地用到这个递推关系。在倒数第二个等式中用了初始条件 $H_1=1$。最后一个等式是基于等比序列的求和公式得出的，这个公式可以在 2.4 节的定理 1 中找到。

用迭代方法找出了具有初始条件 $H_1=1$ 的递推关系 $H_n=2H_{n-1}+1$ 的解。这个公式可以用数学归纳法证明。证明留给读者作为本节的练习 1。

关于这个难题有一个古老的传说，在汉诺有一座塔，那里的僧侣按照这个游戏的规则从一个柱子到另一个柱子移动 64 个金盘子，据说当他们结束游戏时世界就到了末日。如果这些僧侣 1 秒移动 1 个盘子，这个世界将在他们开始多久以后终结？

根据这个显式公式，僧侣需要

$$2^{64}-1=18\,446\,744\,073\,709\,551\,615$$

次移动来搬这些盘子。每次移动需要 1 秒，他们将用 5000 亿年来求解这个难题，因此这个世界的寿命应该相当长。◀

评注　许多人研究了源自例 5 所述汉诺塔难题的各种问题。某些问题用到更多的柱子，某些问题允许同样大小的盘子，某些问题对盘子的移动类型加以限制。一个最古老和最有趣的问题是**雷夫难题**⊖，它是 1907 年由亨利·杜德尼在他的《坎特伯雷谜题》(Canterbury Puzzle)一书中提出来的。这个难题是雷夫提出的，他让一个朝圣者把一堆各种大小的奶酪从 4 个凳子中的一个移到另一个，移动中不允许把直径较大的奶酪放在较小的奶酪上面。如果用柱子和盘子的概念来表述雷夫难题，除了使用 4 根柱子之外，其他和汉诺塔的规则一样。类似地，我们可以把汉诺塔问题推广到 $p(p>3)$根柱子的情形。(需要说明的是，已有公开声明说解决了这个问题，不过这并未获专家认可。)然而，2014 年 Thierry Bousch 证明了求解 n 个盘子的雷夫难题所需要的最少移动次数，它等于由弗雷姆(Frame)和斯图尔特(Stewart)在 1939 年发明的算法所使用的移动次数。(更详细的信息参见本节末的练习 38～45 和[St94]及[Bo14]。)

例 3 说明了怎样用递推关系计数具有指定长度和某种性质的比特串。

例 3　对于不含 2 个连续 0 的 n 位比特串的个数，找出递推关系和初始条件。有多少个这样的 5 位比特串？

解　设 a_n 表示不含 2 个连续 0 的 n 位比特串的个数。我们将假定 $n\geqslant 3$，比特串至少有 3 位。n 位比特串可以分为以 1 结尾的和以 0 结尾的。

精确地说，不含 2 个连续 0 并以 1 结尾的 n 位比特串就是在不含 2 个连续 0 的 $n-1$ 位比特串的尾部加上一个 1。因此存在 a_{n-1} 个这样的比特串。

不含 2 个连续 0 并以 0 结尾的 n 位比特串的 $n-1$ 位必须是 1，否则就将以 2 个 0 结尾。因而，精确地说，不含 2 个连续 0 并以 0 结尾的 n 位比特串就是在不含 2 个连续 0 的 $n-2$ 位比特串的尾部加上 10。因此存在 a_{n-2} 个这样的比特串。

如图 4 所示，可以断言对于 $n\geqslant 3$，有

$$a_n=a_{n-1}+a_{n-2}$$

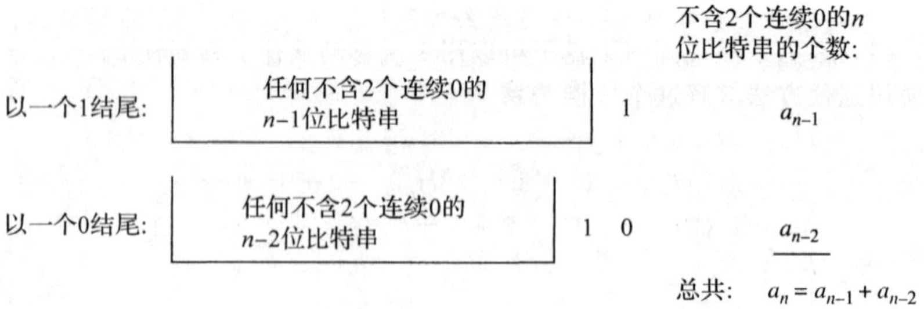

图 4　计数不含 2 个连续 0 的 n 位比特串

初始条件是 $a_1=2$，因为 1 位的比特串是 0 或 1，没有连续的 2 个 0。而 $a_2=3$，因为 2 位的比特串中满足条件的是 01、10 和 11。使用 3 次递推关系就可得到 a_5

⊖ 雷夫(Reve)，更常见的是拼写为 reeve，这个词在古代是指地方长官(governor)。

$$a_3 = a_2 + a_1 = 3 + 2 = 5$$
$$a_4 = a_3 + a_2 = 5 + 3 = 8$$
$$a_5 = a_4 + a_3 = 8 + 5 = 13$$
◀

评注 注意$\{a_n\}$和斐波那契序列满足同样的递推关系。因为$a_1 = f_3$且$a_2 = f_4$，从而有$a_n = f_{n+2}$。

例 4 说明怎样用递推关系建立编码字数的模型，这种编码字是通过确定的有效性检测所允许的。

例 4 编码字的枚举 如果一个十进制数字串包含偶数个 0，计算机系统就把它作为一个有效的编码字。例如，1230407869 是有效的，而 120987045608 不是有效的。设 a_n 是有效的 n 位编码字的个数。找出一个关于 a_n 的递推关系。

解 注意 $a_1 = 9$，因为存在 10 个 1 位十进制数字串，并且只有一个即串 0 是无效的。通过考虑怎样由 $n-1$ 位的数字串构成一个 n 位有效数字串，就可以推导出关于这个序列的递推关系。从少 1 位数字的串构成 n 位有效数字串有两种方式。

第一种，在一个 $n-1$ 位的有效数字串后面加上一个非 0 的数字就可以得到一个 n 位的有效数字串。加这个数字的方式有 9 种。因此用这种方法构成 n 位有效数字串的方式有 $9a_{n-1}$ 种。

第二种，在一个无效的 $n-1$ 位数字串后面加上一个 0 就可以得到 n 位有效的数字串。(这将产生具有偶数个 0 的串，因为无效的 $n-1$ 位数字串有奇数个 0。)这样做的方式数等于无效的 $n-1$ 位数字串的个数。因为存在 10^{n-1} 个 $n-1$ 位数字串，其中有 a_{n-1} 个是有效的，所以通过在无效的 $n-1$ 位数字串后面加上一个 0 就可以得到 $10^{n-1} - a_{n-1}$ 个 n 位的有效数字串。

因为所有的 n 位有效数字串都用这两种方式之一产生，所以存在

$$\begin{aligned} a_n &= 9a_{n-1} + (10^{n-1} - a_{n-1}) \\ &= 8a_{n-1} + 10^{n-1} \end{aligned}$$

个 n 位有效数字串。 ◀

例 5 中的递推关系在许多不同的场合都可以见到。

例 5 求关于 C_n 的递推关系，其中 C_n 是通过对 $n+1$ 个数 $x_0 \cdot x_1 \cdot x_2 \cdot \cdots \cdot x_n$ 的乘积中加括号来规定乘法的次序的方式数。例如，$C_3 = 5$，因为对 $x_0 \cdot x_1 \cdot x_2 \cdot x_3$ 有 5 种加括号的方式来确定乘法的次序：

$$((x_0 \cdot x_1) \cdot x_2) \cdot x_3 \quad (x_0 \cdot (x_1 \cdot x_2)) \cdot x_3 \quad (x_0 \cdot x_1) \cdot (x_2 \cdot x_3)$$
$$x_0 \cdot ((x_1 \cdot x_2) \cdot x_3) \quad x_0 \cdot (x_1 \cdot (x_2 \cdot x_3))$$

解 为了求关于 C_n 的递推关系，我们注意到无论怎样在 $x_0 \cdot x_1 \cdot x_2 \cdot \cdots \cdot x_n$ 中插入括号，总有一个“$\cdot$”运算符留在所有括号的外边，即执行最后一次乘法的运算符。[例如，在$(x_0 \cdot (x_1 \cdot x_2)) \cdot x_3$ 中的最后一个运算符，在$(x_0 \cdot x_1) \cdot (x_2 \cdot x_3)$中的第二个运算符。]这个最后的运算符出现在 $n+1$ 个数中的两个数之间，比如说 x_k 和 x_{k+1} 之间。当最后的运算符出现在 x_k 和 x_{k+1} 之间时，存在 $C_k C_{n-k-1}$ 种方式插入括号来确定 $n+1$ 个数被乘的次序，因为有 C_k 种方式在乘积 $x_0 \cdot x_1 \cdot \cdots \cdot x_k$ 中插入括号来确定这 $k+1$ 个数的乘法次序，所以有 C_{n-k-1} 种方式在乘积$x_{k+1} \cdot x_{k+2} \cdot \cdots \cdot x_n$ 中插入括号来确定这 $n-k$ 个数的乘法次序。由于这个最后的运算符可能出现在$n+1$个数的任两个数之间，所以

$$\begin{aligned} C_n &= C_0 C_{n-1} + C_1 C_{n-2} + \cdots + C_{n-2} C_1 + C_{n-1} C_0 \\ &= \sum_{k=0}^{n-1} C_k C_{n-k-1} \end{aligned}$$

注意初始条件是 $C_0 = 1$ 和 $C_1 = 1$。 ◀

这个递推关系可以用生成函数的方法求解，这种方法将在 8.4 节讨论。可以证明 $C_n = C(2n, n)/(n+1)$(见 4.4 节的练习 43)并且 $C_n \sim \frac{4^n}{n^{3/2}\sqrt{\pi}}$(参见[GrKnPa94])。序列$\{C_n\}$是**卡塔兰**

(Catalan)**数**的序列。这个序列以尤金·查尔斯·卡塔兰命名，它是除了上例之外的许多不同计数问题的解(细节见[MiRo91]或[Ro84a]中有关卡塔兰数的一章)。

4.1.3　算法与递推关系

递推关系在一些算法研究和算法复杂度方面起着重要作用。在 4.3 节，我们将说明如何使用递推关系分析分而治之算法的时间复杂度，如归并排序算法。可以在 4.3 节看到，分治算法递归地将一个问题分解为一个固定数量的非重叠的子问题，直到子问题简单到可以直接求解。我们在本节的最后将介绍另一种算法范式——**动态规划**，它可以有效地用于解决许多优化问题。

遵循动态规划范式的算法是将问题递归地分解为更简单的重叠子问题，通过子问题的解决来解决原问题。一般地，递推关系用于通过子问题求解找到全局问题的解决方法。动态规划已经用于解决广泛领域的一些重要问题，包括经济、计算机视觉、语音识别、人工智能、计算图形学和生物信息学。在本节中我们将说明运用*动态规划*设计算法解决调度问题。在此之前，我们将介绍动态规划这个名称的有趣来源，它由数学家理查德·贝尔曼在 20 世纪 50 年代提出。贝尔曼当时在 RAND 公司工作，参与美国军方的一个项目。当时，美国国防部对数学研究有反感。为了保证获得资助，贝尔曼必须想一个与数学无关的用于解决调度和规划问题的名字。他决定用一个形容词——*动态*。因为“使用动态这个单词不可能有贬义”，他认为“动态规划是连国会都不会反对的”。

动态规划实例　假设我们需要在一个讲座厅中安排讲座。这些讲座预设了开始和结束时间。一旦一个讲座开始，它将进行直到结束。两个讲座不可以安排在同一时间段内，一个讲座可从另一个讲座结束时开始。我们的目标是尽可能多地合并已规划讲座的参与者。

我们形式化这个问题：设有 n 个讲座，讲座 j 开始于时间 t_j，结束于时间 e_j，有 w_j 个学生参与。我们需要规划最大的参与学生人数。即我们希望规划一组讲座使得在所有安排的讲座中 w_j 之和最大。(注意，当一个学生参与了多个讲座时，这个学生通过他参与的讲座数来计数。)我们用 $T(j)$来表示由一个优化调度得到的前 j 场讲座的最大参与总数，$T(n)$就是一个优化调度得到的对于所有 n 个讲座的最大参与总数。

我们首先将讲座结束时间升序排序。此后，我们重新编号讲座，$e_1 \leqslant e_2 \leqslant \cdots \leqslant e_n$。我们说两个讲座是相容的当它们能成为一个规划的一个部分。即，它们的时间不会重叠。(不同于一个结束而同时另一个开始。)对于 $e_i \leqslant s_j$，我们定义 $p(j)$为最大整数 i，$i<j$，如果这个整数存在；否则 $p(j)=0$。这样，如果存在，讲座 $p(j)$是与讲座 j 相容的在讲座 j 前结束的结束最晚的讲座。否则 $p(j)=0$，这样的讲座不存在。

例 6　考虑 7 个讲座开始和结束时间，如图 5 所示。

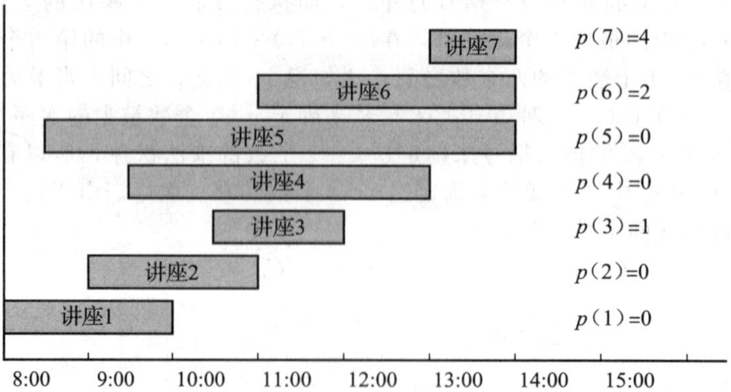

图 5　一个展示 $p(h)$值的讲座规划

讲座 1：开始 8:00，结束 10:00　　　讲座 3：开始 10:30，结束 12:00

讲座 2：开始 9:00，结束 11:00　　讲座 4：开始 9:30，结束 13:00

讲座 5：开始 8:30，结束 14:00　　讲座 7：开始 13:00，结束 14:00

讲座 6：开始 11:00，结束 14:00

对于 $j=1, 2, \cdots, 7$，计算 $p(j)$。

解 我们可以得到 $p(1)=0$ 和 $p(2)=0$。因为没有讲座结束时间在这两个讲座开始之前。可得到 $p(3)=1$，因为讲座 3 和讲座 1 是相容的。但讲座 3 和讲座 2 不相容。$p(4)=0$，因为讲座 4 与讲座 1、2、3 都不相容。$p(5)=0$，因为讲座 5 与讲座 1、2、3、4 都不相容。$p(6)=2$，因为讲座 6 和讲座 2 是相容的。但讲座 6 和讲座 3、4、5 不相容。最后 $p(7)=4$，因为讲座 7 和讲座 4 是相容的。但讲座 7 和讲座 5、6 不相容。◀

为了设计一个解决这个问题的动态规划算法，我们首先提出一个关键的递推关系。首先注意 $j \leqslant n$。对于前 j 个讲座，有两种可能的优化调度(注意，我们已经将 n 个讲座按结束时间升序排序)：(i)讲座 j 属于优化调度；(ii)它不属于。

情况(i)：我们知道讲座 $p(j)+1, \cdots, j-1$ 不可能属于这个规划，因为这些讲座与讲座 j 都不相容。进一步，在优化调度中的其他讲座必定包括了讲座 $1, 2, \cdots, p(j)$ 的一个优化调度。因为如果对于 $1, 2, \cdots, p(j)$ 有更好的优化调度，通过加上讲座 j，我们将得一个比总体优化调度更好的规划。所以，在情况(i)下，$T(j)=w_j+T(p(j))$。

情况(ii)：当讲座 j 不属于一个优化调度时，讲座 $1, 2, \cdots, j$ 的优化调度就与讲座 $1, 2, \cdots, j-1$ 的一样。因此，在情况(ii)下，$T(j)=T(j-1)$。结合情况(i)和(ii)，可得到一个递推关系：

$$T(j)=\max(w_j+T(p(j)),\ T(j-1))$$

现在我们得到这个递推关系，我们将设计一个有效算法(算法 1)来计算最大的参与总数。在计算之后，通过保存每一个 $T(j)$ 值来保证这个算法是有效的。这样可以只计算 $T(j)$ 一次。如果不这样，算法将有指数级最坏情况时间复杂度。保存每一次计算值的过程称为**记忆**，这对于提高递归算法效率是很重要的技术。

算法 1 调度讲座的动态规划算法

Procedure Maximum Attendees($s_1, s_2, \cdots, s_n$：讲座的开始时间；$e_1, e_2, \cdots, e_n$：讲座的结束时间；$w_1, w_2, \cdots, w_n$：讲座的参与人数)

　将讲座按结束时间排序，并重新标记讲座，保证 $e_1 \leqslant e_2 \leqslant \cdots \leqslant e_n$

for $j := 1$ **to** n

　　if 没有任务 $i(i<j)$ 与任务 j 相兼容；

　　　　$p(j)=0$

　　else $p(j) := \max\{i \mid i<j$ 并且任务 i 与任务 j 相兼容$\}$

　　$T(0) := 0$

for $j := 1$ **to** n

　　$T(j) := \max(w_j+T(p(j)),\ T(j-1))$

return $T(n)$\{$T(n)$是最大的参与人数\}

在算法 1 中，我们通过一个讲座调度方案确定最大的参与人数，但我们不能找到获得最大人数的调度方案。为了找到这个调度方案，我们用到这个事实：对于前 j 个讲座，讲座 j 属于一个优化方案当且仅当 $w_j+T(p(j)) \geqslant T(j-1)$。我们将这个问题留作练习 53，基于这个观察设计一个算法，以确定哪些讲座应该在获得最大参与人数的调度方案中。

算法 1 是动态规划的一个好例子，因为通过重叠的子问题的优化方案找到了最大参与人数。每一个子问题确定前 j 个讲座的最大参与人数，$1 \leqslant j \leqslant n-1$。其他动态规划例子参见练习 56 和 57 以及补充练习 14 和 17。

奇数编号练习[⊖]

1. 用数学归纳法验证在例 2 导出的求解汉诺塔难题所需移动次数的公式。

3. 一台出售邮票簿的售货机只接受 1 美元硬币、1 美元纸币以及 5 美元纸币。

a)找出与放 n 美元到这台售货机的方式数有关的递推关系，这里要考虑硬币和纸币放入的次序。

b)初始条件是什么？

c)一本邮票簿需 10 美元，有多少种方式付款？

5. 如果考虑付硬币和纸币的次序，那么使用练习 4 描述的货币系统付 17 比索的账单有多少种方式？

7. a)求与包含 2 个连续 0 的 n 位比特串的个数有关的递推关系。

b)初始条件是什么？

c)包含 2 个连续 0 的 7 位比特串有多少个？

9. a)求与不包含 3 个连续 0 的 n 位比特串的个数有关的递推关系。

b)初始条件是什么？ c)不包含 3 个连续 0 的 7 位比特串有多少个？

11. a)一个人爬阶梯，如果每次可以上 1 或 2 阶，求与爬 n 阶阶梯的方式数有关的递推关系。

b)初始条件是什么？ c)这个人爬 8 阶阶梯上飞机有多少种方式？

一个只包含 0、1 和 2 的串叫作**三进制串**。

13. a)求与不包含 2 个连续 0 的 n 位三进制串的个数有关的递推关系。

b)初始条件是什么？ c)不包含 2 个连续 0 的 6 位三进制串有多少个？

* **15.** a)求与不包含 2 个连续 0 或 2 个连续 1 的 n 位三进制串的个数有关的递推关系。

b)初始条件是什么？ c)不包含 2 个连续 0 或 2 个连续 1 的 6 位三进制串有多少个？

* **17.** a)求与不包含连续的相同符号的 n 位三进制串的个数有关的递推关系。

b)初始条件是什么？ c)不包含连续的相同符号的 6 位三进制串有多少个？

19. 信息通过信道传送要使用两个信号。一个信号的传送需要 1 微秒，而另一个信号的传送需要 2 微秒。

a)求与在 n 微秒内发送的不同信息数有关的递推关系，其中信息由这两个信号的序列构成，并且信息中的每个信号后面都紧跟着下一个信号。

b)初始条件是什么？

c)用这两个信号在 10 微秒内可以发送多少条不同的信息？

21. a)如果 R_n 是一个平面被 n 条直线划分出的区域个数，其中没有两条直线是平行的，也没有 3 条直线交于一点，找出由 R_n 满足的递推关系。

b)使用迭代求出 R_n。

* **23.** a)找出由 S_n 满足的递推关系，其中 S_n 是三维空间被 n 个平面分成的区域数，如果每 3 个平面交于一点，但没有 4 个平面交于一点。

b)使用迭代求出 S_n。

25. 包含偶数个 0 的 7 位比特串有多少个？

27. a)用地砖铺一条人行道，地砖是红色、绿色或灰色的。如果没有两块红砖相邻且同色的地砖是不加区别的，找出与用 n 块砖铺一条路的方式数有关的递推关系。

b)对于 a 中的递推关系有什么初始条件？

c)用 7 块砖铺一条在 a 中所描述的路有多少种方式？

* **29.** 设 $S(m, n)$表示从 m 元素集合到 n 元素集合的映上函数的个数。证明 $S(m, n)$满足递推关系

$$S(m,n) = n^m - \sum_{k=1}^{n-1} C(n,k)S(m,k)$$

其中 $m \geqslant n$ 且 $n > 1$，初始条件是 $S(m, 1) = 1$。

31. a)使用在例 5 所建立的递推关系确定 C_5，即为确定相乘的次序在 6 个数的乘积中加括号的方式数。

b)使用在例 5 的解答中所提到的关于 C_5 的封闭公式检验得到的结果。

⊖ 为缩减篇幅，本书只包括完整版中奇数编号的练习，并保留了原始编号，以便与参考答案、演示程序、教学 PPT 等网络资源相对应。若需获取更多练习，请参考《离散数学及其应用(原书第 8 版)》(中文版，ISBN 978-7-111-63687-8)或《离散数学及其应用(英文版・原书第 8 版)》(ISBN 978-7-111-64530-6)。练习的答案请访问出版社网站下载，注意，本章在完整版中为第 8 章，故请查阅第 8 章的答案。——编辑注

练习 33～37 是格雷厄姆(Graham)、克努斯（Knuth)和帕塔什尼克(Patashnik)在[GrKnPa94]所描述的**约瑟夫问题**(Josephus Problem)的一种变形。这个问题来源于历史学家弗拉维乌斯·约瑟夫的一本账。41个犹太人在一世纪犹太罗马战争期间被罗马人追赶逃入山洞，约瑟夫是这群人中的一个。这些犹太人宁愿死也不愿被俘。他们决定围成一个圆圈并且围着这个圆圈重复数数，每数到 3 就杀掉这个位置的人而留下其他的人。但是约瑟夫和另一个犹太人不愿意这样被杀掉。他们确定了应该站的位置，是最后两个活下来的犹太人。我们考虑的问题开始时有 n 个人，记为 1 到 n，站成一个圆圈。每一步，每第 2 个仍旧活着的人将被排除，直到只剩下一个人为止。我们把生还的人数记作 $J(n)$。 Links

33. 对每个正整数 n 的值，$1\leqslant n\leqslant 16$，确定 $J(n)$的值。

35. 对于 $n\geqslant 1$，证明 $J(n)$满足递推关系 $J(2n)=2J(n)-1$ 和 $J(2n+1)=2J(n)+1$，且 $J(1)=1$。

37. 根据关于 $J(n)$的公式确定 $J(100)$、$J(1000)$和 $J(10\,000)$。

练习 38～45 涉及雷夫难题，即具有 4 个柱和 n 个盘子的汉诺塔的变形问题。在给出这些练习之前，我们描述一个弗雷姆-斯图尔特(Frame-Stewart)算法，它把盘子从柱 1 移到柱 4 并且没有较大的盘子放在较小的盘子上面。给定盘子数 n 作为输入，这个算法依赖于一个整数 k 的选择，$1\leqslant k\leqslant n$。当只有一个盘子时，把它从柱 1 移到柱 4，然后算法停止。对于 $n>1$，算法递归地使用下面的 3 步。首先使用所有的 4 根柱递归地把最小的 $n-k$ 个盘子从柱 1 移到柱 2。下一步使用汉诺塔问题的三根柱算法，不使用放 $n-k$ 个最小盘子的柱，把 k 个最大的盘子递归地从柱 1 移到柱 4。最后，使用所有 4 根柱递归地将 $n-k$ 个最小的盘子移到柱 4。弗雷姆和斯图尔特证明，使用他们的算法，为了达到最少的移动次数，应该选择 k 使得 n 是不超过第 k 个三角形数 $t_k=k(k+1)/2$ 的最小的正整数，即 $t_{k-1}<n\leqslant t_k$。有一个未被证实的猜想，称为**弗雷姆猜想**，就是不管盘子怎样移动，该算法对于求解这个难题所需要的移动次数最少。

39. 证明：具有 4 个盘子的雷夫难题最少可以使用 9 次移动求解。

* **41.** 证明：如果 $R(n)$是由弗雷姆-斯图尔特算法求解具有 n 个盘子的雷夫难题所使用的移动次数，这里选择 k 是满足 $n\leqslant k(k+1)/2$ 的最小的整数，那么 $R(n)$满足递推关系 $R(n)=2R(n-k)+2^k-1$，且 $R(0)=0$，$R(1)=1$。

* **43.** 证明：如果 k 像练习 41 那样选择，那么 $R(n)=\sum_{i=1}^{k} i2^{i-1}-(t_k-n)2^{k-1}$。

* **45.** 证明：$R(n)$是 $O(\sqrt{n}\,2^{\sqrt{2n}})$。

设$\{a_n\}$是实数序列，这个序列的**后向差分**递归地定义如下：**第一差分**∇a_n 是

$$\nabla a_n=a_n-a_{n-1}$$

从$\nabla^k a_n$ 得到**第 k+1 差分**$\nabla^{k+1}a_n$，即

$$\nabla^{k+1}a_n=\nabla^k a_n-\nabla^k a_{n-1}$$

47. 对于在练习 46 中的序列求$\nabla^2 a_n$。

49. 证明：$a_{n-2}=a_n-2\nabla a_n+\nabla^2 a_n$。

51. 用 a_n，∇a_n，$\nabla^2 a_n$ 的项表示递推关系 $a_n=a_{n-1}+a_{n-2}$。

* **53.** 在算法 1 之后，设计一个算法确定应该调度哪些讲座以最大化参与总人数，而不只是由算法 1 得到的最大的参与总人数。

55. 对于练习 54 中的每一部分，使用练习 53 的算法找到优化调度方案以使参考人数最大化。

* **57.** 动态规划可以用于设计解决矩阵链乘法问题的算法。这个问题是确定怎样使用最少的整数乘法计算 $\mathbf{A}_1\mathbf{A}_2\cdots\mathbf{A}_n$，其中 $\mathbf{A}_1$，$\mathbf{A}_2$，…，$\mathbf{A}_n$ 分别是 $m_1\times m_2$，$m_2\times m_3$，…，$m_n\times m_{n+1}$ 矩阵。注意由于结合律，乘积不依赖于矩阵乘的顺序。

a)证明采用蛮力算法确定矩阵链乘法问题的整数乘法的最小个数将是指数最坏情况时间复杂度。[提示：首先证明矩阵乘法的顺序是由乘积括号指定的，然后使用例 5 和 4.4 节的练习 43c。]

b)用 $\mathbf{A}_{ij}$ 表示 $\mathbf{A}_i\mathbf{A}_{i+1}\cdots\mathbf{A}_j$ 的乘积，$M(i,j)$表示计算 $\mathbf{A}_{ij}$ 的最小整数乘法数。证明如果通过将 $\mathbf{A}_i\mathbf{A}_{i+1}\cdots\mathbf{A}_j$ 分割为 $\mathbf{A}_i$ 与 $\mathbf{A}_k$ 和 $\mathbf{A}_{k+1}$ 与 $\mathbf{A}_j$ 相乘，可以得到计算 $\mathbf{A}_{ij}$ $(i<j)$较少的整数乘法数，那么前 k 个矩阵项必定括在一起，这样 $\mathbf{A}_{ik}$ 采用 $M(i,k)$最优乘法次数；$\mathbf{A}_{k+1,j}$ 必定括在一起，这样 $\mathbf{A}_{k+1,j}$ 采用 $M(k+1,j)$最优乘法次数。

c)解释为什么 b 可以得到如下递推关系：如果 $1\leqslant i\leqslant k<j\leqslant n$，$M(i,j)=\min\limits_{i\leqslant k<j}(M(i,k)+M(k+1,j)+m_i m_{k+1} m_{j+1})$。

d)使用 c 中的递推关系设计一个确定 n 矩阵乘的有效算法，算法采用最小整数乘法个数。当计算出 $M(i,j)$时，保存 $M(i,j)$部分结果使得算法不会出现指数时间复杂度。

e)证明 d 的算法对于整数乘具有 $O(n^3)$的最坏情况时间复杂度。

4.2 求解线性递推关系

4.2.1 引言

Links 模型里有各种各样的递推关系。某些递推关系可以用迭代或者其他的特别技术求解。但是，有一类重要的递推关系可以用一种系统方法明确地求解。在这种递推关系中，序列的项由它的前项的线性组合来表示。

定义 1 一个常系数的 k 阶线性齐次递推关系是形如

$$a_n=c_1a_{n-1}+c_2a_{n-2}+\cdots+c_ka_{n-k}$$

的递推关系，其中 c_1，c_2，…，c_k 是实数，$c_k\neq0$。

这个定义中的递推关系是**线性的**，因为它的右边是序列前项的倍数之和。这个递推关系是**齐次的**，因为所出现的各项都是 a_j 的倍数。序列各项的系数都是**常数**而不是依赖于 n 的函数。**阶**为 k，因为 a_n 由序列前面的 k 项来表示。

根据数学归纳法第二原理，满足这个定义的递推关系的序列由这个递推关系和 k 个初始条件

$$a_0=C_0，a_1=C_1，\cdots，a_{k-1}=C_{k-1}$$

唯一地确定。

例 1 递推关系 $P_n=(1.11)P_{n-1}$是 1 阶的线性齐次递推关系。递推关系 $f_n=f_{n-1}+f_{n-2}$是 2 阶的线性齐次递推关系。递推关系 $a_n=a_{n-5}$是 5 阶的线性齐次递推关系。◀

为了明确常系数线性齐次递推关系的定义，我们将给出缺少定义中一种属性的递推关系的例子。

例 2 递推关系 $a_n=a_{n-1}+a_{n-2}^2$不是线性的。递推关系 $H_n=2H_{n-1}+1$ 不是齐次的。递推关系 $B_n=nB_{n-1}$不是常系数的。◀

研究线性齐次递推关系有两个理由。第一，在建立问题的模型时经常出现这种递推关系。第二，它们可以用系统的方法求解。

4.2.2 求解常系数线性齐次递推关系

递推关系可能难以求解，幸运的是，常系数线性齐次递推关系则不然。我们能够用两种关键方法来找到它们的全部解。首先，这些递推关系有形如 $a_n=r^n$ 的解，其中 r 是常数。注意 $a_n=r^n$是递推关系 $a_n=c_1a_{n-1}+c_2a_{n-2}+\cdots+c_ka_{n-k}$的解，当且仅当

$$r^n=c_1r^{n-1}+c_2r^{n-2}+\cdots+c_kr^{n-k}$$

当等式的两边除以 $r^{n-k}(r\neq0)$并且从左边减去右边时，我们得到等价的方程

$$r^k-c_1r^{k-1}-c_2r^{k-2}-\cdots-c_{k-1}r-c_k=0$$

因此，序列$\{a_n\}$以 $a_n=r^n(r\neq0)$作为解，当且仅当 r 是这后一个方程的解。这个方程叫作该递推关系的**特征方程**。方程的解叫作该递推关系的**特征根**。正如我们将要看到的，可以用这些特征根给出这种递推关系的所有解的显式公式。

另一个重要的观察是，线性齐次递推关系的两个解的线性组合也是递推关系的解。如下所示，设 s_n 和 t_n 都是递推关系 $a_n=c_1a_{n-1}+c_2a_{n-2}+\cdots+c_ka_{n-k}$的解，则有

$$s_n=c_1s_{n-1}+c_2s_{n-2}+\cdots+c_ks_{n-k}$$

和

$$t_n=c_1t_{n-1}+c_2t_{n-2}+\cdots+c_kt_{n-k}$$

设 b_1 和 b_2 为实数，则

$$b_1s_n+b_2t_n=b_1(c_1s_{n-1}+c_2s_{n-2}+\cdots+c_ks_{n-k})+b_2(c_1t_{n-1}+c_2t_{n-2}+\cdots+c_kt_{n-k})$$

$$=c_1(b_1s_{n-1}+b_2t_{n-1})+c_2(b_1s_{n-2}+b_2t_{n-2})+\cdots+c_k(b_1s_{n-k}+b_kt_{n-k})$$

这说明 $b_1s_n+b_2t_n$ 也是同一个线性齐次递推关系的解。

利用上面的观察，我们可以证明如何求解常系数线性齐次递推关系。

我们现在回到二阶线性齐次递推关系。首先，考虑存在两个不相等的特征根的情况。

定理 1 设 c_1 和 c_2 是实数。假设 $r^2-c_1r-c_2=0$ 有两个不相等的根 r_1 和 r_2，那么序列 $\{a_n\}$ 是递推关系 $a_n=c_1a_{n-1}+c_2a_{n-2}$ 的解，当且仅当 $a_n=\alpha_1r_1^n+\alpha_2r_2^n(n=0, 1, 2, \cdots)$，其中 α_1 和 α_2 是常数。

证明 证明这个定理必须做两件事。首先，必须证明如果 r_1 和 r_2 是特征方程的根，并且 α_1 和 α_2 是常数，那么序列 $\{a_n\}(a_n=\alpha_1r_1^n+\alpha_2r_2^n)$ 是递推关系的解。其次，必须证明如果序列 $\{a_n\}$ 是解，那么对于某个常数 α_1 和 α_2，有 $a_n=\alpha_1r_1^n+\alpha_2r_2^n$。

现在我们将证明如果 $a_n=\alpha_1r_1^n+\alpha_2r_2^n$，那么序列 $\{a_n\}$ 是递推关系的解。因为 r_1 和 r_2 是 $r^2-c_1r-c_2=0$ 的根，从而 $r_1^2=c_1r_1+c_2$，$r_2^2=c_1r_2+c_2$。

从这些等式可以看出

$$\begin{aligned}c_1a_{n-1}+c_2a_{n-2}&=c_1(\alpha_1r_1^{n-1}+\alpha_2r_2^{n-1})+c_2(\alpha_1r_1^{n-2}+\alpha_2r_2^{n-2})\\&=\alpha_1r_1^{n-2}(c_1r_1+c_2)+\alpha_2r_2^{n-2}(c_1r_2+c_2)\\&=\alpha_1r_1^{n-2}r_1^2+\alpha_2r_2^{n-2}r_2^2\\&=\alpha_1r_1^n+\alpha_2r_2^n\\&=a_n\end{aligned}$$

这证明了序列 $\{a_n\}$ 以 $a_n=\alpha_1r_1^n+\alpha_2r_2^n$ 作为递推关系的解。

为证明递推关系 $a_n=c_1a_{n-1}+c_2a_{n-2}$ 的每一个解 $\{a_n\}$ 都有形式 $a_n=\alpha_1r_1^n+\alpha_2r_2^n$，$n=0, 1, 2, \cdots$，$\alpha_1$ 和 α_2 为某个常数。假设 $\{a_n\}$ 是递推关系的解，初始条件是 $a_0=C_0$，$a_1=c_1$。下面证明存在常数 α_1 和 α_2 使得具有 $a_n=\alpha_1r_1^n+\alpha_2r_2^n$ 的序列 $\{a_n\}$ 满足同样的初始条件。这要求

$$\begin{aligned}a_0&=C_0=\alpha_1+\alpha_2\\a_1&=C_1=\alpha_1r_1+\alpha_2r_2\end{aligned}$$

我们可以求解这两个关于 α_1 和 α_2 的方程。从第一个方程得到 $\alpha_2=C_0-\alpha_1$。把它代入第二个方程得

$$C_1=\alpha_1r_1+(C_0-\alpha_1)r_2$$

因此，

$$C_1=\alpha_1(r_1-r_2)+C_0r_2$$

这说明了

$$\alpha_1=\frac{C_1-C_0r_2}{r_1-r_2}$$

和

$$\alpha_2=C_0-\alpha_1=C_0-\frac{C_1-C_0r_2}{r_1-r_2}=\frac{C_0r_1-C_1}{r_1-r_2}$$

这里关于 α_1 和 α_2 的表达式依赖于 $r_1\neq r_2$ 的事实。(当 $r_1=r_2$ 时，这个定理不成立。)因此，由于这两个 α_1 和 α_2 的值，所以具有 $\alpha_1r_1^n+\alpha_2r_2^n$ 的序列 $\{a_n\}$ 满足这两个初始条件。

我们知道 $\{a_n\}$ 和 $\{\alpha_1r_1^n+\alpha_2r_2^n\}$ 都是递推关系 $a_n=c_1a_{n-1}+c_2a_{n-2}$ 的解，都满足当 $n=0$ 和 $n=1$ 时的初始条件。由于具有两个初始条件的 2 阶常系数线性齐次递推关系只有唯一解，所以这两个解是一样的。即对于所有非负整数 n，$a_n=\alpha_1r_1^n+\alpha_2r_2^n$。我们完成了有两个初始条件的 2 阶常系数线性齐次递推关系的解形式为 $a_n=\alpha_1r_1^n+\alpha_2r_2^n$(其中 α_1 和 α_2 常数)的证明。◀

常系数线性齐次递推关系的特征根可能是复数。定理 1(和本节后面的定理)在这种情况下仍旧适用。具有复数特征根的递推关系在本书中不进行讨论。熟悉复数的读者可以做本节的练

习38和练习39。

例3和例4说明怎样用定理1求解递推关系。

Extra Examples

例3 什么是如下递推关系的解？其中 $a_0=2$ 和 $a_1=7$。

$$a_n=a_{n-1}+2a_{n-2}$$

解 可用定理1求解这个问题。递推关系的特征方程是 $r^2-r-2=0$。它的根是 $r=2$ 和 $r=-1$。因此，序列 $\{a_n\}$ 是递推关系的解当且仅当

$$a_n=\alpha_1 2^n+\alpha_2(-1)^n$$

α_1 和 α_2 是常数。由初始条件，得

$$a_0=2=\alpha_1+\alpha_2$$

$$a_1=7=\alpha_1\cdot 2+\alpha_2\cdot(-1)$$

求解这两个等式得 $\alpha_1=3$ 和 $\alpha_2=-1$。因此，关于这个递推关系和初始条件的解是序列 $\{a_n\}$，其中

$$a_n=3\cdot 2^n-(-1)^n$$ ◀

例4 找一个关于斐波那契数的显式公式。

解 斐波那契数的序列满足递推关系 $f_n=f_{n-1}+f_{n-2}$ 和初始条件 $f_0=0$ 及 $f_1=1$。特征方程 $r_2-r-1=0$ 的根是 $r_1=(1+\sqrt{5})/2$ 和 $r_2=(1-\sqrt{5})/2$。因此，从定理1得到斐波那契数由

$$f_n=\alpha_1\left(\frac{1+\sqrt{5}}{2}\right)^n+\alpha_2\left(\frac{1-\sqrt{5}}{2}\right)^n$$

给出，其中 α_1 和 α_2 为常数。可用初始条件 $f_0=0$ 和 $f_1=1$ 确定这些常数。我们有

$$f_0=\alpha_1+\alpha_2=0$$

$$f_1=\alpha_1\left(\frac{1+\sqrt{5}}{2}\right)+\alpha_2\left(\frac{1-\sqrt{5}}{2}\right)=1$$

对这些关于 α_1 和 α_2 的联立方程的解是

$$\alpha_1=1/\sqrt{5},\quad \alpha_2=-1/\sqrt{5}$$

于是，斐波那契数由下面的式子给出：

$$f_n=\frac{1}{\sqrt{5}}\left(\frac{1+\sqrt{5}}{2}\right)^n-\frac{1}{\sqrt{5}}\left(\frac{1-\sqrt{5}}{2}\right)^n$$ ◀

当存在二重特征根时定理1不再适用。如果发生这种情况，当 r_0 是特征方程的一个二重根时，$a_n=nr_0^n$ 是递推关系的另一个解。定理2说明了怎样处理这种情况。

定理2 设 c_1 和 c_2 是实数，$c_2\neq 0$。假设 $r^2-c_1r-c_2=0$ 只有一个根 r_0。序列 $\{a_n\}$ 是递推关系 $a_n=c_1a_{n-1}+c_2a_{n-2}$ 的解，当且仅当 $a_n=\alpha_1 r_0^n+\alpha_2 nr_0^n$，$n=0, 1, 2, \cdots$，其中 α_1 和 α_2 是常数。

定理2的证明留作本节的练习10。例5说明了这个定理的应用。

例5 具有初始条件 $a_0=1$ 和 $a_1=6$ 的递推关系

$$a_n=6a_{n-1}-9a_{n-2}$$

的解是什么？

解 $r^2-6r+9=0$ 唯一的根是 $r=3$。因此，这个递推关系的解是：$a_n=\alpha_1 3^n+\alpha_2 n3^n$

其中 α_1 和 α_2 是常数。使用初始条件得

$$a_0=1=\alpha_1$$

$$a_1=6=\alpha_1\cdot 3+\alpha_2\cdot 3$$

求解这两个方程得 $\alpha_1=1$ 和 $\alpha_2=1$。因此，这个具有给定初始条件的递推关系的解是

$$a_n=3^n+n3^n$$ ◀

一般情况 我们现在叙述这个关于常系数线性齐次递推关系的解的一般性结果，这里的阶可以大于 2 且假定特征方程有不相等的根。这个结果的证明留给读者作为练习 16。

定理 3 设 c_1，c_2，…，c_k 是实数。假设特征方程

$$r^k - c_1 r^{k-1} - \cdots - c_k = 0$$

有 k 个不相等的根 r_1，r_2，…，r_k。那么序列$\{a_n\}$是递推关系

$$a_n = c_1 a_{n-1} + c_2 a_{n-2} + \cdots + c_k a_{n-k}$$

的解，当且仅当

$$a_n = \alpha_1 r_1^n + \alpha_2 r_2^n + \cdots + \alpha_k r_k^n$$

$n=0$，1，2，…，其中 α_1，α_2，…，α_k 是常数。

我们用例 6 说明定理的使用。

例 6 求出具有初始条件 $a_0=2$，$a_1=5$ 和 $a_2=15$ 的递推关系

$$a_n = 6a_{n-1} - 11a_{n-2} + 6a_{n-3}$$

的解。

解 这个递推关系的特征多项式是

$$r^3 - 6r^2 + 11r - 6$$

因为 $r^3-6r^2+11r-6=(r-1)(r-2)(r-3)$，所以特征根是 $r=1$、$r=2$ 和 $r=3$。因此，递推关系的解的形式是

$$a_n = \alpha_1 \cdot 1^n + \alpha_2 \cdot 2^n + \alpha_3 \cdot 3^n$$

为了找到常数 α_1、α_2 以及 α_3，使用初始条件得

$$a_0 = 2 = \alpha_1 + \alpha_2 + \alpha_3$$
$$a_1 = 5 = \alpha_1 + \alpha_2 \cdot 2 + \alpha_3 \cdot 3$$
$$a_2 = 15 = \alpha_1 + \alpha_2 \cdot 4 + \alpha_3 \cdot 9$$

当求解这三个关于 α_1、α_2 和 α_3 的联立方程时，得到 $\alpha_1=1$，$\alpha_2=-1$ 且 $\alpha_3=2$。于是，这个递推关系和给定初始条件的唯一解是满足

$$a_n = 1 - 2^n + 2 \cdot 3^n$$

的序列$\{a_n\}$。◀

我们现在叙述关于常系数线性齐次递推关系的最一般化的结果，这里允许特征方程有重根。要点是对于特征方程的每个根 r，通解是形如 $P(n)r^n$ 的项之和，其中 $P(n)$是 $m-1$ 次多项式，而 m 是这个根的重数。我们把证明作为练习 51 留给读者。

定理 4 设 c_1，c_2，…，c_k 是实数，假设特征方程

$$r_k - c_1 r^{k-1} - \cdots - c_k = 0$$

有 t 个不相等的根 r_1，r_2，…，r_t，其重数分别为 m_1，m_2，…，m_t，满足 $m_i \geqslant 1$，$i=1$，2，…，t，且 $m_1+m_2+\cdots+m_t=k$。那么序列$\{a_n\}$是递推关系

$$a_n = c_1 a_{n-1} + c_2 a_{n-2} + \cdots + c_k a_{n-k}$$

的解，当且仅当

$$\begin{aligned} a_n = & (\alpha_{1,0} + \alpha_{1,1} n + \cdots + \alpha_{1,m_1-1} n^{m_1-1}) r_1^n \\ & + (\alpha_{2,0} + \alpha_{2,1} n + \cdots + \alpha_{2,m_2-1} n^{m_2-1}) r_2^n \\ & + \cdots + (\alpha_{t,0} + \alpha_{t,1} n + \cdots + \alpha_{t,m_t-1} n^{m_t-1}) r_t^n \end{aligned}$$

$n=0$，1，2，…，其中 $\alpha_{i,j}$是常数，$1 \leqslant i \leqslant t$ 且 $0 \leqslant j \leqslant m_i - 1$。

例 7 说明在特征方程有重根时怎样用定理 4 求一个线性齐次递推关系的通解形式。

例 7 假设线性齐次递推关系的特征方程的根是 2、2、2、5、5 和 9(即有 3 个根，根 2 的

重数为 3，根 5 的重数为 2，根 9 的重数为 1)。那么通解形式是什么?

解　由定理 4，解的一般形式是

$$(\alpha_{1,0}+\alpha_{1,1}n+\alpha_{1,2}n^2)2^n+(\alpha_{2,0}+\alpha_{2,1}n)5^n+\alpha_{3,0}9^n$$ ◀

我们现在说明在特征方程有 3 重根时如何用定理 4 求解常系数线性齐次递推关系。

例 8　找出具有初始条件 $a_0=1$，$a_1=-2$ 和 $a_2=-1$ 的递推关系

$$a_n=-3a_{n-1}-3a_{n-2}-a_{n-3}$$

的解。

解　这个递推关系的特征方程是

$$r^3+3r^2+3r+1=0$$

因为 $r^3+3r^2+3r+1=(r+1)^3$，所以特征方程只有一个 3 重根 $r=-1$。由定理 4，这个递推关系的解是下述形式

$$a_n=\alpha_{1,0}(-1)^n+\alpha_{1,1}n(-1)^n+\alpha_{1,2}n^2(-1)^n$$

为求出常数 $\alpha_{1,0}$、$\alpha_{1,1}$ 和 $\alpha_{1,2}$，使用初始条件，得到

$$a_0=1=\alpha_{1,0}$$
$$a_1=-2=-\alpha_{1,0}-\alpha_{1,1}-\alpha_{1,2}$$
$$a_2=-1=\alpha_{1,0}+2\alpha_{1,1}+4\alpha_{1,2}$$

这 3 个方程的联立解是 $\alpha_{1,0}=1$，$\alpha_{1,1}=3$，$\alpha_{1,2}=-2$。于是，这个递推关系和给定初始条件的唯一解是序列 $\{a_n\}$，其中

$$a_n=(1+3n-2n^2)(-1)^n$$ ◀

4.2.3　求解常系数线性非齐次递推关系

我们已经知道如何求解常系数线性齐次的递推关系。是否有一种相对简单的技术来求解如 $a_n=3a_{n-1}+2n$ 这样的常系数线性但是非齐次的递推关系呢? 我们将看到，仅仅对某些特定类型的递推关系存在肯定的回答。

递推关系 $a_n=3a_{n-1}+2n$ 是一个**常系数线性非齐次递推关系**，即形如

$$a_n=c_1a_{n-1}+c_2a_{n-2}+\cdots+c_ka_{n-k}+F(n)$$

的递推关系的例子，其中 c_1，c_2，…，c_k 是实数，$F(n)$是只依赖于 n 且不恒为 0 的函数。递推关系

$$a_n=c_1a_{n-1}+c_2a_{n-2}+\cdots+c_ka_{n-k}$$

叫作**相伴的齐次递推关系**。它在非齐次递推关系的解中起了重要的作用。

例 9　递推关系 $a_n=a_{n-1}+2^n$，$a_n=a_{n-1}+a_{n-2}+n^2+n+1$，$a_n=3a_{n-1}+n3^n$ 和 $a_n=a_{n-1}+a_{n-2}+a_{n-3}+n!$ 是常系数线性非齐次递推关系。相伴的线性齐次递推关系分别是 $a_n=a_{n-1}$，$a_n=a_{n-1}+a_{n-2}$，$a_n=3a_{n-1}$ 和 $a_n=a_{n-1}+a_{n-2}+a_{n-3}$。 ◀

关于常系数线性非齐次递推关系的一个关键事实是，每个解都是一个特解与相伴的线性齐次递推关系的一个解的和，正如定理 5 所述。

定理 5　如果 $\{a_n^{(p)}\}$ 是常系数非齐次线性递推关系

$$a_n=c_1a_{n-1}+c_2a_{n-2}+\cdots+c_ka_{n-k}+F(n)$$

的一个特解，那么每个解都是 $\{a_n^{(p)}+a_n^{(h)}\}$ 的形式，其中 $\{a_n^{(h)}\}$ 是相伴的齐次递推关系

$$a_n=c_1a_{n-1}+c_2a_{n-2}+\cdots+c_ka_{n-k}$$

的一个解。

证明　由于 $\{a_n^{(p)}\}$ 是非齐次递推关系的特解，所以我们知道

$$a_n^{(p)}=c_1a_{n-1}^{(p)}+c_2a_{n-2}^{(p)}+\cdots+c_ka_{n-k}^{(p)}+F(n)$$

现在假设 $\{b_n\}$ 是常系数非齐次递推关系的第二个解，使得

$$b_n = c_1 b_{n-1} + c_2 b_{n-2} + \cdots + c_k b_{n-k} + F(n)$$

从第二个等式减去第一个等式得

$$b_n - a_n^{(p)} = c_1(b_{n-1} - a_{n-1}^{(p)}) + c_2(b_{n-2} - a_{n-2}^{(p)}) + \cdots + c_k(b_{n-k} - a_{n-k}^{(p)})$$

从而得到$\{b_n - a_n^{(p)}\}$是相伴的线性齐次递推关系的一个解，比如说$\{a_n^{(h)}\}$。因此，对所有的 n 有 $b_n = a_n^{(p)} + a_n^{(h)}$。◀

由定理 5，我们看到求解常系数非齐次递推关系的关键是找一个特解。然后每个解都是这个特解与相伴的齐次递推关系的一个解的和。尽管不存在对每个函数 $F(n)$都有效的一般性方法来求这种解，但某些技术对特定的函数类型 $F(n)$（例如多项式函数与常数的幂函数）有效。例 10 和例 11 就说明了这一点。

例 10 求递推关系 $a_n = 3a_{n-1} + 2n$ 的所有解。具有 $a_1 = 3$ 的解是什么？

解 为求解这个常系数线性非齐次递推关系，我们需要求解与它相伴的线性齐次方程并且找到一个关于给定非齐次方程的特解。相伴的线性齐次方程是 $a_n = 3a_{n-1}$。它的解是 $a_n^{(h)} = \alpha 3^n$，其中 α 是常数。

我们现在找一个特解。因为 $F(n) = 2n$ 是 n 的 1 次多项式，所以解的一个合理的尝试就是 n 的线性函数，比如说 $p_n = cn + d$，其中 c 和 d 是常数。为确定是否存在这种形式的解，假设 $p_n = cn + d$是一个这样的解。那么方程 $a_n = 3a_{n-1} + 2n$ 就变成 $cn + d = 3(c(n-1) + d) + 2n$。简化和归并同类项得$(2+2c)n + (2d - 3c) = 0$。从而，$cn + d$ 是一个解当且仅当 $2 + 2c = 0$ 和$2d - 3c = 0$。这说明 $cn + d$ 是一个解当且仅当 $c = -1$ 和 $d = -3/2$。因此，$a_n^{(p)} = -n - 3/2$ 是一个特解。

根据定理 5，所有的解都是下述形式

$$a_n = a_n^{(p)} + a_n^{(h)} = -n - \frac{3}{2} + \alpha \cdot 3^n$$

其中 α 是常数。

为找出具有 $a_1 = 3$ 的解，在得到的通解公式中令 $n = 1$。我们有 $3 = -1 - 3/2 + 3\alpha$，这就推出 $\alpha = 11/6$。我们要找的解是 $a_n = -n - 3/2 + (11/6)3^n$。◀

例 11 求出下述递推关系

Extra Examples

$$a_n = 5a_{n-1} - 6a_{n-2} + 7^n$$

的所有的解。

解 这是一个线性非齐次递推关系。它的相伴的齐次递推关系

$$a_n = 5a_{n-1} - 6a_{n-2}$$

的解是 $a_n^{(h)} = \alpha_1 \cdot 3^n + \alpha_2 \cdot 2^n$，其中 α_1 和 α_2 是常数。因为 $F(n) = 7^n$，所以一个合理的解是 $a_n^{(p)} = C \cdot 7^n$，其中 C 是常数。把这些项代入递推关系得 $C \cdot 7^n = 5C \cdot 7^{n-1} - 6C \cdot 7^{n-2} + 7^n$。提出公因子 7^{n-2}，这个等式变成 $49C = 35C - 6C + 49$，从而推出 $20C = 49$ 或 $C = 49/20$。于是，$a_n^{(p)} = (49/20)7^n$ 是特解。由定理 5，所有的解都有下述形式

$$a_n = \alpha_1 \cdot 3^n + \alpha_2 \cdot 2^n + (49/20)7^n$$

◀

在例 10 和例 11 中，我们凭经验猜想了一个特定形式的解。在两种情况下，我们都能找到特解。这并不是偶然的。当 $F(n)$是 n 的多项式与一个常数的 n 次幂之积时，我们就能知道一个特解恰好是什么形式，如定理 6 所述。定理 6 的证明作为练习 52 留给读者。

定理 6 假设$\{a_n\}$满足线性非齐次递推关系

$$a_n = c_1 a_{n-1} + c_2 a_{n-2} + \cdots + c_k a_{n-k} + F(n)$$

其中 c_1，c_2，…，c_k 是实数，且

$$F(n) = (b_t n^t + b_{t-1} n^{t-1} + \cdots + b_1 n + b_0)s^n$$

其中 b_0，b_1，…，b_t 和 s 是实数。当 s 不是相伴的线性齐次递推关系的特征方程的根时，存在一个下述形式的特解

$$(p_t n^t + p_{t-1} n^{t-1} + \cdots + p_1 n + p_0)s^n$$

当 s 是特征方程的根且它的重数是 m 时，存在一个下述形式的特解

$$n^m(p_t n^t + p_{t-1} n^{t-1} + \cdots + p_1 n + p_0)s^n$$

注意当 s 是相伴的线性齐次递推关系的特征方程的 m 重根时，因子 n^m 确保给出的特解不是相伴的线性齐次递推关系的一个解。我们下面给出例 12 说明定理 6 所提供的特解形式。

例 12 当 $F(n)=3^n$，$F(n)=n3^n$，$F(n)=n^2 2^n$ 和 $F(n)=(n^2+1)3^n$ 时，线性非齐次递推关系 $a_n=6a_{n-1}-9a_{n-2}+F(n)$ 的特解有什么形式？

解 相伴的线性齐次递推关系是 $a_n=6a_{n-1}-9a_{n-2}$。它的特征方程 $r^2-6r+9=(r-3)^2=0$ 有一个 2 重的单根 3。$F(n)$ 的形式为 $P(n)s^n$，其中 $P(n)$ 是一个多项式，s 是一个常数。为应用定理 6，我们需要知道 s 是否是这个特征方程的根。

由于 $s=3$ 是重数 $m=2$ 的根而 $s=2$ 不是根，所以定理 6 告诉我们如果 $F(n)=3^n$，特解的形式是 $p_0 n^2 3^n$；如果 $F(n)=n3^n$，特解的形式是 $n^2(p_1 n+p_0)3^n$；如果 $F(n)=n^2 2^n$，特解的形式是 $(p_2 n^2+p_1 n+p_0)2^n$；如果 $F(n)=(n^2+1)3^n$，特解的形式是 $n^2(p_2 n^2+p_1 n+p_0)3^n$。◀

在求解定理 6 所涉及的那种类型的递推关系时，若 $s=1$ 一定要小心处理。特别是把定理用于 $F(n)=b_t n_t+b_{t-1} n_{t-1}+\cdots+b_1 n+b_0$，参数 s 取值 $s=1$ 时（尽管项 1^n 没有明确地出现）的情况。根据这个定理，解的形式就依赖于是否 1 是相伴的线性齐次递推关系的特征方程的根。这将在例 13 中说明，它说明了怎样用定理 6 找出前 n 个正整数之和的公式。

例 13 设 a_n 是前 n 个正整数的和，即

$$a_n = \sum_{k=1}^{n} k$$

注意，a_n 满足线性非齐次递推关系

$$a_n=a_{n-1}+n$$

（为了从前 $n-1$ 个正整数的和 a_{n-1} 得到前 n 个正整数的和 a_n，只需加上 n 即可）。注意初始条件是 $a_1=1$。

对于 a_n，相伴的线性齐次递推关系是

$$a_n=a_{n-1}$$

这个齐次递推关系的解是 $a_n^{(h)}=c(1)^n=c$，其中 c 是一个常数。为了找到 $a_n=a_{n-1}+n$ 的所有的解，我们仅需要找一个特解。由定理 6，由于 $F(n)=n=n(1)^n$ 且 $s=1$ 是相伴的线性齐次递推关系的特征方程的 1 阶根，所以存在一个形如 $n(p_1 n+p_0)=p_1 n^2+p_0 n$ 的特解。

把它代入递推关系得到 $p_1 n^2+p_0 n=p_1(n-1)^2+p_0(n-1)+n$。简化后得到 $n(2p_1-1)+(p_0-p_1)=0$，这意味着 $2p_1-1=0$ 和 $p_0-p_1=0$，即 $p_0=p_1=1/2$。因此

$$a_n^{(p)} = \frac{n^2}{2}+\frac{n}{2}=\frac{n(n+1)}{2}$$

是一个特解。所以，原递推关系 $a_n=a_{n-1}+n$ 的所有的解由 $a_n=a_n^{(h)}+a_n^{(p)}=c+n(n+1)/2$ 给出。由于 $a_1=1$，所以我们有 $1=a_1=c+1\cdot 2/2=c+1$，故 $c=0$。因此 $a_n=n(n+1)/2$。（这和 2.4 节表 2 给出的以及前面导出的公式一样。）◀

奇数编号练习

1. 确定下面哪些是常系数线性齐次递推关系，如果是，求它们的阶。

a) $a_n=3a_{n-1}+4a_{n-2}+5a_{n-3}$　**b)** $a_n=2na_{n-1}+a_{n-2}$　**c)** $a_n=a_{n-1}+a_{n-4}$

d) $a_n=a_{n-1}+2$　**e)** $a_n=a_{n-1}^2+a_{n-2}$　**f)** $a_n=a_{n-2}$

g) $a_n=a_{n-1}+n$

3. 求解下述具有给定初始条件的递推关系。

a) $a_n=2a_{n-1}$，$n\geqslant 1$，$a_0=3$　**b)** $a_n=a_{n-1}$，$n\geqslant 1$，$a_0=2$

c) $a_n=5a_{n-1}-6a_{n-2}$，$n\geqslant 2$，$a_0=1$，$a_1=0$　**d)** $a_n=4a_{n-1}-4a_{n-2}$，$n\geqslant 2$，$a_0=6$，$a_1=8$

e) $a_n=-4a_{n-1}-4a_{n-2}$，$n\geqslant 2$，$a_0=0$，$a_1=1$

f) $a_n=4a_{n-2}$，$n\geqslant 2$，$a_0=0$，$a_1=4$

g) $a_n=a_{n-2}/4$，$n\geqslant 2$，$a_0=1$，$a_1=0$

5. 使用 4.1 节练习 19 描述的两个信号在 n 微秒内可以传送多少不同的信息？

7. 使用 1×2 和 2×2 的块铺满一块 $2\times n$ 的长方形板，有多少种方式？

9. 年初把一笔 100 000 美元的钱存入一个投资基金。在每年的最后一天得到两份红利。第一份红利是当年账上钱数的 20%。第二份红利是前一年账上钱数的 45%。

a) 如果不允许取钱，找出一个关于 $\{P_n\}$ 的递推关系，其中 P_n 是第 n 年末账上的钱数。

b) 如果不允许取钱，n 年以后账上有多少钱？

11. **卢卡斯数**满足递推关系

$$L_n=L_{n-1}+L_{n-2}$$

和初始条件 $L_0=2$ 和 $L_1=1$。

a) 证明 $L_n=f_{n-1}+f_{n+1}$，$n=2, 3, \cdots$，其中 f_n 是第 n 个斐波那契数。

b) 求出卢卡斯数的显式公式。

13. 求解 $a_n=7a_{n-2}+6a_{n-3}$，$a_0=9$，$a_1=10$，$a_2=32$。

15. 求解 $a_n=2a_{n-1}+5a_{n-2}-6a_{n-3}$，$a_0=7$，$a_1=-4$，$a_2=8$。

17. 证明下述涉及斐波那契数和二项式系数的恒等式：

$$f_{n+1}=C(n, 0)+C(n-1, 1)+\cdots+C(n-k, k)$$

其中 n 是正整数且 $k=\lfloor n/2\rfloor$。

[提示：设 $a_n=C(n, 0)+C(n-1, 1)+\cdots+C(n-k, k)$，证明序列 $\{a_n\}$ 和斐波那契序列满足的递推关系和初始条件一样。]

19. 求解递推关系 $a_n=-3a_{n-1}-3a_{n-2}-a_{n-3}$，$a_0=5$，$a_1=-9$，$a_2=15$。

21. 如果线性齐次递推关系的特征方程的根是 1，1，1，1，-2，-2，-2，3，3，-4，那么它的解的一般形式是什么？

23. 考虑非齐次线性递推关系 $a_n=3a_{n-1}+2^n$。

a) 证明 $a_n=-2^{n+1}$ 是这个递推关系的一个解。

b) 使用定理 5 找出这个递推关系的所有的解。

c) 找出具有 $a_0=1$ 的解。

25. a) 确定常数 A 和 B 的值，使得 $a_n=An+B$ 是递推关系 $a_n=2a_{n-1}+n+5$ 的一个解。

b) 使用定理 5 找出这个递推关系的所有的解。

c) 找出这个递推关系具有 $a_0=4$ 的解。

27. 什么是线性非齐次递推关系 $a_n=8a_{n-2}-16a_{n-4}+F(n)$ 的特解的一般形式？如果

a) $F(n)=n^3$

b) $F(n)=(-2)^n$

c) $F(n)=n2^n$

d) $F(n)=n^2 4^n$

e) $F(n)=(n^2-2)(-2)^n$

f) $F(n)=n^4 2^n$

g) $F(n)=2$

29. a) 找出递推关系 $a_n=2a_{n-1}+3^n$ 的所有的解。

b) 找出 a 中的递推关系具有初始条件 $a_1=5$ 的解。

31. 找出递推关系 $a_n=5a_{n-1}-6a_{n-2}+2^n+3n$ 的所有的解。[提示：找形如 $qn2^n+p_1n+p_2$ 的特解，其中 q、p_1、p_2 是常数。]

33. 找出递推关系 $a_n=4a_{n-1}-4a_{n-2}+(n+1)2^n$ 的所有的解。

35. 找出递推关系 $a_n=4a_{n-1}-3a_{n-2}+2^n+n+3$ 的解，其中 $a_0=1$，$a_1=4$。

37. 设 a_n 是前 n 个三角形数的和，即 $a_n=\sum_{k=1}^{n} t_k$，其中 $t_k=k(k+1)/2$。证明 $\{a_n\}$ 满足线性非齐次递推关系 $a_n=a_{n-1}+n(n+1)/2$ 和初始条件 $a_1=1$。使用定理 6 求解这个递推关系以确定关于 a_n 的公式。

* **39.** a) 求线性齐次递推关系 $a_n=a_{n-4}$ 的特征根。[注意：这些根包含复数。]

b) 求 a 的递推关系的解，其中 $a_0=1$，$a_1=0$，$a_2=-1$ 和 $a_3=1$。

* **41.** a) 用例 4 找到的关于第 n 个斐波那契数 f_n 的公式证明 f_n 是最接近

$$\frac{1}{\sqrt{5}}\left(\frac{1+\sqrt{5}}{2}\right)^n$$

的整数。

b)确定对哪些 n 有 f_n 大于

$$\frac{1}{\sqrt{5}}\left(\frac{1+\sqrt{5}}{2}\right)^n$$

对哪些 n 有 f_n 小于

$$\frac{1}{\sqrt{5}}\left(\frac{1+\sqrt{5}}{2}\right)^n$$

43. 用斐波那契数的项表示线性非齐次递推关系 $a_n=a_{n-1}+a_{n-2}+1$ 的解，其中 $n\geqslant 2$，$a_0=0$，$a_1=1$。[提示：令 $b_n=a_{n+1}$ 并对序列 b_n 应用练习 42。]

45. 假设留在岛上的每对遗传工程培育的兔子在一个月大时生出 2 对新兔子，在两个月大和以后的每个月都生出 6 对新兔子。没有兔子死去，也没有兔子从岛上离开。

a)一对新生的兔子留在岛上，求出与 n 个月后岛上兔子对数有关的递推关系。

b)通过求解 a 中的递推关系确定一对新生的兔子留在岛上 n 个月以后岛上的兔子对数。

47. 在一个充满活力的新软件公司，一个新女雇员的初始工资为 50 000 美元，公司允诺每年底她的工资将是她前一年工资的 2 倍，并且她在公司的每年都将额外增加 10 000 美元。

a)构造一个与被雇用的第 n 年她的工资数有关的递推关系。

b)求解这个递推关系，找出她被雇用的第 n 年的工资。

某些线性递推关系没有常数系数，但也可以系统地求解。这就是形如 $f(n)a_n=g(n)a_{n-1}+h(n)$ 的递推关系的情况。练习 48～50 说明了这一点。

* **49.** 使用练习 48 求解递推关系 $(n+1)a_n=(n+3)a_{n-1}+n$，$n\geqslant 1$，$a_0=1$。

** **51.** 证明定理 4。

53. 求解具有初始条件 $T(1)=6$ 的递推关系 $T(n)=nT^2(n/2)$。[提示：令 $n=2^k$，然后做替换 $a_k=\log T(2^k)$ 以便得到一个线性非齐次的递推关系。]

4.3　分治算法和递推关系

4.3.1　引言

Links　许多递归算法把一个给定输入的问题划分成一个或多个小问题。连续使用这种划分直到可以很快地找到这些较小问题的解。例如，在执行一个二分检索时把对一个元素在表中的搜索归约为对该元素在长度减半的表中的搜索。我们继续使用这种分解直到只剩下一个元素。当我们使用归并排序算法排序一个整数的表时，我们将这个表划分成相等大小的两半并且分别排序每一半。然后将两个排好序的半个表归并。这种类型的递归算法的另一个例子就是整数乘法的过程，它将两个整数相乘的问题分解成三组位数减半的整数相乘。这种分解连续使用直到只剩下一位整数为止。这些过程叫作**分治算法**，因为它们将一个问题划分成较小规模的同一问题的一个或多个实例，然后用这些小问题的解来处理这个问题以找到初始问题的解，这当中也许会需要一些额外的工作。

这一节将说明怎样用递推关系分析分治算法的计算复杂度。我们将用这些递推关系估计许多不同的分治算法(包括我们在本节引入的算法)所使用的运算次数。

4.3.2　分治递推关系

假设一个递归算法把一个规模为 n 的问题分成 a 个子问题，其中每个子问题的规模是 n/b (为简单起见，假设 n 是 b 的倍数。实际上，较小问题的规模常常是小于等于或者大于等于 n/b 的最近的整数)。此外，假设在把子问题的解组合成原来问题的解的算法处理步中需要总量为 $g(n)$ 的额外的运算。那么，如果 $f(n)$ 表示求解规模为 n 的问题所需的运算数，则得出 f 满足递推关系

$$f(n)=af(n/b)+g(n)$$

这就叫作**分治递推关系**。

首先我们将建立一些可用于研究某些重要算法复杂度的分治递推关系。然后将说明怎样用

这些分治递推关系估计这些算法的复杂度。

例 1 二分搜索 在 3.1 节我们引入了二分搜索算法。当 n 是偶数时，二分搜索算法把对某个元素在长度为 n 的搜索序列中的搜索转变成对同一元素在长度为 $n/2$ 的搜索序列中的二分搜索。(因此，规模为 n 的问题已经被分解成规模为 $n/2$ 的问题。)执行这个分解需要 2 次比较(一次是为了确定要用到表的哪一半，另一次是为了确定表中是否还有项留下来)。所以，如果 $f(n)$ 是在规模为 n 的搜索序列中搜索一个元素所需要的比较次数，那么当 n 是偶数时 $f(n)=f(n/2)+2$。◀

Extra Examples

例 2 找一个序列的最大和最小 考虑下面的查找序列 $a_1, a_2, \cdots, a_n$ 中最小和最大元素的算法。如果 $n=1$，那么 a_1 就是最大和最小的元素。如果 $n>1$，把这个序列分成两个序列，或者两者有同样多的元素，或者一个序列比另一个序列多一个元素。问题就归约成查找两个较小序列的最大和最小元素。比较两个较小集合的最大和最小元素，从而得到全体的最大和最小元素，原问题的解就得到了。

设 $f(n)$ 是找 n 元素序列的最小和最大元素所需要的总的比较次数。我们已经说明了当 n 是偶数时一个规模为 n 的问题可以归约成两个规模为 $n/2$ 的问题，这里要使用 2 次比较，一次是比较两个序列的最小元素，而另一次是比较两个序列的最大元素。当 n 是偶数时就得到递推关系 $f(n)=2f(n/2)+2$。◀

例 3 归并排序 归并排序算法把一个具有 n 个项(其中 n 为偶数)的待排序的表划分成两个表，每个表 $n/2$ 个元素，并且用少于 n 次的比较将两个排好序的表归并成一个排好序的表。因此，通过归并排序算法排序 n 个元素的表用到的比较次数小于 $M(n)$，其中函数 $M(n)$ 满足分治递推关系

$$M(n)=2M(n/2)+n$$ ◀

例 4 整数的快速乘法 令人惊讶的是，存在许多比传统的整数乘法算法更有效的算法。这里描述的一个有效的算法就用到了分治技术。这个快速的乘法算法把每个 $2n$ 位的二进制整数分成两块，每块 n 位。然后，原来 $2n$ 位的二进制整数的乘法被分解成 3 个 n 位二进制数的乘法，还要加上移位和加法。

Links

假设 a 和 b 是两个整数的 $2n$ 位的二进制表达式(为了使它们等长，如果需要，可以在这些表达式前面加上若干个 0)。令

$$a=(a_{2n-1}a_{2n-2}\cdots a_1a_0)_2, \qquad b=(b_{2n-1}b_{2n-2}\cdots b_1b_0)_2$$

令

$$a=2^nA_1+A_0, \qquad b=2^nB_1+B_0$$

其中

$$A_1=(a_{2n-1}\cdots a_{n+1}a_n)_2, \qquad A_0=(a_{n-1}\cdots a_1a_0)_2$$
$$B_1=(b_{2n-1}\cdots b_{n+1}b_n)_2, \qquad B_0=(b_{n-1}\cdots b_1b_0)_2$$

快速整数乘法算法是基于恒等式

$$ab=(2^{2n}+2^n)A_1B_1+2^n(A_1-A_0)(B_0-B_1)+(2^n+1)A_0B_0$$

关于这个恒等式的一个重要的事实就是，它证明了两个 $2n$ 位整数的乘法可以用 3 个 n 位整数的乘法加上加法、减法以及移位来实现。这证明了如果 $f(n)$ 是两个 n 位整数相乘所需要的按位运算的总数，那么

$$f(2n)=3f(n)+C_n$$

这个等式成立的理由是：3 次 n 位整数的乘法可以使用 $3f(n)$ 次按位运算实现。每次加法、减法和移位使用的运算次数是 n 位运算的常数倍，而 C_n 表示由这些运算用到的总的按位运算数。◀

例 5 快速矩阵乘法 使用矩阵乘法的定义进行两个 $n\times n$ 矩阵相乘需要 n^3 次乘法和

Links

$n^2(n-1)$次加法。因此，按照这种方法计算两个 $n\times n$ 矩阵之积需要$O(n^3)$次运算(乘法和加法)。令人惊讶的是，对于两个$n\times n$ 矩阵相乘存在更有效的分治算法。这个由沃尔克·斯特拉森于 1969 年提出的算法当 n 是偶数时将两个 $n\times n$ 矩阵的相乘归约为两个$(n/2)\times(n/2)$矩阵的 7 次相乘和$(n/2)\times(n/2)$矩阵的 15 次相加。(要了解这个算法的细节见[CoLeRiSt09]。)于是，如果 $f(n)$是用到的运算(乘法和加法)次数，那么当 n 是偶数时有

$$f(n)=7f(n/2)+15n^2/4$$ ◀

如例 1～5 所示，在许多不同的情况中都出现了形如 $f(n)=af(n/b)+g(n)$的递推关系。可以对满足这种递推关系的函数的阶做出估计。假设 f 满足这个递推关系，其中 n 可被 b 整除。令 $n=b^k$，其中 k 是一个正整数。那么

$$\begin{aligned} f(n) &= af(n/b)+g(n) \\ &= a^2f(n/b^2)+ag(n/b)+g(n) \\ &= a^3f(n/b^3)+a^2g(n/b^2)+ag(n/b)+g(n) \\ &\ \vdots \\ &= a^kf(n/b^k)+\sum_{j=0}^{k-1}a^jg(n/b^j) \end{aligned}$$

由于 $n/b^k=1$，所以

$$f(n)=a^kf(1)+\sum_{j=0}^{k-1}a^jg(n/b^j)$$

我们可以使用这个关于 $f(n)$的等式估计满足分治关系的函数的阶。

定理 1　设 f 是满足递推关系

$$f(n)=af(n/b)+c$$

的增函数，其中 n 被 b 整除，$a\geqslant1$，b 是大于 1 的整数，c 是一个正实数。那么

$$f(n)\text{ 是}\begin{cases} O(n^{\log_b a}) & a>1 \\ O(\log n) & a=1 \end{cases}$$

而且，当 $n=b^k$(其中 k 是正整数)，$a\neq1$ 时

$$f(n)=C_1n^{\log_b a}+C_2$$

其中 $C_1=f(1)+c/(a-1)$且 $C_2=-c/(a-1)$。

证明　首先令 $n=b^k$。由定理前面的讨论中得到的关于 $f(n)$的表达式和 $g(n)=c$，我们有

$$f(n)=a^kf(1)+\sum_{j=0}^{k-1}a^jc=a^kf(1)+c\sum_{j=0}^{k-1}a^j$$

当 $a=1$ 时，有

$$f(n)=f(1)+ck$$

由于 $n=b^k$，所以有 $k=\log_b n$。于是

$$f(n)=f(1)+c\log_b n$$

当 n 不是 b 的幂时，对某个正整数 k 有 $b^k<n<b^{k+1}$。由于 f 是递增的，所以 $f(n)\leqslant f(b^{k+1})=f(1)+c(k+1)=(f(1)+c)+ck\leqslant(f(1)+c)+c\log_b n$。因此，在两种情况下当 $a=1$ 时 $f(n)$都是$O(\log n)$。

现在假设 $a>1$。首先假定 $n=b^k$，k 是正整数。由几何级数的求和公式(2.4 节定理 1)得到

$$\begin{aligned} f(n) &= a^kf(1)+c(a^k-1)/(a-1) \\ &= a^k[f(1)+c/(a-1)]-c/(a-1) \\ &= C_1n^{\log_b a}+C_2 \end{aligned}$$

因为 $a^k=a^{\log_b n}=n^{\log_b a}$，其中 $C_1=f(1)+c/(a-1)$且 $C_2=-c/(a-1)$。

现在假设 n 不是 b 的幂。那么 $b^k<n<b^{k+1}$，其中 k 是一个非负整数。由于 f 是递增的，所以

$$
\begin{aligned}
f(n) &\leqslant f(b^{k+1}) = C_1 a^{k+1} + C_2 \\
&\leqslant (C_1 a) a^{\log_b n} + C_2 \\
&\leqslant (C_1 a) n^{\log_b a} + C_2
\end{aligned}
$$

因为 $k \leqslant \log_b n < k+1$。

于是，$f(n)$是 $O(n^{\log_b a})$。◀

例 6～9 说明怎样使用定理 1。

例 6 设 $f(n)=5f(n/2)+3$ 且 $f(1)=7$，求 $f(2^k)$，其中 k 是一个正整数。如果 f 是一个增函数，请估计 $f(n)$。

Extra Examples

解 根据定理 1 的证明，当 $a=5$，$b=2$，$c=3$ 时，我们看到如果 $n=2^k$，那么

$$
\begin{aligned}
f(n) &= a^k[f(1)+c/(a-1)]+[-c/(a-1)] \\
&= 5^k[7+(3/4)]-3/4 \\
&= 5^k(31/4)-3/4
\end{aligned}
$$

而且，如果 $f(n)$是递增的，那么定理 1 证明 $f(n)$是 $O(n^{\log_b a})=O(n^{\log 5})$。◀

我们可以使用定理 1 估计二分搜索算法和例 2 查找序列的最小和最大元素的算法的计算复杂度。

例 7 估计二分搜索使用的比较次数。

解 在例 1 中证明了当 n 是偶数时 $f(n)=f(n/2)+2$，其中 $f(n)$是在规模为 n 的序列中实现二分搜索需要的比较次数。因此得出 $f(n)$是 $O(\log n)$。◀

例 8 估计用例 2 给定的算法查找序列的最大和最小元素所使用的比较次数。

解 在例 2 中我们证明了当 n 是偶数时 $f(n)=2f(n/2)+2$，其中 f 是算法需要的比较次数。于是，由定理 1 得到 $f(n)$是 $O(n^{\log 2})=O(n)$。◀

我们现在叙述一个更一般的、更复杂的定理，定理 1 是它的特例。这个定理(或者更强的版本，包括大 Θ 估计)有时称为主定理(master theorem)，因为它在分析许多重要的分治算法的复杂度中很有用。

定理 2 主定理 设 f 是满足递推关系

$$f(n)=af(n/b)+cn^d$$

的增函数，其中 $n=b^k$，k 是一个正整数，$a\geqslant 1$，b 是大于 1 的整数，c 和 d 是实数，满足 c 是正的且 b 是非负的。那么

$$
f(n) \text{ 是} \begin{cases}
O(n^d) & a < b^d \\
O(n^d \log n) & a = b^d \\
O(n^{\log_b a}) & a > b^d
\end{cases}
$$

定理 2 的证明留给读者作为练习 29～33。

例 9 **归并排序的复杂度** 在例 3 中我们解释了用归并排序来对 n 个元素的表进行排序所使用的比较次数少于 $M(n)$，其中 $M(n)=2M(n/2)+n$。根据主定理(定理 2)，我们发现 $M(n)$是 $O(n\log n)$。◀

例 10 估计使用例 4 描述的快速乘法算法进行两个 n 位整数相乘所需要的按位运算的次数。

解 例 4 证明了当 n 是偶数时 $f(n)=3f(n/2)+Cn$，其中 $f(n)$是使用快速乘法算法进行两个 n 位整数相乘所需的按位运算的次数。于是，由定理 2 得到 $f(n)$是 $O(n^{\log 3})$。注意 $\log 3\sim 1.6$。因为传统的乘法算法使用 $O(n^2)$次按位运算，所以对于足够大的整数，包括实际应用中出现的大整数，快速乘法算法在时间复杂度方面比传统的算法有了本质的改进。◀

例 11 估计使用例 5 的矩阵乘法算法进行两个 $n\times n$ 矩阵相乘所需要的乘法和加法的次数。

解 令 $f(n)$表示使用例 5 提到的算法进行两个 $n\times n$ 矩阵相乘所需的加法和乘法的次数。当

n是偶数时，我们有 $f(n)=7f(n/2)+15n^2/4$。于是由定理 2 得到 $f(n)$是 $O(n^{\log 7})$。注意 $\log 7\sim 2.8$。由于传统的两个 $n\times n$ 矩阵相乘的算法要用 $O(n^3)$次加法和乘法，显然，对足够大的整数 n，包括出现在许多实际应用中的大整数，这个算法比传统的算法在时间复杂度方面更加有效。 ◀

最近点对问题 我们在结束这一节之前引入一个来自计算几何的分治算法，计算几何是离散数学的一部分，是专注于求解几何问题的算法。

Links **例 12 最近点对问题** 考虑确定平面上 n 个点(x_1, y_1)，(x_2, y_2)，…，(x_n, y_n)集合上的最近点对的问题，其中两点(x_i, y_i)和(x_j, y_j)之间的距离是通常的欧几里得距离 $\sqrt{(x_i-x_j)^2+(y_i-y_j)^2}$。这个问题出现在许多应用中，例如确定某航空控制中心管理的特定高度的空间内最近的一对飞机。怎样以一种有效的方式找到这个最近的点对？

解 为解决这个问题，可以首先确定每对点的距离，然后找到这些距离的最小值。但是，这种方法需要 $O(n^2)$次的距离计算和比较，因为存在 $C(n, 2)=n(n-1)/2$ 个点对。不过存在一个精致的分治算法，对于 n 个点可以用 $O(n\log n)$次的距离计算和比较求解这个最近的点对问题。这里我们描述的算法归功于米凯尔·萨莫斯(见[PrSa85])。

为了简单起见，假设 $n=2^k$，其中 k 是正整数。(我们避免某些当 n 不是 2 的幂时必须考虑的技术)。当 $n=2$ 时，只有一对点。在这两个点之间的距离就是最小距离。在算法的开始我们使用归并排序两次，一次用于依据 x 轴坐标对节点进行升序排序，一次用于依据 y 轴坐标对节点进行升序排序。每一排序操作需要 $O(n\log n)$次运算。我们将在每一次递归步骤中使用这些排序表。

算法的递归部分将问题划分成两个子问题，每个涉及一半的点。使用按 x 轴坐标对节点进行排序的列表，画一条垂线将 n 个点分成两部分，左半部分和右半部分大小相等，每部分包含 $n/2$ 个点，如图 1 所示。(如果有任何点落到划分线上，必要时，我们把它们分在这两部分里。)在后面的递归步骤我们不再需要根据 x 坐标排序，因为我们可以从所有的点中选择对应的排序子集。这个选择是可以用 $O(n)$次比较完成的任务。

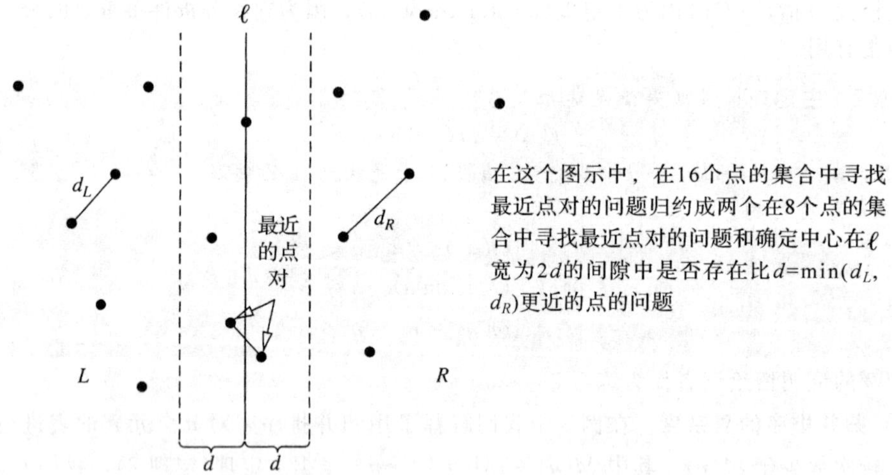
ℓ
d_L
d_R
最近的点对
L
R
d
d
在这个图示中，在16个点的集合中寻找最近点对的问题归约成两个在8个点的集合中寻找最近点对的问题和确定中心在ℓ宽为2d的间隙中是否存在比d=min(dL, dR)更近的点的问题

图 1 求解最近点对问题的算法的递归步骤

最近的点对的位置有三种可能：两点都在左部区域 L；两点都在右部区域 R；一点在左部区域且另一点在右部区域。递归地使用这个算法计算 d_L 和 d_R，其中 d_L 是在左部区域的点之间的最小距离，d_R 是在右部区域的点之间的最小距离，令 $d=\min(d_L, d_R)$。为了成功地将在原始集合找最近点对的问题划分成在两个区域分别找最短距离的问题，我们必须处理算法的分割之后的治理部分，这要求我们考虑最近的点处在不同的区域的情况，即一点在 L 中，另一点在 R 中。因为存在一对距离为 d 的点，所以或者它们都在 R 中，或者它们都在 L 中。对于分在不同区域的最近的点，要求其距离一定小于 d。

如果一点在左边区域，一点在右边区域且处在小于 d 的距离内，那么这些点一定位于宽度

$2d$ 的以线 ℓ 作为其中心的垂直带状区域中。(否则，这些点的距离一定大于它们的 x 坐标之差，而这个距离将超过 d。)为了检查在这个带状区域中的点，我们对它们进行排序并按照 y 坐标递增的顺序把它们列出来。这可以使用归并排序用 $O(n\log n)$ 次运算完成，并且只需在算法开始时做一次，而不是在每个递归步做。在每个递归步，我们从已经按照其 y 坐标排好序的所有点的集合，构造在这个区域内的根据其 y 坐标排序的点的子集，这可以用 $O(n)$ 次比较完成。

从带状区域中具有最小 y 坐标的一个点开始，我们连续地检查带状区域中的每个点，计算这个点与带状区域中所有其他具有较大 y 坐标且与这个点的距离小于 d 的点之间的距离。注意为检查点 p，我们只需要考虑在 p 和下述矩形中的一组点之间的距离。这个矩形的高为 d，宽为 $2d$，p 在它的底边上，并且它的垂直边与 ℓ 的距离为 d。

我们可以证明在这个点集中至多存在 8 个点，其中包含 p 在内(或者在这个 $2d\times d$ 的矩形的边上)。为了看到这一点，注意在图 2 所示的 8 个 $d/2\times d/2$ 的正方形中，每个正方形内部至多可能存在一个点。这是由于在一个正方形的边上或者内部最远距离的点是对角线的长度 $d/\sqrt{2}$(使用勾股定理可以得到)，这个距离小于 d，并且每个这样的正方形是完全处在左区域内或者右区域内。这意味着在这一步我们至多只需要与 d 比较 7 个距离，这些距离是在 p 和矩形内部或者边上 7 个或者更少的其他的点之间。

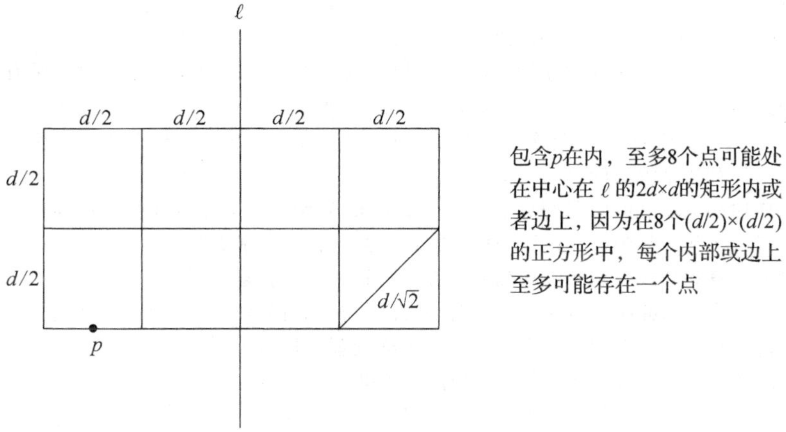

图 2 说明对带状区域中的每个点至多需要考虑另外 7 个点

由于在宽为 $2d$ 的带状区域中的总点数不超过 n(集合中的总点数)，所以至多需要与 d 比较 $7n$ 个距离以找到点之间的最小距离。即只存在 $7n$ 个距离可能小于 d。因此，一旦用归并排序按照这些点的 x 坐标和 y 坐标对它们进行排序后，我们发现求解最接近点对问题需要的比较次数不超过满足递推关系

$$f(n)=2f(n/2)+7n$$

的增函数 $f(n)$，其中 $f(2)=1$。根据定理 2，得到 $f(n)$ 是 $O(n\log n)$。用归并排序算法根据点的 x 坐标和 y 坐标对点做两次排序，每次排序用 $O(n\log n)$ 次比较，在算法的 $O(\log n)$ 个步中的每一步，这些坐标的排序子集每次可以用 $O(n)$ 次比较得到。因此，这个最近点对问题可以用 $O(n\log n)$ 次比较求解。 ◀

奇数编号练习

1. 在 64 个元素的集合中，做二分检索需要多少次比较?

3. 使用快速乘法算法将 $(1110)_2$ 与 $(1010)_2$ 相乘。

5. 确定在例 4 中的常数 C 的值，并且使用它估计用快速乘法算法做两个 64 位二进制整数相乘所需要的按位运算的次数。

7. 假设当 n 被 3 整除时有 $f(n)=f(n/3)+1$ 和 $f(1)=1$，求

a) $f(3)$　　b) $f(27)$　　c) $f(729)$

9. 假设当 n 被 5 整除时有 $f(n)=f(n/5)+3n^2$ 和 $f(1)=4$，求

a) $f(5)$　　b) $f(125)$　　c) $f(3125)$

11. 如果 f 是一个增函数，给出练习 10 中 f 的大 O 估计。

13. 如果 f 是一个增函数，给出练习 12 中的 f 的大 O 估计。

15. 在练习 14 的淘汰锦标赛中如果有 32 个队，需要进行多少轮比赛？

17. 假设 n 个投票人为不同的候选人(可能存在多于 2 个候选人)进入某个办公室投票，选票作为一个序列的元素。如果一个人得到的选票超过半数他就赢得竞选。

a) 设计一个分治算法确定是否一个候选人得到半数选票，如果是，则确定这个候选人是谁。[提示：设 n 为偶数，并且将选票序列划分成两个序列，每个序列具有 $n/2$ 个元素。注意，如果对于两个半长序列的每一个都没有得到一半以上的选票，那么一个人就不可能得到所有选票的一半以上。]

b) 使用主定理给出在 a 中设计的算法所需要的比较次数的大 O 估计。

19. a) 使用递归算法为计算 x^n 所需要的乘法次数建立一个分治递推关系，其中 x 为实数，n 是正整数。

b) 使用在 a 中找到的递推关系构造使用递归算法计算 x^n 所用乘法的次数的大 O 估计。

21. 设函数 f 满足递推关系 $f(n)=2f(\sqrt{n})+1$，其中 n 是大于 1 的完全平方数且 $f(2)=1$。

a) 求 $f(16)$。

b) 求关于 $f(n)$ 的大 O 估计。[提示：做替换 $m=\log n$。]

** **23.** 这个练习涉及求 n 个实数序列的连续项的最大和问题。当所有的项都是正数时，所有项之和就给出了答案，但是当某些项是负数时情况就比较复杂了。例如，序列 -2，3，-1，6，-7，4 的连续项的最大和是 $3+(-1)+6=8$。(这个练习基于[Be86])。在本题中，我们首先尝试蛮力算法，然后考虑如何使用分治算法来解决问题。

a) 使用伪码描述一个求解该问题的算法，这个算法依次寻找从第一项开始的连续项之和，从第二项开始的连续项之和，等等，并在算法执行时记录当前找到的最大和。

b) 依照所做的计算和的次数与比较次数确定在 a 中算法的计算复杂度。

c) 设计一个分治算法求解这个问题。[提示：假设序列中有偶数个项，把这个序列分成两半。解释当连续项的最大和包含了在两个半序列的项时怎样处理这种情况。]

d) 使用 c 中的算法求下面每个序列的连续项的最大和：-2，4，-1，3，5，-6，1，2；4，1，-3，7，-1，-5，3，-2；-1，6，3，-4，-5，8，-1，7。

e) 通过 c 中的分治算法使用的求和次数和比较次数寻找一个递推关系。

f) 使用主定理估计这个分治算法的计算复杂度。依照计算复杂度把这个算法与 a) 中的算法做比较，结果如何？

25. 应用例 12 描述的求最近点对的算法，使用点之间的欧几里得距离，求下述点(1，2)、(1，6)、(2，4)、(2，8)、(3，1)、(3，6)、(3，10)、(4，3)、(5，1)、(5，5)、(5，9)、(6，7)、(7，1)、(7，4)、(7，9)、(8，6)的最近点对。

27. 如果两点间的距离定义为 $d((x_i, y_i), (x_j, y_j))=\max(|x_i-x_j|, |y_i-y_j|)$，使用例 12 描述的算法中应用的那些合理的步骤并加以改变，构造一个求两点之间最小距离的算法。

在练习 29～33 中，假设 f 是一个满足递推关系 $f(n)=af(n/b)+cn^d$ 的增函数，$a\geqslant 1$，b 是大于 1 的整数，c 和 d 是正实数。这些练习提供一个关于定理 2 的证明。

* **29.** 证明：如果 $a=b^d$ 且 n 是 b 的幂，那么 $f(n)=f(1)n^d+cn^d\log_b n$。

* **31.** 证明：如果 $a\neq b^d$ 且 n 是 b 的幂，那么 $f(n)=C_1n^d+C_2n^{\log_b a}$，其中

$$C_1=b^dc/(b^d-a) \text{ 且 } C_2=f(1)+b^dc/(a-b^d)$$

33. 使用练习 31 证明：如果 $a>b^d$，那么 $f(n)$ 是 $O(n^{\log_b a})$。

35. 如果 f 是增函数，给出练习 34 中 f 的大 O 估计。

37. 如果 f 是增函数，给出练习 36 中 f 的大 O 估计。

4.4 生成函数

4.4.1 引言

表示序列的一种有效方法就是生成函数，它把序列的项作为一个形式幂级数中变量 x 的幂的系数。可以用生成函数求解许多类型的计数问题，例如在各种限制下选取或分配不同种类物体的方式数，使用不同面额的硬币换一美元的方式数等。也可以用生成函数求解递推关系。它先把关于序列的项的递推关系转换成涉及生成函数的方程，然后求解这个方程并找出关于这个生成函数的封闭形式。从这个封闭形式可以找到生成函数的幂级数的系数，从而求解原来的递推关系。生成函数也可以利用函数之间相对简单的关系来证明组合恒等式，因为这些关系可以转换成涉及序列的项的恒等式。生成函数是有用的工具，除了本节描述的内容以外，还可以用它来研究序列的许多性质，例如建立关于序列的项的渐近公式。 Links

我们从序列的生成函数的定义开始。

定义 1 实数序列 a_0，a_1，…，a_k，…的生成函数是无穷级数

$$G(x)=a_0+a_1x+\cdots+a_kx^k+\cdots=\sum_{k=0}^{\infty}a_kx^k$$

评注 定义 1 给出的 $\{a_k\}$ 的生成函数有时叫作 $\{a_k\}$ 的**普通生成函数**，以便和这个序列的其他类型的生成函数相区别。

例 1 序列 $\{a_k\}$（$a_k=3$，$a_k=k+1$ 和 $a_k=2^k$）的生成函数分别是 Extra Examples

$$\sum_{k=0}^{\infty}3x^k,\sum_{k=0}^{\infty}(k+1)x^k,\sum_{k=0}^{\infty}2^kx^k$$ ◀

我们通过设置 $a_{n+1}=0$，$a_{n+2}=0$ 等，把一个有限序列 a_0，a_1，…，a_n 扩充成一个无限序列，就可以定义一个实数的有限序列的生成函数。这个无限序列 $\{a_n\}$ 的生成函数 $G(x)$ 是一个 n 次多项式，因为当 $j>n$ 时没有形如 a_jx^j 的项出现，即

$$G(x)=a_0+a_1x+\cdots+a_nx^n$$

例 2 序列 1，1，1，1，1，1 的生成函数是什么？

解 1，1，1，1，1，1 的生成函数是

$$1+x+x^2+x^3+x^4+x^5$$

由 2.4 节的定理 1 有

$$(x^6-1)/(x-1)=1+x+x^2+x^3+x^4+x^5\quad x\neq1$$

因此，$G(x)=(x^6-1)/(x-1)$ 是序列 1，1，1，1，1，1 的生成函数。因为 x 的幂只在生成函数的序列项中使用，我们不用担心 $G(1)$ 没有被定义。 ◀

例 3 设 m 是正整数。令 $a_k=C(m,k)$，$k=0$，1，2，…，m。那么序列 a_0，a_1，…，a_m 的生成函数是什么？

解 这个序列的生成函数是

$$G(x)=C(m,0)+C(m,1)x+C(m,2)x^2+\cdots+C(m,m)x^m$$

二项式定理证明 $G(x)=(1+x)^m$。 ◀

4.4.2 关于幂级数的有用事实

当用生成函数求解计数问题时，通常将它们考虑成**形式幂级数**。因此，它们被视为代数对象，其收敛性问题被忽略了。然而，当形式幂级数收敛时，有效的运算将继续作为形式幂级数使用。我们将利用 $x=0$ 时特定函数的幂级数，这些幂级数是唯一的，并且具有正的收敛半径。熟悉微积分的读者如果想了解所涉及幂级数的收敛性的细节，可以参阅有关这方面内容的教科书。

现在我们将叙述某些与无穷级数有关的重要事实，这些将在研究生成函数时用到。有关这些的讨论和相关的结果都可以在微积分教科书中找到。

例4 函数 $f(x)=1/(1-x)$ 是序列1，1，1，1，…的生成函数，因为对 $|x|<1$ 有

$$1/(1-x)=1+x+x^2+\cdots$$ ◀

例5 函数 $f(x)=1/(1-ax)$ 是序列1，a，a^2，a^3，…的生成函数，因为当 $|ax|<1$ 或等价于 $|x|<1/|a|$，$a\neq 0$，有

$$1/(1-ax)=1+ax+a^2x^2+\cdots$$ ◀

我们也需要了解两个生成函数是怎样相加和相乘的。这些结果的证明也可以在微积分教科书中找到。

定理1 令 $f(x)=\sum_{k=0}^{\infty}a_kx^k, g(x)=\sum_{k=0}^{\infty}b_kx^k$，那么

$$f(x)+g(x)=\sum_{k=0}^{\infty}(a_k+b_k)x^k \text{ 和 } f(x)g(x)=\sum_{k=0}^{\infty}\left(\sum_{j=0}^{k}a_jb_{k-j}\right)x^k$$

评注 正如本节所考虑的所有级数一样，定理1只有当幂级数在一个区间内收敛时才有效。但是，生成函数的定理并不仅局限于这种级数。在级数不收敛的情况下，定理1中的命题可以看成生成函数和与积的定义。

我们将在例6中说明怎样使用定理1。

例6 设 $f(x)=1/(1-x)^2$。用例4求出表达式 $f(x)=\sum_{k=0}^{\infty}a_kx^k$ 中的系数 a_0，a_1，a_2，…。

解 由例4看出

$$1/(1-x)=1+x+x^2+x^3+\cdots$$

因此，由定理1有

$$1/(1-x)^2=\sum_{k=0}^{\infty}\left(\sum_{j=0}^{k}1\right)x^k=\sum_{k=0}^{\infty}(k+1)x^k$$ ◀

评注 这一结果也可以通过微分从例4中导出。从已知生成函数的恒等式产生新的恒等式的一种有用的技术就是求导。

为了用生成函数求解许多重要的计数问题，我们需要在指数不是正整数的情况下应用二项式定理。在叙述广义二项式定理之前，我们需要定义广义二项式系数。

定义2 设 u 是实数且 k 是非负整数。那么广义二项式系数 $\binom{u}{k}$ 定义为

$$\binom{u}{k}=\begin{cases}u(u-1)\cdots(u-k+1)/k! & k>0\\ 1 & k=0\end{cases}$$

例7 求广义二项式系数 $\binom{-2}{3}$ 和 $\binom{1/2}{3}$ 的值。

解 在定义2中取 $u=-2$ 和 $k=3$ 得

$$\binom{-2}{3}=\frac{(-2)(-3)(-4)}{3!}=-4$$

类似地，取 $u=1/2$ 和 $k=3$ 得

$$\begin{aligned}\binom{1/2}{3}&=\frac{(1/2)(1/2-1)(1/2-2)}{3!}\\&=(1/2)(-1/2)(-3/2)/6\\&=1/16\end{aligned}$$ ◀

当上边的参数是负整数时，例 8 对广义二项式系数提供了一个有用的公式。我们后面的讨论中会用到它。

例 8 当上面的参数是负整数时，广义二项式系数可以用通常的二项式系数的项表示。为此只需要注意

$$\begin{aligned}
\binom{-n}{r} &= \frac{(-n)(-n-1)\cdots(-n-r+1)}{r!} && \text{由广义二项系数定义}\\
&= \frac{(-1)^r n(n+1)\cdots(n+r-1)}{r!} && \text{从分子的每一项中提取因子}-1\\
&= \frac{(-1)^r(n+r-1)(n+r-2)\cdots n}{r!} && \text{由乘法的交换律}\\
&= \frac{(-1)^r(n+r-1)!}{r!(n-1)!} && \text{分子和分母同时乘以}(n-1)!\\
&= (-1)^r\binom{n+r-1}{r} && r\text{ 由二项系数的定义}\\
&= (-1)^r C(n+r-1,r) && \text{使用另外一种二项系数符号表示}
\end{aligned}$$

◀

我们现在叙述广义二项式定理。

定理 2 广义二项式定理 设 x 是实数，$|x|<1$，u 是实数，那么

$$(1+x)^u=\sum_{k=0}^{\infty}\binom{u}{k}x^k$$

可以使用麦克劳林级数的理论证明定理 2，我们将这个证明留给熟悉这部分微积分的读者完成。

评注 当 u 是正整数时，广义二项式定理就归约到 3.4 节提出的二项式定理，因为如果 $k>u$，那么在这种情况下 $\binom{u}{k}=0$。

例 9 说明了当指数是负整数时定理 2 的应用。

例 9 当 n 是正整数时，使用广义二项式定理求 $(1+x)^{-n}$ 和 $(1-x)^{-n}$ 的生成函数。

解 由广义二项式定理得

$$(1+x)^{-n}=\sum_{k=0}^{\infty}\binom{-n}{k}x^k$$

使用例 8 所提供的关于 $\binom{-n}{k}$ 的简单公式得到

$$(1+x)^{-n}=\sum_{k=0}^{\infty}(-1)^k C(n+k-1,k)x^k$$

用 $-x$ 代替 x 得到

$$(1-x)^{-n}=\sum_{k=0}^{\infty}C(n+k-1,k)x^k$$

◀

表 1 归纳了一些经常出现的有用的生成函数。

表 1 有用的生成函数

$G(x)$	a_k
$(1+x)^n=\sum_{k=0}^{n}C(n,k)x^k$ $=1+C(n,1)x+C(n,2)x^2+\cdots+x^n$	$C(n,k)$

（续）

$G(x)$	a_k
$(1+ax)^n = \sum_{k=0}^{n} C(n,k)a^k x^k = 1 + C(n,1)ax + C(n,2)a^2x^2 + \cdots + a^n x^n$	$C(n,k)a^k$
$(1+x^r)^n = \sum_{k=0}^{n} C(n,k)x^{rk} = 1 + C(n,1)x^r + C(n,2)x^{2r} + \cdots + x^{rn}$	如果 $r \mid k$，则 $C(n,k/r)$；否则为 0
$\frac{1-x^{n+1}}{1-x} = \sum_{k=0}^{n} x^k = 1 + x + x^2 + \cdots + x^n$	如果 $k \leqslant n$，则为 1；否则为 0
$\frac{1}{1-x} = \sum_{k=0}^{\infty} x^k = 1 + x + x^2 + \cdots$	1
$\frac{1}{1-ax} = \sum_{k=0}^{\infty} a^k x^k = 1 + ax + a^2x^2 + \cdots$	a^k
$\frac{1}{1-x^r} = \sum_{k=0}^{\infty} x^{rk} = 1 + x^r + x^{2r} + \cdots$	如果 $r \mid k$，则为 1；否则为 0
$\frac{1}{(1-x)^2} = \sum_{k=0}^{\infty} (k+1)x^k = 1 + 2x + 3x^2 + \cdots$	$k+1$
$\frac{1}{(1-x)^n} = \sum_{k=0}^{\infty} C(n+k-1,k)x^k = 1 + C(n,1)x + C(n+1,2)x^2 + \cdots$	$C(n+k-1,k) = C(n+k-1,n-1)$
$\frac{1}{(1+x)^n} = \sum_{k=0}^{\infty} C(n+k-1,k)(-1)^k x^k = 1 - C(n,1)x + C(n+1,2)x^2 - \cdots$	$(-1)^k C(n+k-1,k) = (-1)^k C(n+k-1,n-1)$
$\frac{1}{(1-ax)^n} = \sum_{k=0}^{\infty} C(n+k-1,k)a^k x^k = 1 + C(n,1)ax + C(n+1,2)a^2x^2 + \cdots$	$C(n+k-1,k)a^k = C(n+k-1,n-1)a^k$
$e^x = \sum_{k=0}^{\infty} \frac{x^k}{k!} = 1 + x + \frac{x^2}{2!} + \frac{x^3}{3!} + \cdots$	$1/k!$
$\ln(1+x) = \sum_{k=0}^{\infty} \frac{(-1)^{k+1}}{k} x^k = x - \frac{x^2}{2} + \frac{x^3}{3} - \frac{x^4}{4} + \cdots$	$(-1)^{k+1}/k$

注：当讨论幂级数时，在大多数微积分的书中可以找到关于最后两个生成函数的级数。

评注　注意表中第 2 个公式和第 3 个公式可以由第 1 公式将 x 分别用 ax 和 x^r 替换推导出来。同样，第 6 个公式和第 7 个公式可由第 5 公式做同样替换推导出来。第 10 个公式和第 11 个公式可以由第 9 个公式将 x 分别用 $-x$、ax 替换推导出来。表中有些公式也可以使用微积分（如求导和积分）由其他公式推出。鼓励学生了解表中的核心公式（如能推导出其他公式的公式，可能是第 1、4、5、8、9、12、13 个公式），并且理解如何由这些核心公式推导出其他公式。

4.4.3　计数问题与生成函数

生成函数可以用于求解各种计数问题。特别地，它们可以用于计数各种类型的组合数。在第 3 章，当允许重复和可能存在某些附加约束时，我们开发了一些计数 n 元素集合的 r 组合的技术。这种问题与计数形如

$$e_1+e_2+\cdots+e_n=C$$

方程的解是等价的，其中 C 是常数，每个 e_i 是可能具有某些约束的非负整数。也可以用生成函数求解这种类型的计数问题，如例 10～12 所示。

例 10 求

$$e_1+e_2+e_3=17$$

的解的个数，其中 e_1，e_2，e_3 是非负整数，满足 $2\leqslant e_1\leqslant 5$，$3\leqslant e_2\leqslant 6$，$4\leqslant e_3\leqslant 7$。

解 具有上述限制的解的个数是

$$(x^2+x^3+x^4+x^5)(x^3+x^4+x^5+x^6)(x^4+x^5+x^6+x^7)$$

的展开式中 x^{17} 的系数。这是因为我们在乘积中得到等于 x^{17} 的项是通过在第一个和中取项 x^{e_1}，在第二个和中取项 x^{e_2}，在第三个和中取项 x^{e_3}，其中幂指数 e_1、e_2 和 e_3 满足方程 $e_1+e_2+e_3=17$ 和给定的限制。

不难看出在这个乘积中的 x^{17} 的系数是 3。因此，存在 3 个解。（注意，计算这个系数与枚举方程的具有给定约束的所有解几乎要做同样多的工作。但是，正如我们将看到的，这里说明的方法常常可以用于求解各种具有特殊规则的计数问题。此外，可以用计算机代数系统做这种计算。）◀

例 11 把 8 块相同的饼干分给 3 个不同的孩子，如果每个孩子至少接受 2 块饼干并且不超过 4 块饼干，那么有多少种不同的分配方式？

解 因为每个孩子至少接受 2 块饼干且不超过 4 块饼干，所以在关于序列 $\{C_n\}$ 的生成函数中对每个孩子存在一个等于

$$(x^2+x^3+x^4)$$

的因子，其中 c_n 是分配 n 块饼干的方式数。因为有 3 个孩子，所以生成函数是

$$(x^2+x^3+x^4)^3$$

我们需要求这个乘积中的 x^8 的系数。理由就是在展开式中 x^8 的项对应于选 3 项的方式数，其中每个因子选 1 项且指数加起来等于 8。此外，来自第一、第二和第三个因子的项的指数分别是第一、第二和第三个孩子接受的饼干数。通过计算说明这个系数等于 6。于是存在 6 种方式分配饼干使得每个孩子至少接受 2 块，但是不超过 4 块饼干。◀

例 12 把价值 1 美元、2 美元和 5 美元的代币插入售货机为价值 r 美元的某种物品付款，使用生成函数确定在代币插入是有序的和无序的两种情况下付款的方式数。（例如为一种价值 3 美元的物品付款，当不考虑代币插入的次序时存在 2 种方式：插入 3 个 1 美元的代币或 1 个 1 美元和 1 个 2 美元的代币。当考虑代币插入的次序时有 3 种方式：插入 3 个 1 美元的代币；插入 1 个 1 美元代币，然后 1 个 2 美元的代币；插入 1 个 2 美元代币，然后 1 个 1 美元代币。）

解 在不考虑代币插入次序的情况下，我们所关心的就是为产生 r 美元的总数所使用的每种代币的数目。因为可以使用任意多个 1 美元的代币、任意多个 2 美元的代币和任意多个 5 美元的代币，所以答案就是在生成函数

$$(1+x+x^2+x^3+\cdots)(1+x^2+x^4+x^6+\cdots)(1+x^5+x^{10}+x^{15}+\cdots)$$

中的 x^r 的系数。（这个乘积中的第一个因子表示所使用的 1 美元代币，第二个表示所使用的 2 美元代币，第三个表示所使用的 5 美元代币。）例如，用 1 美元、2 美元和 5 美元为一个价值 7 美元的物品付款的方式数由展开式中 x^7 的系数给出，结果等于 6。

当考虑代币插入的次序时，插入恰好 n 个代币产生 r 美元的方式数是在

$$(x+x^2+x^5)^n$$

中的 x^r 的系数，因为这 n 个代币中的每一个可能是 1 美元代币、2 美元代币或 5 美元代币。又由于可以插入的代币不限数量，所以当考虑代币插入的次序时，使用 1 美元、2 美元或 5 美元

代币产生 r 美元的方式数是在

$$1+(x+x^2+x^5)+(x+x^2+x^5)^2+\cdots=\frac{1}{1-(x+x^2+x^5)}$$
$$=\frac{1}{1-x-x^2-x^5}$$

中 x^r 的系数。这里我们把插入 0 个代币、1 个代币、2 个代币、3 个代币等方式数相加，同时我们使用恒等式 $1/(1-x)=1+x+x^2+\cdots$，且用 $x+x^2+x^5$ 代替 x。例如，用 1 美元、2 美元和 5 美元的代币为一个价值 7 美元的物品付款，当考虑使用代币的次序时，方式数是这个展开式中 x^7 的系数，等于 26。[提示：为看到这个系数等于 26，要把 $(x+x^2+x^5)^k$ 的展开式中 x^7 的系数相加，其中 $2\leqslant k\leqslant 7$。这项工作可以用大量的手工计算完成，也可以使用计算机代数系统来完成。] ◀

例 13 说明了当求解带不同假设的问题时生成函数具有的多功能性。

例 13 假设已经建立了二项式定理，使用生成函数找出 n 元素集合的 k 组合数。

解 集合中 n 个元素的每一个元素都对生成函数 $f(x)=\sum_{k=0}^{n} a_k x^k$ 贡献了项 $(1+x)$。因此 $f(x)$ 是关于 $\{a_k\}$ 的生成函数，其中 a_k 表示 n 元素集合的 k 组合数。于是，

$$f(x)=(1+x)^n$$

但是由二项式定理，我们有

$$f(x)=\sum_{k=0}^{n}\binom{n}{k}x^k$$

其中

$$\binom{n}{k}=\frac{n!}{k!(n-k)!}$$

于是，$C(n,k)$，n 元素集合的 k 组合数是

$$\frac{n!}{k!(n-k)!}$$ ◀

评注 在 3.4 节，我们使用了关于 n 元素集合的 r 组合数的公式证明了二项式定理。这些例子说明也可以用数学归纳法证明二项式定理，再用二项式定理推导关于 n 元素集合的 r 组合数的公式。

例 14 使用生成函数找出当元素允许重复时 n 元素集合的 r 组合数公式。

解 设 $G(x)$ 是关于序列 $\{a_r\}$ 的生成函数，其中 a_r 等于 n 元素集合的允许重复的 r 组合数。即 $G(x)=\sum_{r=0}^{\infty} a_r x^r$。因为当我们构成允许重复的 r 组合时，对 n 元素集合的元素选择不受限制，所以这 n 个元素中的每一个元素都对 $G(x)$ 的乘积展开式贡献了因子 $(1+x+x^2+x^3+\cdots)$。这是由于当构成一个 r 组合时(要选择 r 个元素)，每个元素都可以被选择 0 次、1 次、2 次、3 次等。因为集合中存在 n 个元素，且每一个都对 $G(x)$ 贡献了相同的因子，所以有

$$G(x)=(1+x+x^2+\cdots)^n$$

只要 $|x|<1$，就有 $1+x+x^2+\cdots=1/(1-x)$，所以

$$G(x)=1/(1-x)^n=(1-x)^{-n}$$

使用广义二项式定理(定理 2)，得到

$$(1-x)^{-n}=(1+(-x))^{-n}=\sum_{r=0}^{\infty}\binom{-n}{r}(-x)^r$$

当 r 是正整数时，n 元素集合的允许重复的 r 组合数就是这个和式中的 x^r 的系数。因此，使用例 8 我们求出 a_r 等于

$$\binom{-n}{r}(-1)^r=(-1)^rC(n+r-1,r)\cdot(-1)^r$$
$$=C(n+r-1,r)$$ ◀

注意，例 14 的结果与我们在 3.5 节定理 2 所叙述的结果一样。

例 15 使用生成函数求出从 n 类不同的物体中选择 r 个物体并且每类物体至少选 1 个的方式数。

解 因为我们需要每类物体至少选 1 个，所以这 n 个类中的每类物体都对序列 $\{a_r\}$ 的生成函数 $G(x)$ 贡献了因子 $(x+x^2+x^3+\cdots)$，其中 a_r 是从 n 类不同的物体中选择 r 个物体并且每类物体至少选 1 个的方式数。因此，

$$G(x)=(x+x^2+x^3+\cdots)^n=x^n(1+x+x^2+\cdots)^n=x^n/(1-x)^n$$

使用广义二项式定理和例 8，有

$$\begin{aligned}G(x)&=x^n/(1-x)^n\\&=x^n\cdot(1-x)^{-n}\\&=x^n\sum_{r=0}^{\infty}\binom{-n}{r}(-x)^r\\&=x^n\sum_{r=0}^{\infty}(-1)^rC(n+r-1,r)(-1)^rx^r\\&=\sum_{r=0}^{\infty}C(n+r-1,r)x^{n+r}\\&=\sum_{t=n}^{\infty}C(t-1,t-n)x^t\\&=\sum_{r=n}^{\infty}C(r-1,r-n)x^r\end{aligned}$$

在倒数第二个等式中，我们令 $t=n+r$，这样当 $r=0$ 时，$t=n$ 且 $n+r-1=t-1$，从而对求和进行移位。然后在最后的等式中用 r 替换 t 作为和的下标，从而回到了初始的记号。因此，如果每类物体必须至少选 1 个时，从 n 类不同的物体中选择 r 个物体存在 $C(r-1, r-n)$ 种方式。 ◀

4.4.4 使用生成函数求解递推关系

我们可以通过寻找相关生成函数的显式公式来求解关于递推关系和初始条件的解。这可以用例 16 和例 17 来说明。

例 16 求解递推关系 $a_k=3a_{k-1}$，$k=1, 2, 3, \cdots$ 且初始条件 $a_0=2$。 Extra Examples

解 设 $G(x)$ 是序列 $\{a_k\}$ 的生成函数，即 $G(x)=\sum_{k=0}^{\infty}a_kx^k$。首先注意

$$xG(x)=\sum_{k=0}^{\infty}a_kx^{k+1}=\sum_{k=1}^{\infty}a_{k-1}x^k$$

使用递推关系有

$$\begin{aligned}G(x)-3xG(x)&=\sum_{k=0}^{\infty}a_kx^k-3\sum_{k=1}^{\infty}a_{k-1}x^k\\&=a_0+\sum_{k=1}^{\infty}(a_k-3a_{k-1})x^k\\&=2\end{aligned}$$

因为 $a_0=2$ 且 $a_k=3a_{k-1}$，所以

$$G(x)-3xG(x)=(1-3x)G(x)=2$$

求解 $G(x)$，得 $G(x)=2/(1-3x)$。使用表 1 的恒等式 $1/(1-ax)=\sum_{k=0}^{\infty}a^kx^k$，有

$$G(x)=2\sum_{k=0}^{\infty}3^kx^k=\sum_{k=0}^{\infty}2\cdot 3^kx^k$$

于是，$a_k=2\cdot 3^k$。◀

例 17 设一个有效的码字是一个包含偶数个 0 的十进制数字串。令 a_n 表示 n 位有效码字的个数。在 4.1 节的例 4 中我们证明了序列$\{a_n\}$满足递推关系

$$a_n=8a_{n-1}+10^{n-1}$$

且初始条件 $a_1=9$。使用生成函数找出关于 a_n 的显式公式。

解 为了简化关于生成函数的推导，我们通过设置 $a_0=1$ 将序列扩充，当把这个值赋给 a_0 并使用递推关系，就得到 $a_1=8a_0+10^0=8+1=9$，这与初始条件一致。(由于存在一个长为 0 的码字——空串，所以这也是有意义的。)

用 x^n 乘以递推关系的两边得

$$a_nx^n=8a_{n-1}x^n+10^{n-1}x^n$$

设 $G(x)=\sum_{n=0}^{\infty}a_nx^n$ 是序列 a_0，a_1，a_2，…的生成函数。从 $n=1$ 开始对上面的等式两边求和，得到

$$\begin{aligned}G(x)-1&=\sum_{n=1}^{\infty}a_nx^n=\sum_{n=1}^{\infty}(8a_{n-1}x^n+10^{n-1}x^n)\\&=8\sum_{n=1}^{\infty}a_{n-1}x^n+\sum_{n=1}^{\infty}10^{n-1}x^n\\&=8x\sum_{n=1}^{\infty}a_{n-1}x^{n-1}+x\sum_{n=1}^{\infty}10^{n-1}x^{n-1}\\&=8x\sum_{n=0}^{\infty}a_nx^n+x\sum_{n=0}^{\infty}10^nx^n\\&=8xG(x)+x/(1-10x)\end{aligned}$$

其中我们已经使用了例 5 对第二个和进行求值。因此有

$$G(x)-1=8xG(x)+x/(1-10x)$$

求解 $G(x)$得

$$G(x)=\frac{1-9x}{(1-8x)(1-10x)}$$

把等式的右边展开成部分分式(正如在微积分中研究有理函数的积分时所做的)得到

$$G(x)=\frac{1}{2}\left(\frac{1}{1-8x}+\frac{1}{1-10x}\right)$$

两次使用例 5(一次设 $a=8$，一次设 $a=10$)得

$$\begin{aligned}G(x)&=\frac{1}{2}\left(\sum_{n=0}^{\infty}8^nx^n+\sum_{n=0}^{\infty}10^nx^n\right)\\&=\sum_{n=0}^{\infty}\frac{1}{2}(8^n+10^n)x^n\end{aligned}$$

于是，证明了

$$a_n=\frac{1}{2}(8^n+10^n)$$

◀

4.4.5 使用生成函数证明恒等式

在第 3 章我们已经看到怎样使用组合证明方法来建立组合恒等式。这里将说明这种恒等式，以及关于广义二项式系数的恒等式，都可以使用生成函数来证明。有时候生成函数的方法比其他方法更简单，特别是用生成函数的封闭形式比使用序列本身更能简化证明过程。我们用

例 18 说明怎样用生成函数证明恒等式。

例 18 使用生成函数证明

$$\sum_{k=0}^{n} C(n,k)^2 = C(2n,n)$$

其中 n 是正整数。

解 首先，根据二项式定理，$C(2n, n)$是$(1+x)^{2n}$中 x^n 的系数。然而，我们也有

$$\begin{aligned}(1+x)^{2n} &= [(1+x)^n]^2 \\ &= [C(n,0)+C(n,1)x+C(n,2)x^2+\cdots+C(n,n)x^n]^2\end{aligned}$$

在这个展开式中 x^n 的系数是

$$C(n,0)C(n,n)+C(n,1)C(n,n-1)+C(n,2)C(n,n-2)+\cdots+C(n,n)C(n,0)$$

因为 $C(n, n-k)=C(n, k)$，所以它等于 $\sum_{k=0}^{n} C(n,k)^2$ 。由于 $C(2n, n)$和 $\sum_{k=0}^{n} C(n,k)^2$ 都表示$(1+x)^{2n}$中 x^n 的系数，所以它们一定是相等的。◀

本节练习 44 和练习 45 要求用生成函数来证明帕斯卡恒等式和范德蒙德恒等式。

奇数编号练习

1. 求关于有穷序列 2，2，2，2，2，2 的生成函数。

练习 3～8 中，封闭形式是指不涉及一组值求和或者省略号的代数表达式。

3. 求关于下面每个序列生成函数的直接表达式。(用最明显的选择设定每个序列初始项的形式。)

a) 0，2，2，2，2，2，2，0，0，0，0，0，…
b) 0，0，0，1，1，1，1，1，1，…
c) 0，1，0，0，1，0，0，1，0，0，1，…
d) 2，4，8，16，32，64，128，256，…
e) $\binom{7}{0}$，$\binom{7}{1}$，$\binom{7}{2}$，…，$\binom{7}{7}$，0，0，0，0，0，…
f) 2，−2，2，−2，2，−2，2，−2，…
g) 1，1，0，1，1，1，1，1，1，1，…
h) 0，0，0，1，2，3，4，…

5. 求关于序列$\{a_n\}$的生成函数的封闭形式，其中

a) $a_n=5$，对所有的 $n=0$，1，2…
b) $a_n=3^n$，对所有的 $n=0$，1，2…
c) $a_n=2$，对 $n=3$，4，5，…且 $a_0=a_1=a_2=0$
d) $a_n=2n+3$ 对所有的 $n=0$，1，2，…
e) $a_n=\binom{8}{n}$对所有的 $n=0$，1，2…
f) $a_n=\binom{n+4}{n}$对所有的 $n=0$，1，2…

7. 对于下面每一个生成函数给出关于它所确定序列的封闭形式。

a) $(3x-4)^3$
b) $(x^3+1)^3$
c) $1/(1-5x)$
d) $x^3/(1+3x)$
e) $x^2+3x+7+(1/(1-x^2))$
f) $(x^4/(1-x^4))-x^3-x^2-x-1$
g) $x^2/(1-x)^2$
h) $2e^{2x}$

9. 求出下面每个函数的幂级数中 x^{10} 的系数。

a) $(1+x^5+x^{10}+x^{15}+\cdots)^3$
b) $(x^3+x^4+x^5+x^6+x^7+\cdots)^3$
c) $(x^4+x^5+x^6)(x^3+x^4+x^5+x^6+x^7)(1+x+x^2+x^3+x^4+\cdots)$
d) $(x^2+x^4+x^6+x^8+\cdots)(x^3+x^6+x^9+\cdots)(x^4+x^8+x^{12}+\cdots)$
e) $(1+x^2+x^4+x^6+x^8+\cdots)(1+x^4+x^8+x^{12}+\cdots)(1+x^6+x^{12}+x^{18}+\cdots)$

11. 求出下面每个函数的幂级数中 x^{10} 的系数。

a) $1/(1-2x)$
b) $1/(1+x)^2$
c) $1/(1-x)^3$
d) $1/(1+2x)^4$
e) $x^4/(1-3x)^3$

13. 把 10 个相同的球分给 4 个孩子，如果每个孩子至少得到 2 个球，使用生成函数确定不同的分配方法数。

15. 把 15 个相同的动物玩具分给 6 个孩子使得每个孩子至少得到 1 个但不超过 3 个，使用生成函数确定不同的分配方法数。

17. 把 25 个相同的甜甜圈分给 4 个警官使得每个警官至少得到 3 个但不超过 7 个，有多少种方式？

19. 求序列$\{c_k\}$的生成函数，其中 c_k 是使用 1 美元、2 美元、5 美元和 10 美元纸币换 k 美元的方法数。

21. 对$(1+x+x^2+x^3+\cdots)^3$ 展开式中 x^4 的系数给出组合解释。使用这个解释求出这个数。

23. **a)**什么是关于$\{a_k\}$的生成函数？这里a_k是$x_1+x_2+x_3=k$的解的个数，其中x_1、x_2和x_3是满足$x_1\geqslant 2$，$0\leqslant x_2\leqslant 3$，$2\leqslant x_3\leqslant 5$的整数。

b)使用 a 的答案求a_6。

25. 解释怎样使用生成函数找到用 3 分、4 分和 20 分的邮票在信封上贴满r分邮费的方式数。

a)假设不考虑贴邮票的次序。

b)假设邮票贴成一行并且考虑贴的次序。

c)当不考虑贴邮票的次序时，使用 a 的答案确定用 3 分、4 分和 20 分的邮票在信封上贴满 46 分邮费的方式数。(建议使用计算机代数程序。)

d)当考虑贴邮票的次序时，使用 b 的答案确定用 3 分、4 分和 20 分的邮票在信封上贴满一行 46 分邮费的方式数。(建议使用计算机代数程序。)

27. 在一个古怪的热带水果摊上，顾客能买到最多四个芒果、最多两个百香果、偶数个木瓜、三个或更多个椰子以及五个一组的杨桃。

a)解释如何使用生成函数来计算一名顾客购买n个水果的方法数，注意遵循列出的限制条件。

b)使用 a 中的答案确定可以用多少种方法买到 12 个这样的水果。

29. 使用生成函数(如果需要，使用计算机代数程序)求出换 1 美元的方式数。

a)用 10 美分和 25 美分。

b)用 5 美分、10 美分和 25 美分。

c)用 1 美分、10 美分和 25 美分。

d)用 1 美分、5 美分、10 美分和 25 美分。

31. 使用生成函数求出换 100 美元的方式数。

a)用 10 美元、20 美元和 50 美元纸币。

b)用 5 美元、10 美元、20 美元和 50 美元纸币。

c)用 5 美元、10 美元、20 美元和 50 美元纸币，并且每种纸币至少使用 1 张。

d)用 5 美元、10 美元和 20 美元纸币，并且每种纸币至少使用 1 张但不超过 4 张。

33. 如果$G(x)$是关于序列$\{a_k\}$的生成函数，那么关于下述每个序列的生成函数是什么？

a)$0，0，0，a_3，a_4，a_5，\cdots$(假定除了前三项以外各项服从此模式)

b)$a_0，0，a_1，0，a_2，0，\cdots$

c)$0，0，0，0，a_0，a_1，a_2，\cdots$(假定除了前四项以外各项服从此模式)

d)$a_0，2a_1，4a_2，8a_3，16a_4，\cdots$

e)$0，a_0，a_1/2，a_2/3，a_3/4，\cdots$[提示：这里需要微积分。]

f)$a_0，a_0+a_1，a_0+a_1+a_2，a_0+a_1+a_2+a_3，\cdots$

35. 使用生成函数求解递推关系$a_k=3a_{k-1}+2$，初始条件$a_0=1$。

37. 使用生成函数求解递推关系$a_k=5a_{k-1}-6a_{k-2}$，初始条件$a_0=6$和$a_1=30$。

39. 使用生成函数求解递推关系$a_k=4a_{k-1}-4a_{k-2}+k^2$，初始条件$a_0=2$和$a_1=5$。

41. 使用生成函数找出关于斐波那契数的显式公式。

***43.** (需要微积分知识)设$\{C_n\}$是卡特朗数的序列，即具有初值$C_0=C_1=1$的递推关系$C_n=\sum_{k=0}^{n-1}C_kC_{n-1-k}$的解(见 4.1 节例 5)。

a)证明：如果$G(x)$是关于卡特朗数的序列的生成函数，那么$xG(x)^2-G(x)+1=0$。(使用初始条件)推断$G(x)=(1-\sqrt{1-4x})/(2x)$。

b)使用练习 40 推断

$$G(x)=\sum_{n=0}^{\infty}\frac{1}{n+1}\binom{2n}{n}x^n$$

从而

$$C_n=\frac{1}{n+1}\binom{2n}{n}$$

45. 使用生成函数证明范德蒙恒等式：$C(m+n,r)=\sum_{k=0}^{r}C(m,r-k)C(n,k)$，其中$m$、$n$和$r$是非负整数，

且 r 不超过 m 或 n。[提示：查看在 $(1+x)^{m+n}=(1+x)^m(1+x)^n$ 两边的 x^r 的系数。]

关于序列 $\{a_n\}$ 的**指数生成函数**是级数

$$\sum_{n=0}^{\infty}\frac{a_n}{n!}x^n$$

例如，关于序列 1，1，1，…的指数生成函数是 $\sum_{n=0}^{\infty}x^n/n!=e^x$。(你将发现这个级数在下面的练习中很有用。)注意，e^x 是关于序列 1，1，1/2!，1/3!，1/4!，…的(普通)生成函数。

47. 求一个关于序列 $\{a_n\}$ 的指数生成函数的封闭形式，其中

a) $a_n=2$ **b)** $a_n=(-1)^n$ **c)** $a_n=3^n$

d) $a_n=n+1$ **e)** $a_n=1/(n+1)$

49. 求以下述函数为指数生成函数的序列。

a) $f(x)=e^{-x}$ **b)** $f(x)=3x^{2x}$

c) $f(x)=e^{3x}-3e^{2x}$ **d)** $f(x)=(1-x)+e^{-2x}$

e) $f(x)=e^{-2x}-(1/(1-x))$ **f)** $f(x)=e^{-3x}-(1+x)+(1/(1-2x))$

g) $f(x)=e^{x^2}$

51. 一个编码系统用八进制数字串对信息编码。一个码字是有效的，当且仅当它包含偶数个 7。

a) 求一个关于 n 位长有效码字个数的线性非齐次递推关系。初始条件是什么？

b) 使用 4.2 节的定理 6 解这个递推关系。

c) 用生成函数解这个递推关系。

在研究整数 n 分拆的不同类型的个数时生成函数是很有用的。一个正整数的分拆是把这个整数写成若干个正整数之和，和中的整数允许重复并且不考虑次序。例如，5 的分拆(不加限制)是 1+1+1+1+1、1+1+1+2、1+1+3、1+2+2、1+4、2+3 和 5。练习 53～58 说明了这种应用。

53. 证明：在 $1/((1-x)(1-x^2)(1-x^3)\cdots)$ 的形式幂级数展开式中 x^n 的系数 $p(n)$ 等于 n 的分拆数。

55. 证明：在 $(1+x)(1+x^2)(1+x^3)\cdots$ 的形式幂级数展开式中 x^n 的系数 $p_d(n)$ 等于将 n 分拆成不相等的整数(即把 n 写成正整数之和)的方式数，其中不管这些整数的次序但不允许重复。

57. 证明：如果 n 是正整数，那么将 n 分拆成不相等的整数的方式数等于将 n 分拆成允许重复的奇整数的方式数，即 $p_o(n)=p_d(n)$。[提示：证明关于 $p_o(n)$ 和 $p_d(n)$ 的生成函数相等。]

假定 X 是样本空间 S 上的随机变量，使得 $X(s)$ 对于所有的 $s\in S$ 是非负整数。关于 X 的**概率生成函数**是

$$G_X(x)=\sum_{k=0}^{\infty}p(X(s)=k)x^k$$

59. (需要微积分知识)证明如果 G_X 是随机变量 X 的概率生成函数，使得 $X(s)$ 对于所有的 $s\in S$ 是非负整数，那么

a) $G_X(1)=1$ **b)** $E(X)=G'_X(1)$

c) $V(X)=G''_X(1)+G'_X(1)-G'_X(1)^2$

61. 设 m 是正整数，进行独立的伯努利实验时，每次实验成功的概率为 p。设 X_m 是随机变量，如果第 $n+m$ 次实验出现第 m 次成功，则 X 的值就是 n。

a) 证明概率生成函数 G_{X_m} 由 $G_{X_m}(x)=p^m/(1-qx)^m$ 给出，其中 $q=1-p$。

b) 使用练习 59 和 a 中得到的关于概率生成函数的封闭公式求 X_m 的期望值和方差。

4.5 容斥

4.5.1 引言

一个离散数学班包含 30 个女生和 50 个二年级学生。在这个班里有多少个女生或二年级学生？如果没有更多的信息，这个问题是没法求解的。把女生数和二年级学生数加起来不一定能得出正确的结果，因为二年级的女生可能被计数了两次。这个事实说明在班里的女生或二年级学生数是班里的女生数与二年级学生数之和减去二年级的女生数。在 3.1 节曾经介绍过求解这种计数问题的技术。这里我们将把在那一节引入的思想加以推广，以求解需要计算两个以上集合的并集元素个数的问题。

4.5.2 容斥原理

两个有穷集的并集中存在多少个元素？在 2.2 节中证明了两个集合 A 和 B 的并集中的元素数是这些集合的元素数之和减去其交集中的元素数，即

$$|A\cup B|=|A|+|B|-|A\cap B|$$

正如我们在 3.1 节证明的，这个关于两个集合并集中元素数的公式在计数问题中是很有用的。例 1～3 进一步说明了这个公式的用处。

例 1 一个离散数学班包含 25 个计算机科学专业的学生、13 个数学专业的学生和 8 个同时主修数学和计算机科学两个专业的学生。如果每个学生或者主修数学专业，或者主修计算机科学专业，或者同时主修这两个专业，那么班里有多少个学生？

解 设 A 是这个班里计算机科学专业的学生的集合，B 是这个班里数学专业的学生的集合，那么 $A\cap B$ 是班里同时主修数学和计算机科学两个专业的学生的集合。因为这个班的每个学生或者主修计算机科学，或者主修数学(或者同时主修两个专业)，所以得到这个班里的学生数是 $|A\cup B|$。于是

$$\begin{aligned}|A\cup B|&=|A|+|B|-|A\cap B|\\&=25+13-8\\&=30\end{aligned}$$

因此，这个班有 30 个学生。如图 1 所示。◀

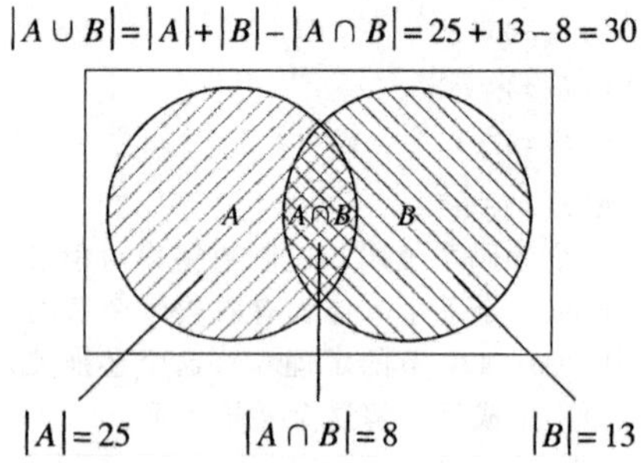

图 1　离散数学班的学生的集合

例 2 有多少个不超过 1000 的正整数可以被 7 或 11 整除？

解 设 A 是不超过 1000 且可被 7 整除的正整数的集合，B 是不超过 1000 且可被 11 整除的正整数的集合，那么 $A\cup B$ 是不超过 1000 且可被 7 或 11 整除的正整数的集合，$A\cap B$ 是不超过 1000 且可被 7 和 11 同时整除的正整数的集合。我们知道在不超过 1000 的正整数中有 $\lfloor 1000/7\rfloor$ 个整数可被 7 整除，并且有 $\lfloor 1000/11\rfloor$ 个整数可被 11 整除。由于 7 和 11 是互素的，所以被 7 和 11 同时整除的整数就是被 $7\cdot 11$ 整除的整数。因此，有 $\lfloor 1000/(11.7)\rfloor$ 个不超过 1000 的正整数可被 7 和 11 同时整除。于是有

$$\begin{aligned}|A\cup B|&=|A|+|B|-|A\cap B|\\&=\left\lfloor\frac{1000}{7}\right\rfloor+\left\lfloor\frac{1000}{11}\right\rfloor-\left\lfloor\frac{1000}{7\cdot 11}\right\rfloor\\&=142+90-12\\&=220\end{aligned}$$

个正整数不超过 1000 且可被 7 或 11 整除。如图 2 所示。◀

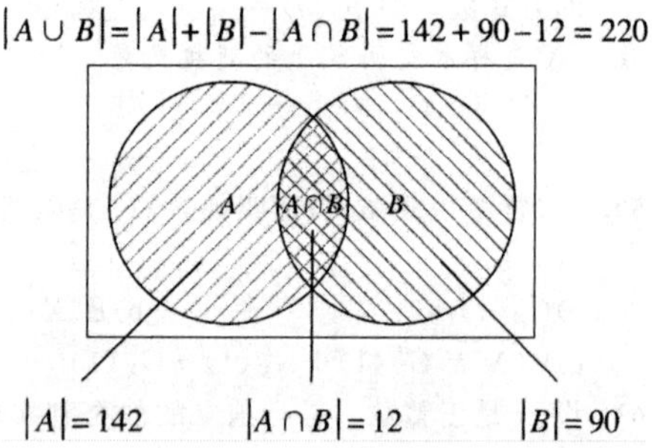

图 2　不超过 1000 的可被 7 或 11 整除的正整数的集合

例 3 说明怎样求有穷全集中在两个集合的并集之外的元素数。

例 3 假设你们学校有 1807 个新生。其中 453 人选了一门计算机科学课，567 人选了一门数学课，299 人同时选了计算机科学课和数学课。有多少学生既没有选计算机科学课也没有选数学课？

解 为找出既没有选数学课也没有选计算机科学课的新生数，就要从新生总数中减去选了其中一门课的学生数。设 A 是选了一门计算机课的所有新生的集合，B 是选了一门数学课的所有新生的集合。于是 $|A|=453$，$|B|=567$，且 $|A\cap B|=299$。选了一门计算机科学课或数学课的学生数是

$$\begin{aligned}|A\cup B| &= |A|+|B|-|A\cap B|\\ &= 453+567-299=721\end{aligned}$$

因此，有 1807－721＝1086 个新生既没选计算机科学课也没选数学课。◀

在本节的后面将说明怎样求有限个集合的并集中的元素数。这个结果叫作**容斥原理**。设 n 是任意正整数，在考虑 n 个集合的并集之前，先推导与 3 个集合 A、B 和 C 的并集中的元素数有关的公式。为了推导这个公式，首先注意以下事实：$|A|+|B|+|C|$ 对 3 个集合中那些恰好在其中 1 个集合的元素只计数了 1 次，恰好在其中 2 个集合的元素计数了 2 次，恰好在其中 3 个集合的元素计数了 3 次。这个结果如图 3a 所示。

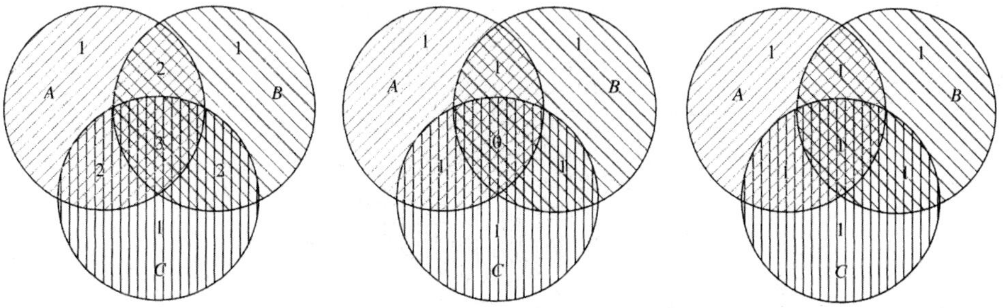

a) 由 $|A|+|B|+|C|$ 计数的元素

b) 由 $|A|+|B|+|C|-|A\cap B|-|A\cap C|-|B\cap C|$ 计数的元素

c) 由 $|A|+|B|+|C|-|A\cap B|-|A\cap C|-|B\cap C|+|A\cap B\cap C|$ 计数的元素

图 3　求关于 3 个集合的并集中元素数的公式

为了去掉在多个集合中元素的重复计数，减去这 3 个集合中的每 2 个集合的交集中的元素数，得到

$$|A|+|B|+|C|-|A\cap B|-|A\cap C|-|B\cap C|$$

这个表达式对恰好出现在其中 1 个集合的元素仍旧计数 1 次。对恰好出现在其中 2 个集合的元素也计数 1 次，因为 2 个集合的交集有 3 个，而这种元素只出现在其中之一。但是，那些出现在 3 个集合的元素将被这个表达式计数 0 次，因为它们将会出现在所有的两两相交的 3 个交集中。这个结果如图 3b 所示。

为了纠正这个漏计，还要加上 3 个集合交集中的元素数。最后的表达式对每个元素计数了 1 次，不管它是在 1 个、2 个还是 3 个集合中。于是

$$|A\cup B\cup C|=|A|+|B|+|C|-|A\cap B|-|A\cap C|-|B\cap C|+|A\cap B\cap C|$$

这个公式显示在图 3c 中。

例 4 说明了怎样使用这个公式。

例 4　1232 个学生选了西班牙语课，879 个学生选了法语课，114 个学生选了俄语课。103 个学生选了西班牙语和法语课，23 个学生选了西班牙语和俄语课，14 个学生选了法语和俄语课。如果 2092 个学生至少在西班牙语、法语和俄语课中选 1 门，有多少个学生选了所有这 3 门语言课？

解　设 S 是选西班牙语课的学生集合，F 是选法语课的学生集合，R 是选俄语课的学生集合。那么

$$|S|=1232,\quad |F|=879,\quad |R|=114$$
$$|S\cap F|=103,\quad |S\cap R|=23,\quad |F\cap R|=14$$

且

$$|S\cup F\cup R|=2092$$

把这些等式代入下面的等式

$$|S\cup F\cup R|=|S|+|F|+|R|-|S\cap F|-|S\cap R|-|F\cap R|+|S\cap F\cap R|$$

得到

$$2092=1232+879+114-103-23-14+|S\cap F\cap R|$$

求解上式得到 $|S\cap F\cap R|=7$。因此有 7 个学生同时选了西班牙语、法语和俄语课。这个结果如图 4 所示。◀

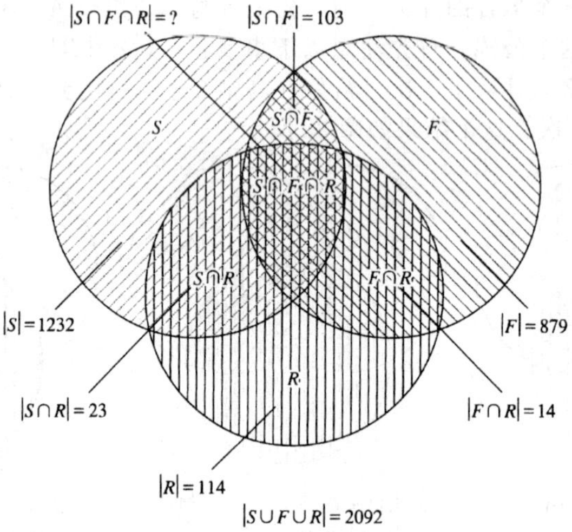

图 4　选了西班牙语、法语和俄语课程的学生集合

我们现在将叙述和证明对于 n 个集合的**容斥原理**，其中 n 为正整数。这个原理告诉我们，计算 n 个集合的并集大小时，需要将 n 个集合的元素个数相加，然后减去所有两个集合交集的元素个数，然后加上所有三个集合交集的元素个数，如此下去，直到所有集合的交集。奇数集合个数时是加法，偶数集合个数时是减法。

定理 1　容斥原理　设 A_1，A_2，…，A_n 是有穷集。那么

$$|A_1\cup A_2\cup\cdots\cup A_n|=\sum_{1\leqslant i\leqslant n}|A_i|-\sum_{1\leqslant i<j\leqslant n}|A_i\cap A_j|$$

$$+\sum_{1\leqslant i<j<k\leqslant n}|A_i\cap A_j\cap A_k|-\cdots+(-1)^{n+1}|A_1\cap A_2\cap\cdots\cap A_n|$$

证明　我们将通过证明并集中的每个元素在等式右边恰好被计数 1 次来证明这个公式。假设 a 恰好是 A_1，A_2，…，A_n 中 r 个集合的成员，其中 $1\leqslant r\leqslant n$。这个元素被 $\sum|A_i|$ 计数了 $C(r,1)$ 次，被 $\sum|A_i\cap A_j|$ 计数了 $C(r,2)$ 次。一般来说，它涉及 m 个 A_i 集合的求和被计数了 $C(r,m)$ 次。于是，这个元素恰好被等式右边的表达式计数了

$$C(r,1)-C(r,2)+C(r,3)-\cdots+(-1)^{r+1}C(r,r)$$

次。我们的目标是求出这个值。由 3.4 节的推论 2，我们有

$$C(r,0)-C(r,1)+C(r,2)-\cdots+(-1)^{r}C(r,r)=0$$

于是

$$1=C(r,0)=C(r,1)-C(r,2)+\cdots+(-1)^{r+1}C(r,r)$$

因此，并集中的每个元素在等式右边的表达式中恰好被计数 1 次。这就证明了容斥原理。◀

对于每个正整数 n，容斥原理对于 n 个集合并集的元素数给出了一个公式。对于 n 个集合的集合族的每一个非空子集的交，在这个公式中都存在一项计数了它的元素。因此在这个公式中有 2^n-1 项。

Extra Examples

例 5　对于 4 个集合的并集中的元素数给出一个公式。

解　容斥原理显示

$$
\begin{aligned}
&|A_1 \cup A_2 \cup A_3 \cup A_4| \\
&= |A_1| + |A_2| + |A_3| + |A_4| \\
&- |A_1 \cap A_2| - |A_1 \cap A_3| - |A_1 \cap A_4| - |A_2 \cap A_3| - |A_2 \cap A_4| - |A_3 \cap A_4| \\
&+ |A_1 \cap A_2 \cap A_3| + |A_1 \cap A_2 \cap A_4| + |A_1 \cap A_3 \cap A_4| + |A_2 \cap A_3 \cap A_4| \\
&- |A_1 \cap A_2 \cap A_3 \cap A_4|
\end{aligned}
$$

注意，这个公式包含 15 个不同的项，对于$\{A_1, A_2, A_3, A_4\}$的每个非空子集有一项。 ◀

奇数编号练习

1. 在 $A_1 \cup A_2$ 中有多少个元素？如果 A_1 中有 12 个元素，A_2 中有 18 个元素，并且

a) $A_1 \cap A_2 = \varnothing$　**b)** $|A_1 \cap A_2| = 1$　**c)** $|A_1 \cap A_2| = 6$　**d)** $A_1 \subseteq A_2$

3. 一项调查显示在美国 96%的家庭至少有 1 台电视机，98%的家庭有电话，95%的家庭有电话且至少有 1 台电视机。在美国有百分之几的家庭既没有电话也没有电视机？

5. 求 $A_1 \cup A_2 \cup A_3$ 中的元素数，如果每个集合有 100 个元素并且

a) 这些集合是两两不交的

b) 每对集合中存在 50 个公共元素并且没有元素在所有这 3 个集合中

c) 每对集合中存在 50 个公共元素并且有 25 个元素在所有这 3 个集合中

d) 这些集合是相等的

7. 一个学校有 2504 个计算机科学专业的学生，其中 1876 人选修了 Pascal、999 人选修了 Fortran、345 人选修了 C、876 人选修了 Pascal 和 Fortran、231 人选修了 Fortran 和 C、290 人选修了 Pascal 和 C。如果 189 个学生选了 Fortran、Pascal 和 C，那么 2504 个学生中有多少学生没选这 3 门程序设计语言课的任何一门？

9. 一个学校有 507、292、312 和 344 个学生分别选了微积分、离散数学、数据结构或程序设计语言课，且有 14 人选了微积分和数据结构课、213 人选了微积分和程序设计语言课、211 人选了离散数学和数据结构课、43 人选了离散数学和程序设计语言课、没有学生同时选微积分和离散数学课，也没有学生同时选数据结构和程序设计语言课。问有多少学生选择微积分、离散数学、数据结构或程序设计语言课？

11. 求不超过 1000 且不能被 3、17 或 35 整除的正整数个数。

13. 求不超过 100 且是奇数或平方数的正整数的个数。

15. 有多少 8 位比特串不包含 6 个连续的 0？

17. 在 10 个十进制数字的排列中有多少个以 3 个数字 987 开始，在第 5 和第 6 位包含数字 45，且最后 3 位是 123？

19. 有 4 个集合，如果这些集合分别有 50、60、70 和 80 个元素，每一对集合有 5 个公共元素，每 3 个集合有 1 个公共元素，并且没有元素在所有的 4 个集合里。问在这 4 个集合的并集中有多少个元素？

21. 根据容斥原理写出关于 5 个集合并集元素数的显式公式。

23. 有 6 个集合，如果知道其中任意 3 个集合都是不相交的，根据容斥原理写出关于这 6 个集合并集元素数的显式公式。

25. 设 E_1、E_2 和 E_3 是样本空间 S 的 3 个事件。求关于 $E_1 \cup E_2 \cup E_3$ 的概率的公式。

27. 从 1 到 100(含 1 和 100)不允许重复地随机取 4 个数，求所有的都是奇数、所有的都被 3 整除或所有的都被 5 整除的概率。

29. 一个样本空间有 5 个事件，如果其中没有 4 个事件同时出现，求关于这 5 个事件的并的概率公式。

31. 求一个样本空间中 n 个事件的并的概率公式。

4.6 容斥原理的应用

4.6.1 引言

可以使用容斥原理求解许多计数问题。例如，我们可以使用这个原理找出小于某个正整数的素数的个数。通过计数从一个有穷集到另一个有穷集的映上函数的个数，能够求解许多问题。而容斥原理就可以用来求出这种函数的个数。也可以使用容斥原理求解著名的帽子认领问题。

帽子认领问题是：一个招待随机地将帽子发还给存放帽子的人，求没有人取回自己帽子的概率。

4.6.2 容斥原理的另一种形式

容斥原理有另一种表述形式，它在计数问题中很有用。特别是，这种形式可以用于求解在一个集合中的元素数，使得这些元素不具有 n 个性质 P_1，P_2，…，P_n 中的任何一条性质。

设 A_i 是具有性质 P_i 的元素的子集。具有所有这些性质 P_{i_1}，P_{i_2}，…，P_{i_k} 的元素数将记为 $N(P_{i_1}P_{i_2}\cdots P_{i_k})$。用集合的术语写这些等式，有

$$|A_{i_1}\cap A_{i_2}\cap\cdots\cap A_{i_k}|=N(P_{i_1}P_{i_2}\cdots P_{i_k})$$

如果不具有 n 个性质 P_1，P_2，…，P_n 中的任何一个的元素数记为 $N(P_1'P_2'\cdots P_n')$，集合中的元素数记为 N，那么有

$$N(P_1'P_2'\cdots P_n')=N-|A_1\cup A_2\cup\cdots\cup A_n|$$

由容斥原理，有

$$N(P_1'P_2'\cdots P_n')=N-\sum_{1\leqslant i\leqslant n}N(P_i)+\sum_{1\leqslant i<j\leqslant n}N(P_iP_j)-\sum_{1\leqslant i<j<k\leqslant n}N(P_iP_jP_k)$$
$$+\cdots+(-1)^nN(P_1P_2\cdots P_n)$$

例 1 说明怎样使用容斥原理确定具有约束条件的方程的整数解的个数。

例 1 $x_1+x_2+x_3=11$ 有多少个整数解？其中 x_1、x_2 和 x_3 是非负整数，且 $x_1\leqslant 3$，$x_2\leqslant 4$，$x_3\leqslant 6$。

解 为了使用容斥原理，令解的性质 P_1 为 $x_1>3$，性质 P_2 为 $x_2>4$，性质 P_3 为 $x_3>6$。满足不等式 $x_1\leqslant 3$、$x_2\leqslant 4$ 以及 $x_3\leqslant 6$ 的解的个数是

$$N(P_1'P_2'P_3')=N-N(P_1)-N(P_2)-N(P_3)+N(P_1P_2)$$
$$+N(P_1P_3)+N(P_2P_3)-N(P_1P_2P_3)$$

使用与 3.5 节例 5 相同的技术，得到

$N=$ 解的总数 $=C(3+11-1,11)=78$

$N(P_1)=$（具有 $x_1\geqslant 4$ 的解数）$=C(3+7-1,7)=C(9,7)=36$

$N(P_2)=$（具有 $x_2\geqslant 5$ 的解数）$=C(3+6-1,6)=C(8,6)=28$

$N(P_3)=$（具有 $x_3\geqslant 7$ 的解数）$=C(3+4-1,4)=C(6,4)=15$

$N(P_1P_2)=$（具有 $x_1\geqslant 4$ 且 $x_2\geqslant 5$ 的解数）$=C(3+2-1,2)=C(4,2)=6$

$N(P_1P_3)=$（具有 $x_1\geqslant 4$ 且 $x_3\geqslant 7$ 的解数）$=C(3+0-1,0)=1$

$N(P_2P_3)=$（具有 $x_2\geqslant 5$ 且 $x_3\geqslant 7$ 的解数）$=0$

$N(P_1P_2P_3)=$（具有 $x_1\geqslant 4,x_2\geqslant 5$ 且 $x_3\geqslant 7$ 的解数）$=0$

把这些等式代入关于 $N(P_1'P_2'P_3')$ 的公式，说明满足 $x_1\leqslant 3$、$x_2\leqslant 4$ 以及 $x_3\leqslant 6$ 的解的个数等于

$$N(P_1'P_2'P_3')=78-36-28-15+6+1+0-0=6$$ ◀

4.6.3 埃拉托斯特尼筛法

可以用埃拉托斯特尼筛法求出不超过一个给定正整数的素数的个数。一个合数可以被一个不超过它的平方根的素数整除。因此，为找出不超过 100 的素数的个数，首先注意到不超过 100 的合数一定有一个不超过 10 的素因子。由于小于 10 的素数只有 2、3、5 和 7，因此不超过 100 的素数就是这 4 个素数以及那些大于 1 和不超过 100 且不被 2、3、5 或 7 整除的正整数。为了应用容斥原理，令 P_1 是一个整数被 2 整除的性质，P_2 是一个整数被 3 整除的性质，P_3 是一个整数被 5 整除的性质，P_4 是一个整数被 7 整除的性质。于是，不超过 100 的素数的个数是

$$4+N(P_1'P_2'P_3'P_4')$$

由于存在 99 个比 1 大且不超过 100 的正整数，所以容斥原理说明

$$N(P_1'P_2'P_3'P_4')=99-N(P_1)-N(P_2)-N(P_3)-N(P_4)$$
$$+N(P_1P_2)+N(P_1P_3)+N(P_1P_4)+N(P_2P_3)+N(P_2P_4)+N(P_3P_4)$$

$$-N(P_1P_2P_3)-N(P_1P_2P_4)-N(P_1P_3P_4)-N(P_2P_3P_4)$$
$$+N(P_1P_2P_3P_4)$$

不超过 100(且大于 1)并被{2，3，5，7}的子集中的所有素数整除的正整数个数是$\lfloor 100/N \rfloor$，其中 N 是这个子集中的素数之积。(这是因为任意两个素数都没有公因子。)因此，

$$\begin{aligned}N(P'_1P'_2P'_3P'_4)&=99-\left\lfloor\frac{100}{2}\right\rfloor-\left\lfloor\frac{100}{3}\right\rfloor-\left\lfloor\frac{100}{5}\right\rfloor-\left\lfloor\frac{100}{7}\right\rfloor+\left\lfloor\frac{100}{2\cdot 3}\right\rfloor+\left\lfloor\frac{100}{2\cdot 5}\right\rfloor+\left\lfloor\frac{100}{2\cdot 7}\right\rfloor\\&\quad+\left\lfloor\frac{100}{3\cdot 5}\right\rfloor+\left\lfloor\frac{100}{3\cdot 7}\right\rfloor+\left\lfloor\frac{100}{5\cdot 7}\right\rfloor-\left\lfloor\frac{100}{2\cdot 3\cdot 5}\right\rfloor-\left\lfloor\frac{100}{2\cdot 3\cdot 7}\right\rfloor-\left\lfloor\frac{100}{2\cdot 5\cdot 7}\right\rfloor\\&\quad-\left\lfloor\frac{100}{3\cdot 5\cdot 7}\right\rfloor+\left\lfloor\frac{100}{2\cdot 3\cdot 5\cdot 7}\right\rfloor\\&=99-50-33-20-14+16+10+7+6+4+2-3-2-1-0+0\\&=21\end{aligned}$$

因此，存在 $4+21=25$ 个不超过 100 的素数。

4.6.4 映上函数的个数

也可以应用容斥原理确定从 m 元素集合到 n 元素集合的映上函数的个数。首先考虑例 2。

例 2 从 6 元素集合到 3 元素集合有多少个映上函数?

解 假定在陪域中的元素是 b_1，b_2，b_3。设 P_1，P_2，P_3 分别是 b_1，b_2，b_3 不在函数值域中的性质。注意，一个函数是映上的当且仅当它没有性质 P_1、P_2 和 P_3。根据容斥原理得到 6 元素集合到 3 元素集合的映上函数的个数是

$$N(P'_1P'_2P'_3)=N-[N(P_1)+N(P_2)+N(P_3)]$$
$$+[N(P_1P_2)+N(P_1P_3)+N(P_2P_3)]-N(P_1P_2P_3)$$

其中 N 是从 6 元素集合到 3 元素集合的函数总数。我们将对等式右边的每一项求值。

由 4.1 节的例 6 得出 $N=3^6$。注意 $N(P_i)$是值域中不含 b_i 的函数的个数。所以，对于定义域中的每个元素的函数值有 2 种选择，从而得到 $N(P_i)=2^6$。此外，这种项有 $C(3，1)$个。注意 $N(P_iP_j)$是值域中不含 b_i 和 b_j 的函数个数。所以，对于定义域中的每个元素的函数值只有 1 种选择。从而得到 $N(P_iP_j)=1^6=1$。此外，这种项有 $C(3，2)$个。还有，注意$N(P_1P_2P_3)=0$，因为这个项是值域中不含 b_1、b_2 和 b_3 的函数的个数。显然，没有这样的函数。于是，从 6 元素集合到 3 元素集合的映上函数的个数是

$$3^6-C(3，1)2^6+C(3，2)1^6=729-192+3=540$$ ◀

现在说明从 m 元素集合到 n 元素集合的映上函数的个数的一般性结果。这个结果的证明留给读者作为练习。

> **定理 1** 设 m 和 n 是正整数，满足 $m\geqslant n$。那么存在
> $$n^m-C(n，1)(n-1)^m+C(n，2)(n-2)^m-\cdots+(-1)^{n-1}C(n，n-1)\cdot 1^m$$
> 个从 m 元素集合到 n 元素集合的映上函数。

从 m 元素集合到 n 元素集合的映上函数是这样一种对应方式：它把定义域中的 m 个元素分配到 n 个不可辨别的盒子中，使得每个盒子都不是空的，然后将陪域中的 n 个元素中的每一个元素都与一个盒子相对应。这意味着从具有 m 个元素的集合到具有 n 个元素的集合的映上函数的个数，等于把 m 个可辨别的物体分配到 n 个不可辨别的盒子中，使得每个盒子都不空时的方法数乘以具有 n 个元素的集合的排列数。因此，从 m 个元素的集合到 n 个元素的集合的映上函数的个数为 $n!\ S(m，s)$，其中 $S(m，n)$是 3.5 节中定义的第二类斯特林数。这意味着我们可以用定理 1 来推导 3.5 节所给的关于 $S(m，n)$的公式。(关于第二类斯特林数更详细的信息，可参见[MiRo91]中的第 6 章。)

下面给出定理 1 的另一个应用的实例。

例 3 把 5 项工作分给 4 个不同的雇员，如果每个雇员至少分配 1 项工作，问有多少种方式？

解 把工作分配看作从 5 个工作集合到 4 个雇员集合的函数。每个雇员至少得到 1 项工作的分配对应于从工作集合到雇员集合的映上函数。因此，由定理 1，存在

$$4^5-C(4,1)3^5+C(4,2)2^5-C(4,3)1^5=1024-972+192-4=240$$

种方式来分配工作并使得每个雇员至少得到 1 项工作。◀

4.6.5 错位排列

下面将用容斥原理计数排列 n 个物体并使得没有一个物体在它的初始位置上的方式数。考虑下面的例子。

例 4 **帽子认领问题** 在一个餐厅里，一个新的雇员寄存 n 个人的帽子时忘记把寄存号放在帽子上。当顾客取回他们的帽子时，这个雇员从剩下的帽子中随机选择发给他们。问没有一个人收到自己帽子的概率是多少？◀

评注 *答案就是重新排列帽子使得没有帽子在它的初始位置上的方式数除以 n 个帽子的排列数 $n!$。在我们找出排列 n 个物体并使得没有一个物体在它的初始位置上的方式数以后再考虑这个例子。*

Links **错位排列**是使得没有一个物体在它的初始位置上的排列。为求解例 4 中的问题我们需要确定 n 个物体的错位排列数。

例 5 排列 21453 是 12345 的一个错位排列，因为没有数在它的初始位置上。但是，21543 不是 12345 的错位排列，因为 4 留在它的初始位置上。◀

设 D_n 表示 n 个物体的错位排列数。例如，$D_3=2$，因为 123 的错位排列是 231 和 312。我们将使用容斥原理对所有的正整数 n 求 D_n。

定理 2 *n 元素集合的错位排列数是*

$$D_n=n!\left[1-\frac{1}{1!}+\frac{1}{2!}-\frac{1}{3!}+\cdots+(-1)^n\frac{1}{n!}\right]$$

证明 如果排列保持元素 i 不变，就设排列有性质 P_i。错位排列的个数就是对 $i=1,2,\cdots,n$，没有性质 P_i 的排列数，或

$$D_n=N(P_1'P_2'\cdots P_n')$$

使用容斥原理得到

$$D_n=N-\sum_i N(P_i)+\sum_{i<j}N(P_iP_j)-\sum_{i<j<k}N(P_iP_jP_k)+\cdots+(-1)^nN(P_1P_2\cdots P_n)$$

其中 N 是 n 个元素的排列数。这个等式说明所有元素都发生变化的排列数，等于排列的总数减去至少保持 1 个元素不变的排列数，加上至少保持 2 元素不变的排列数，减去至少保持 3 个元素不变的排列数，等等。现在找出在等式右边出现的所有的量。

首先注意 $N=n!$，因为 N 只是 n 个元素排列的总数。而且，$N(P_i)=(n-1)!$。这是由乘积法则得到的，因为 $N(P_i)$ 是保持元素 i 不变的排列数，所以第 i 个位置是确定的，但是其余的每个位置可以放任意元素。类似地，

$$N(P_iP_j)=(n-2)!$$

因为这是保持元素 i 和 j 不变的排列数，但是其余 $(n-2)$ 个元素的位置可以任意地安排。一般来说，有

$$N(P_{i_1}P_{i_2}\cdots P_{i_m})=(n-m)!$$

因为这是保持元素 $i_1, i_2, \cdots, i_m$ 不变的排列数，但是其他 $(n-m)$ 个元素的位置可以任意安排。由于存在 $C(n,m)$ 种方式从 n 个元素中选择 m 个，所以有

$$\sum_{1\leqslant i\leqslant n} N(P_i) = C(n,1)(n-1)!$$

$$\sum_{1\leqslant i<j\leqslant n} N(P_iP_j) = C(n,2)(n-2)!$$

一般地，有

$$\sum_{1\leqslant i_1<i_2<\cdots<i_m\leqslant n} N(P_{i_1}P_{i_2}\cdots P_{i_m}) = C(n,m)(n-m)!$$

所以，把这些等式代入关于 D_n 的公式得到

$$\begin{aligned} D_n &= n! - C(n,1)(n-1)! + C(n,2)(n-2)! - \cdots + (-1)^n C(n,n)(n-n)! \\ &= n! - \frac{n!}{1!(n-1)!}(n-1)! + \frac{n!}{2!(n-2)!}(n-2)! - \cdots + (-1)^n \frac{n!}{n!0!}0! \end{aligned}$$

简化这个表达式得

$$D_n = n!\left[1 - \frac{1}{1!} + \frac{1}{2!} - \cdots + (-1)^n \frac{1}{n!}\right]$$ ◀

表 1　错位排列的概率

n	2	3	4	5	6	7
$D_n/n!$	0.500 00	0.333 33	0.375 00	0.366 67	0.368 06	0.367 86

现在对于给定的正整数 n 求 D_n 就简单了。例如，使用定理 2 得到

$$D_3 = 3!\left[1 - \frac{1}{1!} + \frac{1}{2!} - \frac{1}{3!}\right] = 6\left(1 - 1 + \frac{1}{2} - \frac{1}{6}\right) = 2$$

正如我们前面所看到的。

现在可以给出例 4 中问题的解。

解　没有一个人收到自己帽子的概率是 $D_n/n!$。由定理 2，这个概率是

$$\frac{D_n}{n!} = 1 - \frac{1}{1!} + \frac{1}{2!} - \cdots + (-1)^n \frac{1}{n!}$$

对于 $2\leqslant n\leqslant 7$，这个概率的值在表 1 中给出。

通过恒等式 $e^x = \sum_{j=0}^{\infty} x^j/j!$，其中 x 为所有实数(使用微积分方法)，可以证明

$$e^{-1} = 1 - \frac{1}{1!} + \frac{1}{2!} - \cdots + (-1)^n \frac{1}{n!} + \cdots \approx 0.368$$

因为这是一个项趋向于 0 的交错级数，所以当 n 无限增长时，没有一个人取回自己帽子的概率趋于 $e^{-1}\approx 0.368$。事实上，可以证明这个概率与 e^{-1} 的差在 $1/(n+1)!$ 之内。 ◀

奇数编号练习

1. 假设 1 蒲式耳 100 个苹果中 20 个有虫，15 个有擦伤。只有没虫也没擦伤的苹果才可以卖。如果 10 个擦伤的苹果有虫，那么 100 个苹果中有多少个可以卖？

3. 方程 $x_1+x_2+x_3=13$ 有多少个解？其中 x_1、x_2、x_3 是小于 6 的非负整数。

5. 使用容斥原理求小于 200 的素数的个数。

7. 有多少小于 10 000 的正整数不是一个整数的 2 次或更高次幂？

9. 有多少种方式把 6 个不同的玩具分给 3 个不同的孩子并使得每个孩子至少得到 1 个玩具？

11. 有多少种方式把 7 项不同的工作分给 4 个不同的雇员，使得每个雇员至少得到 1 项工作，并且把最困难的工作分给最好的雇员？

13. 一个 7 元素集合有多少个错位排列？

15. 一个把信放入信袋的机器发生了故障并且随机把信放入信袋中。在一组 100 封信中发生下面事件的概率是多少？

a) 没有信放对了信袋。　**b)** 恰好 1 封信放对了信袋。

c) 恰好 98 封信放对了信袋。　**d)** 恰好 99 封信放对了信袋。

e)所有的信都放对了信袋。

* **17.** 有多少种方式安排数字 0，1，2，3，4，5，6，7，8，9 使得没有偶数在它的初始位置上？

* **19.** 使用练习 18 证明

$$D_n = nD_{n-1} + (-1)^n \quad n \geqslant 1$$

21. 对哪些正整数 n，错位排列数 D_n 是偶数？

* **23.** 当 n 的素因子分解式是

$$n = p_1^{a_1} p_2^{a_2} \cdots p_m^{a_m}$$

时，使用容斥原理推导一个关于 $\phi(n)$的公式。

* **25.** 以整数 1，2，3 开始的{1，2，3，4，5，6}的错位排列数有多少个？

27. 证明定理 1。

关　系

在许多情况下集合的元素之间都存在某种关系。每天我们都要涉及各种关系，例如一个企业和它的电话号码之间的关系、雇员与其工资之间的关系、一个人与其亲属之间的关系等。在数学中我们研究的关系，包括一个正整数与被它除的一个正整数、一个整数与和它模5同余的一个整数、一个实数与一个比它大的实数，以及一个实数 x 和它的函数值 $f(x)$ 之间的关系等。在计算机科学中常常出现的关系，包括一个程序与它所使用的一个变量、一种计算机语言与这个语言的一个有效语句之间的关系等。两个集合的元素之间的关系可以表示成一种结构，这种结构叫作关系。它其实是集合间的笛卡儿积的一个子集。可以用关系来求解问题，例如，确定在一个网络中的哪两个城市之间开通航线，为一个复杂课题的不同阶段的工作寻找一种可行的执行次序。我们将介绍一些二元关系可能具有的不同性质。

两个以上集合的元素之间的关系出现在许多情况中。这些关系可以用 n 元关系表示，n 元关系是 n 个元组的集合。这种关系是关系型数据模型的基础，这是在计算机数据库中存储信息的最常见方法。我们将介绍用于研究关系型数据库的术语，定义其中的一些重要操作，并介绍数据库查询语言SQL。我们将以数据挖掘中的一个重要应用，结束对 n 元关系和数据库的简要研究。特别是，我们将展示如何使用以 n 元关系表示的事务数据库来衡量当某人在购买一种或多种其他产品时，从商店购买某个特定产品的可能性。

两种表示关系的方法——使用正方形矩阵以及使用由顶点和有向边组成的有向图，将在后面的小节中介绍和使用。我们还将研究具有某些特定属性的集合的关系。例如，在某些计算机语言中，一个变量名的前31个字符才是有效的。由前31个字母相同的字符串的有序对组成的关系，就是一种被称为等价关系的特殊关系。等价关系在数学和计算机科学中均有体现。最后，我们将研究称为偏序的关系，它一般用小于或等于关系来标记。例如，由英文字母构成的所有字符串对的集合，其中第二个字符串与第一个字符串相同，或按字典顺序在第一个字符串之后，这就是偏序。

5.1 关系及其性质

5.1.1 引言

可以用两个相关元素构成的有序对来表达两个集合的元素之间的关系，这是一种最直接的方式。为此，由有序对组成的集合就叫作二元关系。在这一节中，我们引入描述二元关系的基本术语。在这一章的后面，我们将使用关系来求解涉及通信网络、项目调度以及识别集合中具有共同性质的元素等问题。 Links

定义1 设 A 和 B 是集合，一个从 A 到 B 的二元关系是 $A\times B$ 的子集。

换句话说，一个从 A 到 B 的二元关系是集合 R，其中每个有序对的第一个元素取自 A 而第二个元素取自 B。我们使用记号 aRb 表示 $(a, b)\in R$，$a\not R b$ 表示 $(a, b)\notin R$。当 (a, b) 属于 R 时，称 a 与 b 有**关系** R。

二元关系表示两个集合的元素之间的关系。在本章的后面我们将引入 n 元关系，它表示在三个以上集合中元素之间的关系。当不发生混淆时我们将省去二元这个词。

例1～3说明了关系的概念。

例1 设 A 是学生的集合，B 是课程的集合。令 R 是由 (a, b) 对构成的关系，其中 a 是选修课程 b 的学生。例如，如果Jason Goodfriend和Deborah Sherman选修CS518，有序对(Jason

Goodfriend，CS518）和（Deborah Sherman，CS518）属于 R。如果 Jason Goodfriend 也选修 CS510，那么有序对（Jason Goodfriend，CS510）也属于 R。但是，如果 Deborah Sherman 没有选修 CS510，那么有序对（Deborah Sherman，CS510）不在 R 中。

注意如果一个学生目前没有选修任何课程，那么在 R 中没有以这个学生为第一个元素的有序对。类似地，如果一门课程目前没有开设，那么在 R 中也没有以这门课程作为第二个元素的有序对。◀

例 2 设 A 是美国所有城市的集合，B 是 50 个州的集合。按如下方式定义关系 R：如果城市 a 在州 b 中，则 (a, b) 属于 R。例如，（Boulder，科罗拉多州）、（Bangor，缅因州）、（Ann Arbor，密歇根州）、（Middletown，新泽西州）、（Middletown，纽约州）、（Cupertino，加利福尼亚州）和（Red Bank，新泽西州）均在 R 中。◀

例 3 设 $A=\{0, 1, 2\}$，$B=\{a, b\}$，那么 $\{(0, a), (0, b), (1, a), (2, b)\}$ 是从 A 到 B 的关系。这意味着，有 $0Ra$，但 $1\not R b$。关系可以用图来表示，如图 1 所示，用箭头表示有序对。另一种表示关系的方式就是用表，这也在图 1中给出。在 5.3 节我们将更详细地讨论关系的表示。

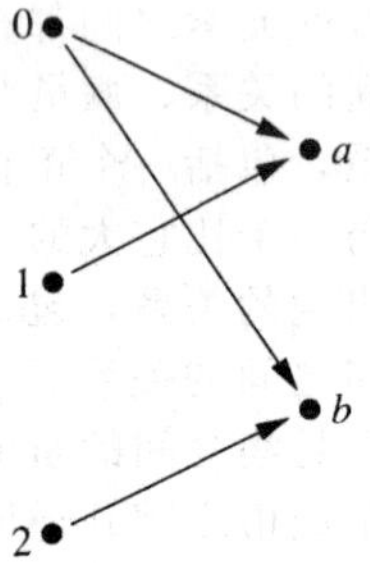

R	a	b
0	×	×
1	×	
2		×

图 1　例 3 中关系 R 的有序对

5.1.2　函数作为关系

一个从集合 A 到集合 B 的函数 f（如 2.3 节的定义）对 A 中的每个元素都指定 B 中的唯一的元素。f 的图示是满足 $b=f(a)$ 的所有有序对 (a, b) 的集合。由于 f 的图示是 $A\times B$ 的子集，所以它就是一个从 A 到 B 的关系。此外，函数的图示有下述性质：A 的每个元素恰好是图中一个有序对的第一元素。

相反，如果 R 是从 A 到 B 的关系，并且使得 A 中的每个元素恰好是 R 中一个有序对的第一元素，那么 R 就可以定义一个函数的图示。只要对 A 的每个元素指定唯一的元素 $b\in B$ 使得 $(a, b)\in R$ 即可（注意，例 2 中的关系不是函数的图示，因为 Middletown 作为有序对的第一个元素出现了多次）。

可以用关系表达在集合 A 和集合 B 的元素之间的一对多的关系（如例 2），其中 A 的一个元素可以与 B 中的多个元素相关。函数表示了这样一种关系，对于 A 中的每个元素恰好只有一个 B 中的元素与之相关。

关系是函数的一般表示，可以用关系表示集合之间更为广泛的联系（从 A 到 B 的函数 f 的图示是有序对 $(a, f(a))$，$a\in A$ 的集合）。

5.1.3　集合的关系

集合 A 到它自身的关系更令人感兴趣。

定义 2　集合 A 上的关系是从 A 到 A 的关系。

换句话说，集合 A 上的关系是 $A\times A$ 的子集。

例 4 设 A 是集合 $\{1, 2, 3, 4\}$，A 上的关系 $R=\{(a, b) \mid a$ 整除 $b\}$ 中有哪些有序对？

解　因为 (a, b) 在 R 中当且仅当 a 和 b 是不超过 4 的正整数且 a 整除 b，所以可以得到 $R=\{(1, 1), (1, 2), (1, 3), (1, 4), (2, 2), (2, 4), (3, 3), (4, 4)\}$。图 2 中给出了这个关系中有序对的图和表的表示。◀

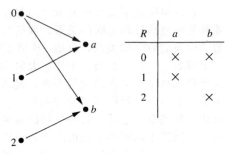

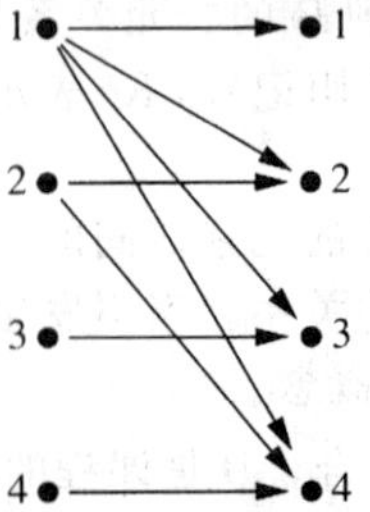

R	1	2	3	4
1	×	×	×	×
2		×		×
3			×	
4				×

图 2　例 4 中关系 R 的有序对

下面，在例 5 中给出了某些整数集合上的关系的实例。

例5 考虑下面这些整数集合上的关系：

$$R_1=\{(a,b)\mid a\leqslant b\}$$
$$R_2=\{(a,b)\mid a>b\}$$
$$R_3=\{(a,b)\mid a=b \text{ 或 } a=-b\}$$
$$R_4=\{(a,b)\mid a=b\}$$
$$R_5=\{(a,b)\mid a=b+1\}$$
$$R_6=\{(a,b)\mid a+b\leqslant 3\}$$

其中，哪些关系包含了有序对(1，1)、(1，2)、(2，1)、(1，−1)以及(2，2)？

评注 与例 1～4 的关系不同，这些是无穷集合上的关系。

解 有序对(1，1)在 R_1、R_3、R_4 和 R_6 中；有序对(1，2)在 R_1 和 R_6 中；有序对(2，1)在 R_2、R_5 和 R_6 中；(1，−1)在 R_2、R_3 和 R_6 中；最后，有序对(2，2)在 R_1、R_3 和 R_4 中。◀

不难确定有穷集上的关系个数，因为集合 A 上的关系仅仅是 $A\times A$ 的子集。

例6 n 元素集合上有多少个不同的关系？

解 集合 A 上的关系是 $A\times A$ 的子集。因为当 A 是 n 元素集合时 $A\times A$ 有 n^2 个元素，并且 m 个元素的集合有 2^m 个子集，所以 $A\times A$ 的子集有 2^{n^2} 个。于是 n 元素集合有 2^{n^2} 个关系。例如，在集合$\{a，b，c\}$上存在 $2^{3^2}=2^9=512$ 个关系。◀

5.1.4 关系的性质

有若干个把集合上的关系分类的性质。这里我们只介绍其中最重要的性质。(你将会发现，结合 5.3 节的内容有益于学习这些内容。在那一节中，将介绍几种表示关系的方法，这些方法可以帮助你理解这里介绍的每个性质。)

在某些关系中，某元素总是与自身相关。例如，设 R 是所有人的集合上的关系，若 x 和 y 有相同的母亲和相同的父亲，那么$(x，y)$属于 R。于是，对于每个人 x，有 xRx。

定义3 若对每个元素 $a\in A$ 有$(a，a)\in R$，那么定义在集合 A 上的关系 R 称为自反的。

评注 可以使用量词进行定义，若 $\forall a((a，a)\in R)$，则 R 是集合 A 上的自反关系，这里的论域是 A 中所有元素的集合。

由此可知，若集合 A 中的每个元素都与自身有关系，则 A 上的关系就是自反的。例 7～9 说明了自反关系的概念。

例7 考虑下面定义在$\{1，2，3，4\}$上的关系：

$$R_1=\{(1,1),(1,2),(2,1),(2,2),(3,4),(4,1),(4,4)\}$$
$$R_2=\{(1,1),(1,2),(2,1)\}$$
$$R_3=\{(1,1),(1,2),(1,4),(2,1),(2,2),(3,3),(4,1),(4,4)\}$$
$$R_4=\{(2,1),(3,1),(3,2),(4,1),(4,2),(4,3)\}$$
$$R_5=\{(1,1),(1,2),(1,3),(1,4),(2,2),(2,3),(2,4),(3,3),(3,4),(4,4)\}$$
$$R_6=\{(3,4)\}$$

其中哪些是自反的？

解 关系 R_3 和 R_5 是自反的，因为它们都包含了所有形如$(a，a)$的有序对，即(1，1)、(2，2)、(3，3)和(4，4)。其他的关系不是自反的，因为它们不包含所有这些有序对。具体地说，R_1、R_2、R_4 和 R_6 不是自反的，因为(3，3)都不在这些关系里。◀

例8 例 5 中哪些关系是自反的？

解 例 5 中的自反关系是 R_1(因为对每个整数 a 有 $a\leqslant a$)、R_3 和 R_4。对于这个例子中的其他关系，都容易找到一个形如$(a，a)$的不在这个关系中的有序对。(留给读者作为练习。)◀

例9 正整数集合上的“整除”关系是自反的吗？

解 因为只要 a 是正整数，就有 $a|a$，所以“整除”关系是自反的。(注意，如果我们将正整数集替换为所有整数集，则“整除”关系不是自反的，因为0不能整除0。) ◀

在某些关系中，第一个元素与第二个元素有关系，当且仅当第二个元素也与第一个元素有关系。比如一个关系由形如 (x, y) 的有序对构成，其中 x 和 y 是学校的学生，且至少学一门公共课程，这个关系就具有这种性质。而某些关系具有另一种性质，即如果第一个元素与第二个元素有关系，那么第二个元素就不与第一个元素有关系。比如一个关系由形如 (x, y) 的有序对构成，其中 x 和 y 是学校的学生，且 x 比 y 的平均成绩高，这个关系就具有后一种性质。

定义4 对于任意 $a, b\in A$，若只要 $(a, b)\in R$ 就有 $(b, a)\in R$，则称定义在集合 A 上的关系 R 为对称的。对于任意 $a, b\in A$，若 $(a, b)\in R$ 且 $(b, a)\in R$，一定有 $a=b$，则称定义在集合 A 上的关系 R 为反对称的。

评注 使用量词进行定义，可得若 $\forall a\forall b((a, b)\in R\rightarrow(b, a)\in R)$，则定义在 A 上的关系 R 是对称的。类似地，若 $\forall a\forall b(((a, b)\in R\wedge(b, a)\in R)\rightarrow(a=b))$，则定义在 A 上的关系 R 是反对称的。

这意味着，关系 R 是对称的当且仅当若 a 与 b 有关系则 b 与 a 也有关系。例如，相等关系是对称的，因为 $a=b$ 当且仅当 $b=a$。关系 R 是反对称的当且仅当不存在由不同元素 a 和 b 构成的有序对，使得 a 与 b 有关系并且 b 与 a 也有关系。也就是说，唯一使 a 与 b 有关系并且 b 与 a 也有关系的情况是 a 和 b 是相同的元素。例如，小于等于关系是反对称的。要理解这一点，注意 $a\leqslant b$ 和 $b\leqslant a$ 则 $a=b$。对称与反对称的概念不是对立的，因为一个关系可以同时有这两种性质或者两种性质都没有(见练习10)。一个关系如果包含了某些形如 (a, b) 的有序对，其中 $a\neq b$，则这个关系就不可能同时是对称的和反对称的。

评注 尽管从统计数据可以得出，定义在 n 元素集合上的 2^{n^2} 个关系中，对称的或反对称的关系相对较少，但许多重要的关系都具有这两种性质之一(见练习47)。

Extra Examples

例10 例7中的哪些关系是对称的？哪些是反对称的？

解 关系 R_2 和 R_3 是对称的，因为在这些关系中，只要 (a, b) 属于这个关系就有 (b, a) 也属于这个关系。如 R_2，唯一需要检查的就是 $(1, 2)$ 和 $(2, 1)$ 都属于这个关系。对于 R_3，需要检查 $(1, 2)$ 和 $(2, 1)$ 属于这个关系，还有 $(1, 4)$ 和 $(4, 1)$ 也属于这个关系。读者可以验证其他的关系中没有一个是对称的。这只需找到一个有序对 (a, b)，使得它在关系中但 (b, a) 不在关系中即可。

R_4、R_5 和 R_6 都是反对称的。其中，每一个关系都不存在这样的有序对，即它由元素 a 和 b 构成，且 $a\neq b$，但 (a, b) 和 (b, a) 都属于这个关系。读者可以验证其他关系中没有一个是反对称的。这只需找到有序对 (a, b) 满足 $a\neq b$，但 (a, b) 和 (b, a) 都属于这个关系即可。 ◀

例11 例5中的哪些关系是对称的？哪些是反对称的？

解 关系 R_3、R_4 和 R_6 是对称的。R_3 是对称的，因为如果 $a=b$ 或 $a=-b$，就有 $b=a$ 或 $b=-a$。R_4 是对称的，因为若 $a=b$ 则 $b=a$。R_6 是对称的，因为若 $a+b\leqslant 3$ 则 $b+a\leqslant 3$。读者可以验证其他关系没有一个是对称的。

关系 R_1、R_2、R_4 和 R_5 是反对称的。R_1 是反对称的，因为若有不等式 $a\leqslant b$ 和 $b\leqslant a$，则有 $a=b$。R_2 是反对称的，因为 $a>b$ 和 $b>a$ 不可能同时存在。R_4 是反对称的，因为若两个元素具有 R_4 关系当且仅当它们是相等的。R_5 是反对称的，因为 $a=b+1$ 和 $b=a+1$ 不可能同时存在。读者可以验证其他关系没有一个是反对称的。 ◀

例12 正整数集合上的整除关系是对称的吗？是反对称的吗？

解 这个关系不是对称的，因为 $1|2$，但 $2\nmid 1$。但是，它是反对称的，要理解这一点，注意如果 a 和 b 是正整数，$a|b$ 且 $b|a$，那么 $a=b$。(这个验证留给读者作为练习。)

设 R 是有序对(x, y)构成的关系，其中 x 与 y 是你们学校的学生，且 x 比 y 修的学分多。假设 x 与 y 有 R 关系并且 y 与 z 有 R 关系。这意味着 x 比 y 修的学分多并且 y 比 z 修的学分多。我们可以断言 x 比 z 修的学分多，因此 x 与 z 有 R 关系。我们证明了 R 有传递性，这个性质定义如下。

定义 5 若对于任意 $a, b, c \in A$，$(a, b) \in R$ 并且$(b, c) \in R$ 则$(a, c) \in R$，那么定义在集合 A 上的关系 R 称为传递的。

评注 使用量词进行定义可得：若 $\forall a \forall b \forall c(((a, b) \in R \wedge (b, c) \in R) \to (a, c) \in R)$，则定义在集合 A 上的关系称为传递的。

Extra Examples

例 13 例 7 中的哪些关系是传递的？

解 R_4、R_5 和 R_6 是传递的。对于这些关系，我们可以通过验证若(a, b)和(b, c)属于这个关系，则(a, c)也属于这个关系来证明每个关系都是传递的。例如，R_4 是传递的，因为只有(3, 2)和(2, 1)、(4, 2)和(2, 1)、(4, 3)和(3, 1)，以及(4, 3)和(3, 2)是这种有序对，而(3, 1)、(4, 1)和(4, 2)都属于 R_4。读者可以验证 R_5 和 R_6 也是传递的。

R_1 不是传递的，因为(3, 4)和(4, 1)属于 R_1，但(3, 1)不属于 R_1。R_2 不是传递的，因为(2, 1)和(1, 2)属于 R_2，但(2, 2)不属于 R_2。R_3 不是传递的，因为(4, 1)和(1, 2)属于 R_3，但(4, 2)不属于 R_3。◀

例 14 例 5 中的哪些关系是传递的？

解 关系 R_1、R_2、R_3 和 R_4 是传递的。R_1 是传递的，因为若 $a \leqslant b$ 且 $b \leqslant c$ 则 $a \leqslant c$。R_2 是传递的，因为若 $a > b$ 且 $b > c$ 则 $a > c$。R_3 是传递的，因为若 $a = \pm b$ 且 $b = \pm c$ 则 $a = \pm c$。显然 R_4 也是传递的，读者可以自行验证。R_5 不是传递的，因为(2, 1)和(1, 0)属于 R_5，但(2, 0)不属于 R_5。R_6 不是传递的，因为(2, 1)和(1, 2)属于 R_6，但(2, 2)不属于 R_6。◀

例 15 正整数集合上的“整除”关系是传递的吗？

解 假设 a 整除 b 且 b 整除 c，那么存在正整数 k 和 l 使得 $b = ak$ 和 $c = bl$，因此 $c = a(kl)$，即 a 整除 c。从而证明了这个关系是传递的。◀

可以使用计数技术确定具有特殊性质的关系的个数。由此可以得知：这个性质在定义在 n 元素集合上的所有关系的集合中有多普遍。

例 16 n 元素集合上有多少个自反的关系？

解 A 上的关系 R 是 $A \times A$ 的子集。因此，要通过指定 $A \times A$ 中 n^2 个有序对中的每一个是否在 R 中来确定关系。然而，如果 R 是自反的，对于任意 $a \in A$，n 个有序对(a, a)中的每一个都必须在 R 中。其他 $n(n-1)$个形如(a, b)的有序对，$a \neq b$，可能在也可能不在 R 中。因此，由计数的乘积法则可知，存在 $2^{n(n-1)}$ 个自反的关系。[这就是选择具有 $a \neq b$ 的每个元素(a, b)是否属于 R 的方式数。]

n 元素集合上的对称关系和反对称关系数可以用与例 16 类似的推理得出(见练习 49)。但是，还没有通用的公式用于计算 n 元素集合上的传递关系数。目前，仅知道当 $0 \leqslant n \leqslant 18$ 时，n 元素集合上的传递关系数 $T(n)$。如 $T(4)=3994$、$T(5)=154\,303$、$T(6)=9\,415\,189$。(当 $n=0, 1, 2, \cdots, 18$ 时，$T(n)$的值是 OEIS 中序列 A006905 的项，这在 2.4 节进行了讨论。)

5.1.5 关系的组合

因为从 A 到 B 的关系是 $A \times B$ 的子集，所以可以按照两个集合组合的任何方式来组合两个从 A 到 B 的关系。参见例 17～19。

例 17 设 $A=\{1, 2, 3\}$和 $B=\{1, 2, 3, 4\}$。组合关系 $R_1=\{(1, 1), (2, 2), (3, 3)\}$和 $R_2=\{(1, 1), (1, 2), (1, 3), (1, 4)\}$可以得到：

$R_1 \cup R_2=\{(1, 1), (1, 2), (1, 3), (1, 4), (2, 2), (3, 3)\}$

$R_1 \cap R_2 = \{(1,1)\}$

$R_1 - R_2 = \{(2,2),(3,3)\}$

$R_2 - R_1 = \{(1,2),(1,3),(1,4)\}$ ◀

例 18 设 A 和 B 分别是学校的所有学生和所有课程的集合。假设 R_1 由所有有序对 (a, b) 组成，其中 a 是选修课程 b 的学生。R_2 由所有的有序对 (a, b) 构成，其中课程 b 是 a 的必修课。那么 $R_1 \cup R_2$、$R_1 \cap R_2$、$R_1 \oplus R_2$、$R_1 - R_2$ 和 $R_2 - R_1$ 表示什么关系？

解　关系 $R_1 \cup R_2$ 由所有的有序对 (a, b) 组成，其中 a 是一个学生，课程 b 是他的选修课或者是他的必修课。$R_1 \cap R_2$ 是有序对 (a, b) 的集合，其中 a 是一个学生，他选修了课程 b 并且课程 b 也是他的必修课。$R_1 \oplus R_2$ 由所有的有序对 (a, b) 组成，其中学生 a 已经选修了课程 b 但课程 b 不是 a 的必修课，或者课程 b 是 a 的必修课，但是 a 没有选修它。$R_1 - R_2$ 是所有有序对 (a, b) 的集合，其中 a 已经选修了课程 b，但 b 不是 a 的必修课，即 b 是 a 的选修课。$R_2 - R_1$ 是所有有序对 (a, b) 的集合，其中 b 是 a 的必修课，但 a 没有选修它。 ◀

例 19 设 R_1 是实数集合上的"小于"关系，R_2 是实数集合上的"大于"关系，即 $R_1 = \{(x, y) \mid x < y\}$ 和 $R_2 = \{(x, y) \mid x > y\}$。$R_1 \cup R_2$、$R_1 \cap R_2$、$R_1 - R_2$、$R_2 - R_1$、$R_1 \oplus R_2$ 表示什么关系？

解　由于 $(x, y) \in R_1 \cup R_2$ 当且仅当 $(x, y) \in R_1$ 或 $(x, y) \in R_2$，所以 $(x, y) \in R_1 \cup R_2$ 当且仅当 $x < y$ 或 $x > y$。又由于条件 $x < y$ 或 $x > y$ 与条件 $x \neq y$ 一样，所以 $R_1 \cup R_2 = \{(x, y) \mid x \neq y\}$。换句话说，"小于"关系与"大于"关系的并集是"不相等"关系。

注意，有序对 (x, y) 不可能同时属于 R_1 和 R_2，因为 $x < y$ 且 $x > y$ 是不可能的。从而得到 $R_1 \cap R_2 = \varnothing$。同时可得，$R_1 - R_2 = R_1$、$R_2 - R_1 = R_2$、$R_1 \oplus R = R_1 \cup R_2 - R_1 \cap R_2 = \{(x, y) \mid x \neq y\}$。 ◀

关系还有另一种组合方式，这种方式与函数的合成运算相似。

> **定义 6**　设 R 是从集合 A 到集合 B 的关系，S 是从集合 B 到集合 C 的关系。R 与 S 的合成是由有序对 (a, c) 的集合构成的关系，其中 $a \in A$，$c \in C$，并且存在一个 $b \in B$ 的元素，使得 $(a, b) \in R$ 且 $(b, c) \in S$。我们用 $S \circ R$ 表示 R 与 S 的合成。

计算两个关系的合成，需要找出这些元素，它们既是第一个关系中的有序对的第二个元素，也是第二个关系中的有序对的第一个元素。如例 20 和例 21 所示。

例 20 R 是从 $\{1, 2, 3\}$ 到 $\{1, 2, 3, 4\}$ 的关系且 $R = \{(1,1),(1,4),(2,3),(3,1),(3,4)\}$，$S$ 是从 $\{1, 2, 3, 4\}$ 到 $\{0, 1, 2\}$ 的关系且 $S = \{(1,0),(2,0),(3,1),(3,2),(4,1)\}$，关系 R 与 S 的合成是什么？

解　$S \circ R$ 是由所有的 R 中有序对的第二元素与 S 中有序对的第一元素相同的有序对构成的。例如，R 中的有序对 $(2, 3)$ 和 S 中的有序对 $(3, 1)$ 产生了 $S \circ R$ 中的有序对 $(2, 1)$。计算所有在 $S \circ R$ 中的有序对，我们得到

$$S \circ R = \{(1,0),(1,1),(2,1),(2,2),(3,0),(3,1)\}$$ ◀

图 3 说明了如何找到这些合成。在图中，我们检查了所有通过两条有向边的路径，该路径能从最左边的元素，经过一个中间元素，到达最右边的元素。

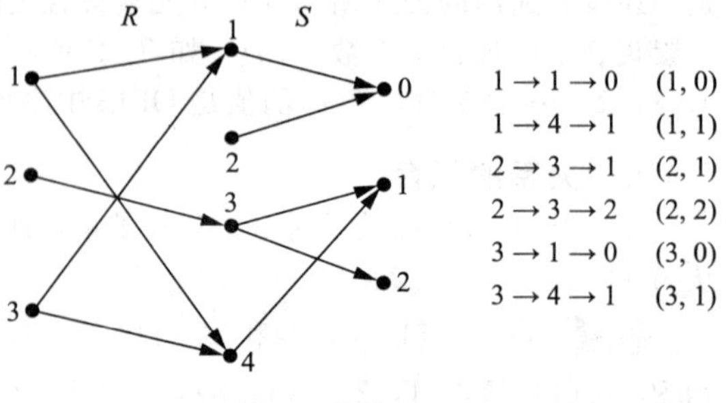

图 3　构造 $S \circ R$

例 21　**双亲关系与自身的合成**　设 R 是所有人集合上的双亲关系，即若 a 是 b 的父母，则 $(a, b) \in R$。$(a, c) \in R \circ R$，当且仅当存在一个人 b，使得 a 是 b 的父母且 b 是 c 的父母。换句话说，$(a, c) \in R \circ R$ 当且仅当 a

是 c 的祖父母或外祖父母。

由两个关系合成的定义可以递归地定义关系 R 的幂。

定义 7 设 R 是集合 A 上的关系。R 的 n 次幂 $R^n(n=1, 2, 3, \cdots)$ 递归地定义为

$$R^1=R \text{ 和 } R^{n+1}=R^n \circ R$$

由定义 7 可得，$R^2=R\circ R$、$R^3=R^2\circ R=(R\circ R)\circ R$，等等。

例 22 设 $R=\{(1, 1), (2, 1), (3, 2), (4, 3)\}$，求 R^n，$n=2, 3, 4, \cdots$。

解 因为 $R^2=R\circ R$，可得 $R^2=\{(1, 1), (2, 1), (3, 1), (4, 2)\}$。又因为 $R^3=R^2\circ R$，所以 $R^3=\{(1, 1), (2, 1), (3, 1), (4, 1)\}$。其他的计算可显示，$R^4$ 和 R^3 相同，所以 $R^4=\{(1, 1), (2, 1), (3, 1), (4, 1)\}$。由此可得 $R^n=R^3$，$n=5, 6, 7, \cdots$。读者可以自行验证。◀

下面的定理证明一个传递关系的幂是该关系的子集。5.4 节将要用到这一结果。

定理 1 集合 A 上的关系 R 是传递的，当且仅当对 $n=1, 2, 3, \cdots$ 有 $R^n\subseteq R$。

证明 首先证明定理的充分条件。假设对 $n=1, 2, 3, \cdots$ 有 $R^n\subseteq R$。特别地，有 $R^2\subseteq R$。这隐含了 R 是传递的。注意，若 $(a, b)\in R$ 且 $(b, c)\in R$，根据合成的定义就有 $(a, c)\in R^2$。因为 $R^2\subseteq R$，这就意味着 $(a, c)\in R$。因此 R 是传递的。

我们将使用数学归纳法证明定理的必要条件。当 $n=1$ 时，定理的这个结果显然成立。

假设 $R^n\subseteq R$，其中 n 是一个正整数。为完成归纳步骤，必须证明 R^{n+1} 也是 R 的子集。为证明这一点，假设 $(a, b)\in R^{n+1}$，那么因为 $R^{n+1}=R^n\circ R$，所以存在元素 $x\in A$ 使得 $(a, x)\in R$ 且 $(x, b)\in R^n$。由归纳假设可知，$R^n\subseteq R$，所以 $(x, b)\in R$。又因为 R 是传递的，$(a, x)\in R$ 且 $(x, b)\in R$，所以 $(a, b)\in R$。这就证明了 $R^{n+1}\subseteq R$，从而完成了证明。◀

奇数编号练习㊀

1. 列出从 $A=\{0, 1, 2, 3, 4\}$ 到 $B=\{0, 1, 2, 3\}$ 的关系 R 中的有序对，其中 $(a, b)\in R$ 当且仅当

a) $a=b$　　**b)** $a+b=4$

c) $a>b$　　**d)** $a\mid b$

e) $\gcd(a, b)=1$　　**f)** $\operatorname{lcm}(a, b)=2$

3. 对集合 $\{1, 2, 3, 4\}$ 上的每一个关系，确定它是否是自反的、是否是对称的、是否是反对称的、是否是传递的。

a) $\{(2, 2), (2, 3), (2, 4), (3, 2), (3, 3), (3, 4)\}$

b) $\{(1, 1), (1, 2), (2, 1), (2, 2), (3, 3), (4, 4)\}$

c) $\{(2, 4), (4, 2)\}$

d) $\{(1, 2), (2, 3), (3, 4)\}$

e) $\{(1, 1), (2, 2), (3, 3), (4, 4)\}$

f) $\{(1, 3), (1, 4), (2, 3), (2, 4), (3, 1), (3, 4)\}$

5. 确定定义在所有 Web 页上的关系 R 是否为自反的、对称的、反对称的和/或传递的，其中 $(a, b)\in R$ 当且仅当

a) 每个访问 Web 页 a 的人也访问了 Web 页 b。

b) 在 Web 页 a 和 b 上没有公共链接。

c) 在 Web 页 a 和 b 上至少有一条公共链接。

㊀ 为缩减篇幅，本书只包括完整版中奇数编号的练习，并保留了原始编号，以便与参考答案、演示程序、教学 PPT 等网络资源相对应。若需获取更多练习，请参考《离散数学及其应用（原书第 8 版）》（中文版，ISBN 978-7-111-63687-8）或《离散数学及其应用（英文版·原书第 8 版）》（ISBN 978-7-111-64530-6）。练习的答案请访问出版社网站下载，注意，本章在完整版中为第 9 章，故请查阅第 9 章的答案。——编辑注

d)存在一个 Web 页，其中包含了到 Web 页 a 和 b 的链接。

7. 确定所有整数集合上的关系 R 是否是自反的、对称的、反对称的和/或传递的，其中$(x, y)\in R$ 当且仅当

a)$x\neq y$　　**b**)$xy\geqslant 1$

c)$x=y+1$ 或 $x=y-1$　　**d**)$x\equiv y \pmod 7$

e)x 是 y 的倍数　　**f**)x 与 y 都是负数或都是非负数

g)$x=y^2$　　**h**)$x\geqslant y^2$

9. 证明定义在空集 $S=\varnothing$ 上的关系 $R=\varnothing$ 是自反的、对称的和传递的。

如果对于每个 $a\in A$，有$(a, a)\notin R$，那么集合 A 上的关系 R 是**反自反的**，即如果 A 中没有元素与自身有关系，则关系 R 就是反自反的。

11. 练习 3 中，哪些关系是反自反的？

13. 练习 5 中，哪些关系是反自反的？

15. 集合上的关系可能既不是自反的也不是反自反的吗？

17. 给出在所有人的集合上的一个反自反关系的例子。

一个关系 R 称为**非对称的**，若$(a, b)\in R$ 则$(b, a)\notin R$。练习 18～24 考察非对称关系的概念。其中，练习 22 侧重非对称关系和反对称关系的区别。

19. 练习 4 中的哪些关系是非对称的？

21. 练习 6 中的哪些关系是非对称的？

23. 使用量词表示一个关系是非对称的。

25. 从 m 元素集合到 n 元素集合上有多少个不同的关系？

☞ 设 R 是从集合 A 到集合 B 的关系。从集合 B 到集合 A 的**逆关系**，记作 R^{-1}，是有序对$\{(b, a)\mid(a, b)\in R\}$的集合，**补关系** $\overline{R}$ 是有序对$\{(a, b)\mid(a, b)\notin R\}$的集合。

27. 设 R 是正整数集合上的关系，$R=\{(a, b)\mid a$ 整除 $b\}$，求

a)R^{-1}　　**b**)$\overline{R}$

29. 设从 A 到 B 的函数 f 是一一对应的。令 R 是和 f 的图相等的关系，即 $R=\{(a, f(a))\mid a\in A\}$。逆关系 R^{-1} 是什么？

31. 设 A 是学校学生的集合，B 是学校图书馆中书的集合。设 R_1 和 R_2 都是有序对(a, b)构成的关系，在 R_1 中，学生 a 修一门课程需要读书 b，在 R_2 中，学生 a 已经读过书 b。描述在下面每个关系中的有序对。

a)$R_1\cup R_2$　　**b**)$R_1\cap R_2$

c)$R_1\oplus R_2$　　**d**)R_1-R_2

e)R_2-R_1

33. 设关系 R 是由人的集合上的有序对(a, b)组成的集合，其中 a 是 b 的父母。设关系 S 是由人的集合上的有序对(a, b)组成的集合，其中 a 是 b 的兄弟姐妹。$S\circ R$ 和 $R\circ S$ 是什么关系？

练习 34～38 涉及的都是实数集合上的关系：

$R_1=\{(a, b)\in \mathbf{R}^2\mid a>b\}$，"大于"关系

$R_2=\{(a, b)\in \mathbf{R}^2\mid a\geqslant b\}$，"大于或等于"关系

$R_3=\{(a, b)\in \mathbf{R}^2\mid a<b\}$，"小于"关系

$R_4=\{(a, b)\in \mathbf{R}^2\mid a\leqslant b\}$，"小于或等于"关系

$R_5=\{(a, b)\in \mathbf{R}^2\mid a=b\}$，"等于"关系

$R_6=\{(a, b)\in \mathbf{R}^2\mid a\neq b\}$，"不等"关系

35. 求

a)$R_2\cup R_4$　　**b**)$R_3\cup R_6$　　**c**)$R_3\cap R_6$

d)$R_4\cap R_6$　　**e**)R_3-R_6　　**f**)R_6-R_3

g)$R_2\oplus R_6$　　**h**)$R_3\oplus R_5$

37. 求

a) $R_2 \circ R_1$　b) $R_2 \circ R_2$　c) $R_3 \circ R_5$
d) $R_4 \circ R_1$　e) $R_5 \circ R_3$　f) $R_3 \circ R_6$
g) $R_4 \circ R_6$　h) $R_6 \circ R_6$

39. 当 $i=1, 2, 3, 4, 5, 6$ 时，求 S_i^2，其中：

$S_1=\{(a, b)\in \mathbf{Z}^2 \mid a>b\}$，大于关系。

$S_2=\{(a, b)\in \mathbf{Z}^2 \mid a\geqslant b\}$，大于等于关系。

$S_3=\{(a, b)\in \mathbf{Z}^2 \mid a<b\}$，小于关系。

$S_4=\{(a, b)\in \mathbf{Z}^2 \mid a\leqslant b\}$，小于等于关系。

$S_5=\{(a, b)\in \mathbf{Z}^2 \mid a=b\}$，等于关系。

$S_6=\{(a, b)\in \mathbf{Z}^2 \mid a\neq b\}$，不等于关系。

41. 设 R 是定义在具有博士学位的人的集合上的关系，$(a, b)\in R$ 当且仅当 a 是 b 的论文导师。什么情况下一个有序对 (a, b) 在 R^2 中？什么情况下一个有序对 (a, b) 在 R^n 中？这里 n 是正整数。（假设每个具有博士学位的人都有一个论文导师。）

43. 设 R_1 和 R_2 分别是整数集合上的“模 3 同余”和“模 4 同余”关系，即 $R_1=\{(a, b) \mid a\equiv b \pmod 3\}$ 和 $R_2=\{(a, b) \mid a\equiv b \pmod 4\}$。求

a) $R_1 \cup R_2$　b) $R_1 \cap R_2$　c) $R_1 - R_2$
d) $R_2 - R_1$　e) $R_1 \oplus R_2$

45. 集合 $\{0, 1\}$ 上的 16 个不同的关系中有多少个包含了有序对 $(0, 1)$？

47. a) 在集合 $\{a, b, c, d\}$ 上有多少个不同的关系？
b) 在集合 $\{a, b, c, d\}$ 上有多少个关系包含有序对 (a, a)？

* **49.** n 元素集合上有多少个关系是
a) 对称的？　b) 反对称的？　c) 非对称的？
d) 反自反的？　e) 自反的和对称的？　f) 既不是自反的也不是反自反的？

51. 找出在下面定理证明中的错误。
“定理”：设 R 是集合 A 上的对称的和传递的关系，则 R 是自反的。
“证明”：设 $a\in A$。取元素 $b\in A$ 使得 $(a, b)\in R$。由于 R 是对称的，所以有 $(b, a)\in R$。现在使用传递性，由 $(a, b)\in R$ 和 $(b, a)\in R$ 可以得出 $(a, a)\in R$。

53. 证明：集合 A 上的关系 R 是对称的当且仅当 $R=R^{-1}$，其中 R^{-1} 是 R 的逆关系。

55. 证明：集合 A 上的关系 R 是自反的当且仅当其逆关系 R^{-1} 是自反的。

57. 设 R 是自反的和传递的关系。证明对所有的正整数 n，$R^n=R$。

59. 设 R 是集合 A 上的自反关系，证明对所有的正整数 n，R^n 也是自反的。

61. 假设关系 R 是反自反的，R^2 一定是反自反的吗？对你的答案给出理由。

5.2　n 元关系及其应用

5.2.1　引言

在两个以上集合的元素中常常会产生某种关系。例如，学生的姓名、学生的专业以及学生的平均学分绩点之间的关系。类似地，一个航班的航空公司、航班号、出发地、目的地、起飞时间和到达时间等也有一种关系。在数学中也有这种关系。例如，有 3 个整数，其中第一个整数比第二个整数大，而第二个整数比第三个整数大。另一个例子是直线上的点之间的关系，即当第二个点在第一和第三个点之间时，这三个点有关系。

本节我们将研究两个以上集合的元素之间的关系。这种关系叫作 ***n* 元关系**。可以用这种关系表示计算机数据库。这种表示有助于回答对数据库中所存信息的查询，例如，哪个航班在午夜 3 点到 4 点之间降落在 O'Hare 机场？你们学校的二年级学生哪些是主修数学或计算机科学的，并且平均学分绩点大于 3.0？公司的哪些雇员为这个公司工作不到 5 年但所赚的钱已经超过 50 000 美元？

5.2.2 n 元关系

我们从建立关系数据库理论所依据的基本定义开始。

定义 1 设 A_1，A_2，…，A_n 是集合。定义在这些集合上的 n 元关系是 $A_1 \times A_2 \times \cdots \times A_n$ 的子集。这些集合 A_1，A_2，…，A_n 称为关系的域，n 称为关系的阶。

例 1 R 是 $\mathbf{N}\times\mathbf{N}\times\mathbf{N}$ 上的三元组(a, b, c)构成的关系，其中 a，b，c 是满足 $a<b<c$ 的整数。那么$(1, 2, 3)\in R$，但$(2, 4, 3)\notin R$。这个关系的阶是 3。它所有的域都等于自然数集。◀

例 2 设 R 是 $\mathbf{Z}\times\mathbf{Z}\times\mathbf{Z}$ 上的三元组(a, b, c)构成的关系，其中的 a，b，c 构成等差数列，即$(a, b, c)\in R$ 当且仅当存在一个整数 k，使得 $b=a+k$，$c=a+2k$，或者 $b-a=k$，$c-b=k$。注意$(1, 3, 5)\in R$，因为 $3=1+2$ 和 $5=1+2\cdot 2$，但是$(2, 5, 9)\notin R$，因为 $5-2=3$，而 $9-5=4$。这个关系的阶为 3，且它的所有域均等于整数集。◀

例 3 设 R 是 $\mathbf{Z}\times\mathbf{Z}\times\mathbf{Z}^+$ 上的三元组(a, b, m)构成的关系，其中的 a，b，m 都是整数，且满足 $m\geq 1$ 和 $a\equiv b \pmod m$。则$(8, 2, 3)$、$(-1, 9, 5)$和$(14, 0, 7)$都属于 R，但$(7, 2, 3)$、$(-2, -8, 5)$和$(11, 0, 6)$都不属于 R，因为 $8\equiv 2 \pmod 3$、$-1\equiv 9 \pmod 5$ 和 $14\equiv 0 \pmod 7$，而 $7\not\equiv 2 \pmod 3$、$-2\not\equiv -8 \pmod 5$ 和 $11\not\equiv 0 \pmod 6$。这个关系的阶为 3，且它的前两个域是全体整数的集合而第三个域为正整数集。◀

例 4 设 R 是由 5 元组(A, N, S, D, T)构成的表示飞机航班的关系，其中 A 是航空公司的集合、N 是航班号的集合、S 是出发地的集合、D 是目的地的集合、T 是起飞时间的集合。例如，如果 Nadir 航空公司的 963 航班 15：00 从 Newark 到 Bangor，那么(Nadir，963，Newark，Bangor，15：00)属于 R。这个关系的阶为 5，并且它的域是所有航空公司的集合、航班号的集合、城市的集合、城市的集合以及时间的集合。◀

5.2.3 数据库和关系

Links 操作数据库中信息所需要的时间依赖于这些信息是怎样存储的。在大型数据库中，每天要执行几百万次插入和删除记录、更新记录、检索记录以及从一个重叠的数据库中组合记录的操作。由于这些操作的重要性，已经开发了多种数据库的表示方法。我们将讨论其中的一种基于关系概念的方法，称为**关系数据模型**。

数据库由**记录**组成，这些记录是由**域**构成的 n 元组。这些域是 n 元组的数据项。例如，学生记录的数据库可以由包含学生的姓名、学号、专业、平均学分绩点(GPA)的域构成。关系数据模型把记录构成的数据库表示成一个 n 元关系。于是，学生记录可以表示成形如(学生姓名，学号，专业，GPA)的 4 元组。包含 6 条记录的一个数据库样本是：

(Ackermann，231455，计算机科学，3.88)
(Adams，888323，物理学，3.45)
(Chou，102147，计算机科学，3.49)
(Goodfriend，453876，数学，3.45)
(Rao，678543，数学，3.90)
(Stevens，786576，心理学，2.99)

用于表示数据库的关系也称为**表**，因为这些关系常常用表来表示。表中的每个列对应于数据库的一个属性。例如，表 1 显示了同样的学生数据库。这个数据库的属性是学生姓名、学号、专业和平均学分绩点(GPA)。

表 1 学生

学生姓名	学 号	专 业	GPA
Ackermann	231 455	计算机科学	3.88
Adams	888 323	物理学	3.45
Chou	102 147	计算机科学	3.49
Goodfriend	453 876	数学	3.45
Rao	678 543	数学	3.90
Stevens	786 576	心理学	2.99

当 n 元组的某个域的值能够确定这个 n 元组时，n 元关系的这个域就叫作**主键**。这就是说，当关系中没有两个 n 元组在这个域有相同的值时，这个域就是主键。

常常要从数据库中增加或删除记录。由于这一点，一个域是主键的性质是随时间而改变的。所以，应该选择那种无论数据库怎样改变都能继续存在的域作为主键。一个关系当前含有的所有 n 元组称为该关系的**外延**。数据库更持久的内容，包括它的名字和属性，则称为数据库的**内涵**。选择主键的时候，应当选择那种能够为本数据库所有可能的外延充当主键的域。要做到这一点，就必须认真考察数据库的内涵，以便理解可能在外延中出现的 n 元组集。

例 5 假设将来不再增加 n 元组，对于表 1 所示的 n 元关系，哪些域可作为主键？

解 因为在这个表中，对应每个学生的姓名只有一个 4 元组，学生姓名的域可作为主键。类似地，在这个表中，学号是唯一的，学号的域也可作为主键。但是，所学专业的域不是主键，因为有多个包含同样专业的 4 元组。平均学分绩点的域也不是主键，因为有 2 个 4 元组包含了同样的 GPA。 ◀

在一个 n 元关系中，域的组合也可以唯一地标识 n 元组。当一组域的值确定一个关系中的 n 元组时，这些域的笛卡儿积就叫作**复合主键**。

例 6 对于表 1 中的 n 元关系，假设不再增加 n 元组，专业域与平均学分绩点域的笛卡儿积是复合主键吗？

解 这个表中没有两个 4 元组有同样的专业和同样的 GPA，因此这个笛卡儿积是一个复合主键。 ◀

因为主键和复合主键用于唯一地标识数据库中的记录，当新的记录被加入这个数据库时，保持主键的有效性是非常重要的。因此，应该对每个新记录做检查，以保证在这个或这些相应的域中每个新记录与表中所有其他的记录不同。例如，若没有两个学生有同样的学号，使用学号作为学生记录的主键是有意义的。一个大学不应该使用姓名域作为主键，因为有可能两个学生有同样的姓名(如 John Smith)。

5.2.4 n 元关系的运算

存在多种作用于 n 元关系上的运算，以构成新的 n 元关系。综合应用这些运算，能够回答对数据库中满足特定条件的所有 n 元组的查询。

n 元关系上一个最基本的运算是在这个 n 元关系中确定满足特定条件的所有 n 元组。例如，我们想在学生记录的数据库中找出计算机科学专业的所有学生的记录；找出所有平均学分绩点在 3.5 以上的学生；找出所有计算机科学专业的平均学分绩点在 3.5 以上的学生。为完成这些任务，我们使用选择运算符。

定义 2 设 R 是一个 n 元关系，C 是 R 中元素可能满足的一个条件。那么选择运算符 s_C 将 n 元关系 R 映射到 R 中满足条件 C 的所有 n 元组构成的 n 元关系。

例 7 为了找出表 1 所示的 n 元关系 R 中计算机科学专业的学生记录，我们使用运算符 s_{C_1}，其中 C_1 是条件专业＝“计算机科学”。结果是两个 4 元组(Ackermann，231455，计算机科学，3.88)和(Chou，102147，计算机科学，3.49)。类似地，为了在这个数据库中找出平均学分绩点在 3.5 以上的学生记录，我们使用运算符 s_{C_2}，其中 C_2 是条件 GPA>3.5。结果是两个 4 元组(Ackermann，231455，计算机科学，3.88)和(Rao，678543，数学，3.90)。最后，为找出计算机科学专业的 GPA 在 3.5 以上的学生记录，我们使用运算符 s_{C_3}，其中 C_3 是条件(专业＝“计算机科学” ∧ GPA>3.5)。结果由一个 4 元组(Ackermann，231455，计算机科学，3.88)构成。◀

使用投影，可以删去关系中每条记录的相同的域，从而得到一个新的 n 元关系。

定义 3　投影 $P_{i_1, i_2, \cdots, i_m}$，其中 $i_1 < i_2 < \cdots < i_m$，将 n 元组 $(a_1, a_2, \cdots, a_n)$ 映射到 m 元组 $(a_{i_1}, a_{i_2}, \cdots, a_{i_m})$，其中 $m \leqslant n$。

换句话说，投影 $P_{i_1, i_2, \cdots, i_m}$ 删除了 n 元组的 $n-m$ 个分量，保留了第 $i_1, i_2, \cdots, i_m$ 个分量。

例 8　当对 4 元组(2，3，0，4)、(Jane Doe，234111001，地理学，3.14)以及 (a_1, a_2, a_3, a_4) 使用投影 $P_{1,3}$ 时，结果是什么？

解　$P_{1,3}$ 把这些 4 元组分别映射到(2，0)、(Jane Doe，地理学)和 (a_1, a_3)。◀

例 9 说明了怎样使用投影来产生新的关系。

例 9　当对表 1 中的关系使用投影 $P_{1,4}$ 时，结果是什么？

解　当使用投影 $P_{1,4}$ 时，表的第二列和第三列被删除，得到了表示学生姓名和平均学分绩点的有序对。表 2 给出了这个投影的结果。◀

当对一个关系的表使用投影时，有可能使行变少。当关系中的某些 n 元组在投影的 m 个分量中每个分量的值都相同，且只在被删除的分量中有不同的值时，就会出现这种情况。如例 10 所示。

例 10　当对表 3 中的关系使用投影 $P_{1,2}$ 时，可得到什么表？

解　表 4 给出了当对表 3 使用投影 $P_{1,2}$ 时得到的关系。注意在使用了这个投影后，行数减少。◀

表 2　GPAs

学生姓名	GPA
Ackermann	3.88
Adams	3.45
Chou	3.49
Goodfriend	3.45
Rao	3.90
Stevens	2.99

表 3　注册

学　生	专　业	课　程
Glauser	生物学	BI 290
Glauser	生物学	MS 475
Glauser	生物学	PY 410
Marcus	数学	MS 511
Marcus	数学	MS 603
Marcus	数学	CS 322
Miller	计算机科学	MS 575
Miller	计算机科学	CS 455

当两个表中具有某些相同的域时，**连接**运算可将这两个表合成一个表。例如，一个表中的域包含航空公司、航班号和登机口，另一个表中的域包含航班号、登机口和起飞时间。可以将这两个表合成一个包含航空公司、航班号、登机口和起飞时间域的表。

表 4　专业

学　生	专　业
Glauser	生物学
Marcus	数学
Miller	计算机科学

定义 4　设 R 是 m 元关系，S 是 n 元关系。连接运算 $J_p(R, S)$ 是 $m+n-p$ 元关系，其中 $p \leqslant m$ 和 $p \leqslant n$，它包含了所有的 $(m+n-p)$ 元组 $(a_1, a_2, \cdots, a_{m-p}, c_1, c_2, \cdots, c_p, b_1, b_2, \cdots, b_{n-p})$，其中 m 元组 $(a_1, a_2, \cdots, a_{m-p}, c_1, c_2, \cdots, c_p)$ 属于 R 且 n 元组 $(c_1, c_2, \cdots, c_p, b_1, b_2, \cdots, b_{n-p})$ 属于 S。

换句话说，连接运算符 J_p 将 m 元组的后 p 个分量与 n 元组的前 p 个分量相同的第一个关系中的所有 m 元组和第二个关系的所有 n 元组组合起来产生了一个新的关系。

例 11 当用连接运算符 J_2 组合表 5 和表 6 中的关系时，所得到的关系是什么？

解 连接运算符 J_2 产生的关系如表 7 所示。◀

表 5 教学课程

教授	系	课号
Cruz	动物学	335
Cruz	动物学	412
Farber	心理学	501
Farber	心理学	617
Grammer	物理学	544
Grammer	物理学	551
Rosen	计算机科学	518
Rosen	数学	575

表 6 教室安排

系	课号	教室	时间
计算机科学	518	N521	2：00P. M.
数学	575	N502	3：00P. M.
数学	611	N521	4：00P. M.
物理学	544	B505	4：00P. M.
心理学	501	A100	3：00P. M.
心理学	617	A110	11：00A. M.
动物学	335	A100	9：00A. M.
动物学	412	A100	8：00A. M.

表 7 教学安排

教授	系	课号	教室	时间
Cruz	动物学	335	A100	9：00A. M.
Cruz	动物学	412	A100	8：00A. M.
Farber	心理学	501	A100	3：00P. M.
Farber	心理学	617	A110	11：00A. M.
Grammer	物理学	544	B505	4：00P. M.
Rosen	计算机科学	518	N521	2：00P. M.
Rosen	数学	575	N502	3：00P. M.

从已知关系产生新关系的运算除了投影和连接运算以外还有其他运算。对这些运算的描述可以在讨论数据库理论的书中找到。

5.2.5 SQL

数据库查询语言 SQL(Structured Query Language，结构化查询语言)，可以用来实现本节所描述的运算。例 12 说明了 SQL 命令与 n 元关系上的运算的关系。 Links

例 12 通过使用 SQL 对表 8 做一次关于航班的查询来说明怎样用 SQL 来表达查询。SQL 语句如下：

```
SELECT Departure_time
FROM Flights
WHERE Destination='Detroit'
```

是用于在航班数据库中找出满足条件：Destination＝‘Detroit’的 5 元组，并求投影 P_5(在起飞时间属性上)。输出是一个以底特律为目的地，包含航班时间的列表，即 08：10、08：47 和 09：44。SQL 语句使用 FROM 子句标识查询语句作用到的 n 元关系，WHERE 子句说明选择运算的条件，而 SELECT 子句说明将被使用的投影运算。(注意：SQL 使用 SELECT 表示一个投影，而不是一个选择运算。这是一个令人遗憾的术语不一致的例子。)◀

表 8 航班

航空公司	航班号	通道	目的地	起飞时间
Nadir	122	34	底特律	08：10
Acme	221	22	丹佛	08：17
Acme	122	33	安克雷奇	08：22
Acme	323	34	檀香山	08：30
Nadir	199	13	底特律	08：47
Acme	222	22	丹佛	09：10
Nadir	322	34	底特律	09：44

例13说明SQL怎样做涉及多个表的查询。

例13 SQL语句

```
SELECT Professor, Time
FROM Teaching_assignments, Class_schedule
WHERE Department='Mathematics'
```

用于找出在数据库(表7)中满足Department='Mathematics'条件的5元组的投影 $P_{1,5}$，这个数据库是由表5中的教学课程和表6中的教室安排进行连接运算 J_2 得到的。输出仅包含一个2元组(Rosen，3：00P.M.)。这里的SQL FROM子句用于求出两个不同数据库的连接。◀

本节我们仅仅接触到关系数据库的基本概念。更多的信息可以在[AhUl95]中找到。

5.2.6 数据挖掘中的关联规则

Links 现在我们将介绍来自**数据挖掘**(data mining)的概念，这是一门旨在从数据中获取有用信息的学科。特别是，我们将讨论可以从事务数据库中收集到的信息。我们将专注于超市事务，但我们提出的想法与其他广泛的应用相关。

关于**事务**，我们指的是客户在访问商店期间购买的一些商品的集合，如{牛奶、鸡蛋、面包}或{橙汁、香蕉、酸奶、奶油}。商店收集可用于帮助他们管理业务的大型事务数据库。我们将讨论如何使用这些数据库来解决这个问题：如果已知客户同时购买一个或多个特定商品的集合，那么他们购买某个商品的可能性有多大？

我们把商店里的每一件商品都称为**项**，项集合称为**项集**。k项集是一个包含恰好k项的项集。术语**事务**和**购物篮**与项集同义。当商店中有n个商品a_1，a_2，…，a_n待售时，每个事务都可以用一个n元组b_1，b_2，…，b_n表示，其中b_i是二进制变量，它告诉我们a_i是否发生在这个事务中。也就是说，如果a_i在这个事务中，则$b_i=1$，否则$b_i=0$。(注意，我们只关心某项是否发生在事务中，而不关心它发生了多少次。)我们可以用形为(事务号，b_1，b_2，…，b_n)的$(n+1)$元组表示事务。所有这些$(n+1)$元组的集合构成了事务数据库。

我们现在定义与购买特定项集相关的问题研究中使用的其他术语。

定义5 在事务集合$T=\{t_1, t_2, \cdots, t_k\}$中，其中$k$是正整数，项集$I$的计数记为$\sigma(I)$，是包含在该项集中的事务数。即

$$\sigma(I) = |\{t_i \in T | I \subseteq t_i\}|$$

项集I的支持度，是I包含在从T中随即选择的事务中的概率。即

$$\text{support}(I) = \frac{\sigma(I)}{|T|}$$

对于特定的应用，会指定一个**支持度阈值**s。**频繁项集挖掘**是寻找支持度大于等于s的项集I的过程。这些项集被称为**频繁项集**。

例14 在卖苹果、梨、苹果酒、甜甜圈和芒果的展台上，早盘交易如表9所示。在表10中，我们给出了相应的二进制数据库，其中每个记录都是一个$(n+1)$元组，由事务号和表示该项集的二进制条目组成。因为苹果出现在8个事务中的5个中，所以我们得到σ(苹果)=5，support({苹果})=5/8。同样，由于项集{苹果，苹果酒}是8个事务中4个事务的子集，因此我们有σ({苹果，苹果酒})=4，support({苹果酒})=4/8=1/2。

表9 一个事务集

事务号	项	事务号	项
1	{苹果，梨，芒果}	5	{苹果，苹果酒，甜甜圈}
2	{梨，苹果酒}	6	{梨，苹果酒，甜甜圈}
3	{苹果，苹果酒，甜甜圈，芒果}	7	{梨，甜甜圈}
4	{苹果，梨，苹果酒，甜甜圈}	8	{苹果，梨，苹果酒}

表 10　表 9 中事务的二进制数据库

事务号	苹果	梨	苹果酒	甜甜圈	芒果
1	1	1	0	0	1
2	0	1	1	0	0
3	1	0	1	1	1
4	1	1	1	1	0
5	1	0	1	1	0
6	0	1	1	1	0
7	0	1	0	1	0
8	1	1	1	0	0

如果我们将支持度阈值设置为 0.5，那么如果某项在 8 个事务中的至少 4 个事务中出现，该项就是频繁项。因此，有了这个支持度阈值，苹果、梨、甜甜圈和苹果酒是频繁项。项集{苹果，苹果酒}是频繁项集，但是项集{甜甜圈，梨}不是频繁项集。◀

若已知顾客会购买某个项集中的所有商品(可能只是一个商品)，则可以使用一组事务来帮助我们预测顾客是否会购买某个特定的商品。在讨论这类问题之前，我们先介绍一些术语。如果 S 是一组项的集合，T 是一组事务的集合，那么**关联规则**就是形如 $I \rightarrow J$ 的蕴含式，其中 I 和 J 是 S 的不相交的子集。尽管这个符号借用了逻辑里蕴含的符号，但它的含义并不完全是可类比的。关联规则 $I \rightarrow J$ 不是这样的命题，即当 I 是事务的子集时，J 也必须是事务的子集。相反，关联规则的强度是根据它的**支持度**(包含 I 和 J 的事务频率)以及**置信度**(包含 J 时也包含 I 的事务频率)来衡量的。

定义 6　若 I 和 J 是事务集 T 的子集，则

$$\text{support}(I \rightarrow J) = \frac{\sigma(I \cup J)}{|T|}$$

和

$$\text{confidence}(I \rightarrow J) = \frac{\sigma(I \cup J)}{\sigma(I)}$$

关联规则 $I \rightarrow J$ 的支持度，即包含 I 和 J 的事务的分数，是一个有用的度量。因为低支持度值告诉我们，包含 I 中所有项和 J 中所有项的项集是很少被购买的；而高支持度值告诉我们，它们是在很大一部分事务中被一起购买的。注意，关联规则 $I \rightarrow J$ 的置信度是已知一个事务包含 I 中的所有项，它将包含 I 和 J 中所有项的条件概率。因此，$I \rightarrow J$ 的置信度越大，J 成为包含 I 的事务的子集的可能性就越大。

例 15　对于例 14 中的事务集，关联规则{苹果酒，甜甜圈}→{苹果}的支持度和置信度是多少？　Extra Examples

解　关联规则的支持度是 σ({苹果酒，甜甜圈}∪{苹果})/$|T|$。因为 σ({苹果酒，甜甜圈}∪{苹果})＝σ({苹果酒，甜甜圈，苹果})＝3，$|T|$＝8，可得这条规则的支持度是 3/8＝0.375。

该规则的置信度是 σ({苹果酒，甜甜圈}∪{苹果})/σ({苹果酒，甜甜圈})＝3/4＝0.75。◀

数据挖掘中的一个重要问题是寻找**强关联规则**，这些规则的支持度大于或等于最小支持度，且置信度大于或等于最小置信度。找到有效的算法来确定强关联规则十分重要，因为可用项的数量可能非常大。例如，一家超市可能有数万甚至数十万的商品库存。通过计算所有可能的关联规则的支持度和置信度，以寻找有足够大的支持度和置信度的关联规则的蛮力方法是不可行的，因为此类关联规则的数量是指数级的(见练习 41)。目前，研究人员已经开发出几种广泛使用的比蛮力更有效的算法。这些算法首先查找频繁项集，然后将注意力集中到查找到的频繁项集上，寻找所有具有高置信度的关联规则。详细信息请参阅数据挖掘相关文献，如[AG15]。

尽管我们仅以商场中的购物篮为例展示了关联规则，但它们在其他各类应用中也非常有用。例如，关联规则可用于改进医疗诊断，其中项集是测试结果或症状的集合，事务是在患者记录中找到的测试结果和症状的集合。关联规则也可用在搜索引擎中，其中项集是关键字，事务是网页上的单词集合。使用关联规则还可以发现抄袭的情况，其中项集是句子的集合，事务是文档的内容。关联规则在计算机安全的各个方面也发挥着有益的作用，例如入侵检测，其中项集是模式的集合，事务是网络攻击期间传输的字符串。感兴趣的读者可以通过搜索网页找到更多这样的应用程序。

奇数编号练习

1. 列出关系$\{(a, b, c) \mid a, b$ 和 c 是整数且 $0<a<b<c<5\}$中的三元组。

3. 列出表 8 所示关系中的 5 元组。

5. 假设不增加新的 n 元组，对于表 8 中的数据库找出一个由两个域构成的复合主键，其中一个域是航空公司。

7. 3 元关系中的 3 元组表示了一个学生数据库中的下述属性：学号、姓名、电话号码。

a)学号可能是主键吗？

b)姓名可能是主键吗？

c)电话号码可能是主键吗？

9. 5 元关系中的 5 元组表示了美国所有人的下述属性：姓名、社会保险号、住址、城市、州。

a)对这个关系确定一个主键。

b)在什么条件下(姓名、住址)是复合主键？

c)在什么条件下(姓名、住址、城市)是复合主键？

11. 设 C 是条件：目的地＝底特律。当使用选择运算符 s_C 到表 8 的数据库时，可以得到什么？

13. 设 C 是条件：(航空公司＝Nadir) $\vee$ (目的地＝丹佛)。当使用选择运算符 s_C 到表 8 的数据库时，可以得到什么？

15. 哪个投影映射用于删除一个 6 元组的第一、第二和第四个分量？

17. 给出使用投影 $P_{1,4}$ 到表 8 以后得到的表。

19. 构造把连接运算符 J_2 应用到表 11 和表 12 的关系中所得到的表。

表 11　零件需求

供货商	零件号	项目
23	1092	1
23	1101	3
23	9048	4
31	4975	3
31	3477	2
32	6984	4
32	9191	2
33	1001	1

表 12　零件库存

零件号	项目	数量	颜色代码
1001	1	14	8
1092	1	2	2
1101	3	1	1
3477	2	25	2
4975	3	6	2
6984	4	10	1
9048	4	12	2
9191	2	80	4

21. 证明：如果 C_1 和 C_2 是 n 元关系 R 的元素可能满足的条件，那么 $s_{C_1}(s_{C_2}(R))=s_{C_2}(s_{C_1}(R))$。

23. 证明：如果 C 是 n 元关系 R 和 S 的元素可能满足的条件，那么 $s_C(R\cap S)=s_C(R)\cap s_C(S)$。

25. 证明：如果 R 和 S 是 n 元关系，那么 $P_{i_1,i_2,\cdots,i_m}(R\cup S)=P_{i_1,i_2,\cdots,i_m}(R)\cup P_{i_1,i_2,\cdots,i_m}(S)$。

27. 给出一个例子证明：如果 R 和 S 是两个 n 元关系，那么 $P_{i_1,i_2,\cdots,i_m}(R-S)$可能与 $P_{i_1,i_2,\cdots,i_m}(R)-P_{i_1,i_2,\cdots,i_m}(S)$不同。

29. a)与下述用 SQL 语句表示的查询相对应的运算是什么？

```
SELECT Supplier, Project
FROM Part_needs, Parts_inventory
WHERE Quantity ≤ 10
```

b)假设以表 11 和表 12 的数据库作为输入，这个查询的输出是什么？

31. 试确定例 3 中的关系是否有一个主键。

33. 假设便利店在某个晚上的交易是：{面包，牛奶，尿布，果汁}，{面包，牛奶，尿布，鸡蛋}，{牛奶，尿布，啤酒，鸡蛋}，{面包，啤酒}，{牛奶，尿布，鸡蛋，果汁}和{牛奶，尿布，啤酒}。

a) 求尿布的计数和支持度。

b) 如果阈值为 0.6，求所有的频繁项集。

35. 在练习 33 的事务集中，求关联规则{啤酒}→{尿布}的支持度和置信度。（这个关联规则在该主题的发展中起到了重要作用。）

37. 假设 I 是一个事务集中具有正计数的项集。求关联规则 $I\rightarrow\varnothing$ 的置信度。

39. 关联规则 $I\rightarrow J$ 的**提升度**等于 $\mathrm{support}(I\cup J)/(\mathrm{support}(I)\mathrm{support}(J))$，其中 I 和 J 是一个事务集中具有正支持度的项集。

a) 证明当 $\mathrm{support}(I)$ 和 $\mathrm{support}(J)$ 均为正数时，$I\rightarrow J$ 的提升度等于 1，当且仅当在交易中发生 I 和在交易中发生 J 是独立事件。

b) 在练习 33 的事务集中，求关联规则{啤酒}→{尿布}的提升度。

c) 在练习 34 的事务集中，求关联规则{进化}→{尼安德特人，丹尼索万人}的提升度。

41. 已知 n 个不同的项，证明存在 3^n 个形如 $I\rightarrow J$ 的关联规则，其中 I 和 J 是所有项的集合的不相交子集。当然允许在关联规则中的 I 为空或 J 为空或两者都为空。

5.3 关系的表示

5.3.1 引言

本节及本章的剩余部分研究的所有关系均为二元关系，因此，在这些内容中出现的“关系”一词都表示二元关系。有多种方式表示有穷集之间的关系。如在 5.1 节中看到的，一种方式是列出它的有序对；另一种方式是使用表，如 5.1 节中例 3 所示。本节将讨论另外两种表示关系的方式：一种方式是使用 0-1 矩阵；另一种方式是使用称为有向图的图形表达方式，这种方法将在本节后面进行讨论。

一般说来，矩阵适用于计算机程序中关系的表示。另一方面，人们常常发现使用有向图来表示关系对理解这些关系的性质是很有用的。

5.3.2 用矩阵表示关系

可以用 0-1 矩阵表示一个有穷集之间的关系。假设 R 是从 $A=\{a_1, a_2, \cdots, a_m\}$ 到 $B=\{b_1, b_2, \cdots, b_n\}$ 的关系。（这里集合 A 和集合 B 的元素已经按照某一特定的次序列出，该次序是任意的。此外，当 $A=B$ 时我们对 A 和 B 使用同样的次序。）关系 R 可以用矩阵 $\mathbf{M}_R=[m_{ij}]$ 来表示，其中

$$m_{ij}=\begin{cases}1 & (a_i,b_j)\in R\\ 0 & (a_i,b_j)\notin R\end{cases}$$

换句话说，当 a_i 和 b_j 有关系时表示 R 的 0-1 矩阵的 (i,j) 项是 1，当 a_i 和 b_j 没关系时，该项是 0（这种表示依赖于 A 和 B 中元素的次序）。

下面通过例 1～6，说明如何用矩阵来表示关系。

例 1 假设 $A=\{1, 2, 3\}$，$B=\{1, 2\}$。令 R 是从 A 到 B 的关系，如果 $a\in A$，$b\in B$ 且 $a>b$，则 R 包含 (a, b)。若 $a_1=1$，$a_2=2$，$a_3=3$，$b_1=1$，$b_2=2$，表示 R 的矩阵是什么？

解 因为 $R=\{(2, 1), (3, 1), (3, 2)\}$，所以表示 R 的矩阵是

$$\mathbf{M}_R=\begin{bmatrix}0 & 0\\1 & 0\\1 & 1\end{bmatrix}$$

$\mathbf{M}_R$ 中的 1 说明了有序对 $(2, 1)$、$(3, 1)$ 和 $(3, 2)$ 属于 R，0 说明了没有其他的有序对属于 R。◀

例 2 设 $A=\{a_1, a_2, a_3\}$，$B=\{b_1, b_2, b_3, b_4, b_5\}$。哪些有序对在下面的矩阵所表示的

关系 R 中？

$$M_R=\begin{bmatrix}0&1&0&0&0\\1&0&1&1&0\\1&0&1&0&1\end{bmatrix}$$

解　因为 R 是由 $m_{ij}=1$ 的有序对 $(a_i,\ b_j)$ 构成的，所以

$$R=\{(a_1,b_2),(a_2,b_1),(a_2,b_3),(a_2,b_4),(a_3,b_1),(a_3,b_3),(a_3,b_5)\}$$ ◀

表示定义在一个集合上的关系的矩阵是一个方阵，可以用这个矩阵确定关系是否有某种性质。若对于每个 $a\in A$ 有 $(a,\ a)\in R$，则定义在集合 A 上的关系 R 是自反的。所以，R 是自反的当且仅当对 $i=1,\ 2,\ \cdots,\ n$，$(a_i,\ a_i)\in R$。因此，R 是自反的当且仅当对 $i=1,\ 2,\ \cdots,\ n$，$m_{ii}=1$。换句话说，如果 $\boldsymbol{M}_R$ 的主对角线上的所有元素都等于 1，那么 R 是自反的，如图 1 所示。注意，非主对角线上的元素可以是 0 或 1。

若 $(a,\ b)\in R$ 则 $(b,\ a)\in R$，那么关系 R 是对称的。因此集合 $A=\{a_1,\ a_2,\ \cdots,\ a_n\}$ 上的关系 R 是对称的，当且仅当只要 $(a_i,\ a_j)\in R$ 就有 $(a_j,\ a_i)\in R$。用矩阵 $\boldsymbol{M}_R$ 来说，R 是对称的当且仅当只要 $m_{ij}=1$ 就有 $m_{ji}=1$。这也意味着只要 $m_{ij}=0$ 就有 $m_{ji}=0$。因此 R 是对称的，当且仅当对所有的整数对 i，j(其中 $i=1,\ 2,\ \cdots,\ n$，$j=1,\ 2,\ \cdots,\ n$)都有 $m_{ij}=m_{ji}$。回顾 2.6 节中矩阵转置的定义，可以得到 R 是对称的当且仅当

$$\boldsymbol{M}_R=(\boldsymbol{M}_R)^{\mathrm{T}}$$

即 $\boldsymbol{M}_R$ 是对称矩阵。对称关系的矩阵形式如图 2a 所示。

图 1　自反关系的 0-1 矩阵(非主对角线上的元素可为 0 或 1)

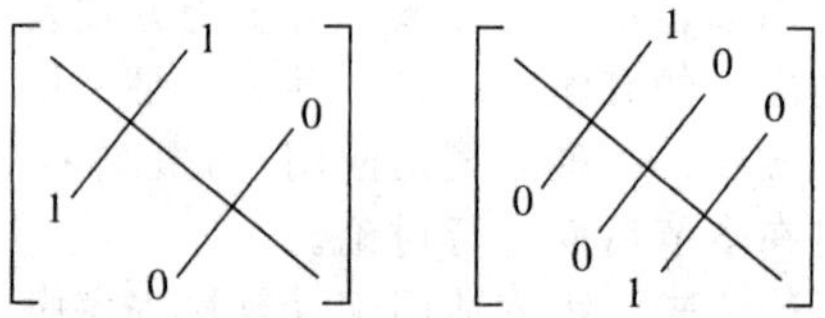

a）对称的　　b）反对称的

图 2　对称和反对称关系的 0-1 矩阵

关系 R 是反对称的，当且仅当若 $(a,\ b)\in R$ 且 $(b,\ a)\in R$ 则 $a=b$。因此，反对称关系的矩阵有下述性质：如果 $m_{ij}=1$，$i\neq j$，则 $m_{ji}=0$。或者，换句话说，当 $i\neq j$ 时，$m_{ij}=0$ 或 $m_{ji}=0$。反对称关系的矩阵形式如图 2b 所示。

例 3　假设集合上的关系 R 由矩阵

$$M_R=\begin{bmatrix}1&1&0\\1&1&1\\0&1&1\end{bmatrix}$$

表示，R 是自反的、对称的和/或反对称的吗？

解　因为这个矩阵中所有的对角线元素都等于 1，所以 R 是自反的。又由于 $\boldsymbol{M}_R$ 是对称的，所以 R 是对称的。也容易看出 R 不是反对称的。 ◀

布尔运算并和交可以用来(在 2.6 节讨论的)求两个关系的并和交的矩阵表示。假设集合 A 上的关系 R_1 和 R_2 分别由矩阵 $\boldsymbol{M}_{R_1}$ 和 $\boldsymbol{M}_{R_2}$ 来表示。$\boldsymbol{M}_{R_1}$ 或 $\boldsymbol{M}_{R_2}$ 在某个位置为 1，则表示关系的并的矩阵的相应位置为 1。$\boldsymbol{M}_{R_1}$ 和 $\boldsymbol{M}_{R_2}$ 在某个位置同时为 1，则表示关系的交的矩阵的相应位置为 1。于是，关系的并和交的矩阵表示是

$$\boldsymbol{M}_{R_1\cup R_2}=\boldsymbol{M}_{R_1}\vee\boldsymbol{M}_{R_2},\quad \boldsymbol{M}_{R_1\cap R_2}=\boldsymbol{M}_{R_1}\wedge\boldsymbol{M}_{R_2}$$

例 4　假设集合 A 上的关系 R_1 和 R_2 由下述矩阵表示，$R_1\cup R_2$ 和 $R_1\cap R_2$ 的矩阵表示是什么？

$$\boldsymbol{M}_{R_1}=\begin{bmatrix}1&0&1\\1&0&0\\0&1&0\end{bmatrix},\quad \boldsymbol{M}_{R_2}=\begin{bmatrix}1&0&1\\0&1&1\\1&0&0\end{bmatrix}$$

解　这两个关系的矩阵是

$$\boldsymbol{M}_{R_1\cup R_2}=\boldsymbol{M}_{R_1}\vee\boldsymbol{M}_{R_2}=\begin{bmatrix}1&0&1\\1&1&1\\1&1&0\end{bmatrix}$$

$$\boldsymbol{M}_{R_1\cap R_2}=\boldsymbol{M}_{R_1}\wedge\boldsymbol{M}_{R_2}=\begin{bmatrix}1&0&1\\0&0&0\\0&0&0\end{bmatrix}$$ ◀

现在我们来考虑怎样确定关系合成的矩阵。这个矩阵可以通过关系矩阵的布尔积(见 2.6 节)得到。特别地，假设 R 是从集合 A 到集合 B 的关系且 S 是从集合 B 到集合 C 的关系。又假设 A、B 和 C 分别有 m、n 和 p 个元素。令 $S\circ R$、R 和 S 的 0-1 矩阵分别为 $\boldsymbol{M}_{S\circ R}=[t_{ij}]$、$\boldsymbol{M}_R=[r_{ij}]$、$\boldsymbol{M}_S=[s_{ij}]$(这些矩阵的大小分别为 $m\times p$、$m\times n$ 和 $n\times p$)。有序对(a_i, c_j)属于 $S\circ R$当且仅当存在元素 b_k 使得(a_i, b_k)属于 R 并且(b_k, c_j)属于 S。由此得出 $t_{ij}=1$，当且仅当存在某个 k 满足 $r_{ik}=s_{kj}=1$。根据布尔积的定义，可得

$$\boldsymbol{M}_{S\circ R}=\boldsymbol{M}_R\odot\boldsymbol{M}_S$$

例 5　求关系 $S\circ R$ 的矩阵，其中表示 R 和 S 的矩阵分别是

$$\boldsymbol{M}_R=\begin{bmatrix}1&0&1\\1&1&0\\0&0&0\end{bmatrix}\quad 和\quad \boldsymbol{M}_S=\begin{bmatrix}0&1&0\\0&0&1\\1&0&1\end{bmatrix}$$

解　表示 $S\circ R$ 的矩阵是：

$$\boldsymbol{M}_{S\circ R}=\boldsymbol{M}_R\odot\boldsymbol{M}_S=\begin{bmatrix}1&1&1\\0&1&1\\0&0&0\end{bmatrix}$$ ◀

表示两个关系合成的矩阵可以用来求 $\boldsymbol{M}_{R^n}$ 的矩阵，特别地，由布尔幂的定义有

$$\boldsymbol{M}_{R^n}=\boldsymbol{M}_R^{[n]}$$

本节练习 35 要求证明这个公式。

例 6　求关系 R^2 的矩阵表示，其中 R 的矩阵表示是

$$\boldsymbol{M}_R=\begin{bmatrix}0&1&0\\0&1&1\\1&0&0\end{bmatrix}$$

解　R^2 的矩阵表示是

$$\boldsymbol{M}_{R^2}=\boldsymbol{M}_R^{[2]}=\begin{bmatrix}0&1&1\\1&1&1\\0&1&0\end{bmatrix}$$ ◀

5.3.3　用图表示关系

前面已经提到，关系可以通过列出它所有的有序对或使用 0-1 矩阵来表示。还有一种重要的表示关系的方法就是图。把集合中的每个元素表示成一个点，每个有序对表示成一条带有箭头的弧，弧上的箭头标明了弧的方向。当我们把一个有穷集上的关系看作**有向图**时，就可以使用这种图形表示。

定义 1　一个有向图由顶点(或结点)集 V 和边(或弧)集 E 组成，其中边集是 V 中元素的有序对的集合。顶点 a 叫作边(a, b)的始点，而顶点 b 叫作这条边的终点。

形如(a, a)的边用一条从顶点 a 到自身的弧表示。这种边叫作**环**。

例 7 具有顶点 a、b、c 和 d，边(a, b)、(a, d)、(b, b)、(b, d)、(c, a)、(c, b)和(d, b)的有向图如图 3 所示。◀

集合 A 上的关系 R 表示成一个有向图，这个图以 A 的元素作为顶点，以有序对(a, b)作为边，其中$(a, b)\in R$。这就在集合 A 上的关系和以 A 作为顶点集的有向图之间构成了一一对应。于是，每一个关于关系的论述对应着一个关于有向图的论述，反之亦然。有向图将关系中包含的信息进行了图形化表示。因此，也常常用图研究关系及其性质。(注意，从集合 A 到集合 B 的关系可以用一个有向图表示，其中集合 A 中的每个元素和集合 B 中的每个元素都用顶点表示，如 5.1 节所示。然而，当 $A=B$ 时，这种表示方法对关系中包含的信息的表示比本节描述的有向图表示法要少得多。)例 8～10 说明了怎样用有向图来表示定义在一个集合上的关系。

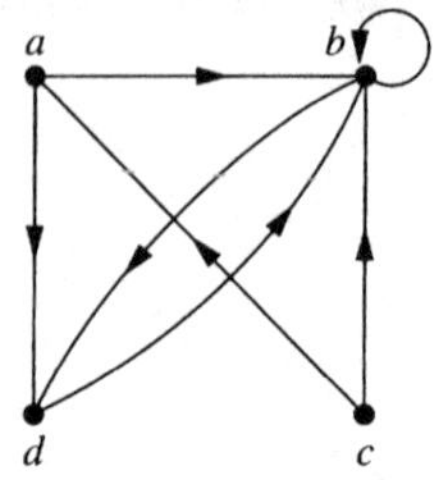

图 3 一个有向图

例 8 定义在集合$\{1, 2, 3, 4\}$上的关系

$$R_1=\{(1,1),(1,3),(2,1),(2,3),(2,4),(3,1),(3,2),(4,1)\}$$

的有向图表示如图 4 所示。◀

例 9 图 5 中的有向图所表示的关系 R_2 中的有序对是什么？

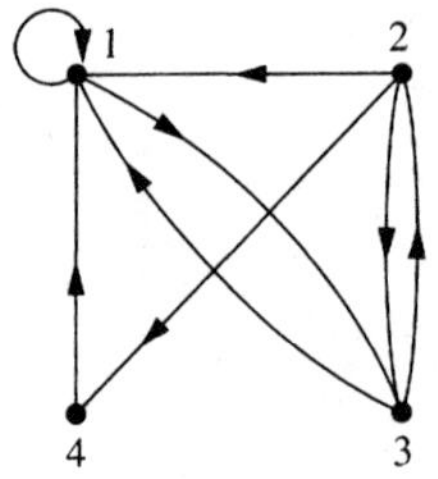

图 4 关系 R_1 的有向图

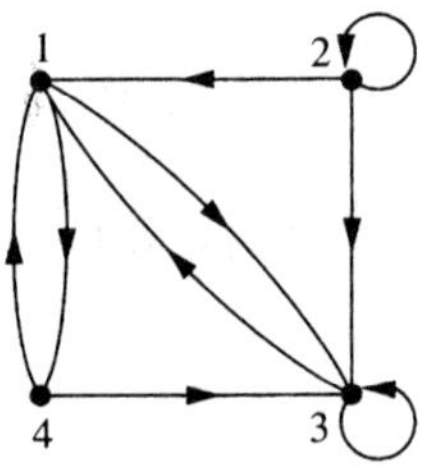

图 5 关系 R_2 的有向图

解 关系中的有序对(x, y)是

$$R_2=\{(1,3),(1,4),(2,1),(2,2),(2,3),(3,1),(3,3),(4,1),(4,3)\}$$

每个有序对都对应了有向图的一条边，其中$(2, 2)$和$(3, 3)$对应了环。◀

表示关系的有向图可以用来确定关系是否具有各种性质。例如，一个关系是自反的，当且仅当有向图的每个顶点都有环。因此，每个形如(x, x)的有序对都出现在关系中。一个关系是对称的，当且仅当对有向图不同顶点之间的每一条边都存在一条方向相反的边，因此，只要(x, y)在关系中就有(y, x)在关系中。类似地，一个关系是反对称的，当且仅当在两个不同的顶点之间不存在两条方向相反的边。最后，一个关系是传递的，当且仅当只要存在一条从顶点 x 到顶点 y 的边和一条从顶点 y 到顶点 z 的边，就有一条从顶点 x 到顶点 z 的边(完成一个三角形，其中每条边都是具有正确方向的有向边)。

评注 对称关系可以用无向图表示，这个图中的边没有方向。我们将在第 6 章研究无向图。

例 10 判断图 6 中的有向图表示的关系，是否为自反的、对称的、反对称的和/或传递的。

解 因为关系 S_1 的有向图的每个顶点都有环，所以它是自反的。S_1 既不是对称的也不是反对称的，因为存在一条从 a 到 b 的边，但没有从 b 到 a 的边，并且 b 和 c 两个方向都有边。最后，S_1 不是传递的，因为从 a 到 b 有边，从 b 到 c 有边，但是从 a 到 c 没有边。

因为在有向图 S_2 中，不是所有的顶点都有环，所以关系 S_2 不是自反的。关系 S_2 是对称的，不是反对称的，因为在不同顶点之间的每条边都伴随着一条方向相反的边。从有向图中不难看出，S_2 不是传递的，因为(c, a)和(a, b)属于 S_2，但(c, b)不属于 S_2。◀

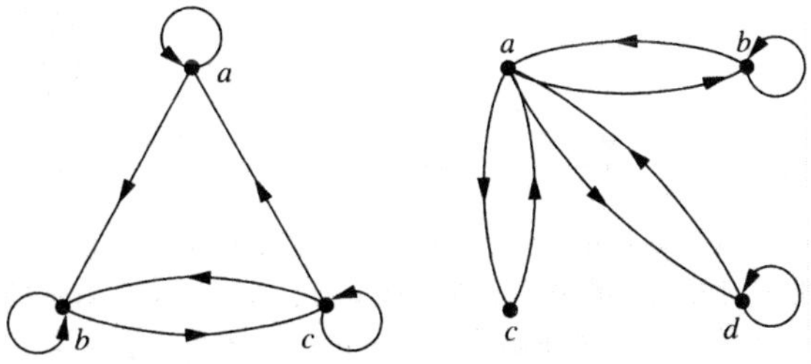

a）S_1的有向图　　b）S_2的有向图

图 6　关系 R 和 S 的有向图

奇数编号练习

1. 用矩阵表示下面每个定义在{1，2，3}上的关系(按增序列出集合中的元素)。

a) $\{(1, 1), (1, 2), (1, 3)\}$

b) $\{(1, 2), (2, 1), (2, 2), (3, 3)\}$

c) $\{(1, 1), (1, 2), (1, 3), (2, 2), (2, 3), (3, 3)\}$

d) $\{(1, 3), (3, 1)\}$

3. 列出和下面矩阵对应的定义在{1，2，3}上的关系中的有序对(其中行和列对应于按增序列出的整数)。

a) $\begin{bmatrix}1 & 0 & 1\\0 & 1 & 0\\1 & 0 & 1\end{bmatrix}$　**b)** $\begin{bmatrix}0 & 1 & 0\\0 & 1 & 0\\0 & 1 & 0\end{bmatrix}$　**c)** $\begin{bmatrix}1 & 1 & 1\\1 & 0 & 1\\1 & 1 & 1\end{bmatrix}$

5. 怎样用表示集合 A 上的关系 R 的有向图确定这个关系是否是反自反的？

7. 确定练习 3 中的矩阵所表示的关系是否为自反的、反自反的、对称的、反对称的和/或传递的。

9. R 是包含了前 100 个正整数的集合 $A=\{1, 2, \cdots, 100\}$上的关系，如果 R 满足下述条件，那么表示 R 的矩阵中有多少个非 0 的元素？

a) $\{(a, b) \mid a>b\}$　**b)** $\{(a, b) \mid a\neq b\}$　**c)** $\{(a, b) \mid a=b+1\}$

d) $\{(a, b) \mid a=1\}$　**e)** $\{(a, b) \mid ab=1\}$

11. 当 R 是有穷集 A 上的关系时，怎样从表示 R 的关系矩阵得到表示这个关系的补 $\overline{R}$ 的矩阵？

13. 设 R 是矩阵

$$\boldsymbol{M}_R=\begin{bmatrix}0 & 1 & 1\\1 & 1 & 0\\1 & 0 & 1\end{bmatrix}$$

所表示的关系，求表示下述关系的矩阵。

a) R^{-1}　**b)** $\overline{R}$　**c)** R^2

15. 设 R 是矩阵

$$\boldsymbol{M}_R=\begin{bmatrix}0 & 1 & 0\\0 & 0 & 1\\1 & 1 & 0\end{bmatrix}$$

表示的关系，求表示下述关系的矩阵

a) R^2　**b)** R^3　**c)** R^4

17. 设 R 是 n 元素集合 A 上的关系。如果在表示 R 的矩阵 $\boldsymbol{M}_R$ 中存在 k 个非 0 的元素，那么在表示 R 的补 $\overline{R}$ 的矩阵 $\boldsymbol{M}_{\overline{R}}$中存在多少个非 0 元素？

19. 画出表示练习 2 中每个关系的有向图。

21. 画出表示练习 4 中每个关系的有向图。

在练习 23～28 中，列出由下述有向图所表示的关系中的有序对。

23.

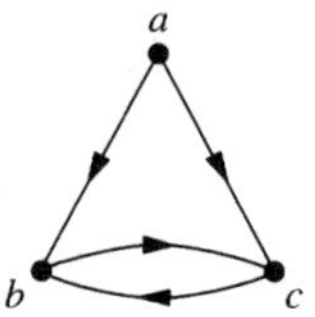

25.

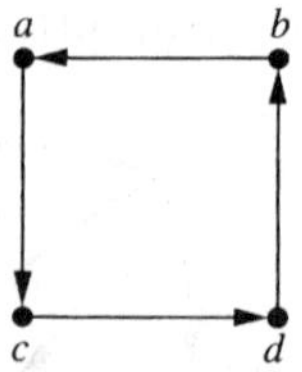

27.

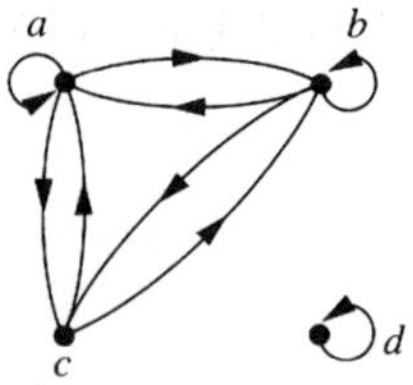

29. 怎样用定义在有穷集 A 上的关系 R 的有向图确定一个关系是否是非对称的？

31. 确定练习 23～25 所示的有向图表示的关系是否为自反的、反自反的、对称的、反对称的和/或传递的。

33. 设 R 是定义在集合 A 上的关系，解释如何用表示 R 的有向图得到表示关系的逆 R^{-1} 的有向图？

35. 证明：如果 $\mathbf{M}_R$ 是表示关系 R 的矩阵，那么 $\mathbf{M}_R^{[n]}$ 是表示关系 R^n 的矩阵。

5.4　关系的闭包

5.4.1　引言

一个计算机网络在波士顿、芝加哥、丹佛、底特律、纽约和圣迭戈设有数据中心。从波士顿到芝加哥、波士顿到底特律、芝加哥到底特律、底特律到丹佛和纽约到圣迭戈都有单向的电话线。如果存在一条从数据中心 a 到 b 的电话线，(a, b)就属于关系 R。我们如何确定从一个中心到另一个中心是否存在一条或多条电话线路(可能不直接)相连？由于并不是所有的链接都是直接相连的，例如从波士顿可通过底特律到丹佛，所以不能直接使用关系 R 来回答这个问题。用关系的语言说，R 不是传递的，因此它不包含所有能被链接的有序对。在本节，我们可以通过构造包含关系 R 的传递关系 S，且 S 是所有包含关系 R 的传递关系的子集，来找出所有有线路相连的数据中心对。这里，S 是包含关系 R 的最小的传递关系。这个关系称为 R 的**传递闭包**。

5.4.2　不同类型的闭包

若 R 是集合 A 上的关系，它可能具有或者不具有某些性质 P，例如自反性、对称性或传递性。当 R 不具有性质 P 时，我们将求在集合 A 上，包含关系 R 且具有性质 P 的最小关系 S。

定义 1　设 R 是集合 A 上的关系，若存在关系 R 的具有性质 P 的**闭包**，则此闭包是集合 A 上包含 R 的具有性质 P 的关系 S，并且 S 是每一个包含 R 的具有性质 P 的 $A\times A$ 的子集。

若存在一个关系 S 是每一个包含 R 的具有性质 P 的关系的子集，则它必是唯一的。为了说明这一点，假设关系 S 和 T 都具有性质 P 并且都是每一个包含 R 的具有性质 P 的关系的子集。则 S 和 T 互为子集，所以它们是相等的。这样的关系若存在，则是包含 R 的具有性质 P 的最小关系，因为它是每一个包含 R 的具有性质 P 的关系的子集。

我们将说明怎样求关系的自反闭包、对称闭包和传递闭包。在本节的练习 15 和 35，给定性质 P，你将看到一个关系的具有性质 P 的闭包不一定存在。

集合 $A=\{1, 2, 3\}$上的关系 $R=\{(1, 1), (1, 2), (2, 1), (3, 2)\}$不是自反的。我们怎样才能得到一个包含关系 R 的尽可能小的自反关系呢？这可以通过把$(2, 2)$和$(3, 3)$加到 R 中来做到，因为只有它们是不在 R 中的形如(a, a)的有序对。这个新关系包含了关系 R。此外，任何包含关系 R 的自反关系一定包含$(2, 2)$和$(3, 3)$。因为这个关系包含了 R，所以是自反的，并且包含于每一个包含关系 R 的自反关系中，因此它就是关系 R 的**自反闭包**。

正如这个例子所示，给定集合 A 上的关系 R，对于 $a\in R$，可以通过把不在 R 中的所有形如(a, a)的有序对，加到关系 R 中，得到关系 R 的自反闭包。加入这些有序对后，产生了一个新的自反的、包含关系 R 的关系，并且该关系包含于任何一个包含关系 R 的自反关系中。由此可得，关系 R 的自反闭包等于 $R\cup\Delta$，其中 $\Delta=\{(a, a) \mid a\in A\}$是 A 上的**对角关系**。(读者应对此进行验证。)

例 1　整数集上的关系 $R=\{(a, b) \mid a<b\}$的自反闭包是什么？

解　R 的自反闭包是

$$R \cup \Delta = \{(a,b) \mid a < b\} \cup \{(a,a) \mid a \in \mathbf{Z}\} = \{(a,b) \mid a \leqslant b\}$$ ◀

{1，2，3}上的关系{(1，1)，(1，2)，(2，2)，(2，3)，(3，1)，(3，2)}不是对称的。如何产生一个包含关系 R 的尽可能小的对称关系呢？只需增加(2，1)和(1，3)，因为只有它们是具有$(a, b) \in R$ 而(b, a)不在 R 中的(b, a)对。这个新关系是对称的，且包含了关系 R。此外，任何包含了关系 R 的对称关系一定包含这个新关系，因为任何一个包含关系 R 的对称关系一定包含(2，1)和(1，3)。因此，这个新关系叫作关系 R 的**对称闭包**。

正如这个例子所示，关系 R 的对称闭包可以通过增加所有形如(b, a)的有序对构成，其中(a, b)在关系 R 中而(b, a)不在关系 R 中。增加这些有序对后产生了一个新的关系，它是对称的，包含了 R，并且它包含于任何一个包含关系 R 的对称关系中。关系 R 的对称闭包可以通过求关系与它的逆(在 5.1 节练习 26 的前导文中定义)的并来构造，即 $R \cup R^{-1}$ 是关系 R 的对称闭包，其中$R^{-1} = \{(b, a) \mid (a, b) \in R\}$。这个结果由读者自行验证。

Extra Examples

例 2 正整数集合上的关系 $R = \{(a, b) \mid a > b\}$的对称闭包是什么？

解 R 的对称闭包是关系

$$R \cup R^{-1} = \{(a,b) \mid a > b\} \cup \{(b,a) \mid a > b\} = \{(a,b) \mid a \neq b\}$$

最后一个等式成立是因为 R 包含了所有正整数构成的有序对，其中第一元素大于第二元素，R^{-1} 包含了所有正整数构成的有序对，其中第一元素小于第二元素。 ◀

假设关系 R 不是传递的，我们如何得到一个包含关系 R 的传递关系并使得这个新的关系包含于任何一个包含关系 R 的传递关系中？关系 R 的传递闭包能否通过已经在关系 R 中的(a, b)和(b, c)，增加所有形如(a, c)的有序对构成？考虑集合{1，2，3，4}上的关系 $R = \{(1, 3), (1, 4), (2, 1), (3, 2)\}$。这个关系不是传递的，因为对于在 R 中的(a, b)和(b, c)，它不包含所有形如(a, c)的有序对。这种不在 R 中的有序对是(1，2)、(2，3)、(2，4)和(3，1)。把这些有序对加到 R 中并不能产生一个传递关系，因为所得的结果关系包含(3，1)和(1，4)，但不包含(3，4)。这说明构造关系的传递闭包比构造它们的自反闭包或对称闭包更复杂。下面将介绍构造关系的传递闭包的算法。正如本节后面部分将要说明的，关系的传递闭包可以通过增加那些一定会出现的有序对来得到，不断重复这个过程，直到没有新增加的有序对为止。

5.4.3 有向图中的路径

我们将看到用有向图表示关系有助于构造关系的传递闭包。为此，先引入某些将要用到的术语。

通过沿着有向图中的边(按照边的箭头指示的相同方向)移动，就可以得到一条有向图中的路径。

定义 2 在有向图 G 中，从 a 到 b 的一条路径是图 G 中一条或多条边的序列(x_0, x_1)，(x_1, x_2)，(x_2, x_3)，…，(x_{n-1}, x_n)，其中 n 是一个非负整数，$x_0 = a$，$x_n = b$。即一个边的序列，其中一条边的终点和路径中下一条边的始点相同。这条路径记为 $x_0, x_1, \cdots, x_{n-1}, x_n$，长度为 n。我们把一个为空的边的集合看作从 a 到 a 的长度为 0 的路径。在同一顶点开始和结束的长度 $n \geqslant 1$ 的路径，称为回路或圈。

有向图的一条路径可以多次通过一个顶点。此外，有向图的一条边也可以多次出现在一条路径中。

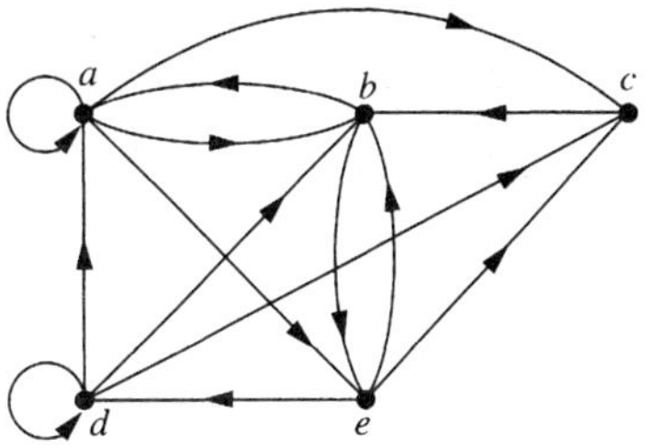

图 1　一个有向图

例 3 下面哪些是图 1 中的有向图中的路径：a, b, e, d；a, e, c, d, b；b, a, c, b, a, a, b；d, c；c, b, a；e, b, a, b, a, b, e？这些路径的长度是多少？这个列表中的哪些路径是回路？

解 因为(a, b)、(b, e)和(e, d)都是边，所以 a, b, e, d 是长为 3 的路径。因为(c, d)不是边，所以 a, e, c, d, b

不是路径。因为(b, a)、(a, c)、(c, b)、(b, a)、(a, a)和(a, b)都是边，所以b, a, c, b, a, a, b是长为6的路径。同理，因为(d, c)是边，所以d, c是长为1的路径。(c, b)和(b, a)是边，所以c, b, a是长为2的路径。(e, b)、(b, a)、(a, b)、(b, a)、(a, b)、(b, e)都是边，因此e, b, a, b, a, b, e是长为6的路径。

两条路径b, a, c, b, a, a, b和e, b, a, b, a, b, e是回路，因为它们开始和结束于同一顶点。路径a, b, e, d；c, b, a和d, c不是回路。◀

术语路径也用于关系。把有向图中的定义推广到关系可知，如果存在一个元素的序列$a, x_1, x_2, \cdots, x_{n-1}, b$，且$(a, x_1)\in R$，$(x_1, x_2)\in R$，$\cdots$，$(x_{n-1}, b)\in R$，那么在$R$中存在一条从$a$到$b$的**路径**。从关系中的路径定义可以得到定理1。

定理1　设R是集合A上的关系。从a到b存在一条长为n(n为正整数)的路径，当且仅当$(a, b)\in R^n$。

证明　使用数学归纳法。根据定义，从a到b存在一条长为1的路径，当且仅当$(a, b)\in R$。因此当$n=1$时，定理为真。

归纳假设，假定对于正整数n，定理为真。从a到b存在一条长为$n+1$的路径，当且仅当存在元素$c\in A$使得从a到c存在一条长为1的路径，即$(a, c)\in R$，以及一条从c到b的长为n的路径，即$(c, b)\in R^n$。因此，由归纳假设，从a到b存在一条长为$n+1$的路径，当且仅当存在一个元素c，使得$(a, c)\in R$且$(c, b)\in R^n$。但是若存在这样一个元素，当且仅当$(a, b)\in R^{n+1}$。因此，从a到b存在一条长为$n+1$的路径，当且仅当$(a, b)\in R^{n+1}$。定理得证。◀

5.4.4　传递闭包

下面证明求一个关系的传递闭包等价于在相关的有向图确定哪些顶点对之间存在路径。由此，要定义一个新的关系。

定义3　设R是集合A上的关系。连通性关系R^*由形如(a, b)的有序对构成，使得在关系R中，从顶点a到b之间存在一条长度至少为1的路径。

因为R^n由有序对(a, b)构成，使得存在一条从顶点a到b的长为n的路径，所以R^*是所有R^n的并集。换句话说，

$$R^* = \bigcup_{n=1}^{\infty} R^n$$

许多模型中都用到连通性关系。

例4　设R是定义在世界上所有人的集合上的关系，如果a认识b，那么R包含(a, b)。R^n是什么？其中n是大于1的正整数。R^*是什么？

解　如果存在c使得$(a, c)\in R$且$(c, b)\in R$，即存在c使得a认识c，c认识b，那么关系R^2包含(a, b)。类似地，如存在$x_1, x_2, \cdots, x_{n-1}$使得$a$认识$x_1$，$x_1$认识$x_2$，$\cdots$，$x_{n-1}$认识$b$，那么$R^n$包含所有这样的有序对$(a, b)$。

如果存在从a开始至b终止的序列，使得序列中的每个人都认识序列中的下一个人，那么R^*包含(a, b)有序对。(关于R^*存在许多有趣的猜想。你认为这个连通关系包含以你作为第一元素，蒙古的总统作为第二元素的一对元素吗？在第6章中我们将用图建立这个应用模型。)◀

例5　设R是定义在纽约市所有地铁站集合上的关系。如果可以从a站不换车就能到达b站，那么R包含有序对(a, b)。当n是正整数时，R^n是什么？R^*是什么？

解　如果换$n-1$次车就可以从a站到达b站，关系R^n就包含这样的有序对(a, b)。如果需要可以换车任意多次，能够从a站到b站，关系R^*就由这样的有序对(a, b)组成。(读者可以自行验证这些论断。)◀

例6　设R是定义在美国所有州的集合上的关系，如果a州和b州有公共的边界，那么R

包含(a, b)。R^n 是什么？其中 n 是正整数。R^* 又是什么？

解　关系 R^n 由可以从 a 州恰好跨越 n 次州界到达 b 州的有序对(a, b)构成。R^* 由可以从 a 州跨越任意多次边界到达 b 州的有序对(a, b)构成(读者可自行验证这些论断。)只有那些包含与美国大陆不相连的州(即含有阿拉斯加或夏威夷)的有序对是不在 R^* 中的。◀

定理 2 将证明一个关系的传递闭包和相关的连通性关系是等同的。

定理 2　关系 R 的传递闭包等于连通性关系 R^*。

证明　注意由定义可知，R^* 包含 R。为证明 R^* 是 R 的传递闭包，我们必须证明 R^* 是传递的且对一切包含 R 的传递关系 S，有 $R^* \subseteq S$。

首先，我们证明 R^* 是传递的。如果$(a, b) \in R^*$ 且$(b, c) \in R^*$，那么在 R 中存在从 a 到 b 和从 b 到 c 的路径。我们由从 a 到 b 的路径开始，并且沿着从 b 到 c 的路径就得到一条从 a 到 c 的路径。因此，$(a, c) \in R^*$。这就得出 R^* 是传递的。

现在假设 S 是包含 R 的传递关系。因为 S 是传递的，所以 S^n 也是传递的(读者可自行验证这一点)，并且 $S^n \subseteq S$(由 5.1 节定理 1)。此外，因为

$$S^* = \bigcup_{k=1}^{\infty} S^k$$

和 $S^k \subseteq S$，所以 $S^* \subseteq S$。注意，如果 $R \subseteq S$，那么 $R^* \subseteq S^*$，因为任何在 R 中的路径也是 S 中的路径。因此，$R^* \subseteq S^* \subseteq S$。于是，任何包含 R 的传递关系也一定包含 R^*。因此，R^* 是 R 的传递闭包。◀

既然我们知道传递闭包等于连通性关系，我们考虑这个关系的计算问题。在一个有限的有向图中，确定两个顶点之间是否存在一条路径，不需要检测任意长的路径。正如下面的引理 1 所示，检测不超过 n 条边的路径就足够了，这里 n 是集合中的元素个数。

引理 1　设 A 是含有 n 个元素的集合，R 是集合 A 上的关系。如果 R 中存在一条从 a 到 b 的长度至少为 1 的路径，那么这两点间存在一条长度不超过 n 的路径。此外，当 $a \neq b$ 时，如果在 R 中存在一条从 a 到 b 的长度至少为 1 的路径，那么这两点间存在一条长度不超过 $n-1$ 的路径。

证明　假设在 R 中存在从 a 到 b 的路径。令 m 是其中最短路径的长度。假设 x_0，x_1，x_2，…，x_{m-1}，x_m 是一条这样的路径，其中 $x_0=a$，$x_m=b$。

假设 $a=b$ 且 $m>n$，可得 $m \geqslant n+1$。由鸽巢原理，因为 A 中有 n 个顶点，所以在 x_0，x_1，x_2，…，x_{m-1} 这 m 个顶点中，至少有两个是相同的(见图 2)。

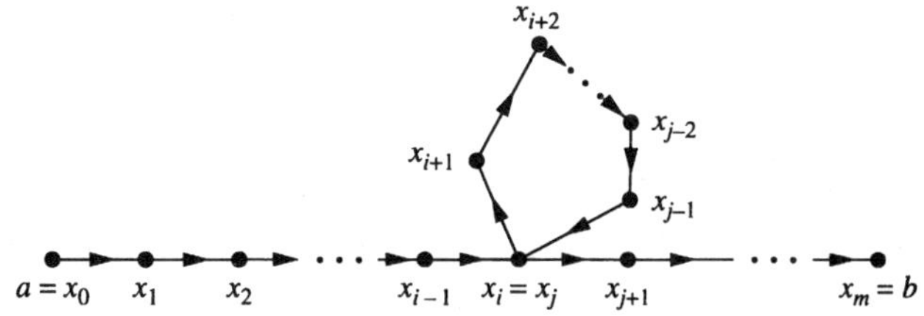

图 2　产生一条长度不超过 n 的路径

假设 $x_i = x_j$，其中 $0 \leqslant i < j \leqslant m-1$。那么这条路径包含一条从 x_i 到 x_i 自身的回路。可以把这条回路从由 a 到 b 的路径中删除，剩下的路径为 x_0，x_1，…，x_i，x_{j+1}，…，x_{m-1}，x_m，是从 a 到 b 的一条更短的路径。因此，具有最短长度的路径的长度一定小于等于 n。

$a \neq b$ 的情况留给读者作为练习。◀

由引理 1，可以得到 R 的传递闭包是 R，R^2，R^3，…，R^n 的并集。这是由于在 R^* 中的两个顶点之间存在一条路径，当且仅当对某个正整数 $i(i \leqslant n)$，在 R^i 中的这些顶点之间也存在一条路径。因为

$$R^* = R \cup R^2 \cup R^3 \cup \cdots \cup R^n$$

并且表示关系的并集的 0-1 矩阵是表示这些关系的 0-1 矩阵的并，所以表示传递闭包的 0-1 矩阵是 R 的前 n 次幂的 0-1 矩阵的并。

定理 3　设 $\mathbf{M}_R$ 是定义在 n 个元素集合上的关系 R 的 0-1 矩阵。那么传递闭包 R^* 的 0-1 矩阵是

$$\mathbf{M}_{R^*}=\mathbf{M}_R \vee \mathbf{M}_R^{[2]} \vee \mathbf{M}_R^{[3]} \vee \cdots \vee \mathbf{M}_R^{[n]}$$

例 7　求关系 R 的传递闭包的 0-1 矩阵，其中

$$\mathbf{M}_R=\begin{bmatrix}1&0&1\\0&1&0\\1&1&0\end{bmatrix}$$

解　由定理 3，R^* 的 0-1 矩阵是

$$\mathbf{M}_{R^*}=\mathbf{M}_R \vee \mathbf{M}_R^{[2]} \vee \mathbf{M}_R^{[3]}$$

因为

$$\mathbf{M}_R^{[2]}=\begin{bmatrix}1&1&1\\0&1&0\\1&1&1\end{bmatrix} \quad 和 \quad \mathbf{M}_R^{[3]}=\begin{bmatrix}1&1&1\\0&1&0\\1&1&1\end{bmatrix}$$

所以

$$\mathbf{M}_{R^*}=\begin{bmatrix}1&0&1\\0&1&0\\1&1&0\end{bmatrix} \vee \begin{bmatrix}1&1&1\\0&1&0\\1&1&1\end{bmatrix} \vee \begin{bmatrix}1&1&1\\0&1&0\\1&1&1\end{bmatrix}=\begin{bmatrix}1&1&1\\0&1&0\\1&1&1\end{bmatrix}$$

◀

Links　定理 3 可以作为计算关系 R^* 的矩阵的算法基础。为求出这个矩阵，要连续计算 $\mathbf{M}_R$ 的布尔幂，直到第 n 次幂为止。当计算每次幂时，就求出这个幂与所有较小的幂的并。当进行到第 n 次幂时，就得到关于 R^* 的矩阵。这个过程见算法 1。

算法 1　计算传递闭包的过程

```
procedure transitive closure(M_R : n×n 的 0-1 矩阵)
A := M_R
B := A
for i := 2 to n
    A := A ⊙ M_R
    B := B ∨ A
return B{B 是表示 R* 的 0-1 矩阵}
```

我们可以容易地求出用算法 1 求关系的传递闭包所使用的比特运算次数。计算布尔幂 $\mathbf{M}_R$，$\mathbf{M}_R^{[2]}$，…，$\mathbf{M}_R^{[n]}$ 需要求出 $n-1$ 个 $n\times n$ 的 0-1 矩阵的布尔积。计算每个布尔积使用 $n^2(2n-1)$ 次比特运算。因此，计算这些乘积使用 $n^2(2n-1)(n-1)$ 次比特运算。

为从 n 个 $\mathbf{M}_R$ 的布尔幂求 $\mathbf{M}_{R^*}$，需要求 $n-1$ 个 0-1 矩阵的并。计算每一个并运算使用 n^2 次比特运算。因此，在这部分计算中使用 $(n-1)n^2$ 次比特运算。所以，当使用算法 1 计算定义在 n 个元素的集合上的关系的传递闭包的矩阵时，需要用 $n^2(2n-1)(n-1)+(n-1)n^2=2n^3(n-1)$ 次比特运算，即该算法复杂度为 $O(n^4)$。本节后面部分将要描述一个更有效的求传递闭包的算法。

5.4.5　沃舍尔算法

Links　沃舍尔算法得名于史蒂芬·沃舍尔，他在 1960 年给出该算法。这个算法能够高效地计算关系的传递闭包。算法 1 求出定义在 n 元素集合上的关系的传递闭包需要使用 $2n^3(n-1)$ 次比特运算。而沃舍尔算法只需要使用 $2n^3$ 次比特运算就可以求出这个传递闭包。

评注　沃舍尔算法有时也叫作罗伊沃舍尔算法，因为伯纳德·罗伊(B·Roy)在 1959 年描述了这个算法。

假设 R 是定义在 n 个元素集合上的关系。设 v_1，v_2，…，v_n 是这 n 个元素的任意排列。沃舍尔算法中用到一条路径的**内部顶点**的概念。如果 a，x_1，x_2，…，x_{m-1}，b 是一条路径，它的内部顶点是 x_1，x_2，…，x_{m-1}，即除了第一和最后一个顶点之外出现在路径中的所有顶点。例如，有向图中的一条路径 a，c，d，f，g，h，b，j 的内部顶点是 c，d，f，g，h，b。a，c，d，a，f，b 的内部顶点是 c，d，a，f。(注意这条路径的起点不是内部顶点，除非这条路径再次访问它，且不是作为终点来访问的。类似地，这条路径的终点也不是内部顶点，除非它在这之前曾被这条路径访问过，且不是作为起点来访问的。)

沃舍尔算法的基础是构造一系列的 0-1 矩阵。这些矩阵是 $\mathbf{W}_0$，$\mathbf{W}_1$，…，$\mathbf{W}_n$，其中 $\mathbf{W}_0=\mathbf{M}_R$ 是这个关系的 0-1 矩阵，且 $\mathbf{W}_k=[w_{ij}^{(k)}]$。如果存在一条从 v_i 到 v_j 的路径使得这条路径的所有内部顶点都在集合$\{v_1, v_2, \cdots, v_k\}$(表中的前 k 个顶点)中，那么 $w_{ij}^{(k)}=1$，否则为 0(这条路径的起点和终点可能在表中的前 k 个顶点的集合之外)。注意 $\mathbf{W}_n=\mathbf{M}_{R^*}$，因为 $\mathbf{M}_{R^*}$ 的第(i, j)项是 1，当且仅当存在一条从 v_i 到 v_j 的路径，且全部内部顶点都在集合$\{v_1, v_2, \cdots, v_n\}$中(但这些就是有向图中的所有顶点)。例 8 说明了矩阵 $\mathbf{W}_k$ 表示的是什么。

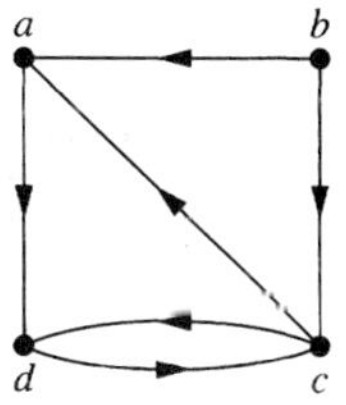

图 3　关系 R 的有向图

例 8　设 R 是一个关系，它的有向图如图 3 所示。设 a，b，c，d 是集合元素的排列。求矩阵 $\mathbf{W}_0$，$\mathbf{W}_1$，$\mathbf{W}_2$，$\mathbf{W}_3$，$\mathbf{W}_4$。矩阵 $\mathbf{W}_4$ 是关系 R 的传递闭包。

解　令 $v_1=a$，$v_2=b$，$v_3=c$，$v_4=d$。$\mathbf{W}_0$ 是这个关系的矩阵，于是

$$\mathbf{W}_0=\begin{bmatrix}0&0&0&1\\1&0&1&0\\1&0&0&1\\0&0&1&0\end{bmatrix}$$

如果存在一条从 v_i 到 v_j 的且只有 $v_1=a$ 作为其内部顶点的路径，则 $\mathbf{W}_1$ 的(i, j)项为 1。注意因为所有长为 1 的路径没有内部顶点，所以仍旧可以使用这些路径。此外存在一条从 b 到 d 的路径，即 b，a，d。因此

$$\mathbf{W}_1=\begin{bmatrix}0&0&0&1\\1&0&1&1\\1&0&0&1\\0&0&1&0\end{bmatrix}$$

如果存在一条从 v_i 到 v_j 的且只有 $v_1=a$ 和/或 $v_2=b$ 作为内部顶点的路径，则 $\mathbf{W}_2$ 的(i, j)项为 1。因为没有边以 b 作为终点，所以当我们允许 b 作为内部顶点时不会得到新的路径。因此，$\mathbf{W}_2=\mathbf{W}_1$。

若存在一条从 v_i 到 v_j 的只有 $v_1=a$、$v_2=b$ 和/或 $v_3=c$ 作为内部顶点的路径，则 $\mathbf{W}_3$ 的(i, j)项为 1。现在有从 d 到 a 的路径，即 d，c，a 和从 d 到 d 的路径，即 d，c，d。因此

$$\mathbf{W}_3=\begin{bmatrix}0&0&0&1\\1&0&1&1\\1&0&0&1\\1&0&1&1\end{bmatrix}$$

最后，如果存在一条从 v_i 到 v_j 的路径，并且以 $v_1=a$、$v_2=b$、$v_3=c$ 和/或 $v_4=d$ 作为内部顶点，那么 $\mathbf{W}_4$ 的(i, j)项为 1。因为这些是图的全部顶点，所以此项为 1，当且仅当存在一条从 v_i 到 v_j 的路径。因此

$$W_4 = \begin{bmatrix} 1 & 0 & 1 & 1 \\ 1 & 0 & 1 & 1 \\ 1 & 0 & 1 & 1 \\ 1 & 0 & 1 & 1 \end{bmatrix}$$

这个最后的矩阵 $\boldsymbol{W}_4$ 就是传递闭包的矩阵。◀

沃舍尔算法通过有效地计算 $\boldsymbol{W}_0 = \boldsymbol{M}_R$，$\boldsymbol{W}_1$，$\boldsymbol{W}_2$，…，$\boldsymbol{W}_n = \boldsymbol{M}_{R^*}$ 来计算 $\boldsymbol{M}_{R^*}$。不难看出，可以直接从 $\boldsymbol{W}_{k-1}$ 计算 $\boldsymbol{W}_k$：存在一条从 v_i 到 v_j 的只以 v_1，v_2，…，v_k 中的顶点作为内部顶点的路径，当且仅当要么存在一条从 v_i 到 v_j 的且内部顶点是列表中前 $k-1$ 个顶点的路径，要么存在从 v_i 到 v_k 的路径和从 v_k 到 v_j 的路径，且这些路径的内部顶点仅在列表中的前 $k-1$ 个顶点中。这就是说，要么在 v_k 被允许作为内点之前从 v_i 到 v_j 已经存在一条路径，要么允许 v_k 作为内部顶点产生一条从 v_i 到 v_k 然后从 v_k 到 v_j 的路径。这两种情况如图 4 所示。

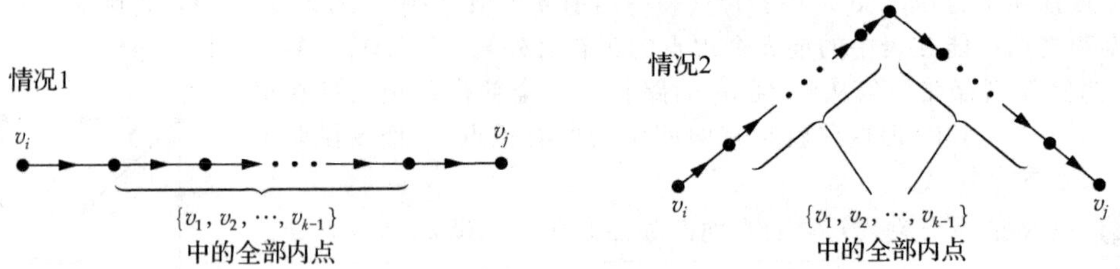

图 4 把 v_k 加到允许使用的内部顶点集中

第一种类型的路径存在当且仅当 $w_{ij}^{[k-1]} = 1$，第二种类型的路径存在当且仅当 $w_{ik}^{[k-1]} = 1$ 和 $w_{kj}^{[k-1]} = 1$。于是，$w_{ij}^{[k]}$ 等于 1 当且仅当或者 $w_{ij}^{[k-1]} = 1$ 或者 $w_{ik}^{[k-1]} = 1$ 和 $w_{kj}^{[k-1]} = 1$。由此得到引理 2。

引理 2 设 $\boldsymbol{W}_k = [w_{ij}^{[k]}]$ 是 0-1 矩阵，它的 (i, j) 位置为 1 当且仅当存在一条从 v_i 到 v_j 的路径，其内部顶点取自集合 $\{v_1, v_2, \cdots, v_k\}$，那么

$$w_{ij}^{[k]} = w_{ij}^{[k-1]} \vee (w_{ik}^{[k-1]} \wedge w_{kj}^{[k-1]})$$

那么其中 i，j 和 k 是不超过 n 的正整数。

引理 2 提供了高效计算矩阵 $\boldsymbol{W}_k$（$k=1, 2, \cdots, n$）的方法。我们使用引理 2 把沃舍尔算法的伪码在算法 2 中给出。

算法 2 沃舍尔算法

```
procedure Warshall(M_R: n×n 的 0-1 矩阵)
W := M_R
for k := 1 to n
      for i := 1 to n
            for j := 1 to n
                  w_ij := w_ij ∨ (w_ik ∧ w_kj)
return W{W = [w_ij] 是 M_R*}
```

沃舍尔算法的计算复杂度可以很容易地以比特运算的次数进行计算。使用引理 2，从项 $w_{ij}^{[k-1]}$、$w_{ik}^{[k-1]}$ 和 $w_{kj}^{[k-1]}$ 求出项 $w_{ij}^{[k]}$ 需要 2 次比特运算。从 $\boldsymbol{W}_{k-1}$ 求出 $\boldsymbol{W}_k$ 的所有 n^2 个项需要 $2n^2$ 次比特运算。因为沃舍尔算法从 $\boldsymbol{W}_0 = \boldsymbol{M}_R$ 开始，所以计算 n 个 0-1 矩阵的序列 $\boldsymbol{W}_1$，$\boldsymbol{W}_2$，…，$\boldsymbol{W}_n = \boldsymbol{M}_{R^*}$，使用的比特运算总次数是 $n \cdot 2n^2 = 2n^3$。

奇数编号练习

1．设 R 是定义在集合{0，1，2，3}上的关系，R 中包含有序对(0，1)，(1，1)，(1，2)，(2，0)，(2，2)和(3，0)，求

a) R 的自反闭包　　b) R 的对称闭包

3. 设 R 是定义在整数集上的关系{(a, b) | a 整除 b}，R 的对称闭包是什么？

在练习 5～7 中，画出给定有向图所表示的关系的自反闭包的有向图。

5.
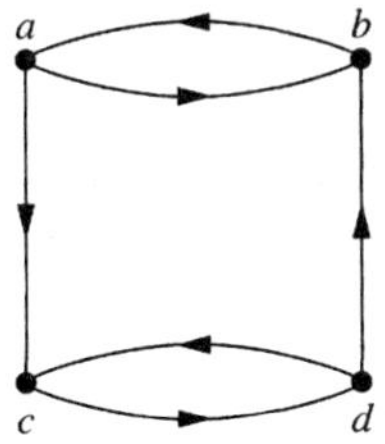

7.
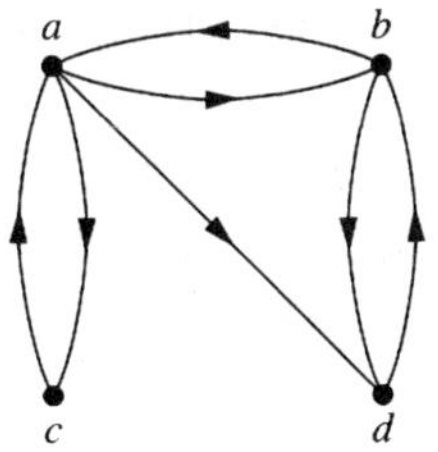

9. 对于练习 5～7 的有向图表示的关系，找出关系的对称闭包的有向图。

11. 对于练习 5～7 的每个有向图表示的关系，求包含它的最小的自反且对称的关系的有向图。

13. 假设有穷集 A 上的关系 R 由矩阵 $\mathbf{M}_R$ 表示，证明表示 R 的对称闭包的矩阵是 $\mathbf{M}_R \vee \mathbf{M}_R^{\mathrm{T}}$。

15. 什么时候可能定义一个关系 R 的反自反闭包，即一个包含 R 的关系是反自反的且被包含在每一个包含 R 的反自反关系中？

17. 求出练习 16 的有向图中所有长为 3 的回路。

19. 设 R 是集合{1，2，3，4，5}上的关系，R 包含有序对(1，3)，(2，4)，(3，1)，(3，5)，(4，3)，(5，1)，(5，2)和(5，4)。求

a) R^2　　b) R^3　　c) R^4

d) R^5　　e) R^6　　f) R^*

21. 设 R 是所有学生的集合上的关系，如果 $a \neq b$ 且 a 和 b 至少有一门是公共课程，则 R 包含了有序对 (a, b)。什么时候 (a, b) 在下面的关系中？

a) R^2　　b) R^3　　c) R^*

23. 假设关系 R 是对称的，证明 R^* 是对称的。

25. 使用算法 1 找出下面{1，2，3，4}上的关系的传递闭包。

a) {(1，2)，(2，1)，(2，3)，(3，4)，(4，1)}

b) {(2，1)，(2，3)，(3，1)，(3，4)，(4，1)，(4，3)}

c) {(1，2)，(1，3)，(1，4)，(2，3)，(2，4)，(3，4)}

d) {(1，1)，(1，4)，(2，1)，(2，3)，(3，1)，(3，2)，(3，4)，(4，2)}

27. 使用沃舍尔算法找出练习 25 中关系的传递闭包。

29. 求出包含关系{(1，2)，(1，4)，(3，3)，(4，1)}的最小的关系，使得它是

a) 自反的和传递的　　b) 对称的和传递的　　c) 自反的、对称的和传递的

31. 已经设计出算法用 $O(n^{2.8})$ 次比特运算来计算两个 $n \times n$ 的 0-1 矩阵的布尔积。假设可以使用这些算法，给出用算法 1 和沃舍尔算法求 n 元素集合上关系的传递闭包所用比特运算次数的大 O 估计。

33. 修改算法 1 找出 n 元素集合上关系的传递闭包的自反闭包。

35. 证明：集合{0，1，2}上的关系 R＝{(0，0)，(0，1)，(1，1)，(2，2)}关于下述性质 **P** 的闭包不存在，如果 **P** 的性质是

a) “不是自反的”　　b) “有奇数个元素”

5.5　等价关系

5.5.1　引言

在一些程序设计语言中，变量的命名可以包含无数字符。然而，当编译器要检查两个变量是否相同时，对字符的数量就有限制。例如，在传统的 C 中，编译器只检查变量名的前 8 个字符(这些字符是大写或小写字母、数字或下划线)。所以，对于长度大于 8 的字符串，若它们的

前 8 个字符一样，编译器就认为它们是相同的串。设 R 是定义在字符串集合上的关系，s 和 t 是两个字符串，如果 s 和 t 至少有 8 个字符长且 s 和 t 的前 8 个字符相同，或者 $s=t$，则 sRt。容易得出 R 是自反的、对称的和传递的。而且，R 把所有字符串的集合分成多个类，传统 C 的编译器认为在特定类中的所有字符串是相同的。

如果 4 整除 $a-b$，整数 a 和 b 有模 4 同余的关系。后面我们将证明这个关系是自反的、对称的和传递的。不难看出 a 和 b 相关，当且仅当被 4 整除时，a 和 b 有相同的余数。这个关系将整数集划分成 4 个不同的类。当我们仅关心一个整数被 4 整除的余数时，我们只需要知道它在哪个类而不必知道它的特定值。

R 和模 4 同余这两个关系是等价关系的例子，即是自反的、对称的和传递的关系。本节将证明这种关系把集合划分成由等价元素构成的不相交的类。当我们仅关心集合的一个元素是否在某个元素类中，而不介意它的具体值时，就出现了等价关系。

5.5.2 等价关系

Links 在这一节，我们将研究具有一组特殊性质的关系，可以用这组性质为在某一方面类似的相关个体之间建立联系。

定义 1 定义在集合 A 上的关系叫作等价关系，如果它是自反的、对称的和传递的。

等价关系在数学和计算机科学中都很重要。原因之一是，在等价关系中，若两个元素有关联，就可以说它们是等价的。

定义 2 如果两个元素 a 和 b 由于等价关系而相关联，则称它们是等价的。记法 $a\sim b$ 通常用来表示对于某个特定的等价关系来说，a 和 b 是等价的元素。

为了使等价元素的概念有意义，每个元素都应该等价于它自身，因为对于等价关系来说，自反性是一定成立的。在等价关系中，说 a 和 b 是相互关联也是正确的(而不仅是 a 关联于 b)，因为如果 a 关联于 b，由对称性，b 也关联于 a。此外，因为等价关系是传递的，所以如果 a 和 b 等价且 b 和 c 等价，则可得出 a 和 c 也是等价的。

例 1～5 说明了等价关系的概念。

例 1 设 R 是定义在整数集上的关系，满足 aRb 当且仅当 $a=b$ 或 $a=-b$。在 5.1 节中，我们证明了 R 是自反的、对称的和传递的。因此 R 是等价关系。◀

Extra Examples **例 2** 设 R 是定义在实数集上的关系，满足 aRb 当且仅当 $a-b$ 是整数。R 是等价关系吗？

解 因为对所有的实数 a，$a-a=0$ 是整数，即对所有的实数 a，有 aRa，因此 R 是自反的。假设 aRb，那么 $a-b$ 是整数，所以 $b-a$ 也是整数。因此有 bRa。由此，R 是对称的。如果 aRb 且 bRc，那么 $a-b$ 和 $b-c$ 是整数，所以 $a-c=(a-b)+(b-c)$ 也是整数。因此 aRc。所以，R 是传递的。综上所述，R 是等价关系。◀

最广泛使用的等价关系之一是模 m 同余关系，其中 m 是大于 1 的整数。

例 3 **模 m 同余**　设 m 是大于 1 的整数。证明以下关系是定义在整数集上的等价关系。

$$R=\{(a,b)\mid a\equiv b(\bmod m)\}$$

解 $a\equiv b(\bmod m)$，当且仅当 m 整除 $a-b$。注意 $a-a=0$ 能被 m 整除，因为$0=0\cdot m$。因此 $a\equiv a(\bmod m)$，从而模 m 同余关系是自反的。假设 $a\equiv b(\bmod m)$，那么 $a-b$ 能被 m 整除，即 $a-b=km$，其中 k 是整数。从而 $b-a=(-k)m$，即 $b\equiv a(\bmod m)$，因此模 m 同余关系是对称的。下面假设 $a\equiv b(\bmod m)$和 $b\equiv c(\bmod m)$，那么 m 整除$a-b$ 和$b-c$。因此，存在整数 k 和 l，使得 $a-b=km$ 和 $b-c=lm$。把这两个等式加起来得 $a-c=(a-b)+(b-c)=km+lm=(k+l)m$。于是，$a\equiv c(\bmod m)$，从而模 m 同余关系是传递的。综上所述，模 m 同余关系是等价关系。◀

例 4 设 R 是定义在英文字母组成的字符串的集合上的关系，满足 aRb 当且仅当 $l(a)=l(b)$，其中 $l(x)$ 是字符串 x 的长度。R 是等价关系吗？

解 因为 $l(a)=l(a)$，所以只要 a 是一个字符串，就有 aRa，故 R 是自反的。其次，假设 aRb，即 $l(a)=l(b)$。那么有 bRa，因为 $l(b)=l(a)$，所以 R 是对称的。最后，假设 aRb 且 bRc，那么有 $l(a)=l(b)$ 和 $l(b)=l(c)$。因此 $l(a)=l(c)$，即 aRc，从而 R 是传递的。由于 R 是自反的、对称的和传递的，所以 R 是等价关系。◀

例 5 设 n 是正整数，S 是字符串集合。假定 R_n 是 S 上的关系，sR_nt 当且仅当 $s=t$ 或者 s 和 t 都至少含有 n 个字符，且 s 和 t 的前 n 个字符相同。就是说，少于 n 个字符的字符串只与它自身以关系 R_n 相关联；一个至少含有 n 个字符的字符串 s 与字符串 t 相关联当且仅当 t 也含有至少 n 个字符且 t 以 s 最前面的 n 个字符开始。例如，设 $n=3$，S 是所有比特串的集合，sR_3t 当 $s=t$ 或者 s 和 t 均为长度至少为 3 的比特串，且前 3 个比特相同。例如，01 R_3 01、00111 R_3 00101，但 01 $\not R_3$ 010、01011 $\not R_3$ 01110。

证明：对所有的字符串集 S 和所有的正整数 n，R_n 是定义在 S 上的等价关系。

解 设 s 是 S 中的一个字符串，由 $s=s$，可得 sR_ns，所以关系 R_n 是自反的。如果 sR_nt，那么或者 $s=t$ 或者 s 和 t 都至少含有 n 个字符，且以相同的 n 个字符开始。这意味着 tR_ns 成立。所以 R_n 是对称的。

现在假设 sR_nt 且 tR_nu。则有 $s=t$ 或者 s 和 t 都至少含有 n 个字符且以相同的 n 个字符开始，还有 $t=u$ 或者 t 和 u 都至少含有 n 个字符且以相同的 n 个字符开始。由此可以推出 $s=u$ 或者 s 和 u 都至少含有 n 个字符且以相同的 n 个字符开始(因为在这种情形下，我们知道 s、t 和 u 都至少有 n 个字符，且 s 和 u 都与 t 一样以相同的 n 个字符开始)。所以 R_n 是传递的。综上所述，R_n 是一个等价关系。◀

在例 6 和例 7 中，将看到两个非等价的关系。

例 6 证明：定义在正整数集合上的“整除”关系不是等价关系。

解 由 5.1 节中的例 9 和例 15 可知，“整除”关系是自反和传递的。但是，由 5.1 节中的例 12 可知，此关系不是对称的(例如，$2\mid 4$ 但 $4\nmid 2$)。所以得出，正整数上的“整除”关系不是等价关系。◀

例 7 设 R 是定义在实数集上的关系，xRy 当且仅当 x 和 y 是差小于 1 的实数，即 $|x-y|<1$。证明 R 不是等价关系。

解 R 是自反的，因为只要 $x\in \mathbf{R}$，就有 $|x-x|=0<1$。R 是对称的，因为如果 xRy，x 和 y 是实数，那么有 $|x-y|<1$，由此 $|y-x|=|x-y|<1$，因此 yRx。然而，R 不是等价关系，因为它不是传递的。取 $x=2.8$、$y=1.9$ 和 $z=1.1$，这样 $|x-y|=|2.8-1.9|=0.9<1$、$|y-z|=|1.9-1.1|=0.8<1$，但是 $|x-z|=|2.8-1.1|=1.7>1$。这就是说，$2.8R1.9$、$1.9R1.1$，但 $2.8\not R 1.1$。◀

5.5.3 等价类

设 A 是所有的高中毕业生的集合。考虑定义在集合 A 上的关系 R，R 由所有的对 (x, y) 构成，其中 x 和 y 从同一高中毕业。给定学生 x，我们可以形成与 x 具有 R 等价关系的所有学生的集合。这个集合由与 x 在同一高中毕业的所有学生构成。A 的这个子集叫作这个关系的一个等价类。

定义 3 设 R 是定义在集合 A 上的等价关系。与 A 中的一个元素 a 有关系的所有元素的集合叫作 a 的等价类。A 的关于 R 的等价类记作 $[a]_R$。当只考虑一个关系时，我们将省去下标 R 并把这个等价类写作 $[a]$。

换句话说，如果 R 是定义在集合 A 上的等价关系，则元素 a 的等价类是

$$[a]_R = \{s \mid (a,s) \in R\}$$

如果 $b \in [a]_R$，b 叫作这个等价类的**代表元**。一个等价类的任何元素都可以作为这个类的代表元。也就是说，选择特定元素作为一个类的代表元没有特殊要求。

例8 对于例1中的等价关系，一个整数的等价类是什么？

解 在这个等价关系中，一个整数等价于它自身和它的相反数。从而 $[a]=\{-a,a\}$。这个集合包含两个不同的整数，除非 $a=0$。例如，$[7]=\{-7,7\}$、$[-5]=\{-5,5\}$、$[0]=\{0\}$。◀

例9 对于模4同余关系，0和1的等价类是什么？

解 0的等价类包含使得 $a \equiv 0 \pmod 4$ 的所有整数 a。这个类中的整数是能被4整除的那些整数。因此，对于这个关系，0的等价类是

$$[0]=\{\cdots,-8,-4,0,4,8,\cdots\}$$

1的等价类包含使得 $a \equiv 1 \pmod 4$ 的所有整数 a。这个类中的整数是被4除时余数为1的那些整数。因此，对于这个关系，1的等价类是

$$[1]=\{\cdots,-7,-3,1,5,9,\cdots\}$$

2的等价类包含使得 $a \equiv 2 \pmod 4$ 的所有整数 a。这个类中的整数是被4除时余数为2的那些整数。因此，对于这个关系，2的等价类是

$$[2]=\{\cdots,-6,-2,2,6,10,\cdots\}$$

3的等价类包含使得 $a \equiv 3 \pmod 4$ 的所有整数 a。这个类中的整数是被4除时余数为3的那些整数。因此，对于这个关系，3的等价类是

$$[3]=\{\cdots,-5,-1,3,7,11,\cdots\}$$

注意，每一个整数都恰好在四个等价类的一个中，并且整数 n 在包含 n **mod** 4 的类中。◀

在例9中找到了0，1，2和3关于模4同余的等价类。用任何正整数 m 代替4，很容易把例9加以推广。模 m 同余关系的等价类叫作**模 m 同余类**。整数 a 模 m 的同余类记作 $[a]_m$，满足 $[a]_m=\{\cdots,a-2m,a-m,a,a+m,a+2m,\cdots\}$。例如，从例9得出 $[0]_4=\{\cdots,-8,-4,0,4,8,\cdots\}$ 和 $[1]_4=\{\cdots,-7,-3,1,5,9,\cdots\}$。

例10 对于例5中所有比特串集合上的等价关系 R_3 而言，串0111的等价类是什么？（回顾 sR_3t 当且仅当 s、t 是满足如下条件的比特串：$s=t$ 或者 s 和 t 都至少含有3个比特，且 s 和 t 的前3个比特相同。）

解 等价于0111的是以011开始，至少含有3个比特的比特串。它们是011，0110，0111，01100，01101，01110，01111等。所以

$$[011]_{R_3}=\{011,0110,0111,01100,01101,01110,01111,\cdots\}$$ ◀

例11 **C程序设计语言中的标识符** 在C语言中，标识符是变量、函数或者其他类型的实体的名字。每个标识符是一个非空字符串，串中的每个字符可以是大写或小写的英文字母、数字或下划线，而且第一个字符必须为大写或小写的英文字母。标识符的长度是任意的，这就使得开发者可以按照自己的意愿使用一定数量的字符来命名一个实体，比如变量。然而，对于某些版本的C编译器来说，当比较两个名字看它们是否表示同一事物的时候，实际检查的字符个数是有限制的。例如，当两个标识符的前31个字符相同时，标准C编译器就认为它们是相同的。所以，开发者就必须小心，不要使用前31个字符相同的标识符来表示不同的事物。我们可以看出，如果两个标识符由例5中的关系 R_{31} 联系起来，那么它们将被视作相同。由例5知道，在标准C的标识符集上，关系 R_{31} 是一个等价关系。

考虑标识符 Number_of_tropical_storms、Number_of_named_tropical_storms、Number_of_named_tropical_storms_in_the_Atlantic_in_2017，它们的等价类各是什么？

解 注意当一个标识符的长度小于31的时候，根据 R_{31} 的定义，它的等价类只包含它自

身。因为标识符 Number_of_tropical_storms 只含有 25 个字符，所以它的等价类只含有一个元素，即它自己。标识符 Number_of_named_tropical_storms 的长度刚好为 31。以这 31 个字符开始的标识符就与它等价。所以，每个长度至少为 31，且以 Number_of_named_tropical_storms 开始的标识符都与这个标识符等价。所以得出，Number_of_named_tropical_storms 的等价类是所有以 Number_of_named_tropical_storms 这 31 个字符开始的标识符的集合。

一个标识符与 Number_of_named_tropical_storms_in_the_Atlantic_in_2017 等价，当且仅当它以 Number_of_named_tropical_storms_in_the_Atlantic_in_2017 的前 31 个字符开始。因为这 31 个字符是 Number_of_named_tropical_storms，所以我们看到一个标识符与 Number_of_named_tropical_storms_in_the_Atlantic_in_2017 等价，当且仅当它与 Number_of_named_tropical_storms 等价。就是说，最后这两个标识符的等价类是相同的。◀

5.5.4　等价类与划分

设 A 是你们学校恰好主修一个专业的学生的集合，R 是定义在 A 上的关系，如果 x 和 y 是主修同一专业的学生，则(x, y)属于 R。那么正如读者可以验证的，R 是等价关系。我们可以看出 R 将 A 中的所有学生分成不相交的子集，其中每个子集包含某个特定专业的学生。例如，一个子集包含所有(只主修)计算机专业的学生，第二个子集包含所有主修历史专业的学生。而且这些子集是 R 的等价类。这个例子说明一个等价关系的等价类怎样把一个集合划分成不相交的非空子集。我们将在下面的讨论中把这些概念进一步精确化。

设 R 是定义在集合 A 上的等价关系。定理 1 将证明 A 中两个元素所在的等价类或者是相等的或者是不相交的。

定理 1　设 R 是定义在集合 A 上的等价关系，下面的关于集合 A 中 a、b 两个元素的命题是等价的。

(i)aRb　　(ii)$[a]=[b]$　　(iii)$[a]\cap[b]\neq\varnothing$

证明　首先证明(i)推出(ii)。假设 aRb，我们将通过$[a]\subseteq[b]$和$[b]\supseteq[a]$来证明$[a]=[b]$。假设 $c\in[a]$，那么 aRc。因为 aRb 且 R 是对称的，所以 bRa。又由于 R 是传递的以及 bRa 和 aRc，就得到 bRc，所以 $c\in[b]$。这就证明了$[a]\subseteq[b]$。类似地，可证明$[b]\subseteq[a]$，证明留给读者作为练习。

其次我们将证明(ii)推出(iii)。假设$[a]=[b]$。这就证明了$[a]\cap[b]\neq\varnothing$，因为$[a]$是非空的(由 R 的自反性 $a\in[a]$)。

下面证明(iii)推出(i)。假设$[a]\cap[b]\neq\varnothing$，那么存在元素 c 满足 $c\in[a]$且 $c\in[b]$。换句话说，aRc 且 bRc。由对称性，有 cRb。再根据传递性，由 aRc 和 cRb，就有 aRb。

因为(i)推出(ii)、(ii)推出(iii)、(iii)推出(i)，所以三个命题(i)、(ii)和(iii)是等价的。◀

我们现在将说明一个等价关系怎样划分一个集合。设 R 是定义在集合 A 上的等价关系，R 的所有等价类的并集就是集合 A，因为 A 的每个元素 a 都在它自己的等价类，即$[a]_R$ 中。换句话说，

$$\bigcup_{a\in A}[a]_R=A$$

此外，由定理 1，这些等价类或者是相等的或者是不相交的，因此当$[a]_R\neq[b]_R$ 时，

$$[a]_R\cap[b]_R=\varnothing$$

这两个结论证明了等价类构成 A 的划分，因为它们将 A 分成不相交的子集。更确切地说，集合 S 的**划分**是 S 的不相交的非空子集构成的集合，且它们的并集就是 S。换句话说，一族子集 A_i，$i\in I$，(其中 I 是

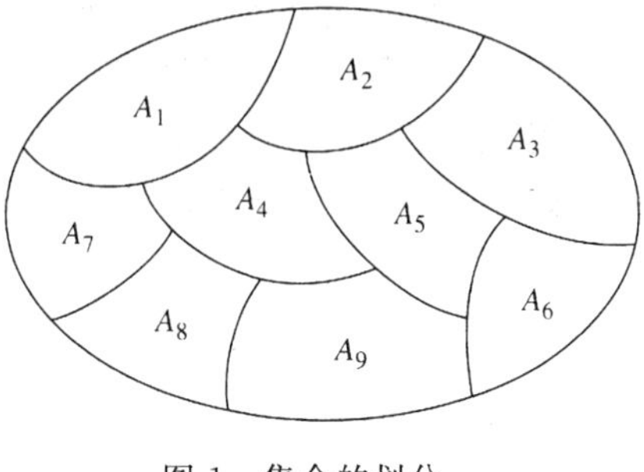

图 1　集合的划分

下标的集合)构成 S 的划分，当且仅当

$$A_i \neq \varnothing \quad i \in I$$
$$A_i \cap A_j = \varnothing \quad i \neq j$$

和

$$\bigcup_{i \in I} A_i = S$$

(这里符号 $\bigcup_{i\in I} A_i$ 表示对于所有的 $i \in I$，集合 A_i 的并集。)图 1 说明了集合划分的概念。

例 12 假设 $S=\{1, 2, 3, 4, 5, 6\}$，一族集合 $A_1=\{1, 2, 3\}$、$A_2=\{4, 5\}$ 和 $A_3=\{6\}$ 构成 S 的一个划分，因为这些集合是不相交的，且它们的并集是 S。◀

我们已经看到集合上等价关系的等价类构成了这个集合的划分。这个划分中的子集就是这些等价类。反过来，可以用集合的每个划分来构成等价关系。两个元素关于这个关系是等价的，当且仅当它们在 S 的划分中的同一子集中。

为得到这一点，假设 $\{A_i \mid i \in I\}$ 是 S 的划分。设 R 是 S 上的由有序对 (x, y) 组成的等价关系，其中 x 和 y 属于这个划分的同一子集 A_i。为证明 R 是等价关系，我们必须证明 R 是自反的、对称的和传递的。

对于每个 $a \in S$ 有 $(a, a) \in R$，因为 a 和它自己在同一子集中，所以 R 是自反的。如果 $(a, b) \in R$，那么 b 和 a 在这个划分的同一子集中，因此有 $(b, a) \in R$。从而 R 是对称的。如果 $(a, b) \in R$ 和 $(b, c) \in R$，那么在划分中，a 和 b 在 S 的同一子集 X 中，而且 b 和 c 也在 S 的同一子集 Y 中。因为划分的子集是不相交的，并且 b 属于 X 和 Y，所以必有 $X=Y$。因此在划分中，a 和 c 在 S 的同一子集中，即 $(a, c) \in R$。于是 R 是传递的。

这就证明了 R 是一个等价关系。R 的等价类由 S 的子集构成，这些子集包含了 S 中有关系的元素，且根据 R 的定义，它们就是划分的子集。定理 2 总结了我们建立的等价关系和划分之间的这种联系。

定理 2　设 R 是定义在集合 S 上的等价关系。那么 R 的等价类构成 S 的划分。反过来，给定集合 S 的划分 $\{A_i \mid i \in I\}$，则存在一个等价关系 R，它以集合 $A_i (i \in I)$ 作为它的等价类。

例 13 说明了怎样从一个划分构造一个等价关系。

例 13 $A_1=\{1, 2, 3\}$，$A_2=\{4, 5\}$，$A_3=\{6\}$ 是例 12 给出的集合 $S=\{1, 2, 3, 4, 5, 6\}$ 的划分，列出这个划分所产生的等价关系 R 中的有序对。

解　划分中的子集是 R 的等价类。有序对 $(a, b) \in R$，当且仅当 a 和 b 在划分的同一个子集中。由于 $A_1=\{1, 2, 3\}$ 是一个等价类，所以有序对 (1, 1)，(1, 2)，(1, 3)，(2, 1)，(2, 2)，(2, 3)，(3, 1)，(3, 2)，(3, 3) 属于 R；由于 $A_2=\{4, 5\}$ 是一个等价类，所以有序对 (4, 4)，(4, 5)，(5, 4)，(5, 5) 也属于 R；最后，由于 $\{6\}$ 是一个等价类，所以有序对 (6, 6) 属于 R。此外没有其他的有序对属于 R。◀

模 m 同余类对定理 2 提供了一个有用的说明。当一个整数除以 m 时，可能得到 m 个不同的余数，因此存在 m 个不同的模 m 同余类。这 m 个同余类记作 $[0]_m$，$[1]_m$，…，$[m-1]_m$。它们构成了整数集合的划分。

例 14 模 4 同余产生的整数划分中的集合是什么？

解　存在 4 个同余类，对应于 $[0]_4$、$[1]_4$、$[2]_4$ 和 $[3]_4$，它们是集合

$$[0]_4 = \{\cdots, -8, -4, 0, 4, 8, \cdots\}$$
$$[1]_4 = \{\cdots, -7, -3, 1, 5, 9, \cdots\}$$
$$[2]_4 = \{\cdots, -6, -2, 2, 6, 10, \cdots\}$$
$$[3]_4 = \{\cdots, -5, -1, 3, 7, 11, \cdots\}$$

这些同余类是不相交的，并且每个整数恰好在它们中的一个。换句话说，正如定理 2 所说，这

些同余类构成了一个划分。◀

现在举一个例子：所有字符串集合上的等价关系产生的一个划分。

例 15 设 R_3 为例 5 中的关系。在所有比特串的集合上，由 R_3 产生的该集合的划分中的集合是什么？（s、t 是比特串，sR_3t，如果 $s=t$ 或者 s 和 t 都至少含有 3 个比特，且它们的前 3 个比特相同。）

解：注意，每个长度小于 3 的比特串只和它自身等价。因此 $[\lambda]_{R_3}=\{\lambda\}$，$[0]_{R_3}=\{0\}$，$[1]_{R_3}=\{1\}$，$[00]_{R_3}=\{00\}$，$[01]_{R_3}=\{01\}$，$[10]_{R_3}=\{10\}$，$[11]_{R_3}=\{11\}$。每个长度大于或等于 3 的比特串必和 000，001，010，011，100，101，110，111 这 8 个比特串之一等价，我们有

$[000]_{R_3}=\{000,\ 0000,\ 0001,\ 00000,\ 00001,\ 00010,\ 00011,\ \cdots\}$

$[001]_{R_3}=\{001,\ 0010,\ 0011,\ 00100,\ 00101,\ 00110,\ 00111,\ \cdots\}$

$[010]_{R_3}=\{010,\ 0100,\ 0101,\ 01000,\ 01001,\ 01010,\ 01011,\ \cdots\}$

$[011]_{R_3}=\{011,\ 0110,\ 0111,\ 01100,\ 01101,\ 01110,\ 01111,\ \cdots\}$

$[100]_{R_3}=\{100,\ 1000,\ 1001,\ 10000,\ 10001,\ 10010,\ 10011,\ \cdots\}$

$[101]_{R_3}=\{101,\ 1010,\ 1011,\ 10100,\ 10101,\ 10110,\ 10111,\ \cdots\}$

$[110]_{R_3}=\{110,\ 1100,\ 1101,\ 11000,\ 11001,\ 11010,\ 11011,\ \cdots\}$

$[111]_{R_3}=\{111,\ 1110,\ 1111,\ 11100,\ 11101,\ 11110,\ 11111,\ \cdots\}$

这 15 个等价类是不相交的，并且每个比特串都恰好属于它们之一。正如定理 2 告诉我们的，这些等价类是所有比特串构成的集合的一个划分。◀

奇数编号练习

1. 下面是定义在{0，1，2，3}上的关系，其中哪些是等价关系？给出其他关系中所缺少的等价关系应具有的性质。

   a){(0，0)，(1，1)，(2，2)，(3，3)}

   b){(0，0)，(0，2)，(2，0)，(2，2)，(2，3)，(3，2)，(3，3)}

   c){(0，0)，(1，1)，(1，2)，(2，1)，(2，2)，(3，3)}

   d){(0，0)，(1，1)，(1，3)，(2，2)，(2，3)，(3，1)，(3，2)，(3，3)}

   e){(0，0)，(0，1)，(0，2)，(1，0)，(1，1)，(1，2)，(2，0)，(2，2)，(3，3)}

3. 下面是定义在从 **Z** 到 **Z** 的所有函数集合上的关系，其中哪些是等价关系？给出其他关系所缺少的等价关系应具有的性质。

   a)$\{(f,\ g)\mid f(1)=g(1)\}$

   b)$\{(f,\ g)\mid f(0)=g(0)$ 或 $f(1)=g(1)\}$

   c)$\{(f,\ g)\mid$ 对所有的 $x\in\mathbf{Z}$，$f(x)-g(x)=1\}$

   d)$\{(f,\ g)\mid$ 对某个 $C\in\mathbf{Z}$，对所有的 $x\in\mathbf{Z}$，$f(x)-g(x)=C\}$

   e)$\{(f,\ g)\mid f(0)=g(1)$ 且 $f(1)=g(0)\}$

5. 在大学校园里的建筑物集合上定义 3 个等价关系，确定关于这些等价关系的等价类。

7. 证明：定义在所有复合命题集合上的逻辑等价关系是等价关系。这里 **T** 和 **F** 的等价类是什么？

9. 假设 A 是非空集合，f 是以 A 作为定义域的函数，设 R 是定义在 A 上的关系，若 $f(x)=f(y)$，则 $(x,\ y)$属于 R。

   a)证明 R 是 A 上的等价关系。

   b)R 的等价类是什么？

11. 设 R 是长度至少为 3 的所有比特串的集合上的关系，R 由有序对$(x,\ y)$构成，其中 x 和 y 是长度至少为 3 的比特串，且它们的前 3 个比特相同。证明 R 是等价关系。

13. 设 R 是长度至少为 3 的所有比特串的集合上的关系，R 由有序对$(x,\ y)$构成，其中 x 和 y 在它们的第 1 个比特和第 3 个比特相同。证明 R 是等价关系。

15. 设 R 是定义在正整数的有序对构成的集合上的关系，$((a,\ b),\ (c,\ d))\in R$ 当且仅当 $a+d=b+c$。证明 R 是等价关系。

17. （需要微积分知识）

a) 设 R 是定义在从 $\mathbf{R}$ 到 $\mathbf{R}$ 的所有可微分函数的集合上的关系，R 由所有的有序对(f, g)构成，其中对所有实数 x，$f'(x)=g'(x)$。证明 R 是等价关系。

b) 什么函数与函数 $f(x)=x^2$ 在同一个等价类中？

19. 设 R 是定义在所有 URL(或 Web 地址)集合上的关系，$x\ R\ y$ 当且仅当在 x 的 Web 页与在 y 的 Web 页相同，证明 R 是等价关系。

在练习 21～23 中，判断有向图中所示的关系是否为等价关系。

21.

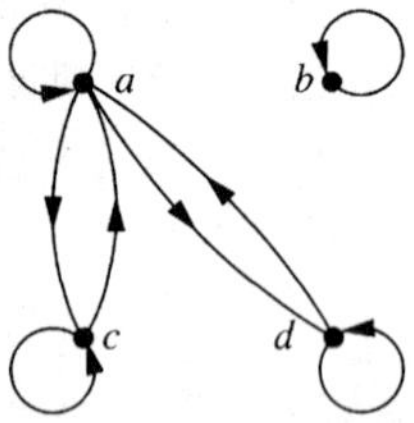

23.

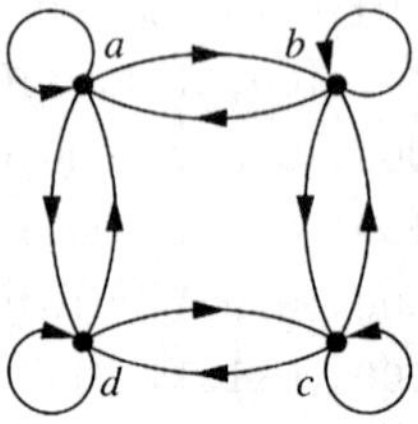

25. 设 R 是定义在所有比特串集合上的关系，$s\ R\ t$ 当且仅当 s 和 t 包含相同个数的 1，证明 R 是等价关系。

27. 练习 2 中的等价关系的等价类是什么？

29. 对于练习 25 中的等价关系，比特串 011 的等价类是什么？

31. 对于练习 12 中的等价关系，练习 30 中的比特串的等价类是什么。

33. 对于例 5 中所有比特串集合上的等价关系 R_4，练习 30 中的比特串的等价类是什么？（比特串 s、t 在关系 R_4 下等价，当且仅当 $s=t$ 或者 s 和 t 都至少含有 4 个比特，且它们的前 4 个比特相同。）

35. 当 n 为下列各数时，同余类$[n]_5$(即 n 关于模 5 同余的等价类)是什么？

a) 2　　**b)** 3　　**c)** 6　　**d)** -3

37. 给出每一个模 6 同余类的描述。

39. **a)** 对于练习 15 中的等价关系，(1，2)的等价类是什么？

b) 对于练习 15 中的等价关系 R，解释等价类的含义。[提示：差 $a-b$ 对应(a, b)。]

41. 下面哪些子集族是{1，2，3，4，5，6}的划分？

a) {1，2}，{2，3，4}，{4，5，6}　　**b)** {1}，{2，3，6}，{4}，{5}

c) {2，4，6}，{1，3，5}　　**d)** {1，4，5}，{2，6}

43. 下面哪些子集族是长度为 8 的比特串集合上的划分？

a) 以 1 开始的比特串集合，以 00 开始的比特串集合，以 01 开始的比特串集合。

b) 包含串 00 的比特串的集合，包含串 01 的比特串的集合，包含串 10 的比特串的集合，包含串 11 的比特串的集合。

c) 以 00 结尾的比特串集合，以 01 结尾的比特串集合，以 10 结尾的比特串集合，以 11 结尾的比特串集合。

d) 以 111 结尾的比特串集合，以 011 结尾的比特串集合，以 00 结尾的比特串集合。

e) 含 $3k$ 个 1 的比特串的集合，其中 k 为非负整数；含 $3k+1$ 个 1 的比特串的集合，其中 k 为非负整数；含 $3k+2$ 个 1 的比特串的集合，其中 k 是正整数。

45. 下面哪些是整数的有序对的集合 $\mathbf{Z}\times\mathbf{Z}$ 上的划分？

a) x 或 y 是奇数的有序对(x, y)的集合；x 是偶数的有序对(x, y)的集合；y 是偶数的有序对(x, y)的集合。

b) x 和 y 都是奇数的有序对(x, y)的集合；x 和 y 只有一个是奇数的有序对(x, y)的集合；x 和 y 都是偶数的有序对(x, y)的集合。

c) x 是正数的有序对(x, y)的集合；y 是正数的有序对(x, y)的集合；x 和 y 都是负数的有序对(x, y)的集合。

d) x 和 y 都被 3 整除的有序对(x, y)的集合；x 被 3 整除且 y 不被 3 整除的有序对(x, y)的集合；x 不被 3 整除且 y 被 3 整除的有序对(x, y)的集合；x 和 y 都不被 3 整除的有序对(x, y)的集合。

e) $x>0$ 且 $y>0$ 的有序对(x, y)的集合；$x>0$ 且 $y\leqslant 0$ 的有序对(x, y)的集合；$x\leqslant 0$ 且 $y>0$ 的有序对(x, y)的集合；$x\leqslant 0$ 且 $y\leqslant 0$ 的有序对(x, y)的集合。

f) $x\neq 0$ 且 $y\neq 0$ 的有序对 (x, y) 的集合；$x=0$ 且 $y\neq 0$ 的有序对 (x, y) 的集合；$x\neq 0$ 且 $y=0$ 的有序对 (x, y) 的集合。

47. 列出由 $\{0, 1, 2, 3, 4, 5\}$ 的划分产生的等价关系中的有序对。

a) $\{0\}$，$\{1, 2\}$，$\{3, 4, 5\}$

b) $\{0, 1\}$，$\{2, 3\}$，$\{4, 5\}$

c) $\{0, 1, 2\}$，$\{3, 4, 5\}$

d) $\{0\}$，$\{1\}$，$\{2\}$，$\{3\}$，$\{4\}$，$\{5\}$

如果在划分 P_1 中的每个集合都是划分 P_2 中每个集合的子集，则 P_1 叫作 P_2 的**加细**。

49. 证明：由模 6 同余类构成的划分是模 3 同余类构成的划分的加细。

51. 证明：对于 16 位的比特串集合，最后 8 位相同的比特串的等价类所构成的划分是由最后 4 位相同的比特串的等价类所构成的划分的加细。

在练习 52 和练习 53 中，R_n 表示例 5 中定义的等价关系族。字符串 s、t 满足 $s\,R_n\,t$，如果 $s=t$ 或者 s 和 t 都至少含有 n 个字符，且它们的前 n 个字符相同。

53. 证明：由等价关系 R_{31} 对应的标识符等价类构成的 C 语言中所有标识符的划分是由等价关系 R_8 对应的标识符等价类构成的划分的加细。(旧的 C 语言编译器只要多个标识符的前 8 个字符相同就将它们视为相同，而标准 C 的编译器需要多个标识符的前 31 个字符相同才将它们视为相同。)

55. 求出在集合 $\{a, b, c, d, e\}$ 上包含关系 $\{(a, b), (a, c), (d, e)\}$ 的最小的等价关系。

57. 考虑例 2 中的等价关系，即 $R=\{(x, y)\mid x-y$ 是整数$\}$。

a) 关于这个等价关系的 1 的等价类是什么？

b) 关于这个等价关系的 1/2 的等价类是什么？

* **59.** 设 R 是定义在 2×2 棋盘的所有涂色集合上的关系，其中 4 个方格中的每一个可以被涂成红色或蓝色。设 C_1 和 C_2 是被这样涂色的 2×2 棋盘，(C_1, C_2) 属于 R 当且仅当 C_2 可以由旋转 C_1 或旋转 C_1 然后再翻转 C_1 得到。

a) 证明 R 是等价关系。

b) R 的等价类是什么？

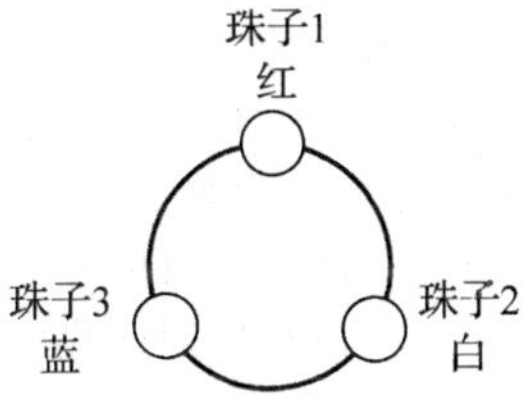

61. 通过列举说明定义在 3 个元素的集合上的不同的等价关系的个数。

* **63.** 当我们构造一个关系的自反闭包的对称闭包的传递闭包时，一定能得到一个等价关系吗？

65. 假设我们使用定理 2 从一个等价关系 R 构造一个划分 P。如果再次使用定理 2 从 P 构造一个等价关系，那么得到的等价关系 R' 是什么？

67. 设计一个算法，找出包含一个给定关系的最小的等价关系。

69. 用练习 68 求 n 元素集合上的不同等价关系的个数，其中 n 是不超过 10 的正整数。

5.6 偏序

5.6.1 引言

我们常常用关系对集合的某些元素或全体元素排序。例如，使用包含字对 (x, y) 的关系对字排序，其中 x 按照字典顺序排在 y 的前面。使用包含有序对 (x, y) 的关系安排课题，其中 x 和 y 是课题中的任务并且 x 必须在 y 开始之前完成。使用包含有序对 (x, y) 的关系对整数集合排序，其中 x 小于 y。当我们把所有形如 (x, x) 的有序对加到这些关系中时，就得到了一个自反、反对称和传递的关系。这些都是刻画对集合中的元素进行排序的关系特征的性质。

定义 1　定义在集合 S 上的关系 R，如果它是自反的、反对称的和传递的，就称为偏序。集合 S 与定义在其上的偏序 R 一起称为偏序集，记作 (S, R)。集合 S 中的成员称为偏序集的元素。

我们在例 1～3 中给出偏序集的例子。

Extra Examples

例1 证明："大于或等于"关系(≥)是整数集合上的偏序。

解 因为对所有整数 a 有 $a \geq a$，所以≥是自反的。如果 $a \geq b$ 且 $b \geq a$，那么 $a=b$，因此≥是反对称的。最后，因为 $a \geq b$ 且 $b \geq c$ 蕴含 $a \geq c$，所以≥是传递的。从而≥是整数集合上的偏序且($\mathbf{Z}$，≥)是偏序集。◀

例2 整除关系"|"是正整数集合上的偏序，因为如5.1节所述，它是自反的、反对称的和传递的。我们得到($\mathbf{Z}^+$，|)是偏序集($\mathbf{Z}^+$ 表示正整数集合)。◀

例3 证明：包含关系⊆是定义在集合 S 的幂集上的偏序。

解 因为只要 A 是 S 的子集，就有 $A \subseteq A$，所以⊆是自反的。因为 $A \subseteq B$ 和 $B \subseteq A$ 蕴含 $A=B$，所以它是反对称的。最后，因为 $A \subseteq B$ 和 $B \subseteq C$ 蕴含 $A \subseteq C$，所以⊆是传递的。因此，⊆是 $P(S)$ 上的偏序，且($P(S)$，⊆)是偏序集。◀

例4给出了一个不是偏序的关系。

Extra Examples

例4 设 R 是定义在由人构成的集合上的关系，xRy 当且仅当 x 和 y 是人，且 x 年纪大于 y。证明：R 不是偏序。

解 注意 R 是反对称的，因为如果有一个人 x 比另一个人 y 年长，那么 y 就不会比 x 年长。也就是说，如果 xRy，那么 $y \not R x$。关系 R 是传递的，因为如果 x 比 y 年长，而 y 又比 z 年长，那么 x 肯定比 z 年长。就是说，如果 xRy，$y R z$，那么 xRz。但是，R 不是自反的，因为没有谁会比自己年长。即对于所有的人 x，$x \not R x$。这就意味着 R 不是偏序。◀

在不同的偏序集中，会使用不同的符号表示偏序，如≤、⊆和|。然而，我们需要一个符号用来表示任意一个偏序集中的序关系。通常，在一个偏序集(S，R)中，记号 $a \preccurlyeq b$ 表示(a，b)∈R。使用这个记号是由于"小于或等于"关系是偏序关系的范例，而且符号≼和≤很相似。(注意符号≼用来表示任意偏序集中的关系，并不仅仅是"小于或等于"关系。)记号 $a \prec b$ 表示 $a \preccurlyeq b$，但 $a \neq b$。如果 $a \prec b$，我们说"a 小于 b"或"b 大于 a"。

当 a 与 b 是偏序集(S，≼)的元素时，不一定有 $a \preccurlyeq b$ 或 $b \preccurlyeq a$。例如，在($\mathcal{P}(\mathbf{Z})$，⊆)中，{1，2}与{1，3}没有关系，反之亦然，因为没有一个集合被另一个集合包含。类似地，在($\mathbf{Z}^+$，|)中，2与3没有关系，3与2也没有关系，因为 $2 \nmid 3$ 且 $3 \nmid 2$。由此得到定义2。

定义2 偏序集(S，≼)中的元素 a 和 b 称为可比的，如果 $a \preccurlyeq b$ 或 $b \preccurlyeq a$。当 a 和 b 是 S 中的元素并且既没有 $a \preccurlyeq b$，也没有 $b \preccurlyeq a$，则称 a 与 b 是不可比的。

例5 在偏序集($\mathbf{Z}^+$，|)中，整数3和9是可比的吗？5和7是可比的吗？

解 整数3和9是可比的，因为 $3 \mid 9$。整数5和7是不可比的，因为 $5 \nmid 7$ 且 $7 \nmid 5$。◀

用形容词"部分的(偏的)"描述偏序，是因为有些元素对可能是不可比的。当集合中的每对元素都可比时，这个关系称为**全序**。

定义3 如果(S，≼)是偏序集，且 S 中的每对元素都是可比的，则 S 称为全序集或线序集，且≼称为全序或线序。一个全序集也称为链。

例6 偏序集($\mathbf{Z}$，≤)是全序集，因为只要 a 和 b 是整数，就有 $a \leq b$ 或 $b \leq a$。◀

例7 偏序集($\mathbf{Z}^+$，|)不是全序集，因为它包含着不可比的元素，例如5和7。◀

在第3章我们注意到($\mathbf{Z}^+$，≤)是良序的，其中≤是通常的"小于或等于"关系。我们现在定义良序集。

定义4 对于偏序集(S，≼)，如果≼是全序，并且 S 的每个非空子集都有一个最小元素，就称它为良序集。

例8 正整数的有序对的集合，$\mathbf{Z}^+ \times \mathbf{Z}^+$，与≼构成良序集，其中如果 $a_1 < b_1$，或如果

$a_1=b_1$且$a_2\leqslant b_2$(字典顺序)，则$(a_1, a_2)\leqslant(b_1, b_2)$。有关的验证留作节后的练习53。集合$\mathbf{Z}$与通常的$\leqslant$不是良序的，因为负整数集合是$\mathbf{Z}$的子集，但没有最小元素。◀

我们说明了怎样使用良序归纳原理(称为广义归纳法)证明关于一个良序集的结论。现在我们叙述并证明这个证明技术是有效的。

定理1　良序归纳原理　设S是一个良序集。如果(归纳步骤)对所有$y\in S$，如果$P(x)$对所有$x\in S$且$x\prec y$为真，则$P(y)$为真，那么$P(x)$对所有的$x\in S$为真。

证明　假设$P(x)$不对所有的$x\in S$为真。那么存在一个元素$y\in S$使得$P(y)$为假。于是集合$A=\{x\in S \mid P(x)为假\}$是非空的。因为S是良序的，所以集合A有最小元素a。根据a是选自A的最小元素，我们知道对所有的$x\in S$且$x\prec a$都有$P(x)$为真。由归纳步骤可以推出$P(a)$为真。这个矛盾就证明了$P(x)$必须对所有$x\in S$为真。◀

评注　使用良序归纳法进行证明时，不需要基础步骤。因为若x_0是良序集的最小元素，由归纳步骤可知$P(x_0)$为真。因为不存在$x\in S$且$x\prec x_0$，所以(使用空证明)$P(x)$对所有$x\in S$且$x\prec x_0$为真。

良序归纳原理对证明关于良序集的结论是一种通用的技术。即使可以使用关于正整数集合的数学归纳法证明一个定理时，使用良序归纳原理甚至可能更简单。

5.6.2　字典顺序

字典中的单词是按照字母顺序或字典顺序排列的，字典顺序是以字母表中的字母顺序为基础的。这是从一个集合上的偏序构造一个集合上的字符串的排序的特例。我们将说明在任意一个偏序集上如何进行这种构造。

首先，我们将说明怎样在两个偏序集$(A_1, \preccurlyeq_1)$和$(A_2, \preccurlyeq_2)$的笛卡儿积上构造一个偏序。在$A_1\times A_2$上的**字典顺序**$\preccurlyeq$定义如下：如果第一个有序对的第一个元素(在A_1中)小于第二个有序对的第一个元素，或者第一个元素相等，但是第一个有序对的第二个元素(在A_2中)小于第二个有序对的第二个元素，那么第一个有序对小于第二个有序对。换句话说，(a_1, a_2)小于(b_1, b_2)，即

$$(a_1, a_2)\prec(b_1, b_2)$$

或者$a_1\prec_1 b_1$，或者$a_1=b_1$且$a_2\prec_2 b_2$。

把相等增加到$A_1\times A_2$的序$\prec$上，就得到一个偏序$\preccurlyeq$。这个验证留作练习。

例9　确定在偏序集$(\mathbf{Z}\times\mathbf{Z}, \preccurlyeq)$中是否有$(3, 5)\prec(4, 8)$、$(3, 8)\prec(4, 5)$和$(4, 9)\prec(4, 11)$？这里$\preccurlyeq$是由通常定义在$\mathbf{Z}$上的$\leqslant$关系构造的字典顺序。

解　因为$3<4$，所以$(3, 5)\prec(4, 8)$且$(3, 8)\prec(4, 5)$。因为$(4, 9)$与$(4, 11)$的第一元素相同，但是$9<11$，所以有$(4, 9)\prec(4, 11)$。◀

在图1中高亮地显示了$\mathbf{Z}^+\times\mathbf{Z}^+$中比$(3, 4)$小的有序对。可以在$n$个偏序集$(A_1, \preccurlyeq_1)$，$(A_2, \preccurlyeq_2)$，…，$(A_n, \preccurlyeq_n)$的笛卡儿积上定义字典顺序。如下定义$A_1\times A_2\times\cdots\times A_n$上的偏序：$\preccurlyeq$

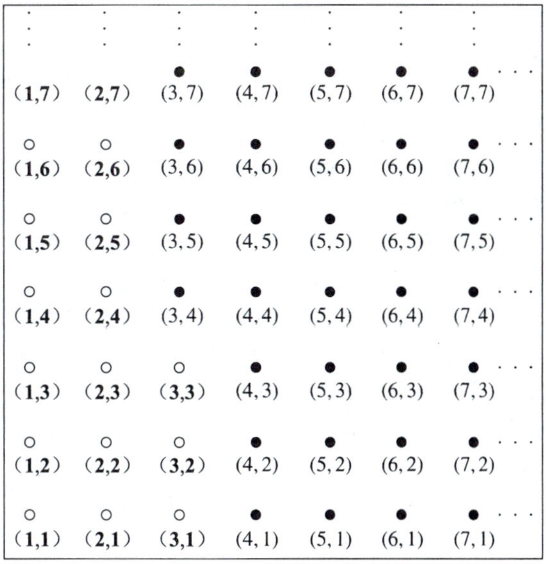

图1　按照字典顺序，比(3，4)小的有序对

$$(a_1, a_2, \cdots, a_n)\prec(b_1, b_2, \cdots, b_n)$$

如果 $a_1 \prec_1 b_1$，或者如果存在整数 $i>0$，使得 $a_1=b_1$，…，$a_i=b_i$，且 $a_{i+1} \prec_{i+1} b_{i+1}$。换句话说，如果在两个 n 元组首次出现不同元素的位置上第一个 n 元组的元素小于第二个 n 元组的元素，那么第一个 n 元组小于第二个 n 元组。

例 10 注意(1，2，3，5)≺(1，2，4，3)，因为这些4元组的前两位相同，但是第一个4元组的第三位3小于第二个4元组的第三位4(这里的4元组上的字典顺序是通常在整数集合上的“小于或等于”关系导出的字典顺序)。◀

我们现在可以定义字符串上的字典顺序。考虑偏序集 S 上的字符串 $a_1a_2\cdots a_m$ 和 $b_1b_2\cdots b_n$，假定这些字符串不相等。设 t 是 m、n 中较小的数。定义字典顺序如下：$a_1a_2\cdots a_m$ 小于 $b_1b_2\cdots b_n$，当且仅当

$$(a_1, a_2, \cdots, a_t) \prec (b_1, b_2, \cdots, b_t) \text{ 或者}$$
$$(a_1, a_2, \cdots, a_t) = (b_1, b_2, \cdots, b_t) \text{ 并且 } m < n$$

其中，这个不等式中的≺表示 S^t 中的字典顺序。换句话说，为确定两个不同字符串的顺序，较长的字符串被截取为较短的字符串的长度 t，即 $t=\min(m, n)$。然后使用 S^t 上的字典顺序比较每个字符串的前 t 位组成的 t 元组。如果对应于第一个串的 t 元组小于第二个串的 t 元组，或者这两个 t 元组相等，但是第二个串更长，那么第一个串小于第二个串。这是一个偏序的验证，作为练习38留给读者。

例 11 考虑由小写英文字母组成的字符串的集合。使用字母在字母表中的顺序，可以构造在字符串的集合上的字典顺序。如果两个字符串在首个位置出现不同字母时，第一个字符串中的字母排在第二个字符串中的字母前面，或者如果第一个字符串和第二个字符串在所有的位都相同，但是第二个字符串有更多的字母，那么第一个字符串小于第二个字符串。这种排序和字典中使用的排序相同。例如，

discreet≺discrete

因为这两个字符串在第7位首次出现不同字母，并且 $e \prec t$。同样，

discreet≺discreetness

因为这两个字符串前8个字母相同，但是第二个字符串更长。此外，

discrete≺discretion

因为

discrete≺discreti ◀

5.6.3 哈塞图

在有穷偏序集的有向图中，有许多边可以不必显示出来，因为它们是必须存在的。例如，考虑在集合{1，2，3，4}上的偏序$\{(a, b) \mid a \leq b\}$的有向图，见图2a。因为这个关系是偏序的，所以它是自反的并且有向图在所有的顶点都有环。因此，我们不必显示这些环，因为它们是必须出现的。在图2b中没有显示这些环。由于偏序是传递的，所以我们不必显示那些由于传递性而必须出现的边。例如，在图2c中没有显示边(1，3)、(1，4)和(2，4)，因为它们是必须出现的。如果假设所有边的方向是向上的(如图2所示)，我们不必显示边的方向，图2c没有显示边方向。

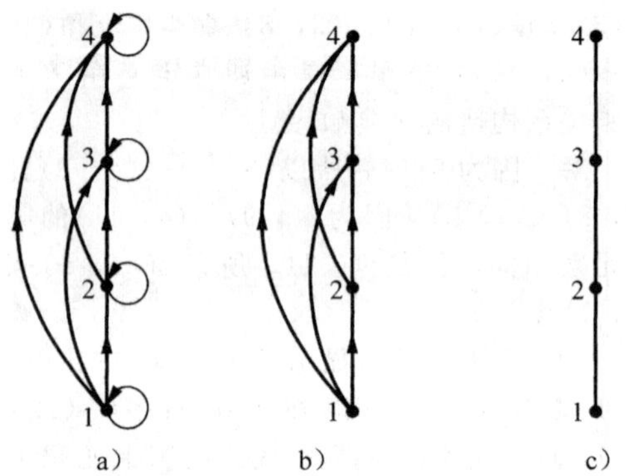

图2　构造关于({1，2，3，4}，≤)的哈塞图

一般说来，我们可以使用下面的过程表示一个有穷的偏序集(S，≤)。从这个关系的有向图开始。由于偏序是自反的，所以在每个顶点

a 都有一个环(a, a)。移走这些环。下一步，移走所有由于传递性必须出现的边，因为存在一些其他的边而且偏序是传递的。也就是说，对于元素 $z\in S$ 如果 $x\prec z$ 且 $z\prec y$，则移走所有这样的边(x, y)。最后，排列每条边使得它的起点在终点的下面(正如在纸上所画的)。移走有向边上所有的箭头，因为所有的边"向上"指向它们的终点。

这些步骤是有明确定义的，并且对于一个有穷偏序集只有有限步需要执行。当所有的步骤执行以后，就得到一个包含足够的表示偏序信息的图，我们将在后面进行解释。这个图称为$(S, \preccurlyeq)$的**哈塞图**，它是用 20 世纪德国数学家赫尔姆·哈塞的名字命名的，哈塞广泛使用了这些图。

设$(S, \preccurlyeq)$是一个偏序集。若 $x\prec y$ 且不存在元素 $z\in S$ 使得 $x\prec z\prec y$，则称元素 $y\in S$ **覆盖**元素 $x\in S$。y 覆盖 x 的有序对(x, y)的集合称为$(S, \preccurlyeq)$的**覆盖关系**。从对偏序集的哈塞图的描述中，我们可以看出，在$(S, \preccurlyeq)$的哈塞图中的边是指向上面的边并且与$(S, \preccurlyeq)$的覆盖关系中的有序对相对应。而且，我们可以从偏序集的覆盖关系中得到这个偏序集，因为它是它的覆盖关系的传递闭包的自反闭包。(练习 31 要求给出这个事实的证明。)这就告诉我们，可以从它的哈塞图中构造一个偏序。

例 12 画出表示$\{1, 2, 3, 4, 6, 8, 12\}$上的偏序$\{(a, b) \mid a \text{ 整除 } b\}$的哈塞图。

解 从这个偏序的有向图开始，如图 3a 所示。移走所有的环，如图 3b 所示。然后删除所有由传递性可以得到的边。这些边是(1, 4)、(1, 6)、(1, 8)、(1, 12)、(2, 8)、(2, 12)和(3, 12)。排列所有的边使得方向向上，并且删除所有的箭头得到哈塞图。结果如图 3c 所示。◀

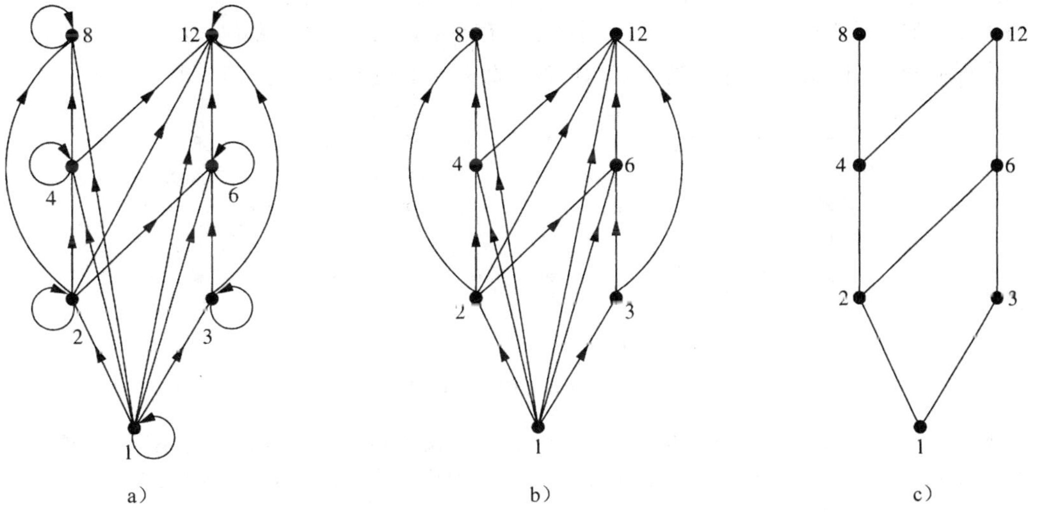

图 3　构造$(\{1, 2, 3, 4, 6, 8, 12\}, \mid)$上的哈塞图

例 13 画出幂集 $P(S)$上的偏序$\{(A, B) \mid A\subseteq B\}$的哈塞图，其中 $S=\{a, b, c\}$。

解 关于这个偏序的哈塞图是由相关的有向图得到的，先删除所有的环和所有由传递性产生的边，即$(\varnothing, \{a, b\})$、$(\varnothing, \{a, c\})$、$(\varnothing, \{b, c\})$、$(\varnothing, \{a, b, c\})$、$(\{a\}, \{a, b, c\})$、$(\{b\}, \{a, b, c\})$和$(\{c\}, \{a, b, c\})$。最后，使所有的边方向向上并删除箭头。得到的哈塞图如图 4 所示。◀

5.6.4　极大元与极小元

具有极值性质的偏序集中的元素有许多重要应用。偏序集中的一个元素称为极大元，当它不小于这个偏序集的任何其他元素。即当不存在 $b\in S$ 使得 $a\prec b$，a 在偏序集$(S, \preccurlyeq)$中是**极大元**。类似地，偏序集的一个元素称为极小元，如果它不大于这个偏序集的任何其他元素。即如

果不存在 $b \in S$ 使得 $b \prec a$，则 a 在偏序集 $(S, \preccurlyeq)$ 中是**极小元**。使用哈塞图很容易识别极大元与极小元。它们是图中的“顶”元素与“底”元素。

例 14 偏序集 $(\{2, 4, 5, 10, 12, 20, 25\}, |)$ 中的哪些元素是极大元，哪些是极小元？

解 在这个偏序集的哈塞图，图 5 中，显示了极大元是 12，20 和 25，极小元是 2 和 5。通过这个例子可以看出，一个偏序集可以有多个极大元和多个极小元。◀

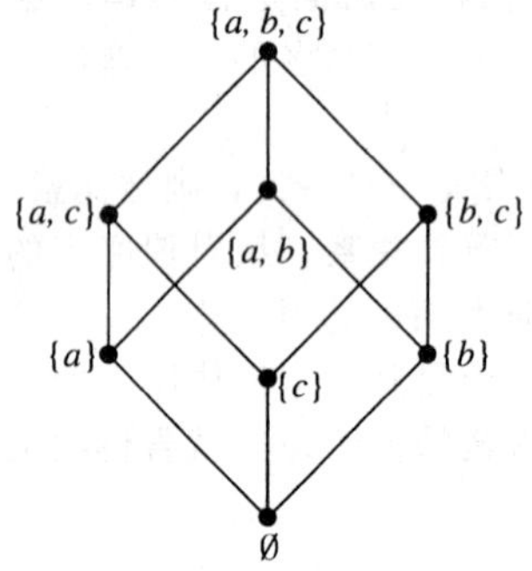

图 4　$(\mathcal{P}(\{a, b, c\}), \subseteq)$ 的哈塞图

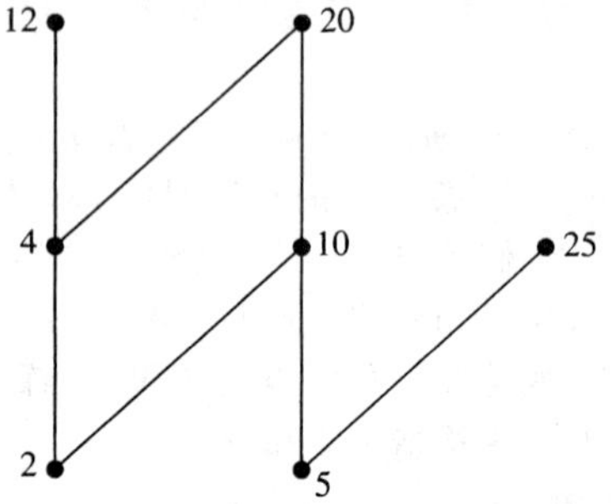

图 5　偏序集的哈塞图

有时在偏序集中存在一个元素大于每个其他的元素。这样的元素称为最大元。即 a 是偏序集 $(S, \preccurlyeq)$ 的**最大元**，如果对所有的 $b \in S$ 有 $b \preccurlyeq a$。当最大元存在时，它是唯一的[见本节练习 40a]。类似地，一个元素称为最小元，当它小于偏序集的所有其他元素。即 a 是偏序集 $(S, \preccurlyeq)$ 的**最小元**，如果对所有的 $b \in S$ 有 $a \preccurlyeq b$。当最小元存在时，它也是唯一的[见本节练习 40b]。

例 15 确定图 6 中的每个哈塞图表示的偏序集是否有最大元和最小元。

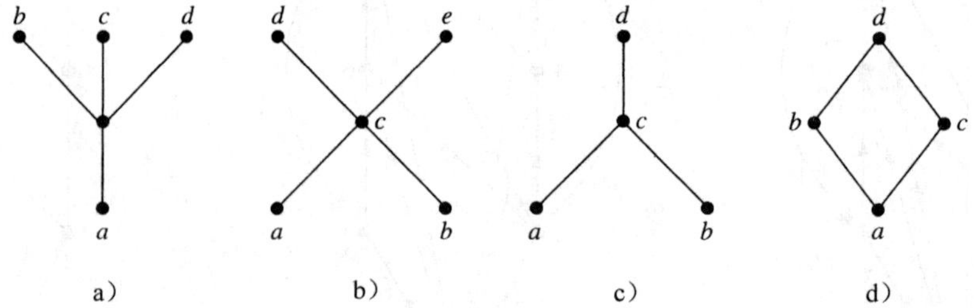

图 6　四个偏序集的哈塞图

解 哈塞图 6a 表示的偏序集的最小元是 a。这个偏序集没有最大元。哈塞图 6b 表示的偏序集既没有最小元也没有最大元。哈塞图 6c 表示的偏序集没有最小元，它的最大元是 d。哈塞图 6d 表示的偏序集有最小元 a 和最大元 d。◀

例 16 设 S 是集合。确定偏序集 $(\mathcal{P}(S), \subseteq)$ 中是否存在最大元与最小元。

解 最小元是空集，因为对于 S 的任何子集 T，有 $\varnothing \subseteq T$。集合 S 是这个偏序集的最大元，因为只要 T 是 S 的子集，就有 $T \subseteq S$。◀

例 17 在偏序集 $(\mathbf{Z}^+, |)$ 中是否存在最大元和最小元？

解 1 是最小元，因为只要 n 是正整数，就有 $1 | n$。因为没有被所有正整数整除的整数，所以不存在最大元。◀

有时候可以找到一个元素大于或等于偏序集 $(S, \preccurlyeq)$ 的子集 A 中的所有元素。如果 u 是 S 中的元素，使得对所有的元素 $a \in A$，有 $a \preccurlyeq u$，那么 u 称为 A 的一个**上界**。类似地，也可能存在一个元素小于或等于 A 中的所有元素。如果 l 是 S 中的一个元素，使得对所有的元素 $a \in A$ 有 $l \preccurlyeq a$，那么 l 称为 A 的一个**下界**。

例 18 找出图 7 中的哈塞图所示的偏序集的子集$\{a, b, c\}$、$\{j, h\}$和$\{a, c, d, f\}$的下界和上界。

解 $\{a, b, c\}$的上界是 e、f、j 和 h，它的唯一的下界是 a。$\{j, h\}$没有上界，它的下界是 a、b、c、d，e 和 f。$\{a, c, d, f\}$的上界是 f、h 和 j，它的下界是 a。◀

元素 x 叫作子集 A 的**最小上界**，如果 x 是一个上界并且它小于 A 的任何其他的上界。因为如果存在，则只存在一个这样的元素，从这个意义上，称这个元素为最小上界[见本节练习 42a)]。即若任意 $a \in A$ 有 $a \preccurlyeq x$，并且对于 A 的任意上界 z，有 $x \preccurlyeq z$，则 x 就是 A 的最小上界。类似地，如果 y 是 A 的下界，并且对于 A 的任意下界 z，有 $z \preccurlyeq y$，则 y 就是 A 的**最大下界**。如果存在，A 的最大下界是唯一的[见本节练习 42b]。一个子集 A 的最大下界和最小上界分别记作 $\mathrm{glb}(A)$和 $\mathrm{lub}(A)$。◀

例 19 在图 7 所示的偏序集中，如果存在，求出$\{b, d, g\}$的最大下界和最小上界。

解 $\{b, d, g\}$的上界是 g 和 h。因为 $g \prec h$，所以 g 是最小上界。$\{b, d, g\}$的下界是 a 和 b。因为 $a \prec b$，所以 b 是最大下界。◀

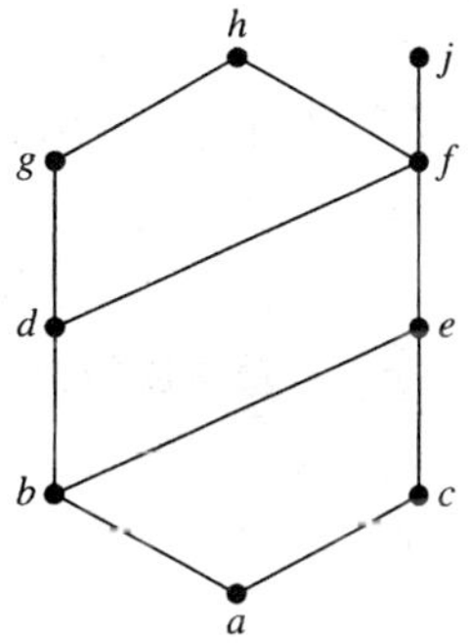

图 7　偏序集的哈塞图

Extra Examples

例 20 在偏序集$(\mathbf{Z}^+, |)$中，如果存在，求出集合$\{3, 9, 12\}$和$\{1, 2, 4, 5, 10\}$的最大下界和最小上界。

解 如果 3、9、12 被一个整数整除，那么这个整数就是$\{3, 9, 12\}$的下界。这样的整数只有 1 和 3。因为 $1 | 3$，所以 3 是$\{3, 9, 12\}$的最大下界。集合$\{1, 2, 4, 5, 10\}$关系到$|$的下界只有 1，因此 1 是$\{1, 2, 4, 5, 10\}$的最大下界。

一个整数是$\{3, 9, 12\}$的上界，当且仅当它被 3、9 和 12 整除。具有这种性质的整数就是那些被 3、9 和 12 的最小公倍数 36 整除的整数。因此，36 是$\{3, 9, 12\}$的最小上界。一个正整数是集合$\{1, 2, 4, 5, 10\}$的上界，当且仅当它被 1、2、4、5 和 10 整除。具有这种性质的整数就是被这些整数的最小公倍数 20 整除的整数。因此，20 是$\{1, 2, 4, 5, 10\}$的最小上界。◀

5.6.5　格

如果一个偏序集的每对元素都有最小上界和最大下界，就称这个偏序集为**格**。格有许多特殊的性质。此外，格有许多不同的应用，如用在信息流的模型中，格在布尔代数中也有重要的作用。

例 21 确定图 8 中的每个哈塞图表示的偏序集是否是格。

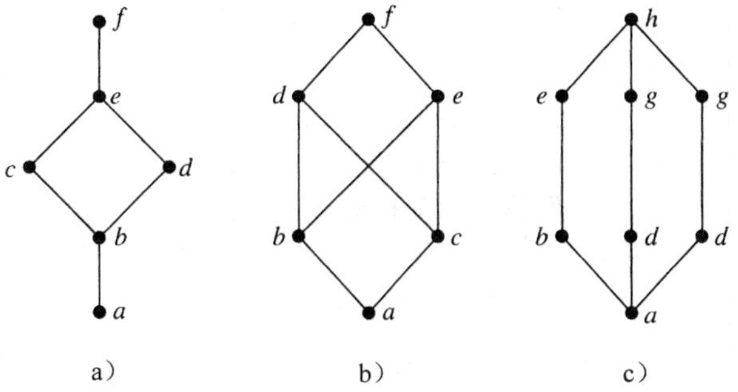

图 8　三个偏序集的哈塞图

解 在图 8a 和图 8c 中的哈塞图表示的偏序集是格，因为在每个偏序集中每对元素都有最小上界和最大下界，读者可自行验证。另一方面，图 8b 所示的哈塞图表示的偏序集不是格，

因为元素 b 和 c 没有最小上界。注意，虽然 d、e 和 f 都是上界，但这3个元素中的任何一个在这个偏序集中的顺序都不出现在其他2个之前。◀

例22 偏序集$(\mathbf{Z}^+, |)$是格吗？

解 设 a 和 b 是两个正整数。这两个整数的最小上界和最大下界分别是它们的最小公倍数和最大公约数，读者应自行验证。因此这个偏序集是格。◀

例23 确定偏序集$(\{1, 2, 3, 4, 5\}, |)$和$(\{1, 2, 4, 8, 16\}, |)$是否为格。

解 因为2和3在$(\{1, 2, 3, 4, 5\}, |)$中没有上界，所以它们当然没有最小上界。因此第一个偏序集不是格。

第二个偏序集中的每两个元素都有最小上界和最大下界。在这个偏序集中两个元素的最小上界是它们中间较大的元素，而两个元素的最大下界是它们中间较小的元素。读者应自行验证。因此第二个偏序集是格。◀

例24 确定$(\mathcal{P}(S), \subseteq)$是否是格，其中 S 是集合。

解 设 A 和 B 是 S 的两个子集。A 和 B 的最小上界和最大下界分别是 $A\cup B$ 和 $A\cap B$，读者可自行证明。因此$(\mathcal{P}(S), \subseteq)$是格。◀

Extra Examples

例25 **信息流的格模型** 在许多设置中，从一个人或计算机程序到另一个人或计算机程序的信息流要受到限制，这可以通过安全权限来实现。我们可以使用格的模型来表示不同的信息流策略。例如，一个通用的信息流策略是用于政府或军事系统中的*多级安全策略*。为每组信息分配一个安全级别，并且每个安全级别用一个序对(A, C)表示，其中 A 是*权限级别*，C 是*种类*。然后允许人和计算机程序从一个被特别限制的安全类的集合中访问信息。

在美国政府中，使用的典型的权限级别是不保密(0)、秘密(1)、机密(2)和绝密(3)。(若信息是秘密、机密或绝密的，就称信息被分类了。)在安全级别中使用的种类是一个集合的子集，这个集合含有与一个特定行业领域相关的所有的分部，每个分部表示一个指定的对象域。例如，如果分部的集合是{密探，间谍，双重间谍}，那么存在8个不同的种类，每个种类分别对应于分部集合中的8个子集，例如{密探，间谍}。

我们可以对安全种类排序，规定$(A_1, C_1)\preccurlyeq(A_2, C_2)$当且仅当 $A_1\leqslant A_2$ 和 $C_1\subseteq C_2$。信息允许从安全类(A_1, C_1)流向安全类(A_2, C_2)当且仅当$(A_1, C_1)\preccurlyeq(A_2, C_2)$。例如，信息允许从安全类(机密，{密探，间谍})流向安全类(绝密，{密探，间谍，双重间谍})，相反，信息不允许从安全类(绝密，{密探，间谍})流向安全类(机密，{密探，间谍，双重间谍})或(绝密，{密探})。

我们将它留给读者(见本节练习48)证明，所有安全类的集合与在这个例子中所定义的序构成一个格。◀

5.6.6 拓扑排序

假设一个项目由20个不同的任务构成。某些任务只能在其他任务结束之后完成。如何找到关于这些任务的顺序？为了对这个问题建模，我们在任务的集合上构造一个偏序，使得 $a\prec b$ 当且仅当 a 和 b 是任务且直到 a 结束后 b 才能开始。为安排好这个项目，需要得出与这个偏序相容的所有20个任务的顺序。我们将说明怎样做到这一点。

我们从定义开始。如果只要 aRb 就有 $a\preccurlyeq b$，则称一个全序$\preccurlyeq$与偏序 R 是**相容的**。从一个偏序构造一个相容的全序称为**拓扑排序**[⊖]。我们需要使用引理1。

引理1 每个有穷非空偏序集$(S, \preccurlyeq)$至少有一个极小元。

⊖ “拓扑排序”是计算机科学中用到的术语；在数学中用到的术语是“偏序的线性化”。在数学中，拓扑是几何的一个分支，用于研究几何图形在连续改变形状时还能保持不变的一些特性。在计算机科学中，拓扑是把对象进行安排，使它们能够通过边相连。

证明　选择 S 的一个元素 a_0。如果 a_0 不是极小元，那么存在元素 a_1，满足 $a_1 \prec a_0$。如果 a_1 不是极小元，那么存在元素 a_2，满足 $a_2 \prec a_1$。继续这一过程，使得如果 a_n 不是极小元，那么存在元素 a_{n+1} 满足 $a_{n+1} \prec a_n$。因为在这个偏序集只有有穷个元素，所以这个过程一定会结束并且具有极小元 a_n。◀

我们将要描述的拓扑排序算法对任何有穷非空偏序集都有效。为了在偏序集$(A, \preccurlyeq)$上定义一个全序，首先选择一个极小元素 a_1。由引理 1 可知，这样的元素存在。接着，正如读者应自行验证的，$(A-\{a_1\}, \preccurlyeq)$也是一个偏序集。如果它是非空的，选择这个偏序集的一个极小元 a_2。然后再移出 a_2，如果还有其他的元素留下来，在 $A-\{a_1, a_2\}$中选择一个极小元 a_3。继续这个过程，只要还有元素留下来，就在 $A-\{a_1, a_2, \cdots, a_k\}$中选择极小元 a_{k+1}。

因为 A 是有穷集，所以这个过程一定会终止。最终产生一个元素序列 $a_1, a_2, \cdots, a_n$。所需要的全序$\preccurlyeq_t$ 定义为

$$a_1 \prec_t \quad a_2 \prec_t \quad \cdots \quad \prec_t a_n$$

这个全序与初始偏序相容。为看出这一点，注意如果在初始偏序中 $b \prec c$，c 在算法的某个阶段 b 已经被移出时，被选择为极小元，否则 c 就不是极小元。算法 1 给出了关于这个拓扑排序算法的伪码。

算法 1　拓扑排序

procedure topological sort($(S, \preccurlyeq)$：有穷偏序集)
　$k := 1$
　while $S \neq \varnothing$
　　　$a_k := S$ 的极小元{由引理 1 可知，这样的元素一定存在}
　　　$S := S - \{a_k\}$
　　　$k := k+1$
　return $a_1, a_2, \cdots, a_n$ {$a_1, a_2, \cdots, a_n$ 是与 S 相容的全序}

例 26　找出与偏序集$(\{1, 2, 4, 5, 12, 20\}, |)$相容的一个全序。

解　第一步是选择一个极小元。这个元素一定是 1，因为它是唯一的极小元。下一步选择$(\{2, 4, 5, 12, 20\}, |)$的一个极小元。在这个偏序集中有两个极小元，即 2 和 5。我们选择 5。剩下的元素是$\{2, 4, 12, 20\}$。在这一步，唯一的极小元是 2。下一步选择 4，因为它是$(\{4, 12, 20\}, |)$的唯一极小元。因为 12 和 20 都是$(\{12, 20\}, |)$的极小元，下一步选哪一个都可以。我们选 20，只剩下 12 作为最后的元素。这产生了全序

$$1 \prec 5 \prec 2 \prec 4 \prec 20 \prec 12$$

这个排序算法所使用的步骤在图 9 中给出。◀

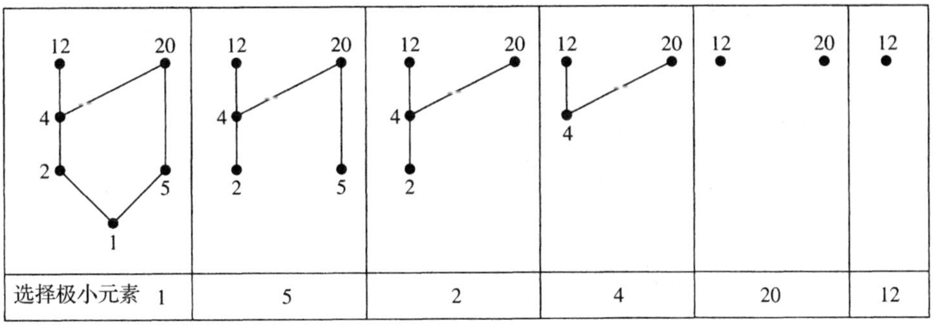

图 9　$(\{1, 2, 4, 5, 12, 20\}, |)$的拓扑排序

在项目的安排中会用到拓扑排序。

例 27 一个计算机公司的开发项目需要完成 7 个任务。其中某些任务只能在其他任务结束后才能开始。考虑如下建立任务上的偏序，如果任务 Y 在 X 结束后才能开始，则任务 $X \prec$ 任务 Y。这 7 个任务对应于这个偏序的哈塞图如图 10 所示。求一个任务的执行顺序，使得能够完成这个项目。

解 可以通过执行一个拓扑排序得到 7 个任务的排序。排序的步骤显示在图 11 中。这个排序的结果，$A \prec C \prec B \prec E \prec F \prec D \prec G$，给出了一种可行的任务次序。◀

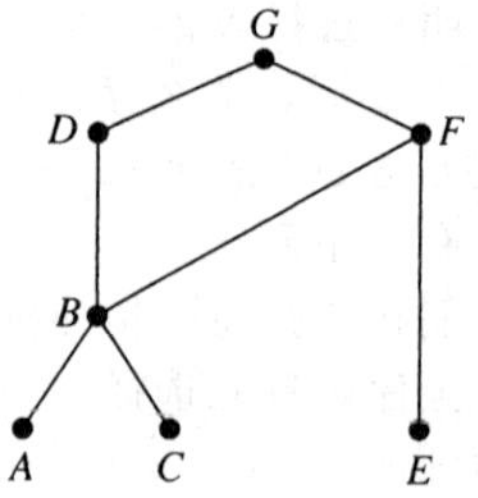

图 10　关于 7 个任务的哈塞图

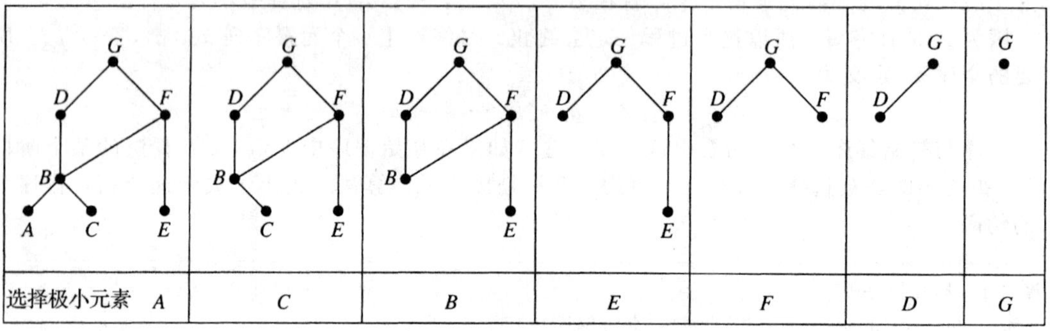

图 11　任务的拓扑排序

奇数编号练习

1. 以下这些定义在集合{0，1，2，3}上的关系，哪些是偏序的？如果不是偏序的，请给出它缺少偏序的哪些性质。

a) {(0，0)，(1，1)，(2，2)，(3，3)}

b) {(0，0)，(1，1)，(2，0)，(2，2)，(2，3)，(3，2)，(3，3)}

c) {(0，0)，(1，1)，(1，2)，(2，2)，(3，3)}

d) {(0，0)，(1，1)，(1，2)，(1，3)，(2，2)，(2，3)，(3，3)}

e) {(0，0)，(0，1)，(0，2)，(1，0)，(1，1)，(1，2)，(2，0)，(2，2)，(3，3)}

3. 设 a 和 b 是人，S 是全世界所有人构成的集合，$(a, b) \in R$。请问(S, R)是否为偏序集，如果

a) a 比 b 的个子高　　**b)** a 不比 b 高

c) $a=b$ 或 a 是 b 的祖先　　**d)** a 和 b 有共同的朋友

5. 下面哪些是偏序集？

a) $(\mathbf{Z}, =)$　　**b)** $(\mathbf{Z}, \neq)$　　**c)** $(\mathbf{Z}, \geqslant)$　　**d)** $(\mathbf{Z}, \nmid)$

7. 确定以下 0-1 矩阵表示的关系是否为偏序。

a) $\begin{bmatrix} 1 & 1 & 1 \\ 1 & 1 & 0 \\ 0 & 0 & 1 \end{bmatrix}$　**b)** $\begin{bmatrix} 1 & 1 & 1 \\ 0 & 1 & 0 \\ 0 & 0 & 1 \end{bmatrix}$　**c)** $\begin{bmatrix} 1 & 1 & 1 & 0 \\ 0 & 1 & 1 & 0 \\ 0 & 0 & 1 & 1 \\ 1 & 1 & 0 & 1 \end{bmatrix}$

在练习 9～11 中确定有向图所表示的关系是否为偏序。

9.

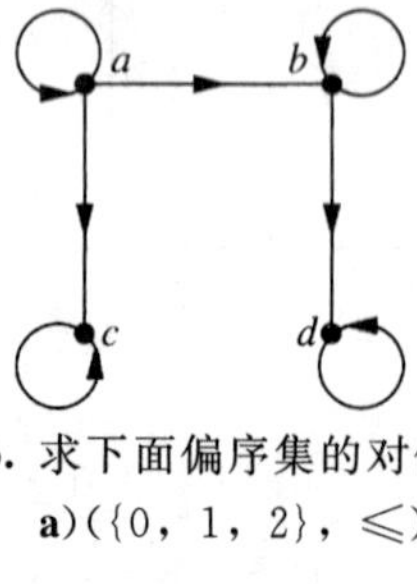

11.

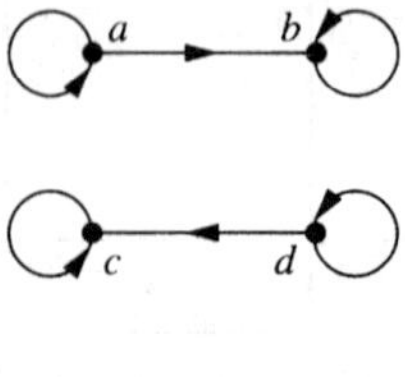

13. 求下面偏序集的对偶。

a) $(\{0, 1, 2\}, \leqslant)$　　**b)** $(\mathbf{Z}, \geqslant)$

c)$(\mathcal{P}(\mathbf{Z}), \supseteq)$　　d)$(\mathbf{Z}^+, \mid)$

15. 在下面的偏序集中，找出两个不可比的元素。

a)$(\mathcal{P}(\{0, 1, 2\}), \subseteq)$　　b)$(\{1, 2, 4, 6, 8\}, \mid)$

17. 找出下面的 n 元组的字典顺序。

a)(1，1，2)，(1，2，1)　　b)(0，1，2，3)，(0，1，3，2)

c)(1，0，1，0，1)，(0，1，1，1，0)

19. 找出比特串 0，01，11，001，010，011，0001 和 0101 的基于 $0<1$ 的字典顺序。

21. 画出定义在{0，2，5，10，11，15}上的“小于或等于”关系的哈塞图。

23. 画出定义在下述集合上的整除关系的哈塞图。

a){1，2，3，4，5，6，7，8}　　b){1，2，3，5，7，11，13}

c){1，2，3，6，12，24，36，48}　　d){1，2，4，8，16，32，64}

在练习 25～27 中，列出哈塞图所示的偏序中的所有有序对。

25.

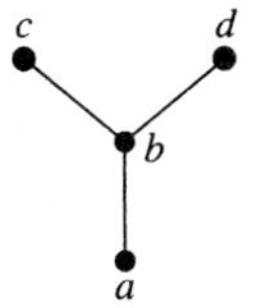

27.

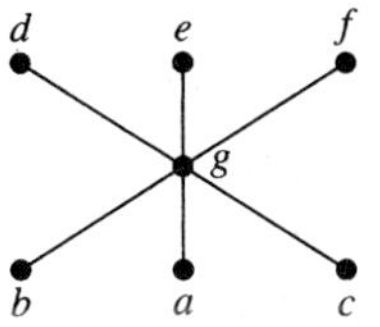

29. 定义在 S 的幂集上的偏序$\{(A, B) \mid A \subseteq B\}$的覆盖关系是什么？其中 $S=\{a, b, c\}$。

31. 证明：一个有穷偏序集可以从它的覆盖关系重新构造出来。[提示：证明偏序集是它的覆盖关系的传递闭包的自反闭包。]

33. 对偏序集$(\{3, 5, 9, 15, 24, 45\}, \mid)$，回答下述问题。

a)求极大元。　　b)求极小元。

c)存在最大元吗？　　d)存在最小元吗？

e)找出{3，5}的所有上界。　　f)如果存在，求{3，5}的最小上界。

g)求{15，45}的所有下界。　　h)如果存在，求{15，45}的最大下界。

35. 对偏序集$(\{\{1\}, \{2\}, \{4\}, \{1, 2\}, \{1, 4\}, \{2, 4\}, \{3, 4\}, \{1, 3, 4\}, \{2, 3, 4\}\}, \subseteq)$，回答下述问题。

a)求极大元。　　b)求极小元。

c)存在最大元吗？　　d)存在最小元吗？

e)求{{2}，{4}}的所有上界。　　f)如果存在，求{{2}，{4}}的最小上界。

g)求{{1，3，4}，{2，3，4}}的所有下界。

h)如果存在，求{{1，3，4}，{2，3，4}}的最大下界。

37. 证明：字典顺序是两个偏序集的笛卡儿积上的偏序。

39. 假设$(S, \preccurlyeq_1)$和$(T, \preccurlyeq_2)$是偏序集。证明$(S \times T, \preccurlyeq)$也是偏序集，其中$(s, t) \preccurlyeq (u, v)$当且仅当$s \preccurlyeq_1 u$且$t \preccurlyeq_2 v$。

41. a)证明：在一个具有最大元的偏序集中恰好存在一个极大元。

b)证明：在一个具有最小元的偏序集中恰好存在一个极小元。

43. 确定具有下面哈塞图的偏序集是否为格。

a)

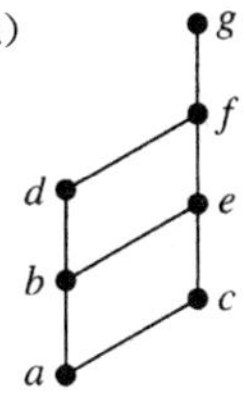

b)

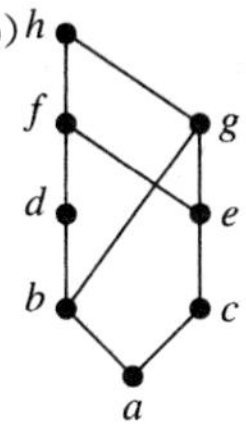

c)

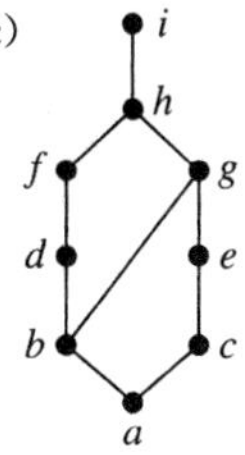

45. 证明：一个格的每个有限非空子集有最小上界和最大下界。

47. 在一个公司里，使用信息流的格模型控制敏感信息，这些信息具有由有序对(A, C)表示的安全类别。这里 A 是权限级别，这种权限级别可以是非私有的(0)、私有的(1)、受限制的(2)或注册的(3)。种

类 C 是所有项目集合{猎豹，黑斑羚，美洲狮}的子集(在公司里常常使用动物的名字作为项目的代码名字)。

a) 是否允许信息从(私有的，{猎豹，美洲狮})流向(受限制的，{美洲狮})？

b) 是否允许信息从(受限制的，{猎豹})流向(注册的，{猎豹，黑斑羚})？

c) 允许信息从(私有的，{猎豹，美洲狮})流向哪个类？

d) 允许信息从哪个类流向安全类(受限制的，{黑斑羚，美洲狮})？

* **49.** 证明：一个集合 S 上的所有划分的集合与关系 $\leqslant$ 构成一个格，其中如果划分 P_1 是划分 P_2 的加细，则 $P_1 \leqslant P_2$(见5.5节练习49的前导文)。

51. 证明：每个有限格都有一个最小元和一个最大元。

53. 验证($\mathbf{Z}^+ \times \mathbf{Z}^+$，$\leqslant$)是一个良序集，其中 $\leqslant$ 是例8中所声明的字典顺序。

如果偏序集中不存在元素的无限递减序列，即元素 x_1，x_2，$\cdots$，$x_n \cdots$ 使得 $\cdots \prec x_n \prec \cdots \prec x_2 \prec x_1$，则这个偏序集是**良基的**。设偏序集($R$，$\leqslant$)，如果对所有的 $x \in R$ 和 $y \in R$，$x \prec y$ 都存在元素 $z \in R$ 使得 $x \prec z \prec y$，则称这个偏序集是**稠密的**。

55. 证明：偏序集($\mathbf{Z}$，$\leqslant$)(其中 $x \prec y$ 当且仅当 $|x| < |y|$)是良基的，但不是全序集。

57. 证明：有理数和通常的“小于或等于”关系构成的偏序集($\mathbf{Q}$，$\leqslant$)是稠密偏序集。

59. 证明：偏序集是良序的，当且仅当它是全序的并且是良基的。

61. 求一个全序，使得它与练习32中的哈塞图所表示的偏序集相容。

63. 求出所有与例26中的偏序集({1，2，4，5，12，20}，|)相容的全序。

65. 求出完成例27中的开发项目的任务的所有可能的顺序。

67. 如果关于一个软件项目的任务的哈塞图如下图所示，给出这个软件项目的任务的完成顺序。

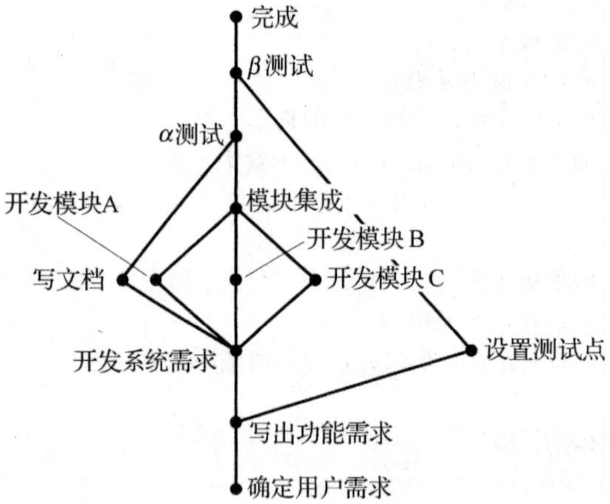

图

图是由顶点和连接顶点的边构成的离散结构。根据图中的边是否有方向、相同顶点对之间是否可以有多条边相连以及是否允许存在自环，图可以分为多种不同的类型。几乎可以想到的每个学科中的问题都可以运用图模型来求解。我们将举例说明如何在各种领域中运用图来建模。例如，如何用图表示生态环境中不同物种的竞争，如何用图表示组织中谁影响谁，如何用图表示循环锦标赛的结果。我们将描述如何用图对人们之间的相识关系、研究人员之间的合作关系、电话号码间的呼叫关系以及网站之间的链接关系进行建模。我们将说明如何用图对路线图和一个组织内员工的工作指派进行建模。

运用图模型，可以确定能不能遍历一个城市的所有街道而不在任一条街道上走两遍，还能找出对地图上的区域着色所需要的颜色数。可以用图来确定某一个电路是否能够在平面电路板上实现。用图可以区分有着同样的分子式但结构不同的两种化合物。我们能够运用计算机网络的图模型确定两台计算机是否由通信链路连接。对其边赋予了权重的图可以用于求解诸如传输网络中两个城市间的最短路径这类问题。我们还可以用图来安排考试和指定电视台的频道。本章将介绍图论的基本概念，还将给出许多不同的图模型。为了求解能够用图研究的多种问题，我们将介绍许多不同的图的算法，还将研究这些算法的复杂度。

6.1 图和图模型

首先给出图的定义。

定义1 图 $G=(V, E)$ 由顶点（或结点）的非空集 V 和边集 E 构成，每条边有一个或两个顶点与它相连，这样的顶点称为边的端点。边连接它的端点。

评注 图 G 的顶点集 V 可能是无限的。顶点集为无限集或有无限条边的图称为**无限图**，与之相对地，顶点集和边集为有限集的图称为**有限图**。在本书中，通常只考虑有限图。

现在假设一个网络由数据中心和计算机之间的通信链路组成。可以把每个数据中心的位置用一个点来表示，把每个通信链接用一条线段来表示，如图1所示。

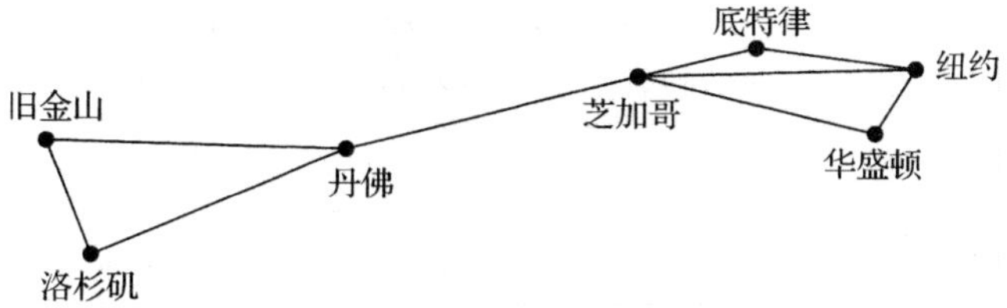

图1 一个计算机网络

这个计算机网络可以用图来建模，图中的顶点表示数据中心，边表示通信链接。通常，用点表示顶点、用线段或者曲线表示边来可视化图。其中，表示边的线段的端点就是表示相应边的端点的点。在画图时，尽量不要让边相交。然而，并不是必须这样做，因为任意用点表示顶点、用任意形式的顶点间的连接表示边的描述方法均可使用。实际上，有些图不能在边不相交的情况下画在平面上（见6.7节）。关键的一点是，只要正确地描述了顶点间的连接，画图的方式可以是任意的。

注意，表示计算机网络的图的每条边都连接着两个不同的顶点，即没有任何一条边仅连接一个顶点自身，另外，也没有两条不同的边连接着一对相同的顶点。每条边都连接两个不同的顶点且没有两条不同的边连接一对相同顶点的图称为**简单图**。注意，在简单图中，每条边都与一对无序的顶点相关联，而且没有其他的边和这条边相关联。因此，在简单图中，当有一条边与$\{u, v\}$相关联时，也可以说$\{u, v\}$是该图的一条边，这不会产生误解。

一个计算机网络可能在两个数据中心之间有多重链接，如图 2 所示。为这样的网络建模，需要有多条边连接同一对顶点的图。可能会有**多重边**连接同一对顶点的图称为**多重图**。当有 m 条不同的边与相同的无序顶点对相关联时，我们也说$\{u, v\}$是一条多重度为 m 的边。就是说，可以认为这个边集是边$\{u, v\}$的 m 个不同副本。

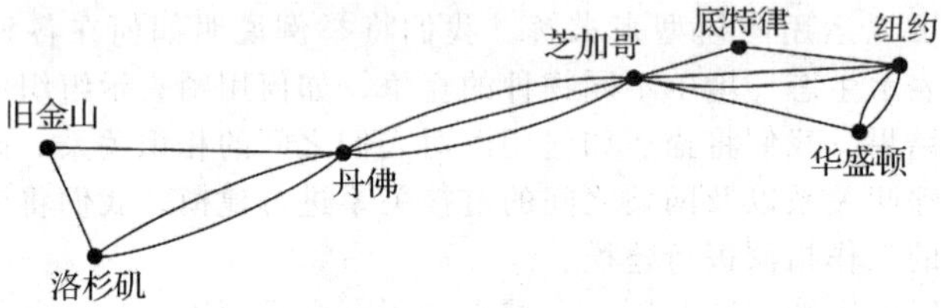

图 2 数据中心之间具有多重链接的计算机网络

有时候一个数据中心有一条连接自身的通信线路，也许是一个用于诊断的反馈环。图 3 说明了这样的网络。为这个网络建模，需要包括把一个顶点连接到它自身的边。这样的边称为**环**。有时，一个顶点可能需要多个环。包含环或存在多重边连接同一对顶点或同一个顶点的图，称为**伪图**。

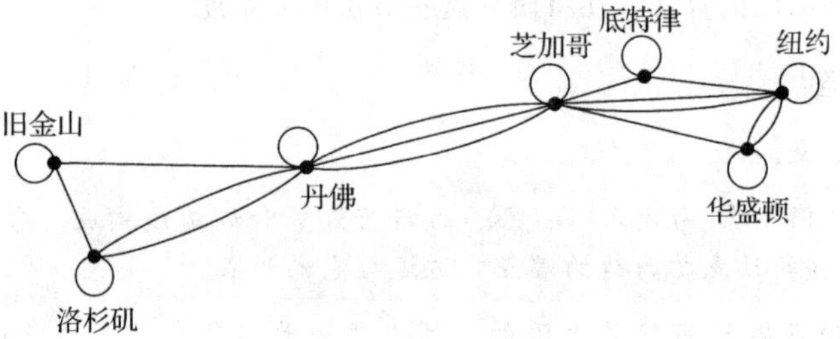

图 3 带诊断链路的计算机网络

到目前为止，我们所介绍的图是无向图。它们的边也被认为是无向的。然而，要建立一个图模型，可能会发现有必要给这些边赋予方向。例如，在计算机网络中，有些链接只可以对一个方向操作(这种边称为单工线路)。这可能是这种情况，有大量的数据传送到某些数据中心，但只有很少或者根本没有相反方向的数据传输。这样的网络如图 4 所示。

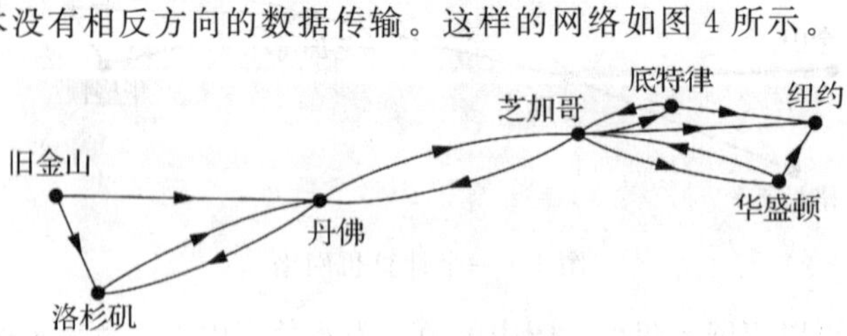

图 4 具有单向通信链路的通信网络

我们使用有向图为这样的计算机网络建模。有向图的每条边与一个有序对相关联。这里给出的有向图的定义比第 5 章使用的更加广义，在第 9 章中使用有向图来表示关系。

定义 2 有向图(V, E)由一个非空顶点集 V 和一个有向边(或弧)集 E 组成。每条有向边与一个顶点有序对相关联。我们称与有序对(u, v)相关联的有向边开始于 u、结束于 v。

当画线描述一个有向图时，我们用一个从 u 指向 v 的箭头来表示这条边的方向是开始于 u 结束于 v。一个有向图可能包含环，也有可能包含开始和结束于相同顶点的多重有向边。有向图也可能包含连接 u 和 v 的两个方向上的有向边，就是说，当一个有向图含有从 u 到 v 的边时，它也可能包含从 v 到 u 的一条或多条边。注意，当对一个无向图的每一条边都赋予方向后，就得到了一个有向图。当一个有向图不包含环和多重有向边时，就称为**简单有向图**。因为在简单有向图中，每个顶点有序对(u, v)之间最多有一条边和它们相连，如果在图中，(u, v)之间存在一条边，则称(u, v)为边。

在某些计算机网络中，两个数据中心之间可能有多重的通信链路，如图 5 所示。可以用包含从一个顶点指向第二个(也许是同一个)顶点的**多重有向边**的有向图来对这样的网络建模，我们称这样的图为**有向多重图**。当 m 条有向边中的每一条都与顶点有序对(u, v)相关联时，我们称(u, v)是一条**多重度**为 m 的边。

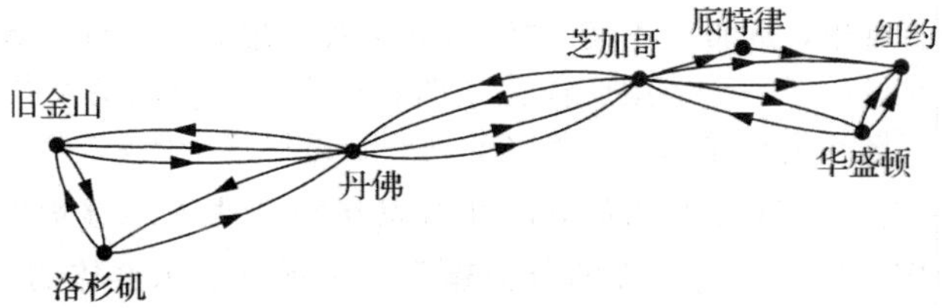

图 5　带多重单向链路的计算机网络

对于某些模型，我们可能需要这样的图，其中有些边是无向的，而另一些边是有向的。既包含有向边又包含无向边的图称为**混合图**。例如，可能会用一个混合图给这样的计算机网络建模，该网络中包含一些双向的通信链路和另一些单向的通信链路。

表 1 总结了各种图的专用术语。有时我们将用**图**作为一个通用的术语指代有向或无向的(或两者皆有)、有环或无环的，以及有多重边或无多重边的图。在其他情形下，当上下文清楚时，我们使用术语图只表示无向图。

表 1　图术语

类型	边	允许多重边	允许环
简单图	无向	否	否
多重图	无向	是	否
伪图	无向	是	是
简单有向图	有向	否	否
有向多重图	有向	是	是
混合图	有向的和无向的	是	是

由于当前人们对图论的研究感兴趣，以及其在各个学科的广泛应用，所以图论中引入了许多不同的术语。不管什么时候遇到这些术语，读者应该注意它们的实际含义。数学家用来描述图的术语已经逐步得到规范，但是在其他学科用于讨论图的术语仍然多种多样。尽管描述图的术语可能区别很大，但是以下三个问题能够帮助我们理解图的结构：

- 图的边是有向的还是无向的(还是两者皆有)？
- 如果是无向图，是否存在连接相同顶点对的多重边？如果是有向图，是否存在多重有向边？
- 是否存在环？

回答这些问题有助于我们理解图。而记住所使用的特定术语没那么重要。

6.1.1　图模型

图可用在各种模型里。本节开始部分介绍了如何为链接数据中心的通信网络建模。本节后续部分将介绍一些图模型的有趣应用。本章的后续小节和第 7 章还将讨论这些应用。本章的后续部分和后面的章节还要介绍其他模型。第 5 章介绍了某些应用的有向图模型。当建立图模型时，需要确认已经正确回答了我们提出的关于图结构的三个关键问题。

社交网络　图广泛地应用于为基于人或人群之间不同类型关系的社会结构建模。这些社会结构以及表示它们的图被称为**社交网络**。在这些图模型中，用顶点表示个人或组织，用边表示个人或组织之间的关系。对社交网络的研究是一个非常活跃的学科，可以使用社交网络研究人们之间很多不同类型的关系。这里我们将介绍一些最常用的社交网络，更多信息可参考[Ne10]和[EaK110]。

例 1　**交往和朋友关系图**　可用简单图来表示两个人是否互相认识，即他们是否熟悉或他们是否为朋友(在现实世界中或在虚拟世界中，通过像脸谱一样的社交网络)。用顶点表示具体人群里的每个人。当两个人互相认识时，用无向边连接这两个人。当我们仅关注是否熟悉或是否为朋友时，不使用多重边，通常也不使用环。(如果我们想表达“自己认识自己”这层意思，就在图中包含环。)图 6 显示了一个小型交往关系图。世界上所有人的交往关系图有超过 60 亿个顶点和可能超过 1 万亿条边！在 6.4 节里将要进一步讨论这个图。◀

例 2　**影响图**　在对群体行为的研究中，可以观察到某些人能够影响其他人的思维。一种称为**影响图**的有向图可以用来为这样的行为建模。用顶点表示群体的每个人。当顶点 a 所表示的人影响顶点 b 所表示的人时，就有从顶点 a 到顶点 b 的有向边。这些图中不包含环和多重有向边。图 7 表示了一个群体成员的影响图的例子。在这个用影响图建模的群体里，Deborah 影响 Brain、Fred 以及 Linda，但是没有人影响 Deborah。另外，Yvonne 与 Brain 互相影响。◀

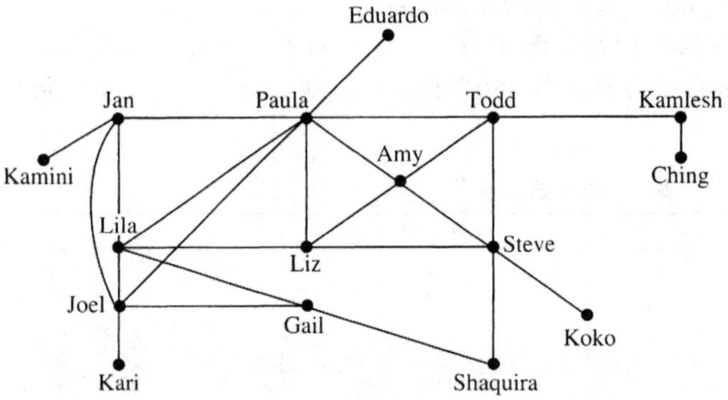

图 6　交往关系图

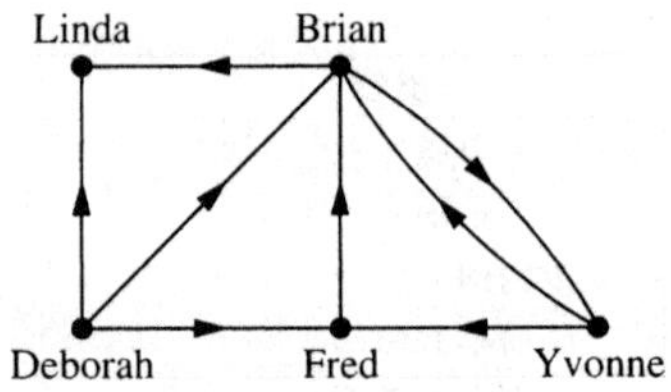

图 7　影响图

例 3　**合作图**　**合作图**用来为社交网络建模，在该图中以某种方式一起工作的两个人之间存在着关联。合作图是简单图，它的边是无向边，且不包含多重边和环。图中的顶点表示人，当两个人之间存在合作时，两个人之间有一条无向边相连。在图中不存在环和多重边。**好莱坞图**就是一个合作图，图中用顶点表示演员，当两个顶点所表示的演员共同出演一部电影或电视剧时，就由一条边连接这两个顶点。好莱坞图是一个很大的图，其中包含 290 万个顶点(到 2018 年年初)。稍后将在 6.4 节里讨论好莱坞图。

在**学术合作图**中，顶点表示人(可能限制为某个学术圈子的成员)，若两个人之间合作发表过文章，就由一条边连接两个人。2004 年已经为在数学领域发表论文的合作者构建了合作图，该图中包含超过 400 000 个顶点和 675 000 条边，之后这些数量有着可观的增长。在 6.4 节里将对这个图做补充说明。合作图还可以用在体育领域，如果两个职业运动员在某项运动的常规赛季效力于同一个队，就可以认为这两人有合作关系。◀

通信网络　我们可以为不同的通信网络建模，其中用顶点表示设备，边表示所关注的某种类型的通信链接。在本节的第一部分，我们已经为数据网络建模。

例 4　呼叫图　图可用来为网络(如长途电话网)中的电话呼叫建模。具体地说，有向多重图可以用来为呼叫建模，其中用顶点表示每个电话号码，用有向边表示每次电话呼叫。表示呼叫的边是以发出呼叫的电话号码为起点，以接受呼叫的电话号码为终点。我们需要有向边，因为其所表示的通话方向是有意义的。我们需要多重有向边，因为需要表示每一个从特定号码拨到第二个号码的通话。

一个小型的电话呼叫图如图 8a 所示，它表示 7 个电话号码。例如，这个图表示从 732-555-1234 到 732-555-9876 有 3 次呼叫和 2 次反向呼叫，但是从 732-555-4444 到其余 6 个号码(732-555-0011 除外)没有呼叫。当我们只关心两个电话号码之间是否有呼叫时，可以使用无向图，其中，当两个号码之间有呼叫时，就用边连接这两个电话号码。这种类型的呼叫图如图 8b 所示。◀

表示实际呼叫活动的呼叫图可以非常大。例如，AT&T 研究的一个呼叫图，这个图表示在 20 天中进行的呼叫，有大约 2900 万个顶点和 40 亿条边。在 6.4 节里将要进一步讨论呼叫图。

信息网络　图可以用来为链接特定类型信息的多种网络建模。这里，我们将描述如何使用图为万维网建模。我们还将描述如何使用图为不同类型的文本中的引用建模。

例 5　网络图　万维网可用有向图来建模，其中用顶点表示每个网页，并且若有从网页 a 指向网页 b 的链接，则有以 a 为起点以 b 为终点的边。因为在网络中，几乎每秒都有新网页产生，也有其他页面被删除，所以网络图几乎是连续变化的。许多人正在研究网络图的性质，以便更好地理解网络的本质。6.4 节将要继续讲解网络图，第 7 章将要解释网络爬虫(搜索引擎用它来产生网页的索引)是如何使用网络图的。◀

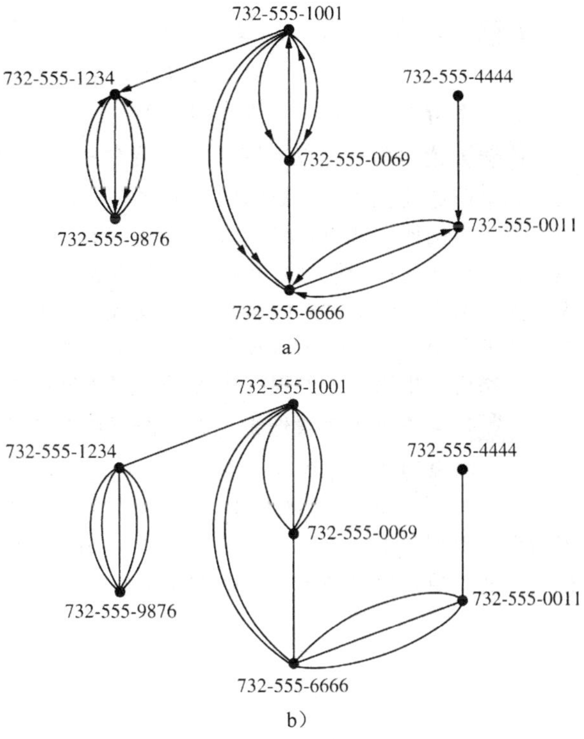

图 8　呼叫图

例 6　引用图　图可用来表示不同类型的文本(包括学术论文、专利和法律条文)之间的引用。在这类图中，用顶点表示每个文本，若一个文本在其引用列表中引用了第二个文本，则从这个文本到第二个文本之间有一条边(在学术论文中，引用列表是书目或参考文献列表；在专利中，是引用的以前专利的列表；在法律条文中，是引用的以前条文的列表)。引用图是不包含环和多重边的有向图。◀

软件设计应用　图模型是软件设计中有用的工具。这里简要描述两个这样的模型。

例 7　模块依赖图　在软件设计中，最重要的任务之一是如何把一个程序分成多个不同的部分或模块。理解程序的不同模块之间如何交互，不仅对程序设计，而且对软件测试和维护都很重要。**模块依赖图**为理解程序的不同模块之间的交互提供了有用的工具。在程序模块依赖图中，顶点表示模块。如果第二个模块依赖于第一个模块，则有一条有向边从第一个模块指向第二个模块。在图 9 中，显示了一个关于 Web 浏览器的程序模块依赖图的例子。

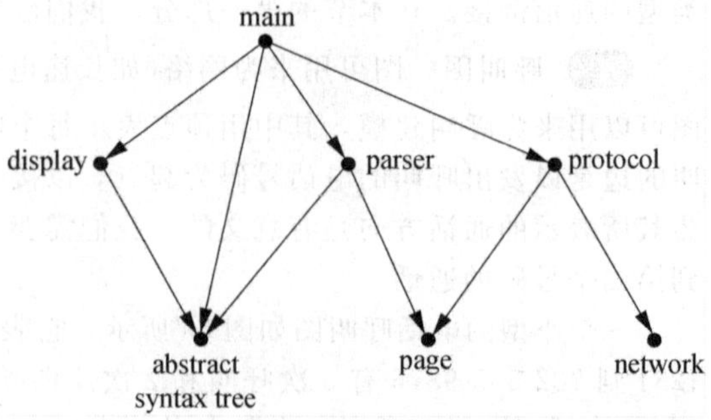

图 9　模块依赖图

例 8　优先图与并发处理　通过并发地执行某些语句，计算机程序可以执行得更快。重要的是避免语句执行时还要用到尚未执行语句的结果。语句与前面语句的相关性可以表示成有向图。用顶点表示每个语句，若在执行完第一个顶点所表示的语句之前不能执行第二个顶点所表示的语句，则从第一个顶点到第二个顶点有一条边。这样的图称为**优先图**。图 10 显示了计算机程序及其优先图。例如，该图说明在执行语句 S_1、S_2 和 S_4 之前不能执行语句 S_5。◀

运输网　可以使用图为不同类型的运输网络建模，包括公路、航空、铁路以及航运网络。

例 9　航线图　可以用顶点表示机场为航空网络建模。特别地，用有向边表示航班，该边从表示出发机场的顶点指向表示目的机场的顶点，我们每天可以为某个航线的所有航班建模。这将是一个有向多重图，因为在同一天，从一个机场到另一个机场可能存在多个航班。

例 10　道路网　可以用图对道路网建模。在这样的模型中，顶点表示交叉点，而边表示路。如果所有的道路都是双向的，最多有一条道路连接两个交叉点，那么可以用一个简单无向图来表示道路网。然而，我们经常要为存在单行道且两个交叉点间存在多条道路的道路网建模。为了构建这样的模型，我们用无向边表示双向的道路，用有向边表示单行道。多重无向边表示连接两个相同交叉点的多条双向道路。多重有向边表示从一个交叉点开始到第二个交叉点结束的多条单行道；环表示环形路。描述包含单行道和双向道路的道路网需要混合图。◀

生态网　生物学中的很多内容可以用图进行建模。

Extra Examples

例 11　生态学中栖息地重叠图　图可用在涉及不同种类的动物在一起活动的许多模型里。例如，用**栖息地重叠图**为生态系统里物种之间的竞争建模。用顶点表示每个物种。若两个物种竞争(即它们共享某些食物来源)，则用无向边连接表示它们的顶点。栖息地重叠图是简单图，因为在此模型中不需要环和多重边。图 11 中的图表示森林生态系统。从这个图中可以看出松鼠与浣熊竞争，但是乌鸦不与鼩鼱竞争。

Links

S_1　$a := 0$

S_2　$b := 1$

S_3　$c := a + 1$

S_4　$d := b + a$

S_5　$e := d + 1$

S_6　$e := c + d$

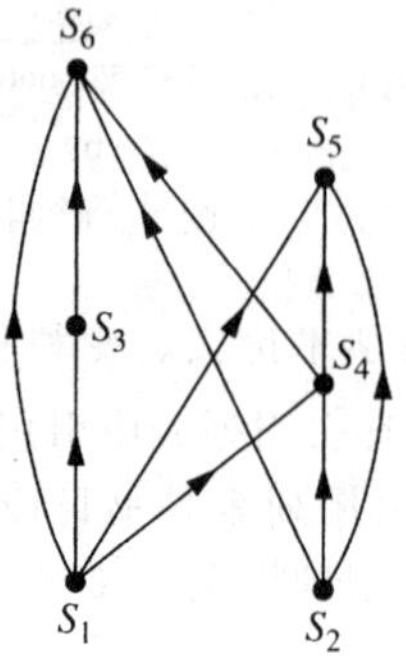

图 10　优先图

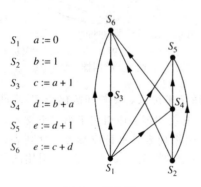

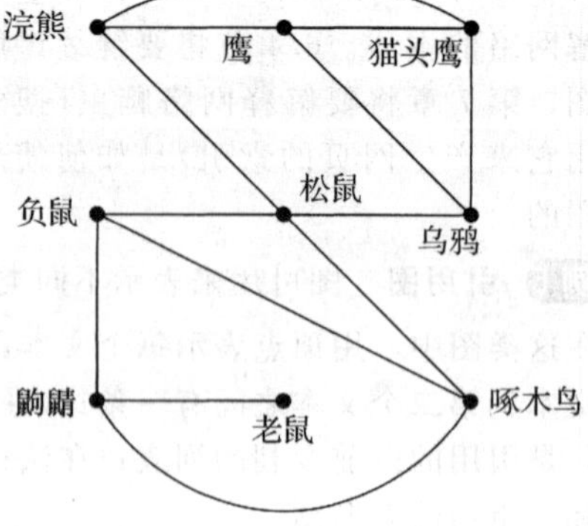

图 11　生态学里的栖息地重叠图

例 12　蛋白质相互作用图　当细胞中的两个或多个蛋白质绑定在一起执行生物功能时，在活细胞中的蛋白质相互作用。由于蛋白质相互作用是大多数生物功能的关键，所以许多科学家致力于发现新的蛋白质和了解蛋白质之间的相互作用。使用**蛋白质相互作用图**(也称为**蛋白质-

蛋白质相互作用网络)，可以模拟细胞内的蛋白质相互作用。该图是一个无向图，其中每个蛋白质由一个顶点来表示，用边连接表示存在相互作用的蛋白质的顶点。确定真正的蛋白质相互作用的细胞是一个挑战性的问题，由于实验经常产生误报，所以得出两种并不发生作用的蛋白质相互作用的结论。蛋白质相互作用图可用于推断出重要的生物信息，例如识别对各种功能都很重要的蛋白质以及新发现的蛋白质的功能。

在一个典型的细胞内有成千上万种不同的蛋白质，因此细胞中蛋白质相互作用的图形是非常庞大且复杂的。例如，已知酵母细胞中有超过 6000 种蛋白质和超过 80 000 种蛋白质之间的相互作用；人类细胞有超过 10 万种蛋白质，可能多达 1 000 000 种蛋白质之间的相互作用。当发现新的蛋白质和蛋白质之间的相互作用时，就有附加的顶点和边被添加到蛋白质相互作用图中。由于蛋白质相互作用图的复杂度，所以它们往往被分割成更小的称为模块的图，模块代表一组细胞中某个特定的功能所涉及的蛋白质。图 12 显示了在[Bo04]中描述的蛋白质作用图的一个模块，其包括降低在人类细胞中的 RNA 的蛋白质的复合物。要了解更多有关蛋白质相互作用图，请参阅[Bo04]、[NE10]和[Hu07]。

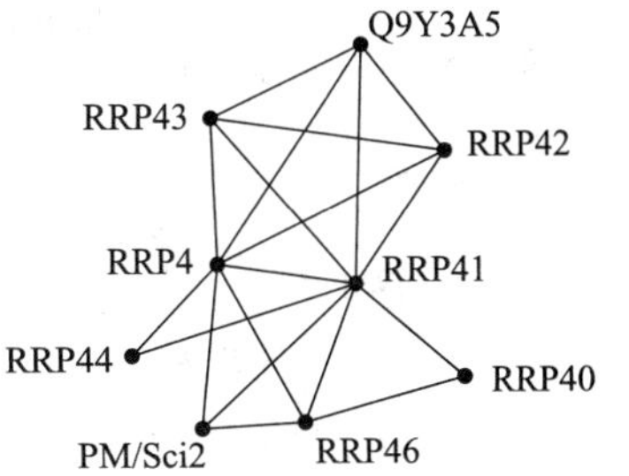

图 12　蛋白质相互作用图中的模块

语义网络　图模型在自然语言理解和信息检索中有着广泛的应用。**自然语言理解**(NLU)这门学科研究如何使机器能够分解和解析人类语言，目标是让机器像人类一样理解和交流。**信息检索**(IR)这门学科研究如何从基于各种类型的搜索得到的资源集合中获取信息。自然语言理解帮助我们实现了与自动化客户服务代理的对话。随着人类和机器之间的通信不断得到改善，NLU 的进展也很明显。在进行网络搜索时，我们利用了近几十年来在信息检索方面取得的许多进展。

在 NLU 和 IR 应用的图模型中，顶点通常表示单词、短语或句子，而边表示意义相关的对象之间的连接。

例 13　在语义网络中，顶点用于表示单词，当单词之间存在语义关系时，用无向边连接这些顶点。语义关系是两个或多个基于单词含义的单词之间的关系。例如，我们可以构建这样一个图，其中顶点表示名词，当两个顶点表示的名词具有相似的含义时，就将它们连接起来。例如，不同国家的名称有相似的含义，不同蔬菜的名称也有相似的含义。为了确定哪些名词具有相似的含义，需要检查大量的文本。文本中由连词(如“或”或“与”)或逗号分隔，或出现在列表中的名词，被认为具有相似的含义。例如，通过查阅有关农业的书籍，我们可以确定表示水果名称的名词，如鳄梨、面包果、石榴、芒果、木瓜和荔枝，具有相似的含义。采用这种方法的研究人员使用英国国家语料库(一组包含 100 000 000 个单词的英语文本)生成了一个图，其中，有接近 100 000 个表示名词的顶点和 500 000 个链接，这些链接将具有相似含义的成对单词的顶点连接起来。图 13 显示了一个小图，其中顶点表示名词，边连接具有相似含义的单词。这个图以单词“Mouse”(老鼠/鼠标)为中心。该图说明 Mouse 有两个不同的含义：它可以指动物，也可以指计算机硬件。当 NLU 程序在句子中遇到单词 Mouse 时，它可以看到哪些具有相似含义的单词更适合该句子，从而确定其在该句中是指动物还是计算机硬件。◀

锦标赛　我们现在给出一些例子，说明如何用图来为不同类型的锦标赛建模。

例 14　**循环赛**　每个队都与其他每队恰好比赛一次且不存在平局的联赛称为**循环赛**。可以用顶点表示每个队的有向图来为这样的比赛建模。注意若 a 队击败 b 队，则(a, b)是边。该图是简单有向图，不包含环和多重有向边(因为没有任何两支队的比赛多于一次)。图 14 表示这样的有向图模型。可以看到，在这次比赛里，队 1 无败绩而队 3 无胜绩。◀

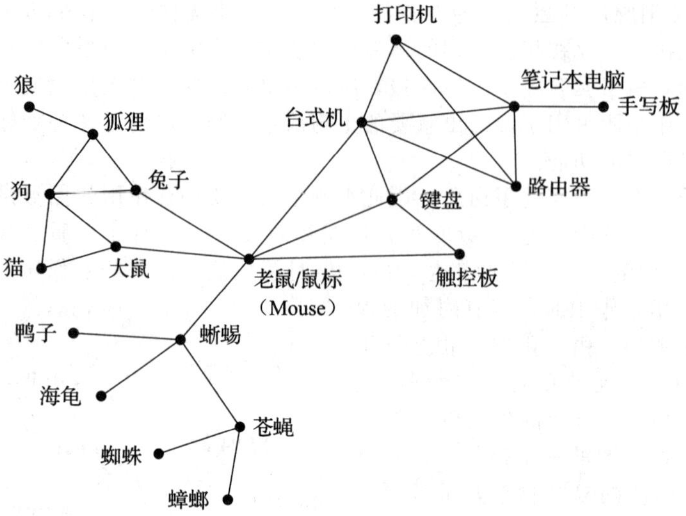

图 13　以“Mouse”为中心的具有相似含义的名词的语义网络

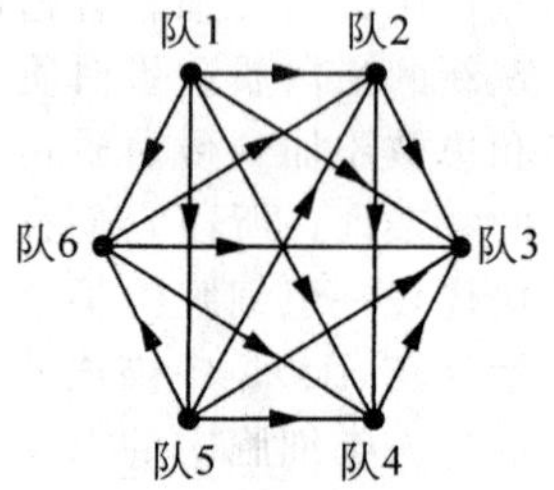

图 14　循环赛图模型

例 15　**单淘汰赛**　在比赛中，输掉一次就被淘汰的竞赛称为**单淘汰赛**。在体育竞赛中，经常使用单淘汰赛，包括网球锦标赛和每年一度的 NCAA 篮球锦标赛。我们可以使用顶点表示每场比赛，用有向边连接本场比赛及其获胜者参加的下一场比赛。图 15 表示 2010 年 NCAA 女篮锦标赛最后 16 支球队的比赛情况。

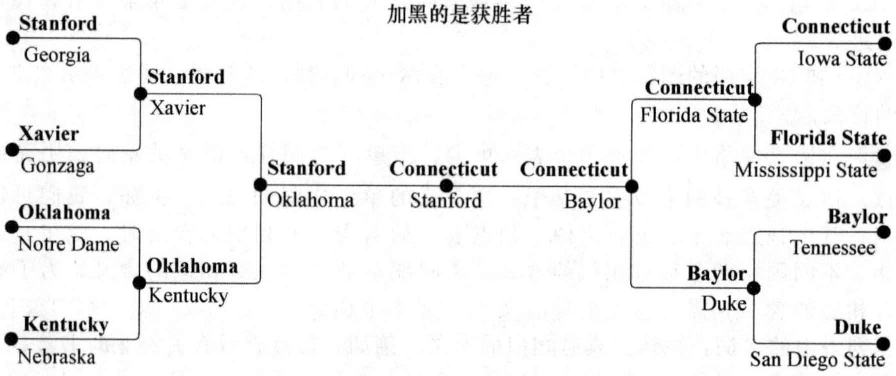

图 15　淘汰赛

奇数编号练习[⊖]

1. 画出表示航空公司航线的图模型，并说出所用图的类型(根据表 1)，其中每天有 4 个航班从波士顿到纽华克、2 个航班从纽华克到波士顿、3 个航班从纽华克到迈阿密、2 个航班从迈阿密到纽华克、1 个航班从纽华克到底特律、2 个航班从底特律到纽华克、3 个航班从纽华克到华盛顿、2 个航班从华盛顿到纽华克、1 个航班从华盛顿到迈阿密。其中：

a) 若城市之间有航班(任何方向)，则在表示城市的顶点之间有边。

b) 对城市之间的每个航班(任何方向)来说，在表示城市的顶点之间有边。

⊖　为缩减篇幅，本书只包括完整版中奇数编号的练习，并保留了原始编号，以便与参考答案、演示程序、教学 PPT 等网络资源相对应。若需获取更多练习，请参考《离散数学及其应用(原书第 8 版)》(中文版，ISBN 978-7-111-63687-8)或《离散数学及其应用(英文版・原书第 8 版)》(ISBN 978-7-111-64530-6)。练习的答案请访问出版社网站下载，注意，本章在完整版中为第 10 章，故请查阅第 10 章的答案。——编辑注

c)对城市之间的每个航班(任何方向)来说，在表示城市的顶点之间有边，并且增加一个环，表示从迈阿密起飞和降落的特殊的观光旅行。

d)从表示航班出发城市的顶点到表示航班终止城市的顶点之间有边。

e)对每个航班，从表示出发城市的顶点到表示终止城市的顶点之间有边。

试确定练习 3～9 中所示的各个图有有向边还是无向边，是否有多重边，是否有一个或多个环。根据你的答案指出该图属于表 1 中的哪种图。

3.

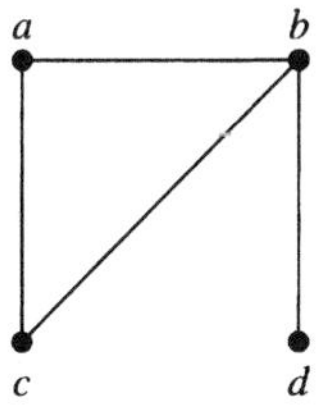

5.

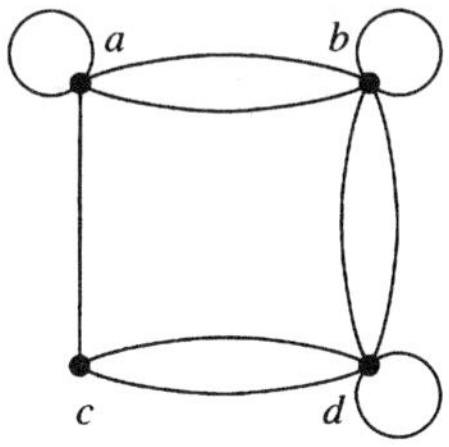

7.

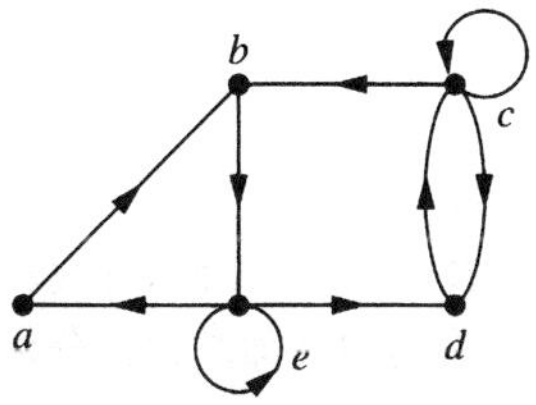

9.

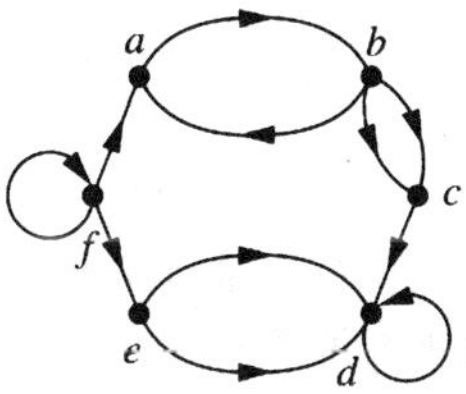

11. 设 G 是简单图。R 是 G 的顶点集上的关系，uRv 当且仅当 G 中有与 $\{u, v\}$ 相关联的边。证明：关系 R 是定义在 G 上的对称的和反自反的关系。

13. 集合 A_1，A_2，…，A_n 的**交图**是这样的图，用顶点表示每个集合，若两个集合有非空交集，则由一条边连接代表这两个集合的顶点。构造下列集合的交图。

a) $A_1=\{0, 2, 4, 6, 8\}$，$A_2=\{0, 1, 2, 3, 4\}$

$A_3=\{1, 3, 5, 7, 9\}$，$A_4=\{5, 6, 7, 8, 9\}$

$A_5=\{0, 1, 8, 9\}$

b) $A_1=\{\cdots, -4, -3, -2, -1, 0\}$

$A_2=\{\cdots, -2, -1, 0, 1, 2, \cdots\}$

$A_3=\{\cdots, -6, -4, -2, 0, 2, 4, 6, \cdots\}$

$A_4=\{\cdots, -5, -3, -1, 1, 3, 5, \cdots\}$

$A_5=\{\cdots, -6, -3, 0, 3, 6, \cdots\}$

c) $A_1=\{x \mid x<0\}$，$A_2=\{x \mid -1<x<0\}$

$A_3=\{x \mid 0<x<1\}$，$A_4=\{x \mid -1<x<1\}$

$A_5=\{x \mid x>-1\}$，$A_6=\mathbf{R}$

15. 构造 6 种鸟的栖息地重叠图，其中隐士鸫与旅鸫以及蓝松鸦竞争、旅鸫也与嘲鸫竞争、嘲鸫也与蓝松鸦竞争以及鸸鸟与多毛啄木鸟竞争。

17. 可用图来表示两个人是否生活在同一时代。画出这样的图来表示本书前 2 章里有生平介绍的在 1900 年以前去世的属于同一时代的数学家和计算机科学家。(如果在同一年里两个人都在世，就假设他们生活在同一时代。)

19. 构造公司董事会成员的影响图，主席影响研发总监、市场总监和营运总监；研发总监影响营运总监；市场总监影响营运总监；无人影响首席财务官或受其影响。

21. “rock”这个词可以指一种音乐，也可以指山上的某种岩石。为以下名词构建一个词图：岩石、巨石、爵士乐、石灰石、砾石、民谣、巴恰塔、浮石、花岗岩、探戈、犹太音乐、石板、页岩、古典、卵石、沙子、说唱乐、大理石。如果两个顶点所代表的名词含义相似，则用无向边连接这两个顶点。

23. 在循环赛里，老虎队击败蓝松鸦队、红衣主教队和北美金莺队，蓝松鸦队击败红衣主教队和北美金莺队，红衣主教队击败北美金莺队，用有向图为这样的结果建模。

25. 解释如何用1月份和2月份的电话呼叫图来确定改变了电话号码的人的新电话号码。

27. 如何用表示网络里发送电子邮件的图来找出最近改变了原来电子邮件地址的人？

29. 描述一个图模型，它表示在某个聚会上每个人是否知道另一个人的名字。图中的边应该是有向的还是无向的？是否应该允许多重边？是否应该允许环？

31. 对于大学中的每一门课程，可能存在一门或多门先修课。如何使用图进行建模，表示课程以及哪些课程是其他课程的先修课程？图中的边应该是有向的还是无向的？在该图中，如何发现没有先修课程的课程以及不是任何一门课程的先修课程的课程？

33. 描述一种表示传统婚姻的图模型。这个图有什么特殊性质？

35. 构造下列程序的优先图：

S_1：$x := 0$

S_2：$x := x+1$

S_3：$y := 2$

S_4：$z := y$

S_5：$x := x+2$

S_6：$y := x+z$

S_7：$z := 4$

37. 描述一种基于图的离散结构，用它来为群体里成对个人之间的关系建模，其中每个人可能喜欢或者不喜欢另一人，或者中立，而反过来的关系可以是不同的。[提示：给一个有向图添加结构。分别处理表示两个人的顶点之间的反向边。]

6.2　图的术语和几种特殊的图

6.2.1　引言

Links　本节将介绍图论的一些基本词汇。在本节后面部分，当解决许多不同类型的问题时，会使用这些词汇。其中一个这样的问题涉及判定能否把图画在平面里，使得没有两条边是交叉的。另一个例子是判定两个图是否具有顶点之间的一一对应，使得这样的对应能够产生边之间的一一对应。我们还将介绍在例子和模型里经常用到的几种重要的图族。在这些特殊类型的图出现的地方，将会介绍几种重要的应用。

6.2.2　基本术语

首先，给出描述无向图的顶点和边的一些术语。

定义1　若u和v是无向图G中的一条边e的端点，则称两个顶点u和v在G里邻接(或相邻)。这样的边e称为关联顶点u和v，也可以说边e连接u和v。

为了描述和图中某个特定的顶点相邻接的顶点的集合，会使用下面的术语。

定义2　图$G=(V, E)$中，顶点v的所有相邻顶点的集合，记作$N(v)$，称为顶点v的邻居。若A是V的子集，我们用$N(A)$表示图G中至少和A中一个顶点相邻的所有顶点的集合。所以$N(A)=\bigcup_{v\in A} N(v)$。

为了反映有多少条边和一个顶点相关联，有下述的定义。

定义3　在无向图中，顶点的度是与该顶点相关联的边的数目，例外的情形是，顶点上的环为顶点的度做出双倍贡献。顶点v的度表示成$\deg(v)$。

例1　如图1所示，图G和图H的顶点的度和顶点的邻居是什么？

解　在G中，$\deg(a)=2$，$\deg(b)=\deg(c)=\deg(f)=4$，$\deg(d)=1$，$\deg(e)=3$，$\deg(g)=0$。这些顶点的邻居是$N(a)=\{b, f\}$，$N(b)=\{a, c, e, f\}$，$N(c)=\{b, d, e, f\}$，$N(d)=\{c\}$，

$N(e)=\{b, c, f\}$，$N(f)=\{a, b, c, e\}$和$N(g)=\varnothing$。在H中，$\deg(a)=4$，$\deg(b)=\deg(e)=6$，$\deg(c)=1$，$\deg(d)=5$。这些顶点的邻居是$N(a)=\{b, d, e\}$，$N(b)=\{a, b, c, d, e\}$，$N(c)=\{b\}$，$N(d)=\{a, b, e\}$和$N(e)=\{a, b, d\}$。◀

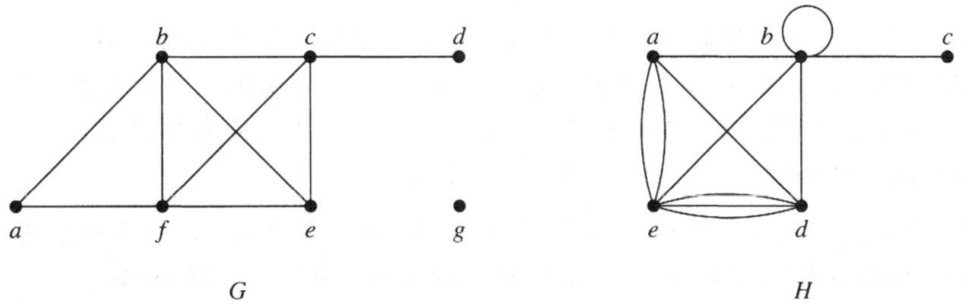

图 1 无向图 G 和 H

把度为 0 的顶点称为**孤立的**。因此孤立点不与任何顶点相邻。例 1 中图 G 的顶点 g 是孤立的。顶点是**悬挂的**，当且仅当它的度是 1。因此悬挂点恰与 1 个其他顶点相邻。例 1 中图 G 的顶点 d 是悬挂的。

分析一个图模型中顶点的度，能够提供关于该模型的有用信息，如例 2 所示。

例 2 栖息地重叠图(6.1 节例 11 中介绍的)中一个顶点的度表示什么意义？该图中的哪些顶点是悬挂的，哪些是孤立的？运用 6.1 节图 11 所示的栖息地重叠图解释你的答案。

解 栖息地重叠图中的两个顶点之间有边，当且仅当这两个顶点所代表的两个物种之间相互竞争。因此，栖息地重叠图中的一个顶点的度表示了该生态系统中与此顶点代表的物种竞争的物种数目。如果一个物种恰好与另一个物种竞争，则相应的顶点是悬挂的。最后，如果某一物种不与其他任何物种竞争，那么代表该物种的顶点就是孤立的。

例如，6.1 节图 11 中表示松鼠的顶点的度是 4，因为松鼠与其他 4 种物种(乌鸦、负鼠、浣熊和啄木鸟)竞争。在栖息地重叠图中，老鼠是唯一的由悬挂顶点表示的物种，因为老鼠只与鼩鼱竞争，而其余的所有物种都至少与两种以上的其他物种竞争。该图中没有孤立的顶点，因为每种物种都至少与生态系统中的其他一种物种竞争。

当对图 $G=(V, E)$ 的所有顶点的度求和时，得出了什么？每条边都为顶点的度之和贡献 2，因为一条边恰好关联 2 个(可能相同)顶点。这意味着顶点的度之和是边数的 2 倍。我们将在定理 1 中得到这个结论，该定理有时也称为握手定理(也常称为握手引理)，这是因为在一条边上有两个端点可以类比为一次握手涉及两只手这种情形。(练习 6 就是基于此类比。)

定理 1 握手定理 设 $G=(V, E)$ 是有 m 条边的无向图，则

$$2m=\sum_{v\in V}\deg(v)$$

(注意即使出现多重边和环，这个式子也仍然成立。)

例 3 一个具有 10 个顶点且每个顶点的度都为 6 的图，有多少条边？

解 因为顶点的度之和是 $6\cdot 10=60$，所以 $2m=60$，其中 m 是边的条数。因此 $m=30$。◀

定理 1 说明无向图中顶点的度之和是偶数。这可以推导出许多结论，其中一个结论作为定理 2 给出。

定理 2 无向图有偶数个度为奇数的顶点。

证明　在无向图 $G=(V, E)$中，设 V_1 和 V_2 分别是度为偶数的顶点和度为奇数的顶点的集合。于是

$$2m=\sum_{v\in V}\deg(v)=\sum_{v\in V_1}\deg(v)+\sum_{v\in V_2}\deg(v)$$

因为对 $v\in V_1$ 来说，$\deg(v)$是偶数，所以上面等式右端的第一项是偶数。另外，上面等式右端的两项之和是偶数，因为和是 $2m$。因此，和里的第二项也是偶数。因为在这个和里的所有的项都是奇数，所以必然有偶数个这样的项。因此，有偶数个度为奇数的顶点。◀

带有有向边的图的术语反映出有向图中的边是有方向性的。

定义 4　当(u, v)是带有有向边的图 G 的边时，说 u 邻接到 v，而且说 v 从 u 邻接。顶点 u 称为(u, v)的起点，v 称为(u, v)的终点。环的起点和终点是相同的。

因为带有有向边的图的边是有序对，所以这时顶点度的定义细化成把这个顶点作为起点和作为终点的不同的边数。

定义 5　在带有有向边的图里，顶点 v 的入度，记作 $\deg^-(v)$，是以 v 作为终点的边数。顶点 v 的出度，记作 $\deg^+(v)$，是以 v 作为起点的边数(注意，顶点上的环对这个顶点的入度和出度的贡献都是 1)。

例 4　求出图 2 所示带有向边的图 G 中每个顶点的入度和出度。

解　在图 G 中，入度是：$\deg^-(a)=2$，$\deg^-(b)=2$，$\deg^-(c)=3$，$\deg^-(d)=2$，$\deg^-(e)=3$，$\deg^-(f)=0$。出度是：$\deg^+(a)=4$，$\deg^+(b)=1$，$\deg^+(c)=2$，$\deg^+(d)=2$，$\deg^+(e)=3$，$\deg^+(f)=0$。◀

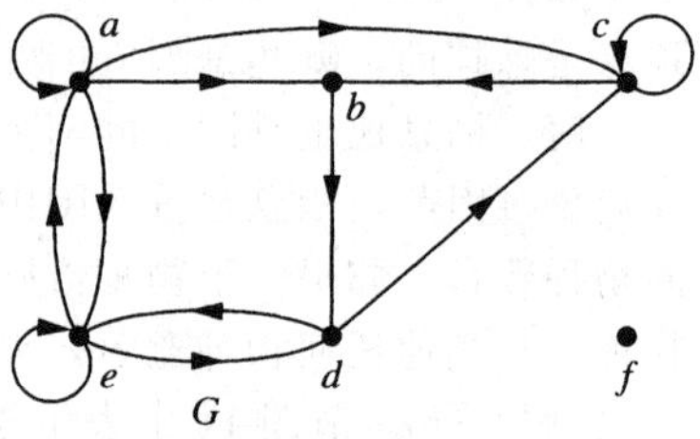

图 2　有向图 G

因为每条边都有一个起点和一个终点，所以在带有向边的图中，所有顶点的入度之和与所有顶点的出度之和相同。这两个和都等于图中的边数。把这个结果表述成定理 3。

定理 3　设 $G=(V, E)$是带有向边的图。于是

$$\sum_{v\in V}\deg^-(v)=\sum_{v\in V}\deg^+(v)=|E|$$

带有向边的图有许多性质是不依赖于边的方向的。因此，忽略这些方向经常是有用处的。忽略边的方向后得到的无向图称为**基本无向图**。带有向边的图与它的基本无向图有相同的边数。

6.2.3　一些特殊的简单图

下面要介绍几类简单图。这些图常常用作例子并且在许多应用中用到。

例 5　**完全图**　n **个顶点的完全图**记作 K_n，是在每对不同顶点之间都恰有一条边的简单图。图 3显示了 $n=1, 2, 3, 4, 5, 6$ 的图 K_n。至少有一对不同的顶点不存在边相连的简单图称为**非完全图**。◀

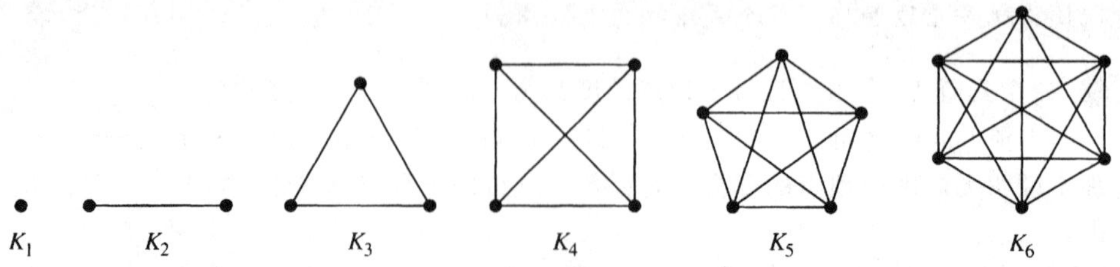

图 3　图 K_n，其中 $1\leqslant n\leqslant 6$

例 6 **圈图** 圈图 $C_n(n\geqslant 3)$是由 n 个顶点 v_1，v_2，…，v_n 以及边$\{v_1, v_2\}$，$\{v_2, v_3\}$，…，$\{v_{n-1}, v_n\}$，$\{v_n, v_1\}$组成的。图 4 显示圈图 C_3、C_4、C_5 和 C_6。◀

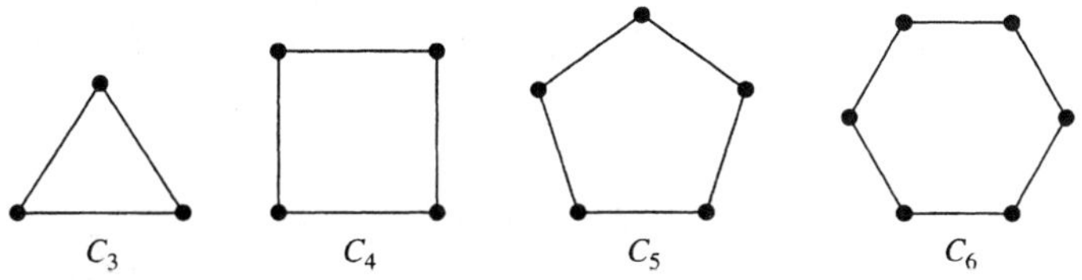

图 4　圈图 C_3、C_4、C_5 和 C_6

例 7 **轮图** 当给圈图 C_n，$n\geqslant 3$，添加另一个顶点，并把这个新顶点与 C_n 中的 n 个顶点逐个连接时，就得到**轮图** $\boldsymbol{W_n}$。图 5 显示了轮图 W_3、W_4、W_5 和 W_6。◀

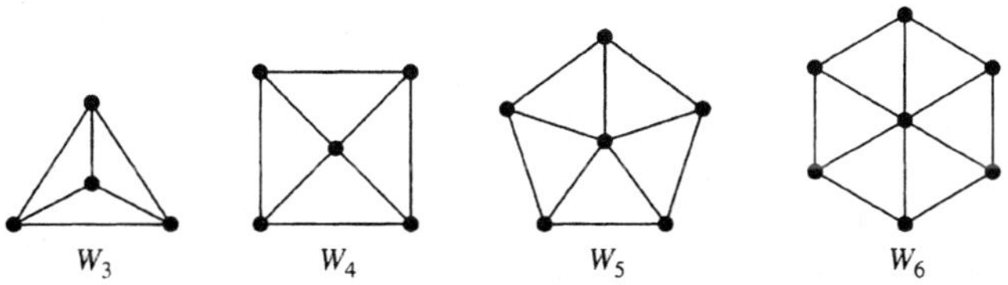

图 5　轮图 W_3、W_4、W_5 和 W_6

例 8 ***n*** **立方体图** ***n*** **立方体图**记作 $\boldsymbol{Q_n}$，是用顶点表示 2^n 个长度为 n 的比特串的图。两个顶点相邻，当且仅当它们所表示的比特串恰恰有一位不同。图 6 显示了图 Q_1、Q_2 和 Q_3。

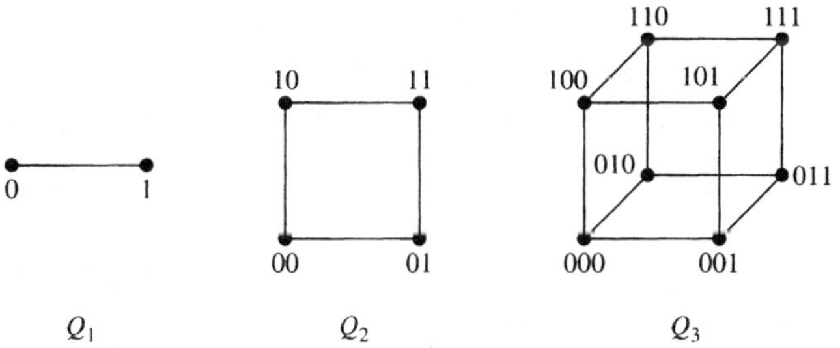

图 6　对于 $n=1$，2，3 的 n 立方体图 Q_n

注意可以从 n 立方体图 Q_n 来构造$(n+1)$立方体图 Q_{n+1}，方法是建立 Q_n 的两个副本，在 Q_n 的一个副本的顶点标记前加 0，在 Q_n 的另一个副本的顶点标记前加 1，并且加入连接那些标记只在第一位不同的两个顶点的边。在图 6 中，从 Q_2 构造 Q_3，方法是画出 Q_2 的两个副本作为 Q_3 的顶面和底面，在底面每个顶点的标记前加 0，在顶面每个顶点的标记前加 1。（这里，“面”意为三维空间中立方体的一个面。试想在三维空间中画出以 Q_2 的两份副本作为立方体顶面和底面的 Q_3 的图形，然后在平面上画出最终图案的投影。）◀

6.2.4 二分图

有时可以把图的顶点分成两个不相交的子集，使得每条边都连接一个子集中的顶点与另一个子集中的顶点。例如，考虑表示村民之间的婚姻关系的图，其中用顶点表示每个人，用边表示婚姻。在这个图中，每条边都连接表示男人的顶点子集中的顶点与表示女人的顶点子集中的顶点。这引出了定义 6。

定义 6 若把简单图 G 的顶点集分成两个不相交的非空集合 V_1 和 V_2，使得图中的每一条边都连接 V_1 中的一个顶点与 V_2 中的一个顶点(因此 G 中没有边连接 V_1 中的两个顶点或 V_2 中的两个顶点)，则 G 称为二分图。当此条件成立时，称(V_1, V_2)为 G 的顶点集的一个二部划分。

例 9 将说明 C_6 是二分图，例 10 说明 K_3 不是二分图。

例 9 图 7 所示的 C_6 是二分图，因为它的顶点集被分成两个集合 $V_1=\{v_1, v_3, v_5\}$和 $V_2=\{v_2, v_4, v_6\}$，C_6 的每一条边都连接 V_1 中的一个顶点与 V_2 中的一个顶点。◀

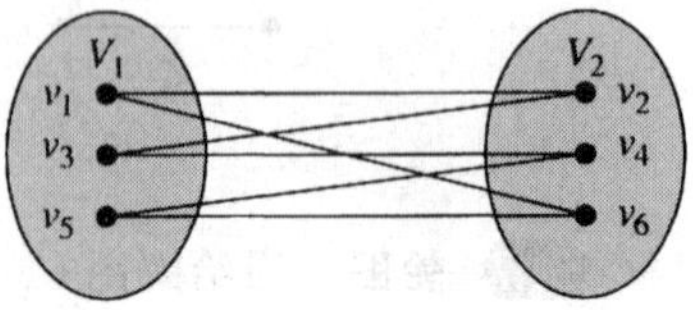

图 7 C_6 是二分图

例 10 K_3 不是二分图。为了验证这一点，注意，若把 K_3 的顶点集分成两个不相交的集合，则两个集合之一必然包含两个顶点。假如这个图是二分图，那么这两个顶点就不能用边连接，但是在 K_3 中每一个顶点都由边连接到其他每个顶点。◀

例 11 图 8 所示的图 G 和 H 是否为二分图？

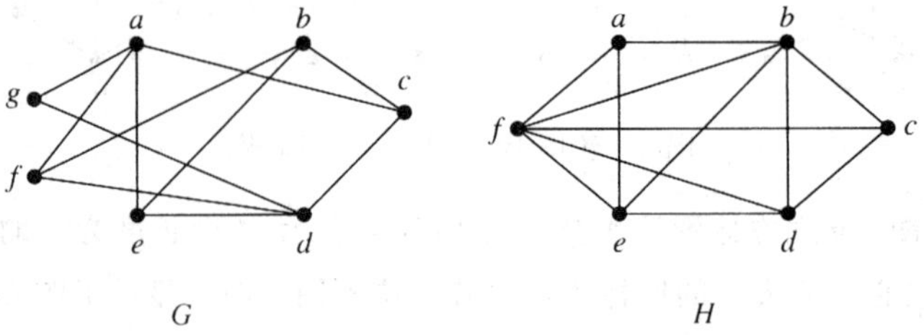

图 8 无向图 G 和 H

解 图 G 是二分图，因为它的顶点集是两个不相交集合$\{a, b, d\}$和$\{c, e, f, g\}$的并集，每条边都连接一个子集中的一个顶点与另一个子集中的一个顶点。(注意，对二分图 G 来说，不必让$\{a, b, d\}$里每一个顶点与$\{c, e, f, g\}$里每一个顶点都相邻。例如 b 与 g 就不相邻。)

图 H 不是二分图，因为它的顶点集不能分成两个子集，使得边都不连接同一个子集的两个顶点(读者可以通过考虑顶点 a、b、f 来验证它)。◀

定理 4 给出了判断一个图是否为二分图的有用准则。

定理 4 一个简单图是二分图，当且仅当能够对图中的每个顶点赋予两种不同的颜色，并使得没有两个相邻的顶点被赋予相同的颜色。

证明 首先，假设 $G=(V, E)$是一个二分简单图。那么，$V=V_1 \cup V_2$，其中 V_1 和 V_2 是不相交的顶点集且 E 中的每一条边都连接一个 V_1 中的顶点和一个 V_2 中的顶点。如果对 V_1 中的每个顶点赋予一种颜色而对 V_2 中的顶点赋予第二种颜色，那么就没有两个相邻的顶点被赋予相同的颜色。

现在假设可以仅用两种颜色对图中的顶点着色，并使得没有两个相邻的顶点被赋予相同的颜色。令 V_1 为其中一种颜色的顶点集，V_2 为另一种颜色的顶点集，则 V_1 和 V_2 不相交且 $V=V_1 \cup V_2$。此外，每条边都连接一个 V_1 中的顶点和一个 V_2 中的顶点，因为并无相邻的顶点同在 V_1 中或同在 V_2 中。所以，G 是二分图。◀

例 12 将说明如何用定理 4 判断一个图是否为二分图。

例 12 用定理 4 判断例 11 中的图是否为二分图。

解　首先考虑图 G。试将图 G 中的每个顶点赋予两种颜色(如红色和蓝色)中的一种，使得 G 中的每一条边都连接一个红色顶点和一个蓝色顶点。不失一般性，我们先任意地赋予顶点 a 红色。然后，必须对 c、e、f 和 g 顶点赋予蓝色，因为这些顶点与顶点 a 相邻接。为了避免一条边有两个蓝色的端点，所有与 c、e、f 或 g 顶点相邻的顶点必须被赋予红色。这就是说，必须把 b 和 d 赋予红色(也意味着，a 必须赋予红色，而 a 已经是红色的了)。现在，已经将所有的顶点都赋予了颜色，a、b 和 d 为红色，c、e、f 和 g 为蓝色。查看每一条边，我们看见每条边都连接一个红色顶点和一个蓝色顶点。因此，由定理 4，图 G 是二分图。

接下来，将对图 H 中的每个顶点赋予红色或蓝色，以使 H 中的每一条边都连接一个红色顶点和一个蓝色顶点。不失一般性，我们任意地对 a 赋予红色。然后，必须对 b、e 和 f 赋予蓝色，因为它们每个都与 a 相邻。但这是不可能的，因为 e 和 f 相邻，因此不能两个都赋予蓝色。这一矛盾表明我们不能对 H 中的每一个顶点赋予两种颜色之中的一种，以使得没有相邻的顶点被赋予相同的颜色。根据定理 4，H 不是二分图。◀

定理 4 是图论中“图着色”部分的一个结论的示例。图着色是图论中一个重要的部分，有着许多重要的应用。我们将在 6.8 节进一步学习图着色。

判断一个图是否为二分图的另一个有用的准则是基于路径的概念，将在 6.4 节学习这个概念。一个图是二分图，当且仅当不可能从一个顶点出发，经过奇数条不同的边，再回到它本身。当我们在 6.4 节讨论图中的路径和环路时，将会让这个概念变得更加精确(参见 6.4 节练习 63)。

例 13　**完全二分图**　**完全二分图 $K_{m,n}$** 是顶点集划分成分别含有 m 和 n 个顶点的两个子集的图，并且两个顶点之间有边当且仅当一个顶点属于第一个子集而另一个顶点属于第二个子集。图 9 显示了完全二分图 $K_{2,3}$、$K_{3,3}$、$K_{3,5}$ 和 $K_{2,6}$。◀

6.2.5　二分图和匹配

二分图可以用来为许多类型的应用建模，包括把一个集合中的元素和另一个集合中的元素进行匹配，如例 14 所示。

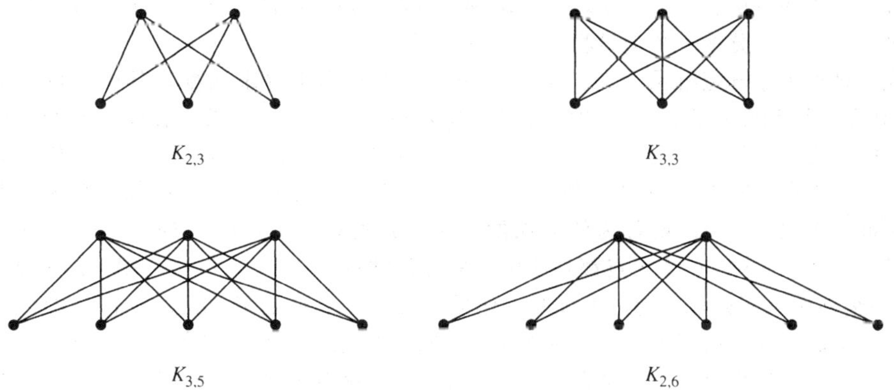

图 9　一些完全二分图

例 14　**任务分配**　假设 1 个组中有 m 个员工，需要完成 n 种不同的工作，其中 $m \geqslant n$。每个员工都受过相关培训，能够完成这 n 个工作中的 1 种或多种。我们希望可以为每个员工分配一个工作。为了完成这个任务，我们可以使用图为员工的能力建模。用顶点表示每一个员工和每一个工作。对于每个员工，在表示他和他受过培训的工作的顶点之间建立一条边。注意，这个图的顶点集合被划分为两个不相交的集合，员工的集合和工作的集合，而且每条边都连接着一个员工和一个工作。因此，这个图是二分图，划分是(E, J)，其中 E 是员工的集合，J 是工作的集合。下面我们考虑两种不同的场景。

第一，假设1组有4个员工：Alvarez、Berkowitz、Chen 和 Davis。假设完成项目1需要做4个工作：需求、架构、实现和测试。假设 Alvarez 受过需求和测试的培训；Berkowit 受过架构、实现和测试的培训；Chen 受过需求、架构和实现的培训；Davis 仅受过需求的培训。我们使用图10a中的二分图为这些员工的能力建模。

第二，假设这个组中第2个小组也有4个员工：Washington、Xuan、Ybarra 和 Ziegler。假设完成项目2也需要和完成项目1一样完成相同的4种工作。假设 Washington 受过架构的培训；Xuan 受过需求、实现和测试的培训；Ybarra 受过架构的培训；Ziegler 受过需求、架构和测试的培训。我们使用图10b中的二分图为这些员工的能力建模。

为了完成项目1，我们必须为每个工作分配一个员工以保证每个工作都有员工来做并且没有员工被分配的工作多于一个。如图10a所示(其中灰色线表示工作分配)，我们可以通过给 Alvarez 分配测试、给 Berkowitz 分配实现、给 Chen 分配架构和给 Davis 分配需求来完成这个要求。

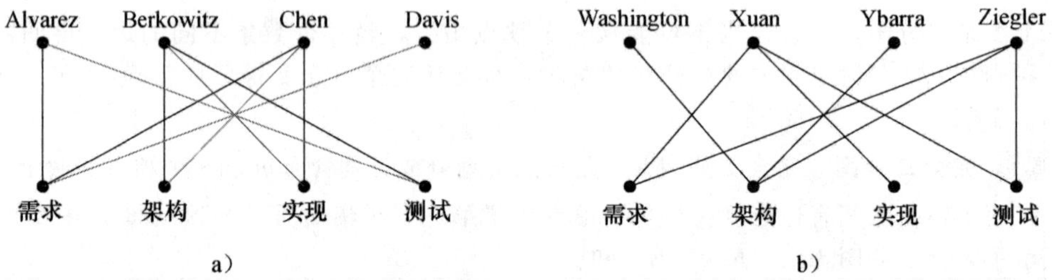

图10　为受训员工分配工作建模

为了完成项目2，我们也必须为每个工作分配一个员工以保证每个工作都有员工来做并且没有员工被分配的工作多于一个。但是这是不可能的，因为只有 Xuan 和 Ziegler 两个员工至少受过需求、实现和测试这3个工作之一的培训。因此，没有办法为这3个工作分配3个不同的员工且每个工作都能分配一个受过相关培训的员工。

寻找一种把工作分配给员工的方法可以视为在图模型中寻求匹配，其中，在简单图 $G=(V, E)$中的一个**匹配** M 就是图中边集 E 的子集，该子集中没有两条边关联相同的顶点。换句话说，匹配是边的子集，假设$\{s, t\}$和$\{u, v\}$是匹配中不同的边，那么 s、t、u 和 v 是不同的顶点。若一个顶点是匹配 M 中的一条边的端点，则称该顶点在 M 中**被匹配**；否则称为**未被匹配**。包含最多边数的一个匹配称为**最大匹配**。在二分图 $G=(V, E)$中的一个匹配 M，其划分为(V_1, V_2)，若 V_1 中的每个顶点都是匹配中的边的端点或$|M|=|V_1|$，则称匹配 M 是从 V_1 到 V_2 的**完全匹配**。例如，在给员工分配工作的过程中，要把最多数量的工作分配给员工，我们可以在表示员工能力的图模型中求一个最大匹配。要把所有的工作都分配给员工，我们就要从工作集合到员工集合求一个完全匹配。在例14中，我们为项目1找到了一个从工作集合到员工集合的完全匹配，并且这个匹配是一个最大匹配。我们也证明了在项目2中，不存在从工作集合到员工集合的完全匹配。

下面通过一个例子说明如何使用匹配为婚姻建模。

例15 **岛上的婚姻**　假设在一个岛上有 m 个男人和 n 个女人。每个人都有一个可接受为配偶的异性的成员列表。我们构造一个二分图 $G=(V_1, V_2)$，其中 V_1 是男人的集合，V_2 是女人的集合，如果男人和女人都把对方作为可接受的配偶，就在男人和女人之间建立一条边。这个图的匹配包括了边的两个端点是夫妻对的边的集合。该图的最大匹配是有可能结为夫妻的最大的夫妻对的集合，该图关于 V_1 的完全匹配是可以结为夫妻的集合，其中每个男人都可以结婚，但可能并不包括所有的女人。

完全匹配的充分必要条件 设 (V_1, V_2) 是二分图 $G=(V, E)$ 的一个二部划分，下面我们关注如何判断从 V_1 到 V_2 的完全匹配是否存在的问题。下面我们介绍一个定理，该定理提供了一组存在完全匹配的充分必要条件。该定理由菲利普·霍尔(Philip Hall)在 1935 年证明。

定理 5 霍尔婚姻定理 带有二部划分 (V_1, V_2) 的二分图 $G=(V, E)$ 中有一个从 V_1 到 V_2 的完全匹配当且仅当对于 V_1 的所有子集 A，有 $|N(A)| \geqslant |A|$。

证明 我们首先证明定理的必要条件。假设从 V_1 到 V_2 存在一个完全匹配 M。那么，若 $A \subseteq V_1$，对于 A 中的每个顶点 $v \in A$，在 M 中存在一条边连接 v 和 V_2 中的一个顶点。因此，在 V_2 中与 V_1 中的顶点相邻的顶点的个数至少与 V_1 中的顶点个数一样多。由此可得 $|N(A)| \geqslant |A|$。

为了证明定理的充分条件(这是更难的部分)，我们需要证明若对于所有的 $A \subseteq V_1$，有 $|N(A)| \geqslant |A|$，那么存在一个从 V_1 到 V_2 的完全匹配 M。我们将对 $|V_1|$ 使用强归纳法进行证明。

基础步骤： 若 $|V_1|=1$，则 V_1 只包含一个顶点 v_0。因为 $|N(\{v_0\})| \geqslant |N\{v_0\}|=1$，所以至少有一条边连接顶点 v_0 和一个顶点 $w_0 \in V_2$。任何一条这样的边都是从 V_1 到 V_2 的一个完全匹配。

归纳步骤： 我们首先描述归纳假设。

归纳假设： 令 k 是一个正整数。若 $G=(V, E)$ 是带有二部划分 (V_1, V_2) 的二分图，且 $|V_1|=j \leqslant k$，则对于所有的 $A \subseteq V_1$ 满足 $|N(A)| \geqslant |A|$，就存在一个从 V_1 到 V_2 的完全匹配。

假设 $H=(W, F)$ 是由二部划分 (W_1, W_2) 构成的二分图且 $|W_1|=k+1$。我们分两种情况证明归纳假设成立。第一种情况应用于对所有的整数 j 且 $1 \leqslant j \leqslant k$ 时，W_1 中每个含有 j 个元素的集合中的顶点都至少与 W_2 中的 $j+1$ 个顶点相邻。第二种情况应用于对所有的整数 j 且 $1 \leqslant j \leqslant k$ 时，存在一个含有 j 个顶点的子集 W_1'，且在 W_2 中恰有 j 个邻居和这些顶点相邻。因为不是情况 1 就是情况 2 成立，所以我们在归纳步骤只需考虑这两种情况。

第一种情况：假设对所有的整数 j，且 $1 \leqslant j \leqslant k$，$W_1$ 中每个含有 j 个元素的集合中的顶点都至少与 W_2 中的 $j+1$ 个顶点相邻。选择一个顶点 $v \in W_1$ 和一个元素 $w \in N(\{v\})$，根据假设 $|N(\{v\})| \geqslant |N\{v\}|=1$，一定存在这样的 v 和 w。从 H 中删除 v 和 w 以及所有与它们相关联的边。由此得到一个二部划分为 $(W_1-\{v\}, W_2-\{w\})$ 的二分图 H'。因为 $|W_1-\{v\}|=k$，所以根据归纳假设可知存在一个从 $W_1-\{v\}$ 到 $W_2-\{w\}$ 的完全匹配。在这个匹配中加入从 v 到 w 的边，就得到一个从 W_1 到 W_2 的完全匹配。

第二种情况：假设对所有的整数 j 且 $1 \leqslant j \leqslant k$，存在一个含有 j 个顶点的子集 W_1'，且在 W_2 中恰有 j 个邻居和这些顶点相邻。令 W_2' 是这些邻居顶点的集合。根据归纳假设可知，存在一个从 W_1' 到 W_2' 的完全匹配。从 W_1 和 W_2 中删除这 $2j$ 个顶点以及与它们相关联的边，就得到一个二部划分为 (W_1-W_1', W_2-W_2') 的二分图 K。

我们将证明在图 K 中，对于 W_1-W_1' 中的所有子集 A，满足 $|N(A)| \geqslant |A|$。如果不成立，则存在一个关于 W_1-W_1' 的含有 t 个顶点的子集，其中 $1 \leqslant t \leqslant k+1-j$，并且这个子集中的顶点在 W_2-W_2' 中的邻接顶点数少于 t 个。那么 W_1 中包含 $j+t$ 个顶点的子集，该子集包含 W_1 中这 t 个顶点和我们从 W_1 中移除的 j 个顶点，在 W_2 中小于 $j+t$ 个邻居顶点，这与对于所有的 $A \subseteq W_1$ 有 $|N(A)| \geqslant |A|$ 矛盾。

因此，根据归纳假设，图 K 有一个完全匹配。把这个完全匹配和从 W_1' 到 W_2' 的完全匹配合并，就得到一个从 W_1 到 W_2 的完全匹配。

我们已经证明在两种情况下，都存在一个从 W_1 到 W_2 的完全匹配。这就完成了归纳步骤和定理的证明。◀

我们使用强归纳法证明了霍尔婚姻定理。尽管我们的证明是正确的，但仍然存在一些不足。特别是，还不能基于该证明构建一个求二分图完全匹配的算法。若要了解能够作为算法基础的构造性证明，请参考[Gi85]。

6.2.6 特殊类型图的一些应用

本节将介绍其他一些图模型，这涉及本节前面讨论过的一些特殊类型的图。

例 16 **局域网** 在一座大楼里，像小型计算机和个人计算机这样的计算机，以及像打印机和绘图仪这样的外设，都可以用*局域网*来连接。有些这样的网络是基于*星形拓扑*，其中所有设备都连接到中央控制设备。局域网可以用图 11a 所示的完全二分图 $K_{1,n}$ 来表示。通过中央控制设备在设备间传输信息。

另一个局域网是基于*环形拓扑*，其中每个设备都连接到两个其他设备。带环形拓扑的局域网可以用图 11b 所示的 n 圈图 C_n 来建模。消息围绕着圈从设备送到设备，直到抵达消息目的地为止。

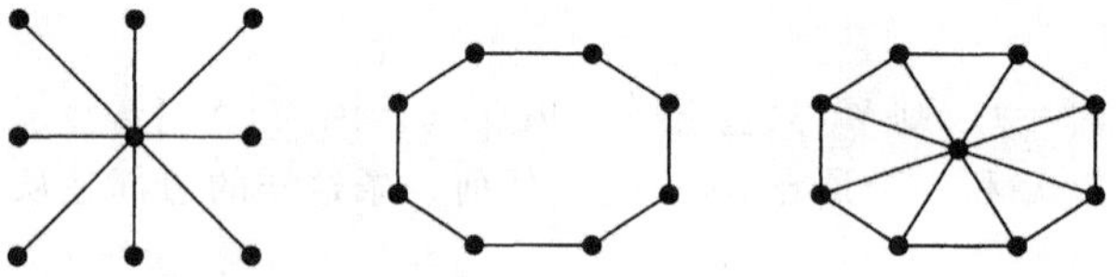

a)　　b)　　c)

图 11　局域网的星形、环形以及混合拓扑

最后，有些局域网采用这两种拓扑的混合形式。消息围绕着环或通过中央设备来传送。这样的冗余使得网络更加可靠。带冗余的局域网可用图 11c 所示的轮图 W_n 来建模。◀

例 17 **并行计算的互连网络** 许多年来，计算机执行程序是一次完成一个操作。因此，为解决问题而写的算法都设计成一次执行一步，这样的算法称为**串行的**(几乎所有本书描述的算法都是串行的)。不过，像气象模拟、医学图像分析以及密码分析等许多高强度计算问题，即使在超级计算机上，也不能通过串行操作在合理的时间范围内解决。而且，计算机执行基本操作的速度还存在物理限制，所以总是有问题不能用串行操作在合理的时间范围内解决。

并行处理利用由多个独立处理器(每个处理器有自己的内存)组成的计算机，以克服只有单个处理机的计算机的局限性。**并行算法**把问题分成可并发解决的若干子问题，那么可以设计并行算法，用带有多处理器的计算机来快速解决问题。在并行算法中，单个指令流控制着算法的执行，包括把子问题传送到不同的处理器，以及把子问题的输入和输出定向到适当的处理器。

采用并行处理时，一个处理器需要另一个处理器产生的输出。因此这些处理器需要互连。可用适当类型的图来表示带有多重处理器的计算机中处理器的互连网络。在以下讨论中，将要描述最常用类型的并行处理器互连网络。用来实现具体并行算法的互连网络的类型取决于处理器之间交换数据的需求、所需要的速度，当然还有可用的硬件等。

最简单却又最昂贵的网络互连处理器，在每对处理器之间有一个双向连接。当有 n 个处理器时，这样的网络表示成 n 个顶点上的完全图 K_n。不过，这种类型的互连网络有严重的问题，因为它所需要的连接数太大。实际上，处理器的直接连接数目是有限的，所以当处理器数很大时，处理器不能直接连接到所有其他处理器。例如，当有 64 个处理器时，就需要 $C(64, 2)=2016$ 个连接，每个处理器都得直接连接到其他 63 个处理器。

另一方面，互连 n 个处理器的最简单方式或许是使用称为**线性阵列**的排列方式。除了 P_1

和 P_n 以外的每个处理器 P_i 都通过双向连接与相邻处理器 P_{i-1} 和 P_{i+1} 连接。P_1 只连接 P_2，P_n 只连接 P_{n-1}。图 12 显示了 6 个处理器的线性阵列。线性阵列的优点是每个处理器最多有 2 个和其他处理器的直接连接。这种方式的缺点是为了让处理器共享信息，有时需要使用大量的称为**跳**(hop)的中间连接。

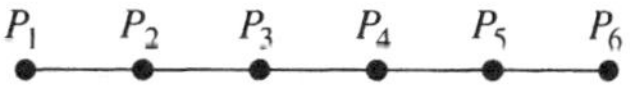

图 12　6 个处理器的线性阵列

栅格网络(或**二维阵列**)是一种通用的互连网络。在这样的网络中，处理器个数是一个完全平方数，比方说 $n=m^2$。n 个处理器标记成 $P(i, j)$，$0\leqslant i\leqslant m-1$，$0\leqslant j\leqslant m-1$。双向连接把处理器 $P(i, j)$连接到它的 4 个相邻处理器 $P(i\pm 1, j)$和 $P(i, j\pm 1)$，只要这些处理器是在栅格里。(注意，栅格角上的 4 个处理器只有 2 个相邻处理器，边界上其他处理器只有 3 个相邻处理器。有时也用每个处理器恰有 4 个连接的变种的栅格网络，见本节练习 74。)栅格网络限制了每个处理器的连接数。某些成对处理器之间的通信需要 $O(\sqrt{n})=O(m)$个中间连接(见本节练习 75)。表示 16 个处理器的栅格网络如图 13 所示。

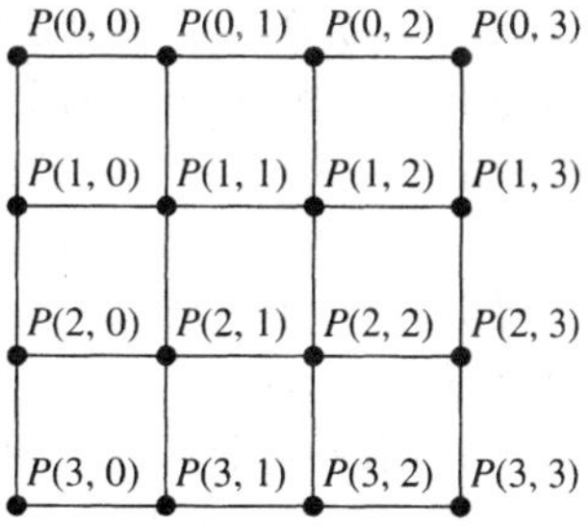

图 13　16 个处理器的栅格网络

超立方体是互连网络的一个重要类型。在这样的网络中，处理器个数是 2 的幂，$n=2^m$。n 个处理器标记成 P_0，P_1，…，P_{n-1}。每个处理器都有到其他 m 个处理器的双向连接。连接到处理器 P_i 上的处理器，其下标的二进制表示与 i 的二进制表示恰恰有 1 位不同。超立方体网络在每个处理器的直接连接数与保证处理器通信的中间连接数之间取得了平衡。已经用超立方体网络建造了许多计算机，而且用超立方体网络设计了许多算法。m 立方体图 Q_m 表示带 $n=2^m$ 个处理器的超立方体网络。图 14 显示了 8 个处理器的超立方体网络(图 14 显示了一种与图 6 不同的画 Q_3 的方式)。◀

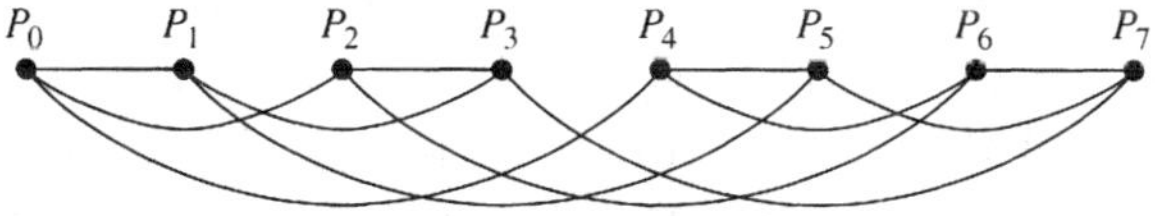

图 14　8 个处理器的超立方体网络

6.2.7　从旧图构造新图

有时解决问题只需要图的一部分。例如，只关心大型计算机网络中涉及纽约、丹佛、底特律以及亚特兰大的计算机中心的那一部分。所以我们可以忽略其他的计算机中心以及没有连接到这 4 个特定的计算机中心的任何 2 个的所有电话线路。在大型网络的图模型中，可以删除除这 4 个顶点之外的计算机中心所对应的顶点，可以删除所有与所删除顶点关联的边。当从图中删除了边和顶点，不删除所保留边的端点时，就得到一个更小的图，这样的图称为原图的**子图**。

定义 7　图 $G=(V, E)$的子图是图 $H=(W, F)$，其中 $W\subseteq V$ 且 $F\subseteq E$。若 $H\neq G$，则称图 G 的子图 H 是 G 的真子图。

已知一个图的顶点集合，我们可以由图中的顶点和连接这些顶点的边得到这个图的子图。

定义 8　令 $G=(V, E)$是一个简单图。图(W, F)是由顶点集 V 的子集 W **导出的子图**，其中边集 F 包含 E 中的一条边当且仅当这条边的两个端点都在 W 中。

例 18　图 15 所示的图 G 是 K_5 的一个子图。若我们在图 G 中增加一条连接 c 和 e 的边，就得到一个由 $W=\{a, b, c, e\}$导出的子图。◀

删除或增加图中的边　已知图 $G=(V, E)$，边 $e\in E$，我们可以通过删除边 e 得到图 G 的

一个子图。所得到的子图，记作 $G-e$，和图 G 具有相同的顶点集 V。它的边集是 $E-e$。所以，

$$G-e=(V,E-\{e\})$$

类似地，若 E' 是 E 的子集，我们可以通过从图中删除 E' 中的边得到图 G 的子图。所得到的子图和图 G 具有相同的顶点集 V。它的边集是 $E-E'$。

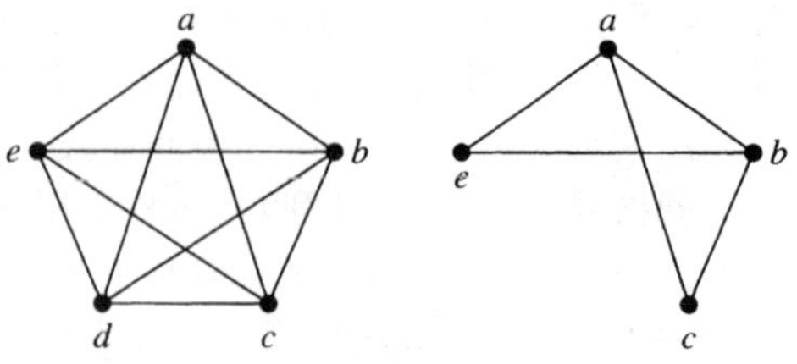

图 15　K_5 的一个子图

我们可以通过在图中增加一条连接图 G 中已有的两个顶点的边 e 得到一个新的更大的图。我们在图 G 中增加一条新边，该边连接原图中两个原本不相关联的顶点，所得到的新图记作 $G+e$。所以

$$G+e=(V,E\cup\{e\})$$

$G+e$ 的顶点集和图 G 的顶点集相同，它的边集是图 G 的边集和集合 $\{e\}$ 的并集。（从一个图中删除一条边和增加一条边的例子参见例 19。）

边的收缩　有时，当我们从图中删除一条边后，我们不希望将该边的端点作为独立的顶点保留在所得到的子图中。在这种情况下，我们进行**边的收缩**，删除端点为 u 和 v 的边 e，把 u 和 v 合并成一个新的顶点 w，对每一条以 u 或 v 为端点的边，将该边 u 或 v 的位置替换成 w 且另一个端点不变。因此在图 $G=(V,\ E)$ 中，对端点为 u 和 v 的边 e 进行收缩得到一个新图 $G'=(V',\ E')$（这不是 G 的子图），其中 $V'=V-\{u,\ v\}\cup\{w\}$，E' 包含 E 中不以 u 或 v 为端点的边以及连接 w 与集合 V 中所有与 u 或 v 相邻的顶点的边。例如，收缩图 16 中图 G_1 中连接顶点 e 和 c 的边，得到一个包含顶点 a、b、d 和 w 的新图 G_1'。与在 G_1 中一样，在 G_1' 中有一条连接 a 和 b 的边，以及一条连接 a 和 d 的边。在 G'_1 中还有一条边连接 b 和 w，该边替换了 G_1 中连接 b 和 c 的边以及连接 b 和 e 的边，在 G'_1 中还有一条边连接 d 和 w，该边替换了 G_1 中连接 d 和 e 的边。（在一个图中收缩一条边的例子同样参见例 19。）

从图中删除顶点　当我们从图 $G=(V,\ E)$ 删除一个顶点 v 以及所有与它相关联的边时，就得到图 G 的一个子图，记作 $G-v$。注意，$G-v=(V-v,\ E')$，其中 E' 是 G 中不与 v 相关联的边的集合。类似地，若 V' 是 V 的子集，则图 $G-V'$ 是子图 $(V-V',\ E')$，其中 E' 是 G 中不与 V' 中的顶点相关联的边的集合。（从一个图中删除一个顶点的例子参见例 19。）

例 19　图 16 显示了无向图 G 以及在 G 上进行不同的操作得到的 4 张不同的图，分别是：

(a)$G-\{b,\ c\}$，在图 G 中删除边 $\{b,\ c\}$ 构造的图。

(b)$G+\{e,\ d\}$，在图 G 中增加边 $\{e,\ d\}$ 构造的图。

(c)G 的收缩图，在图 G 中，用新顶点 f 替换边 $\{b,\ c\}$，使用新边 $\{a,\ f\}$、$\{f,\ d\}$ 和 $\{f,\ e\}$ 替换边 $\{c,\ d\}$、$\{a,\ b\}$、$\{b,\ e\}$ 和 $\{c,\ e\}$ 构造的图。

(d)$G-c$，在图 G 中删除顶点 c 以及边 $\{b,\ c\}$、$\{c,\ d\}$ 和 $\{c,\ e\}$ 构造的图。◀

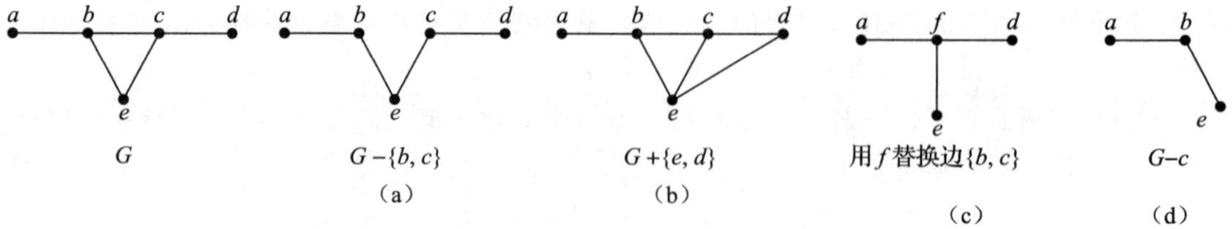

图 16　图 G 和在 G 上进行不同的操作得到的 4 张图

图的并集　可以用各种方式组合两个或更多的图。包含这些图的所有顶点和边的新图被称为这些图的**并图**。两个简单图的并图的更正式的定义如下。

定义 9　两个简单图 $G_1=(V_1,\ E_1)$ 和 $G_2=(V_2,\ E_2)$ 的并图是带有顶点集 $V_1\cup V_2$ 和边集 $E_1\cup E_2$ 的简单图。G_1 和 G_2 的并图表示成 $G_1\cup G_2$。

例 20 求图 17a 所示的图 G_1 和 G_2 的并图。

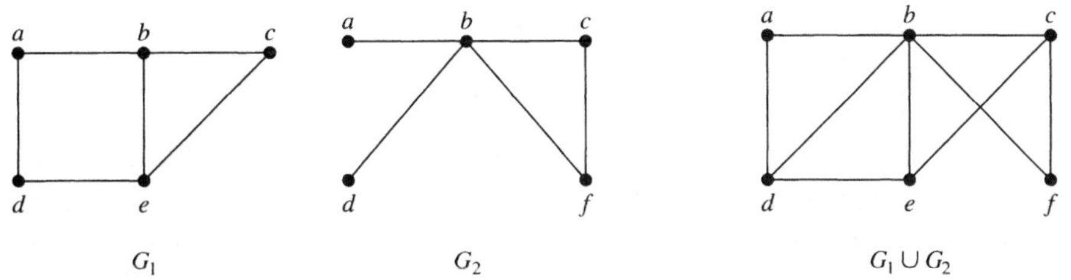

a）简单图G_1和G_2　　b）它们的并$G_1 \cup G_2$

图 17　并图的产生过程

解　并图 $G_1 \cup G_2$ 的顶点集是两个顶点集的并，即$\{a, b, c, d, e, f\}$。并图的边集是两个边集的并。并图显示在图 17b 中。◀

奇数编号练习

在练习 1～3 中，求所给无向图的顶点数、边数以及每个顶点的度。指出所有的孤立点和悬挂点。

1.

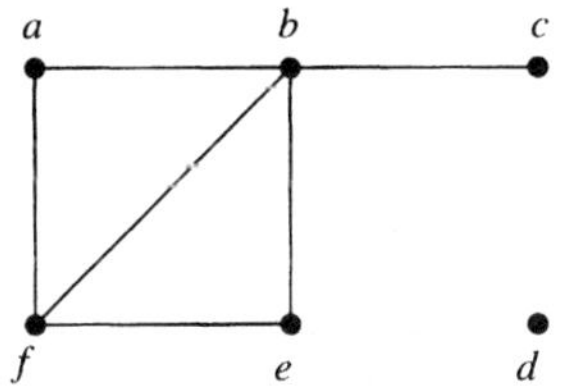

3.

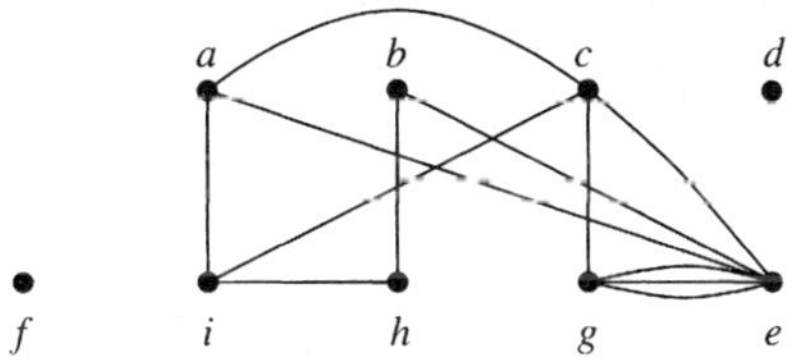

5. 是否存在一个有 15 个顶点而且每个顶点的度都为 5 的简单图？

在练习 7～9 中，对给定的有向多重图，确定顶点数和边数，并求出每个顶点的入度和出度。

7.

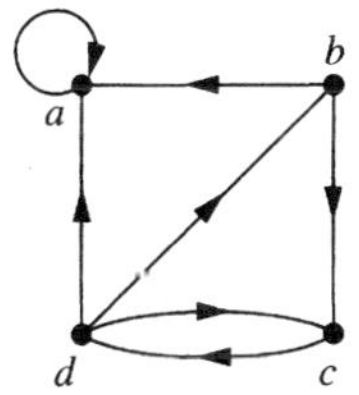

9.

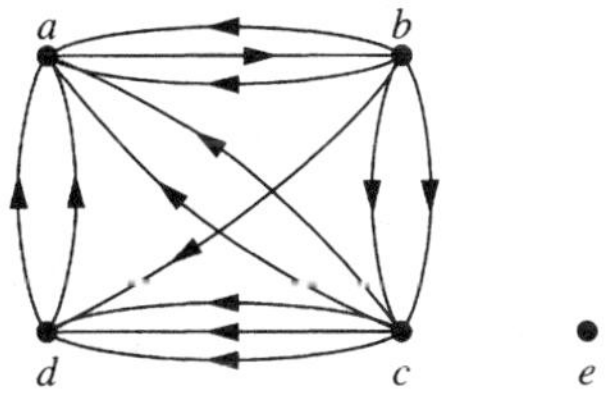

11. 构造图 2 中带有向边的图的基本无向图。

13. 在学术合作图中，顶点的度表示什么？一个顶点的邻居表示什么？孤立点和悬挂点表示什么？

15. 在 6.1 节例 4 所描述的电话呼叫图中，顶点的入度和出度表示什么？在这个图的无向图版本中，顶点的度表示什么？

17. 在为循环赛建模的有向图中，顶点的入度和出度表示什么？

19. 利用练习 18 证明：在一个小组中，至少有两个人具有相同的朋友数。

在练习 21～25 中，判断图是否为二分图。你将发现使用定理 4，对判断是否可能为每个顶点赋予红色或蓝色，以使没有两个相邻的顶点赋予相同的颜色是有用的。

21.

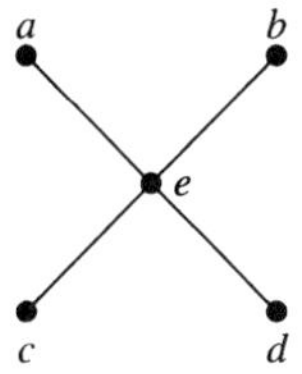

23.

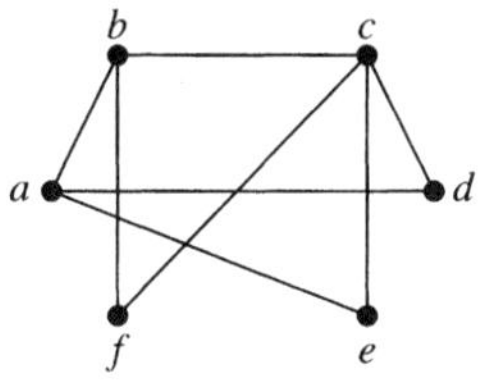

25.

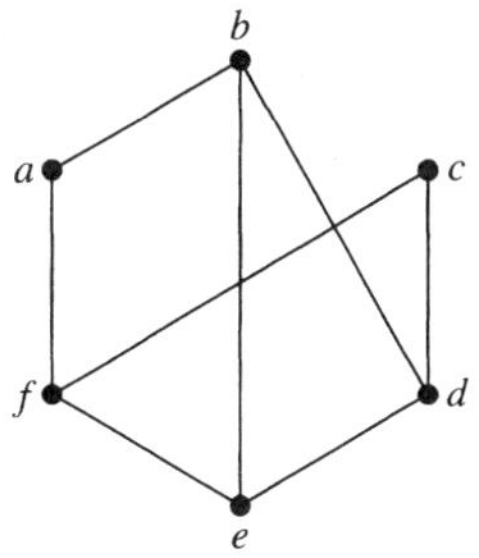

27. 设一个大学工程学院的计算机支撑小组有 4 个员工。每个员工被分配支持 4 个不同的领域之一：硬

件、软件、网络和无线。假设 Ping 能够胜任支持硬件、网络和无线；Quiggley 能够胜任支持软件和网络；Ruiz 能够胜任支持网络和无线；Sitea 能够胜任支持硬件和软件。

a)使用二分图为 4 个员工和他们能胜任的工作建模。

b)使用霍尔定理判断是否存在一种分配方案，使每个员工都分配一个能支持的领域。

c)如果存在一个使每个员工都分配一个能支持领域的分配方案，求出该方案。

29. 假设一个岛上有 5 位年轻女子和 5 位年轻男子。每位男子都愿意娶岛上的某些女子，而每位女子都愿意嫁给任何一位愿意娶她的男子。假设 Sandeep 愿意娶 Tina 和 Vandana；Barry 愿意娶 Tina、Xia 和 Uma；Teja 愿意娶 Tina 和 Zelda；Anil 愿意娶 Vandana 和 Zelda；Emilio 愿意娶 Tina 和 Zelda。使用霍尔定理证明：不存在岛上年轻男子和年轻女子的匹配使得每一个年轻男子都能和他想要的年轻女子进行匹配。

* **31.** 设存在一个整数 k，使得荒岛上的每个男人都愿意娶该岛上的恰好 k 个女人，而且该岛上的每一个女人都愿意嫁给的男人也恰好是 k 个。同时假设一个男人愿意娶一个女人当且仅当这个女人愿意嫁给他。证明：可能存在岛上男人和女人的匹配，使得每一个人都能和其愿意嫁/娶的人进行匹配。

* **33.** 假设在一次抽奖中，有 m 人被选为中奖者，每个中奖者可以从不同的奖品中选取两个奖品。证明若有 $2m$ 个每个中奖者都想要的奖品，则每个中奖者都能选择两个他们想要的奖品。

35. 对练习 1 中的图，求：

a)由顶点 a、b、c 和 f 导出的子图。

b)收缩连接 b 和 f 的边，从 G 得到的新图 G_1。

37. 下列图有多少个顶点和多少条边？

a)K_n　　b)C_n　　c)W_n

d)$K_{m,n}$　　e)Q_n

一个图的**度序列**是由该图的各个顶点的度按非递增顺序排列的序列。例如，本节例 1 中图 G 的度序列就是 4，4，4，3，2，1，0。

39. 求下列各个图的度序列。

a)K_4　　b)C_4　　c)W_4

d)$K_{2,3}$　　e)Q_3

41. 图 K_n 的度序列是什么(其中 n 是正整数)？并解释你的答案。

43. 若图的度序列是 5，2，2，2，2，1，则它有多少条边？画出这样的图。

如果序列 d_1，d_2，…，d_n 是一个简单图的度序列，那么该序列是**成图**的。

45. 判断下列序列是否是成图的。如果是，请画出一个图使其具有给定的度序列。

a)3，3，3，3，2　　b)5，4，3，2，1

c)4，4，3，2，1　　d)4，4，3，3，3

e)3，2，2，1，0　　f)1，1，1，1，1

* **47.** 证明：一个由非负整数按非递增排列的序列 d_1，d_2，…，d_n 是成图序列当且仅当把序列 d_2-1，…，$d_{d_1+1}-1$，d_{d_1+2}，…，d_n 中的元素重新排序为非递增而得到的序列是成图序列。

49. 证明：每个非负整数构成的非递增序列，如果其元素之和为偶数，则都是某个伪图的度序列。伪图是允许有环的无向图。[提示：首先通过给每个顶点添加尽可能多的环来构造一个图，然后添加一些边连接度为奇数的顶点。解释为什么这种构造方法能够证明此问题。]

51. 至少带有 1 个顶点的 K_3 的子图有多少个？

53. 画出下图的所有子图。

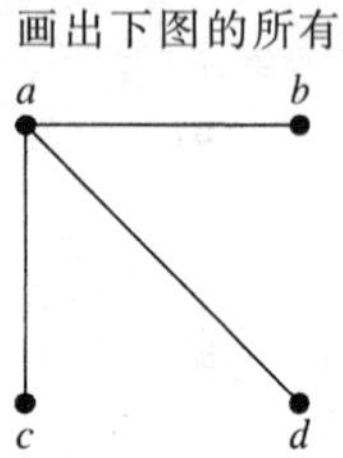

若简单图中每个顶点的度都相等，则这个图称为**正则的**。若正则图中每个顶点的度都为 n，则这个图称为 n **正则的**。

55. 对哪些 n 值来说，下列图是正则图？

a) K_n **b)** C_n **c)** W_n **d)** Q_n

57. 度都为 4 而且带有 10 条边的正则图有多少个顶点？

在练习 58～60 中，求给定简单图对的并图(假设带有相同端点的边是相同的)。

59.

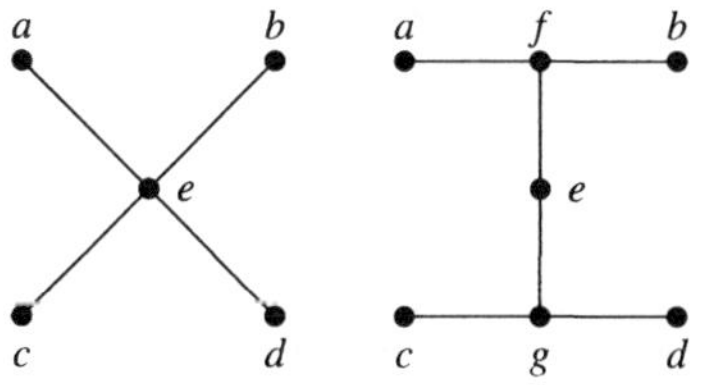

61. 简单图 G 的**补图** $\overline{G}$ 与 G 有相同的顶点。两个顶点在 $\overline{G}$ 中相邻，当且仅当它们在 G 中不相邻。画出下列各图。

a) $\overline{K_n}$ **b)** $\overline{K_{m,n}}$ **c)** $\overline{C_n}$ **d)** $\overline{Q_n}$

63. 若简单图 G 有 v 个顶点和 e 条边，则 $\overline{G}$ 有多少条边？

65. 若简单图 G 的度序列为 d_1，d_2，…，d_n。求 $\overline{G}$ 的度序列。

67. 证明：若 G 是有 n 个顶点的简单图，则 G 和 $\overline{G}$ 的并图是 K_n。

有向图 $G=(V, E)$ 的**逆图**，记作 G^{conv}，是有向图(V, F)，其中 G^{conv} 中边的集合 F 由改变 E 中边的方向得到。

69. 画出 6.1 节练习 7～9 中每个图的逆图。

71. 证明：图 G 是它自身的逆图，当且仅当 G 所关联的关系(参见 5.3 节)是对称的。

73. 画出 9 个并行处理器互连的栅格网络。

75. 证明：在 $n=m^2$ 个处理器的栅格网络中，用 $O(\sqrt{n})=O(m)$ 个跳就能让每一对处理器互相通信。

6.3 图的表示和图的同构

6.3.1 引言

图的表示方式有很多种。本章将看到，选择最方便的表示有助于对图的处理。本节将要说明如何用多种不同的方式来表示图。

有时，两个图具有完全相同的形式，从某种意义上就是两个图的顶点之间存在着一一对应，这个对应保持边的对应关系。在这种情形下，就说这两个图是**同构的**。判断两个图是否同构，这是本节将要研究的一个重要图论问题。

6.3.2 图的表示

表示不带多重边的图的一种方式是列出这个图的所有边。另一种表示不带多重边的图的方式是用**邻接表**，它给出了与图中每个顶点相邻的顶点。

例 1 用邻接表描述图 1 所示的简单图。

解 表 1 列出了与图的每个顶点相邻的顶点。 ◀

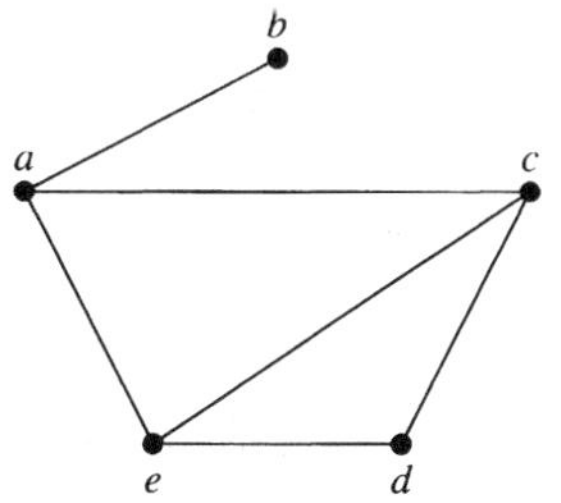

图 1 简单图

表 1 简单图的邻接表

顶点	相邻顶点
a	b，c，e
b	a
c	a，d，e
d	c，e
e	a，c，d

例 2 通过列出图中每个顶点发出的边的所有终点，表示图 2 所示的有向图。

解　表 2 表示图 2 所示的有向图。

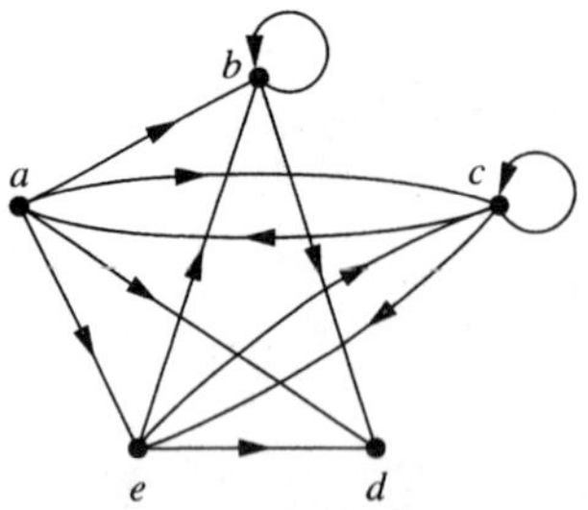

图 2　有向图

表 2　有向图的邻接表

起　点	终　点
a	b，c，d，e
b	b，d
c	a，c，e
d	
e	b，c，d

6.3.3　邻接矩阵

若图中有许多边，则把图表示成边的表或邻接表不便于执行图的算法。为了简化计算，可用矩阵表示图。在此，将给出常用的两种表示图的矩阵的类型。一种类型是基于顶点的相邻关系，另一种类型是基于顶点与边的关联关系。

Links 假设 $G=(V, E)$是简单图，其中$|V|=n$。假设把 G 的顶点任意地排列成 v_1，v_2，…，v_n。对这个顶点序列来说，G 的**邻接矩阵** $\mathbf{A}$（或 $\mathbf{A}_G$）是一个 $n\times n$ 的 0-1 矩阵，它满足这样的性质：当 v_i 和 v_j 相邻时第(i, j)项是 1，当 v_i 和 v_j 不相邻时第(i, j)项是 0。换句话说，若邻接矩阵是 $\mathbf{A}=[a_{ij}]$，则

$$a_{ij}=\begin{cases}1 & \{v_i, v_j\}\text{ 是 } G \text{ 的一条边}\\ 0 & \text{否则}\end{cases}$$

例 3　用邻接矩阵表示图 3 所示的图。

解　把顶点排列成 a，b，c，d。表示这个图的矩阵是

$$\begin{bmatrix}0 & 1 & 1 & 1\\ 1 & 0 & 1 & 0\\ 1 & 1 & 0 & 0\\ 1 & 0 & 0 & 0\end{bmatrix}$$

例 4　画出具有顶点顺序 a，b，c，d 的邻接矩阵的图。

$$\begin{bmatrix}0 & 1 & 1 & 0\\ 1 & 0 & 0 & 1\\ 1 & 0 & 0 & 1\\ 0 & 1 & 1 & 0\end{bmatrix}$$

解　图 4 显示了这个邻接矩阵对应的图。

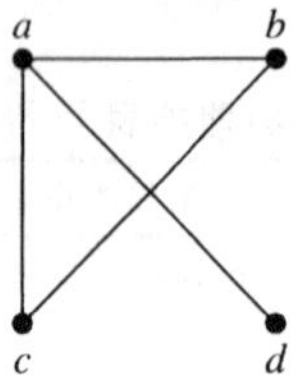

图 3　简单图

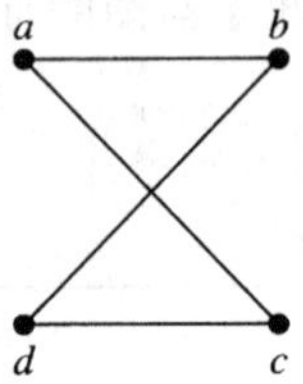

图 4　给定的邻接矩阵的图

注意，图的邻接矩阵依赖于所选择的顶点的顺序。因此带 n 个顶点的图有 $n!$ 个不同的邻接矩阵，因为 n 个顶点有 $n!$ 个不同的顺序。

简单图的邻接矩阵是对称的，即 $a_{ij}=a_{ji}$，因为当 v_i 和 v_j 相邻时，这两个项都是 1，否则都是 0。另外，因为简单图无环，所以每一项 a_{ii}，$i=1$，2，3，…，n，都是 0。

邻接矩阵也可用来表示带环和多重边的无向图。把顶点 a_i 上的环表示成邻接矩阵第(i, i)位置上的1。当出现多重边连接相同的顶点对 v_i 和 v_j 时，邻接矩阵不再是0-1矩阵，因为邻接矩阵的第(i, j)项等于与$\{v_i, v_j\}$关联的边数。包括多重图与伪图在内的所有无向图都具有对称的邻接矩阵。

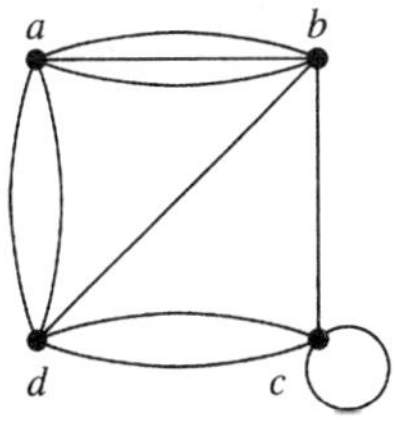

图 5 伪图

例 5 用邻接矩阵表示图5所示的伪图。

解 顶点顺序为 a，b，c，d 的邻接矩阵是

$$\begin{bmatrix} 0 & 3 & 0 & 2 \\ 3 & 0 & 1 & 1 \\ 0 & 1 & 1 & 2 \\ 2 & 1 & 2 & 0 \end{bmatrix}$$

◀

我们曾在第5章里用0-1矩阵表示有向图。若有向图 $G=(V, E)$ 从 v_i 到 v_j 有边，则它的矩阵在(i, j)位置上有1，其中 v_1，v_2，…，v_n 是有向图任意的顶点序列。换句话说，若 $\mathbf{A}=[a_{ij}]$是相对于这个顶点列表的邻接矩阵，则

$$a_{ij}=\begin{cases}1 & \{v_i, v_j\} \text{ 是 } G \text{ 的一条边} \\ 0 & \text{否则}\end{cases}$$

有向图的邻接矩阵不一定是对称的，因为当从 v_i 到 v_j 有边时，从 v_j 到 v_i 可以没有边。

邻接矩阵也可用来表示有向多重图。同样，当有连接两个顶点的同向多重边时，这样的矩阵不是0-1矩阵。在有向多重图的邻接矩阵中，a_{ij} 等于关联到(v_i, v_j)的边数。

在邻接表和邻接矩阵之间取舍 当一个简单图包含的边相对较少，即该图是一个**稀疏图**时，通常邻接表比邻接矩阵更适合表示它。例如，如果每个顶点的度都不超过 c，c 是一个比 n 小很多的常数，则每个邻接表包含 c 个或更少的顶点。所以整个邻接表中的元素不超过 cn 个。另一方面，该图的邻接矩阵含有 n^2 个元素。但是，需要注意的是，稀疏图的邻接矩阵是**稀疏矩阵**，即矩阵中只有少量元素不为0。有专门的技术表示和处理稀疏矩阵。

现在设想一个**稠密的**简单图，它含有很多条边，例如，它含有的边数超过所有可能的边数的一半。在这种情形下，用邻接矩阵来表示图就比用邻接表好。为了知道原因，我们来比较判断某条边$\{v_i, v_j\}$是否存在的复杂度。在邻接矩阵中，可以通过查看第(i, j)个元素来决定这条边是否存在。如果该元素是1，边就存在；如果是0，边就不存在。所以，只需要一次比较，即将第(i, j)个元素与0比较，就可以判断这条边是否存在。而另一方面，如果使用邻接表表示这个图，就需要搜索 v_i 或 v_j 的链表中的顶点才能判断这条边是否存在。当图含有的边很多时，就需要 $\Theta(|V|)$次的比较。

6.3.4 关联矩阵

表示图的另一种常用方式是用**关联矩阵**。设 $G=(V, E)$是无向图。设 v_1，v_2，…，v_n 是图 G 的顶点，而 e_1，e_2，…，e_m 是该图的边。相对于 V 和 E 的这个顺序的关联矩阵是 $n\times m$ 的矩阵 $\boldsymbol{M}=[m_{ij}]$，其中

$$m_{ij}=\begin{cases}1 & \text{当边 } e_j \text{ 关联 } v_i \text{ 时} \\ 0 & \text{否则}\end{cases}$$

例 6 用关联矩阵表示图6所示的图。

解 关联矩阵是

$$\begin{array}{c} \\ v_1 \\ v_2 \\ v_3 \\ v_4 \\ v_5 \end{array}\begin{array}{c} \begin{array}{cccccc} e_1 & e_2 & e_3 & e_4 & e_5 & e_6 \end{array} \\ \begin{bmatrix} 1 & 1 & 0 & 0 & 0 & 0 \\ 0 & 0 & 1 & 1 & 0 & 1 \\ 0 & 0 & 0 & 0 & 1 & 1 \\ 1 & 0 & 1 & 0 & 0 & 0 \\ 0 & 1 & 0 & 1 & 1 & 0 \end{bmatrix} \end{array}$$

◀

关联矩阵也可用来表示多重边和环。在关联矩阵中用各项相等的列来表示多重边，因为这些边关联同一对顶点。用只有一项等于 1 的列来表示环，它对应于环所关联的顶点。

例 7 用关联矩阵表示图 7 所示的伪图。

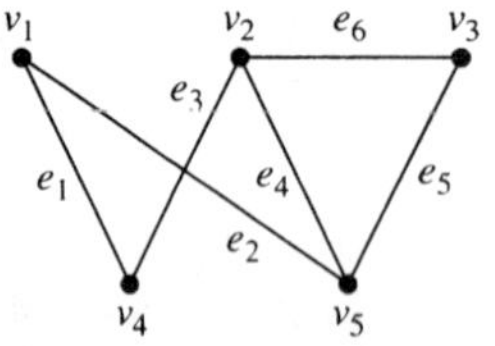

图 6 无向图

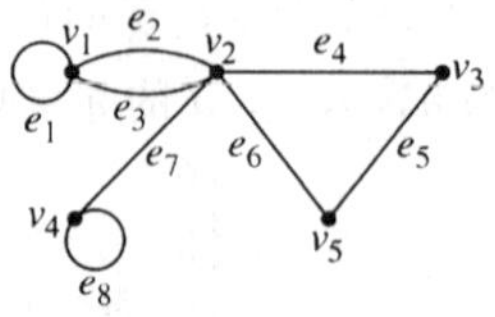

图 7 伪图

解 这个图的关联矩阵是

$$
\begin{array}{c} \\ v_1 \\ v_2 \\ v_3 \\ v_4 \\ v_5 \end{array}
\begin{array}{c}
\begin{array}{cccccccc} e_1 & e_2 & e_3 & e_4 & e_5 & e_6 & e_7 & e_8 \end{array} \\
\begin{bmatrix}
1 & 1 & 1 & 0 & 0 & 0 & 0 & 0 \\
0 & 1 & 1 & 1 & 0 & 1 & 1 & 0 \\
0 & 0 & 0 & 1 & 1 & 0 & 0 & 0 \\
0 & 0 & 0 & 0 & 0 & 0 & 1 & 1 \\
0 & 0 & 0 & 0 & 1 & 1 & 0 & 0
\end{bmatrix}
\end{array}
$$

◀

6.3.5 图的同构

我们经常需要知道是否有可能以同样的方式来画出两个图。也就是说，当我们忽略图中的顶点的标识时，这两个图是否具有相同的结构。例如，在化学中，用图为化合物建模(我们将在后面进行描述)。不同的化合物可能分子式相同但结构不同。这样的化合物不能用同样方式画出的图来表示。表示过去已知化合物的图可以用来判定想象中的新化合物是否已经研究过。

对具有同样结构的图来说，存在着一些有用的术语。

定义 1 设 $G_1=(V_1, E_1)$和 $G_2=(V_2, E_2)$是简单图，若存在一对一的和映上的从 V_1 到 V_2 的函数 f，且 f 具有这样的性质：对 V_1 中所有的 a 和 b 来说，a 和 b 在 G_1 中相邻当且仅当 $f(a)$和 $f(b)$在 G_2 中相邻，则称 G_1 与 G_2 是同构的。这样的函数 f 称为同构⊖。两个不同构的简单图称为非同构的。

换句话说，当两个简单图同构时，两个图的顶点之间具有保持相邻关系的一一对应。简单图的同构是一个等价关系(我们把这个验证留作练习 49)。

例 8 证明：图 8 所示的图 $G=(V, E)$和 $H=(W, F)$同构。

解 函数 f 定义为 $f(u_1)=v_1$，$f(u_2)=v_4$，$f(u_3)=v_3$，$f(u_4)=v_2$，它是 V 和 W 之间的一一对应。为了看出这个对应保持相邻关系，注意 G 中相邻的顶点是 u_1 和 u_2、u_1 和 u_3、u_2 和 u_4，以及 u_3 和 u_4，由 $f(u_1)=v_1$ 和 $f(u_2)=v_4$、$f(u_1)=v_1$ 和$f(u_3)=v_3$、$f(u_2)=v_4$ 和 $f(u_4)=v_2$，以及 $f(u_3)=v_3$ 和 $f(u_4)=v_2$ 所组成的每一对顶点都是在 H 中相邻的。 ◀

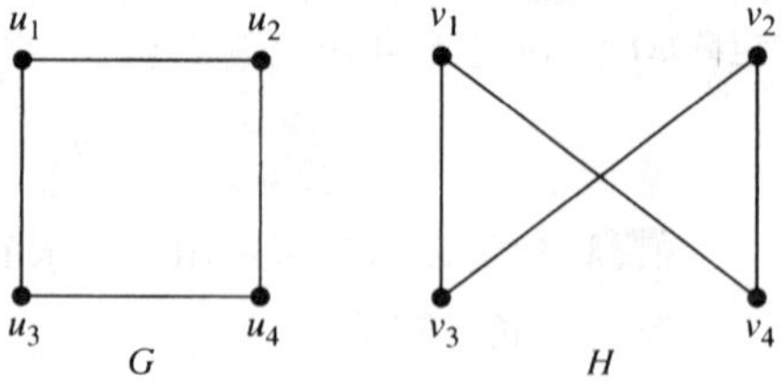

图 8 图 G 和 H

6.3.6 判定两个简单图是否同构

判断两个简单图是否同构常常是一件困难的事情。在两个带有 n 个顶点的简单图的顶点集

⊖ 同构(*isomorphism*)这个词来自两个希腊语字根：表示“相等”的 isos 和表示“形式”的 morphe。

之间有 $n!$ 种可能的一一对应。若 n 太大，则通过检验每一种对应来看它是否保持相邻关系是不可行的。

有时说明两个图不同构并不困难。特别是，如果能找到某个属性，两个图中只有一个图具有这个属性，但该属性应该在同构时保持，就可以说这两个图不同构。这种在图的同构中保持的属性称为**图形不变量**。例如，同构的简单图必须具有相同的顶点数，因为在这些图的顶点集之间有一一对应。

同构的简单图还必须有相同的边数，因为在顶点之间的一一对应建立了边之间的一一对应。另外，同构的简单图的对应顶点的度必须相同。即在图 G 中顶点 v 的度为 d，在图 H 中必须有一个对应的顶点 $f(v)$，其度为 d，因为在图 G 中顶点 w 与 v 相邻，当且仅当在图 H 中 $f(v)$ 与 $f(w)$ 相邻。

例 9 说明图 9 所示的图不同构。

解 G 和 H 都具有 5 个顶点 6 条边。不过，H 有 1 个度为 1 的顶点 e，而 G 没有度为 1 的顶点。所以 G 与 H 不是同构的。◀

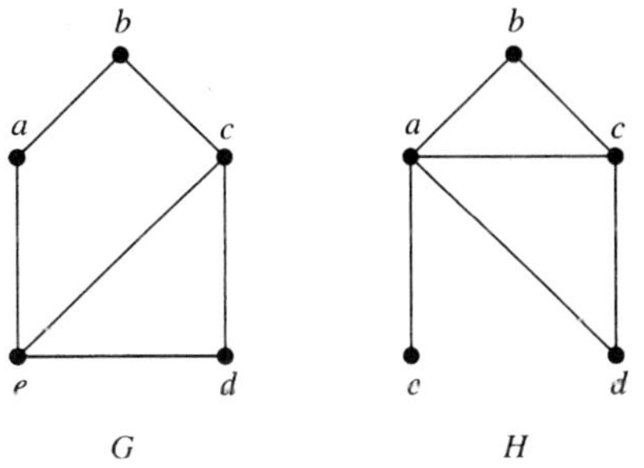

图 9 图 G 和 H

顶点数、边数以及顶点的度都是在同构下的不变量。若两个简单图的这些量有任何不同，则这两个图就不是同构的。不过，当这些不变量都相同时，也不一定意味着两个图是同构的。目前还没有已知的用来判定简单图是否同构的不变量集。

例 10 判定图 10 所示的图是否是同构的。

解 图 G 和 H 都具有 8 个顶点和 10 条边。它们都具有 4 个度为 2 的顶点和 4 个度为 3 的顶点。因为这些不变量都相同，所以它们可能会是同构的。

然而 G 和 H 不是同构的。为了看明白这一点，注意因为在 G 中 $\deg(a)=2$，所以 a 必然对应于 H 中的 t、u、x 或 y，因为这些顶点是 H 中的度为 2 的顶点。然而，H 中的这 4 个顶点的每一个都与 H 中另一个度为 2 的顶点相邻，但是在 G 中 a 却不是这样的。

看出 G 与 H 不同构的另一种方式是，注意，若这两个图同构，则由度为 3 的顶点和连接它们的边所组成的 G 和 H 的子图一定是同构(读者应当验证它)。然而图 11 所示的这些子图却不是同构的。◀

为了说明从图 G 的顶点集到图 H 的顶点集的函数 f 是一个同构，需要说明 f 保持边的存在和缺失关系。一种有助于这样做的方式是利用邻接矩阵。具体地说，为了说明 f 是一个同构，可以说明 G 的邻接矩阵与 H 的邻接矩阵相同，其中 G 的邻接矩阵的行和列的标记都是 G 的顶点，H 的邻接矩阵的行和列的标记都是 G 的对应顶点在 f 下的像。例 11 解释如何这样做。

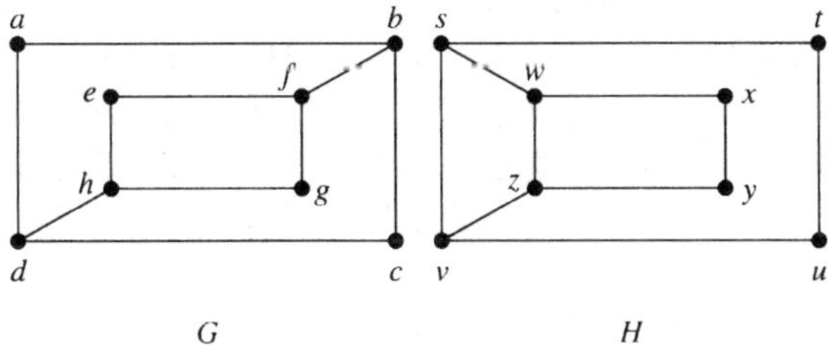

图 10 图 G 和 H

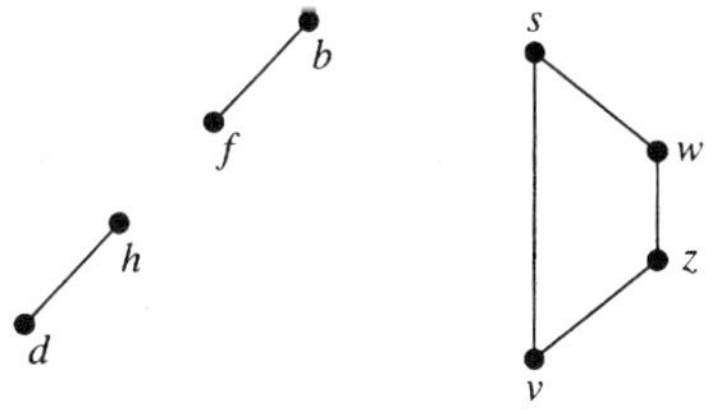

图 11 由度为 3 的顶点和连接它们的边所组成的 G 和 H 的子图

例 11 判定图 12 所示的图 G 和 H 是否是同构的。

解　G 和 H 都有 6 个顶点和 7 条边，都有 4 个度为 2 的顶点和 2 个度为 3 的顶点。还容易看出由度为 2 的顶点和连接它们的边所组成的 G 和 H 的子图是同构的（读者应当验证它）。因为 G 和 H 对这些不变量来说是相同的，所以就有理由试着找出一个同构 f。

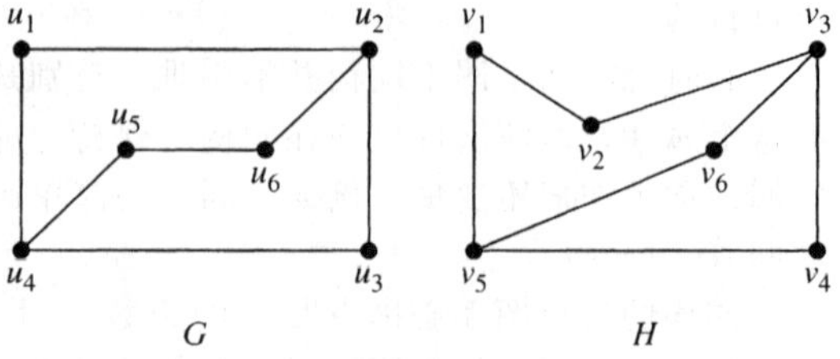

图 12　图 G 和 H

现在定义函数 f，然后判定它是否同构。因为 $\deg(u_1)=2$ 且 u_1 不与任何其他度为 2 的顶点相邻，所以 u_1 的像必然是 v_4 或 v_6，它们是 H 中仅有的不与度为 2 的顶点相邻的度为 2 的顶点。任取 $f(u_1)=v_6$。（如果发现这个选择得不出同构，就接着试验 $f(u_1)=v_4$。）因为 u_2 与 u_1 相邻，所以 u_2 可能的像是 v_3 和 v_5。任取 $f(u_2)=v_3$。照这样继续下去，用顶点的相邻关系和度作为指引，令 $f(u_3)=v_4$，$f(u_4)=v_5$，$f(u_5)=v_1$，以及 $f(u_6)=v_2$。现在已经有了在 G 的顶点集与 H 的顶点集之间的一一对应，即 $f(u_1)=v_6$，$f(u_2)=v_3$，$f(u_3)=v_4$，$f(u_4)=v_5$，$f(u_5)=v_1$，以及 $f(u_6)=v_2$。为了查看 f 是否保持边，就检查 G 的邻接矩阵：

$$
\mathbf{A}_G = \begin{array}{c} \\ u_1 \\ u_2 \\ u_3 \\ u_4 \\ u_5 \\ u_6 \end{array}
\begin{array}{c} \begin{array}{cccccc} u_1 & u_2 & u_3 & u_4 & u_5 & u_6 \end{array} \\
\begin{bmatrix} 0 & 1 & 0 & 1 & 0 & 0 \\ 1 & 0 & 1 & 0 & 0 & 1 \\ 0 & 1 & 0 & 1 & 0 & 0 \\ 1 & 0 & 1 & 0 & 1 & 0 \\ 0 & 0 & 0 & 1 & 0 & 1 \\ 0 & 1 & 0 & 0 & 1 & 0 \end{bmatrix} \end{array}
$$

和 H 的邻接矩阵，其中用 G 中的对应顶点的像来标记行和列：

$$
\mathbf{A}_H = \begin{array}{c} \\ v_6 \\ v_3 \\ v_4 \\ v_5 \\ v_1 \\ v_2 \end{array}
\begin{array}{c} \begin{array}{cccccc} v_6 & v_3 & v_4 & v_5 & v_1 & v_2 \end{array} \\
\begin{bmatrix} 0 & 1 & 0 & 1 & 0 & 0 \\ 1 & 0 & 1 & 0 & 0 & 1 \\ 0 & 1 & 0 & 1 & 0 & 0 \\ 1 & 0 & 1 & 0 & 1 & 0 \\ 0 & 0 & 0 & 1 & 0 & 1 \\ 0 & 1 & 0 & 0 & 1 & 0 \end{bmatrix} \end{array}
$$

因为 $\mathbf{A}_G=\mathbf{A}_H$，所以 f 是保持边的。由此得出 f 是同构，所以 G 与 H 是同构的。注意，若事实证明 f 不是同构，是无法得出 G 与 H 不是同构的，因为 G 和 H 中的顶点的另一个对应仍然可以是同构。◀

图同构算法　已知的最好的判定两个图是否同构的算法具有指数的最坏情形时间复杂度（对图的顶点数来说）。然而，2017 年年初，László Babai 宣布，他找到了一种用 $2^{f(n)}$ 时间来确定两个具有 n 个顶点的图是否同构的算法，其中 $f(n)$ 是 $O((\log n)^3)$。这个大 O 估算意味着算法运行在准多项式时间，介于多项式时间和指数时间之间。Babai 的这一发现还没有得到充分的同行评审，但能够缩小他在 2015 年发明的那种算法存在的严重差距。专家认为他现在的结果是正确的。尽管目前还没有找到解决这个问题的多项式时间算法，但可以通过线性平均情形时间复杂度的算法进行求解。能否找到判定两个图是否同构的多项式最坏情形时间复杂度的算法？对此，我们心存一丝希望，但也有些许怀疑。

一种名为 NAUTY 的用于测试图同构的最佳实用算法，在现代个人计算机上可在 1 秒内判定具有 100 个顶点的两个图是否是同构的。可以在因特网上下载 NAUTY 软件并用它做实验。对于有严格限制的图，如顶点的最大度很小，存在着判断两个图是否同构的实用算法。判断任意两个图是否同构的问题是一个特别有趣的问题，因为这是少有的几个不知是理论可行的或 NP 完全的 NP 问题之一（见练习 72）。

图同构的应用 图同构以及图同构中的函数源于图论在化学、电子电路设计以及其他的生物信息和计算机领域的应用。化学家用多图(已知的分子图)，为化学成分建模。在这些图中，顶点表示原子，边表示这些原子之间的化学键。两个结构相同，具有相同分子式但不同原子键的分子，具有不同构的分子图。当分析出新的化学合成物时，就检查分子图数据库，以判断该化合物的分子图是否与已知的化合物相同。

可以用图为电路图建模，其中顶点表示元件，边表示元件之间的连接。现代集成电路(即芯片)是混合的电路图，常常有上百万个晶体管及连接。由于现代芯片的复杂性，所以用自动化工具进行设计。图同构可用于验证由自动化工具设计的电路是否与最初的设计一致。图同构还可用于判断一个销售商的芯片与另一个销售商的芯片是否具有相同的知识产权。这可以通过寻找这些芯片的图模型中的最大同构子图来完成。

奇数编号练习

在练习 1～4 中，用邻接表表示给定的图。

1.

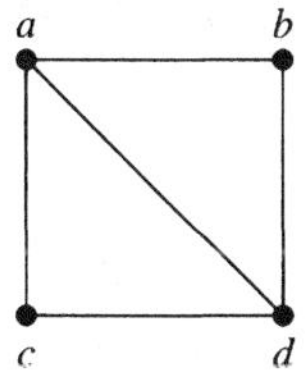

3.

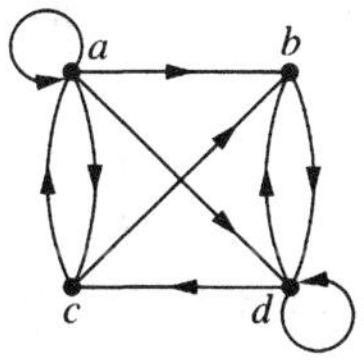

5. 用邻接矩阵表示练习 1 的图。

7. 用邻接矩阵表示练习 3 的图。

9. 用邻接矩阵表示下列每一个图。

a) K_4 **b)** $K_{1,4}$ **c)** $K_{2,3}$

d) C_4 **e)** W_4 **f)** Q_3

在练习 10～12 中，画出给定邻接矩阵表示的图。

11. $\begin{bmatrix} 0 & 0 & 1 & 1 \\ 0 & 0 & 1 & 0 \\ 1 & 1 & 0 & 1 \\ 1 & 1 & 1 & 0 \end{bmatrix}$

在练习 13～15 中，用邻接矩阵表示给定的图。

13.

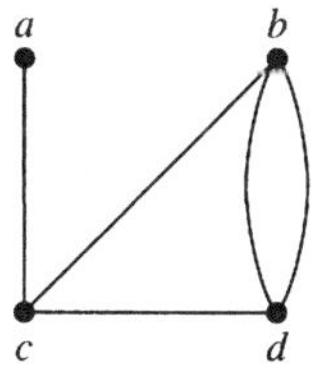

15.

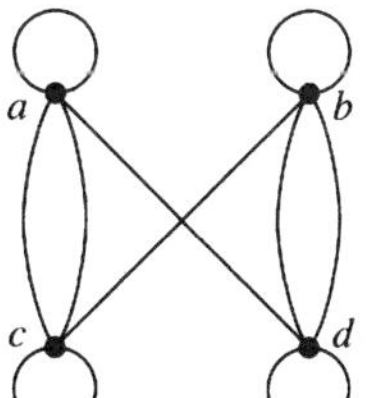

在练习 16～18 中，画出给定邻接矩阵所表示的无向图。

17. $\begin{bmatrix} 1 & 2 & 0 & 1 \\ 2 & 0 & 3 & 0 \\ 0 & 3 & 1 & 1 \\ 1 & 0 & 1 & 0 \end{bmatrix}$

在练习 19～21 中，按照顶点的字典顺序，求给定有向多重图的邻接矩阵。

19.

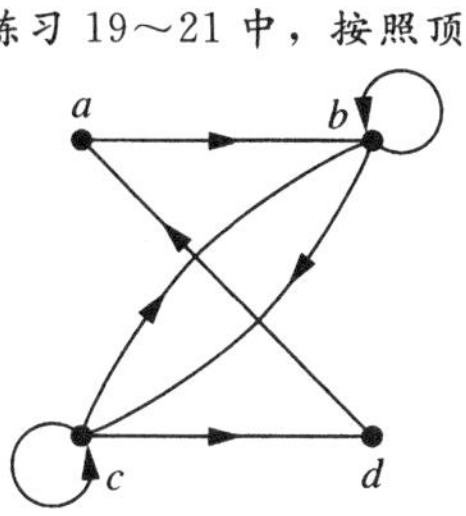

21.

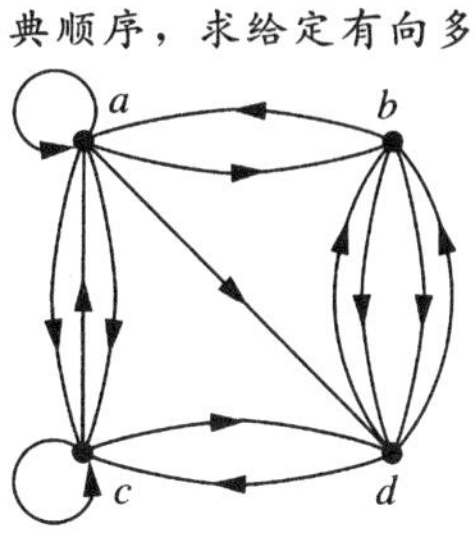

在练习 22～24 中，画出给定邻接矩阵表示的图。

23. $\begin{bmatrix} 1 & 2 & 1 \\ 2 & 0 & 0 \\ 0 & 2 & 2 \end{bmatrix}$

无向图 G 的**密度**等于 G 中的边数除以含有 $|G|$ 个顶点的无向图中可能的边数。因此，$G(V, E)$ 的密度是

$$\frac{2|G|}{|V|(|V|-1)}$$

图族 G_n，$n=1, 2, \cdots$ 是**稀疏的**，如果当 n 无约束增长时，G_n 的密度的极限为零；而如果此比例接近正实数，则为**稠密的**。如前文中所述，一张独立的图被称为稀疏图，如果它包含相对较少的边；而如果它包含许多边，则称为稠密图。这些术语可以根据具体情况进行精确定义，但不同的定义通常会不一致。

25. 求下列各图的密度：

a) 6.1 节图 1　　**b)** 6.1 节图 6　　**c)** 6.1 节图 12

27. (需要微积分知识)对于每一个图族，判断该图族是稀疏的、稠密的或两者都不是。(参考 6.2 节练习 37 的结果。)

a) K_n　　**b)** C_n　　**c)** $K_{n,n}$

d) Q_n　　**e)** W_n　　**f)** $K_{3,n}$

29. 每一个对称的和对角线全为 0 的 0-1 方阵是否都是简单图的邻接矩阵？

31. 用关联矩阵表示练习 13～15 中的图。

* **33.** 无向图的邻接矩阵的一列中的各项之和是什么？对有向图来说呢？

35. 无向图的关联矩阵的一列中的各项之和是什么？

* **37.** 求练习 32a～d 中的图的关联矩阵。

在练习 38～48 中，判定所给定的一对图是否同构。构造一个同构或给出不存在同构的严格证明。关于这种类型的更多练习题，参见补充练习 3～5。

39.

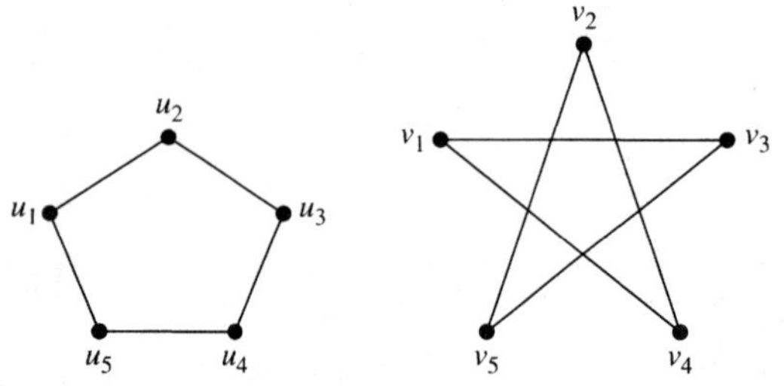

41.

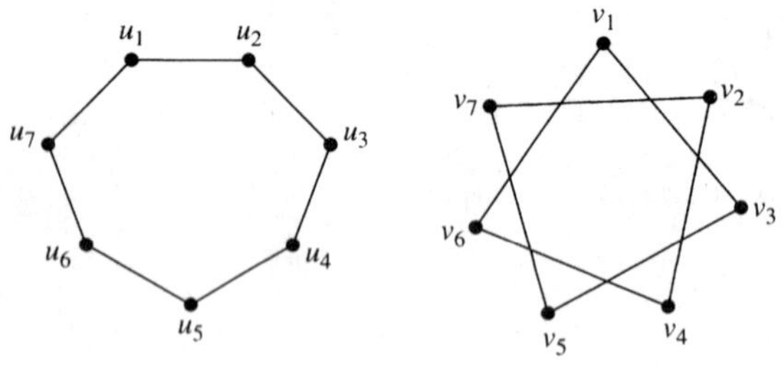

43.

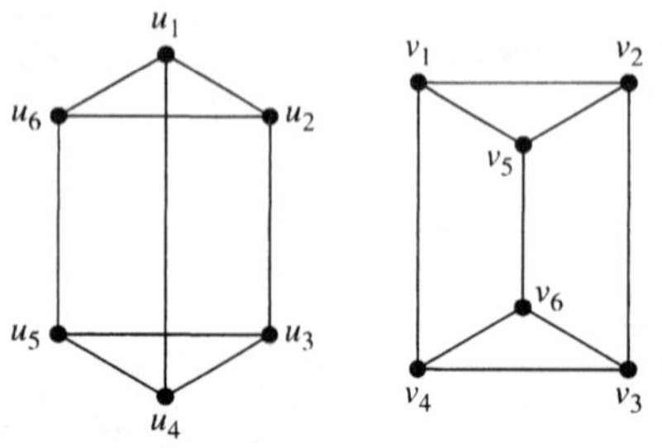

45.

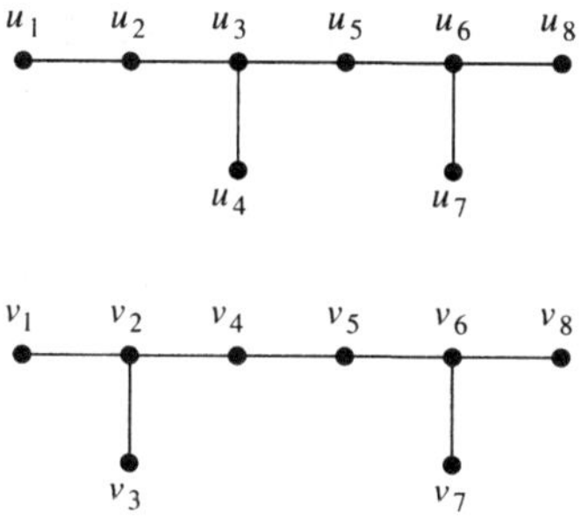

47.

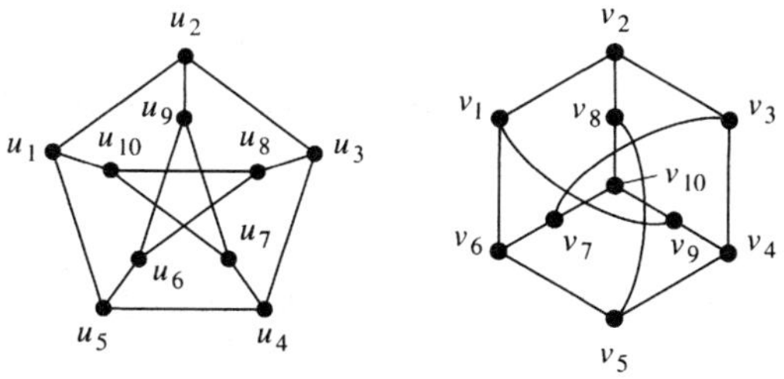

49. 证明：简单图的同构关系是等价关系。

51. 描述对应于孤立点的图的邻接矩阵的行和列。

53. 证明：可以对具有 2 个以上顶点的二分图的顶点排序，使得其邻接矩阵形如下图所示的四项都是矩形块。

$$\begin{bmatrix} \mathbf{0} & \boldsymbol{A} \\ \boldsymbol{B} & \mathbf{0} \end{bmatrix}$$

若简单图 G 和 $\overline{G}$ 是同构的，则 G 称为**自补图**。

55. 求具有 5 个顶点的自补简单图。

57. 对哪些整数 n，C_n 是自补图？

59. 具有 5 个顶点和 3 条边的非同构的简单图有多少个？

61. 具有 6 个顶点且每个顶点的度均为 3 的非同构简单图有多少个？

63. 具有下列邻接矩阵的简单图是否同构？

a) $\begin{bmatrix} 0 & 0 & 1 \\ 0 & 0 & 1 \\ 1 & 1 & 0 \end{bmatrix}$, $\begin{bmatrix} 0 & 1 & 1 \\ 1 & 0 & 0 \\ 1 & 0 & 0 \end{bmatrix}$　**b)** $\begin{bmatrix} 0 & 1 & 0 & 1 \\ 1 & 0 & 0 & 1 \\ 0 & 0 & 0 & 1 \\ 1 & 1 & 1 & 0 \end{bmatrix}$, $\begin{bmatrix} 0 & 1 & 1 & 1 \\ 1 & 0 & 0 & 1 \\ 1 & 0 & 0 & 1 \\ 1 & 1 & 1 & 0 \end{bmatrix}$　**c)** $\begin{bmatrix} 0 & 1 & 1 & 0 \\ 1 & 0 & 0 & 1 \\ 1 & 0 & 0 & 1 \\ 0 & 1 & 1 & 0 \end{bmatrix}$, $\begin{bmatrix} 0 & 1 & 0 & 1 \\ 1 & 0 & 0 & 0 \\ 0 & 0 & 0 & 1 \\ 1 & 0 & 1 & 0 \end{bmatrix}$

65. 把简单图的同构定义推广到包含环和多重边的无向图。

在练习 67～70 中，判定所给定的一对有向图是否同构(参见练习 66)。

67.

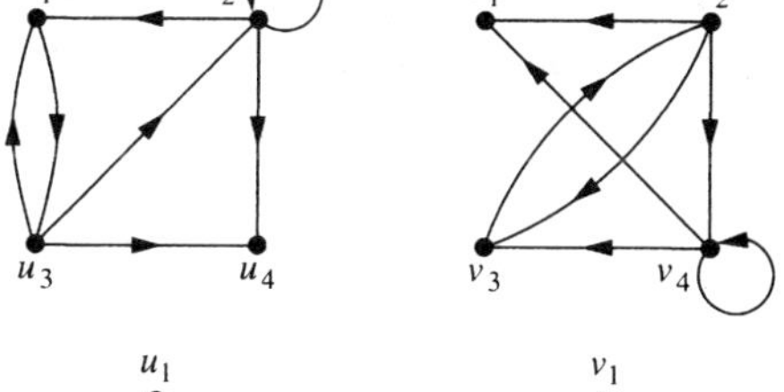

69.

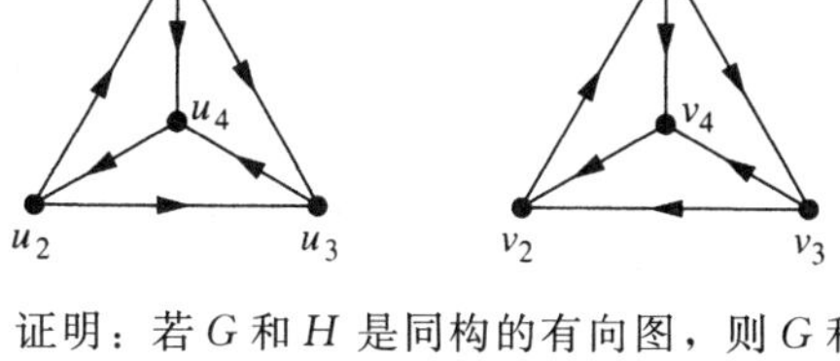

71. 证明：若 G 和 H 是同构的有向图，则 G 和 H 的逆图(在 6.2 节练习 69 的前导文中定义)也是同构的。

73. 找出一对非同构的图，它们具有相同的度序列(在6.2节练习38的前导文中定义)，但一个是二分图而另一个不是。

* **75.** 无向图的关联矩阵与它的转置之积是什么?

魔鬼对是一对不同构的图，但所谓的同构检验不能证明其不同构。

77. 求一个用于检验的魔鬼对，该检验通过检查两个图的度序列(在6.2节练习38的前导文中定义)确定它们是相同的。

6.4 连通性

6.4.1 引言

许多问题可以用沿图的边前进所形成的通路来建模。例如，判定能否在两个计算机之间用中间连接传递消息的问题，就可以用图模型来研究。利用图模型中的通路，可以解决投递邮件、收取垃圾以及计算机网络诊断等有效规划路线的问题。

6.4.2 通路

非形式化地说，**通路**是边的序列，它从图的一个顶点开始沿着图中的边行经图中相邻的顶点。因为通路行经了边，所以沿着通路可以访问顶点，即这些边的端点。

定义1给出通路的形式化定义和相关术语。

定义1 设n是非负整数且G是无向图。在G中从u到v的长度为n的通路是G的n条边e_1，…，e_n的序列，其中存在$x_0=u$，x_1，…，$x_n=v$的顶点序列，使得对于$i=1$，…，n，e_i以x_{i-1}和x_i作为端点。当这个图是简单图时，就用顶点序列x_0，x_1，…，x_n表示这条通路(因为列出这些顶点就唯一地确定了通路)。若一条通路在相同的顶点开始和结束，即$u=v$且长度大于0，则它是一条回路。把通路或回路说成是经过顶点x_1，x_2，…，x_{n-1}或遍历边e_1，e_2，…，e_n。若通路或回路不重复地包含相同的边，则它是简单的。

当没有必要区分多重边时，就用顶点序列x_0，x_1，…，x_n表示通路e_1，e_2，…，e_n，其中对于$i=1$，2，…，n，$f(e_i)=\{x_{i-1}，x_i\}$。这种记法仅仅指出通路所经过的顶点。当且仅当在这个序列中的一些相邻顶点之间有多条边时，才会有多条通路经过这个顶点序列，但它并没有指定唯一的通路。注意长度为0的通路由单个顶点组成。

评注 关于定义1中的概念，有很多不同的术语。例如，在有些书中，使用**路径**(walk)而不是通路(path)，这时路径被定义为图的顶点和边相互交替的序列，v_0，e_1，v_1，e_2，…，v_{n-1}，e_n，v_n，其中v_{i-1}和v_i是e_i的端点，$i=1$，2，3，…，n。当使用“路径”这个术语时，就会使用**闭合路径**(closed walk)而不是回路(circuit)表示起始和终止于相同顶点的路径；使用**路线**(trail)表示没有重复边的路径(代替“简单通路”)。当使用路线这一术语时，术语**通路**(path)通常就会用来表示没有重复顶点的路线，这与定义1中的术语相冲突。由于这些术语的各种变体，所以当你在特定的书或者文章中阅读有关遍历图的边的内容时，需要弄清楚使用的是哪一组定义。文章[GrYe06]是一本关于本评注中提到的其他术语的好的参考文献。

例1 如图1所示，a，d，c，f，e是长度为4的简单通路，因为$\{a，d\}$、$\{d，c\}$、$\{c，f\}$和$\{f，e\}$都是边。但是d，e，c，a不是通路，因为$\{e，c\}$不是边。注意b，c，f，e，b是长度为4的回路，因为$\{b，c\}$、$\{c，f\}$、$\{f，e\}$和$\{e，b\}$都是边，且这条通路在b上开始和结束。长度为5的通路a，b，e，d，a，b不是简单的，因为它包含边$\{a，b\}$两次。◀

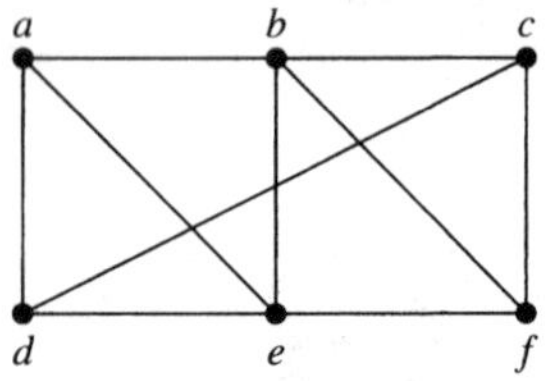

图1 简单图

有向图中的通路和回路在第5章里介绍。现在给出更一般的定义。

定义 2 设 n 是非负整数且 G 是有向图。在 G 中从 u 到 v 的长度为 n 的通路是 G 的边的序列 e_1, e_2, …, e_n，使得 $f(e_1)=(x_0, x_1)$，$f(e_2)=(x_1, x_2)$，…，$f(e_n)=(x_{n-1}, x_n)$，其中 $x_0=u$，$x_n=v$。当有向图中没有多重边时，就用顶点序列 x_0, x_1, …, x_n 表示这条通路。把在相同的顶点上开始和结束的长度大于 0 的通路称为回路或圈。若一条通路或回路不重复地包含相同的边，则把它称为简单的。

评注 经常用一些不是定义 2 给出的术语来表示其中描述的概念。特别地，使用路径(walk)、闭合路径(closed walk)、路线(trail)、通路(path)等术语(在定义 1 之后的评注中介绍过)描述有向图。详见[GrYe06]。

注意通路上一条边的终点是这条通路上下一条边的起点。当没有必要区分多重边时，就用顶点序列 x_0，x_1，…，x_n 表示通路 e_1，e_2，…，e_n，其中对于 $i=1, 2, …, n$，$f(e_i)=(x_{i-1}, x_i)$。这种记法仅仅指出通路所经过的顶点。可以有多条通路经过这个顶点序列。当且仅当在这个序列中的一些相邻顶点之间有多条边时，才会有多条通路经过这个顶点序列。

在许多图模型中，通路能表示有用的信息，如例 2～4 所示。

例 2 **相识关系图中的通路** 在相识关系图中，如果存在一条连接两个人的链，在该链中，相邻的两个人彼此认识，则在这两个人之间有一条通路。例如在 6.1 节的图 6 中，有一条连接 Kamini 和 Ching 的 6 个人的链。许多社会学家猜想，是否可以用只包含 5 个或更少的人的短链来连接世界上几乎每一对人。这意味着世界上所有人的相识关系图中，几乎每对顶点都可以通过长度不超过 4 的通路来连接。约翰·奎尔(John Guare)的六度分离(Six Degrees of Separation)理论就是基于这个概念。◀ Links

例 3 **合作图中的通路** 在合作图中，如果表示作者的两个顶点 a 和 b 之间有从 a 开始到 b 结束的一系列作者，使得每条边的端点所表示的两个作者写过一篇联名论文，则 a 和 b 就通过一条通路而连接。这里我们关注两个重要的合作图。首先，在所有数学家的学术合作图中，数学家 m 的**埃德斯数**(在第 5 章补充练习 14 中用关系术语定义过)，就是在 m 和成果极其丰富的数学家保罗·埃德斯(1996 年去世)之间的最短通路的长度。换句话说，一个数学家的埃德斯数就是从保罗·埃德斯开始到这个数学家结束的最短的数学家链的长度，其中每一对相邻的数学家都联名写过论文。根据“埃德斯数项目”，2006 年具有不同埃德斯数的数学家的数目如表 1 所示。◀

表 1 具有给定埃德斯数(到 2006 年年初)的数学家的数目

埃德斯数	人数	埃德斯数	人数
0	1	7	11 591
1	504	8	3146
2	6 593	9	819
3	33 605	10	244
4	83 642	11	68
5	87 760	12	23
6	40 014	13	5

在好莱坞图(参见 6.1 节例 3)中，当存在连接两个顶点 a 和 b 的演员链，其中在这个链上每两个相邻的演员都出演过同一部电影时，a 和 b 就被连接。在好莱坞图中，演员 c 的**培根数**定义为连接 c 和著名演员凯文·培根的最短通路的长度。随着新电影(包括凯文·培根的新电影)的不断产生，演员的培根数也在不断地发生变化。表 2 显示的是从培根网站得到的到 2017 年 8 月，具有各个培根数的演员的数目。一个演员的培根数起源于 1990 年年初，凯文·培根标注了他在好莱坞合作的每一位演员或与他合作过的人。这使有些人发明了一个聚会游戏，要求参加者从指定的演员找到凯文·培根的一个电影系列。在网络诞生之前，你需要成为一名电影专家才能玩好这个游戏。现在，你只需要咨询培根的 Oracle 数据库。我们可以把表演学院的任意一个演员作为中心，找到一个类似于培根数的数。◀ Links

表2 具有给定培根数(到2017年年初)的演员数

培根数	人数	培根数	人数
0	1	5	4388
1	3452	6	631
2	401 636	7	131
3	1 496 104	8	9
4	390 878	9	1

6.4.3 无向图的连通性

若消息可以通过一个或多个中间计算机来传递，则计算机网络何时具有每对计算机都可共享信息的性质？当利用图来表示这个计算机网络时，其中用顶点表示计算机而用边表示通信链路时，这个问题就变成：何时在图中任意两个顶点之间都存在通路？

定义3 若无向图中每一对不同的顶点之间都有通路，则该图称为连通的。不连通的无向图称为不连通的。当从图中删除顶点或边，或两者时，得到了不连通的子图，就称将图变成不连通的。

因此，在网络中的任何两个计算机之间都可以通信，当且仅当这个网络图是连通的。

例4 图2中的图 G_1 是连通的，因为在每一对不同的顶点之间都有通路(读者应当验证它)。但是图2中的图 G_2 不是连通的。例如，在顶点 a 和 d 之间没有通路。◀

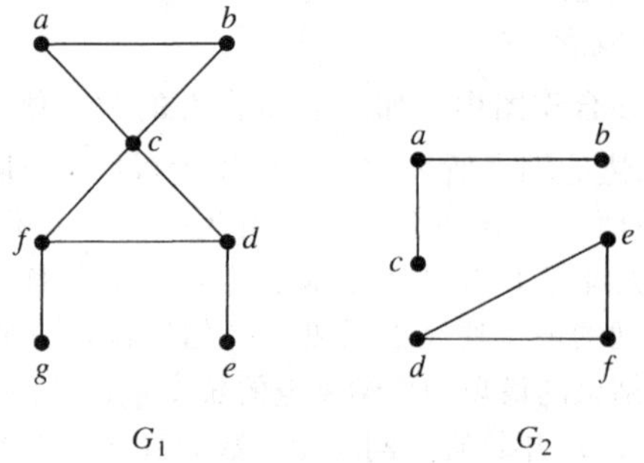

图2 图 G_1 和 G_2

第7章将用到下述定理。

定理1 在连通无向图的每一对不同顶点之间都存在简单通路。

证明 设 u 和 v 是连通无向图 $G=(V, E)$ 的两个不同的顶点。因为 G 是连通的，所以 u 和 v 之间至少有1条通路。设 $x_0, x_1, \cdots, x_n$ 是长度最短的通路的顶点序列，其中 $x_0=u$ 而 $x_n=v$。这条长度最短的通路是简单的。为了看明白这一点，假设它不是简单的。则对满足 $0\leqslant i<j$ 的某个 i 和 j 来说，有 $x_i=x_j$。这意味着通过删除顶点序列 $x_i, \cdots, x_{j-1}$ 所对应的边，就得到带有顶点序列 $x_0, x_1, \cdots, x_{i-1}, x_j, \cdots, x_n$ 的从 u 到 v 的更短的通路。◀

Links **连通分支** 图 G 的**连通分支**是 G 的连通子图，且该子图不是图 G 的另一个连通子图的真子图。也就是说，图 G 的连通分支是 G 的一个极大连通子图。不连通的图 G 具有2个或2个以上不相交的连通子图，并且 G 是这些连通子图的并。

例5 图3所示的图 H 的连通分支是什么？

解 如图3所示，图 H 是3个不相交的连通子图 H_1、H_2 和 H_3 的并。这3个子图是 H 的连通分支。◀

Links **例6** **呼叫图的连通分支** 当电话呼叫图(参见6.1节例4)中存在一系列从 x 开始到 y 结束的

电话呼叫时，两个顶点 x 和 y 就属于同一个连通分支。当分析 AT&T 网络中特定一天内发生的电话呼叫的呼叫图时，发现这个图具有 53 767 087 个顶点、超过 1.7 亿条边和超过 370 万个连通分支。这些连通分支大多数都很小，大约 3/4 是由表示只在彼此之间呼叫的一对电话号码的两个顶点所组成。这个图具有一个包含 44 989 297 个顶点(占总数的 80%)的巨大的连通分支。另外，这个连通分支中的每个顶点都可以通过一条不超过 20 个顶点的链连接到任何其他顶点。◀

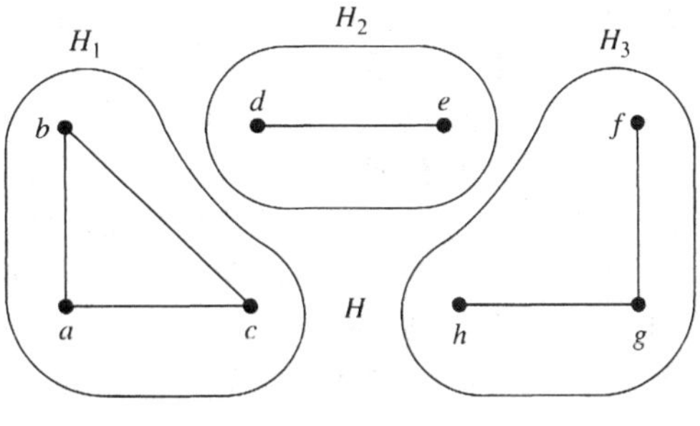

图 3 图 H 和它的连通分支 H_1、H_2 和 H_3

6.4.4 图是如何连通的

设有一个表示计算机网络的图。由该图是连通的可知，该网络中任意两台计算机之间都可以通信。然而，我们还想知道这个网络有多可靠。例如，当一个路由器或通信链路发生故障时，它是否还能保证所有计算机之间可以通信？为了回答这个以及类似的问题，我们介绍一些新的概念。

有时删除图中的一个顶点和它所关联的边，就产生比原图具有更多连通分支的子图。把这样的顶点称为**割点**(或**关节点**)。从连通图里删除割点，就产生不连通的子图。同理，如果删除一条边，就产生比原图具有更多连通分支的子图，这条边就称为**割边**或**桥**。注意，在表示计算机网络的图中，割点和割边表示了最重要的路由器和最重要的链路，为了使所有的计算机可以通信，它们不能发生故障。

例 7 求出图 4 所示的图 G_1 的割点和割边。

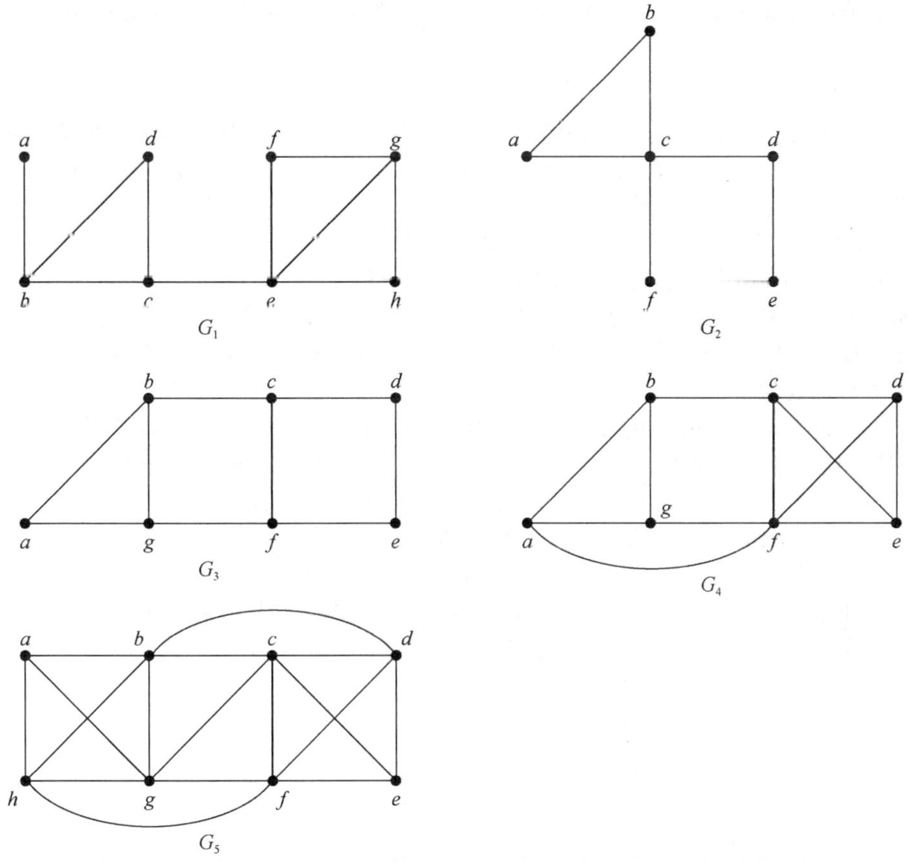

图 4 一些连通的图

解　图 G_1 的割点是 b、c 和 e。删除这些顶点中的一个(和它的邻边)，就使得这个图不再是连通的。割边是{a, b}和{c, e}。删除这些边中的一条，就使得 G 不再是连通的。◀

点连通性　并不是所有的图都有割点。例如，完全图 K_n，其中 $n\geqslant 3$，就没有割点。当从 K_n 中删除一个顶点及其相关联的边时，得到的子图是一个连通的完全图 K_{n-1}。不含割点的连通图称为**不可分割图**，它比有割点的连通图具有更好的连通性。我们可以扩展这个概念，基于使一个图不连通需要删除的最小的顶点数，定义一个与图的连通性相关的更大粒度的方法。

若 $G-V'$ 是不连通的，则称 $G=(V, E)$ 的顶点集 V 的子集 V' 是点割集，或分割集。例如，在图1中，集合{b, c, e}是一个含有3个顶点的点割集，读者可自行验证。我们留给读者证明(练习51)，除了完全图以外，每一个连通图都有一个点割集。我们定义非完全图的点连通度为点割集中最小的顶点数，记作 $\kappa(G)$。

当 G 是完全图时，它没有点割集，因为删除它顶点集合的任意子集及其所有相关联的边后它仍然是一个完全图。同时，当 G 是完全图时，我们不能把 $\kappa(G)$ 定义为点割集的最小顶点数。我们用 $\kappa(K_n)=n-1$ 来替代，这是需要删除的顶点数，以便得到只含有一个顶点的图。

因此，对于每一个图 G，$\kappa(G)$ 是使 G 变成不连通的图或只含有一个顶点的图所需删除的最小的顶点数。若 G 含有 n 个顶点，则 $0\leqslant\kappa(G)\leqslant n-1$，$\kappa(G)=0$ 当且仅当 G 是不连通的或 $G=K_1$，$\kappa(G)=n-1$ 当且仅当 G 是完全图[参见练习52a]。

$\kappa(G)$ 越大，我们认为 G 的连通性越好。不连通的图和 K_1 具有 $\kappa(G)=0$，含有点割集的连通图和 K_2 具有 $\kappa(G)=1$，不含点割集的需要删除两个顶点才变成不连通的图和 K_3 具有 $\kappa(G)=2$，以此类推。若 $\kappa(G)\geqslant k$，我们称图为 k **连通的**(或 k **顶点-连通的**)。若图是连通的且不是只含1个顶点的图，则称该图是1连通的；若图是不可分割的且至少含有3个顶点，则称该图为2连通的或**双连通的**。注意若 G 是一个 k 连通图，则对所有的 j，$0\leqslant j\leqslant k$，G 是一个 j 连通图。

例8　求出图4中每个图的点连通度。

解　图4中的5个图都是连通的且顶点数都大于1，所以每个图的点连通度都为正数。因为 G_1 是含1个割点的连通图，如例7所示，所以 $\kappa(G)=1$。同理，$\kappa(G_2)=1$，因为 c 是 G_2 的一个割点。

读者可验证 G_3 没有割点，但是{b, g}是一个点割集。所以 $\kappa(G_3)=2$。同理，G_4 没有割点，但是有一个含有两个元素{c, f}的点割集。由此可得，$\kappa(G_4)=2$。读者可验证 G_5 没有含有两个元素的点割集，但{b, c, f}是 G_5 的一个点割集，所以 $\kappa(G_5)=3$。◀

边连通度　我们可以通过把连通图 $G=(V, E)$ 变成不连通的所需要删除的最小边数，来度量连通图 G 的连通性。若一个图含有割边，那么我们只需删除该边就可以使 G 变成不连通的。如果 G 不含有割边，那么我们寻找需要删除的最小的边割集，以使 G 变成不连通的。如果 $G-E'$ 是不连通的，则称边集 E' 是图 G 的**边割集**。图 G 的**边连通度**，记作 $\lambda(G)$，是图 G 的边割集中的最小的边数。这给出了顶点数大于1的所有连通图的 $\lambda(G)$ 的定义，因为把所有与图中某个顶点相关联的边都删除，就可以使该图变成不连通的。注意，若 G 是不连通的，则 $\lambda(G)=0$。若 G 是只含有1个顶点的图，我们也定义 $\lambda(G)=0$。由此可得，若 G 是含有 n 个顶点的图，则 $0\leqslant\lambda(G)\leqslant n-1$。我们留给读者[练习52b]证明，$G$ 是含有 n 个顶点的图，$\lambda(G)=n-1$ 当且仅当 $G=K_n$，这等价于命题，若 G 不是完全图，则 $\lambda(G)\leqslant n-2$。

例9　求图4中每个图的边连通度。

解　图4中的5个图都是连通的且顶点数都大于1，所以每个图的边连通度都为正数。如例7所示，因为 G_1 含1条割边，所以 $\lambda(G_1)=1$。

读者需要验证 G_2 没有割边，但是删除{a, b}和{a, c}两条边后，就可以使它变成不连通的。所以 $\lambda(G_2)=2$。同理，$\lambda(G_3)=2$，因为 G_3 没有割边，但是删除{b, c}和{f, g}两条边后，就可以使它变成不连通的。

读者可以验证，删除任意两条边，都不能使 G_4 变成不连通的，但是删除$\{b, c\}$、$\{a, f\}$和$\{f, g\}$三条边后，就可以使它变成不连通的。所以，$\lambda(G_4)=3$。最后，读者需要验证$\lambda(G_5)=3$，因为删除任意两条边，都不能使其变成不连通的，但是删除$\{a, b\}$、$\{a, g\}$和$\{a, h\}$三条边后，就可以使它变成不连通的。◀

一个与点连通度和边连通度相关的不等式 当$G=(V, E)$是一个至少含有3个顶点的非完全连通图时，图 G 中顶点的最小度是图 G 的点连通度和图 G 的边连通度的上界。即$\kappa(G)\leqslant\min_{v\in V}\deg(v)$和$\lambda(G)\leqslant\min_{v\in V}\deg(v)$。为了明白这一点，注意删除度最小的顶点的所有邻居，就使 G 变成不连通的；而且删除所有以度最小的顶点为端点的边，就使 G 变成不连通的。

在练习55中，我们要求读者证明，若 G 是一个连通的非完全图，则$\kappa(G)\leqslant\lambda(G)$。还要注意，若 n 是正整数，则$\kappa(K_n)=\lambda(K_n)=\min_{v\in V}\deg(v)=n-1$，而且，若 G 是不连通的图，则$\kappa(G)=\lambda(G)=0$。将这些事实结合起来，对所有的图 G 有

$$\kappa(G)\leqslant\lambda(G)\leqslant\min_{v\in V}\deg(v)$$

点连通度和边连通度的应用 图的连通性对涉及网络可靠性的许多问题都很重要。例如，我们在介绍割点和割边时提到，可以用顶点表示路由器，用边表示它们之间的链路来为数据网络建模。图中的点连通度等于使网络不连通不能提供服务的最小的路由器数。若宕机的路由器少于这个数，那么还可以在任意两个路由器之间进行数据传输。边连通度表示使网络不连通时发生故障的最小光纤链路数。若发生故障的链路数少于这个数，那么还可以在任意两个路由器之间进行数据传输。

我们可以使用顶点表示高速公路交叉点，边表示连接交叉点的公路为高速公路网建模。该图的点连通度表示，使任意两个交叉点不能通行，在某一时刻所需关闭的最少交叉点数。若少于这个数的交叉点关闭，则还可以在任意两个交叉点之间通行。边连通度表示使高速公路不连通，所需关闭的最少的公路数。如果少于这个数的高速公路关闭，则还可以在任意两个交叉点之间通行。显然，当设计公路维修计划时，这个信息对高速公路管理部门是很有用的。

6.4.5 有向图的连通性

根据是否考虑边的方向，在有向图中有两种连通性概念。

定义4 若对于有向图中的任意顶点 a 和 b，都有从 a 到 b 和从 b 到 a 的通路，则该图是强连通的。

对于一个强连通的有向图，在这个图中的任何一个顶点到任何另一个顶点之间一定存在有向边的序列。有向图可以不是强连通的，但还是“一整块”。定义5准确地说明了这个概念。

定义5 若在有向图的基本无向图中，任何两个顶点之间都有通路，则该有向图是弱连通的。

也就是说，有向图是弱连通的，当且仅当在忽略边的方向时，任何两个顶点之间总是存在通路。显然，任何强连通有向图也是弱连通的。

例10 图5所示的有向图 G 和 H 是否为强连通的？是否为弱连通的？

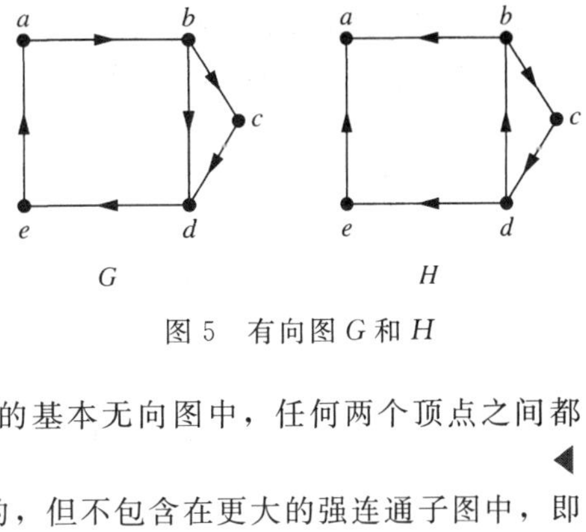

图5 有向图 G 和 H

解 G 是强连通的，因为在这个有向图中，任何两个顶点之间都存在通路(读者应当验证它)。因此 G 也是弱连通的。图 H 不是强连通的。在这个图中，从 a 到 b 没有有向通路。但是 H 是弱连通的，因为在 H 的基本无向图中，任何两个顶点之间都有通路(读者应当验证它)。◀

有向图的强连通分支 有向图 G 的子图是强连通的，但不包含在更大的强连通子图中，即极大强连通子图，可称为 G 的**强连通分支**或**强分支**。注意，若 a 和 b 是有向图中的两个顶点，

它们的强连通分支或者相同或者不相交。(我们把这个事实的证明留在练习 17 中。)

例 11 图 5 中的图 H 有 3 个强连通分支，包括：顶点 a；顶点 e；由顶点 b、c 和 d 以及边 (b,c)、(c,d)和(d,b)所组成的子图。◀

Links **例 12** **网络图的强连通分支** 6.1 节例 5 中介绍的网络图用顶点表示网页而用有向边表示链路。该网络在 1999 年的快照产生了具有 2 亿个顶点和 15 亿条边的网络图。2010 年，网络图估计至少有 550 亿个顶点和 10 000 亿条边。从这些有限的数据可见(如果你近年来使用过网络，这很容易理解)，网页数量有着较快的增长速度。(详情参见[Br00]及 Web 资源。)

1999 年，该网络图的基本无向图不是连通的，但是有一个包含了这个图中大约 90%的顶点的连通分支。与基本无向图中的这个连通分支所对应的原来有向图的子图(即具有相同的顶点以及连接这些顶点的所有有向边)，有一个非常大的强连通分支和许多小的强连通分支。前者称为这个有向图的**巨型强连通分支**(GSCC)。从这个分支中的任何其他网页开始的链路都可到达这个分支中的某一个网页。已经发现，这项研究产生的网络图中的巨型强连通分支有超过 5300 万个顶点。这个无向图的大型连通分支中的其余顶点表示 3 种不同类型的网页：可以从巨型强连通分支中的网页到达的，但是不能通过一系列链路返回前面这些网页的网页；可以通过一系列链路返回巨型强连通分支中的网页，但是不能通过巨型强连通分支中网页上的链路到达的网页；既不能到达巨型强连通分支中的网页，也不能通过一系列链路从巨型强连通分支中的网页到达的网页。这项研究发现其余这三个集合中的每个都具有大约 4400 万个顶点(这三个集合都接近同样的规模，这是相当令人惊讶的)。◀

6.4.6 通路与同构

有多种方式可以利用通路和回路来帮助判定两个图是否同构。例如，特定长度简单回路的存在，就是一种可以用来证明两个图不同构的有用的不变量。另外，可以利用通路来构造可能的同构映射。

前面提到过，简单图的一个有用的同构不变量是长度为 k 的简单回路的存在性，其中 k 是大于 2 的正整数(这是一个不变量的证明在本节练习 60 中)。例 13 说明如何用这个不变量来证明两个图是不同构的。

例 13 判定图 6 所示的图 G 和 H 是否是同构的。

解 G 和 H 都具有 6 个顶点和 8 条边。各自具有 4 个度为 3 的顶点和 2 个度为 2 的顶点。所以对两个图来说，这 3 个不变量(顶点数、边数以及顶点度)都是相同的。但是 H 有长度为 3 的简单回路，即 v_1，v_2，v_6，v_1，而通过观察可以看到，G 没有长度为 3 的简单回路(G 中的所有简单回路的长度至少为 4)。因为存在一条长度为 3 的简单回路是一个同构不变量，所以 G 和 H 是不同构的。◀

我们已经说明了如何用某种类型的通路，即具有特定长度的简单回路，来证明两个图是不同构的。还可以用通路求出潜在的同构映射。

例 14 判定图 7 所示的图 G 和 H 是否是同构的。

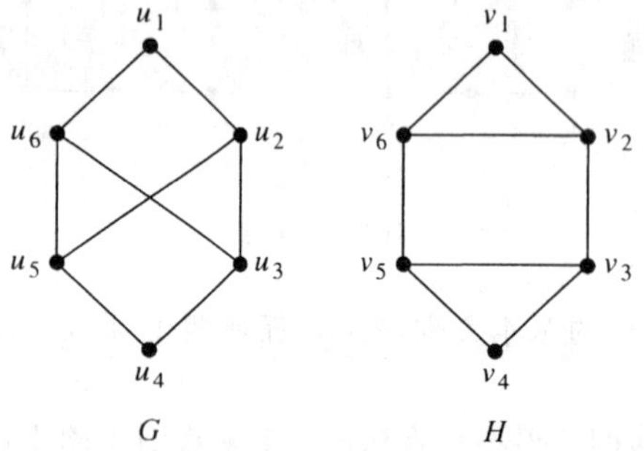

图 6 图 G 和 H

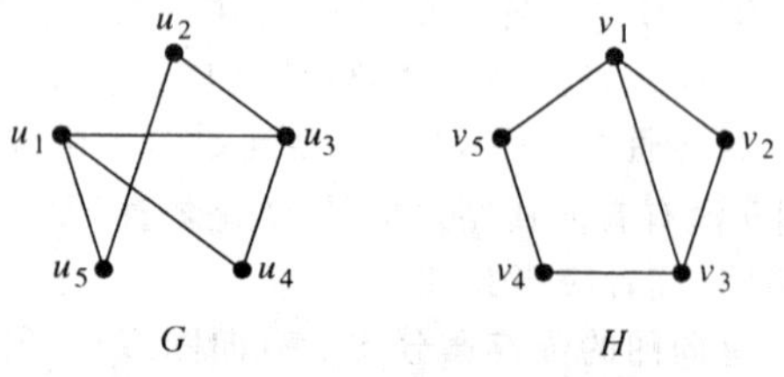

图 7 图 G 和 H

解 G 和 H 都具有 5 个顶点和 6 条边，都具有 2 个度为 3 的顶点和 3 个度为 2 顶点，而且都具有 1 个长度为 3 的简单回路，1 个长度为 4 的简单回路，以及 1 个长度为 5 的简单回路。因为所有这些同构不变量都是相同的，所以 G 和 H 可能是同构的。

为了求出可能的同构，沿着经过所有顶点并且使得两个图中的对应顶点的度都相同的通路前进。例如，G 中的通路 u_1，u_4，u_3，u_2，u_5 和 H 中的通路 v_3，v_2，v_1，v_5，v_4 都经过图中的每一个顶点，都从度为 3 的顶点开始，都分别经过度为 2 的顶点、度为 3 的顶点和度为 2 顶点并且在度为 2 的顶点结束。通过在图中沿着这些通路前进，定义映射 f 满足 $f(u_1)=v_3$、$f(u_4)=v_2$、$f(u_3)=v_1$、$f(u_2)=v_5$ 和 $f(u_5)=v_4$。通过说明 f 保持边或者通过说明在顶点的适当顺序下 G 和 H 的邻接矩阵是相同的，读者就可以说明 f 是一个同构，所以 G 与 H 是同构的。◀

6.4.7 计算顶点之间的通路数

在一个图中两个顶点之间通路的数目，可以用这个图的邻接矩阵来确定。

定理 2 设 G 是一个图，该图的邻接矩阵 $\mathbf{A}$ 相对于图中的顶点顺序 v_1，v_2，…，v_n(允许带有无向或有向边、带有多重边和环)。从 v_i 到 v_j 长度为 r 的不同通路的数目等于 $\mathbf{A}^r$ 的第(i, j)项，其中 r 是正整数。

证明 用数学归纳法证明。设 G 是带有邻接矩阵 $\mathbf{A}$ 的图(假设 G 的顶点具有顺序 v_1，v_2，…，v_n)。从 v_i 到 v_j 长度为 1 的通路数是 $\mathbf{A}$ 的第(i, j)项，因为该项是从 v_i 到 v_j 的边数。

假设 $\mathbf{A}^r$ 的第(i, j)项是从 v_i 到 v_j 长度为 r 的不同通路的个数。这是归纳假设。因为 $\mathbf{A}^{r+1}=\mathbf{A}^r\mathbf{A}$，所以 $\mathbf{A}^{r+1}$ 的第(i, j)项等于

$$b_{i1}a_{1j}+b_{i2}a_{2j}+\cdots+b_{in}a_{nj}$$

其中 b_{ik} 是 $\mathbf{A}^r$ 的第(i, k)项。根据归纳假设，b_{ik} 是从 v_i 到 v_k 长度为 r 的通路数。

从 v_i 到 v_j 长度为 $r+1$ 的通路，包括从 v_i 到某个中间顶点 v_k 长度为 r 的通路以及从 v_k 到 v_j 的边。根据计数的乘积法则，这样的通路个数是从 v_i 到 v_k 长度为 r 的通路数(即 b_{ik})与从 v_k 到 v_j 的边数(即 a_{kj})积。当对所有可能的中间顶点 v_k 求这些乘积之和时，根据计数的求和法则，就可以得出所需要的结果。◀

例 15 在图 8 所示的简单图 G 中，从 a 到 d 长度为 4 的通路有多少条？ Extra Examples

图 8 图 G

解 G 的邻接矩阵(顶点顺序为 a，b，c，d)是

$$\mathbf{A}=\begin{bmatrix}0&1&1&0\\1&0&0&1\\1&0&0&1\\0&1&1&0\end{bmatrix}$$

因此从 a 到 d 长度为 4 的通路数是 $\mathbf{A}^4$ 的第(1, 4)项。因为

$$\mathbf{A}^4=\begin{bmatrix}8&0&0&8\\0&8&8&0\\0&8&8&0\\8&0&0&8\end{bmatrix}$$

所以恰好有 8 条从 a 到 d 长度为 4 的通路。通过观察这个图，我们看出 a，b，a，b，d；a，b，a，c，d；a，b，d，b，d；a，b，d，c，d；a，c，a，b，d；a，c，a，c，d；a，c，d，b，d 和 a，c，d，c，d 是 8 条从 a 到 d 的通路。◀

定理 2 可以用来求出在图的两个顶点之间的最短通路的长度(见练习 56)，还可以用来判定图是否连通(见练习 61 和 62)。

奇数编号练习

1. 下述每个顶点列表是否可以构成下图中的通路？哪些通路是简单的？哪些是回路？这些通路的长度是多少？

a) a，e，b，c，b

b) a，e，a，d，b，c，a

c) e，b，a，d，b，e

d) c，b，d，a，e，c

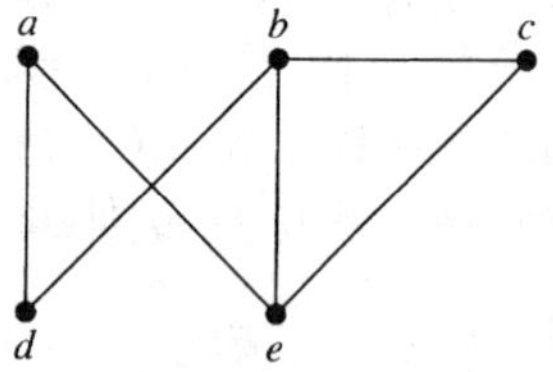

在练习 3～5 中，判定所给的图是否是连通的。

3.

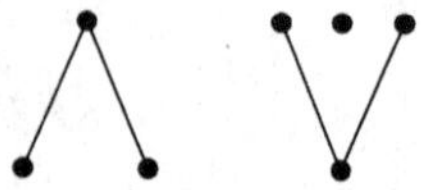

5.

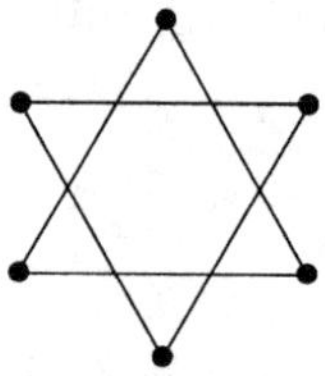

7. 相识关系图的连通分支表示什么？

9. 解释为什么在数学家的合作图中(参见 6.1 节例 3)，表示一个数学家的顶点与表示保罗·埃德斯的顶点是在同一个连通分支中，当且仅当这个数学家具有有穷的埃德斯数。

11. 判断下列各图是否是强连通的，如果不是，再判断是否是弱连通的。

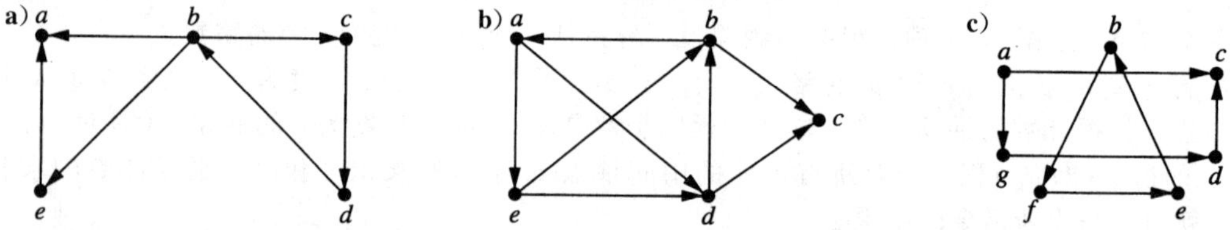

13. 电话呼叫图的强连通分支表示什么？

15. 求下列各图的强连通分支。

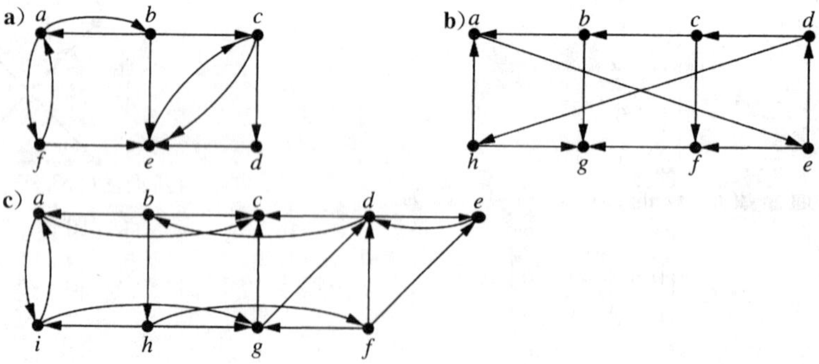

设 $G=(V, E)$是有向图。对于 $w\in V$ 和 $v\in V$，若有一条从 v 到 w 的有向通路，则称 w 是从 v **可达的**。若在图 G 中，有一条从 v 到 w 的有向通路和一条从 w 到 v 的有向通路，则称 v 和 w 是**相互可达的**。

17. 证明：若 $G=(V, E)$是有向图，则 V 中的两个顶点 u 和 v 所在的强连通分支要么相同，要么不相交。［提示：使用练习 16。］

19. 求 K_4 中两个不同顶点之间长度为 n 的通路的数目，若 n 是

a) 2 **b)** 3 **c)** 4 **d)** 5

21. 运用通路要么证明这两个图不是同构的，要么找出这两图之间的一个同构。

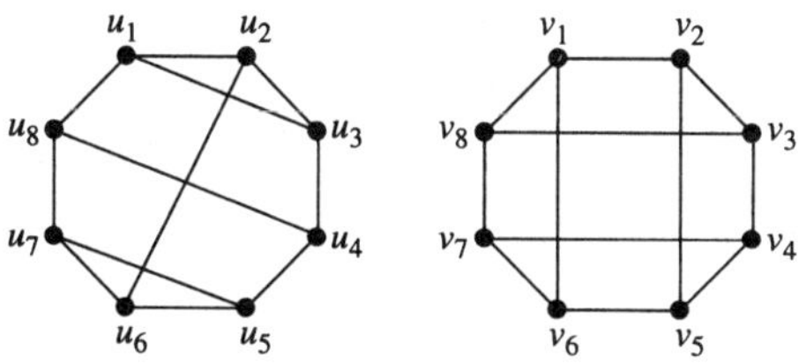

G　　　　H

23. 运用通路要么证明这两个图不是同构的，要么找出这两图之间的一个同构。

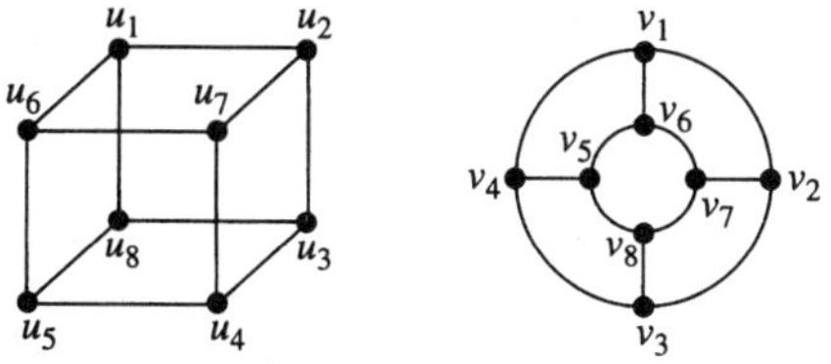

G　　　　H

25. 对练习 19 中的 n 值来说，求出 $K_{3,3}$ 中任意两个不相邻顶点之间长度为 n 的通路的数目。

27. 求出在练习 2 里的有向图中从 a 到 e 具有如下长度的通路的数目：

a) 2　　**b)** 3　　**c)** 4

d) 5　　**e)** 6　　**f)** 7

29. 设 $G=(V, E)$是简单图。设 R 是 V 上的关系，它是由顶点对(u, v)所组成的，使得存在从 u 到 v 的通路或使得 $u=v$。证明：R 是等价关系。

在练习 31～33 中，求所给图的所有割点。

31.

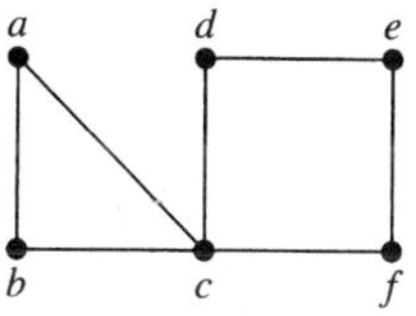

33.

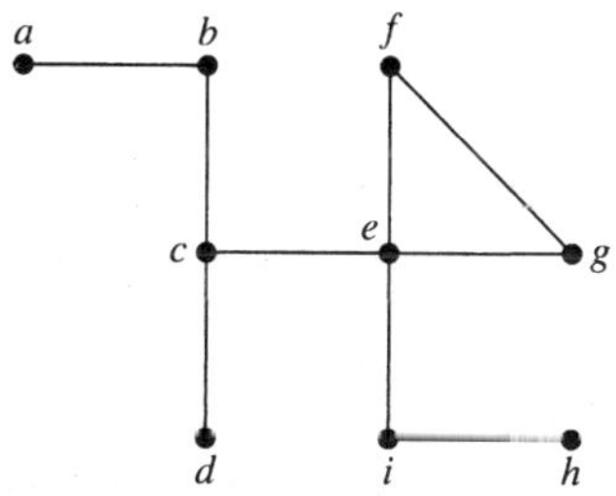

* **35.** 假设 v 是一条割边的端点。证明：v 是割点当且仅当它不是悬挂点。

* **37.** 证明：在至少有 2 个顶点的简单图中，至少有 2 个顶点不是割点。

39. 若网络中的通信链路故障会导致不能传送某些消息，则应当提供备份链路。对下面 a 和 b 所示的通信网络来说，确定哪些链路应该有备份链路。

a)

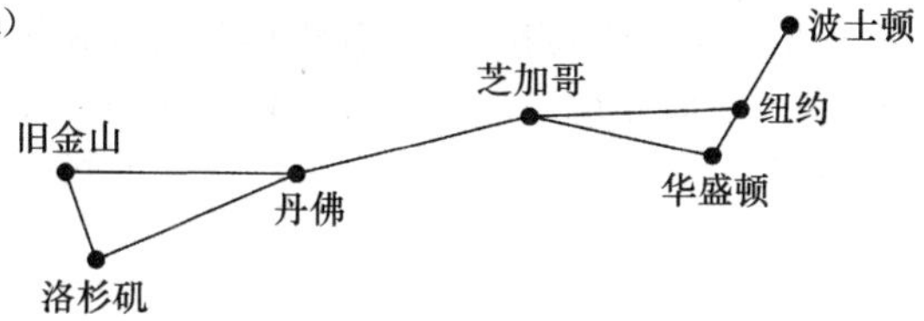

b)

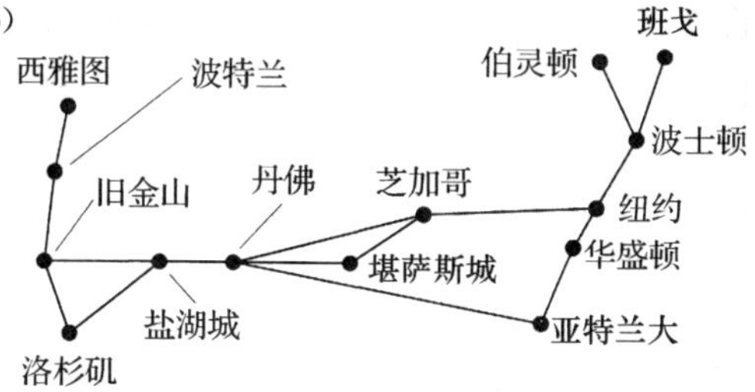

有向图 G 的**顶点基**是 G 的最小顶点的集合 B，使得对于 G 中任何一个不在 B 中的顶点 v，都有从 B 中的

一个顶点到 v 的一条通路。

41. 在影响图(在 6.1 节例 2 中描述)中顶点基的重要性是什么？找出该例中影响图的顶点基。

* **43.** 证明：若简单图 G 有 k 个连通分支，而且这些分支分别具有 n_1，n_2，…，n_k 个顶点，则 G 的边数不超过

$$\sum_{i=1}^{k} C(n_i, 2)$$

* **45.** 证明：若带有 n 个顶点的简单图 G 具有超过 $(n-1)(n-2)/2$ 条边，则它是连通的。

47. 当 n 取如下值时，存在多少个不同构的带有 n 个顶点的连通简单图？

a) 2　　**b)** 3　　**c)** 4　　**d)** 5

49. 证明练习 48 中的每个图都没有割边。

51. 证明：若 G 是连通图，则有可能删除顶点使 G 变成不连通的当且仅当 G 不是完全图。

53. 求 $\kappa(K_{m,n})$ 和 $\lambda(K_{m,n})$，其中 m、n 是正整数。

* **55.** 证明：若 G 是一个图。则 $\kappa(G) < \lambda(G)$。

57. 用定理 2 求图 1 中从 a 到 f 的最短通路的长度。

☞ **59.** 设 P_1 和 P_2 是简单图 G 中顶点 u 和 v 之间的没有相同边集的两条简单通路。证明：在 G 中存在简单回路。

61. 解释如何用定理 2 判定图是否是连通的。

63. 证明：简单图 G 是二分图，当且仅当 G 没有包含奇数条边的回路。

* **65.** 参考练习 64，运用图模型和图中的通路，求解吃醋丈夫问题。两对已婚夫妇想要过河，他们只能找到一艘小船，小船一次只能运送一个或者两个人到对岸。每个丈夫都非常爱吃醋，不愿让自己的妻子和另外一位男士单独在船上或在岸上。这 4 个人要怎么做才能到达对岸？

6.5　欧拉通路与哈密顿通路

6.5.1　引言

能否从一个顶点出发沿着图的边前进，恰好经过图的每条边一次并且回到这个顶点？同样，能否从一个顶点出发沿着图的边前进，恰好经过图的每个顶点一次并且回到这个顶点？虽然这两个问题有相似之处，但是对于所有的图来说，通过检查图中顶点的度，可以轻而易举地回答第一个关于是否具有**欧拉回路**(Euler Circuit)的问题，却非常难以解决第二个关于是否具有**哈密顿回路**(Hamilton Circuit)的问题。本节将研究这些问题并讨论求解这些问题的难点。虽然这两个问题在许多不同领域里都有实际应用，但是都来源于古老的智力题。下面将介绍这些古老的智力题以及现代的实际应用。

6.5.2　欧拉通路与欧拉回路

Links　普鲁士的哥尼斯堡镇(现名为加里宁格勒，属于俄罗斯共和国)被普雷格尔河支流分成四部分。这四部分包括普雷格尔河两岸的两个区域、克奈普霍夫岛河中心岛以及普雷格尔河两条支流之间的部分区域。在 18 世纪，7 座桥将这些区域连接起来。图 1 描述了这些区域和桥。

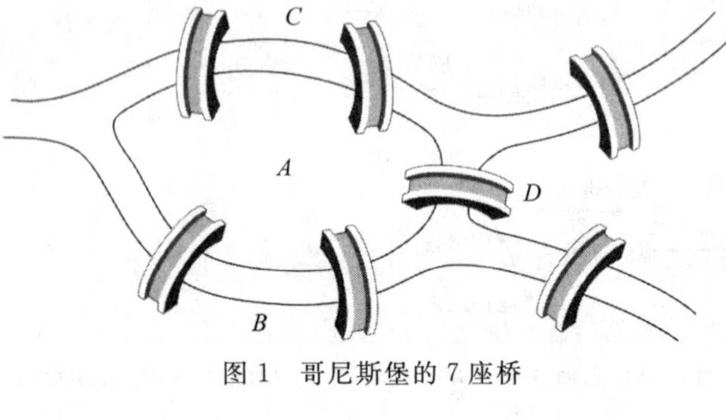

图 1　哥尼斯堡的 7 座桥

镇上的人们在周日穿过镇子进行长距离的散步。他们想弄明白是否可能从镇里的某个位置出发不重复地经过所有桥并且返回出发点。

瑞士数学家列昂哈德·欧拉解决了这个问题。他的解答发表在1736年，这也许是人们第一次使用图论(关于欧拉原始论文的译稿，参见[BiLlWi99])。欧拉利用多重图来研究这个问题，其中用顶点表示这四部分，用边表示桥，如图2所示。

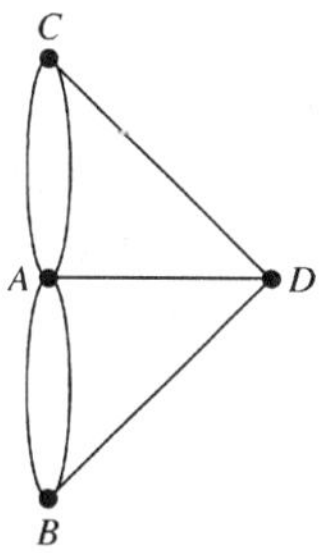

图2　哥尼斯堡镇的多重图模型

不重复地经过每一座桥来旅行的问题可以利用这个模型来重新叙述。问题变成：在这个多重图中是否存在着包含每一条边的简单回路？

定义1　图G中的欧拉回路是包含G的每一条边的简单回路。图G中的欧拉通路是包含G的每一条边的简单通路。

例1和例2解释了欧拉回路和欧拉通路的概念。

例1　在图3中，哪些无向图有欧拉回路？在没有欧拉回路的那些图中，哪些具有欧拉通路？

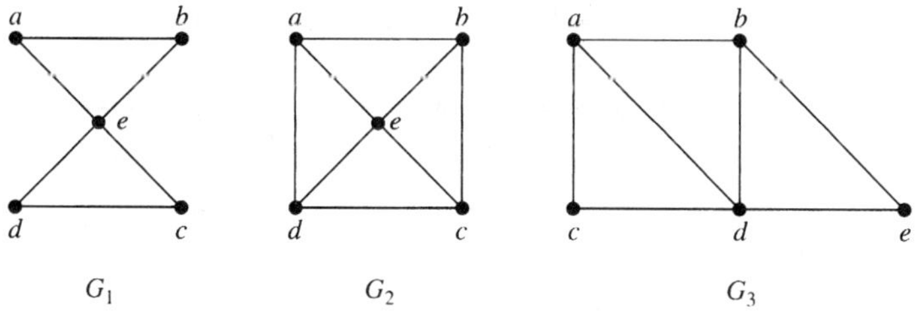

图3　无向图G_1、G_2和G_3

解　图G_1具有欧拉回路，例如a, e, c, d, e, b, a。G_2和G_3都没有欧拉回路(读者应当验证它)。但是G_3具有欧拉通路，即a, c, d, e, b, d, a, b。G_2没有欧拉通路(读者应当验证它)。◀

例2　在图4中，哪些有向图有欧拉回路？在没有欧拉回路的那些图中，哪些具有欧拉通路？

Extra Examples

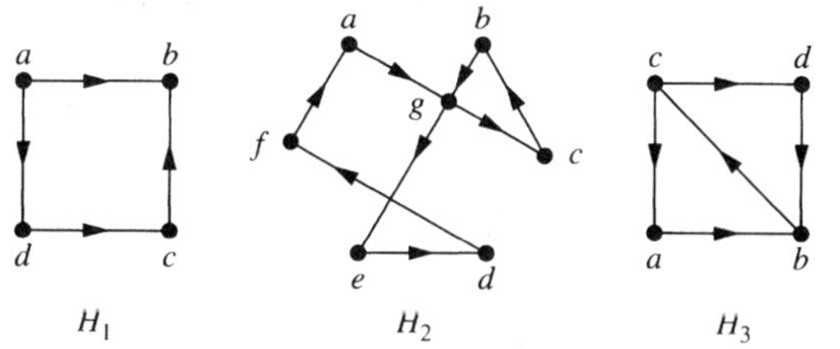

图4　有向图H_1，H_2和H_3

解　图H_2有欧拉回路，例如$a, g, c, b, g, e, d, f, a$。$H_1$和$H_3$都没有欧拉回路(读者应当验证它)。$H_3$具有欧拉通路，即$c, a, b, c, d, b$，但是$H_1$没有欧拉通路(读者应当验证它)。◀

欧拉回路和欧拉通路的充要条件　对判断多重图是否有欧拉回路和欧拉通路，存在着简单的标准。欧拉在解决著名的哥尼斯堡七桥问题时发现了它们。假设在本节讨论的所有图都有有穷个顶点和边。

若一个连通多重图有欧拉回路，则它有什么性质呢？可以说明的是，每一个顶点都必有偶数条边。为此，首先注意一条欧拉回路从顶点 a 开始，接着是 a 关联的一条边，比方说 $\{a, b\}$。边 $\{a, b\}$ 为 $\deg(a)$ 贡献 1 度。这条回路每经过一个顶点就为该顶点的度贡献 2 度，因为这条回路从关联该顶点的一条边进入，又经过另一条这样的边离开该顶点。最后，这条回路在它开始的地方结束，为 $\deg(a)$ 贡献 1 度。因此 $\deg(a)$ 必为偶数，因为当回路开始时它贡献 1 度，当回路结束时它贡献 1 度，每次经过 a 都贡献 2 度(如果它又经过了 a)。除了 a 以外，其余顶点都有偶数度，因为每次回路经过一个顶点就为该顶点的度贡献 2 度。由此得出结论，若连通图有欧拉回路，则每一个顶点必有偶数度。

欧拉回路存在性的这个必要条件是否也是充分的？即若在连通多重图中的所有顶点都有偶数度，则是否必有欧拉回路？这个问题可以通过构造来解决。

假设 G 是连通多重图且 G 的每一个顶点的度都是偶数。一条边一条边地构造从 G 的任意顶点 a 开始的简单回路。设 $x_0=a$。首先任意地选择一条关联 a 的边 $\{x_0, x_1\}$，因为 G 是连通的，所以这是可行的。通过一条一条地增加边来继续构造，建立尽量长的简单通路 $\{x_0, x_1\}$，$\{x_1, x_2\}$，…，$\{x_{n-1}, x_n\}$，直到不能再向这条通路中增加边。当我们到达一个顶点，并且在通路中已包含所有与该顶点相关联的边时，就会出现这种情况。例如，在图 5 的图 G 中，从 a 开始且连续地选择边 $\{a, f\}$、$\{f, c\}$、$\{c, b\}$ 和 $\{b, a\}$。

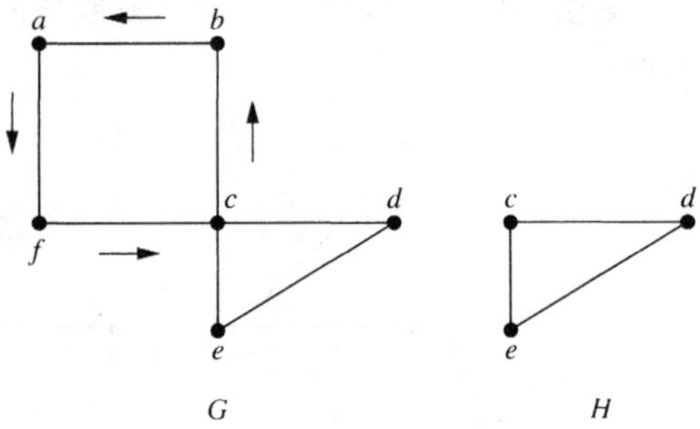

图 5　构造 G 中的欧拉回路

这样的通路必然会结束，因为图的边数是有穷的，所以我们最终一定能到达一个顶点，对于该点，再也没有边可以增加到这条通路中。该通路在 a 上以形如 $\{a, x\}$ 的边开始，现在证明其必然在 a 上以形如 $\{y, a\}$ 的边结束。为了说明该通路一定结束于 a，注意通路每经过一个度为偶数的顶点时，它只用 1 条边进入这个顶点，因为度数至少为 2，所以通路中至少还剩下 1 条边离开这个顶点。而且，每次进入和离开一个度数为偶数的顶点时，还有偶数条没在通路中的边与该点相关联。同时，在我们构造通路时，每次我们进入一个不同于 a 的顶点时，都可以从该点离开。这意味着，该通路只能结束于 a。另外注意，我们构造的这条通路可能用完了所有的边或者当我们在用完所有的边之前回到了顶点 a，也可能没用完所有的边。

若所有的边都已经用完，则欧拉回路已经构造好了。否则，考虑通过从 G 里删除已经用过的边和不关联任何剩余边的顶点所得到的子图 H。当从图 5 的图中删除回路 a，f，c，b，a 时，就得到标记为 H 的子图。

因为 G 是连通的，所以 H 与已经删除的回路至少有 1 个公共顶点。设 w 是这样的顶点(此例中 c 是这个顶点)。

H 中的每一个顶点的度都是偶数。(因为 G 中的所有顶点的度都是偶数，对每个顶点来说，与这个顶点相关联的边都成对地删除了，以便形成 H。)注意 H 可能是不连通的。像在 G 中做过的那样，从 w 开始，通过尽可能地选择边来构造 H 的简单通路。这条通路必然在 w 结束。例如，在图 5 中，c，d，e，c 是 H 中的通路。下一步通过把 H 中的回路与 G 中原来的回路拼接起来形成 G 中的回路(这是可行的，因为 w 是这个回路的顶点之一)。当在图 5 的图中这样做时，就得到回路 a，f，c，d，e，c，b，a。

继续进行这个过程，直到已经用完了所有的边为止(这个过程必然结束，因为图中只有有穷的边数)。这样就产生了欧拉回路。这样的构造说明，若连通多重图的顶点的度都为偶数，则该图具有欧拉回路。

把这些结果总结成定理 1。

定理 1　含有至少 2 个顶点的连通多重图具有欧拉回路当且仅当它的每个顶点的度都为偶数。

现在可以解决哥尼斯堡七桥问题了。因为图 2 所示的表示这些桥的多重图具有 4 个度为奇数的顶点，所以它没有欧拉回路。从给定点开始，恰好经过每座桥一次并返回开始点的想法是无法实现的。

算法 1 给出了在定理 1 之前所讨论的求欧拉回路的构造过程(因为这个过程中的回路是任意选择的，所以存在一些不确定性。我们不介意通过更精确地说明过程的步骤来消除这些不确定性)。

```
算法 1  构造欧拉回路
procedure Euler(G: 所有顶点的度都为偶数的连通多重图)
circuit := 从 G 中任选的顶点开始，连续地加入边所形成的回到该顶点的回路
H := 删除这条回路的边之后的 G
while H 还有边
    subcircuit := 在既是 H 的顶点也是 circuit 的边的端点处开始的 H 的一条回路
    H := 删除 subcircuit 的边和所有孤立点之后的 H
    circuit := 在适当顶点上插入 subcircuit 之后的 circuit
return circuit{circuit 是欧拉回路}
```

算法 1 提供了一个在所有顶点的度都为偶数的连通多重图 G 中寻找欧拉回路的有效算法。我们留给读者证明(练习 66)这个算法的最坏情形时间复杂度是 $O(m)$，其中 m 是 G 中的边数。

例 3 说明如何利用欧拉通路和欧拉回路来解决一种类型的智力题。

例 3 有许多智力题要求用铅笔连续移动，不离开纸面并且不重复地画出图形。可以利用欧拉回路和欧拉通路来解决这样的智力题。例如，能否用这样的方法画出图 6 所示的穆罕默德短弯刀？其中，该画法在图形的同一个顶点上开始和结束。

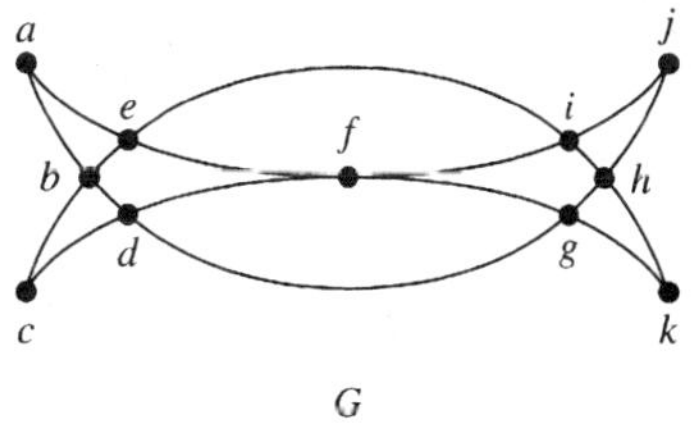

图 6　穆罕默德短弯刀

解 可以解决这个问题，因为图 6 所示的图 G 具有欧拉回路。它具有这样的回路，因为它的所有顶点的度都为偶数。用算法 1 来构造欧拉回路。首先，形成回路 a，b，d，c，b，e，i，f，e，a。通过删除这条回路的边并删除因此产生的孤立点，就得到子图 H。然后形成 H 里的回路 d，g，h，j，i，h，k，g，f，d。形成这条回路后就用完了 G 中的所有边。在适当的地方将这条回路与第一条回路拼接，就产生了欧拉回路 a，b，d，g，h，j，i，h，k，g，f，d，c，b，e，i，f，e，a。这条回路给出了铅笔不离开纸面且不重复地画出弯刀的方法。◀

构造欧拉回路的另一个算法称为弗勒里算法，在练习 50 的前面描述了它。

现在说明连通多重图具有欧拉通路(不是欧拉回路)当且仅当它恰有 2 个度为奇数的顶点。首先，假设连通多重图有一条从 a 到 b 的欧拉通路，但不是欧拉回路。该通路的第一条边为 a 的度贡献 1 度。通路每次经过 a 就为 a 的度贡献 2 度。通路的最后一条边为 b 的度贡献 1 度。通路每次经过 b 就为 b 的度贡献 2 度。所以 a 和 b 的度都是奇数。每一个其他顶点都具有偶数度，因为当通路经过一个顶点时，就为这个顶点的度贡献 2 度。

现在反过来考虑。假设这个图恰有 2 个度为奇数的顶点，比方说 a 和 b。考虑由原来的图和边 $\{a, b\}$ 所组成的更大的图。这个更大的图的每一个顶点的度都为偶数，所以它具有欧拉回路。删除新边就产生原图的欧拉通路。定理 2 总结了这些结果。

定理 2　连通多重图具有欧拉通路但无欧拉回路当且仅当它恰有 2 个度为奇数的顶点。

例 4 图 7 所示的哪些图具有欧拉通路？

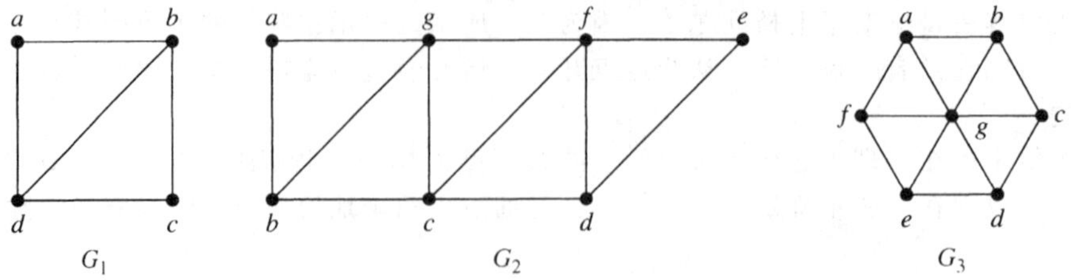

图7　三个无向图

解　G_1 恰有2个度为奇数的顶点，即 b 和 d。因此它具有必须用 b 和 d 作为端点的欧拉通路。一条这样的欧拉通路是 d，a，b，c，d，b。同理，G_2 恰有2个度为奇数的顶点，即 b 和 d。因此它具有必须用 b 和 d 作为端点的欧拉通路。一条这样的欧拉通路是 b，a，g，f，e，d，c，g，b，c，f，d。G_3 没有欧拉通路，因为它具有6个度为奇数的顶点。◀

回到18世纪的哥尼斯堡，是否有可能在镇里的某点开始，旅行经过所有的桥，在镇里的其他某点结束？通过判定表示哥尼斯堡七桥的多重图是否具有欧拉通路，就可以回答这个问题。因为这个多重图有4个度为奇数的顶点，没有欧拉通路，所以这样的旅行是不可能的。

有向图中欧拉通路和欧拉回路的充要条件，在练习16和练习17中给出。

Links **欧拉通路和欧拉回路的应用**　可以用欧拉通路和欧拉回路解决许多实际问题。例如，许多应用都要求一条通路或回路，它要求恰好一次经过一个街区里的每条街道、一个交通网中的每条道路、一个高压输电网里的每个连接或者一个通信网络里的每条链路。求出适当的图模型中的欧拉通路或欧拉回路就可以解决这样的问题。例如，如果一个邮递员可以求出表示他所负责投递的街道图中的欧拉通路，则这条通路就产生恰好经过每条街道一次的投递路线。如果不存在欧拉通路，有些通路就必须经过多次。在图中找出一条回路，该回路以最少的边数至少遍历每一条边一次的问题称为中国邮递员问题，以纪念在1962年提出这个问题的中国科学家管梅谷。参看[MiRo91]以了解关于不存在欧拉通路时中国邮递员问题的解的更多信息。

应用欧拉通路和欧拉回路的其他领域有：电路布线、网络组播和分子生物学，在分子生物学中欧拉通路用于DNA测序。

6.5.3　哈密顿通路与哈密顿回路

Links 包含多重图每一条边恰好一次的通路和回路的存在性的充要条件已经得出。那么包含图中每一个顶点恰好一次的简单通路和回路的存在性的充要条件是否也能得出呢？

定义2　经过图 G 中每一个顶点恰好一次的简单通路称为哈密顿通路，经过图 G 中每一个顶点恰好一次的简单回路称为哈密顿回路。即，在图 $G=(V, E)$ 中，若 $V=\{x_0, x_1, \cdots, x_{n-1}, x_n\}$ 并且对 $0\leqslant i<j\leqslant n$ 来说有 $x_i\neq x_j$，则图 G 中的简单通路 x_0，x_1，…，x_{n-1}，x_n 称为哈密顿通路。在图 $G=(V, E)$ 中，若 x_0，x_1，…，x_{n-1}，x_n 是哈密顿通路，则 x_0，x_1，…，x_{n-1}，x_n，x_0（其中 $n>0$）称为哈密顿回路。

这个术语来自爱尔兰数学家威廉·罗万·哈密顿爵士在1857年发明的智力题。哈密顿的智力题用到了木质十二面体（如图8a所示，十二面体有12个正五边形表面）、十二面体每个顶点上的钉子，以及细线。十二面体的20个顶点用世界上的不同城市标记。智力题要求从一个城市开始，沿十二面体的边旅行，访问其他19个城市，每个恰好一次，回到第一个城市结束。旅行经过的回路用钉子和细线来标记。

因为作者不可能向每位读者提供带钉子和细线的木质十二面体，所以考虑一个等价的问题：图8b中的图是否具有恰好经过每个顶点一次的回路？它就是对原题的解，因为该图同构于包含十二面体顶点和边的图。图9是哈密顿智力题的一个解。

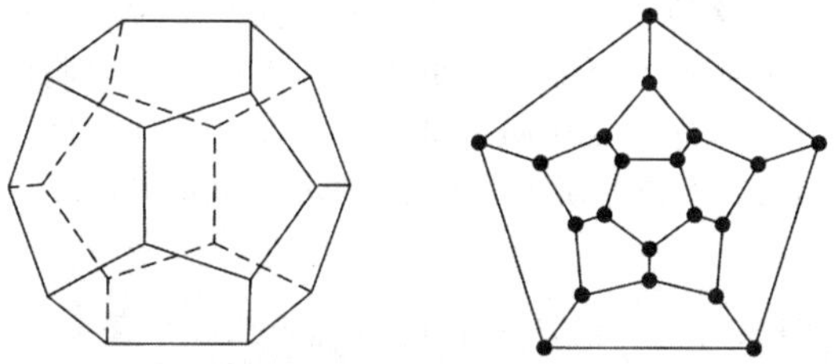

a)　　b)

图 8　哈密顿的“周游世界”智力题

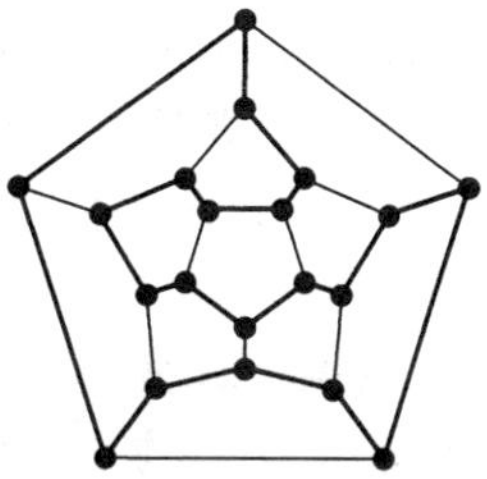

图 9　“周游世界”智力题的一个解

Extra Examples

例 5　在图 10 中，哪些简单图具有哈密顿回路？或者没有哈密顿回路但是有哈密顿通路？

解　G_1 有哈密顿回路：a，b，c，d，e，a。G_2 没有哈密顿回路（可以看出包含每一个顶点的任何回路必然两次包含边$\{a, b\}$），但是 G_2 确实有哈密顿通路，即 a，b，c，d。G_3 既无哈密顿回路也无哈密顿通路，因为包含所有顶点的任何通路都必须多次包含边$\{a, b\}$、$\{e, f\}$和$\{c, d\}$其中之一。◀

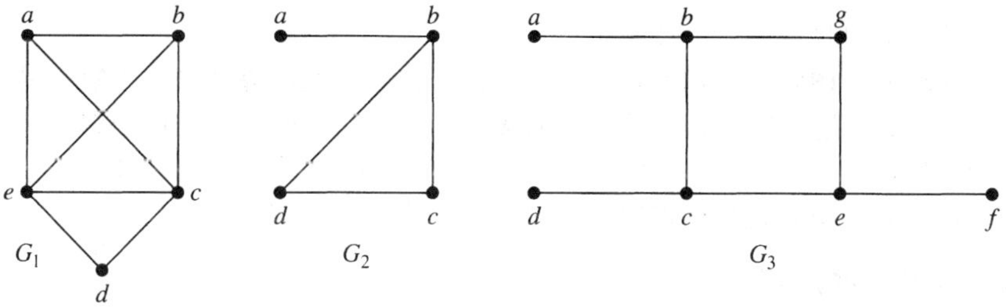

图 10　三个简单图

哈密顿回路存在的条件　是否存在简单方式来判定一个图有无哈密顿回路或哈密顿通路？首先，似乎应当有判定这个问题的简单方式，因为存在简单方式来回答一个图有无欧拉回路这样的相似问题。令人吃惊的是，没有已知简单的充要条件来判定哈密顿回路的存在性。不过，已经有许多定理给出了哈密顿回路的存在性的充分条件。另外，也有某些性质可以用来证明一个图没有哈密顿回路。例如，带有度为 1 的顶点的图没有哈密顿回路，因为在哈密顿回路中每个顶点都关联回路中的两条边。另外，若图中有度为 2 的顶点，则关联这个顶点的两条边属于任意一条哈密顿回路。此外注意，当构造哈密顿回路且该回路经过某一个顶点时，除了回路所用到的两条边以外，这个顶点所关联的其他所有边不用再考虑。而且，哈密顿回路不能包含更小的回路。

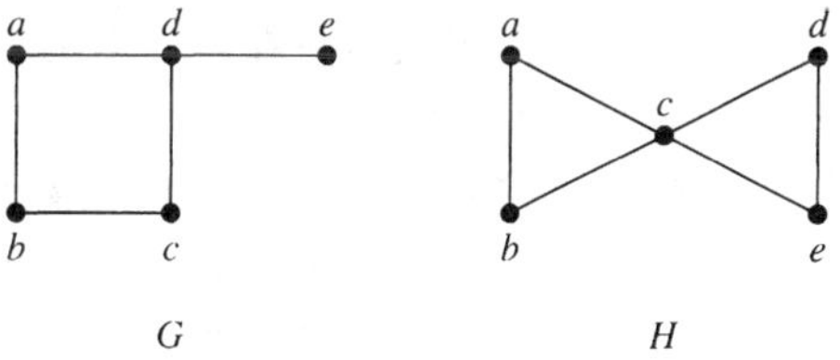

图 11　两个没有哈密顿回路的图

例 6　证明图 11 中的图都没有哈密顿回路。

解　G 没有哈密顿回路，因为 G 有度为 1 的顶点，即 e。现在考虑 H。因为顶点 a、b、d 和 e 的度都为 2，所以与这些顶点关联的每一条边都必然属于任意一条哈密顿回路。现在容易看出 H 不存在哈密顿回路，因为任何这样的哈密顿回路都不得不包含 4 条关联 c 的边，这是不可能的。◀

例 7　证明：当 $n \geqslant 3$ 时，K_n 有哈密顿回路。

解　从 K_n 中的任意一个顶点开始来形成哈密顿回路。以所选择的任意顺序来访问顶点，只要求通路在同一个顶点开始和结束，而且对其他每个顶点恰好访问一次，就可以构造这样的回路。这样做是可能的，因为在 K_n 中任意两个顶点之间都有边。◀

虽然还未发现任何有用的关于哈密顿回路存在性的充要条件，但很多充分条件已经被找到了。注意，一个图的边越多，这个图就越可能有哈密顿回路。另外，加入边（而不是顶点）到已经有哈密顿回路的图中，就产生有相同哈密顿回路的图。因此，当加入边到图中时，特别是当确保给每个顶点都加入边时，这个图存在哈密顿回路的可能性就更大了。因此，我们期望哈密顿回路存在性的充分条件取决于顶点的度足够大。这里叙述两个最重要的充分条件。这些条件是加布里尔·A. 狄拉克(Gabriel A. Dirac)在 1952 年和奥斯丁·欧尔(Øystein Ore)在 1960 年发现的。

定理 3 狄拉克定理 如果 G 是有 n 个顶点的简单图，其中 $n\geqslant 3$，并且 G 中每个顶点的度都至少为 $n/2$，则 G 有哈密顿回路。

定理 4 欧尔定理 如果 G 是有 n 个顶点的简单图，其中 $n\geqslant 3$，并且对于 G 中每一对不相邻的顶点 u 和 v 来说，都有 $\deg(u)+\deg(v)\geqslant n$，则 G 有哈密顿回路。

本节练习 65 粗略介绍了欧尔定理的证明。狄拉克定理可以作为欧尔定理的推论来证明，因为狄拉克定理的条件蕴含了欧尔定理的条件。

Links 欧尔定理和狄拉克定理都给出了连通的简单图有哈密顿回路的充分条件。但是，这些定理没有给出哈密顿回路存在性的必要条件。例如，图 C_5 有哈密顿回路，但既不满足欧尔定理的假设也不满足狄拉克定理的假设，读者可以验证这一点。

已知最好的求一个图哈密顿回路或判定这样的回路不存在的算法具有指数级的最坏情形时间复杂度(相对于图的顶点数来说)。找到具有多项式最坏情形时间复杂度的解决算法将具有重大意义，因为已经证明这个问题是 NP 完全的。因此，它的发现将意味着其他许多理论上可解的问题都可以用具有多项式最坏情形时间复杂度的解决算法来解决。

6.5.4 哈密顿回路的应用

可以用哈密顿通路和哈密顿回路来解决实际问题。例如，许多应用都要求一条通路或回路恰好访问一个城市的每个路口、一个设备网格的每个管道交汇处或者一个通信网络的每个节点一次。求出适当图模型中的哈密顿通路或哈密顿回路就可以解决这样的问题。著名的**旅行商问题**(TSP)要求一个旅行商为了访问一组城市所应当选取的最短路线。这个问题可归结为求完全图的哈密顿回路，使这个回路的边的权的总和尽可能小。我们将在 6.6 节回到这个问题。

现在给出哈密顿回路在编码上的一种相对不太显著的应用。

例 8 格雷码 旋转的指针的位置可以表示成数字的形式。一种方式是把圆周等分成 2^n 段弧并且用长度为 n 的比特串给每段弧赋值。图 12 显示出了用长度为 3 的比特串来这样做的两种方式。

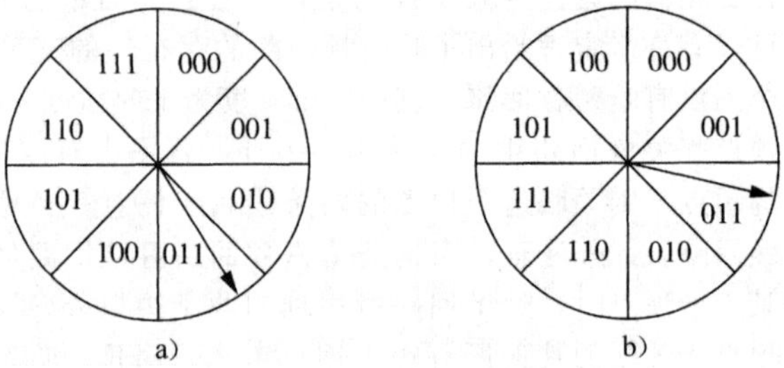

图 12 把指针位置转换成数字形式

用 n 个接触点的集合来确定指针位置的数字表示。每个接触点用来读出位置的数字表示中的一位。图 13 对图 12 中的两种赋值进行了说明。

当指针靠近两段弧的边界时，在读出指针位置时可能发生错误。这可能引起读出的比特串有一个大的错误。例如，在图 12a 的编码方案里，若在确定指针位置的过程中发生了一个小的错误，则读出的比特串是 100 而不是 011。所有三位都是错的！为了把在确定指针位置的过程中的错误影响降到最低，用比特串对 2^n 段弧赋值，使相邻的弧所表示的比特串只相差一位。图 12b 的编码方案恰好就是这样。在确定指针位置的过程中一个错误使给出的比特串为 010 而不为 011。只有一位是错的。

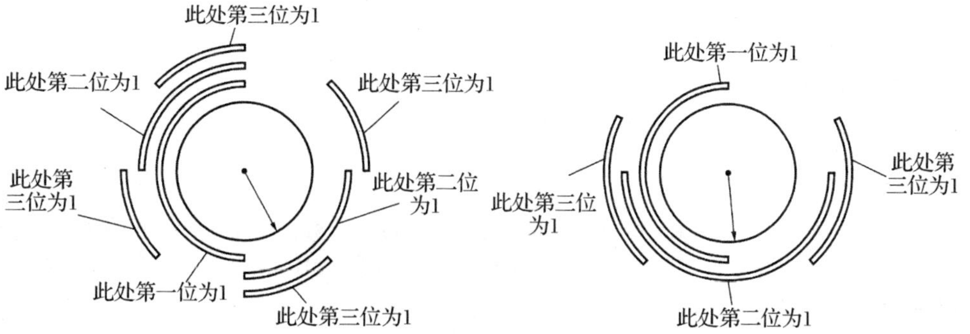

图 13　指针位置的数字表示

格雷码是圆弧的一种标记，使得相邻的弧具有恰好相差一位的比特串标记。在图 12b 中的赋值是一个格雷码。可以这样找出格雷码：以下述方式列出所有长度为 n 的比特串，使得每一个串与前一个串恰好相差一位，而且最后一个串与第一个串恰好相差一位。可以用 n 立方体 Q_n 来为这个问题建模。解决这个问题所需要的是 Q_n 中的一条哈密顿回路。这样的哈密顿回路容易求出。例如，Q_3 的一条哈密顿回路显示在图 14 中。这条哈密顿回路所产生的前后恰好相差一位的比特串序列是 000，001，011，010，110，111，101，100。

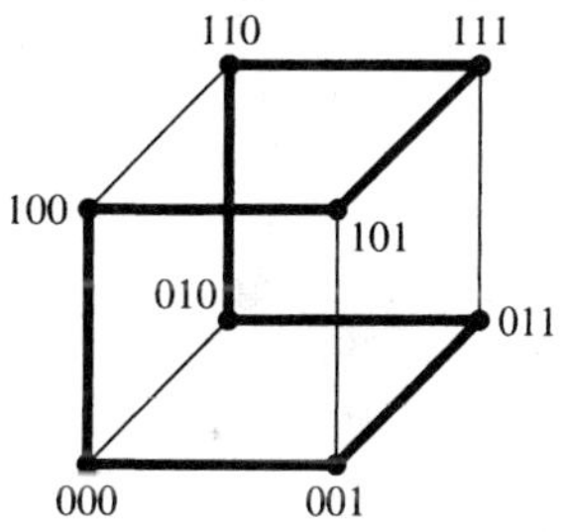

图 14　Q_3 的哈密顿回路

格雷码是以弗兰克·格雷的名字来命名的。20 世纪 40 年代，格雷在贝尔实验室研究如何把数字信号传送过程中错误的影响降到最低时发明了它们。◀

奇数编号练习

在练习 1～8 中，判定给定的图是否具有欧拉回路。若存在，构造这样的回路；如果不存在，就确定这个图是否具有欧拉通路，若存在，则构造这样的通路。

1.
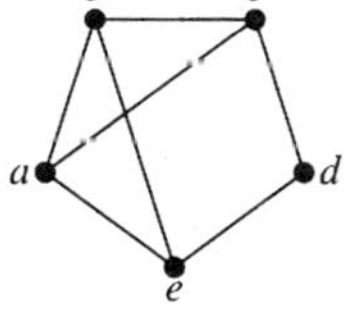

3.
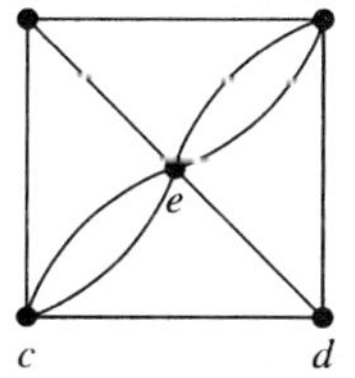

5.
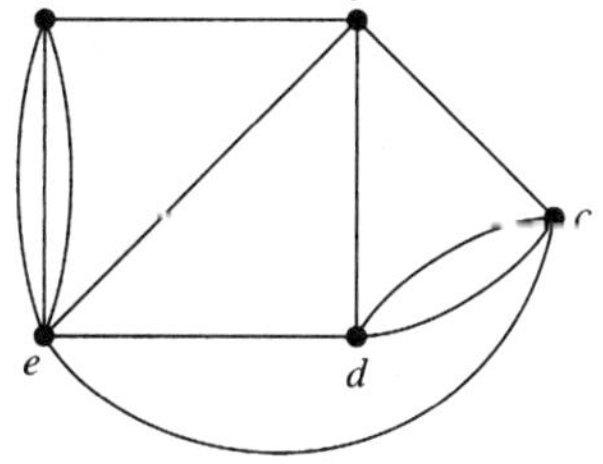

7.
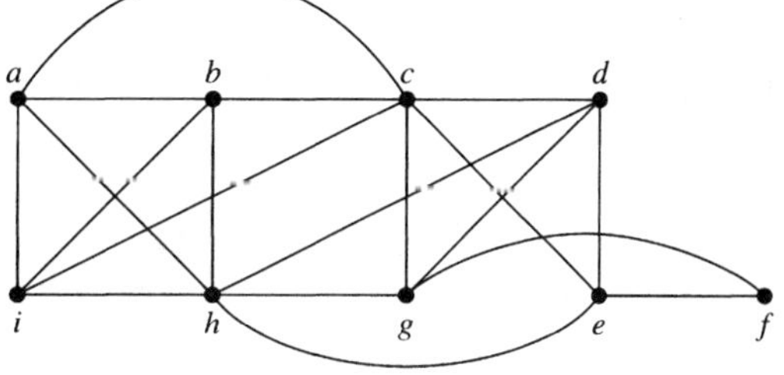

9. 设除了哥尼斯堡的 7 座桥之外(如图 1 所示)，还有另外 2 座桥。这些新桥分别连接区域 B 和 C 以及区域 B 和 D。是否有人能够经过这 9 座桥恰好一次并且回到出发点？

11. 何时可以画出一个城市街道的中心线而不重复经过街道(假设所有街道都是双向街道)？

在练习 13～15 中，判定是否可以用一支铅笔连续移动，不离开纸面并且不重复地画出所示的图形。

13.

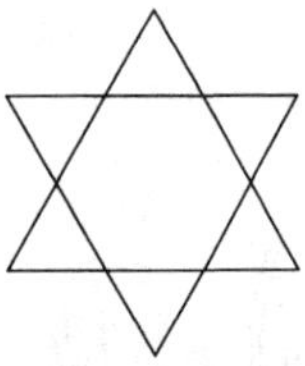

15.

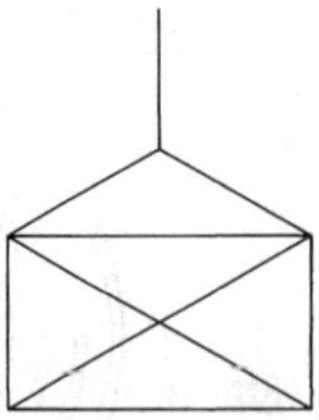

* **17.** 证明：不带有孤立点的有向多重图具有欧拉通路而没有欧拉回路，当且仅当该图是弱连通的并且存在两个顶点，一个顶点的入度比出度大 1 而另外一个顶点的出度比入度大 1，其余每个顶点的入度与出度都相等。

在练习 18～23 中，判断所示的有向图是否具有欧拉回路。若存在欧拉回路，则构造一条欧拉回路。如果不存在欧拉回路，就判断这个有向图是否具有欧拉通路。若存在欧拉通路，则构造一条欧拉通路。

19.

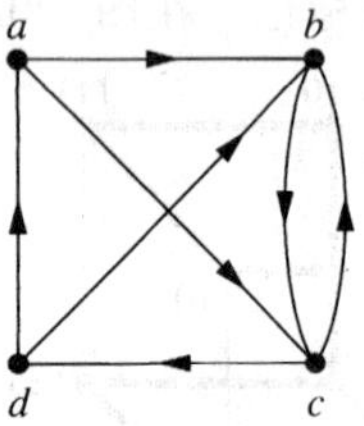

21.

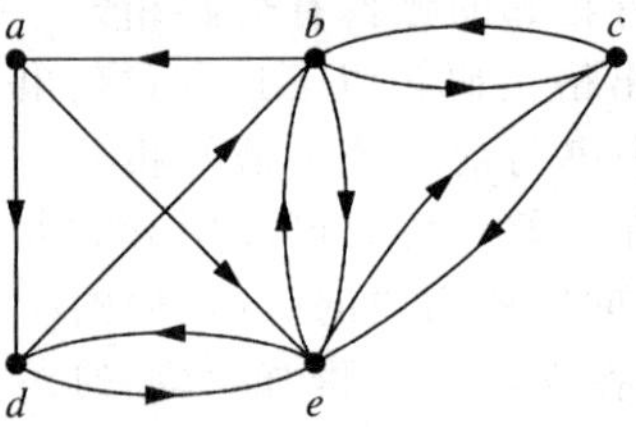

23.

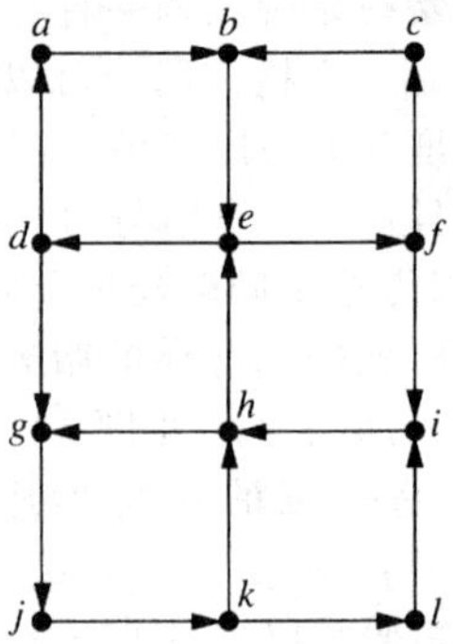

25. 设计一个构造有向图中欧拉通路的算法。

27. 对哪些 n 值来说，练习 26 中的图具有欧拉通路而没有欧拉回路？

29. 当不重复任何部分地画出练习 1～7 中的每个图时，求出铅笔必须离开纸面的最少次数。

在练习 30～36 中，判断所给的图是否具有哈密顿回路。若有哈密顿回路，则求出这样一条回路。若没有哈密顿回路，则论证为什么不存在这样的回路。

31.

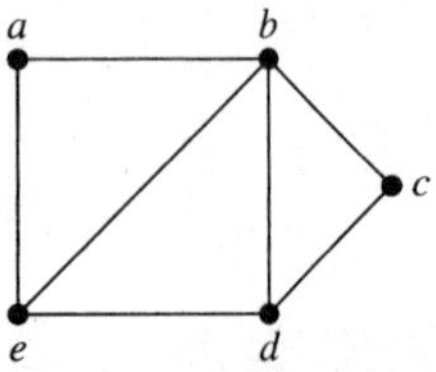

33.

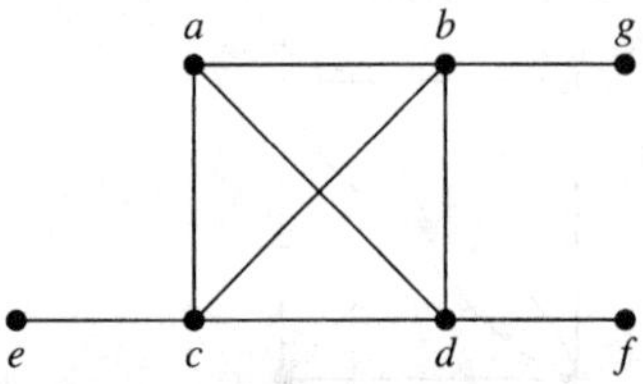

35.

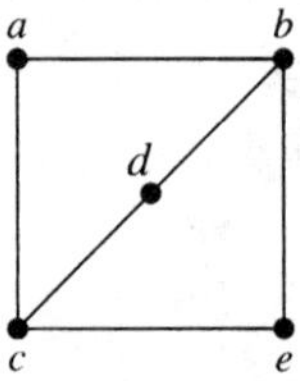

37. 练习 30 中的图有哈密顿通路吗？如果有，找到它。如果没有，给出理由证明不存在这样的通路。

39. 练习 32 中的图有哈密顿通路吗？如果有，找到它。如果没有，给出理由证明不存在这样的通路。

* **41.** 练习 34 中的图有哈密顿通路吗？如果有，找到它。如果没有，给出理由证明不存在这样的通路。

43. 练习 36 中的图有哈密顿通路吗？如果有，找到它。如果没有，给出理由证明不存在这样的通路。

45. 对哪些 m 和 n 值来说，完全二分图 $K_{m,n}$ 具有哈密顿回路？

47. 对于下列各图确定：(i)能否用狄拉克定理来证明这个图有哈密顿回路；(ii)能否用欧尔定理来证明这个图有哈密顿回路；(iii)这个图是否有哈密顿回路。

a)

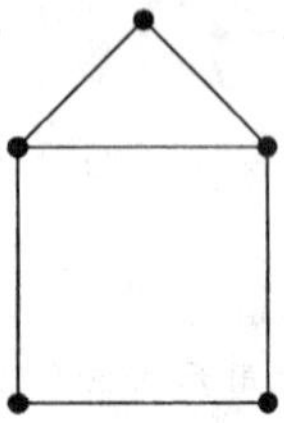

b)

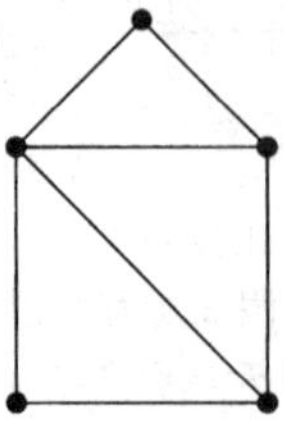

c)

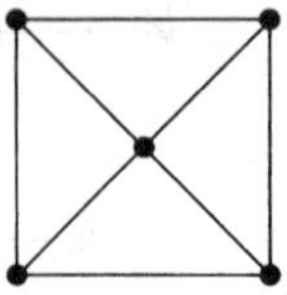

d)

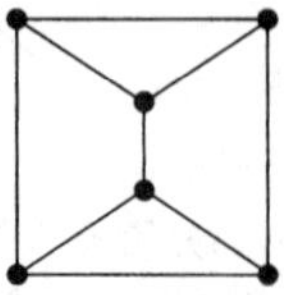

* **49.** 证明：当 n 是正整数时，存在 n 阶格雷码，或者等价地证明：$n>1$ 的 n 立方体 Q_n 总是具有哈密顿回路。[提示：用数学归纳法。证明如何从 $n-1$ 阶格雷码产生 n 阶格雷码。]

构造欧拉回路的 **Fleury 算法**发表于 1883 年。该算法是从连通多重图的任意一个顶点开始，连续地选择边来形成一条回路。一旦选择了一条边，就删除这条边。连续地选择边，使得每条边从上一条边结束的地方开始，而且使得这条边不是一条割边，除非别无选择。

* **51.** 用伪代码表达 Fleury 算法。

* **53.** 给出 Fleury 算法的变种以产生欧拉通路。

55. 证明：带有奇数个顶点的二分图没有哈密顿回路。

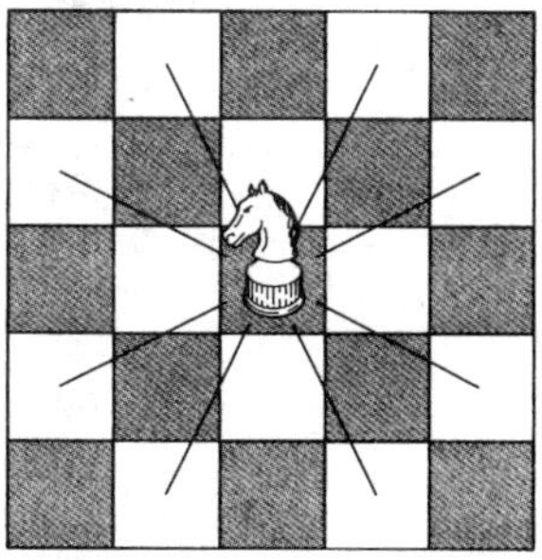

在国际象棋中**马**是这样一种棋子，它的移动可以是水平两格加垂直一格，或者是水平一格加垂直两格。即在(x, y)格子的马可以移动到 8 个格子$(x\pm2, y\pm1)$、$(x\pm1, y\pm2)$中的任何一个，只要这些格子是在棋盘上，如右图所示。

马的周游是马的合法移动的序列，马在某个格子上开始且访问每个格子恰好一次。若存在一种合法移动，让马从周游的最后一个格子回到周游开始的地方，则马的周游称为**重返的**。可以用图为马的周游建模，其中棋盘上每个格子都用一个顶点来表示，若马可以在两个顶点所表示的格子之间合法地移动，则用一条边连接这两个顶点。

57. 画出表示马在 3×4 棋盘上的合法移动的图。

***59.** 证明：存在马在 3×4 棋盘上的周游。

***61.** 证明：不存在马在 4×4 棋盘上的周游。

63. 证明：当 m 和 n 都是奇数时，不存在马在 $m\times n$ 棋盘上的重返的周游。[提示：利用练习 55、练习 58b 和练习 62。]

65. 本练习粗略介绍欧尔定理的证明。假设 G 是带有 n 个顶点的简单图，$n\geqslant3$，并且当 x 和 y 是 G 中不相邻的顶点时，$\deg(x)+\deg(y)\geqslant n$。欧尔定理称在这些条件下，$G$ 有哈密顿回路。

a) 证明：如果 G 没有哈密顿回路，则存在另一个带有与 G 相同顶点的图 H，可以这样来构造 H：加入边到 G 使得加入一条边就产生 H 中的哈密顿回路。[提示：依次在 G 的每个顶点加入不产生哈密顿回路的尽可能多的边。]

b) 证明：在 H 中存在哈密顿通路。

c) 设 $v_1, v_2, \cdots, v_n$ 是 H 中的哈密顿通路。证明：$\deg(v_1)+\deg(v_n)\geqslant n$ 并且至多存在 $\deg(v_1)$ 个顶点不与 v_n 相邻(包括 v_n 在内)。

d) 设 S 是哈密顿通路上与 v_1 相邻的每个顶点前面的顶点的集合。证明 S 包含 $\deg(v_1)$ 个顶点并且 $v_n\notin S$。

e) 证明：S 包含与 v_n 相邻的顶点 v_k。这蕴含着存在连接 v_1 与 v_{k+1} 和 v_k 与 v_n 的边。

f) 证明：e 蕴含着 $v_1, v_2, \cdots, v_{k-1}, v_k, v_n, v_{n-1}, \cdots, v_{k+1}, v_1$ 是 G 中的哈密顿回路。从这个矛盾得出欧尔定理成立。

67. 证明右图不含有哈密顿回路。

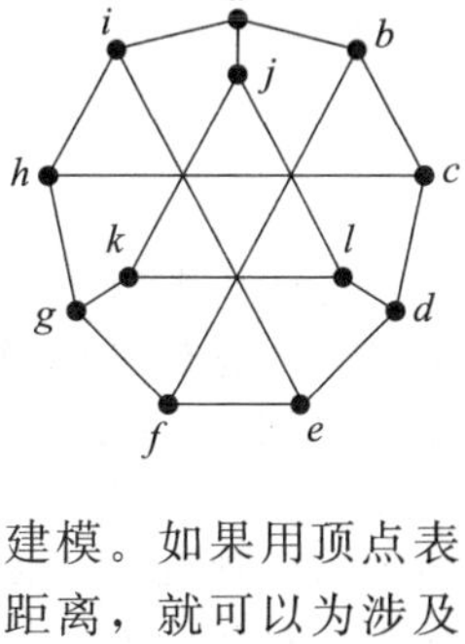

6.6 最短通路问题

6.6.1 引言

许多问题可以用边上赋权的图来建模。作为说明，考虑航线系统如何建模。如果用顶点表示城市，用边表示航班，就可以得到基本的图模型。给边赋上城市之间的距离，就可以为涉及距离的问题建模；给边赋上飞行时间，就可以为涉及飞行时间的问题建模；给边赋上票价，就可以为涉及票价的问题建模。图 1 显示了给一个图的边赋权的三种不同方式，分别表示距离、飞行时间和票价。

给每条边赋上一个数的图称为**加权图**。加权图用来为计算机网络建模。通信成本(比如租用电话线的月租费)、计算机在这些线路上的响应时间或计算机之间的距离等都可以用加权图来研究。图 2 显示三个加权图，它们表示给计算机网络图的边赋权的三种方式，分别对应于距离、响应时间和成本。

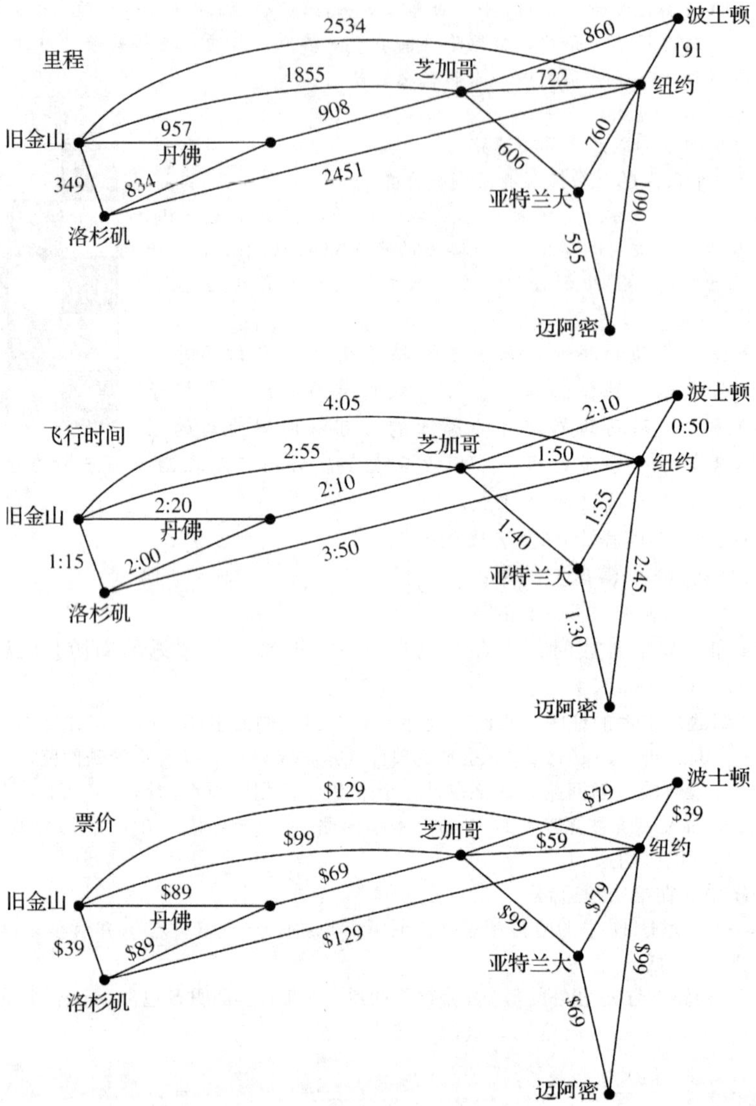

图 1　为航线系统建模的加权图

与加权图有关的几种类型的问题经常出现。确定网络中两个顶点之间长度最短的通路就是一个这样的问题。说得更具体些，设加权图中一条通路的**长度**是这条通路上各条边的权的总和。（读者应当注意，对术语长度的这种用法，与表示不加权的图的通路中边数的长度的用法是不同的。）问题是：什么是最短通路，即什么是在两个给定顶点之间长度最短的通路？例如，在图 1 所示加权图表示的航线系统中，在波士顿与洛杉矶之间以空中距离计算的最短通路是什么？在波士顿与洛杉矶之间什么样的航班组合的总飞行时间（即在空中的总时间，不包括航班之间的时间）最短？在这两个城市之间的最低费用是多少？在图 2所示的计算机网络中，连接旧金山的计算机与纽约的计算机所需要的最便宜的一组电话线是什么？哪一组电话线给出旧金山与纽约之间通信的最快响应时间？哪一组电话线有最短的总距离？

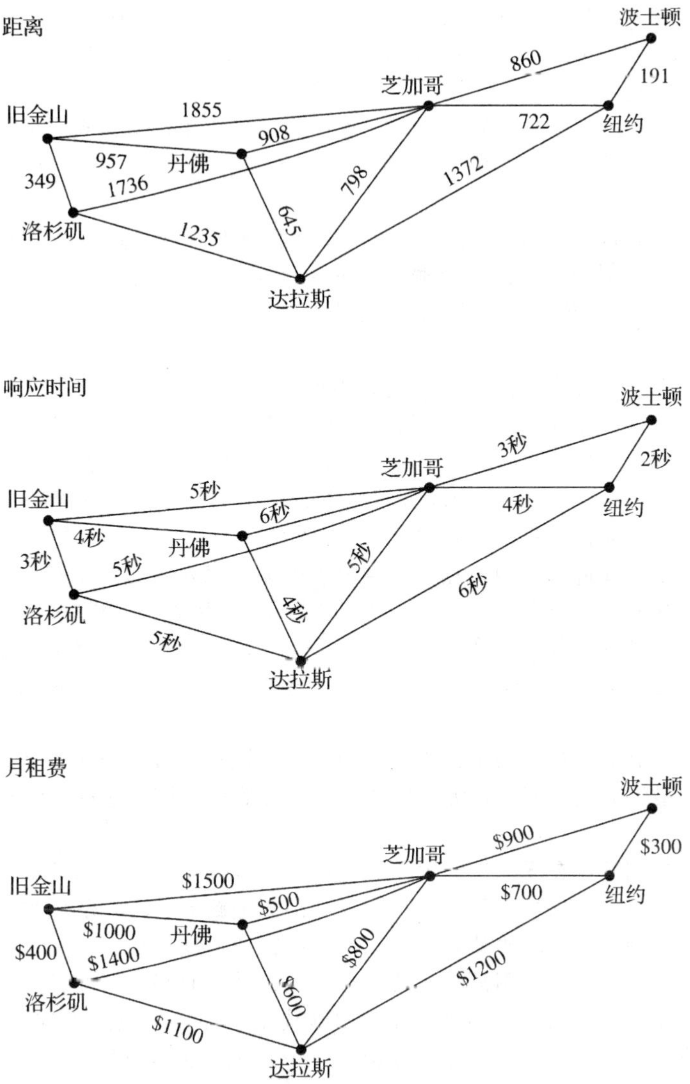

图 2　为计算机网络建模的加权图

与加权图有关的另外一个重要问题是：求访问完全图每个顶点恰好一次的、总长度最短的回路。这就是著名的**旅行商问题**，它求一位推销员应当以什么样的顺序来访问其路程上的每个城市恰好一次，使得他旅行的总距离最短。本节后面将讨论旅行商问题。

6.6.2　最短通路算法

求加权图中两个顶点之间的最短通路有多个不同的算法。下面将给出荷兰数学家 E·迪克斯特拉(Edsger Dijkstra)在 1959 年所发现的一个解决无向加权图中最短通路问题的算法，其中所有的权都是正数。可以很容易地将它修改来解决有向图里的最短通路问题。 Links

在给出这个算法的形式化表示之前，先给出一个启发性的例子。

例 1　在图 3 所示的加权图里，a 和 z 之间最短通路的长度是多少？

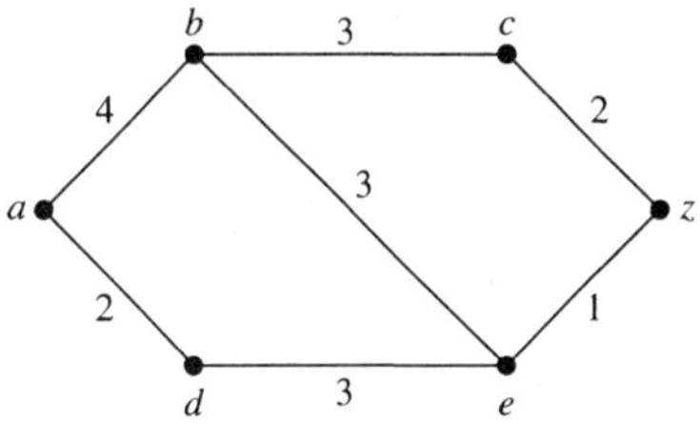

图 3　一个加权的简单图

解　虽然通过观察可以很容易求出最短通路，但是需要一些有助于理解迪克斯特拉算法(Dijkstra's algorithm)的办法。解决这个问题的方法是：求出从 a 到各个后继顶点的最短通路，直到到达 z 为止。

从 a 开始，不包含除 a 之外的顶点的唯一通路是增加一条以 a 为端点的边。这些通路仅有一条边，它们是长度分别为 4 和 2 的 a，b 和 a，d。所以 d 是与 a 最靠近的顶点，从 a 到 d 的最短通路的长度是 2。

可以通过查看所有以 a 为起点到集合 $\{a, d\}$ 中的顶点的最短通路，找到第二个最近的顶点，接着的边以 $\{a, d\}$ 中的一个顶点为端点，另一个顶点不在该集合中。有两条这样的通路，a，d，e 长度为 7，a，b 长度为 4。所以，第二个与 a 最靠近的顶点是 b，从 a 到 b 的最短通路的长度是 4。

为了找出第三个与 a 最靠近的顶点，只需要检查那些以 a 为起点到集合 $\{a, d, b\}$ 中的顶点的最短通路，接着的边以 $\{a, d, b\}$ 中的一个顶点为端点，另一个顶点不在该集合中。有 3 条这样的通路：长度为 7 到 c 的通路，即 a，b，c；长度为 7 到 e 的通路，即 a，b，e；以及长度为 5 到 e 的通路，即 a，d，e。因为最短的通路是 a，d，e，所以 e 是第三个与 a 最靠近的顶点，而且从 a 到 e 的最短通路的长度为 5。

为了找出第四个与 a 最靠近的顶点，只需要检查那些以 a 为起点到集合 $\{a, d, b, e\}$ 中的顶点的最短通路，接着的边以 $\{a, d, b, e\}$ 中的一个顶点为端点，另一个顶点不在该集合中。有两条这样的通路：长度为 7 到 c 的通路，即 a，b，c；以及长度为 6 到 z 的通路，即 a，d，e，z。因为相对短的通路是 a，d，e，z，所以 z 是第四个与 a 最靠近的顶点，而且从 a 到 z 的最短通路的长度为 6。◀

例 1 说明了在迪克斯特拉算法中使用的一般原理。注意通过检查每条从 a 到 z 的通路就可以求出从 a 到 z 的最短通路。不过，无论对人还是对计算机来说，这种方法对于边数很多的图都是不切实际的。

现在将考虑一般问题：在无向连通简单加权图中，求出 a 与 z 之间的最短通路的长度。迪克斯特拉算法如下进行：求出从 a 到第一个顶点的最短通路的长度，从 a 到第二个顶点的最短通路的长度，以此类推，直到求出从 a 到 z 的最短通路的长度为止。还有一个便利之处是，很容易扩展这个算法，求出从 a 到不只是 z 的所有顶点的最短通路的长度。

这个算法依赖于一系列的迭代。通过在每次迭代中添加一个顶点来构造特殊顶点的集合。在每次迭代中完成一个标记过程。在这个标记过程中，用只包含特殊顶点集合中的顶点的从 a 到 w 的最短通路的长度来标记 w。添加到特殊顶点集合中的顶点是尚在集合之外的那些顶点中带有最小标记的顶点。

现在给出迪克斯特拉算法的细节。它首先用 0 标记 a 而用 ∞ 标记其余的顶点。用记号 $L_0(a)=0$ 和 $L_0(v)=\infty$ 表示在没有发生任何迭代之前的这些标记(下标 0 表示“第 0 次”迭代)。这些标记是从 a 到这些顶点的最短通路的长度，其中这些通路只包含顶点 a。(因为不存在从 a 到其他顶点的这种通路，所以 ∞ 是 a 与这样的顶点之间的最短通路的长度。)

迪克斯特拉算法是通过形成特殊顶点的集合来进行的。设 S_k 表示在标记过程 k 次迭代之后的特殊顶点集。首先令 $S_0=\varnothing$。集合 S_k 是通过把不属于 S_{k-1} 的带最小标记的顶点 u 添加到 S_{k-1} 里形成的。

一旦把 u 添加到 S_k 中，就更新所有不属于 S_k 的顶点的标记，使得顶点 v 在第 k 个阶段的标记 $L_k(v)$ 是只包含 S_k 中顶点(即已有的特殊顶点再加上 u)的从 a 到 v 的最短通路的长度。注意，在每一步中选择添加到 S_k 中的顶点 u，都是一个最优选择，使之成为贪婪算法(我们将简要证明这个贪婪算法总是得到最优解)。

设 v 是不属于 S_k 的一个顶点。更新 v 的标记，注意 $L_k(v)$ 是只包含 S_k 中顶点的从 a 到 v 的最短通路的长度。当利用下面的观察结果时，就可以有效地完成这个更新：只包含 S_k 中顶点

的从 a 到 v 的最短通路，要么是只包含 S_{k-1} 中顶点（即不包括 u 在内的特殊顶点）的从 a 到 v 的最短通路，要么是在第 $k-1$ 阶段加上边 (u, v) 的从 a 到 u 的最短通路。换句话说，

$$L_k(a,v) = \min\{L_{k-1}(a,v), L_{k-1}(a,u) + w(u,v)\}$$

其中，$w(u, v)$ 是以 u 和 v 为端点的边的长度。这个过程这样迭代：依次添加顶点到特殊顶点集中，直到添加 z 为止。当把 z 添加到特殊顶点集中时，它的标记就是从 a 到 z 的最短通路的长度。

算法 1 是迪克斯特拉算法。随后将证明这个算法的正确性。注意，当继续这个过程直到所有顶点都加入到特殊顶点集中时，就可以求出从 a 到图中所有其他顶点的最短通路的长度。

算法 1 迪克斯特拉算法

procedure Dijkstra(G：所有权都为正数的带权连通简单图)
{G 带有顶点 $a=v_0$，v_1，…，$v_n=z$ 和权 $w(v_i, v_j)$，其中若 $\{v_i, v_j\}$ 不是 G 的边，则 $w(v_i, v_j)=\infty$}
for $i := 1$ **to** n
    $L(v_i) := \infty$
$L(a) := 0$
$S := \varnothing$
  {现在初始化标记，使得 a 的标记为 0 而所有其余标记为 ∞，S 是空集合}
while $z \notin S$
    $u := a$ 不属于 S 的 $L(u)$ 最小的一个顶点
    $S := S \cup \{u\}$
    for 所有不属于 S 的顶点 v
        if $L(u)+w(u, v)<L(v)$ **then** $L(v) := L(u)+w(u, v)$
        {这样就给 S 中添加带最小标记的顶点，并且更新不在 S 中的顶点的标记}
return $L(z)$ {$L(z)$ = 从 a 到 z 的最短通路的长度}

例 2 说明了迪克斯特拉算法是如何工作的。随后我们将证明这个算法总是产生加权图中两个顶点之间最短通路的长度。

例 2 用迪克斯特拉算法求图 4a 所示的加权图中顶点 a 与 z 之间最短通路的长度。

解 图 4 显示了迪克斯特拉算法求 a 与 z 之间最短通路所用的步骤。在算法的每次迭代中，用圆圈圈起集合 S_k 中的顶点。每次迭代都只标明从 a 到 S_k 中的每个顶点的最短通路。当圆圈圈到 z 时，算法终止。找到从 a 到 z 的最短通路是 a，c，b，d，e，z，长度为 13。◀

评注 *在执行迪克斯特拉算法时，为了更便于在每步跟踪顶点的标记，有时可以用一个表来代替，而不再对每步都重新画出这个图。*

下一步，用归纳论证来证明迪克斯特拉算法产生无向连通加权图中两个顶点 a 与 z 之间最短通路的长度。用下列断言作为归纳假设：在第 k 次迭代

(i) S 中的顶点 $v(v\neq 0)$ 的标记是从 a 到这个顶点的最短通路的长度。

(ii) 不在 S 中的顶点的标记是（这个顶点自身除外）只包含 S 中顶点的从 a 到这个顶点的最短通路的长度。

当 $k=0$ 时，在没有执行任何迭代之前，$S=\varnothing$，所以从 a 到除 a 外的顶点的最短通路的长度是 ∞。所以基础步骤成立。

假设对于第 k 次迭代，归纳假设成立。设 v 是在第 $k+1$ 次迭代时添加到 S 中的顶点，则 v 是在第 k 次迭代结束时带最小标记的不在 S 中的顶点（若有最小标记相同的顶点，可以采用带最小标记的任意顶点）。

根据归纳假设，可以看出在第 $k+1$ 次迭代之前，S 中的顶点都用从 a 出发的最短通路的长度来标记。而且，v 也一定是用从 a 到 v 的最短通路的长度来标记。假如情况不是这样，那

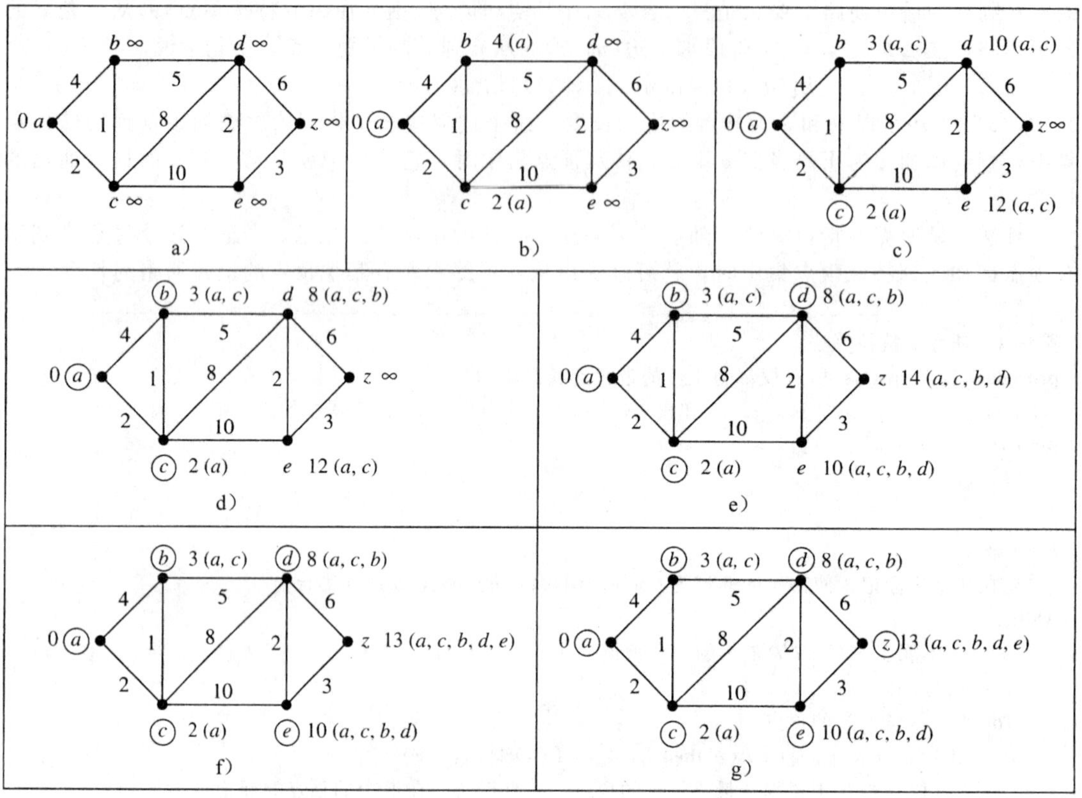

图 4 用迪克斯特拉算法求从 a 到 z 的最短通路

么在第 k 次迭代结束时，就可能存在包含不在 S 中的顶点长度小于 $L_k(v)$ 的通路(因为 $L_k(v)$ 是在第 k 次迭代后，只包含 S 中顶点的从 a 到 v 的最短通路的长度)。设 u 是在这样的通路中不属于 S 的第一个顶点。则存在一条只包含 S 中顶点的从 a 到 u 的长度小于 $L_k(v)$ 的通路。这与 v 的选择相矛盾。因此，在第 $k+1$ 次迭代结束时(i)成立。

设 u 是在第 $k+1$ 次迭代后不属于 S 的一个顶点。只包含 S 中顶点的从 a 到 u 的最短通路要么包含 v 要么不包含 v。若它不包含 v，则根据归纳假设，它的长度是 $L_k(u)$。若它确实包含 v，则它必然是这样组成的：一条只包含 S 中除 v 之外的顶点的从 a 到 v 的最短长度的通路，后面接着从 v 到 u 的边。这时，它的长度是 $L_k(v)+w(v,u)$。这样就证明了(ii)为真，因为 $L_{k+1}(u)=\min\{L_k(u), L_k(v)+w(v,u)\}$。

下面描述已经证明了的定理。

定理 1 迪克斯特拉算法求出连通简单无向加权图中两个顶点之间最短通路的长度。

现在可以估计迪克斯特拉算法的计算复杂度(就加法和比较而言)。这个算法使用的迭代次数不超过 $n-1$ 次，其中 n 是图中顶点的个数，因为在每次迭代时添加一个顶点到特殊顶点集中。若可以估计每次迭代所使用的运算次数，则大功告成。可以用不超过 $n-1$ 次比较来找出不在 S_k 中的带最小标记的顶点。于是我们使用一次加法和一次比较来更新不在 S_k 中的每个顶点的标记，所以每次迭代的运算不超过 $2(n-1)$次，因为每次迭代要更新的标记不超过 $n-1$ 个。因为迭代次数不超过 $n-1$ 次，每次迭代的运算次数不超过 $2(n-1)$次，所以有定理 2。

定理 2 迪克斯特拉算法使用 $O(n^2)$ 次运算(加法和比较)求出含有 n 个顶点的连通简单无向加权图中两个顶点之间最短通路的长度。

6.6.3 旅行商问题

现在讨论与加权图有关的一个重要问题。考虑下面的问题：一位旅行商想要访问 n 个城市中每个城市恰好一次，并返回到出发点。例如，假定这个旅行商想要访问底特律、托莱多、萨吉诺、大急流域以及卡拉玛祖(见图 5)。他应当以什么顺序访问这些城市以便旅行总距离最短？为了解决这个问题，可以假定旅行商从底特律出发(因为这个城市必须是回路的一部分)，并且检查他访问其余 4 个城市然后返回底特律的所有可能方式(从别处出发将产生相同的回路)。这样的回路总共有 24 条，但是因为往返路程距离相同，所以在求最短总距离时，只需要考虑 12 条不同的回路即可。列出这 12 条不同回路和每条回路旅行的最短总距离。从下表可以看出，使用回路底特律-托莱多-卡拉玛祖格-大急流域-萨吉诺(或该回路的逆)，对应 458 英里的最短总距离。

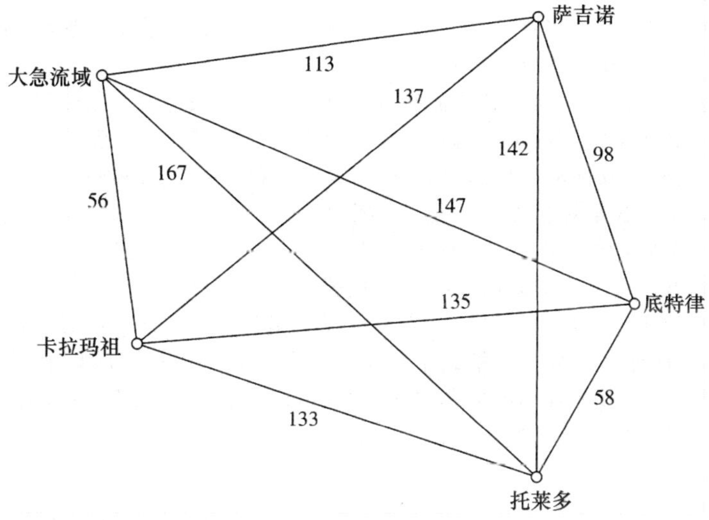

图 5　显示 5 个城市间距离的图

上面描述了**旅行商问题**的一个实例。旅行商问题求加权完全无向图中访问每个顶点恰好一次并且返回出发点的总权值最小的回路。这等价于求完全图中总权值最小的哈密顿回路，因为在回路中访问每个顶点恰好一次。

路　线	总距离(英里)
底特律-托莱多-大急流域-萨吉诺-卡拉玛祖-底特律	610
底特律-托莱多-大急流域-卡拉玛祖-萨吉诺-底特律	516
底特律-托莱多-卡拉玛祖-萨吉诺-大急流域-底特律	588
底特律-托莱多-卡拉玛祖-大急流域-萨吉诺-底特律	458
底特律-托莱多-萨吉诺-卡拉玛祖-大急流域-底特律	540
底特律-托莱多-萨吉诺-大急流域-卡拉玛祖-底特律	504
底特律-萨吉诺-托莱多-大急流域-卡拉玛祖-底特律	598
底特律-萨吉诺-托莱多-卡拉玛祖-大急流域-底特律	576
底特律-萨吉诺-卡拉玛祖-托莱多-大急流域-底特律	682
底特律-萨吉诺-大急流域-托莱多-卡拉玛祖-底特律	646
底特律-大急流域-萨吉诺-托莱多-卡拉玛祖-底特律	670
底特律-大急流域-托莱多-萨吉诺-卡拉玛祖-底特律	728

求解旅行商问题实例最直截了当的方式是检查所有可能的哈密顿回路，并选择总权值最小的一条回路。若在图中有 n 个城市，则为了求解这个问题，需要检查多少条回路？一旦选定了出发点，需要检查的不同的哈密顿回路就有$(n-1)!$ 条，因为第二个顶点有 $n-1$ 种选择，第三个顶点有 $n-2$ 种选择，以此类推。因为可以用相反顺序来经过一条哈密顿回路，所以只需要检查$(n-1)!/2$条回路来求出答案。注意$(n-1)!/2$增长得极快。当只有几十个顶点时，试图用这种方式来解决旅行商问题就是不切实际的。例如，假如有 25 个顶点，那么就不得不考虑总共 $24!/2$(约为 3.1×10^{23})条不同的哈密顿回路。假定检查每条哈密顿回路只花费 1 纳秒(10^{-9}秒)，那么就需要大约 1000 万年才能求出这个图中长度最短的一条哈密顿回路。

因为旅行商问题在实践和理论上都具有重要意义，所以已经投入了巨大的努力来设计解决它的有效算法。不过，还没有已知的解决这个问题的多项式最坏情形时间复杂度的算法。而且，假如这种算法找到了，那么许多其他难题(比如在第 1 章里讨论过的确定 n 个变元的命题公式是否是重言式)也可以用多项式最坏情形时间复杂度的算法求解。这个结果是从 NP 完全性理论得出的(关于这个理论的更多信息请参考[GaJo79])。

当有许多需要访问的顶点时，解决旅行商问题的实际方法是使用**近似算法**。近似算法是这样的算法，它们不必产生问题的精确解，取而代之的是保证产生接近精确解的解。即它们可能产生带总权数 W' 的哈密顿回路，使得 $W\leqslant W'\leqslant cW$，其中 W 是精确解的总长度，而 c 是一个常数。例如，存在多项式最坏情形时间复杂度算法使得 $c=3/2$。对于一般加权图和每个正实数 k 来说，总是产生最多 k 倍于最优解的解的算法还是未知的。假如这样的算法存在，那就可能证明 P 类等于 NP 类，这是关于算法复杂度的最著名的开放问题。

在实际中，已经研究出这样的算法，它们可以只用几分钟的计算机时间，就可以解决多达 1000 个顶点的旅行商问题，误差在精确解的 2%之内。关于旅行商问题的更多信息，包括历史、应用和算法等，见《离散数学的应用》(Applications of Discrete Mathematics)[MiRo91]中关于这个主题的那一章，也可以从这本书的网站获得。

奇数编号练习

1. 对下列关于地铁系统的每个问题，描述一个可以用来解决这个问题的加权图模型。

a)在两站之间旅行所需要的最短时间是什么？

b)从一站到达另外一站所经过的最短距离是什么？

c)若把各站之间的票价求和就得出总票价，则两站之间的最低票价是什么？

在练习 2～4 中，求给定加权图在 a 与 z 之间的最短通路的长度。

3.

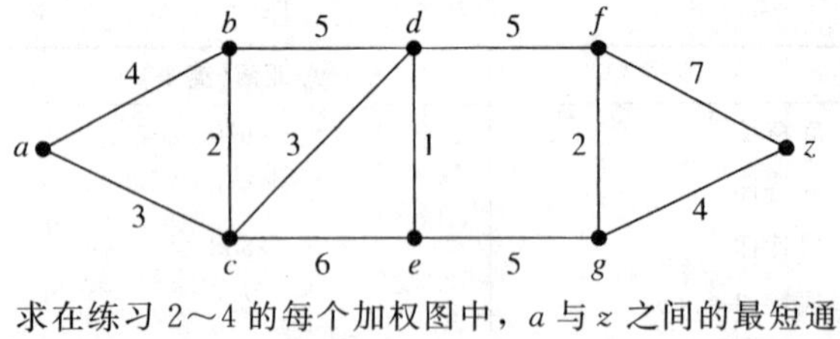

5. 求在练习 2～4 的每个加权图中，a 与 z 之间的最短通路是什么？

7. 在练习 3 的加权图中，求练习 6 的成对顶点之间的最短通路。

9. 利用图 1 所示的飞行时间，求连接练习 8 中成对城市之间的总飞行时间最短的航班组合。

11. 在图 2 所示的通信网络里，求下列每对城市的计算机中心之间的(距离)最短路线。

a)波士顿与洛杉矶　　**b)**纽约与旧金山　　**c)**达拉斯与旧金山　　**d)**丹佛与纽约

13. 利用在图 2 给出的租费，求在练习 11 中成对的计算机中心之间月租费最便宜的路线。

15. 扩展求加权简单连通图中两个顶点之间最短通路的迪克斯特拉算法，以便求出顶点 a 与图中其余每个顶点之间的最短通路的长度。

17. 在下图中的加权图说明新泽西的一些主要道路。图 a 说明这些道路上的城市之间的距离；图 b 说明通行费。

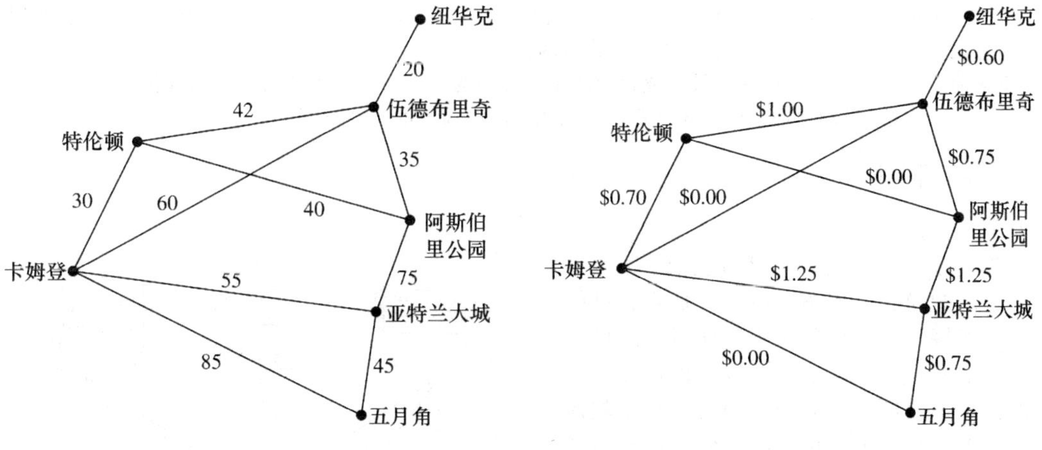

a）　　　　b）

a) 利用这些道路，求在纽华克与卡姆登之间，以及在纽华克与五月角之间距离最短的路线。

b) 利用给出的道路图，求在本题 a 中成对城市之间就总通行费而言最便宜的路线。

19. 哪些应用必须求出加权图中两个顶点之间的最长简单通路的长度？

弗洛伊德(Floyd)算法，如算法 2 所示，可以用来求出加权连通简单图中所有顶点对之间最短通路的长度。不过，不能用这个算法来构造最短通路(把无穷权值赋给任何一对不被图中的边所连接的顶点)。

算法 2　弗洛伊德算法

procedure Floyd(G：带权简单图)

{G 有顶点 v_1，v_2，…，v_n 和权 $w(v_i, v_j)$，其中若(v_i, v_j)不是边，则 $w(v_i, v_j)=\infty$}

for $i:=1$ **to** n

　　for $j:=1$ **to** n

　　　　$d(v_i, v_j):=w(v_i, v_j)$

for $i:=1$ **to** n

　　for $j:=1$ **to** n

　　　　for $k:=1$ **to** n

　　　　　　if $d(v_j, v_i)+d(v_i, v_k)<d(v_j, v_k)$

　　　　　　　　then $d(v_j, v_k):=d(v_j, v_i)+d(v_i, v_k)$

return $d(v_i, v_j)$ {$d(v_i, v_j)$是在 v_i 与 v_j 之间的最短通路的长度，$1\leqslant i\leqslant n$，$1\leqslant j\leqslant n$}

21. 用弗洛伊德算法求图 4a 中加权图中所有顶点对之间的距离。

* **23.** 给出弗洛伊德算法为了确定在带有 n 个顶点的加权简单图中所有顶点对之间的最短距离而使用的运算(比较和加法)次数的大 O 估算。

25. 通过求出所有哈密顿回路的总权值并确定总权值最小的回路来解决下图的旅行商问题。

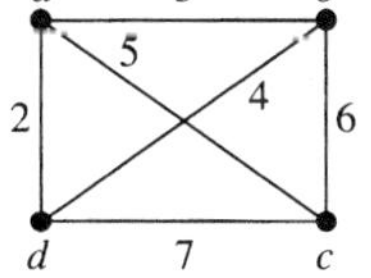

27. 求访问下图中每个城市的机票总价最低的路线，其中边上的权值是在这两个城市之间的航班所提供的最低票价。

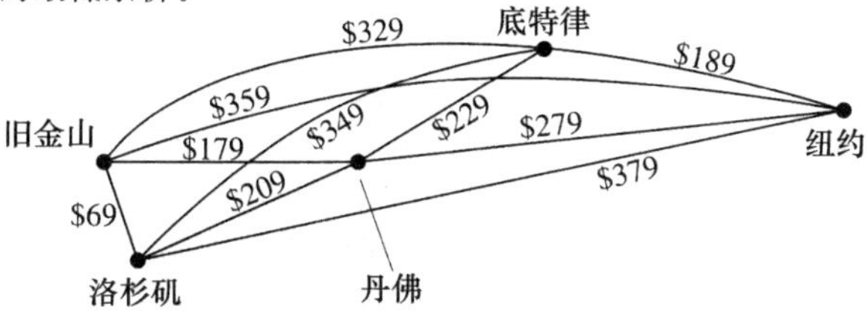

29. 构造一个加权无向图，使得对于访问某些顶点超过一次的回路来说，访问每个顶点至少一次的回路的总权值是最小的。[提示：存在有 3 个顶点的例子。]

* **31.** 不含简单回路的加权有向图的**最长通路问题**是求图中的一个通路，该通路中边的权值之和是最大的。设计一个求解最长通路的算法。[提示：首先找到图中顶点的拓扑排序。]

6.7 平面图

6.7.1 引言

考虑把三座房屋与三种设施的每种都连接起来的问题，如图 1 所示。是否有可能这样来连接这些房屋与设施，使得在这样的连接中不发生交叉？这个问题可以用完全二分图 $K_{3,3}$ 来建模。原来的问题可以重新叙述为：能否在平面中画出 $K_{3,3}$，使得没有两条边发生交叉？

本节将研究能否在平面中让边不交叉地画出一个图的问题。特别是，将回答这个房屋与设施的问题。

图的表示方式有许多种。何时有可能至少求出一种方式以便在平面中表示这个图而让边没有任何交叉？

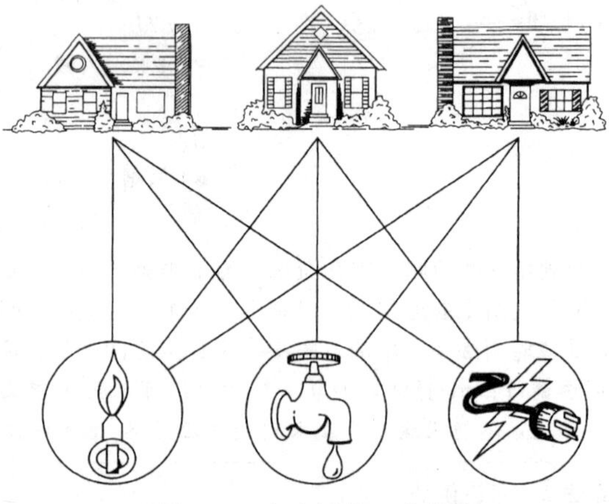

图 1　三座房屋与三种设施

定义 1　若可以在平面中画出一个图而边没有任何交叉(其中边的交叉是表示边的直线或弧线在它们的公共端点以外的地方相交)，则这个图是平面图。这种画法称为这个图的平面表示。

即使通常交叉地画出了一个图，这个图也仍然可能是平面图，因为有可能以不同的方式不交叉地画出这个图。

例 1　K_4(如图 2 所示，有两条边交叉)是平面图吗？

解　K_4 是平面图，因为可以不带交叉地画出它，如图 3 所示。◀

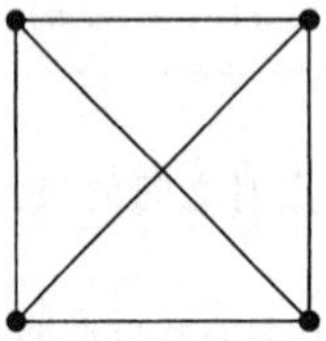

图 2　图 K_4

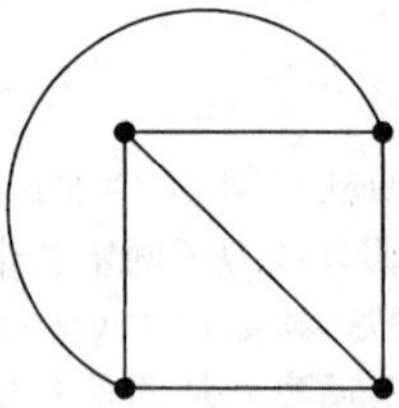

图 3　不带交叉的图 K_4

例 2　图 4 所示的 Q_3 是平面图吗？

解　Q_3 是平面图，因为可以画出它而没有任何边交叉，如图 5 所示。◀

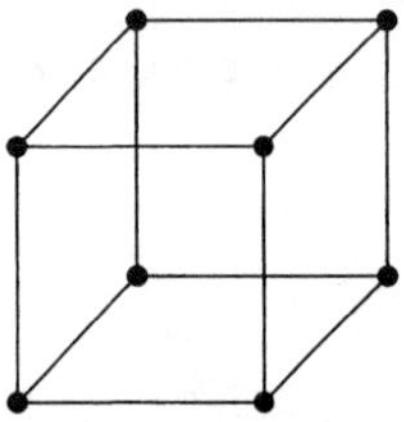

图 4　图 Q_3

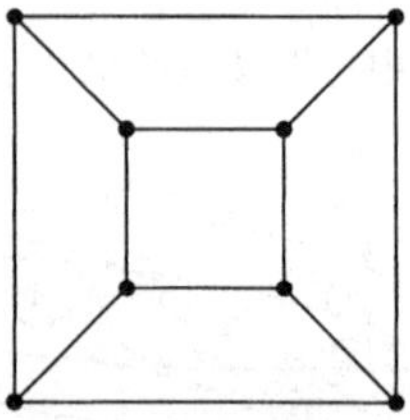

图 5　Q_3 的一种平面表示

可以通过显示一种平面表示来证明一个图是平面图。更难的是，证明一个图是非平面图。下面给出一个例子说明如何以一种特别的方法来做到这一点。后面将介绍一些可以使用的通用结论。

例 3 图 6 所示的 $K_{3,3}$ 是平面图吗？

解 任何在平面中画出 $K_{3,3}$ 而没有边交叉的尝试都注定是失败的。现在说明这是为什么。在 $K_{3,3}$ 的任何平面表示中，顶点 v_1 和 v_2 都必须同时与 v_4 和 v_5 连接。这四条边所形成的封闭曲线把平面分割成两个区域 R_1 和 R_2，如图 7a 所示。顶点 v_3 属于 R_1 或 R_2。当 v_3 属于闭曲线的内部 R_2 时，在 v_3 和 v_4 之间以及在 v_3 和 v_5 之间的边，把 R_2 分割成两个子区域 R_{21} 和 R_{22}，如图 7b 所示。

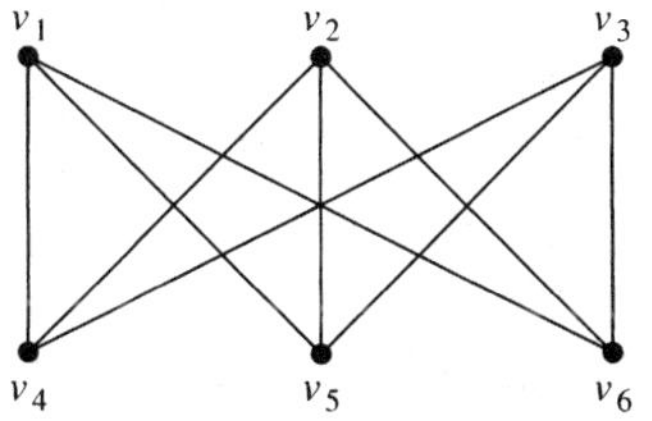

图 6 图 $K_{3,3}$

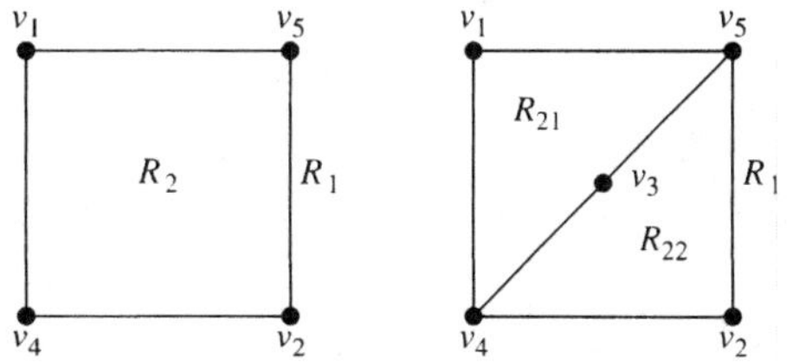

a) b)

图 7 证明 $K_{3,3}$ 是非平面图

下一步，已经没有办法不交叉地放置最后一个顶点 v_6。因为若 v_6 属于 R_1，则不能不交叉地画出 v_6 和 v_3 之间的边。若 v_6 属于 R_{21}，则不能不交叉地画出 v_2 和 v_6 之间的边。若 v_6 属于 R_{22}，则不能不交叉地画出 v_1 和 v_6 之间的边。

当 v_3 属于 R_1 时，可以使用类似的论证。请读者来完成这个论证(见本节练习 10)。所以 $K_{3,3}$ 是非平面图。 ◀

例 3 解决了在本节开头所描述的设施与房屋的问题。不能在平面中连接这三座房屋与三种设施而不发生交叉。可以用类似的论证来证明 K_5 是非平面图(见本节练习 11)。

平面图的应用 图的平面性在电子电路的设计中有重要作用。可以用图来为电路建立模型，用顶点表示电路的器件，用边表示器件之间的连接。如果表示一个电路的图是平面图，则可以把这个电路无交叉连接地印刷在单个电路板上。当这个图不是平面图时，就必须选择使用更高的成本。例如，可以把表示电路的图的顶点划分到平面子图。然后使用多层来构造这个电路(参见练习 30 的前导文来了解图的厚度)。当连接交叉时就可以用绝缘线来构造电路。在这种情况下，以尽可能少的交叉来画出这个图就很重要了(参见练习 26 的前导文来了解图的交叉数)。

图的可平面性在公路网的设计中也很有用。假设我们要通过公路连接一组城市。我们可以使用简单图为连接这些城市的公路网建模，其中顶点表示城市，边表示连接城市的公路。若得到的图模型是平面图，那么在构造公路网时就不必使用地下通道或天桥。

6.7.2 欧拉公式

一个图的平面表示把平面分割成一些**面**(region)，包括一个无界的面。例如，图 8 所示的图的平面表示把平面分割成 6 个面并加以标记。欧拉证明过一个图的所有平面表示都把平面分割成相同数目的面。他是通过求出平面图的面数、顶点数以及边数之间的关系进行证明的。

定理 1 欧拉公式 设 G 是带 e 条边和 v 个顶点的连通平面简单图。设 r 是 G 的平面图表示中的面数。则 $r=e-v+2$。

证明 首先规定 G 的平面图表示。将要这样证明定理：构造一系列子图 G_1，G_2，…，$G_e=G$，依次在每个阶段添加一条边。用下面的归纳定义来这样做。任意地选择一条 G 的边来获得 G_1。通过 G_{n-1} 获得 G_n：任意地添加一条与 G_{n-1} 中顶点相关联的边，若与这条边关联的另

一个顶点不在 G_{n-1} 中，则添加这个顶点。这样的构造是可能的，因为 G 是连通的。在添加 e 条边之后就获得 G。设 r_n、e_n 和 v_n 分别表示由 G 的平面图表示所得到的 G_n 的平面图表示的面数、边数和顶点数。

现在通过归纳来进行证明。对 G_1 来说，关系 $r_1=e_1-v_1+2$ 为真，因为 $e_1=1$，$v_1=2$，而 $r_1=1$。这种情形如图 9 所示。

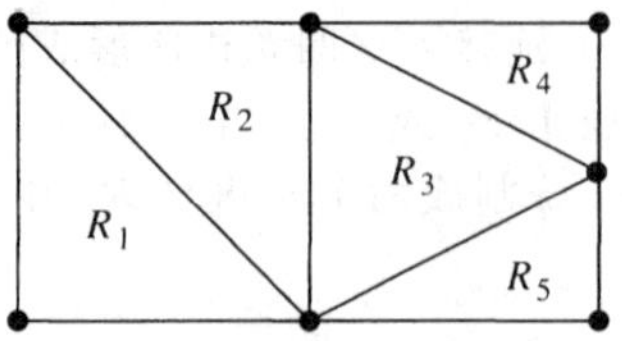

图 8　图的平面表示

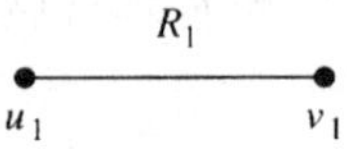

图 9　欧拉公式证明的基本情形

现在假定 $r_k=e_k-v_k+2$。设 $\{a_{k+1}, b_{k+1}\}$ 是为了获得 G_{k+1} 而添加到 G_k 上的边。有两种情形需要考虑。在第一种情形下，a_{k+1} 和 b_{k+1} 都已经在 G_k 中了。这两个顶点必然是在一个公共面 R 的边界上，否则就不可能把边 $\{a_{k+1}, b_{k+1}\}$ 添加到 G_k 中而没有两条边相交叉(并且 G_{k+1} 是平面图)。这条新边的添加把 R 分割成两个面。所以，在这种情形下，$r_{k+1}=r_k+1$，$e_{k+1}=e_k+1$，$v_{k+1}=v_k$。因此，关系到面数、边数、顶点数的公式两边都恰好增加 1，所以这个公式仍然为真。换句话说，$r_{k+1}=e_{k+1}-v_{k+1}+2$。在图 10a 里说明了这种情形。

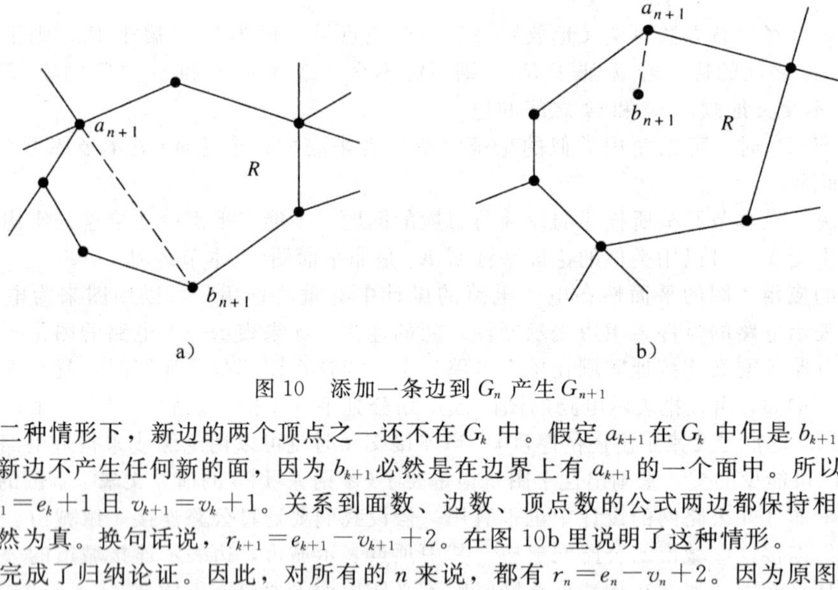

图 10　添加一条边到 G_n 产生 G_{n+1}

在第二种情形下，新边的两个顶点之一还不在 G_k 中。假定 a_{k+1} 在 G_k 中但是 b_{k+1} 不在 G_k 中。添加这条新边不产生任何新的面，因为 b_{k+1} 必然是在边界上有 a_{k+1} 的一个面中。所以，$r_{k+1}=r_k$。另外，$e_{k+1}=e_k+1$ 且 $v_{k+1}=v_k+1$。关系到面数、边数、顶点数的公式两边都保持相等，所以这个公式仍然为真。换句话说，$r_{k+1}=e_{k+1}-v_{k+1}+2$。在图 10b 里说明了这种情形。

已经完成了归纳论证。因此，对所有的 n 来说，都有 $r_n=e_n-v_n+2$。因为原图是在添加了 e 条边之后所获得的图 G_e，所以这个定理为真。◀

例 4 解释了欧拉公式。

例 4　假定连通平面简单图有 20 个顶点，每个顶点的度都为 3。这个平面图的平面表示把平面分割成多少个面？

解　这个图有 20 个顶点，每个顶点的度都为 3，所以 $v=20$。因为这些顶点的度之和 $3v=3\cdot 20=60$ 等于边数的两倍 $2e$，所以有 $2e=60$ 或 $e=30$。因此，根据欧拉公式，面数是

$$r=e-v+2=30-20+2=12$$ ◀

可以用欧拉公式来建立平面图所必须满足的一些不等式。在下面的推论 1 中给出一个这样的不等式。

推论 1　若 G 是 e 条边和 v 个顶点的连通平面简单图，其中 $v\geqslant 3$，则 $e\leqslant 3v-6$。

在证明推论 1 之前先用它证明下面这个有用的结论。

推论 2 若 G 是连通平面简单图，则 G 中有度数不超过 5 的顶点。

证明 如果 G 有 1 个或 2 个顶点，则结果为真。如果 G 至少有 3 个顶点，则根据推论 1 知道 $e \leqslant 3v-6$，所以 $2e \leqslant 6v-12$。假如每个顶点的度数至少是 6，则由于 $2e=\sum_{v \in V} \deg(v)$（根据握手定理），所以就有 $2e \geqslant 6v$。但是这与 $2e \leqslant 6v-12$ 相矛盾。所以必定存在度数不超过 5 的顶点。◀

推论 1 的证明是基于面的**度**的概念，它定义为这个面的边界上的边数。当一条边在边界上出现两次(所以当描画边界时就描画它两次)时，它贡献的度是 2。我们用 $\deg(R)$ 标记面 R 的度。图 11 显示了图中各面的度。

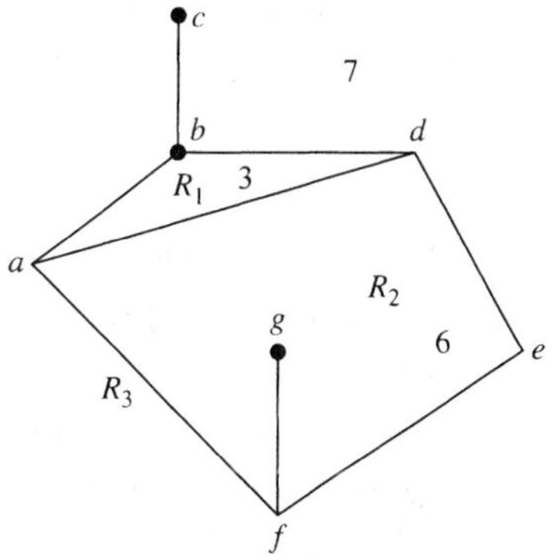

图 11 面的度

现在可以给出推论 1 的证明了。

证明 在平面中连通平面简单图把平面分割成面，比如说 r 个面。每个面的度至少为 3。(因为这里所讨论的图都是简单图，所以不允许带有可能产生度为 2 的面的多重边，或者可能产生度为 1 的面的环。)特别地，注意无界的面的度至少为 3，因为在图中至少有 3 个顶点。

注意各面的度之和恰好是图中边数的两倍，因为每条边都在面的边界上出现两次(可能在两个不同面中，或者两次都在相同面中)。因为每个面的度都大于或等于 3，所以有

$$2e=\sum_{\text{所有区域}R} \deg(R) \geqslant 3r$$

因此，

$$(2/3)e \geqslant r$$

利用 $r=e-v+2$(欧拉公式)，就得到

$$e-v+2 \leqslant (2/3)e$$

所以 $e/3 \leqslant v-2$。这样就证明了 $e \leqslant 3v-6$。◀

可以用这个推论来证明 K_5 是非平面图。

例 5 用推论 1 证明：K_5 是非平面图。

解 图 K_5 有 5 个顶点和 10 条边。不过，对这个图来说，不满足不等式 $e \leqslant 3v-6$，因为 $e=10$ 和 $3v-6=9$。因此，K_5 不是平面图。◀

前面已经证明了 $K_{3,3}$ 不是平面图。不过，注意这个图有 6 个顶点和 9 条边。这意味着满足不等式 $e=9 \leqslant 12=3 \cdot 6-6$。所以，满足不等式 $e \leqslant 3v-6$ 并不意味着一个图是平面图。不过，可以利用下面定理 1 的推论来证明 $K_{3,3}$ 不是平面图。

推论 3 若连通平面简单图有 e 条边和 v 个顶点，$v \geqslant 3$ 并且没有长度为 3 的回路，则 $e \leqslant 2v-4$。

推论 3 的证明类似于推论 1 的证明，不同之处在于，在这种情形下，没有长度为 3 的回路意味着面的度必然至少为 4。把这个证明的细节留给读者(见本节练习 15)。

例 6 用推论 3 证明：$K_{3,3}$ 是非平面图。

解 因为 $K_{3,3}$ 没有长度为 3 的回路(容易看出这一点，因为它是二分图)，所以可以使用推论 3。$K_{3,3}$ 有 6 个顶点和 9 条边。因为 $e=9$ 和 $2v-4=8$，所以由推论 3 可证明 $K_{3,3}$ 是非平面图。◀

6.7.3 库拉图斯基定理

我们已经看到 $K_{3,3}$ 和 K_5 都不是平面图。显然，若一个图包含这两个图之一作为子图，则它不是平面图。另外，所有非平面图必然包含一个从 $K_{3,3}$ 或 K_5 利用某些允许的操作来获得的子图。

若一个图是平面图，则通过删除一条边$\{u, v\}$并且添加一个新顶点 w 和两条边$\{u, w\}$与$\{w, v\}$获得的任何图也是平面图。这样的操作称为**初等细分**。若可以从相同的图通过一系列初等细分来获得图 $G_1=(V_1, E_1)$和图 $G_2=(V_2, E_2)$，则称它们是**同胚的**。

例 7 证明：图 12 所示的图 G_1、G_2 和 G_3 是同胚的。

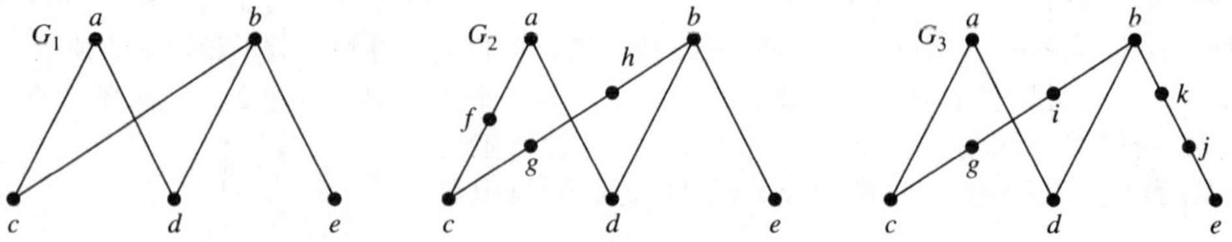

图 12　同胚的图

解　因为这三个图都可以从图 G_1 通过初等细分得到，所以它们是同胚的。G_1 可以从它自身出发，通过一个空的初等细分序列而得到。要从 G_1 得到 G_2，采用如下初等细分序列：

1)删掉边$\{a, c\}$，增加顶点 f，然后添加边$\{a, f\}$和$\{f, c\}$。

2)删掉边$\{b, c\}$，增加顶点 g，然后添加边$\{b, g\}$和$\{g, c\}$。

3)删掉边$\{b, g\}$，增加顶点 h，然后添加边$\{g, h\}$和$\{h, b\}$。

把找出由 G_1 到 G_3 的初等细分序列的任务留给读者。◀

波兰的数学家卡兹米尔兹·库拉图斯基在 1930 年建立了定理 2，该定理利用图的同胚的概念刻画了平面图。

定理 2　一个图是非平面图当且仅当它包含一个同胚于 $K_{3,3}$ 或 K_5 的子图。

显然，一个包含着同胚于 $K_{3,3}$ 或 K_5 子图的图是非平面图。不过，相反方向的命题(即每个非平面图都包含一个同胚于 $K_{3,3}$ 或 K_5 的子图)，证明起来是很复杂的，因而不在这里给出。例 8 和例 9 说明了如何使用库拉图斯基定理。

Extra Examples

例 8 确定图 13 所示的图 G 是否是平面图。

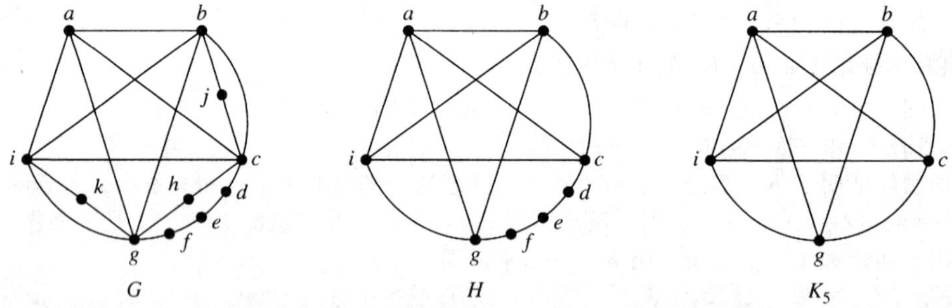

图 13　无向图 G、同胚于 K_5 的子图 H 以及 K_5

解　G 有同胚于 K_5 的子图 H。H 是这样获得的：删除 h、j 和 k 以及所有与这些顶点关联的边。H 是同胚于 K_5 的，因为从 K_5(带有顶点 a、b、c、g 和 i)通过一系列初等细分，添加顶点 d、e 和 f 就可以获得 H(读者应当构造出这样一系列初等细分)。因此，G 是非平面图。◀

例 9 在图 14a 中所示的彼得森图是平面图吗？(丹麦数学家朱利乌斯·彼得森在 1891 年研究过这个图；它常用来说明关于图的各种性质的理论。)

解　彼得森图的子图 H 是这样获得的：删除 b 和以 b 为端点的 3 条边，如图 14b 所示，它同胚于带有顶点集合$\{f, d, j\}$和$\{e, i, h\}$的 $K_{3,3}$，因为可以通过一系列初等细分(删除$\{d, h\}$并添加$\{c, h\}$和$\{c, d\}$，删除$\{e, f\}$并添加$\{a, e\}$和$\{a, f\}$，删除$\{i, j\}$并添加$\{g, i\}$和$\{g,$

$j\})$来获得它。因此，彼得森图不是平面图。◀

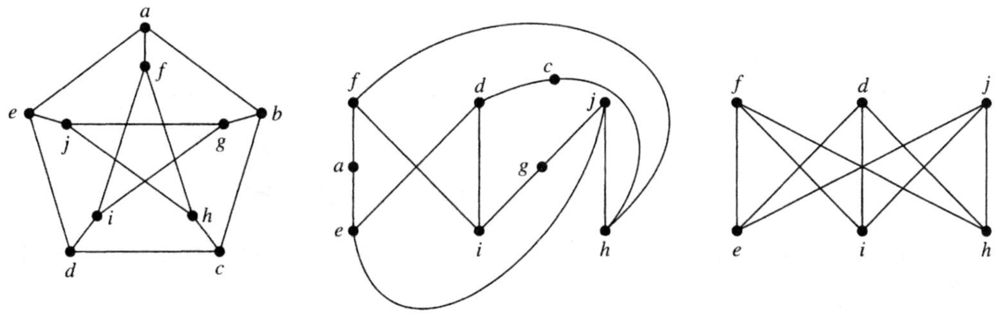

a）彼得森图　　b）同胚于$K_{3,3}$的子图H　　c）$K_{3,3}$

图 14　彼得森图、同胚于 $K_{3,3}$ 的子图 H 和 $K_{3,3}$

奇数编号练习

1. 5 座房屋能否不带连接交叉地与两种设施相连接吗？

在练习 2～4 中，不带任何交叉地画出给定的平面图。

3.

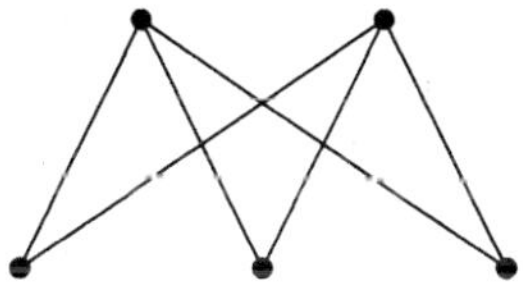

在练习 5～9 中，判断所给的图是否是平面图。若是平面图，则画出它使得没有边交叉。

5.

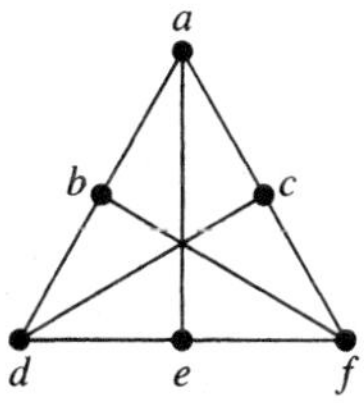

7.

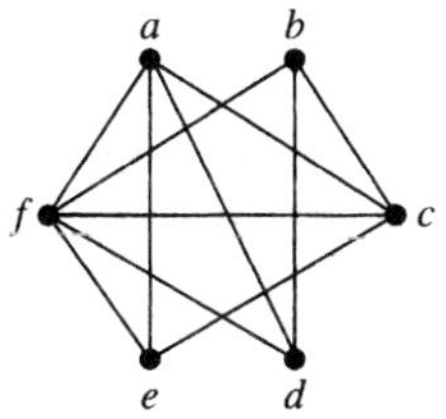

9.

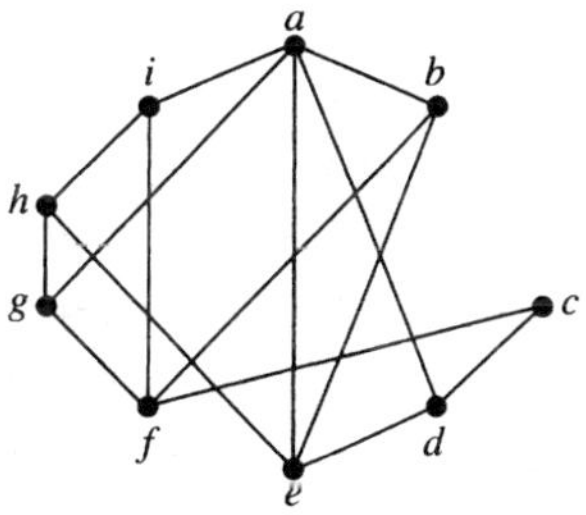

11. 用类似于例 3 中给出的论证来证明：K_5 是非平面图。

13. 假定一个连通平面图有 6 个顶点，每个顶点的度都为 4。这个图的平面表示把平面分割成多少个面？

15. 证明推论 3。

***17.** 假定一个带有 e 条边和 v 个顶点的连通平面简单图不包含长度为 4 或更短的回路。证明：若 $v\geqslant 4$，则 $e\leqslant(5/3)v-(10/3)$。

19. 下面的哪些非平面图具有这样的性质：删除任何一个顶点以及与这个顶点关联的所有边就产生一个平面图？

a) K_5　　**b)** K_6　　**c)** $K_{3,3}$　　**d)** $K_{3,4}$

在练习 20～22 中，判断给定的图是否同胚于 $K_{3,3}$。

21.

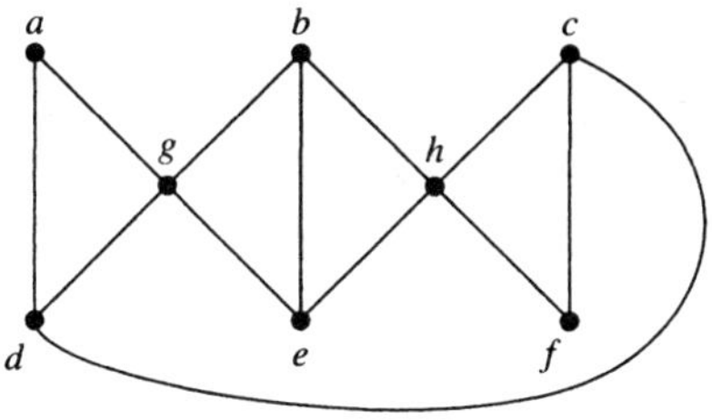

在练习 23～25 中，用库拉图斯基定理来判断所给的图是不是平面图。

23. 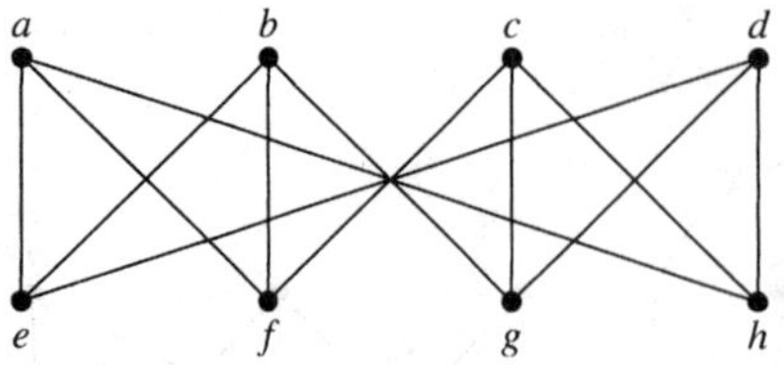

25. 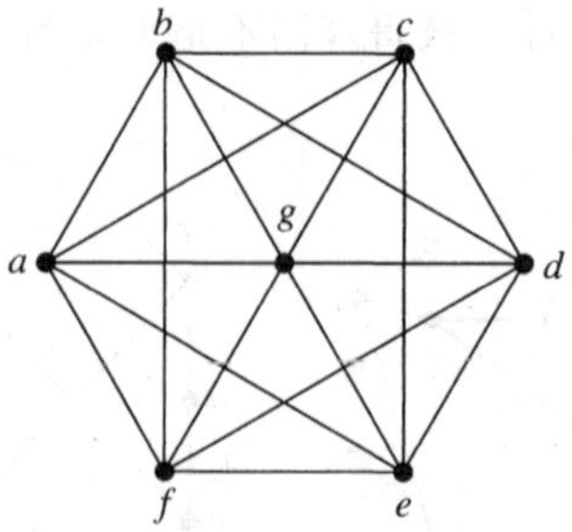

一个简单图的**交叉数**是指，当在平面上画出这个图时，其中不允许任何 3 条表示边的弧线在同一个点交叉时，交叉的最少次数。

** **27.** 求下面每个非平面图的交叉数。

a) K_5 **b)** K_6 **c)** K_7 **d)** $K_{3,4}$ **e)** $K_{4,4}$ **f)** $K_{5,5}$

** **29.** 证明：若 m 和 n 都是正偶数，则 $K_{m,n}$ 的交叉数小于或等于 $mn(m-2)(n-2)/16$。[提示：沿着 x 轴放置 m 个顶点，使它们的间距相等且关于原点对称，再沿着 y 轴放置 n 个顶点，使它们的间距相等且关于原点对称。现在连接 x 轴上 m 个顶点中的每一个与 y 轴上 n 个顶点中的每一个，并计算交叉数。]

简单图 G 的**厚度**是指，以 G 作为它们的并图的 G 的平面子图的最小个数。

* **31.** 求练习 27 中图的厚度。

* **33.** 利用练习 32 证明：当 n 是正整数时，K_n 的厚度至少为 $\lfloor (n+7)/6 \rfloor$。

35. 利用练习 34 证明：当 m 和 n 都是正整数时，且 m、n 不同时为 1，$K_{m,n}$ 的厚度至少是 $\lceil mn/(2m+2n-4) \rceil$。

* **37.** 在一个环面上画出 $K_{3,3}$，使得没有边交叉。

6.8 图着色

6.8.1 引言

在图论中，有许多与地图区域(比如，世界各部分的地图)着色有关的理论成果。当为一幅地图[⊖]着色时，具有公共边界的两个区域通常指定为不同的颜色。一种确保两个相邻的区域永远没有相同的颜色的方法是对每个区域都使用不同的颜色。不过，这种方法效率不高，而且在具有许多区域的地图上，可能难以区分相似的颜色。另一种方法是，应当尽可能地使用少数几种颜色。考虑这样的问题：确定可以用来给一幅地图着色的颜色的最小数目，使得相邻的区域永远没有相同的颜色。例如，对图 1 左侧地图来说，4 种颜色是足够的，但是 3 种颜色就不够(读者应当验证这一点)。对图 1 右侧地图来说，3 种颜色是足够的(但是 2 种颜色就不够)。

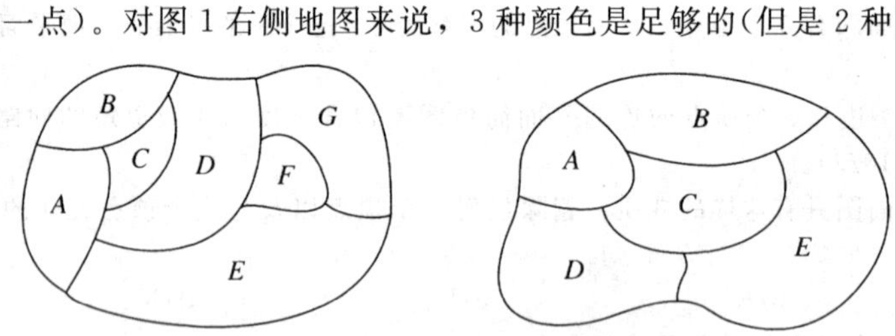

图 1 两幅地图

平面中的每幅地图都可以表示成一个图。为了建立这样的对应关系，地图的每个区域都表示成一个顶点。若两个顶点所表示的区域具有公共边界，则用边连接这两个顶点。只相交于一个点的两个区域不算是相邻的。这样所得到的图称为这个地图的**对偶图**。根据地图的对偶图的构造方式，显然在平面中的任何地图都具有可平面的对偶图。图 2 显示了对应于图 1 所示地图的对偶图。

⊖ 假定地图中所有区域都是连通的。这样就消除了像密歇根这样的地理状况所引起的问题。

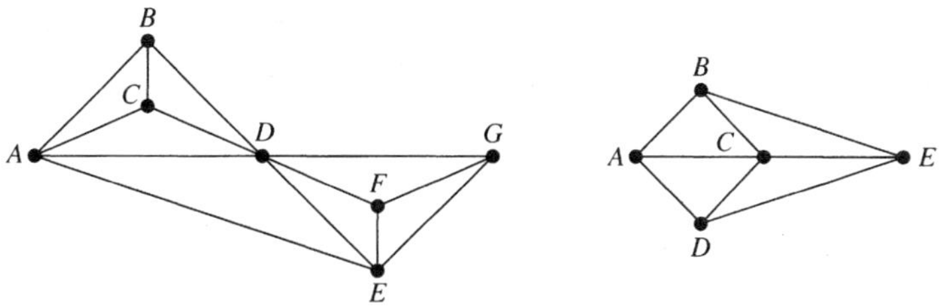

图 2 图 1 中的地图的对偶图

给地图的区域着色的问题等价于这样的问题：给对偶图的顶点着色，使得在对偶图中没有两个相邻的顶点具有相同的颜色。下面给出图着色的定义。

定义 1 简单图的着色是对该图的每个顶点都指定一种颜色，使得没有两个相邻的顶点颜色相同。

通过对每个顶点都指定一种不同的颜色，就可以着色一个图。不过，对大多数图来说，可以找到所用颜色数少于图中顶点数的着色。什么是所需要的最少着色数？

定义 2 图的着色数是着色这个图所需要的最少颜色数。图 G 的着色数记作 $\chi(G)$(这里 χ 是希腊字母 chi)。

注意，求平面图的着色数等于求平面地图着色所需要的最少颜色数，使得没有两个相邻的区域指定为相同的颜色。这个问题已经研究了 100 多年。数学中最著名的定理之一给出了它的答案。

定理 1 **四色定理** 平面图的着色数不超过 4。

四色定理最早是作为猜想在 19 世纪 50 年代提出的。美国数学家肯尼思·阿佩尔和沃尔夫冈·黑肯最终在 1976 年证明了它。在 1976 年之前，发表过许多不正确的证明，其中的错误常常难以发现。另外，还尝试过画出需要超过四色的地图来构造反例，而这样做是无效的。(证明五色定理就没有这样困难，参见练习 36。) Links

也许迄今为止，在数学中最有名的错误证明就是伦敦律师和业余的数学家艾尔弗雷德·肯普在 1879 年所发表的四色定理证明。数学家一直认为他的证明是正确的，直到 1890 年珀西·希伍德发现了一处错误，才发现肯普的论证是不完全的。不过，事实证明，肯普的推理思路是阿佩尔和黑肯所给出的成功证明的基础。他们的证明依赖于计算机所完成的对各种情形的仔细分析。他们证明，若四色定理为假，则在大约 2000 种不同类型中，一定存在一个反例，然后他们证明不存在这样的反例。在他们的证明中使用了 1000 多个小时的计算机时间。计算机在证明过程中起到如此重要的作用，由此引发了广泛的争论。例如，在计算机程序里有没有导致不正确结果的错误？假如论证是依赖于或许不可靠的计算机得出的，那么它是不是真正的证明？自从他们的证明出现之后，又出现了一些从检查更少的类型中检查的可能出现的反例的更为简单的证明，并且创建了使用自动证明系统的证明。但是仍然没有找到不依赖于计算机的证明。

注意，四色定理只适用于平面图。例 2 将证明非平面图可以有任意大的着色数。

证明一个图的着色数为 n 需要做两件事。首先必须证明：用 n 种颜色可以着色这个图。构造出这样的着色就可以完成这件事。其次证明：用少于 n 种颜色不能着色这个图。例 1～4 说明如何求出着色数。

例 1 图 3 所示的图 G 和 H 的着色数是什么？ Extra Examples

解 图 G 的色数至少为 3，因为顶点 a、b 和 c 必须为不同的颜色。为了看出是否可以用 3 种颜色来对 G 着色，指定 a 为红，b 为蓝，c 为绿。于是，可以(而且必须)令 d 为红，因为它与 b 和 c 相邻。另外，可以(而且必须)令 e 为绿，因为它只与红色和蓝色顶点相邻；可以(而且必须)令 f 为蓝，因为它只与红色和绿色顶点相邻。最后，可以(而且必须)令 g 为红，因为它只与蓝色和绿色的顶点相邻。这样就产生出恰好使用 3 种颜色的 G 的着色，如图 4 所示。

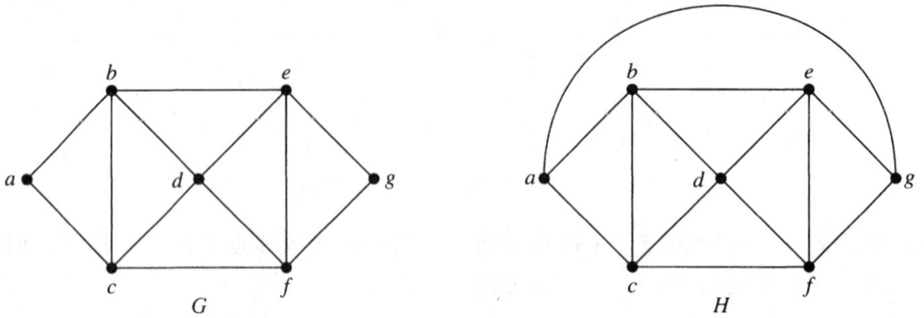

图 3　简单图 G 和 H

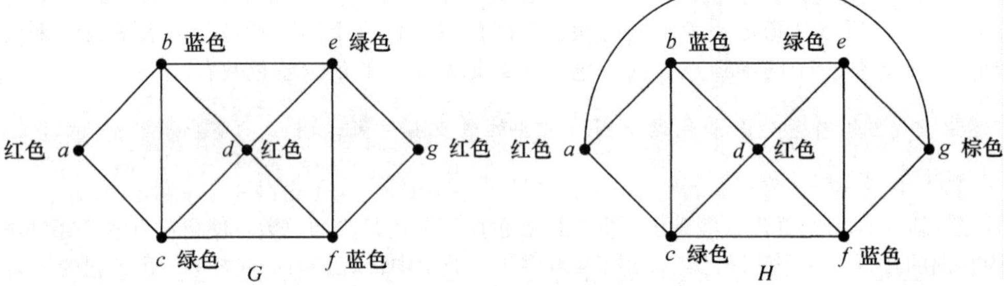

图 4　图 G 和 H 的着色

图 H 是由图 G 和连接 a 与 g 的一条边所组成的。用 3 种颜色来着色 H 的任何尝试都必须遵循着色 G 时所用的同样的推理，不同之处是在最后阶段，当除了 g 以外的所有顶点都已经着色后，因为 g 与红色、蓝色和绿色顶点(在 H 里)相邻，所以需要使用第四种颜色，比如棕色。因此，H 的着色数为 4。图 4 显示了 H 的一种着色。◀

例 2　K_n 的着色数是什么？

解　通过给每个顶点指定一种不同的颜色，用 n 种颜色可以构造 K_n 的着色。使用的颜色能否更少一些？答案是不能。没有两个顶点可以指定相同的颜色，因为这个图的每两个顶点都是相邻的。因此，K_n 的着色数 $=n$。即 $\chi(K_n)=n$。(回忆一下，当 $n\geqslant 5$ 时 K_n 不是平面图，所以这个结果与四色定理并不矛盾。)图 5 显示了使用 5 种颜色对 K_5 着色。◀

例 3　完全二分图 $K_{m,n}$ 的着色数是什么？其中 m 和 n 都是正整数。

解　需要的颜色数似乎依赖于 m 和 n。不过，由 6.2 节的定理 4 可知，仅仅需要两种颜色，因为 $K_{m,n}$ 是二分图，所以 $\chi(K_{m,n})=2$。这意味着，可以用一种颜色为 m 个顶点着色，用另外一种颜色为 n 个顶点着色。因为边都只能连接 m 个顶点中的一个顶点与 n 个顶点中的一个顶点，所以没有相邻的顶点具有相同的颜色。图 6 显示了带有两种颜色的 $K_{3,4}$ 的着色。◀

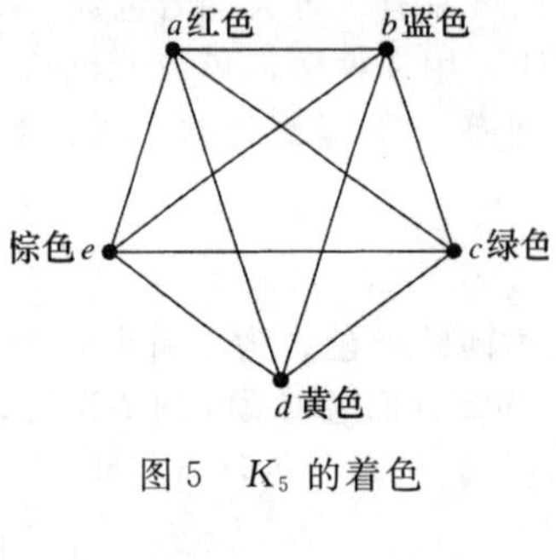

图 5　K_5 的着色

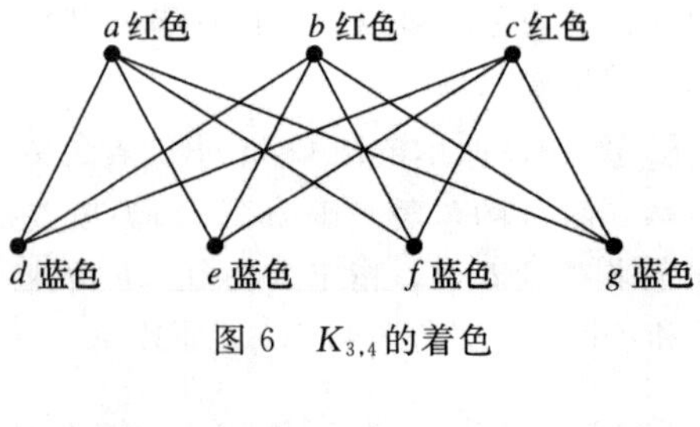

图 6　$K_{3,4}$ 的着色

例 4 图 C_n 的着色数是什么($n\geqslant 3$)?(回忆一下,C_n 是带有 n 个顶点的圈图。)

解 首先,考虑一些个别情形。设 $n=6$。挑选一个顶点并且把它着色成红色。在图 7 所示的 C_6 的平面画法里顺时针前进。必须给到达的下一个顶点指定第二种颜色,比如蓝色。以顺时针方向继续下去,可以令第三个顶点为红色,第四个顶点为蓝色,第五个顶点为红色。最后,令第六个顶点为蓝色,它与第一个顶点是相邻的。因此,C_6 的着色数为 2。图 7 显示了这样构造的着色。

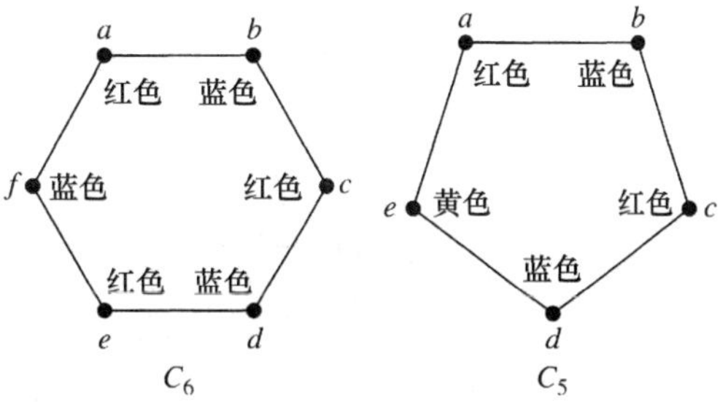

图 7 C_5 和 C_6 的着色

其次,设 $n=5$ 并且考虑 C_5。挑选一个顶点并且令它为红色。顺时针前进,必须给到达的下一个顶点指定第二种颜色,比如蓝色。以顺时针方向继续下去,可以令第三个顶点为红色,第四个顶点为蓝色。第五个顶点既不能为红色也不能为蓝色,因为它与第四个顶点和第一个顶点都相邻。所以,对这个顶点就需要第三种颜色。注意,假如以逆时针方向对顶点着色,同样需要三种颜色。因此,C_5 的着色数是 3。用 3 种颜色对 C_5 着色见图 7。

在一般情形下,当 n 是偶数时,对 C_n 着色需要两种颜色。为了构造这样的着色,简单地挑选一个顶点并且令它为红色。然后(利用图的平面表示)以顺时针方向绕图前进,令第二个顶点为蓝色,第三个顶点为红色,以此类推。可以令第 n 个顶点为蓝色,因为与它相邻的两个顶点(即第 $n-1$ 个顶点和第一个顶点)都是红色。

当 n 是奇数且 $n>1$ 时,C_n 的着色数为 3。为了看出这一点,挑选一个初始顶点。为了只用两种颜色,当以顺时针方向遍历这个图时,必须交替使用颜色。不过,所到达的第 n 个顶点与带不同颜色的两个顶点(第一个顶点和第 $n-1$ 个顶点)相邻。因此,必须使用第三种颜色。

我们已经证明了当 n 为正偶数且 $n\geqslant 4$ 时,$\chi(C_n)=2$,当 n 为正奇数且 $n\geqslant 3$ 时,$\chi(C_n)=3$。◀

已知最好的求图的着色数的算法(对图的顶点数来说)具有指数的最坏情形时间复杂度。即使求图的着色数的近似值也是很难的。已经证明,假如存在具有多项式最坏情形时间复杂度的可以达到 2 倍地近似图的着色数的算法(即构造出一个不超过图的着色数的两倍的界限),那么也存在具有多项式最坏情形时间复杂度的求图的着色数的算法。 Links

6.8.2 图着色的应用

图着色在与调度和分配有关的问题中具有多种应用。(注意,由于不知道图着色的有效算法,所以这并不能得出调度和分配的有效算法。)这里将给出这样应用的例子。第一个应用是用来安排期末考试。

例 5 **安排期末考试** 如何安排一所大学里的期末考试,使得没有学生同时要考两门?

解 这样的安排问题可以用图模型来解决,用顶点表示科目,若有学生要考两门,则在表示考试科目的两个顶点之间有边。用不同颜色来表示期末考试的每个时间段。考试的安排就对应于所关联的图的着色。

例如,假定要安排七门期末考试。假定科目从 1 到 7 编号。假定下列各对科目的考试有学生要都参加:1 和 2,1 和 3,1 和 4,1 和 7,2 和 3,2 和 4,2 和 5,2 和 7,3 和 4,3 和 6,3 和 7,4 和 5,4 和 6,5 和 6,5 和 7,以及 6 和 7。图 8 显示这组科目所关联的图。一种安排就是由这个图的一种着色来组成的。

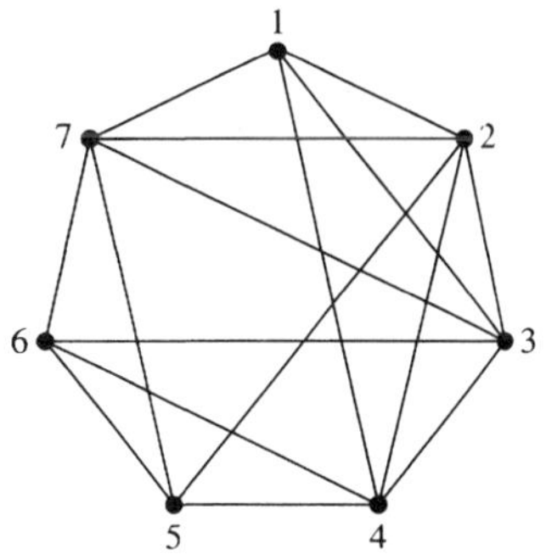

图 8 表示期末考试安排的图

因为这个图的着色数为 4(读者应当验证这一点),所以

需要 4 个时间段。图 9 显示使用了 4 种颜色的这个图的着色以及所关联的调度。◀

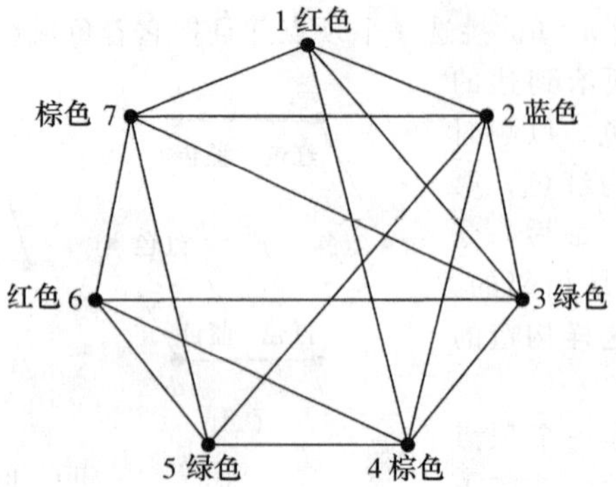

时间段	考试科目
Ⅰ	1, 6
Ⅱ	2
Ⅲ	3, 5
Ⅳ	4, 7

图 9　用着色来安排期末考试

现在考虑对电视频道的分配。

例 6　频率分配　把频道 2 到 13 分配给在北美洲的电视台，要避免 150 英里之内的两家电视台在相同频道上播出。如何用图着色为频道分配建模？

解　这样构造一个图：给每个电视台指定一个顶点。若两个电视台彼此位于 150 英里以内，则用边连接这两个顶点。频道分配就对应于这个图的着色，其中每种颜色表示一个不同的频道。◀

图着色在编译器中的应用如例 7 所示。

例 7　变址寄存器　在有效的编译器中，当把频繁使用的变量暂时保存在中央处理单元的变址寄存器中，而不是保存在常规内存中时，可以加速循环的执行。对于给定的循环来说，需要多少个变址寄存器？可以用图着色模型来表示这个问题。为了建立这个模型，设图的每个顶点表示循环中的一个变量。若在循环执行期间两个顶点所表示的变量必须同时保存在变址寄存器中，则在这两个顶点之间有边。所以，这个图的着色数就给出了所需要的变址寄存器数，因为当表示变量的顶点在图中相邻时，就必须给这些变量分配不同的寄存器。◀

奇数编号练习

在练习 1～4 中，构造所示地图的对偶图。然后求给这个地图着色，使得相邻的两个区域都没有相同的颜色所需要的颜色数。

1.

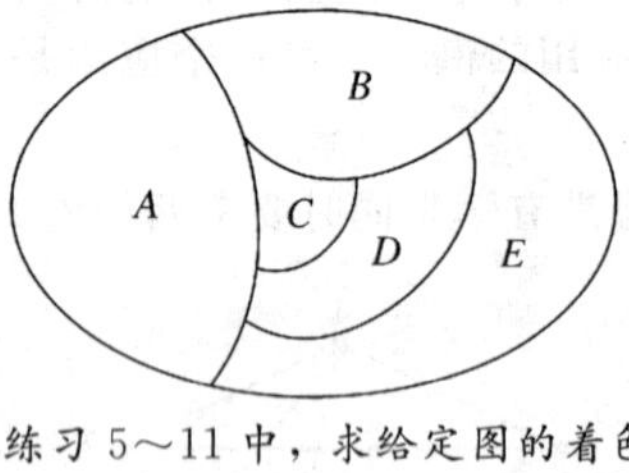

3.

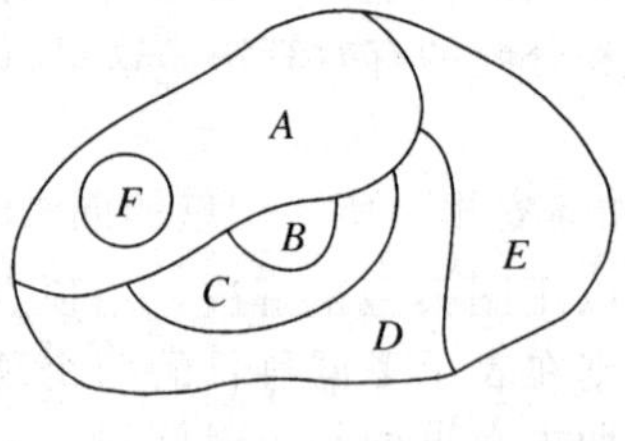

在练习 5～11 中，求给定图的着色数。

5.

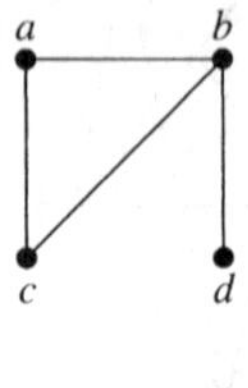

7.

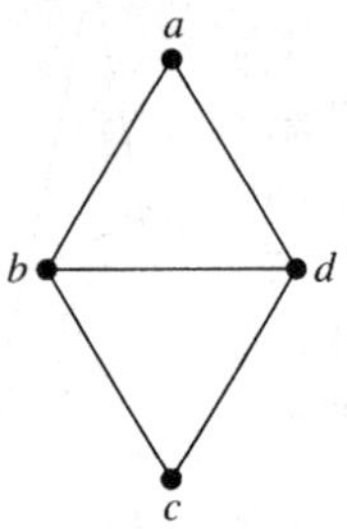

9.

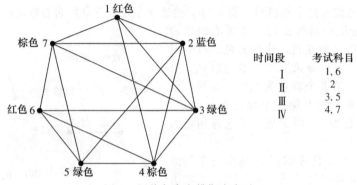

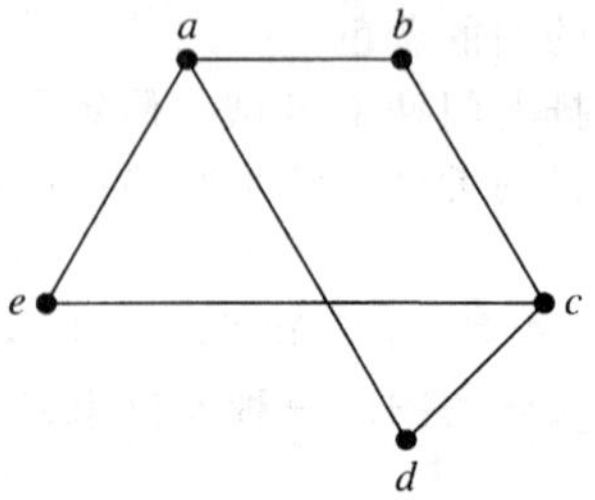

11.

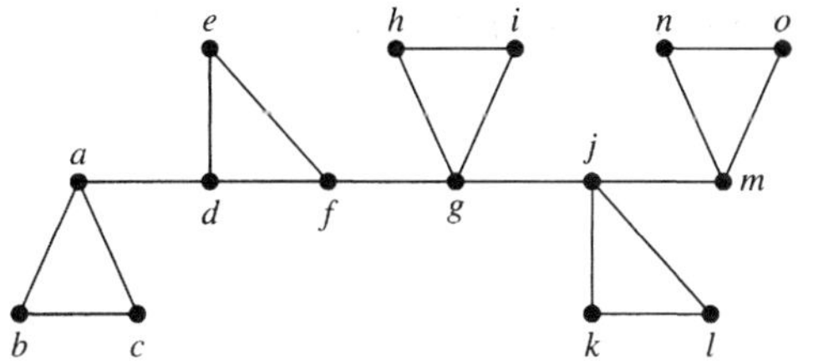

13. 哪些图的着色数为 1?

15. W_n 的着色数是什么?

17. 假定除了科目 Math 115 与 CS 473，Math 116 与 CS 473，Math 195 与 CS 101，Math 195 与 CS 102，Math 115 与 Math 116，Math 115 与 Math 185，Math 185 与 Math 195 以外，其他任意两种科目，都有学生要参加这两种科目的考试，请使用最少个数的不同时间段来为 Math 115、Math 116、Math 185、Math 195、CS 101、CS 102、CS 273 和 CS 473 安排期末考试日程表。

19. 数学系有 6 个委员会，都是每月开一次会。假定委员会是 C_1＝{阿林豪斯，布兰德，沙斯拉夫斯基}、C_2＝{布兰德，李，罗森}、C_3＝{阿林豪斯，罗森，沙斯拉夫斯基}、C_4＝{李，罗森，沙斯拉夫斯基}、C_5＝{阿林豪斯，布兰德}和 C_6＝{布兰德，罗森，沙斯拉夫斯基}，那么怎样安排才能确保没有人同时参加两个会议。

图的**边着色**是指对各边指定颜色，使得关联到相同顶点的边指定不同的颜色。图的**边着色数**是在该图的边着色里可以使用的最少颜色数。图 G 的边着色数记作 $\chi'(G)$。

21. 求练习 5～11 中每个图的边色数。

23. 求边着色数

a) C_n，其中 $n\geqslant 3$。 **b)** W_n，其中 $n\geqslant 3$。

25. 证明：若 G 是含有 n 个顶点的图，在对 G 的边着色中，不超过 $n/2$ 的边可以着相同的颜色。

27. 7 个变量出现在计算机程序的循环中。这些变量以及必须保存它们的计算步骤是：t：步骤 1～6；u：步骤 2；v：步骤 2～4；w：步骤 1，3 和 5；x：步骤 1 和 6；y：步骤 3～6；以及 z：步骤 4 和 5。在执行期间需要多少个不同的变址寄存器来保存这些变量?

下面的算法可以用来为简单图着色。首先，以度递减的顺序列出顶点 v_1，v_2，…，v_n，使得 $\deg(v_1)\geqslant\deg(v_2)\geqslant\cdots\geqslant\deg(v_n)$。把颜色 1 指定给 v_1 和在表中不与 v_1 相邻的下一个顶点(若存在一个这样的顶点)，并且继续指定给每一个在表中不与已经指定了颜色 1 的顶点相邻的顶点。然后把颜色 2 指定给表中还没有着色的第一个顶点。继续把颜色 2 指定给那些在表中还没有着色且不与指定了颜色 2 的顶点相邻的顶点。若还有未着色的顶点，则指定颜色 3 给表中还没有着色的第一个顶点，并且用颜色 3 继续对还没有着色且不与指定了颜色 3 的顶点相邻的那些顶点着色。继续这个过程直到所有顶点都着色为止。

29. 用这个算法构造下图的着色。

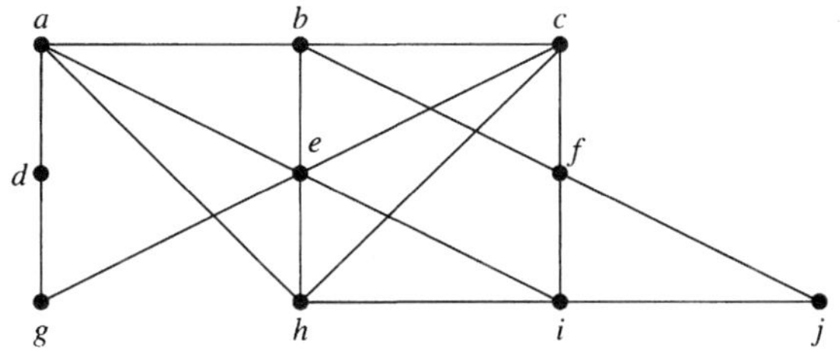

* 31. 证明：这个算法所产生的着色数可能比着色一个图所需的颜色数更多。

如果一个连通图 G 的着色数为 k，但是对于 G 的任意一条边 e，从 G 中删掉边 e 后得到的新图的着色数都是 $k-1$，则称 G 为**着色 k 关键的**。

33. 证明：只要 n 是正的奇数且 $n\geqslant 3$，那么 W_n 就是着色 4 关键的。

35. 证明：如果图 G 为着色 k 关键的，那么 G 中的各个顶点的度至少是 $k-1$。

图 G 的 **k 重着色**是对 G 的顶点指定含有 k 种不同颜色的集合，使得相邻的顶点不具有相同的颜色。用 $\chi_k(G)$ 表示使 G 能用 n 种颜色进行 k 重着色的最小正整数 n。例如，$\chi_2(C_4)=4$。为了看出这一点，注意，如下图所示，只用 4 种颜色，就可以对 C_4 的每个顶点指定两种颜色，使得两个相邻顶点不具有相同的颜色。另外，少于 4 种颜色是不够的，因为顶点 v_1 和 v_2 每个都必须指定两种颜色，而且不能对 v_1 和 v_2 指定相同颜色。(关于 k 重着色的更多信息，见[MiRo91]。)

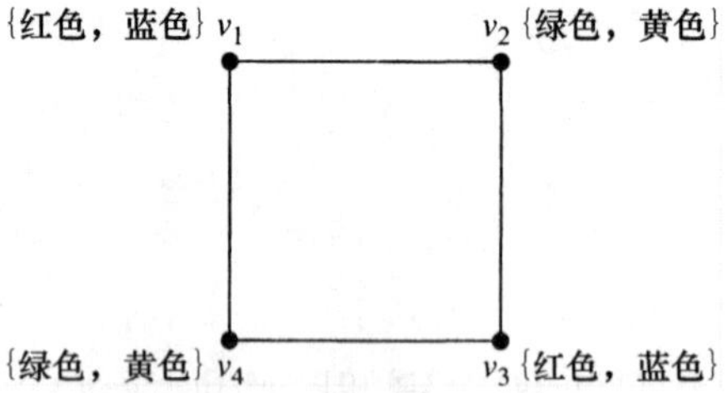

* **37.** 设 G 和 H 是如图 3 所示的图。求

a) $\chi_2(G)$　　**b)** $\chi_2(H)$　　**c)** $\chi_3(G)$　　**d)** $\chi_3(H)$

39. 移动广播(或蜂窝)电话的频率是按地段分配的。每个地段分配一组该地段中的设备所使用的频率。在产生干扰问题的地段中不能使用相同的频率。解释如何用 k 重着色来对一个区域里的每个移动广播地段分配 k 种频率。

** **41.** 证明：每个平面图 G 都可以用不超过 5 种颜色来着色。[提示：利用练习 40 的提示。]

著名的艺术馆问题是询问需要多少名保安才能看护到艺术馆的所有部分，这里艺术馆是一个 n 边形的边界及它所围的内部。为了更精确地描述这个问题，需要一些术语。如果线段 xy 上所有的点都在 P 边界上或 P 内部，则称简单多边形 P 边界上或 P 内部的点 x **覆盖**或**看见** P 边界上或 P 内部的点 y。如果对于 P 边界上或 P 内部的每一个点 y，都能够在一个点的集合中找到一个看见 y 的点 x，就说这个点的集合是简单多边形的**看守集**。把看守简单多边形 P 所需的最少点数的看守集记为 $G(P)$。**艺术馆问题**求的就是一个函数 $g(n)$，它是所有 n 个顶点的简单多边形 P 的看守集 $G(P)$ 的最大值[⊖]。也就是说，$g(n)$ 是一个最小的正整数，使得一个 n 个顶点的简单多边形 P 保证可以被 $g(n)$ 个或更少的保安看守。

* **43.** 证明：$g(5)=1$，即所有的五边形都能够被一个点看卫。[提示：先分出有 0 个、1 个、2 个顶点的内角大于 180 度，然后再说明在各种情况下一个保安都足够了。]

* **45.** 证明：$g(n) \geqslant \lfloor n/3 \rfloor$。[提示：考虑具有 $3k$ 个顶点和 k 个齿尖的梳子状的多边形，如下图所示的 15 边形一样。]

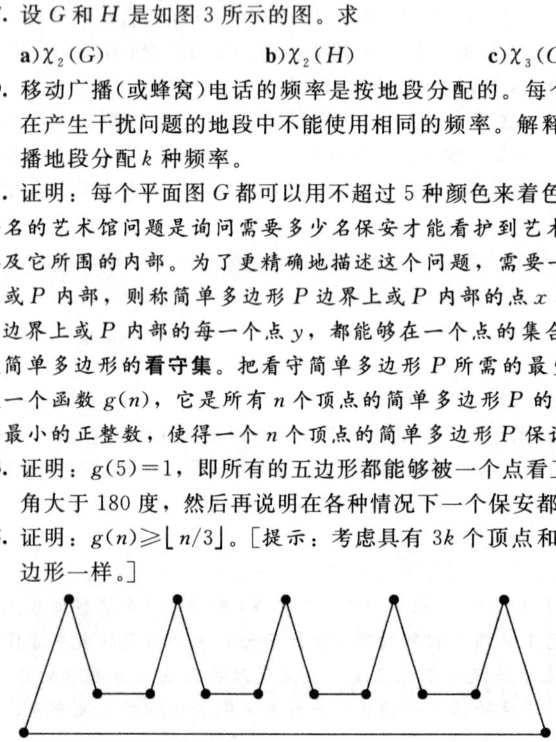

⊖ 考虑 n 个顶点的简单多边形 P 的各种形态。——译者注

树

不包含简单回路的连通图称为树。早在 1857 年，英国数学家亚瑟·凯莱就用树计数某些类型的化合物。本章中的例子将说明从那时起，树已经被用来解决各种学科分支中的问题。

树在计算机科学中特别有用，尤其是在算法中。例如，用树构造求元素在表中位置的有效算法。可以将树用于算法，构造节省数据存储和传输成本的有效编码，比如哈夫曼编码；可以用树来研究诸如跳棋和象棋这样的博弈，并且可以帮助确定进行这些博弈的取胜策略；可以用树来为通过一系列决策而完成的过程建立模型。构造这些模型可以帮助确定排序算法等基于一系列决策的算法的计算复杂度。

通过深度优先搜索或宽度优先搜索，可以系统地遍历图的顶点，构造出一棵包括每个顶点的树。通过深度优先搜索来探索图的顶点，也称为回溯，允许系统地搜索各种问题的解，比如确定在棋盘上如何放置 8 个王后使得这些王后不能互相攻击。

可以给树的边赋权值来为许多问题建立模型。例如，用加权树可以开发出构造网络的算法，使得这些网络含有最便宜的连接不同网络节点的电话线集合。

7.1 树的概述

第 6 章说明了如何用图来建立模型和解决许多问题。本章将集中讨论称为**树**的一种特殊类型的图，之所以这样命名是因为这样的图就像是树。例如，家族树是表示族谱图的图。家族树用顶点表示家族成员并且用边表示父子关系。图 1 显示了瑞士数学世家伯努利家族男性成员的家族树。表示家族树(限制成员为一种性别，并且没有近亲结婚)的无向图是树的一个例子。 Links

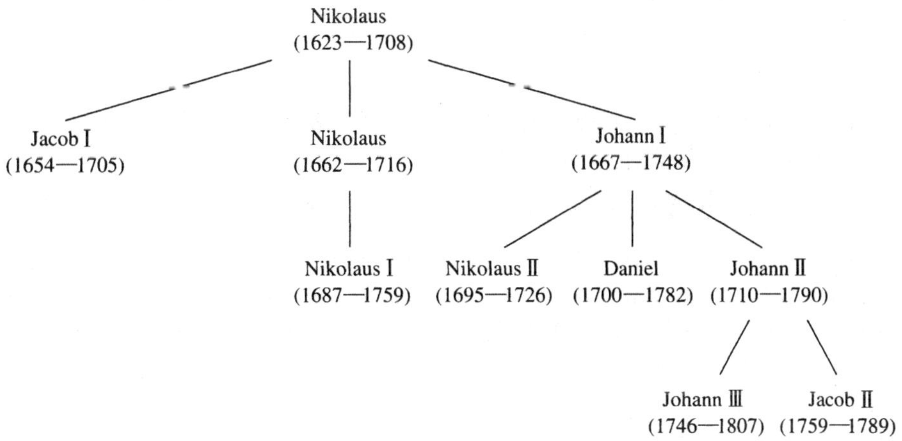

图 1　伯努利数学世家

定义 1　树是没有简单回路的连通无向图。

因为树没有简单回路，所以树不含多重边或环。因此任何树都必然是简单图。

例 1　在图 2 所示的图中，哪些图是树？

解　G_1 和 G_2 是树，因为都是没有简单回路的连通图。G_3 不是树，因为 e, b, a, d, e 是这个图中的简单回路。最后，G_4 不是树，因为它不连通。 ◀

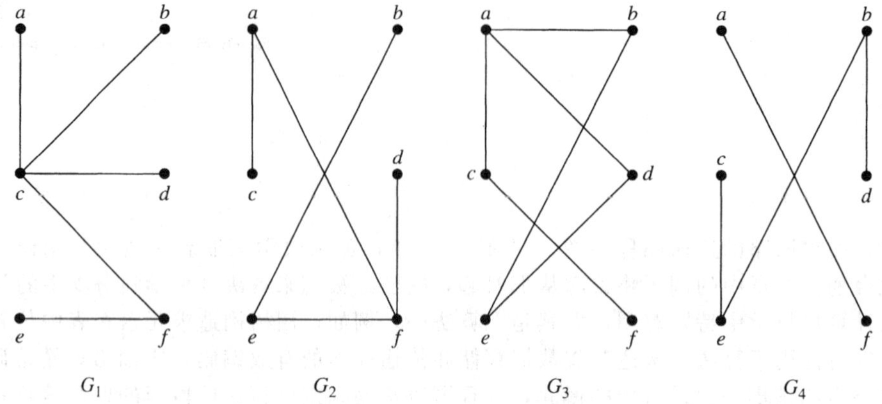

图 2　树和不是树的图的例子

任何一个不包含简单回路的连通图都是树。不含简单回路但不一定连通的图是什么？这些图称为**森林**，而且具有这样的性质：它们的每个连通分支都是树。图 3 显示了一个森林。注意，图 2 中的 G_4 也是森林。图 3 中的图是具有 3 棵树的森林，图 2 中的 G_4 是具有 2 棵树的森林。

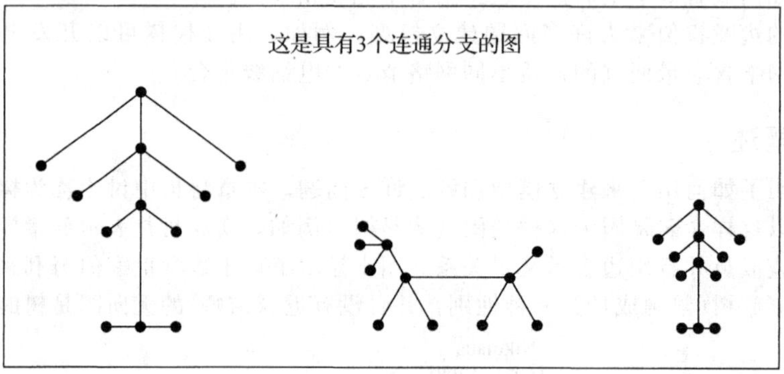

图 3　森林的例子

通常把树定义成具有在每对顶点之间存在唯一简单通路性质的无向图。定理 1 说明这个变换的定义与原来的定义是等价的。

定理 1　*一个无向图是树当且仅当在它的每对顶点之间存在唯一简单通路。*

证明　首先假定 T 是树。则 T 是没有简单回路的连通图。设 x 和 y 是 T 的两个顶点。因为 T 是连通的，所以根据 6.4 节定理 1，在 x 和 y 之间存在一条简单通路。而且，这条通路必然是唯一的，因为假如存在第二条这样的通路，那么从 x 到 y 的第一条通路以及将第二条通路逆转后所得到的从 y 到 x 的通路，将组合起来形成回路。利用 6.4 节练习 59，这蕴含着在 T 中存在简单回路。因此，在树的任何两个顶点之间存在唯一简单通路。

现在假定在图 T 的任何两个顶点之间存在唯一简单通路。则 T 是连通的，因为在它的任何两个顶点之间存在通路。另外，T 没有简单回路。为了看出这是真命题，假定 T 有包含顶点 x 和 y 的简单回路。则在 x 和 y 之间就有两条简单通路，因为这条简单回路包含一条从 x 到 y 的简单通路和一条从 y 到 x 的简单通路。因此，在任何两个顶点之间存在唯一简单通路的图是树。◀

7.1.1　有根树

在树的许多应用中，指定树的一个特殊顶点作为**根**。一旦规定了根，就可以给每条边指定方向。因为从根到图中每个顶点存在唯一通路（根据定理 1），所以指定每条边是离开根的方向。因此，树与它的根一起产生一个有向图，称为**有根树**。

定义 2　有根树是指定一个顶点作为根并且每条边的方向都离开根的树。

也可以递归地定义有根树。通过选择任何一个顶点来作为根，就可以把非有根树变成有根树。注意对根的不同选择会导致产生不同的有根树。例如，图 4 显示通过在树 T 中分别指定 a 和 c 作为根所形成的有根树。通常在画有根树时把根画在图的顶端。指示有根树中边的方向的箭头可以省略，因为对根的选择确定了边的方向。

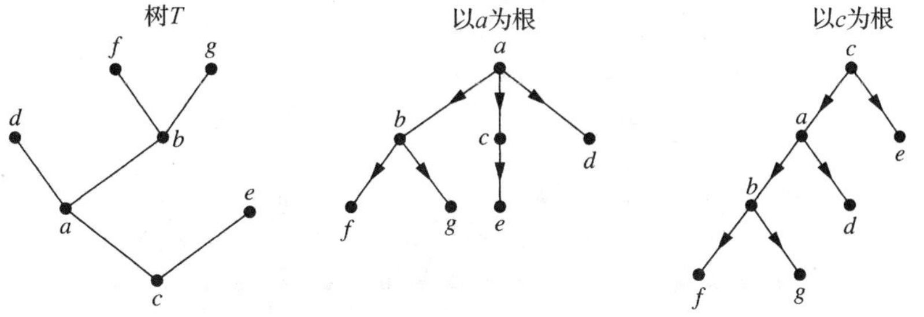

图 4　一棵树以及指定两个根所形成的有根树

树这个术语起源于植物学和族谱学。假定 T 是有根树。若 v 是 T 中的非根顶点，则 v 的**父母**是从 u 到 v 存在有向边的唯一的顶点 u(读者应当证明这样的顶点 u 是唯一的)。当 u 是 v 的父母时，v 称为 u 的**孩子**。具有相同父母的顶点称为**兄弟**。非根顶点的祖先是从根到该顶点通路上的顶点，不包括该顶点自身但包括根(即该顶点的父母，该顶点的父母的父母等，一直到根)。顶点 v 的后代是以 v 作为祖先的顶点。树的顶点若没有孩子则称为**树叶**。有孩子的顶点称为**内点**。根是内点，除非它是图中唯一的顶点，在这种情况下，它是树叶。

若 a 是树中的顶点，则以 a 为根的子树是由 a 和 a 的后代以及这些顶点所关联的边所组成的该树的子图。

例 2　在图 5 所示的有根树中(根为 a)，求 c 的父母，g 的孩子，h 的兄弟，e 的所有祖先，b 的所有后代，所有内点以及所有树叶。什么是以 g 为根的子树？　Extra Examples

解　c 的父母是 b。g 的孩子是 h、i 和 j。h 的兄弟是 i 和 j。e 的祖先是 c、b 和 a。b 的后代是 c、d 和 e。内点是 a、b、c、g、h 和 j。树叶是 d、e、f、i、k、l 和 m。以 g 为根的子树如图 6 所示。◀

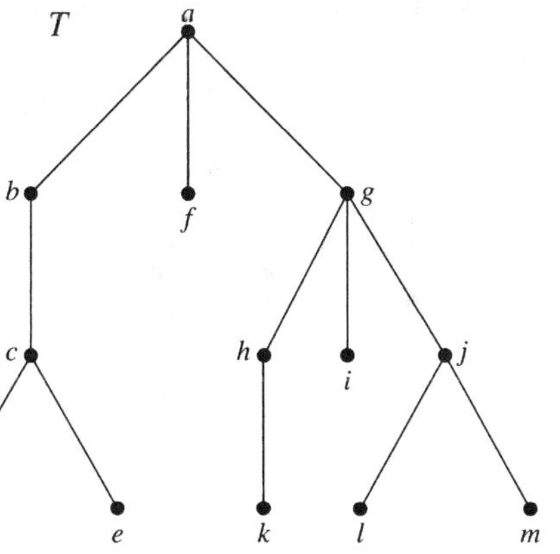

图 5　有根树 T

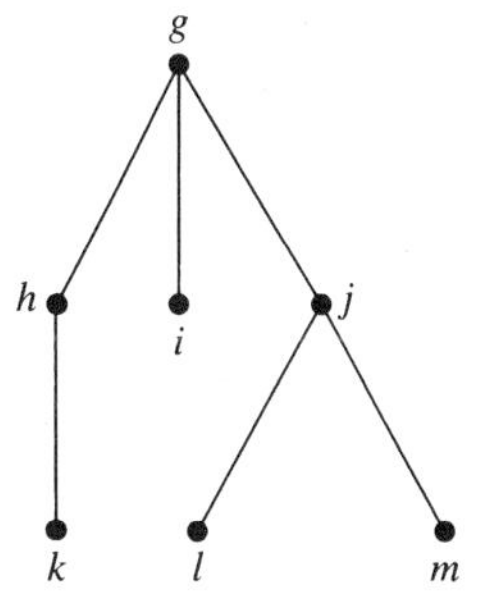

图 6　根在 g 的子树

在许多不同的应用中都用到具有下面性质的有根树：它们的所有内点都有相同个数的孩子。在本章后面将用这样的树去研究涉及搜索、排序和编码的问题。

定义 3　若有根树的每个内点都有不超过 m 个孩子，则称它为 m 叉树。若该树的每个内点都恰好有 m 个孩子，则称它为满 m 叉树。把 $m=2$ 的 m 叉树称为二叉树。　Links

例 3 在图 7 中的有根树，对某个正整数 m 来说是否为满 m 叉树？

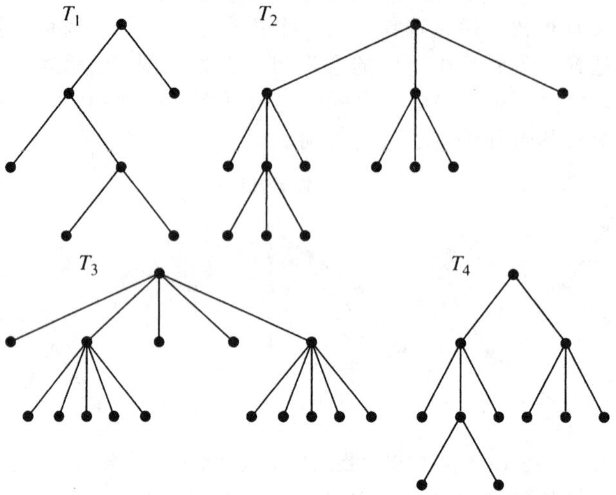

图 7　4 个有根树

解　T_1 是满二叉树，因为它的每个内点都有 2 个孩子。T_2 是满三叉树，因为它的每个内点都有 3 个孩子。在 T_3 中每个内点都有 5 个孩子，所以它是满五叉树。对任何 m 来说，T_4 都不是满 m 叉树，因为它的有些内点有 2 个孩子而有些内点有 3 个孩子。◀

有序根树　有序根树是把每个内点的孩子都排序的有根树。画有序根树时，以从左向右的顺序来显示每个内点的孩子。注意在常规方式下有根树的表示将确定它的边的一种顺序。我们将在画图时使用边的这种顺序，但不明确地指出有根树是有序的。

在有序二叉树(通常只称为**二叉树**)中，若一个内点有 2 个孩子，则第一个孩子称为**左子**而第二个孩子称为**右子**。以一个顶点的左子为根的树称为该顶点的**左子树**，而以一个顶点的右子为根的树称为该顶点的**右子树**。读者应当注意，对某些应用来说，二叉树的每个非根顶点都指定为其父母的右子或左子。即使当某些顶点仅有一个孩子也这样做。具体指定方式视需要而定。

可以递归地定义有序根树。

例 4 在图 8a 所示二叉树 T 中，d 的左子和右子是什么(其中顺序是画法所蕴含的)？c 的左子树和右子树是什么？

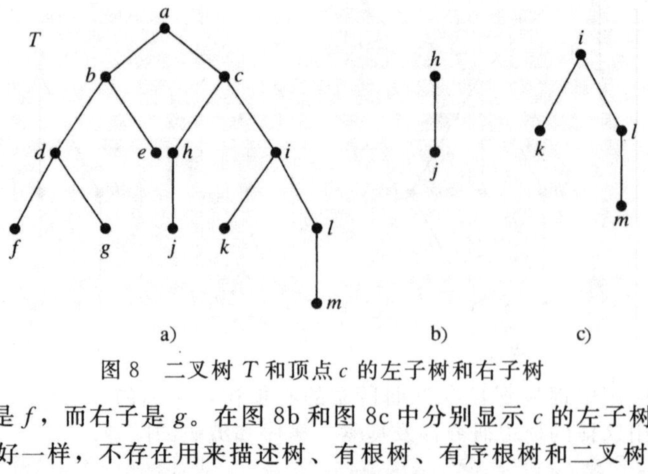

图 8　二叉树 T 和顶点 c 的左子树和右子树

解　d 的左子是 f，而右子是 g。在图 8b 和图 8c 中分别显示 c 的左子树和右子树。◀

与图的情形恰好一样，不存在用来描述树、有根树、有序根树和二叉树等的标准术语。出现这种非标准的术语是因为在计算机科学里大量地使用树，而计算机科学还是相对年轻的领域。当碰到关于树的术语时，读者就应当仔细地核对这些术语所表示的意思。

7.1.2 树作为模型

以树为模型的应用领域非常广泛，比如计算机科学、化学、地理学、植物学和心理学等。下面将描述基于树的各种模型。

例5 饱和碳氢化合物与树 图可以用来表示分子，其中用顶点表示原子，用边表示原子之间的化学键。英国数学家亚瑟·凯莱在1857年发现了树，当时他正在试图列举形如 C_nH_{2n+2} 的化合物的同分异构体，它们都被称为饱和碳氢化合物。(同分异构体代表具有相同化学式但不同化学性质的化合物。)

在饱和碳氢化合物的图模型中，用度为4的顶点表示每个碳原子，用度为1的顶点表示每个氢原子。在形如 C_nH_{2n+2} 的化合物的表示图中有 $3n+2$ 个顶点。在这个图中，边数是顶点度数之和的一半。因此，在这个图中有 $(4n+2n+2)/2=3n+1$ 条边。因为这个图是连通的，而且边数比顶点数少1，所以它必然是树(见本节练习15)。

带有 n 个度为4的顶点和 $2n+2$ 个度为1的顶点的非同构的树表示了形如 C_nH_{2n+2} 的不同的同分异构体。例如，当 $n=4$ 时，恰好存在2个这种类型的不同的同分异构体(读者需要验证)。所以恰好有2个 C_4H_{10} 的同分异构体。它们的结构如图9所示。这两种同分异构体称为丁烷和异丁烷。(也称为i-丁烷或甲基丙烷) ◀

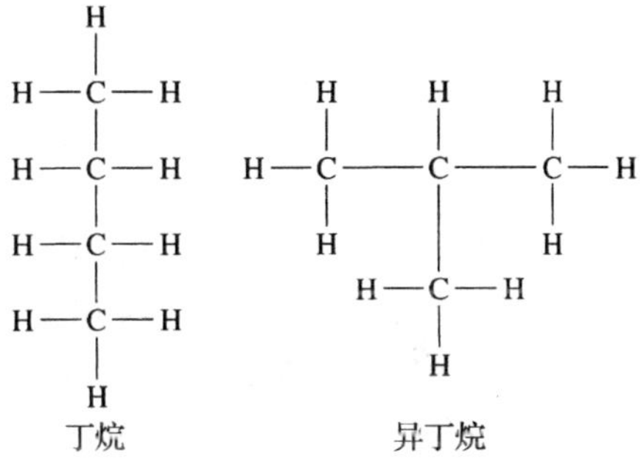

图9　丁烷的两种同分异构体

例6 表示组织机构 大的组织机构的结构可以用有根树来建模。在这个树中每个顶点表示机构里的一个职务。从一个顶点到另外一个顶点的边的起点所表示的人是终点所表示的人的(直接)上司。图10就是这样的树。在这个树所表示的组织机构里，硬件开发主任直接为研发副总经理工作。这个树的根是表示这个组织的总经理的顶点。◀

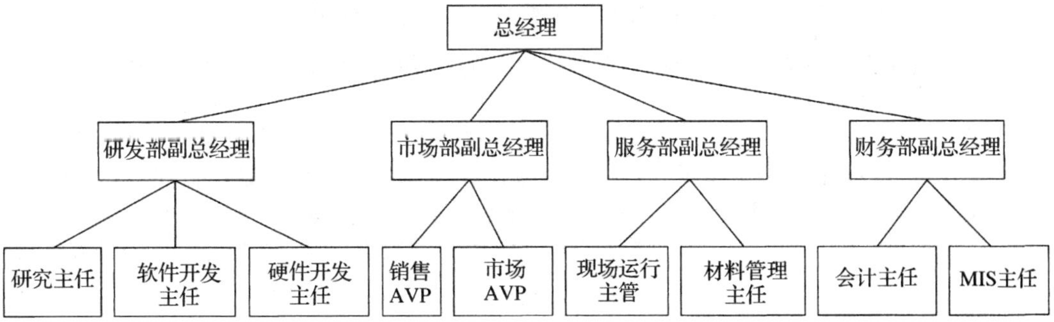

图10　一家计算机公司的组织机构图

例7 计算机文件系统 计算机存储器中的文件可以组织成目录。目录可以包含文件和子目录。根目录包含整个文件系统。因此，文件系统可以表示成有根树，其中根表示根目录，内点表示子目录，树叶表示文件或空目录。在图11中显示了一个这样的文件系统。在该系统中，文件khr属于目录rje。(注意文件的链接，同一个文件有多个路径名，会导致计算机文件系统中有回路。) ◀

例8 树形连接并行处理系统 在6.2节例17中描述了多种并行处理的互联网络。树形连接网络是把处理器互相连接的另外一种重要方式。表示这样的网络的图是完全二叉树，即一个每个树叶都在同一层上的满二叉树。这样的网络把 $n=2^k-1$ 个处理器互连起来，其中 k 是正整数。一个非根也非树叶的顶点 v 所表示的处理器具有三个双向连接，一个连接通向 v 的父母所表示的处理器，两个连接通向 v 的两个孩子所表示的处理器。根所表示的处理器具有两个双向连接，分别通向 v 的两个孩子所表示的处理器。树叶所表示的处理器具有一个双向连接，通

向 v 的父母。图 12 显示了一个带 7 个处理器的树形连接网络。

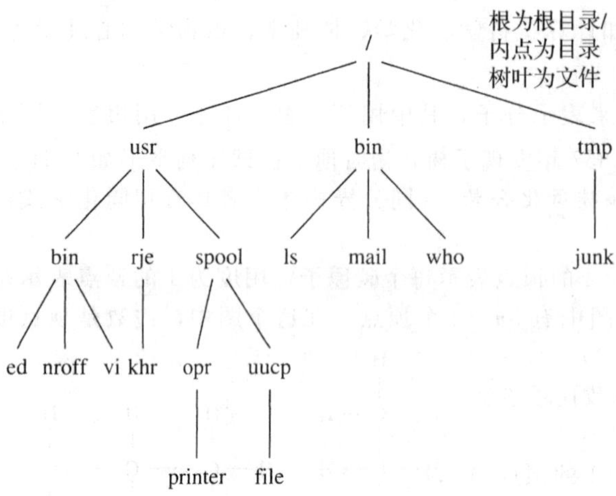

图 11 一个计算机文件系统

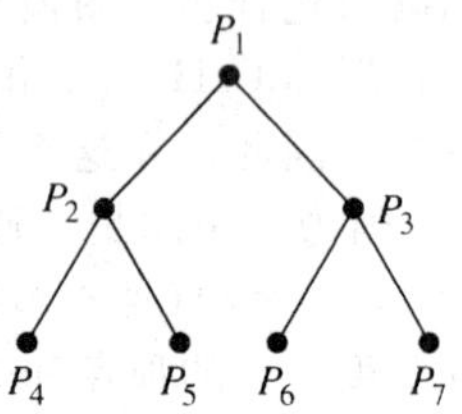

图 12 带 7 个处理器的树形连接网络

下面说明并行计算是如何使用树形连接网络的。具体地说，说明图 12 中的处理器如何用 3 步来完成 8 个数的相加。第一步，用 P_4 将 x_1 和 x_2 相加、用 P_5 将 x_3 和 x_4 相加、用 P_6 将 x_5 和 x_6 相加、用 P_7 将 x_7 和 x_8 相加。第二步，用 P_2 将 x_1+x_2 和 x_3+x_4 相加、用 P_3 将 x_5+x_6 和 x_7+x_8 相加。第三步，用 P_1 将 $x_1+x_2+x_3+x_4$ 和 $x_5+x_6+x_7+x_8$ 相加。这种方法要优于串行地将 8 个数相加所需要的 7 步，串行的步骤是依次把一个数与表中前面各数之和相加。◀

7.1.3 树的性质

我们常常需要知道树中各种边和顶点数目之间的联系。

Links

定理 2 带有 n 个顶点的树含有 $n-1$ 条边。

证明 将用数学归纳法来证明这个定理。注意对于所有的树来说，这里可以选择一个树根并且认为这个树是有根树。

基础步骤：当 $n=1$ 时，有 $n=1$ 个顶点的树没有边。所有对于 $n=1$ 来说，定理为真。

归纳步骤：归纳假设有 k 个顶点的每棵树都有 $k-1$ 条边，其中 k 是正整数。假设树 T 有 $k+1$ 个顶点并且 v 是 T 的树叶(v 必定存在，因为树是有穷的)，设 w 是 v 的父母，从 T 中删除顶点 v 以及连接 w 和 v 的边，就产生有 k 个顶点的树 T'，因为所得出的图还是连通的并且没有简单回路。根据归纳假设，T' 有 $k-1$ 条边。所以 T 有 k 条边，因为 T 比 T' 多 1 条边，即连接 v 和 w 的边。这样就完成了归纳步骤。◀

树是一个不带简单回路的连通无向图。所以，当 G 是一个含有 n 个顶点的无向图时，由定理 2 可知，两个条件：条件 1，G 是连通的；条件 2，G 没有简单回路。这两个条件蕴含条件 3，G 有 $n-1$ 条边。同时，当条件 1 和条件 3 成立时，条件 2 也一定成立；当条件 2 和条件 3 成立时，条件 1 也一定成立。也就是说，若 G 是连通的，G 有 $n-1$ 条边，则 G 没有简单回路，所以 G 是一棵树(见练习 15a)，并且若 G 没有简单回路，并且 G 有 $n-1$ 条边，则 G 是连通的，所以 G 是一棵树(见练习 15b)。同理，当条件 1、2、3 中的两个成立时，第三个也一定成立，而且 G 一定是一棵树。

计算满 m 叉树中的顶点数 如定理 3 所示，带有指定内点数的满 m 叉树的顶点数是确定的。与定理 2 一样，用 n 来表示树中的顶点数。

定理 3 带有 i 个内点的满 m 叉树含有 $n=mi+1$ 个顶点。

证明 除了根之外的每个顶点都是内点的孩子。因为每个内点有 m 个孩子，所以在树中除了根之外还有 mi 个顶点。因此，该树含有 $n=mi+1$ 个顶点。◀

假定 T 是满 m 叉树。设 i 是该树的内点数，l 是树叶数。一旦 n、i 和 l 中的一个已知，另外的两个量就随之确定了。定理 4 解释了如何从已知的一个量求出其他两个量。

定理 4 一个满 m 叉树若有
(i) n 个顶点，则有 $i=(n-1)/m$ 个内点和 $l=[(m-1)n+1]/m$ 个树叶；
(ii) i 个内点，则有 $n=mi+1$ 个顶点和 $l=(m-1)i+1$ 个树叶；
(iii) l 个树叶，则有 $n=(ml-1)/(m-1)$ 个顶点和 $i=(l-1)/(m-1)$ 个内点。

证明 设 n 表示顶点数，i 表示内点数，l 表示树叶数。利用定理 3 中的等式，即 $n=mi+1$，以及等式 $n=l+i$（这个等式为真，因为每一个顶点要么是树叶要么是内点），就可以证明本定理的所有三个部分。这里证明(i)。(ii)和(iii)的证明留给读者作为练习。

在 $n=mi+1$ 中求解 i 得出 $i=(n-1)/m$。然后把 i 的这个表达式代入等式 $n=l+i$，就证明 $l=n-i=n-(n-1)/m=[(m-1)n+1]/m$。 ◀

例 9 说明如何使用定理 4。

例 9 假定某人寄出一封连环信。要求收到信的每个人再把它寄给另外 4 个人。有些人这样做了，但是其他人则没有寄出信。若没有人收到超过一封的信，而且若读过信但是不寄出它的人数超过 100 个后，连环信就终止了，那么包括第一个人在内，有多少人看过信？有多少人寄出过信？

解 可以用 4 叉树表示连环信。内点对应于寄出信的人，而树叶对应于不寄出信的人。因为有 100 个人不寄出信，所以在这个有根树中，树叶数是 $l=100$。因此，由定理 4 的(iii)说明，已经看过信的人数是 $n=(4\cdot 100-1)/(4-1)=133$。另外，内点数是 $133-100=33$，所以 33 个人寄出过信。 ◀

平衡的 m 叉树 经常需要使用这样的有根树，它们是"平衡的"，所以在每个顶点的子树都包含大约相同长度的通路。下面的一些定义将解释这个概念。在有根树中顶点 v 的层是从根到这个顶点的唯一通路的长度。根的层定义为 0。有根树的高度就是顶点层数的最大值。换句话说，有根树的层数是从根到任意顶点的最长通路的长度。

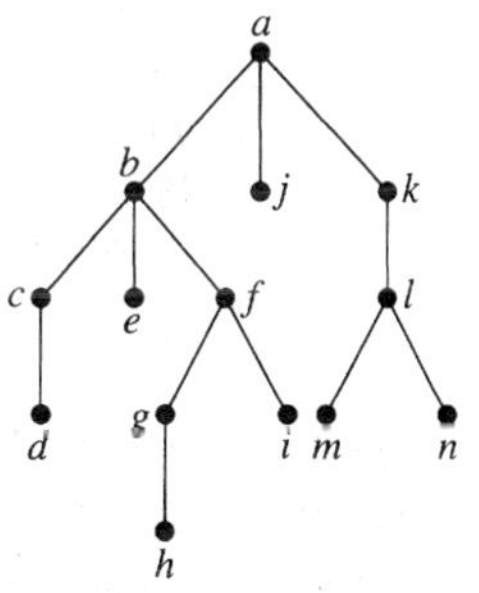

图 13 一棵有根树

例 10 求图 13 所示的有根树中每个顶点的层数。这棵树的高度是多少？

解 根 a 在 0 层上。顶点 b、j 和 k 都在 1 层上。顶点 c、e、f 和 l 都在 2 层上。顶点 d、g、i、m 和 n 都在 3 层上。最后，顶点 h 在 4 层上。因为任意顶点的最大层数是 4，所以这棵树的高度为 4。 ◀

若一棵高度为 h 的 m 叉树的所有树叶都在 h 层或 $h-1$ 层，则这棵树是**平衡的**。

例 11 在图 14 所示的一些有根树中，哪些有根树是平衡的？

解 T_1 是平衡的，因为它所有的树叶都在 3 层和 4 层上。然而，T_2 不是平衡的，因为它有树叶在 2 层、3 层和 4 层上。最后，T_3 是平衡的，因为它所有的树叶都在 3 层上。 ◀

在 m 叉树中树叶数的界 常常用到 m 叉树中树叶数的上界。定理 5 用 m 叉树的高度给出了一个这样的界。

定理 5 在高度为 h 的 m 叉树中至多有 m^h 个树叶。

证明 本证明对高度使用数学归纳法。首先，考虑高度为 1 的 m 叉树。这些树都是由一个根和不超过 m 个孩子所组成的，每个孩子都是树叶。因此在高度为 1 的 m 叉树中有不超过 $m^1=m$ 个树叶。这是归纳论证的基础步骤。

现在假定对高度小于 h 的所有 m 叉树来说，这个结果都为真。这是归纳假设。设 T 是高度为 h 的 m 叉树。T 的树叶都是通过删除从根到每个在 1 层的顶点的边所获得的 T 的子树的树叶，如图 15 所示。

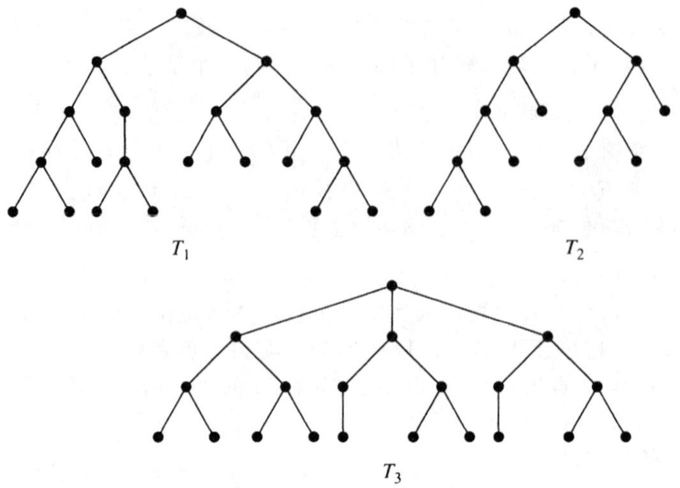

图 14　一些有根树

这些子树的高度都小于或等于 $h-1$。所以根据归纳假设，每个这样的有根树都至多有 m^{h-1} 个树叶。因为最多有 m 棵这样的子树，每个子树最多有 m^{h-1} 个树叶，所以在这个有根树中最多有 $m \cdot m^{h-1}=m^h$ 个树叶。这样就完成了归纳论证。◀

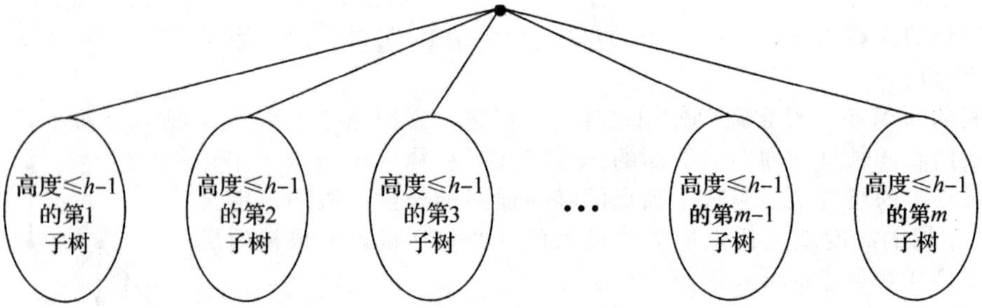

图 15　证明的归纳步骤

推论 1　*若一棵高度为 h 的 m 叉树带有 l 个树叶，则 $h \geqslant \lceil \log_m l \rceil$。若这棵 m 叉树是满的和平衡的，则 $h=\lceil \log_m l \rceil$(这里使用向上取整函数。$\lceil x \rceil$是大于或等于 x 的最小整数)。*

证明　从定理 5 知道 $l \leqslant m^h$。取以 m 为底的对数就证明 $\log_m l \leqslant h$。因为 h 是整数，所以有 $h \geqslant \lceil \log_m l \rceil$。现在假定这棵树是平衡的。于是每个树叶都在 h 层或 $h-1$ 层上，而且因为树的高度为 h，所以在 h 层至少有一个树叶。所以必然有超过 m^{h-1} 个树叶(见本节练习 30)。因为$l \leqslant m^h$，所以 $m^{h-1} < l \leqslant m^h$。在这个不等式中取以 m 为底的对数就得出 $h-1 < \log_m l \leqslant h$。因此 $h=\lceil \log_m l \rceil$。◀

奇数编号练习[⊖]

1. 下面哪些图是树？

a)
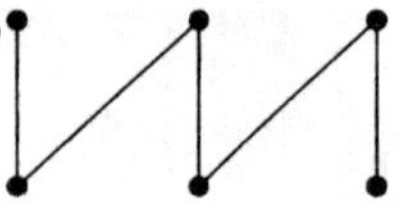
b)

c)
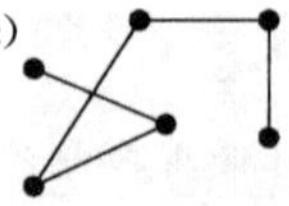

⊖ 为缩减篇幅，本书只包括完整版中奇数编号的练习，并保留了原始编号，以便与参考答案、演示程序、教学 PPT 等网络资源相对应。若需获取更多练习，请参考《离散数学及其应用(原书第 8 版)》(中文版，ISBN 978-7-111-63687-8)或《离散数学及其应用(英文版·原书第 8 版)》(ISBN 978-7-111-64530-6)。练习的答案请访问出版社网站下载，注意，本章在完整版中为第 11 章，故请查阅第 11 章的答案。——编辑注

d) 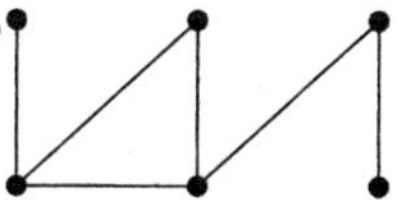
e) 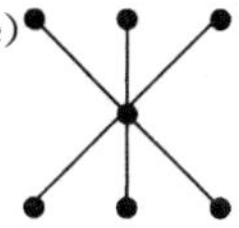
f) 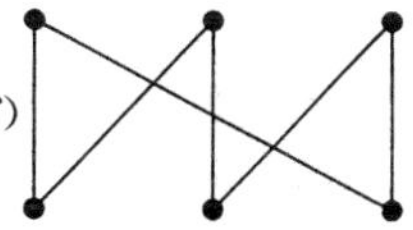

3. 回答下列关于图中所示的有根树的问题。

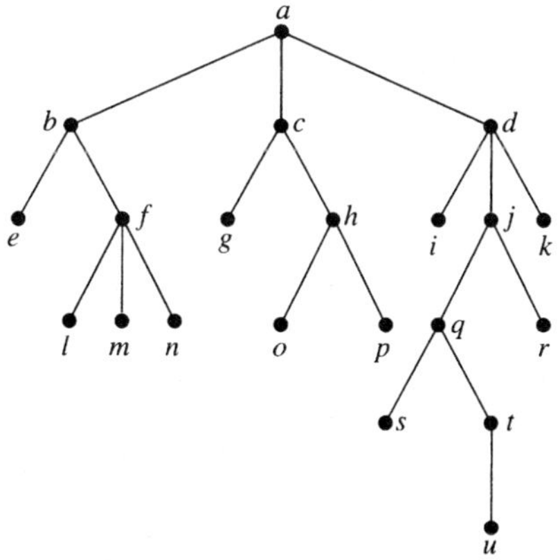

a)哪个顶点是根？ b)哪些顶点是内点？ c)哪些顶点是树叶？
d)哪些顶点是 j 的孩子？ e)哪些顶点是 h 的父母？ f)哪些顶点是 o 的兄弟？
g)哪些顶点是 m 的祖先？ h)哪些顶点是 b 的后代？

5. 练习 3 中的有根树对某个正整数 m 来说，是否是满 m 叉树？

7. 练习 3 中的有根树的每个顶点的层数是什么？

9. 画出练习 3 中的树以下列顶点为根的子树。
a) a b) c c) e

11. a)有多少种非同构的带有 3 个顶点的无根树？
b)有多少种非同构的带有 3 个顶点的有根树(使用有向图的同构)？

* 13. a)有多少种非同构的带有 5 个顶点的无根树？
b)有多少种非同构的带有 5 个顶点的有根树(使用有向图的同构)？

☞* 15. 设 G 是带有 n 个顶点的简单图。证明：
a) G 是树当且仅当 G 是连通的并且有 $n-1$ 条边。
b) G 是树当且仅当 G 没有简单回路并且有 $n-1$ 条边。[提示：为了证明当 G 没有简单回路并且有 $n-1$ 条边时 G 是连通的，证明 G 不能有多于 1 个的连通分部。]

17. 带有 10 000 个顶点的树有多少条边？

19. 带有 1000 个内点的满二叉树有多少条边？

21. 假定 1000 个人参加象棋巡回赛。若一个选手输掉一盘就遭到淘汰，而且比赛进行到只有一位参加者还没有输过为止，则利用这个巡回赛的有根树模型来确定为了决出冠军必须下多少盘棋(假定没有平局)。

23. 一封连环信开始时一个人寄出一封信给其他 10 个人。要求每个人寄出此信给其他 10 个人，而且每封信都包含该连环中前面 6 个人的列表。除非表中不足 6 个名字，否则每个人都寄一美元给表中的第一个人，从表中删除这个人的名字，把其他 5 个人的名字向上移动一位，并且把他自己的名字插入到表的末尾。若没有人中断这个连环，并且每人至多收到一封信，则这个连环中的一个人最终将收到多少钱？

* 25. 要么画出带有 84 个树叶且高度为 3 的满 m 叉树，其中 m 是正整数，要么证明这样的树不存在。

一棵**完全 m 叉树**是其中每个树叶都在同一层上的满 m 叉树。

27. 构造高度为 4 的完全二叉树和高度为 3 的完全 3 叉树。

29. 证明：
a)定理 4 的 ii b)定理 4 的 iii

31. 在包含总共 n 个顶点的 t 棵树的森林中有多少条边？

33. 下面的饱和碳氢化合物有多少种不同的同分异构体？

a) C_3H_8　**b)** C_5H_{12}　**c)** C_6H_{14}

35. 对表示计算机文件系统的有根树，回答与练习 34 所给的那些相同的问题。

37. 设 n 是 2 的幂。证明：可以用 $n-1$ 个处理器的树形连接网络在 $\log n$ 步中求出 n 个数之和。

无根树中顶点的**离心度**是从这个顶点开始的最长的简单通路的长度。若在树中没有其他顶点比一个顶点的离心度更小，则这个顶点就称为**中心**。在练习 39～41 中，求每一个所给树的中心。

39.

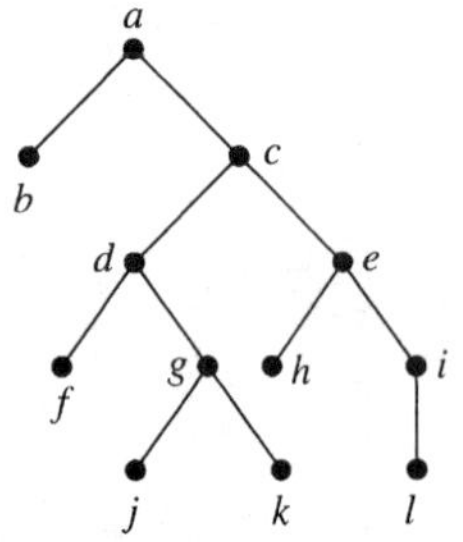

41.

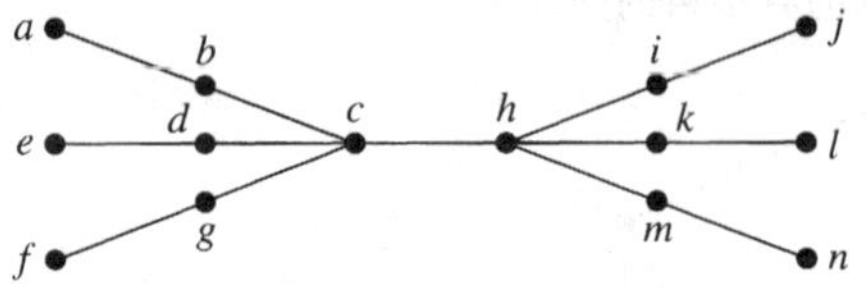

* **43.** 证明：树有一个中心或两个相邻的中心。

有根的斐波那契树 T_n 是以下面的方式递归地定义的。T_1 和 T_2 都是包含单个顶点的有根树，而对 $n=3$，4，…来说，都是由一个根以及以 T_{n-1} 作为其左子树并且以 T_{n-2} 作为其右子树来构造出的有根树 T_n。

45. 画出前 7 个有根的斐波那契树。

47. 下面这个使用数学归纳法的"证明"错在什么地方？命题：有 n 个顶点的每棵树都有长度为 $n-1$ 的通路。基础步骤：有 1 个顶点的每棵树显然有长度为 0 的通路。归纳步骤：假设有 n 个顶点的树有长度为 $n-1$ 的通路，且这个通路以 u 作为终点。加入顶点 v 和从 u 到 v 的边。所得出的树有 $n+1$ 个顶点并且有长度为 n 的通路。这样就完成了归纳步骤。

7.2　树的应用

7.2.1　引言

下面将要运用树来讨论三个问题。第一个问题是：应当如何对列表里的元素进行排序，以便可以容易地找到元素的位置？第二个问题是：为了在某种类型的一组对象里找出带有某种性质的对象，应当做出一系列什么样的决策？第三个问题是：应当如何用比特串来有效地编码一组字符？

7.2.2　二叉搜索树

Links 在列表里搜索一些元素，是计算机科学的一项重要任务。主要目标是实现一个搜索算法，当元素都完全排序时，这个算法能有效地找出元素。这个任务可以通过使用**二叉搜索树**来完成，二叉搜索树是一种二叉树，其中任何顶点的每个孩子都指定为右子或左子，没有顶点有超过一个的右子或左子，而且每个顶点都用一个关键字来标记，这个关键字是各元素中的一个。另外，这样指定顶点的关键字，使得顶点的关键字不仅大于它的左子树里的所有顶点的关键字，而且小于它的右子树里的所有顶点的关键字。

这个递归过程用来形成元素列表的二叉搜索树。从只包含一个顶点(即根)的树开始。指定列表中第一个元素作为这个根的关键字。为了添加新的元素，首先比较它与已经在树中的顶点的关键字，从根开始，若这个元素小于所比较顶点的关键字而且这个顶点有左子，则向左移动，若这个元素大于所比较顶点的关键字而且这个顶点有右子，则向右移动。当这个元素小于所比较顶点的关键字而且这个顶点没有左子时，就插入以这个元素作为关键字的一个新顶点，并把新顶点作为这个顶点的左子。同理，当这个元素大于所比较顶点的关键字而且这个顶点没有右子时，就插入以这个元素作为关键字的一个新顶点，并把新顶点作为这个顶点的右子。用例 1 来说明这个过程。

例 1 构造下面这些单词的二叉搜索树(用字母顺序)：mathematics、physics、geography、zoology、meteorology、geology、psychology 和 chemistry。

解　图 1 显示了构造这个二叉搜索树所用的步骤。单词 mathematics 是根的关键字。因为 physics 是在 mathematics 之后(按照字母顺序)，所以给根添加带关键字 physics 的右子。因为 geography 是在 mathematics 之前，所以给根添加带关键字 geography 的左子。下一步，给带关键字 physics 的顶点添加右子，并且给其指定关键字 zoology，因为 zoology 是在 mathematics 之后且在 physics 之后。同理，给带关键字 physics 的顶点添加左子，并且给其指定关键字 meteorology。给带关键字 geography 的顶点添加右子，并且给其指定关键字 geology。给带关键字 zoology 的顶点添加左子，并且给其指定关键字 psychology。给带关键字 geography 的顶点添加左子，并且给其指定关键字 chemistry(读者应当完成在每步上所需的所有比较)。◀

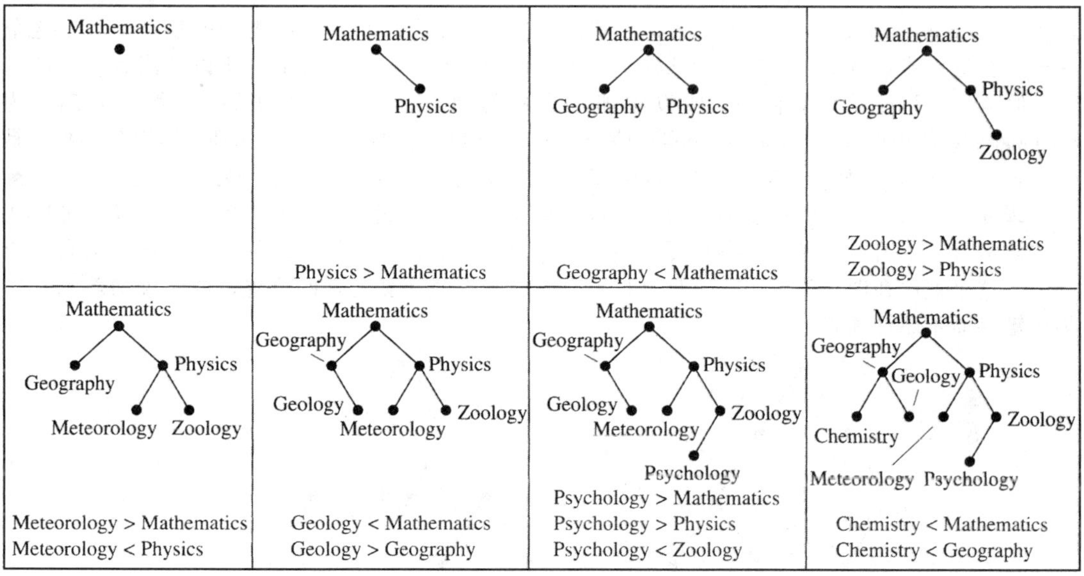

图 1 构造二叉搜索树

一旦建立了二叉搜索树，就需要一种在二叉搜索树中查找元素的方法，以及添加新元素的方法。算法 1 是插入算法，尽管看上去它只是在二叉搜索树上添加新顶点，但实际上它可以完成上面提到的两个任务。也就是说，如果元素 x 存在，算法 1 可以在二叉搜索树中查找该元素 x；如果元素 x 不存在，也可以添加该元素 x。在下面的伪代码中，v 是当前正在查看的顶点，label(v)是该顶点的关键字。算法从根开始查看。如果 v 的关键字等于 x，那么算法就找到了 x 的位置并结束；如果 x 比 v 的关键字小，就向 v 的左子顶点移动并重复这个过程；如果 x 比 v 的关键字大，就向 v 的右子顶点移动并重复这个过程。如果在任何一步，要移动到的子顶点并不存在，那么就知道在这棵二叉搜索树中没有 x，然后就添加一个以 x 为关键字的顶点作为这个子顶点。

```
算法 1  在二叉搜索树中查找或添加一个元素
procedure insertion(T: 二叉搜索树, x: 元素)
v := T 的根
{一个不在 T 中具有值 null 的顶点}
while v≠null 并且 label(v)≠x
    if x<label(v) then
        if v 的左子≠null then v := v 的左子
        else 添加新顶点作为 v 的左子并且设置 v := null
    else
        if v 的右子≠null then v := v 的右子
        else 给 T 添加新顶点作为 v 的右子并且设置 v := null
if T 的根=null then 给树添加顶点 v 并且用 x 标记它
else if v 为 null 或 label(v)≠x then 用 x 标记新顶点 v
return v{v=x 的位置}
```

例 2 说明了如何使用算法 1 在二叉搜索树中插入一个新元素。

例 2 运用算法 1 在例 1 的二叉搜索树中插入 oceanography 这个词。

解 算法 1 从 v 开始，v 等于 T 的根顶点，是当前查看的顶点。因此 label(v) = mathematics。因为 $v \neq$ null，且 label(v) = mathematics < oceanography，所以接下来就查看根的右子顶点。右子存在，因此置当前查看的顶点 v 等于这个右子。这一步，有 $v \neq$ null，且 label(v) = physics > oceanography，所以要查看 v 的左子。左子存在，因此置当前查看的顶点 v 等于这个左子。在这一步，有 $v \neq$ null，且 label(v) = metereology < oceanography，所以试图查看 v 的右子。但是，这个右子并不存在，所以添加一个新的顶点作为 v 的右子（此时就是关键字为 oceanography 的顶点），然后置 v: = null。因为 v = null，所以现在跳出了 **while** 循环。因为 T 的根不是 null 而 v = null，所以使用算法结束处的 **else if** 语句让新顶点以 oceanography 为关键字。◀

现在我们来确定这个过程的计算复杂度。假定有 n 个元素的列表的二叉搜索树 T。可以从 T 这样构造一个满二叉树 U：在必要时添加无标记的顶点，使得每个带关键字的顶点都有两个孩子。这个做法在图 2 里说明。一旦这样做了，就容易找出新元素的位置，或者添加新元素作为关键字而不添加顶点。

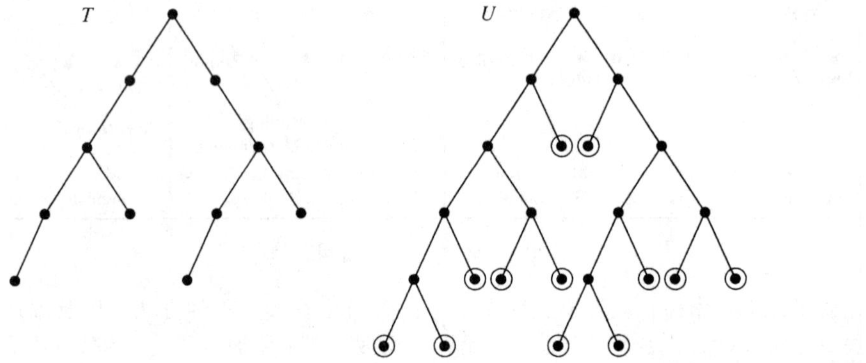

图 2　添加无标记顶点以得到一个满二叉搜索树

添加一个新元素所需要的最多比较次数，等于在 U 中从根到树叶的最长通路的长度。U 的内点都是 T 的顶点。所以 U 有 n 个内点。现在可以利用 7.1 节定理 4 的部分 ii）来得出 U 有 $n+1$ 个树叶。利用 7.1 节的推论 1，可以看出 U 的高度大于或等于 $h = \lceil \log(n+1) \rceil$。所以，为了添加某个元素，必须至少执行 $\lceil \log(n+1) \rceil$ 次比较。注意若 U 是平衡的，则它的高度是 $\lceil \log(n+1) \rceil$（根据 7.1 节的推论 1）。因此，若二叉搜索树是平衡的，则确定一个元素的位置或者添加一个元素所需要的比较次数不超过 $\lceil \log(n+1) \rceil$ 次。当给二叉搜索树添加一些元素时，该树可能变得不平衡。因为平衡的二叉搜索树给出二叉搜索的最优的最坏情形复杂度，所以添加元素时重新平衡二叉搜索树的算法已经设计出来。感兴趣的读者可以查阅关于数据结构的参考文献来了解这些算法。

7.2.3　决策树

Links

有根树可以用来为一系列决策求解问题建立模型。例如，二叉搜索树可以用来基于一系列比较来找出元素的位置，其中每次比较都说明是否已经找到了元素的位置，或者是否应当向右或向左进入子树。其中每个内点都对应着一次决策，这些顶点的子树都对应着该决策的每种可能结果，这样的有根树称为**决策树**。问题的可能解对应着这个有根树中通向树叶的通路。例 3 说明了决策树的一个应用。

Extra Examples

例 3 假定有重量相同的 7 枚硬币和重量较轻的一枚伪币。为了用一架天平确定这 8 枚硬币中哪个是伪币，需要多少次称重？给出找出这个伪币的算法。

解 在天平上每次称重结果有三种可能性。分别是：两个托盘有相同的重量，第一个托盘较重，或第二个托盘较重。所以，称重序列的决策树是 3 元树。在决策树中至少有 8 个树叶，因为有 8 种可能的结果(因为每枚硬币都可能是较轻的伪币)，而且每种可能的结果必须至少用一个树叶来表示。确定伪币所需要的最大称重次数是决策树的高度。从 7.1 节的推论 1 得出决策树的高度至少是$\lceil \log_3 8 \rceil = 2$。因此，至少需要两次称重。

用两次称重来确定伪币是可行的。说明如何这样做的决策树如图 3 所示。◀

基于比较的排序算法的复杂度 已经开发了许多不同的排序算法。为了确定一个具体的排序算法是否有效，就要确定这个算法的复杂度。用决策树作为模型，可以求出基于二元比较的排序算法的最坏情形复杂度的下界。

可以用决策树为排序算法建立模型并且确定对这些算法的最坏情形复杂度的估计。注意给定 n 个元素，这些元素有 $n!$ 种可能的排序，因为这些元素的 $n!$ 种排列中的每一个都可以是正确的顺序。本书研究的排序算法以及最常用的排序算法都基于二元比较，即一次比较两个元素。每次这样的比较都缩小了可能的顺序集合。而且，基于二元比较的排序算法可以表示成二叉决策树，其中每个内点表示两个元素的一次比较。每个树叶表示 n 个元素的 $n!$ 种排列中的一种。

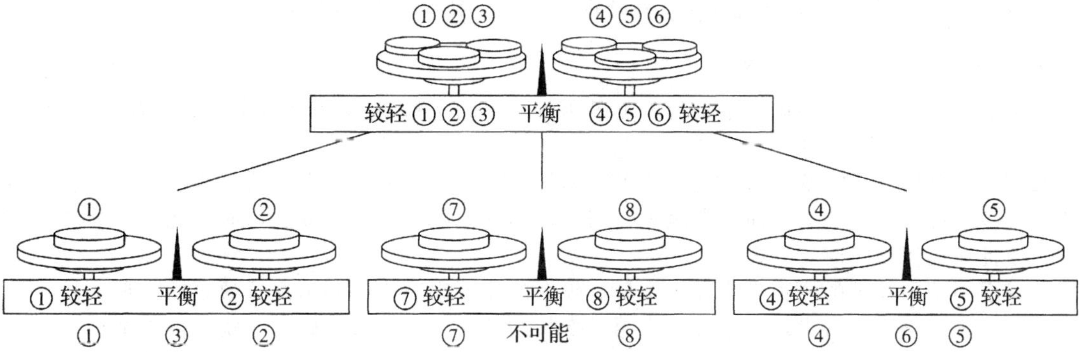

图 3 找出伪币位置的决策树。每种最终结果的下面一行是伪币

例 4 图 4 显示了给列表 a、b、c 里的元素排序的决策树。◀

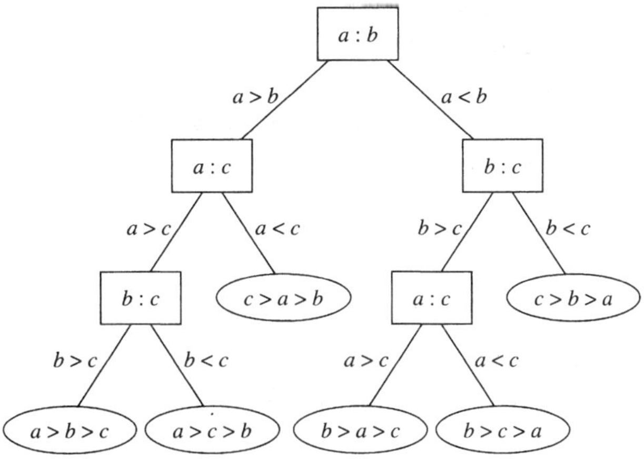

图 4 对 3 个不同元素进行排序的决策树

基于二元比较的排序的复杂度是用二元比较的次数来度量的。排序有 n 个元素的列表所需要的最多比较次数就给出了这个算法的最坏情形复杂度。所用的最多比较次数等于表示这个排序过程的决策树里的最长通路长度。换句话说，所需要的最多比较次数等于这个决策树的高度。因为带 $n!$ 个树叶的二叉树的高度至少是$\lceil \log n! \rceil$(利用 7.1 节推论 1)，所以如定理 1 所说，

至少需要$\lceil \log n! \rceil$次比较。

定理1　基于二元比较的排序算法至少需要$\lceil \log n! \rceil$次比较。

可以用定理1给出基于二元比较的排序算法所用比较次数的大O估计。注意到$\lceil \log n! \rceil$是$\Theta(n \log n)$，这是算法的计算复杂度经常使用的一个参照函数。推论1是这个估计的结果。

引理1　基于二元比较的排序算法排序n个元素所用的比较次数是$\Omega(n \log n)$。

推论1的一个结论是，基于二元比较的排序算法在最坏情形下使用$\Theta(n \log n)$次比较来排序n个元素，其他这类算法都没有更好的最坏情形复杂度，在这个意义下，基于二元比较的排序算法是最优的。可以看出，在这个意义下归并排序算法是最优的。

对于排序算法的平均情形复杂度也可以证明类似的结果。基于二元比较的排序算法所用的平均比较次数是表示这个排序算法的决策树中的平均树叶深度。根据7.1节练习48知道，有N个顶点的二叉树的平均树叶深度是$\Omega(\log N)$。当令$N=n!$并且注意因为$\log n!$是$\Theta(n \log n)$，所以是$\Omega(\log n!)$的函数也是$\Omega(n \log n)$时，就会得出下面的估计。

定理2　基于二元比较的排序算法排序n个元素所用的平均比较次数是$\Omega(n \log n)$。

7.2.4　前缀码

考虑这样的问题：用比特串来编码英语字母表里的字母(其中不区分小写和大写字母)。可以用长度为5的比特串来表示每个字母，因为只有26个字母而且有32个长度为5的比特串。当每个字母都用5位来编码时，用来编码数据的总位数是5乘以文本中的字符数。有没有可能找出这些字母的编码方案，使得在编码数据时使用的位数更少？若可能，那么就可以节省存储空间而且缩短传输时间。

考虑用不同长度的比特串来编码字母。较短的比特串用来编码出现较频繁的字母，较长的比特串用来编码不经常出现的字母。当用可变长的位数来给字母编码时，就必须用某种方法来确定每个字母在何处开始和结束。例如，若把e编码成0，把a编码成1，而把t编码成01，则比特串0101可能对应着eat、tea、eaea或tt。

为了保证没有比特串对应着多个字母的序列，可以令一个字母的比特串永远不出现在另一个字母的比特串的开头部分。具有这个性质的编码称为**前缀码**。例如，把e编码成0、把a编码成10、而把t编码成11的编码就是前缀码。从编码一个单词的字母的唯一比特串可以恢复这个单词。例如，串10110是ate的编码。为了看明白这一点，注意开始的1不表示一个字符，但是10表示a(并且它不可能是另一个字母的比特串的开始部分)。然后，下一个1不表示一个字符，但是11表示t。最后一位0表示e。

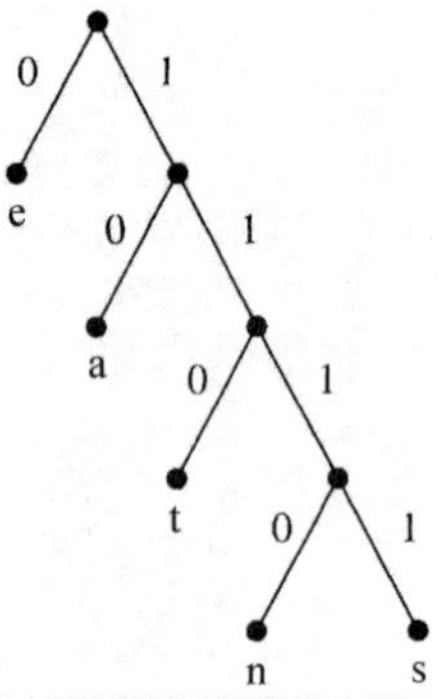

图5　表示前缀码的二叉树

前缀码可以用二叉树来表示，其中字符是树中树叶的标记。树的边也被标记，使得通向左子的边标记为0而通向右子的边标记为1。用来编码一个字符的比特串是在从根到以这个字符作为标记的树叶的唯一通路上标记的序列。例如，图5中的树表示把e编码成0，把a编码成10，把t编码成110，把n编码成1110和把s编码成1111。

表示编码的树可以用来解码比特串。例如，考虑一个用图5中的编码编成11111011100的单词。这个比特串可以这样解码：从根开始，用比特序列来形成一条到树叶为止的通路。每个0都使得通路向下到达通向通路中最后一个顶点的左子的边，而每个1都对应到最后一个顶点的右子。所以，开头的1111对应这样的通路：从根开始，向右前进四次，到达以s作为标记的树叶，因为1111是s的编码。从第五位继续进行，在向右再向左之后，就到达下一个树叶，这时访问到以a作为标记的顶点，它的编码是10。从第七位开始，在向右三次然后向左之后，访问到了标记为n，编码为 1110 的顶点。最后，末位 0 指向用 e 标记的树叶。因此，原来的单词是 sane。

可以从任何二叉树来构造一个前缀码，其中每个内点的左边都用 0 标记，而右边都用 1 标记，树叶都用字符标记。字符都用从根到这个树叶的唯一通路中的边的标记所组成的比特串来编码。

哈夫曼编码 现在介绍一种算法，这种算法用一个字符串中符号的出现频率(即出现概率)作为输入，并产生编码这个字符串的一个前缀码作为输出，在这些符号的所有可能的二叉前缀码中，这个编码使用最少的位。这个所谓**哈夫曼编码**的算法是大卫·哈夫曼于 1951 年做麻省理工学院的研究生时发表在一篇学期论文中的。(注意，这个算法假定已知字符串中每个符号出现多少次，所以可以计算每个符号的出现频率，方法是用这个符号出现的次数除以这个字符串的长度。)哈夫曼编码是*数据压缩*中的基本算法，数据压缩的目的在于减少表示信息所需要的位数。哈夫曼编码广泛用于压缩表示文本的比特串，并且在压缩视频和图像文件方面也起到重要作用。 Links

算法 2 给出了哈夫曼编码算法。给定符号及其频率，目标是构造一个有根的二叉树，其中符号是树叶的标记。算法从只含有一个顶点的一些树构成的森林开始，其中每个顶点有一个符号作为标记，并且这个顶点的权就等于所标记符号的频率。在每一步，都把具有最小总权值的两个树组合成一个单独的树，方法是引入一个新的根，把具有较大的权的树作为左子树，把具有较小的权的树作为右子树。另外，把这个树的两个子树的权之和作为这个树的总权值。(虽然可以规定在具有相同的权的树之间进行选择以打破平局的过程，但是这里将不具体指定这样的过程。)当构造出了一个树，即森林缩小为单个树时，算法就停止。 Demo

算法 2 哈夫曼编码

procedure Huffman(C: 具有频率 w_i 的符号 a_i, $i=1, 2, \cdots, n$)
$F:=n$ 个有根树的森林，每个有根树由单个顶点 a_i 组成并且赋权 w_i
while F 不是树
  把 F 中满足 $w(T)\geqslant w(T')$ 的权最小的有根树 T 和 T' 换成具有新树根的一个树，
  这个树根以 T 作为左子树并且以 T' 作为右子树。
  用 0 标记树根到 T 的新边，并且用 1 标记树根到 T' 的新边。
  把 $w(T)+w(T')$ 作为新树的权。
{符号 a_i 的哈夫曼编码是从树根到 a_i 的唯一通路上的边的标记的连接}

例 5 说明如何用算法 2 来对 6 个符号进行编码。 Extra Examples

例 5 用哈夫曼编码来编码下列符号，这些符号具有下列频率：A∶0.08，B∶0.10，C∶0.12，D∶0.15，E∶0.20，F∶0.35。编码一个字符串所需要的平均位数是多少？

解 图 6 表示了编码这些符号所用的步骤。所产生的编码为：A 是 111，B 是 110，C 是 011，D 是 010，E 是 10，F 是 00。使用这种编码来编码一个符号所用的平均位数是

$$3\cdot 0.08+3\cdot 0.10+3\cdot 0.12+3\cdot 0.15+2\cdot 0.20+2\cdot 0.35=2.45$$ ◀

注意哈夫曼编码是贪心算法。在每一步替换具有最小权值的两棵树，在没有任何二叉前缀码能使用更少的比特来编码这些符号的情况下，这样做就导出了最优编码。在本节末把哈夫曼编码是最优的证明留作练习 32。

哈夫曼编码有许多变种。例如，不编码单个符号，可以编码指定长度的符号块，比如两个符号的块。这样做有可能减少编码这个字符串所需要的位数(参看本节练习 30)。也可以用两个以上的符号来编码这个符号串中的原始符号(参看本节练习 28 的前导文)。另外，当事先不知道一个字符串中每个符号的频率时，可以使用一种变种，即所谓的自适应哈夫曼编码(参见[Sa00])，使得在读这个字符串的同时来进行编码。

7.2.5　博弈树

可以用树来分析某些类型的游戏，比如井字游戏、取石子游戏、跳棋和象棋。在每一种游戏中，两个选手轮流进行移动。每个选手知道另一个选手的移动并且游戏不存在偶然因素。使用**博弈树**为这样的游戏建立模型，这些树的顶点表示当游戏进行时游戏所处的局面，边表示在这些局面之间合乎规则的移动。由于博弈树常常很大，所以通过用同一个顶点表示所有对称的局面来简化博弈树。但是，如果一个游戏的不同移动序列导致同一个局面，则可以用不同的顶点来表示这个局面。根表示起始的局面。通常的约定是用方框表示偶数层的顶点并且用圆圈表示奇数层的顶点。当游戏处在偶数层顶点所表示的局面时，就轮到第一个选手移动。当游戏处在奇数层顶点所表示的局面时，就轮到第二个选手移动。博弈树所表示的游戏可以永远不结束，比如进入了无穷循环，因此博弈树可以是无穷的，但是对于大多数游戏来说，都存在一些规则导致有穷的博弈树。

博弈树的树叶表示游戏的终局。给每个树叶指定一个值，表示游戏在这个树叶所代表的局面终止时第一个选手的得分。对于非胜即负的游戏，用 1 来标记圆圈所表示的终结顶点以表示第一个选手获胜，用－1 来标记方框所表示的终结顶点以表示第二个选手获胜。对于允许平局的游戏，用 0 来标记平局所对应的终结顶点。注意，对于非胜即负的游戏，为终结顶点指定值，这个值越高，第一个选手的结局就越好。

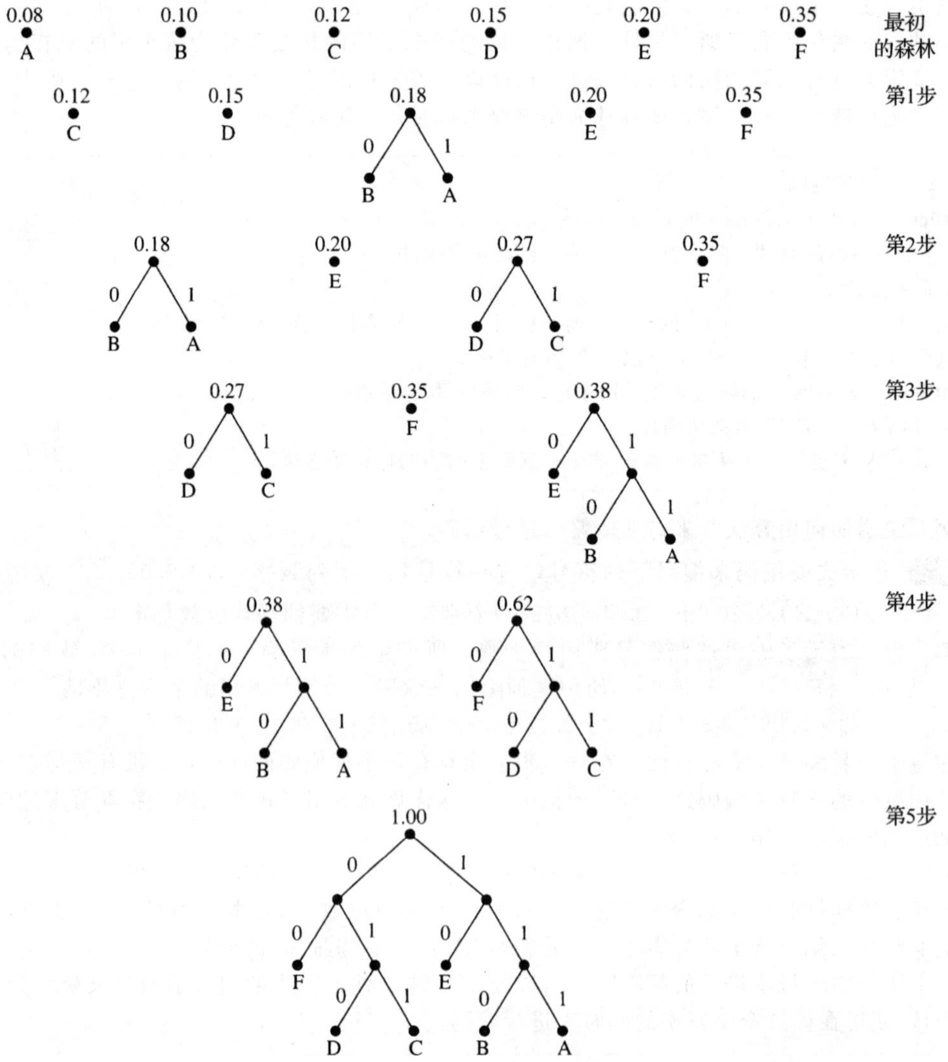

图 6　例 5 中符号的哈夫曼编码

例 6 展示了一个非常著名的和经过深入研究的游戏的博弈树。

例 6 **取石子游戏** 取石子游戏是这样的，在游戏的开始，有几堆石子。两个选手轮流移动石子，合法的移动包括从其中一堆取走一块或多块石子，而不去移动其余的所有石子。不能进行合法移动的选手告负。(也可以规定取走最后一块石子的选手告负，因为不允许没有石子堆的局面。)图 7 所示的博弈树表示了这种形式的给定开局的取石子游戏，其中有 3 堆石子，分别包含 2 块、2 块和 1 块石子。用不同堆中石子数的无序表来表示每个局面(堆的顺序无关紧要)。第一个选手的初始移动可以导致 3 种可能的局面，因为这个选手可以从有 2 块石子的堆中取走 1 块石子(留下包含 1 块、1 块和 2 块石子的 3 堆)，可以从包含 2 块石子的堆中取走 2 块石子(留下包含 2 块和 1 块石子的 2 堆)，或者从包含 1 块石子的堆中取走 1 块石子(留下包含 2 块石子的 2 堆)。当只剩下包含 1 块石子的 1 堆时，就不可能进行合法移动了，所以这样的局面就是终局。由于取石子游戏是非胜即负的游戏，所以用 +1 标记表示第一个选手获胜的终结顶点，用 −1 标记表示第二个选手获胜的终结顶点。◀

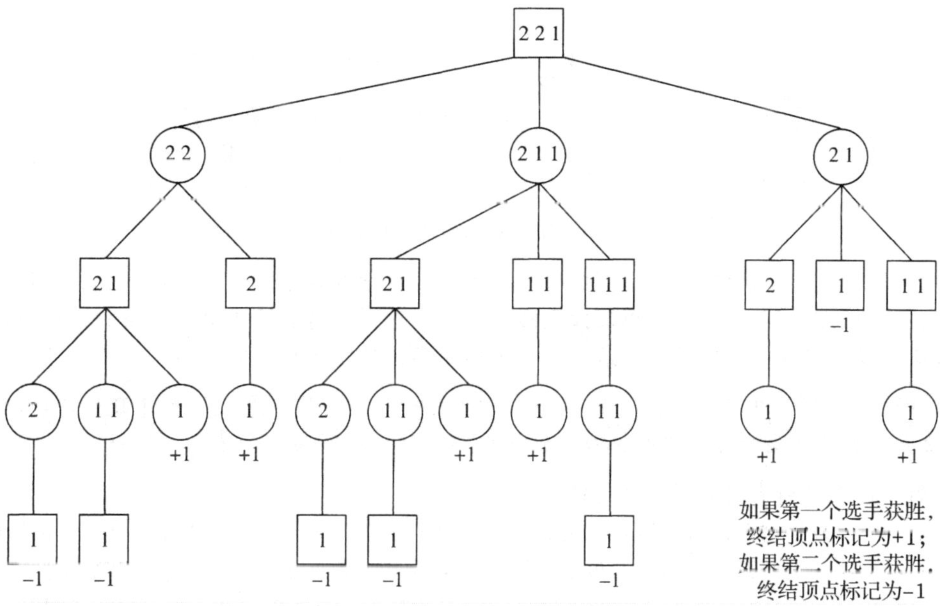

图 7 取石子游戏的博弈树

例 7 **井字游戏** 井字游戏的博弈树非常大，这里不能画出，尽管计算机能轻而易举地构造出这样的树。图 8a 显示了井字游戏的博弈树的一部分。注意，由于对称的局面是等价的，所以只需要考虑图 8a 所示的 3 种可能的初始移动。在图 8b 中，还显示了这个博弈树的一个导致终局的子树，其中一个能够获胜的选手进行了制胜的移动。◀

可以用某种方式递归地定义博弈树中所有顶点的值，使得可以确定当两个选手都遵循最优策略时这个游戏的结果。所谓**策略**，就意味着一组规则，这些规则说明一个选手如何移动来赢得游戏。第一个选手的最优策略就是把这个选手的得分最大化的策略，第二个选手的最优策略就是把这个得分最小化的策略。现在递归地定义顶点的值。

定义 1 博弈树中顶点的值递归地定义为：

i)一个树叶的值是当游戏在这个树叶所表示的局面里终止时第一个选手的得分。

ii)偶数层内点的值是这个内点的孩子的最大值，奇数层内点的值是这个内点的孩子的最小值。

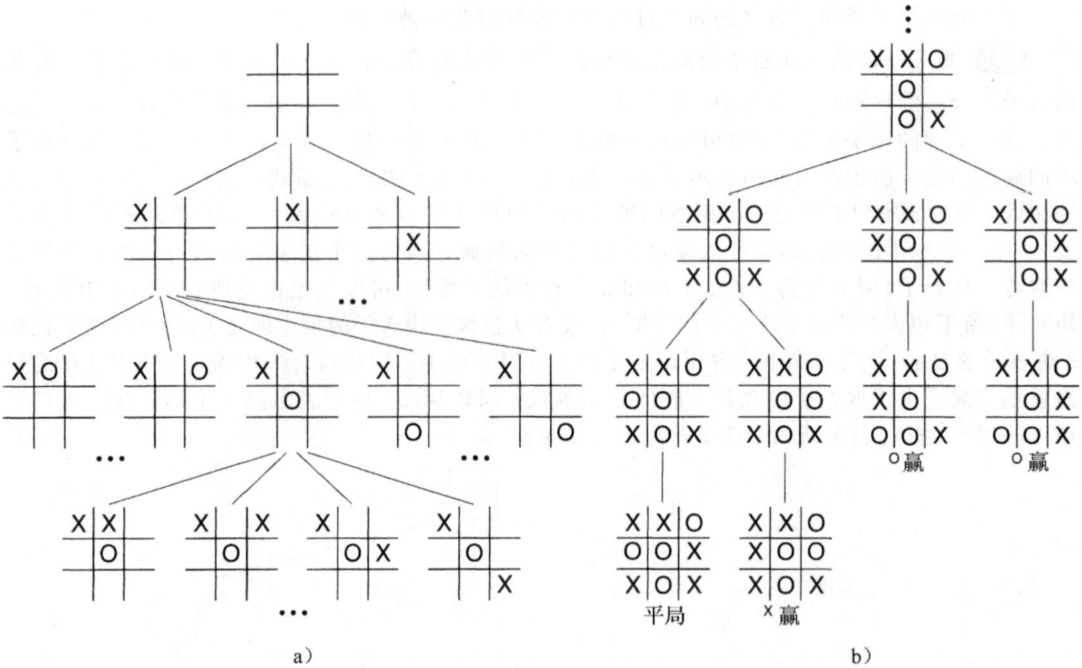

图 8 井字游戏的部分博弈树

使第一个选手移动到具有最大值的孩子所表示的局面并且第二个选手移动到具有最小值的孩子所表示的局面的策略称为**最小最大策略**。当两个选手都遵循最小最大策略时，通过计算树根的值就可以确定谁将赢得游戏，这个值称为树的**值**。这是定理 3 的结论。

定理 3 博弈树顶点的值说明，如果两个选手都遵循最小最大策略并且从博弈树的某一个顶点所表示的局面开始进行游戏，则这个顶点的值表明第一个选手的得分。

证明 将用归纳法来证明这个定理。

基础步骤：如果这个顶点是树叶，则通过定义指定给这个顶点的值就是第一个选手的得分。

归纳步骤：归纳假设一个顶点的孩子的值就是第一个选手的得分，假定从这些顶点所表示的每一个局面中开始进行游戏。需要考虑两种情形，即当轮到第一个选手时和当轮到第二个选手时。

当轮到第一个选手时，这个选手遵循最小最大策略并且移动到具有最大值的孩子所表示的局面。根据归纳假设，当从这个孩子所表示的局面开始游戏并且遵循最小最大策略时，这个值就是第一个选手的得分。根据偶数层内点的值的定义的递归步骤(作为其孩子的最大值)，当从这个顶点所表示的局面开始游戏时，这个顶点的值就是这个得分。

当轮到第二个选手时，这个选手遵循最小最大策略并且移动到具有最小值的孩子所表示的局面。根据归纳假设，当从这个孩子所表示的局面开始游戏并且遵循最小最大策略时，这个值就是第一个选手的得分。根据把奇数层内点的值作为其孩子的最小值的递归定义，当从这个顶点所表示的局面开始游戏时，这个顶点的值就是这个得分。 ◀

评注 通过扩展定理 3 的证明，可以证明对于两个选手来说最小最大策略都是最优策略。

例 8 解释最小最大过程如何工作。它显示了为例 6 的博弈树中的内点所指定的值。注意可以缩短所需要的计算，注意对于非胜即负游戏来说，一旦找到方框顶点具有 +1 值的一个孩子，则方框顶点的值也是 +1，因为 +1 是最大可能的得分。同样，一旦找到圆圈顶点具有 −1 值的一个孩子，则这个值也是这个圆圈顶点的值。

例 8 例 6 构造了具有包含 2 块、2 块和 1 块的 3 堆石子的开局的取石子游戏的博弈树。

图 9 说明了这个博弈树的顶点的值。这些顶点的值是这样计算的：使用树叶的值并且每次向上计算 1 层。这个图的右边空白处说明究竟使用孩子的最大值还是最小值来求出每层内点的值。例如，一旦求出了树根的 3 个孩子的值，1、−1 和 −1，则这样求出树根的值：计算 max(1，−1，−1)=1。由于根的值是 1，所以得出当两个选手都遵循最小最大策略时第一个选手获胜。◀

有些著名游戏的博弈树可能非同寻常地大，因为这些游戏有多种移动选择。例如，据估计象棋的博弈树有多达 10^{100} 个顶点！由于博弈树规模的原因，也许不可能直接使用定理 3 来研究这样的游戏，所以设计了各种方法来帮助确定好的策略以及确定游戏的结果。一种被称为 α-β 剪枝的有用技巧减少了许多计算，它剪掉不能影响祖先顶点的值的那部分博弈树(关于 α-β 剪枝的信息，参考[Gr90])。另一种有用的方法是使用求值函数，当精确地计算博弈树中内点值不可行时，它就估计这些值。例如，在井字游戏中，可以使用不含圈 O(O 用来表示第二个选手的移动)的直行(行、列、对角线)数减去不含叉 X(X 用来表示第一个选手的移动)的直行数来作为一个局面的求值函数。这个求值函数给出了关于哪个选手在游戏中占优的一些倾向。一旦插入求值函数的值，遵循最小最大策略使用规则就可以计算出游戏的值。计算机科学家已经设计出一些基于复杂的求值函数的下棋程序，比如 IBM 的“深蓝”，在正常规则下，深蓝成为第一个战胜当时的世界冠军的计算机程序。关于计算机如何下棋的更多信息请参看[Le91]。 Links

我们所研究的资料来自组合博弈论，它用于这样的游戏：玩家知道所有之前的移动，并在其他玩家选择移动方法之前选择一个动作。有关组合博弈论的更多信息，请参看[Alnowo07]、[Becogu82a，82b]或[Be04]以及关于此主题的 Web 链接。

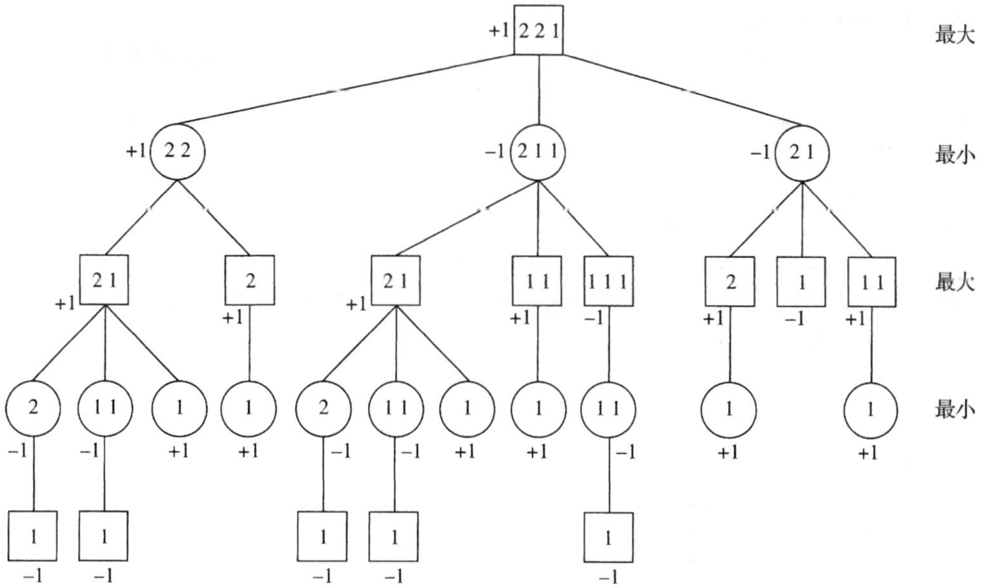

图 9 说明取石子游戏中顶点的值

奇数编号练习

1. 用字母顺序建立下面这些单词的二叉搜索树：banana、peach、apple、pear、coconut、mango 和 papaya。

3. 为了在练习 1 的搜索树里找出下面每个单词的位置或者添加它们，而且每次都重新开始，分别需要多少次比较？

a) pear **b)** banana **c)** kumquat **d)** orange

5. 用字母顺序构造下面句子里的单词的二叉搜索树：“The quick brown fox jumps over the lazy dog”。

7. 若一枚伪币与其他硬币质量不等，那么为了在4枚硬币中找出这枚伪币，需要用天平称多少次？描述用同样的称重次数来找出这枚伪币的算法。

*9. 若一枚伪币比其他硬币轻，那么为了在12枚硬币中找出这枚伪币，需要用天平称多少次？描述用同样的称重次数来找出这枚伪币的算法。

11. 求排序4个元素所需要的最少比较次数并且设计一个能够依此次数实现的算法。

竞赛图排序是通过构造有序二叉树来进行排序的排序算法。用将成为树叶的顶点来表示待排序的元素。就像构造表示循环赛比赛胜者的树那样，一次构造这个树的一层。从左向右，比较成对的相邻元素，加入用所比较的两个元素中较大的那个来标记的一个父母顶点。在每一层顶点的标记之间进行类似的比较，直到到达了用最大元素标记的树根为止。22、8、14、17、3、9、27、11的竞赛图排序所构造的树如下图a所示。一旦确定了最大元素，具有这个标记的树叶就重新标记为$-\infty$，定义为比每个元素都小。从这个顶点直到树根的通路上所有顶点的标记都重新计算，如下图b所示。这样就产生了第二大元素。这个过程继续进行下去，直到整个表都已经排序为止。

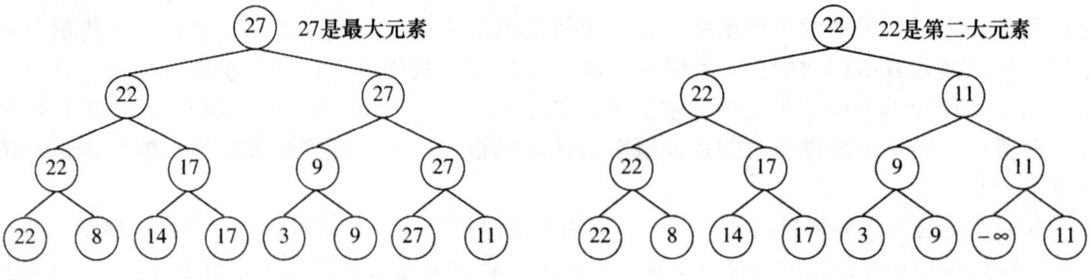

a)　　b)

13. 完成列表22、8、14、17、3、9、27、11的竞赛图排序。说明在每个步骤上顶点的标记。

15. 用伪码描述竞赛图排序。

17. 用竞赛图排序求第二大元素、第三大元素……，直到第$(n-1)$大(或第二小)元素所使用的比较次数是多少？

19. 下面哪些编码是前缀码？

a) a：11，e：00，t：10，s：01

b) a：0，e：1，t：01，s：001

c) a：101，e：11，t：001，s：011，n：010

d) a：010，e：11，t：011，s：1011，n：1001，i：10101

21. 若编码方案是用下面的树来表示，那么什么是a、e、i、k、o、p和u的编码？

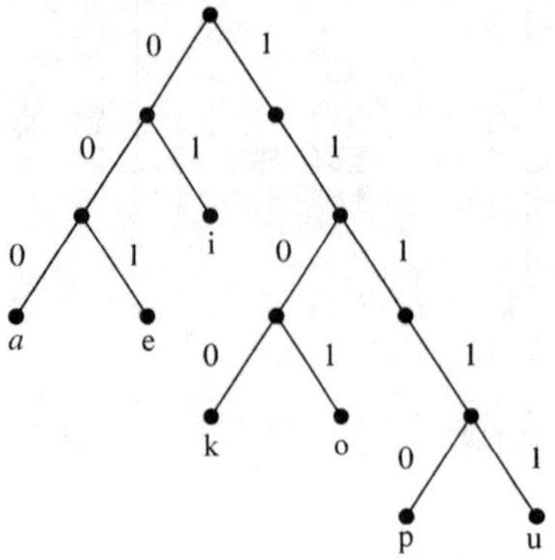

23. 用哈夫曼编码来编码具有给定频率的如下符号：a：0.20，b：0.10，c：0.15，d：0.25，e：0.30。编码一个符号所需要的平均位数是多少？

25. 为如下符号和频率构造两个不同的哈夫曼编码：t：0.2，u：0.3，v：0.2，w：0.3。

27. 为英文字母表的字母构造哈夫曼编码，其中典型英文文本中字母的频率如下表所示。

字母	频率	字母	频率
A	0.0817	N	0.0662
B	0.0145	O	0.0781
C	0.0248	P	0.0156
D	0.0431	Q	0.0009
E	0.1232	R	0.0572
F	0.0209	S	0.0628
G	0.0182	T	0.0905
H	0.0668	U	0.0304
I	0.0689	V	0.0102
J	0.0010	W	0.0264
K	0.0080	X	0.0015
L	0.0397	Y	0.0211
M	0.0277	Z	0.0005

假设 m 是正整数且 $m\geqslant 2$。对于 N 个符号的集合来说，类似于二叉哈夫曼编码的构造，可以构造 m 叉哈夫曼编码。在初始步骤，把由 $((N-1)\,\mathbf{mod}\,(m-1))+1$ 个权最小的单个顶点所组成的树组合成以这些顶点作为树叶的一棵树。在每个后续步骤，把权最小的 m 棵树组合成一棵 m 叉树。

29. 使用符号 0、1 和 2，用三叉($m=3$)哈夫曼编码来编码具有给定频率的这些字母：A：0.25，E：0.30，N：0.10，R：0.05，T：0.12，Z：0.18。

31. 给定 $n+1$ 个符号 x_1，x_2，…，x_n，x_{n+1}，它们在一个符号串中分别出现 1，f_1，f_2，…，f_n 次，其中 f_j 是第 j 个斐波那契数。当在哈夫曼编码算法的每个阶段考虑所有可能的打破平局的选择时，用来编码一个符号的最大位数是多少？

33. 画出取石子游戏的博弈树，假设开局包括分别有 2 块和 3 块石子的两堆石子。在画这棵树的时候，用同一个顶点表示相同移动所导致的对称局面。求出这个博弈树每个顶点的值。如果两个选手都遵循最优策略，则哪个选手获胜？

35. 假设在取石子游戏中修改获胜选手的得分，使得当 n 是到达终局前所做合法移动的步数时得分就是 n 美元。求第一个选手的得分，假设开局包括：

a) 分别有 1 块和 3 块石头的两堆石子

b) 分别有 2 块和 4 块石头的两堆石子

c) 分别有 1 块、2 块和 3 块石头的三堆石子

37. 画出井字游戏博弈树从下列每个局面开始的子树。确定每个子树的值。

a)

O	X	X
X	O	O
		X

b)

X	O	X
O	X	X
		O

c)

X		O
O	O	
X		X

d)

	O	X
	X	O
X	O	

39. 证明：如果取石子游戏从包含相同数目的两堆石子开始，而且这个数目至少是 2，则当两个选手都遵循最优策略时第二个选手获胜。

41. 跳棋博弈树的根有多少个孩子？有多少个孙子？

43. 画出井字游戏博弈树前两步移动所对应的层。指明正文中所提到的求值函数的值，这个函数给局面指定不含○的直行数减去不含×的直行数来作为这一层每个顶点的值，并且在求值函数给出这些顶点的正确值的假设下，对这些顶点计算树的值。

7.3 树的遍历

7.3.1 引言

有序根树常常用来保存信息。掌握一些访问有序根树的每个顶点以存取数据的算法是非常必要的。下面将介绍几个重要的访问有序根树中所有顶点的算法。有序根树也可以用来表示各种类型的表达式，比如由数字、变量和运算所组成的算术表达式。对用来表示这些表达式的有序根树来说，它的顶点的一些不同的列表在这些表达式的求值中很有用。

7.3.2　通用地址系统

遍历有序根树所有顶点的过程，都依赖于孩子的顺序。在有序根树中，一个内点的孩子从左向右地显示在表示这些有向图的图形中。

下面将描述一种完全地排序有序根树顶点的方法。为了产生这个顺序，必须首先标记所有的顶点。如下递归地完成这件事：

1)用整数 0 标记根。然后用 1，2，3，…，k 从左向右标记它的 k 个孩子(在 1 层上)。

2)对在 n 层上带标记 A 的每个顶点 v，按照从左向右画出它的 k_v 个孩子的顺序，用 $A.1$，$A.2$，…，$A.k$ 标记它的 k_v 个孩子。

遵循这个过程，对 $n\geqslant 1$ 来说，在 n 层上的顶点 v 标记成 $x_1.x_2.\cdots.x_n$，其中从根到 v 的唯一通路经过 1 层的第 x_1 个顶点，以及 2 层的第 x_2 个顶点，以此类推。这样的标记称为有根树的**通用地址系统**。

可以利用顶点在通用地址系统里标记的字典顺序将这些顶点完全排序。若存在 $i(0\leqslant i\leqslant n)$ 满足 $x_1=y_1$，$x_2=y_2$，…，$x_{i-1}=y_{i-1}$，并且 $x_i<y_i$；或者若 $n<m$ 并且对 $i=1$，2，…，n 来说 $x_i=y_i$，那么标记 $x_1.x_2.\cdots.x_n$ 的顶点就小于标记 $y_1.y_2.\cdots.y_m$ 的顶点。

例 1 在如图 1 所示的有序根树的顶点的旁边，显示了通用地址系统的标记。这些标记的字典顺序是

$$0<1<1.1<1.2<1.3<2<3<3.1<3.1.1<3.1.2<3.1.2.1<3.1.2.2$$
$$<3.1.2.3<3.1.2.4<3.1.3<3.2<4<4.1<5<5.1<5.1.1<5.2<5.3$$ ◀

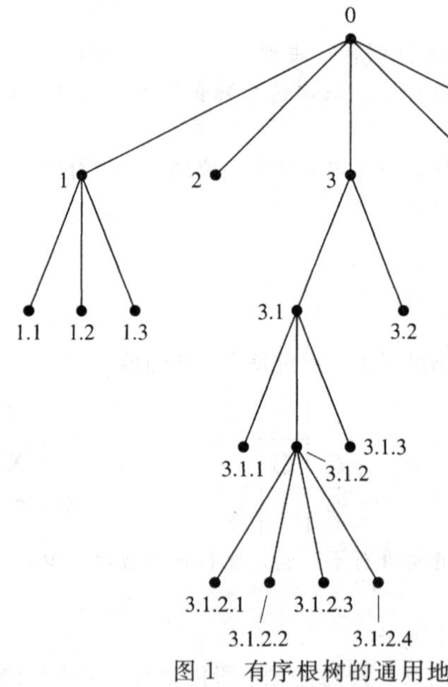

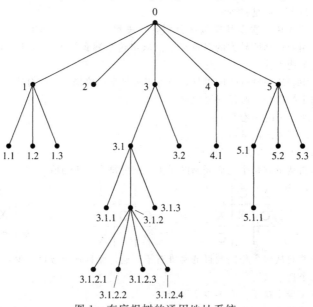

图 1　有序根树的通用地址系统

7.3.3　遍历算法

系统地访问有序根树每个顶点的过程称为**遍历算法**。下面描述三个最常用的算法：**前序遍历**、**中序遍历**和**后序遍历**。这些算法都可以递归地定义。首先定义前序遍历。

> **定义 1**　设 T 是带根 r 的有序根树。若 T 只包含 r，则 r 是 T 的前序遍历。否则，假定 T_1，T_2，…，T_n 是 T 的以 r 为根的从左向右的子树。前序遍历首先访问 r。它接着以前序来遍历 T_1，然后以前序来遍历 T_2，以此类推，直到以前序遍历了 T_n 为止。

读者应当验证，有序根树的前序遍历给出了与利用通用地址系统所得出的顺序相同的顶点顺序。图 2 说明如何执行前序遍历。

例 2 说明前序遍历。

例 2 前序遍历以什么顺序访问图 3 所示的有序根树中的顶点？ Extra Examples

解 T 的前序遍历的步骤如图 4 所示。这样以前序来遍历 T，首先列出根 a，接着依次是带根 b 的子树的前序列表，带根 c 的子树（它只有 c）的前序列表和带根 d 的子树的前序列表。

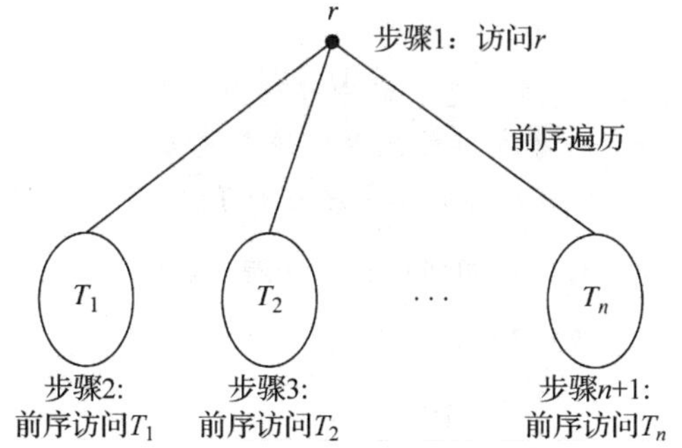

图 2 前序遍历

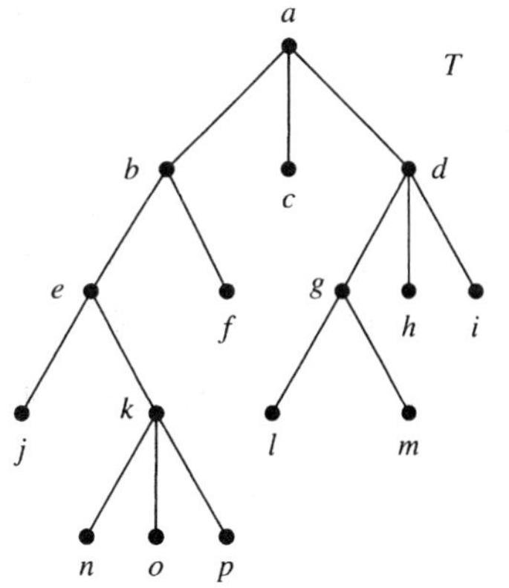

图 3 有序根树 T

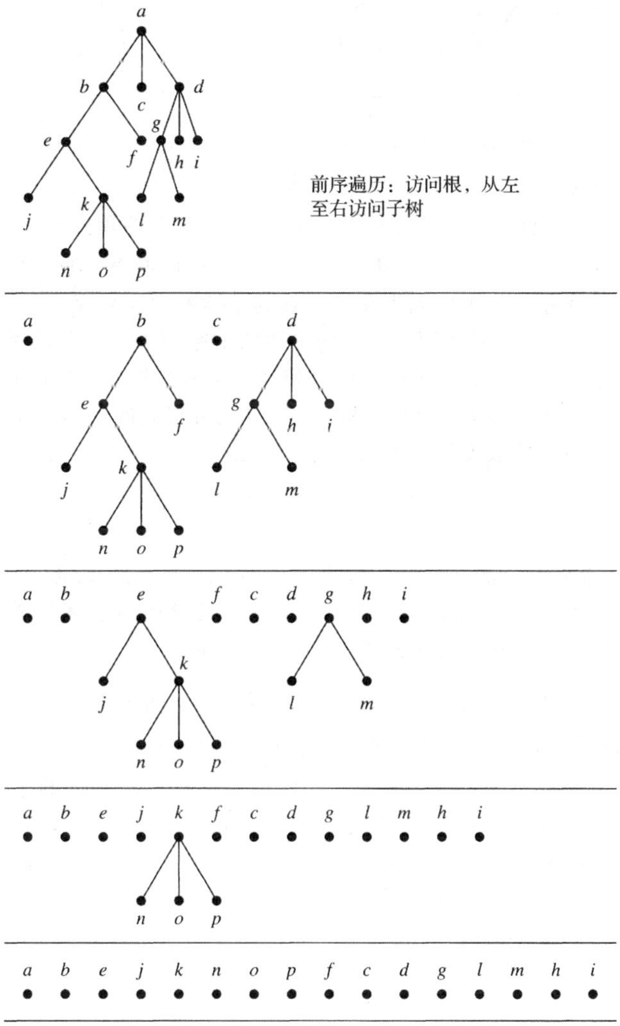

图 4 T 的前序遍历

带根 b 的子树的前序列表首先列出 b，然后以前序列出带根 e 的子树的顶点，然后以前序列出带根 f 的子树(它只有 f)的顶点。带根 d 的子树的前序列表首先列出 d，接着是带根 g 的子树的前序列表，接着是带根 h 的子树(它只有 h)，接着是带根 i 的子树(它只有 i)。

带根 e 的子树的前序列表首先列出 e，接着是带根 j 的子树(它只有 j)的前序列表，接着是带根 k 的子树的前序列表。带根 g 的子树的前序列表是 g 接着 l，接着是 m。带根 k 的子树的前序列表是 k，n，o，p。所以，T 的前序遍历是 a，b，e，j，k，n，o，p，f，c，d，g，l，m，h，i。◀

现在将定义中序遍历。

定义 2　设 T 是带根 r 的有序根树。若 T 只包含 r，则 r 是 T 的中序遍历。否则，假定 T_1，T_2，…，T_n 是 T 中以 r 为根的从左向右的子树。中序遍历首先以中序来遍历 T_1，然后访问 r。它接着以中序来遍历 T_2，中序遍历 T_3，以此类推，直到以中序遍历了 T_n 为止。

图 5 说明如何执行中序遍历。例 3 说明对一棵特定的树，如何执行中序遍历。

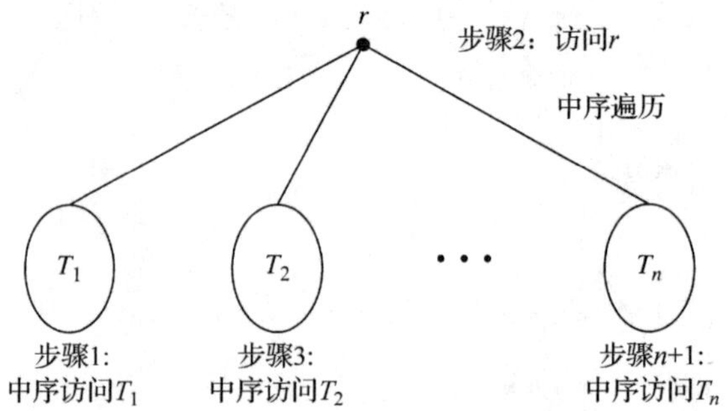

图 5　中序遍历

Extra Examples

例 3　中序遍历以什么顺序访问图 3 所示的有序根树 T 中的顶点？

解　T 的中序遍历的步骤显示在图 6中。中序遍历首先是带根 b 的子树的中序遍历，然后是根 a、带根 c 的子树(它只有 c)的中序列表和带根 d 的子树的中序列表。

带根 b 的子树的中序列表，首先是带根 e 的子树的中序列表，然后是根 b，以及根 f。带根 d 的子树的中序列表，首先是带根 g 的子树的中序列表，接着是根 d，接着是根 h，接着是根 i。

带根 e 的子树的中序列表是 j，接着是根 e，接着是带根 k 的子树的中序列表。带根 g 的子树的中序列表是 l，g，m。带根 k 的子树的中序列表是 n，k，o，p。所以，这个有根树的中序遍历是 j，e，n，k，o，p，b，f，a，c，l，g，m，d，h，i。◀

现在定义后序遍历。

定义 3　设 T 是带根 r 的有序根树。若 T 只包含 r，则 r 是 T 的后序遍历。否则，假定 T_1，T_2，…，T_n 是 T 中以 r 为根的从左向右的子树。后序遍历首先以后序来遍历 T_1，然后以后序来遍历 T_2……然后以后序来遍历 T_n，最后访问 r。

图 7 说明后序遍历是如何执行的。例 4 说明后序遍历如何工作。

Extra Examples

例 4　后序遍历以什么顺序访问图 3 所示的有序根树 T 中的顶点？

解　T 的后序遍历的步骤显示在图 8 里。后序遍历首先是带根 b 的子树的后序遍历，然后是带根 c 的子树(它只有 c)的后序遍历，带根 d 的子树的后序遍历，接着是根 a。

带根 b 的子树的后序遍历首先是带根 e 的子树的后序遍历，接着是根 f，接着是根 b。带根 d 的子树的后序遍历首先是带根 g 的子树的后序遍历，接着是根 h，接着是根 i，接着是根 d。

带根 e 的子树的后序遍历是根 j，接着是带根 k 的子树的后序遍历，接着是根 e。带根 g 的子树的后序遍历是 l，m，g。带根 k 的子树的后序遍历是 n，o，p，k。因此，有根树 T 的后序遍历是 j，n，o，p，k，e，f，b，c，l，m，g，h，i，d，a。◀

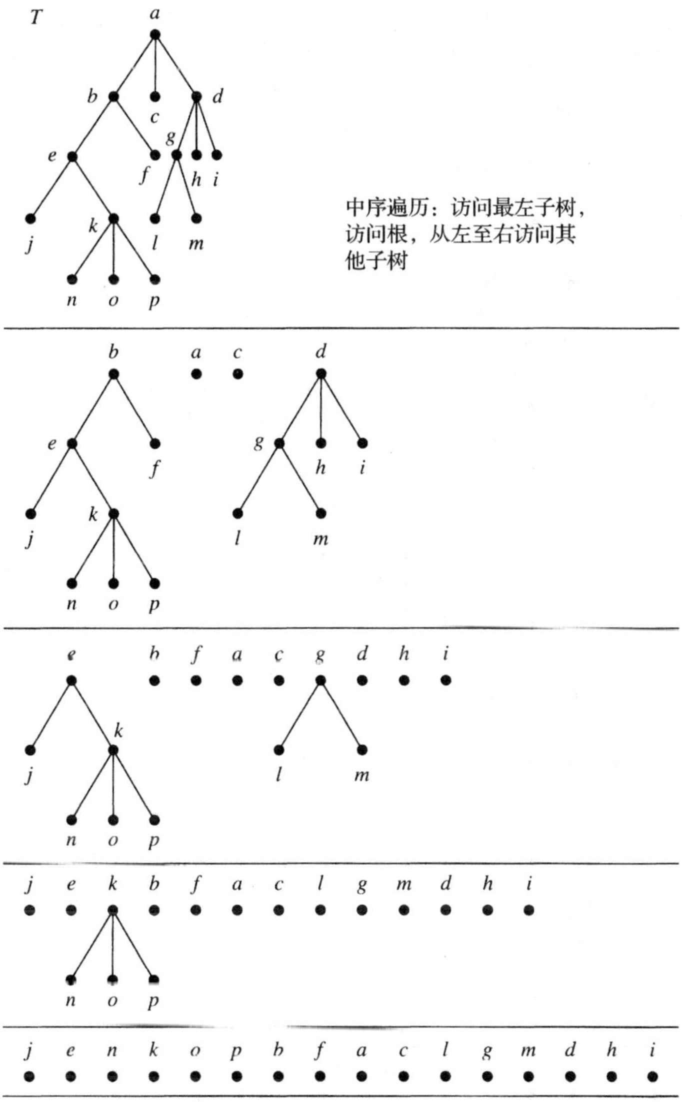

图 6　T 的中序遍历

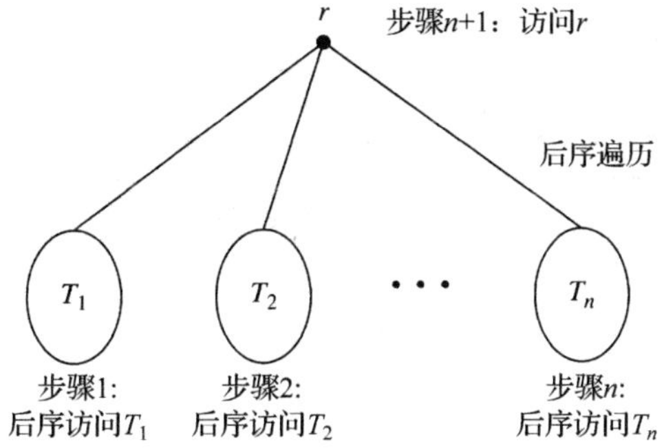

图 7　后序遍历

有些简易的方法以前序、中序和后序来列出有序根树的顶点。首先从根开始，沿着边移动，围绕有序根树画一条曲线，如图 9 所示。可以按照前序列出顶点：当曲线第一次经过一个顶点时，就列出这个顶点。可以按照中序列出顶点：当曲线第一次经过一个树叶时，就列出这个树叶，当曲线第二次经过一个内点时就列出这个内点。可以按照后序列出顶点：当曲线最后一次经过一个顶点而返回这个顶点的父母时，就列出这个顶点。当在图9中的有根树这样做时，结果是前序遍历给出 a，b，d，h，e，i，j，c，f，g，k；中序遍历给出 h，d，b，i，e，j，a，f，c，k，g；后序遍历给出 h，d，i，j，e，b，f，k，g，c，a。

这些以前序、中序和后序来遍历有序根树的算法，最容易用递归来表示。

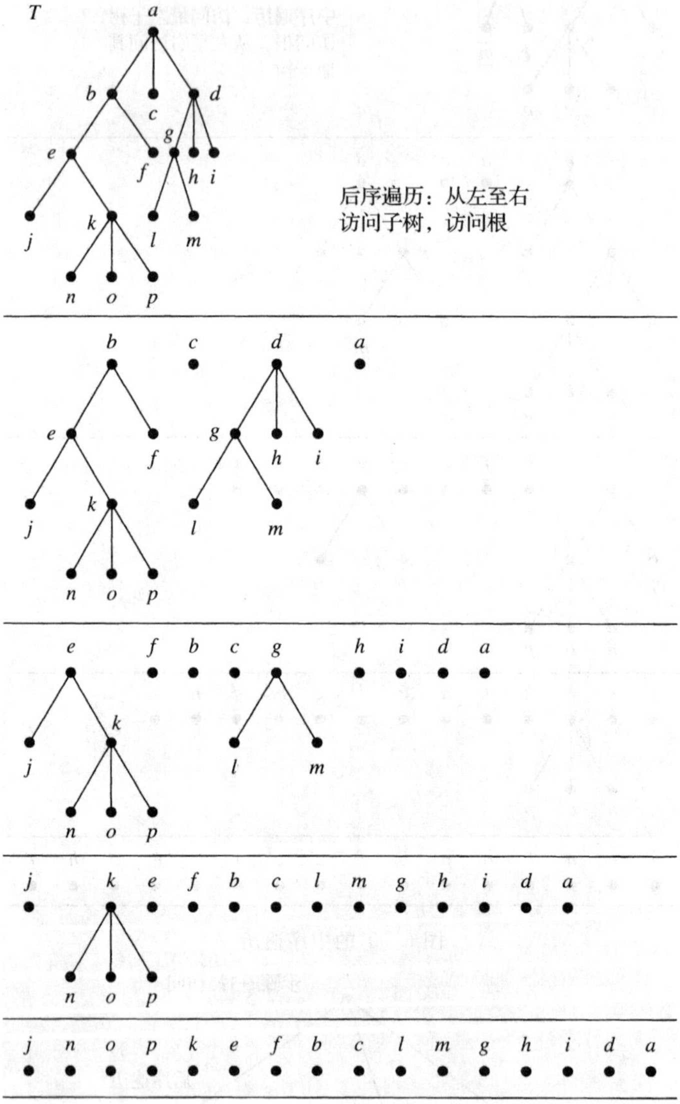

图8　T的后序遍历

算法1　前序遍历

procedure preorder(T：有序根树)
$r := T$ 的根
列出 r
for 从左到右的 r 的每个孩子 c
　　$T(c) :=$ 以 c 为根的子树
　　preorder($T(c)$)

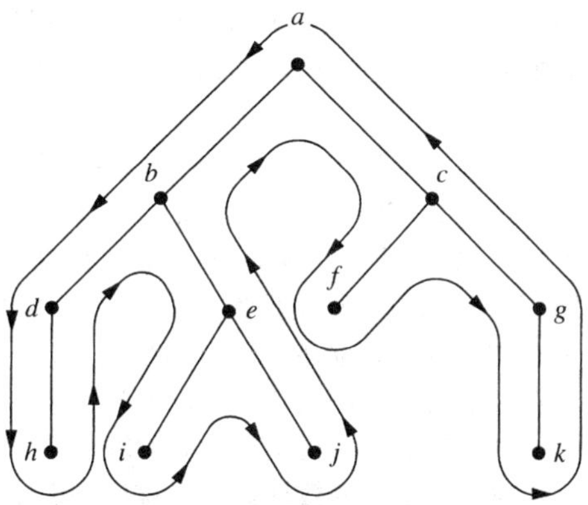

图 9　以前序、中序和后序来遍历有序根树的快捷方法

算法 2　中序遍历

procedure inorder(T：有序根树)
$r := T$ 的根
if r 是树叶 **then** 列出 r
else
　$l :=$ 从左到右的 r 的第一个孩子
　$T(l) :=$ 以 l 为根的子树
　inorder($T(l)$)
　列出 r
　for 除 l 外从左到右的 r 的每个孩子 c
　　$T(c) :=$ 以 c 为根的子树
　　inorder($T(c)$)

算法 3　后序遍历

procedure postorder(T：有序根树)
$r := T$ 的根
for 从左到右的 r 的每个孩子 c
　$T(c) :=$ 以 c 为根的子树
　postorder($T(c)$)
列出 r

注意，当规定了每个顶点的孩子数时，有序根树的前序遍历和后序遍历都编码了有序根数的结构。也就是说，当指定树的前序遍历或者后序遍历所生成的顶点列表和每个顶点的孩子数目时，有序根树是唯一确定的(见练习 26 和 27)。特别地，前序遍历和后序遍历都编码了有序 m 叉树的结构。然而，当不规定每个顶点的孩子数时，前序遍历和后序遍历都没有编码有序根树的结构(见练习 28 和 29)。

中序、前序和后序遍历的应用　树的遍历有许多应用，并且在许多算法的实现中起着关键作用。二元有序树可用于表示由对象和运算组成的格式良好的表达式。前序、后序和中序遍历这些树将产生表达式的前缀、后缀和中缀表示，可以在各类应用中使用。在将注意力转向使用树的遍历之前，我们先为如何使用树的遍历提供一些有用的建议。

如果效率不是问题，则可以按任意顺序访问树的顶点，只要每个顶点只访问一次。但是，对于其他应用，有可能需要按某种顺序访问顶点，以保持特定的关系。此外，若效率很重要，则应该使用对该应用最高效的遍历方法。决定要使用的遍历的一般原则是尽可能快地找到感兴趣的顶点。前序遍历对于内部顶点必须在叶子顶点前访问的应用来说是最佳选择，此外，前序遍历还用于复制二叉搜索树。

有趣的是，前序遍历起源于古代。根据 Knuth[Kn98]，当国王、公爵或伯爵去世时，他的头衔传给第一个儿子，然后传给这个儿子的子孙；若他们中没有一个还活着，就传给第二个儿子，以及他的后代，以此类推。(在更现代的时期，女儿也被包括在这个顺序中。)因此，一旦已故成员被移除，对相关家族树顶点的前序遍历就产生了王位继承顺序。

后序遍历对于叶子顶点需要在内部顶点之前访问的应用来说是最佳选择。后序遍历在访问内部顶点之前访问叶子顶点，所以，它对于删除树是最佳选择，因为子树根顶点下面的顶点可以在子树的根顶点之前删除。拓扑排序是一种使用后序遍历实现的高效算法。对二叉搜索树的中序遍历，按关键值的升序访问顶点。这种遍历对二叉树中的数据创建了排序列表。

7.3.4 中缀、前缀和后缀记法

可以用有序树来表示复杂的表达式，比如复合命题、集合的组合，以及算术表达式。例如，考虑由运算＋(加)、－(减)、$*$(乘)、/(除)、$\uparrow$(幂)所组成的算术表达式的表示。我们将用括号来说明运算次序。有序根树可以用来表示这样的表达式，其中内点表示运算，树叶表示变量或数字。每个运算都作用在它的左子树和右子树上(以此顺序)。

例 5 表示表达式$((x+y)\uparrow 2)+((x-4)/3)$的有序根树是什么？

解 这个表达式的二叉树可以自底向上来构造。首先，构造表达式 $x+y$ 的子树，然后，加入这个子树作为表示$(x+y)\uparrow 2$ 的更大子树的一部分。同样，构造表达式 $x-4$ 的子树，然后，加入这个子树到表示$(x-4)/3$ 的子树中。最后，组合表示$(x+y)\uparrow 2$ 与$(x-4)/3$ 的子树来形成表示$((x+y)\uparrow 2)+((x-4)/3)$的有序根树。这些步骤显示在图 10 中。◀

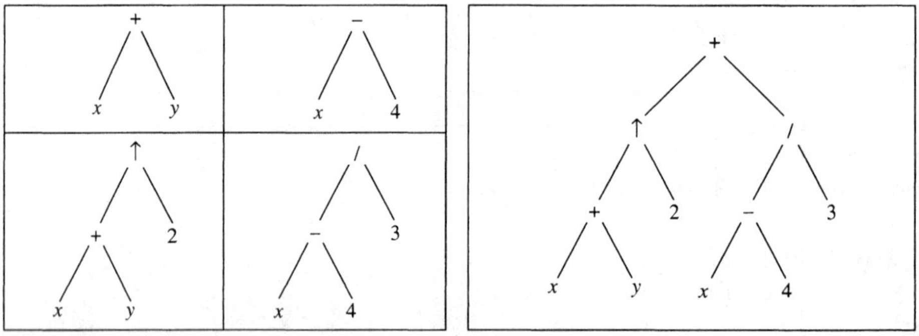

图 10 表示$((x+y)\uparrow 2)+((x-4)/3)$的二叉树

对表示一个表达式的二叉树进行中序遍历，产生原来的表达式，其中元素和运算都按原有的次序出现，例外的是一元运算，它们紧随运算对象。例如，图 11 中的二叉树分别表示表达式$(x+y)/(x+3)$、$(x+(y/x))+3$ 和 $x+(y/(x+3))$，对它们的中序遍历都得出中缀表达式

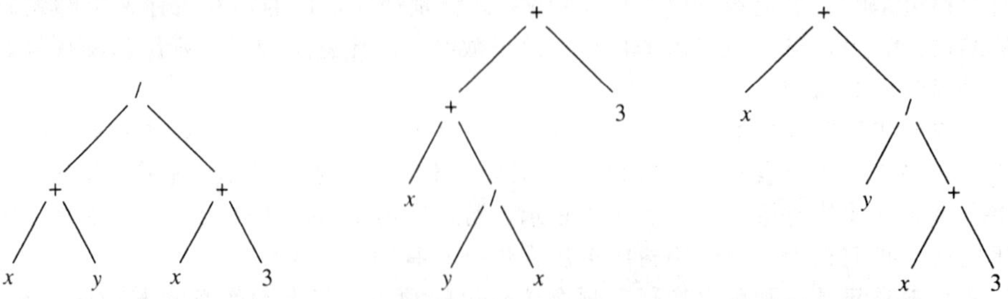

图 11 表示$(x+y)/(x+3)$、$(x+(y/x))+3$ 和 $x+(y/(x+3))$的有根树

$x+y/x+3$。为了让这样的表达式无二义性，当遇到运算时，就有必要在中序遍历里包含括号。以这种方式获得的带完整括号的表达式称为**中缀形式**。

当以前序遍历表达式的有根树时，就获得它的**前缀形式**。写成前缀形式的表达式称为**波兰记法**，它的名字来源于逻辑学家扬·武卡谢维奇。用前缀记法表示的表达式(其中每个运算都有规定的运算对象数)都是无二义性的，所以在这样的表达式中不需要括号。对这个事实的验证留给读者作为练习。

例 6 $((x+y)\uparrow 2)+((x-4)/3)$的前缀形式是什么？

解 通过遍历图 10 所示的表示这个表达式的二叉树，就可以获得它的前缀形式。这样就产生$+\uparrow+xy2/-x\ 4\ 3$。◀

在表达式的前缀形式里，二元运算符(比如+)在它的两个运算对象之前。因此，可以从右向左地求前缀形式的表达式的值。当遇到一个运算符时，就对在这个运算对象右边紧接着的两个运算对象来执行相应的运算。另外，当一个运算执行时，就认为结果是新的运算对象。

例 7 前缀表达式$+-*\ 2\ 3\ 5\ /\uparrow 2\ 3\ 4$的值是什么？

解 如图 12 所示，用从右向左的步骤求这个表达式的值，并用右边的运算对象来执行运算。这个表达式的值是 3。◀

通过以后序遍历表达式的二叉树，就可以获得它的**后缀形式**。写成后缀形式的表达式称为**逆波兰记法**。用逆波兰记法表示的表达式都是无二义性的，所以不需要括号。对这个事实的验证留给读者。在 20 世纪 70 年代和 80 年代，逆波兰记法在电子计算器中广泛使用。

例 8 $((x+y)\uparrow 2)+((x-4)/3)$的后缀形式是什么？

解 这个表达式的后缀形式是这样获得的：执行图 10 所示的表示二叉树的后序遍历，这样就产生后缀表达式$x\ y+2\uparrow x\ 4-3\ /+$。◀

在表达式的后缀形式里，二元运算都是在它的两个运算对象之后。所以，为了从一个表达式的后缀形式求它的值，就从左向右地进行，当一个运算符后面跟着两个运算对象时，就执行这个运算。在一个运算执行之后，这个运算的结果就成为一个新的运算对象。

例 9 后缀表达式$7\ 2\ 3\ *-4\uparrow 9\ 3\ /+$的值是什么？

解 如图 13 所示，求这个表达式的值所用的步骤是这样的：从左边开始，当两个运算对象后面接着一个运算符时，就执行这个运算。这个表达式的值是 4。◀

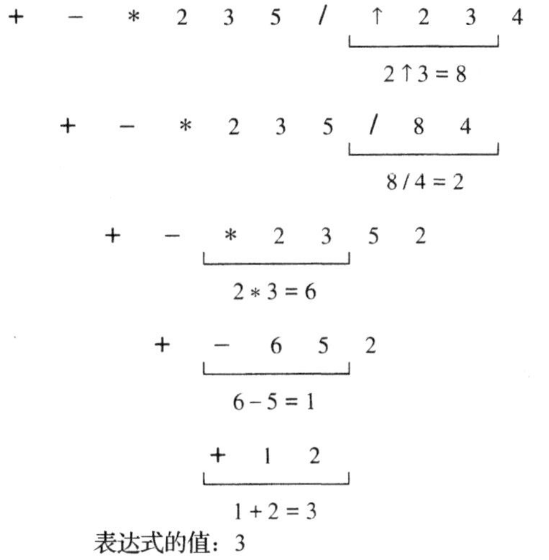

图 12 求一个前缀表达式的值

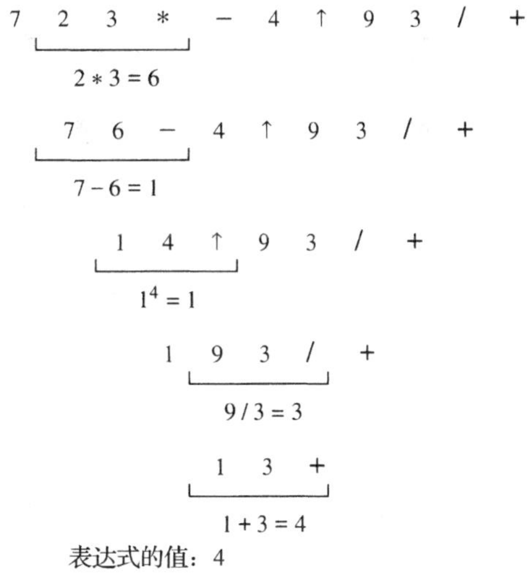

图 13 求一个后缀表达式的值

有根树可以用来表示其他类型的表达式，比如表示复合命题、集合组合的表达式。在这些例子里会出现如命题否定这样的一元运算符。为了表示这样的运算符及其运算对象，就用顶点表示运算符并且用这个顶点的孩子表示运算对象。

Extra Examples

例 10 求表示复合命题$(\neg(p\wedge q))\leftrightarrow(\neg p\vee\neg q)$的有序根树。然后用这个有根树求这个表达式的前缀、后缀和中缀形式。

解 这个复合命题的有序根树是自底向上地构造的。首先，构造$\neg p$和$\neg q$的子树(其中把$\neg$当作一元运算符)。另外，构造$p\wedge q$的子树。然后构造$\neg(p\wedge q)$和$(\neg p)\vee(\neg q)$的子树。最后，用这两个子树来构造最终的有根树。这个过程的步骤显示在图 14 中。

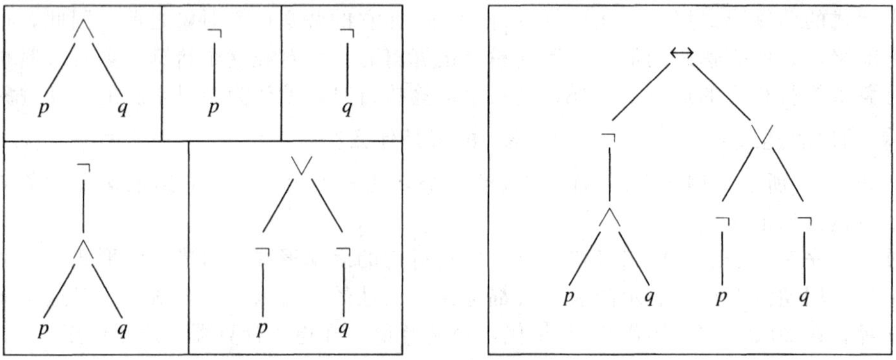

图 14　构造一个复合命题的有根树

求表达式的前缀、后缀和中缀形式时，可以分别以前序、后序和中序来遍历这个有根树(包含括号)。这些遍历分别给出$\leftrightarrow\neg\wedge pq\vee\neg p\neg q$、$pq\wedge\neg p\neg q\neg\vee\leftrightarrow$和$(\neg(p\wedge q))\leftrightarrow((\neg p)\vee(\neg q))$。◀

因为前缀表达式和后缀表达式都是无二义性的，而且不用来回扫描就容易求出它们的值，所以它们在计算机科学里大量使用。这样的表达式对编译器的构造是特别有用的。

奇数编号练习

在练习 1～3 中，对给定的有序根树构造通用地址系统。然后利用这个通用地址系统用顶点的标记的字典顺序来排序顶点。

1.

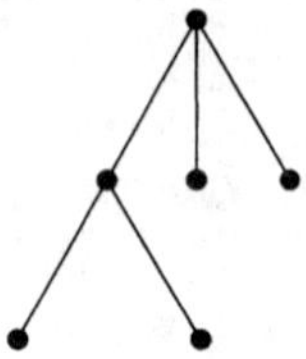

3.

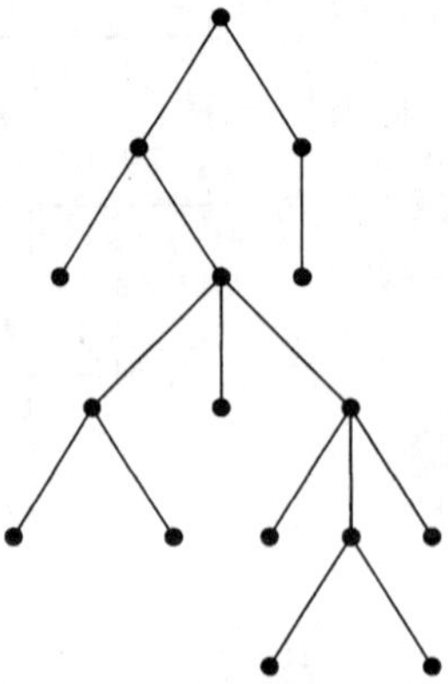

5. 假定在有序根树 T 中，地址最大的顶点的地址是 2.3.4.3.1。是否有可能确定 T 中的顶点数？

在练习 7～9 中，确定前序遍历访问所给的有序根树的顶点的顺序。

7.

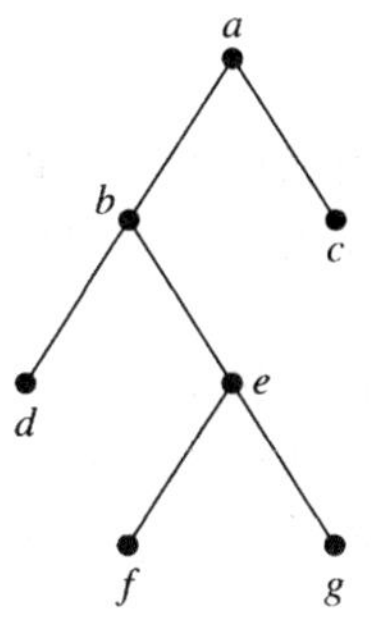

9.

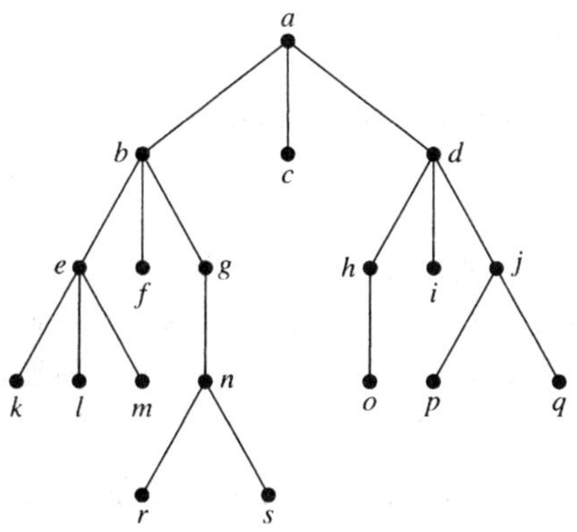

11. 使用中序遍历，以什么顺序访问练习 8 中有序根树的顶点？

13. 使用后序遍历，以什么顺序访问练习 7 中有序根树的顶点？

15. 使用后序遍历，以什么顺序访问练习 9 中有序根树的顶点？

17. 用二叉树来表示表达式 $(x+xy)+(x/y)$ 和 $x+((xy+x)/y)$。表示方式应采用：

a) 前缀记法　　**b)** 后缀记法　　**c)** 中缀记法

19. 用有序根树来表示 $(A\cap B)-(A\cup(B-A))$。表示方式应采用：

a) 前缀记法　　**b)** 后缀记法　　**c)** 中缀记法

* **21.** 有多少种方式给字符串 $A\cap B-A\cup B-A$ 完全加上括号以便产生中缀表达式？

23. 下面每个前缀表达式的值是什么？

a) $- * 2 / 8\ 4\ 3$　　**b)** $\uparrow - * 3\ 3 * 4\ 2\ 5$

c) $+ - \uparrow 3\ 2 \uparrow 2\ 3 / 6 - 4\ 2$　　**d)** $* + 3 + 3 \uparrow 3 + 3\ 3\ 3$

25. 构造前序遍历为 a，b，f，c，g，h，i，d，e，j，k，l 的有序根树，其中 a 有 4 个孩子，c 有 3 个孩子，j 有 2 个孩子，b 和 e 都有 1 个孩子，所有其他顶点都是树叶。

* **27.** 证明：当指定了有序根树的后序遍历所生成的顶点列表，并且指定了每个顶点的孩子数时，这个有序根树是唯一确定的。

29. 证明：下图所示的两个有序根树的后序遍历产生相同的顶点列表。注意这个结果不与练习 27 里的命题相矛盾，因为在这两个有序根树中内点的孩子数是不同的。

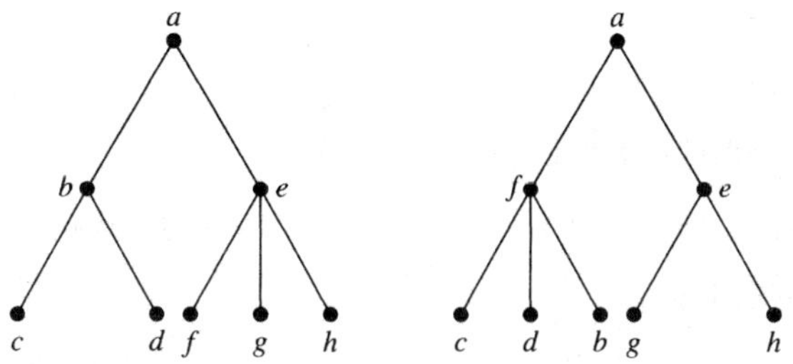

在符号集合和二元运算符集合上用前缀记法表示的**合式公式**是用下面的规则来递归地定义的：

i) 若 x 是符号，则 x 是用前缀记法表示的合式公式；

ii) 若 X 和 Y 都是合式公式且 $*$ 是运算符，则 $*XY$ 是合式公式。

* **31.** 证明：在符号集合和二元运算符集合上用前缀记法表示的任何合式公式所包含的符号数都比运算符数恰好多一个。

33. 给出在符号 $\{x, y, z\}$ 和二元运算符集 $\{+, \times, \circ\}$ 上带 3 个以上运算的、用后缀记法表示的合式公式的 6 个例子。

7.4 生成树

7.4.1 引言

考虑图 1a 所示的简单图所表示的缅因州的道路系统。在冬天保持道路通畅的唯一方式就是经常扫雪。高速公路部门希望只扫尽可能少的道路上的雪，而确保总是存在连接任何两个乡镇的干净道路。如何才能做到这一点？

至少扫除 5 条道路上的雪才能保证在任何两个乡镇之间有一条通路。图 1b 显示了一些这样的道路集合。注意表示这些道路的子图是树，因为它是连通的并且包含 6 个顶点和 5 条边。

这个问题是用包含原来简单图的所有顶点、边数最小的连通子图来解决的。这样的图必然是树。

定义 1 设 G 是简单图。G 的生成树是包含 G 的每个顶点的 G 的子图。

有生成树的简单图必然是连通的，因为在生成树中，任何两个顶点之间都有通路。反过来也是对的，即每个连通图都有生成树。在证明这个结果之前将给出一个例子。

例 1 找出图 2 所示的简单图的生成树。

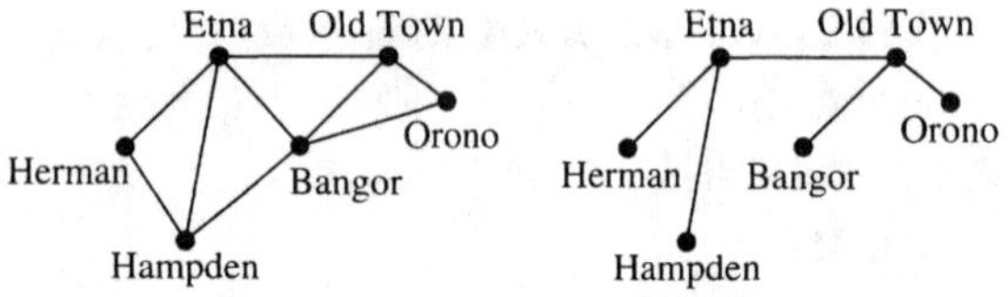

a）一个道路系统　　b）需要除雪的道路集

图　1

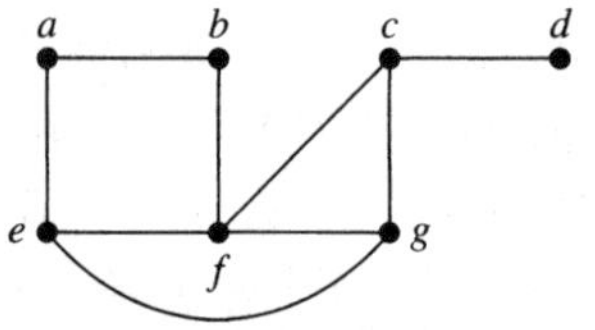

图 2　简单图 G

解　图 G 是连通的，但它不是树，因为它包含简单回路。删除边 $\{a, e\}$。这样就消除了一个简单回路，而且所得出的子图仍然是连通的并且仍然包含 G 的每个顶点。其次删除边 $\{e, f\}$ 以便消除第二个简单回路。最后，删除边 $\{c, g\}$ 以便产生一个没有简单回路的简单图。这个子图是生成树，因为它是包含 G 的每个顶点的树。图 3 说明了用来产生这个生成树的边的删除序列。

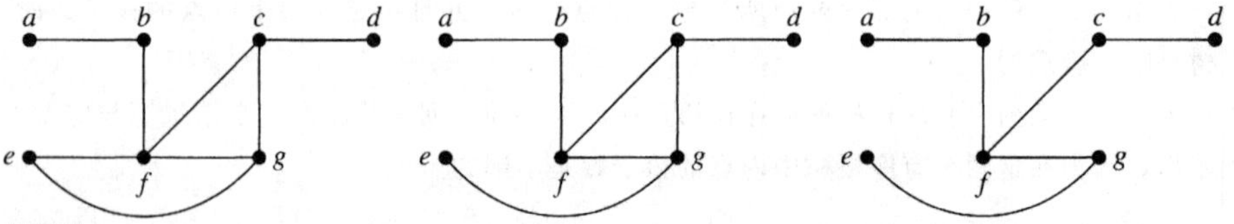

删除边：$\{a, e\}$　　$\{e, f\}$　　$\{c, g\}$

a)　　b)　　c)

图 3　通过删除形成简单回路的边来产生 G 的一个生成树

图 3 所示的生成树不是唯一的 G 的生成树。例如，图 4 所示的每个树都是 G 的生成树。◀

定理 1 简单图是连通的当且仅当它有生成树。

证明　首先，假定简单图 G 有生成树 T。T 包含 G 的每个顶点。另外，在 T 的任何两个顶点之间都有在 T 中的通路。因为 T 是 G 的子图，所以在 G 的任何两个顶点之间都有通路。因此，G 是连通的。

现在假定 G 是连通的。若 G 不是树，则它必然包含简单回路。从这些简单回路中的一个里删除一条边。所得出的子图少了一条边，但是仍然包含 G 的所有顶点并且是连通的。这个子图仍然是连通的，因为当两个顶点由包含这条被删除边的通路相连接时，它们被一条不包含这条边的通路相连接。我们可以通过在原来的通路中，在被删除的边的位置，插入一条带有被删除边的简单的回路构造这样的通路。若这个子图不是树，则它有简单回路，所以像前面那样，

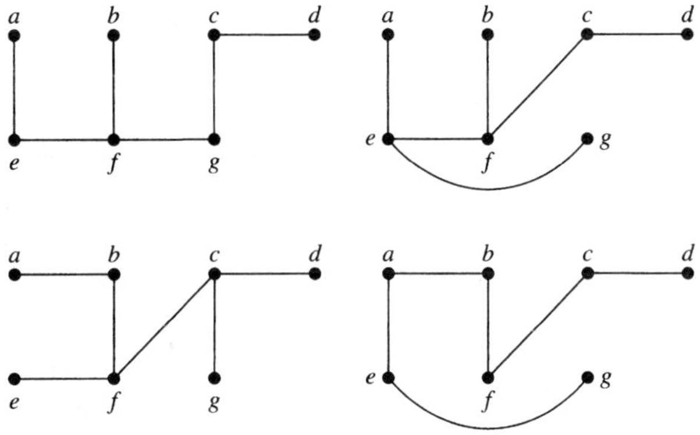

图 4　G 的一些生成树

删除一个简单回路里的一条边。重复这个过程直到没有简单回路为止。这是可能的，因为在图里只有有穷的边数。当没有简单回路剩下时，这个过程终止。产生一棵树，因为在删除边时这个图保持连通。这棵树是生成树，因为它包含 G 的每个顶点。◀

例 2 说明，在数据网络里生成树是重要的。

例 2　IP 组播　在网络互连协议(IP)网络上的组播里，生成树起到重要的作用。为了从源计算机发送数据到多个接收计算机(每个接收计算机是一个子网)，可以分别发送数据到每个计算机。这种类型的网络称为单点广播，效率很低，因为在网络上发送了存有相同数据的多个副本。为了更有效地传送数据到多个接收计算机，就使用 IP 组播。在 IP 组播里，一个计算机在网络上发送数据的单一副本，当数据到达中间路由器时，就把数据分发到一个或更多的其他路由器，以便接收计算机都在它们不同的子网里最终接收到这些数据。(路由器是专门在网络子网之间分发 IP 数据报的计算机。在组播时，路由器使用 D 类地址，每个都表示接收计算机可以加入的一个会话，见 3.1 节例 17。) Links

为了让数据尽可能快地到达接收计算机，在数据穿过网络的通路里就不应当存在环路(在图论术语中它们是回路)。即，一旦数据已经到达一个具体的路由器，数据就再也不应当返回这个路由器。为了避免环路，组播路由器用网络算法来构造图中的生成树，这个图以组播源、路由器和包含接收计算机的子网来作为顶点，以边表示计算机和路由器之间的连接。这个生成树的根就是组播源。包含接收计算机的子网就是这个树的树叶(注意不包含接收计算机的子网都不包含在这个图里)。图 5 说明这些内容。◀

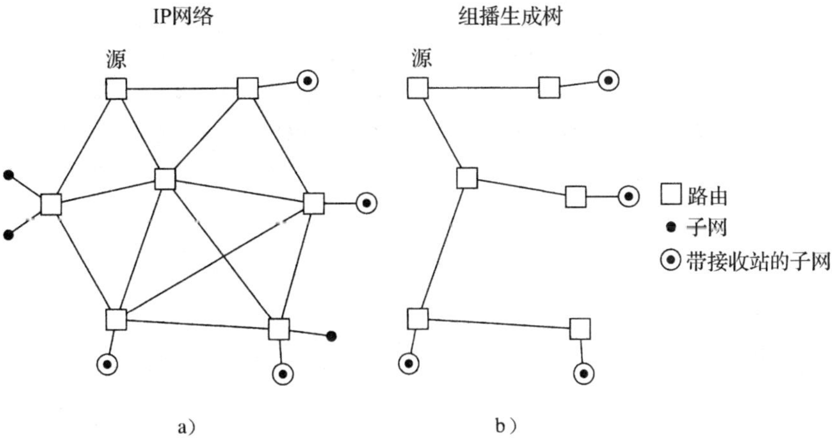

图 5　一个组播生成树

7.4.2　深度优先搜索

定理 1 的证明给出了通过从简单回路删除边来找出生成树的算法。这个算法是低效的，因 Links

为它要求找出简单回路。另一种不采用删除边来构造生成树的方法是，通过依次添加边来建立生成树。这里将给出基于这个原理的两个算法。

Demo 可以用**深度优先搜索**来建立连通简单图的生成树。我们将形成一个有根树，而这个生成树将是这个有根树的基本无向图。任意选择图中一个顶点作为根。通过依次添加边来形成从这个顶点开始的通路，其中每条新边都与通路上的最后一个顶点以及还不在通路上的一个顶点相关联。继续尽可能地添加边到这条通路。若这条通路经过图的所有顶点，则由这条通路组成的树就是生成树。不过，若这条通路没有经过图中的所有顶点，则必须添加其他的顶点和边。退到通路中的倒数第二个顶点，若有可能，则形成从这个顶点开始的经过还没有被访问过的顶点的通路。若不能这样做，则后退到通路中的另一个顶点，即在通路里后退两个顶点，然后再试。

重复这个过程，从所访问过的最后一个顶点开始，在通路上一次后退一个顶点，只要有可能就形成新的通路，直到不能添加更多的边为止。因为这个图有有穷的边数并且是连通的，所以这个过程以产生生成树而告终。在这个算法的一个阶段上通路末端的顶点将是有根树中的树叶，而在其上开始构造一条通路的顶点将是内点。

读者应当注意这个过程的递归本质。另外，注意若图中的顶点是排序的，则当总是选择在该顺序里可用的第一个顶点时，在这个过程的每个阶段上对边的选择就全都是确定的。不过，将不总是明显地对图的顶点排序。

深度优先搜索也称为**回溯**，因为这个算法返回以前访问过的顶点以便添加边。例 3 说明了回溯。

Extra Examples **例 3** 用深度优先搜索来找出图 6 所示图 G 的生成树。

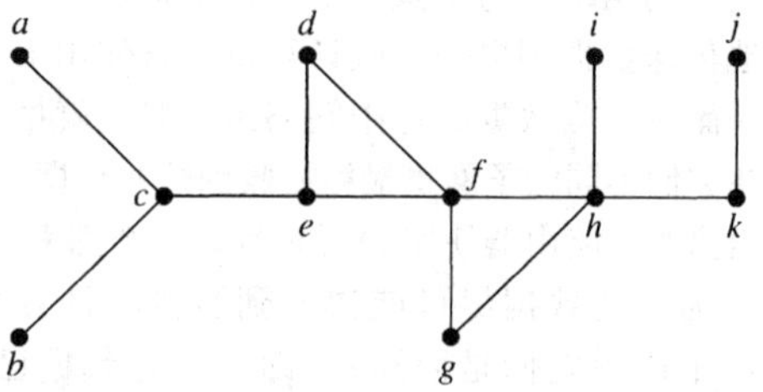

图 6　图 G

解　图 7 显示了用深度优先搜索产生 G 的生成树的步骤。任意地从顶点 f 开始。一条通路是这样建立的：依次添加与还不在通路上的顶点相关联的边，只要有可能就这样做。这样就产生通路 f, g, h, k, j（注意也可能建立其他的通路）。下一步，回溯到 k。不存在从 k 开始，包含还没有访问过的顶点的通路。所以回溯到 h。形成通路 h, i。然后回溯到 g，然后再回溯到 f。从 f 建立通路 f, d, e, c, a。然后再回溯到 c 并且形成通路 c, b。这样就产生了生成树。◀

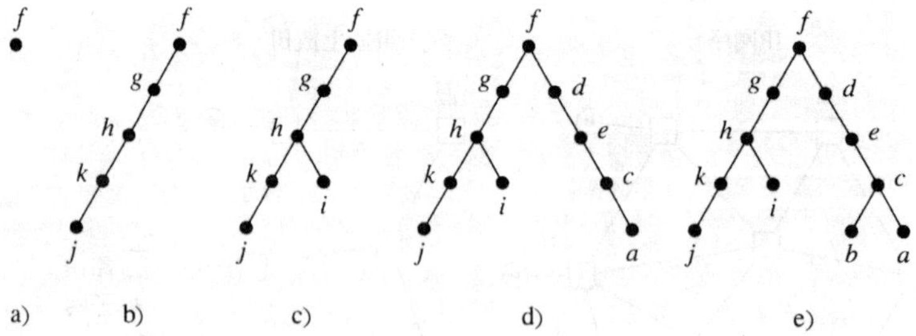

图 7　G 的深度优先搜索

一个图的深度优先搜索所选择的边称为**树边**。这个图所有其他的边都必然连接一个顶点与这个顶点在树中的祖先或后代。这些边都称为**背边**（练习 43 要求证明这个事实）。

例 4　图 8 中突出了从顶点 f 开始的深度优先搜索所找到的树边，用粗线显示这些树边。用细黑线显示背边(e, f)和(f, h)。◀

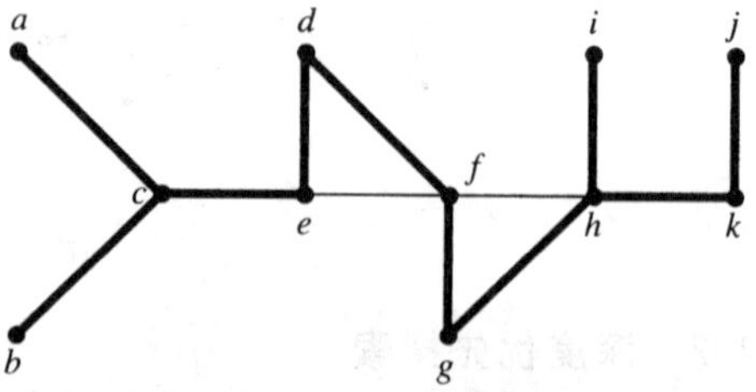

图 8　例 4 中深度优先搜索的树边和背边

我们已经解释了如何用深度优先搜索来求图的生成树。但是，迄今为止的讨论还没有指出深度优先搜索的递归本质。为了弄清楚深度优先搜索的递归本质，需要几个术语。当执行深度优先搜索的步骤时，当把顶点 v 加入树时说从顶点 v 开始探索，当最后一次回溯回到 v 时说从顶点 v 结束探索。理解算法的递归本质所需要的关键事实是，当加入连接顶点 v 到顶点 w 的边时，在回到 v 完成从 v 的探索之前就结束了从 w 的探索。

算法 1 构造了带顶点 v_1，…，v_n 的图 G 的生成树，首先选择顶点 v_1 作为树根。开始时令 T 是只有这一个顶点的树。在每个步骤，加入一个新顶点到 T 以及从已在 T 中的一个顶点到这个新顶点的一条边，并且从这个新顶点开始探索。注意当算法完成时，T 没有简单回路，因为没有加入连接两个已在树中的顶点的边。另外，T 在构造时保持连通(用数学归纳法可以轻而易举地证明最后这两个事实)。由于 G 是连通的，所以 G 的每个顶点都被算法访问到并加入到树中(读者可以验证)。因此 T 是 G 的生成树。

```
算法 1  深度优先搜索
procedure DFS(G：带顶点 v1，…，vn 的连通图)
T := 只包含顶点 v1 的树
visit(v1)

procedure visit(v：G 的顶点)
for 与 v 相邻并且还不在 T 中的每个顶点 w
    加入顶点 w 和边{v, w}到 T
    visit(w)
```

现在分析深度优先搜索算法的计算复杂度。关键事实是对于每个顶点 v 来说，当在搜索中首次遇到顶点 v 时，就调用过程 visit(v)并且以后不再调用这个过程。假设 G 的邻接表是可用的(参见 6.3 节)，那么求出与 v 相邻的顶点不需要任何计算。当遵循算法的步骤时，至多检查每条边两次以确定是否加入这条边及其一个顶点到树中。因此，过程 DFS 用 $O(e)$或 $O(n^2)$个步骤来构造一个生成树，其中 e 和 n 分别是 G 的边数和顶点数。(注意一个步骤包括：检查一个顶点是否已在正在构造的树中，如果这个顶点还不在树中，则加入这个顶点和对应的边。还利用了不等式 $e \leqslant n(n-1)/2$，对于任意简单图来说这个不等式都成立。)

深度优先搜索可以作为解决许多不同问题的算法的基础。例如，可以用来求图中的通路和回路、求图的连通分支，并且可以用来求连通图的割点。将要看到，深度优先搜索是用来搜索计算困难问题的解的回溯技术的基础(参见[GrYe05]、[Ma89]和[CoLeRiSt09]对基于深度优先搜索算法的讨论)。

7.4.3 宽度优先搜索

也可以通过使用**宽度优先搜索**来产生简单图的生成树。同样，将构造一个有根树，而这个有根树的基本无向图就形成了生成树。从图的顶点中任意地选择一个根。然后添加与这个顶点相关联的所有边。在这个阶段所添加的新顶点成为生成树在第 1 层上的顶点。将新顶点任意排序。下一步，按顺序访问第 1 层上的每个顶点，只要不产生简单回路，就将与这个顶点相关联的每条边添加到树中。任意排序第一层的每个顶点的孩子。这样就产生了树在第 2 层上的顶点。遵循相同的过程，直到已经添加了树中的所有顶点。因为在图中的边数是有限的，所以这个过程会终止。在产生了包含图中每一个顶点的树之后，生成树也就产生了。例 5 给出了宽度优先搜索的一个例子。

Demo

Links

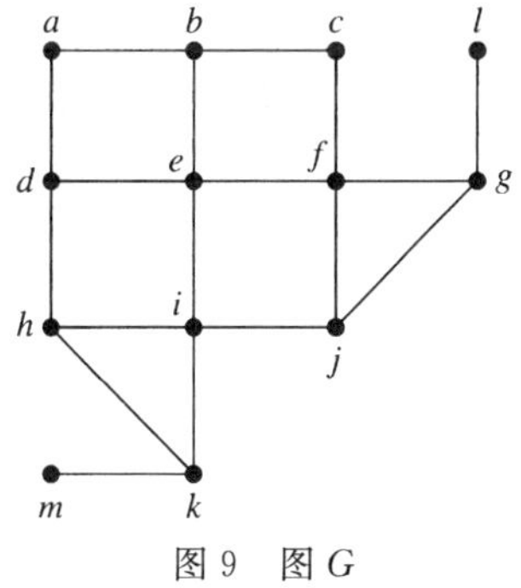

图 9　图 G

例 5 用宽度优先搜索来找出图 9 所示的图的生成树。

Extra Examples

解　图 10 显示了宽度优先搜索过程的各步骤。选择顶点 e 作为根。然后添加与 e 相关联的所有边，所以添加了从 e 到 b、d、f 和 i 的边。这 4 个顶点都是在树的第 1 层上。下一步，添加从第 1 层上的顶点到还不在树上的相邻顶点的边。因此，添加从 b 到 a 和 c 的边，从 d 到 h，从 f 到 j 和 g，以及从 i 到 k 的边。新顶点 a、c、h、j、g 和 k 都是在第 2 层上。下一步，添加从这些顶点到还不在树上的相邻顶点的边。这样就添加从 g 到 l 以及从 k 到 m 的边。◀

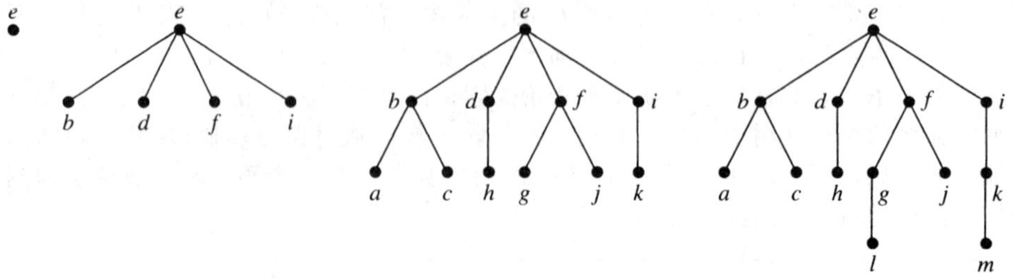

图 10　G 的宽度优先搜索

算法 2 的伪码描述了宽度优先搜索。在这个算法中，假设连通图 G 的顶点排序为 v_1，…，v_n。在算法中，我们用"处理"来描述这个过程：只要还没有产生简单回路，就加入与正在处理的当前顶点相邻的新顶点和对应的边到树中。

算法 2　宽度优先搜索

procedure BFS(G：带顶点 v_1，…，v_n 的连通图)
T := 只包含顶点 v_1 的树
L := 空表
把 v_1 放入尚未处理顶点的表 L 中
while L 非空
　删除 L 中第一个顶点 v
　for v 的每个邻居 w
　　if w 既不在 L 中也不在 T 中 **then**
　　　加入 w 到表 L 的末尾
　　　加入 w 和边 $\{v, w\}$ 到 T

现在分析宽度优先搜索的计算复杂度。对于图中的每个顶点 v 来说，检查所有与 v 相邻的顶点并加入每个尚未访问过的顶点到树 T 中。假设图的邻接表是可用的，确定哪些顶点与给定顶点相邻就不需要任何计算。如同在深度优先搜索算法的分析中那样，我们检查每条边至多两次来确定是否应当加入这条边及其尚未在树中的顶点。所以宽度优先搜索算法使用 $O(e)$ 或 $O(n^2)$ 个步骤。

宽度优先搜索是图论中最有用的算法之一。特别是，它可以作为求解各种问题的算法的基础。例如：求图的连通分支的算法、判断图是否是二分图的算法以及求图中两个顶点之间具有最少边数的通路的算法，这些算法都可以使用宽度优先搜索进行构造。

宽度优先搜索与深度优先搜索的比较　我们介绍了两种广泛使用的用于构建图的生成树算法——宽度优先搜索(BFS)和深度优先搜索(DFS)搜索。当给定一个连通图时，两种算法都可用于构建生成树。但为什么有可能用一个比另一个更好呢？

虽然 BFS 和 DFS 都可以用来解决相同的问题，但考虑到理论原因和实际原因，我们需要在两者之间做出选择。解决特定类型的问题时，这些搜索算法中的一种可能比其他算法更容易应用，或者能提供更多的洞察力。对于有些问题，BFS 比 DFS 更容易使用，因为 BFS 对图中的顶点进行了分层，这告知我们顶点离根有多远。此外，边连接了同一层或相邻层的顶点(参见练习 34)。另一方面，有许多类型的问题使用 DFS 解决更自然，例如在例 6～8 中讨论的问题。一般来说，当我们需要更深层地搜索图，而不是系统地逐层搜索时，DFS是一个更好的选择。使用DFS时获得的结构(参见练习51)，也可以在解决问题时使用。

BFS和DFS在实践中都得到了广泛的应用。选择哪一个经常取决于实现细节，例如使用的数据结构。时间和空间的考虑是最重要的，尤其是当正在解决的问题涉及巨大的图时。同时也要记住，在使用图的搜索解决问题时，我们经常不必完成找到一棵生成树的任务。当我们在稠密的图上使用BFS时，在逐层搜索图的过程中，会花费很多时间并使用大量的空间。在这种情况下，最好是使用DFS以快速到达远离根的顶点。然而，对于稀疏图，逐层搜索图可能更有效。

7.4.4 回溯的应用

有些问题只能通过执行对所有可行解的穷举搜索来解决。系统地搜索出一个解的一种方式是使用决策树，其中每个内点都表示一次决策，而每个树叶都表示一个可行解。为了通过回溯来求出一个解，首先尽可能地做出一系列决策来尝试得出一个解。可以用决策树里的通路来表示决策序列。一旦知道了决策序列的任何扩展都不能得出解，就回溯到父母顶点并且若有可能，则用另一个决策序列来尝试得出一个解。继续这个过程，直到找到一个解，或者证明没有解存在为止。例6到例8说明了回溯的用处。

例6 **图着色** 如何用回溯来判定是否可以用 n 种颜色给一个图着色？

解 以下面的方式用回溯来解决这个问题。首先选择某个顶点 a 并且指定它的颜色为1。然后挑选第二个顶点 b，而且若 b 不与 a 相邻，则指定它的颜色为1。否则，指定 b 的颜色为2。然后来到第三个顶点 c。若有可能，则对 c 用颜色1。否则若有可能，则用颜色2。只有当颜色1和颜色2都不能用时才使用颜色3。继续这个过程，只要有可能就为每个新顶点指定 n 种颜色中的一种，而且总是使用表中第一种允许的颜色。若遇到不能用 n 种颜色中任何一种来着色的顶点时，则回溯到最后一次所指定的顶点，并且若有可能就用表中下一种允许的颜色改变最后着色的顶点的颜色。若不可能改变这个颜色，则再回溯到更前面指定的顶点，一次后退一步，直到有可能改变一个顶点的颜色为止。然后只要有可能就继续指定新顶点的颜色。若使用 n 种颜色的着色存在，则可以通过回溯来产生(但是这个过程是极其低效的)。

具体地说，考虑用3种颜色来着色图11所示的图。图11所示的树说明了如何用回溯来构造3着色。在这个过程中，首先用红色，其次用蓝色，最后用绿色。显然不用回溯也可以求解这个简单的例子，这里只是为了能够比较好地说明这项技术。

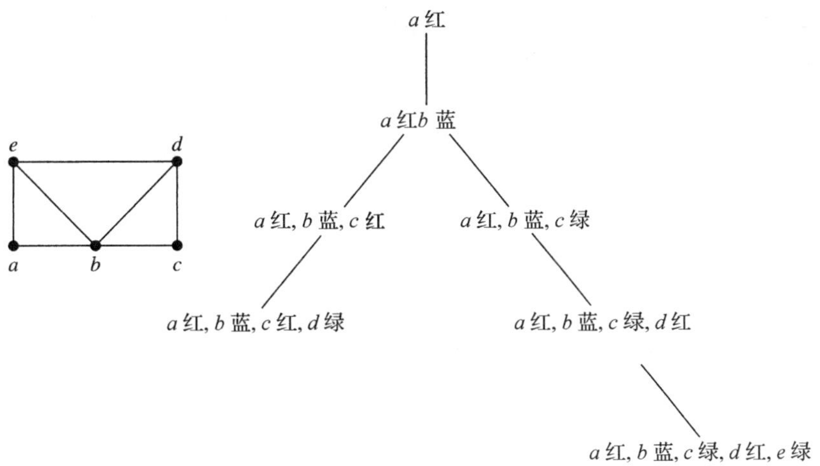

图11 用回溯给图着色

在这棵树中，从根开始的表示指定红色给 a 的最初的通路，导致 a 红色、b 蓝色、c 红色而 d 绿色的着色。当以这种方式来着色 a、b、c 和 d 时，就不可能用三种颜色中的任何一种来着色 e。

所以，回溯到表示这个着色的顶点的父母。因为没有其他颜色可以用在 d 上，所以再回溯一层。然后改变 c 的颜色为绿色。通过接着指定红色给 d 和绿色给 e，就获得这个图的着色。◀

例 7　n 皇后问题　n 皇后问题问：在 $n\times n$ 棋盘上如何放置 n 个皇后，使得没有两个皇后可以互相攻击。如何用回溯来解决 n 皇后问题？

解　为了解决这个问题，必须在 $n\times n$ 棋盘上找出 n 个位置，使得这些位置中没有两个皇后是在同一行上、同一列上或在同一斜线上(斜线是由对某个 m 来说满足 $i+j=m$ 或对某个 m 来说满足 $i-j=m$ 的所有位置的 (i, j) 组成的)。将用回溯来解决 n 皇后问题。从空棋盘开始。在 $k+1$ 阶段，尝试在棋盘上第 $k+1$ 列里放置一个新皇后，其中在前 k 列里已经有了皇后。检查第 $k+1$ 列里的格子，从第一行的格子开始，寻找放置这个皇后的位置，使得它不与已经在棋盘上的皇后在同一行或在同一斜线上(已经知道它不在同一列里)。若不可能在第 $k+1$ 列里找到放置皇后的位置，则回溯到第 k 列里皇后放置的位置。在这一列里下一个允许的行里放置皇后，若这样的行存在。若没有这样的行存在，则继续回溯。

具体地说，图 12 显示了四皇后问题的回溯解法。在这种解法里，在第一行第一列里放置一个皇后。然后在第二列的第三行里放置一个皇后。不过，这样就使得不可能在第三列里放置一个皇后。所以就回溯并且在第二列的第四行里放置一个皇后。当这样做时，就可以在第三列的第二行里放置一个皇后。但是没有办法在第四列里添加一个皇后。这说明当在第一行第一列里放置一个皇后时就得不出解。回溯到空棋盘，在第一列第二行里放置一个皇后。这样就得出图 12 所示的解。◀

例 8　子集之和　考虑下面的问题。给定一组正整数 $x_1, x_2, \cdots, x_n$ 的集合，求这组整数的集合的一个子集，使其和为 M。如何用回溯来解决这个问题？

解　从空无一个元素的和来开始。通过依次添加元素来构造这个和。若当添加这个序列里的一个整数到和里而这个和仍然小于 M 时，则子集中包含这个整数。若得出使得添加任何一个元素就大于 M 的一个和，则通过去掉这个和的最后一个元素来回溯。

图 13 显示了下面这个问题的回溯解法，求$\{31, 27, 15, 11, 7, 5\}$的一个和等于 39 的子集。◀

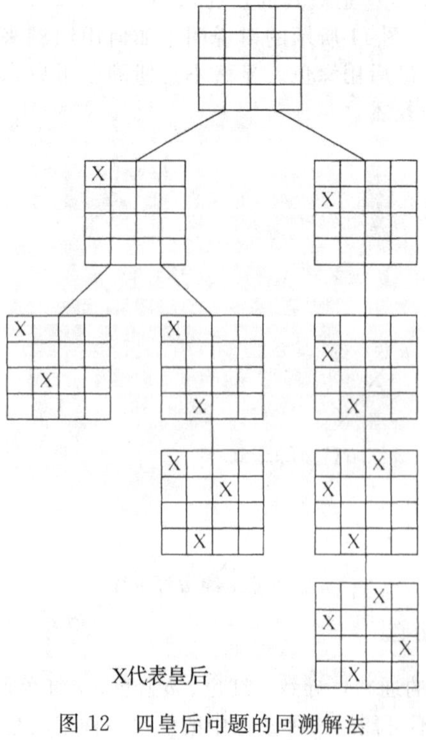

图 12　四皇后问题的回溯解法

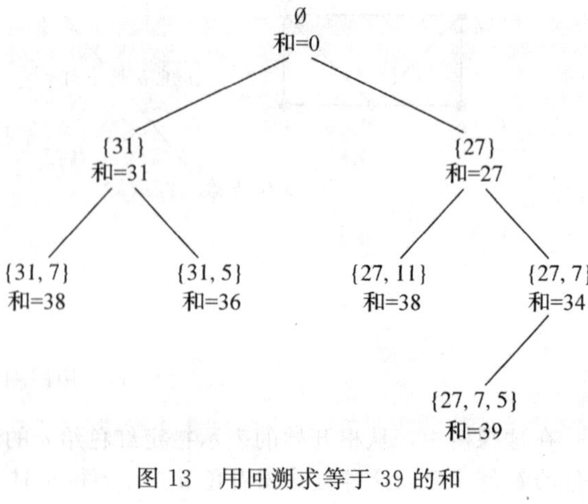

图 13　用回溯求等于 39 的和

7.4.5 有向图中的深度优先搜索

可以轻而易举地修改深度优先搜索和宽度优先搜索，使得以有向图作为输入时它们也能运行。但是，输出不一定是生成树，而可能是森林。在这两个算法中，只有当一条边从正在访问的顶点出发并且到一个尚未加入的顶点时才加入这条边。如果在其中任何一个算法的某个阶段找不到从已经加入的顶点到尚未加入的顶点的边，则算法加入的下一个顶点成为生成森林中一个新树的根。这一点在例 9 中解释。

例 9 给定图 14a 所示的图作为输入，深度优先搜索的输出是什么？

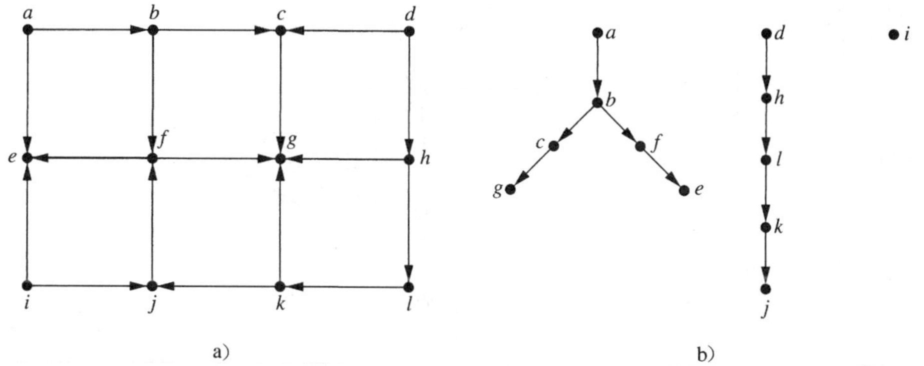

图 14 有向图的深度优先搜索

解 从顶点 a 开始深度优先搜索并且加入顶点 b、c 和 g 以及相对应的边，直到无路可走。回溯到 c，但是仍然无路可走，于是回溯到 b，这里加入顶点 f 和 e 以及对应的边。回溯最终又回到 a。然后在 d 开始一个新的树并且加入顶点 h、l、k 和 j 以及对应的边。回溯到 k，然后到 l，然后到 h 并且回到 d。最后，在 i 开始一个新的树，完成深度优先搜索。输出如图 14b所示。◀

有向图中的深度优先搜索是许多算法的基础(参见[GrYe05]、[Ma89]和[CoLeRiSt09])。它可以用来确定有向图是否具有回路，可以用来完成图的拓扑排序，也可以用来求有向图的强连通分支。

用深度优先搜索和宽度优先搜索在网络搜索引擎上的应用来结束本节。

例 10 **网络蜘蛛** 为了给网站建立索引，Google 和 Yahoo 等著名的搜索引擎从已知的网站开始系统地搜索网络。这些搜索引擎使用所谓的网络蜘蛛(或网络爬虫、网络机器人)的程序来访问网站并且分析其内容。网络蜘蛛同时使用深度优先搜索和宽度优先搜索来创建索引。如 6.1 节例 5 所述，可以用所谓的网络图的有向图来为网页和网页之间的链接建立模型。用顶点表示网页，用有向边表示链接。利用深度优先搜索，选择一个初始的网页，沿着一个链接(如果存在这样的链接的话)到达第二个网页，沿着第二个网页的一个链接(如果存在这样的链接)到达第三个网页，等等，直到找到一个没有新的链接的网页为止。然后使用回溯来检查前面阶段的链接去寻找新的链接，等等。(由于实际限制，网络蜘蛛在深度优先搜索中的搜索深度是有限的。)利用宽度优先搜索，选择一个初始的网页并且沿着这个网页上的一个链接到达第二个网页，然后沿着初始网页上的第二个链接(如果存在)，以此类推，直到已经走过了初始网页上的所有链接为止。然后逐页地沿着下一层网页上的链接，以此类推。◀

搜索引擎已经为利用 BFS 和 DFS 的网络爬虫开发出了复杂的策略。(谷歌的网络爬虫被称为谷歌机器人。)它们使用 BFS，从被称为**种子**的高质量的网页开始，并搜索这些网页上的所有链接。随着网络爬虫的继续，它会将访问的新页面上所有链接的 URL 添加到爬行边界。这些 URL 根据特定策略进行排序，以决定搜索这些网页的顺序。

选择好种子后，利用谷歌的方法可以很快到达有许多指向它们的链接的高质量页面。但是，到达的页面质量随着 Web 爬网的继续而减少。这种方法能很好地到达流行的网页，但却不能到达那些有用的但不太流行的网页。如果种子网页无法产生好的结果，则可从其他种子或网页开始，使用 DFS 查找高质量的候选页面。此外，当 BFS 被限制特定层数时，可使用 DFS 到达 BFS 不能到达的部分网页。◀

奇数编号练习

1. 为了产生生成树，必须从带有 n 个顶点和 m 条边的连通图里删除多少条边？

在练习 2～6 中，通过删除简单回路里的边来求所示图的生成树。

3.

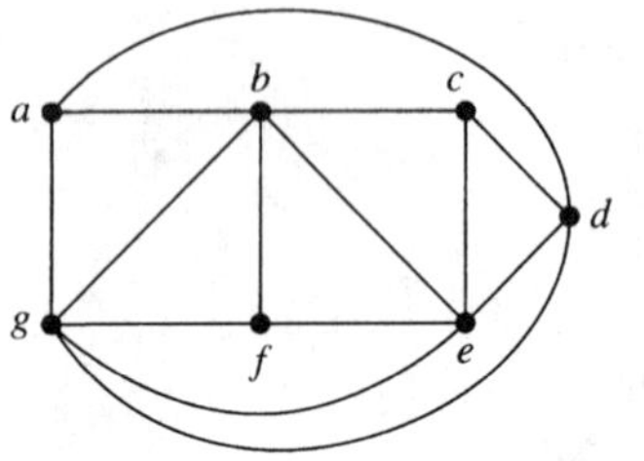

5.

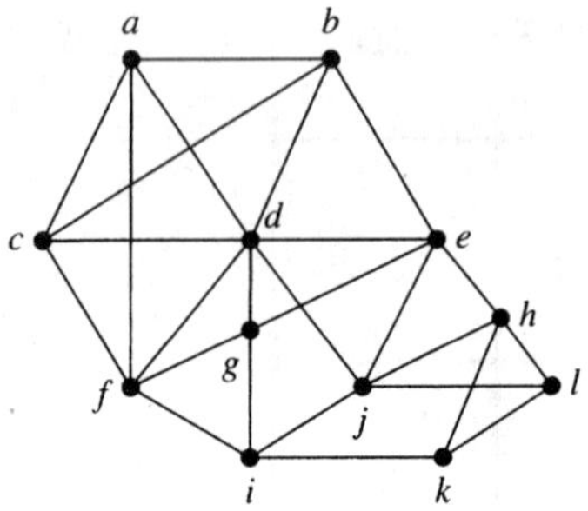

7. 求下面每个图的生成树。

a) K_5　　**b)** $K_{4,4}$　　**c)** $K_{1,6}$

d) Q_3　　**e)** C_5　　**f)** W_5

在练习 8～10 中，画出所给的简单图的所有生成树。

9.

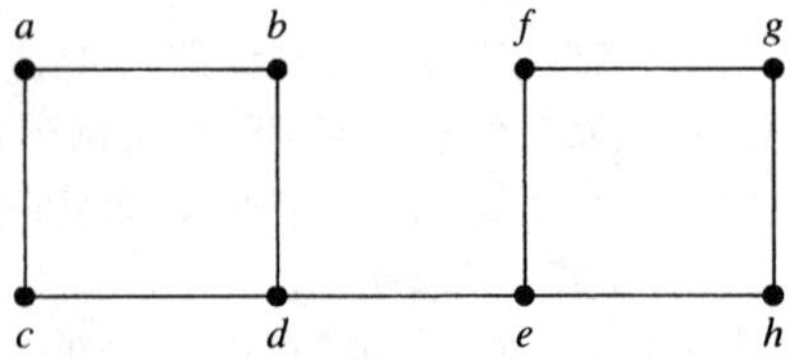

* **11.** 下面的每个简单图各有多少棵不同的生成树？

a) K_3　　**b)** K_4　　**c)** $K_{2,2}$　　**d)** C_5

在练习 13～15 中，用深度优先搜索来构造所给的简单图的生成树。选择 a 作为这棵生成树的根并且假定顶点都以字母顺序来排序。

13.

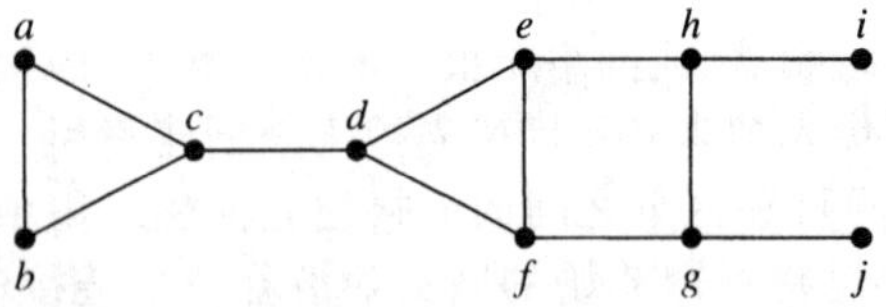

15.

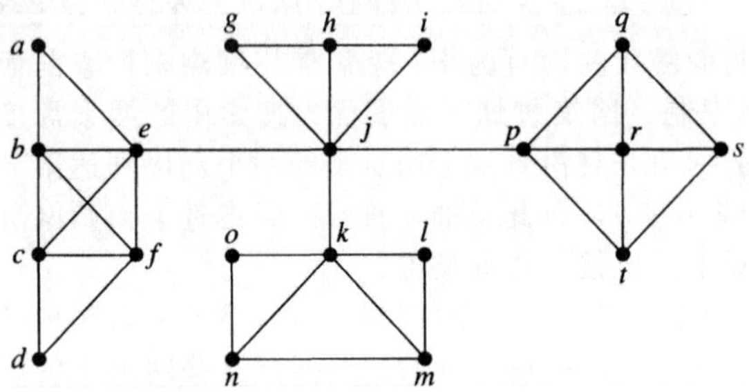

17. 用深度优先搜索求下列这些图的生成树。

a) W_6（参见 6.2 节例 7），从度数为 6 的顶点开始　　**b)** K_5

c) $K_{3,4}$，从度数为 3 的顶点开始　　**d)** Q_3

19. 描述轮图 W_n 的宽度优先搜索和深度优先搜索所产生的树，从度数为 n 的顶点开始，其中 n 是整数，

满足 $n\geqslant3$(参见 6.2 节例 7)。说明答案的合理性。

21. 描述完全二分图 $K_{m,n}$ 的宽度优先搜索和深度优先搜索所产生的树，从度数为 m 的顶点开始，其中 m 和 n 都是正整数。说明答案的合理性。

23. 假定一家航空公司必须压缩它的航班以节省资金。若它原来的航线如下图所示，则可以中断哪些飞行以保持在所有城市对之间的服务(其中从一个城市飞往另一个城市可能需要换乘飞机)？

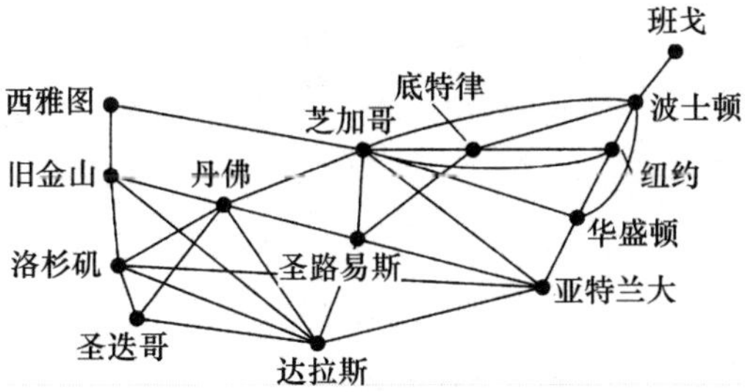

* **25.** 证明：在连通简单图里顶点 v 和 u 之间的最短通路的长度，等于在以 v 为根的 G 的宽度优先生成树里 u 的层数。

27. 用回溯来对下面的 n 值解决 n 皇后问题。

a) $n=3$ **b)** $n=5$ **c)** $n=6$

29. 解释如何用回溯来找出图中的哈密顿通路或哈密顿回路。

图 G 的**生成森林**是包含 G 的每个顶点的森林，使得当两个顶点在 G 里有通路时，这两个顶点就在同一个树里。

31. 证明：每个有穷简单图都有生成森林。

33. 对带有 n 个顶点、m 条边和 c 个连通分支的图来说，必须删除多少条边才能产生它的生成森林？

35. 解释如何使用宽度优先搜索求无向图中两个顶点之间最短通路的长度。

37. 设计一个基于宽度优先搜索的算法，求一个图的连通分支。

39. 哪种连通的简单图恰好只有一棵生成树？

41. 设计基于深度优先搜索来构造图的生成森林的算法。

43. 设 G 是连通图。证明：如果 T 是用深度优先搜索构造的 G 的生成树，则 G 的不在 T 中的边必定是背边，换句话说，这条边必定连接一个顶点到这个顶点在 T 中的祖先或后代。

45. 对于哪些图来说，无论选择哪个顶点作为树根，深度优先搜索和宽度优先搜索都产生同样的生成树？说明答案的合理性。

47. 用数学归纳法证明：宽度优先搜索按照顶点在所得出的生成树中的层数的顺序来访问这些顶点。

49. 用伪码来描述宽度优先搜索的一个变种，它把整数 m 指定给在搜索中访问的第 m 个顶点。

51. 证明：如果 G 是有向图并且 T 是用深度优先搜索构造的生成树，则不在这个生成树上的每条边都是连接祖先到后代的**前进边**、连接后代到祖先的**后退边**，或者连接一个顶点到从前访问过的子树的一个顶点的**交叉边**。

设 T_1 和 T_2 都是一个图的生成树。T_1 和 T_2 之间的**距离**是 T_1 和 T_2 中非 T_1 和 T_2 所共有的边的数目。

53. 求图 2 所示图 G 的在图 3c 和图 4 里所示的每对生成树之间的距离。

** **55.** 假定 T_1 和 T_2 都是简单图 G 的生成树。另外，假定 e_1 是在 T_1 里但不在 T_2 里的一条边。证明：存在在 T_2 里但不在 T_1 里的一条边 e_2，使得若从 T_1 里删除 e_1 而添加 e_2 到 T_1 里，则 T_1 仍然是生成树，并且若从 T_2 里删除 e_2 而添加 e_1 到 T_2 里，则 T_2 仍然是生成树。

有向图的有根生成树是由这个图的边组成的有根树，使得这个图的每个顶点都是树中一条边的终点。

57. 对 6.5 节练习 18～23 中的每个有向图来说，求这个图的有根生成树，或者确定不存在这样的树。

* **59.** 给出构造每个顶点的入度和出度都相等的连通有向图的有根生成树的算法。

* **61.** 用练习 60 来构造一个确定有向图是否含有回路的算法。

7.5 最小生成树

7.5.1 引言

一家公司计划建立一个通信网络来连接它的 5 个计算机中心。可以用租用的电话线连接这 Links

些中心的任何一对。应当建立哪些连接，以便保证在任何两个计算机中心之间都有通路，且网络的总成本最小？可以用图 1 所示的带权图为这个问题建模，其中顶点表示计算机中心，边表示可能租用的电话线，边上的权是边所表示的电话线的月租费。通过找出一棵使各边的权之和为最小的生成树，就可以解决这个问题。这样的生成树称为最小生成树。

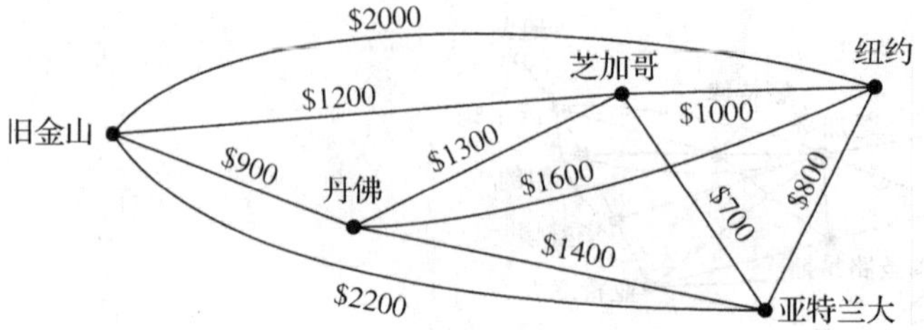

图 1　说明计算机网络中的线路的月租费的加权图

7.5.2　最小生成树算法

有大量的问题可以这样解决：求加权图里的一棵生成树，使得这棵树的各边的权之和为最小。

定义 1　*连通加权图里的最小生成树是具有边的权之和最小的生成树。*

Demo　下面将给出构造最小生成树的两个算法。这两个算法都是通过添加还没有使用过的、具有特定性质的、权最小的边来进行的。这些算法都是贪心算法。贪心算法是在每个步骤上都做最优选择的算法。在算法的每个步骤上都最优化，并不能保证产生全局最优解。不过，本节里给出的构造最小生成树的这两个算法都是产生最优解的贪心算法。

Links　要讨论的第一个算法最早由捷克的数学家 **Vojtěch Jarník** 在 1930 年发现，并把它发表于捷克的一个期刊上。当罗伯特·普林在 1957 年重新给出这个算法时，该算法就变得很著名了。因此，该算法称为**普林**(Prim)**算法**(有时也称为 **prim-Jarník 算法**)。为了执行普林算法，首先选择带最小权的边，把它放进生成树里。依次向树里添加与已在树里的顶点关联的且不与已在树里的边形成简单回路的权最小的边。当已经添加了 $n-1$ 条边时就停止。

本节稍后将证明这个算法产生任何连通加权图的最小生成树。算法 1 给出普林算法的伪码描述。

```
算法 1  普林算法
procedure Prim(G：带 n 个顶点的连通加权无向图)
T := 权最小的边
for i := 1 to n−2
    e := 与 T 里顶点关联且若添加到 T 里则不形成简单回路的权最小的边
    T := 添加 e 之后的 T
return T{T 是 G 的最小生成树}
```

注意，当有超过一条满足相应条件的带相同权的边时，在算法的这个阶段里对所添加的边的选择就不是确定的。需要排序这些边以便让选择是确定的。在本节剩下的部分将不再考虑这个问题。另外注意，所给的连通加权简单图可能有多于一个的最小生成树(见练习 9)。

例 1 和例 2 说明如何使用普林算法。

例 1　用普林算法设计连接图 1 所表示的所有计算机的具有最小成本的通信网络。

解　办法是求图 1 的最小生成树。普林算法是这样执行的：选择权最小的初始边，并且依次添加与树里顶点关联的不形成回路的权最小的边。在图 2 中，加颜色的边表示普林算法所产

生的最小生成树，并且显示在每个步骤上所做的选择。◀

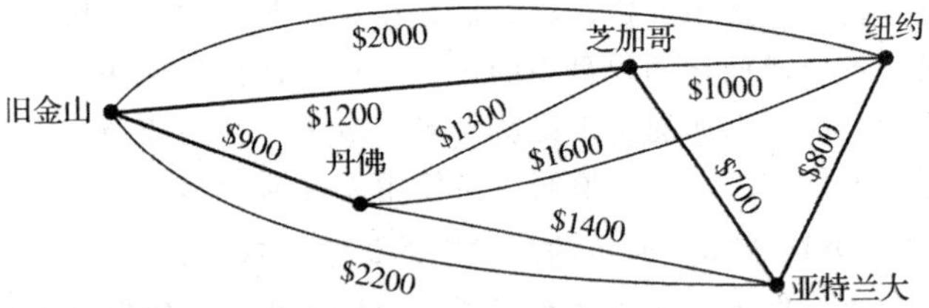

选择	边	权
1	{芝加哥，亚特兰大}	$ 700
2	{亚特兰大，纽约}	$ 800
3	{芝加哥，旧金山}	$1200
4	{旧金山，丹佛}	$ 900
	总计：	$3600

图 2　图 1 加权图的最小生成树

例 2 用普林算法求图 3 所示的图的最小生成树。

解 用普林算法构造的最小生成树显示在图 4 中。依次选择的边都显示在图中。◀

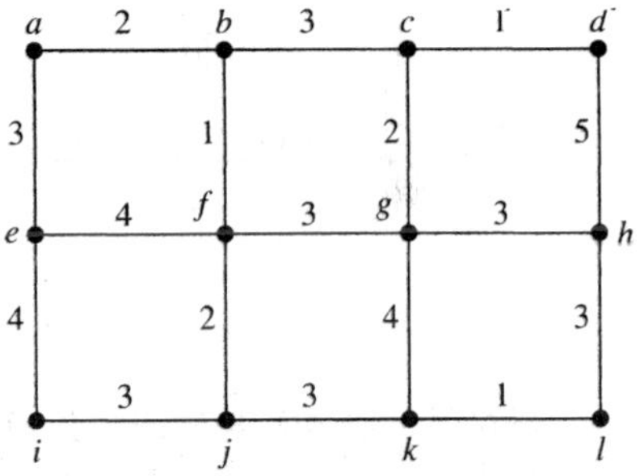

图 3　一个带权图

将要讨论的第二个算法是约瑟夫·克鲁斯卡尔在 1956 年发现的，尽管在此之前已经有人阐述过这一算法的基本思路。为了执行克鲁斯卡尔算法，要选择图中权最小的一条边。

依次添加不与已经选择的边形成简单回路的权最小的边。在已经挑选了 $n-1$ 条边之后就停止。

把克鲁斯卡尔算法对每个连通加权图都产生最小生成树的证明留作练习。算法 2 给出了克鲁斯卡尔算法的伪代码。

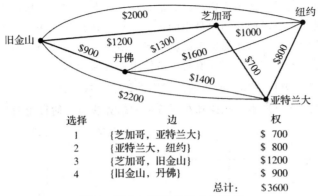

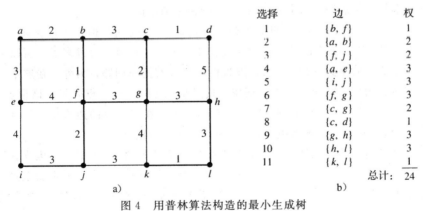

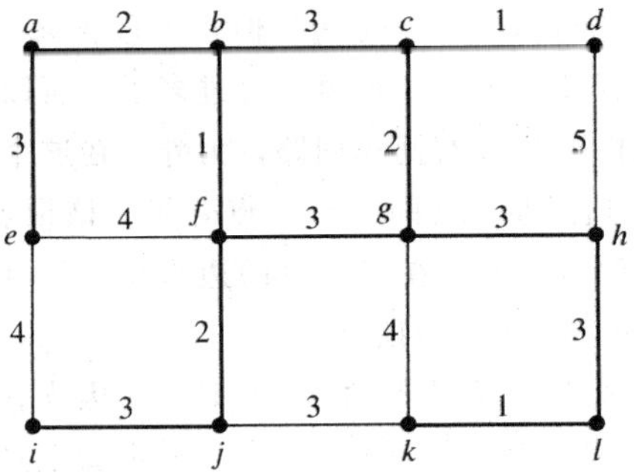

a)

选择	边	权
1	{b, f}	1
2	{a, b}	2
3	{f, j}	2
4	{a, e}	3
5	{i, j}	3
6	{f, g}	3
7	{c, g}	2
8	{c, d}	1
9	{g, h}	3
10	{h, l}	3
11	{k, l}	1
	总计：	24

b)

图 4　用普林算法构造的最小生成树

算法 2　克鲁斯卡尔算法

```
procedure Kruskal(G：带 n 个顶点的加权连通无向图)
T := 空图
for i := 1 to n−1
    e := G 中权最小的任一边且当添加到 T 里时不形成简单回路边
    T := T 添加 e
return T{T 是 G 的最小生成树}
```

读者应当注意普林算法与克鲁斯卡尔算法的区别。在普林算法里，选择与已在树中的一个顶点相关联且不形成回路的权最小的边；相对地，在克鲁斯卡尔算法里，选择不一定与已在树中的一个顶点相关联且不形成回路的权最小的边。注意，在普林算法里，若没有对边排序，则在这个过程的某个阶段上，对添加的边来说就可能有多于一种的选择。因此，为了让这个过程是确定的，就需要对边进行排序。例 3 说明如何使用克鲁斯卡尔算法。

Extra Examples

例 3 用克鲁斯卡尔算法求图 3 所示的加权图的最小生成树。

解 在图 5 里显示这个最小生成树和在克鲁斯卡尔算法每个阶段上对边的选择。◀

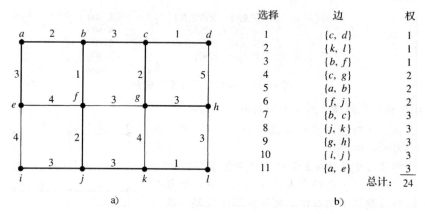

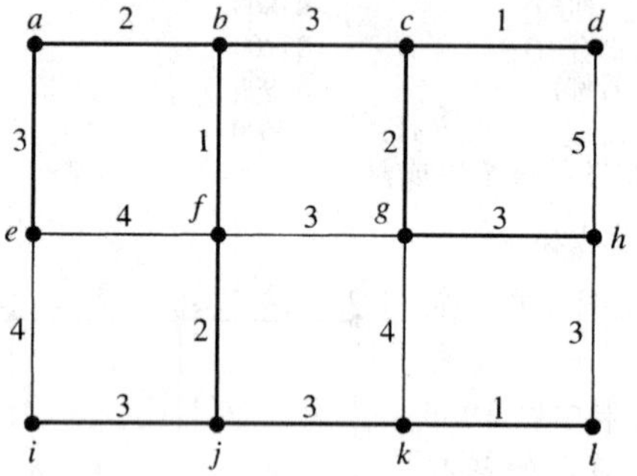

a)

选择	边	权
1	$\{c, d\}$	1
2	$\{k, l\}$	1
3	$\{b, f\}$	1
4	$\{c, g\}$	2
5	$\{a, b\}$	2
6	$\{f, j\}$	2
7	$\{b, c\}$	3
8	$\{j, k\}$	3
9	$\{g, h\}$	3
10	$\{i, j\}$	3
11	$\{a, e\}$	3
	总计：	24

b)

图 5 克鲁斯卡尔算法产生的最小生成树

现在将证明普林算法产生连通加权图的最小生成树。

证明 设 G 是一个连通加权图。假定普林算法依次选择的边是 e_1，e_2，…，e_{n-1}。设 S 是以 e_1，e_2，…，e_{n-1} 作为边的树，而设 S_k 是以 e_1，e_2，…，e_k 作为边的树。设 T 是包含边 e_1，e_2，…，e_k 的 G 的最小生成树，其中 k 是满足下列性质的最大整数：存在着包含普林算法所选择的前 k 条边的最小生成树。若证明了 $S=T$，则该定理得证。

假定 $S\neq T$，所以 $k<n-1$。因此，T 包含边 e_1，e_2，…，e_k，但是不包含 e_{k+1}。考虑由 T 和 e_{k+1} 所组成的图。因为这个图是连通的并且有 n 条边，若是树，边过多了，所以它必然包含简单回路。这个简单回路必然包含 e_{k+1}，因为在 T 里没有简单回路。另外，在这个简单回路中必然有不属于 S_{k+1} 的边，因为 S_{k+1} 是一棵树。通过从 e_{k+1} 的一个顶点开始，该顶点也是边 e_1，e_2，…，e_k 之一的顶点，并且沿着回路直到它到达一条不在 S_{k+1} 里的边为止，就可以找出一条不在 S_{k+1} 里的边 e，它有一个也是边 e_1，e_2，…，e_k 之一的顶点。

通过从 T 里删除 e 并且添加 e_{k+1}，就获得带 $n-1$ 条边的树 T'（它是树，因为它没有简单回路）。注意树 T' 包含 e_1，e_2，…，e_{k+1}。另外，因为普林算法在第 $k+1$ 个步骤上选择 e_{k+1}，并且在这个步骤上 e 也是可用的，所以 e_{k+1} 的权就小于或等于 e 的权。根据这个观察结果就得出 T' 也是最小生成树，因为它的边的权之和不超过 T 的边的权之和。这与对 k 的选择相矛盾，k 是使得包含 e_1，e_2，…，e_k 的最小生成树存在的最大整数。因此，$k=n-1$ 并且 $S=T$。所以普林算法产生最小生成树。◀

可以证明（参见[CoLeRiSt09]）为了求出具有 m 条边和 n 个顶点的图的最小生成树，克鲁斯卡尔算法需要用 $O(m\log m)$ 次运算来完成，而普林算法需要用 $O(m\log n)$ 次运算来完成。因此，对于稀疏图来说，使用克鲁斯卡尔算法更好。在稀疏图中，m 远远小于 $C(n, 2)=n(n-1)/2$，即具有 n 个顶点的无向图的可能的总边数。否则，这两个算法的复杂度没有什么差别。

奇数编号练习

1. 下图所表示的道路都还没有铺设路面。边的权表示在成对的乡镇之间的道路长度。哪些道路应当铺设路面，以便在每对乡镇之间都有铺设路面的道路，而且使得铺设的道路的长度最短？（注意：这些乡镇都在内华达州。）

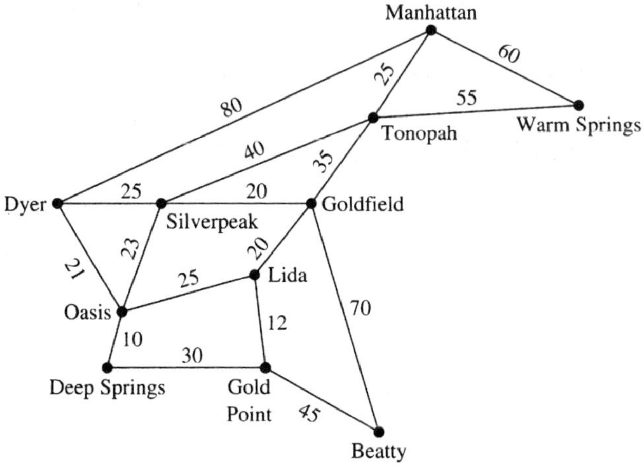

在练习 2～4 中，用普林算法求所给的加权图的最小生成树。

3.

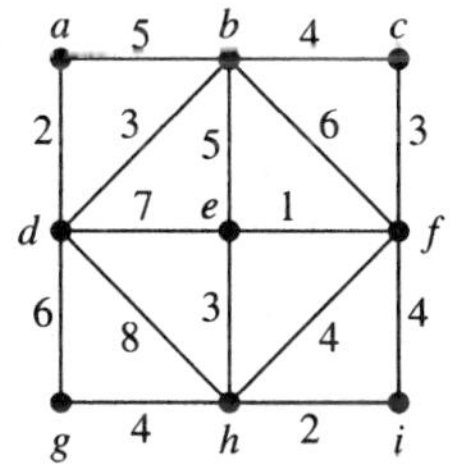

5. 用克鲁斯卡尔算法设计在本节开头所描述的通信网络。

7. 用克鲁斯卡尔算法求练习 3 里加权图的最小生成树。

9. 找出具有多于一棵最小生成树的、带有最少可能边数的连通加权简单图。

连通加权无向图的**最大生成树**是带最大可能的权的生成树。

11. 设计与普林算法类似的、构造连通加权图的最大生成树的算法。

13. 求练习 2 里加权图的最大生成树。

15. 求练习 4 里加权图的最大生成树。

***17.** 设计求连通加权图里次最短生成树的算法。

19. 证明：若所有边的权都不相同，则连通加权图里有唯一的最小生成树。

21. 求图 3 的加权图里包含边 $\{e, i\}$ 和 $\{g, k\}$ 的总权最小的生成树。

23. 用伪码表达练习 22 设计的算法。

索林(Sollin)**算法**从连通加权简单图 $G=(V, E)$ 这样产生最小生成树：依次添加成组的边。假定对 V 中的顶点进行了排序。这样产生边的一个顺序，其中若 u_0 先于 u_1，或者若 $u_0=u_1$ 并且 v_0 先于 v_1，则 $\{u_0, v_0\}$ 先于 $\{u_1, v_1\}$。这个算法首先同时选择每个顶点关联的权最小的边。在平局情形下选择在上述顺序里的第一条边。这样就产生出一个没有简单回路的图，即一些树组成的一个森林（练习 24 要求证明这个事实）。其次，对森林中的每棵树，同时选择在该树中一个顶点与在不同的一棵树中顶点之间的最短的边。同样在平局情形下选择在上述顺序里的第一条边。（这样就产生出一个没有简单回路的图，它包含比在这一步之前出现的更少的树。参见练习 24。）继续进行同时添加连接树的边的过程，直到已经选择了 $n-1$ 条边为止。在这个阶段已经构造了一棵最小生成树。

25. 用索林算法产生下列加权图的最小生成树。

a) 图 1　　**b)** 图 3

** **27.** 证明：索林算法产生连通无向加权图里的最小生成树。

* **29.** 证明：若在索林算法的某个中间步骤存在 r 棵树，则算法的下一次迭代至少添加 $\lceil r/2 \rceil$ 条边。

* **31.** 证明：索林算法至少需要 $\log n$ 次迭代，以便从带有 n 个顶点的连通无向加权图产生一棵最小生成树。

33. 证明：若 G 是各边权值都不同的加权图，则对于 G 中的每条简单回路，该回路中权值最大的边不属于 G 的任何一棵最小生成树。

当克鲁斯卡尔发明了按权值递增的顺序增加不形成简单回路的边的求最小生成树的算法时，他还发明了另外一个称为**逆删除的算法**。该算法从连通图中依次删除不使图变成不可连通的权值最大的边。

35. 证明：若输入为各边权值都不同的加权图，则逆删除算法总能产生最小生成树。［提示：用练习33。］

布尔代数

计算机和其他电子设备中的电路都有输入和输出，输入是 0 或 1，输出也是 0 或 1。电路可以用任何具有两个不同状态的基本元件来构造，开关和光学装置都是这样的元件，开关可能处于开或关的位置，光学装置可能是点亮或未点亮的。1854 年，乔治・布尔(George Boole)在《The Laws of Thought》一书中第一次给出了逻辑的基本规则。1938 年，克劳德・香农(Claude Shannon)揭示了怎么用逻辑的基本规则来设计电路，这些基本规则形成了布尔代数的基础。本章将逐步展开布尔代数基本性质的讨论。电路的操作可以用布尔函数来定义，这样的布尔函数对任意一组输入都能指出其输出的值。构造电路的第一步是用由布尔代数的基本运算构造的表达式来表示布尔函数。我们将介绍一个能产生这些表达式的算法，所得到的表达式可能包含一些冗余运算。本章的后面部分将描述一个求表达式的方法，求得的表达式中所包含的和与积的个数是表示一个布尔函数所需数量中最少的。将要展开讨论的这些方法称为卡诺(Karnaugh)图方法和奎因莫可拉斯基(Quine-McCluskey)方法，它们对于有效电路的设计十分重要。

8.1 布尔函数

8.1.1 引言

布尔代数提供的是集合{0，1}上的运算和规则，这个集合及布尔代数的规则还可以用来研究电子和光学开关。我们用得最多的三个布尔代数运算是补、布尔和与布尔积。元素的补用上划线加以标记，其定义为：$\overline{0}=1$，$\overline{1}=0$。布尔和记为+或 OR，它的值如下：

$$1+1=1,\quad 1+0=1,\quad 0+1=1,\quad 0+0=0$$

布尔积记为・或 AND，它的值如下：

$$1\cdot 1=1,\quad 1\cdot 0=0,\quad 0\cdot 1=0,\quad 0\cdot 0=0$$

在不引起混淆时，可以删去・，就像写代数积时一样。除非使用括号，否则布尔运算的优先级规则是：首先计算所有补，然后是布尔积，然后是布尔和，如例 1 所示。

例 1 计算 $1\cdot 0+\overline{(0+1)}$ 的值。

解 根据补、布尔积与布尔和的定义，得到

$$\begin{aligned}1\cdot 0+\overline{(0+1)}&=0+\overline{1}\\&=0+0\\&=0\end{aligned}$$

◀

补、布尔和与布尔积分别对应于逻辑运算¬、∨和∧，且 0 对应于 **F**(假)，1 对应于 **T**(真)。布尔代数中的恒等式可以直接转换为复合命题中的等价式。反之，复合命题中的等价式也可以转换为布尔代数中的恒等式。本节后面部分将会介绍，为什么这些转换产生有效的逻辑等价式和布尔代数恒等式。例 2 显示了如何把布尔代数恒等式转换为命题逻辑等价式。

例 2 把例 1 中的恒等式 $1\cdot 0+\overline{(0+1)}=0$ 转换成逻辑等价式。

解 把恒等式中的 1 转换成 **T**、0 转换成 **F**、布尔和转换成析取、布尔积转换成合取、补转换成否定，就可以得到逻辑等价式

$$(\mathbf{T}\wedge\mathbf{F})\vee\neg(\mathbf{T}\vee\mathbf{F})\equiv\mathbf{F}$$ ◀

下面的例 3 显示了如何把命题逻辑等价式转换为布尔代数恒等式。

例 3 把逻辑等价式$(\mathbf{T}\wedge\mathbf{T})\vee\neg\mathbf{F}\equiv\mathbf{T}$转换成布尔代数恒等式。

解 把逻辑等价式中的**T**转换成1、**F**转换成0、析取转换成布尔和、合取转换成布尔积、否定转换成补，就可以得到布尔代数恒等式

$$(1\cdot 1)+\overline{0}=1$$ ◀

8.1.2 布尔表达式和布尔函数

设$B=\{0,1\}$，则$B^n=\{(x_1,x_2,\cdots,x_n)\mid x_i\in B,1\leqslant i\leqslant n\}$是由0和1能构成的所有$n$元组的集合。变元$x$如果仅从$B$中取值，则称该变元为**布尔变元**，即它的值只可能为0或1。从B^n到B的函数称为***n*** **元布尔函数**。

例 4 从布尔变元有序对的取值集合到集合$\{0,1\}$的函数$F(x,y)=x\overline{y}$就是一个2元布尔函数，且$F(1,1)=0$，$F(1,0)=1$，$F(0,1)=0$，$F(0,0)=0$。F的值如表1所示。◀

表　1

x	y	$F(x,y)$
1	1	0
1	0	1
0	1	0
0	0	0

布尔函数也可用由变元和布尔运算构成的表达式来表示。关于变元$x_1,x_2,\cdots,x_n$的**布尔表达式**可以递归地定义如下：

1)0，1，$x_1,x_2,\cdots,x_n$是布尔表达式；

2)如果E_1和E_2是布尔表达式，则$\overline{E_1}$、(E_1E_2)和(E_1+E_2)是布尔表达式。

每个布尔表达式表示一个布尔函数，此函数的值是通过在表达式中用0和1替换变元得到的。在8.2节中我们将介绍怎么用布尔表达式来表示布尔函数。

例 5 求由$F(x,y,z)=xy+\overline{z}$表示的布尔函数的值。

解 这个函数的值由表2表示。◀

表　2

x	y	z	xy	$\overline{z}$	$F(x,y,z)=xy+\overline{z}$
1	1	1	1	0	1
1	1	0	1	1	1
1	0	1	0	0	0
1	0	0	0	1	1
0	1	1	0	0	0
0	1	0	0	1	1
0	0	1	0	0	0
0	0	0	0	1	1

注意，布尔函数还可用图形来表示，方法是：将n元二进制数组与n方体的顶点一一对应，再标出那些函数值为1的顶点。

例 6 例5中从B^3到B的函数$F(x,y,z)=xy+\overline{z}$可如下表示：标出满足$F(x,y,z)=1$的五个3元组(1，1，1)、(1，1，0)、(1，0，0)、(0，1，0)和(0，0，0)所对应的顶点。如图1所示，这些顶点用实心的黑圈标出。◀

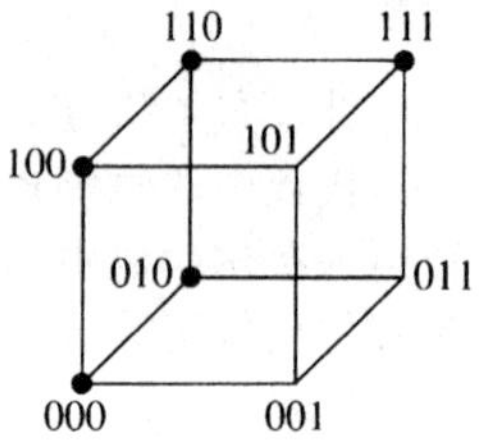

图　1

n个变元的布尔函数F和G是相等的，当且仅当$F(b_1,b_2,\cdots,b_n)=G(b_1,b_2,\cdots,b_n)$，其中$b_1,b_2,\cdots,b_n$属于$B$。表示同一个函数的不同的布尔表达式称为是**等价的**。例如，布尔表达式xy、$xy+0$和$xy\cdot 1$都是等价的。布尔函数F的**补函数**是$\overline{F}$，其中$\overline{F}(x_1,\cdots,x_n)=\overline{F(x_1,\cdots,x_n)}$。设$F$和$G$是$n$元布尔函数，函数的**布尔和**$F+G$与**布尔积**$FG$分别定义为

$$(F+G)(x_1,\cdots,x_n)=F(x_1,\cdots,x_n)+G(x_1,\cdots,x_n)$$
$$(FG)(x_1,\cdots,x_n)=F(x_1,\cdots,x_n)G(x_1,\cdots,x_n)$$

2 元布尔函数是从一个 4 个元素的集合到 B 的函数，这 4 个元素是 $B=\{0, 1\}$ 中元素构成的元素对，B 是有 2 个元素的集合。因此有 16 个不同的 2 元布尔函数。在表 3 中，我们列出了这 16 个不同的 2 元布尔函数的值，这 16 个不同的 2 元布尔函数记为 F_1，F_2，…，F_{16}。

表 3　16 个 2 元布尔函数

x	y	F_1	F_2	F_3	F_4	F_5	F_6	F_7	F_8	F_9	F_{10}	F_{11}	F_{12}	F_{13}	F_{14}	F_{15}	F_{16}
1	1	1	1	1	1	1	1	1	1	0	0	0	0	0	0	0	0
1	0	1	1	1	1	0	0	0	0	1	1	1	1	0	0	0	0
0	1	1	1	0	0	1	1	0	0	1	1	0	0	1	1	0	0
0	0	1	0	1	0	1	0	1	0	1	0	1	0	1	0	1	0

例 7 有多少个不同的 n 元布尔函数？

解 由计数的乘积法则可知：有 2^n 个由 0 和 1 构成的不同的 n 元组。因为布尔函数就是对这 2^n 个 n 元组中的每一个进行赋值，所以乘积法则表明有 2^{2^n} 个不同的 n 元布尔函数。◀

表 4 列出了 1～6 元不同布尔函数的个数。这种函数的个数增长非常快。

表 4　n 度布尔函数的个数

度数	数量	度数	数量
1	4	4	65 536
2	16	5	4 294 967 296
3	256	6	18 446 744 073 709 551 616

8.1.3 布尔代数恒等式

布尔代数有许多恒等式，表 5 列出了其中最重要的恒等式。这些恒等式对于电路设计的简化特别有用。表 5 中的每个恒等式都可以用表来证明。例 8 就以这种方法证明了一个分配律。其余性质的证明留作练习。

表 5　布尔恒等式

恒等式	名称	恒等式	名称
$\overline{\overline{x}}=x$	双重补律	$x+yz=(x+y)(x+z)$ $x(y+z)=xy+xz$	分配律
$x+x=x$ $x\cdot x=x$	幂等律	$\overline{(xy)}=\overline{x}+\overline{y}$ $\overline{(x+y)}=\overline{x}\ \overline{y}$	德·摩根律
$x+0=x$ $x\cdot 1=x$	同一律	$x+xy=x$ $x(x+y)=x$	吸收律
$x+1=1$ $x\cdot 0=0$	支配律	$x+\overline{x}=1$	单位元性质
$x+y=y+x$ $xy=yx$	交换律	$x\overline{x}=0$	零元性质
$x+(y+z)=(x+y)+z$ $x(yz)=(xy)x$	结合律		

例 8 证明分配律 $x(y+z)=xy+xz$ 是正确的。

解 表 6 表示了此恒等式的验证。这个恒等式成立，因为此表的最后两列相同。◀

表 6　验证分配率

x	y	z	$y+z$	xy	xz	$x(y+z)$	$xy+xz$
1	1	1	1	1	1	1	1
1	1	0	1	1	0	1	1
1	0	1	1	0	1	1	1
1	0	0	0	0	0	0	0
0	1	1	1	0	0	0	0
0	1	0	1	0	0	0	0
0	0	1	1	0	0	0	0
0	0	0	0	0	0	0	0

读者应该将表 5 中的布尔恒等式与 1.3 节表 6 中的逻辑等价式和 2.2 节表 1 中的集合恒等式相比较。所有这些都是一个更抽象结构中恒等式集合的特殊情形。每个恒等式集合都可以通过适当的转换得到。例如，通过把布尔变元变为命题变元、0 变为 **F**、1 变为 **T**、布尔和变为析取、布尔积变为合取以及补变为否定，这样就可以把表 5 中的布尔恒等式转换成逻辑等价式，如例 9 所示。

例 9　把表 5 中的分配律 $x+yz=(x+y)(x+z)$转换成逻辑等价式。

解　为了把布尔恒等式转换成逻辑等价式，首先需要把布尔变元变为命题变元。这里的布尔变元 x、y 和 z 分别变为命题变元 p、q 和 r。然后把布尔和变为析取，布尔积变为合取(注意在这个布尔恒等式中，0、1 和补都没有出现)。这样就把此布尔恒等式转换成了逻辑等价式

$$p \vee (q \wedge r) \equiv (p \vee q) \wedge (p \vee r)$$

此逻辑等价式是 1.3 节表 6 中命题逻辑的一个分配律。◀

布尔代数中的恒等式可以用来证明其他的恒等式，如例 10 所示。

Extra Examples

例 10　用表 5 所示的布尔代数的其他恒等式证明**吸收律** $x(x+y)=x$(这称为吸收律，因为将 $x+y$ 吸收进 x 而保持 x 不变。)

解　推导此恒等式的步骤以及每步使用的定律如下：

$$\begin{aligned} x(x+y) &= (x+0)(x+y) && \text{布尔和的同一律} \\ &= x+0\cdot y && \text{布尔和对布尔积的分配律} \\ &= x+y\cdot 0 && \text{布尔积的交换律} \\ &= x+0 && \text{布尔积的支配律} \\ &= x && \text{布尔和的同一律} \end{aligned}$$

◀

8.1.4　对偶性

表 5 中的恒等式都是成对出现的(除了双重补律、单位元性质及零元性质外)。为了解释每一对恒等式中两个式子的关系，我们使用"对偶"这个概念。一个布尔表达式的**对偶**可用如下方法得到：交换布尔和与布尔积，并交换 0 与 1。

例 11　写出 $x(y+0)$和$\overline{x}\cdot 1+(\overline{y}+z)$的对偶。

解　在这两个表达式中交换符号＋和・以及 0 和 1，就产生它们的对偶，这两个对偶分别是$x+(y\cdot 1)$和$(\overline{x}+0)(\overline{y}z)$。◀

布尔表达式所表示的布尔函数 F 的对偶是由这个表达式的对偶所表示的函数，这个对偶函数记为 F^d，它不依赖于表示 F 的那个特定的布尔表达式。对于由布尔表达式表示的函数的恒等式，当取恒等式两边的函数的对偶时，等式仍然成立(原因参见练习 30)，此结果叫作**对偶**

性原理，它对于获得新的恒等式十分有用。

例 12 通过取对偶的方法，用吸收律 $x(x+y)=x$ 构造一个恒等式。

解 取此恒等式两边的对偶，得到恒等式 $x+xy=x$，它也被称为吸收律，见表 5。◀

8.1.5 布尔代数的抽象定义

虽然本节着重讨论布尔函数和表达式，但所有的结论都可以转换成关于命题的结论，也可以转换成关于集合的结论。因此，抽象地定义布尔代数十分有用。一旦一个特定的结构被证明是布尔代数，则所有关于布尔代数的一般结果都可应用于这个特定的结构。

布尔代数可以用多种方法来定义，最常用的方法是指明运算所必须满足的性质，如定义 1 所示。

定义 1 一个布尔代数是一个集合 B，它有两个二元运算 $\vee$ 和 $\wedge$、元素 0 和 1，以及一个一元运算 $^{-}$，且对 B 中的所有元素 x、y 和 z，下列性质成立：

$$\left.\begin{aligned} x\vee 0&=x\\ x\wedge 1&=x\end{aligned}\right\}\quad \text{同一律}$$

$$\left.\begin{aligned} x\vee \overline{x}&=1\\ x\wedge \overline{x}&=0\end{aligned}\right\}\quad \text{补律}$$

$$\left.\begin{aligned} (x\vee y)\vee z&=x\vee(y\vee z)\\ (x\wedge y)\wedge z&=x\wedge(y\wedge z)\end{aligned}\right\}\quad \text{结合律}$$

$$\left.\begin{aligned} x\vee y&=y\vee x\\ x\wedge y&=y\wedge x\end{aligned}\right\}\quad \text{交换律}$$

$$\left.\begin{aligned} x\vee(y\wedge z)&=(x\vee y)\wedge(x\vee z)\\ x\wedge(y\vee z)&=(x\wedge y)\vee(x\wedge z)\end{aligned}\right\}\quad \text{分配律}$$

使用定义 1 所给的定律，可以证明，对于每个布尔代数，许多其他的定律成立，例如幂等律和支配律。(见练习 35～42。)

以前讨论过，$B=\{0,1\}$连同 OR、AND 运算及“补”运算满足所有这些性质。有 n 个变元的所有命题构成的集合，连同 $\vee$ 和 $\wedge$ 运算、**F** 和 **T** 及“非”运算，也满足布尔代数的所有性质，这可以从 1.3 节中的表 6 看出来。类似地，一个全集 U 的所有子集构成的集合，连同并和交运算、空集和全集以及集合的补运算是一个布尔代数，这可以从 2.2 节的表 1 中看出来。所以，为了建立关于布尔表达式、命题和集合的结果，我们只要证明关于抽象布尔代数的结果即可。

布尔代数也可以用第 5 章中所讨论的格的概念来定义。一个格 L 是一个偏序集，其每对元素 x、y 都有一个最小上界，记为 $\text{lub}(x, y)$，也有一个最大下界，记为 $\text{glb}(x, y)$。给定 L 的两个元素 x 和 y，我们可以定义 L 的两个运算 $\vee$ 和 $\wedge$ 如下：$x\vee y=\text{lub}(x, y)$，$x\wedge y=\text{glb}(x, y)$。

要使一个格 L 成为定义 1 中所定义的布尔代数，它必须还有两个性质。第一，它必须是**有补的**。为使一个格成为有补的，它必须有一个最小元素 0 和一个最大元素 1，且对格的每个元素 x，必须存在一个元素$\overline{x}$，使得 $x\vee\overline{x}=1$ 且 $x\wedge\overline{x}=0$。第二，它必须是**分配的**。也就是说，对于 L 中的每个 x、y 和 z，$x\vee(y\wedge z)=(x\vee y)\wedge(x\vee z)$且 $x\wedge(y\vee z)=(x\wedge y)\vee(x\wedge z)$。

奇数编号练习[⊖]

1. 求下列表达式的值。

a) $1\cdot\overline{0}$　**b)** $1+\overline{1}$　**c)** $\overline{0}\cdot 0$　**d)** $\overline{(1+0)}$

3. a) 证明 $(1\cdot 1)+(\overline{0\cdot 1}+0)=1$。

b) 通过如下方式把 a) 中的布尔恒等式转换成命题等价式：0 变为 **F**、1 变为 **T**、布尔和变为析取、布尔积变为合取、补变为否定以及等于号变为命题逻辑的等价符号。

5. 用表来表示下列每个布尔函数的值。

a) $F(x, y, z)=\overline{x}y$　**b)** $F(x, y, z)=x+yz$

c) $F(x, y, z)=x\overline{y}+\overline{(xyz)}$　**d)** $F(x, y, z)=x(yz+\overline{y}\,\overline{z})$

7. 用 3 立方体 Q_3 表示练习 5 中的每个布尔函数，将函数值为 1 的 3 元组所对应的顶点画成黑圈。

9. 布尔变元 x 和 y 取什么值可满足 $xy=x+y$？

11. 用表 5 中的其他定律证明吸收律 $x+xy=x$。

13. 证明 $x\overline{y}+y\overline{z}+\overline{x}z=\overline{x}y+\overline{y}z+x\overline{z}$。

练习 14～23 处理由本节开始定义的 $\{0, 1\}$ 上的加法、乘法和补所定义的布尔代数。对每一题，采用与例 8 中的表相似的形式进行验证。

15. 验证幂等律。

17. 验证支配律。

19. 验证结合律。

21. 验证德·摩根律。

23. 验证零元性质。

布尔运算符 $\oplus$ 的定义如下：$1\oplus 1=0$，$1\oplus 0=1$，$0\oplus 1=1$，$0\oplus 0=0$。此运算符被称为“异或”(XOR)运算符。

25. 证明下列恒等式成立。

a) $x\oplus y=(x+y)\overline{(xy)}$　**b)** $x\oplus y=(x\overline{y})+(\overline{x}y)$

27. 证明下列等式成立或不成立。

a) $x\oplus(y\oplus z)=(x\oplus y)\oplus z$　**b)** $x+(y\oplus z)=(x+y)\oplus(x+z)$

c) $x\oplus(y+z)=(x\oplus y)+(x\oplus z)$

* **29.** 设 F 是一个布尔函数，它由一个含有变元 $x_1, \cdots, x_n$ 的布尔表达式表示。证明 $F^d(x_1, \cdots, x_n)=\overline{F(\overline{x_1}, \cdots, \overline{x_n})}$。

* **31.** 有多少个不同的布尔函数 $F(x, y, z)$ 使得对于布尔变元 x、y、z 的所有值，$F(\overline{x}, \overline{y}, \overline{z})=F(x, y, z)$。

33. 证明：把表 6 中的布尔代数的德·摩根律转换成逻辑等价式时，它就是命题逻辑中的德·摩根律(见 1.3 节中的表 6)。

在练习 35～42 中，用定义 1 中的定律来证明所述性质对每个布尔代数成立。

35. 在布尔代数中证明，**幂等律** $x\vee x=x$ 和 $x\wedge x=x$ 对每个元素 x 成立。

37. 在布尔代数中证明，元素 0 的补是 1，反之也成立。

39. 证明**德·摩根律**在布尔代数中成立，即对任意元素 x 和 y，$\overline{(x\vee y)}=\overline{x}\wedge\overline{y}$ 且 $\overline{(x\wedge y)}=\overline{x}\vee\overline{y}$。

41. 在布尔代数中证明，如果 $x\vee y=0$，则 $x=0$ 且 $y=0$；如果 $x\wedge y=1$，则 $x=1$ 且 $y=1$。

43. 证明一个有补的分配格是一个布尔代数。

8.2　布尔函数的表示

本节将研究布尔代数的两个重要问题。第一个问题是：给定一个布尔函数的值，怎样才能

⊖ 为缩减篇幅，本书只包括完整版中奇数编号的练习，并保留了原始编号，以便与参考答案、演示程序、教学 PPT 等网络资源相对应。若需获取更多练习，请参考《离散数学及其应用(原书第 8 版)》(中文版，ISBN 978-7-111-63687-8)或《离散数学及其应用(英文版·原书第 8 版)》(ISBN 978-7-111-64530-6)。练习的答案请访问出版社网站下载，注意，本章在完整版中为第 12 章，故请查阅第 12 章的答案。——编辑注

找到表示这个布尔函数的布尔表达式？这个问题将通过证明如下结论来解决：任何一个布尔函数都可由变元及其补的布尔积的布尔和表示。这个问题的答案还说明了任意布尔函数都可用三个布尔运算符（·、＋和⁻）表示。第二个问题是：有没有一个更小的运算符集合可以用来表示所有的布尔函数？我们将通过证明下列结论来解决这个问题：所有的布尔函数都可以仅用一个运算符来表示。这两个问题在电路设计中都有特殊的重要性。

8.2.1 积之和展开式

下面用例子来说明寻找表示布尔函数的布尔表达式的一个重要方法。

例1 函数 $F(x, y, z)$ 和 $G(x, y, z)$ 如表1所示，求表示这两个函数的布尔表达式。

解 我们需要这样一个表达式来表示 F：当 $x=z=1$ 且 $y=0$ 时它的值为1，否则它的值为0。此表达式可取为 x、$\overline{y}$ 和 z 的布尔积，这个积 $x\overline{y}z$ 具有值1当且仅当 $x=\overline{y}=z=1$，即当且仅当 $x=z=1$ 且 $y=0$。

表 1

x	y	z	F	G
1	1	1	0	0
1	1	0	0	1
1	0	1	1	0
1	0	0	0	0
0	1	1	0	0
0	1	0	0	1
0	0	1	0	0
0	0	0	0	0

为了表示 G，我们需要一个表达式满足：当 $x=y=1$ 且 $z=0$ 时，或当 $x=z=0$ 且 $y=1$ 时，它的值为1。此表达式可以取为两个不同的布尔积的布尔和。布尔积 $xy\overline{z}$ 具有值1当且仅当 $x=y=1$ 且 $z=0$；类似地，布尔积 $\overline{x}y\overline{z}$ 具有值1当且仅当 $x=z=0$ 且 $y=1$。这两个布尔积的布尔和 $xy\overline{z}+\overline{x}y\overline{z}$ 就表示 G，因为它具有值1当且仅当 $x=y=1$ 且 $z=0$，或 $x=z=0$ 且 $y=1$。◀

例2 说明一个过程，用这个过程可以构造布尔表达式来表示具有给定值的函数。如果变元值的一个组合使得函数值为1，则此组合确定了变元或其补的一个布尔积。

> **定义1** 布尔变元或其补称为字面值。布尔变元 $x_1, x_2, \cdots, x_n$ 的极小项是一个布尔积 $y_1y_2\cdots y_n$，其中 $y_i=x_i$ 或 $y_i=\overline{x}_i$。因此极小项是 n 个字面值的积，每个字面值对应于一个变元。

一个极小项对一个且只对一个变元值的组合取值1。更确切地说，极小项 $y_1y_2\cdots y_n$ 为1当且仅当每个 y_i 为1；并且它成立当且仅当 $y_i=x_i$ 时 x_i 为1，$y_i=\overline{x}_i$ 时 x_i 为0。

例3 求一个极小项使得当 $x_1=x_3=0$ 且 $x_2=x_4=x_5=1$ 时，它为1；否则为0。 Links

解 极小项 $\overline{x}_1x_2\overline{x}_3x_4x_5$ 有正确的值集合。◀

通过取不同极小项的布尔和，就能构造布尔表达式，使其具有给定的值集合。特别地，极小项的布尔和具有值1仅当和中的某个极小项具有值1时才成立。对于变元值的其他组合，它具有值0。因此，给定一个布尔函数，可以构造极小项的布尔和使得，当该布尔函数具有值1时它的值为1，当该布尔函数具有值0时它的值为0。该布尔和中的极小项与使得该函数值为1的值的组合相对应。表示布尔函数的极小项的和称为此函数的积之和展开式或析取范式。（命题逻辑的析取范式见1.3节练习46。）

例4 求函数 $F(x, y, z)=(x+y)\overline{z}$ 的积之和展开式。 Extra Examples

解 下面用两种方法求 $F(x, y, z)$ 的积之和展开式。第一种方法是用布尔恒等式将这个积展开然后化简。过程如下：

$$\begin{aligned}
F(x,y,z) &= (x+y)\,\overline{z} \\
&= x\overline{z}+y\overline{z} && \text{分配律} \\
&= x1\overline{z}+1y\overline{z} && \text{同一律} \\
&= x(y+\overline{y})\,\overline{z}+(x+\overline{x})y\overline{z} && \text{单位元性质} \\
&= xy\overline{z}+x\overline{y}\,\overline{z}+xy\overline{z}+\overline{x}y\overline{z} && \text{分配律} \\
&= xy\overline{z}+x\overline{y}\,\overline{z}+\overline{x}y\overline{z} && \text{幂等律}
\end{aligned}$$

构造积之和展开式的第二种方法是，对 x、y 和 z 所有可能的取值都计算出 F 的值，这些值见表 2。F 的积之和展开式是三个极小项的布尔和，这三个极小项对应于表 2 的三行，它们使该函数的值为 1。从而 $F(x, y, z)=xy\overline{z}+x\overline{y}\,\overline{z}+\overline{x}y\overline{z}$。◀

表 2

x	y	z	$x+y$	$\overline{z}$	$(x+y)\overline{z}$
1	1	1	1	0	0
1	1	0	1	1	1
1	0	1	1	0	0
1	0	0	1	1	1
0	1	1	1	0	0
0	1	0	1	1	1
0	0	1	0	0	0
0	0	0	0	1	0

也可以通过取布尔和的布尔积来求一个布尔表达式，使其表示一个布尔函数，所得到的展开式称为这个函数的**合取范式**或**和之积展开式**，这个展开式可以通过求积之和展开式的对偶而得到。本节练习 10 描述了怎样直接求这样的展开式。

8.2.2　函数完备性

每个布尔函数都可以表示为极小项的布尔和。每个极小项都是布尔变元或其补的布尔积。这说明每个布尔函数都可以用布尔运算·、+和⁻来表示。因为每个布尔函数都可以由这些布尔运算表示，所以我们称集合{·，+，⁻}是**函数完备的**。还有没有更小的函数完备运算符集合呢？如果这三个运算中的某一个能够由其余两个表示，则就还有更小的函数完备运算符集合。用德·摩根律可以做到这一点。使用等式

$$x+y=\overline{\overline{x}\,\overline{y}}$$

可以消去所有的布尔和，此等式可如下得到：先对 8.1 节中的表 5 的第二个德·摩根律的两边求补，再应用双重补律。这意味着{·，⁻}是函数完备的。类似地，使用等式

$$xy=\overline{\overline{x}+\overline{y}}$$

可以消去所有的布尔积，此等式可如下得到：先对 8.1 节中的表 5 的第一个德·摩根律的两边求补，再应用双重补律。因此，{+，⁻}是函数完备的。注意，{+，·}不是函数完备的，因为用这两个运算符不可能表示布尔函数 $F(x)=\overline{x}$（见练习 19）。

我们已经找到了一些含有两个运算符的函数完备集合，还能不能找到更小的集合（即只含一个运算的集合），它仍然是函数完备运算符集合呢？这样的集合是存在的。定义运算符"|"或"**NAND**"如下：$1|1=0$ 且 $1|0=0|1=0|0=1$。定义运算符"↓"或"**NOR**"如下：$1\downarrow 1=1\downarrow 0=0\downarrow 1=0$ 且 $0\downarrow 0=1$。集合{|}和{↓}都是函数完备的。因为{·，⁻}是函数完备的，所以要说明{|}是函数完备的，只要证明两个运算符·和⁻都可以只用运算符|表示，这可由下面两式完成：

$$\overline{x}=x|x$$

$$xy=(x|y)|(x|y)$$

读者应当验证这些等式（见练习 14）。证明{↓}的函数完备性留给读者（见练习 15 和 16）。

奇数编号练习

1. 求布尔变元 x、y、z 或其补的布尔积，使得它具有值为 1 当且仅当

a) $x=y=0$，$z=1$　　**b)** $x=0$，$y=1$，$z=0$

c) $x=0$，$y=z=1$　　**d)** $x=y=z=0$

3. 求下列布尔函数的积之和展开式。

a) $F(x, y, z)=x+y+z$　　**b)** $F(x, y, z)=(x+z)y$

c) $F(x, y, z)=x$　　**d)** $F(x, y, z)=x\overline{y}$

5. 求布尔函数 $F(w, x, y, z)$ 的积之和展开式，$F(w, x, y, z)$ 等于 1 当且仅当 w、x、y 和 z 中有奇数个变元的值为 1。

求表示布尔函数的布尔表达式的另一种方法是：构造字面值之布尔和的布尔积。练习 7～11 涉及这种表示。

7. 求布尔和，它包含 x 或 $\overline{x}$、y 或 $\overline{y}$、z 或 $\overline{z}$，使得它具有值 0 当且仅当

a)$x=y=1$，$z=0$　　**b**)$x=y=z=0$　　**c**)$x=z=0$，$y=1$

9. 设布尔和为 $y_1+y_2+\cdots+y_n$，其中 $y_i=x_i$ 或 $y_i=\overline{x}_i$。证明此布尔和对且只对变元值的一个组合取 0 值，这个组合为，若 $y_i=x_i$，则 $x_i=0$；若 $y_i=\overline{x}_i$，则 $x_i=1$。这样的布尔和叫作**极大项**。

11. 求练习 3 中每个函数的和之积展开式。

13. 用运算＋和$^-$表示练习 12 中的布尔函数。

15. 证明：

a)$\overline{x}=x\downarrow x$　　**b**)$xy=(x\downarrow x)\downarrow(y\downarrow y)$　　**c**)$x+y=(x\downarrow y)\downarrow(x\downarrow y)$

17. 用运算 | 表示练习 3 中的布尔函数。

19. 证明运算符集{＋，·}不是函数完备的。

8.3 逻辑门电路

8.3.1 引言

布尔代数用于为电子装置的电路建立模型，这种装置的输入和输出都可以认为是集合{0，1}中的元素。计算机或其他的电子装置就是由许多电路构成的。电路可以根据布尔代数的规则来设计，这些规则已经在 8.1 节和 8.2 节中讨论过。电路的基本元件是 1.2 节中介绍过的所谓的**门**，每种类型的门实现一种布尔运算。本节将定义几种类型的门。应用布尔代数的结果，使用这些门就可以设计电路来执行各种任务。在本章所讨论的电路中，输出都只与输入有关，而与电路的当前状态无关。换句话说，这些电路都没有存储能力，这样的电路叫作**组合电路**或**门电路**。

我们将使用三种元件来构造组合电路，第一种是**反相器**，它以布尔值作为输入，并产生此布尔值的补作为输出。用来表示反相器的符号如图 1a 所示，进入元件的输入画在左边，离开元件的输出画在右边。

第二种元件是**或门**(OR gate)，其输入是两个或两个以上的布尔值，输出是这些值的布尔和。用来表示或门的符号如图 1b 所示，进入元件的输入画在左边，离开元件的输出画在右边。

第三种元件是**与门**(AND gate)，其输入是两个或两个以上的布尔值，输出是这些值的布尔积。用来表示与门的符号如图 1c 所示，进入元件的输入画在左边，离开元件的输出画在右边。

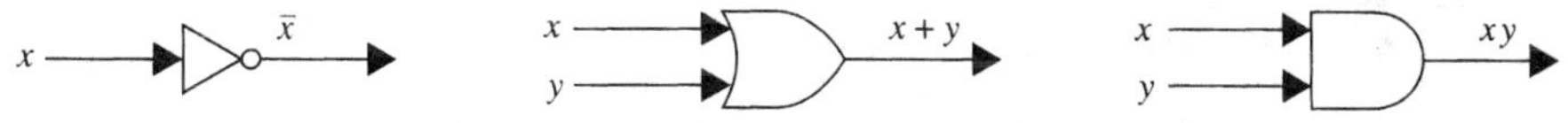

a）反相器　　b）或门　　c）与门

图 1　门的基本类型

与门和或门允许有多个输入，进入元件的输入都画在左边，离开元件的输出都画在右边。具有 n 个输入的与门和或门如图 2 所示。

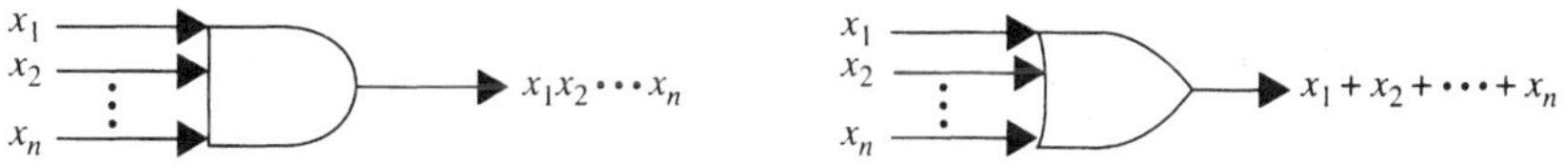

图 2　具有 n 个输入的门

8.3.2 门的组合

使用反相器、或门和与门的组合可以构造组合电路。在构造电路的组合时，某些门可能有公共的输入。有两种方法可以描述公共输入，一种方法是用分支标出使用给定输入的所有门；另一种方法是对每个门分别标出其输入。图 3 说明了这两种方法，其中的门有相同的输入值。注意，一个门的输出可能作为另一个元件或更多元件的输入，如图 3 所示。图 3 中的两个图描述了输出为 $xy+\overline{x}y$ 的电路。

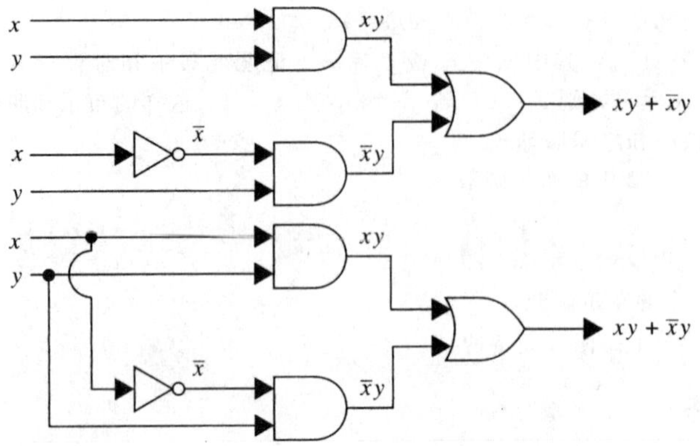

图 3　画相同电路的两种方法

例 1　构造产生下列输出的电路：a) $(x+y)\bar{x}$；b) $\bar{x}\overline{(y+\bar{z})}$；c) $(x+y+z)\bar{x}\,\bar{y}\,\bar{z}$。

解　产生这些输出的电路如图 4 所示。◀

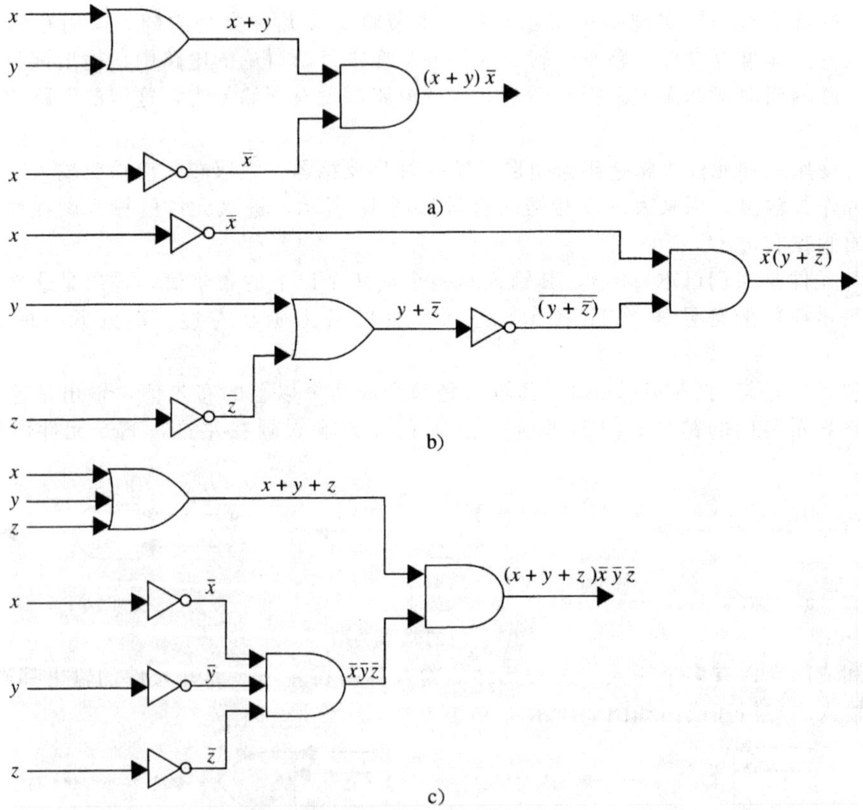

图 4　产生例 1 中输出的电路

8.3.3　电路的例子

下面给出一些具有实际功能的电路。

Extra Examples

例 2　某个组织的一切事务都由一个三人委员会决定。每个委员对提出的建议可以投赞成票或反对票。一个建议如果得到了至少两张赞成票就获通过。设计一个电路，判断建议是否获得通过。

解　如果第一个委员投赞成票，则令 $x=1$；如果这个委员投反对票，则令 $x=0$。如果第二个委员投赞成票，则令 $y=1$；如果这个委员投反对票，则令 $y=0$。如果第三个委员投赞成票，则令 $z=1$；如果这个委员投反对票，则令 $z=0$。必须设计一个电路使得对于输入 x、y 和 z，如果其中至少有两个为 1，则此电路产生输出 1。具有这样的输出值的一个布尔函数表示是 $xy+xz+yz$(见 8.1 节练习 12)。实现这个函数的电路如图 5 所示。◀

例 3 有时候灯需要由多个开关来控制，因此有必要设计这样的电路：当灯不亮时，敲击任何一个开关都可以使此灯变亮；反之，当灯是打开时，敲击任何一个开关都可以使灯不亮。在有两个开关和三个开关的两种情形下，设计电路来完成这个任务。

解 首先设计使用两个开关的电路来控制灯。当第一个开关关闭时，令 $x=1$；当它打开时，令 $x=0$。当第二个开关关闭时，令 $y=1$；当它打开时，令 $y=0$。当灯亮时，令 $F(x,y)=1$；当灯不亮时，令 $F(x,y)=0$。我们可以随意地假定：当两个开关都是关闭的时候，灯是亮的，即 $F(1,1)=1$。这个假定决定了 F 的所有其他值：当两个开关中有一个是打开的时候，灯变灭了，故 $F(1,0)=F(0,1)=0$；当第二个开关也被打开的时候，灯又变亮了，故 $F(0,0)=1$。表 1 列出了这些值。我们可以看到 $F(x,y)=xy+\overline{x}\,\overline{y}$。实现这个函数的电路如图 6 所示。

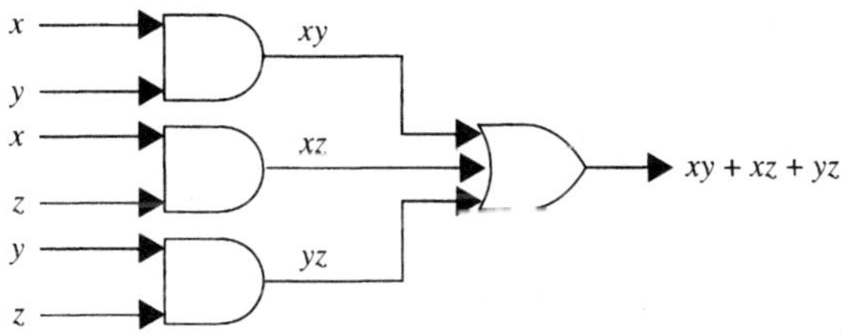

图 5 用于多数表决的电路

表 1

x	y	$F(x,y)$
1	1	1
1	0	0
0	1	0
0	0	1

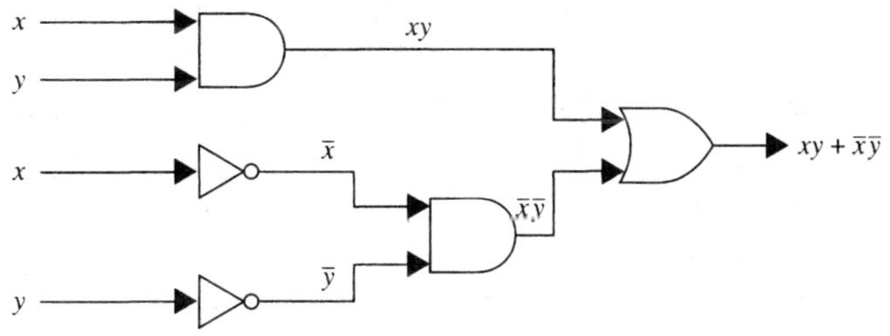

图 6 由两个开关控制灯的电路

现在设计有三个开关的电路。设 x、y 和 z 是三个布尔变元，它们分别表示这三个开关是否是关闭的。当第一个开关处于关闭时，令 $x=1$；当它处于打开时，令 $x=0$。当第二个开关处于关闭时，令 $y=1$；当它处于打开时，令 $y=0$。当第三个开关处于关闭时，令 $z=1$；当它处于打开时，令 $z=0$。灯亮时，令 $F(x,y,z)=1$；灯不亮时，令 $F(x,y,z)=0$。当所有开关都关闭时，我们可以随意地指定灯是亮的，即 $F(1,1,1)=1$，这确定了 F 的所有其他值。当一个开关被打开时，灯就变灭，故 $F(1,1,0)=F(1,0,1)=F(0,1,1)=0$。当第二个开关被打开时，灯又变亮了，故 $F(1,0,0)=F(0,1,0)=F(0,0,1)=1$。最后，当三个开关都打开时，灯又变灭了，故 $F(0,0,0)=0$。这个函数的值如表 2 所示。

表 2

x	y	z	$F(x,y,z)$
1	1	1	1
1	1	0	0
1	0	1	0
1	0	0	1
0	1	1	0
0	1	0	1
0	0	1	1
0	0	0	0

函数 F 可以表示成积之和展开式：$F(x, y, z)=xyz+x\overline{y}\,\overline{z}+\overline{x}y\,\overline{z}+\overline{x}\,\overline{y}z$。实现这个函数的电路如图 7 所示。◀

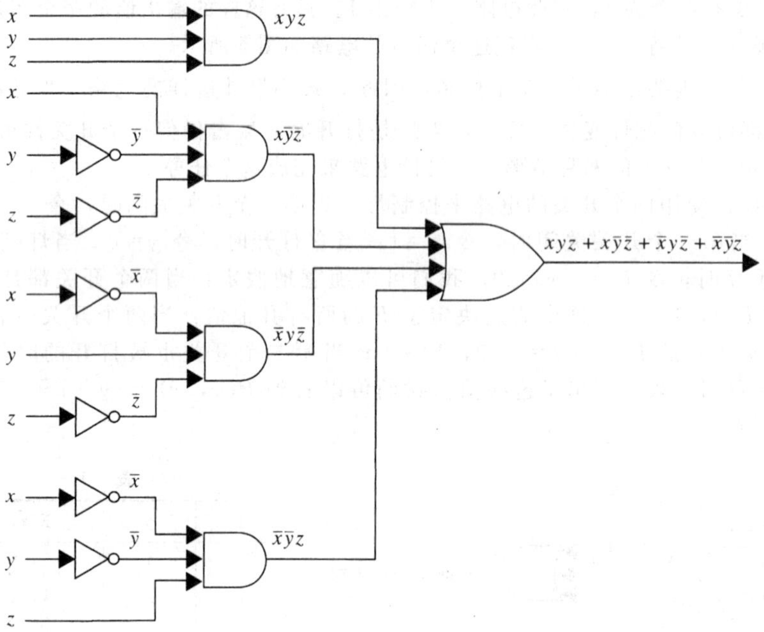

图 7　由 3 个开关混合控制灯的电路

8.3.4　加法器

下面说明如何用逻辑电路从两个正整数的二进制表示来实现加法。我们先构造一些分支电路，然后再从这些分支电路来构造加法电路。首先构造电路来计算 $x+y$，其中 x 和 y 是两个二进制数字。因为 x 和 y 的值为 0 或 1，所以此电路的输入就是 x 和 y。输出由两个二进制数字 s 和 c 构成，其中 s 和 c 分别是和与进位。因为这种电路具有多个输出，所以称为**多重输出电路**。又由于此电路只是将两个二进制数字相加，而没有考虑以前加法所产生的进位，所以被称为**半加法器**。表 3 说明了半加法器的输入和输出。由此表可以看出 $c=xy$ 且 $s=x\overline{y}+\overline{x}y=(x+y)\overline{(xy)}$。因此图 8 所示的电路计算了 x 与 y 的和 s 与进位 c。

表 3　半加法器的输入和输出

输入		输出	
x	y	s	c
1	1	0	1
1	0	1	0
0	1	1	0
0	0	0	0

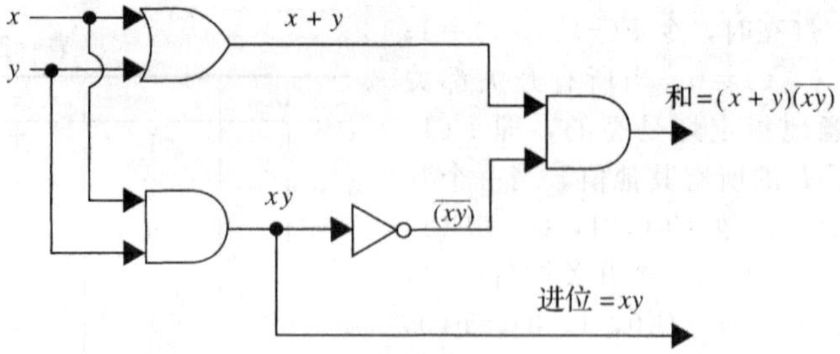

图 8　半加法器

当两个二进制数字与一个进位相加时，我们用**全加法器**来计算和与进位。全加法器的输入是 x 和 y 以及进位 c_i，输出是和 s 与新的进位 c_{i+1}。全加法器的输入和输出如表 4 所示。

表 4　全加法器的输入和输出

输入			输出	
x	**y**	c_i	**s**	c_{i+1}
1	1	1	1	1
1	1	0	0	1
1	0	1	0	1
1	0	0	1	0
0	1	1	0	1
0	1	0	1	0
0	0	1	1	0
0	0	0	0	0

全加法器的两个输出，即和 s 与进位 c_{i+1}，可分别由积之和展开式 $xyc_i+x\overline{y}\,\overline{c}_i+\overline{x}y\,\overline{c}_i+\overline{x}\,\overline{y}c_i$ 与 $xyc_i+xy\overline{c}_i+x\overline{y}c_i+\overline{x}yc_i$ 表示。但我们并不直接构造全加法器，而是使用半加法器来产生所需的输出。使用半加法器构造全加法器的方法如图 9 所示。

最后，图 10 说明了怎样用全加法器和半加法器来计算两个 3 位二进制整数 $(x_2x_1x_0)_2$ 与 $(y_2y_1y_0)_2$ 之和 $(s_3s_2s_1s_0)_2$。注意，和中的最高位 s_3 是由进位 c_2 产生的。

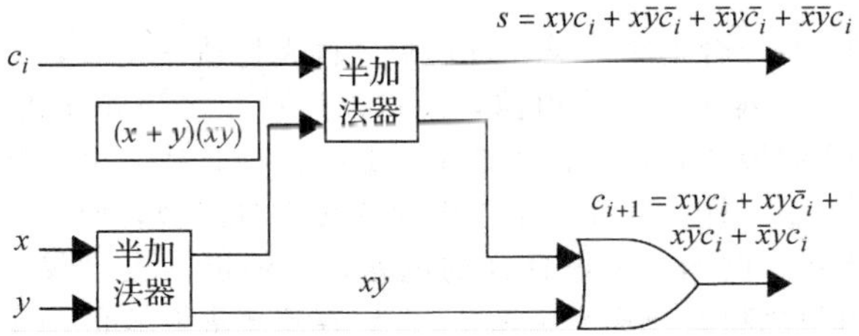

图 9　全加法器

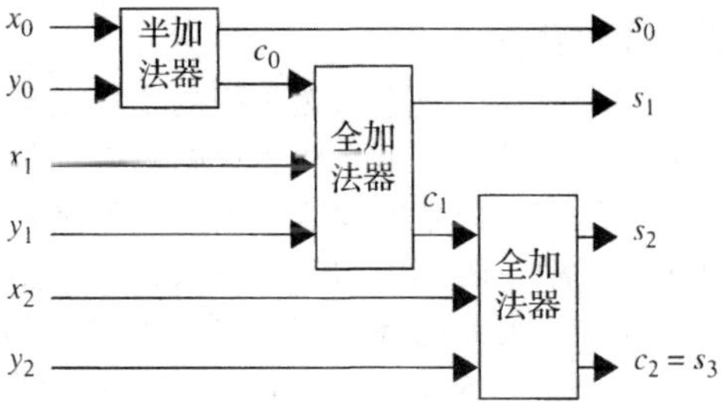

图 10　用全加法器和半加法器将两个 3 位二进制整数相加

奇数编号练习

在练习 1～5 中，求所给电路的输出。

1.

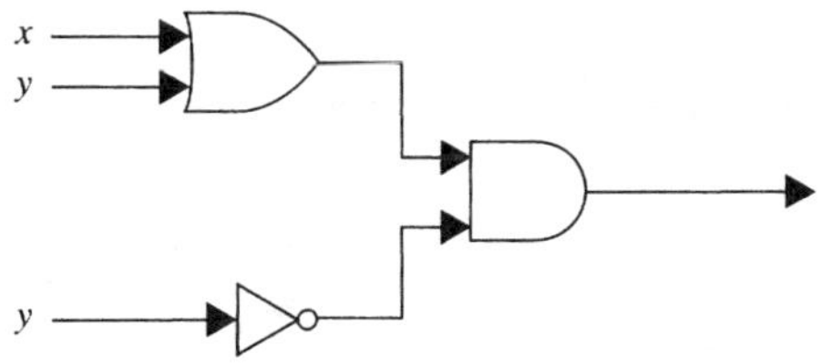

3.

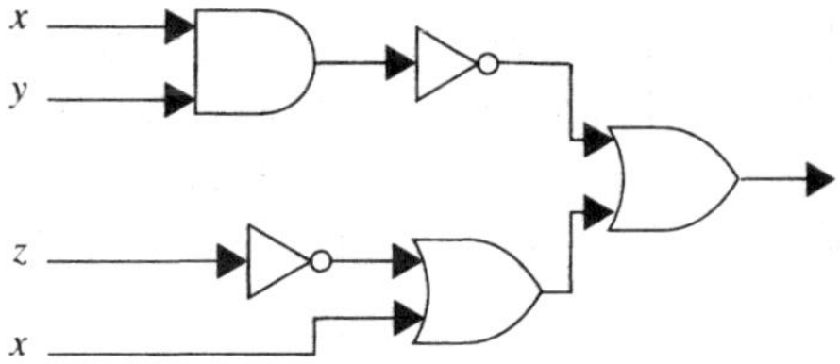

5.

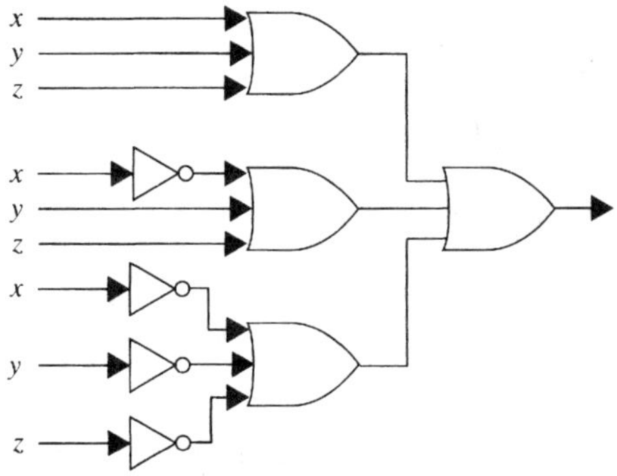

7. 试设计一个电路来实现 5 个人的多数表决器。

9. 说明如何使用全加法器和半加法器来计算两个 5 位二进制整数的和。

11. **全减法器**的输入是两个二进制数字及一个借位，输出是差位和借位。试用与门、或门和反相器构造一个全减法器电路。

* **13.** 构造一个电路来比较 2 位二进制整数$(x_1x_0)_2$和$(y_1y_0)_2$，使得当第一个整数大于第二个时，输出 1，否则输出 0。

与非(NAND)门和或非(NOR)门也是电路中常用的两种门，如果使用这两种门来表示电路，就没有必要使用其他类型的门了。这两种门的记号如下：

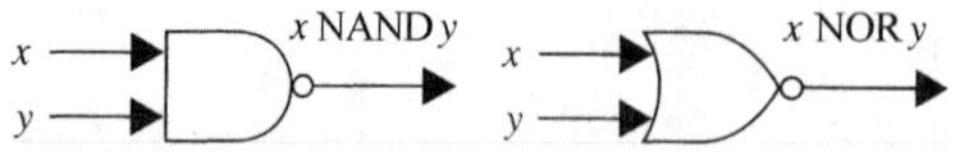

* **15.** 使用与非门构造具有下列输出的电路：

a) $\overline{x}$　　**b)** $x+y$　　**c)** xy　　**d)** $x\oplus y$

* **17.** 试用与非门构造半加法器。

多路转接器是一种开关电路，它根据控制位的值将某组输入位输出。

19. 用与门、或门和反相器构造一个多路转接器，它的 4 位输入是二进制数字 x_0、x_1、x_2 和 x_3，控制位是 c_0 和 c_1。构造此电路使得 x_i 为输出，其中 i 是 2 位整数$(c_1c_0)_2$的值。

8.4　电路的极小化

8.4.1　引言

组合电路的效率依赖于门的个数及排列。在组合电路的设计过程中，首先构造一个表，对于每种可能的输入值，此表说明对应的输出值。对于任一个电路，总可以用“积之和展开式”找到一组逻辑门来实现这个电路。但是，积之和展开式可能包含许多不必要的项。在一个积之和展开式中，若其中的一些项只在一个变元处不一样，即在某个项中此变元本身出现，而在另一个项中此变元的补出现，则这些项可以合并。例如，考虑这样的电路，它输出 1 当且仅当 $x=y=z=1$，或 $x=z=1$ 且 $y=0$。此电路的积之和展开式为 $xyz+x\overline{y}z$，在这个展开式的两个积中，只有一个变元以不同的形式出现，即 y。它们可以如下合并：

$$\begin{aligned} xyz+x\overline{y}z &= (y+\overline{y})(xz) \\ &= 1\cdot(xz) \\ &= xz \end{aligned}$$

这样，xz 也是一个表示这个电路的布尔表达式，但包含更少的运算符。图 1 说明了这个电路的两个不同实现，第二个电路只使用一个门，但第一个却使用了三个门和一个反相器。

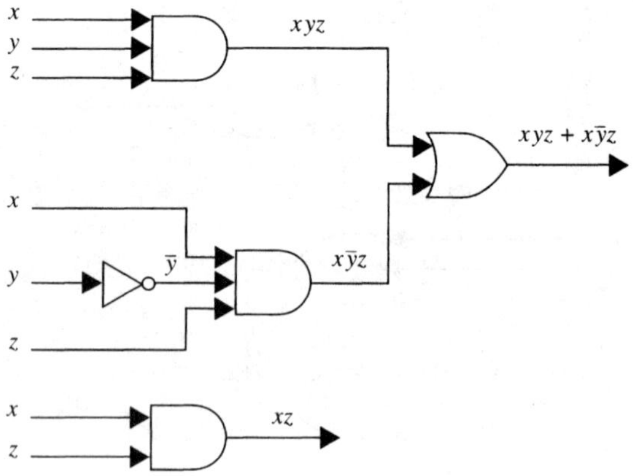

图 1　具有相同输出的两个电路

这个例子说明，在一个电路的积之和展开式中，将一些项合并会导出这个电路的更简单的表达式。下面将描述化简积之和展开式的两个过程。

这两个过程的目的都是产生表示布尔函数满足下列条件的积之和，它在该布尔函数的所有积之和表达式中，包含最少的布尔积而且包含最少的字面值。寻求这种积之和称为**布尔函数的最小化**。最小化布尔函数可以为这个函数构造一个电路，这个电路在最小化布尔表达式的所有电路中，用最少的门并在电路中对 AND 门和 OR 门有最少的输入。

直到 20 世纪 60 年代早期，逻辑门都是单独的组件。为了降低成本，采用最少的门得到期望的结果是非常重要的。在 20 世纪 60 年代中期，集成电路技术的发展使得将多个门组合到一个芯片成为可能。即使现在可以用非常低的成本对许多芯片构建非常复杂的集成电路，布尔函数的最小化仍然十分重要。

减少芯片上门数量可以得到更可靠的电路，并降低芯片的生产成本。同时，最小化还可以在同一芯片上设计更合适的电路。而且，最小化减少了电路中对门的输入的个数。这就减少了用电路计算输出结果所用的时间。此外，因为在构建逻辑门的电路时采用了特殊的技术，所以使得门的输入是有限的。

在第一个过程中，我们介绍 20 世纪 50 年代发明的手动最小化电路的、著名的卡诺图(或 K 图)。K 图在最多 6 个变量的最小化电路中非常有用，尽管对于五六个变量来说已经变得相当复杂。第二个过程将介绍 20 世纪 60 年代发明的奎因-莫可拉斯基方法。这是一个自动的最小化组合电路的过程，可以用计算机程序实现。

布尔函数最小化的复杂度 遗憾的是，最小化有许多变量的布尔函数需要深入的计算。已经证明这个问题是 NP 完全问题，因此，最小化布尔电路的多项式时间算法也不太可能存在。奎因-莫可拉斯基方法具有指数复杂度。实际上，只能用于字面值数量不超过 10 的情况。自从 20 世纪 70 年代，在最小化组合电路方面开发了大量的新算法(见[Ha93]和[KaBe04])。但是，最好的算法也只能计算不超过 25 个变量的电路的最小化。也可以用启发式(或者经验式)方法对有许多变量的布尔表达式进行简化，但不一定是最小化。

8.4.2 卡诺图

对于表示电路的一个布尔表达式，为了减少其中项的个数，有必要去发现可以合并的项。如果布尔函数所包含的变元相对较少，可以用一种图形法来发现能被合并的项，此方法称为**卡诺图(或者 K 图)**，它是由 Maurice Karnaugh 在 1953 年发现的。他的方法建立在更早的 E. W. Veitch 工作的基础上(Veitch 的方法通常只适用于 6 个或者 6 个以下变元的函数)。卡诺图给出了一种化简积之和展开式的可视化方法，但此方法不适合机械化。下面首先说明怎么用卡诺图来化简包含 2 个变元的布尔函数的展开式，然后说明如何用卡诺图来化简包含 3 个变元和 4 个变元的布尔函数，最后，我们将介绍卡诺图的扩展概念，可用于化简包含 4 个以上变元的布尔函数。

在具有两个变元 x 和 y 的布尔函数的积之和展开式中，有 4 种可能的极小项。具有这两个变元的布尔函数的卡诺图由 4 个方格组成，如果一个极小项在此展开式中出现，则表示这个极小项的方格就被放置 1。如果有些方格所表示的极小项只有一处字面值不同，则称这两个方格是**相邻的**。例如，表示 $\overline{x}y$ 的方格与表示 xy 的方格和表示 $\overline{x}\,\overline{y}$ 的方格都相邻。4 个方格及其表示的项如图 2 所示。

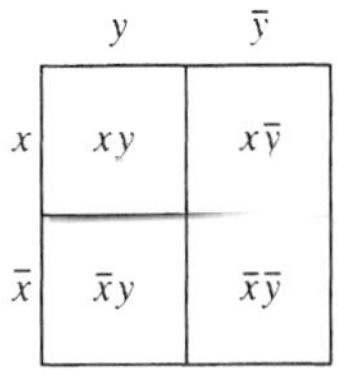

图 2 两个变元的卡诺图

例 1 找出下列各式的卡诺图：a) $xy+\overline{x}y$；b) $x\overline{y}+\overline{x}y$；c) $x\overline{y}+\overline{x}y+\overline{x}\,\overline{y}$。

解 当一个方格所表示的极小项在积之和展开式中出现时，我们就在这个方格中放置一个 1。3 个卡诺图如图 3 所示。

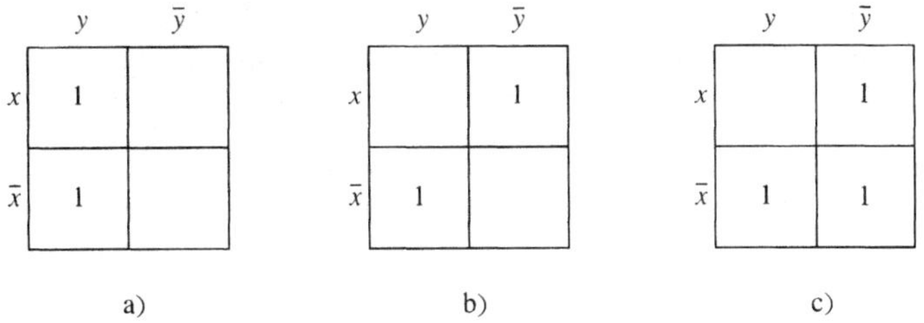

图 3 例 1 中积之和展开式的卡诺图

我们可以从卡诺图中识别出能够合并的极小项。在卡诺图中，一旦有两个方格是相邻的，则由这两个方格所表示的极小项就可合并成一个积，且此积只涉及其中的一个变元。例如，$x\overline{y}$和$\overline{x}\,\overline{y}$是由两个相邻的方格表示的，它们可以合并成$\overline{y}$，因为 $x\overline{y}+\overline{x}\,\overline{y}=(x+\overline{x})\overline{y}=\overline{y}$。而且，如果所有 4 个方格都是 1，则 4 个极小项可以合并成一个项，即布尔表达式 1，它不涉及任何变元。在卡诺图中，如果有些极小项能够合并，则在卡诺图中，我们将表示这些极小项的方格所组成的块用圆圈圈起来，然后找出对应的积之和。其目的是尽可能找出最大的块，并以最少的块覆盖所有的 1，在此过程中，首先使用最大的块，并总是使用最大的可能块。

例 2 化简例 1 中的积之和展开式。

解 用这些展开式的卡诺图对极小项进行分组的方式如图 4 所示。这些积之和式的最小展开式是 a) y；b) $x\overline{y}+\overline{x}y$；c) $\overline{x}+\overline{y}$。◀

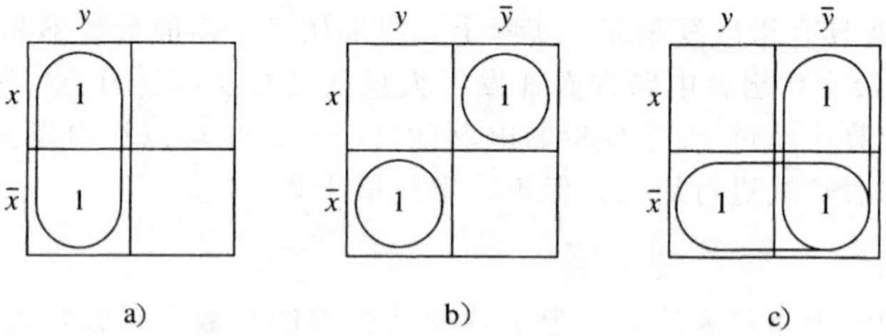

图 4　例 2 中的积之和展开式的化简

3 个变元的卡诺图被分成 8 个方格的矩形，这些方格代表由 3 个变元组成的 8 个可能的极小项。两个方格称为是相邻的，如果它们表示的极小项只在一处字面值不一样。一种画 3 个变元卡诺图的方法如图 5a 所示。可以认为这个卡诺图是贴在圆柱体的表面上，如图 5b所示。在这个圆柱体的表面上，两个方格有公共边界当且仅当它们是相邻的。

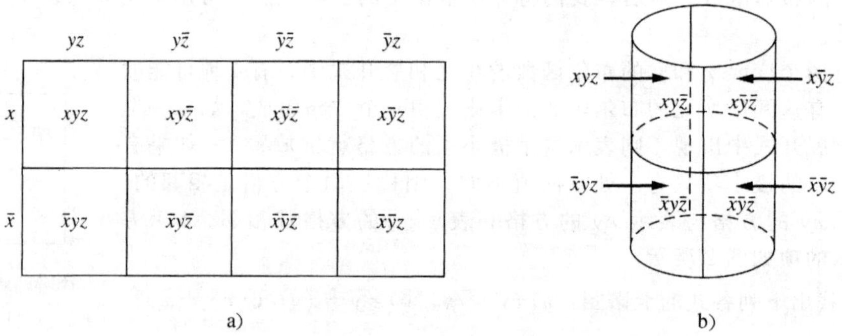

图 5　3 个变元的卡诺图

为了化简 3 个变元的积之和展开式，我们用卡诺图来识别由可以合并的极小项组成的块。两个相邻方格组成的块代表了一对可以合并成两个字面值的积的极小项，2×2 和 4×1 方格组成的块代表可以合并成一个字面值的极小项，全部 8 个方格组成的块表示一个不包含任何字面值的积，即代表函数 1。1×2、2×1、2×2、4×1 和 4×2 块及其代表的积如图 6 所示。

对应于卡诺图中全是 1 的块的字面值之积称为极小化函数的**隐含**。如果这个全 1 的块没有包含在一个更大的由 1 组成的表示更少字面值的积的块中，则称它为**素隐含**。

我们的目的是在图中标出最大可能块，然后用最大块优先法则以最少的块覆盖图中所有的 1。最大可能的块总是会被选取，但如果卡诺图中只有一个块覆盖一个 1，则必须选取它，这样的块表示**本原素隐含**。通过使用素隐含对应的块来覆盖图中所有的 1，就可以用素隐含之和

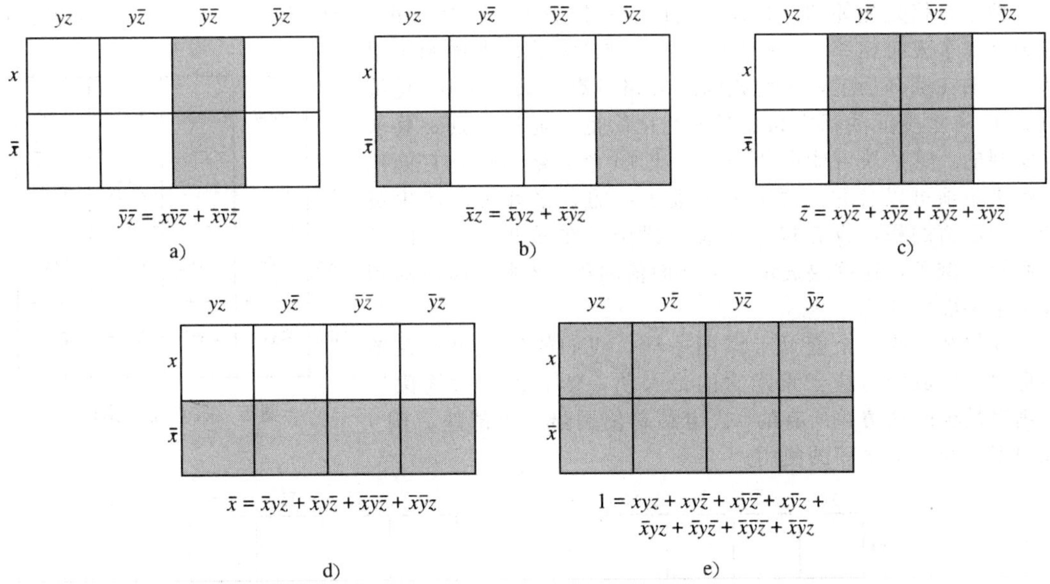

图 6　3 个变元的卡诺图中的块

来表达积之和。注意，以最少的块覆盖所有的 1 可能有不止一种方法。

例 3 说明了如何使用三变元卡诺图。

例 3 用卡诺图最小化下列积之和展开式：

(a) $xy\bar{z}+x\bar{y}\bar{z}+\bar{x}yz+\bar{x}\bar{y}\bar{z}$

(b) $x\bar{y}z+x\bar{y}\bar{z}+\bar{x}yz+\bar{x}\bar{y}z+\bar{x}\bar{y}\bar{z}$

(c) $xyz+xy\bar{z}+x\bar{y}z+x\bar{y}\bar{z}+\bar{x}yz+\bar{x}\bar{y}z+\bar{x}\bar{y}\bar{z}$

(d) $xy\bar{z}+x\bar{y}\bar{z}+\bar{x}\bar{y}z+\bar{x}\bar{y}\bar{z}$

解　这些积之和展开式的卡诺图如图 7 所示。块的分组表明，这些积之和展开式的最小表达式为：a) $x\bar{z}+\bar{y}\bar{z}+\bar{x}yz$；b) $\bar{y}+\bar{x}z$；c) $x+\bar{y}+z$；d) $x\bar{z}+\bar{x}\bar{y}$。在 d) 中，注意素隐含 $x\bar{z}$ 和 $\bar{x}\bar{y}$ 是本原素隐含，但素隐含 $\bar{y}\bar{z}$ 则不是本原的，因为它覆盖的方格被其他两个素隐含覆盖了。◀

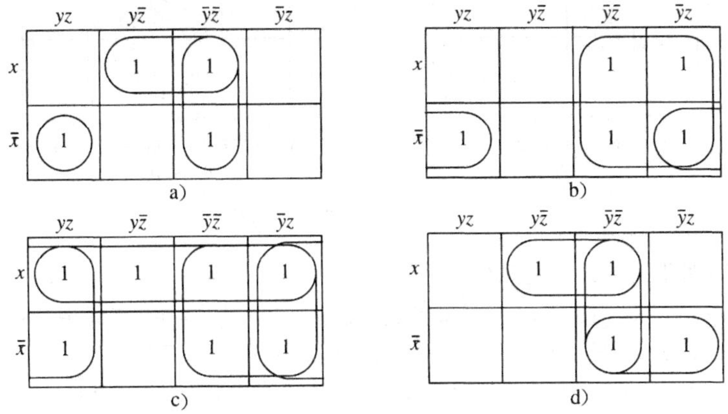

图 7　三变元卡诺图的使用

四变元卡诺图是被分成 16 个方格的正方形，这些方格代表由 4 个变元组成的 16 个可能的极小项。一种画四个变元卡诺图的方法如图 8 所示。

两个方格是相邻的当且仅当它们表示的极小项只有一处字面值不一样。因此，每个方格都与另外 4 个方格相邻。4 个变元的积之和展开式的卡诺图可以认为是贴在圆环面上，因此相邻的方格具有公共的边界(见练习 28)。4 个变元的积之和展开式的化简也是通过识别一些块来实现的，这些块可能由 2、4、8 或 16 个方格组成，它们代表的极小项可以合并。每个表示极小项的方格都必须产生更少个字面值的积，或者包含在展开式中。在图 9 中，给出了一些块的例子，这些块表示 3 个字面值的积、2 个字面值的积或 1 个字面值的积。

	yz	$y\bar{z}$	$\bar{y}\bar{z}$	$\bar{y}z$
wx	$wxyz$	$wxy\bar{z}$	$wx\bar{y}\bar{z}$	$wx\bar{y}z$
$w\bar{x}$	$w\bar{x}yz$	$w\bar{x}y\bar{z}$	$w\bar{x}\bar{y}\bar{z}$	$w\bar{x}\bar{y}z$
$\bar{w}\bar{x}$	$\bar{w}\bar{x}yz$	$\bar{w}\bar{x}y\bar{z}$	$\bar{w}\bar{x}\bar{y}\bar{z}$	$\bar{w}\bar{x}\bar{y}z$
$\bar{w}x$	$\bar{w}xyz$	$\bar{w}xy\bar{z}$	$\bar{w}x\bar{y}\bar{z}$	$\bar{w}x\bar{y}z$

图 8　四变元卡诺图

就像 2 个或 3 个变元卡诺图一样，我们的目的也是在图中标出 1 构成的对应于素隐含的最大块，然后用最大块优先法则以最少的块覆盖所有的 1。也总是使用最大可能块。例 4 说明了四变元卡诺图的使用。

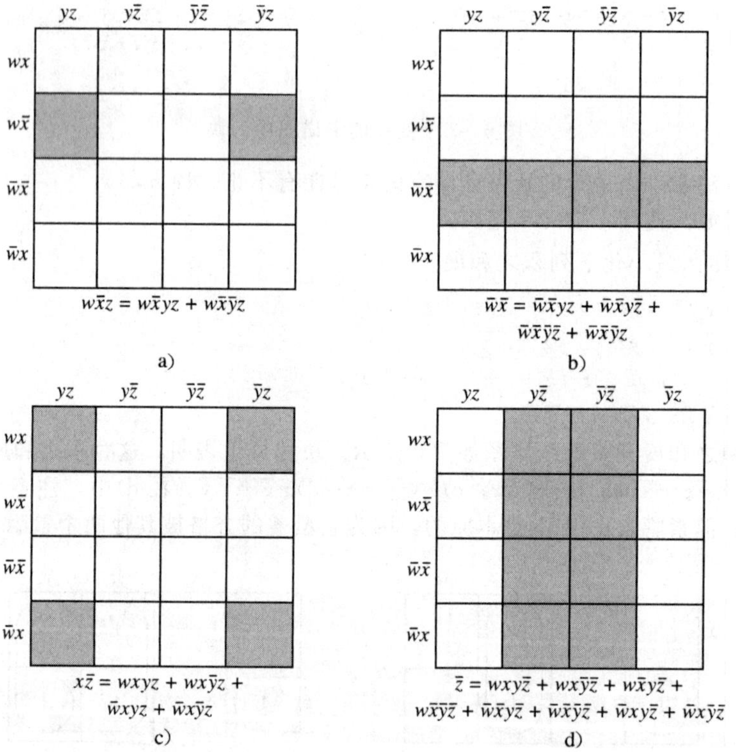

图 9　四变元卡诺图中的块

例 4　用卡诺图化简下列积之和展开式：

a) $wxyz+wxy\bar{z}+wx\bar{y}\bar{z}+w\bar{x}yz+w\bar{x}\bar{y}z+w\bar{x}\bar{y}\bar{z}+\bar{w}x\bar{y}z+\bar{w}\bar{x}yz+\bar{w}\bar{x}y\bar{z}$

b) $wx\bar{y}\bar{z}+w\bar{x}yz+w\bar{x}y\bar{z}+w\bar{x}\bar{y}\bar{z}+\bar{w}x\bar{y}\bar{z}+\bar{w}\bar{x}y\bar{z}+\bar{w}\bar{x}\bar{y}\bar{z}$

c) $wxy\bar{z}+wx\bar{y}\bar{z}+w\bar{x}yz+w\bar{x}y\bar{z}+w\bar{x}\bar{y}\bar{z}+\bar{w}xyz+\bar{w}xy\bar{z}+\bar{w}x\bar{y}\bar{z}+\bar{w}x\bar{y}z+\bar{w}\bar{x}y\bar{z}+\bar{w}\bar{x}\bar{y}\bar{z}$

解　这些展开式的卡诺图如图 10 所示。用所示的块可导出如下的积之和：a) $wyz+wx\bar{z}+w\bar{x}\bar{y}+\bar{w}\bar{x}y+\bar{w}x\bar{y}z$；b) $\bar{y}\bar{z}+w\bar{x}y+\bar{x}\bar{z}$；c) $\bar{z}+\bar{w}x+w\bar{x}y$。读者应该确定，在每部分中是否可能选择其他的块，它们导致表示这些布尔函数的不同积之和。◀

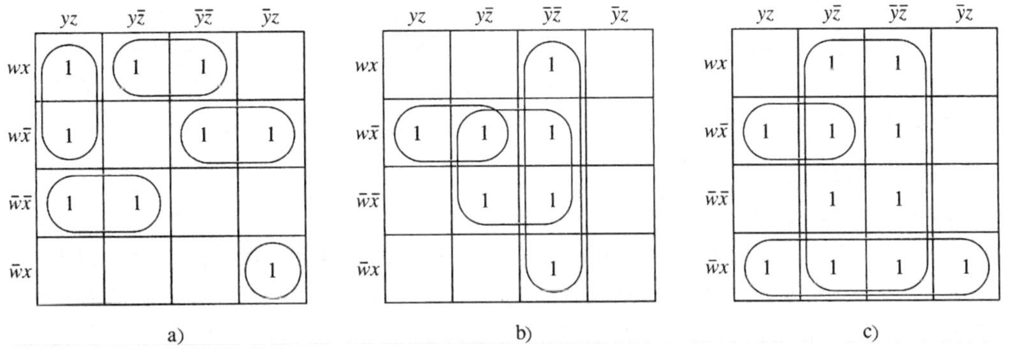

图 10　四变元卡诺图的使用

卡诺图可以实际用于化简五变元或六变元的布尔函数，但对更多变元的布尔函数就很少使用卡诺图了，因为它们非常复杂。然而，卡诺图中用到的概念在更新的算法中起着重要的作用。而且，掌握这些概念有助于理解这些新算法及实现算法的计算机辅助设计(CAD)程序。在介绍这些概念时，会用到前面化简三变元、四变元布尔函数的内容。

用于化简两变元、三变元和四变元布尔函数的卡诺图分别是用 2×2、2×4 和 4×4 的矩形构建的。而且，在顶行和底行、最左列和最右列中的相应方格是相邻的，因为它们表示的极小项只有一处字面值不同。我们可以用类似的方法构造有 4 个以上变元的布尔函数卡诺图。我们使用包含 $2^{\lfloor n/2\rfloor}$行和 $2^{\lceil n/2\rceil}$列的矩形(这些卡诺图包含 2^n 个方格，因为$\lceil n/2\rceil+\lfloor n/2\rfloor=n$)。其中行和列的安排需要满足如下条件：如果两个极小项只有一处字面值不同，则表示这两个极小项的方格是相邻的或者通过特别指定相邻行和相邻列之后被认为是相邻的。因此(但不只限于此原因)，用格雷码(见 6.5 节)安排卡诺图的行和列。其中通过指明 1 对应于变量的出现和 0 对应于变量的补的出现，可以将比特串和积关联起来。例如，在一个 10 变元卡诺图中，格雷码 01110 标记的行对应于积$\overline{x}_1 x_2 x_3 x_4 \overline{x}_5$。

例 5 用于化简四变元布尔函数的卡诺图有两行两列。行和列均用格雷码 11、10、00、01 来安排。行分别表示积 wx、$w\overline{x}$、$\overline{w}\,\overline{x}$和$\overline{w}x$。列分别对应积 yz、$y\overline{z}$、$\overline{y}\,\overline{z}$和$\overline{y}z$。使用格雷码并且认为第 1 行和最末行、第 1 列和最末列的方格相邻，我们确保只在一个变元上不同的极小项总是相邻的。◀

例 6 为了化简五变元的布尔函数，我们使用 $2^3=8$ 列和 $2^2=4$ 行的卡诺图。使用格雷码 11、10、00、01 标记 4 行，分别对应于 x_1x_2、$x_1\overline{x}_2$、$\overline{x}_1\overline{x}_2$ 和$\overline{x}_1x_2$。使用格雷码 111、110、100、101、001、000、010、011 标记 8 列，分别对应项 $x_3x_4x_5$、$x_3x_4\overline{x}_5$、$x_3\overline{x}_4\overline{x}_5$、$x_3\overline{x}_4x_5$、$\overline{x}_3\overline{x}_4x_5$、$\overline{x}_3\overline{x}_4\overline{x}_5$、$\overline{x}_3x_4\overline{x}_5$ 和$\overline{x}_3x_4x_5$。使用格雷码标记行和列确保相邻方格表示的极小项只在一个变元上不同。然而，要确保所有只在一个变元上不同的极小项表示的方格是相邻的，我们认为顶行和底行的方格是相邻的，第 1 列和第 8 列、第 1 列和第 4 列、第 2 列和第 7 列、第 3 列和第 6 列、第 5 列和第 8 列的方格是相邻的(读者可自行验证)。◀

为了用卡诺图化简 n 变元的布尔函数，首先应画出合适大小的卡诺图。我们在积之和扩展式中的极小项对应的所有方格中放入 1，然后确定函数的所有素隐含。要做到这一点，我们寻找由 2^k 个聚簇方格(全包含 1)组成的块，其中 $1\leqslant k\leqslant n$。这些块对应于 $n-k$ 个字面值的积。(练习 33 要求读者对此进行验证。)而且，若 2^k 个方格(全包含 1)的块没有包含在一个 2^{k+1}个方格(全含 1)组成的块中，则这 2^k 个方格的块表示一个素隐含，因为没有一个删除一个字面值后得到的字面值积还能用全是 1 的方格组成的块表示。

例 7 在化简五变元布尔函数的卡诺图中，有一个表示两个字面值之积的 8 个方格全是 1 的块，若它没有包含在一个 16 个方格全是 1 且表示单个字面值的块中，则此块是素隐含的。◀

一旦所有的素隐含确定后，我们的目标是找出具有如下性质的这些素隐含的最小可能子集：子集中的素隐含覆盖了卡诺图中所有包含 1 的方格。首先应选择本原素隐含，因为每个本原素隐含由一个块表示，这个块覆盖了不能由其他素隐含覆盖的是 1 的方格。然后增加其他素隐含以确保覆盖图中所有为 1 的方格。当变元的数量较大时，这最后一步会极为复杂。

8.4.3　无须在意的条件

在某些电路中，由于输入值的一些组合从未出现过，所以我们只关心电路对输入值的其他组合的输出，这使得我们在生产具有所需输出的电路时有很大自由，因为对于所有不出现的输入值的组合，其输出值可以任意选择。这种组合的函数值被称为**无须在意的条件**。在卡诺图中，对于那些其函数值可以任意选择的变元值组合，用 d 对其做记号。在化简过程中，我们可以将这些输入值的组合赋值 1，以便在卡诺图中得到最大的块。例 8 说明了这一点。

例 8　用二进制数字对十进制表达式进行编码的一种方法是：对十进制表达式中的每一位，在编码的二进制表达式中用 4 位对其编码。例如，873 的编码为 100001110011。十进制表达式的这种编码方式称为**二进制编码的十进制展开式**。因为有 16 个 4 位二进制数，但只有 10 个十进制数字，所以还有 6 个 4 位二进制数没有用于对数进行编码。假设现在需要构造一个电路，如果十进制数大于或等于 5，则输出 1；若十进制数小于 5，则输出 0。怎么仅用与门、或门和反相器来构造这个电路？

解　以 $F(w, x, y, z)$ 表示此电路的输出，其中 $wxyz$ 是一个十进制数的二进制扩展式。F 的值如表 1 所示，图 11a 是 F 的卡诺图，其中无须在意位置都是 d。我们可以将 d 包括在块中或者将它剔除，这样块就有很多可能的选择。例如，如果剔除所有的 d 方格，则形成如图 11b所示的块，所产生的表达式为 $w\bar{x}\bar{y}+\bar{w}xy+\bar{w}xz$。如果包括某些 d 而剔除其余的，则形成的块如图 11c 所示，且所产生的表达式为 $w\bar{x}+\bar{w}xy+x\bar{y}z$。最后，如果包括所有的 d 块，且使用如图 11d 所示的块，则产生最简单的积之和展开式，即 $F(x, y, z)=w+xy+xz$。◀

表 1

数字	w	x	y	z	F	数字	w	x	y	z	F
0	0	0	0	0	0	5	0	1	0	1	1
1	0	0	0	1	0	6	0	1	1	0	1
2	0	0	1	0	0	7	0	1	1	1	1
3	0	0	1	1	0	8	1	0	0	0	1
4	0	1	0	0	0	9	1	0	0	1	1

8.4.4　奎因-莫可拉斯基方法

我们已经看到，可以用卡诺图将布尔函数展开为形如积之和的极小表达式。但当变元超过 4 个时，卡诺图就变得难以使用。而且，卡诺图的使用还要依赖于用目测方法将项分成组。鉴于这些原因，需要可以机械化的过程来化简积之和展开式。奎因-莫可拉斯基方法就是这样一种过程，它可以用于含有任意多个变元的布尔函数。此方法是由 W. V 奎因和 E. J 莫可拉斯基于 20 世纪 50 年代提出的。奎因-莫可拉斯基方法由两部分组成，第一部分寻找可能包含在积之和的最小展开式中的候选项，第二部分才确定哪些项将真正使用。下面用例 9 来说明这个过程是怎样通过将隐含合并到含有更少字面值的隐含来进行的。

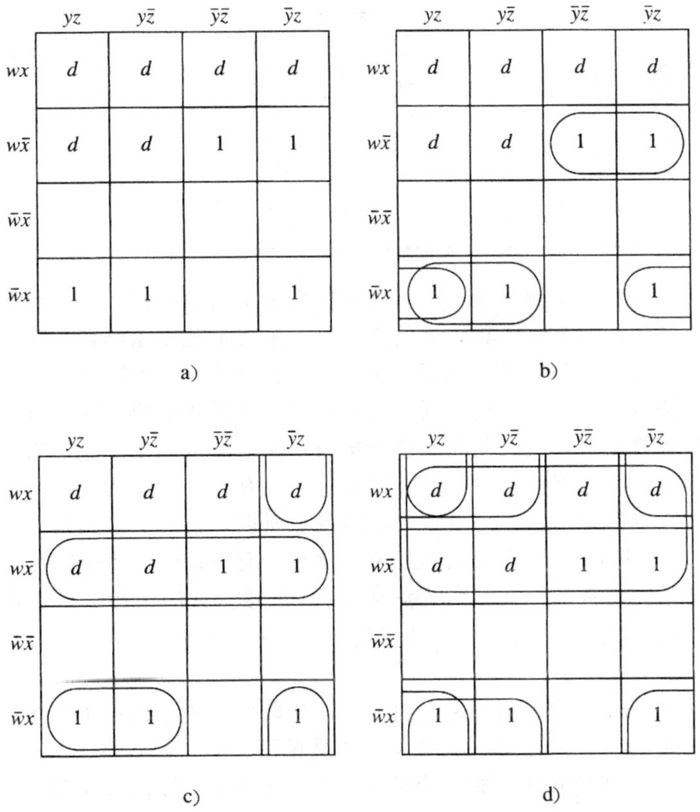

图 11 表明其无须在意位置的卡诺图

例 9 下面说明怎么用奎因-莫可拉斯基方法寻找等价于 $xyz+x\bar{y}z+\bar{x}yz+\bar{x}\bar{y}z+\bar{x}\bar{y}\bar{z}$ 的极小展开式。

表 2

极小项	比特串	1 的个数
xyz	111	3
$x\bar{y}z$	101	2
$\bar{x}yz$	011	2
$\bar{x}\bar{y}z$	001	1
$\bar{x}\bar{y}\bar{z}$	000	0

我们用比特串来表示此展开式中的极小项。如果 x 出现，则第一位为 1；如果 $\bar{x}$ 出现，则第一位为 0。如果 y 出现，则第二位为 1；如果 $\bar{y}$ 出现，则第二位为 0。如果 z 出现，则第三位为 1；如果 $\bar{z}$ 出现，则第三位为 0。然后根据对应比特串中 1 的个数来对这些项进行分组。这些信息如表 2 所示。

可以合并的极小项只有一处字面值不同。所以，对于两个可以合并的极小项，在表示它们的比特串中，1 的个数仅相差 1。当两个极小项合并成一个积时，这个积只含有两个字面值。两个字面值的积可以如下表示：以短划线来表示没有出现的变元。例如，比特串 101 和 001 所表示的极小项 $x\bar{y}z$ 和 $\bar{x}\bar{y}z$ 可以合并成 $\bar{y}z$，而 $\bar{y}z$ 可以用比特串-01 表示。表 3 列出了所有可以合并的成对极小项以及它们合并后所产生的积。

下一步，对于由两个字面值构成的积，如果两个这样的积能够合并，则将它们合并成一个字面值。两个这样的积能够合并的条件是：它们所包含的字面值是两个相同变元的字面值，并且只有其中一个变元的字面值不一致。就表示这些积的串来说，它们必定在相同位置有一个短划线，且在其余的两个位置中必定有一个位置的内容不相同。我们可以将串-11 和-01 所表示的积 yz 和 $\bar{y}z$ 合并成 z，并用串-1 表示。所有能够以这种方式合并的项如表 3 所示。

表 3

	项	比特串	步骤1			步骤2		
				项	比特串		项	比特串
1	xyz	111	(1，2)	xz	1-1	(1，2，3，4)	z	--1
2	$x\overline{y}z$	101	(1，3)	yz	-11			
3	$\overline{x}yz$	011	(2，4)	$\overline{y}z$	-01			
4	$\overline{x}\overline{y}z$	001	(3，4)	$\overline{x}z$	0-1			
5	$\overline{x}\overline{y}\overline{z}$	000	(4，5)	$\overline{x}\overline{y}$	00-			

在表3中，我们还指出了哪些项可以用来形成更少字面值的积，在极小展开式中不需要这些项。下一步是找出积的一个极小集合，使之可以用来表示此布尔函数。我们从那些还没有被用来形成更少字面值之积的积着手。再下一步，我们构造表4，通过合并原来项所形成的每一个候选积构成此表的行，原来的项构成列。如果积之和展开式中原来的项被用来形成这个候选积，则在相应的位置打上×，此时称此候选项**覆盖**了原来的极小项。我们需要至少一个积，它覆盖原来的每一个极小项。因此，一旦此表的某一列只有一个×，则此×所在的行所对应的积必定被使用。从表4可以看出，z 和 $\overline{x}\,\overline{y}$ 都是必需的。所以，最后的答案是 $z+\overline{x}\,\overline{y}$。◀

就像例9所说明的那样，奎因-莫可拉斯基方法用下面一系列步骤来化简一个积之和展开式。

1)将由 n 个变元构成的每一个极小项表示成一个长度为 n 的比特串，如果 x_i 出现，则比特串的第 i 个位置为1；如果 $\overline{x}_i$ 出现，则比特串的第 i 个位置为0。

2)根据串中1的个数将串分组。

3)确定所有这样 $n-1$ 个变元的积，它们可以通过取展开式中极小项的布尔和得到。将能够合并的极小项表示成比特串，且这些串只在一个位置不相同。将这些 $n-1$ 个变元的积用如下的串表示：如果 x_i 出现在此积中，则此串的第 i 个位置为1；如果 $\overline{x}_i$ 出现，则此位置为0；如果此积中没有涉及 x_i 的字面值，则此位置为短划线。

表 4

	xyz	$x\overline{y}z$	$\overline{x}yz$	$\overline{x}\overline{y}z$	$\overline{x}\overline{y}\overline{z}$
z	×	×	×	×	
$\overline{x}\overline{y}$				×	×

4)确定所有这样 $n-2$ 个变元的积，它们可以取为在前一个步骤形成的 $n-1$ 个变元的积的布尔和。将能够合并的 $n-1$ 个变元的积，表示成如下的串：在同一位置有一个短划线，且只在一个位置不相同。

5)只要可能，继续将布尔积合并成更少变元的积。

6)找到所有这样的布尔积：它们虽然出现，但还没有被用来形成少一个字面值的布尔积。

7)找到这些布尔积的最小集合，使得这些积之和表示此布尔函数。这可以用如下方法来完成：构造一个表，列出哪些积覆盖了哪些极小项。每一个极小项必定被至少一个积覆盖。使用此表的第一步是找到所有的本原素隐含。每个本原素隐含必须被包含，因为它是覆盖某个极小项的唯一素隐含。如果找到了本原素隐含，就可以通过除去由此素隐含覆盖的极小项的行化简此表。第二步，去掉所有满足如下条件的素隐含，此素隐含覆盖一个极小项集合，此极小项集合被另一个素隐含覆盖(读者应该证明)。第三步，从表中去掉满足如下条件的极小项所在的行，覆盖此极小项的某些素隐含也覆盖另一个极小项。首先找到必须被包含的本原素隐含，然后去掉冗余的素隐含，最后找到可以被忽略的极小项，迭代此过程直到此表不再改变为止。这里使用回溯过程寻找最优解，为覆盖所有的字面值积逐步添加素隐含以寻找可能的解，在每一步都与已经找到的最优解进行比较。

最后一个例子说明了怎么用这个过程来化简4个变元的积之和展开式。

例 10 用奎因-莫可拉斯基法化简积之和展开式 $wxy\overline{z}+w\overline{x}yz+w\overline{x}y\overline{z}+\overline{w}xyz+\overline{w}x\overline{y}z+\overline{w}\,\overline{x}yz+\overline{w}\,\overline{x}\,\overline{y}z$。

解 首先将极小项表示成比特串，然后根据比特串中 1 的个数来对项进行分组，如表 5 所示。表 6给出了所有由这些积的布尔和得到的布尔积。

表 5

项	比特串	1 的个数
$wxy\overline{z}$	1110	3
$w\overline{x}yz$	1011	3
$\overline{w}xyz$	0111	3
$w\overline{x}y\overline{z}$	1010	2
$\overline{w}x\overline{y}z$	0101	2
$\overline{w}\,\overline{x}yz$	0011	2
$\overline{w}\,\overline{x}\,\overline{y}z$	0001	1

表 6

			步骤 1			步骤 2		
	项	比特串		项	比特串		项	比特串
1	$wxy\overline{z}$	1110	(1，4)	$wy\overline{z}$	1 10	(3，5，6，7)	$\overline{w}z$	0--1
2	$w\overline{x}yz$	1011	(2，4)	$w\overline{x}y$	101-			
3	$\overline{w}xyz$	0111	(2，6)	$\overline{x}yz$	-011			
4	$w\overline{x}y\overline{z}$	1010	(3，5)	$\overline{w}xz$	01-1			
5	$\overline{w}x\overline{y}z$	0101	(3，6)	$\overline{w}yz$	0—11			
6	$\overline{w}\,\overline{x}yz$	0011	(5，7)	$\overline{w}\,\overline{y}z$	0-01			
7	$\overline{w}\,\overline{x}\,\overline{y}z$	0001	(6，7)	$\overline{w}\,\overline{x}z$	00-1			

没有被用来形成更少变元之积的只有$\overline{w}z$、$wy\overline{z}$、$w\overline{x}y$ 和$\overline{x}yz$。表 7 表明了每个这样的积覆盖的极小项。为覆盖这些极小项，必须包括$\overline{w}z$ 和 $wy\overline{z}$，因为它们是分别覆盖$\overline{w}xyz$ 和 $wxy\overline{z}$的唯一的积。一旦将这两个积包括进来，我们就可以看到，剩下的两个积中只有一个是必要的。因此，$\overline{w}z+wy\overline{z}+w\overline{x}y$ 或者$\overline{w}z+wy\overline{z}+\overline{x}yz$ 都可以被看作最后答案。◀

表 7

	$wxy\overline{z}$	$w\overline{x}yz$	$\overline{w}xyz$	$w\overline{x}y\overline{z}$	$\overline{w}x\overline{y}z$	$\overline{w}\,\overline{x}yz$	$\overline{w}\,\overline{x}\,\overline{y}z$
$\overline{w}z$			×		×	×	×
$wy\overline{z}$	×			×			
$w\overline{x}y$		×		×			
$\overline{x}yz$		×				×	

奇数编号练习

1. **a)** 画出二变元函数的卡诺图，并在表示$\overline{x}y$ 的方格中放置 1。

b) 与上述方格相邻的方格所表示的极小项是什么？

3. 画出下列两个变元的积之和展开式的卡诺图：

a) $x\overline{y}$　　**b)** $xy+\overline{x}\,\overline{y}$　　**c)** $xy+x\overline{y}+\overline{x}y+\overline{x}\,\overline{y}$

5. **a)** 画出三变元函数的卡诺图，并在表示$\overline{x}y\overline{z}$的方格里放置 1。

b) 与上述方格相邻的方格表示的极小项是什么？

7. 画出下列三变元积之和展开式的卡诺图：

a) $x\overline{y}\,\overline{z}$　　**b)** $\overline{x}yz+\overline{x}\,\overline{y}\,\overline{z}$　　**c)** $xyz+xy\overline{z}+\overline{x}y\overline{z}+\overline{x}\,\overline{y}z$

9. 构造 $F(x, y, z)=x\overline{z}+xyz+y\overline{z}$的卡诺图。使用此卡诺图找出 $F(x, y, z)$的隐含、素隐含和本原素隐含。

11. 画一个 4 立方体 Q_4，用布尔变元 w、x、y 和 z 组成的极小项标记每一个顶点，这些项与顶点表示的比特串关联。对这些变元中的每一个字面值，指出哪个 3 立方体 Q_3 表示这个字面值且是 Q_4 的子图。指出哪个 2 立方体 Q_2 表示积 wz、$\overline{x}y$ 和$\overline{y}\,\overline{z}$且是 Q_4 的子图。

13. **a)** 画出四变元函数的卡诺图，并在$\overline{w}xy\overline{z}$所表示的方格里填入 1。

b) 与上述方格相邻的方格表示的极小项是什么？

15. 在表示五变元布尔函数的卡诺图中，找出对应于下列积的方格。

a) $x_1x_2x_3x_4$　　**b)** $\overline{x}_1x_3x_5$　　**c)** x_2x_4

d) $\overline{x}_3\,\overline{x}_4$　　**e)** x_3　　**f)** $\overline{x}_5$

17. **a)** 六变元函数的卡诺图具有多少个方格？

b) 在六变元函数的卡诺图中，对于任意给定的一个方格，有多少个方格与之相邻？

19. 在六变元布尔函数的 4×16 卡诺图中，若用格雷码 1111、1110、1010、1011、1001、1000、0000、0001、0011、0010、0110、0111、0101、0100、1100、1101 标记列，用 11、10、00、01 标记行，则哪些行和列应当相邻才可使得恰在一个字面值处不同的极小项的方格相邻？

* **21.** 假设一个委员会中有 5 个成员，其中的施密斯和琼斯的投票总与马库斯的投票相反。试用这个投票关系设计一个电路，实现此委员会的多数表决器。

23. 使用奎因-莫可拉斯基法化简练习 12 中的积之和展开式。

25. 使用奎因-莫可拉斯基法化简练习 14 中的积之和展开式。

27. 用练习 26 的方法化简和之积展开式$(x+y+z)(x+y+\overline{z})(x+\overline{y}+\overline{z})(x+\overline{y}+z)(\overline{x}+y+z)$。

29. 用或门、与门和反相器构造一个电路，使得当输入的十进制数字可以被 3 整除时输出 1，否则输出 0。其中输入的十进制数字是二进制编码的十进制展开式。

对于练习 30～32，在所给的卡诺图中，d 表示无须在意的条件。试找出它们的极小积之和展开式。

31.

	yz	$y\overline{z}$	$\overline{y}\overline{z}$	$\overline{y}z$
wx	1			1
$w\overline{x}$		d	1	
$\overline{w}\overline{x}$		1	d	
$\overline{w}x$	d			d

33. 证明：k 个字面值的积对应于 n 立方体 Q_n 的 2^{n-k} 维子立方体，其中立方体的顶点对应于标识顶点的比特串表示的极小项，如 6.2 节例 8 的描述。